The **D**esign of
**A**pproximation **A**lgorithms

David P. Williamson ■ David B. Shmoys 著

浅野孝夫 訳

# 近似アルゴリズム
# デザイン

共立出版

# The Design of Approximation Algorithms
By David P. Williamson, David B. Shmoys

© David P. Williamson, David B. Shmoys 2011

This publication is in copyright. Subject to statutory exception and to the provisions of relevant collective licensing agreements, no reproduction of any part may take place without the written permission of Cambridge University Press.

Japanese edition published by KYORITSU SHUPPAN CO., LTD.

# 日本語版への序文

私たちの本の日本語版への序文を書くことができることになり，とてもうれしく思います．近似アルゴリズムに関心を持つ日本の読者が，近似アルゴリズムのすばらしい研究成果を，この日本語版に基づいて，日本語で楽しみながら理解できるようになると思います．

私たちの本を翻訳された浅野孝夫教授に感謝します．彼は，私たちの本だけでなく，コーネル大学の同僚の Jon Kleinberg 教授と Éva Tardos 教授による "Algorithm Design"（『アルゴリズムデザイン』，共立出版），ボン大学の Bernhard Korte 教授と Jens Vygen 教授による "Combinatorial Optimization"（『組合せ最適化』，丸善出版）および私たちの本の前身とも言えるジョージア工科大学の Vijay Vazirani 教授による "Approximation Algorithms"（『近似アルゴリズム』，丸善出版）も翻訳しています．彼の不断の努力により，日本の学生および研究者にとって，この研究分野のテキストが日本語でより容易に読めるようになったと思われますので，アルゴリズムと組合せ最適化の分野で研究している私たちは，翻訳に膨大な時間を費やしてくれた彼に感謝します．さらに，私たちの本の日本語版を出版される共立出版にも感謝します．

組合せ最適化の研究において，日本の研究者はきわめて大きな貢献をしてきました．日本におけるこの分野の研究のさらなる進展に，私たちの本が貢献できればと思います．

David P. Williamson（デイビッド P. ウィリアムソン）
David B. Shmoys　　（デイビッド B. シュモイシュ）
2015 年 8 月，イサカ，ニューヨーク州，アメリカ

# 訳者序文

　本書は，近似アルゴリズムの最先端の研究者であるコーネル大学の David Williamson と David Shmoys の著書 "The Design of Approximation Algorithms" の全訳である．実用上生じる実際的な問題は複雑で，通常のアルゴリズムでは高速に解くことが不可能なことが多い．したがって，高性能な近似解を高速に求める近似アルゴリズムが必要である．このような理由から，現在，近似アルゴリズムは，アルゴリズム研究の分野で最も活発に研究されているテーマである．原書は，アメリカの名門大学の情報系およびオペレーションズリサーチ系の大学院で，10数年間にわたる近似アルゴリズムの講義から生まれた大学院生向けの本格的なテキストである．

　2001 年に出版された V. Vazirani の "Approximation Algorithms" は，近似アルゴリズムの本格的なテキストとして多くの学生や研究者に愛読され，その後の近似アルゴリズム研究に大きく貢献した．一方，この分野の研究発展が著しいこともあり，改訂版の出版が期待されていたが，Vazirani はこの本の改訂版を出版しなかった．おそらく，Williamson と Shmoys の著書が出版予定であることを聞いていたと思われる．そして，最先端の研究でもっとも活躍しているこの二人に全面的にすべてを委任したとも思われる．そのようなことで，原書は近似アルゴリズムの分野で研究する学生や研究者の待望の書である．

　原書は近似アルゴリズムデザインの技法とアイデアを系統的に明快に解説している．第一部では，単純な問題を例にとって，これらの技法とアイデアを具体的にわかりやすく解説している．したがって，講義には最適であり，近似アルゴリズムの研究を概観できる．第二部では，これらの技法とアイデアを，より高度な問題に適用する際の工夫を具体的に解説している．したがって，読者は近似アルゴリズムデザインの技法とアイデアが系統的に吸収でき，この分野でこれから研究をして実社会で活躍する研究開発力も獲得できる．

　系統的な解説を可能にしているのが，線形計画と整数計画である．しかし，これらは通常の情報科学系の講義では専門的に取り上げられることが少なかった．一方，欧米の大学では，本当に実用的なアルゴリズムの研究開発には，これらの分野が極めて重要であることが認識されてきている．したがって，情報科学系でもこれらを講義で取り上げる大学が増えてきていて，原書もそれに後押しされて執筆された．すなわち，これからのアルゴリズム教育には，線形計画と整数計画の概念の理解とそれを応用する能力の育成が必要不可欠になると思われるが，原書はそれらも自然に身につくように記述されている．

　アルゴリズムのデザインと解析に関する名著は多い．その中の一つで 2005 年に出版

されたJon KleinbergとÉva Tardosの"Algorithm Design"は，主として，多項式時間で解ける問題に対するデザイン技法を，ある意味で，学部学生を対象として，懇切丁寧に解説している．これに対して，WilliamsonとShmoysの"The Design of Approximation Algorithms"は，"Algorithm Design"を学んできていることを期待して執筆された本であり，その意味では，大学院レベルのテキストであり，大学院生の研究思考形態にぴたりと合致する明快な解説が系統的に述べられている．そのようなことで，原書は，"Algorithm Design"に興味を持った読者が，次に読むべき本としてトップに挙げられる本である．実際，原書の裏表紙に記載されている近似アルゴリズム研究の5人の世界的権威による推薦文からもわかるが，5人の推薦者は，原書が近似アルゴリズムの模範となる標準的なテキストとして使用されるであろうと述べている．

　訳者は，大会委員長の東京大学教授の伊理正夫先生のもとで1988年に中央大学で開催されたISMP (International Symposium on Mathematical Programming) のときに，Shmoys教授とÉva Tardos教授を含む三人の外国の先生と東北大学教授の西関隆夫先生と訳者を含む三人の日本人（計6名）で吉祥寺で会食する機会に恵まれ，Shmoys教授と初めてお話をした．Shmoys教授は，2014年にニューヨークで開催されたACMのSTOC (Symposium on Theory of Computing) のプログラム委員長を務めている．また，最大カット問題に対する半正定値計画に基づく斬新な近似アルゴリズムを提案して脚光を浴びFulkerson賞を受賞したWilliamson教授とは，1997年にスイス連邦工科大学ローザンヌ校で開催されたISMPのときに声をかけられ，その後共同研究をして2000年のACM-SIAMのSODA (Symposium on Discrete Algorithms) で共著の論文を発表することができた．そのようなことで，原書が出版された当時から，日本語版への翻訳を是非行いたいと考えていた．そして，共立出版の石井徹也氏にお願いして，本書を出版してもらえるようになった．

　翻訳の作業は，原著者の伝えたいことを読者が正確に把握でき，日本語としても読みやすくなるようにと細心の注意を払いつつ実行した．翻訳に当たり多くの人から協力援助をいただいた．とくに，コーネル大学のDavid Williamson教授には，国際会議で直接行った研究討論も含めて，訳者の度重なる質問に対して根気強く回答していただいた．また，近似アルゴリズムの最先端の研究動向の調査のために，文部科学省の科学研究費と中央大学の特定課題研究費からの助成に基づいて，国際会議に積極的に出席して第一線の研究者と研究討論および情報交換をさせていただいた．さらに，共立出版の石井徹也氏には，本書の原稿について，初期の段階から有益なご意見をいただくとともに，最終の完成まで辛抱強く待っていただいた．以上，心から感謝の意を表したい．最後に，日頃から支えてくれる妻（浅野眞知子）に感謝する．なお，最終的な翻訳に不適切な箇所があればすべて訳者の責任であり，読者からのご意見を歓迎したい．

　最後に，近似アルゴリズムの分野に関わるすべての学生や研究者および現場の開発者に対して，本書が原書の近似アルゴリズムデザインを日本語で楽しく学ぶための有用な道具となることを願っている．

2015年8月

浅野孝夫

# 序　文

　本書は，近似アルゴリズムの大学院レベルのテキストとして執筆したものである．1990年代半ばに，この分野の短期集中講義を担当した経験に基づいて本書の概略を構成した．その後，著者の一人で当時 IBM の研究員であった Williamson (DPW) は，この概略に基づいて近似アルゴリズムの講義を繰り返し担当した．具体的には，1998 年のコロンビア大学の応用工学・オペレーションズリサーチ学科での春学期，1998 年のコーネル大学大学院の応用工学・オペレーションズリサーチ専攻での秋学期，および 2000 年のマサチューセッツ工科大学のコンピューターサイエンス研究所での春学期に，この概略に基づいて近似アルゴリズムの講義を行った．これらの講義を通して講義ノートが外部でも利用可能になり，受講した学生と他大学でこの分野を担当している教授からの好評を得て，執筆方針に確信を持つようになった．その後も，この分野ではきわめて興味深い進展があったので，それらの多くを本書に加えている．さらに，新しい成果を加えた原稿に対しても，コーネル大学大学院の応用工学・オペレーションズリサーチ専攻での 2006 年秋学期と 2009 年秋学期の講義でフィールドテストを実際に行ってきた．

　これらの講義は，学部あるいは大学院でアルゴリズムの講義を修得済みで，アルゴリズムの正当性の数学的な証明に苦痛を感じない学生を対象として展開された．本書は，読者がこのレベルの準備がすでにできていることを仮定している．さらに，本書は，若干の確率の基本的な知識（たとえば，離散確率変数の期待値を計算する方法などの知識）も仮定している．最後に，NP-完全性についても多少の知識を持っていることを仮定している．少なくとも NP-困難な離散最適化問題に対する近似解を高速に求めたい理由なども読者が十分知っていることを仮定している．このような NP-困難問題に対して，近似解を求めることが困難であることを示すために，本書の複数箇所では実際に NP-完全性の証明のリダクションを与えている．そこで，これらの概念に不慣れな読者のために，クラス **NP** に属する問題と NP-完全性の概念についての短い解説を付録に与えている．もちろん，そのようなリダクションに不慣れな読者は，証明をスキップしても何ら問題のないことを注意しておく．

　本書は，大学院の講義用テキストとしてだけでなく，近似アルゴリズムの分野において，最先端の研究動向の背景を理解するための書籍としても用いることができる．とくに，この分野の研究をこれから始めようとする博士課程の学生に，本書を手渡して"これを読んで研究してごらん"と言えることを念頭に置いて，本書を執筆した．

さらに，離散最適化問題のヒューリスティック解に主たる関心のある研究者に対して，近似アルゴリズムの分野の研究に対する文献として，本書が利用されることも期待している．そのような離散最適化問題は，施設配置問題やネットワーク設計などの伝統的なオペレーションズリサーチの問題のみならず，データベースやプログラミング言語設計の問題，ウイルスマーケティングでの効果的広告法などの多岐にわたる分野で，生じている．そのような問題へのアプローチとして，近似アルゴリズムの分野で開発され利用されている様々な技法を理解する手立てとして本書が活用されることを期待している．

本書を執筆するに当たり，特別の考慮をした点は以下のとおりである．第一に，近似アルゴリズムをデザイン（設計）する上でのある種の原理，すなわち，様々な最適化問題に広く適用されているデザイン技法のアイデアを中心に内容を構成している．本書の題名の"近似アルゴリズムデザイン"は，十分に注意を払い考慮して決定したものである．本書は，これらのデザイン技法が中核となって構成されている．第1章では，単一の問題の集合カバー問題に対してこれらのデザイン技法のいくつかを適用している．その後，本書は二つの部で構成されている．第一部では，すべての章がそれぞれ，たとえば，"グリーディアルゴリズムと局所探索アルゴリズム"，"データのラウンディングと動的計画"などのように，一つのアルゴリズムデザイン技法に焦点を当てて，その技法を様々な問題に適用する構成になっている．第二部では，第一部で取り上げたデザイン技法を再度取り上げている．そこでは，それらの技法をより工夫を凝らして適用している．とくに，これらの技法を適用してきわめて最近に得られた成果を取り上げている．このような構成により，本書を通して，中核となる最適化問題のいくつかは繰り返し取り上げられ，新しい技法で取り上げるときには，それらに対して前の結果より良い結果が得られることになる．とくに，そのような問題である，容量制約なし施設配置問題，賞金獲得シュタイナー木問題，ビンパッキング問題，最大カット問題を，本書を通してしばしば取り上げている．

第二に，線形整数計画を近似アルゴリズムデザインの中心的な側面として捉えて取り上げている．この視点は，著者がオペレーションズリサーチと数理計画の分野でも研究しているという背景に基づいている．コンピューターサイエンスの分野では，これはあまり見られないことであるので，コンピューターサイエンス出身の学生は，線形計画の基本的な用語についてあまりなじみがないものと思われる．そこで，冒頭の第1章で必要となるこの分野の用語を概観している．さらに，付録にも入門用の簡単な解説を与えている．

第三に，講義での説明用として十分に簡素であると同時に，トピックとしても中心的であるような成果のみを本書で取り上げている．すなわち，本書の結果の多くは，複数の大学の授業で実際に取り上げて講義したものである．なお，このルールは，本書では一度だけ無視されている．すなわち，一様最疎カット問題に対して，Arora, Rao, and Vazirani [22] により半正定値計画を適用して得られた，最新のきわめて興味深い成果を取り上げているときだけは，このルールが適用されていない．この成果の証明は，本書で最も長くて複雑なものとなっている．

執筆の各段階で本書に対して多数の人々からコメントをいただいたことに感謝する．とくに，本書の多数の節の内容に対してきわめて詳細なコメントをいただいた James Davis, Lisa Fleischer, Isaac Fung, Rajiv Gandhi, Igor Gorodezky, Nick Harvey, Anna Karlin, Vijay Kothari, Katherine Lai, Gwen Spencer および Anke van Zuylen に感謝する．さら

に，タイプミスの指摘，感想，特別な論文の理解の手助け，および有益なコメントをいただいた Bruno Abrahao，Hyung-Chan An，Matthew Andrews，Eliot Anshelevich，Sanjeev Arora，Ashwinkumar B.V.，Moses Charikar，Chandra Chekuri，Joseph Cheriyan，Chao Ding，Dmitriy Drusvyatskiy，Michel Goemans，Sudipto Guha，Anupam Gupta，Sanjeev Khanna，Lap Chi Lau，Renato Paes Leme，Jan Karel Lenstra，Roman Rischke，Gennady Samorodnitsky，Daniel Schmand，Jiawei Qian，Yogeshwer Sharma，Viktor Simjanoski，Mohit Singh，Éva Tardos，Mike Todd，Di Wang および Ann Williamson に感謝する．有用なコメントをいただいた複数の匿名の査読者にも感謝する．また，自身の近似アルゴリズムの講義で本書のドラフトを利用してくれた Eliot Anshelevich，Joseph Cheriyan，Lisa Fleischer，Michel Goemans，Nicole Immorlica および Anna Karlin からは，本書を利用した経験に基づく有用なコメントをいただいた．とくに，Anna の講義に出席した学生の Benjamin Birnbaum，Punyashloka Biswal，Elisa Celis，Jessica Chang，Mathias Hallman，Alyssa Joy Harding，Trinh Huynh，Alex Jaffe，Karthik Mohan，Katherine Moore，Cam Thach Nguyen，Richard Pang，Adrian Sampson，William Austin Webb および Kevin Zatloukal からは有用なコメントをいただいた．Frans Schalekamp は，本書の表紙の原案を作成してくれた．それは，8.5 節で議論している Fakcharoenphol, Rao, and Talwar [106] の木メトリックのアルゴリズムの説明図である．Cambridge University Press の編集者 Lauren Cowles には，本書の完成を辛抱強く待ってくれたことと多くの有用な助言をいただいたことに深く感謝する．

　本書の執筆を通して，サポートしてくれた関係諸機関にも感謝する．とくに，本務先のコーネル大学，IBM の T. J. Watson and Almaden Research Centers (DPW) および本書の最終の校正時にサバティカルでお世話になった TU Berlin (DPW)，the Sloan School of Management at MIT および the Microsoft New England Research Center (DBS) に感謝する．近似アルゴリズムの研究をサポートしてくれた National Science Foundation にも感謝する．

　本書に関する（連絡先や誤りなどの）その他のことに関しては，ウェブページの www.designofapproxalgs.com に掲載しておく．

　本書の執筆に従事した期間ずっと忍耐と援助を示し続けてくれた著者らそれぞれの妻と子供にも感謝する．DPW は Ann，Abigail，Daniel および Ruth に，DBS は Éva，Rebecca および Amy に感謝する．

　最後に，近似アルゴリズム分野の研究における著者らの情熱と感動が本書を通して読者にうまく伝わることを心から願っている．そして，読者も近似アルゴリズムの研究を堪能することを祈念している．

David P. Williamson（デイビッド P. ウィリアムソン）<br>
David B. Shmoys　　（デイビッド B. シュモイシュ）<br>
2011 年 1 月

# 目 次

日本語版への序文 　　i

訳者序文 　　iii

序　文 　　v

## 第 I 部　技法：入門　　1

## 第 1 章　近似アルゴリズムへの序論　　3
　1.1　近似アルゴリズムとは？ なぜ近似アルゴリズムなのか？ ………… 3
　1.2　技法と線形計画への序論：集合カバー問題 ………… 6
　1.3　確定的ラウンディングアルゴリズム ………… 10
　1.4　双対解によるラウンディング ………… 11
　1.5　双対解の構成：主双対法 ………… 15
　1.6　グリーディアルゴリズム ………… 16
　1.7　乱択ラウンディングアルゴリズム ………… 21
　1.8　演習問題 ………… 24
　1.9　ノートと発展文献 ………… 26

## 第 2 章　グリーディアルゴリズムと局所探索アルゴリズム　　29
　2.1　単一マシーンによる期限付きジョブのスケジューリング ………… 30
　2.2　$k$-センター問題 ………… 32
　2.3　同一並列マシーン上でのジョブのスケジューリング ………… 35
　2.4　巡回セールスマン問題 ………… 39
　2.5　銀行口座の浮動資金の最大化 ………… 44
　2.6　最小次数全点木問題に対する局所探索アルゴリズム ………… 47
　2.7　辺彩色 ………… 52
　2.8　演習問題 ………… 57
　2.9　ノートと発展文献 ………… 61

## 第3章　データのラウンディングと動的計画　　63

- 3.1　ナップサック問題 ……………………………………………… 64
- 3.2　同一並列マシーン上でのジョブのスケジューリング ………… 68
- 3.3　ビンパッキング問題 …………………………………………… 73
- 3.4　演習問題 ………………………………………………………… 79
- 3.5　ノートと発展文献 ……………………………………………… 81

## 第4章　線形計画問題での確定的ラウンディング　　82

- 4.1　単一マシーンによるジョブの完了時刻の和の最小化スケジューリング …… 83
- 4.2　単一マシーンによるジョブの重み付き完了時刻の和の最小化 ………… 86
- 4.3　大規模線形計画問題の楕円体法による多項式時間解法 …… 88
- 4.4　賞金獲得シュタイナー木問題 …………………………………… 91
- 4.5　容量制約なし施設配置問題 …………………………………… 94
- 4.6　ビンパッキング問題 …………………………………………… 100
- 4.7　演習問題 ………………………………………………………… 106
- 4.8　ノートと発展文献 ……………………………………………… 109

## 第5章　ランダムサンプリングと線形計画問題での乱択ラウンディング　　111

- 5.1　MAX SAT と MAX CUT に対する単純なアルゴリズム …… 112
- 5.2　脱乱択 …………………………………………………………… 115
- 5.3　偏りのあるコイン投げ ………………………………………… 117
- 5.4　乱択ラウンディング …………………………………………… 118
- 5.5　二つの解の良いほうの解を選択する ………………………… 122
- 5.6　非線形乱択ラウンディング …………………………………… 124
- 5.7　賞金獲得シュタイナー木問題 ………………………………… 126
- 5.8　容量制約なし施設配置問題 …………………………………… 129
- 5.9　単一マシーンによるジョブの重み付き完了時刻の和の最小化 …… 132
- 5.10　Chernoff 限界 …………………………………………………… 138
- 5.11　整数多品種フロー ……………………………………………… 142
- 5.12　ランダムサンプリングと 3-彩色可能デンスグラフの彩色 … 144
- 5.13　演習問題 ………………………………………………………… 147
- 5.14　ノートと発展文献 ……………………………………………… 151

## 第6章　半正定値計画問題での乱択ラウンディング　　153

- 6.1　半正定値計画の簡単な紹介 …………………………………… 153
- 6.2　大きいカットを求める ………………………………………… 155
- 6.3　二次計画問題の近似解 ………………………………………… 160
- 6.4　相関クラスタリングを求める ………………………………… 163
- 6.5　3-彩色可能グラフの彩色 ……………………………………… 166

|  |  |  |
|---|---|---|
| 6.6 | 演習問題 | 170 |
| 6.7 | ノートと発展文献 | 173 |

## 第7章　主双対法　　175

|  |  |  |
|---|---|---|
| 7.1 | 集合カバー問題：復習 | 175 |
| 7.2 | 値を増加する変数の選択：無向グラフのフィードバック点集合問題 | 178 |
| 7.3 | 主解の整理：最短 $s$-$t$ パス問題 | 183 |
| 7.4 | 複数の変数の値の同時増加：一般化シュタイナー木問題 | 186 |
| 7.5 | 不等式の強化：最小ナップサック問題 | 193 |
| 7.6 | 容量制約なし施設配置問題 | 197 |
| 7.7 | ラグランジュ緩和と $k$-メディアン問題 | 202 |
| 7.8 | 演習問題 | 209 |
| 7.9 | ノートと発展文献 | 211 |

## 第8章　カットとメトリック　　213

|  |  |  |
|---|---|---|
| 8.1 | 多分割カット問題と最小カットに基づくアルゴリズム | 214 |
| 8.2 | 多分割カット問題と LP ラウンディングアルゴリズム | 215 |
| 8.3 | 多点対カット問題 | 222 |
| 8.4 | 平衡カット | 228 |
| 8.5 | 木メトリックによるメトリックの確率的近似 | 232 |
| 8.6 | 木メトリックの応用：まとめ買いネットワーク設計 | 238 |
| 8.7 | 延伸メトリックと木メトリックと線形アレンジメント | 242 |
| 8.8 | 演習問題 | 248 |
| 8.9 | ノートと発展文献 | 251 |

## 第II部　技法：発展　　253

## 第9章　グリーディアルゴリズムと局所探索アルゴリズムの発展利用　　255

|  |  |  |
|---|---|---|
| 9.1 | 容量制約なし施設配置問題に対する局所探索アルゴリズム | 256 |
| 9.2 | $k$-メディアン問題に対する局所探索アルゴリズム | 263 |
| 9.3 | 最小次数全点木 | 267 |
| 9.4 | 容量制約なし施設配置問題に対するグリーディアルゴリズム | 272 |
| 9.5 | 演習問題 | 279 |
| 9.6 | ノートと発展文献 | 281 |

## 第10章　データのラウンディングと動的計画の発展利用　　283

|  |  |  |
|---|---|---|
| 10.1 | ユークリッド平面上の巡回セールスマン問題 | 284 |
| 10.2 | 平面的グラフの最大独立集合 | 297 |
| 10.3 | 演習問題 | 306 |

10.4 ノートと発展文献 ........................................ 308

# 第11章　線形計画問題での確定的ラウンディングの発展利用　309
11.1 一般化割当て問題 ........................................ 310
11.2 最小コスト次数上界付き全点木 ........................... 314
11.3 サバイバルネットワーク設計と反復ラウンディング ........ 328
11.4 演習問題 ................................................ 337
11.5 ノートと発展文献 ........................................ 341

# 第12章　ランダムサンプリングとLP乱択ラウンディングの発展利用　343
12.1 容量制約なし施設配置問題 ............................... 344
12.2 単一ソースのレンタル・購入問題 ......................... 348
12.3 シュタイナー木問題 ..................................... 352
12.4 すべてを同時に解決：デンスグラフの大きいカットの求解 .. 360
12.5 演習問題 ................................................ 366
12.6 ノートと発展文献 ........................................ 369

# 第13章　半正定値計画問題での乱択ラウンディングの発展利用　371
13.1 二次計画問題の近似 ..................................... 372
13.2 3-彩色可能グラフの彩色 ................................. 379
13.3 ユニークゲーム ......................................... 383
13.4 演習問題 ................................................ 392
13.5 ノートと発展文献 ........................................ 394

# 第14章　主双対法の発展利用　395
14.1 賞金獲得シュタイナー木問題 ............................. 395
14.2 無向グラフのフィードバック点集合問題 ................... 401
14.3 演習問題 ................................................ 408
14.4 ノートと発展文献 ........................................ 410

# 第15章　カットとメトリックの発展利用　411
15.1 低歪み埋め込みと最疎カット問題 ......................... 411
15.2 需要未確定ルーティングとカット木パッキング ............. 419
15.3 カット木パッキングと最小二等分割問題 ................... 427
15.4 一様最疎カット問題 ..................................... 431
15.5 演習問題 ................................................ 452
15.6 ノートと発展文献 ........................................ 454

# 第16章　近似困難性の証明技法　455
16.1 NP-完全問題からのリダクション .......................... 456

16.2　近似保存リダクション ................................................ 461
　　16.3　確率的検証可能証明からのリダクション ........................ 473
　　16.4　ラベルカバー問題からのリダクション ........................... 479
　　16.5　ユニークゲーム問題からのリダクション ........................ 494
　　16.6　ノートと発展文献 .................................................... 503

# 第17章　未解決問題　　506

# 付録A　線形計画　　511

# 付録B　NP-完全性　　516

# 参考文献　　521

# 著者索引　　537

# 用語英（和）索引　　542

# 用語和（英）索引　　567

# 第Ⅰ部

# 技法：入門

# 第1章

# 近似アルゴリズムへの序論

## 1.1 近似アルゴリズムとは？ なぜ近似アルゴリズムなのか？

**決定，決定**．膨大なデータから有用な情報をふるい分けて選択することの困難性は，現在社会で日常的に経験されている．この情報技術時代における前提条件の一つとして，在庫管理のレベルから車両のルート決定や効率的検索のためのデータの組織化に至るまで，多数の決定がコンピューターによって高速に行われるということが挙げられる．このように，ある可能な目標のもとで最適な結果となる決定を下す方法の研究から，**離散最適化** (discrete optimization) の分野が生まれた．

しかしながら，実際に起こる興味深い離散最適化の問題は多くがNP-困難である．したがって，$P = NP$ でない限りは，そのような問題に対して最適解を求める効率的なアルゴリズムは存在しない．なお本書では，慣例に従って，入力のサイズの多項式時間で走るようなアルゴリズムを"効率的なアルゴリズム"と呼ぶ．"このケースにおいてはどうすべきであろうか？"ということに対する回答を与えることが本書の目的である．

古き時代の工学のことわざとして，"速い，安い，良い"の三つを同時に達成することは困難であるのでこれらの三つから二つを選ぶ，ということが知られている．同様に，$P \neq NP$ のときには，以下の三つを条件をアルゴリズムが同時に満たすことはできない．すなわち，(1) 最適解を求める，(2) 多項式時間で，(3) すべてのインスタンス（入力）に対して，という三つの条件を同時に満たすことはできない．NP-困難な最適化問題を取り扱うときには，これらの要求の少なくとも一つはあきらめなければならない．

"すべての入力に対して"という要求をあきらめて，実際に起こるような特殊ケースの問題に限定して多項式時間のアルゴリズムを考えるのも，一つのアプローチである．本当に解きたい問題の入力がこの特殊ケースに当てはまるときには，これは有効な方法である．しかし，これはまれであることが多い．

より一般的なアプローチは，多項式時間で解を求めるという要求をあきらめることであろう．このときには，問題の可能な解の集合の解空間を効果的に探査して，最適解を求めることが目標となる．これは，最適解を得るのに分単位や時間単位の計算時間がかかってもよい状況では，成功につながるアプローチである．しかし，問題の一つの入力で成功しても，次の入力では"期待されるどんな計算時間でも"アルゴリズムが解を求めてくるか

どうかがわからないことが，最も心配になる点であろう．これは，離散最適化問題を整数計画問題で定式化して解を求めるオペレーションズリサーチや数理計画，および $A^*$ 探索や制約計画の技法を考える人工知能の分野では，しばしば用いられるアプローチである．

最も多く用いられているのは，最適解を求めるという制約をあきらめて，"十分に良い"解を数秒以内で求めてくるというアプローチである．実際，このアプローチはしばしば採用されて，少し名前を挙げるだけでも，シミュレーテドアニーリング，遺伝的アルゴリズム，タブーサーチ，など様々なヒューリスティックやメタヒューリスティックの研究が精力的に遂行されてきた．実用上は，これらの技法はかなり良い結果をもたらすことが多い．

本書のアプローチも最後の3番目の範疇に入る．しかし，最適解を求めるという要求をあきらめるものの，できるだけあきらめる度合いを少なくするのが目標となる．したがって，本書では，離散最適化問題に対する**近似アルゴリズム** (approximation algorithm) を考える．すなわち，解の**値** (value) に基づいて，最適解の値に十分に近い値を持つ近似解を求めるアルゴリズムを取り上げる．したがって，最適化問題の可能な各解に非負数を対応させる**目的関数** (objective function) があり，最適化問題の**最適解** (optimal solution) は，この目的関数の値を目的に応じて，最小化あるいは最大化する解である．このとき，近似アルゴリズムは以下のように定義される．

**定義 1.1** 最適化問題のすべてのインスタンス（以下簡単化して，入力と呼ぶ）に対して最適解の値の $\alpha$ 倍以内の値を持つ解を返す多項式時間アルゴリズムを，その最適化問題に対する **$\alpha$-近似アルゴリズム** ($\alpha$-approximation algorithm) という．

$\alpha$-近似アルゴリズムに対する $\alpha$ をアルゴリズムの**性能保証** (performance guarantee) と呼ぶことにする．文献においては，アルゴリズムの**近似比** (approximation ratio) や**近似率** (approximation factor) とも呼ばれている．本書では，よく用いられているように，最小化問題に対しては $\alpha > 1$ であり，最大化問題に対しては $\alpha < 1$ であるとする．したがって，最大化問題に対する $\frac{1}{2}$-近似アルゴリズムは，最適解の値の半分以上の値を持つ解を常に求める多項式時間のアルゴリズムである．

近似アルゴリズムを研究する理由は何か？ 以下に理由をいくつか挙げてみる．

- **離散最適化問題の解を求めるアルゴリズムが必要であるから** 上で述べたように，現在の情報技術時代において，解かなければならない最適化問題はますます増えてきて，それらの多くがNP-困難である．そしてある場合においては，最適解が必ずしも強く要求されないときもあり，そのようなときには最適解の値に近い値を持つ解を求める近似アルゴリズムも有用なヒューリスティックである．
- **"実世界"の応用モデルそのものというよりも最初は理想化されたモデルに焦点を当ててアルゴリズムデザインを行うことが多いから** 実際に起こる離散最適化問題の多くは，様々な要因がきわめて複雑に絡み合っていて，そのため良い性能保証を持つ近似アルゴリズムを得るのが困難になっている．これに対して，より単純化した問題に対する近似アルゴリズムから，実際の与えられた問題に対して実用上うまく機能するヒューリスティックが得られることも，しばしば見られる．さらに，定理を証明する

ことにより，問題の構造に対する数学的により深い理解が得られて，さらなるアルゴリズム的なアプローチにもつながることになる．

- **ヒューリスティックを研究するための数学的に正確な基礎が得られるから** ヒューリスティックやメタヒューリスティックは，実験的に研究されている．そしてそれらは実際にうまく機能することも多いが，その理由はよく理解されていない．近似アルゴリズムの研究は，ヒューリスティックの研究に数学的な基礎を与える．したがって，すべての入力においてヒューリスティックがどれだけうまく機能するのかを証明したり，あるいは，ヒューリスティックがうまく機能しない入力とはどんなものであるのかというアイデアを得ることができるようになる．さらに，本書の多くの近似アルゴリズムに対する数学的な解析は，すべての入力に対する**事前保証** (a priori guarantee) のみならず，入力に依存する**事後保証** (a fortiori guarantee) を持ち，したがって，事前の性能保証で約束されたものよりも，得られた解は，より一層最適解に近いものになると結論づけることもできる，という性質も満たすものになっている．

- **様々な離散最適化問題の近似困難性を記述する指標を与えることができるから** 計算可能性の研究は 20 世紀に格段に進展した．20 世紀前半では，有限の時間で問題を解くことができるかどうかが研究者の最大の関心事であった．そして，"停止問題"が有限の時間では解くことのできない問題として発見され，そのような問題の代表的な例となった．20 世紀後半では，多項式時間で解くことのできる問題とできない問題とを識別する研究，すなわち，計算の効率の研究が研究者のさらなる関心事となった．そして，効率的に解けないだろうと信じられている NP-困難問題も発見された．これに対して，近似アルゴリズムの研究は，様々な最適化問題が，どこまで近似できるかによって，識別する方法を与えてきていると言える．

- **面白いから** 近似アルゴリズムの研究では，近年，深淵で華麗な結果が続々と得られてきて，それ自体研究することが本質的に興味深いと言える．

問題の"すべての"入力に対して最適解に近い解をアルゴリズムで出力するという要求に対しては，しばしば反論も取り上げられている．すなわち，可能な最悪の入力に対するアルゴリズムの解析では，実際に実用的に利用したくなる性能が得られない，という反論である．実用上は，最適解の 2 倍の保証のある解よりも，数パーセントだけ悪いというような解のほうが望まれるからである．しかし，数学的な観点からは，最悪の場合を想定した解析に匹敵するほかの選択肢の存在が明らかではない．また，与えられた問題の"典型"となるような入力を定義することもきわめて困難である．実際，与えられた確率分布で一様ランダムに生成される入力は，実世界のデータとはきわめて異なる特殊な性質を持つことも多い．本書の目的はアルゴリズムの解析における数学的な正確さであるので，したがって，最悪の場合を想定した解析に固執することにする．最悪の場合を想定した解析における最悪の性能保証は，実際には起こらないような病理的な入力によるものであり，実際に近似アルゴリズムで得られる解は，性能保証で与えられたものよりも，ずっと最適解に近いことも多いことに注意しよう．

以上により，近似アルゴリズムの研究は有意義であることがわかったので，興味深い問題に対する良い近似アルゴリズムがあるかどうかについての問題に移ることにする．問題

に対しては，格別に良い近似アルゴリズムを得ることもできる．実際そのような問題は，以下で定義される"多項式時間近似スキーム"を持つ．

**定義 1.2**　すべての $\epsilon\,(0<\epsilon\leq 1)$ に対して，最小化問題に対する $(1+\epsilon)$-近似アルゴリズム（あるいは，最大化問題に対する $(1-\epsilon)$-近似アルゴリズム）$A_\epsilon$ が存在するとき，そのようなアルゴリズムの族 $\{A_\epsilon\}$ を**多項式時間近似スキーム** (polynomial-time approximation scheme) という（頭文字をとって，PTAS ということも多い）．

多くの問題が多項式時間近似スキーム（PTAS）を持つ．後の章でナップサック問題とユークリッド空間の巡回セールスマン問題が，ともに PTAS を持つことを眺めることにする．

しかしながら，PTAS を持たない問題のクラスも存在する．そのようなクラスに，定義は与えないが，**MAX SNP** と呼ばれるものがあり，その中には多くの興味深い最適化問題が含まれる．本書のあとで取り上げる最大充足化問題や最大カット問題も含まれる．

**定理 1.3**　$\mathbf{P}=\mathbf{NP}$ でない限り，どの MAX SNP-困難問題に対しても多項式時間近似スキームは存在しない．

最後に，以下のようにきわめて難しい問題も存在することを注意しておく．**最大クリーク問題** (maximum clique problem) では，入力として無向グラフ $G=(V,E)$ が与えられる．目標は，最大サイズの**クリーク** (clique) を求めることである．すなわち，どの対 $i,j\in S$ に対しても $(i,j)\in E$ が成立するような集合 $S\subseteq V$ のうちで[1]，サイズ $|S|$ が最大となるものを求める問題である．以下の定理は，自明でないどのような性能保証もほとんど達成できないことを示している．

**定理 1.4**　$n$ を入力のグラフの点数とし，$\epsilon>0$ を任意の定数とする．このとき，$\mathbf{P}=\mathbf{NP}$ でない限り，最大クリーク問題に対する $\Omega(n^{\epsilon-1})$-近似アルゴリズムは存在しない．

この定理がいかに強いことを言っているかは，この問題に対して，$n^{-1}$-近似アルゴリズムはきわめて容易に得られることを考えるとわかる．任意に 1 点のみを返すアルゴリズムは，最大クリークのサイズが入力の点数の $n$ 以下であるので，$n^{-1}$-近似アルゴリズムであるからである．定理は，完全に自明なこの近似アルゴリズムよりも，本質的に少しでも良い解を求めてくるようなアルゴリズムがあれば，$\mathbf{P}=\mathbf{NP}$ が得られてしまう，ということを言っているのである．

## 1.2　技法と線形計画への序論：集合カバー問題

本書の主目的は，第一に，近似アルゴリズムのデザインと解析で用いられる基本的な技法がいくつか存在することに注目して，それらの各技法が多くの興味深い問題にどのよう

---

[1] 訳注：このような $S\subseteq V$ は $G=(V,E)$ のクリークと呼ばれる．

に適用できるかについての具体的な議論を通して，読者がこれらの技法を理解して修得することができるようにすることである．その過程において，特定の問題をいくつかしばしば取り上げることにする．新しい技法を初めて紹介するときに，それ以前に眺めた問題にどのように適用できるのかを議論して，その技法を用いることにより，より良い結果が得られることを眺めていく．本章の残りの部分では，本書で紹介する中心的な技法のいくつかを，以下で定義される"集合カバー問題"という一つの問題に適用して説明する．すなわち，集合カバー問題を通して，これらの各技法が近似アルゴリズムを得るのにどのように用いられ，さらにその中のいくつかはより良い近似アルゴリズムにどのようにつながっていくかを眺めることにする．

**集合カバー問題** (set cover problem) では，要素の基礎集合 $E = \{e_1, \ldots, e_n\}$，各 $S_j$ ($j = 1, 2, \ldots, m$) が $E$ の部分集合である $S_1, S_2, \ldots, S_m$，および各 $S_j$ に対する非負の重み $w_j \geq 0$ が与えられる．目標は，$E$ の要素をすべてカバーするような部分集合の族で，重みの総和が最小となるものを求めることである．すなわち，$\bigcup_{j \in I} S_j = E$ を満たすような $I \subseteq \{1, \ldots, m\}$ のうちで[2]，$\sum_{j \in I} w_j$ が最小となるものを求めたい．各 $S_j$ ($j = 1, 2, \ldots, m$) に対する重み $w_j$ が $w_j = 1$ であるときには，とくに**重みなし集合カバー問題** (unweighted set cover problem) と呼ばれることもある．

集合カバー問題はいくつかの種類の問題を抽象化した問題である．ここでは二つの例を挙げて説明する．集合カバー問題は，コンピューターウイルス検出のセキュリティソフト開発で用いられてきた．このケースでは，コンピューターのブートセクターを標的とするウイルスに見られる顕著な特徴（典型的なコンピューター応用ソフトにはない特徴）を検出することが要求された．そして，これらの特徴は，感染していないかどうかのネットワークチェック用として，これらのブートセクターウイルスを検出するためのヒューリスティックに組み込まれた．集合カバーの定式化においては，要素は当時知られていた 150 個のブートセクターウイルスであった．各部分集合は，これらのウイルスにはあって，典型的なコンピューター応用ソフトにはない 3 バイト列に対応した．そのような列はほぼ 21,000 個存在した．したがって，各部分集合は，対応する 3 バイト列をどこかに含むウイルスからなる集合で形成された．目標は，感染していないかどうかのネットワークチェック用として有効な（150 個よりもずっと少ない）少ない個数のそのような列を見つけることである．この問題を解決するための近似アルゴリズムを用いて，感染していないかどうかのネットワークチェック用として有効な少ない個数のそのような列が見つけられて，それ以前には解析されていなかったブートセクターウイルスを検出することができたのである．集合カバー問題は，"点カバー問題"を一般化した問題でもある．**点カバー問題** (vertex cover problem) では，無向グラフ $G = (V, E)$ と各点 $i \in V$ に対する非負の重み $w_i \geq 0$ が与えられる．目標は，各辺 $(i, j) \in E$ に対して $i \in C$ あるいは $j \in C$ となるような $C \subseteq V$ のうちで[3]，重みの総和が最小となるものを求めることである．集合カバー問題のときと同様に，各点 $i$ で $w_i = 1$ であるときには，**重みなし点カバー問題** (unweighted vertex cover problem) と呼ばれる．点カバー問題が集合カバー問題の特殊ケースであるこ

---

[2] 訳注：$\bigcup_{j \in I} S_j = E$ を満たすとき $\{S_j : j \in I\}$ は集合カバーと呼ばれる．簡略化して，$I$ を集合カバーと呼ぶことも多い．

[3] 訳注：このような $C \subseteq V$ は $G = (V, E)$ の点カバーと呼ばれる．

とは，以下のようにして理解できる．点カバー問題の任意の入力に対して，集合カバー問題の入力を以下のように構成する．基礎集合をグラフの辺集合とする．各点 $i \in V$ に対して，$i$ に接続する辺からなる集合を $S_i$ とし，その重みを $w_i$ とする．このとき，任意の点カバー $C$ に対して，同じ重みの集合カバー $I = C$ が存在し，逆も成立することが，それほど困難なく確認できる．

本書の主目的は，第二に，**線形計画** (linear programming) が近似アルゴリズムのデザインと解析において，中心的な役割を果たすということを，読者がしっかりと理解して修得することができるようにすることである．解説する技法の多くは，様々な形で整数計画と線形計画の理論を用いている．ここでは，集合カバー問題の枠組みで，この分野の簡単な解説を与える．なお，付録Aでもう少し詳しい解説を与えている．また，本章末のノートと発展文献では，この分野のより詳細な解説に対する参考文献を与えている．

線形計画問題と整数計画問題はいずれも，ある種の下すべき決定を表すいくつかの**決定変数** (decision variable) を用いて定式化される．これらの変数は，**制約式** (constraint) と呼ばれる多数の線形不等式や線形等式で取りうる値が限定される．

すべての制約式を満たすような変数への実数の割当て（解）は，**実行可能解** (feasible solution) と呼ばれる．集合カバー問題においては，解でどの部分集合 $S_j$ が用いられているかを決定することが必要である．この選択を表すために決定変数 $x_j$ を考える．そして，集合 $S_j$ が解に含まれるとき $x_j$ を 1 とし，含まれないとき $x_j$ を 0 とする．したがって，すべての部分集合 $S_j$ に対して，制約式 $x_j \leq 1$, $x_j \geq 0$ を考える．$x_j \in \{0,1\}$ を保証するにはこれではまだ不十分で，整数でない値を取る**小数解** (fractional solution) を排除するために，**整数計画問題** (integer program) として定式化する．すなわち，決定変数が整数の値のみを取ることができるとする制約を加える．制約式 $x_j \leq 1$, $x_j \geq 0$ と $x_j$ が整数であるという制約により，$x_j \in \{0,1\}$ は保証される．

実行可能解が集合カバーに対応するように，さらに制約式を考える．各要素 $e_i$ がカバーされることを保証するために，$e_i$ を含む部分集合 $S_j$ のうちの少なくとも一つは解に選ばれなければならない．これは，各 $e_i$ ($i = 1, \ldots, n$) で

$$\sum_{j : e_i \in S_j} x_j \geq 1$$

と書ける．

線形計画問題と整数計画問題は，制約式とともに，**目的関数** (objective function) と呼ばれる決定変数の線形の関数を用いて定義される．線形計画問題と整数計画問題は，目的関数を最小化あるいは最大化する実行可能解を求める問題である．そのような解は，**最適解** (optimal solution) と呼ばれる．また，線形（整数）計画問題の任意の実行可能解に対して，その解における目的関数の値は，その実行可能解の**値** (value) と呼ばれる．とくに，最適解の値はその"線形（整数）計画問題の値"と呼ばれる．線形計画問題に対して，その問題の最適解を得ることを，その線形計画問題を"解く"という．集合カバー問題のときには，上記のように，決定変数 $x_j$ と制約式が与えられると，変数 $x_j$ で与えられる集合カバーの重みは $\sum_{j=1}^{m} w_j x_j$ となる．さらに，最小重みの集合カバーを見つけたいので，整数計画問題の目的関数は $\sum_{j=1}^{m} w_j x_j$ となり，この関数を最小化するということになる．

整数計画問題と線形計画問題は，通常，最初に目的関数を書き，次に制約式を書いて，

簡潔に表現される．上述の議論より，最小重みの集合カバーを求める問題は，以下の整数計画問題に等価である．

$$\begin{aligned}
\text{minimize} \quad & \sum_{j=1}^{m} w_j x_j \\
\text{subject to} \quad & \sum_{j:e_i \in S_j} x_j \geq 1, \qquad i = 1,\ldots,n, \\
& x_j \in \{0,1\}, \qquad j = 1,\ldots,m.
\end{aligned} \qquad (1.1)$$

与えられた集合カバー問題に対するこの整数計画問題の最適解の値を $Z_{IP}^*$ とする．与えられた集合カバー問題に対するこの整数計画問題は，正確に集合カバー問題に対応するので，集合カバー問題の最適解の値が OPT であるとすると，$Z_{IP}^* = \text{OPT}$ となる．

一般に，整数計画問題は多項式時間で解くことができない．これは明らかである．なぜなら，集合カバー問題が NP-困難であるので，集合カバー問題に対する上記の整数計画問題が多項式時間で解けるとすると，$\mathbf{P} = \mathbf{NP}$ が得られてしまうからである．一方，線形計画問題は多項式時間で解ける．線形計画問題では，決定変数が整数であることが要求されていない．それにもかかわらず，集合カバー問題も含めて，多くの場合，線形計画問題の解から役に立つ情報を引き出すことができるので，線形計画問題はきわめて有効である．たとえば，制約式の $x_j \in \{0,1\}$ を制約式 $x_j \geq 0$ で置き換えると，多項式時間で解くことのできる以下の線形計画問題が得られる．

$$\begin{aligned}
\text{minimize} \quad & \sum_{j=1}^{m} w_j x_j \\
\text{subject to} \quad & \sum_{j:e_i \in S_j} x_j \geq 1, \qquad i = 1,\ldots,n, \\
& x_j \geq 0, \qquad j = 1,\ldots,m.
\end{aligned} \qquad (1.2)$$

各 $j = 1,\ldots,m$ に対して制約式 $x_j \leq 1$ を加えることもできるが，それらはすべて，以下の意味で，冗長である．問題に対する任意の最適解においては，実行可能性を保ちかつ解の重みを増加させることなく，$x_j > 1$ は $x_j = 1$ に置き換えることができるからである．

線形計画問題 (1.2) は，最初の整数計画問題 (1.1) の**緩和 (relaxation)** である．これは二つのことを意味する．第一に，最初の整数計画問題の任意の実行可能解は，この線形計画問題でも実行可能であるということである．第二に，整数計画問題の任意の実行可能解の値は，線形計画問題でも（実行可能解で）同じ値を持つということである．これを踏まえて，線形計画問題が緩和であることは，以下のようにして理解できる．実際，各 $j = 1,\ldots,m$ に対して $x_j \in \{0,1\}$ であり，各 $i = 1,\ldots,n$ に対して $\sum_{j:e_i \in S_j} x_j \geq 1$ であるような整数計画問題の任意の実行可能解は，確かに線形計画問題の制約式をすべて満たす．さらに，整数計画問題と線形計画問題の目的関数は同じであるので，整数計画問題の任意の実行可能解は，線形計画問題でも同じ値を持つ．この線形計画問題の最適解の値を $Z_{LP}^*$ と表記する．整数計画問題の最適解は，線形計画問題の実行可能解で同じ値の $Z_{IP}^*$ を持つ．この最小化線形計画問題は，可能な値の最も小さい実行可能解を求めるので，線形計画問題の最適解の値 $Z_{LP}^*$ は，$Z_{LP}^* \leq Z_{IP}^* = \text{OPT}$ を満たす．このように，問題の最適解の値の（最小化問

題のときには）下界あるいは，（最大化問題のときには）上界を求めるために，緩和問題を解くということは，本書でしばしば取り上げられる重要な考え方である．

本章の残りの節では，集合カバー問題に対する近似アルゴリズムを得るのに，線形計画緩和をどのように利用することができるかを，いくつかの例を通して眺めていくことにする．次節（1.3 節）では，線形計画緩和の小数解を整数にラウンディングして（丸めて），整数計画問題の解の目的関数の値が線形計画緩和の最適解の値 $Z_{LP}^*$ の $f$ 倍以内となるものが得られることを示す．したがって，この整数解は，$f \cdot \mathrm{OPT}$ 以下の重みとなる．続いて 1.4 節では，線形計画緩和の双対とも呼ばれる問題の解を利用して，どのようにして同様にラウンディングできるかを示す．1.5 節では，線形計画緩和の双対問題を，実際には，解くことをせずに，良いラウンディングを持つというような性質を有する双対実行可能解を高速に構成できることを示す．1.6 節では，グリーディアルゴリズムと呼ばれる範疇のアルゴリズムを与える．このときには，線形計画緩和を用いる必要性はまったくないと言えるが，アルゴリズムの解析を改善するのに双対問題を用いることができる．最後に，1.7 節で，線形計画緩和の解の乱択ラウンディングを用いて，集合カバー問題に対する近似アルゴリズムがどのようにして得られるかを眺める．

線形計画問題と線形計画をしばしば用いるので，これらの用語を単純化して LP と略記することも多い．同様に，整数計画問題と整数計画を IP と略記して用いることも多い．

## 1.3　確定的ラウンディングアルゴリズム

集合カバー問題の線形計画緩和 (1.2) を解いて最適解 $x^*$ が得られたとする．この解から集合カバー問題の解をどのようにして求めたらよいのであろうか？　実は，以下のように，解を求めるきわめて単純な方法が存在する．まず，各要素 $e_i$ ($i = 1, \ldots, n$) を含む部分集合の個数を $f_i$ とし，そのような $f_i$ のうちで最大値を $f$ とする．すなわち，$f_i = |\{j : e_i \in S_j\}|$，$f = \max_{i=1,\ldots,n} f_i$ である．そして，$x_j^* \geq 1/f$ のときそしてそのときのみ部分集合 $S_j$ を集合カバーの解に入れる．$I$ をこの解に入れられる部分集合 $S_j$ のインデックス $j$ からなる集合とする．要約すると，小数解 $x^*$ を，$x_j^* \geq 1/f$ のとき $\hat{x}_j = 1$ とし，そうでないとき $\hat{x}_j = 0$ としてラウンディングして，整数解 $\hat{x}$ を得るという方法（ラウンディングアルゴリズム）である．すると，以下で示すように，$\hat{x}$ は整数計画問題 (1.1) の実行可能解であり，$I = \{j : \hat{x}_j = 1\}$ が実際に集合カバーのインデックス集合になることが簡単に得られる．

**補題 1.5**　集合 $\{S_j : j \in I\}$ は集合カバーである．

**証明**：補題で与えている解に対して，要素 $e_i$ を含む部分集合が解に含まれるときに，$e_i$ は"カバーされている"と呼ぶ．そして，すべての $e_i$ がカバーされていることを証明する．最適解 $x^*$ は線形計画緩和 (1.2) の実行可能解であるので，各 $e_i$ に対して $\sum_{j:e_i \in S_j} x_j^* \geq 1$ が成立する．その和には $f_i \leq f$ 個の項が存在し，さらに $f_i$ と $f$ の定義より，少なくとも一つの項は $1/f$ 以上となる．したがって，$e_i \in S_j$ かつ $x_j^* \geq 1/f$ となるような $j$ が存在する．すなわち，$j \in I$ となり，要素 $e_i$ はカバーされていることがわかる．　□

このラウンディングアルゴリズムが近似アルゴリズムであることも示せる.

**定理 1.6** 集合カバー問題に対する上記のラウンディングアルゴリズムは $f$-近似アルゴリズムである.

**証明**：このラウンディングアルゴリズムが多項式時間で走ることは明らかである．構成法より，各 $j \in I$ に対して $1 \leq f \cdot x_j^*$ である．このことと各 $j = 1, \ldots, m$ に対して項 $w_j$ と $fw_j x_j^*$ が非負であるという事実から，

$$\begin{aligned}\sum_{j \in I} w_j &\leq \sum_{j=1}^{m} w_j \cdot (f \cdot x_j^*) \\ &= f \sum_{j=1}^{m} w_j x_j^* \\ &= f \cdot Z_{LP}^* \\ &\leq f \cdot \text{OPT}\end{aligned}$$

となる．なお，最後の不等式は，上述の $Z_{LP}^* \leq \text{OPT}$ から得られる． □

点カバー問題の特殊ケースでは，各要素（辺）$e_i \in E$ は正確に 2 個の点に接続しているので $f_i = 2$ である．したがって，上記のラウンディングアルゴリズムは，点カバー問題に対する 2-近似アルゴリズムとなる．

上記のアルゴリズムは，各入力に対して**事後保証** (a fortiori guarantee) も与えるものになっている．任意の入力に対して得られる解は，最適解の重みの $f$ 倍以内の重みになることはすでにわかっているが，さらに，アルゴリズムで得られた解の重みを線形計画緩和の最適解の重みと比較することができる．アルゴリズムで得られた集合カバーが $I$ のとき，$\alpha$ を $\alpha = \sum_{j \in I} w_j / Z_{LP}^*$ とする．上記の証明より，$\alpha \leq f$ であることはわかっている．しかしながら，与えられた入力に対して，$\alpha$ は $f$ より格段に小さくなることもある．このときには，$\sum_{j \in I} w_j = \alpha Z_{LP}^* \leq \alpha \text{OPT}$ となり，解の重みは最適解の重みの $\alpha$ 倍以内となる．アルゴリズムは，$I$ を求め，LP 緩和を解いているので，事後保証 $\alpha$ も容易に計算できる．

## 1.4 双対解によるラウンディング

与えられた問題の線形計画緩和の双対問題を考えることが役に立つことも多い．ここでも，集合カバー問題の枠組みで線形計画問題の双対問題の概念を簡単に説明する．このトピックに関するより詳細な文献は，本章末のノートと発展文献で与えている．

最初に，各要素 $e_i$ は集合カバーでカバーされるとき非負の負担金 $y_i \geq 0$ を課金されるとする．直観的にもわかるように，小さい重みの部分集合でカバーされる要素もあれば，大きい重みの部分集合でカバーされる要素もある．前者の要素には低い負担金を課し，後者の要素には高い負担金を課すことで，この相違を把握することができるようにしたい．負担金額を合理的な値にするため，部分集合 $S_j$ に含まれる要素の負担金の総額は，$S_j$ の重み $w_j$ を超えないようにする．重み $w_j$ を支払いさえすれば，$S_j$ のすべての要素をカバーする

ことができるからである．したがって，各部分集合 $S_j$ に対して，負担金に対する上界

$$\sum_{i:e_i \in S_j} y_i \leq w_j$$

を考えることになる．この制約のもとで，要素の支払う金額の総和の最大値を求める問題は，以下の線形計画問題として表現できる．

$$\begin{align}
\text{maximize} \quad & \sum_{i=1}^{n} y_i \\
\text{subject to} \quad & \sum_{i:e_i \in S_j} y_i \leq w_j, \quad j = 1, \ldots, m, \\
& y_i \geq 0, \quad i = 1, \ldots, n.
\end{align} \quad (1.3)$$

この線形計画問題は，集合カバー問題の線形計画緩和 (1.2) の**双対問題** (dual) であると呼ばれる．与えられた線形計画問題の双対問題を求める一般的な方法もあるが，ここでは詳細には立ち入らないことにする．付録 A や本章末のノートと発展文献にある文献を参考にしてほしい．与えられた線形計画問題の双対問題に対して，最初の与えられた問題は，**主問題** (primal) とも呼ばれる．たとえば，集合カバー問題に対する最初の線形計画緩和 (1.2) は，双対問題 (1.3) の主問題である．なお，上記の双対問題では，主問題の各制約式（すなわち，$\sum_{j:e_i \in S_j} x_j \geq 1$）に対して変数 $y_i$ が存在し，主問題の各変数 $x_j$ に対して制約式が存在することに注意しよう．これは一般の双対問題でも成立する．

双対問題は興味深い有用な性質を多数持っている．たとえば，$x$ が集合カバー問題の線形計画緩和 (1.2) の実行可能解であり，$y$ が実行可能な負担金の集合（すなわち，双対問題 (1.3) の実行可能解）であるとする．このとき，双対解 $y$ の値を考えてみると，$x$ の実行可能性より，任意の $e_i$ に対して $\sum_{j:e_i \in S_j} x_j \geq 1$ であるので，

$$\sum_{i=1}^{n} y_i \leq \sum_{i=1}^{n} y_i \sum_{j:e_i \in S_j} x_j$$

となる．さらに，この不等式の右辺を書き換えて，

$$\sum_{i=1}^{n} y_i \sum_{j:e_i \in S_j} x_j = \sum_{j=1}^{m} x_j \sum_{i:e_i \in S_j} y_i$$

が得られる．最後に，$y$ が双対問題の実行可能解であるので，任意の $j$ で $\sum_{i:e_i \in S_j} y_i \leq w_j$ であることに注意して，

$$\sum_{j=1}^{m} x_j \sum_{i:e_i \in S_j} y_i \leq \sum_{j=1}^{m} x_j w_j$$

が得られる．したがって，

$$\sum_{i=1}^{n} y_i \leq \sum_{j=1}^{m} w_j x_j$$

が証明できた．すなわち，双対問題に対する任意の実行可能解は，主問題の任意の実行可能解と比べて，値が大きくなることのないことが証明できた．とくに，双対問題に対する任意の実行可能解の値は，主問題の最適解の値以下になる．したがって，双対問題の任意の実行可能解 $y$ に対して，$\sum_{i=1}^{n} y_i \leq Z_{LP}^*$ が成立する．これは，線形計画問題の**弱双対性**

(weak duality) と呼ばれる．前述のように，$Z_{LP}^* \leq \text{OPT}$ であるので，双対問題の任意の実行可能解 $y$ に対して，$\sum_{i=1}^n y_i \leq \text{OPT}$ である．これは，近似アルゴリズムデザインにおいて，きわめて有効となる性質である．

さらに，線形計画問題では，きわめて興味深い以下の**強双対性 (strong duality)** も成立する．線形計画問題の主問題と双対問題の両方に実行可能解が存在するときには，それらの最適解の値が等しくなることが，強双対性で主張していることである．したがって，$x^*$ が集合カバー問題の線形計画緩和 (1.2) の最適解であり，$y^*$ がその双対問題 (1.3) の最適解であるときには，

$$\sum_{j=1}^m w_j x_j^* = \sum_{i=1}^n y_i^*$$

となる．

双対問題からの情報は，良い近似アルゴリズムを導き出すのに用いることもできる．$y^*$ を双対 LP (1.3) の最適解として，双対制約式が等式で成立するような**タイト (tight)** な制約式に対応する部分集合からなる解，すなわち，$\sum_{i:e_i \in S_j} y_i^* = w_j$ を満たす $S_j$ からなる解を考える．この解に含まれる部分集合のインデックスからなる集合を $I'$ と表記する．したがって，$I' = \{j : \sum_{i:e_i \in S_j} y_i^* = w_j\}$ である．このアルゴリズム（双対ラウンディングアルゴリズムと呼ぶことにする）も集合カバー問題に対する $f$-近似アルゴリズムであることを以下で証明する．

**補題 1.7** 集合 $\{S_j : j \in I'\}$ は集合カバーである．

**証明**：$\{S_j : j \in I'\}$ でカバーされないような要素 $e_k$ が存在したと仮定する．すると，$e_k \in E - \bigcup_{j \in I'} S_j$ であるので，$e_k$ を含む各部分集合 $S_j$ に対して，

$$\sum_{i:e_i \in S_j} y_i^* < w_j \tag{1.4}$$

が成立する．$e_k$ が関与するすべての制約式のそれぞれで右辺と左辺の差をとって，それらの最小値を $\epsilon$ とする．すなわち，$\epsilon = \min_{j:e_k \in S_j} \left( w_j - \sum_{i:e_i \in S_j} y_i^* \right)$ とする．不等式 (1.4) より，$\epsilon > 0$ となる．そこで，以下の新しい双対問題の解 $y'$ を考える．すなわち，$y_k' = y_k^* + \epsilon$ とし，それ以外の $i \neq k$ では $y_i' = y_i^*$ とする．すると，$\epsilon$ の定義より，$e_k \in S_j$ となるすべての $j$ で

$$\sum_{i:e_i \in S_j} y_i' = \sum_{i:e_i \in S_j} y_i^* + \epsilon \leq w_j$$

であり，$e_k \notin S_j$ となるすべての $j$ では，これまでどおり

$$\sum_{i:e_i \in S_j} y_i' = \sum_{i:e_i \in S_j} y_i^* \leq w_j$$

となるので，$y'$ は双対実行可能解である．さらに，$\sum_{i=1}^n y_i' > \sum_{i=1}^n y_i^*$ となるので，これは $y^*$ の最適性に矛盾してしまう．したがって，カバーされない要素はなく，すべての要素がカバーされ，$I'$ は集合カバーであることが得られた． □

**定理 1.8** 集合カバー問題に対する上記の双対ラウンディングアルゴリズムは $f$-近似アルゴリズムである．

**証明**：中心となるアイデアは，以下の"チャージング"議論である．部分集合 $S_j$ は，解の集合カバーに選ばれるとき（すなわち，$j \in I'$ のとき），$S_j$ に含まれる各要素 $e_i$ から $y_i^*$ の負担金を徴収して，それでその費用（重み）$w_j$ を"支払う"ことにする．各要素は，それを含む解の集合カバーの各部分集合から一度だけ負担金を徴収される（したがって，高々 $f$ 回しか負担金を徴収されない）．したがって，徴収される負担金の総額は，高々 $f \sum_{i=1}^{m} y_i^*$（双対目的関数の値の $f$ 倍）となる．

より形式的には，以下のように書ける．$w_j = \sum_{i:e_i \in S_j} y_i^*$ のときのみ $j \in I'$ であるので，集合カバー $I'$ の重みは

$$\sum_{j \in I'} w_j = \sum_{j \in I'} \sum_{i:e_i \in S_j} y_i^*$$
$$= \sum_{i=1}^{n} \left|\left\{j \in I' : e_i \in S_j\right\}\right| \cdot y_i^*$$
$$\leq \sum_{i=1}^{n} f_i y_i^*$$
$$\leq f \sum_{i=1}^{n} y_i^*$$
$$\leq f \cdot \text{OPT}$$

となる．2番目の等式は和のとる順序を交換して得られる．なお，このとき，$y_i^*$ の係数は，もちろん，この項が全体で現れる回数に等しい．最後の不等式は，前述の弱双対性より得られる． □

実際には，このアルゴリズムは，前節のアルゴリズムより，決して良くならないことが言える．より正確に述べる．前節の主問題の解のラウンディングアルゴリズムで返される解のインデックス集合 $I$ に対して，$I \subseteq I'$ となることが証明できる．これは，線形計画問題の最適解の**相補性** (complementary slackness) と呼ばれる性質を用いて得られる．前に，集合カバー問題の線形計画緩和の任意の実行可能解 $x$ とその双対問題の任意の実行可能解 $y$ に対して，不等式

$$\sum_{i=1}^{n} y_i \leq \sum_{i=1}^{n} y_i \sum_{j:e_i \in S_j} x_j = \sum_{j=1}^{m} x_j \sum_{i:e_i \in S_j} y_i \leq \sum_{j=1}^{m} x_j w_j$$

が成立することを述べた．さらに，それらの最適解 $x^*, y^*$ に対して，強双対性より，$\sum_{i=1}^{n} y_i^* = \sum_{j=1}^{m} w_j x_j^*$ が成立することを主張した．したがって，それらの最適解 $x^*, y^*$ に対して，上記の一連の不等式はいずれも，実際には，等式で成立することになる．このことが成立するので，$y_i^* > 0$ のときには常に $\sum_{j:e_i \in S_j} x_j^* = 1$ となり，$x_j^* > 0$ のときには常に $\sum_{i:e_i \in S_j} y_i^* = w_j$ となる．すなわち，（主問題であろうと双対問題であろうと）線形計画問題の変数が非ゼロの値をとるときには，対応する双対問題あるいは主問題の制約式が等式で成立する（タイトとなる）．これらの条件は**相補性条件** (complementary slackness conditions) として知られている．したがって，$x^*$ と $y^*$ が最適解ならば，相補性条件が成立する．逆も成立する．すなわち，$x^*$ と $y^*$ がそれぞれ主問題と双対問題の実行可能解であるときに，相補性条件が成立するならば，二つの問題の目的関数の値は等しくなり，$x^*$ と $y^*$ は最適解となる．

集合カバー問題のときには，任意の最適解 $x^*$ において $x_j^* > 0$ ならば，任意の最適双対解 $y^*$ において，対応する $S_j$ に対する双対制約式はタイトになる（等式で成立する）．前節のアルゴリズムでは，$x_j^* \geq 1/f > 0$ のときに $j \in I$ としていたことを思い出そう．したがって，$j \in I$ ならば $j \in I'$ となるので，$I \subseteq I'$ が成立する．

## 1.5 双対解の構成：主双対法

前の二つの節のアルゴリズムの不都合性の一つとして，いずれも線形計画問題を解かなければならないという点が挙げられる．線形計画問題は効率的に解け，実際のアルゴリズムも実用的で高速であるが，問題専用のアルゴリズムはさらに格段に高速であることも多い．本書では，アルゴリズムの計算時間を正確に議論することはしないが，相対的な実用性については，このように示唆することにする．

本節のアルゴリズムの基本的なアイデアは，前節の双対ラウンディングアルゴリズムが，"最適な"双対解の持つ性質の一部しか用いていないという観察に基づいている．双対 LP の最適解を実際に求めることをしなくても，上記で用いた最適解の性質と同じ性質を持つ双対実行可能解を格段に高速に構成することができるのである．したがって，より一層高速なアルゴリズムが得られることになる．

前節のアルゴリズムは以下の性質を用いていた．第一に，任意の双対実行可能解 $y$ で成立する $\sum_{i=1}^n y_i \leq \text{OPT}$ という事実を用いていた．第二に，$\sum_{i:e_i \in S_j} y_i = w_j$ となるときそしてそのときのみ，$j \in I'$ として $I'$ を定義すると，$I'$ が集合カバーになるという事実を用いた．これらの二つの事実を用いて，$I'$ の重みは最適解の重みの高々 $f$ 倍になるという証明を与えることができた．

キーポイントは，与えられた実行可能解からより重みの大きい実行可能解を構成した補題 1.7 の "証明" である．それは，そのような双対実行可能解を構成するアルゴリズムを与えていたと言えるのである．双対実行可能解 $y$ に対して，$T$ を双対制約式がタイトであるようなインデックスの集合とする．すなわち，$T = \{j : \sum_{i:e_i \in S_j} y_i = w_j\}$ とする．$T$ が集合カバーのインデックス集合（以下簡略化して，$T$ が集合カバーであるということも多い）であれば終了である．$T$ が集合カバーでないときには，カバーされていない要素 $e_i$ が存在する．したがって，補題 1.7 の証明で示したように，双対変数 $y_i$ をある正数 $\epsilon > 0$ だけ増加して，目的関数の値を改善できる．より正確には，$y_i$ を $\min_{j:e_i \in S_j} \left( w_j - \sum_{k:e_k \in S_j} y_k \right)$ だけ増加すると，この式で最小値を達成する部分集合 $S_j$ に対する制約式がタイトになる．さらに，修正された双対解も実行可能のままである．したがって，$j$ を $T$ に加えることができて，要素 $e_i$ は $T$ に含まれる部分集合でカバーされるようになる．このプロセスを $T$ が集合カバーになるまで繰り返す．$T$ が更新されるたびに新しく要素 $e_i$ が加えられるので，このプロセスは高々 $n$ 回しか繰り返されない．アルゴリズムの記述を完成するには，最初に双対実行可能解を一つ与えさえすればよい．その初期解として，各 $i = 1, \ldots, n$ で $y_i = 0$ の解を用いることもできる．各 $j = 1, \ldots, m$ で $w_j$ が非負であるのでこれは実行可能となるからである．このアルゴリズムの正式な記述をアルゴリズム 1.1 に与えている．

> **アルゴリズム 1.1** 集合カバー問題に対する主双対アルゴリズム．
>
> $y \leftarrow 0$
> $I \leftarrow \emptyset$
> **while** $E - \bigcup_{j \in I} S_j \neq \emptyset$ **do**
>     $e_i \in E - \bigcup_{j \in I} S_j$ を任意に選ぶ
>     $e_i \in S_\ell$ を満たす $\ell$ のうちのどれかで最初に $\sum_{j:e_i \in S_\ell} y_j = w_\ell$ となるまで
>         双対変数 $y_i$ の値を（必要最小限）増加する
>     $I \leftarrow I \cup \{\ell\}$
> **return** $I$

このことから以下の定理が得られる．

**定理 1.9** アルゴリズム 1.1 は集合カバー問題に対する $f$-近似アルゴリズムである．

この種のアルゴリズムは，様々な組合せアルゴリズムで用いられている主双対法からの類推を用いて，**主双対アルゴリズム (primal-dual algorithm)** と呼ばれている．線形計画問題，ネットワークフロー問題，最短パス問題などを含む多くの問題が，主双対最適化アルゴリズムで解かれてきている．後の 7.3 節では，最短 $s$-$t$ パス問題に対する主双対アルゴリズムを眺める．主双対アルゴリズムは，双対実行可能解と，その解の情報に基づいて定まる主問題の解を用いて出発する．このとき主問題の解は実行不可能であってもよい．実際に，主問題の解が実行不可能であるときには，目的関数の値が増加するように双対実行可能解を修正できるので，そのように修正して，さらにその修正された解の情報に基づいて主問題の解も修正する．そして主問題の解が実行可能になると終了である．主双対法は近似アルゴリズムデザインにきわめて有効であるので，第 7 章で取り上げて詳細に議論する．

上記のアルゴリズムでも，任意の入力に対して"事後保証"を与えることができる．アルゴリズムで（主問題の）実行可能解と双対実行可能解が得られるので，それらの値を比較できるからである．この比は，上記の証明から高々 $f$ であるが，$f$ より格段に小さくなることもある．

## 1.6　グリーディアルゴリズム

この時点で，読者はややもすると一種の虚無感を持ち始めているかもしれない．集合カバー問題に対して近似アルゴリズムをデザインするいくつかの技法を調べてきたものの，いずれも同じ結果，すなわち，性能保証が $f$ の近似アルゴリズム，にしかつながらないものであった．しかし，人生と同じように，忍耐とある程度の聡明さを発揮することにより，近似アルゴリズムデザインにおいて見返りが得られることも多いのである．本節では，グリーディアルゴリズムと呼ばれる種類のアルゴリズムで，多くの場合 $f$ より格段に

優れた性能保証を持つ近似アルゴリズムが得られることを示す．**グリーディアルゴリズム** (greedy algorithm) は，決断の列からなる．各決断は，ある種の基準を最適化してなされる．しかしながら，この局所的に最適な"グリーディ"な決断の列は，必ずしも大域的な最適解につながるというわけではない．グリーディアルゴリズムの有利性は，通常きわめて容易に実装できるという点である．したがって，グリーディアルゴリズムは，性能保証ができなくても，ヒューリスティックとしてごく一般的に用いられている．

そこでこれから，集合カバー問題に対するきわめて自然なグリーディアルゴリズムを与える．解を構成する部分集合がラウンドの列を通して選ばれていく．各ラウンドで，最も費用効果が高くなるような部分集合，すなわち，現在カバーされていない要素をカバーする単価の最も低い部分集合（部分集合の重みとその部分集合に含まれるカバーされていない要素の個数の比の最も小さい部分集合）を選ぶ．最小となる比が複数の部分集合で達成されるときには，比が最小となる部分集合を任意に選ぶ．すべての要素がカバーされるようになるまで，これを繰り返す．すると，高々 $m$（より正確には高々 $\min\{n,m\}$）ラウンドしかなく，各ラウンドでは各比が定数時間で計算できる．$O(m)$ 個の比を計算するだけであるので，明らかにこれは多項式時間のアルゴリズムである．このアルゴリズムの正式な記述をアルゴリズム 1.2 に与えている [4]．

---

**アルゴリズム 1.2** 集合カバー問題に対するグリーディアルゴリズム．

$I \leftarrow \emptyset$
$\hat{S}_j \leftarrow S_j \quad \forall j$
**while** $I$ が集合カバーではない **do**
　　$\ell \leftarrow \arg\min_{j:\hat{S}_j \neq \emptyset} \frac{w_j}{|\hat{S}_j|}$
　　$I \leftarrow I \cup \{\ell\}$
　　$\hat{S}_j \leftarrow \hat{S}_j - S_\ell \quad \forall j$
**return** $I$

---

定理を述べる前に，必要となる記法と有用な数学的事実を与える．$H_k$ を $k$ 番目の**調和数** (harmonic number) とする．すなわち，$H_k = 1 + \frac{1}{2} + \frac{1}{3} + \cdots + \frac{1}{k}$ である．$H_k \approx \ln k$ であることに注意しよう [5]．以下の事実は，本書を通してしばしば用いられる事実の一つである．それは簡単な計算で証明できる．

**事実 1.10** $k$ 個の正数 $a_1,\ldots,a_k$ と $k$ 個の正数 $b_1,\ldots,b_k$ に対して，

$$\min_{i=1,\ldots,k} \frac{a_i}{b_i} \leq \frac{\sum_{i=1}^k a_i}{\sum_{i=1}^k b_i} \leq \max_{i=1,\ldots,k} \frac{a_i}{b_i}$$

が成立する．

**定理 1.11** アルゴリズム 1.2 は集合カバー問題に対する $H_n$-近似アルゴリズムである．

---

[4] 訳注：アルゴリズム中の $\ell \leftarrow \arg\min_{j:\hat{S}_j \neq \emptyset} \frac{w_j}{|\hat{S}_j|}$ は $\min_{j:\hat{S}_j \neq \emptyset} \frac{w_j}{|\hat{S}_j|}$ を達成する $j$ を $\ell$ とすることを意味する．
[5] 訳注：$\ln k$ は自然対数 $\log_e k$ の簡略表記である．

**証明**：上記のグリーディアルゴリズムの解析を直観的にイメージすることができるように，基本的な概略説明をまず行う．集合カバー問題に対する最適解の値を OPT と表記する．したがって，最適解は重み OPT ですべての要素をカバーするので，最適解には，各要素を $\text{OPT}/n$ 以下の単価でカバーするような部分集合が存在する．同様に，上記のグリーディアルゴリズムで $k$ 個の要素がカバーされた後には，最適解は重み OPT で残りの $n-k$ 個のすべての要素をカバーするので，最適解には，カバーされていない要素を $\text{OPT}/(n-k)$ 以下の単価でカバーするような部分集合が存在する．したがって，一般に，上記のグリーディアルゴリズムで選ばれた部分集合で $k$ 番目にカバーされる要素の単価は $\text{OPT}/(n-k+1)$ 以下となり，$\sum_{k=1}^{n} \frac{1}{n-k+1} = H_n$ の性能保証が得られることになる．

この直観的な説明を正式化する．アルゴリズムの $k$ 回目の反復の開始時において，カバーされていない要素の個数を $n_k$ と表記する．アルゴリズムが $\ell$ 回の反復から成り立っているとする．すると，$n_1 = n > n_2 > \cdots > n_\ell > 0$ である．さらに，便宜上，$n_{\ell+1} = 0$ とする．そして，任意の $k$ 回目の反復を考える．$I_k$ を反復の 1 から $k-1$ までで選ばれた部分集合のインデックスからなる集合とする．さらに，各 $j = 1, \ldots, m$ に対して，$k$ 回目の反復の開始時において，カバーされていない $S_j$ の要素の集合を $\hat{S}_j$ と表記する．すなわち，$\hat{S}_j = S_j - \bigcup_{p \in I_k} S_p$ である．このとき，$k$ 回目の反復で部分集合 $S_j$ が選ばれると

$$w_j \leq \frac{n_k - n_{k+1}}{n_k} \text{OPT} \tag{1.5}$$

が成立することを主張できる．この主張の不等式 (1.5) が得られてしまえば，定理の証明は以下のように記述できる．$I$ を最終的にアルゴリズムで得られる解の部分集合のインデックスからなる集合とする．すると，

$$\begin{aligned}
\sum_{j \in I} w_j &\leq \sum_{k=1}^{\ell} \frac{n_k - n_{k+1}}{n_k} \text{OPT} \\
&\leq \text{OPT} \cdot \sum_{k=1}^{\ell} \left( \frac{1}{n_k} + \frac{1}{n_k - 1} + \cdots + \frac{1}{n_{k+1} + 1} \right) \\
&= \text{OPT} \cdot \sum_{i=1}^{n} \frac{1}{i} \\
&= H_n \cdot \text{OPT}
\end{aligned} \tag{1.6}$$

が得られる．なお，不等式 (1.6) は，各 $0 \leq i < n_k$ で $\frac{1}{n_k} \leq \frac{1}{n_k - i}$ であるという事実から得られる．

主張の不等式 (1.5) の証明を以下に与える．まず，$k$ 回目の反復で

$$\min_{j : \hat{S}_j \neq \emptyset} \frac{w_j}{|\hat{S}_j|} \leq \frac{\text{OPT}}{n_k} \tag{1.7}$$

であることを議論する．最適解に含まれる部分集合のインデックスからなる集合を $O$ とする．すると，事実 1.10 より，

$$\min_{j : \hat{S}_j \neq \emptyset} \frac{w_j}{|\hat{S}_j|} \leq \min_{j \in O : \hat{S}_j \neq \emptyset} \frac{w_j}{|\hat{S}_j|} \leq \frac{\sum_{j \in O} w_j}{\sum_{j \in O} |\hat{S}_j|} = \frac{\text{OPT}}{\sum_{j \in O} |\hat{S}_j|} \leq \frac{\text{OPT}}{n_k}$$

が得られる．なお，最後の不等式は，$O$ が集合カバーであり，集合 $\bigcup_{j \in O} \hat{S}_j$ が残りの $n_k$ 個のカバーされていないすべての要素を含むことから得られる．したがって，不等式 (1.7) が

得られる．これらの比の最小値を達成する部分集合のインデックスを $j$ とする．したがって，$\frac{w_j}{|\hat{S}_j|} \leq \frac{\text{OPT}}{n_k}$ である．アルゴリズムで $S_j$ が選ばれて解に加えられると，カバーされていない要素の個数は $|\hat{S}_j|$ 個少なくなるので，$n_{k+1} = n_k - |\hat{S}_j|$ となる．したがって，

$$w_j \leq \frac{|\hat{S}_j|\,\text{OPT}}{n_k} = \frac{n_k - n_{k+1}}{n_k}\,\text{OPT}$$

が得られる． □

解析で線形計画緩和の双対問題を用いることにより，アルゴリズムの性能保証をわずかに改善することができる．部分集合 $S_j$ の最大サイズを $g$ とする．すなわち，$g = \max_j |S_j|$ とする．$Z_{LP}^*$ は，前にも述べたように，集合カバー問題の線形計画緩和の最適解の値である．以下の定理は，$Z_{LP}^* \leq \text{OPT}$ であるので，上記のグリーディアルゴリズムは，$H_g$-近似アルゴリズムであることを述べている．

**定理 1.12** アルゴリズム 1.2 は，$\sum_{j \in I} w_j \leq H_g \cdot Z_{LP}^*$ を満たすインデックス集合 $I$ の集合カバーを返す．

**証明**：定理を証明するために，最初に，$\sum_{j \in I} w_j = \sum_{i=1}^n y_i$ となるような双対 "実行不可能解" $y$ を構成する．次に，$y' = \frac{1}{H_g} y$ が双対実行可能解になることを示す．すると，弱双対定理より $\sum_{i=1}^n y_i' \leq Z_{LP}^*$ であるので，$\sum_{j \in I} w_j = \sum_{i=1}^n y_i = H_g \sum_{i=1}^n y_i' \leq H_g \cdot \text{OPT}$ が得られることになる．証明の最後に，双対実行不可能解 $y$ を $H_g$ で割ることを選択した理由について言及する．

**双対フィット法 (dual fitting)** の名前は，この技法が，構成される主問題の実行可能解と同じ値を持つ双対実行不可能解を構成し，その双対解を 1 個のパラメーターを用いて実行可能解にすることに由来する．この技法については，9.4 節で再度取り上げる．

双対実行不可能解 $y$ を以下のように構成する．$k$ 回目の反復で部分集合 $S_j$ が選ばれて解に加えられるとする．そして，各 $e_i \in \hat{S}_j$ に対して $y_i = w_j/|\hat{S}_j|$ とする．各 $e_i \in \hat{S}_j$ は，その反復 $k$ の開始時点でカバーされていない要素であり，(部分集合 $S_j$ が反復 $k$ で解に加えられることから) それ以降の反復ではカバーされている要素であるので，双対変数 $y_i$ は正確に一度だけ値が設定される．より具体的には，要素 $e_i$ を含む部分集合が反復で初めて選ばれて $e_i$ がカバーされるとき $y_i$ が設定され，$w_j = \sum_{i: e_i \in \hat{S}_j} y_i$ である．すなわち，反復 $k$ で選ばれる部分集合 $S_j$ の重みは，反復 $k$ で初めてカバーされる要素の双対変数 $y_i$ の総和に等しい．したがって，これからすぐに，$\sum_{j \in I} w_j = \sum_{i=1}^n y_i$ が得られる．

双対解 $y' = \frac{1}{H_g} y$ が実行可能であることの証明が残っている．各部分集合 $S_j$ に対して，$\sum_{i: e_i \in S_j} y_i' \leq w_j$ を示さなければならない．$S_j$ を任意の部分集合とする．反復 $k$ の開始時点でカバーされていない $S_j$ の要素数を $a_k$ とする．したがって，$a_1 = |S_j| \geq a_2 \geq \cdots \geq a_\ell \geq a_{\ell+1} = 0$ である．反復 $k$ の開始時点でカバーされていない $S_j$ の要素のうちで，反復 $k$ で初めてカバーされる要素の集合を $A_k$ とする．したがって，$|A_k| = a_k - a_{k+1}$ である．反復 $k$ で部分集合 $S_p$ が選ばれるとすると，反復 $k$ で初めてカバーされる各要素 $e_i \in A_k$ に対して，

$$y_i' = \frac{w_p}{H_g|\hat{S}_p|} \leq \frac{w_j}{H_g a_k}$$

となる．なお，$\hat{S}_p$ は反復 $k$ の開始時点でカバーされていない $S_p$ の要素の集合である．また，不等式が成立するのは，$S_p$ が反復 $k$ で選ばれるとしているので，その重みとそれに含まれてカバーされていない要素の個数の比の最小値を達成するからである．したがって，（便宜上 $\frac{0}{0} = 0$ と考えて）

$$\begin{aligned}
\sum_{i:e_i \in S_j} y'_i &= \sum_{k=1}^{\ell} \sum_{i:e_i \in A_k} y'_i \\
&\leq \sum_{k=1}^{\ell} (a_k - a_{k+1}) \frac{w_j}{H_g a_k} \\
&= \frac{w_j}{H_g} \sum_{k=1}^{\ell} \frac{a_k - a_{k+1}}{a_k} \\
&\leq \frac{w_j}{H_g} \sum_{k=1}^{\ell} \left( \frac{1}{a_k} + \frac{1}{a_k - 1} + \cdots + \frac{1}{a_{k+1} + 1} \right) \\
&\leq \frac{w_j}{H_g} \sum_{i=1}^{|S_j|} \frac{1}{i} \\
&= \frac{w_j}{H_g} H_{|S_j|} \\
&\leq w_j
\end{aligned}$$

が得られる．なお，最後の不等式は，$|S_j| \leq g$ より得られる．また，すべての部分集合 $j$ で $H_{|S_j|} \leq H_g$ であるので，双対解を $H_g$ で割った理由もこれからわかることになる． □

一方，$\mathbf{P} \neq \mathbf{NP}$ よりわずかに強い仮定のもとで，集合カバー問題に対して $H_n$ より良い性能保証を持つ近似アルゴリズムが存在しないということもわかっている．

**定理 1.13** 重みなし集合カバー問題に対して，正定数 $c < 1$ の $c \ln n$-近似アルゴリズムが存在すれば，すべての NP-完全問題に対して $O(n^{O(\log \log n)})$-時間の確定的アルゴリズムが存在することになる．

**定理 1.14** 重みなし集合カバー問題に対する $c \ln n$-近似アルゴリズムが存在すれば $\mathbf{P} = \mathbf{NP}$ となるというような，定数 $c > 0$ が存在する．

第 16 章でこの種の成果をさらに議論する．そして，定理 16.32 では，これらの成果のわずかに弱い版がいかにして得られるかを示す．この種の成果は，ある問題に対してある性能保証を持つ最適解に近い解を与えることが NP-困難であることを示しているので，**困難性** (hardness) 定理と呼ばれる．

集合カバー問題に対する $f$-近似アルゴリズムは，特殊ケースの点カバー問題に対する 2-近似アルゴリズムになる．現時点で，より良い定数の性能保証を持つ近似アルゴリズムは知られていない．一方，以下の二つの困難性定理の定理 1.15 と定理 1.16 も証明されている．

**定理 1.15** 点カバー問題に対する正数 $\alpha < 10\sqrt{5} - 21 \approx 1.36$ の $\alpha$-近似アルゴリズムが存在すれば，$\mathbf{P} = \mathbf{NP}$ となる．

以下の定理は，13.3 節と 16.5 節でさらに議論する**ユニークゲーム予想** (unique games conjecture) と呼ばれているものを用いている．その予想は，おおざっぱにいうと，ユニークゲーム問題と呼ばれる特定の問題が NP-困難であるというものである．

**定理 1.16** ユニークゲーム予想の仮定のもとでは，点カバー問題に対する正定数 $\alpha < 2$ の $\alpha$-近似アルゴリズムが存在すれば，**P = NP** となる．

したがって，**P ≠ NP** とユニークゲーム問題の NP-困難性を仮定すると，点カバー問題に対して本質的に可能な最善の近似アルゴリズムを得ていたことになる．

## 1.7 乱択ラウンディングアルゴリズム

本節では，集合カバー問題に対する近似アルゴリズムデザインの本章の最後の技法を取り上げる．得られるアルゴリズムは，前節のグリーディアルゴリズムと比べて高速でもなく，より良い性能保証でもないが，第 5 章で深く議論するアイデアに基づくものである．近似アルゴリズムにおけるランダム化（乱択化）の概念を導入しているので，ここに含めることにする．

1.3 節のアルゴリズムと同様に，このアルゴリズムも集合カバー問題の線形計画緩和を解き，小数解を整数解にラウンディングする．しかし，確定的に行うのではなく，**乱択ラウンディング** (randomized rounding) と呼ばれる技法を用いて確率的に行う．

$x^*$ を LP 緩和の最適解とする．コストをそれほど増加することなしに，$x^*$ の各要素の小数値を 0 あるいは 1 の値にラウンディングして，集合カバー問題の整数計画による定式化の解 $\hat{x}$ を求めたい．乱択ラウンディングの中心となるアイデアは，小数値 $x_j^*$ を $\hat{x}_j$ が 1 となる確率と解釈することである．したがって，各 $S_j$ は確率 $x_j^*$ で解に入れられる．なお，各 $S_j$ を解に入れるか入れないかを決定する $m$ 個の事象は，独立な確率的事象である．本書を通して，確率論の基本的な知識は仮定することにする．さらなる知識を必要とする読者のために，本章末のノートと発展文献で参考文献を挙げている．

$X_j$ を，部分集合 $S_j$ が解に入れられるときに 1，入れられないときに 0 の値をとる確率変数とする．すると，得られる解の期待値は，

$$\mathbf{E}\left[\sum_{j=1}^{m} w_j X_j\right] = \sum_{j=1}^{m} w_j \Pr[X_j = 1] = \sum_{j=1}^{m} w_j x_j^* = Z_{LP}^*$$

となり，線形計画緩和の値に等しいので OPT 以下である．しかしながら，これから眺めていくように，得られる解は集合カバーでないこともしばしばありうる．それにもかかわらず，これは，あるときには，乱択ラウンディングから良い近似アルゴリズムが得られる理由をうまく説明するものになっている．さらなる例は第 5 章で見ていくことにする．

この手続きで，与えられた要素 $e_i$ がカバーされない確率を計算することにしよう．この確率は，$e_i$ を含む部分集合がいずれも解に入れられない確率となるので，

$$\prod_{j:e_i \in S_j} (1 - x_j^*)$$

となる．任意の$x$に対して$1 - x \leq e^{-x}$である（eは自然対数の底）という事実を用いて，この値を上から抑えることができる．したがって，

$$\begin{aligned}\Pr[e_i \text{ がカバーされない}] &= \prod_{j:e_i \in S_j} (1 - x_j^*) \\ &\leq \prod_{j:e_i \in S_j} e^{-x_j^*} \\ &= e^{-\sum_{j:e_i \in S_j} x_j^*} \\ &\leq e^{-1}\end{aligned}$$

が得られる．なお，最後の不等式は，LPの制約式$\sum_{j:e_i \in S_j} x_j^* \geq 1$から得られる．与えられた要素がカバーされない確率を$e^{-1}$で上から抑えているが，この上界に限りなく近づくこともありうるので，この乱択ラウンディングアルゴリズムで集合カバーが得られない確率はかなり高くなる．

この乱択ラウンディングアルゴリズムで，集合カバーが高い確率で得られるためには，この確率がどれくらい小さくなればよいのであろうか？さらには，より基本的に，"高い確率"の"正しい"概念とは何なのであろうか？後者の問いに関しては，何通りかの回答が存在する．状況を考える一つの自然な方法として，多項式時間に焦点を当てていることと歩調を合わせて保証を課すことが挙げられる．任意の正定数$c$に対して，得られる解が集合カバーでない確率を$n^{-c}$（多項式の逆数）以下とするような多項式時間のアルゴリズムを考案できたとする．このとき，そのアルゴリズムは**高い確率 (high probability)** で集合カバーを求めるということにする．より正確に記述しよう．失敗することがあってもより安全な（失敗のすることがより少ない）結果を達成するためには，段階的に計算時間が長くなるようなアルゴリズム，すなわち，段階的に性能保証が悪くなるようなアルゴリズムも必要であるので，アルゴリズムの族を考える．ある定数$c \geq 2$に対して，$\Pr[e_i \text{ がカバーされない}] \leq \frac{1}{n^c}$となるような乱択手続きが考案できたとする．すると，

$$\Pr[\text{カバーされない要素が存在する}] \leq \sum_{i=1}^{n} \Pr[e_i \text{ がカバーされない}] \leq \frac{1}{n^{c-1}}$$

となり，集合カバーが高い確率で得られることになる．実際には，この上界は以下のようにして得られる．各部分集合$S_j$に対して，確率$x_j^*$で表が出るコインを考えて，コイン投げを$c \ln n$回繰り返す．そして，$c \ln n$回のコイン投げの試行のいずれかで表が出たときに$S_j$を解に入れて，1回も表が出なかったときには解に入れない．したがって，$S_j$が解に入れられない確率は，$(1 - x_j^*)^{c \ln n}$となる．さらに，所望の

$$\begin{aligned}\Pr[e_i \text{ がカバーされない}] &= \prod_{j:e_i \in S_j} (1 - x_j^*)^{c \ln n} \\ &\leq \prod_{j:e_i \in S_j} e^{-x_j^*(c \ln n)} \\ &= e^{-(c \ln n) \sum_{j:e_i \in S_j} x_j^*} \\ &\leq \frac{1}{n^c}\end{aligned}$$

## 1.7 乱択ラウンディングアルゴリズム

も得られる.

したがって，アルゴリズムで得られる解が集合カバーであるとして，アルゴリズムで得られる解が期待値として良い値を持つことの証明を与えればよいことになる.

**定理 1.17** 上記のアルゴリズムは，高い確率で集合カバーを返す乱択 $O(\ln n)$-近似アルゴリズムである.

**証明**: $p_j(x_j^*)$ を，与えられた $S_j$ が解に入れられる $x_j^*$ の関数としての確率であるとする．アルゴリズムでの構成法により，$p_j(x_j^*) = 1 - (1-x_j^*)^{c\ln n}$ であることがわかっている．$x_j^* \in [0,1]$ かつ $c\ln n \geq 1$ であることから，$x_j^*$ における微分 $p_j'$ は，

$$p_j'(x_j^*) = (c\ln n)(1-x_j^*)^{(c\ln n)-1} \leq (c\ln n)$$

と上から抑えられる．さらに，$p_j(0) = 0$ であり，関数 $p_j$ の傾きが区間 $[0,1]$ で上から $c\ln n$ で抑えられるので，区間 $[0,1]$ で $p_j(x_j^*) \leq (c\ln n)x_j^*$ であることが得られる．$X_j$ を，部分集合 $S_j$ が解に入れられるときに 1 の値をとり，そうでないとき 0 の値をとる確率変数とする．したがって，乱択手続きで得られる解の期待値は，

$$\mathbf{E}\left[\sum_{j=1}^m w_j X_j\right] = \sum_{j=1}^m w_j \Pr[X_j = 1]$$

$$\leq \sum_{j=1}^m w_j(c\ln n)x_j^*$$

$$= (c\ln n)\sum_{j=1}^m w_j x_j^* = (c\ln n)Z_{LP}^*$$

となる.

しかしながら，得られる解が集合カバーであるものとして，解の期待値に上界を与えたいのである．そこで，$F$ を手続きで得られる解が実行可能な集合カバーである事象とし，$\bar{F}$ をその余事象とする．前述の議論より，$\Pr[F] \geq 1 - \frac{1}{n^{c-1}}$ であり，かつ

$$\mathbf{E}\left[\sum_{j=1}^m w_j X_j\right] = \mathbf{E}\left[\sum_{j=1}^m w_j X_j \bigg| F\right] \Pr[F] + \mathbf{E}\left[\sum_{j=1}^m w_j X_j \bigg| \bar{F}\right] \Pr[\bar{F}]$$

であることはわかっている．またすべての $j$ で $w_j \geq 0$ であるので，

$$\mathbf{E}\left[\sum_{j=1}^m w_j X_j \bigg| \bar{F}\right] \geq 0$$

である．したがって，$n \geq 2$ かつ $c \geq 2$ で，

$$\mathbf{E}\left[\sum_{j=1}^m w_j X_j \bigg| F\right] = \frac{1}{\Pr[F]}\left(\mathbf{E}\left[\sum_{j=1}^m w_j X_j\right] - \mathbf{E}\left[\sum_{j=1}^m w_j X_j \bigg| \bar{F}\right]\Pr[\bar{F}]\right)$$

$$\leq \frac{1}{\Pr[F]} \cdot \mathbf{E}\left[\sum_{j=1}^m w_j X_j\right]$$

$$\leq \frac{(c\ln n)Z_{LP}^*}{1 - \frac{1}{n^{c-1}}}$$

$$\leq 2c(\ln n)Z_{LP}^*$$

が成立する. □

　この集合カバー問題に対しては，ここの近似アルゴリズムよりも，高速でより良い性能保証を持つ近似アルゴリズムが存在するが，第5章で眺めるように，乱択アルゴリズムは，確定的アルゴリズムと比較して，記述も解析もより単純にできることが多い．さらに，本書で取り上げる乱択アルゴリズムのほとんどが，**脱乱択 (derandomization)** できる．すなわち，乱択アルゴリズムの性能保証の期待値（期待性能保証）を達成する乱択アルゴリズムの確定版を得ることができる．一方，これらに対応する確定的アルゴリズムは，ときには，記述がより複雑になることもある．さらに，確定的アルゴリズムを容易に述べることができたとしても，そのアルゴリズム解析は，対応する乱択アルゴリズムを解析して初めて得られるというケースもある．

　これで近似アルゴリズムへの序論を終了する．後続の章では，ここで紹介した技法とともにさらなる技法も含めて，より一層深く見ていき，様々な問題にそれらの技法を適用していく．

## 1.8 演習問題

**1.1** 集合カバー問題では，
$$\left| \bigcup_{j \in I} S_j \right| = |E|$$
となるような $I$ で $\sum_{j \in I} w_j$ が最小となるものを求めることが目標であった．ここでは，以下の**部分カバー問題** (partial cover problem) を考える．そこでは，$0 < p < 1$ の与えられた $p$ に対して，
$$\left| \bigcup_{j \in I} S_j \right| \geq p|E|$$
となるような $I$ で，$\sum_{j \in I} w_j$ が最小となるものを求めることが目標である．
(a) 部分カバー問題に対して，$c(p) \cdot \mathrm{OPT}$ 以下の値を持つ解を求める多項式時間のアルゴリズムを与えよ．なお，$c(p)$ は $p$ に依存して定まる値であり，OPT は集合カバー問題の最適解の値である．
(b) $p$ に関して非減少でかつ $f(1) \leq H_{|E|}$ であるような関数 $f$ を用いて，部分カバー問題に対する $f(p)$-近似アルゴリズムを与えよ．

**1.2 有向シュタイナー木問題** (directed Steiner tree problem) では，入力として，有向グラフ $G = (V, A)$，各辺 $(i,j) \in A$ に対する非負のコスト $c_{ij} \geq 0$，根 $r \in V$ およびターミナル点の集合 $T \subseteq V$ が与えられる．目標は，各 $i \in T$ に対して，$r$ から $i$ へのパスが存在するような有向木のうちで，最小コストのものを求めることである．

　　$\mathbf{P} = \mathbf{NP}$ でない限り，有向シュタイナー木問題に対して，$(c \log |T|)$-近似アルゴリズムが存在しないというような正定数 $c$ の存在することを証明せよ．

**1.3 非対称メトリック巡回セールスマン問題** (metric asymmetric traveling salesman problem) では，入力として，有向完全グラフ $G = (V, A)$，**三角不等式** (triangle inequality) を満たす各辺 $(i,j) \in A$ に対するコスト $c_{ij} \geq 0$ が与えられる．したがって，すべての $i,j,k \in V$ に対して，$c_{ij} + c_{jk} \geq c_{ik}$ が成立する．目標は，最小コストの**ツアー** (tour)，すなわち，すべての点を正確に 1 回通る有向閉路のうちで，閉路に含まれる辺のコストの総和が最小となるもの，を求めることである．

この問題に対する近似アルゴリズムをデザインする一つの方法として，以下が挙げられる．最初に，入力グラフの最小コストの強連結有向オイラー部分グラフを求める．有向グラフは，どの点対 $i,j \in V$ に対しても $i$ から $j$ へのパスと $j$ から $i$ へのパスが存在するとき**強連結** (strongly connected) であると呼ばれる．有向グラフは，どの点でも入次数と出次数が等しいとき**オイラー** (Eulerian) であると呼ばれる．入力のグラフの強連結有向オイラー全点（すなわち，すべての点を含む）部分グラフが手に入れば，2.4 節で議論する**ショートカット** (shortcutting) の技法を用いて，三角不等式により，コストが大きくならないツアーを得ることができる．

強連結有向オイラー全点部分グラフを求める一つの方法は，以下のように記すことができる．最初に，グラフの**最小平均コスト閉路** (minimum mean-cost cycle) を求める．なお，有向グラフの閉路のうちで，その閉路に含まれる辺の平均コスト（すなわち，閉路の重みを閉路に含まれる辺数で割った値）が最小となるものが，最小平均コスト閉路である．そのような閉路は多項式時間で得ることができる．次に，閉路上の点を任意に 1 点選び，その点のみを残して，それ以外の閉路上の点はすべて除去する．得られたグラフで，点が 1 点になるまで上記のことを繰り返す．こうして得られた閉路上のすべての辺からなる部分グラフを考える．

(a) このアルゴリズムで得られる部分グラフは，入力グラフの強連結有向オイラー全点部分グラフであることを証明せよ．

(b) この部分グラフのコストは，高々 $2H_n \cdot \text{OPT}$ であることを証明せよ．なお，$n = |V|$ であり，OPT は最適なツアーのコストである．このことから，このアルゴリズムは非対称的メトリック巡回セールスマン問題に対する $2H_n$-近似アルゴリズムとなることを説明せよ．

1.4 **容量制約なし施設配置問題** (uncapacitated facility location problem) では，入力として，利用者の集合 $D$ と候補施設の集合 $F$ が与えられる．各利用者 $j \in D$ と各施設 $i \in F$ に対して，利用者 $j$ を施設 $i$ に割り当てるコスト $c_{ij}$ が存在する．さらに，各施設 $i \in F$ には開設コスト $f_i$ が付随する．この問題の目標は，施設の部分集合 $F' \subseteq F$ のうちで，$F'$ に含まれる施設の開設コストの総和と各利用者 $j \in D$ を $F'$ の最寄りの施設に割り当てるコストの総和の和を最小にするものを求めることである．すなわち，$\sum_{i \in F'} f_i + \sum_{j \in D} \min_{i \in F'} c_{ij}$ を最小化する $F'$ を求めたい．

(a) $\mathbf{P} = \mathbf{NP}$ でない限り，容量制約なし施設配置問題に対して，$(c \log |D|)$-近似アルゴリズムが存在しないというような正定数 $c$ の存在することを証明せよ．

(b) 容量制約なし施設配置問題に対して，$O(\ln |D|)$-近似アルゴリズムを与えよ．

1.5 点カバー問題を考える．

(a) 以下の線形計画問題

$$\text{minimize} \quad \sum_{i \in V} w_i x_i$$
$$\text{subject to} \quad x_i + x_j \geq 1, \quad \forall (i,j) \in E,$$
$$\qquad\qquad\quad x_i \geq 0, \quad i \in V$$

の端点解は，すべての $i \in V$ で $x_i \in \{0, \frac{1}{2}, 1\}$ という性質を持つことを証明せよ（実行可能解 $x$ は，$x$ と異なるどのような実行可能解 $x^{(1)}$, $x^{(2)}$ を用いても，$0 < \lambda < 1$ なる $\lambda$ を用いて $x = \lambda x^{(1)} + (1-\lambda) x^{(2)}$ と書くことができないとき，**端点解** (extreme point) と呼ばれることを思いだそう）．

(b) 入力のグラフが平面的グラフであるとき，点カバー問題に対する $\frac{3}{2}$-近似アルゴリズムを与えよ．なお，端点解を返す多項式時間の LP ソルバーを用いてもよい．さらに，平面的グラフを 4-彩色する多項式時間のアルゴリズムを用いてよい（平面的グラフの各辺 $(i,j) \in E$ に対して，点 $i$, $j$ が異なる色になるように，四つの色のいずれかを点に割り当てることを 4-彩色という）．

1.6 **点重み付きシュタイナー木問題** (node-weighted Steiner tree problem) では，入力として，無向グラフ $G = (V, E)$，すべての点 $i \in V$ に対する重み $w_i \geq 0$，すべての辺 $e \in E$ に対する辺コスト $c_e \geq 0$ およびターミナル点の集合 $T \subseteq V$ が与えられる．木のコストは，その木に含まれる点の重みの総和にその木に含まれる辺のコストの総和を加えた値である．目標は，$T$ のすべてのターミナル点を含むような木のうちで，コストが最小となるものを求めることである．

(a) **P** = **NP** でない限り，点重み付きシュタイナー木問題に対して，$(c \ln |T|)$-近似アルゴリズムが存在しないというような正定数 $c$ の存在することを証明せよ．

(b) 点重み付きシュタイナー木問題に対して，$O(\ln |T|)$-近似アルゴリズムを与えよ．

## 1.9 ノートと発展文献

"近似アルゴリズム" の用語は，その後の発展にきわめて大きな影響を与えた David S. Johnson の 1974 年に発表された論文 [179] で初めて用いられた．しかしながら，それ以前にヒューリスティックスの性能保証を証明した論文もいくつかある．たとえば，1967 年に発表された Erdős の（6.2 節で議論する）最大カット問題に対する論文 [99]，1966 年に発表された Graham の（2.3 節で議論する）スケジューリング問題に対する論文 [142]，1964 年に発表された Vizing の（2.7 節で議論する）辺彩色問題に対する論文 [284] が挙げられる．Johnson のその論文 [179] には，重みなし集合カバー問題に対する $O(\log n)$-近似アルゴリズムとともに，（5.1 節で議論する）最大充足化問題，（5.12 節，6.5 節および 13.2 節で議論する）点彩色問題，最大クリーク問題に対する近似アルゴリズムが掲載されている．その論文 [179] の最後で，Johnson はこれらの様々な問題の近似可能性について，以下のように述べている．

本論文で述べた結果は，最適化問題に対して，近似アルゴリズムの観点からの分類が可能であることを示唆するものである．そのような分類は一時的なものであるかもしれない．しかし，少なくとも，最適解を求める多項式時間のアルゴリズムの存在すること，あるいは，存在しないことが証明されて解決に至るまでは，そのような分類は重要であると思われる．現在のところ，多くの問題が提起される．点彩色問題に対して $O(\log n)$-近似アルゴリズムは存在するのであろうか？ 最大クリーク問題に対して，ある定数 $\epsilon > 0$ の $\Omega(n^{\epsilon-1})$-近似アルゴリズムは存在するのであろうか？ ほかの最適化問題に対してはどのようなことが言えるのであろうか？ 異なる問題に対するアルゴリズムが，同一の性能保証を持つようになるのはどうしてなのであろうか？ これらの結果を説明する，単純な多項式時間リダクション（帰着可能性）より強力な種類のリダクションは存在するのであろうか？ あるいは，これらの結果は定義で用いた問題間の構造的な類似性によるものなのであろうか？ さらに，ほかの種類の性能保証やそれを解析し評価する方法とはどんなものであろうか？ (p. 278)

Johnson の論文が発表されて以来，数十年間これらの提起された問題に答えるための研究が精力的に行われて，重要な進展があった．たとえば，定理 1.4 は，$\mathbf{P} = \mathbf{NP}$ でない限り，最大クリーク問題に対して，Johnson が述べたようなアルゴリズムは存在しないことを示している．

近似アルゴリズムに関する書籍は複数存在する．たとえば，Ausiello, Crescenzi, Gambosi, Kann, Marchetti-Spaccamela, and Protasi [27] の本，Vazirani [283] の本，および Hochbaum [162] により編纂された研究調査論文集などが挙げられる．アルゴリズムや組合せ最適化に関する多くの書籍も近似アルゴリズムの章や節を含んでいる．たとえば，Bertsimas and Tsitsiklis [47] の本，Cook, Cunningham, Pulleyblank, and Schrijver [80] の本，Cormen, Leiserson, Rivest, and Stein [82] の本，Kleinberg and Tardos [199] の本，および Korte and Vygen [203] の本などが挙げられる．

線形計画のしっかりとした入門書としては，Bertsimas and Tsitsiklis [47] の本，Chvátal [79] の本，Ferris, Mangasarian, and Wright [112] の本が薦められる．Bertsekas and Tsitsiklis [45], Durrett [93, 94], および Ross [256] には，確率論の入門的な基本的事項が掲載されている．Mitzenmacher and Upfal [226] の最初の数章も，コンピューターアルゴリズムの観点から，確率論の入門的な基本的事項が掲載されている．

本書で取り上げた集合カバー問題の抗ウイルスへの応用は，Kephart, Sorkin, Arnold, Chess, Tesauro, and White [188] による．

クラス **MAX SNP** に属する問題に対して多項式時間近似スキームが存在しないことに関する定理 1.3 は，それ以前の Feige, Goldwasser, Lovász, Safra, and Szegedy [108] および Arora and Safra [23] の結果の上に構築されたもので，Arora, Lund, Motwani, Sudan, and Szegedy [19] による．最大クリーク問題の近似困難性に関する定理 1.4 は，Håstad [158] によるものであり，Zuckerman [296] で強化された．

1.3 節の LP ラウンディングアルゴリズムと 1.4 節の双対ラウンディングアルゴリズムは，Hochbaum [160] による．1.5 節の主双対アルゴリズムは，Bar-Yehuda and Even [34] によ

る．1.6 節のグリーディアルゴリズムと LP に基づく解析は，Chvátal [78] による．1.7 節の乱択ラウンディングアルゴリズムは，自然発生的に知られるようになったものである．Johnson [179] と Lovász [218] は，重みなし集合カバー問題に対して $O(\log n)$-近似アルゴリズムをそれ以前に与えている．

集合カバー問題の近似困難性に関する定理 1.13 は，Lund and Yannakakis [220] によるものであり，Bellare, Goldwasser, Lund, and Russell [43] で強化された．集合カバー問題の近似困難性に関する定理 1.14 は，Feige [107] による．点カバー問題の近似困難性に関する定理 1.15 は，Dinur and Safra [91] による．一方，ユニークゲーム予想を用いている定理 1.16 は，Khot and Regev [194] による．

演習問題 1.3 は，Kleinberg and Williamson の未発表の結果である．演習問題 1.4 のアルゴリズムは Hochbaum [161] による．Nemhauser and Trotter [231] は，点カバー問題の線形計画緩和のすべての端点解（のベクトルの各成分）が $\{0, \frac{1}{2}, 1\}$ のいずれかの値をとることを示している（演習問題 1.5 で用いている）．演習問題 1.6 は Klein and Ravi [196] による．

# 第2章

# グリーディアルゴリズムと局所探索アルゴリズム

本章では，アルゴリズムとヒューリスティックのデザインにおいて，二つの互いに関係する標準的な技法である**グリーディアルゴリズム (greedy algorithm)** と**局所探索アルゴリズム (local search algorithm)** を取り上げる．これらの二つの技法は，局所的に最適な決定を繰り返し行う列からなる．しかしながら，局所的に最適な決定を繰り返し行っても，最終的に大域的な最適解に到達するとは限らない．

グリーディアルゴリズムでは，解は何回かのステップを経由して構成される．そして，アルゴリズムの各ステップでは，解の次の部分が，局所的に最適な決定で構成される．1.6 節で，集合カバー問題に対して，各ステップでカバーされていない要素をカバーする集合のうちで，カバーされていない要素をカバーする単価（その部分集合の重みをその集合に含まれるカバーされていない要素数で割った値）の最も低い部分集合を解に含めるという，グリーディアルゴリズムの例を与えた．

一方，局所探索アルゴリズムは，問題の任意の解から出発して，各ステップでは，局所的に解をわずかに変更することで目的関数の値を改善することができるかどうかを調べ，可能なときにはそのような変更を加える．そして，そのような変更が不可能になると終了して，**局所最適解 (locally optimal solution)** が得られる．そのような局所最適解が，最適解の値に近い値を持つことを証明できることもある．しかしながら，ほかのアルゴリズムデザイン技法と異なり，多くの場合，局所探索アルゴリズムを単に直接的に実装するだけでは，計算時間が多項式時間となることは保証されない．したがって，どの改善ステップでも十分な改善が行われて，計算時間が多項式時間となることを保証するような制限が局所探索に課されることが多い．

このように二つのアルゴリズムはともに局所的な選択を行うが，グリーディアルゴリズムは**主実行不可能アルゴリズム (primal infeasible algorithm)** である．すなわち，アルゴリズムの進行中，（主問題の）解は実行不可能であり，最後に実行可能解が得られて，アルゴリズムが終了する．一方，局所探索アルゴリズムは，**主実行可能アルゴリズム (primal feasible algorithm)** である．すなわち，アルゴリズムのどの時点でも，解は常に実行可能であり，解の値が改善され続ける．

グリーディアルゴリズムと局所探索アルゴリズムはともに，NP-困難問題に対するヒューリスティックとして最も人気があり頻繁に用いられている．通常，その実装は容易であり，実際に計算時間の観点からも良い．本章では，スケジューリング問題，クラスタ

リング問題，および組合せ最適化の分野で最も有名な巡回セールスマン問題などに対して，グリーディアルゴリズムと局所探索アルゴリズムを取り上げていく．グリーディアルゴリズムと局所探索アルゴリズムはともに，ヒューリスティックとして自然な選択肢であり，それらのいくつかは，研究のきわめて初期段階に考案された近似アルゴリズムとしても知られている．とくに，2.3 節の並列マシーンスケジューリング問題に対するグリーディアルゴリズムと 2.7 節の辺彩色のグリーディアルゴリズムはともに，NP-完全性の概念が考案される前の 1960 年代に解析が与えられた．

## 2.1 単一マシーンによる期限付きジョブのスケジューリング

組合せ最適化の中でも最も自然な問題の一つに，スケジュール作成（スケジューリング）問題が挙げられる．処理しなければならない仕事とその仕事を処理する資源が与えられる．このとき，ある目的関数を最適化するようなスケジュール，たとえば，すべての仕事ができるだけ早く完了するようなスケジュールとか，あるいは，すべての仕事の平均完了時刻ができるだけ小さくなるようなスケジュールというような，仕事の取り組みスケジュール，を立案しなければならない．本書では，資源（マシーン）上での仕事（ジョブ）の処理スケジュール作成問題をこれからしばしば取り上げていく．この問題に対する最も単純版の一つを最初に本章で取り上げる．

単一のマシーンで処理しなければならない $n$ 個のジョブがあるとする．また，マシーンは同時には一つのジョブしか処理できず，いったん処理を始めたなら終わるまでそのジョブの処理を続けるものとする．各ジョブ $j$ ($j=1,\ldots,n$) には処理時間 $p_j$ と**発生時刻** (release date) $r_j$（到着時刻と呼ばれることもある）が付随し，発生時刻より前にジョブ $j$ を処理することはできない．スケジュールは時刻 0 で始まるものと仮定し，すべてのジョブの発生時刻は非負であるとする．さらに，各ジョブ $j$ には期限 $d_j$ が付随していて，時刻 $C_j$ でジョブ $j$ が完了したときには，その**遅延** (lateness) $L_j$ は $C_j - d_j$ であるとする．ここで，目標は，最大遅延 $L_{\max} = \max_{j=1,\ldots,n} L_j$ を最小化するようなスケジュールを求める（スケジュール作成をする）ことである．この問題の簡単な例を図 2.1 に示している．

残念ながら，この問題は NP-困難である．実際には，$L_{\max} \leq 0$ である（すなわち，すべてのジョブが期限内に終了する）ようなスケジュールが存在するかどうかを判定することさえも強 NP-困難である（強 NP-困難性になじみの薄い読者は付録 B を参照されたい）[1]．これは実生活でも日常的に起こる問題であり，多くの人は，最も早く期限がくるジョブを優先して処理するという，単純なグリーディヒューリスティックを用いて，スケジュールを立てていると思われる．以下では，ある状況のもとでは，これが実際に良いことになることを示す．しかしながら，最初に，この最適化問題に対して，（**P** = **NP** でない限り）一般には，最適解に近い解を求めることはできないことを議論する．そこで，この問題に対

---

[1] 訳注：与えられた入力を，適切にダミーのジョブを 1 個加えて，元の入力の最適値が，負のときには最適値が 0 となり，非負のときには最適値が不変となるように，入力を変換できる．したがって，（$L_{\max} < 0$ となるスケジュールの存在しない）最適値が非負の入力に限定しても，$L_{\max} \leq 0$（すなわち，$L_{\max} = 0$）であるようなスケジュールが存在するかどうかを判定する問題は NP-困難である．

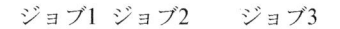

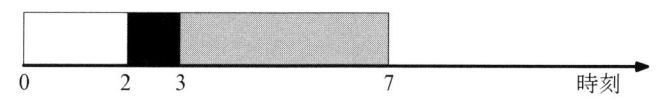

**図 2.1** 単一マシーンスケジューリング問題に対するスケジュールの例．なお，このスケジュールでは，$p_1 = 2$, $r_1 = 0$, $p_2 = 1$, $r_2 = 2$, $p_3 = 4$, $r_3 = 1$ であり，$C_1 = 2$, $C_2 = 3$, $C_3 = 7$ である．このとき，各ジョブの期限がそれぞれ，$d_1 = -1$, $d_2 = 1$, $d_3 = 10$ であるとすると，$L_1 = 2 - (-1) = 3$, $L_2 = 3 - 1 = 2$, $L_3 = 7 - 10 = -3$ であるので，$L_{\max} = L_1 = 3$ となる．

して $\rho$-近似アルゴリズムが存在したとしてみる．すると，最適値が 0 の入力に対して，このアルゴリズムは，目的関数の値が $\rho \cdot 0 = 0$ 以下となるようなスケジュール（すなわち，最適解）を見つけてくる．したがって，最適値が非負の入力に限定すると，このアルゴリズムで $L_{\max} \leq 0$（すなわち，$L_{\max} = 0$）であるようなスケジュールが存在するかどうかを判定できる．一方，この問題がこのように限定した入力に対しても NP-困難であるという上述の結果から，**P** = **NP** となってしまう．さらに，最適解の目的関数の値が負であるときには，どうすべきかというさらなる複雑性も存在する．この不都合性を回避する簡単な仮定は，ジョブの期限がすべて負であるとすることである．すると，最適解では目的関数の値が常に正になるからである．この特殊ケース版に対して 2-近似アルゴリズムをこれから与える．

最初に，このスケジューリング問題に対して，最適値の良い下界を与える．$S$ をジョブの任意の部分集合とし，$r(S) = \min_{j \in S} r_j$, $p(S) = \sum_{j \in S} p_j$, $d(S) = \max_{j \in S} d_j$ と定義する．最適値を $L_{\max}^*$ と表記する．

**補題 2.1** ジョブの任意の部分集合 $S$ に対して

$$L_{\max}^* \geq r(S) + p(S) - d(S)$$

が成立する．

**証明**：最適なスケジュールを考えて，そのスケジュールで部分集合 $S$ に含まれるジョブのみに注目して，それをそのまま $S$ に対するスケジュールと見なす．$S$ のジョブで最後に処理されるジョブを $j$ とする．$S$ のどのジョブも $r(S)$ より前に処理することはできないことと，$S$ のすべてのジョブを処理するには $p(S)$ 時間が必要であることから，ジョブ $j$ は時刻 $r(S) + p(S)$ より早く完了することはできないことが得られる．ジョブ $j$ の期限は $d(S)$ であるかそれよりも前であるので，このスケジュールにおけるジョブ $j$ の遅延は，少なくとも $r(S) + p(S) - d(S)$ である．したがって，$L_{\max}^* \geq r(S) + p(S) - d(S)$ が得られた． □

ジョブ $j$ の発生時刻 $r_j$ が $r_j \leq t$ を満たすとき，ジョブ $j$ は時刻 $t$ で **処理可能** (available) である．以下の自然なルールに基づくアルゴリズム，すなわち，マシーンにジョブが割り当てられていないとき，期限の最も早くくる処理可能なジョブを実際に処理するスケジュールを返す，というアルゴリズムを考える．これは，**最近期限ルール** (earliest due date rule)，あるいは英語の頭文字をとって，EDD ルールと呼ばれる．

**定理 2.2** 負の期限と非負の発生時刻の付随するジョブの単一マシーンによるスケジューリングで，EDD ルールは最大遅延を最小化する問題に対する 2-近似アルゴリズムである．

**証明**：EDD ルールで得られたスケジュールに対して，遅延最大のジョブを $j$ とする．すなわち，$L_{\max} = C_j - d_j$ であるとする．このスケジュールでジョブ $j$ の完了時刻 $C_j$ に注目する．区間 $[t, C_j)$ のどの時点でもマシーンが稼働中である（いずれかのジョブを処理している）という $t \leq C_j$ で最小の $t$ を考える．この区間 $[t, C_j)$ ではいくつかのジョブが処理される．この正の幅を持つ区間 $[t, C_j)$ のどの時点でもマシーンが稼働中であるということしか仮定していないことに注意しよう．区間 $[t, C_j)$ で処理されるジョブの集合を $S$ とする．$t$ の選び方より，時刻 $t$ より前の時点で $S$ のどのジョブも処理可能ではなかったが，時刻 $t$ では $S$ の少なくとも 1 個のジョブが処理可能であったことになる．したがって，$r(S) = t$ が成立する．さらに，この区間 $[t, C_j)$ を通して処理されるのは $S$ のジョブのみであるので，$p(S) = C_j - t = C_j - r(S)$ が成立する．したがって，$C_j = r(S) + p(S)$ となる．$d(S) < 0$ であるので，補題 2.1 を適用すると，

$$L^*_{\max} \geq r(S) + p(S) - d(S) \geq r(S) + p(S) \geq C_j \tag{2.1}$$

が得られる．一方，$S = \{j\}$ として補題 2.1 を適用すると，

$$L^*_{\max} \geq r_j + p_j - d_j \geq -d_j \tag{2.2}$$

が得られる．不等式の (2.1) と (2.2) を加えると，スケジュールの最大遅延は

$$L_{\max} = C_j - d_j \leq 2 L^*_{\max}$$

となる．したがって，定理が証明できた． □

## 2.2 $k$-センター問題

大量のデータから類似性や相違性を発見する問題はいつでもどこでも起こる．販売会社は類似の購買行動を持つ顧客を分類したいと考える．選挙顧問は有権者の投票行動で選挙区を分類したいと考える．検索エンジンはトピックの類似性に注目してウェブページを分類したいと考える．通常，この種のことは，データの**クラスタリング** (clustering) と呼ばれていて，良いクラスタリングを求める問題が幅広くそして深く研究されてきている．

ここでは，クラスタリングの特別な版の **$k$-センター問題** ($k$-center problem) を考える．この問題では，無向完全グラフ $G = (V, E)$ と各点対 $i, j \in V$ 間の"距離" $d_{ij} \geq 0$ および正整数 $k$ が与えられる．ここで，距離は，各 $i \in V$ で $d_{ii} = 0$，各 2 点 $i, j \in V$ で $d_{ij} = d_{ji}$，各 3 点 $i, j, l \in V$ で**三角不等式** (triangle inequality)，すなわち，$d_{ij} + d_{jl} \geq d_{il}$ を満たすと仮定する．この問題では，距離が類似性をモデル化している．すなわち，より近い 2 点が類似性がより高く，より離れている 2 点は類似性がより低いと考える．目標は，$k$ 個のセンターを求めて，各点を最寄りの（最も近い最も類似している）センターのクラスターにま

とめることである．すなわち，この問題では，$k$個の**クラスターセンター** (cluster center) からなる $|S|=k$ の部分集合 $S \subseteq V$ を選択する．そして，各点は最も近いクラスターセンターに割り当てられて，グラフの点が$k$個のクラスターにグループ化される．$k$-センター問題では，目標は，各点から自分の属するクラスターセンターまでの距離の最大値を最小とすることである．幾何的なイメージで話せば，目標は，同一の半径を持つ$k$個の円を用いて，それらの中心をそれぞれグラフのいずれかの点に置いて，グラフのすべての点がいずれかの円に含まれるようにするとき，できるだけ半径が小さくなるようにすることである．より正確には，以下のとおりである．点 $i$ から点の部分集合 $S \subseteq V$ への距離を $d(i,S) = \min_{j \in S} d_{ij}$ と定義する．このとき，$S$ に対応する半径は $\max_{i \in V} d(i,S)$ に等しく，$k$-センター問題の目標は，半径が最小になるようなサイズ$k$の集合$S$を求めることである．

後の章では，各点からクラスターセンターまでの距離の"総和" (sum) を最小にする，すなわち，$\sum_{i \in V} d(i,S)$ を最小にするほかの目的関数も取り上げる．その問題は，**$k$-メディアン問題** ($k$-median problem) と呼ばれている．本書では，この問題を7.7節と9.2節で取り上げる．さらに，相関クラスタリングと呼ばれるほかの版も6.4節で取り上げる．

$k$-センター問題に対して，単純で直観的にイメージできるグリーディな2-近似アルゴリズムを与える．アルゴリズムでは，まず最初に，任意に1点 $i \in V$ を選びそれをクラスターセンター集合$S$に加える．次に，これまで$S$に選ばれたすべてのクラスターセンターに最も遠い点を選んで$S$に加える．したがって，$|S|<k$ である限り，点 $j \in V$ で距離 $d(j,S)$ が最大となるもの（すなわち $\arg\max_{j \in V} d(j,S)$）を$S$に加えることを繰り返す．そして，$|S|=k$ となった時点で，$S$を返す．このアルゴリズムをアルゴリズム2.1にまとめている．

---

**アルゴリズム 2.1** $k$-センター問題に対するグリーディ2-近似アルゴリズム．

任意に $i \in V$ を選ぶ
$S \leftarrow \{i\}$
**while** $|S| < k$ **do**
    $j \leftarrow \arg\max_{j \in V} d(j,S)$
    $S \leftarrow S \cup \{j\}$
**return** $S$

---

図2.2にアルゴリズムの実行例を示している．

次に，このアルゴリズムが良い近似アルゴリズムであることを示す．

**定理 2.3** アルゴリズム2.1は，$k$-センター問題に対する2-近似アルゴリズムである．

**証明**：$S^* = \{j_1, \ldots, j_k\}$ を最適解とし，$r^*$ をそのときの半径とする．この最適解から点集合$V$のクラスター $V_1, \ldots, V_k$ への分割が得られる．すなわち，各点 $j \in V$ に対して，$j$ が $S^*$ のすべての点のうちで $j_i$ に最も近いとき $j$ は $V_i$ に入れられる（$j$ に最も近い点が2個以上のときには任意に1点 $j_i$ を選んでタイブレークを行う）．同じクラスター $V_i$ に属するどの2点 $j,j'$ も距離 $d_{jj'}$ は $2r^*$ 以下である．三角不等式により，距離 $d_{jj'}$ は，$j$ からセンター

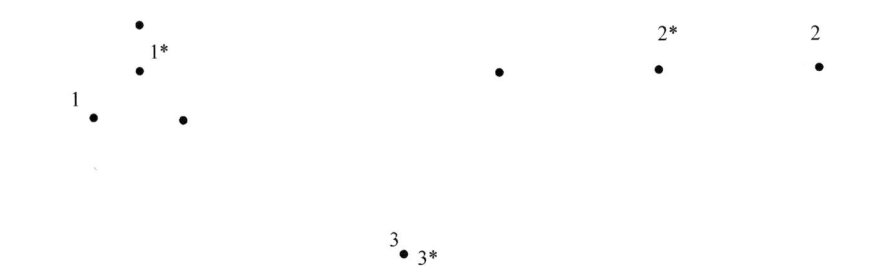

```
          •
         1*                        •        •2*        •2
    •                                                
    1                              
```
(figure: points labeled 1, 1*, 2*, 2, 3, 3*)

```
                    •
                    3 •3*
```

**図 2.2** $k = 3$ で 2 点間の距離がユークリッド距離の $k$-センター問題の入力の例．上記のグリーディアルゴリズムでは，点 $1, 2, 3$ がこの順にクラスターセンターに選ばれる．一方，最適解は点 $1^*, 2^*, 3^*$ からなる．

$j_i$ までの距離 $d_{jj_i}$ とセンター $j_i$ から $j'$ への距離 $d_{j_ij'}$ の和以下（すなわち，$d_{jj'} \leq d_{jj_i} + d_{j_ij'}$）となり，さらに $d_{jj_i}$ と $d_{j'j_i}$ がともに $r^*$ 以下であるので，$d_{jj'}$ は $2r^*$ 以下となるからである．

次に，グリーディアルゴリズムで得られる集合を $S \subseteq V$ とする．$S$ の各センターが最適解 $S^*$ の異なるクラスターに含まれるときには，明らかに，$V$ のどの点も $S$ のいずれかの点に距離が高々 $2r^*$ となる．そこで，以下では，アルゴリズムで $S$ に選ばれた二つ以上のセンターが最適解 $S^*$ の同じクラスターに含まれるときを考える．すなわち，アルゴリズムのある反復で，それ以前の反復である点 $j' \in V_i$ を $S$ に選んでいたにもかかわらず，別の点 $j \in V_i$ も $S$ に選んだとする．このときも，これらの 2 点間の距離は $2r^*$ 以下である．この反復で $j$ を選んだということは，$S$ に含まれるそれ以前に選んだ点の集合から最も遠い点が $j$ であったということである．したがって，その時点まで選ばれていなかったどの点も，$S$ に含まれるそれ以前に選んだ点の集合からの距離が $2r^*$ 以下であることになる．これは，その後の反復で $S$ に含まれる点が増えても明らかに成立する．したがって，定理が証明できた．図 2.2 の入力の例は，この解析がタイトであることを示している． □

この結果はこれ以上改善できないこと，すなわち，$\rho < 2$ を満たす $\rho$-近似アルゴリズムが存在したとすると，**P** = **NP** となってしまうことを次に議論する．そこで，NP-完全な**支配集合問題** (dominating set problem) を考える．支配集合問題では，グラフ $G = (V, E)$ と整数 $k$ が与えられ，サイズ $k$ の部分集合 $S \subseteq V$ で，グラフの各点が $S$ に入るかあるいは $S$ のいずれかの点に隣接しているというようなものが存在するかどうかを判定する問題である（存在するときにはそれがサイズ $k$ の**支配集合** (dominating set) と呼ばれる）．支配集合問題の入力が与えられたときに，$k$-センター問題の入力を以下のように構成する．すなわち，点集合は同一とし，2 点間の距離はグラフ $G = (V, E)$ で隣接しているときに 1 とし，そうでないときに 2 として定義する．すると，サイズ $k$ の支配集合が存在するとき，そしてそのときのみ，$k$-センター問題の最適解の半径が 1 である．さらに，$\rho < 2$ を満たす $\rho$-近似アルゴリズムが存在したとすると，サイズ $k$ の支配集合が存在するときには，半径 $\rho < 2$ の解は常に半径 1 になるので，そのアルゴリズムは，必ず半径 1 の解を求めてくることになる．したがって，以下の定理が得られる．

**定理 2.4** **P** = **NP** でない限り，$k$-センター問題に対する正数 $\alpha < 2$ の $\alpha$-近似アルゴリズムは存在しない．

## 2.3 同一並列マシーン上でのジョブのスケジューリング

2.1 節で，単一マシーン上での遅延最小のジョブのスケジューリング問題を考えた．ここでは，その問題の変種版である以下のスケジューリング問題を考える．すなわち，発生時刻の付随しないジョブの集合に対して，すべてのジョブを複数マシーンで処理するとき，最後に完了するジョブの完了時刻を最小化するスケジューリング問題を考える．処理すべき $n$ 個のジョブとそれらのジョブを並列に処理する $m$ 個の同一のマシーンが存在するとする．各ジョブ $j = 1, \ldots, n$ は，これらのマシーンのいずれかで中断なしに処理され，その処理時間は $p_j$ である．各ジョブは時刻 0 で処理可能である．各マシーンは同時には一つのジョブしか処理できない．目標は，すべてのジョブをできるだけ早く完了することである．すなわち，スケジュールが時刻 0 で出発して，ジョブ $j$ が時刻 $C_j$ で完了するとして，$C_{\max} = \max_{j=1,\ldots,n} C_j$ を最小化することである．$C_{\max}$ は，通常，スケジュールの**完了時刻 (makespan)** あるいは**長さ (length)** と呼ばれる．この問題は，負荷分散問題とも見なすことができる．$n$ 個の品物と各品物 $j$ の重さ $p_j$ が与えられて，それらを $m$ 個のマシーンに割り当てる．このとき，目標は，割り当てられる重みが最大となるマシーンの重みを最小化することである．

このスケジューリング問題は，きわめて単純なアルゴリズムでもかなり良い解が得られるという性質を持っている．より具体的には，局所探索アルゴリズムときわめて単純なグリーディアルゴリズムで，最適解の完了時刻の2倍以内の完了時刻となる解が得られることを示す．これらの二つのアルゴリズムの解析は，本質的には，同じものになる．

局所探索アルゴリズムは，一つの実行可能解から別の実行可能解へと移動する局所変更あるいは局所移動の集合で定義される．このスケジューリング問題に対する最も単純な局所探索アルゴリズムは，以下のように書ける．任意の解から出発する．そして，ジョブ $\ell$ が最後に完了するとする．このジョブ $\ell$ を現在割り当てられているマシーンから別のマシーンに割り当てる（移動する）ことにより，全体の完了時刻が早くなるかどうかを調べて，早くなるときにはそのようにする．割り当てられたジョブを $C_\ell - p_\ell$ よりも早くすべて完了するようなマシーンがあれば，ジョブ $\ell$ をそのマシーンに割り当てることにより，全体の完了時刻が早くなる．最後に完了するジョブに対してこの手続きが適用できなくなるまで，繰り返し適用する．そして，適用できなくなったときのスケジュールを返す．この局所移動の例を図 2.3 に示している．

この局所探索アルゴリズムの性能を解析するために，最適解のスケジュールの長さ $C^*_{\max}$ に対する自然な下界をまず最初に与える．すべてのジョブが処理されるので，

$$C^*_{\max} \geq \max_{j=1,\ldots,n} p_j \tag{2.3}$$

がまず得られる．一方，処理時間の総和は $P = \sum_{j=1}^{n} p_j$ であり，これをすべて $m$ 個のマシーンで処理しなければならないので，1 個のマシーンの平均処理時間は $P/m$ となる．したがって，ジョブのマシーンへのどのような割当てにおいても処理時間が $P/m$ 以上とな

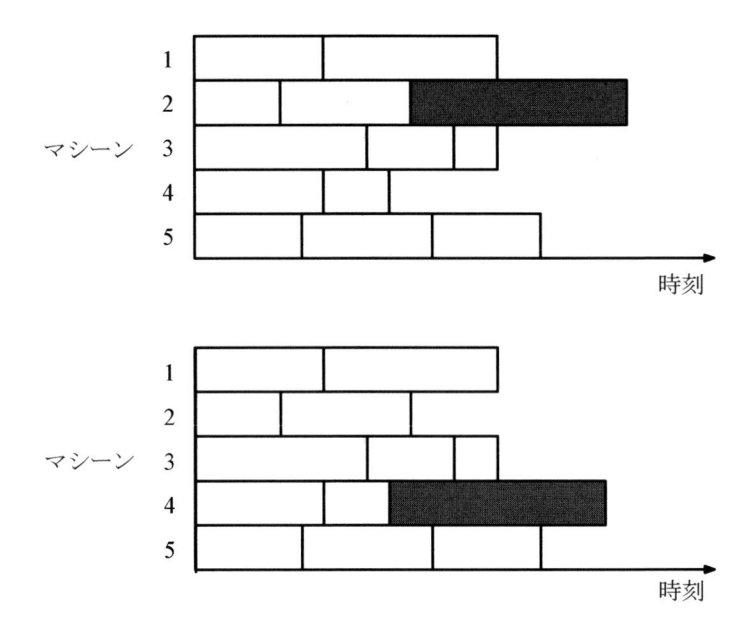

**図 2.3** 並列マシン上でのジョブのスケジューリングに対する局所探索アルゴリズムにおける局所移動の例．図の上のスケジュールではマシン 2 の灰色のジョブが最後に完了するジョブである．このジョブをマシン 4 に移動すると，図の下のスケジュールが得られるが，最後に完了するジョブの完了時刻は改善される．このスケジュールで，最後に完了する灰色のジョブに対して，（完了時刻の改善につながる）局所移動は不可能となる．

るマシンが必ず存在する．したがって，

$$C^*_{\max} \geq \sum_{j=1}^n p_j/m \tag{2.4}$$

となる．

次に，局所探索アルゴリズムで返されるスケジュールを考える．そして，このスケジュールで最後に完了するジョブを $\ell$ とする．このジョブ $\ell$ の完了時刻 $C_\ell$ がこの解（スケジュール）における目的関数の値となる．アルゴリズムがこのスケジュールで終了することから，ジョブ $\ell$ が割り当てられるマシン以外のほかのマシンは，時刻 0 からジョブ $\ell$ の処理が開始される時刻 $S_\ell = C_\ell - p_\ell$ まで稼働中であることになる．ここで，スケジュールを二つの時刻区間に分ける．すなわち，0 から $S_\ell$ までの区間とジョブ $\ell$ が処理されている区間とに分ける．式 (2.3) により，後者の区間の長さは高々 $C^*_{\max}$ である．次に前者の区間の長さを考える．この区間では，すべてのマシンが稼働中であることはわかっている．この区間での総処理時間は $mS_\ell$ であり，それはジョブの総処理時間 $\sum_{j=1}^n p_j$ 以下である．したがって，

$$S_\ell \leq \sum_{j=1}^n p_j/m \tag{2.5}$$

が得られる．これを式 (2.4) と組み合わせると，$S_\ell \leq C^*_{\max}$ が得られる．したがって，ジョブ $\ell$ の処理が開始される時刻以前の前者の区間の長さが，後者の区間の長さと同様に $C^*_{\max}$ 以下であることから，スケジュールの完了時刻は $2C^*_{\max}$ 以下であることが得られる．

次に，アルゴリズムの計算時間を考える．この局所探索アルゴリズムは以下の性質を持つ．すなわち，途中で得られるスケジュールの完了時刻 $C_{\max}$ は，反復ごとに，減少するか，あるいは同じときにはこの完了時刻 $C_{\max}$ を達成しているマシーンの個数が減る．自然な仮定の一つとして，ジョブをほかのマシーンに移動するときには，処理時間の最も少ないマシーンにそのジョブを割り当てることが挙げられる．ここでは，この変種版の計算時間を解析する．最初に処理の終わるマシーンの完了時刻を $C_{\min}$ とする．この変種版に限定したのは，$C_{\min}$ が反復において決して減少することのないことが言えるからである．すなわち，増加するか，同じときでも，最小の完了時刻を達成しているマシーンの個数が減る．このことから一つのジョブは二度以上移動されないことになる．これをこれから議論する．これが成立しなかったと仮定する．すると，二度以上移動されるジョブが存在するが，そのようなジョブで最初に二度以上移動されるジョブを $j$ とする．そこで，ジョブ $j$ は，1回目の移動でマシーン $i$ からマシーン $i'$ に移動し，2回目の移動でマシーン $i'$ からマシーン $i^*$ に移動したとする．ジョブ $j$ がマシーン $i$ からマシーン $i'$ に移動した時点では，そのときのスケジュールでの $C_{\min}$ の時刻でジョブ $j$ の処理が開始されたことになる．次にジョブ $j$ がマシーン $i'$ からマシーン $i^*$ に移動した時点では，そのときのスケジュールでの $C'_{\min}$ の時刻でジョブ $j$ の処理が開始されたことになる．さらに，ジョブ $j$ のこれらの二つの移動の間の時刻においては，マシーン $i'$ でのスケジュールに変化はなかったことになる．移動は改善に結びつくときのみ実行しているので，したがって，$C'_{\min}$ は $C_{\min}$ より真に小さくなる．しかし，これは局所探索アルゴリズムの反復において $C_{\min}$ の値が非減少であることに矛盾する．したがって，どのジョブも二度以上移動されないことになり，反復回数は $n$ 以下となって，アルゴリズムは終了する．すなわち，以下が示せたことになる．

**定理 2.5** 同一並列マシーン上でのジョブの完了時刻最小化スケジューリング問題に対する上記の局所探索アルゴリズムは，2-近似アルゴリズムである．

実際には，性能保証の解析をわずかながら改善できることもわかる．不等式 (2.5) を得た際に，"ジョブ $\ell$ の処理を開始する前の区間" の見積もりにジョブ $\ell$ の処理時間も入れていた．しかし実際には，

$$S_\ell \leq \sum_{j \neq \ell} p_j / m$$

が成立し，返されるスケジュールの長さは高々

$$p_\ell + \sum_{j \neq \ell} p_j / m = \left(1 - \frac{1}{m}\right) p_\ell + \sum_{j=1}^n p_j / m$$

となる．さらに，二つの下界の式 (2.3) と式 (2.4) をこれらの二つの項に適用すると，返されるスケジュールの長さは $(2 - \frac{1}{m}) C^*_{\max}$ 以下となる．もちろん，この限界と限界 2 との相違は，マシーンがごく少ないときにのみ顕著になる．

スケジュールを求めるもう一つの自然なアルゴリズムとして，処理可能になったマシーンが現れるとすぐにジョブをそのマシーンに割り当てるというグリーディアルゴリズムが挙げられる．すなわち，マシーンがアイドルになると，残っているジョブの一つをそのマシーンに割り当て処理を始める．このアルゴリズムは，しばしば，**リストスケジューリングアルゴリズム** (list scheduling algorithm) と呼ばれている．なぜなら，最初にジョブを

(任意の) リストに並べておいて，次にそのリスト順にジョブをマシーンに割り当てていくからである．言い換えると，負荷均等化の観点から，リストの次のジョブを割り当てるときに，その時点で負荷の最も軽いマシーンにジョブを割り当てているということである．この点が，アルゴリズムがグリーディアルゴリズムと呼ばれるゆえんである．このアルゴリズムの解析は，いまや自明である．このアルゴリズムで得られたスケジュールを局所探索アルゴリズムの最初のスケジュールとすると，局所探索アルゴリズムは解をこれ以上改善できないとすぐに答える．このスケジュールで，最後に完了するジョブ $\ell$ を考えてみれば，これはすぐにわかる．各マシーンは時刻 $C_\ell - p_\ell$ まで稼働中であるからである．実際そうでなかったとすると，ジョブ $\ell$ はほかのマシーンに割り当てられてしまうからである．したがって，局所移動は起こらない．

**定理 2.6** $m$ 個の同一並列マシーン上での完了時刻最小化問題に対する上記のリストスケジューリングアルゴリズムは，2-近似アルゴリズムである．

このリストスケジューリングアルゴリズムを改善して，より強い結果を得ることも困難ではない．すべてのリストが必ずしも同一のスケジュールをもたらすわけではないので，処理時間の大きい順にジョブを並べてリストを作り，そのリストでグリーディアルゴリズムを用いるのも自然である．定理 2.5 と定理 2.6 の結果の一つの見方として，得られるスケジュールの長さにおける相対的な誤差は最後に完了するジョブの処理時間に完全に依存することが挙げられる．そのジョブの処理時間が短ければ，誤差はそれほど大きくならない．このグリーディアルゴリズムは，**最長処理時間優先ルール** (longest processing time rule)，あるいは頭文字をとって，LPT ルールと呼ばれている．

**定理 2.7** 同一並列マシーン上でのジョブの完了時刻最小化スケジューリング問題に対する上記の最大処理時間優先ルールは，$\frac{4}{3}$-近似アルゴリズムである．

**証明**：定理が成立しなかったと仮定する．そして，定理の反例となる入力を考える．記法の簡単化のため，$p_1 \geq \cdots \geq p_n$ と仮定する．このとき，第一に，最後に完了するジョブは，実際に最後の最も短いジョブであると仮定することができる．これは一般性を失うことなく仮定できる．実際，最後に完了するジョブ $\ell$ が最も短いジョブでなかったとすると，ジョブ $\ell+1, \ldots, n$ をすべて除去することにより，より小さい反例が得られるからである．すなわち，得られるスケジュールの長さが同じであり，ジョブの除去により最適解のスケジュールでの長さは長くなることはないので，より小さい反例となるからである．

したがって，スケジュールで最後に完了するジョブは，ジョブ $n$ であることが得られた．この反例から，$p_n(= p_\ell)$ についてどんなことがわかるであろうか？ $p_\ell \leq C^*_{\max}/3$ であるとすると，定理 2.6 の (次の段落で説明している) 解析から，得られるスケジュールでの長さは，$(4/3)C^*_{\max}$ 以下となるので，これは反例とはならない．したがって，この反例では，ジョブ $n$ の処理時間は $C^*_{\max}/3$ より大きくなり，さらにジョブ $n$ は処理時間の最も短いジョブであるので，すべてのジョブの処理時間が $C^*_{\max}/3$ より大きいことになる．このような入力では，以下の事実が成立する．すなわち，最適なスケジュールにおいて，各マシーンの割り当てられるジョブは高々 2 個である (3 個以上のジョブが割り当てられ

ているとするとそのマシーンの総処理時間は $C^*_{\max}$ より大きくなってしまい，スケジュールの完了時刻が $C^*_{\max}$ であるということに反するからである)．

しかしながら，この時点で，そのような入力の反例は存在しないことが言えるのである．実際，このような構造を持つ入力に対しては，以下の補題が成立するからである．

**補題 2.8** 同一並列マシーン上での完了時刻最小化スケジューリング問題に対する入力において，各ジョブの処理時間が最適なスケジューリングの完了時刻の $\frac{1}{3}$ より大きいときには，上記の最大処理時間優先ルールで最適なスケジュールが得られる．

この補題は，詳細な場合分けによる議論で証明できるので，あとの演習問題 2.2 で取り上げることにする．この補題から，定理の反例は存在しないことが得られ，定理が成立することが得られた． □

3.2 節では，この問題に対する多項式時間近似スキームを与えることもできることを眺めることにする．

## 2.4 巡回セールスマン問題

巡回セールスマン問題 (traveling salesman problem)，すなわち，TSP では，都市の集合 $\{1, 2, \ldots, n\}$ と都市 $i$ から都市 $j$ へ行くコスト $c_{ij}$ を表す $n \times n$ の対称行列 $C = (c_{ij})$ が与えられる．便宜上，コストはすべて非負であり，各都市 $i$ から自身へのコスト $c_{ii}$ は 0 であると仮定する．行列が対称であるということは，都市 $i$ から都市 $j$ へのコストと都市 $j$ から都市 $i$ へのコストが等しいことを意味する．（**非対称巡回セールスマン問題** (asymmetric traveling salesman problem) は，コスト行列が対称であるという制限が緩和された問題であり，演習問題 1.3 ですでに取り上げている．）別の見方もできる．各辺にコストが付随する無向完全グラフが入力として与えられて，実行可能解はこのグラフの**ツアー** (tour)，すなわち，ハミルトン閉路である．したがって，すべての都市の円順列 $k(1), k(2), \ldots, k(n)$ ということもできる（各都市 $j$ をいずれか一つの $k(i)$ で表している）．ツアーのコストは，

$$c_{k(n)k(1)} + \sum_{i=1}^{n-1} c_{k(i)k(i+1)}$$

に等しい．各ツアーは $n$ 個の異なる表現を持つことに注意しよう．ツアーの出発点を任意に選べるからである．

巡回セールスマン問題は，組合せ最適化問題のうちでも最もよく研究されてきた問題の一つであり，近似アルゴリズムの観点からも同様である．しかし，最適解に近い解を求めることに対しては，様々な限界が存在する．そこで，それらに関することから始める．与えられたグラフ $G = (V, E)$ にハミルトン閉路が存在するかどうかを判定する問題は NP-完全である．TSP に対する近似アルゴリズムは，ハミルトン閉路問題を解くのに以下のように用いることができる．与えられたグラフ $G = (V, E)$ に対して，各 2 点 $i, j$ のコスト $c_{ij}$ を，$(i, j) \in E$ であるとき 1 に，そうでないとき $n + 2$ に設定する．$G$ にハミルトン閉路が

存在するときにはコスト $n$ のツアーが存在し，そうでないときにはどのツアーもコストが $2n+1$ 以上となる．TSP に対する 2-近似アルゴリズムが存在したとすると，それを用いて，与えられたグラフがハミルトン閉路を持つかどうかを判定できる．すなわち，上記のように，TSP の入力に変換して，2-近似アルゴリズムを走らせる．すると，得られるツアーが高々 $2n$ ならば，$G$ にハミルトン閉路が存在し，そうでなければハミルトン閉路が存在しないことになる．もちろん，グラフの"辺でない 2 点 $i,j$" に対する $n+2$ のコストの設定法に何ら制限はない．そのような"辺でない 2 点 $i,j$" に対するコストを $\alpha n + 2$ と置くことにより，さらに強いことも言える．たとえば，$\alpha = O(2^n)$ と置くと多項式サイズの TSP の入力が得られるので，以下の定理が得られる．

**定理 2.9** $\mathbf{P} \neq \mathbf{NP}$ であるとすると，任意の $\alpha > 1$ に対して，$n$ 個の都市に対する巡回セールスマン問題 (TSP) に対する $\alpha$-近似アルゴリズムは存在しない．実際，TSP に対する $O(2^n)$-近似アルゴリズムが存在したとすると，$\mathbf{P} = \mathbf{NP}$ が得られることになる．

これでストーリーは終わりであろうか？ もちろんそうではない．TSP の入力に対する一つの自然な仮定としては，**メトリック** (metric) という制約が挙げられる．すなわち，各 3 点 $i,j,k \in V$ に対して三角不等式

$$c_{ik} \leq c_{ij} + c_{jk}$$

が成立すると仮定することである．この仮定から，上記のハミルトン閉路問題のリダクションにおける極端な構成は排除できる．すなわち，"辺でない 2 点"に対するコストは，三角不等式により，2 以下にしかできないような 2 点が存在することになって，自明でない極端な近似不可能性を示すのには，小さすぎるからである．以下では，**メトリック巡回セールスマン問題** (metric traveling salesman problem) に対して，三つのアルゴリズムを与える．

以下は，巡回セールスマン問題に対する自然なグリーディヒューリスティックである．これは，しばしば，**最近点追加アルゴリズム** (nearest addition algorithm) とも呼ばれる．最近点対である 2 都市 $i,j$ をまず求めて，この 2 都市からなるツアー，すなわち，$i$ から $j$ へ行ってそして再び $i$ に戻ってくるツアーから出発する．これが最初の反復である．これ以降の各反復では，その時点の部分集合 $S$ に対するツアーに 1 個の都市を追加したツアーを求めて，ツアーに含まれる都市集合 $S$ にもこの 1 都市を追加する．そして，すべての都市がツアー ($S$) に含まれるようになったら終了する．各反復では，都市 $i \in S$ と都市 $j \notin S$ のうちで，コスト $c_{ij}$ が最小となる対 $i,j$ を求める．その時点での $S$ に含まれる都市のツアーで $i$ の次にくる都市を $k$ とする．そして，$S$ に $j$ を追加するとともに，その時点でのツアーの $i$ と $k$ の間に $j$ を挿入する．このアルゴリズムのある反復の実行例を図 2.4 に示している．

このアルゴリズムの解析では，無向グラフの最小全点木を求める Prim のアルゴリズムとの関係を把握することが核心となる．なお，連結なグラフ $G = (V,E)$ のどの 2 点も $F$ の辺だけを用いてパスで結ばれるというような辺の極小な部分集合 $F \subseteq E$ は，$G$ の**全点木** (spanning tree) と呼ばれる（**全域木**あるいは**全張木**とも呼ばれる）．また，**最小全点木** (minimum spanning tree) は，辺のコストの総和が最小となる全点木である．Prim のアル

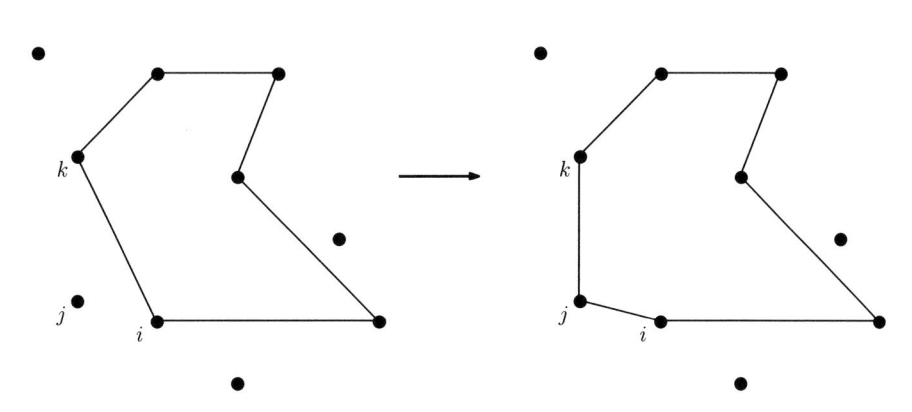

**図 2.4** 最近点追加アルゴリズムのグリーディステップ（反復）における最近点追加の説明図.

ゴリズムは，任意に選ばれた 1 点 $v \in V$ の集合 $S = \{v\}$ と $F = \emptyset$ を満たす木 $T = (S, F)$ から出発して，辺を付加することを繰り返して $S$ と付随する $S$ の点を結ぶ木 $T$ を構成し，最終的に最小全点木を求める．各反復では，$i \in S$ と $j \notin S$ を結ぶような辺 $(i, j)$ のうちで，最小コストの辺を決定し，そのような辺 $(i, j)$ を $F$ に追加する（と同時に $j$ を $S$ に追加する）．明らかに，$S$ に点を追加する点の系列は，最近点追加アルゴリズムでツアーに点を追加する系列と一致する．さらに，最小全点木問題と巡回セールスマン問題の間には，別の重要な関係も存在する.

**補題 2.10** 巡回セールスマン問題の任意の入力に対して，最適なツアーのコストは（同じ入力に対する）最小全点木のコスト以上である.

**証明**：この証明はきわめて簡単である．$n \geq 2$ の任意の入力に対して，最適なツアーをまず考える．そのツアーから任意に辺を 1 本除去する．すると（特殊な）全点木が得られる．もちろん，そのコストは最適なツアーのコスト以下である．最小全点木のコストはこの特別な全点木のコスト以下であるので，最小全点木のコストは最適なツアーのコスト以下である． □

以上の観察を組み合わせるとともに，少し考察を加えると次の定理が得られる．

**定理 2.11** メトリック巡回セールスマン問題に対する最近点追加アルゴリズムは，2-近似アルゴリズムである.

**証明**：最近点追加アルゴリズムの各反復の終了時におけるツアーに含まれる点の集合 $S$ の列を $S_2 = \{i_2, j_2\}, S_3, \ldots, S_n = \{1, \ldots, n\}$ とする．なお，$|S_\ell| = \ell$ である．さらに，$\ell = 3, \ldots, n$ に対して，反復 $\ell - 1$ で決定された辺を $i_\ell \in S_{\ell-1}$ と $j_\ell \notin S_{\ell-1}$ を用いて $(i_\ell, j_\ell)$ とし，$F = \{(i_2, j_2), (i_3, j_3), \ldots, (i_n, j_n)\}$ とする．上述のように，$(\{1, \ldots, n\}, F)$ は，辺にコストの付随する無向完全グラフの最初の入力に対する最小全点木となる．したがって，TSP の入力の最適なツアーのコストを OPT とすると，

$$\text{OPT} \geq \sum_{\ell=2}^{n} c_{i_\ell j_\ell}$$

が得られる．

　最初の2点 $i_2, j_2$ 上のツアーのコストは正確に $2c_{i_2 j_2}$ である．都市 $j$ がツアーに追加される反復 $\ell - 1$ を考える．そして，$j = j_\ell$ がその時点で得られているツアーの都市 $i = i_\ell$ と都市 $k$ の間に入れられたとする．このとき，ツアーのコストはどれくらい増加するのであろうか？ 簡単な計算で，$c_{ij} + c_{jk} - c_{ik}$ だけ増加することがわかる．一方，三角不等式より，$c_{jk} \leq c_{ji} + c_{ik}$，すなわち，$c_{jk} - c_{ik} \leq c_{ji}$ である．したがって，この反復で得られるツアーのコストの増加分は高々 $c_{ij} + c_{ji} = 2c_{ij}$ である．以上により，最終的に得られるツアーのコストは，高々

$$2 \sum_{\ell=2}^{n} c_{i_\ell j_\ell} \leq 2 \,\mathrm{OPT}$$

となり，定理が証明された． □

　このアルゴリズムは，実際には別の見方もできる．その新しい見方では，"グリーディ"な手続きとしてアルゴリズムを捉えるという観点からは少し外れるが，究極的にはより良いアルゴリズムにつながる．より良いアルゴリズムを説明するために，グラフ理論からの準備を少し与える．グラフは，辺の集合での順列が存在して，$(i_0, i_1), (i_1, i_2), \ldots, (i_{k-1}, i_k), (i_k, i_0)$ と並べることができるとき，**オイラー (Eulerian)** であると呼ばれる．このような順列は，すべての辺を正確に一度ずつ通るので，**一筆書き (traversal)** と呼ばれる．グラフがオイラーであるための必要十分条件は，グラフが連結であり，各点の次数が偶数であることである（点 $v$ の次数は，点 $v$ に接続している辺の本数である）．さらに，グラフがオイラーであるとき，一筆書きも容易に構成できる．

　TSPの入力に対して，良いツアーを求めるために，最初に（たとえば，Primのアルゴリズムなどを用いて）最小全点木を求める．次に各辺を（2本の並列辺で置き換えて）二重化する．こうして得られる多重グラフは，コストが高々 $2\,\mathrm{OPT}$ で，オイラーである．一筆書きをして，都市の巡回路 $(i_0, i_1), (i_1, i_2), \ldots, (i_{k-1}, i_k), (i_k, i_0)$ を構成する．この巡回路で出現する点の列 $i_0, i_1, \ldots, i_k$ を考える．そして，二度以上出現する点は，二度目以降に出現する点をすべて除去する．すると，（点 $i_0$ を最後に加えて）各都市を正確に一度訪問するツアーが得られる．次に，このツアーの長さを抑える．そこで，このツアーで連続する2点 $i_\ell, i_m$ を考える．前の巡回路で2点 $i_\ell, i_m$ 間には，点 $i_{\ell+1}, \ldots, i_{m-1}$ が存在していたが，それらはいずれも"それ以前に"すでに訪れられていて，二度目以降に出現したということから除去された点である．一方，三角不等式より，辺 $c_{i_\ell, i_m}$ のコストは，一筆書きの巡回路で $i_\ell$ と $i_m$ 間でたどられる辺，すなわち，$(i_\ell, i_{\ell+1}), \ldots, (i_{m-1}, i_m)$ の辺，のコストの総和で上から抑えられる．したがって，得られるツアーのコストは，一筆書きの巡回路の辺のコストの総和以下となり，$2\,\mathrm{OPT}$ 以下である．このアルゴリズムは，**木二重化アルゴリズム (double-tree algorithm)** と呼ばれる．したがって，上記の解析から，以下の定理が得られる．

**定理 2.12** メトリック巡回セールスマン問題に対する木二重化アルゴリズムは，2-近似アルゴリズムである．

　以前に訪問した都市を"スキップ" (skipping over) して得られるツアーのコストを一筆書きの巡回路の辺の総コストで上から抑えるこの技法は，**ショートカット (shortcutting)**

とも呼ばれる.

木二重化アルゴリズムの解析の副産物として，以下のきわめて有用な情報が得られる．すなわち，TSP の入力に対応する完全グラフのオイラー全点（すべての点を含む）部分グラフで，最適なツアーのコストの $\alpha$ 倍以内のコストのものを効率的に求めることができれば，上記のショートカットを用いて，$\alpha$-近似アルゴリズムが得られることになるのである．実際，この戦略を用いて，$\frac{3}{2}$-近似アルゴリズムが得られる．

最小全点木の計算で出力されたものを考える．このグラフは，明らかに，オイラーではない．実際，どの木も次数 1 の点を持つからである．しかし，次数が奇数の点は多くないこともある．得られた最小全点木において，次数が奇数の点の集合を $O$ とする．任意のグラフで，次数が奇数の点の個数は偶数である．なぜなら，グラフのどの辺も 2 個の点に接続していて，次数の総和において 2 だけ寄与するからである．次数が偶数の点の次数の総和は（すべてが偶数の和であるので）偶数である．したがって，次数が奇数の点の次数の総和も偶数である．すなわち，次数が奇数の点の個数は偶数であることが得られた．正整数 $k$ を用いて $|O| = 2k$ とする．

$O$ の点を 2 点ずつ対にして，$(i_1, i_2), (i_3, i_4), \ldots, (i_{2k-1}, i_{2k})$ が得られたとする．$O$ の各点を端点として正確に一度だけ含むような辺の集合は，$O$ の**完全マッチング** (perfect matching) と呼ばれる．辺にコストの付随する偶数個の点からなる完全グラフのコスト最小の完全マッチングは多項式時間で求めることができることは，組合せ最適化の古典的な結果の一つである．与えられた最小全点木に対して，次数奇数となる偶数個の点の集合 $O$ を決定し，その後 $O$ 上での最小コストの完全マッチングを求める．この辺の集合を最小全点木に加える．こうして最初の都市集合上でのオイラーグラフが得られる．実際，このグラフは，（全点木が連結であるので）連結であり，（全点木で次数が奇数の各点には新しく接続する辺が 1 本加えられているので）どの点も次数が偶数である．したがって，一筆書きをして巡回路を求めて，その後，木二重化アルゴリズムのときと同様にショートカットをして，コストが巡回路のコストより大きくならないツアーを得ることができる．このアルゴリズムは，**Christofides のアルゴリズム** (Christofides' algorithm) と呼ばれている．

**定理 2.13** メトリック巡回セールスマン問題に対する Christofides のアルゴリズムは，$\frac{3}{2}$-近似アルゴリズムである．

**証明**：アルゴリズムで得られたオイラーグラフの辺集合はコストの総和が高々 $\frac{3}{2}$ OPT であることを証明したい．最小全点木の辺集合はコストの総和が高々 OPT であることは，すでに述べている．したがって，$O$ 上の最小コストの完全マッチングの（辺集合の総）コストが高々 OPT/2 であることを示せば十分である．これはきわめて簡単に示せる．

最初に，$O$ に含まれる点のみからなるツアーで総コストが高々 OPT となるものが存在することを確認する．ここでも，ショートカットの議論を用いる．最初のすべての都市に対する最適なツアーを考える．このとき，$O$ に含まれる二つの都市の $i$ と $j$ に対して，最初のすべての都市に対する最適なツアーで，$i$ から $j$ の間に出現する都市がいずれも $O$ に含まれないときに（そしてそのときのみ），$O$ 上のツアーは辺 $(i, j)$ を含むとする．したがって，$O$ 上のこのツアーのすべての辺は，最初のすべての都市に対する最適なツアーで（内部に共通点をもたない）素パスに対応する．したがって，三角不等式により，$O$ 上のこの

ツアーの長さは，最初のすべての都市に対する最適なツアーの長さの OPT 以下になる．

次に，この"ショートカット"で得られた点集合 $O$ のツアーの辺をたどりながら，各辺を交互に赤と青で彩色していく．辺数が偶数であるのでこれは矛盾なくできる．したがって，辺の集合は赤い辺の集合と青い辺の集合に分割される．いずれの集合も点集合 $O$ 上の完全マッチングとなる．二つの辺集合のコストの総和が高々 OPT であるので，コストの総和が小さいほうの辺集合はコストが高々 OPT/2 である．したがって，$O$ 上の完全マッチングでコストが高々 OPT/2 の完全マッチングが存在する．アルゴリズムでは，最小コストの完全マッチングを求めているので，その完全マッチングのコストは高々 OPT/2 である．したがって，アルゴリズムで得られたオイラーグラフの辺集合はコストの総和が高々 $\frac{3}{2}$ OPT であることが得られ，定理の証明は完結する． □

なお，現在，メトリック巡回セールスマン問題に対してこれより良い近似アルゴリズムが知られていないことは，注目に値する．一方，否定的な結果で最も強いものは以下の定理で得られているものだけであるので，このアルゴリズムを本質的に改善して，より良い近似アルゴリズムを得ることも可能であるかもしれない．

**定理 2.14** P = NP でない限り，メトリック巡回セールスマン問題に対して，正定数 $\alpha < \frac{220}{219} \approx 1.0045$ の $\alpha$-近似アルゴリズムは存在しない．

特殊なケースでは，より良い近似アルゴリズムを与えることもできる．10.1 節では，ユークリッド平面上の点に都市が対応しているとき，すなわち，2 都市間の距離が対応する 2 点間のユークリッド距離に等しいときに，多項式時間近似スキームが得られることを眺める．

## 2.5 銀行口座の浮動資金の最大化

高速な電子決済が可能になる前の時代においては，大企業は銀行口座の浮動資金の最大化を図って，自分に有利になるように様々な銀行に口座を開いていた．**浮動資金** (float) は，企業が小切手での支払いをしてから，企業の銀行口座から実際にその代金が引き落とされるまでの期間の資産である．企業は，その期間中も，銀行口座に預けている資産から金利を得ることができる．浮動資金は**空小切手** (check kiting) を切る詐欺師の手口でも用いられている．すなわち，ある一つの銀行にある銀行口座の負債超過を支払うために，ほかの銀行の十分な残高のない銀行口座で支払いをする小切手を書いて発行する．数日後にこの銀行での支払期日が来たときに，また最初の銀行で支払いをする小切手を書いて発行するという手口である．

浮動資金の最大化問題は以下のようにモデル化できる．一つの企業が，浮動資金を最大化するために，$k$ 個の銀行に口座を開設するとする．開設することのできる銀行口座の集合を $B$ とする．その企業と取引している企業の集合を $P$ とする．企業 $j \in P$ に対する代金を銀行口座 $i \in B$ から引き落としをするときに生じる浮動資金の値を $v_{ij} \geq 0$ とする．この

値は，企業 $j$ に対して小切手として発行されたときから銀行口座 $i$ で決済されるまでの日数と銀行口座 $i$ の金利などの要因を考慮して決まるものである．このとき，開設する口座集合 $S \subseteq B$ で $|S| \leq k$ となるものを求めるが，企業 $j \in P$ への代金は $v_{ij}$ が最大となる銀行口座 $i \in S$ から引き落とすものとしたい．したがって，$S \subseteq B$ かつ $|S| \leq k$ で $\sum_{j \in P} \max_{i \in S} v_{ij}$ が最大となるものを求めたい．$S \subseteq B$ に対する目的関数の値を $v(S)$ と定義する．すなわち，$v(S) = \sum_{j \in P} \max_{i \in S} v_{ij}$ と定義する．

自然なグリーディアルゴリズムとは以下のようなものであろう．アルゴリズムは $S = \emptyset$ と初期設定して出発する．そして $|S| < k$ である限り，目的関数の値が最も増加する銀行口座 $i \in B$ (すなわち $\arg\max_{i \in B}(v(S \cup \{i\}) - v(S))$) を求め，それを $S$ に追加することを繰り返す．このアルゴリズムをアルゴリズム 2.2 にまとめている．

---

**アルゴリズム 2.2** 浮動資金の最大化問題に対するグリーディ近似アルゴリズム．

$S \leftarrow \emptyset$
**while** $|S| < k$ **do**
 $i \leftarrow \arg\max_{i \in B} v(S \cup \{i\}) - v(S)$
 $S \leftarrow S \cup \{i\}$
**return** $S$

---

このアルゴリズムが $1 - \frac{1}{e}$ の性能保証を持つことを証明する．その証明には，以下の補題を用いる．最適解を $O$ とする．したがって，$O \subseteq B$ かつ $|O| \leq k$ である．

**補題 2.15** $S$ をアルゴリズム 2.2 のある反復の開始時における銀行口座の集合とし，$i \in B$ をこの反復で選ばれた銀行口座とする．すると，

$$v(S \cup \{i\}) - v(S) \geq \frac{1}{k}(v(O) - v(S))$$

が成立する．

この補題がなぜ成立するのかということに対する直観が働くようにするため，最適解 $O$ を考える．目的関数の値 $v(O)$ を各銀行口座 $i \in O$ に分配するとする．各 $j \in P$ に対する値 $v_{ij}$ は最大値 $\max_{i \in O} v_{ij}$ を達成する銀行口座 $i \in O$ に割り当てることができる．$|O| \leq k$ であるので，$v(O)/k$ 以上割り当てられる銀行口座 $i \in O$ が存在する．したがって，最初に銀行口座 $i$ を選んで $S$ に追加した後，$v(\{i\}) \geq v(O)/k$ となる．直観的に言えば，次に，最初の銀行口座に割り当てられなかった値の $1/k$ 以上の割合で割り当てられる別の銀行口座 $i' \in O$ も存在する．すなわち，$v(S \cup \{i'\}) - v(S) \geq \frac{1}{k}(v(O) - v(S))$ となるような $i'$ が存在する．以下これを繰り返すことができる．

補題が得られてしまえば，アルゴリズムの性能保証を証明でき，以下の定理が得られる．

**定理 2.16** アルゴリズム 2.2 は，浮動資金の最大化問題に対する $(1 - \frac{1}{e})$-近似アルゴリズムである．

**証明**：アルゴリズムの $t$ 回目の反復のあとで得られるグリーディな解を $S^t$ とする．したがって，$S^0 = \emptyset$ かつ $S = S^k$ である．$O$ を最適解とする．$v(\emptyset) = 0$ と置く．補題 2.15 から $v(S^t) \geq \frac{1}{k}v(O) + \left(1 - \frac{1}{k}\right)v(S^{t-1})$ となることに注意しよう．この不等式を繰り返し適用して，

$$\begin{aligned}
v(S) &= v(S^k) \\
&\geq \frac{1}{k}v(O) + \left(1 - \frac{1}{k}\right)v(S^{k-1}) \\
&\geq \frac{1}{k}v(O) + \left(1 - \frac{1}{k}\right)\left(\frac{1}{k}v(O) + \left(1 - \frac{1}{k}\right)v(S^{k-2})\right) \\
&\geq \frac{v(O)}{k}\left(1 + \left(1 - \frac{1}{k}\right) + \left(1 - \frac{1}{k}\right)^2 + \cdots + \left(1 - \frac{1}{k}\right)^{k-1}\right) \\
&= \frac{v(O)}{k} \cdot \frac{1 - \left(1 - \frac{1}{k}\right)^k}{1 - \left(1 - \frac{1}{k}\right)} \\
&= v(O)\left(1 - \left(1 - \frac{1}{k}\right)^k\right) \\
&\geq v(O)\left(1 - \frac{1}{e}\right)
\end{aligned}$$

が得られる．なお，最後の不等式では，よく知られている不等式 $1 - x \leq e^{-x}$ に $x = 1/k$ を代入して用いている． □

補題 2.15 を証明するために，まず以下の補題を証明する．

**補題 2.17** 目的関数 $v$ と任意の $X \subseteq Y$ と任意の $\ell \notin Y$ に対して，

$$v(Y \cup \{\ell\}) - v(Y) \leq v(X \cup \{\ell\}) - v(X)$$

が成立する．

**証明**：取引先の企業 $j \in P$ を考える．$j$ への引き落としが $X \cup \{\ell\}$ と $X$ の両方に含まれる銀行口座から行われるか，あるいは，$X \cup \{\ell\}$ の $\ell$ からと，$X$ からの別の銀行口座から引き落とされるかのいずれかである．したがって，

$$v(X \cup \{\ell\}) - v(X) = \sum_{j \in P}\left(\max_{i \in X \cup \{\ell\}} v_{ij} - \max_{i \in X} v_{ij}\right) = \sum_{j \in P} \max\left\{0, \left(v_{\ell j} - \max_{i \in X} v_{ij}\right)\right\} \tag{2.6}$$

が成立する．同様に，

$$v(Y \cup \{\ell\}) - v(Y) = \sum_{j \in P} \max\left\{0, \left(v_{\ell j} - \max_{i \in Y} v_{ij}\right)\right\} \tag{2.7}$$

が成立する．$X \subseteq Y$ から与えられた $j \in P$ に対して $\max_{i \in Y} v_{ij} \geq \max_{i \in X} v_{ij}$ であるので，

$$\max\left\{0, \left(v_{\ell j} - \max_{i \in Y} v_{ij}\right)\right\} \leq \max\left\{0, \left(v_{\ell j} - \max_{i \in X} v_{ij}\right)\right\}$$

が成立する．この不等式をすべての $j \in P$ で和をとり，等式の (2.6) と (2.7) を用いると，所望の結果が得られる． □

上で証明した関数 $v$ の性質は，多くのアルゴリズムで中心的な役割を果たすものの一つであり，**劣モジュラー性** (submodularity) と呼ばれている．なお，通常，劣モジュラー性は少し異なる形式で定義されている（演習問題 2.10 参照）．ここでの定義は，限界利益が減少していくという直観的な性質を把握するものになっている．すなわち，集合がより大きくなるに従い，新しく要素が追加されるときに生じる利益の増加分は，減少していく．

最後に補題 2.15 を証明しよう．

**補題 2.15 の証明**： $O - S = \{i_1, \ldots, i_p\}$ とする．すると，$|O - S| \leq |O| \leq k$ であるので，$p \leq k$ である．銀行口座を追加すると解の値は増加するので，

$$v(O) \leq v(O \cup S)$$

が得られる．また，書き直すことで

$$v(O \cup S) = v(S) + \sum_{j=1}^{p} \left[ v(S \cup \{i_1, \ldots, i_j\}) - v(S \cup \{i_1, \ldots, i_{j-1}\}) \right]$$

も得られる．補題 2.17 を適用して，右辺を

$$v(S) + \sum_{j=1}^{p} \left[ v(S \cup \{i_j\}) - v(S) \right]$$

で上から抑えることができる．$v(S \cup \{i\}) - v(S)$ を最大化する $i \in B$ をアルゴリズムで選んでいるので，任意の $j$ に対して $v(S \cup \{i\}) - v(S) \geq v(S \cup \{i_j\}) - v(S)$ が成立する．この上界を用いて，

$$v(O) \leq v(O \cup S) \leq v(S) + p[v(S \cup \{i\}) - v(S)] \leq v(S) + k[v(S \cup \{i\}) - v(S)]$$

が得られる．この不等式を書き直すことにより，補題の不等式が得られるので，証明はこれで完了である． □

このグリーディアルゴリズムとその解析は，要素の集合 $S$ で規定される目的関数 $v(S)$ が単調で劣モジュラー関数であるようなほかの同様の問題にまで拡張できる．拡張におけるこれらの用語の定義と証明は演習問題 2.10 で取り上げる．

## 2.6 最小次数全点木問題に対する局所探索アルゴリズム

次に，最大次数が最小となる全点木を求める問題に対する局所探索アルゴリズムに移る．問題の定義は以下のとおりである．入力としてグラフ $G = (V, E)$ が与えられ，目標は $G$ の**最小次数全点木** (minimum-degree spanning tree)，すなわち，$G$ の全点木 $T$ のうちで $T$ の点の次数の最大値が最小となるもの，を求めることである．ここでは，この問題を

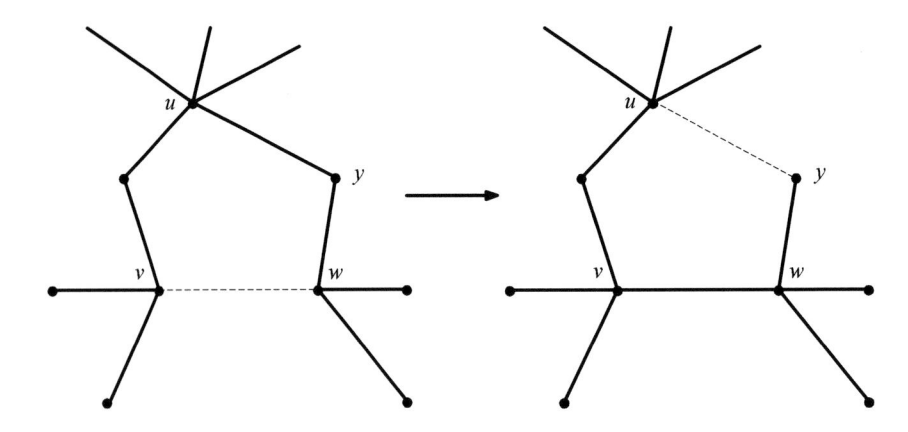

**図 2.5** 全点木の最大次数の最小化問題に対する局所移動の説明図. 太線は全点木の辺を表し，それ以外の辺は破線で表している.

**最小次数全点木問題** (minimum-degree spanning tree problem) と呼ぶことにする．この問題は NP-困難である．グラフのすべての点を含むパスは，**ハミルトンパス** (Hamiltonian path) と呼ばれ，全点木の特殊なものである．全点木では，最大次数が 2 であることとハミルトンパスであることとは等価である．さらに，グラフ $G$ がハミルトンパスを持つかどうかを決定する問題は NP-完全である．したがって，以下の定理が言える．

**定理 2.18** 与えられたグラフが最大次数 2 の最小次数全点木を持つかどうかを決定する問題は NP-完全である．

与えられたグラフ $G$ に対して，$T^*$ を $G$ の最小次数全点木とし，$T^*$ の最大次数を OPT とする．以下では，最大次数が高々 $2\,\mathrm{OPT} + \lceil \log_2 n \rceil$ となる全点木 $T$ を求める多項式時間の局所探索アルゴリズムを与える．なお，$n = |V|$ はグラフの点数である．記法の単純化のため，本節を通して $\ell = \lceil \log_2 n \rceil$ を用いることにする．

局所探索アルゴリズムは，任意の全点木 $T$ から出発する．$T$ のある点の次数を下げるために，$T$ からほかの全点木への局所移動を与える．$T$ における点 $u$ の次数を $d_T(u)$ と表記する．局所移動では，点 $u$ を選んで，$T$ に含まれないグラフの辺を $T$ に加えることで $u$ を含む閉路 $C$ ができるようなすべての辺 $(v,w)$ を考える．ここで，$\max(d_T(v), d_T(w)) \leq d_T(u) - 2$ であるとする．たとえば，図 2.5 のグラフと太線で示されている辺からなる全点木 $T$ を例にとって考えてみよう．この例では，$u$ の次数は 5 であり，$v$ と $w$ の次数はともに 3 である．$T$ に辺 $(v,w)$ を加えて $u$ を含む閉路 $C$ が得られる．そこで，$u$ に接続する $C$ 上の辺を 1 本除去して得られる全点木を $T'$ とする．この例では辺 $(u,y)$ を除去するとする．すると，$T'$ における $u$, $v$, $w$ の次数はすべて 4 となる．$\max(d_T(v), d_T(w)) \leq d_T(u) - 2$ の条件は，一般に，このような辺の除去による局所移動での次数の改善を保証している．すなわち，$d_{T'}(u) = d_T(u) - 1$ であるので，$T'$ において，$u$ の次数が 1 減り，さらに，$v$ と $w$ の次数が $u$ の 1 減少した次数より大きくなることはない（すなわち，$\max(d_{T'}(v), d_{T'}(w)) \leq d_{T'}(u)$ である）からである．

以下の局所探索アルゴリズムでは，次数の大きい点に対して局所移動を実行する．どの点に対しても局所移動を実行することは可能で，それにより次数の低い点の次数が減り，

次数の高い点に対する局所移動がより可能になることもある．しかしながら，そのような局所移動では，アルゴリズムが多項式時間で終了することを示す良い方法が知られていない．そこで，多項式時間のアルゴリズムにするために，次数が相対的に高い点に限定して，局所移動を適用する．$T$ の最大次数を $\Delta(T)$ と表記する．すなわち，$\Delta(T) = \max_{u \in V} d_T(u)$ である．ここのアルゴリズムでは，$T$ における次数が $\Delta(T) - \ell$ 以上の点を選び，局所移動でその点の次数を下げることにする．次数が $\Delta(T) - \ell$ から $\Delta(T)$ までの点に対して，局所移動を適用できなくなったならば，アルゴリズムは終了する．このとき，アルゴリズムは，**局所最適** (locally optimal) な全点木を見つけたということにする．局所移動を次数が $\Delta(T) - \ell$ から $\Delta(T)$ までの点に限定することで，アルゴリズムが多項式時間であることを示すことができるようになるのである．

二つのことを証明しなければならない．第一に，局所最適な全点木は最大次数が $2\,\mathrm{OPT} + \ell$ 以下であることを示さなければならない．第二に，局所最適な全点木を多項式時間で得ることができることを示さなければならない．たいていの近似アルゴリズムでは，アルゴリズムが多項式時間で走ることの証明は比較的容易にできるが，局所探索アルゴリズムにはこれが当てはまらない．実際，アルゴリズムが多項式時間で局所最適な解に収束することを証明できるようにするためには，局所移動の適用範囲を限定することが必要である．ここでは，次数の高い点に対してのみ局所移動を適用することにしている点に注意しよう．

**定理 2.19** $T$ を局所最適な全点木とする．すると，$\Delta(T) \leq 2\,\mathrm{OPT} + \ell$ ($\ell = \lceil \log_2 n \rceil$) が成立する．

**証明**：OPT に対する下界を得ることから説明しよう．全点木 $T$ から $k$ 本の辺を除去したとする．すると，これにより $k+1$ 個の異なる連結成分となる．そこで，$k+1$ 個の連結成分の 2 個を結ぶ $G$ の各辺は少なくとも一方の点が $S$ に含まれるというような点の集合 $S$ を求める．図 2.6 は，グラフと全点木と，太線の辺を除去して得られる連結成分とそれに対する適切な $S$ の例を示している．グラフの任意の全点木は，これらの $k+1$ 個の異なる連結成分間にまたがる辺を少なくとも $k$ 本持つことに注意しよう．したがって，任意の全点木において，$S$ の点の平均次数は少なくとも $k/|S|$ であり，最適な全点木の最大次数 OPT は $\mathrm{OPT} \geq k/|S|$ となる．

次に，この下界を適用できるようにするために，除去すべき辺の集合と点の集合 $S$ の求め方について示す．局所最適な全点木 $T$ において，次数が $i$ 以上の点の集合を $S_i$ とする．すると，$i \geq \Delta(T) - \ell + 1$ の各 $S_i$ に対して，$S_i$ の点に接続する辺は $T$ に少なくとも $(i-1)|S_i| + 1$ 本以上あり，またこれらの辺をすべて除去して得られる連結成分の集合において，異なる連結成分間にまたがるグラフの各辺は，少なくとも一方の端点が $S_{i-1}$ の点になることが主張できる．さらに，$|S_{i-1}| \leq 2|S_i|$ を満たすような $i$ も存在することが主張できる（これらの主張の証明は後述する）．$S = S_{i-1}$ とおいて，$T$ から $S_i$ の点に接続する辺をすべて除去することで得られる OPT の下界は，

$$\mathrm{OPT} \geq \frac{(i-1)|S_i|+1}{|S_{i-1}|} \geq \frac{(i-1)|S_i|+1}{2|S_i|} > (i-1)/2 \geq (\Delta(T) - \ell)/2$$

となる．したがって，項を並べ替えることにより，所望の不等式が得られる．

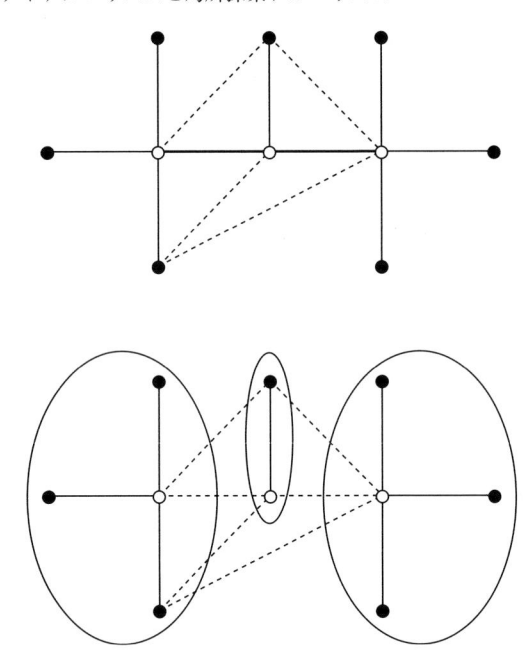

**図 2.6** OPT に対する下界の説明．$S$ の点を白丸で表している．太線の辺が除去されると，異なる連結成分間を結ぶどの辺も少なくとも一方の端点が $S$ に含まれる．

上記の主張の証明を与える．最初に，$|S_{i-1}| \leq 2|S_i|$ となるような $i \geq \Delta(T) - \ell + 1$ が存在することを示す．そのような $i$ が存在しなかったとする．すると，$|S_{\Delta(T)-\ell}| > 2^{\ell}|S_{\Delta(T)}|$ となり，$|S_{\Delta(T)}| \geq 1$ および $\ell = \lceil \log_2 n \rceil$ であることから $|S_{\Delta(T)-\ell}| > n|S_{\Delta(T)}| \geq n$ となる．しかし，これは矛盾である．どの $S_i$ も高々 $n$ 個の点しか持てないからである．

次に，$S_i$ の点に接続する $T$ の辺は $(i-1)|S_i| + 1$ 本以上であり，これらの辺を除去して得られる異なる連結成分間にまたがるグラフの辺はどの辺も $S_{i-1}$ のいずれかの点に接続していることを示す．図 2.6 は，$i = 4$ のときの例（左右の白丸 2 点が $S_i$，白丸 3 点が $S_{i-1}$）である．$S_i$ の点に接続する $T$ の辺を除去したときに得られる連結成分（図 2.6 では左右の楕円内の辺も除去されて左右の楕円内の各点も一つの連結成分になる）の集合において，異なる連結成分間にまたがるグラフの各辺は，$S_i \subseteq S_{i-1}$ の点に接続する $T$ の辺であるか，あるいは $T$ に含まれずに，$T$ のいくつかの辺と一緒になって閉路 $C$ を形成する．後者のときは，$T$ が全点木であることから，閉路 $C$ は（除去した辺を少なくとも 1 本含むので）$S_i$ の点を少なくとも 1 点含み，さらに，$T$ が局所最適であることから，異なる連結成分間にまたがるグラフのその辺の少なくとも一方の端点は次数が $i-1$ 以上となり，$S_{i-1}$ に属することになる．$S_i$ のどの点も $T$ で次数が $i$ 以上であるので，$S_i$ の点に接続する $T$ の辺は（重複を許して数えて）$i|S_i|$ 本以上存在する．$T$ は全点木であるので，両端点が $S_i$ の点となって重複して二度数えられるような辺は高々 $|S_i| - 1$ 本である．したがって，$S_i$ の点に接続する $T$ の辺は少なくとも $i|S_i| - (|S_i| - 1)$ 本あることになり，主張が証明された． □

**定理 2.20** 上記のアルゴリズムは多項式時間で局所最適な全点木を求める．

**証明**：アルゴリズムが多項式時間で走ることを証明するために，**ポテンシャル関数**

(potential function) に基づく議論を用いる．そのような議論の基盤となるアイデアは，ポテンシャル関数がアルゴリズムの現状を把握すること，任意の実行可能解に対するこの関数の上界と下界を決定できること，および各移動におけるこの関数の減少量の下界を決定できることに基づいている．このようにして，アルゴリズムが終了するまでの移動回数を抑えることができて，結果として多項式時間で局所最適な全点木が得られるのである．

全点木 $T$ に対して，$T$ のポテンシャル $\Phi(T)$ を $\Phi(T) = \sum_{v \in V} 3^{d_T(v)}$ として定義する．$\Phi(T) \leq n 3^{\Delta(T)}$ であり，したがって，アルゴリズムの開始時のポテンシャルは $n 3^n$ 以下であることに注意しよう．一方，ポテンシャルの可能な最小値はハミルトンパスに対応するものであり，したがって，その値は $2 \cdot 3 + (n-2)3^2 > n$ となる．各移動で得られる全点木のポテンシャル関数の値は，移動前の全点木のポテンシャル関数の値の $1 - \frac{2}{27n^3}$ 倍以下になることが言える（証明は後述する）．

この性質が示されていれば，$\frac{27}{2} n^4 \ln 3$ 回の移動後には，結果として得られる全点木のポテンシャルは高々

$$\left(1 - \frac{2}{27n^3}\right)^{\frac{27}{2} n^4 \ln 3} \cdot (n 3^n) \leq e^{-n \ln 3} \cdot (n 3^n) = n$$

となる．なお，$1 - x \leq e^{-x}$ の事実を用いている．一方，任意の全点木のポテンシャルは $n$ より大きいので，$O(n^4)$ 回の局所移動後にはさらなる局所移動は不可能になって，結果としての全点木は局所最適となる．

証明を完成させるために，各移動で得られる全点木のポテンシャル関数の値が，移動前の全点木のポテンシャル関数の値の $1 - \frac{2}{27n^3}$ 倍以下になるという主張を証明する．アルゴリズムで辺 $(v,w)$ を加えて点 $u$ の次数が $i \geq \Delta(T) - \ell$ を満たす $i$ から $i-1$ に下がったとする．すると，点 $v, w$ の次数は最大でも $i-1$ にしかならないので，$v$ と $w$ の次数の増加によるポテンシャル関数の値の増加分は，高々 $2 \cdot (3^{i-1} - 3^{i-2}) = 4 \cdot 3^{i-2}$ である．$u$ の次数の減少によるポテンシャル関数の値の減少分は $3^i - 3^{i-1} = 2 \cdot 3^{i-1}$ である．したがって，

$$3^\ell \leq 3 \cdot 3^{\log_2 n} \leq 3 \cdot 2^{2 \log_2 n} = 3n^2$$

に注意すると，ポテンシャル関数の減少分は少なくとも

$$2 \cdot 3^{i-1} - 4 \cdot 3^{i-2} = \frac{2}{9} 3^i \geq \frac{2}{9} 3^{\Delta(T) - \ell} \geq \frac{2}{27 n^2} 3^{\Delta(T)} \geq \frac{2}{27 n^3} \Phi(T)$$

であることが得られる．すなわち，移動後に得られる全点木 $T'$ に対して，$\Phi(T') \leq (1 - \frac{2}{27n^3}) \Phi(T)$ が成立する．これで証明は終了である． □

実際には，同一の議論でパラメーターをわずかに調整することにより，より強力な結果も証明できる．すなわち，与えられた $b > 1$ に対して，次数が少なくとも $\Delta(T) - \lceil \log_b n \rceil$ である点に対してのみ局所移動を行うものとする．すると以下の系が得られる（ことを証明できる）．

**系 2.21** 上記の局所探索アルゴリズムは，$\Delta(T) \leq b \, \mathrm{OPT} + \lceil \log_b n \rceil$ を満たす全点木 $T$ を多項式時間で求める．

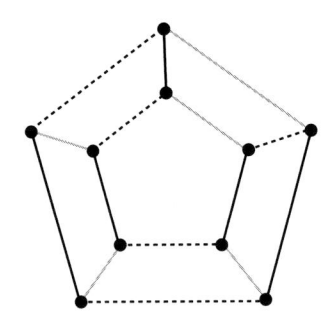

**図 2.7** 3-辺彩色可能グラフ．

9.3 節では，さらに強力な以下の結果を証明することにする．すなわち，そこでは，$\Delta(T) \leq \text{OPT} + 1$ を満たす全点木 $T$ を多項式時間で求めるアルゴリズムを与える．全点木の最大次数が OPT に一致するかどうかを決定することは NP-困難であるので，明らかにこの結果は得ることのできる最善の結果と言える．次節では，辺彩色問題に対してこの種の結果を与える．11.2 節では，これらの結果を拡張して，辺にコストが付随する全点木の興味深いケースにまで適用できることを示すことにする．

## 2.7　辺彩色

最後に，グリーディアルゴリズムと局所探索アルゴリズムをともに用いるアルゴリズムを与えて本章を終えることにする．そのアルゴリズムは，グリーディに進行するが，それがブロックされたときには再度進行が可能になるように，局所（探索をして）変更を加えるというものである．

それは，グラフの**辺彩色** (edge coloring) 問題に対するアルゴリズムである．無向グラフは，端点を共有するどの 2 辺も異なる色になるようにすべての辺を $k$ 色で彩色できるとき，**$k$-辺彩色可能** ($k$-edge-colorable) と呼ばれる．たとえば，図 2.7 は，3-辺彩色可能グラフである．類似の概念である**点彩色** (vertex coloring) については，5.12 節，6.5 節および 13.2 節で議論することにする．

与えられたグラフに対して，できるだけ小さい $k$ を用いて，$k$-辺彩色を求めたい．そこで，与えられたグラフの点の最大次数を $\Delta$ とする．もちろん，次数最大のどの点でも $\Delta$ 本の辺が接続していて辺彩色においては $\Delta$ 個の異なる色が必要であるので，$k < \Delta$ の $k$ を用いて $k$-辺彩色することはできない．したがって，図 2.7 に与えている辺彩色は最適であることがわかる．これに対して，**ペーターゼングラフ** (Petersen graph) と呼ばれる図 2.8 の例も考えてみよう．このグラフが 3-辺彩色可能でないことはそれほど困難なく確かめられる．4-辺彩色することは容易である．さらに，以下の結果が知られている．

**定理 2.22**　$\Delta = 3$ のグラフに対して，グラフが 3-辺彩色可能かどうかを決定することは NP-完全である．

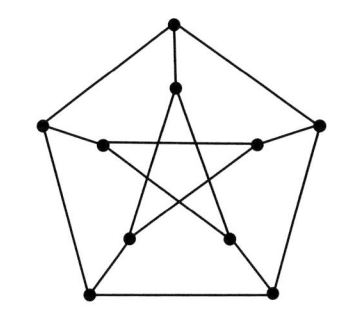

**図 2.8** ペーターゼングラフ．このグラフは 3-辺彩色可能ではない．

本節では，任意のグラフに対して，$(\Delta+1)$-辺彩色をする多項式時間のアルゴリズムを与える．上記の定理の NP-完全性の結果を踏まえると，$\mathbf{P}=\mathbf{NP}$ でない限り，これは明らかに最善のアルゴリズムである．

アルゴリズムとその解析を以下の定理の証明で与える．アルゴリズムでは，まだ彩色していない辺 $(u,v)$ を選んできて，$\Delta+1$ 個の色のいずれかの色でその辺を彩色することを繰り返す．$(\Delta+1)$-辺彩色の最中に辺 $(u,v)$ を彩色することができなくなったときにはいくつかの辺の色を変えることにより，辺 $(u,v)$ を彩色できることになることを示す．

**定理 2.23** グラフの $(\Delta+1)$-辺彩色は多項式時間でできる．

**証明**：アルゴリズムは，どの辺も彩色していない状態から出発する．アルゴリズムの各反復で彩色されていない辺を任意に選んで適切に彩色する．アルゴリズムのメインループの各反復の開始時において，アルゴリズムは（部分）グラフの"正しい"辺彩色になっているようにする．すなわち，グラフのすべての点 $v$ において，$v$ に接続するどの 2 辺も同一の色で彩色されていることはなく，彩色に用いられている異なる色数も高々 $\Delta+1$ であるようにする．出発時点では，どの辺も彩色されていないので，明らかにこれは成立する．各反復ではその反復のどの時点でもこの不変性は常に保持される．以下の議論では，点 $v$ に接続する辺の彩色に色 $c$ が用いられていないときには，$v$ は色 $c$ を "未使用である" という．

アルゴリズムの詳細をアルゴリズム 2.3 にまとめている．それを説明しよう．$(u,v_0)$ を選ばれた未彩色（すなわち，まだ彩色されていない）辺とする．そして，辺の列 $(u,v_0),(u,v_1),\ldots$ と色の列 $c_0,c_1,\ldots$ を構成する．この列を用いて辺の再彩色を局所的に行い，さらに未彩色の辺を彩色できるようにする．$\Delta+1$ 色からなる正しい彩色の不変性を保持していくとともに，最大次数が $\Delta$ であるので，どの点も $\Delta+1$ 色の少なくとも 1 色が未使用である．この列を構成するために，点 $v_0$ から出発して現在の点が $v_i$ であるとする．$u$ の未使用の色を $v_i$ も未使用であるならば，$c_i$ をその未使用の色として，列は完成する．そうでないときは，$c_i$ を $v_i$ の未使用の任意の色とする．ここで，$u$ はこの色 $c_i$ を未使用でない（使用している）ことに注意しよう．この色 $c_i$ がこの時点で列 $c_0,c_1,\ldots$ に出現していないときには，色 $c_i$ で彩色されている $u$ に接続する辺を $(u,v_{i+1})$ として，$v_{i+1}$ を定める．こうして，列は 1 個長くなる．この列は**ファン列** (fan sequence) とも呼ばれる．一方，ある $j<i$ に対して $c_i=c_j$ であるときには，列は完成である．この列の構成例を図 2.9 に示している．

> **アルゴリズム 2.3** グラフの $(\Delta+1)$-辺彩色を求めるグリーディアルゴリズム.
>
> **while** $G$ の辺彩色が完成していない **do**
>    未彩色の辺 $(u, v_0)$ を任意に選ぶ
>    $i \leftarrow -1$
>    **repeat** // (ファン列の構築)
>        $i \leftarrow i+1$
>        **if** $v_i$ と $u$ の共通の未使用の色が存在する **then**
>            $c_i$ をこの色とする
>        **else**
>            $v_i$ の未使用の色を選び $c_i$ とする
>            $u$ に接続する $c_i$ の色の辺 $(u, v_{i+1})$ のもう一方の端点を $v_{i+1}$ とする
>    **until** $c_i$ が $u$ の未使用の色であるか,ある $j < i$ で $c_i = c_j$ である
>    **if** 色 $c_i$ が $u$ と $v_i$ の共通の未使用の色である **then**
>        シフト再彩色して未彩色の辺を $(u, v_i)$ にシフトして,
>            辺 $(u, v_i)$ を色 $c_i$ で彩色する
>    **else**
>        $j$ を $c_i = c_j$ となる $j < i$ とする
>        シフト再彩色して未彩色の辺を $(u, v_j)$ にシフトする
>        $u$ の未使用の色を任意に選び $c_u$ とする
>        $c = c_i$ とする
>        $E'$ を $c$ あるいは $c_u$ で彩色されているすべての辺の集合とする
>        **if** $(V, E')$ で $u$ と $v_j$ が異なる連結成分に属する **then**
>            $u$ を含む $(V, E')$ の連結成分で色 $c_u$ と色 $c$ を交換する
>            $(u, v_j)$ を色 $c$ で彩色する
>        **else** // ($(V, E')$ で $u$ と $v_i$ が異なる連結成分に属する)
>            シフト再彩色して未彩色の辺を $(u, v_i)$ にシフトする
>            $u$ を含む $(V, E')$ の連結成分で色 $c_u$ と色 $c$ を交換する
>            $(u, v_i)$ を色 $c$ で彩色する

このプロセスで得られるファン列の長さは $u$ の次数 ($u$ に接続する辺数) 以下であるので,プロセスは必ず終了する.そこでプロセスが終了するときに,$u$ と $v_i$ の共通の未使用の色 $c_i$ を持って終了するのか,あるいはある $j < i$ で $c_i = c_j$ となって終了するのかを議論する.そこで,このファン列が点 $v_d$ に到達して完成したとする.$u$ と $v_d$ の共通の未使用の色がないときには,$v_d$ の未使用の色 $c_d$ はいずれも $u$ で使用されているので,列 $(u, v_1), \ldots, (u, v_{d-1})$ のいずれかの辺で彩色に用いられている (そうでないとすると,色 $c_d$ で彩色されている $u$ に接続する辺を $(u, v_{d+1})$ として列を 1 個長くできてしまい完成しなかったことになるからである).したがって,$c_d$ として選ばれる色はすでに出現している色の列 $c_0, \ldots, c_{d-1}$ のいずれかの色となる.

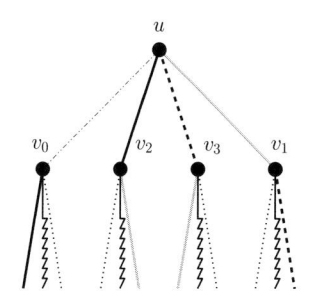

**図 2.9** ファン列の構成例．辺 $(u,v_0)$ は未彩色である．点 $v_0$ は灰色が未使用であるが，辺 $(u,v_1)$ が灰色で彩色されているので，$u$ は灰色を使用している．したがって，$c_0$ として灰色を選べる．点 $v_1$ は黒が未使用であるが，$(u,v_2)$ が黒で彩色されているので $u$ は黒を使用している．したがって，$c_1$ として黒を選べる．点 $v_2$ は破線の色が未使用であるが，$(u,v_3)$ が破線の色で彩色されているので $u$ は破線の色を使用している．したがって，$c_2$ として破線の色を選べる．点 $v_3$ は黒が未使用であるので，$c_3$ として黒を選べる．こうして，$1 = j < i = 3$ で $c_j = c_i$ となり列は完成する．

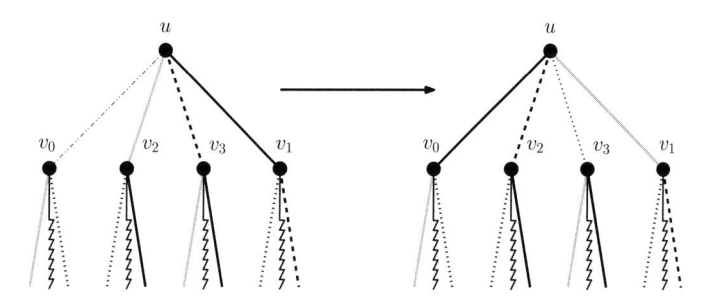

**図 2.10** 少し異なるファン列と再彩色．前と同様に，辺 $(u,v_0)$ が未彩色である．点 $v_0$ は黒が未使用であるが，$(u,v_1)$ が黒であり $u$ は黒を使用しているので，$c_0$ として黒が選べる．$v_1$ は灰色が未使用であるが，$(u,v_2)$ が灰色であり $u$ は灰色を使用しているので，$c_1$ として灰色が選べる．点 $v_2$ は破線の色が未使用であるが，$(u,v_3)$ が破線の色であり $u$ は破線の色を使用しているので，$c_2$ として破線の色を選べる．$v_3$ は点線の色が未使用で，$u$ も点線の色が未使用であるので，$c_3$ として点線の色を選べる．したがって，図に示しているようにシフト再彩色して，辺 $(u,v_3)$ を点線の色 $c_3$ で彩色する．

$u$ と $v_i$ の共通の未使用のある色 $c_i$ が見つかってファン列が完成したとする．これは簡単なケースである．すべての $j = 0, \ldots, i$ で辺 $(u,v_j)$ を $c_j$ で再彩色する．これを**シフト再彩色** (shifting recoloring) と呼ぶ．この状況の例と結果として得られる再彩色を図 2.10 に示している．$u$ と $v_i$ の共通の未使用の色 $c_i$ があったので，未彩色の辺を $(u,v_i)$ にシフトして，その結果辺 $(u,v_i)$ を $c_i$ で彩色できたことになる．行われた再彩色は正しいものになっている．各 $j < i$ の $v_j$ で $c_j$ が未使用で，$u$ には先に $c_j$ で彩色されていた辺 $(u,v_{j+1})$ が接続していて，辺 $(u,v_j)$ を $c_j$ で，辺 $(u,v_{j+1})$ を別の色 $c_{j+1}$ で再彩色したからである．

残りのケースを次に議論する．したがって，ある $j < i$ で $c_i = c_j$ となってファン列が完成したとする．このとき，すべての $0 \le k < j$ で $(u,v_k)$ を $c_k$ でシフト再彩色をして，未彩色の辺を $(u,v_j)$ にシフトする．この状況の例と結果として得られる再彩色を図 2.11 に示している．上記と同じ理由によりこの再彩色は正しい．したがって，$v_i$ と $v_j$ は共通の色 $c = c_i = c_j$ が未使用である．ここで，$c_u$ を $u$ の未使用の色とする．選び方と最初のケース

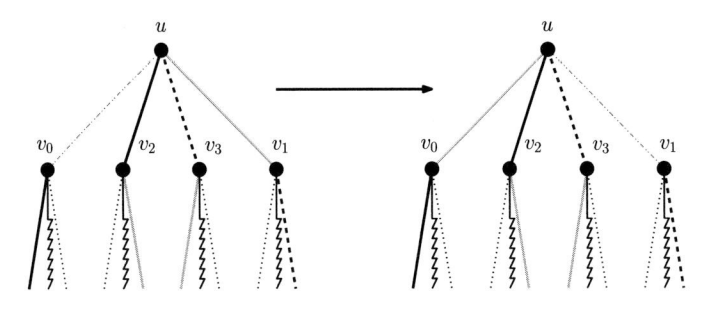

**図 2.11**　図 2.9 のファン列．まず未彩色の辺を $(u, v_1)$ にシフトする．すると，黒が $v_1$ と $v_3$ の共通の未使用の色になる．$u$ の未使用の色 $c_u$ として，$v_1$ と $v_3$ がすでに使用している点線の色を選べる．

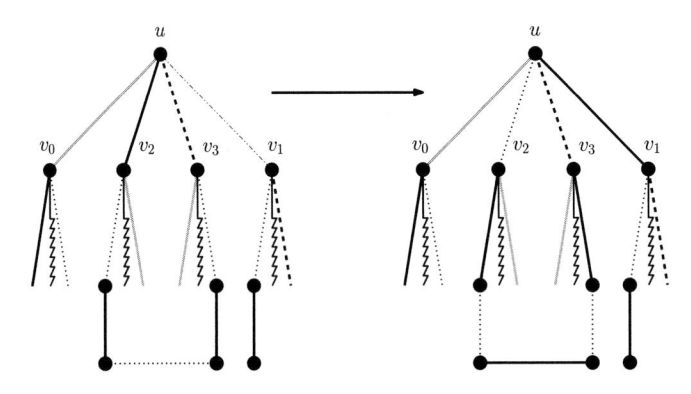

**図 2.12**　図 2.11 の例の続き．点 $u, v_1, v_3$ を含む黒と点線の色の連結成分を示している．$u$ と $v_3$ は黒と点線の色の同一のパスの両端点であるので，このパス上の黒と点線の色を交換する．すると，$(u, v_1)$ を黒で彩色できる．

でないことから，$v_i$ と $v_j$ は $c_u$ をともに使用していることになる．

ここで，色 $c$ と色 $c_u$ で彩色されている辺で誘導される部分グラフを考える．正しい彩色であるので，この部分グラフは連結成分としてパスと閉路からなる．$u, v_i, v_j$ のいずれも，接続する辺でこれらの二つの色で彩色されている辺は正確に 1 本であるので，パスの一方の端点になる．さらに，パスは端点を 2 個しか持たないので，$v_i$ と $v_j$ の少なくとも一方は，$u$ の属する連結成分とは異なる連結成分に属する．そこで，$v_j$ と $u$ が異なる連結成分に属するとする．そして，$u$ を含む連結成分の辺の色 $c$ と色 $c_u$ を交換する．すなわち，$u$ を含む連結成分の辺で $c$ で彩色されていた辺を $c_u$ で再彩色し，$c_u$ で彩色されていた辺を $c$ で再彩色する．これを**パス再彩色** (path recoloring) と呼ぶ．パス再彩色後，$c$ は $u$ の未使用の色になるが，$v_j$ に接続する辺の色は不変である．したがって，未彩色の辺 $(u, v_j)$ を $c$ で彩色できる．例を図 2.12 に示している．最後に，$u$ と $v_j$ が同一のパスの両端点をなしているケースを議論する．したがって，$v_i$ はそれ以外の連結成分（パス）に属する．このときには，まず前述のシフト再彩色を適用して，未彩色の辺を $(u, v_i)$ にシフトする．その後，$u$-$v_j$ パスにパス再彩色を適用して，$c$ が $u$ の未使用になるようにする．これにより，$v_i$ に接続する辺の色は影響を受けることはない．したがって，辺 $(u, v_i)$ を $c$ で彩色できる．

このように，アルゴリズムの各反復で未彩色の辺が 1 本減る．さらに，各反復は多項式時間で実行できることも明らかである．　　　　　　　　　　　　　　　　□

## 2.8 演習問題

2.1 **k-供給者問題** (k-suppliers problem) は 2.2 節で与えた k-センター問題と似た問題である．問題の入力は，正整数 $k$，点集合 $V$ および k-センター問題のときと同一の性質を満たすすべての 2 点 $i, j$ 間の距離 $d_{ij}$ である．しかし，ここでは点集合 $V$ は，"供給者"の集合 $F \subseteq V$ と"利用者"の集合 $D = V - F$ に分割されている．目標は，供給者からの距離が最大となる利用者の距離を最小とするような $k$ 人の供給者を求めることである．言い換えると，$|S| \leq k$ を満たす $S \subseteq F$ のうちで $\max_{j \in D} d(j, S)$ を最小化する $S$ を求めることである．

  (a) k-供給者問題に対する 3-近似アルゴリズムを与えよ．

  (b) **P = NP** でない限り，正数 $\alpha < 3$ の $\alpha$-近似アルゴリズムは存在しないことを証明せよ．

2.2 補題 2.8 を証明せよ．すなわち，同一並列マシーン上での完了時刻最小化スケジューリング問題に対して，各ジョブの処理時間が最適な完了時刻の 1/3 より大きい入力のときには，最長処理時間優先ルールで最適なスケジュールが得られることを示せ．

2.3 2.3 節の同一並列マシーン上での完了時刻最小化スケジューリング問題に対して，ジョブに**先行制約** (precedence constraint) が付随する問題を考える．任意の実行可能スケジュールにおいて，ジョブ $j$ の処理に入る前にジョブ $i$ が完了していなければならないということを $i \prec j$ と表記する．この制約が付随するときでも，リストスケジューリングアルゴリズムの自然な修正版を与えることができる．すなわち，いずれかのマシーンがアイドルになるときには，常に残りのジョブのうちでその時点で"処理可能"な任意のジョブをそのマシーンに割り当てて処理を始めるというスケジュールが考えられる．なお，$i \prec j$ の制約のあるすべてのジョブ $i$ の処理が完了しているときに（まだ処理が開始されていない）ジョブ $j$ は"処理可能"であると呼ばれる．ジョブ間に先行制約の存在する同一並列マシーン上での完了時刻最小化スケジューリング問題に対して，このリストスケジューリングアルゴリズムは 2-近似アルゴリズムであることを示せ．

2.4 この問題では，（同一であるとは限らない）並列マシーン上での完了時刻最小化スケジューリング問題を考える．そこで，各マシーン $i$ にはスピード $s_i$ が付随し，マシーン $i$ でのジョブ $j$ の処理時間は $p_j/s_i$ であるとする．マシーンに 1 から $m$ までの番号がつけられていて，$s_1 \geq s_2 \geq \cdots \geq s_m$ を満たすとする．このとき，マシーンは**相互関連並列マシーン** (related parallel machines) であると呼ばれる．

  (a) スケジューリング問題に対する入力と期限 $D$ が与えられたときに，長さ $\rho \cdot D$ 以下のスケジュールを与えるか，この入力に対して長さ $D$ のスケジュールは不可能であることを正しく述べるものを，このスケジューリング問題に対する **$\rho$-緩和決定手続き** ($\rho$-relaxed decision procedure) という．相互関連並列マシーン上での完了時刻最小化スケジューリング問題に対して，多項式時間の $\rho$-緩和決定手続きが

与えられると，$\rho$-近似アルゴリズムを得ることができることを示せ．

(b) 以下のリストスケジューリングアルゴリズムの修正版を相互関連並列マシン上での完了時刻最小化スケジューリング問題に適用する．期限 $D$ が与えられたとき，まず各ジョブ $j$ に対して，時間 $D$ 以内でジョブ $j$ を完了することのできるマシーンで最も遅いマシーン $i$ のラベルを $j$ につける（したがって，$p_j/s_i \leq D$，かつ $i \neq m$ ならば $p_j/s_{i+1} > D$ である）．なお，ジョブ $j$ にそのようなマシーンが存在しないとき（すなわち，$p_j/s_1 > D$ のとき）には，便宜上ジョブ $j$ に 0 のラベルをつけるが，長さ $D$ のスケジュールが不可能であることは明らかであるので，アルゴリズムは "長さ $D$ のスケジュールが存在しない" と主張して終了する．ジョブ $j$ を処理時間 $p_j$ の大きい順に並べたリスト（したがって，ラベルの小さい順にジョブが並べられたリスト）を用いて，アルゴリズムは，マシーン 1 からマシーン $m$ まで順番に各マシーン $i$ に対して以下の反復を行う．リストの先頭からジョブを順にたどっていきながら，ジョブ $j$（対象ジョブ $j$ という）をマシーン $i$ に割り当てようとする反復では，以下を行う．対象ジョブ $j$ のラベルが $i$ より小さいときには，アルゴリズムは "長さ $D$ のスケジュールが存在しない" と主張して終了する．$j$ のラベルが $i$ 以上のときには，以下を行う．マシーン $i$ がこれまでに割り当てられたジョブを処理すると完了が時刻 $D$ あるいはそれ以降となるときには，対象ジョブ $j$ をマシーン $i$ には割り当てないで，マシーン $i$ への割当ては終了する（次の反復ではマシーン $i+1$ へこの対象ジョブ $j$ の割当てを試みる）．一方，マシーン $i$ がこれまでに割り当てられたジョブを時刻 $D$ より前に完了できるときには，対象ジョブ $j$ をマシーン $i$ へ割り当てる（次の反復ではリスト上でジョブ $j$ の次のジョブを対象ジョブとして，マシーン $i$ への割当てを試みる）．アルゴリズムが "長さ $D$ のスケジュールが存在しない" と主張することなしに，すべてのジョブをマシーンに割り当てたときには，その割当てをスケジュールとして返す．このアルゴリズムは 2-緩和決定手続きであることを証明せよ．

2.5 **最小コストシュタイナー木問題** (minimum-cost Steiner tree problem) では，入力として，完全無向グラフ $G = (V, E)$ と各辺 $(i, j) \in E$ に対する非負のコスト $c_{ij} \geq 0$ が与えられる．点集合 $V$ は，**ターミナル点** (terminal) の集合 $R$ と "ターミナルでない" 点の**シュタイナー点** (Steiner vertex) の集合 $V - R$ に分割されている．目標は，すべてのターミナル点を含む最小コストの木を求めることである．

(a) 最初に，辺のコストは三角不等式を満たすものとする．すなわち，すべての 3 点 $i, j, k \in V$ で $c_{ij} \leq c_{ik} + c_{kj}$ が成立するとする．ターミナル点集合 $R$ で誘導される部分グラフを $G[R]$ とする．したがって，$G[R]$ は $R$ のすべての点と両端点が $R$ に含まれる $G$ のすべての辺からなる．ここで，$G[R]$ の最小全点木を計算して，それを最小コストシュタイナー木問題の近似解として出力する．これは，最小コストシュタイナー木問題に対する 2-近似アルゴリズムであることを示せ．

(b) 次に，辺のコストは必ずしも三角不等式を満たすとは限らず，さらに入力のグラフ $G$ は連結であるものの完全であるとは限らないものとする．すべての 2 点 $i, j \in V$ に対して $G$ の辺コスト $c$ による $i$ から $j$ への最短パスのコストを $c'_{ij}$ とする．辺コスト $c'$ を持つ点集合 $V$ 上での完全グラフ $G'$ に対して上記の問題 (a) の

アルゴリズムを適用して，木 $T'$ を求める．$T'$ から元のグラフ $G$ の木 $T$ を以下のようにして求める．各辺 $(i,j) \in T'$ に対して，$G$ の辺コスト $c$ による $i$ から $j$ への（一つの固定した）最短パスに含まれる辺をすべて $T$ に加える．なお，このようにして得られた $T$ が閉路を含むときは $T$ が木になるまで適切に辺を除去する．そして，アルゴリズムは $T$ を出力する．完全であるとは限らない連結な入力グラフ $G$ に対するこのアルゴリズムも，最小コストシュタイナー木問題に対する 2-近似アルゴリズムであることを示せ．なお，$G'$ は $G$ の**メトリック閉包** (metric completion) と呼ばれることもある．

2.6 **P** = **NP** でない限り，最小次数全点木問題に対する正数 $\alpha < \frac{3}{2}$ の $\alpha$-近似アルゴリズムは存在しないことを証明せよ．

2.7 入力の無向グラフ $G$ がハミルトンパスを持つとする．このとき，長さが少なくとも $\Omega(\log n/(\log \log n))$ である $G$ のパスを求める多項式時間のアルゴリズムを与えよ．

2.8 最小次数全点木の近似解を求める 2.6 節の局所探索アルゴリズムを，次数が $\Delta(T) - \ell$ と $\Delta(T)$ の間にある点への局所移動に限定することなく，どのような局所移動でも可能なときにはそれを適用するように修正する．このようにすると，（局所最適な）最小次数全点木に対してどのような性能保証が得られるかを答えよ．

2.9 演習問題 2.5 で述べたように，シュタイナー木問題では，無向グラフ $G = (V, E)$ とターミナル点の集合 $R \subseteq V$ が入力として与えられる．$G$ のシュタイナー木はすべてのターミナル点を連結にする木である．ターミナルでない点は必ずしもその木に含まれなくてもかまわない．2.6 節の局所探索アルゴリズムを用いて，最大次数が $2\text{OPT} + \lceil \log_2 n \rceil$ 以下のシュタイナー木を得ることができることを示せ．なお，OPT は最小次数シュタイナー木の最大次数である．

2.10 要素集合 $E$ のすべての部分集合 $S \subseteq E$ に対して $f(S)$ を $S$ に付随する値とする．このとき，高々 $k$ 個の要素からなる $E$ の部分集合で値 $f(\cdot)$ が最大となるような $S$ を求めたいとする．なお，$f$ は $f(\emptyset) = 0$ であり，さらに，単調で劣モジュラーであるとする．ここで，関数 $f$ は，$S \subseteq T \subseteq E$ を満たすすべての $S, T$ に対して $f(S) \leq f(T)$ であるとき**単調** (monotone) であると呼ばれる．また，関数 $f$ は，すべての $S, T \subseteq E$ に対して

$$f(S) + f(T) \geq f(S \cup T) + f(S \cap T)$$

であるとき**劣モジュラー** (submodular) であると呼ばれる．この問題に対しても 2.5 節のグリーディアルゴリズムは，$(1 - \frac{1}{e})$-近似アルゴリズムであることを示せ．

2.11 **最大カバー問題** (maximum coverage problem) では，入力として，要素集合 $E$ と各 $S_j$ に非負の重み $w_j \geq 0$ が付随する $m$ 個の部分集合 $S_1, \ldots, S_m \subseteq E$ が与えられる．目標は，カバーする部分集合の重みが最大となるような $k$ 個の要素を求めることである．なお，選ばれた要素を含む部分集合はその要素でカバーされると考える．したがって，$|S| = k$ を満たす部分集合 $S \subseteq E$ のうちで，$S \cap S_j \neq \emptyset$ となる部分集合 $S_j$ の重み $w_j$ の総和が最大となるような $S$ を求めたい．

(a) この問題に対して $(1 - \frac{1}{e})$-近似アルゴリズムを与えよ．

(b) 最大カバー問題に対して，ある定数 $\epsilon > 0$ が存在して $1 - \frac{1}{e} + \epsilon$ より良い性能

保証を持つ近似アルゴリズムが存在したとすると，すべての NP-完全問題が $O(n^{O(\log\log n)})$ 時間アルゴリズムを持つことになることを示せ．（ヒント：定理 1.13 を思い返してみよ．）

2.12 **マトロイド** (matroid) は，要素の基礎集合 $E$ と以下の性質を満たす $E$ の部分集合の族 $\mathcal{I}$（すなわち，$S \in \mathcal{I}$ ならば $S \subseteq E$ である）からなる $(E, \mathcal{I})$ と定義される．そして，集合 $S \in \mathcal{I}$ は**独立** (independent) であると呼ばれる．マトロイドの独立集合は以下の二つの公理を満たす．

- $S$ が独立であるとき，すべての部分集合 $S' \subseteq S$ も独立である．
- $S$ と $T$ がともに独立で，$|S| < |T|$ であるときには，$S \cup \{e\}$ が独立となるような要素 $e \in T - S$ が存在する．

マトロイドの独立集合 $S$ は，$S$ を真に含む独立集合が存在しないとき，そのマトロイドの**基** (base) と呼ばれる．

(a) 無向グラフ $G = (V, E)$ に対して，$G$ の森の族はマトロイドとなることを示せ．すなわち，$G$ の辺の集合 $E$ を基礎集合として，$G$ の森（に含まれる辺の集合）の族を $\mathcal{I}$ とすると，$(E, \mathcal{I})$ はマトロイドの公理を満たすことを示せ．

(b) 任意のマトロイドに対して，マトロイドの基はいずれも同数個の要素からなることを示せ．

(c) 与えられたマトロイドに対して，すべての要素 $e \in E$ が非負の重み $w_e \geq 0$ を持つとする．このとき，重み最大の基を求めるグリーディアルゴリズムを与えよ．

2.13 $(E, \mathcal{I})$ を演習問題 2.12 で定義されたマトロイドとする．さらに，関数 $f$ は $f(\emptyset) = 0$ であり，演習問題 2.10 で定義されたように，単調な劣モジュラー関数であるとする．ここで，値が最大となるマトロイドの基を求める以下の局所探索アルゴリズムを考える．最初に任意の基を $S$ として選ぶ．次に，すべての対の $e \in S$ と $e' \notin S$ を考える．$S \cup \{e'\} - \{e\}$ が基であり，$f(S \cup \{e'\} - \{e\}) > f(S)$ であるときには，$S \leftarrow S \cup \{e'\} - \{e\}$ とおく．そして，局所最適解が得られるまでこれを繰り返す．この演習問題の目標は，局所最適解が最適解の値の半分以上の値を持つことを示すことである．

(a) 最初に単純なケースを取り上げる．マトロイドが一様マトロイドであるとする．すなわち，固定された正定数 $k$ に対して，$|S| \leq k$ を満たす部分集合 $S \subseteq E$ がすべて（そしてそれらのみが）独立であるとき，マトロイドは**一様マトロイド** (uniform matroid) であると呼ばれる．一様マトロイドでは，局所最適解 $S$ は $f(S) \geq \frac{1}{2} \mathrm{OPT}$ を満たすことを示せ．

(b) 次に一般のマトロイドで考える．そこで，マトロイドの任意の二つの基 $X, Y$ に対して，すべての $e \in X$ で $X - \{e\} \cup \{g(e)\}$ が独立となるような全単射 $g : X \to Y$ が存在することが言える．これを利用して，任意の局所最適解 $S$ が $f(S) \geq \frac{1}{2} \mathrm{OPT}$ を満たすことを証明せよ．

(c) 任意の $\epsilon > 0$ に対して，このアルゴリズムの変種版としての $(\frac{1}{2} - \epsilon)$-近似アルゴリズムを与えよ．

2.14 有向グラフの**辺素パス問題** (edge-disjoint paths problem) では，入力として，有向グラフ $G = (V, A)$ と $k$ 個のソース・シンク対 $s_i, t_i \in V$ が与えられる．目標は，$s_i$ から

$t_i$ への辺を共有しないパスをできるだけ多く求めることである．より形式的に述べることにしよう．$S \subseteq \{1,\ldots,k\}$ とする．すると，すべての $i \in S$ に対する $s_i$ から $t_i$ へのパス $P_i$ が，すべての異なる $i, j \in S$ に対して $P_i$ と $P_j$ が辺素 ($P_i \cap P_j = \emptyset$) となるような $S$ のうちで，$|S|$ が最大となるものを求めたいということである．

この問題に対して以下のグリーディアルゴリズムを考える．$\sqrt{m}$ ($m = |A|$ は入力のグラフの辺数) とグラフの直径の大きいほうの値を $\ell$ とする．1 から $k$ まで順番に各値 $i$ に対して以下を繰り返す．まず長さが $\ell$ 以下の $s_i$-$t_i$ パスがグラフに存在するかどうか検証する．そのような $P_i$ が存在するときには，$i$ を $S$ に追加して，グラフから $P_i$ の辺をすべて除去する．

このグリーディアルゴリズムは，有向グラフの辺素パス問題に対する $\Omega(1/\ell)$-近似アルゴリズムであることを示せ．

**2.15** $\mathbf{P} = \mathbf{NP}$ でない限り，辺彩色問題に対する $\alpha < \frac{4}{3}$ の $\alpha$-近似アルゴリズムが存在しないことを証明せよ．

**2.16** $G = (V, E)$ を二部グラフとする．すなわち，$E$ のどの辺も一方の端点が $A$ に含まれ，他方の端点が $B$ に含まれるように $V$ を二つの部分集合 $A, B$ に分割できるとする．$G$ の点の最大次数を $\Delta$ とする．このとき，$G$ の $\Delta$-辺彩色を求める多項式時間のアルゴリズムを与えよ．

## 2.9 ノートと発展文献

本章の冒頭でも議論したように，グリーディアルゴリズムと局所探索アルゴリズムは，離散最適化問題に対して最もよく用いられるアルゴリズムである．したがって，最も早く性能保証解析がなされたアルゴリズムもそのようなアルゴリズムであったということは驚くに値しない．2.7 節のグリーディ辺彩色アルゴリズムは，Vizing の 1964 年の論文 [284] による．著者らの知る限りにおいて，これは，組合せ最適化問題に対して，最適解に対する絶対誤差のもとでの性能保証が，ほぼ最適であることを示した最初の多項式時間アルゴリズムである．1966 年には，Graham [142] が 2.3 節で述べた同一並列マシーン上でのスケジューリング問題に対して，リストスケジューリングアルゴリズムを与えた．著者らの知る限りにおいて，これは，最適解に対する相対誤差のもとでの性能保証を持つ最初の多項式時間アルゴリズムである．最長処理時間優先ルールアルゴリズムとその性能保証解析は，1969 年の Graham の論文 [143] からのものである．

初期のグリーディ近似アルゴリズムの解析のほかの例としては，2.5 節で取り上げた口座浮動資金の最大化問題およびそのアルゴリズムを与えた 1977 年の Cornuéjols, Fisher, and Nemhauser [83] が挙げられる．本書で与えたそのアルゴリズムの解析は，Nemhauser and Wolsey [233] に基づいている．2.1 節で与えた最近期限ルールは，1955 年の Jackson [174] からのものであり，**Jackson のルール** (Jackson's rule) とも呼ばれている．負の期限のケースのアルゴリズムは，1979 年に Kise, Ibaraki, and Mine [195] により与えられた．2.4

節で与えたメトリック巡回セールスマン問題に対する最近点追加アルゴリズムとその解析は，1977年のRosenkrantz, Stearns, and Lewis [255] からのものである．その節の木二重化アルゴリズムは自然発生的に知られたが，ChristofidesのアルゴリズムはもちろんChristofides [73] による．定理2.9の近似困難性の結果は，Sahni and Gonzalez [258] によるが，定理2.14の結果はPapadimitriou and Vempala [239] による．

巡回セールスマン問題に対しては膨大な量の文献がある．この問題に対する本程度の長さの文献としては，Lawler, Lenstra, Rinnooy Kan, and Shmoysにより編集された本[210]やApplegate, Bixby, Chvátal, and Cookの本[9]が挙げられる．

もちろん，多項式時間で解くことのできる離散最適化問題に対しても，グリーディアルゴリズムは，長年にわたって研究されてきている．

演習問題2.12のマトロイドの最大重みの基を求めるグリーディアルゴリズムは，1957年にRado [246] で，1968年にGale [121] で，1971年にEdmonds [96] で与えられた．マトロイドの定義はWhitney [285] で初めて与えられた．

局所探索アルゴリズムの性能保証の解析が行われたのは，比較的最近であり，1990年代の後半から2000年代の前半にかけて行われた施設配置問題に対する局所探索アルゴリズムの解析（これについては第9章で議論する）以前は，きわめてまれであった．2.3節の同一並列マシーン上での局所探索スケジューリングアルゴリズムは，1979年にFinn and Horowitz [113] で与えられた局所探索アルゴリズムの単純化版である．Finn and Horowitzは，そのアルゴリズムの性能保証が2以下であることを示した．演習問題2.13の最大の値の基を求める局所探索アルゴリズムは，1978年にFisher, Nemhauser, and Wolsey [114] で与えられた．2.6節の最小次数全点木を求める局所探索アルゴリズムは，1992年にFürer and Raghavachari [118] で与えられた．

本章で与えたほかの結果についても言及しておこう．2.2節の$k$-センター問題のアルゴリズムとその解析は，Gonzalez [141] による．その問題に対する別の2-近似アルゴリズムがHochbaum and Shmoys [163] で与えられている．その問題に対して2より良い性能保証の近似アルゴリズムを得ることがNP-困難であることを述べている定理2.4は，Hsu and Nemhauser [172] による．グラフが3-辺彩色可能かどうかを決定することがNP-完全であることを述べている定理2.22は，Holyer [170] による．

演習問題2.1の$k$-供給者問題とそれに対する3-近似アルゴリズムは，Hochbaum and Shmoys [164] で初めて与えられた．演習問題2.3の先行制約が付随するスケジューリング問題に対するリストスケジューリングアルゴリズムの変種版は，Graham [142] による．演習問題2.4の$\rho$-緩和決定手続きのアイデアは，Hochbaum and Shmoys [165] による．相互関連並列マシーン上での（完了時刻最小化スケジューリング問題に対する）2-緩和決定手続きは，Shmoys, Wein, and Williamson [265] による．演習問題2.7はNick Harveyからの示唆による．演習問題2.9はFürer and Raghavachari [118] による．演習問題の2.10と2.11は，Nemhauser, Wolsey, and Fisher [232] による．演習問題2.11の近似困難性の結果はFeige [107] による．Feigeは，$P \neq NP$の仮定のもとでも，同一の結果が得られることを示している．Kleinberg [197] は，演習問題2.14で与えた有向グラフの辺素パス問題に対するグリーディアルゴリズムを与えている．Kőnig [201] は，演習問題2.16で与えたように，二部グラフが$\Delta$-辺彩色可能であることを示している．

# 第3章
# データのラウンディングと動的計画

　動的計画はアルゴリズムデザインにおける標準的技法である．それは，複数の部分問題の最適解を，表あるいは多次元配列に記憶していきながら，最初に与えられた入力の最適解を求める方法である．動的計画を用いて，様々な近似アルゴリズムがデザインされてきている．そして，そこでは入力データが何らかの方法で（スケーリングされて）小さい数値にラウンディングされることが多い．

　たとえば，弱NP-困難問題のいくつかに対しては，入力が二進法ではなく一進法で表現される（たとえば，7は1111111として表現される）ときに，その入力サイズの多項式時間で走る動的計画に基づくアルゴリズムが存在する．そのようなアルゴリズムは，**偽多項式時間アルゴリズム** (pseudopolynomial-time algorithm) と呼ばれる．この偽多項式時間アルゴリズムは，入力データを（スケーリングして）ラウンディングし，アルゴリズム全体で考慮対象となる異なる数値が（二進法表現による）入力サイズと誤差パラメーター $\epsilon > 0$ の多項式個になるようにして，（二進法表現による）入力サイズの多項式時間で走るようにできる．このとき，得られる解の品質をそれほど犠牲にすることなく，ラウンディングが行えることを示せることも多い．3.1節でこの技法をナップサック問題の議論で用いることにする．

　スケジューリング問題などの問題に対しては，入力のデータを "大きい" ものと "小さい" ものに区別できることも多い．たとえば，スケジューリング問題では，処理時間の大きいジョブと小さいジョブに分けることもできる．値の大きい入力データをスケーリングして小さい値にラウンディングし，アルゴリズム全体で考慮対象となる異なる数値が（二進法表現による）入力サイズと誤差パラメーターの多項式個になるようにすると，動的計画を用いて，値の大きい入力データのみからなる入力に対する最適解を得ることができる．その後，この解に対して，小さい値の入力データを何らかの方法で処理して加えて，最初に与えられた問題の入力に対する解を得ることができる．本章では，これらのアイデアを用いて，前章で紹介した同一並列マシン上でのスケジューリング問題や本章で紹介するビンパッキング問題に対して，多項式時間近似スキームを与える．

## 3.1 ナップサック問題

ナップサックを持った旅行者が宝島にやってきた．しかし，ナップサックにはそれほど多くは詰め込めない．どのように品物をナップサックに詰め込んで持ち去れば，総価値を最大にすることができるであろうか？ この非現実的なシナリオが，**ナップサック問題 (knapsack problem)** の名前の由来である．ナップサック問題では，入力として，$n$ 個の品物の集合 $I = \{1,\ldots,n\}$ と各品物 $i$ の価値 $v_i$ とサイズ $s_i$ およびナップサックの容量 $B$ が与えられる．なお，品物のサイズと価値はすべて正整数であり，ナップサックの容量 $B$ も正整数である．目標は，ナップサックに品物をナップサックの容量を超えることなく詰め込むときに，詰め込む品物の価値の総和を最大化することである．すなわち，$\sum_{i \in S} s_i \leq B$ のもとで，価値の総和 $\sum_{i \in S} v_i$ が最大になるような品物の部分集合 $S \subseteq I$ を求めることである．もちろん，ナップサックの容量を超えるサイズの品物はナックサックに入れることはできないので，そのような品物は無視して，各品物 $i \in I$ は $s_i \leq B$ であると仮定する．上で述べたように，実際の生活では役に立ちそうには思えないが，ナップサック問題は広く研究されていて，実際には，現実の多くのシナリオで生じる問題の単純化されたモデルであるのである．

ここで，動的計画に基づいて，ナップサック問題の最適解を得ることができることについて議論する．各 $j = 1,\ldots,n$ に対して配列の要素 $A(j)$ を管理する．各要素 $A(j)$ は，対 $(t,w)$ のリストである．要素 $A(j)$ のリストに含まれる $(t,w)$ は，最初の $j$ 個の品物からなる集合の部分集合 $S$ でサイズが正確に $t \leq B$ で価値が正確に $w$ となるものが存在することを示している．すなわち，$\sum_{i \in S} s_i = t \leq B$ かつ $\sum_{i \in S} v_i = w$ となる集合 $S \subseteq \{1,\ldots,j\}$ が存在することを意味している．各リストは，可能なそのような対をすべて含むというわけではなく，最も効率的なもののみが管理される．具体的には，以下のように行われる．まず，支配関係の概念を導入する．二つの対 $(t,w)$，$(t',w')$ に対して，$t \leq t'$ かつ $w \geq w'$ であるとき，$(t,w)$ は $(t',w')$ を **支配する (dominate)** ということにする．すなわち，対 $(t,w)$ で用いられる解のサイズが対 $(t',w')$ で用いられる解のサイズ以下で，対 $(t,w)$ の解の価値が対 $(t',w')$ の解の価値以上であるときに，$(t,w)$ は $(t',w')$ を支配する．この支配関係は推移的な性質を満たすことに注意しよう．すなわち，$(t,w)$ が $(t',w')$ を支配し，$(t',w')$ が $(t'',w'')$ を支配するときには，$(t,w)$ は $(t'',w'')$ も支配する．どのリストでも，含まれる二つの対の間には支配関係が存在しないとする．したがって，各 $A(j)$ のリストは，$t_1 < t_2 < \cdots < t_k$ かつ $w_1 < w_2 < \cdots < w_k$ を満たす $(t_1,w_1),\ldots,(t_k,w_k)$ の形式をしていると見なせる．品物のサイズは正整数であるので，このことから各リストには高々 $B+1$ 個の対しか存在しないことがわかる．同様に，$V = \sum_{i=1}^{n} v_i$ とする．すると，ナップサックに詰め込める可能な価値の最大値は $V$ 以下となるので，各リストには高々 $V+1$ 個の対しか存在しない．最後に，各実行可能解の集合 $S \subseteq \{1,\ldots,j\}$（すなわち，$\sum_{i \in S} s_i \leq B$ となる集合 $S$）に対して，$A(j)$ のリストには，それを支配する（すなわち，対 $(\sum_{i \in S} s_i, \sum_{i \in S} v_i)$ を支配する）対 $(t,w)$ が存在することが保証されるようにする．

> **アルゴリズム 3.1** ナップサック問題に対する動的計画アルゴリズム.
>
> $A(1) \leftarrow \{(0,0), (s_1, w_1)\}$
> **for** $j \leftarrow 2$ **to** $n$ **do**
> $\quad A(j) \leftarrow A(j-1)$
> $\quad$ **for** 各 $(t,w) \in A(j-1)$ **do**
> $\quad\quad$ **if** $t + s_j \leq B$ **then**
> $\quad\quad\quad (t+s_j, w+v_j)$ を $A(j)$ に加える
> $\quad A(j)$ から支配される対を除去する
> **return** $\max_{(t,w) \in A(n)} w$

すべてのリスト $A(j)$ を構成して,ナップサック問題を解く動的計画に基づくアルゴリズムをアルゴリズム 3.1 にまとめている.最初,$A(1) = \{(0,0), (s_1, w_1)\}$ として出発する.各 $j = 2, \ldots, n$ に対して,以下のことを行う.まずはじめに,$A(j) \leftarrow A(j-1)$ とする.次に,各対 $(t,w) \in A(j-1)$ に対して,$t + s_j \leq B$ ならば $A(j)$ に $(t+s_j, w+v_j)$ を加える.最後に,$A(j)$ から支配される対をすべて除去する.これは,リスト $A(j)$ に含まれる対をサイズの小さい順に並べて,同じサイズの対では価値の最も大きいもののみを残す.さらに,この順番で連続する二つのサイズの対で,サイズが大きくなるにもかかわらず価値が大きくならない対を除去する.この反復 $j$ のプロセスは,リスト $A(j-1)$ と $A(j-1)$ に $(s_j, w_j)$ を加えてできるリスト $A(j)$(すなわち,$A(j-1)$ の各対 $(t,w) \in A(j-1)$ に対して,$t + s_j \leq B$ ならば $A(j)$ に $(t+s_j, w+v_j)$ を加えて得られるリスト $A(j)$)に対して,二つのリストの $A(j-1)$ と $A(j)$ のマージ(併合)である(結果として得られるリストは $A(j)$ である)と見なせる.最終的には,$A(n)$ の対 $(t,w)$ のうちで価値の最大のものを解として返す.次に,このアルゴリズムの正当性を議論する.

**定理 3.1** アルゴリズム 3.1 は,ナップサック問題の最適解の値を正しく計算する.

**証明**:$j$ についての帰納法で,$A(j)$ が,実行可能解の集合 $S \subseteq \{1, \ldots, j\}$ に対応するすべての対のうちで,他に支配されない対をすべて含むことを証明する.$j = 1$ の基本ケースでは,$A(1)$ を $\{(0,0), (s_1, w_1)\}$ と設定しているので,これは明らかに成立する.$A(j-1)$ まで成立しているとする.$S \subseteq \{1, \ldots, j\}$ に対して,$t = \sum_{i \in S} s_i \leq B$ かつ $w = \sum_{i \in S} v_i$ であるとする.このとき,$t' \leq t$ かつ $w' \geq w$ となる $(t', w') \in A(j)$ の存在することが主張できる.この主張を証明する.はじめに $j \notin S$ のときを考える.このときには,帰納法の仮定と最初 $A(j)$ を $A(j-1)$ とおいてその後に支配される対を除去していることから,主張が成立することが得られる.次に,$j \in S$ のときを考える.このときには,$S' = S - \{j\}$ とする.すると,帰納法の仮定から,対 $(\sum_{i \in S'} s_i, \sum_{i \in S'} v_i)$ を支配する対 $(\hat{t}, \hat{w}) \in A(j-1)$ が存在する.したがって,$\hat{t} \leq \sum_{i \in S'} s_i$ かつ $\hat{w} \geq \sum_{i \in S'} v_i$ が成立する.すなわち,$\hat{t} + s_j \leq t \leq B$ かつ $\hat{w} + v_j \geq w$ が成立する.一方,アルゴリズムは,対 $(\hat{t} + s_j, \hat{w} + v_j)$ を $A(j)$ に加えている.したがって,対 $(\hat{t} + s_j, \hat{w} + v_j)$ は $(t,w)$ を支配するので,ある対 $(t', w') \in A(j)$ が存在して,対 $(t,w)$ を支配する. □

アルゴリズム 3.1 の計算時間は $O(n \min(B,V))$ である．これは多項式時間アルゴリズムではない．入力の数値は二進法で表現されていると仮定しているからである．すなわち，入力の数値 $B$ のサイズは $\log_2 B$ であり，したがって，$O(nB)$ の計算時間は入力の $B$ のサイズの指数関数であり，多項式関数ではない．しかし，入力が一進法で表現されているときには，$O(nB)$ は入力サイズの多項式関数になる．この違いを明確にしておくことが役に立つことも多い．

**定義 3.2** 問題 $\Pi$ に対するアルゴリズムは，入力の数値が一進法で表現されているときのサイズの多項式時間で走るときには，**偽多項式** (pseudopolynomial) と呼ばれる．

可能な価値の最大値 $V$ が $n$ の多項式であるときには，計算時間は，実際に，入力サイズの多項式時間になる．次に，$V$ が実際に $n$ の多項式になるように，品物の価値を（スケーリングして）ラウンディングして，ナップサック問題に対する多項式時間近似スキームがどのように得られるかについて，説明する．ラウンディングすることにより，解の値の精度は少し失われるが，最終的に得られる解の値には，それほど影響を与えない．第 1 章で導入した多項式時間近似スキームの定義（定義 1.2）を思いだしておこう．

**定義 3.3** すべての $\epsilon \, (0 < \epsilon \leq 1)$ に対して，最小化問題に対する $(1+\epsilon)$-近似アルゴリズム（あるいは，最大化問題に対する $(1-\epsilon)$-近似アルゴリズム）$A_\epsilon$ が存在するとき，そのようなアルゴリズムの族 $\{A_\epsilon\}$ を**多項式時間近似スキーム** (polynomial-time approximation scheme) という（頭文字をとって，PTAS ということも多い）．

アルゴリズム $A_\epsilon$ の計算時間は，$1/\epsilon$ にどのように依存してもかまわないことに注意しよう．すなわち，$1/\epsilon$ の指数関数でもあるいはそれ以上でも問題ない．一方，$A_\epsilon$ の計算時間における $1/\epsilon$ の依存に上界を与えるアルゴリズムも本書ではしばしば取り上げる．このようなことから，以下の定義も与えられた．

**定義 3.4** 多項式時間近似スキーム $\{A_\epsilon\}$ は，各 $A_\epsilon$ の計算時間が $1/\epsilon$ の多項式時間で抑えられるとき，**完全多項式時間近似スキーム** (fully polynomial-time approximation scheme) と呼ばれる（頭文字をとって，FPTAS あるいは FPAS と呼ばれることも多い）．

これからナップサック問題に対する完全多項式時間近似スキームを与える．すぐあとで値を設定するパラメーター $\mu$ を用いて，各価値 $v_i$ を $\mu$ の整数倍に切り下げてラウンディングする．より正確には，各品物 $i$ に対して，$v'_i = \lfloor v_i/\mu \rfloor$ とする．そして，各品物 $i$ のサイズが $s_i$ で価値が $v'_i$ である入力で，動的計画に基づくアルゴリズム 3.1 を走らせて最適解を求めて，この最適解をもともとの入力に対する準最適解として出力する．このとき，データをラウンディングすることで失われる正確性がそれほど大きくなく，ラウンディングすることでアルゴリズムが多項式時間で走ることになるのである．これらのことを示すことができるというのが，主たるアイデアである．おおざっぱな見積もりを最初に行う．$v_i$ の代わりに価値 $\tilde{v}_i = v'_i \mu$ を用いれば，各価値の正確性は高々 $\mu$ しか失われないので，どの実行可能解の価値も，この変更で高々 $n\mu$ しか変化しない．一方，生じる価値の誤差を最適解の値 OPT の（下界の）$\epsilon$ 倍（すなわち，相対誤差を $\epsilon$）以下に抑えたい．そこで，$M$

を品物の最大価値とする．すなわち，$M = \max_{i \in I} v_i$ とする．すると，$M$ は OPT の下界となる．最大価値のその品物だけをナップサックに詰め込むこともできるからである．したがって，$n\mu = \epsilon M$ となるように $\mu$ を設定するのが良いことになる．そこで，以下では $\mu = \epsilon M/n$ と設定する．

修正された価値のもとでは，可能な最大価値は $V' = \sum_{i=1}^{n} v'_i = \sum_{i=1}^{n} \left\lfloor \frac{v_i}{\epsilon M/n} \right\rfloor = O(n^2/\epsilon)$ となることに注意しよう．したがって，アルゴリズムの計算時間は，$O(n \min(B, V')) = O(n^3/\epsilon)$ となり，$1/\epsilon$ の多項式で抑えられることになる．さらに，アルゴリズムで返される解が，最適解の値の $(1-\epsilon)$ 倍以上の値を持つことも証明できる．

---

**アルゴリズム 3.2** ナップサック問題に対する完全多項式時間近似スキーム．

$M \leftarrow \max_{i \in I} v_i$

$\mu \leftarrow \epsilon M/n$

すべての $i \in I$ に対して $v'_i \leftarrow \lfloor v_i/\mu \rfloor$ とする

価値 $v'_i$ のナップサック問題の入力でアルゴリズム 3.1 を走らせる

---

**定理 3.5** アルゴリズム 3.2 は，ナップサック問題に対する完全多項式時間近似スキームである．

**証明**：アルゴリズムで返される解が，最適解の値の $(1-\epsilon)$ 倍以上の値を持つことを示すことが必要である．アルゴリズムで返される品物の集合を $S$ とし，最適解における品物の集合を $O$ とする．上述のように，$M \leq$ OPT である．最大価値のその品物だけをナップサックに詰め込むこともできるからである．さらに，$v'_i$ の定義より，$\mu v'_i \leq v_i \leq \mu(v'_i + 1)$ となるので，$\mu v'_i \geq v_i - \mu$ が成立する．データのラウンディング法と $S$ が修正価値 $v'_i$ のもとでの最適解であることから，以下の一連の不等式

$$\sum_{i \in S} v_i \geq \mu \sum_{i \in S} v'_i$$

$$\geq \mu \sum_{i \in O} v'_i$$

$$\geq \sum_{i \in O} v_i - |O|\mu$$

$$\geq \sum_{i \in O} v_i - n\mu$$

$$= \sum_{i \in O} v_i - \epsilon M$$

$$\geq \text{OPT} - \epsilon \, \text{OPT} = (1-\epsilon)\, \text{OPT}$$

の成立することが得られる． □

## 3.2 同一並列マシーン上でのジョブのスケジューリング

$n$個のジョブを$m$個の同一並列マシーンでスケジューリングする問題に戻る．2.3節では，最初に処理時間の大きい順にジョブを並べて，次にリストスケジューリングアルゴリズムに基づいてジョブをスケジュールし，最適解の完了時刻の高々4/3倍の長さの完了時刻となるスケジュールを与えた．本節では，この中に，多項式時間近似スキーム，すなわち，任意に与えられた$\rho > 1$に対して，目的関数の値が最適解の値の高々$\rho$倍となる解を多項式時間で求めるアルゴリズム，につながるヒントが隠されていることを示す．

2.3節のときと同様に，各$j = 1, \ldots, n$に対して，ジョブ$j$の処理時間を$p_j$，与えられたスケジュールにおけるジョブ$j$の完了時刻を$C_j$とし，それらの完了時刻の最大値を$C_{\max}$と表記する．さらに，最適解の値を$C^*_{\max}$と表記する．各ジョブ$j$の処理時間$p_j$は正整数であると仮定する．リストスケジューリングアルゴリズムの解析でキーとなるアイデアは，得られるスケジュールの最適解に対する誤差が最後に完了するジョブの処理時間で上から抑えられるということであった．$\frac{4}{3}$-近似アルゴリズムの解析は，この事実と，各ジョブの処理時間が$C^*_{\max}/3$より大きいときには，自然な一種のグリーディアルゴリズム（リストスケジューリングアルゴリズム）で最適解が得られるという事実に基づいていた．同様の原理に基づいて，この問題に対する多項式時間近似スキームを与える．長い処理時間を持つジョブからなる部分集合にまず注目する．そしてこの部分集合に対して最適なスケジュールを求める．その後，この得られたスケジュールに対して，リストスケジューリングアルゴリズムを用いて，残りのジョブをすべて加えてスケジュールを拡張する．長い処理時間のジョブの個数と得られる解の品質には，トレードオフが存在することを示すことにする．

より正確に述べることにしよう．正整数$k$をパラメーターとする一連のアルゴリズムの族$\{A_k\}$を導出し，その中の固定した正整数$k$に対するアルゴリズム$A_k$に注目することにする．そこで，ジョブ$\ell$は$p_\ell \leq \frac{1}{km} \sum_{j=1}^n p_j$であるとき，"短い"と定義し，それ以外のときには"長い"と定義する．そして，ジョブの集合を"長い"ジョブの集合と"短い"ジョブの集合に分割する．この定義から，長いジョブは高々$km$個であることが言える．長いジョブに対して，すべての可能なスケジュールを列挙し，その中から完了時刻が最小となるスケジュールを選ぶ．その後，この選ばれたスケジュールに対して，リストスケジューリングアルゴリズムを用いて，残りの短いジョブをすべて加えてスケジュールを拡張する．すなわち，残りの短いジョブを任意の順番で，その時点で負荷の最も少ないマシーンにジョブを割り当てていく．

アルゴリズム$A_k$の計算時間を考える．長いジョブの集合に対するスケジュールは，長いジョブのそれぞれが$m$個のマシーンのどのマシーンに割り当てられているかを示すことで記述できる．したがって，高々$m^{km}$個の異なる割当てがあり，さらに，各マシーンに割り当てられるジョブの順番は完了時刻に影響を与えないので，異なるスケジュールは高々$m^{km}$個となる．マシーンの個数$m$が定数であるときに限定すれば，（たとえば，100，

1,000, あるいは 1,000,000 であっても) $m^{km}$ は定数となり，入力のサイズには依存しない．したがって，この限定された特殊ケースでは，多項式時間で，各スケジュールを検証して，最適なスケジュールを求めることができる．

2.3 節の局所探索アルゴリズムの解析のときと同様に，最後に完了するジョブ $\ell$ に注目する．そこでは，不等式

$$C_{\max} \leq p_\ell + \sum_{j \neq \ell} p_j/m \tag{3.1}$$

を導き出していたことを思いだそう．この不等式の正当性は，ジョブ $\ell$ の処理が開始されるとき，残りのマシーンが稼働中であるという事実から得られる．最初に長いジョブに対して最適なスケジュールを求めて，その後に短いジョブを加えて拡張しているこのアルゴリズムを，二つのケースに分けて解析する．最後に完了するジョブ $\ell$ が短いときをまず考える．このときには，ジョブ $\ell$ はリストスケジューリングアルゴリズムでスケジュールされているので，不等式 (3.1) が成立する．さらに，ジョブ $\ell$ が短いことから，$p_\ell \leq \sum_{j=1}^n p_j/(mk)$ となり，

$$C_{\max} \leq \sum_{j=1}^n p_j/(mk) + \sum_{j \neq \ell} p_j/m \leq \left(1 + \frac{1}{k}\right) \sum_{j=1}^n p_j/m \leq \left(1 + \frac{1}{k}\right) C_{\max}^*$$

が得られる．

次に，最後に完了するジョブ $\ell$ が長いときを考える．このときには，このアルゴリズムで得られるスケジュールは最適である．これは，全体の部分集合である長いジョブに対する最適なスケジュールの完了時刻は，全体のジョブに対する最適なスケジュールの完了時刻 $C_{\max}^*$ より長くなることはないことと，このアルゴリズムで得られる全体のジョブに対するスケジュールの完了時刻が長いジョブに対する最適な完了時刻と等しくなっていることから得られる．アルゴリズム $A_k$ は，$m$ が定数であるので，容易に多項式時間で走るようにできる．したがって，以下の定理が得られる．

**定理 3.6** アルゴリズムの族 $\{A_k\}$ は，定数個の同一並列マシーン上での完了時刻最小化スケジューリング問題に対する多項式時間近似スキームである[1]．

もちろん，この定理において，マシーンの個数が定数であるということは，きわめて強い制限であると言える．しかし，実際には，これらの技法を拡張して，マシーンの個数 $m$ も与えられる入力パラメーターとして多項式時間近似スキーム（したがって，その計算時間は $m$ に対しても多項式となる）を得るためのキーとなるアイデアは，長いジョブに対して，必ずしも最適なスケジュールが必要というわけではないということである．解析において，長いジョブに対して最適なスケジュールであることを用いたのは，最後に完了するジョブが長いときのみであった．したがって，長いジョブに対する最適解の完了時刻の $1 + \frac{1}{k}$ 倍の完了時刻のスケジュールを見つけることができれば十分であったのである．以下では，前節でナップサック問題において行ったように，入力のサイズのラウンディング

---

[1] 訳注：アルゴリズムの族 $\{A_k\}$ を，定義 3.3 の形式と同じものにするには，$\epsilon = \frac{1}{k}$ とおいて，$A_k$ を改めて $A_\epsilon$ と見なせばよい．

と動的計画を用いて，長いジョブに対して，そのような準最適スケジュールを求める方法について議論する．

最初に，スケジュールの完了時刻の目標値 $T$ を設定して用いる．前と同様に，正整数 $k$ を固定し，一連のアルゴリズムの族 $\{B_k\}$ をデザインすることにする．なお，各 $B_k$ は，完了時刻が $T$ 以下のスケジュールが存在しないことを証明するか，あるいは完了時刻が $(1+\frac{1}{k})T$ 以下のスケジュールを出力する．そして，このようなアルゴリズムの族から，多項式時間近似スキームをどのようにして得ることができるかをその後に示す．最初 $T$ は，$T \geq \frac{1}{m}\sum_{j=1}^n p_j$ と仮定することができる．$T < \frac{1}{m}\sum_{j=1}^n p_j$ とすると，実行可能なスケジュールが存在しないからである．

アルゴリズム $B_k$ はきわめて単純である．ここでも，ジョブを"長い"ジョブと"短い"ジョブに分割する．ただし，ここでは，ジョブ $j$ の処理時間が $p_j > T/k$ であるとき，ジョブ $j$ は長いと考える．各長いジョブ $j$ の処理時間 $p_j$ を，それを超えない最大の $T/k^2$ の倍数で置き換える（にラウンドダウンする）．これらの長いジョブのラウンドダウンした処理時間に基づいて，完了時刻が $T$ 以下のスケジュールが可能かどうかを多項式時間で判定する．そのようなスケジュールが可能でないときには，元の入力に対して完了時刻が $T$ 以下のスケジュールは存在しないと（正しく）結論づける．一方，そのようなスケジュールが可能なときには，そのようなスケジュールを求め，それを長いジョブの元の処理時間のもとでのスケジュール（各マシーンに割り当てられたジョブは同一である）と解釈する．最後に，このスケジュールに対して，リストスケジューリングアルゴリズムを用いて，短いジョブを割り当て，スケジュールを完成する．

完了時刻が $T$ 以下のスケジュールが存在するときには，完了時刻が高々 $(1+\frac{1}{k})T$ のスケジュールを，アルゴリズム $B_k$ が常に求めることを証明することが必要である．元の入力で完了時刻が $T$ 以下のスケジュールが存在するときには，ラウンドダウンした処理時間の長いジョブに対しても完了時刻が $T$ 以下のスケジュールが存在する（これがラウンドダウンした理由である）．このときには，元の入力で完了時刻が高々 $(1+\frac{1}{k})T$ のスケジュールをアルゴリズムが実際に求めてくることが，以下のように言える．アルゴリズムでスケジュールが返されたとする．それは，最初，ラウンドダウンした処理時間の長いジョブに対する完了時刻が $T$ 以下のスケジュールとしてアルゴリズムで返されていたことになる．このスケジュールで，任意にマシーンを一つ固定して，そのマシーンに割り当てられているジョブの集合を $S$ とする．$S$ に含まれる各ジョブは長いので，ラウンドダウンしたサイズも $T/k$ 以上であり，$|S| \leq k$ が得られる．さらに，各ジョブ $j \in S$ に対して，元々の処理時間とラウンドダウンした処理時間の差は高々 $T/k^2$ である．したがって，

$$\sum_{j \in S} p_j \leq T + k(T/k^2) = \left(1+\frac{1}{k}\right)T$$

が得られる．次に，短いジョブを割り当てることによる効果を考える．リストスケジューリングアルゴリズムで割り当てられる各短いジョブ $\ell$ は，順番に，その時点で負荷が最も軽いマシーンに割り当てられる．$\sum_{j=1}^n p_j/m \leq T$ であるので，$\sum_{j \neq \ell} p_j/m < T$ であることはすでに知っている．マシーンに割り当てられているジョブの平均負荷は $T$ 未満であるので，短いジョブが割り当てられるどの時点でも，短いジョブが割り当てられる負荷が最も軽いマシーンの負荷は $T$ 未満である．したがって，負荷の最も軽いマシーンにジョブ $\ell$ が

割り当てられると，このマシーンの新しい負荷は，高々

$$p_\ell + \sum_{j\neq\ell} p_j/m < T/k + T = \left(1 + \frac{1}{k}\right)T$$

となる．したがって，最終的に得られるスケジュールでも，完了時刻は高々 $(1+\frac{1}{k})T$ となる．

アルゴリズム $B_k$ の記述を完成するためには，さらに，動的計画に基づいて，ラウンドダウンした処理時間の長いジョブに対して，完了時刻が $T$ 以下のスケジュールが存在するかどうかを判定できること（さらに存在するときには，そのようなスケジュールを求めること）を示すことが必要である．もちろん，ラウンドダウンした長いジョブの処理時間に $T$ より大きいものが存在するときには，完了時刻が $T$ 以下のスケジュールは存在しないと結論づけることができる．そうでないときには，動的計画の入力を $k^2$-次元ベクトルを用いて記述できる．すなわち，各 $i = 1, \ldots, k^2$ に対して，第 $i$ 成分はラウンドダウンした処理時間が $iT/k^2$ である長いジョブの個数を表す $k^2$-次元ベクトルと考える．（実際には，各 $i < k$ に対して長いジョブは存在しない．そのような $i$ での $iT/k^2$ の処理時間のジョブは，ラウンドダウンしない元の処理時間が $T/k$ 未満となって，長いジョブとは言えないからである．）したがって，異なる入力の個数は，高々 $n^{k^2}$ となり，その値は入力サイズの多項式サイズである．

長いジョブを一つのマシーンに割り当てる異なる割当ては何通りあるのであろうか？ラウンドダウンされた各長いジョブは，依然として処理時間が $T/k$ 以上である．したがって，一つのマシーンには，高々 $k$ 個のジョブしか割り当てられない．さらに，一つのマシーンへのジョブの割当ても $k^2$-次元ベクトルで表現できる．すなわち，第 $i$ 成分が，そのマシーンに割り当てられたラウンドダウンした処理時間が $iT/k^2$ である長いジョブの個数を表すと考える．そのベクトルが $(s_1, s_2, \ldots, s_{k^2})$ であるとする．そして，

$$\sum_{i=1}^{k^2} s_i \cdot iT/k^2 \leq T$$

のとき，それを**マシーン状態図 (machine configuration)** という．すべてのマシーン状態図の集合を $\mathcal{C}$ と表記する．一つのマシーンが処理できるラウンドダウンした長いジョブの個数は $\{0, 1, \ldots, k\}$ のいずれかとなるので，各 $i = 1, \ldots, k^2$ に対して $s_i \in \{0, 1, \ldots, k\}$ であり，異なるマシーン状態図は高々 $(k+1)^{k^2}$ 個であることに注意しよう．さらに，$k$ は固定された数であるので，この値は定数であることにも注意しよう．

このような任意の入力 $(n_1, \ldots, n_{k^2})$ に対して，完了時刻が $T$ 以下のスケジュールに必要な（同一の）マシーンの個数の最小値を $\text{OPT}(n_1, \ldots, n_{k^2})$ と表記する．$\text{OPT}(n_1, \ldots, n_{k^2})$ の最小個のマシーンに対して，その中の 1 個のマシーンに注目してそのマシーン状態図を考えると，残りのマシーンは，残りのジョブの入力に対する完了時刻が $T$ 以下のスケジュールに必要な（同一の）マシーンの個数の最小値を達成することになるので，この値に対して

$$\text{OPT}(n_1, \ldots, n_{k^2}) = 1 + \min_{(s_1,\ldots,s_{k^2})\in\mathcal{C}, s_1\leq n_1,\ldots,s_{k^2}\leq n_{k^2}} \text{OPT}(n_1 - s_1, \ldots, n_{k^2} - s_{k^2})$$

の漸化式が成立する．これは，入力の多項式の要素からなる表（$(n_1 + 1) \times \cdots \times (n_{k^2} + 1)$ の $k^2$-次元配列）を用いて計算できる．各要素の値を計算して，表に記憶するときに，それ

よりサイズの小さい配列ですでに計算されて記憶されている要素の値を高々 $(k+1)^{k^2}$ 個（したがって定数個）用いて計算できる．対応する最適解の値が高々 $m$ であるときそしてそのときのみ，所望の完了時刻が $T$ 以下のスケジュールが存在する（そしてそのようなスケジュールも得ることができる）．

最後に，アルゴリズムの族 $\{B_k\}$ を多項式時間近似スキームに変換できることを示すことが必要である．相対誤差 $\epsilon > 0$ を指定する．（各アルゴリズム $B_k$ で入力として与えられる）目標値 $T$ の選択を正しく決定するために，二分探索を用いる．このスケジューリングの入力に対する最適な完了時刻は，$L_0$ と $U_0$ を

$$L_0 = \max\left\{\left\lceil \sum_{j=1}^n p_j/m \right\rceil, \max_{j=1,\dots,n} p_j\right\}$$

と

$$U_0 = \left\lceil \sum_{j=1}^n p_j/m \right\rceil + \max_{j=1,\dots,n} p_j$$

とすると，区間 $[L_0, U_0]$ に存在することは明らかである．（なお，下界は，処理時間が整数であることに基づいて $\lceil \cdot \rceil$ にまで強化している．）二分探索は，$T$ の存在可能区間 $[L, U]$ を，以下の性質，すなわち，(1) $L \leq C^*_{\max}$，かつ (2) 完了時刻が高々 $(1+\epsilon)U$ のスケジュールが存在する，という性質を常に満たしながら狭めていく．この性質は，二分探索の最初の反復の開始時点では，明らかに成立する．2.3 節の議論より，$L_0$ が最適なスケジュールの完了時刻の下界であり，また，リストスケジューリングアルゴリズムを用いて，完了時刻が高々 $U_0$ のスケジュールを求めることができるからである．二分探索の各反復において，その時点の区間を $[L, U]$ とし，$T = \lfloor (L+U)/2 \rfloor$ かつ $k = \lceil 1/\epsilon \rceil$ とおいて，アルゴリズム $B_k$ を走らせる．$B_k$ でスケジュールが返されるときには，$U \leftarrow T$ と更新して次の反復に入る．そうでないときには，$L \leftarrow T+1$ と更新して次の反復に入る．二分探索の反復は，$L = U$ となるまで行われる．$L = U$ となると，アルゴリズムは $U$ に付随する（完了時刻が高々 $(1+\epsilon)U$ の）スケジュールが返される．

二分探索の各反復で，主張している (1) $L \leq C^*_{\max}$，かつ (2) 完了時刻が高々 $(1+\epsilon)U$ のスケジュールが存在する，という性質は常に満たされ続ける．すなわち，(1) 下界 $L$ を更新するときには，アルゴリズム $B_k$ で完了時刻が $T$ 以下のスケジュールは存在しないことが示されているので次の反復で $T+1$ が正しい下界となるし，(2) 上界 $U$ を更新するときには，アルゴリズム $B_k$ で完了時刻が高々 $(1+\epsilon)T$ のスケジュールが得られているので，（$U \leftarrow T$ と更新して）次の反復で完了時刻が高々 $(1+\epsilon)U$ のスケジュールが存在することが保証されるからである．

二分探索の開始時点で上界と下界の差は高々 $\max_{j=1,\dots,n} p_j$ であり，各反復でこの差は半分以下になる．したがって，入力サイズの多項式回（最初の上界と下界の差の対数回）の反復でこの差は 1 未満（整数性から 0）になり，$U = L$ となる．このときの区間 $[L, L]$ で，主張されている性質が満たされるので，$C^*_{\max} \geq L$ であり，かつ完了時刻が高々 $(1+\epsilon)L \leq (1+\epsilon)C^*_{\max}$ のスケジュールがアルゴリズムで返される．すなわち，アルゴリズムは，$(1+\epsilon)$-近似アルゴリズムとなる．

**定理 3.7** （定数個とは限らない）任意個の同一マシーンに対して，同一並列マシーン上での完了時刻最小化スケジューリング問題に対する多項式時間近似スキームが存在する．

$k = \lceil 1/\epsilon \rceil$ とおいて，$(k+1)^{k^2}$ 個の状態図を考えているので，最悪の計算時間はべき指数が $1/\epsilon^2$ の指数関数となる．したがって，（ナップサック問題のときと異なり）得られたものは完全多項式時間近似スキームではない．それには，本質的な理由が存在する．このスケジューリング問題（の判定問題）が強 NP-完全であるからである．すなわち，処理時間がすべて入力サイズ $n$ の多項式関数 $q(n)$ で上から抑えられるときでも，この問題は NP-完全であるからである．もしもこの問題に対して完全多項式時間近似スキームが存在したとすると，処理時間がすべて入力サイズ $n$ の多項式関数 $q(n)$ で上から抑えられるこの特殊な問題が多項式時間で解けることになって，**P = NP** となってしまうことが主張できる．

この主張を証明しよう．すなわち，この問題に対する完全多項式時間近似スキームが存在したとして，それを用いて，処理時間がすべて入力サイズ $n$ の多項式関数 $q(n)$ で上から抑えられるこの特殊な問題を多項式時間で解く方法を以下に示す．この特殊な問題の入力の最大の処理時間を $P$ とする．したがって，最適なスケジュールの完了時刻は高々 $nP \leq nq(n)$ となる．ここで，この問題に対する完全多項式時間近似スキーム $\{A_k\}$ が存在したとする．そして，$k = \lceil 2nq(n) \rceil$ とおいて，アルゴリズム $A_k$ を用いて，相対誤差が高々 $1/k$ と保証されている解が得られたとする．したがって，アルゴリズム $A_k$ は完了時刻が高々

$$\left(1 + \frac{1}{k}\right) C^*_{\max} \leq C^*_{\max} + \frac{1}{2}$$

の解を求める（不等式は，$k = \lceil 2nq(n) \rceil \geq 2nq(n) \geq 2nP \geq 2C^*_{\max}$ から得られる）．なお，実行可能なスケジュールは単にジョブのマシーンへの割当てであるので，完了時刻はもちろん整数となる．したがって，この不等式は，アルゴリズム $A_k$ で得られる解が最適なスケジュールであることを意味する．さらに，$q(n)$ は多項式関数であり，$\{A_k\}$ が完全多項式時間近似スキームであることから，計算時間は $k = \lceil 1/\epsilon \rceil$ の多項式で上から抑えられ，この問題の最適解が多項式時間で得られたことになる．したがって，このような完全多項式時間近似スキームの存在により，**P = NP** が得られることになってしまうのである．この結果は，より一般的な結果の一つの特殊ケースである．任意の最適化問題に対して（目的関数にごく自然な弱い仮定をするだけで），その問題が強 NP-完全であるときには，その問題は完全多項式時間近似スキームを持たないことが知られている．これは演習問題 3.9 で取り上げる．

## 3.3 ビンパッキング問題

**ビンパッキング問題** (bin-packing problem) では，入力として，サイズがそれぞれ $a_1, a_2, \ldots, a_n$ である $n$ 個の品物が与えられる．ただし，サイズは 1 以下の正数であるとする．目標は，どのビンも品物のサイズの総和が 1 以下になるようにしてこれらの品物をサイズ 1 のビンに詰め込むときに，使用されるビンの個数を最小化することである．

ビンパッキング問題は，**等分割問題** (partition problem) と呼ばれる判定問題と関係している．等分割問題では，入力として，総和 $B = \sum_{i=1}^{n} b_i$ が偶数となる $n$ 個の正整数 $b_1, \ldots, b_n$ が与えられる．目標は，インデックスの集合 $\{1, \ldots, n\}$ を二つの集合 $S, T$ に分割して，$\sum_{i \in S} b_i = \sum_{i \in T} b_i$ となるようにできるかどうかを判定することである．等分割問題は NP-完全であることがよく知られている．この問題は，ビンパッキング問題にリダクションできる．$a_i = 2b_i / B$ とおいて，すべての品物を 2 個のビンに詰め込むことができるかという，ビンパッキング問題の判定版となるからである．したがって，以下の定理が得られる．

**定理 3.8** $\mathbf{P} = \mathbf{NP}$ でない限り，ビンパッキング問題に対する正数 $\rho < \frac{3}{2}$ の $\rho$-近似アルゴリズムは存在しない．

一方，以下の First-Fit-Decreasing（以下，FFD と表記する）アルゴリズムを考えると別のことも言える．FFD アルゴリズムでは，品物をサイズの大きい順に並べ，その順に品物をビンに入れる．次に入れる品物を，これまでに開けたビンのうちで，開けた順番にビンに入るかどうかを調べ，最初に入るビンに入れる．これまでにふたを開けたビンのいずれにも入らないときは，新しいビンのふたを開けて入れる．より具体的には，FFD アルゴリズムは以下のように書ける．必要ならば品物の名前を交換して，

$$1 > a_1 \geq a_2 \geq \cdots \geq a_n > 0$$

であると仮定する．すると，最初にビン 1 のふたを開けて，それに品物 1 を入れる．以下，品物を $2, 3, \ldots, n$ の順にビンに入れていく．各品物 $i$ をビンに入れるときに，これまでに開けられたビンが $1, 2, \ldots, k$ であるとする．すると，ビン $j = 1, 2, \ldots, k$ の順にビン $j$ に品物 $i$ が入るかどうかを調べ，入るときには入れ，そうでないときには $j \leftarrow j + 1$ と更新して，上記の操作を繰り返す．最後のビン $k$ にも品物 $i$ が入らなかったときには，新しいビン $k+1$ のふたを開けてそれに品物 $i$ を入れる．入力 $I$ に対して，この FFD アルゴリズムで使用されるビンの個数を $\mathrm{FFD}(I)$ と表記し，最適解で使用されるビンの個数を $\mathrm{OPT}(I)$ と表記する．すると，任意の入力 $I$ に対して，有名な古典的結果の $\mathrm{FFD}(I) \leq (11/9)\mathrm{OPT}(I) + 4$ が成立する．

したがって，性能保証の概念に小さい和の項を加えることも認めるように緩和すると，本質的により強力な結果を得ることができるのである．実際，利用するビンの個数が $\mathrm{OPT}(I) + 1$ となる解を，常に返すアルゴリズムが存在したとしても，計算の複雑さの理論における現在の理解（定理 3.8）に，何ら矛盾することはない．

抜け道を通りそのような結果に容易にたどりつけるにもかかわらず，"$\mathbf{P} = \mathbf{NP}$ でない限り $\rho$-近似アルゴリズムが存在しない" という形式の近似困難性をわざわざ述べる理由とは何なのであろうか？ その理由は以下のとおりである．これまでに議論してきた重み付き問題のすべてにおいて，これら 2 種類の性能保証に相違はない．すなわち，高々 $\rho \mathrm{OPT} + c$ の値の解を返すことを保証するこれまでに述べたどのアルゴリズムも，$\rho$-近似アルゴリズムに変換することができる．これらの問題は，いずれも**リスケーリング性質** (rescaling property) を満たす．すなわち，任意の入力 $I$ と任意の正の値 $\kappa$ に対して，任意の実行可能解の目的関数値が $\kappa$ 倍となるような本質的に同一の入力 $I'$ を構成できる．たとえば，3.2 節のスケジューリング問題では，各ジョブの処理時間 $p_j$ を $\kappa$ 倍するだけでこのリスケー

リングが達成できる．また，重みなし点カバー問題では，与えられた入力のグラフに対して，そのグラフの $\kappa$ 個の互いに素なコピーからなるグラフを入力とするだけで，このリスケーリングが達成できる．このようなリスケーリングを用いて，性能保証における小さい和の項 $c < \kappa$ の効果をなくして，0 にすることができる．しかし，ビンパッキング問題はリスケーリング性質を持たないことに注意しよう．最初の入力の組合せ的な構造を変更せずに，入力を"数倍"する自明な方法が存在しないのである．たとえば，入力 $I$ の各品物に対して二つのコピーからなる品物の集合の入力を考えてみれば，どのようなことが起こるかが理解できるであろう．したがって，新しい組合せ問題に対して近似アルゴリズムをデザインしようとするときには，最初に，その問題がリスケーリング性質を持つかどうかを考えることが重要である．それにより，どのような種類の性能保証が得られるかがある程度示唆されるからである．

ビンパッキング問題に対する FFD アルゴリズムの性能保証を証明することはしないが，きわめて単純なアルゴリズムでもほぼ同様の良い性能保証が得られることを示す．すなわち，以下の First-Fit（以下，FF と表記する）アルゴリズムを考える．FF アルゴリズムは，最初にサイズの大きい順に品物を並べたりはしないが，そのことを除けば，FFD アルゴリズムと完全に同一である．性能保証は以下のように解析できる．ビンの 1 と 2，ビンの 3 と 4，というように，ビンを二つずつ対にする（使用されるビンの個数が奇数のときには，最後のビンのみ対にされない）．すると，対にされた二つのビンに入れられた品物のサイズの総和は，1 より大きくなる．対の一方のビン $2k$ に最初に入れられる品物は，その対の他方のビン $2k-1$ に入れることができなかったので，ビン $2k$ に入れられたからである．したがって，$\ell$ 個のビンが使用されたとすると，入力 $I$ の品物のサイズの総和 $\mathrm{SIZE}(I) = \sum_{i=1}^n a_i$ は $\lfloor \ell/2 \rfloor$ 以上となる．一方，$\mathrm{OPT}(I) \geq \mathrm{SIZE}(I)$ は明らかであるので，FF アルゴリズムで使用されるビンの個数 $\mathrm{FF}(I) = \ell$ は $\mathrm{FF}(I) = \ell \leq 2\mathrm{SIZE}(I) + 1 \leq 2\mathrm{OPT}(I) + 1$ を満たす．もちろん，この解析は，実際にはアルゴリズムで得られる情報をほとんど用いていないと言える．用いているのは，（最後のビンを除いて）連続するどの二つのビンでも，入れられているすべての品物を一つのビンに詰め込むことはできないという事実のみを用いただけである．

パラメーター $\epsilon > 0$ を用いて，一連の多項式時間近似アルゴリズム $A_\epsilon$ の族をこれから与える．各アルゴリズム $A_\epsilon$ は，入力 $I$ に対して高々 $(1+\epsilon)\mathrm{OPT}(I) + 1$ 個のビンしか用いない解を求めるという性能保証を持つアルゴリズムである．以下の議論を通して，$\epsilon$ は正定数であるとする．和の項を持つので，このアルゴリズム $A_\epsilon$ の族は，多項式時間近似スキームの定義には合致しないことに注意しよう．したがって，以下の定義を導入することにする．

**定義 3.9** ある定数 $c$ とすべての $\epsilon > 0$ に対して，最小化問題に対するすべての入力において，最適解の値を OPT とするとき，$(1+\epsilon)\mathrm{OPT} + c$ 以下の値の解を返すアルゴリズム $A_\epsilon$ の族 $\{A_\epsilon\}$ は，**漸近的多項式時間近似スキーム** (asymptotic polynomial-time approximation scheme) と呼ばれる（頭文字をとって，APTAS と呼ばれることも多い）．

この漸近的多項式時間近似スキームのキーとなる構成要素の一つは，3.2 節の同一並列マシン上でのジョブのスケジューリング問題に対する多項式時間近似スキームで用いた

動的計画である．前にも述べたように，その動的計画アルゴリズムは，各マシーンでのジョブの総処理時間が高々 $T$ となるように各マシーンにジョブを割り当てるときに，必要となるマシーンの個数の最小値を求めていた．一方，各処理時間を $T$ で割ってスケーリングすることにより，ビンパッキング問題の入力が得られる．したがって，品物のサイズの種類が定数であり，一つのビンには定数個の品物しか入れられないという，特殊ケースのビンパッキング問題は，この動的計画アルゴリズムで，多項式時間で最適解を求めることができる．そこで，ビンパッキング問題の任意の入力に対して，最初に単純化したこの形式の入力に変換し，次に，変換した入力に対して動的計画アルゴリズムで最適解を求める．単純化された入力は，それに対する解から，新しいビンをそれほど多く使用することなく，最初の入力に対する解を得ることができるという性質を持つことになる．

3.2 節のスケジューリングの結果のときと同様に，最初のキーとなる観察は，与えられたしきい値より小さいサイズの"小さい"品物を無視するということである．これにより，その効果を比較的簡単に解析できることになる．

**補題 3.10** 入力 $I$ の品物のうちでサイズが $\gamma$ より大きいすべての品物を $\ell$ 個のビンに詰め込む任意のパッキングは，入力 $I$ のすべての品物を高々 $\max\{\ell, \frac{1}{1-\gamma}\text{SIZE}(I)+1\}$ 個のビンに詰め込むパッキングへ拡張できる．

**証明**：与えられたビンパッキングから出発して，残りの小さい品物を FF アルゴリズムで詰め込んでいくとする．FF アルゴリズムで残りの品物をすべて新しいビンを使用することなく詰め込めたときには，最終的に使用するビンは $\ell$ 個となる．そこで，以下では，FF アルゴリズムで新しいビンが使用されたとする．そして，最終的に使用されたビンは $k+1$ 個であるとする．すると，（最後の $k+1$ 番目のビンが使用されて，それにサイズが $\gamma$ 以下の小さい品物が入れられたことから）最初の $k$ 個の各ビンに入れられている品物のサイズの総和は $1-\gamma$ 以上となる．したがって，$\text{SIZE}(I) \geq (1-\gamma)k$ が得られる．すなわち，$k \leq \text{SIZE}(I)/(1-\gamma)$ となる．以上より，補題が証明された． □

FF アルゴリズムで証明した性能保証より良い性能保証を持つアルゴリズムをデザインしようとしている（これはきわめて謙虚な目標である）とする．とくに，任意の正数 $\epsilon < 1$ に対して，$1+\epsilon$ の性能保証を持つアルゴリズムをデザインしようとしている．$\gamma = \epsilon/2$ とおいて補題 3.10 を適用すると，$1/(1-\epsilon/2) \leq 1+\epsilon$ であるので，高々 $\max\{\ell, (1+\epsilon)\text{OPT}(I)+1\}$ 個のビンしか用いない解を返すアルゴリズムが得られることになる．

与えられた入力から小さい品物を除去することにより，動的計画アルゴリズムで解くことのできる特殊ケースへ一歩近づけることになる．すなわち，小さい品物の除去により，各品物はサイズが $\epsilon/2$ より大きくなり，一つのビンに入れられる品物は $2/\epsilon$ 個未満となる．そこで，以下の議論では，入力 $I$ はそのような小さい品物を含んでいないとしている．

アルゴリズムの最後の構成要素は，品物の異なるサイズの個数を減らす技法である．これは，以下の**線形グルーピングスキーム** (linear grouping scheme) と呼ばれる技法でできる．このスキームは，後に決定するパラメーター $k$ に基づいて，以下のように書ける．与えられた入力 $I$ を以下のようにグループ化する．1 番目のグループは，最もサイズの大き

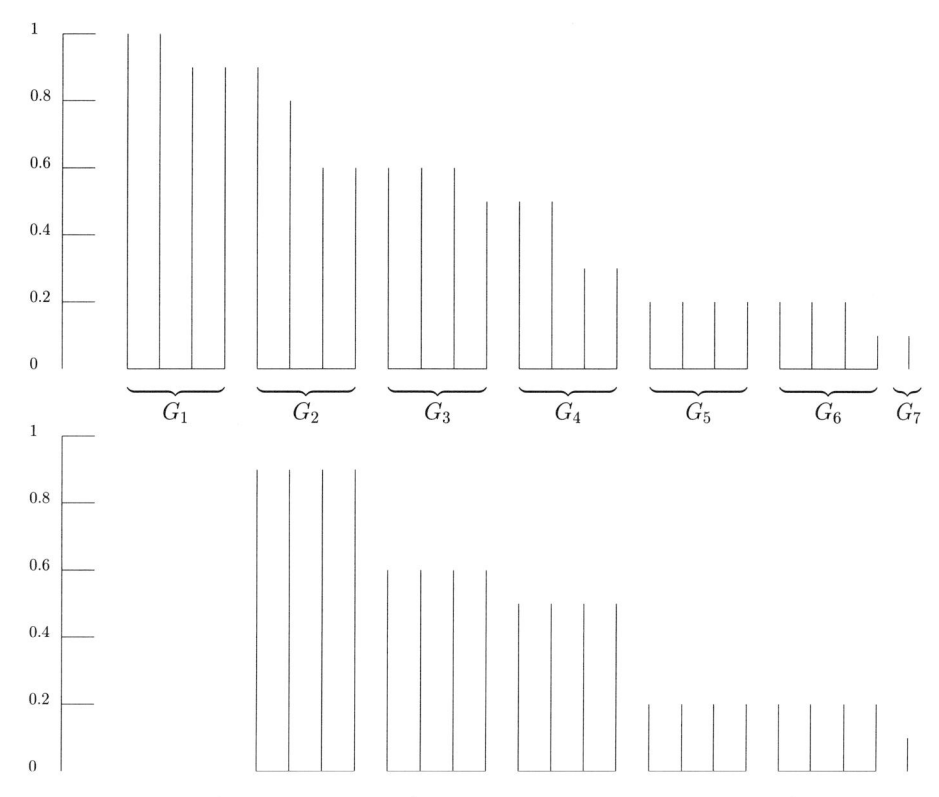

**図3.1** 入力 $I$ とグループサイズ $k=4$ を用いてラウンディングされた入力 $I'$.

い $k$ 個の品物（サイズが1番から $k$ 番までの品物）からなる．2番目のグループは，残りの品物のうちで最もサイズの大きい $k$ 個の品物（サイズが $k+1$ 番から $2k$ 番までの品物）からなる．以下同様に，すべての品物がいずれかのグループに属するようになるまで進める．なお，最後のグループは $k$ 個以下の品物からなる．そして，ラウンディングされた入力 $I'$ を以下のように構成する．1番目のグループは無視する．それ以外の各グループに対して，グループに属する各品物のサイズを，そのグループに属する品物の最大のサイズとする．入力 $I$ とラウンディングされた入力 $I'$ の例を図3.1に示している．入力 $I$ における最適なビンの個数と入力 $I'$ における最適なビンの個数に関して以下の補題が成立する．

**補題 3.11** $k$ 個の品物からなるグループへの線形グルーピングスキームを入力 $I$ に適用して得られる入力を $I'$ とする．すると，

$$\mathrm{OPT}(I') \leq \mathrm{OPT}(I) \leq \mathrm{OPT}(I') + k$$

が成立する．さらに，$I'$ の任意のパッキングから，高々 $k$ 個のさらなるビンを用いることで，$I$ のパッキングを得ることができる．

**証明**：最初の不等式は，入力 $I$ に対する任意のビンパッキングから入力 $I'$ に対するビンパッキングが得られることに注意すると得られる．すなわち，$I'$ に対して，最もサイズの大きいグループの $k$ 個の品物を，$I$ における最もサイズの大きいグループの $k$ 個の品物に一対一対応させて，$I$ の対応する品物が入れられているビンに（交換して）入れる．この

一対一対応において，$I'$ の品物のサイズは $I$ の対応する品物のサイズ以下であることから，問題なくビンに入れることができる．$I'$ の2番目にサイズの大きいグループの $k$ 個の品物に対しても，$I$ における2番目にサイズの大きいグループの $k$ 個の品物に一対一対応させて，同様に交換してビンに入れることができる．以下これを繰り返して，$I'$ の品物に対するビンパッキングが得られる．したがって，最初の不等式が得られる．

次に，第二の不等式を証明する．そこで，$I'$ に対するビンパッキングを用いて $I$ に対するビンパッキングを求める方法を示す．これも同様に単純である．$I$ の最もサイズの大きいグループの $k$ 個の各品物をその品物専用の1個のビンに入れる．次に，$I$ における2番目にサイズの大きいグループの $k$ 個の品物を $I'$ の最もサイズの大きいグループの $k$ 個の品物に一対一対応させて，$I'$ の対応する品物が入れられているビンに（交換して）入れる．この一対一対応においても，$I$ の品物のサイズは $I'$ の対応する品物のサイズ以下であることから，問題なくビンに入れることができる．以下同様にこれを繰り返して，$I$ に対するビンパッキングが得られるので，第二の不等式が得られる．この第二の不等式がアルゴリズム的に得られているという事実は重要である．$I'$ に対して良いビンパッキングが得られれば，$I$ に対しても"同じくらい良い"ビンパッキングを得ることができることを意味しているからである． $\square$

ここまでくると，ビンパッキング問題に対する漸近的多項式時間近似スキームを導出することは，比較的簡単にできる．入力 $I$ の品物の個数を $n$ とすると，入力 $I'$ の品物の異なるサイズの個数は高々 $n/k$ である．$I$ には小さい品物は存在しないので，$\text{SIZE}(I) \geq \epsilon n/2$ である．ここで，$k = \lfloor \epsilon \text{SIZE}(I) \rfloor$ と設定する．すると，$\epsilon \text{SIZE}(I) \geq 1$ と仮定できる．そうでないとすると，（大きい）品物の個数は高々 $(1/\epsilon)/(\epsilon/2) = 2/\epsilon^2$ となり，線形グルーピングスキームを用いることなく，動的計画アルゴリズムを適用して，入力の最適解を求めることができてしまうことになるからである．さらに，$\alpha \geq 1$ のとき $\lfloor \alpha \rfloor \geq \alpha/2$ が成立することを用いると，$n/k \leq 2n/(\epsilon \text{SIZE}(I)) \leq 4/\epsilon^2$ となる．したがって，線形グルーピング後のビンパッキング問題の入力 $I'$ において，品物の異なるサイズの個数は定数であり，一つのビンに入る品物の個数も定数である．こうして，入力 $I'$ に対する最適なビンパッキングを3.2節の動的計画アルゴリズムで得ることができることになる．$I'$ に対するこのビンパッキングから，線形グルーピング前の元の入力 $I$ に対するビンパッキングを得ることができる．さらに，このビンパッキングを拡張して，無視した小さい品物を再度考慮に入れて，高々 $(1+\epsilon)\text{OPT}(I)+1$ 個のビンしか用いない解を得ることもできることを次に示す．

**定理 3.12** ビンパッキング問題の入力 $I$ の最適解でのビンの個数を $\text{OPT}(I)$ とする．すると，任意の $\epsilon > 0$ に対して，高々 $(1+\epsilon)\text{OPT}(I)+1$ 個のビンに詰め込むパッキングを多項式時間で求めるアルゴリズムが存在する．すなわち，ビンパッキング問題に対するAPTASが存在する．

**証明**：上記の議論より，上記のアルゴリズムは，大きい品物をビンパッキングする際に使用したビンの個数を $\ell$ とすると，高々 $\max\{\ell, (1+\epsilon)\text{OPT}(I)+1\}$ 個のビンを使用する．一方，補題3.11より，$k = \lfloor \epsilon \text{SIZE}(I) \rfloor$ とすると，これらの大きい品物のビンパッキングには，高々 $\text{OPT}(I') + k \leq \text{OPT}(I) + k$ 個のビンを使用している．したがって，

$\ell \leq \mathrm{OPT}(I) + k \leq \mathrm{OPT}(I) + \epsilon \mathrm{SIZE}(I) \leq (1+\epsilon)\mathrm{OPT}(I)$ となり，証明が完成する． □

この一般的なアプローチにおける計算時間とその性能保証はさらに改善することもできる．4.6 節でこの問題を再度取り上げる．

## 3.4 演習問題

3.1 ナップサック問題の入力 $I$ に対する以下のグリーディアルゴリズムを考える．最初に，価値とサイズの比の非増加順にすべての品物を並べて，$v_1/s_1 \geq v_2/s_2 \geq \cdots \geq v_n/s_n$ であるとする．最大価値の品物のインデックスを $i^*$ とする．したがって，$v_{i^*} = \max_{i \in I} v_i$ である．グリーディアルゴリズムは，インデックス順に品物をナップサックに入れていき，次の品物が入らなくなったら終了する．すなわち，$k$ までは $\sum_{i=1}^{k} s_i \leq B$ であるが，$k+1$ では $\sum_{i=1}^{k+1} s_i > B$ となるような $k$ を求める．アルゴリズムは，$\{1, \ldots, k\}$ と $\{i^*\}$ のうちで価値の大きくなるほうを返す．このアルゴリズムは，ナップサック問題に対する $\frac{1}{2}$-近似アルゴリズムであることを証明せよ．

3.2 ナップサック問題に対する完全多項式時間近似スキームの構成において重要なキーの一つに，最適解の値の $n$ 倍以内の範囲の下界と上界（最適解の $1/n$ 倍以上の下界と最適解の値の $n$ 倍以下の上界）を計算できたということが挙げられる（下界はナップサックに入る価値が最大の品物の価値として与えられた）．演習問題 3.1 の結果を用いて，アルゴリズム（の計算時間）が $n$ 倍高速となる改善された完全多項式時間近似スキームを導出せよ．

3.3 以下のスケジューリング問題を考える．単一マシン上でスケジュールしなければならない $n$ 個のジョブがある．各ジョブ $j$ $(j = 1, \ldots, n)$ には，処理時間 $p_j$，重み $w_j$，期限 $d_j$ が付随している．目標は，期限内に完了するジョブの重みの総和が最大になるようなスケジュールを求めることである．最初に，期限内に完了するすべてのジョブが期限内に完了しないどのジョブよりも早く完了し，かつ期限内に完了するジョブは期限の早い順に完了する，というような最適なスケジュールが存在することを証明せよ．この構造的な結果を用いて，$W = \sum_j w_j$ とすると，動的計画に基づいてこの問題を $O(nW)$ 時間で解くことができることを示せ．この結果を用いて，完全多項式時間近似スキームを導出せよ．

3.4 演習問題 3.3 の期限内に完了するジョブの重みの総和が最大になるようなスケジュールを求める問題は，代わりに，期限内に完了しないジョブの重みの総和が最小になるようなスケジュールを求める問題であると等価的に問題を言い換えることができる．しかし，この等価性は，最適解を考えているときにのみ成立するもので，近似解を考えるときには成立しない．たとえば，期限内に完了しないジョブが 1 個だけであるときには，最小化問題に対する近似解の誤差は小さくできる．一方，最大化問題では，状況は大きく異なる．より極端な例としては，すべてのジョブを期限内に完了できる入力が挙げられる．一方，良い知らせとしては，期限内に完了しない

ジョブの最大重みを最小化する問題を解く $O(n^2)$ 時間のアルゴリズムが存在することが挙げられる．最初に，このようなアルゴリズムを与え，次に，これを用いて，期限内に完了しないジョブの重みの総和を最小化する問題に対する完全多項式時間近似スキームを導出せよ．

3.5 以下のスケジューリング問題を考える．定数の $m$ 個のマシーン上で処理する $n$ 個のジョブがある．各ジョブ $j$ ($j = 1, \ldots, n$) は，処理が開始されたら完了するまで中断なしで割り当てられたマシーンで処理される．与えられたスケジュールに対して，各ジョブ $j$ ($j = 1, \ldots, n$) の完了時刻を $C_j$ とする．目標は，すべての可能なスケジュールのうちで，$\sum_j w_j C_j$ が最小となるようなスケジュールを求めることである．最初に，最適なスケジュールで，各マシーンに対してジョブが $p_j/w_j$ の非減少順に割り当てられるようなスケジュールが存在することを示せ．次に，この性質を用いて，完全多項式時間近似スキームにつながる動的計画に基づくアルゴリズムを導出せよ．

3.6 指定されたソース $s$ とシンク $t$ を持つ有向無閉路グラフと各辺 $e$ に付随するコスト $c_e \geq 0$ と長さ $\ell_e \geq 0$ が与えられるとする．さらに，長さの上界 $L$ も与えられる．このとき，$s$ から $t$ へのパスのうちで，総長が $L$ 以下でコスト最小のパスを求める問題に対して完全多項式時間近似スキームを与えよ．

3.7 定理3.7の証明では，各処理時間を，それを超えない $T/k^2$ の最大の倍数にラウンドダウンして丸めていた．これは同一の値に丸められるような処理時間の区間の幅が等しくなる構成である．ここではそのような構成の代わりに，その幅が等比数列になるような区間を考えて，$O(n^{k^2})$ の計算時間を $O(n^{k\log k})$ に改善するような別の多項式時間近似スキームを考案せよ．

3.8 3.2節で議論した完了時刻最小化問題は，$L_\infty$ ノルムでのマシーンの負荷を最小化する問題と見なせる．これに対して，$L_2$ ノルムでのマシーンの負荷を最小化する問題，すなわち，マシーンに割り当てられたジョブの処理時間の2乗の和を最小化する問題も考えることができる．完了時刻を目的関数として議論したときの枠組みを拡張して，最初に，ジョブの異なる処理時間が定数個であり，かつ各ジョブの処理時間が，$m$ をマシーンの個数としたときに，マシーンの平均負荷 $\sum_j p_j/m$ のある定数倍以上であるときの特殊ケースに対して，この問題を動的計画に基づいて多項式時間で解くアルゴリズムを与えよ．次に，これを用いて，多項式時間近似スキームを与えよ．（以下のアイデアも役に立つと思われる．ある適切に定めた概念の"小さい"ジョブに対して，小さいジョブをいくつか集めて比較的"小さい"ジョブの小集団にし，それらを一緒にしてマシーンに割り当てる．）

3.9 以下の二つの性質 (i),(ii) を持つ強NP-困難な最小化問題 $\Pi$ があるとする．(i) どの実行可能解も目的関数の値は非負整数である．(ii) 入力 $I$ を一進法で符号化するのに $n$ ビット必要であるときに，$\mathrm{OPT}(I) \leq p(n)$ を満たすような多項式 $p$ が存在する．このとき，$\Pi$ に対する完全多項式時間近似スキームが存在するならば，$\Pi$ に対する偽多項式時間アルゴリズムが存在することを証明せよ．さらに，$\mathbf{P} = \mathbf{NP}$ でない限り，強NP-困難問題に対しては偽多項式時間アルゴリズムは存在しないので，$\Pi$ に対する完全多項式時間近似スキームが存在したとすると $\mathbf{P} = \mathbf{NP}$ であることになることを結論づけよ．

## 3.5 ノートと発展文献

3.1 節のナップサック問題に対する動的計画のアプローチと演習問題 3.2 は，Lawler [211] による．完全多項式時間近似スキームは Ibarra and Kim [173] による．演習問題の 3.3 と 3.5 は，Sahni [257] による．Gens and Levner [128] は演習問題 3.4 で述べた結果の証明を与えている．1970 年代中ずっと，この分野の多くの研究は，(当時は認識されていなかったが) アメリカとソビエト連邦の両国で並行して遂行された．Gens and Levner [129] には，その当時のこの分野の研究の進展の詳細な比較が与えられている．演習問題 3.6 は Hassin [157] による．

3.2 節で与えた定数個の同一並列マシン上でのスケジューリング問題に対する多項式時間近似スキームは，Graham [143] による．マシンの個数も入力の一部であるケースに対する多項式時間近似スキームは，Hochbaum and Shmoys [165] による．演習問題 3.8 は Alon, Azar, Woeginger, and Yadid [6] による．

Fernandez de la Vega and Lueker [111] は，ビンパッキング問題に対する最初の漸近的多項式時間近似スキームを与えた．本書で述べた漸近的多項式時間近似スキームは，彼らのものをわずかに変えている．First-Fit-Decreasing アルゴリズムが (漸近的) $\frac{11}{9}$-近似アルゴリズムであることを示した解析は Johnson の Ph.D. 学位論文 [178] による．本書で与えた First-Fit の解析もその学位論文にあるが，本書のその解析は Next-Fit と呼ばれている別のアルゴリズムに対する解析を用いた．

演習問題 3.9 は Garey and Johnson [122] による．

# 第 4 章
# 線形計画問題での確定的ラウンディング

　第 1 章の近似アルゴリズムへの序論で，本書の主テーマの一つに，近似アルゴリズムのデザインと解析において，線形計画が果たしている中心的な役割が挙げられると述べた．前の二つの章では，線形計画をまったく用いなかったが，本章からは線形計画を本格的に活用していく．

　本章では，線形計画を最も直接的に用いる一つの方法を眺める．問題の整数計画による定式化が与えられると，まずそれを線形計画問題に緩和する．線形計画問題の最適小数解を求めて，それをあるプロセスに従って整数解にラウンディングする（丸める）．

　小数解からすべての変数が 0 あるいは 1 の値をとる整数解にラウンディングする最も簡単な方法は，比較的大きい値をとる変数の値を 1 に切り上げて，それ以外の変数の値を 0 に切り下げることである．この技法を集合カバー問題に適用した例を 1.3 節で眺めた．すなわち，線形計画問題で十分に大きい値をとる変数に対応する集合を集合カバーに選んだ．4.4 節で賞金獲得シュタイナー木問題を取り上げて，この技法がその問題にも適用できることを眺める．本書では，賞金獲得シュタイナー木問題を何度か取り上げる．この問題に対して，点と辺のそれぞれに対応する 0-1 変数を導入し，整数計画による定式化を与え，それを線形計画問題に緩和する．そして，線形計画問題の最適解で十分大きい値をとっている変数に対応する点をシュタイナー木が含むべき点として決定する．最後に，それらの点を含むシュタイナー木を求める．

　4.1 節と 4.2 節では，単一マシーンによるスケジューリング問題を取り上げ，小数解を整数解にラウンディングする別の方法を眺める．線形計画緩和問題を解くことにより，ジョブをどの順番で処理すべきかという情報を得ることができる．この情報を用いて，そのとおりにジョブを処理するという解が得られ，それが良い解につながることを示すことができる．とくに，4.1 節では，線形計画問題を用いる代わりに，問題を途中中断も可能なスケジューリング問題に緩和して，それを利用する．このアルゴリズムの解析から，次の 4.2 節における，より一般的な目的関数を持つスケジューリング問題の線形計画緩和を用いるアルゴリズムに対するアイデアが得られる．

　4.5 節では，容量制約なし施設配置問題を取り上げる．この問題も，本書では何度か取り上げる．容量制約なし施設配置問題では，利用者（顧客）と候補施設が与えられる．そして，候補施設からいくつか施設を選んで開設し，利用者を開設された施設の一つに割り当てる．そこでのラウンディング手続きは，大きい値をとる変数を単に切り上げるという

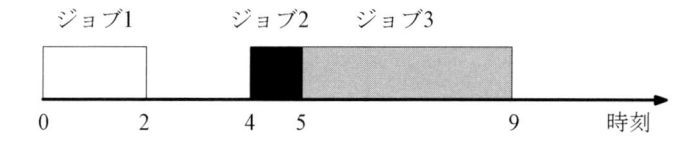

```
ジョブ1        ジョブ2  ジョブ3
┌──────┐      ┌──┬──────────┐
│      │      │■■│░░░░░░░░░░│
└──────┘      └──┴──────────┘
0      2      4  5          9   時刻
```

**図 4.1** 中断なしスケジュールの例.この問題では,$p_1 = 2, r_1 = 0, p_2 = 1, r_2 = 4, p_3 = 4, r_3 = 1$ としている.このスケジュールでは,$C_1 = 2, C_2 = 5, C_3 = 9$ であるので,$\sum_j C_j = 2 + 5 + 9 = 16$ となる.

ラウンディングと比べてかなり複雑になる.それでも,小数解の各変数の値から,開設を考慮すべき施設と考慮すべき割当てに対する情報が得られる.

最後の 4.6 節では,3.3 節で議論したビンパッキング問題を再度取り上げる.そこでは,整数変数を用いてビンパッキング問題の整数計画による定式化を与える.なお,各整数変数は,ある与えられた形式で品物がパッキングされるビンの個数を表す.そして,得られた小数解の各変数の値をその値を超えない最大の整数に"切り下げて",パッキングで使用する対応する形式のビンの個数とする.さらに,切り下げ操作で無視された品物の集合を取り上げ,同様のことを繰り返す.

本章も含めて,本書のこれからの章では,制約式の個数が問題の入力サイズの指数関数となるきわめて大規模な線形計画問題を解くことが何度も必要となる.このような線形計画問題でも,本書で取り上げる問題では,楕円体法と呼ばれるアルゴリズムを用いて多項式時間で解くことができる.4.3 節では,楕円体法を取り上げ,指数関数的に大きい規模の線形計画問題を多項式時間で解くのに,楕円体法が適用できるケースを議論する.

## 4.1 単一マシーンによるジョブの完了時刻の和の最小化スケジューリング

本節では,単一マシーン上で,ジョブの完了時刻の和が最小になるようなジョブのスケジューリング問題を考える.とくに,以下の問題を考える.入力として,$n$ 個のジョブと,各ジョブ $j$ ($j = 1, \ldots, n$) の処理時間 $p_j$ と発生時刻 $r_j$ が与えられる.なお,$p_j$ と $r_j$ は,$r_j \geq 0$ かつ $p_j > 0$ の整数であるとする.単一のマシーン上でこれらのジョブを処理するスケジュールを構築する.このとき,マシーンはどの時点でも高々 1 個のジョブしか処理できない.また,どのジョブも発生時刻より前にマシーンで処理を始めることはできない.さらに,各ジョブは,いったんマシーンで処理が始められると,"途中中断することなく",最後まで処理が続けられなければならない.このような中断なしスケジュールを作成することは**中断なしスケジューリング** (nonpreemptive scheduling) と呼ばれる.図 4.1 は,中断なしスケジュールの例である.ジョブ $j$ が完了する時刻を $C_j$ と表記する.すると,目標は,$\sum_{j=1}^{n} C_j$ が最小となる中断なしスケジュールを求めることである.この目標は,平均完了時刻を最小化する問題の目標と等価である.なぜなら,各実行可能解に対して,平均完了時刻は,すべてのジョブの完了時刻の和を $n$ で割った値であるからである.

以下では,任意の中断可能スケジュールは,各ジョブの完了時刻を高々 2 倍するだけで,

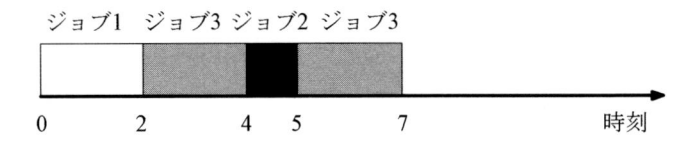

```
ジョブ1 ジョブ3 ジョブ2 ジョブ3
```
```
0    2        4 5      7    時刻
```

**図 4.2** 図 4.1 の例と同一の入力に対する SRPT ルールで構成される中断可能スケジュールの例．このスケジュールでは，$C_1 = 2$, $C_2 = 5$, $C_3 = 7$ であるので，$\sum_j C_j = 2 + 5 + 7 = 14$ となる．なお，時刻 1 でジョブ 3 の発生時刻となるが，ジョブ 1 の残り処理時間はジョブ 3 の残り処理時間より小さいので，ジョブ 1 は中断されないが，時刻 4 でジョブ 2 の発生時刻となると，ジョブ 3 は中断されることに注意しよう．

中断なしスケジュールに変換できることを示す．なお，どの時点でもマシーンは高々 1 個のジョブしか処理できず，どのジョブも発生時刻より前に処理を始めることができないことは，中断可能スケジュールでも同じであるが，各ジョブを中断してあとで再開することもできる点が異なる．すなわち，中断可能スケジュールでは，ジョブを中断して，ほかのジョブの処理をすることもできる．この単一マシーンによるジョブの完了時刻の和の最小化問題の"中断可能版"，すなわち，**中断可能スケジューリング** (preemptive scheduling) 問題では，単一マシーンによるジョブの完了時刻の和を最小化する中断可能スケジュールを求めるのが目標である．

中断可能スケジューリング問題の最適解は，下記の**最小残り処理時間ルール** (shortest remaining processing time rule)（頭文字をとって，SRPT ルールと表記することも多い）を用いて，多項式時間で得ることができる．SRPT ルールでは，時刻 0 で，発生時刻が過ぎて（あるいは，来て）かつまだ完了していないジョブのうちで，残り処理時間が最小のジョブを処理する．このジョブの処理は，このジョブの処理が完了するか，別のジョブの発生時刻となるまで続ける．そして，これをすべてのジョブの処理が完了するまで繰り返す．図 4.2 に例を示している．

中断可能スケジュールの最適解におけるジョブ $j$ の完了時刻を $C_j^P$ とし，中断なしスケジュールの最適解におけるジョブの完了時刻の総和を OPT とする．このとき，以下の観察が得られる．

**観察 4.1**
$$\sum_{j=1}^n C_j^P \leq \text{OPT}.$$

**証明**：最適な中断なしスケジュールは，中断可能スケジューリング問題の実行可能解であるので，これからこの観察はすぐに得られる． □

ここで，以下のスケジューリングアルゴリズムを考える．SRPT ルールを用いて，最適な中断可能スケジュールを求める．この最適な中断可能スケジュールで完了時刻の早い順にジョブをマシーンに割り当て，中断なしスケジュールを求める．より詳しくは以下のとおりである．必要ならばジョブのラベルを変えて，ジョブが完了時刻の早い順に $C_1^P \leq C_2^P \leq \cdots \leq C_n^P$ と並べられているとする．すると，ジョブ 1 は，発生時刻 $r_1$ で処理が開始され時刻 $r_1 + p_1$ で完了する．ジョブ 2 は，ジョブ 1 の完了後可能な限り早く処理が開

始される．すなわち，ジョブ 2 は，$\max(r_1 + p_1, r_2)$ で処理が開始され，$\max(r_1 + p_1, r_2) + p_2$ で完了する．残りのジョブも同様に割り当てられる．このようにして構成される中断なしスケジュールにおいて，各ジョブ $j$ $(j=1,\ldots,n)$ の完了時刻を $C_j^N$ と表記する．すると，ジョブ $j$ は時刻 $\max\{C_{j-1}^N, r_j\}$ で処理が開始され，時刻 $\max\{C_{j-1}^N, r_j\} + p_j$ で完了する．

このようにして構成される中断なしスケジュールにおいて，各ジョブの完了にはそれほど遅延が生じない．

**補題 4.2** 各ジョブ $j = 1, \ldots, n$ に対して

$$C_j^N \leq 2 C_j^P$$

が成立する．

**証明**：最初に，$C_j^P$ に対して簡単に得られる下界から始める．最適な中断可能スケジュールで，ジョブ $j$ はジョブ $1, \ldots, j-1$ より後に完了するので，

$$C_j^P \geq \max_{k=1,\ldots,j} r_k \quad \text{かつ} \quad C_j^P \geq \sum_{k=1}^{j} p_k$$

が得られる．さらに，中断なしスケジュールの構成法より，

$$C_j^N \geq \max_{k=1,\ldots,j} r_k$$

が成立する．

アルゴリズムで得られる中断なしスケジュールにおいて，ジョブが割り当てられていない "アイドル" の時刻に注目する．アイドルの時刻は，前のジョブが完了した時刻から次に処理すべきジョブの処理可能時刻の間に存在する．したがって，時刻 $\max_{k=1,\ldots,j} r_k$ から時刻 $C_j^N$ の時間帯では，どの時刻でもマシーンはアイドルではない．すなわち，この時間帯は，高々 $\sum_{k=1}^{j} p_k$ の長さである．そうでないとすると，処理すべきジョブはなくなってしまうことになるからである．以上の議論より，

$$C_j^N \leq \max_{k=1,\ldots,j} r_k + \sum_{k=1}^{j} p_k \leq 2 C_j^P$$

が得られる．なお，最後の不等式は，$C_j^P$ に対する上記の二つの下界から得られる． □

これからすぐに以下の定理が得られる．

**定理 4.3** 発生時刻の付随するジョブの単一マシーンによる完了時刻の和の最小化スケジューリング問題に対して，最適な中断可能スケジュールにおけるジョブの完了順の，ジョブのマシーンへのスケジューリングは，2-近似アルゴリズムである．

**証明**：補題 4.2 と観察 4.1 を用いて，

$$\sum_{j=1}^{n} C_j^N \leq 2 \sum_{j=1}^{n} C_j^P \leq 2 \, \mathrm{OPT}$$

が得られる． □

## 4.2 単一マシーンによるジョブの重み付き完了時刻の和の最小化

次に，前節の問題の一般化を考える．この一般化版では，入力として，前の情報のほかに，各ジョブ $j$ に対する重み $w_j \geq 0$ も与えられ，目標は，完了時刻の重み付き和を最小化するスケジュールを求めることである．すなわち，$j$ の完了時刻を $C_j$ と表記すると，目標は，$\sum_{j=1}^{n} w_j C_j$ を最小化するスケジュールを求めることである．以下では，前節の問題を"重みなし"版と呼び，本節の問題を"重み付き"版と呼ぶ．

重みなし版と異なり，重み付き版では，最適な中断可能スケジュールを求める問題はNP-困難である．したがって，前節の重みなし版のアルゴリズムと解析（すなわち，補題4.2とその証明）を用いて，重み付き版の最適な中断可能スケジュールをラウンディングして，重み付き完了時刻の総和が高々2倍となる中断なしスケジュールを得ることができるものの，最適な中断可能スケジュールを用いて最適な中断なしスケジュールの値の下界を求めた技法は，ここでは用いることができない．

それでも，前節のアイデアをいくつか用いて，この重み付き版の問題に対しても定数近似のアルゴリズムを得ることができる．前節では，2-近似アルゴリズムを得るために，$C_j^N \leq 2C_j^P$ であることを用いた．補題4.2の証明を眺めてみると，この不等式を得るために用いたことは，完了時刻 $C_j^P$ が，（$C_1^P \leq C_2^P \leq \cdots \leq C_n^P$ と並べられていることを仮定して）$C_j^P \geq \max_{k=1,\ldots,j} r_k$ と $C_j^P \geq \sum_{k=1}^{j} p_k$ を満たすことのみであった．さらに，近似アルゴリズムを得るためには，$\sum_{j=1}^{n} C_j^P \leq$ OPT が必要であった．これらのことを考慮して，以下では，これらの不等式が定数倍の範囲で成立するようになる，この問題の変数 $C_j$ を持つ線形計画緩和を与えることができることを示す．その線形計画緩和から，この重み付き版の問題に対する近似アルゴリズムが得られることになる．

線形計画緩和を構成するために，変数 $C_j$ はジョブ $j$ の完了時刻を表すとする．すると，目的関数は明らかで，$\sum_{j=1}^{n} w_j C_j$ と書ける．制約式は以下のように書ける．第一の種類の制約式は，各ジョブ $j = 1, \ldots, n$ に対して，ジョブ $j$ の完了時刻は発生時刻と処理時間の和より小さくならないという不等式 $C_j \geq r_j + p_j$ である．

第二の種類の制約式は以下のようにして得られる．ジョブのある部分集合 $S \subseteq \{1, \ldots, n\}$ を考える．そして，和 $\sum_{j \in S} p_j C_j$ を考える．$S$ に含まれるすべてのジョブの発生時刻が0であり，かつ $S$ に含まれるすべてのジョブが $S$ に含まれないどのジョブよりも早く処理が完了するときに，この和は最小化される．これらの二つの条件が成立していると仮定する．すると，任意のジョブ $j \in S$ の完了時刻 $C_j$ は，$p_j$ にそのスケジュールで $j$ に先行する $S$ のすべてのジョブの処理時間の和を加えた値になる．したがって，積 $p_j C_j$ は，$p_j$ と $p_j$ の積と，そのスケジュールで $j$ に先行する $S$ のすべてのジョブの処理時間の和と $p_j$ との積を加えた値になる．以上の議論より，$\sum_{j \in S} p_j C_j$ には，すべての対 $j, k \in S$ に対する項 $p_j p_k$ が含まれることがわかる．スケジュールにおいて，$k$ が $j$ に先行するか，あるいは $j$ が $k$ に先行するかのいずれかであるからである．したがって，

## 4.2 単一マシンによるジョブの重み付き完了時刻の和の最小化

$$\sum_{j \in S} p_j C_j = \sum_{j,k \in S: j \le k} p_j p_k = \frac{1}{2}\left(\sum_{j \in S} p_j\right)^2 + \frac{1}{2}\sum_{j \in S} p_j^2 \ge \frac{1}{2}\left(\sum_{j \in S} p_j\right)^2$$

が得られる．ここで，記法を少し単純化する．$N = \{1,\ldots,n\}$ とし，$p(S) = \sum_{j \in S} p_j$ とする．すると，上記の不等式は，$\sum_{j \in S} p_j C_j \ge \frac{1}{2} p(S)^2$ と書ける．上でも述べたように，（和 $\sum_{j \in S} p_j C_j$ が最小化されるのは，$S$ に含まれるすべてのジョブの発生時刻が $0$ であり，かつ $S$ に含まれるすべてのジョブが $S$ に含まれないどのジョブよりも早く処理が完了するときであるので）和 $\sum_{j \in S} p_j C_j$ がその最小値より真に大きくなるときには，$S$ に含まれているいずれかのジョブの発生時刻が $0$ より大きいか，あるいは $S$ に含まれているいずれかのジョブが $S$ に含まれないあるジョブよりも後に処理が完了することになる．すなわち，不等式 $\sum_{j \in S} p_j C_j \ge \frac{1}{2} p(S)^2$ は，任意の部分集合 $S \subseteq N$ で無条件に成立する．したがって，第二の種類の制約式は，各部分集合 $S \subseteq N$ に対して，

$$\sum_{j \in S} p_j C_j \ge \frac{1}{2} p(S)^2$$

と書ける．

以上の議論から，重み付き版のスケジューリング問題に対する線形計画緩和は以下のように書ける．

$$\text{minimize} \quad \sum_{j=1}^{n} w_j C_j \tag{4.1}$$

$$\text{subject to} \quad C_j \ge r_j + p_j, \quad \forall j \in N, \tag{4.2}$$

$$\sum_{j \in S} p_j C_j \ge \frac{1}{2} p(S)^2, \quad \forall S \subseteq N. \tag{4.3}$$

重み付き版のスケジューリング問題の最適解の値を OPT とする．すると，上記の議論から，この LP は重み付き版のスケジューリング問題に対する緩和であるので，LP 最適解 $C^*$ に対して $\sum_{j=1}^{n} w_j C_j^* \le \text{OPT}$ が成立する．式 (4.3) の第二の種類の制約式の個数は入力のサイズの指数関数になるが，4.3 節で示すように，楕円体法と呼ばれるアルゴリズムを用いて，この線形計画問題は多項式時間で解くことができる．

この線形計画緩和問題の最適解 $C^*$ が多項式時間で得られているとする．すると，アルゴリズムは，前節のアルゴリズムとほぼ同一である．すなわち，アルゴリズムは，$C^*$ における完了時刻の小さい順に，ジョブを中断なしでマシンに割り当てていく．より具体的には以下のとおりである．必要ならばジョブのラベルを交換して，ジョブが完了時刻の早い順に $C_1^* \le C_2^* \le \cdots \le C_n^*$ と並べられているとする．すると，前節と同様に，ジョブ 1 は，発生時刻 $r_1$ から時刻 $r_1 + p_1$ に割り当てられる．ジョブ 2 は，ジョブ 1 の完了後可能な限り早く処理が開始される．すなわち，ジョブ 2 は，$\max(r_1 + p_1, r_2)$ から $\max(r_1 + p_1, r_2) + p_2$ に割り当てられる．残りのジョブも同様に割り当てられる．このように構成される中断なしスケジュールを出力するアルゴリズムは，3-近似アルゴリズムであることが主張できる．

**定理 4.4** 発生時刻の付随するジョブの単一マシンによる重み付き完了時刻の和の最小化スケジューリング問題に対して，$C^*$ におけるジョブの完了順の，ジョブのマシンへのスケジューリングは，3-近似アルゴリズムである．

**証明**: これまでと同様に, ジョブが完了時刻の早い順に $C_1^* \leq C_2^* \leq \cdots \leq C_n^*$ と並べられているとする. アルゴリズムで得られるスケジュールにおいて, ジョブ $j$ の完了時刻を $C_j^N$ とする. 各 $j = 1, \ldots, n$ で $C_j^N \leq 3C_j^*$ が成立することをこれから示す. これが得られてしまえば, $\sum_{j=1}^n w_j C_j^N \leq 3\sum_{j=1}^n w_j C_j^* \leq 3\,\mathrm{OPT}$ となり, 所望の結果が得られる.

補題 4.2 の証明のときと同様に, 時刻 $\max_{k=1,\ldots,j} r_k$ から時刻 $C_j^N$ の間にアイドルな時刻は存在しないことが言える. したがって, $C_j^N \leq \max_{k=1,\ldots,j} r_k + \sum_{k=1}^j p_k$ が得られる. $\ell \in \{1, \ldots, j\}$ は $\max_{k=1,\ldots,j} r_k$ を達成するジョブのインデックスであるとする. すなわち, $r_\ell = \max_{k=1,\ldots,j} r_k$ である. ジョブのインデックスの付け方から $C_j^* \geq C_\ell^*$ であり, さらに, LP 制約式 (4.2) から $C_\ell^* \geq r_\ell$ である. したがって, $C_j^* \geq \max_{k=1,\ldots,j} r_k$ が得られる. ここで, $[j]$ は集合 $\{1, \ldots, j\}$ を表すとする. そして, $C_j^* \geq \frac{1}{2} p([j])$ であることを議論する. この不等式が言えれば, 後は上記の単純な事実を用いて,

$$C_j^N \leq p([j]) + \max_{k=1,\ldots,j} r_k \leq 2C_j^* + C_j^* = 3C_j^*$$

が得られる.

そこで, 以下では, $C_j^* \geq \frac{1}{2} p([j])$ であることを証明する. $S = [j]$ とする. $C^*$ が LP の実行可能解であることから,

$$\sum_{k \in S} p_k C_k^* \geq \frac{1}{2} p(S)^2$$

が成立する. 一方, インデックスの付け方から, $C_j^* \geq \cdots \geq C_1^*$ であるので,

$$C_j^* \sum_{k \in S} p_k = C_j^* \cdot p(S) \geq \sum_{k \in S} p_k C_k^*$$

が得られる. これらの不等式を組み合わせて書き換えると,

$$C_j^* \cdot p(S) \geq \frac{1}{2} p(S)^2$$

が得られる. 両辺を $p(S)$ で割ると, $C_j^* \geq \frac{1}{2} p(S) = \frac{1}{2} p([j])$ が得られる. □

5.9 節では, この問題に対して, ランダム化 (乱択化) を用いて, 2-近似アルゴリズムが得られることを示す.

## 4.3 大規模線形計画問題の楕円体法による多項式時間解法

ここでは, (制約式 (4.3) と制約式 (4.2) のもとで) 線形計画問題 (4.1) を多項式時間で解く方法について議論する. 線形計画問題を解く最も広く用いられて実用的なアルゴリズムは, **シンプレックス法** (simplex method) と呼ばれる方法である. シンプレックス法は実際きわめて高速であるものの, 工夫を凝らした版でも多項式時間で走ることは知られていない. **内点法** (interior-point method) も線形計画問題を解くアルゴリズムである. 通常, シンプレックス法ほど高速でも広く用いられているというわけでもないが, 内点法は線形計画問題を多項式時間で解くことができる. しかしながら, 上記のようなスケジューリン

グ問題のときの線形計画問題は,入力サイズの指数関数のサイズとなるので,内点法はそのような線形計画問題を解くのに十分であるとは言えない.したがって,ここでは,**楕円体法** (ellipsoid method) と呼ばれる線形計画アルゴリズムを用いることにする.この技法は,これ以降でも頻繁に用いるので,上記のスケジューリング問題の線形計画問題 (4.1) を解く前に,そこで用いられる一般的な技法を議論しておく.

以下のような一般的な線形計画問題を考える.

$$\begin{aligned} \text{minimize} \quad & \sum_{j=1}^{n} d_j x_j \\ \text{subject to} \quad & \sum_{j=1}^{n} a_{ij} x_j \geq b_i, \quad i = 1, \ldots, m, \\ & x_j \geq 0, \quad \forall j. \end{aligned} \tag{4.4}$$

制約式 $\sum_{j=1}^{n} a_{ij} x_j \geq b_i$ を(非明示的に)表現するのに必要なビット数に対する上界 $\phi$ が与えられているとする.すると,線形計画問題に対する楕円体法は,(下ですぐに説明する)**分離オラクル** (separation oracle) を用いて,(変数の個数) $n$ と $\phi$ の多項式時間で,線形計画問題の最適解を求めることができる.ときには,単なる最適解ではなく,端点解でもある最適解が望まれるときもある.端点解の定義はここではしない(定義については,第 11 章あるいは付録 A を参照)が,楕円体法は,最適解でかつ端点解である解を求める.この計算時間は,線形計画問題の制約式の個数 $m$ に "依存しない" ことに注意しよう.したがって,単一マシーンのスケジューリング問題に対する前述の線形計画問題のように,指数関数個の制約式を持つ線形計画問題でも,多項式時間の分離オラクルを用いることができれば,楕円体法で多項式時間で解くことができる.

分離オラクルは,線形計画問題の実行可能解と考えられる解 $x$ を入力として受け取り,$x$ が実際にその線形計画問題の実行可能解であるかどうかを検証し,実行可能解でないときには,$x$ で満たされない制約式を出力する.すなわち,分離オラクルは,すべての $i = 1, \ldots, m$ で $\sum_{j=1}^{n} a_{ij} x_j \geq b_i$ が成立するかどうかを判定し,すべてが成立するわけではないときには,$\sum_{j=1}^{n} a_{ij} x_j < b_i$ となるような制約式 $i$ を(一つ)返す.

本章末のノートと発展文献で,指数関数個の制約式を持つ LP を解く多項式時間のアルゴリズムに,多項式時間の分離オラクルがどのようにつながるかについて,概略を述べる.しかしながら,ここでいう多項式時間の効率性は,相対的な用語でもある.楕円体法は,実用的とは言えないアルゴリズムであるからである.楕円体法に基づいて解く指数関数個の制約式を持つ LP に対して,多項式サイズの(変数と)制約式を用いる等価な LP が存在するときもある(これに当てはまるときには,そのことがわかるように記すことにする)が,ここでは,サイズの大きい LP を議論しておくことがより適切であると思われる.たとえ,指数関数個の制約式を持つ LP を書き換える方法がなくても,任意の LP 解法アルゴリズム(たとえばシンプレックス法)を繰り返し用いて,ヒューリスティックに最適解を求めることができる.すなわち,小さい部分集合の制約式を満たす最適解を LP 解法アルゴリズムで求めて,その後分離オラクルでその解が全体の制約式のもとでも実行可能であるかどうかを検証する.実行可能ならばその解は最初の LP の最適解が得られたことになる.そうでなければ,(小さい部分集合の制約式に)満たされない最初の LP の制約式を

加えて，再度LP解法アルゴリズムで最適解を求めて，このプロセスを繰り返す．このアプローチは，経験上，理論的に正当化される計算時間よりもずっと効率が良いことが知られている．したがって，アルゴリズムデザイナーのツールキットに含めてよいものの一つであると言える．

以上を踏まえて，スケジューリング問題に戻り，制約式 (4.3) に対する多項式時間の分離オラクルを与えることにする．解 $C$ に対して，変数のインデックスを並べ替えて，$C_1 \leq C_2 \leq \cdots \leq C_n$ であるとする．$S_1 = \{1\}, S_2 = \{1,2\}, \ldots, S_n = \{1,\ldots,n\}$ とする．これらの $n$ 個の集合 $S_1, \ldots, S_n$ に対する制約式が解で満たされるかどうかを検証するだけで十分であることが主張できる．これらの $n$ 個の制約式で満たされないものが存在するときには，そのような制約式を返す．そうでないときには，($n$ 個の制約式も含めてそれ以外の) すべての制約式も満たされることになることを以下で示す．

**補題 4.5** 与えられた変数 $C_1, C_2, \ldots, C_n$ に対して，制約式 (4.3) が上記の $n$ 個の集合 $S_1, \ldots, S_n$ で満たされるときには，制約式 (4.3) はすべての $S \subseteq N$ で満たされる．

**証明**：$S$ に対する制約式が満たされなかったとする．すなわち，$\sum_{j \in S} p_j C_j < \frac{1}{2} p(S)^2$ であるとする．このとき，ある集合 $S_i$ が存在して，$S_i$ に対する制約式が成立しなくなることを示すことにする．差の $\sum_{j \in S} p_j C_j - \frac{1}{2} p(S)^2$ ($< 0$) の値が減少する（絶対値が大きくなる）ように $S$ を変更していくことを考慮して，これを行うことにする．そのような変更から，さらに対応する制約式が満たされなくなるような集合 $S'$ が得られる．より具体的には，

$$-p_k C_k + p_k p(S - \{k\}) + \frac{1}{2} p_k^2 < 0$$

のとき，すなわち，ある $k \in S$ で $C_k > p(S - \{k\}) + \frac{1}{2} p_k$ のときには，$S$ から $k$ を除去すると，この差 $\sum_{j \in S} p_j C_j - \frac{1}{2} p(S)^2$ ($< 0$) は減少する（その絶対値は増加する）．一方，

$$p_k C_k - p_k p(S) - \frac{1}{2} p_k^2 < 0$$

のとき，すなわち，ある $k \notin S$ で $C_k < p(S) + \frac{1}{2} p_k$ のときには，$S$ に $k$ を加えると，この差 $\sum_{j \in S} p_j C_j - \frac{1}{2} p(S)^2$ ($< 0$) は減少する（その絶対値は増加する）．

$S$ に含まれるジョブのインデックスのうちで最大のインデックスを $\ell$ とする．$C_\ell > p(S - \{\ell\}) + \frac{1}{2} p_\ell$ ならば $S$ から $\ell$ を除去する．上記の議論より，$S - \{\ell\}$ に対する制約式 (4.3) も満たされない．このようにして，最大のインデックスを $\ell$ として上記の条件が成立する限り除去することを繰り返す．したがって，この繰り返しが完了すると，得られる集合 $S'$ の最大のインデックスのジョブ $\ell$ に対して，$C_\ell \leq p(S' - \{\ell\}) + \frac{1}{2} p_\ell < p(S')$ が成立する．なお，ここでは $p_\ell > 0$ を用いている．次に，$S' \neq S_\ell = \{1,\ldots,\ell\}$ であると仮定してみる．すると，$k \notin S'$ となるような $k < \ell$ が存在する．$C_k \leq C_\ell < p(S') < p(S') + \frac{1}{2} p_k$ であるので，$S'$ に $k$ を加えると，上述のように，上で定義した差は減少する（その絶対値は増加する）．このようにして，$S'$ にすべての $k < \ell$ が含まれるようにしながら，得られる集合 $S_\ell$ に対する制約式 (4.3) が満たされないようにできる． □

## 4.4 賞金獲得シュタイナー木問題

本節では，演習問題2.5で紹介したシュタイナー木問題の変種版を取り上げる．この変種版は，**賞金獲得シュタイナー木問題 (prize-collecting Steiner tree problem)** と呼ばれる（**賞金収集シュタイナー木問題**と呼ばれることも多い）．入力として，無向グラフ $G = (V, E)$，各辺 $e \in E$ に対する辺コスト $c_e \geq 0$，根 $r \in V$ および各点 $i \in V$ に対するペナルティ $\pi_i \geq 0$ が与えられる．目標は，根 $r$ を含む木 $T$ のうちで，木 $T$ に含まれる辺のコストの総和と木 $T$ に含まれない点のペナルティの総和の和が最小となるようなものを求めることである．すなわち，$V(T)$ を木 $T$ に含まれる点の集合とすると，目標は，$\sum_{e \in T} c_e + \sum_{i \in V-V(T)} \pi_i$ が最小となるような木 $T$ を求めることである．演習問題2.5のシュタイナー木問題は，各点 $i \in V$ に対して，$\pi_i = \infty$ である（したがって，$i$ は必ず木に含めなければならない）かあるいは $\pi_i = 0$ である（したがって，$i$ は木に含めなくてもよく，ペナルティも課されない）のいずれかである，この問題の特殊ケースと見なせる．シュタイナー木問題において，必ず木に含めなければならないような点は**ターミナル点 (terminal)** と呼ばれる．

賞金獲得シュタイナー木問題の一つの応用例として，新しい顧客に対する通信回線の拡張問題が挙げられる．このケースでは，各点が新しい顧客に対応し，辺 $(i, j)$ のコストが $i$ と $j$ を結ぶ回線を張るコストに対応し，根 $r$ が通信回線ネットワークにすでに連結されているサイトを表し，"ペナルティ" $\pi_i$ が顧客 $i$ をネットワークに含めることで得られる利得を表す．したがって，目標は，新しい顧客に回線を張るときのコストの総和と新しい顧客に回線を張ることができずに失われる利得の総和の和を最小とすることである．

賞金獲得シュタイナー木問題は，整数計画問題として定式化できる．各点 $i \in V$ に対して 0-1 変数 $y_i$ と各辺 $e \in E$ に対して 0-1 変数 $x_e$ を用いる．変数 $y_i$ は，点 $i$ が解の木に含まれるとき値 1 をとり，含まれないとき値 0 をとる．一方，変数 $x_e$ は辺 $e$ が解の木に含まれるとき値 1 をとり，含まれないとき値 0 をとる．したがって，目的関数は

$$\text{minimize} \sum_{e \in E} c_e x_e + \sum_{i \in V} \pi_i (1 - y_i)$$

となる．次に，制約式を考える．得られる木で根 $r$ と $y_i = 1$ となる各点 $i$ が連結になることを保証する制約式が必要である．そこで，点の非空な部分集合 $S \subset V$ に対して，$S$ で定義される"カット"に含まれる辺の集合を $\delta(S)$ と表記する．すなわち，$\delta(S)$ は，正確に一方の端点のみが $S$ に含まれるような辺の集合である．各 $S \subseteq V - \{r\}$ と各点 $i \in S$ に対して，制約式

$$\sum_{e \in \delta(S)} x_e \geq y_i$$

を導入する．これらの制約式により，$y_i = 1$ となる各点 $i$ が根と連結になることは以下のようにして理解できる．任意の実行可能解を $(x, y)$ とする．$E' = \{e \in E : x_e = 1\}$ を用いてグラフ $G' = (V, E')$ を考える．そして，$y_i = 1$ となる任意の点 $i$ を選ぶ．制約式から，任意の $r$-$i$ カット $S$ に対して，$\delta(S)$ に含まれる $E'$ の辺が少なくとも 1 本存在すること

になる.すなわち,$G'$ における最小 $r$-$i$ カットのサイズは1以上である.したがって,最大フロー最小カット定理により,$G'$ における最大 $r$-$i$ フローは流量が1以上となることから,$G'$ に $r$ から $i$ へのパスが存在することが得られる.$(x, y)$ が実行可能解でないときも,$E' = \{e \in E : x_e = 1\}$,$G' = (V, E')$ として,以下のように同様の議論ができる.$(x, y)$ が実行可能解でないので,ある $S$ とある $i \in S$ に対して,$y_i = 1$ であるにもかかわらず,$r$-$i$ カットの $\delta(S)$ が $E'$ の辺を1本も含まないようにできる.すなわち,$G'$ における最小 $r$-$i$ カットのサイズは0となり,$G'$ における最大 $r$-$i$ フローは流量が0となる.したがって,$r$ から $i$ へのパスは $G'$ に存在しないことが得られる.以上の議論より,根 $r$ から $y_i = 1$ の点 $i$ にパスが存在するための必要十分条件は,これらの制約式がすべて満たされることであることが得られた.したがって,これらの制約式がすべて満たされるときには,根 $r$ と $y_i = 1$ となるすべての点 $i$ を含む木が存在することになる.以上の議論により,賞金獲得シュタイナー木問題の整数計画による定式化は以下のように書けることが得られた.

$$
\begin{aligned}
\text{minimize} \quad & \sum_{e \in E} c_e x_e + \sum_{i \in V} \pi_i (1 - y_i) \\
\text{subject to} \quad & \sum_{e \in \delta(S)} x_e \geq y_i, && \forall S \subseteq V - \{r\}, S \neq \emptyset, \forall i \in S, \\
& y_r = 1, \\
& y_i \in \{0, 1\}, && \forall i \in V, \\
& x_e \in \{0, 1\}, && \forall e \in E.
\end{aligned}
\quad (4.5)
$$

この問題に確定的ラウンディングを適用するために,この整数計画による定式化の $y_i \in \{0, 1\}$ と $x_e \in \{0, 1\}$ の制約式を $y_i \leq 1$ と $x_e \geq 0$ の制約式に置き換えて線形計画問題に緩和する($y_i \geq 0$ と $x_j \leq 1$ は冗長となるので省略できる).したがって,4.3節の楕円体法を適用して,この線形計画問題を多項式時間で解くことができる.このとき,制約式 $\sum_{e \in \delta(S)} x_e \geq y_i$ に対する分離オラクルは以下のように書ける.解 $(x, y)$ に対して,辺 $e$ の容量を $x_e$ としてグラフ $G$ 上のネットワークフロー問題を考える.すなわち,各点 $i$ に対して,$i$ から根 $r$ の最大フローの流量が $y_i$ 以上であるかどうかを検証する.$i$ から根 $r$ の最大フローの流量が $y_i$ 未満であるときには,最大フロー最小カット定理より,最小 $i$-$r$ カットを達成する点の部分集合 $S$ ($i \in S, S \subseteq V - \{r\}$) が存在し,$\sum_{e \in \delta(S)} x_e < y_i$ となる.すなわち,満たされない制約式 $\sum_{e \in \delta(S)} x_e \geq y_i$ ($i \in S, S \subseteq V - \{r\}$) が得られる.$i$ から根 $r$ の最大フローの流量が $y_i$ 以上であるときには,最大フロー最小カット定理より,$i$-$r$ カットを定義するすべての点部分集合 $S$ ($i \in S, S \subseteq V - \{r\}$) に対して,$\sum_{e \in \delta(S)} x_e \geq y_i$ が成立する.したがって,満たされない制約式が存在するかどうかは多項式時間で検証できて,もしそのような制約式が存在するときには,それを実際に多項式時間で求めることができる.

線形計画緩和の最適解 $(x^*, y^*)$ が与えられたとする.このとき,賞金獲得シュタイナー木問題に対する単純な確定的ラウンディングが存在する.それをアルゴリズム4.1にまとめている.それは,集合カバー問題に対して1.3節で与えた確定的ラウンディングアルゴリズムとほぼ同様である.あるパラメーター $\alpha \in [0, 1)$ を用いて,$y_i \geq \alpha$ を満たすすべての点 $i$ の集合を $U$ とする.なお,根 $r$ は $y_r = 1$ であるので $U$ に含まれる.そして,グラフ $G$ 内で $U$ の点をすべて含む木を求める.コスト最小の木を求めたいので,これは集合 $U$

をターミナル点の集合とするグラフ $G$ のシュタイナー木問題となる．この問題に対して，演習問題 2.5 で与えたアルゴリズムを用いることもできる．しかしここでは，そうはせずに，演習問題 7.6 で与える別のアルゴリズムを用いる．その章の主双対法を学んでしまえば，その解析はきわめて容易になるからである．$T$ をアルゴリズムで得られる木とする．

---

**アルゴリズム 4.1** 賞金獲得シュタイナー木問題に対する確定的ラウンディングアルゴリズム．

整数計画問題 (4.5) の線形計画緩和を解いて最適解 $(x^*, y^*)$ を求める
$U \leftarrow \{i \in V : y_i^* \geq \alpha\}$
演習問題 7.6 のアルゴリズムを用いて
 $U$ をターミナル点集合とするシュタイナー木 $T$ を求める
**return** $T$

---

パラメーター $\alpha$ に基づいてアルゴリズムの解析を始めよう．あとで確定的ラウンディングアルゴリズムの性能保証が最善となるように $\alpha$ の値を決定する．線形計画緩和の目的関数に寄与する得られる木 $T$ のコストと $T$ に入れられない点のペナルティを別々に解析する．演習問題 7.6 の結果を用いて，木 $T$ のコストは以下のように解析できる．

**補題 4.6 (演習問題 7.6)** 演習問題 7.6 のアルゴリズムで返される木 $T$ のコストは，

$$\sum_{e \in T} c_e \leq \frac{2}{\alpha} \sum_{e \in E} c_e x_e^*$$

を満たす．

ペナルティの解析も単純である．

**補題 4.7**

$$\sum_{i \in V - V(T)} \pi_i \leq \frac{1}{1-\alpha} \sum_{i \in V} \pi_i (1 - y_i^*).$$

**証明**：$i$ が木 $T$ に含まれないときには，点集合 $U$ には含まれていなかったことになるので，$y_i^* < \alpha$ が成立する．したがって，$1 - y_i^* > 1 - \alpha$ となり，$\frac{1-y_i^*}{1-\alpha} > 1$ である．補題はこれからすぐに得られる． □

これらの二つの補題を組み合わせると，以下の定理と系が得られる．

**定理 4.8** アルゴリズム 4.1 で得られる解 $T$ のコストは，

$$\sum_{e \in T} c_e + \sum_{i \in V - V(T)} \pi_i \leq \frac{2}{\alpha} \sum_{e \in E} c_e x_e^* + \frac{1}{1-\alpha} \sum_{i \in V} \pi_i (1 - y_i^*)$$

を満たす．

**系 4.9** $\alpha = \frac{2}{3}$ としてアルゴリズム 4.1 を用いると，賞金獲得シュタイナー木問題に対する 3-近似アルゴリズムが得られる．

**証明**：アルゴリズムは多項式時間で走ることは明らかである．アルゴリズムの性能保証は $\max\{2/\alpha, 1/(1-\alpha)\}$ で上から抑えることができる．さらに，この最大値は，$\frac{2}{\alpha} = \frac{1}{1-\alpha}$，すなわち，$\alpha = \frac{2}{3}$ とすることにより，最小化できる．したがって，定理4.8より，解のコストは

$$\sum_{e \in T} c_e + \sum_{i \in V - V(T)} \pi_i \leq 3\left(\sum_{e \in E} c_e x_e^* + \sum_{i \in V} \pi_i(1-y_i^*)\right) \leq 3\,\mathrm{OPT}$$

となる．なお，最後の不等式は，$\sum_{e \in E} c_e x_e^* + \sum_{i \in V} \pi_i(1-y_i^*)$ が問題の整数計画による定式化の線形計画緩和の最適解における目的関数の値であることから得られる． □

アルゴリズム4.1では，$y_i^* \geq \alpha = 2/3$ を満たす点 $i$ からなる集合 $U$ を選び，それらの点をターミナル点とするシュタイナー木を求める．一方，すべての可能な $\alpha$ に対して試してみるというのも，自然なアイデアである．変数 $y_i^*$ は全部で $|V|$ 個であるので，異なる $y_i^*$ の値は高々 $|V|$ 個である．したがって，各 $j \in V$ に対して $U_j = \left\{i \in V : y_i^* \geq y_j^*\right\}$ とすると，重複も含めて，$|V|$ 個のそのような集合を求めることができる．各 $j \in V$ に対して，$U_j$ をターミナル点の集合とするシュタイナー木 $T_j$ を求め，$|V|$ 個のそのようなシュタイナー木で最も良い解を返すこともできる．残念ながら，そのようなアルゴリズムを直接的に解析する方法が知られていないのである．それでも，このアルゴリズムは，乱択アルゴリズムの確定版として解析できることを第5章で眺めることにする．したがって，賞金獲得シュタイナー木問題を5.7節で再度取り上げる．

## 4.5 容量制約なし施設配置問題

本節では，**容量制約なし施設配置問題** (uncapacitated facility location problem) を取り上げる．本書で議論する技法の多くが，この問題に対する近似アルゴリズムを考案する上で役に立つことになるので，本書ではこの問題を何度も取り上げる．容量制約なし施設配置問題では，**利用者** (client)（**顧客**あるいは**需要** (demand) とも呼ばれる）の集合 $D$ と候補**施設** (facility) の集合 $F$ が与えられる．また，各利用者 $j \in D$ と各施設 $i \in F$ に対して，利用者 $j$ が施設 $i$ を利用するときのコスト $c_{ij}$ も与えられる．さらに，各施設 $i \in F$ を開設するコスト $f_i$ も与えられる．このとき，目標は，候補施設の集合 $F$ から部分集合 $F' \subseteq F$ を選び，各利用者 $j \in D$ を $F'$ の施設のうちで最も利用コストの小さい施設に割り当てる際に，$F'$ に含まれる施設のコストの総和と割り当てられた利用者の利用コストの総和の和が最小になるようにすることである．すなわち，$\sum_{i \in F'} f_i + \sum_{j \in D} \min_{i \in F'} c_{ij}$ を最小化するような $F'$ を求めることが目標である．この和の式の最初の部分は，**施設開設コスト** (facility cost) と呼ばれ，2番目の部分は**割当てコスト** (assignment cost) あるいは**利用コスト** (service cost) と呼ばれる．$F'$ に含まれる施設を，"開設する"と呼ぶ．

容量制約なし施設配置問題は，様々な状況で起こる問題の単純化版である．たとえば，大きなコンピューターの会社が，コンピューターの修理用の高価な部品を保管する倉庫を建設かリースしたいと考えているときにも，この問題が生じる．このときには，利用者は，必要となる修理用部品の保証契約をしている顧客に対応する．施設開設コスト

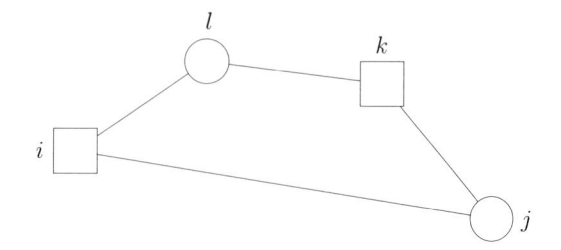

**図 4.3** 利用コストで成立する不等式の説明図．丸が利用者に対応し，四角が施設に対応する．利用者 $j,l$ と施設 $i,k$ に対して，$c_{ij} \leq c_{il} + c_{kl} + c_{kj}$ が成立する．

は，倉庫を建設するかリースするときのコストに対応する．利用コストは，倉庫から顧客までの距離に対応する．この問題では，必要な部品を保管している倉庫まで 4 時間以内で到達できることも重要な要素となる．一つの倉庫がサービスできる顧客数に制限のあるより複雑な施設配置問題である，**容量制約付き施設配置問題** (capacitated facility location problem) も考えられる．さらに，施設のタイプが複数の施設配置問題も考えられる．たとえば，配送センターと倉庫の 2 種類の施設があり，顧客は倉庫に割り当てられ，倉庫は配送センターに割り当てられるというような施設配置問題もある．

容量制約なし施設配置問題は，完全に一般的なケースでは，集合カバー問題と同程度に近似困難である（演習問題 1.4 参照）．一方，通常起こる施設配置問題では，施設も利用者もあるメトリック空間の点と見なせる．そこでは，施設 $i$ と利用者 $j$ の距離が利用コスト $c_{ij}$ となる．このようなことから，これからは**容量制約なしメトリック施設配置問題** (metric uncapacitated facility location problem) を考えていくことにする．容量制約なしメトリック施設配置問題では，利用者と施設はあるメトリック空間の点であり，利用コストは三角不等式を満たす．より正確には，任意の利用者 $j,l$ と任意の施設 $i,k$ に対して，$c_{ij} \leq c_{il} + c_{kl} + c_{kj}$ が成立する（図 4.3 参照）．利用者と施設はあるメトリック空間の点であるので，二つの施設 $i,i'$ 間の距離 $c_{ii'}$ と二人の利用者 $j,j'$ 間の距離 $c_{jj'}$ もあると仮定する．この仮定は，本節では必要でないが，後の節では，この仮定が役に立つことになる．このメトリック版の問題に対しては，一般の版の問題と比較して，格段に良い近似アルゴリズムを得ることができる．

この問題に対して，様々なアプローチに基づいて近似アルゴリズムを得ることにする．本節の最初のアプローチでは，確定的ラウンディング技法を用いる．それから 4-近似アルゴリズムが得られる．次章以降では，乱択ラウンディング，主双対法，局所探索，グリーディ法の各技法を用いて，さらに性能保証を改善していく．本節では，整数計画による問題の定式化から始める．各施設 $i \in F$ に対応して決定変数 $y_i \in \{0,1\}$ を導入する．$y_i$ は，施設 $i$ が開設されるとき $y_i = 1$ と設定され，そうでないとき $y_i = 0$ と設定される．さらに，各施設 $i \in F$ と各利用者 $j \in D$ に対応して決定変数 $x_{ij} \in \{0,1\}$ を導入する．$x_{ij}$ は，利用者 $j$ が施設 $i$ に割り当てられるとき $x_{ij} = 1$ と設定され，そうでないとき $x_{ij} = 0$ と設定される．目的関数はかなり単純である．開設する施設の総コストと割当ての総コストの和を最小化したいので，目的関数は最小化であり，

$$\text{minimize} \sum_{i \in F} f_i y_i + \sum_{i \in F, j \in D} c_{ij} x_{ij}$$

と書ける．さらに，各利用者 $j \in D$ が正確に一つの施設に割り当てられることを保証しなければならない．これは，制約式

$$\sum_{i \in F} x_{ij} = 1$$

で表現できる．最後に，利用者は開設された施設にのみ割り当てられることも保証しなければならない．これは，すべての施設 $i \in F$ とすべての利用者 $j \in D$ に対して，$x_{ij} \leq y_i$ の制約式を導入することで達成できる．すなわち，$x_{ij} = 1$ であり，利用者 $j$ が施設 $i$ に割り当てられているときには，この制約式から $y_i = 1$ となり，施設 $i$ は開設されなければならないからである．したがって，容量制約なし施設配置問題の整数計画による定式化は以下のように書ける．

$$\text{minimize} \quad \sum_{i \in F} f_i y_i + \sum_{i \in F, j \in D} c_{ij} x_{ij} \tag{4.6}$$
$$\text{subject to} \quad \sum_{i \in F} x_{ij} = 1, \quad \forall j \in D, \tag{4.7}$$
$$x_{ij} \leq y_i, \quad \forall i \in F, j \in D, \tag{4.8}$$
$$x_{ij} \in \{0,1\}, \quad \forall i \in F, j \in D,$$
$$y_i \in \{0,1\}, \quad \forall i \in F.$$

これまでと同様に，制約式の $x_{ij} \in \{0,1\}$ と $y_i \in \{0,1\}$ を，それぞれ $x_{ij} \geq 0$ と $y_i \geq 0$ に置き換えて線形計画緩和が得られる（$x_{ij} \leq 1$ と $y_i \leq 1$ は冗長となるので省略できる）．

この線形計画緩和の双対問題を考えることも役に立つ．純粋に機械的に双対問題を導き出すこともできるが，ここでは容量制約なし施設配置問題の目的関数に対する自然な下界を導くことを念頭に置いて双対問題を考える．この問題の最も自明な下界は，施設開設のコストを無視して（すなわち，すべての施設 $i \in F$ に対して開設コストが $f_i = 0$ であるとして）得られる．このケースでは，最適解はすべての施設を開設して，各利用者を最寄りの（最近の）施設に割り当てることになる．したがって，$v_j = \min_{i \in F} c_{ij}$ とすると，下界は $\sum_{j \in D} v_j$ となる．この下界をどうすればさらに改善できるであろうか？ そこで，各施設 $i$ がその開設コスト $f_i$ を利用者に共同負担してもらうものとする．すなわち，各利用者 $j$ の負担金が $w_{ij} \geq 0$ で，$f_i = \sum_{j \in D} w_{ij}$ となるとする．ただし，この負担金は，利用者 $j$ が実際に施設 $i$ に割り当てられて利用するときにのみ支払うものとする．このようにして，施設を開設するためのコストを明示的に考えなくてもよくなる．もちろん，最終的には割り当てられた施設から利用者は負担金を徴収されることになる．こうしてすべての施設の（明示的な）開設コストが 0 であるという状況になり，最適解で利用者は正味のコストが最小となる施設に割り当てられる．したがって，$v_j = \min_{i \in F}(c_{ij} + w_{ij})$ と設定することができて，$\sum_{j \in D} v_j$ が最適解の値の下界になる．なお，上記では，施設開設のコスト $f_i$ を各利用者がどのように負担するのかについて詳しくは述べてこなかった．これは，得られる下界が最大になるように，負担金を決定する最適化問題として定式化できる．$v_j$ が $v_j \leq c_{ij} + w_{ij}$ を満たす任意の値を取りうるとして，$\sum_{j \in D} v_j$ を最大化すると，最適解ではその不等式の右辺で最小値を実現する値に $v_j$ は設定される．したがって，整数計画問題 (4.6) の線形計画緩和（主 LP）の双対問題が，この下界に対する以下の形式の線形計画問題として導出されたことになる．

$$\begin{aligned}
\text{maximize} \quad & \sum_{j \in D} v_j \\
\text{subject to} \quad & \sum_{j \in D} w_{ij} \leq f_i, && \forall i \in F, \\
& v_j - w_{ij} \leq c_{ij}, && \forall i \in F, j \in D, \\
& w_{ij} \geq 0, && \forall i \in F, j \in D.
\end{aligned}$$

容量制約なし施設配置問題の与えられた入力の最適解の値を OPT とし,その入力に対する整数計画問題 (4.6) の線形計画緩和(主LP)の最適解の値を $Z_{LP}^*$ とする.すると,双対線形計画問題の任意の実行可能解 $(v,w)$ に対して,弱双対定理から $\sum_{j \in D} v_j \leq Z_{LP}^* \leq \text{OPT}$ が得られる.

もちろん,任意の主双対線形計画問題の対のときと同様に,主問題の制約式と双対問題の変数は一対一対応し,その逆も成立する(双対問題の制約式と主問題の変数も一対一対応する).たとえば,双対変数 $w_{ij}$ は主制約式 $x_{ij} \leq y_i$ に対応し,主変数 $x_{ij}$ は双対制約式 $v_j - w_{ij} \leq c_{ij}$ に対応する.

低コストの整数解を得るために,主LPの最適解 $(x^*, y^*)$ の情報を以下のように利用する.利用者 $j$ がある施設 $i$ に小数的に割り当てられているとする.すなわち,$x_{ij}^* > 0$ であるとする.このときには,$j$ を $i$ に割り当てることを考えるのも良いと言える.そこで,このような状況のとき,$i$ と $j$ は"隣接する"ということにする(図 4.4 参照).

**定義 4.10** LP解 $x^*$ に対して,施設 $i$ と利用者 $j$ は,$x_{ij}^* > 0$ であるとき **隣接する (neighbor)** という.$j$ に隣接するすべての施設の集合を $N(j)$ と表記する(すなわち,$N(j) = \{i \in F : x_{ij}^* > 0\}$ である).

以下の補題は,$j$ を隣接する施設へ割り当てるときのコストと双対変数の値との関係を示している.

**補題 4.11** $(x^*, y^*)$ を施設配置LPの最適解とし,$(v^*, w^*)$ をその双対問題の最適解をする.すると,$x_{ij}^* > 0$ ならば $c_{ij} \leq v_j^*$ である.

**証明**:相補性条件より,$x_{ij}^* > 0$ ならば $v_j^* - w_{ij}^* = c_{ij}$ となる.さらに,$w_{ij}^* \geq 0$ であるので,$c_{ij} \leq v_j^*$ が得られる. □

以下は,隣接する施設がなぜ役に立つのかということに対する直観的な説明である.開設する施設集合 $S$ において,どの利用者 $j \in D$ に対しても,隣接する施設のうちで少なくとも一つの施設 $i \in N(j)$ が開設されているとする.すると,補題 4.11 より,$j$ を $i$ に割り当てるコストは $v_j^*$ 以下である.したがって,割当ての総コストは,双対目的関数の値 $\sum_{j \in D} v_j^*$ 以下となり,さらに弱双対定理により,高々 $\sum_{j \in D} v_j^* \leq \text{OPT}$ となるので,低く抑えることができる.

しかしながら,そのような施設の集合 $S$ は,開設の総コストがきわめて高くなることもあると思われる.どのようにすれば開設の総コストも低く抑えられるであろうか? 一つのアイデアは以下のとおりである.施設の部分集合 $F' \subseteq F$ を,利用者 $j_k$ に対する $F_k = N(j_k)$ を用いて,いくつかの集合 $F_k$ の和集合 $F' = \bigcup_k F_k$ に分割できたとする.このと

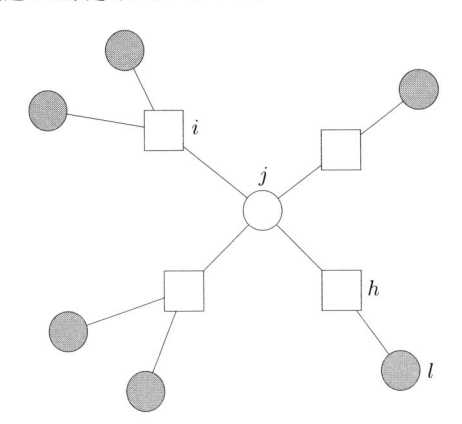

**図4.4** $N(j)$ と $N^2(j)$ の説明図. 丸が利用者に対応し,四角が施設に対応する.施設 $i'$ と利用者 $k$ に対して, $x_{i'k} > 0$ のときに, $i'$ と $k$ を辺で結んでいる.中央の利用者は $j$ である.その周りの施設が $N(j)$ を形成する.影をつけている利用者が $N^2(j)$ を形成する.

き,各 $F_k = N(j_k)$ から開設コストの最も小さい施設 $i_k$ を選んで開設するものとする.すると,$i_k$ を開設する施設のコストは,

$$f_{i_k} = f_{i_k} \sum_{i \in N(j_k)} x^*_{ij_k} \le \sum_{i \in N(j_k)} f_i x^*_{ij_k}$$

と上から抑えることができる.なお,等式は制約式 (4.7) から得られ,不等式は $F_k$ の中から開設コストの最も小さい施設 $i_k$ を選んだことから得られる.さらに,制約式 (4.8) の $x_{ij} \le y_i$ を用いて,

$$f_{i_k} \le \sum_{i \in N(j_k)} f_i x^*_{ij_k} \le \sum_{i \in N(j_k)} f_i y^*_i$$

が得られる.開設するすべての施設でこの不等式の和をとると,

$$\sum_k f_{i_k} \le \sum_k \sum_{i \in N(j_k)} f_i y^*_i = \sum_{i \in F'} f_i y^*_i \le \sum_{i \in F} f_i y^*_i \le \mathrm{OPT}$$

が得られる.なお,等式は,$F_k = N(j_k)$ の和集合 $F' = \bigcup_k F_k$ が $F' \subseteq F$ の分割を形成していることから得られる.このスキームは,開設される施設の総コストを,線形計画緩和の解で開設される施設の総コストで抑えるというものである.

このようにして施設を開設すると,開設される施設に隣接していない利用者が出ることもありうる.それでも,割当てコストが三角不等式に従うことから,そのような利用者をそれほど遠く離れていない開設される施設に割り当てることができる.そこで,隣接関係をさらに一般化する定義を与えることから始める(図4.4も参照).

**定義 4.12** 利用者 $j$ の隣接する施設のいずれかに隣接する $j$ 以外の利用者の集合を $N^2(j)$ と表記する.すなわち, $N^2(j) = \{k \in D - \{j\} : $ 利用者 $k$ はある施設 $i \in N(j)$ に隣接する $\}$ である.

> **アルゴリズム 4.2** 容量制約なし施設配置問題に対する確定的ラウンディングアルゴリズム.
>
> 主 LP と双対 LP を解いて，主最適解 $(x^*, y^*)$ と双対最適解 $(v^*, w^*)$ を求める
> $C \leftarrow D$
> $k \leftarrow 0$
> **while** $C \neq \emptyset$ **do**
>     $k \leftarrow k + 1$
>     すべての $j \in C$ のうちで $v_j^*$ が最小となる $j_k \in C$ を選ぶ
>     $N(j_k)$ のうちで最小コストの施設 $i_k \in N(j_k)$ を選び開設する
>     $j_k$ と $N^2(j_k)$ の割り当てられていないすべての利用者を $i_k$ に割り当てる
>     $C \leftarrow C - \{j_k\} - N^2(j_k)$

アルゴリズム 4.2 を考える．すべての利用者が開設される施設のいずれかに割り当てられるまで，アルゴリズムは繰り返される．各反復では，$v_j^*$ の値が最小となる利用者 $j_k$ を選ぶ．これが役に立つことについてはすぐに眺めることにする．次に，$N(j_k)$ に含まれる隣接する施設で開設コストの最も小さい施設 $i_k$ を選んで開設する．そして，$j_k$ とまだ割り当てられていない $N^2(j_k)$ に含まれるすべての利用者を $i_k$ に割り当てる．$N^2(j_k)$ の利用者を $i_k$ に割り当てることにより，$N(j_k)$ が施設の部分集合 $F'$ の分割を形成することになる．なぜなら，$N(j_k)$ に含まれる任意の施設に隣接する利用者は（$k$ 回目までの反復で割り当てられているので）$k$ 回目の反復以降で開設される施設に割り当てられることはないことから，$N(j_k)$ のどの施設も，それ以降の $l > k$ 回目の反復で選ばれる利用者 $j_l$ に隣接することはないからである．

これでこのアルゴリズムの性能保証も解析できる．

**定理 4.13** アルゴリズム 4.2 は容量制約なし施設配置問題に対する 4-近似アルゴリズムである．

**証明**：$\sum_k f_{i_k} \leq \sum_{i \in F} f_i y_i^* \leq \text{OPT}$ はすでに証明済みである．$k$ 回目の反復に固定して考える．$j = j_k$ かつ $i = i_k$ とする．補題 4.11 より，$j$ を $i$ に割り当てるコストは，$c_{ij} \leq v_j^*$ を満たす．図 4.4 にも示しているように，まだ割り当てられていない利用者 $l \in N^2(j)$ を $i$ に割り当てるときのコストを考える．なお，利用者 $l$ は，利用者 $j$ に隣接する施設 $h$ に隣接しているとする．すると，三角不等式と補題 4.11 より，

$$c_{il} \leq c_{ij} + c_{hj} + c_{hl} \leq v_j^* + v_j^* + v_l^*$$

が得られる．さらに，この反復で，まだ施設に割り当てられていない利用者のうちで双対変数の値 $v_j^*$ が最小であるということで $j$ が選ばれたことを思いだそう．一方，$l$ はまだ割り当てられていない利用者であるので，$v_j^* \leq v_l^*$ が得られる．したがって，$c_{il} \leq 3v_l^*$ が得られる．これらの限界をすべて組み合わせると，得られる解において，開設される施設の総コストは高々 OPT であり，割当ての総コストは，高々 $3\sum_{j \in D} v_j^* \leq 3\,\text{OPT}$ である（弱

双対定理も用いている）．したがって，得られる解の総コストは最適解の値の高々4倍である． □

5.8節では，ランダム（乱択）化を用いて，このアルゴリズムより良い3-近似アルゴリズムが，どのようにして得られるのかを眺める．その後の章では，さらにその性能保証を改善する．一方，容量制約なしメトリック施設配置問題に対する近似困難性に対しては，集合カバー問題からのリダクションを用いて，以下の結果が知られている．

**定理 4.14** NPのすべての問題に対して$O(n^{O(\log\log n)})$時間アルゴリズムが存在すると主張できない限り，容量制約なしメトリック施設配置問題に対する正定数$\alpha < 1.463$の$\alpha$-近似アルゴリズムは存在しない．

16.2節でこの定理の証明を与える．

## 4.6 ビンパッキング問題

3.3節で漸近的多項式時間近似スキームを与えたビンパッキング問題に戻る．3.3節で述べたように，ビンパッキング問題では，入力として，$n$個の品物$j = 1, \ldots, n$と各品物$j$のサイズ$a_j \in (0,1]$が与えられる．目標は，どのビンも品物のサイズの総和が1以下になるようにしてこれらの品物をサイズ1のビンに詰め込むときに，使用されるビンの個数を最小化することである．そして，3.3節では，この問題の任意の入力$I$の最適解の値を$\mathrm{OPT}_{BP}(I)$とすると，任意の$\epsilon > 0$に対して，高々$(1+\epsilon)\mathrm{OPT}_{BP}(I) + 1$個のビンしか用いない解を求める多項式時間の近似アルゴリズムが存在することを示した．本節では，この結果をさらに本質的に改善する．具体的には，高々$\mathrm{OPT}_{BP}(I) + O((\log \mathrm{OPT}_{BP}(I))^2)$個のビンを用いる解を求める多項式時間の近似アルゴリズムを与える．この新しい限界を得るための方法は，以下のキーとなる三つの構成要素からなる．第一に，動的計画による定式化の代わりに整数計画による定式化を用いることであり，第二に，その整数計画問題をLP緩和して近似的に解くことであり，第三に（最後に），調和グルーピングスキームと呼ばれるより改善されたグルーピングスキームを，上記の二つの構成要素に巧妙に再帰的に適用することである．

最初に，新しいアルゴリズムの基盤となる整数計画による定式化を与える．同一のサイズからなる品物をグループ化する．すなわち，最大サイズ$s_1$の品物$b_1$個からなるグループ，2番目に大きいサイズ$s_2$の品物$b_2$個からなるグループ，以下同様にして，最も小さいサイズ$s_m$の品物$b_m$個からなるグループ，とグループ化する．1個のビンへの品物のパッキング法を考える．各ビンに含まれる各サイズの品物の個数は，$m$次元ベクトル$(t_1, \ldots, t_m)$で表現できる．ここで，第$i$成分の$t_i$はこのビンに含まれているサイズ$s_i$の品物の個数である．ビンに含まれる品物のサイズの総和が1以下であるとき（すなわち，$\sum_i t_i s_i \leq 1$のとき），そのような$m$次元ベクトル$(t_1, \ldots, t_m)$を**状態図** (configuration) と呼ぶことにする．したがって，各状態図は，一つのビンへの品物の実行可能なパッキングに

対応する．状態図の個数は指数関数となりうる．$N$ を状態図の個数とし，それらの状態図を $T_1,\ldots,T_N$ とする．各 $T_j$ の第 $i$ 成分を $t_{ij}$ と表記する．各 $T_j$ に対して，変数 $x_j$ を導入する．全体の品物のビンパッキングにおいて，用いられている状態図 $T_j$ の個数が $x_j$ に対応する．したがって，$x_j$ は整数の値をとる変数である．用いられているビンの総数はこれらの値の総和をとることで計算できる．全体の品物のビンパッキングにおいて，各状態図 $T_j$ のビンが $x_j$ 個使用されているとすると，各 $i=1,\ldots,m$ に対して，これらのビンにサイズ $s_i$ の品物が正確に $t_{ij}x_j$ 個含まれることになる．このようにして，実行可能解においては，全体として，サイズ $s_i$ の品物が少なくとも $b_i$ 個含まれていなければならないという制約式が得られる．これから，ビンパッキング問題の整数計画による定式化が以下のように書けることがわかる．これは，"状態図"整数計画問題とも呼ばれる．

$$\begin{aligned}\text{minimize} \quad & \sum_{j=1}^{N} x_j \\ \text{subject to} \quad & \sum_{j=1}^{N} t_{ij} x_j \geq b_i, \quad i = 1,\ldots,m, \\ & x_j \in \mathbf{N}, \quad j = 1,\ldots,N.\end{aligned} \quad (4.9)$$

この定式化は，ある種のビンパッキング問題に対して最適解を求める実際的なアルゴリズムデザインの枠組みで提案されたものである．

本節のアルゴリズムは，この状態図整数計画問題の線形計画緩和（状態図 LP）を解くことに基づいている．この状態図 LP の最適解の値を $\text{OPT}_{LP}(I)$ と表記する．$\text{SIZE}(I) = \sum_{i=1}^{m} s_i b_i$ であること（かつ $\sum_{i=1}^{m} s_i t_{ij} \leq 1$ であること）を思いだして，

$$\text{SIZE}(I) \leq \text{OPT}_{LP}(I) \leq \text{OPT}_{BP}(I)$$

がすぐに得られる．変数の個数が多項式関数であるような線形計画問題は，多項式時間の分離オラクルを用いて満たされない制約式を求めることができるときには，4.3 節の楕円体法で多項式時間で解けることを思いだそう．状態図 LP 緩和問題は，制約式の個数が多項式関数で，変数の個数が指数関数であるので，これを用いることはできない．しかし，その双対線形計画問題は，以下のように，変数が $m$ 個で，制約式が指数関数個である．

$$\begin{aligned}\text{maximize} \quad & \sum_{i=1}^{m} b_i y_i \\ \text{subject to} \quad & \sum_{i=1}^{m} t_{ij} y_i \leq 1, \quad j = 1,\ldots,N, \\ & y_i \geq 0, \quad i = 1,\ldots,m.\end{aligned}$$

双対変数 $y$（の解）が与えられたとき，満たされない制約式が存在するかどうかを判定する問題は，単なるナップサック問題となることに注意しよう．$y_i$ を品物 $i$ の価値と見なすと，1 個のビン（サイズ 1 のナップサック）への可能なすべての状態図に対して，価値の総和は 1 以下であるということが，双対制約式の言っていることである．したがって，与えられた価値の $y$ に対して，サイズが 1 のビン（ナップサック）に価値が 1 より大きくなる詰め込み方が存在しているかどうかを判定するナップサック問題のアルゴリズムが，分

離オラクルとして利用できる．そして，価値が1より大きくなる詰め込み方が，満たされない双対制約式に対応する．一方，ナップサック問題はNP-困難であるので，多項式時間の分離オラクルは得られないのではないかと思われる．しかし，楕円体法の解析をより詳細に検討してみると，3.1節で与えているような，ナップサック問題に対する完全多項式時間近似スキームでも，楕円体法の多項式時間の収束を保証するのに十分であることが示せるのである．どのようにしてこれが可能になるかの詳細については後の15.3節で取り上げ，最終的には演習問題（演習問題15.8）とする．したがって，状態図LPは，$m$と$\log(n/s_m)$の多項式時間で，絶対誤差1の範囲内で近似的に解くことができる．

漸近的多項式時間近似スキームのキーとなる構成要素の一つが，与えられたあるしきい値$\gamma$より小さいサイズの品物を無視するということであることを，3.3節で述べた．この結果である補題3.10を適用して，一般性を失うことなく，最小のサイズ$s_m$は$s_m \geq 1/\text{SIZE}(I)$であると仮定できる．よりサイズの小さい品物は，絶対誤差の大きさのオーダーを変えることなく，その後にビンにパッキングできるからである [1]．

**調和グルーピングスキーム** (harmonic grouping scheme) は，以下のように書ける．サイズの大きい順に各品物を処理していく．サイズの総和が2以上になるまで一つのグループに入れていく．したがって，2以上になったら，その次の品物は次のグループに入れる．こうして得られるグループの総数を$r$と表記する．$i$番目のグループを$G_i$と表記し，$G_i$に含まれる品物の個数を$n_i$と表記する．品物は大きい順に処理しているので，各$i = 2, \ldots, r-1$に対して，$n_i \geq n_{i-1}$が成立する．なお，最後のグループ$G_r$はサイズが2未満であることもある．補題3.11の証明のときと同様に，与えられた入力$I$を変換して，新しい入力$I'$を求める．なお，このときいくつかの品物は無視されるが，それは後に別の新しいビンにパッキングされる．具体的には，各$i = 2, 3, \ldots, r-1$に対して，$G_i$の$n_i$個の品物のうちの$n_{i-1}$個を，$G_i$の品物の最大サイズに等しいサイズの品物$n_{i-1}$個に対応させて入力$I'$に入れる．残りの$n_i - n_{i-1}$個の品物は無視する．これにより，$G_1$と$G_r$は完全に無視される．また，各$i = 2, \ldots, r-1$で，$G_i$の小さいほうの$n_i - n_{i-1}$個の品物も無視される．$I$で$G_i$の大きいほうの$n_{i-1}$個の品物に対応する$I'$の各品物は$G_i$の最大サイズに大きくされている．図4.5に，入力の例とそれに対する調和グルーピングスキームの効果を示している [2]．

まず最初に，ラウンドダウンされた入力$I'$の任意のビンパッキングを用いて，最初の入力$I$で無視されなかった品物に対するビンパッキングを得ることができる．最初の入力$I$で無視されなかった各品物は，その品物に対応する$I'$の品物と比べてサイズが等しいか小さいので，置き換えることができるからである．以下の補題は，調和グルーピングスキームの二つの重要な性質を与えている．

**補題4.15** ビンパッキング問題の入力$I$から調和グルーピングスキームを適用して得られる入力を$I'$とする．$I'$の品物の異なるサイズの個数は高々$\text{SIZE}(I)/2$である．無視されたすべての品物のサイズの総和は$O(\log \text{SIZE}(I))$である．

---

[1] 訳注：$\gamma = 1/\text{SIZE}(I) < 1/2$ より小さい$I$の品物を無視して，$I$の残りの品物を$\ell$個のビンに詰め込む任意のパッキングは，$\frac{1}{1-\gamma} \leq 1 + 2\gamma = 1 + \frac{2}{\text{SIZE}(I)}$ であるので，入力$I$のすべての品物を高々 $\max\{\ell, \frac{1}{1-\gamma}\text{SIZE}(I) + 1\} \leq \max\{\ell, \text{SIZE}(I) + 3\}$ 個のビンに詰め込むパッキングへ拡張できる．

[2] 訳注：図では$r = 7$であるが，$G_7$は省略されていると見なせる．

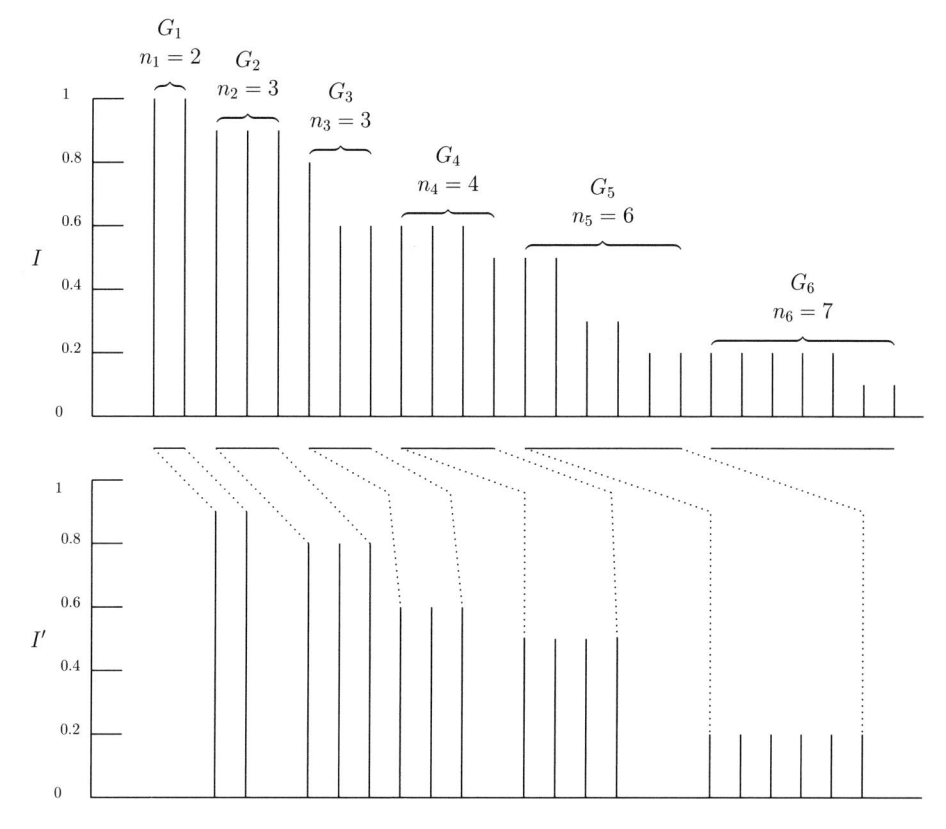

**図 4.5** 入力の例と調和グルーピングスキームを用いて得られる変換された入力.

**証明**：補題の最初の主張は簡単に得られる．グループ $G_2, \ldots, G_{r-1}$ のそれぞれの最大サイズの品物のサイズに対応して，$I'$ の品物の異なるサイズが生じる．これらのグループのそれぞれが，総サイズが2以上となるので，異なる品物のサイズは高々 $r-2 \leq \text{SIZE}(I)/2$ 個となる．補題の第二の主張を次に証明する．そこで，とりあえず，各 $i = 2, \ldots, r-1$ に対して，グループ $G_i$ が，直前のグループ $G_{i-1}$ よりも品物を高々1個しか多く含まない（すなわち，$n_i \leq n_{i-1} + 1$）と仮定する．したがって，グループ $G_2, \ldots, G_{r-1}$ のそれぞれで，無視される品物は高々1個となる．無視される品物のサイズの総和は以下のようにして抑えることができる．各グループの品物のサイズの総和は高々3であるので，$G_1$ と $G_r$ の無視される品物のサイズの総和は高々6である．さらに，グループ $G_i$ の品物の最小サイズは高々 $3/n_i$ である．各 $i = 2, \ldots, r-1$ に対して，$G_i$ が $n_i \geq 2$ 個の品物を含み，$G_i$ の品物が無視されるのは，その中でサイズの最も小さい品物が無視されるときのみであるので，これらのグループで無視される品物のサイズの総和は，高々 $\sum_{i=2}^{r-1} 3(n_i - n_{i-1})/n_i \leq \sum_{j=1}^{n_{r-1}} 3/j$ となる．1.6節で眺めたように，$k$ 番目の調和数 $H_k$ は $H_k = 1 + \frac{1}{2} + \frac{1}{3} + \cdots + \frac{1}{k}$ として定義され，$H_k = O(\log k)$ である．各品物のサイズは少なくとも $s_m \geq 1/\text{SIZE}(I)$ であるので，$n_{r-1} \leq 3\text{SIZE}(I)$ が成立する．したがって，（$G_1$ と $G_r$ で無視される品物のサイズを含めても）無視される品物のサイズの総和は $O(\log \text{SIZE}(I))$ である．

ここで，上の仮定のない一般的な状況を考える．すなわち，中間の各グループで無視される品物が複数個（2個以上）であることもあるケースを考える．$G_i$ が $G_{i-1}$ より多く品物を含むときの $i = 2, \ldots, r-1$ を考える．より正確には，$G_i$ が $G_{i-1}$ より $k = n_i - n_{i-1} \geq 1$

個多く含むとする．$k$ 個の無視される品物のサイズの総和は，サイズの総和が高々 3 の $n_i$ 個の品物のうちで小さいほうの $k$ 個の品物のサイズの総和であるので，高々 $3(k/n_i)$ である．この値は，$\sum_{j=n_{i-1}+1}^{n_i} 3/j$ で上から抑えられる．この和は，どの項も $3/n_i$ 以上である $n_i - n_{i-1} = k$ 個の項の和であるからである．これらの項をすべてのグループで考えて加えると，無視される品物のサイズの総和が，高々 $\sum_{j=1}^{n_r-1} 3/j$ であることが得られる．この値はすでに眺めたように，$O(\log \text{SIZE}(I))$ である． □

調和グルーピングスキームを用いて，$\text{OPT}_{LP}(I) + O((\log \text{SIZE}(I))^2)$ 個のビンによるビンパッキングの解を求める近似アルゴリズムをデザインできる．このアルゴリズムは，調和グルーピングスキームを再帰的に用いる．アルゴリズムは，調和グルーピングスキームを適用して，無視した品物は FF アルゴリズム（あるいはほかの単純なアルゴリズム）でパッキングすることにして，ラウンドダウンされた入力に対する状態図 LP を解く．そして，LP の小数解の各値をその値を超えない最大の整数に切り下げ，品物の部分集合に対するビンパッキングを得る．したがって，パッキングされない品物が残り，それらの残された品物に対して，上記の手続きを再帰的に適用する．そして，残された品物のサイズの総和が指定された定数（たとえば，10）未満になると，再帰は終了し，FF アルゴリズム（あるいはほかの単純なアルゴリズム）で残りの品物をパッキングする．アルゴリズム 4.3 にアルゴリズムをまとめている．

---

**アルゴリズム 4.3** ビンパッキング問題の入力 $I$ の大きい品物に対する確定的ラウンディングアルゴリズム BINPACK($I$).

 **if** $\text{SIZE}(I) < 10$ **then**
   残りの品物を FF アルゴリズムを用いてパッキングする
 **else**
   調和グルーピングスキームを用いて入力 $I'$ を求める；　無視した品物を
    FF アルゴリズムを用いて $O(\log \text{SIZE}(I))$ 個のビンにパッキングする
   $x$ を入力 $I'$ に対する状態図 LP の最適解とする
   各 $j = 1, \ldots, N$ に対して $\lfloor x_j \rfloor$ 個のビンで状態図 $T_j$ を実現する；　パッキング
    された品物の入力を $I_1$ とする
   $I'$ でパッキングされずに残った品物からなる入力を $I_2$ とする
   BINPACK($I_2$) を再帰的に呼んで $I_2$ のビンパッキングを求める

---

最初の入力を $I$ と表記し，最初の状態図 LP で解く問題の入力を $I'$ と表記する．さらに，$I_1$ と $I_2$ はそれぞれ，小数解における値を切り下げてパッキングされる品物の集合とパッキングされずに残された品物の集合（で再帰呼び出しに回されるもの）を表す．このアルゴリズムの解析のキーとなるのは，以下の補題である．

**補題 4.16** ビンパッキングの任意の入力 $I$ に対して，調和グルーピングスキームで得られる入力を $I'$ とし，さらに，$I_1$ と $I_2$ を，それぞれ，$I'$ に対する状態図 LP の最適解の小数解における値を切り下げてパッキングされる品物の集合とパッキングされずに残された品物

の集合とする．すると，

$$\text{OPT}_{LP}(I_1) + \text{OPT}_{LP}(I_2) \leq \text{OPT}_{LP}(I') \leq \text{OPT}_{LP}(I) \tag{4.10}$$

が成立する．

**証明**：調和グルーピングスキームの重要な性質は，入力 $I'$ の各品物を最初の入力 $I$ のサイズが大きいか等しい異なる品物へ写像できる（すなわち，ある関数 $f : I' \to I$ が存在して，任意の $i \in I'$ に対して $f(i)$ のサイズが $i$ のサイズ以上であり，任意の異なる $i, i' \in I'$ に対して $f(i) \neq f(i')$ であるという性質を満たす）ことである．この写像の逆写像を考えることにより，$I$ に対する任意の実行可能解から（元の写像のもとで，$I'$ の品物が写されない $I$ の品物をすべて除去することで）$I'$ に対する実行可能解を得ることができる．したがって，$I'$ に対するビンパッキング問題の最適解の値 $\text{OPT}_{BP}(I')$ は $I$ に対するビンパッキング問題の最適解の値 $\text{OPT}_{BP}(I)$ 以下である．同様に，$I$ の各状態図から対応する $I'$ の状態図を得ることができるので，

$$\text{OPT}_{LP}(I') \leq \text{OPT}_{LP}(I)$$

も成立することがわかる．定義より，$I_1$ と $I_2$ を得る際に用いた $I'$ に対する状態図 LP の最適解 $x$ に対して，各 $j = 1, \ldots, N$ で $\lfloor x_j \rfloor$ である解は $I_1$ に対する状態図 LP の実行可能解（かつ整数解！）であり，各 $j = 1, \ldots, N$ で $x_j - \lfloor x_j \rfloor$ である解は $I_2$ に対する状態図 LP の実行可能解である．したがって，これら二つの状態図 LP の最適解の値の和は高々 $\sum_{j=1}^{N} x_j = \text{OPT}_{LP}(I')$ となる．実際には，$\text{OPT}_{LP}(I_1) + \text{OPT}_{LP}(I_2) = \text{OPT}_{LP}(I')$ であることも証明できるが，そのことはここでは必要ではない． □

再帰の各レベルでは，品物は3種類に分類される．LP 解の整数解としてパッキングされる品物の集合，調和グルーピングスキームで無視された後にパッキングされる品物の集合，およびアルゴリズムの再帰呼び出しでパッキングされる品物の集合に分類される．（したがって，再帰の最初のレベルでは，最初の集合が $I_1$ に対応し，2番目の集合が $I - I'$ に対応し，最後の集合が $I_2$ に対応する．）アルゴリズムのすべての再帰呼び出しを通して，最初の集合に属するようになる品物の集合に焦点を当てると，不等式 (4.10) より，これらの品物の入力に対する LP 値の和は $\text{OPT}_{LP}(I)$ 以下になることが得られる．

このことから，各レベルの再帰で生じる誤差は，無視した品物のみに依存することがわかる．再帰の1回のレベル内で無視されるサイズの総和は，補題 4.15 ですでに上から抑えている．したがって，再帰のレベル数を抑えることが必要である．各再帰のレベルで，入力の品物のサイズの総和が半分以下になることを示して，これを与えることにする．

再帰の入力 $I_2$ は $I'$ に対する状態図 LP の最適解 $x$ の小数部分として残された品物からなる．したがって，小数部分の総和 $\sum_{j=1}^{N}(x_j - \lfloor x_j \rfloor)$ で $I_2$ の品物のサイズの総和を上から抑えることができる．この和は，状態図 LP の最適解 $x$ の非ゼロ成分の個数で上から抑えることができる．ここで，状態図 LP の最適解 $x$ の非ゼロ成分の個数は，状態図 LP の制約式の個数で上から抑えられると主張できる．この主張の証明は，読者に委ねる（演習問題 4.5）．なお，その証明は，第11章と付録 A で議論している最適解の端点解から直接得られることも注意しておく．制約式の個数は，$I'$ の品物の異なるサイズの個数に一致する．補題 4.15 より，その値は高々 $\text{SIZE}(I)/2$ である．

これらの議論をすべて組み合わせることにより，$I_2$ の品物のサイズの総和 $\text{SIZE}(I_2)$ は，高々 $\text{SIZE}(I)/2$ であることがわかる．すなわち，再帰の各レベルで，このサイズは半分以下になる．入力の品物のサイズの総和が 10 未満になると再帰は終了するので，レベルの総数は $O(\log \text{SIZE}(I))$ となる．さらに，これらの各レベルで，無視された品物は $O(\log \text{SIZE}(I))$ 個の新しいビンを用いてパッキングされる．こうして，$\text{SIZE}(I) \leq \text{OPT}_{LP}(I) \leq \text{OPT}_{BP}(I)$ であることから，以下の定理が得られる．

**定理 4.17** ビンパッキング問題に対する調和グルーピングスキームを再帰的に適用するアルゴリズム 4.3 は，$\text{OPT}_{BP}(I) + O((\log \text{OPT}_{BP}(I))^2)$ 個のビンを用いる多項式時間近似アルゴリズムである．

この結果を改善できるかどうかは重要な未解決問題である．ビンパッキング問題は絶対誤差が 1 以内で近似することも可能であるかもしれない．しかし，それが不可能であるということが示せれば，驚異的な進展と言える．

## 4.7 演習問題

**4.1** **SONET リング負荷問題** (SONET ring loading problem) として知られている電話ネットワークで起こる以下の問題を考える．ネットワークは $n$ 個の点の閉路からなり，点は閉路上で時計回りに 0 から $n-1$ まで番号づけられている．電話の集合 $C$ が与えられる．各電話は点 $i$ を出発地として点 $j$ を目的地とする点対 $(i,j)$ からなる．電話接続はリング上で時計回りの経路でも反時計回りの経路でもできる．目標は，ネットワークの総"負荷"が最小となるように各電話の経路を決定することである．なお，回線 $(i, i+1 \pmod n))$ の負荷 $L_i$ は回線 $(i, i+1 \pmod n))$ を通過する電話接続の経路の個数であり，総負荷とは $\max_{1 \leq i \leq n} L_i$ である．

SONET リング負荷問題に対する 2-近似アルゴリズムを与えよ．

**4.2** 4.2 節のスケジューリング問題で発生時刻の付随しない問題を考える．すなわち，単一マシーンでジョブを中断なしで処理するときに，重み付き完了時刻の和 $\sum_{j=1}^{n} w_j C_j$ が最小になるようなスケジュールを求める問題を考える．ジョブが $\frac{w_1}{p_1} \geq \frac{w_2}{p_2} \geq \cdots \geq \frac{w_n}{p_n}$ とインデックスづけられているとする．このとき，インデックス順にジョブを割り当てるスケジュールが最適であることを示せ．このスケジューリングルールは **Smith のルール** (Smith's rule) と呼ばれている．

**4.3** 演習問題 2.3 のジョブ間に**先行制約** (precedence constraint) のあるスケジューリング問題を思いだそう．どの実行可能スケジュールでもジョブ $j$ が開始される前にジョブ $i$ の処理が完了していなければならないとき，$i \prec j$ と表記する．4.2 節の単一マシーンによるスケジューリング問題の，先行制約があるものの発生時刻のない変種版を考える．すなわち，処理時間 $p_j > 0$ と重み $w_j \geq 0$ の付随する $n$ 個のジョブが与えられ，目標は，先行制約 $\prec$ に関して実行可能な単一マシーンによる中断なしスケジュールのうちで，重み付き完了時刻の和 $\sum_{j=1}^{n} w_j C_j$ が最小になるようなスケジュー

ルを求めることである．この問題に対して，4.2 節のアイデアを用いて 2-近似アルゴリズムを与えよ．

4.4 ビンパッキング問題に対する 4.6 節のアルゴリズムでは，アルゴリズムの各反復で**調和グルーピング** (harmonic grouping) を用いて入力 $I$ から入力 $I'$ を構成した．ここでは，以下のグルーピングスキームを考える．まず，各 $i = 0, \ldots, \lceil \log_2 \text{SIZE}(I) \rceil$ に対して，サイズが $(2^{-(i+1)}, 2^{-i}]$ に入る $I$ のすべての品物をグループ $G_i$ に入れてグループ $G_i$ を構成する．次に，各グループ $G_i$ で，$G_i$ の $4 \cdot 2^i$ 個の最も大きい品物を最初の小グループ $G_{i,1}$ に，次に大きい $4 \cdot 2^i$ 個の品物を次の小グループ $G_{i,2}$ に，以下同様に小グループに分けていって，$G_i$ の小グループ $G_{i,1}, G_{i,2}, \ldots, G_{i,k_i}$ への分割を構成する．そして，$I$ から以下のようにして入力 $I'$ を構成する．各 $i = 0, \ldots, \lceil \log_2 \text{SIZE}(I) \rceil$ に対して，$G_{i,1}$ と $G_{i,k_i}$ の小グループ（すなわち，$G_i$ の最初と最後の小グループ）を無視して，各 $j = 2, \ldots, k_i - 1$ に対して，小グループ $G_{i,j}$ の各品物のサイズを $G_{i,j}$ の品物の最大サイズにする．

ビンパッキングアルゴリズムでこのグルーピングを用いることにより，すべての入力 $I$ に対して，高々 $\text{OPT}_{BP}(I) + O((\log \text{OPT}_{BP}(I))^2)$ 個のビンしか用いないアルゴリズムが得られることを証明せよ．

4.5 整数計画問題 (4.9) の線形計画緩和では，異なる品物のサイズの個数を $m$ とすると，非ゼロとなる要素が高々 $m$ 個の最適解 $x$ が存在することを示せ．

4.6 $G = (A, B, E)$ を二部グラフとする．すなわち，各辺 $(i, j) \in E$ は $i \in A$ かつ $j \in B$ を満たす．$|A| \le |B|$ であると仮定して，各辺 $(i, j) \in E$ に非負のコスト $c_{ij} \ge 0$ が付随しているとする．辺の部分集合 $M \subseteq E$ は，$A$ のどの点も正確に $M$ の 1 本の辺に接続し，かつ $B$ のどの点も $M$ の高々 1 本の辺に接続しているとき，$A$ の**完全マッチング** (complete matching) と呼ばれる．最小コストの完全マッチングを求めたい．この問題は以下のように整数計画問題として定式化できる．すなわち，各辺 $(i, j) \in E$ に対して $(i, j)$ がマッチングに含まれるとき $x_{ij} = 1$ であり，そうでないとき $x_{ij} = 0$ であるような $\{0, 1\}$ の値をとる整数変数 $x_{ij}$ を考える．すると，整数計画問題は

$$
\begin{aligned}
\text{minimize} \quad & \sum_{(i,j) \in E} c_{ij} x_{ij} \\
\text{subject to} \quad & \sum_{j \in B : (i,j) \in E} x_{ij} = 1, \quad && \forall i \in A, \\
& \sum_{i \in A : (i,j) \in E} x_{ij} \le 1, \quad && \forall j \in B, \\
& x_{ij} \in \{0, 1\} \quad && \forall (i, j) \in E
\end{aligned}
$$

と書ける．この整数計画問題のすべての $(i, j) \in E$ に対する整数制約式 $x_{ij} \in \{0, 1\}$ を $x_{ij} \ge 0$ と置き換えて得られる線形計画緩和を考える．

(a) 線形計画緩和の与えられた任意の小数解に対して，その小数解のコスト以下のコストの整数解を多項式時間で求めることができることを示せ．（ヒント：小数値の変数からなる集合に対して，解を実行可能性を保ちながら全体のコストを増加することなく，少なくとも一つの変数の小数値が 0 あるいは 1 となるように，そ

れらの変数値を整数に変えていく方法を見つけよ．）そして，最小コストの完全マッチングを求める多項式時間アルゴリズムが存在することを結論づけよ．

(b) この線形計画緩和のどの端点解も，すべての辺 $(i,j) \in E$ に対して $x_{ij} \in \{0,1\}$ であるという性質を持つことを示せ．（端点解 $x$ は，$x$ と異なる二つの実行可能解 $x^1$ と $x^2$ およびどのような $0 < \lambda < 1$ を用いても $\lambda x^1 + (1-\lambda)x^2$ と表すことのできない実行可能解であったことを思いだそう．）

4.7 この演習問題では，演習問題 4.6 で用いたものと同様のアイデアの上に構築される，**パイプ輸送ラウンディング** (pipage rounding) と呼ばれる確定的ラウンディング技法を取り上げる．両側のそれぞれのサイズに制約のある最大カット問題を例にとってこの技法を説明する．最大カット問題では，無向グラフ $G = (V, E)$ とすべての辺 $(i,j) \in E$ に対する非負の重み $w_{ij} \geq 0$ が与えられる．このとき，両端点が異なる部分集合に属するような辺の重みの総和が最大になるように，点集合 $V$ を $U$ と $W = V - U$ の部分集合に二分割する問題である．さらに，この問題では，整数 $k \leq |V|/2$ が与えられて，$|U| = k$ となるような制約式も付随する．（この制約式のない最大カット問題は，5.1 節と 6.2 節で取り上げる．）

(a) 以下の "非線形" 整数計画問題は上記の二分割の一方の部分集合に制約のある最大カット問題の定式化になっていることを示せ．

$$
\begin{aligned}
\text{maximize} \quad & \sum_{(i,j) \in E} w_{ij}(x_i + x_j - 2x_i x_j) \\
\text{subject to} \quad & \sum_{i \in V} x_i = k, \\
& x_i \in \{0, 1\}, \quad \forall i \in V.
\end{aligned}
$$

(b) 以下の線形計画問題は，上記の整数計画問題の緩和になっていることを示せ．

$$
\begin{aligned}
\text{maximize} \quad & \sum_{(i,j) \in E} w_{ij} z_{ij} \\
\text{subject to} \quad & z_{ij} \leq x_i + x_j, & \forall (i,j) \in E, \\
& z_{ij} \leq 2 - x_i - x_j, & \forall (i,j) \in E, \\
& \sum_{i \in V} x_i = k, \\
& 0 \leq z_{ij} \leq 1, & \forall (i,j) \in E, \\
& 0 \leq x_i \leq 1, & \forall i \in V.
\end{aligned}
$$

(c) 上記の非線形整数計画問題の目的関数を $F(x)$ とする．すなわち，$F(x) = \sum_{(i,j) \in E} w_{ij}(x_i + x_j - 2x_i x_j)$ とする．このとき，上記の線形計画緩和の任意の実行可能解 $(x,z)$ に対して，$F(x) \geq \frac{1}{2} \sum_{(i,j) \in E} w_{ij} z_{ij}$ であることを示せ．

(d) 与えられた小数解 $x$ において，二つの小数値をとる変数 $x_i$ と $x_j$ に対して，$F(x)$ の値が減少しないようにしながら，一方の値を $\epsilon > 0$ だけ増やし，他方の値を $\epsilon$ だけ減らして，いずれかが整数になるようにできるかどうかを議論せよ．

(e) 上の議論を用いて，二分割で得られる部分集合に制約のある最大カット問題に対して，$\frac{1}{2}$-近似アルゴリズムを与えよ．

## 4.8 ノートと発展文献

1.3 節で与えた集合カバーアルゴリズムを含む初期の確定的 LP ラウンディングアルゴリズムは，Hochbaum [160] による．4.6 節のビンパッキングアルゴリズムは Karmarkar and Karp [187] による．これらの論文はともに 1982 年に出版されている．確定的ラウンディングアルゴリズムに関する成果は，これよりかなり前にさかのぼることはない．その理由は，1970 年代の遅くになって，楕円体法に基づいて，初めて線形計画問題を解く多項式時間のアルゴリズムが発表されたからである．

本章の冒頭でも議論したように，小数解をラウンディングする最も簡単な方法は，ある変数を 1 に切り上げ，ほかの変数を 0 に切り下げることである．4.4 節で取り上げた賞金獲得シュタイナー木問題のケースはこれに当てはまる．賞金獲得シュタイナー木問題は，Balas [31] により定義された問題の変種版の一つである．この版の問題とその節のアルゴリズムは，Bienstock, Goemans, Simchi-Levi, and Williamson [48] による．

線形計画問題を多項式時間で解く 4.3 節で議論した楕円体法は，Khachiyan [189] により初めて与えられた．それは，先行する非線形整数計画問題に対する Shor [267] の研究の上に構築されたものである．指数関数個の制約式を持つ線形計画問題を解くための分離オラクルを用いるアルゴリズムは，Grötschel, Lovász, and Schrijver [144] による．このトピックに対するより詳細で広範な議論は，Grötschel, Lovász, and Schrijver [145] の本で取り上げられている．また，研究調査レベルの議論は Bland, Goldfarb, and Todd [50] で取り上げられている．

ハイレベルでは，楕円体法は以下のように動作する．4.3 節の線形計画問題 (4.4) を解きたいとする．最初，アルゴリズムは，その線形計画問題のすべての実行可能基底解を含む $\Re^n$ 内の楕円体を求める（実行可能基底解と最適基底解についての議論は第 11 章あるいは付録 A を参照のこと）．$\tilde{x}$ をこの楕円体の中心とする．アルゴリズムは $\tilde{x}$ に対して分離オラクルを呼び出す．$\tilde{x}$ が実行可能であるときには，実行可能解 $\tilde{x}$ より目的関数の値の小さい最適基底解が存在するので，制約式 $\sum_{j=1}^n d_j x_j \leq \sum_{j=1}^n d_j \tilde{x}_j$ を新しく加える（この制約式は，**目的関数カット** (objective function cut) とも呼ばれている）．$\tilde{x}$ が実行可能でないときには，分離オラクルは $\tilde{x}$ で満たされない一つの制約式 $\sum_{j=1}^n a_{ij} x_j \geq b_i$ を返す．いずれのケースでも，線形計画問題の最適基底解が（存在するならば）超平面の一方の側にくるような $\tilde{x}$ を通る超平面を得ることができる．すなわち，$\tilde{x}$ が実行可能であるときには $\sum_{j=1}^n d_j x_j = \sum_{j=1}^n d_j \tilde{x}_j$ がそのような超平面であり，$\tilde{x}$ が実行不可能であるときには $\sum_{j=1}^n a_{ij} x_j = \sum_{j=1}^n a_{ij} \tilde{x}_j$ がそのような超平面である．$\tilde{x}$ を通る超平面は楕円体を二つに分離する．アルゴリズムは，次に，元の楕円体のこれらの二つの部分で最適基底解を含むほうの部分を含む新しい楕円体を求める．そして，この新しい楕円体の中心を考える．このプロセスは，楕円体が十分に小さくなって，存在するときには，高々 1 個の実行可能基底解しか含まなくなるようになるまで繰り返される．そして，存在するときには，それが最適基底解となる．アルゴリズムの計算時間の証明でキーとなるのは，$O(n)$ 回の反復後に，

楕円体の体積がある指定された定数倍以下になるということである．したがって，最初の楕円体と最後の楕円体の体積を関係づけることで，計算時間に対する多項式の上界が得られる．

本章でも眺めてきたように，大きい小数値の変数を単に選んで切り上げてラウンディングするより，さらに複雑なラウンディングアルゴリズムも，ときには必要である．4.1 節の単一マシーンによる重みなしスケジューリング問題に対するアルゴリズムは，Phillips, Stein, and Wein [241] による．4.2 節の重み付き版に対するアルゴリズムは，Hall, Schulz, Shmoys, and Wein [155] による．その節で用いた線形計画緩和は，Wolsey [292] と Queyranne [243] で展開されたものであり，4.3 節の線形計画問題に対する分離オラクルは，Queyranne [243] による．4.5 節の容量制約なし施設配置問題に対するアルゴリズムは，Chudak and Shmoys [77] による．それは，先行する Shmoys, Tardos, and Aardal [264] の研究の上に構築されたものである．定理 4.14 の近似困難性の結果は Guha and Khuller [146] による．二分割される部分集合のサイズに制約のある演習問題 4.7 の最大カット問題に対するパイプ輸送ラウンディング技法は，Ageev and Sviridenko [2, 3] による．

演習問題 4.2 の Smith のルールは Smith [270] による．演習問題 4.3 の結果は Hall, Schulz, Shmoys, and Wein [155] による．演習問題 4.4 は Karmarkar and Karp [187] による．演習問題 4.6 は，本質的には，Birkhoff [49] による．

# 第5章
# ランダムサンプリングと線形計画問題での乱択ラウンディング

アルゴリズムがランダムな選択ができるとすると役に立つこともある．すなわち，アルゴリズムが，コイン投げ，あるいは表裏の出る確率の異なるコイン投げ，あるいは与えられた区間から一様ランダムに値を選ぶことができるとすると役に立つ．このように，ランダムな選択を用いるアルゴリズムは，**乱択アルゴリズム** (randomized algorithm) と呼ばれる（ランダム化アルゴリズムと呼ばれることも多い）．乱択近似アルゴリズムの性能保証は，得られる解の**期待値** (expected value) と最適解の値との比を用いて行われる．なお，期待値は，アルゴリズムのランダムな選択のすべてに対する平均として与えられる．

一見する限りでは，アルゴリズムのクラスとしては弱そうに思える．期待値でのみ成立する性能保証にどんな意味があると言えるのであろうか？ しかしながら，たいていの場合，乱択近似アルゴリズムは**脱乱択** (derandomization)（脱ランダム化とも呼ばれる）できることが示せるのである．すなわち，条件付き期待値法として知られているアルゴリズム技法を用いて，乱択版のアルゴリズムの性能保証と同一の性能保証を達成する確定版のアルゴリズムを得ることができるのである．すると，乱択の有用性とは何であるのか？ となる．実は，（脱乱択で得られる）確定版のアルゴリズムを記述して解析するより，乱択版のアルゴリズムのほうが，記述と解析が格段に単純であることが多いのである．したがって，アルゴリズムのデザインと解析の点で，乱択により単純性が獲得できることが特徴である．さらに，脱乱択により，確定版のアルゴリズムでもその性能保証が達成できることも保証されるのである．

それほど多くはないが，アルゴリズムの確定的な脱乱択版は容易に記述できても，乱択版しか解析法が知られていないというものもある．本章では，乱択版以外の方法でアルゴリズムを解析することができていない乱択アルゴリズムの例を与える．具体的には，5.7節で賞金獲得シュタイナー木問題を再度取り上げて説明する．

また，乱択近似アルゴリズムの性能保証が高い確率で成立するという形で証明できるときもある．なお，乱択近似アルゴリズムの性能保証が高い確率で成立するという意味は，その性能保証の成立しない確率が入力のサイズの多項式分の1以下であるということである．通常，この多項式は，性能保証をある定数倍弱めることにより，いくらでも大きく（したがって，成立しない確率をいくらでも小さく）できる．このときには，脱乱択はますます必要でなくなるが，より複雑で精緻な技法を用いて脱乱択が可能なときもある．

本章では，最大カット問題と最大充足化問題の二つの問題に対して，きわめて単純な乱

択アルゴリズムを眺めることから始める．そこでは，すべての可能な解から一様ランダムに解を選んでくることが良い乱択近似アルゴリズムになることを示す．最大充足化問題に対しては，さらなることも行えて，一様ではなく偏りのある選び方をすることにより，より良い性能保証が得られることを示す．その後，1.7節で紹介した線形計画緩和の乱択ラウンディングを用いるというアイデアを再度取り上げ，それが最大充足化問題に対してさらに良い近似アルゴリズムにつながるだけでなく，これまで眺めてきたほかの問題，たとえば，賞金獲得シュタイナー木問題，容量制約なし施設配置問題，単一マシーンスケジューリング問題などに対しても，さらに良い近似アルゴリズムにつながることを示す．

その後，確率変数の和がその期待値から極端に離れた値をとる確率の上界を与える（複数種類の）Chernoff限界を取り上げる．そして，それらの限界が，歴史的に乱択ラウンディングが最初に用いられた問題である整数多品種フロー問題に，どのように適用できるかを示す．最後に，ランダムな選び方に，より一層工夫を凝らした精緻な技法を用いて，3-彩色可能な密なグラフに対して，高い確率で3-彩色を求めることができることを示して本章を終える．

## 5.1　MAX SAT と MAX CUT に対する単純なアルゴリズム

最大カット問題と最大充足化問題の二つは，近似アルゴリズムのデザインと解析における本書の乱択の議論において，とくに重要な役割を果たす．本章では，主として最大充足化問題に焦点を当てて議論するのに対して，最大カット問題に対しては次章で中心的に議論する．しかしながら，どちらの問題に対しても単純な $\frac{1}{2}$-近似アルゴリズムを本章で与えることにする．

**最大充足化問題** (maximum satisfiability problem) は，通常簡単化してMAX SATと記述されるが，入力として，それぞれが真あるいは偽の値をとる $n$ 個のブール変数 $x_1,\ldots,x_n$ と，それぞれがいくつかの変数あるいは変数の否定の論理和で表される $m$ 個の**クローズ** (clause) $C_1,\ldots,C_m$ が与えられる．（たとえば，$x_3 \vee \bar{x}_5 \vee x_{11}$ などがクローズである．ここで，$\bar{x}_i$ は変数 $x_i$ の否定である．）さらに，各クローズ $C_j$ には重み $w_j$ が付随する．目標は，**充足される** (satisfied) クローズの重みの総和を最大化するような各変数 $x_i$ への真/偽の割当てを求めることである．なお，クローズは，そのクローズに現れる否定形でない変数のいずれかに真が割り当てられるか，そのクローズに現れる否定形（$\bar{x}_i$ の形式）の変数 ($x_i$) のいずれかに偽が割り当てられるとき，充足されると呼ばれる．たとえば，クローズ $x_3 \vee \bar{x}_5 \vee x_{11}$ は，$x_3$ に偽，$x_5$ に真，$x_{11}$ に偽が割り当てられない限り，（それ以外の割当てでは）充足される．

MAX SAT問題を議論する際に役に立つ用語をいくつか導入しよう．変数 $x_i$ とその否定 $\bar{x}_i$ を**リテラル** (literal) と呼ぶことにする．したがって，各クローズはいくつかのリテラルからなる．変数 $x_i$ は**正リテラル** (positive literal) と呼ばれ，否定形の変数 $\bar{x}_i$ は**負リテラル** (negative literal) と呼ばれる．クローズに含まれるリテラルの個数はそのクローズの**サイズ** (size) あるいは**長さ** (length) と呼ばれる．クローズ $C_j$ の長さを $l_j$ と表記する．長さ1の

クローズは**単位クローズ** (unit clause) とも呼ばれる．一般性を失うことなく，以下のことを仮定できる．第一に，各クローズには，（二度以上現れるリテラルは一度だけ現れることにしても充足可能性には影響を与えないので）どのリテラルも二度以上現れないと仮定できる．第二に，各クローズには，$x_i$ と $\bar{x}_i$ は（両方が現れるときにはそのクローズは必然的に充足されるので）高々一方のみしか現れないと仮定できる．最後に，（同じクローズは重みの総和をとり，それを重みとする一つのクローズで代表できるので）どのクローズも異なると仮定できる．

MAX SAT に対するきわめて単純な乱択アルゴリズムとしては，各変数 $x_i$ を独立に確率 1/2 で真に設定することが挙げられる．別の見方をすると，このアルゴリズムは，すべての可能な変数への設定の中から変数への設定を一様ランダムに選んでいると見なせる．これは，以下に示すように，MAX SAT に対するかなり良い近似アルゴリズムとなる．

**定理 5.1** 各変数 $x_i$ を独立に確率 1/2 で真に設定することにより，最大充足化問題に対する乱択 $\frac{1}{2}$-近似アルゴリズムが得られる．

**証明**：与えられた MAX SAT の入力の各クローズ $C_j$ に対して確率変数 $Y_j$ を考えて，$Y_j$ は $C_j$ が充足されるときに値 1 をとり，そうでないときに値 0 をとるとする．すべてのクローズに対するそのような確率変数の重み付き総和となる確率変数を $W$ とする．すなわち，$W = \sum_{j=1}^{m} w_j Y_j$ とする．したがって，$W$ は，与えられた MAX SAT の入力において，充足されるクローズの重みの総和を表す確率変数である．与えられた MAX SAT の入力における最適解の値を OPT とする．すると，期待値の線形性と 0-1 確率変数の期待値の定義により，

$$\mathbf{E}[W] = \sum_{j=1}^{m} w_j \mathbf{E}[Y_j] = \sum_{j=1}^{m} w_j \Pr[\text{クローズ } C_j \text{ が充足される}]$$

が得られる．各クローズ $C_j$ $(j = 1, \ldots, n)$ に対して，それが充足されない確率は，$C_j$ を構成するどのリテラルも，正リテラルが偽と設定されて，負リテラルが真と設定される確率となる．いずれのリテラルも，確率 1/2 で独立にこれが起こるので，

$$\Pr[\text{クローズ } C_j \text{ が充足される}] = \left(1 - \left(\frac{1}{2}\right)^{l_j}\right) \geq \frac{1}{2}$$

が得られる．なお，最後の不等式は $l_j \geq 1$ から得られる．したがって，

$$\mathbf{E}[W] \geq \frac{1}{2} \sum_{j=1}^{m} w_j \geq \frac{1}{2} \text{OPT}$$

が得られる．なお，最後の不等式は，各クローズの重みが非負であるので，クローズの重みの総和が最適解の値の自明な上界となることから得られる． □

上記の解析から，各クローズ $C_j$ に対して $l_j \geq k$ が成立するような入力に限定したときには，上記のアルゴリズムは，$\left(1 - \left(\frac{1}{2}\right)^k\right)$-近似アルゴリズムとなることに注意しよう．したがって，上記のアルゴリズムは，長いクローズからなる MAX SAT の入力でより良い性能を達成することがわかる．この観察はあとで利用する．

これはきわめて素朴なアルゴリズムであるが，ある場合にはこれが最善であることを示す困難性の定理も知られている．すべてのクローズ $C_j$ で $l_j = 3$ であるケースを考える．

このように限定された問題は，各クローズが正確に3個のリテラルで構成されているので，**MAX E3SAT** と呼ばれる．上記の解析から，上記の乱択アルゴリズムは，MAX E3SAT に対する性能保証 $\left(1-\left(\frac{1}{2}\right)^3\right)=\frac{7}{8}$ の近似アルゴリズムであることがわかる．驚くべきことに，$\mathbf{P}=\mathbf{NP}$ でない限りは，MAX E3SAT に対してこれより良い性能保証は達成できない．

**定理 5.2** 任意の定数 $\epsilon>0$ に対して，MAX E3SAT に対する $(\frac{7}{8}+\epsilon)$-近似アルゴリズムが存在すれば，$\mathbf{P}=\mathbf{NP}$ となる．

16.3節でこの結果をさらに議論する．

**最大カット問題** (maximum cut problem) は，単純化してMAX CUTと表記されることも多いが，入力として，無向グラフ $G=(V,E)$ と各辺 $(i,j)\in E$ に対する非負の重み $w_{ij}\geq 0$ が与えられる．目標は，点の集合の二分割 $U$ と $W=V-U$ において，辺の両端の点が分割の異なる集合に属する（一方の端点が $U$ に属し他方の端点が $W$ に属する）ような辺の重みの総和が最大となるような二分割を求めることである．辺の両端の点が分割の異なる集合に属するような辺はその"カット"に含まれるという．すべての辺 $(i,j)\in E$ で $w_{ij}=1$ であるときには，**重みなし最大カット問題** (unweighted MAX CUT problem) と呼ばれる．

MAX SAT に対する上記の乱択アルゴリズムとまったく同じやり方で，MAX CUT に対する $\frac{1}{2}$-近似アルゴリズムを与えることは容易にできる．すなわち，各点 $v\in V$ を独立に確率 $1/2$ で $U$ に入れる．MAX SAT アルゴリズムと同様に，このアルゴリズムも，可能な解の空間から一様ランダムに解を選んできていると見なすことができる．

**定理 5.3** 各点 $v\in V$ を独立に確率 $1/2$ で $U$ の要素にすることにより，最大カット問題に対する乱択 $\frac{1}{2}$-近似アルゴリズムが得られる．

**証明**：各辺 $(i,j)$ に対応して確率変数 $X_{ij}$ を考える．$X_{ij}$ は辺 $(i,j)$ がカットに含まれるとき値1をとり，そうでないとき値0をとる．カットに含まれる辺の重みの総和を表す確率変数を $Z$ とする．したがって，$Z=\sum_{(i,j)\in E}w_{ij}X_{ij}$ である．この最大カット問題の入力に対する最適解の値を OPT と表記する．すると，前と同様に，期待値の線形性と0-1確率変数の期待値の定義により，

$$\mathbf{E}[Z]=\sum_{(i,j)\in E}w_{ij}\mathbf{E}[X_{ij}]=\sum_{(i,j)\in E}w_{ij}\Pr[\text{辺 }(i,j)\text{ がカットに含まれる}]$$

が得られる．さらに，辺 $(i,j)$ がそのカットに含まれる確率も容易に計算できる．辺の両端点は独立に確率 $\frac{1}{2}$ でそれぞれ $U$ に入れられているからである．したがって，各辺の重みが非負であるので，辺の重みの総和が最適なカットの重みの上界であることは自明であることから，

$$\mathbf{E}[Z]=\frac{1}{2}\sum_{(i,j)\in E}w_{ij}\geq\frac{1}{2}\text{OPT}$$

が得られる． □

6.2節では，より精緻な技法を用いて，MAX CUT 問題に対して格段に良い性能を達成することができることを示す．

## 5.2 脱乱択

本章の冒頭でも述べたように，乱択アルゴリズムは"脱乱択"できることも多い．すなわち，乱択アルゴリズムの期待値以上の値を持つ解を求める確定的アルゴリズムを得ることができることも多い．

前節の最大充足化問題を例にとって，乱択アルゴリズムがどのように脱乱択できるかを示すことにしよう．すなわち，解の値が期待値以上になることを保存しながら，変数 $x_i$ に対する確率的な値を真 あるいは 偽 の確定的な値に置き換えていくことができることを示すことにする．これは変数ごとに逐次的に行われる．最初に $x_1$ の値を確定し，次に $x_2$ の値を確定し，以下 $x_3, x_4, \ldots$ と確定していく．

乱択アルゴリズムで得られる解の期待値以上の値を持ち続けるようにして $x_1$ の値を確定するにはどのようにすればよいのであろうか？これまでと同様に，$x_1$ 以外の変数には確率 $1/2$ で"真"を設定し，$x_1$ の値を確定するものと仮定する．$x_1$ を"真"設定したときと"偽"を設定したときで，どちらの解がより期待値が大きくなるかを確認して大きくなるほうに設定する．すなわち，$x_1$ を真に設定したときに充足されるクローズの重みの総和 $W$ の期待値と $x_1$ を偽に設定したときに充足されるクローズの重みの総和 $W$ の期待値を計算して，より期待値が大きくなるほうに設定する．$x_1$ に対する二つの可能性のそれぞれでの期待値の平均は，最初の乱択アルゴリズムの解の期待値であることから，より大きいほうの期待値となるように $x_1$ に値を設定することがうまくいくことは直観的に理解できる．このようにして，新しく得られる解の期待値も最適解の値の半分以上となることが保存され，確定されていない変数の個数も確実に少なくなる．

より形式的には以下のように書ける．$\mathbf{E}[W|x_1 \leftarrow 真] \geq \mathbf{E}[W|x_1 \leftarrow 偽]$ ならば $x_1$ を真に設定し，そうでないときには $x_1$ を偽に設定する．条件付き期待値の定義により，

$$\begin{aligned}\mathbf{E}[W] &= \mathbf{E}[W|x_1 \leftarrow 真]\Pr[x_1 \leftarrow 真] + \mathbf{E}[W|x_1 \leftarrow 偽]\Pr[x_1 \leftarrow 偽] \\ &= \frac{1}{2}\left(\mathbf{E}[W|x_1 \leftarrow 真] + \mathbf{E}[W|x_1 \leftarrow 偽]\right)\end{aligned}$$

であるので，$x_1$ を真理値 $b_1$ に設定したときに期待値がより大きくなるか等しくなるときには，$\mathbf{E}[W|x_1 \leftarrow b_1] \geq \mathbf{E}[W]$ が成立する．すなわち，$x_1$ に対する確定値の与え方から，完全にランダムな乱択アルゴリズムの解の期待値以上の値を持つ解が保証される．

ここではとりあえず，これらの条件付き期待値が計算できるものと仮定しておいて，残りの変数に対しても確定値を同様に設定していく．そこで，変数 $x_1, \ldots, x_i$ のそれぞれに真理値 $b_1, \ldots, b_i$ が設定されたと仮定する．そして変数 $x_{i+1}$ に真理値をどのように設定するかを考える．もちろん，これら以外の残りの変数はランダムに設定されていると仮定する．このときも，これまでに与えられた $x_1, \ldots, x_i$ の確定値のもとで，期待値が大きくなるほうの真理値を $x_{i+1}$ に設定するのが最善と考えられる．したがって，$\mathbf{E}[W|x_1 \leftarrow b_1, \ldots, x_i \leftarrow b_i, x_{i+1} \leftarrow 真] \geq \mathbf{E}[W|x_1 \leftarrow b_1, \ldots, x_i \leftarrow b_i, x_{i+1} \leftarrow 偽]$ ならば，$x_{i+1}$ を真に設定し（したがって $b_{i+1}$ は真となる），そうでないときには $x_{i+1}$ を偽に設定する

（したがって $b_{i+1}$ は偽となる）．すると，

$$\begin{aligned}
&\mathbf{E}[W|x_1 \leftarrow b_1,\ldots,x_i \leftarrow b_i] \\
&= \mathbf{E}[W|x_1 \leftarrow b_1,\ldots,x_i \leftarrow b_i, x_{i+1} \leftarrow 真]\Pr[x_{i+1} \leftarrow 真] \\
&\quad + \mathbf{E}[W|x_1 \leftarrow b_1,\ldots,x_i \leftarrow b_i, x_{i+1} \leftarrow 偽]\Pr[x_{i+1} \leftarrow 偽] \\
&= \frac{1}{2}\left(\mathbf{E}[W|x_1 \leftarrow b_1,\ldots,x_i \leftarrow b_i, x_{i+1} \leftarrow 真] + \mathbf{E}[W|x_1 \leftarrow b_1,\ldots,x_i \leftarrow b_i, x_{i+1} \leftarrow 偽]\right)
\end{aligned}$$

であるので，$x_{i+1}$ に真理値 $b_{i+1}$ を設定することにより，上記の議論より，

$$\mathbf{E}[W|x_1 \leftarrow b_1,\ldots,x_i \leftarrow b_i, x_{i+1} \leftarrow b_{i+1}] \geq \mathbf{E}[W|x_1 \leftarrow b_1,\ldots,x_i \leftarrow b_i]$$

が保証される．帰納法により，これから $\mathbf{E}[W|x_1 \leftarrow b_1,\ldots,x_i \leftarrow b_i, x_{i+1} \leftarrow b_{i+1}] \geq \mathbf{E}[W]$ が得られる．

このプロセスを $n$ 個のすべての変数に真理値が設定されるまで行う．すると，$n$ 個のすべての変数への設定における条件付き期待値は $\mathbf{E}[W|x_1 \leftarrow b_1,\ldots,x_n \leftarrow b_n]$ で与えられ，それが確定的アルゴリズムでの解の値となるので，得られる解の値は少なくとも $\mathbf{E}[W] \geq \frac{1}{2}\mathrm{OPT}$ となることがわかる．したがって，このアルゴリズムは $\frac{1}{2}$-近似アルゴリズムとなる．

仮定していた条件付き期待値の計算も，実際には，困難なく実行できる．定義より，

$$\begin{aligned}
\mathbf{E}[W|x_1 \leftarrow b_1,\ldots,x_i \leftarrow b_i] &= \sum_{j=1}^{m} w_j \mathbf{E}[Y_j|x_1 \leftarrow b_1,\ldots,x_i \leftarrow b_i] \\
&= \sum_{j=1}^{m} w_j \Pr[クローズ C_j が充足される |x_1 \leftarrow b_1,\ldots,x_i \leftarrow b_i]
\end{aligned}$$

が成立する．さらに，$x_1 \leftarrow b_1,\ldots,x_i \leftarrow b_i$ のもとでクローズ $C_j$ が充足される確率は，$x_1,\ldots,x_i$ への確定された設定ですでに充足されているときには 1 であり，そうでないときには，クローズ $C_j$ でまだ確定されていないリテラルの個数を $k$ とすると，$1 - (1/2)^k$ であることがわかる．たとえば，クローズ $C = x_3 \vee \bar{x}_5 \vee \bar{x}_7$ を例にとって考えてみる．このケースでは，

$$\Pr[クローズ C が充足される |x_1 \leftarrow 真, x_2 \leftarrow 偽, x_3 \leftarrow 真] = 1$$

である．$x_3$ が真に設定されていて充足されているからである．一方，

$$\Pr[クローズ C が充足される |x_1 \leftarrow 真, x_2 \leftarrow 偽, x_3 \leftarrow 偽] = 1 - \left(\frac{1}{2}\right)^2 = \frac{3}{4}$$

である．確定的に設定されたリテラルでは充足されていず，さらに $x_5$ と $x_7$ がともに真に設定されたときにのみ充足されないことになり，その事象が起こる確率が $1/4$ であるからである．

脱乱択に対するこの技法は，変数に対して独立に値を設定できて条件付き期待値も多項式時間で計算できるような，乱択アルゴリズムの広範なクラスでうまく適用できる．条件付き期待値を利用することから，この技法は**条件付き期待値法** (method of conditional expectations) と呼ばれることもある．とくに，MAX CUT 問題に対しても，ほぼ同一の議論に基づいて，乱択 $\frac{1}{2}$-近似アルゴリズムの脱乱択版が得られる．さらに，本章で議論する

## 5.3 偏りのあるコイン投げ

MAX SAT に対するより良い乱択アルゴリズムはどのようにすれば得られるのであろうか？ 本節では，変数 $x_i$ に真理値を設定する際に偏りのある確率を用いることが有効であることを眺めていくことにする．すなわち，1/2 とは異なるある確率で $x_i$ を真に設定することにする．議論を簡単にするために，最初は $\bar{x}_i$ の形式の単位クローズ，すなわち，否定形のリテラル 1 個からなるクローズが存在しない，MAX SAT の入力のみを考える．後にこの仮定を除去できることに言及する．ここで，各変数 $x_i$ を独立に確率 $p > 1/2$ で真に設定するとする．前節の乱択アルゴリズムの解析と同様に，与えられたクローズの充足される確率の解析が必要となる．

**補題 5.4** 否定形の変数 1 個からなる単位クローズが MAX SAT の入力に存在しないときには，各 $x_i$ を独立に確率 $p > 1/2$ で真に設定することにより，どのクローズも充足される確率は少なくとも $\min(p, 1-p^2)$ となる．

**証明**: クローズが単位クローズならば，それが充足される確率は $p$ となる．そのクローズは $x_i$ という形式をしていて，$x_i$ が真に設定される確率が $p$ であるからである．クローズ $C_j$ の長さが 2 以上のときには，$a$ をクローズ $C_j$ に含まれる負リテラルの個数とし，$b$ をクローズ $C_j$ に含まれる正リテラルの個数とすると，$a + b = l_j \geq 2$ であり，クローズ $C_j$ が充足される確率は $1 - p^a(1-p)^b$ となる．$p > \frac{1}{2} > 1 - p$ であるので，この確率は少なくとも $1 - p^{a+b} = 1 - p^{l_j} \geq 1 - p^2$ となる．したがって，補題が証明された． □

ここで，$p = 1 - p^2$ と設定することにより，すなわち，$p = \frac{1}{2}(\sqrt{5} - 1) \approx 0.618$ とおくことにより，最善の保証が得られる．したがって，この補題から，以下の定理が得られる．

**定理 5.5** 否定形の変数 1 個からなる単位クローズが MAX SAT の入力に存在しないときには，各 $x_i$ を独立に確率 $p$ で真に設定することにより，乱択 $\min(p, 1-p^2)$-近似アルゴリズムが得られる．

**証明**:
$$\mathbf{E}[W] = \sum_{j=1}^m w_j \Pr[\text{クローズ } C_j \text{ が充足される}] \geq \min(p, 1-p^2) \sum_{j=1}^m w_j \geq \min(p, 1-p^2) \text{OPT}$$
であることからすぐに得られる． □

最初の仮定を除去して，すべての MAX SAT の入力でこの結果が成立するようにしたい．そこで，OPT の上界として，$\sum_{j=1}^m w_j$ より良い上界を用いることにする．与えられた

入力において，各 $i$ に対して単位クローズ $x_i$ の重みのほうが単位クローズ $\bar{x}_i$ の重み以上であるとする．これは一般性を失うことなく仮定できる．そうでないときには，$x_i$ あるいは $\bar{x}_i$ の出現するクローズで，それぞれを否定をとり $\bar{x}_i$ あるいは $x_i$ に置き換えることができるからである．この仮定のもとで，入力に $\bar{x}_i$ の形式の単位クローズが存在するときには $v_i$ をそのクローズの重みとし，存在しないときには $v_i$ を 0 とする．

**補題 5.6** MAX SAT の入力の最適解の値 OPT は，OPT $\leq \sum_{j=1}^{m} w_j - \sum_{i=1}^{n} v_i$ を満たす．

**証明**：各 $i$ に対して，最適解は，単位クローズの $x_i$ あるいは $\bar{x}_i$ の正確に一方のみを充足する．したがって，最適解では単位クローズの $x_i$ と $\bar{x}_i$ の両方の重みを含むことはできない．$v_i$ はこれらの重みのうちで小さいほうの値であるので，これから補題が得られる． □

これで結果の拡張が以下のようにできる．

**定理 5.7** MAX SAT に対する乱択 $\frac{1}{2}(\sqrt{5}-1)$-近似アルゴリズムを得ることができる．

**証明**：与えられた入力から，$\bar{x}_i$ の形式の単位クローズをすべて除去して得られるクローズのインデックスの集合を $U$ とする．なお，上記のように，一般性を失うことなく，$\bar{x}_i$ の形式の各単位クローズの重みは対応する $x_i$ の形式の単位クローズの重み以下であるとしている．したがって，$\sum_{j\in U} w_j = \sum_{j=1}^{m} w_j - \sum_{i=1}^{n} v_i$ が成立する．ここで，各変数 $x_i$ を確率 $p = \frac{1}{2}(\sqrt{5}-1)$ で真に設定する．すると，

$$\begin{aligned}
\mathbf{E}[W] &= \sum_{j=1}^{m} w_j \Pr[\text{クローズ } C_j \text{ が充足される}] \\
&\geq \sum_{j\in U} w_j \Pr[\text{クローズ } C_j \text{ が充足される}] \\
&\geq p \cdot \sum_{j\in U} w_j \\
&= p \cdot \left( \sum_{j=1}^{m} w_j - \sum_{i=1}^{n} v_i \right) \geq p \cdot \text{OPT}
\end{aligned} \tag{5.1}$$

となる．なお，式 (5.1) は，定理 5.5 と $p = \min(p, 1-p^2)$ であることから得られる． □

このアルゴリズムも条件付き期待値法で脱乱択できる．

## 5.4 乱択ラウンディング

前節のアルゴリズムは，$x_i$ を真に設定する確率を偏りのあるものにすることにより，より良い近似アルゴリズムにつながることを示している．しかしそこでは，各変数 $x_i$ の真に設定する確率は同一のものを用いていた．本節では，各変数を独自の偏りを持つ確率で真に設定することにより，さらに良い結果につながることを示すことにする．そのために，1.7 節で集合カバー問題の枠組みで簡単に取り上げた**乱択ラウンディング** (randomized rounding) のアイデアを用いることにする．

乱択ラウンディングでは，まず，0-1整数変数を用いて，問題の整数計画による定式化を求める．最大充足化問題の整数計画問題では，各ブール変数 $x_i$ に対応して 0-1 変数 $y_i$ を考え，$x_i$ を真に設定することが $y_i = 1$ に対応すると考える．さらに，これらの各制約式 $y_i \in \{0,1\}$ を $0 \le y_i \le 1$ に置き換えて緩和した線形計画問題を考える．そして，その線形計画問題を多項式時間で解く．こうして得られる線形計画問題での最適解の各小数値 $y_i^*$ を $y_i$ が1に設定される確率として用いるというのが，乱択ラウンディングの中心的なアイデアであったことを思いだそう．すなわち，最大充足化問題では，各 $x_i$ を独立に確率 $y_i^*$ で真に設定することになる．

MAX SAT 問題に対して整数計画による定式化を以下に与える．変数 $y_i$ のほかに各クローズ $C_j$ に対応して変数 $z_j$ を導入する．$z_j$ は $C_j$ が充足されるとき値1をとり，それ以外のとき値0をとる．各クローズ $C_j$ に対して，正リテラルとして現れる変数のインデックスの集合を $P_j$ とし，負リテラルとして現れる変数のインデックスの集合を $N_j$ とする．したがって，$C_j$ は

$$\bigvee_{i \in P_j} x_i \vee \bigvee_{i \in N_j} \bar{x}_i$$

と表記できることになる．すると，制約式として

$$\sum_{i \in P_j} y_i + \sum_{i \in N_j}(1 - y_i) \ge z_j$$

が得られる．この制約式から，クローズ $C_j$ において，正リテラルとして現れる各変数 $x_i$ が偽（対応する $y_i$ が0）に設定され，負リテラルとして現れる各変数 $x_i$ が真（対応する $y_i$ が1）に設定されると，$C_j$ は充足されないことになり，$z_j$ も0となることが保証される．これらの不等式を用いて，MAX SAT 問題に対する整数計画による定式化は以下のように書ける．

$$\begin{aligned}
\text{maximize} \quad & \sum_{j=1}^{m} w_j z_j \\
\text{subject to} \quad & \sum_{i \in P_j} y_i + \sum_{i \in N_j}(1 - y_i) \ge z_j, \quad \forall C_j = \bigvee_{i \in P_j} x_i \vee \bigvee_{i \in N_j} \bar{x}_i, \\
& y_i \in \{0,1\}, \quad i = 1, \ldots, n, \\
& 0 \le z_j \le 1, \quad j = 1, \ldots, m.
\end{aligned}$$

この整数計画問題の最適解の値を $Z_{IP}^*$ とする．すると，$Z_{IP}^* = \text{OPT}$ となることが困難なく確認できる．

この整数計画問題の線形計画緩和は以下のように書ける．

$$\begin{aligned}
\text{maximize} \quad & \sum_{j=1}^{m} w_j z_j \\
\text{subject to} \quad & \sum_{i \in P_j} y_i + \sum_{i \in N_j}(1 - y_i) \ge z_j, \quad \forall C_j = \bigvee_{i \in P_j} x_i \vee \bigvee_{i \in N_j} \bar{x}_i, \\
& 0 \le y_i \le 1, \quad i = 1, \ldots, n, \\
& 0 \le z_j \le 1, \quad j = 1, \ldots, m.
\end{aligned}$$

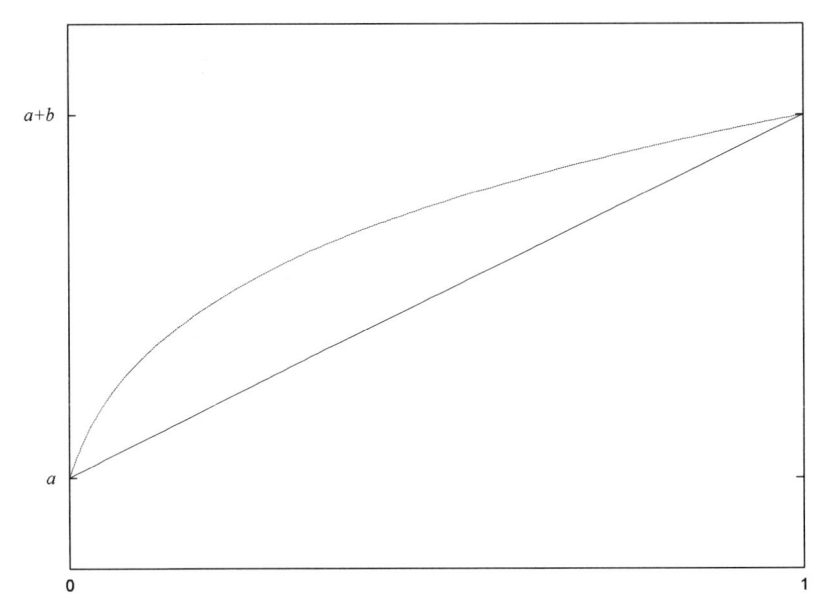

**図 5.1** 事実 5.9 の $f(x)$ と $bx+a$ の説明図（横軸は $x$ の値）．

この線形計画問題の最適解の値を $Z_{LP}^*$ とする．すると，明らかに $Z_{LP}^* \geq Z_{IP}^* = \text{OPT}$ となる．

この線形計画緩和の最適解を $(y^*, z^*)$ とする．そこで，乱択ラウンディングを用いて，各 $x_i$ を独立に確率 $y_i^*$ で真に設定する．解析を始める前に二つの事実を示しておく．なお，最初の事実は，非負数値集合の算術平均と幾何平均の大小を比較しているので，通常，**算術平均幾何平均不等式** (arithmetic-geometric mean inequality) と呼ばれている．

**事実 5.8** 任意の非負数 $a_1, \ldots, a_k$ に対して

$$\left(\prod_{i=1}^{k} a_i\right)^{1/k} \leq \frac{1}{k} \sum_{i=1}^{k} a_i$$

が成立する．

**事実 5.9** 関数 $f(x)$ が区間 $[0,1]$ で凹である（すなわち，$[0,1]$ で $f''(x) \leq 0$ である）とする．さらに，$f(0) = a$ かつ $f(1) = b+a$ であるとする．すると，任意の $x \in [0,1]$ で $f(x) \geq bx + a$ である（図 5.1）．

**定理 5.10** 乱択ラウンディングにより，MAX SAT に対する乱択 $(1 - \frac{1}{e})$-近似アルゴリズムが得られる．

**証明**：前節のアルゴリズムの解析と同様に，最も困難な点は与えられたクローズ $C_j$ が充足される確率の解析となる．$C_j$ を任意のクローズとする．すると，算術平均幾何平均不等式を用いて，

$$\Pr[\text{クローズ } C_j \text{ が充足されない}] = \prod_{i \in P_j}(1 - y_i^*) \prod_{i \in N_j} y_i^* \leq \left[\frac{1}{l_j}\left(\sum_{i \in P_j}(1 - y_i^*) + \sum_{i \in N_j} y_i^*\right)\right]^{l_j}$$

が得られる．式を変形することにより，

$$\left[\frac{1}{l_j}\left(\sum_{i\in P_j}(1-y_i^*)+\sum_{i\in N_j}y_i^*\right)\right]^{l_j}=\left[1-\frac{1}{l_j}\left(\sum_{i\in P_j}y_i^*+\sum_{i\in N_j}(1-y_i^*)\right)\right]^{l_j}$$

が得られる．線形計画問題の制約式に対応する

$$\sum_{i\in P_j}y_i^*+\sum_{i\in N_j}(1-y_i^*)\geq z_j^*$$

を用いて，

$$\Pr[\text{クローズ } C_j \text{ が充足されない}]\leq\left(1-\frac{z_j^*}{l_j}\right)^{l_j}$$

が得られる．さらに，関数 $f(z_j^*)=1-\left(1-\frac{z_j^*}{l_j}\right)^{l_j}$ は，$l_j\geq 1$ で凹関数であり，$f(0)=0$, $f(1)=1-\left(1-\frac{1}{l_j}\right)^{l_j}$ である．したがって，事実5.9を用いることにより，

$$\Pr[\text{クローズ } C_j \text{ が充足される}]\geq 1-\left(1-\frac{z_j^*}{l_j}\right)^{l_j}$$
$$\geq\left[1-\left(1-\frac{1}{l_j}\right)^{l_j}\right]z_j^*$$

が得られる．

以上により，乱択ラウンディングアルゴリズムで得られる解の期待値は，

$$\mathbf{E}[W]=\sum_{j=1}^m w_j\Pr[\text{クローズ } C_j \text{ が充足される}]$$
$$\geq\sum_{j=1}^m w_j z_j^*\left[1-\left(1-\frac{1}{l_j}\right)^{l_j}\right]$$
$$\geq\min_{k\geq 1}\left[1-\left(1-\frac{1}{k}\right)^k\right]\sum_{j=1}^m w_j z_j^*$$

となる．ここで，$\left[1-\left(1-\frac{1}{k}\right)^k\right]$ は，$k$ に関して非増加関数であることと，$k$ が無限大に行くに従い，上から $\left(1-\frac{1}{e}\right)$ に近づいていくことに注意する．したがって，$\sum_{j=1}^m w_j z_j^*=Z_{LP}^*\geq\text{OPT}$ であるので，

$$\mathbf{E}[W]\geq\min_{k\geq 1}\left[1-\left(1-\frac{1}{k}\right)^k\right]\sum_{j=1}^m w_j z_j^*\geq\left(1-\frac{1}{e}\right)\text{OPT}$$

が得られる． □

この乱択ラウンディングアルゴリズムは，条件付き期待値法を用いて，標準的な方法で脱乱択できる．

## 5.5 二つの解の良いほうの解を選択する

本節では，前節の乱択ラウンディングアルゴリズムで得られた解と 5.1 節の偏りのない乱択アルゴリズムで得られた解から，良いほうの解を選ぶことにより，両方のそれぞれより良い性能保証が得られることを確認することにする．あとでわかるように，これらの二つのアルゴリズムで悪い性能となる部分が対照的なこと，すなわち，一方が最適解から遠く離れているときに，他方が最適解に近く，その逆も成立することから，これが起こることになるのである．この技法は，ほかの状況でも有効となるものであり，乱択アルゴリズムを用いることも必要としない．

最大充足化問題の入力の長さ $l_j$ の与えられたクローズ $C_j$ を考える．5.4 節の乱択ラウンディングアルゴリズムでは，少なくとも確率 $\left[1-\left(1-\frac{1}{l_j}\right)^{l_j}\right]z_j^*$ で $C_j$ が充足される．一方，5.1 節の偏りのない乱択アルゴリズムでは，確率 $1-2^{-l_j} \geq (1-2^{-l_j})z_j^*$ で $C_j$ が充足される．したがって，クローズが短いときには，より高い確率で乱択ラウンディングアルゴリズムで充足され，より低い確率で偏りのない乱択アルゴリズムで充足される．一方，クローズが長いときには，逆のことが成立する．この観察を，より正確に厳密化することにより，以下の定理が得られる．

**定理 5.11** 乱択ラウンディングアルゴリズムで得られる解と偏りのないコイン投げに基づく乱択アルゴリズムで得られる解の良いほうを選んで解とすることにより，MAX SAT に対する乱択 $\frac{3}{4}$-近似アルゴリズムが得られる．

**証明**：$W_1$ を乱択ラウンディングアルゴリズムで返される解の値を表す確率変数とする．$W_2$ を偏りのない（コイン投げの）乱択アルゴリズムで返される解の値を表す確率変数とする．すると，示したいことは，

$$\mathbf{E}[\max(W_1, W_2)] \geq \frac{3}{4}\mathrm{OPT}$$

の不等式が成立することである．この不等式を得るために，まず，

$$\begin{aligned}\mathbf{E}[\max(W_1, W_2)] &\geq \mathbf{E}\left[\frac{1}{2}W_1 + \frac{1}{2}W_2\right] \\ &= \frac{1}{2}\mathbf{E}[W_1] + \frac{1}{2}\mathbf{E}[W_2] \\ &\geq \frac{1}{2}\sum_{j=1}^m w_j z_j^*\left[1-\left(1-\frac{1}{l_j}\right)^{l_j}\right] + \frac{1}{2}\sum_{j=1}^m w_j\left(1-2^{-l_j}\right) \\ &\geq \sum_{j=1}^m w_j z_j^*\left[\frac{1}{2}\left(1-\left(1-\frac{1}{l_j}\right)^{l_j}\right) + \frac{1}{2}\left(1-2^{-l_j}\right)\right]\end{aligned}$$

に注意する．ここで，すべての正の整数 $l_j$ に対して，

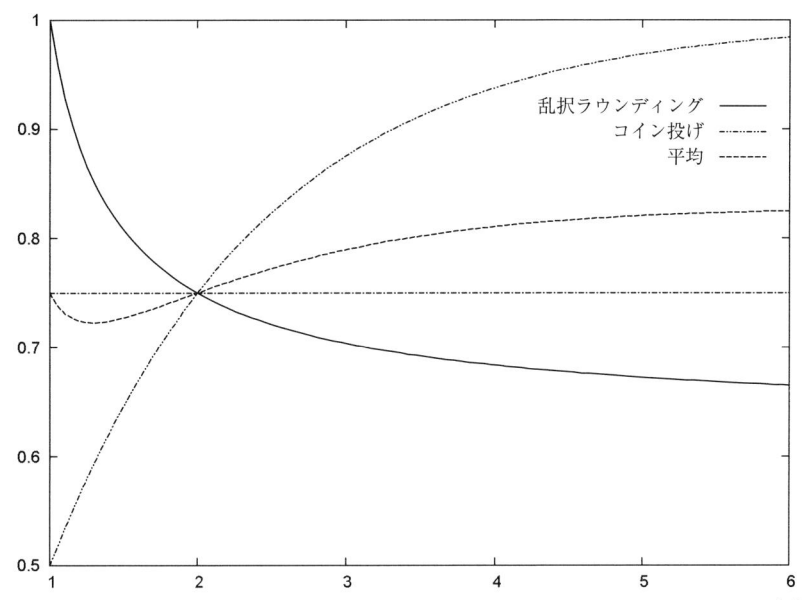

図 5.2 　5.11 の証明の説明図（横軸は $k$ の値）．乱択ラウンディングの線は，関数 $1-(1-\frac{1}{k})^k$ のグラフである．コイン投げの線は，関数 $1-2^{-k}$ のグラフである．平均の線は，二つの関数の平均のグラフである．その値は，すべての整数 $k \geq 1$ で $\frac{3}{4}$ 以上である．

$$\left[\frac{1}{2}\left(1-\left(1-\frac{1}{l_j}\right)^{l_j}\right)+\frac{1}{2}\left(1-2^{-l_j}\right)\right] \geq \frac{3}{4}$$

が成立することが主張できる．この主張はすぐに証明することにするが，図 5.2 にその説明を示している．主張が得られているとすると，

$$\mathbf{E}[\max(W_1,W_2)] \geq \frac{3}{4}\sum_{j=1}^m w_j z_j^* = \frac{3}{4}Z_{LP}^* \geq \frac{3}{4}\mathrm{OPT}$$

はすぐに得られる．

以下は，主張の証明である．$l_j = 1$ では

$$\frac{1}{2} \cdot 1 + \frac{1}{2} \cdot \frac{1}{2} = \frac{3}{4}$$

であるので，主張が成立する．また，$l_j = 2$ でも，

$$\frac{1}{2} \cdot \left(1-\left(\frac{1}{2}\right)^2\right)+\frac{1}{2}(1-2^{-2}) = \frac{3}{4}$$

であるので，主張が成立する．すべての $l_j \geq 3$ では，$\left(1-\left(1-\frac{1}{l_j}\right)^{l_j}\right) \geq 1-\frac{1}{\mathrm{e}}$ かつ $\left(1-2^{-l_j}\right) \geq \frac{7}{8}$ より，

$$\frac{1}{2}\left(1-\frac{1}{\mathrm{e}}\right)+\frac{1}{2} \cdot \frac{7}{8} \approx 0.753 \geq \frac{3}{4}$$

となり，主張が成立する． □

これらの二つのアルゴリズムの脱乱択版で得られた解の良いほうの解は，値が少なくとも $\max(\mathbf{E}[W_1],\mathbf{E}[W_2]) \geq \frac{1}{2}\mathbf{E}[W_1]+\frac{1}{2}\mathbf{E}[W_2]$ となる．上記の証明から，その値は $\frac{3}{4}$ OPT 以上

となる．したがって，これらの二つのアルゴリズムの脱乱択版で得られた解の良いほうの解を返すアルゴリズムは，確定的な $\frac{3}{4}$-近似アルゴリズムとなる．

## 5.6 非線形乱択ラウンディング

乱択ラウンディングのこれまでの応用では，線形計画緩和の最適解の変数 $y_i^*$ を，整数計画による定式化での変数 $y_i$ を1として設定する確率として用いてきた．とくに，MAX SAT 問題のケースでは，$x_i$ を確率 $y_i^*$ で真に設定してきた．しかしながら，ある関数 $f:[0,1] \to [0,1]$ を用いて，$x_i$ を確率 $f(y_i^*)$ で真に設定しても，悪いという理由はまったくない．むしろ，これから見ていくように，恒等関数の $f(y_i^*) = y_i^*$ を用いるよりも別の関数の $f(y_i^*)$ を用いることにより，より良い性能保証を持つ近似アルゴリズムが得られることもあるのである．

本節では，非線形の関数 $f$ を用いる乱択ラウンディングで，MAX SAT に対する $\frac{3}{4}$-近似アルゴリズムが直接的に得られることを示す．実際には，そのような関数 $f$ の選び方にはかなりの自由度が存在する．$f$ を

$$1 - 4^{-x} \leq f(x) \leq 4^{x-1} \tag{5.2}$$

を満たす関数 $f:[0,1] \to [0,1]$ とする．それらの下界と上界の関数のグラフを図 5.3 に示している．そこでこれから，クローズ $C_j$ が少なくとも $1 - 4^{-z_j^*} \geq \frac{3}{4} z_j^*$ の確率で充足されることを示すことにする．このことからすぐに $\frac{3}{4}$-近似アルゴリズムが得られる．

**定理 5.12** 上記の関数 $f$ に基づく乱択ラウンディングにより，MAX SAT に対する乱択 $\frac{3}{4}$-近似アルゴリズムが得られる．

**証明**：これまでと同様に，与えられたクローズ $C_j$ が充足される確率を解析することが必要である．関数 $f$ の定義より，

$$\Pr[\text{クローズ } C_j \text{ が充足されない}] = \prod_{i \in P_j}(1 - f(y_i^*)) \prod_{i \in N_j} f(y_i^*) \leq \prod_{i \in P_j} 4^{-y_i^*} \prod_{i \in N_j} 4^{y_i^* - 1}$$

となる．積を書き換えて，$C_j$ に対する線形計画緩和の制約式を用いることにより，

$$\Pr[\text{クローズ } C_j \text{ が充足されない}] \leq \prod_{i \in P_j} 4^{-y_i^*} \prod_{i \in N_j} 4^{y_i^* - 1} = 4^{-\left(\sum_{i \in P_j} y_i^* + \sum_{i \in N_j}(1 - y_i^*)\right)} \leq 4^{-z_j^*}$$

が得られる．さらに，$g(z) = 1 - 4^{-z}$ が区間 $[0,1]$ で凹関数であり，$g(0) = 0$，$g(1) = \frac{3}{4}$ であることに注意して，事実 5.9 を用いると，

$$\Pr[\text{クローズ } C_j \text{ が充足される}] \geq 1 - 4^{-z_j^*} \geq (1 - 4^{-1}) z_j^* = \frac{3}{4} z_j^*$$

が得られる．以上により，アルゴリズムで得られる解の期待値は，

$$\mathbf{E}[W] = \sum_{j=1}^{m} w_j \Pr[\text{クローズ } C_j \text{ が充足される}] \geq \frac{3}{4} \sum_{j=1}^{m} w_j z_j^* \geq \frac{3}{4} \text{OPT}$$

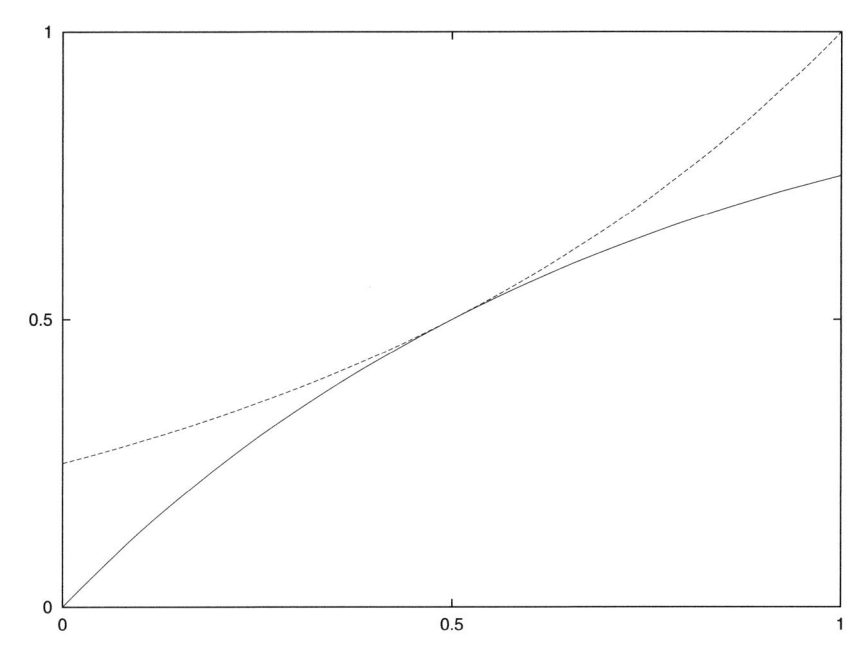

**図 5.3** 式 (5.2) の関数のグラフ（横軸は $x$ の値）．上側の曲線は $4^{x-1}$ のグラフであり，下側の曲線は $1 - 4^{-x}$ のグラフである．

を満たす． □

これまでと同様に，このアルゴリズムも，条件付き期待値法を用いて脱乱択できる．

MAX SAT の $\frac{3}{4}$-近似アルゴリズムにつながるほかの関数 $f$ も存在する．それらのいくつかについては，章末の演習問題で取り上げている．

より工夫を凝らした乱択ラウンディングを用いて，$\frac{3}{4}$ より良い性能保証を持つアルゴリズムを得ることは可能であろうか？ 少なくとも，上記の線形計画緩和の最適解の値とアルゴリズムで得られる解の値を比較して，性能保証を導き出すアルゴリズムでは，答えは NO である．実際これを確認するために，以下の最大充足化問題の入力の例を考える．変数は $x_1$ と $x_2$ からなり，クローズは，$x_1 \vee x_2$, $x_1 \vee \bar{x}_2$, $\bar{x}_1 \vee x_2$, $\bar{x}_1 \vee \bar{x}_2$ の 4 個で，いずれも重みは 1 である．この例において，最適解を含むどの実行可能解でも（4 個のうち）3 個のクローズは充足される．一方，$y_1 = y_2 = \frac{1}{2}$ および 4 個のすべてのクローズ $C_j$ に対して $z_j = 1$ と設定すると，その解はこの線形計画緩和の実行可能解で，値は 4 となる．したがって，MAX SAT のある入力の最適解の値が高々 $\frac{3}{4} \sum_{j=1}^{m} w_j z_j^*$ となることもある．このとき，以下の定義に従い，最大充足化問題に対するこの整数計画による定式化は，$\frac{3}{4}$ の "整数性ギャップ" を持つという．

**定義 5.13** 整数計画問題の**整数性ギャップ** (integrality gap) は，問題のすべての入力上での，整数計画による定式化の最適解の値とその線形計画緩和による最適解の値との比の最悪値として定義される．

上の例は，整数性ギャップが $\frac{3}{4}$ 以下の値を持つことを示している．一方，定理 5.12 の証明は，整数性ギャップが $\frac{3}{4}$ 以上の値を持つことを保証している．整数計画による定式化が整数性ギャップ $\rho$ を持つときには，以下のことが言える．すなわち，最大化問題に対する

アルゴリズムに対して，アルゴリズムで得られる解の値が，線形計画緩和の最適解の値の $\alpha$ 倍以上であるとして性能保証 $\alpha$ が得られているときには，その性能保証 $\alpha$ は $\rho$ 以下となる．同様の命題が最小化問題に対しても成立する．

## 5.7　賞金獲得シュタイナー木問題

　次に，乱択技法が有効なほかの問題を取り上げることにする．とくに，以下の数節では，本書の前の部分で議論した問題のいくつかをもう一度取り上げ，本章で展開した乱択法を用いて，より良い性能保証を得ることができることを示す．

　まず，4.4 節で議論した賞金獲得シュタイナー木問題から振り返ってみることにしよう．賞金獲得シュタイナー木問題では，入力として，無向グラフ $G = (V, E)$，各辺 $e \in E$ に対する辺コスト $c_e \geq 0$，根 $r \in V$ および各点 $i \in V$ に対するペナルティ $\pi_i \geq 0$ が与えられる．目標は，根 $r$ を含む木 $T$ のうちで，$\sum_{e \in T} c_e + \sum_{i \in V - V(T)} \pi_i$ が最小となるようなものを求めることである．なお，$V(T)$ は木 $T$ に含まれる点の集合である．この問題は，以下のように，線形計画問題に緩和でき，ここではそれを利用する．

$$\begin{aligned}
\text{minimize} \quad & \sum_{e \in E} c_e x_e + \sum_{i \in V} \pi_i (1 - y_i) \\
\text{subject to} \quad & \sum_{e \in \delta(S)} x_e \geq y_i, \quad \forall S \subseteq V - \{r\}, S \neq \emptyset, \forall i \in S, \\
& y_r = 1, \\
& y_i \leq 1, \quad \forall i \in V, \\
& x_e \geq 0, \quad \forall e \in E.
\end{aligned}$$

4.4 節の 3-近似アルゴリズムでは，この LP の最適解 $(x^*, y^*)$ を求めて，さらにあるパラメーター $\alpha$ のもとで，$y_i^* \geq \alpha$ となるようなすべての点をターミナル点集合とするシュタイナー木を構築した．そして，アルゴリズムで得られるシュタイナー木に対して以下の主張を与えた．シュタイナー木の辺のコストは，LP 解の小数シュタイナー木の辺の小数コストの $2/\alpha$ 倍以下である．また，シュタイナー木に含まれない点のペナルティのコストは，LP 解の小数シュタイナー木に含まれない点の（ペナルティの）小数コストの $1/(1-\alpha)$ 倍以下である．したがって，$\alpha$ が 1 に近ければ，シュタイナー木の辺のコストは，LP 解の小数シュタイナー木の辺の小数コストの 2 倍程度である．一方，$\alpha$ が 0 に近ければ，シュタイナー木に含まれない点のペナルティのコストは，LP 解の小数シュタイナー木に含まれない点の（ペナルティの）小数コストにほぼ等しい．

　4.4 節では，シュタイナー木の辺のコストとシュタイナー木に含まれない点のペナルティのコストのトレードオフを考慮して，$\alpha = 2/3$ として，3 の性能保証を得た．ここでは，$\alpha$ の値を一通りに固定するのではなく，$\alpha$ の値をランダムに選ぶことにする．こうすることにより，性能保証が 3 から 2.54 に改善できることを以下で眺める．

　4.4 節の補題 4.6 を思いだそう．それは，得られるシュタイナー木のコストを，$\alpha$ と LP

解 $(x^*, y^*)$ を用いて，上から抑えている．

**補題 5.14**（補題 4.6）
$$\sum_{e \in T} c_e \leq \frac{2}{\alpha} \sum_{e \in E} c_e x_e^*.$$

この上界は，$\alpha$ が 0 に近づくに従い無限大に発散するので，$\alpha$ をあまりに 0 に近い値にはしたくない．そこで，あとで決定することにするパラメーター $\gamma$ を用いて，$\alpha$ の値を区間 $[\gamma, 1]$ から一様ランダムに選ぶ．ある区間 $[a, b]$ 上で $x \in [a, b]$ となる確率 $\Pr(X = x)$ が $[a, b]$ 上で定義された確率密度関数 $f(x)$ を用いて $\Pr(X = x) = f(x)$ として与えられる連続な確率変数 $X$（および連続な確率変数 $g(X)$）の期待値は，その区間 $[a, b]$ で $f(x)x$（および $f(x)g(x)$）を積分することで得られることを思いだそう．$[\gamma, 1]$ で一様ランダムな値 $x$ をとる確率変数 $X$ の確率密度関数は定数の $1/(1-\gamma)$ である．したがって，乱択アルゴリズムで得られる木のコストの期待値は以下のように解析できる．

**補題 5.15**
$$\mathbf{E}\left[\sum_{e \in T} c_e\right] \leq \left(\frac{2}{1-\gamma} \ln \frac{1}{\gamma}\right) \sum_{e \in E} c_e x_e^*.$$

証明：単純な計算と積分（および $f(x) = \frac{1}{1-\gamma}$，$g(x) = \frac{2}{x}$）を用いて，
$$\begin{aligned}
\mathbf{E}\left[\sum_{e \in T} c_e\right] &\leq \mathbf{E}\left[\frac{2}{\alpha} \sum_{e \in E} c_e x_e^*\right] \\
&= \mathbf{E}\left[\frac{2}{\alpha}\right] \sum_{e \in E} c_e x_e^* \\
&= \left(\frac{1}{1-\gamma} \int_\gamma^1 \frac{2}{x} dx\right) \sum_{e \in E} c_e x_e^* \\
&= \left[\frac{2}{1-\gamma} \ln x\right]_\gamma^1 \cdot \sum_{e \in E} c_e x_e^* \\
&= \left(\frac{2}{1-\gamma} \ln \frac{1}{\gamma}\right) \sum_{e \in E} c_e x_e^*
\end{aligned}$$
が得られる． □

木に含まれない点のペナルティの期待値も，同様に簡単に解析できる．

**補題 5.16**
$$\mathbf{E}\left[\sum_{i \in V - V(T)} \pi_i\right] \leq \frac{1}{1-\gamma} \sum_{i \in V} \pi_i (1 - y_i^*).$$

証明：$U = \{i \in V : y_i^* \geq \alpha\}$ とする．すると，木に含まれない点は，いずれも $U$ には含まれない．したがって，$\sum_{i \in V - V(T)} \pi_i \leq \sum_{i \notin U} \pi_i$ が得られる．ここで，$\alpha$ の選び方から以下の観察ができることに注意する．すなわち，$y_i^* \geq \gamma$ ならば，$i \notin U$ である確率は $(1 - y_i^*)/(1-\gamma)$ であり，$y_i^* < \gamma$ ならば，$i \notin U$ は確率 1 で成立し，さらに $1 \leq (1-y_i^*)/(1-\gamma)$ である．したがって，いずれにせよ，$i \notin U$ である確率は $(1-y_i^*)/(1-\gamma)$ 以下であり，補題が得られる． □

したがって，以下の定理と系が得られる．

**定理 5.17** 上記の乱択アルゴリズムで得られる解のコストの期待値は

$$\mathbf{E}\left[\sum_{e \in T} c_e + \sum_{i \in V - V(T)} \pi_i\right] \leq \left(\frac{2}{1-\gamma} \ln \frac{1}{\gamma}\right) \sum_{e \in E} c_e x_e^* + \frac{1}{1-\gamma} \sum_{i \in V} \pi_i (1 - y_i^*)$$

を満たす.

**系 5.18** $\gamma = e^{-1/2}$ として上記の乱択ラウンディングアルゴリズムを用いることにより, 賞金獲得シュタイナー木問題に対する $(1 - e^{-1/2})^{-1}$-近似アルゴリズムが得られる. なお, $(1 - e^{-1/2})^{-1} \approx 2.54$ である.

**証明**: 定理 5.17 の右辺の式の二つの項の係数の最大値を, できるだけ小さい値にしたい. 最初の項の係数は $\gamma$ に関して減少関数であり, 2番目の項の係数は $\gamma$ に関して増加関数である. これらの二つの値の最大値は, これらの値を等しい値にしたときに最小になる. したがって, $\frac{2}{1-\gamma} \ln \frac{1}{\gamma} = \frac{1}{1-\gamma}$ から, $\gamma = e^{-1/2}$ が得られる. さらに, 定理 5.17 より, 得られる木のコストは, 高々

$$\frac{1}{1 - e^{-1/2}} \left(\sum_{e \in E} c_e x_e^* + \sum_{i \in V} \pi_i (1 - y_i^*)\right) \leq \frac{1}{1 - e^{-1/2}} \cdot \text{OPT}$$

となる. □

アルゴリズムの脱乱択は容易にできる. $n = |V|$ 個の変数 $y_i^*$ が存在するので, $y_i^*$ の異なる値は高々 $n$ 個である. したがって, $\alpha$ のどの値でも $U = \{i \in V : y_i^* \geq \alpha\}$ は $n$ 個の集合 $U_j = \{i \in V : y_i^* \geq y_j^*\}$ のいずれかに対応する. すなわち, ある置換 $\pi$ を用いて,

$$y_{\pi(1)}^* \leq y_{\pi(2)}^* \leq \cdots \leq y_{\pi(n)}^*$$

と並べられているとする (便宜上, $y_{\pi(0)}^* = 0, y_{\pi(n+1)}^* = 1$ とする). すると, $\alpha$ のどの値に対しても, ある $i \in \{0, 1, \ldots, n\}$ が存在して, $y_{\pi(i)}^* \leq \alpha \leq y_{\pi(i+1)}^*$ が成立する. したがって, (同一の集合もあるので) 高々 $n+1$ 個の区間の集合 $\{[y_{\pi(i)}^*, y_{\pi(i+1)}^*]\}$ のいずれかに, $\alpha$ は含まれることになる. これらの高々 $n+1$ 個の各区間に対して, そこに含まれる値の一つを $\alpha$ として, そのときの木を求める. そして, これらの木でコスト最小の木を確定的アルゴリズムで返すことにする. 返される木のコストは, 乱択アルゴリズムで返される木のコストの期待値より大きくはならないので, 乱択アルゴリズムの性能保証がこの確定的アルゴリズムの性能保証となる. 興味深いことに, この自然な確定的アルゴリズムの性能保証解析を直接的に行う方法は知られていない. 上記の乱択アルゴリズムの解析を通してのみ得られているのである.

前節の最後で, 整数計画による定式化での最適解の値とその線形計画緩和での最適解の値との比のすべての入力にわたる最悪値として, 整数性ギャップを定義したことを思いだそう. さらに, LP ラウンディングを用いて得られる解の性能保証は, 整数性ギャップで抑えられることも説明した. この問題でも, そのことを確かめてみよう. $n$ 個の点からなる閉路のグラフ $G$ を考える. 各点のペナルティは無限大であり, 各辺のコストは 1 であるとする. すると, 各辺 $e$ に対応する変数 $x_e$ の値が $1/2$ (各点 $i$ に対応する変数 $y_i$ は値 1) である解は線形計画緩和の実行可能解でコストが $n/2$ である. 一方, 任意に 1 本の辺を除

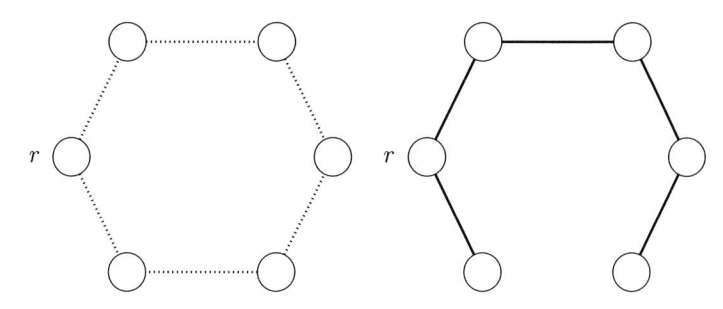

**図 5.4** 賞金獲得シュタイナー木問題に対する整数計画による定式化の整数性ギャップの例．左側の図は線形計画緩和の実行可能解であり，各辺の値は 1/2 である．右側の図は整数計画による定式化の最適解で，各辺の値は 1 である．

いたすべての辺 $e$ で $x_e = 1$（各点 $i$ に対応する変数 $y_i$ は値 1）である解（図 5.4）は，整数計画問題の最適解である．したがって，この例での比は $(n-1)/(n/2) = 2 - 2/n$ となり，この問題の整数性ギャップは $(n-1)/(n/2) = 2 - 2/n$ 以上となる．したがって，前節でも述べたように，賞金獲得シュタイナー木問題に対しては，この整数計画による定式化とその線形計画緩和を用いた LP ラウンディングに基づく方法では，$2 - \frac{2}{n}$ より良い性能保証を達成することはできない．第 14 章では，賞金獲得シュタイナー木問題の別の整数計画による定式化とその線形計画緩和を与えて，主双対法を用いて，賞金獲得シュタイナー木問題に対する 2-近似アルゴリズムを得ることができることを示す．したがって，その整数計画による定式化の線形計画緩和は，整数性ギャップが高々 2 であることも得られる．

## 5.8 容量制約なし施設配置問題

本節では，4.5 節で議論した容量制約なしメトリック施設配置問題を再度取り上げる．この問題では，入力として，利用者の集合 $D$，候補施設の集合 $F$，すべての施設 $i \in F$ の開設コスト $f_i$ および各利用者 $j \in D$ の各施設 $i \in F$ の利用コスト $c_{ij}$ が与えられる．さらに，すべての利用者と施設はメトリック空間内の点として分布していて，すべての利用者 $j, l$ とすべての施設 $i, k$ 間の利用コストに対して $c_{ij} \leq c_{il} + c_{kl} + c_{kj}$ が成立する．目標は，候補施設の集合から施設を選んで開設し，各利用者を開設された施設のうちで最も利用コストの小さい施設に割り当てる際に，開設する施設のコストの総和と利用コストの総和の和が最小になるようにすることである．4.5 節では，この問題の線形計画緩和（LP 緩和）が

$$
\begin{aligned}
\text{minimize} \quad & \sum_{i \in F} f_i y_i + \sum_{i \in F, j \in D} c_{ij} x_{ij} \\
\text{subject to} \quad & \sum_{i \in F} x_{ij} = 1, \quad \forall j \in D, \\
& x_{ij} \leq y_i, \quad \forall i \in F, j \in D, \\
& x_{ij} \geq 0, \quad \forall i \in F, j \in D, \\
& y_i \geq 0, \quad \forall i \in F
\end{aligned}
$$

と書けることを利用した．なお，$x_{ij}$ は利用者 $j$ が施設 $i$ に割り当てられるかどうかを示す変数であり，$y_i$ は施設 $i$ が開設されるかどうかを示す変数である．さらに，そこでは，このLP緩和の以下のように書ける双対問題も利用した．

$$
\begin{aligned}
\text{maximize} \quad & \sum_{j \in D} v_j \\
\text{subject to} \quad & \sum_{j \in D} w_{ij} \leq f_i, & \forall i \in F, \\
& v_j - w_{ij} \leq c_{ij}, & \forall i \in F, j \in D, \\
& w_{ij} \geq 0, & \forall i \in F, j \in D.
\end{aligned}
$$

そして，最終的には，LP最適解 $(x^*, y^*)$ を求めて，利用者 $j$ と施設 $i$ は，$x_{ij}^* > 0$ のときに隣接すると呼んだ．$j$ に隣接する施設の集合を $N(j) = \{i \in F : x_{ij}^* > 0\}$ と表記し，$j$ に隣接するいずれかの施設に隣接する $j$ 以外の利用者の集合を $N^2(j) = \{k \in D - \{j\} : \exists i \in N(j), x_{ik}^* > 0\}$ と表記した．そして，補題4.11で，双対最適解 $(v^*, w^*)$ を用いて，利用者 $j$ を施設 $i \in N(j)$ に割り当てるときの利用コストが $v_j^*$ で抑えられる（すなわち，$c_{ij} \leq v_j^*$ である）ことを示したことを思いだそう．

4.5節のアルゴリズム 4.2 では，まだ施設に割り当てられていない利用者 $j$ のうちで $v_j^*$ が最小となるような $j$ を選び，さらに $N(j)$ に含まれる施設から開設コストの最も小さい施設 $i$ を選んで開設し，$j$ と開設された施設にまだ割り当てられていない $N^2(j)$ の利用者をすべてこの施設 $i$ に割り当てるという，4-近似アルゴリズムを与えた．すなわち，LP最適解 $(x^*, y^*)$ と双対最適解 $(v^*, w^*)$ に対して，アルゴリズムで得られる解は，コストが $\sum_{i \in F} f_i y_i^* + 3 \sum_{j \in D} v_j^* \leq 4 \text{OPT}$ であることを示した．

しかし，その解析では $\sum_{i \in F} f_i y_i^*$ を OPT で抑えているので，その点が少し不満である．すなわち，実際には，$\sum_{i \in F} f_i y_i^* + \sum_{i \in F, j \in D} c_{ij} x_{ij}^* \leq \text{OPT}$ という，より強いことも言えるからである．本節では，乱択ラウンディングを用いて4.5節のアルゴリズムを少し修正することで，より良い3-近似アルゴリズムが得られることを示す．

基本的なアイデアは以下のとおりである．先のアルゴリズムでは，利用者 $j$ を選んだ後に，$N(j)$ に含まれる施設から開設コストの最も小さい施設 $i$ を選んで開設したが，ここではそうではなく，$\sum_{i \in N(j)} x_{ij}^* = 1$ であることに注意して，各施設 $i \in N(j)$ を確率 $x_{ij}^*$ で開設する．これで解析を改善することができるのである．実際，乱択を導入しない先のアルゴリズムでは，開設した施設に割り当てられる利用者の利用コストを最悪の値で解析を進めなければならなかったのに対して，ここの乱択版では，$N(j)$ の施設のすべてにわたって，そのコストを平均化できるからである．

解析がうまく働くようにするために，各反復で選ぶ利用者も修正することにする．そこで，$C_j^* = \sum_{i \in F} c_{ij} x_{ij}^*$ を用いる．なお，$C_j^*$ は，LP最適解 $(x^*, y^*)$ において，利用者 $j$ が割り当てられる施設の利用コストの期待値である．そして，各反復で，開設された施設にまだ割り当てられていない利用者のうちで，$v_j^* + C_j^*$ の値が最小となるような $j$ を選ぶことにする．アルゴリズム 5.1 に，この新しいアルゴリズムをまとめている．先の4.5節のアルゴリズム（アルゴリズム 4.2）と異なる点は，最後から4行目と3行目の部分だけであることに注意しよう．

---

**アルゴリズム 5.1** 容量制約なし施設配置問題に対する乱択ラウンディングアルゴリズム．

主 LP と双対 LP を解いて，主最適解 $(x^*, y^*)$ と双対最適解 $(v^*, w^*)$ を求める
$C \leftarrow D$
$k \leftarrow 0$
**while** $C \neq \emptyset$ **do**
 $k \leftarrow k+1$
 すべての $j \in C$ のうちで $v_j^* + C_j^*$ が最小となる $j_k \in C$ を選ぶ
 確率分布 $x_{ij_k}^*$ に基づいて施設 $i_k \in N(j_k)$ を選び開設する
 $j_k$ と $N^2(j_k)$ の割り当てられていないすべての利用者を $i_k$ に割り当てる
 $C \leftarrow C - \{j_k\} - N^2(j_k)$

---

これで準備ができ，この新しいアルゴリズムの解析ができるようになった．

**定理 5.19** アルゴリズム 5.1 は容量制約なし施設配置問題に対する乱択 3-近似アルゴリズムである．

**証明：** $k$ 回目の反復で開設される施設のコストの期待値は，LP 制約式 $x_{ij_k}^* \leq y_i^*$ から

$$\sum_{i \in N(j_k)} f_i x_{ij_k}^* \leq \sum_{i \in N(j_k)} f_i y_i^*$$

である．4.5 節でも議論したように，$k$ 回目の反復で選ばれる利用者 $j_k$ の隣接施設集合 $N(j_k)$ の族は，全施設の集合のある部分集合の分割になるので，開設される施設の総コストの期待値は，高々

$$\sum_k \sum_{i \in N(j_k)} f_i y_i^* \leq \sum_{i \in F} f_i y_i^*$$

である．

次に，$k$ 回目の反復に固定して議論する．$k$ 回目の反復で選ばれる利用者 $j_k$ を $j$ と表記し，開設される $i_k$ を $i$ と表記する．$j$ がランダムな $i$ に割り当てられる利用コストの期待値は

$$\sum_{i \in N(j)} c_{ij} x_{ij}^* = C_j^*$$

となる．図 5.5 からもわかるように，割り当てられていない利用者 $l \in N^2(j)$ がランダムな $i$ に割り当てられる利用コストの期待値は，利用者 $l$ が，利用者 $j$ に隣接する施設 $h$ に隣接しているとすると，高々

$$c_{hl} + c_{hj} + \sum_{i \in N(j)} c_{ij} x_{ij}^* = c_{hl} + c_{hj} + C_j^*$$

である．補題 4.11 より，$c_{hl} \leq v_l^*$，$c_{hj} \leq v_j^*$ となるので，この右辺の値は $v_l^* + v_j^* + C_j^*$ 以下である．さらに，まだ割り当てられていない利用者のうちで $v_j^* + C_j^*$ の値が最小となる

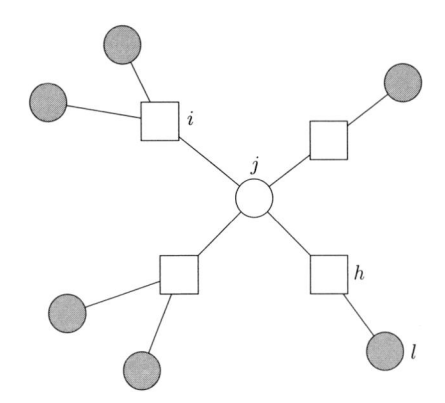

**図 5.5** 定理 5.19 の証明における説明図.

ような利用者 $j$ を選んでいるので，$v_j^* + C_j^* \leq v_l^* + C_l^*$ が成立する．したがって，$l$ を $i$ に割り当てるときの利用コストの期待値は高々

$$v_l^* + v_j^* + C_j^* \leq 2v_l^* + C_l^*$$

である．

以上の議論より，総コストの期待値は，高々

$$\sum_{i \in F} f_i y_i^* + \sum_{j \in D}(2v_j^* + C_j^*) = \sum_{i \in F} f_i y_i^* + \sum_{i \in F, j \in D} c_{ij} x_{ij}^* + 2\sum_{j \in D} v_j^*$$
$$\leq 3\,\mathrm{OPT}$$

であることが得られる． □

性能保証を 4 から 3 に改善できたのは，施設をランダムに選んで開設することにより，解析で割当てのコスト $C_j^*$ を含めることができたからであることに注意しよう．すなわち，施設開設のコストのみを OPT で抑えるのではなく，施設開設のコストと割当てのコストを合わせて，OPT で抑えることができたのである．

以下のように，別の種類の乱択ラウンディングアルゴリズムもあるのでは，と考えるかもしれない．すなわち，LP 最適解 $(x^*, y^*)$ に対して，施設 $i \in F$ を確率 $y_i^*$ で独立に開設し，各利用者を開設された施設のうちで最も利用コストの小さいものに割り当てるというアルゴリズムである．このアルゴリズムは，開設される施設のコストの期待値が $\sum_{i \in F} f_i y_i^*$ であるというきわめて良い特徴を持つ．しかしながら，この単純なアルゴリズムでは，開設される施設がまったくないという状況がゼロでない確率で起こる．したがって，利用者を施設に割り当てる利用コストの期待値が無限大になることもありうる．これが問題なのである．このアルゴリズムの修正版を，本書の後の 12.1 節で取り上げることにする．

## 5.9 単一マシーンによるジョブの重み付き完了時刻の和の最小化

本節では，4.2 節で議論した発生時刻の付随するジョブに対して，単一マシーンによるスケジューリングで，ジョブの重み付き完了時刻の和が最小になるようなスケジュール

## 5.9 単一マシンによるジョブの重み付き完了時刻の和の最小化

を求める問題を再度取り上げる．その問題では，入力として，$n$個のジョブ，各ジョブ$j$ $(j=1,\ldots,n)$の処理時間$p_j > 0$，重み$w_j \geq 0$と発生時刻$r_j \geq 0$が与えられる．処理時間$p_j$と発生時刻$r_j$は，それぞれ正整数と非負整数であることを思いだそう．これらのジョブを単一のマシン上で処理するスケジュールを構成する．このとき，マシンはどの時点でも高々1個のジョブしか処理できない．また，どのジョブも発生時刻より前にマシーンで処理を始めることはできない．さらに，各ジョブは，いったんマシンで処理が始められると，"途中中断することなく"，最後まで処理が続けられなければならない．そのスケジュールで，ジョブ$j$の完了する時刻を$C_j$とする．目標は，$\sum_{j=1}^{n} w_j C_j$が最小となるスケジュールを求めることである．

4.2節では，この問題の線形計画緩和を与えた．ここでは，乱択ラウンディングを適用するために，この問題に対して別の整数計画による定式化を用いる．実際には，この問題の整数計画による定式化ではなく，整数計画"緩和"問題による定式化を用いる．そこでは，ジョブが中断可能としてスケジュールされた解も実行可能解となる．一方，ジョブ$j$の完了時刻が目的関数に寄与する値は，ジョブ$j$が中断なしでスケジュールされない限り，$w_j C_j$より小さくなる．したがって，この整数計画問題は緩和であると見なせる．中断なしスケジュールに対応する解はいずれも，目的関数の値が，ジョブの重み付き完了時刻の和に等しくなるからである．

さらに，この緩和は整数計画問題であり，制約式の個数も変数の個数も問題の入力サイズの指数関数となるものの，多項式時間で最適解を求めることができるのである．

整数計画緩和を与えよう．$\max_j r_j + \sum_{j=1}^{n} p_j$を$T$とおく．値$T$は，すべてのジョブをこの時刻までに完了する中断なしスケジュールを明示的に構成できるという，最も遅い時刻である．そこで，各$j=1,\ldots,n$と各$t=1,\ldots,T$に対して変数$y_{jt}$を導入して，その値は

$$y_{jt} = \begin{cases} 1 & (\text{ジョブ}j\text{が時刻}[t-1,t)\text{で処理されるとき}) \\ 0 & (\text{それ以外のとき}) \end{cases}$$

をとるとする．このスケジューリング問題の制約式を正確に把握するために，一連の制約式を用いる．マシーンはどの時刻$t=1,\ldots,T$でも高々1個のジョブしか処理できないので，

$$\sum_{j=1}^{n} y_{jt} \leq 1$$

の制約式を考える．また，各ジョブ$j=1,\ldots,n$に対して，ジョブ$j$は，処理時間が$p_j$であるので，

$$\sum_{t=1}^{T} y_{jt} = p_j$$

の制約式を考える．各ジョブ$j=1,\ldots,n$に対して，どのジョブ$j$も発生時刻より前に処理を始めることはできないので，各時刻$t=1,\ldots,r_j$に対する

$$y_{jt} = 0$$

の制約式と，各$t=r_j+1,\ldots,T$に対する

$$y_{jt} \in \{0,1\}$$

の制約式を考える．この整数計画問題のサイズは，$T$ が $r_j$ と $p_j$ を表現するのに必要なビット数の指数関数となるので，入力のサイズの指数関数となることに注意しよう．

最後に，変数 $y_{jt}$ ($j = 1, \ldots, n$) を用いて，ジョブ $j$ の完了時刻を表現することも必要である．中断なしスケジュールが与えられているとする．そして，ジョブ $j$ が時刻 $D$ で完了するとする．変数 $y_{jt}$ はジョブ $j$ が時刻 $t$ で（正確には $[t-1, t)$ で）処理されているかどうかを表しているので，上記の仮定から，各 $t = D - p_j + 1, \ldots, D$ で $y_{jt} = 1$ であり，それ以外の時刻で $y_{jt} = 0$ である．ここで，各単位時刻の中間時刻で（すなわち，各 $t = D - p_j + 1, \ldots, D$ に対して，$t - \frac{1}{2}$ で）ジョブ $j$ が処理されていると考えて，ジョブ $j$ の処理が半分完了する時刻の $D - \frac{p_j}{2}$ が得られる．すなわち，

$$\frac{1}{p_j} \sum_{t=D-p_j+1}^{D} \left(t - \frac{1}{2}\right) = D - \frac{p_j}{2}$$

からこれが得られる．$y_{jt}$ の設定法により，この式は

$$\frac{1}{p_j} \sum_{t=1}^{T} y_{jt} \left(t - \frac{1}{2}\right) = D - \frac{p_j}{2}$$

と書ける．変数 $C_j$ でジョブ $j$ の完了時刻を表すことにする．すると，上記の式から，変数 $C_j$ は

$$C_j = \frac{1}{p_j} \sum_{t=1}^{T} y_{jt} \left(t - \frac{1}{2}\right) + \frac{p_j}{2}$$

と書ける．

この変数 $C_j$ は，1 に設定されるすべての変数 $y_{jt}$ が連続していないときには，ジョブ $j$ の完了時刻を過小評価することになる．これは，以下のようにして理解できる．まず，完了時刻が $D$ で，すべての $t = D - p_j + 1, \ldots, D$ で $y_{jt} = 1$ の上記のケースから考えよう．上述の議論により，このときには $C_j = D$ である．変数 $y_{jt}$ が（$t \geq D$ では上と同じで $y_{jt} = 0$ であるとして）ある $t \in [D - p_j + 1, D - 1]$ で $y_{jt} = 0$ であり，ある $t' \leq D - p_j$ で $y_{jt'} = 1$ であると変えてみる．すると，完了時刻は $D$ で変わらないが，変数 $C_j$ の値は減少する．

この問題に対して用いる "整数" 計画緩和は以下のように書ける．

$$\text{minimize} \sum_{j=1}^{n} w_j C_j \tag{5.3}$$

$$\text{subject to} \quad \sum_{j=1}^{n} y_{jt} \leq 1, \qquad t = 1, \ldots, T, \tag{5.4}$$

$$\sum_{t=1}^{T} y_{jt} = p_j, \qquad j = 1, \ldots, n, \tag{5.5}$$

$$y_{jt} = 0, \qquad j = 1, \ldots, n; \, t = 1, \ldots, r_j,$$

$$y_{jt} \in \{0, 1\}, \qquad j = 1, \ldots, n; \, t = 1, \ldots, T,$$

$$C_j = \frac{1}{p_j} \sum_{t=1}^{T} y_{jt} \left(t - \frac{1}{2}\right) + \frac{p_j}{2}, \quad j = 1, \ldots, n. \tag{5.6}$$

変数 $y_{jt}$ が整数の値をとるように制限しているが，対応する線形計画緩和は，最適解として，これらの変数が整数の値をとるものを持つことが，広く知られている（この現象のより単純なケースを演習問題 4.6 で取り上げていた）．

次に，この問題に対する乱択ラウンディングアルゴリズムを考える．整数計画緩和の最適解を $(y^*, C^*)$ とする．各ジョブ $j$ に対して，$X_j$ は確率 $y_{jt}^*/p_j$ で $t - \frac{1}{2}$ の値をとる確率変数であるとする．ここで，式 (5.5) により，$\sum_{t=1}^{T} \frac{y_{jt}^*}{p_j} = 1$ であることに注意しよう．したがって，各ジョブ $j$ に対して，$y_{jt}^*/p_j$ は，時刻 $t$ における確率分布を与えていると見なせる．$T$ が入力のサイズの指数関数であり，乱択ラウンディングを行うためにはこの整数計画問題を解かなければならないので，乱択ラウンディングアルゴリズムが多項式時間で走るようにするには工夫が必要である．しかし，ここでは，しばらくの間その議論はわきに置いておくことにする．4.1 節と 4.2 節のアルゴリズムのときと同様に，$X_j$ の値による順番で，各ジョブをできるだけ早く処理するようにスケジュールしていく．一般性を失うことなく，$X_1 \leq X_2 \leq \cdots \leq X_n$ であると仮定できる．そして，ジョブ 1 の可能な最も早い時刻であるジョブ 1 の発生時刻 $r_1$ でジョブ 1 の処理を始めるようにスケジュールする．次に，ジョブ 2 を可能な最も早い時刻にスケジュールし，以下同様に，一般のジョブ $j$ を可能な最も早い時刻（すなわち，ジョブ $j-1$ の完了時刻とジョブ $j$ の発生時刻 $r_j$ の遅いほうの時刻）で処理を始めるようにスケジュールする．こうして得られるスケジュールにおいて，ジョブ $j$ の完了時刻を表す確率変数を $\hat{C}_j$ とする．

固定された $X_j$ の値のもとでの $\hat{C}_j$ の期待値を考えて，このアルゴリズムの解析を始める．

**補題 5.20** $\mathbf{E}[\hat{C}_j | X_j = x] \leq p_j + 2x$.

**証明**：補題 4.2 の証明において議論したように，$\max_{k=1,\ldots,j} r_k$ と $\hat{C}_j$ の間にアイドルとなる時刻は存在しない．したがって，$\hat{C}_j \leq \max_{k=1,\ldots,j} r_k + \sum_{k=1}^{j} p_k$ となる．乱択ラウンディングにおけるジョブの順番から，$R = \max_{k=1,\ldots,j} r_k$ の値をとる確率変数 $R$ と確率変数 $P = \sum_{k=1}^{j-1} p_k$ を用いると，上記の不等式により，$\hat{C}_j$ は上から $\hat{C}_j \leq R + P + p_j$ と抑えられる．

最初に，$X_j = x$ のもとでの $R$ の値を抑えることにする．$t \leq r_k$ で $y_{kt}^* = 0$ であるので，任意のジョブ $k$ で $X_k \geq r_k + \frac{1}{2}$ が成立する．したがって，

$$R \leq \max_{k: X_k \leq X_j} r_k \leq \max_{k: X_k \leq X_j} X_k - \frac{1}{2} \leq X_j - \frac{1}{2} = x - \frac{1}{2}$$

が得られる．

次に，$X_j = x$ のもとでの $P$ の期待値を抑えることにする．それは以下のように抑えることができる．まず，

$$\mathbf{E}[P | X_j = x] = \sum_{k: k \neq j} p_k \Pr[\text{ジョブ } k \text{ がジョブ } j \text{ より先に処理される} | X_j = x]$$

$$= \sum_{k: k \neq j} p_k \Pr[X_k \leq X_j | X_j = x]$$

$$= \sum_{k: k \neq j} p_k \sum_{t=1}^{x+\frac{1}{2}} \Pr\left[X_k = t - \frac{1}{2}\right]$$

と書けることに注意する．確率 $y_{kt}^*/p_k$ で $X_k = t - \frac{1}{2}$ と設定しているので，

$$\mathbf{E}[P | X_j = x] = \sum_{k: k \neq j} p_k \left( \sum_{t=1}^{x+\frac{1}{2}} \frac{y_{kt}^*}{p_k} \right) = \sum_{k: k \neq j} \sum_{t=1}^{x+\frac{1}{2}} y_{kt}^* = \sum_{t=1}^{x+\frac{1}{2}} \sum_{k: k \neq j} y_{kt}^*$$

が得られる．整数計画緩和の制約式 (5.4) により，すべての時刻 $t$ で $\sum_{k:k\neq j} y_{kt} \leq 1$ であるので，

$$\mathbf{E}[P|X_j = x] = \sum_{t=1}^{x+\frac{1}{2}} \sum_{k:k\neq j} y_{kt}^* \leq x + \frac{1}{2}$$

となる．したがって，

$$\mathbf{E}[\hat{C}_j|X_j = x] \leq p_j + \mathbf{E}[R|X_j = x] + \mathbf{E}[P|X_j = x] \leq p_j + \left(x - \frac{1}{2}\right) + \left(x + \frac{1}{2}\right) = p_j + 2x$$

が得られる． □

上記の補題を用いて，以下の定理が証明できる．

**定理 5.21** 上記の乱択ラウンディングアルゴリズムは，発生時刻の付随するジョブの単一マシーンによる重み付き完了時刻の総和の最小化スケジューリング問題に対する乱択 2-近似アルゴリズムである．

**証明**： 上記の補題により，

$$\mathbf{E}[\hat{C}_j] = \sum_{t=1}^{T} \mathbf{E}\left[\hat{C}_j \middle| X_j = t - \frac{1}{2}\right] \Pr\left[X_j = t - \frac{1}{2}\right]$$

$$\leq p_j + 2\sum_{t=1}^{T} \left(t - \frac{1}{2}\right) \Pr\left[X_j = t - \frac{1}{2}\right]$$

$$= p_j + 2\sum_{t=1}^{T} \left(t - \frac{1}{2}\right) \frac{y_{jt}^*}{p_j}$$

$$= 2\left[\frac{p_j}{2} + \frac{1}{p_j}\sum_{t=1}^{T} \left(t - \frac{1}{2}\right) y_{jt}^*\right]$$

$$= 2C_j^* \tag{5.7}$$

が得られる．なお，等式 (5.7) は，整数計画緩和の式 (5.6) による $C_j^*$ の定義から得られる．したがって，$\sum_{j=1}^{n} w_j C_j^*$ が整数計画緩和の目的関数であり，OPT の下界であるので，

$$\mathbf{E}\left[\sum_{j=1}^{n} w_j \hat{C}_j\right] = \sum_{j=1}^{n} w_j \mathbf{E}[\hat{C}_j] \leq 2\sum_{j=1}^{n} w_j C_j^* \leq 2\,\mathrm{OPT}$$

が得られる． □

この問題に対して，確定的な 2-近似アルゴリズムは存在するものの，これまでの乱択アルゴリズムと異なり，この乱択アルゴリズムを直接的に脱乱択する方法は知られていない．

次に，この整数計画緩和を多項式時間で解くことができて，上記の乱択ラウンディングアルゴリズムも多項式時間で走るようにできることを示すことにする．最初に，重みと処理時間の比（単位処理時間当たりの重み）をソートして，非増加順にジョブを並べる．必要ならばインデックスを置換して，ジョブは $\frac{w_1}{p_1} \geq \frac{w_2}{p_2} \geq \cdots \geq \frac{w_n}{p_n}$ と並べられていると

する．ここで，以下のルールに基づいてスケジュールを構成する（それは中断可能スケジュールとなることもある）．常に，処理が完了していない処理可能なジョブで，最小のインデックスのジョブを処理するようにスケジュールする．より詳しくは，時刻 $t$ を 1 から $T$ へ順次進めながら，以下のように行う．$r_j \leq t-1$ かつ $\sum_{z=1}^{t-1} y_{jz}^* < p_j$ を満たすようなジョブ（すなわち，まだ完了していない処理可能なジョブ）$j$ が存在するときには，そのような $j$ のうちで最小の値を改めて $j$ とする．そして，ジョブ $j$ に対して $y_{jt}^* = 1$ とし，それ以外のすべてのジョブ $k \neq j$ に対して $y_{kt}^* = 0$ とする．そのような $j$ が存在しないときには，すべてのジョブ $j$ に対して $y_{jt}^* = 0$ とする．このスケジュールの作成において，$n$ 個のジョブの発生時刻 $r_j$ と $n$ 個のジョブの処理が終わる時刻しか存在しないことから，最小値を達成するインデックスが変化する時刻は高々 $2n$ 個しか存在しないことがわかる．したがって，実際には，各時間帯でどのジョブが処理されるかを割り当てる高々 $2n$ 個の時間帯からなる系列として，スケジュールを与えることができる．すべての時刻 $t$ で明示的に列挙することなく，多項式時間でこの時間帯の区間集合を計算できることを確認することは困難なくできる．さらに，$y_{jt}$ による $C_j$ の表現法について説明した上記の議論により，$a+1$ から $b$ まですべての $t$ で $y_{jt}=1$ であるときには，$\sum_{t=a+1}^{b} y_{jt}\left(t-\frac{1}{2}\right) = (b-a)(b-\frac{1}{2}(b-a))$ となるので，これらの区間からすべての変数 $C_j^*$ の値を計算することができる．構成される解 $(y^*, C^*)$ が実際に最適解であることは後述する．

上記の乱択ラウンディングアルゴリズムは，以下のアルゴリズムと等価であるので，多項式時間で走るようにすることができる．各ジョブ $j$ に対して，値 $\alpha_j \in [0,1]$ を独立に一様ランダムに選ぶ．$X_j$ はジョブ $j$ の "$\alpha_j$-ポイント" であるとする．すなわち，それは，中断可能スケジュールにおいて，ジョブ $j$ の処理全体の $\alpha_j$ の割合の処理（したがって，$\alpha_j p_j$ 単位の処理）が完了する時刻である．中断可能スケジュールを記述する区間の集合から，この時刻を多項式時間で容易に計算できることに注意しよう．そして，乱択ラウンディングアルゴリズムで行ったように，ジョブを $X_j$ の順番に従ってスケジュールする．これが，元のアルゴリズムと等価であることは，以下のようにして理解できる．$X_j \in [t-1, t)$ の確率を考える．これは，単にこの区間でジョブ $j$ の $\alpha_j p_j$ 単位のジョブが完了する確率となり，

$$\sum_{s=1}^{t-1} y_{js}^* \leq \alpha_j p_j < \sum_{s=1}^{t} y_{js}^*$$

となる確率である．すなわち，$\alpha_j \in [\frac{1}{p_j}\sum_{s=1}^{t-1} y_{js}^*, \frac{1}{p_j}\sum_{s=1}^{t} y_{js}^*)$ となる確率である．$\alpha_j$ は一様ランダムに選ばれているので，この確率は $y_{jt}^*/p_j$ となる．したがって，$\alpha_j$-ポイントアルゴリズムで $X_j \in [t-1, t)$ である確率は，元のアルゴリズムで $X_j \in [t-1, t)$ である確率と等しくなり，性能保証の証明も，小さな修正をするだけで同様に行える．

興味深いことに，$[0,1]$ から一様ランダムに選ばれた単一の値の $\alpha$ を用いて，$X_j$ をジョブ $j$ の $\alpha$-ポイントとして，$X_j$ の順番に従ってジョブをスケジューリングすることにしても，2-近似アルゴリズムが得られる．そのことの証明は，（複雑で）本節の範囲を超える．しかしながら，単一の値の $\alpha$ を用いるアルゴリズムは，容易に脱乱択できる．$\alpha \in [0,1]$ のすべての値の選択でも，高々 $n$ 個の異なるスケジュールしか可能でないことが示せるからである．したがって，$n$ 個のスケジュールをすべて列挙して，完了時刻の重み付き和を最小にするものを選ぶだけで，確定的な 2-近似アルゴリズムが得られる．

最後に，構成される解 $(y^*, C^*)$ が実際に最適解であることさえ示せばよい．これは，演習問題 5.11 の直接的な交換議論から得られるが，その証明は読者の演習問題としよう．

**補題 5.22** 上記の整数計画問題の解 $(y^*, C^*)$ は最適解である．

## 5.10 Chernoff 限界

本節では，乱択ラウンディングアルゴリズムにきわめて有効となる定理をいくつか紹介する．それらの定理の本質は要約すると以下のように言える．すなわち，0-1 の値をとる $n$ 個の独立な確率変数の和が，和の期待値から遠く離れることはほとんどないということである．その後の二つの節では，これらの定理の有効性を具体的に説明する．

主定理を述べることから始めよう．

**定理 5.23** $X_1, \ldots, X_n$ は，（必ずしも同一の分布に属するとは限らない）0-1 の値をとる $n$ 個の独立な確率変数であるとする．さらに，$X = \sum_{i=1}^{n} X_i$ かつ $\mu = \mathbf{E}[X]$ とする．すると，任意の $L \leq \mu \leq U$ と $\delta > 0$ に対して，

$$\Pr[X \geq (1+\delta)U] < \left(\frac{\mathrm{e}^{\delta}}{(1+\delta)^{(1+\delta)}}\right)^U$$

と（さらに $\delta < 1$ として）

$$\Pr[X \leq (1-\delta)L] < \left(\frac{\mathrm{e}^{-\delta}}{(1-\delta)^{(1-\delta)}}\right)^L$$

が成立する．

2 番目の定理は，上記の定理の 0-1 の値をとる確率変数 $X_i$ を，$0 < a_i \leq 1$ を満たす 0-$a_i$ の値をとる確率変数 $X_i$ へと一般化している．

**定理 5.24** $X_1, \ldots, X_n$ は，（必ずしも同一の分布に属するとは限らない）$n$ 個の独立な確率変数であり，各 $X_i$ は値 0 あるいは $0 < a_i \leq 1$ のある値 $a_i$ をとるものとする．さらに，$X = \sum_{i=1}^{n} X_i$ かつ $\mu = \mathbf{E}[X]$ とする．すると，任意の $L \leq \mu \leq U$ と $\delta > 0$ に対して，

$$\Pr[X \geq (1+\delta)U] < \left(\frac{\mathrm{e}^{\delta}}{(1+\delta)^{(1+\delta)}}\right)^U$$

と（さらに $\delta < 1$ として）

$$\Pr[X \leq (1-\delta)L] < \left(\frac{\mathrm{e}^{-\delta}}{(1-\delta)^{(1-\delta)}}\right)^L$$

が成立する．

これらの定理は，Chernoff による結果の一般化であり，確率変数の和がその平均から遠く離れる確率を抑えるものであるので，Chernoff 限界とも呼ばれる．

これらの限界を証明するために，**Markov の不等式** (Markov's inequality) として広く知られている以下の補題を用いる．

**補題 5.25 (Markov の不等式)**　$X$ は非負の値をとる確率変数であるとする．すると，任意の $a > 0$ に対して $\Pr[X \geq a] \leq \mathbf{E}[X]/a$ が成立する．

**証明**：$X$ が非負の値をとるので，$\mathbf{E}[X] \geq a \Pr[X \geq a]$ となり，不等式が得られる．　□

これで，定理 5.24 を証明する準備ができた．

**定理 5.24 の証明**：定理の最初の不等式だけを証明する．第二の不等式も同様にして得られる．$\mathbf{E}[X] = 0$ のときには，$X = 0$ となるので，不等式は自明に成立する[1]．そこで，以下では，$\mathbf{E}[X] > 0$ であると仮定する．したがって，$\mathbf{E}[X_i] > 0$ を満たす $i$ が存在する．さらに，$\mathbf{E}[X_i] = 0$ となるときには $X_i = 0$ であるので，そのような $i$ をすべて無視することにする．そして，$p_i = \Pr[X_i = a_i]$ とする．上記の仮定から，$\mathbf{E}[X_i] > 0$ かつ $p_i > 0$ である．したがって，$\mu = \mathbf{E}[X] = \sum_{i=1}^{n} p_i a_i \leq U$ となる．任意の $t > 0$ に対して，

$$\Pr[X \geq (1+\delta)U] = \Pr[e^{tX} \geq e^{t(1+\delta)U}]$$

が成立する．Markov の不等式から，

$$\Pr[e^{tX} \geq e^{t(1+\delta)U}] \leq \frac{\mathbf{E}[e^{tX}]}{e^{t(1+\delta)U}} \tag{5.8}$$

も成立する．したがって，

$$\mathbf{E}[e^{tX}] = \mathbf{E}\left[e^{t \sum_{i=1}^{n} X_i}\right] = \mathbf{E}\left[\prod_{i=1}^{n} e^{tX_i}\right] = \prod_{i=1}^{n} \mathbf{E}[e^{tX_i}] \tag{5.9}$$

が得られる．なお，最後の等式は $X_i$ の独立性より得られる．さらに，各 $i$ に対して，

$$\mathbf{E}[e^{tX_i}] = (1 - p_i) + p_i e^{t a_i} = 1 + p_i (e^{t a_i} - 1)$$

が成立する．任意の $t > 0$ で $e^{t a_i} - 1 \leq a_i (e^t - 1)$ が成立するので，$\mathbf{E}[e^{tX_i}] \leq 1 + p_i a_i (e^t - 1)$ となることを，後に示すことにする．$x > 0$ に対して $1 + x < e^x$ であることと $t, a_i, p_i > 0$ であることを用いて，

$$\mathbf{E}[e^{tX_i}] < e^{p_i a_i (e^t - 1)}$$

が得られる．これらを 等式 (5.9) に代入して，

$$\mathbf{E}[e^{tX}] < \prod_{i=1}^{n} e^{p_i a_i (e^t - 1)} = e^{\sum_{i=1}^{n} p_i a_i (e^t - 1)} \leq e^{U(e^t - 1)}$$

---

[1] 訳注：$U = 0$ のときは $\Pr[X \geq (1+\delta)U] = \Pr[X \geq 0] = 1$ となって，$\Pr[X \geq (1+\delta)U] < \left(\frac{e^\delta}{(1+\delta)^{(1+\delta)}}\right)^U = 1$ は成立しない．しかし，この定理が実際に必要になるのは $\mathbf{E}[X] > 0$ のとき（あるいは $\mathbf{E}[X] = 0 < U$ のとき）であるので，この例外は無視できる．

が得られる．これを不等式 (5.8) に適用して，$t = \ln(1+\delta) > 0$ とおくと，所望の

$$\Pr[X \geq (1+\delta)U] \leq \frac{\mathbf{E}[e^{tX}]}{e^{t(1+\delta)U}}$$
$$< \frac{e^{U(e^t-1)}}{e^{t(1+\delta)U}}$$
$$= \left(\frac{e^\delta}{(1+\delta)^{(1+\delta)}}\right)^U$$

が得られる．

最後に，任意の $t > 0$ で $e^{a_i t} - 1 \leq a_i(e^t - 1)$ であることを確認する．そこで，$f(t) = a_i(e^t - 1) - (e^{a_i t} - 1)$ とする．すると，$f(t)$ の微分は $f'(t) = a_i e^t - a_i e^{a_i t}$ となる．したがって，$0 < a_i \leq 1$ であるので，任意の $t \geq 0$ で $f'(t) = a_i e^t - a_i e^{a_i t} \geq 0$ となる．すなわち，$f(t)$ は $t \geq 0$ で単調非減少である．$f(0) = 0$ であり，関数 $f(t)$ は単調非減少であるので，不等式 $e^{a_i t} - 1 \leq a_i(e^t - 1)$ が成立することになる． □

定理 5.23 と定理 5.24 の不等式の右辺は少し複雑な形をしているので，結果を少し弱めることになるものの，右辺がより単純な形式のものを考えることも有効であろう．

**補題 5.26** 任意の $0 \leq \delta \leq 1$ に対して，

$$\left(\frac{e^\delta}{(1+\delta)^{(1+\delta)}}\right)^U \leq e^{-U\delta^2/3}$$

であり，任意の $0 \leq \delta < 1$ に対して

$$\left(\frac{e^{-\delta}}{(1-\delta)^{(1-\delta)}}\right)^L \leq e^{-L\delta^2/2}$$

である．

**証明**：最初の不等式の両辺のそれぞれに対して，対数をとり，不等式

$$U(\delta - (1+\delta)\ln(1+\delta)) \leq -U\delta^2/3$$

を示すことにする．$\delta = 0$ でこの不等式が成立することは明らかである．したがって，$0 \leq \delta \leq 1$ で左辺の微分の値が右辺の微分の値を超えることのないことを示せば，$0 \leq \delta \leq 1$ で不等式が成立することが得られる．したがって，両辺を微分して得られる以下の不等式

$$-U\ln(1+\delta) \leq -2U\delta/3$$

を示せば十分である．そこで，$f(\delta) = -U\ln(1+\delta) + 2U\delta/3$ とおく．すると，$[0,1]$ の区間で $f(\delta) \leq 0$ であることを示せば十分である．$f(0) = 0$ であり，さらに，$-\ln 2 \approx -0.693 < -2/3$ であるので，$f(1) \leq 0$ であることに注意しよう．したがって，区間 $[0,1]$ で $f(\delta)$ の 2 階微分が $f''(\delta) \geq 0$ であることが示せれば，区間 $[0,1]$ で $f(\delta)$ は凸となり，さらに，事実 5.9 における関数に負符号をつけて凸関数版を考えることにより，区間 $[0,1]$ で $f(\delta) \leq 0$ であると結論づけることができる．そこで，$f'(\delta) = -U/(1+\delta) + 2U/3$ かつ

$f''(\delta) = U/(1+\delta)^2$ となることに注意する．したがって，$\delta \in [0,1]$ で $f''(\delta) \geq 0$ が得られ，不等式が得られる．

次に，2番目の不等式が $0 \leq \delta < 1$ で成立することを議論する．そこで，両辺のそれぞれに対して，対数をとり，不等式

$$L(-\delta - (1-\delta)\ln(1-\delta)) \leq -L\delta^2/2$$

を示すことにする．$\delta = 0$ ではこの不等式が成立することは明らかである．さらに，$0 \leq \delta < 1$ で左辺の微分の値が右辺の微分の値を超えることのないことを示せば，$0 < \delta < 1$ でも不等式が成立することが得られる．そこで，両辺を微分して得られる以下の不等式

$$L\ln(1-\delta) \leq -L\delta$$

が $0 \leq \delta < 1$ で成立することを示す．ここでも議論は同様である．まず $\delta = 0$ でこの不等式が成立する．したがって，$0 \leq \delta < 1$ で左辺の微分の値が右辺の微分の値を超えることのないことを示せば，$0 \leq \delta < 1$ で不等式が成立することが得られる．両辺のそれぞれの微分から，$0 \leq \delta < 1$ で不等式

$$-L/(1-\delta) \leq -L$$

を満たすことが得られる． □

$\delta = 1$ のときに，$X \leq (1-\delta)L$ である確率の上界を与えることも有効になるときがある．変数 $X_i$ のとる値は 0-1 あるいは 0-$a_i$ から選ばれるので，これは $X = 0$ である確率の上界を与えることに注意しよう．その上界は以下のように与えられる．

**補題 5.27** $X_1, \ldots, X_n$ は（必ずしも同一の分布に属するとは限らない）$n$ 個の独立な確率変数であり，各 $X_i$ は値 0 あるいは $0 < a_i \leq 1$ のある値 $a_i$ をとるものとする．さらに，$X = \sum_{i=1}^n X_i$ かつ $\mu = \mathbf{E}[X]$ とする．すると，任意の $L \leq \mu$ に対して

$$\Pr[X = 0] < e^{-L}$$

である．

**証明**：$\mu = \mathbf{E}[X] = 0$ のときには，$X = 0$ かつ $L \leq \mu = 0$ となるので，不等式は自明に成立する[2]．そこで，以下では $\mu = \mathbf{E}[X] > 0$ であると仮定する．$p_i = \Pr[X_i = a_i]$ とする．すると，$\mu = \sum_{i=1}^n a_i p_i$ と

$$\Pr[X = 0] = \prod_{i=1}^n (1 - p_i)$$

が得られる．事実 5.8 の算術平均幾何平均不等式を適用すると，

$$\prod_{i=1}^n (1 - p_i) \leq \left[\frac{1}{n}\sum_{i=1}^n (1 - p_i)\right]^n = \left[1 - \frac{1}{n}\sum_{i=1}^n p_i\right]^n$$

---

[2] 訳注：$L = 0 = \mu = \mathbf{E}[X]$ のときは $\Pr[X = 0] = 1$ となって，$\Pr[X = 0] < e^{-L} = 1$ は成立しない．しかし，この定理が実際に必要になるのは $\mathbf{E}[X] > 0$ のとき（あるいは $L < \mathbf{E}[X] = 0$ のとき）であるので，この例外は無視できる．

が得られる．さらに，各$a_i$は$a_i \leq 1$であるので，

$$\left[1 - \frac{1}{n}\sum_{i=1}^{n} p_i\right]^n \leq \left[1 - \frac{1}{n}\sum_{i=1}^{n} a_i p_i\right]^n = \left[1 - \frac{1}{n}\mu\right]^n$$

が得られる．ここで，任意の$x > 0$で$1 - x < e^{-x}$が成立することを用いると，

$$\left[1 - \frac{1}{n}\mu\right]^n < e^{-\mu} \leq e^{-L}$$

が得られる． □

補題 5.27 の系として，定理 5.24（補題 5.26）の限界は（$L \leq \mu$ のもとで）$\delta = 1$ のケースまで拡張できることが得られる．実際には，さらに任意の正の$\delta$にまで限界を拡張できる．$\delta > 1$と$L \geq 0$に対して，$X < (1-\delta)L$である確率は 0 であるからである．

**系 5.28** $X_1, \ldots, X_n$ は（必ずしも同一の分布に属するとは限らない）$n$ 個の独立な確率変数であり，各$X_i$は値 0 あるいは$0 < a_i \leq 1$のある値$a_i$をとるものとする．さらに，$X = \sum_{i=1}^{n} X_i$ かつ $\mu = \mathbf{E}[X]$ とする．すると，任意の$0 \leq L \leq \mu$と任意の$\delta > 0$に対して

$$\Pr[X \leq (1-\delta)L] < e^{-L\delta^2/2}$$

である．

## 5.11 整数多品種フロー

乱択ラウンディングの枠組みで Chernoff 限界がどのように利用できるかについて，**最小容量多品種フロー問題 (minimum-capacity multicommodity flow problem)** を例にとって説明する．最小容量多品種フロー問題では，入力として，無向グラフ$G = (V, E)$と各$i = 1, \ldots, k$に対する点対$s_i, t_i \in V$が$k$組与えられる．目標は，各$i = 1, \ldots, k$で$s_i$と$t_i$を結ぶ単純なパスの集合のうちで，同一の辺を通るパスの個数の最大値が最小となるものを求めることである．この問題は，チップ上で配線のルートを決定するときに生じる．すなわち，このルーティング問題では，$k$個の配線のルートを決定しなければならない．各配線は，チップ上で，ある点$s_i$と別の点$t_i$を結ぶ．配線のルートは，チップ上のチャネルと呼ばれる部分を通るようにしなければならない．チャネルは，グラフの辺に対応する．目標は，必要となるチャネルの容量，すなわち，同一のチャネルを通る配線ルートの個数，が最小になるように配線のルートを決定することである．ここで定義した問題は，より興味深い問題，すなわち，チップ上の3個以上の点を結ぶ配線もある問題，の特殊ケースである．

最小容量多品種フロー問題の整数計画による定式化を与える．グラフ$G$の$s_i$と$t_i$を結ぶすべての単純なパス$P$の集合を$\mathcal{P}_i$とする．なお，パス$P$に含まれる辺の集合も$P$と表記する．各$P \in \mathcal{P}_i$に対して，$x_P$は，$s_i$と$t_i$を結ぶパス$P$が使用されているかどうかを表

す0-1変数であるとする．すると，辺$e \in E$を用いるパスの総数は，$\sum_{P:e \in P} x_P$と書ける．それ以外に，決定変数$W$も用いる．$W$は各辺を用いるパスの総数の最大値を表す．したがって，目的関数は$W$でそれを最小化することになる．さらに，各辺$e \in E$に対して，制約式は，

$$\sum_{P:e \in P} x_P \leq W$$

と書ける．最後に，各$i = 1, \ldots, k$の対$s_i, t_i$に対して，いずれか一つのパス$P \in \mathcal{P}_i$を選ばなければならないので，制約式は，

$$\sum_{P \in \mathcal{P}_i} x_P = 1$$

と書ける．以上の議論より，最小容量多品種フロー問題の整数計画による定式化は，以下のように書ける．

$$\text{minimize} \quad W \tag{5.10}$$

$$\begin{aligned}
\text{subject to} \quad & \sum_{P \in \mathcal{P}_i} x_P = 1, & i = 1, \ldots, k, \\
& \sum_{P:e \in P} x_P \leq W, & e \in E, \\
& x_P \in \{0, 1\}, & \forall P \in \mathcal{P}_i, i = 1, \ldots, k.
\end{aligned} \tag{5.11}$$

制約式$x_P \in \{0, 1\}$を$x_P \geq 0$に置き換えることで，この整数計画問題の線形計画緩和が得られる．この線形計画緩和は，とりあえず，多項式時間で解くことができて，最適解において非ゼロの値を持つ変数$x_P$の個数が高々多項式であるものを求めることができるとする（詳細は後述する）．

ここで，乱択ラウンディングを用いて問題の解を求める．具体的には，各$i = 1, \ldots, k$に対して，パス$P \in \mathcal{P}_i$に対する確率分布$x_P^*$に従って$P \in \mathcal{P}_i$を正確に一つ選ぶ．なお，$x^*$は最適解であり，その値は$W^*$である．

$W^*$が十分に大きいとする．すると，得られる解において，一つの辺を通るパスの最大数が$W^*$に近いものとなることを，定理5.23のChernoff限界を用いて示すことができる．グラフの点数を$n$とする．1.7節で述べたように，ある確率的な事象が高い確率で起こるということは，それが起こらない確率が，ある整数$c \geq 1$を用いて，高々$n^{-c}$であるということであることを思いだそう．

**定理 5.29** ある正定数$c$に対して$W^* \geq c \ln n$であるとする．すると，どの辺に対しても，その辺を用いるパスの総数は，高い確率で，$W^* + \sqrt{cW^* \ln n}$以下である．

**証明**：各$e \in E$に対して，確率変数$X_e^i$を定義する．なお，選ばれた$s_i$-$t_i$パスが辺$e$を用いているとき$X_e^i = 1$であり，そうでないとき$X_e^i = 0$であるとする．すると，辺$e$を用いているパスの総数は，$Y_e = \sum_{i=1}^k X_e^i$と書ける．ここで，$\max_{e \in E} Y_e$を上から抑えて，その値がLP最適解の値$W^*$に近いことを示したい．LPの制約式(5.11)より，

$$\mathbf{E}[Y_e] = \sum_{i=1}^k \sum_{P \in \mathcal{P}_i : e \in P} x_P^* = \sum_{P : e \in P} x_P^* \leq W^*$$

は明らかである．固定した辺 $e$ に対して，確率変数 $X_e^i$ は独立であるので，定理 5.23 の Chernoff 限界を適用することができる．そこで，$\delta = \sqrt{(c\ln n)/W^*}$ とする．定理の仮定より，$W^* \geq c\ln n$ であるので，$\delta \leq 1$ となる．したがって，定理 5.23 および $U = W^*$ として補題 5.26 を用いると，

$$\Pr[Y_e \geq (1+\delta)W^*] < \mathrm{e}^{-W^*\delta^2/3} = \mathrm{e}^{-(c\ln n)/3} = \frac{1}{n^{c/3}}$$

が得られる．さらに，$(1+\delta)W^* = W^* + \sqrt{cW^*\ln n}$ も言える．したがって，高々 $n^2$ 本の辺しかないので，

$$\Pr\left[\max_{e \in E} Y_e \geq (1+\delta)W^*\right] \leq \sum_{e \in E} \Pr[Y_e \geq (1+\delta)W^*]$$
$$\leq n^2 \cdot \frac{1}{n^{c/3}} = n^{2-c/3}$$

が得られる．すなわち，定数 $c \geq 12$ に対して，定理の命題が成立しない確率は，高々 $\frac{1}{n^2}$ となり，$c$ をさらに大きくすることにより，その確率はいくらでも小さくできる．　□

$W^* \geq c\ln n$ であるので，この乱択ラウンディングアルゴリズムは，高々 $2W^* \leq 2\,\mathrm{OPT}$ の値の解を返すことを，この定理が保証していることに注意しよう．一方，$W^* \gg c\ln n$ のときには，$(W^* + \sqrt{cW^*\ln n})/W^*$ は 1 に近い値になり，この乱択ラウンディングアルゴリズムで，より一層最適解に近い解が得られる．以下の系も得られる．

**系 5.30**　$W^* \geq 1$ ならば，どの辺に対しても，その辺を用いるパスの総数は，高い確率で，$\mathrm{O}(\log n) \cdot W^*$ である．

**証明**：$U = (c\ln n)W^*$，$\delta = 1$ とおいて上記の証明をそのまま行えば証明が得られる．　□

実際には，上記の系は，$\mathrm{O}(\log n)$ の部分を $\mathrm{O}(\log n / \log\log n)$ にまで改善できる（演習問題 5.13 参照）．

ここでの線形計画問題を多項式時間で解くための一つの方法として，それを等価な多項式サイズの線形計画問題で書けることを示して，等価な問題を解くことが挙げられる．ここでは，それは読者の演習問題とする（演習問題 5.14）．

## 5.12　ランダムサンプリングと 3-彩色可能デンスグラフの彩色

本節では，Chernoff 限界の別の問題への適用を取り上げる．$\delta$-デンス 3-彩色可能グラフの彩色を考える．$n$ 点からなるグラフは，ある正定数 $\alpha$ に対して，辺数が $\alpha\binom{n}{2}$ 以上のとき，デンス (dense) であると呼ばれる．すなわち，存在可能な辺の総数に対して一定数以上の割合の辺が実際に存在するとき，デンスであると呼ばれる．**$\delta$-デンス ($\delta$-dense)** グラフは，デンスグラフの特殊ケースである．より詳しくは，$n$ 点からなるグラフは，ある正定数 $\delta \leq 1$ に対して，どの点も $\delta n$ 個以上の隣接点を持つとき，$\delta$-デンスであると呼ばれる．すなわち，どの点でも存在可能な隣接点の総数に対して定数 $\delta$ 以上の割合の隣接点が

実際に存在するとき，$\delta$-デンスであると呼ばれる．最後に，グラフのどの辺の両端点も異なる色になるように，グラフの各点に指定された$k$色のうちの1色を割り当てることができるときに，そのグラフは，**$k$-彩色可能** ($k$-colorable) であると呼ばれる．一般に，グラフが3-彩色可能であるかどうかを決定する問題はNP-完全である．実際，以下の定理が知られている．

**定理 5.31** グラフが3色で彩色可能であるか，あるいは彩色には少なくとも5色必要であるかどうかを決定することは，NP-困難である．

**定理 5.32** ユニークゲーム予想の変種版の一つが成立するという仮定のもとで，任意の定数$k > 3$に対して，グラフが3色で彩色可能であるか，あるいは彩色には少なくとも$k$色必要であるかどうかを決定することは，NP-困難である．

後の6.5節と13.2節で，任意の3-彩色可能グラフを彩色する近似アルゴリズムを議論する．ここでは，任意の$\delta$-デンス3-彩色可能グラフが，多項式時間アルゴリズムで，高い確率で3色で彩色できることを示す．これは，近似アルゴリズムではない．しかし，12.4節でも再度眺めるが，Chernoff限界の有効な応用の一つである．

ここのケースでは，Chernoff限界を用いて，$\delta$-デンスグラフからサンプルとしてランダムに選ばれた点の小さいサイズの集合に対して，正しい彩色が与えられているときには，（選ばれなかった）残りの点にも高い確率で正しく彩色することに成功する多項式時間アルゴリズムを与えることができることを示す．これは，サンプル点集合の彩色がわからないので，問題があるように思われる．しかし，サンプル点集合が$O(\log n)$個の点からなるときには，サンプル点集合の可能な彩色を多項式時間ですべて列挙することができて，得られた各彩色に対して，上記のアルゴリズムを走らせることができる．元のグラフに対しては正しい彩色が存在するので，その彩色をサンプル点集合に限定すれば，それはサンプル点集合の正しい彩色になっているので，サンプル点集合の可能な彩色の中で，少なくとも一つの彩色に対して，アルゴリズムは高い確率で全体の正しい彩色になるのである．

より具体的には，アルゴリズムは，以下のように書ける．与えられた$\delta$-デンスグラフに対して，ある正定数$c$を用いて，各点を$(3c \ln n)/(\delta n)$の確率で選んで，$O((\ln n)/\delta)$個の点からなるランダム部分集合$S \subseteq V$を求める．そして，はじめに，この集合のサイズが，高い確率で，$(6c \ln n)/\delta$以下となることを示す．次に，高い確率で，残りのすべての点が$S$の点を少なくとも1点隣接点として持つことを示す．したがって，$S$の正しい彩色が与えられると，$S$の彩色に対する情報を用いて，グラフの残りの点に割り当てるべき可能な色が決定できる．各点は$S$に含まれる隣接点を持つので，その隣接点に割り当てられている色以外の2色をその点に割り当てなければならないという制約が生じる．残りの点に対して，この制約のみで，実は十分であるのである．最後に，$S$に対して全体の正しい彩色につながるものがどれになるかはわからないが，$S$に対する$3^{(6c \ln n)/\delta} = n^{O(c/\delta)}$個の可能な彩色のそれぞれに対して，このアルゴリズムを走らせることができる．$S$の彩色の一つに，全体の正しい彩色につながるものが存在するので，アルゴリズムは，少なくとも一つにおいて，全体の正しい彩色をすることができることになる．

**補題 5.33**　集合 $S$ のサイズ $|S|$ は，高々 $n^{-c/\delta}$ の確率で，$|S| \geq (6c \ln n)/\delta$ である．

**証明**：定理 5.23 と補題 5.26 の Chernoff 限界を用いる．点 $i$ が $S$ に含まれるかどうかを表す 0-1 確率変数を $X_i$ とする．各点は確率 $(3c \ln n)/(\delta n)$ で含まれるので，$\mu = \mathbf{E}[\sum_{i=1}^{n} X_i] = (3c \ln n)/\delta$ となる．$U = (3c \ln n)/\delta$ において補題を適用すると，$|S| \geq 2U$ である確率は，高々 $e^{-\mu/3} = n^{-c/\delta}$ となることが得られる． □

**補題 5.34**　与えられた点 $v \notin S$ が $S$ に隣接点を持たない確率は高々 $n^{-3c}$ である．

**証明**：$X_i$ を $v$ の $i$ 番目の隣接点が $S$ に含まれるかどうかを表す 0-1 確率変数とする．すると，$v$ が少なくとも $\delta n$ 個の隣接点を含むので，$\mu = \mathbf{E}[\sum_i X_i] \geq 3c \ln n$ となる．したがって，$L = 3c \ln n$ とおいて補題 5.27 を適用すると，$v$ が $S$ に含まれる隣接点を持たない確率は，$\Pr[\sum_i X_i = 0] \leq e^{-L} = n^{-3c}$ となることが得られる． □

**系 5.35**　少なくとも $1 - 2n^{-(c-1)}$ の確率で，$|S| \leq (6c \ln n)/\delta$ であり，かつどの点 $v \notin S$ も $S$ に少なくとも 1 個の隣接点を持つ．

**証明**：これは，補題 5.33 と補題 5.34 を用いて，以下のように得られる．補題における命題が両方とも成立する確率は，どちらか一方の命題が成立しない確率の和を 1 から引いた値以上になる．どの $v \notin S$ も $S$ に隣接点を持たない確率は，与えられた点 $v \notin S$ が $S$ に隣接点を持たない確率の $n$ 倍以内である．$\delta \leq 1$ であるので，命題が両方とも成立する確率は，少なくとも

$$1 - n^{-c/\delta} - n \cdot n^{-3c} \geq 1 - 2n^{-(c-1)}$$

であることが得られる． □

ここで，$\{0,1,2\}$ の 3 色による $S$ の点の 3-彩色が与えられていると仮定する．ただし，この $S$ の点の 3-彩色は全体のグラフの 3-彩色に矛盾しない（すなわち，$S$ の点の部分に限定したときに，ここの $S$ の点の 3-彩色に一致する全体の 3-彩色が存在する）とは必ずしも言えないとする．さらに，$S$ に含まれないどの点も $S$ に含まれる隣接点を少なくとも 1 点は持つと仮定する．$S$ の 3-彩色は正しい彩色であると仮定する．すなわち，両端点が $S$ に属するような辺に対して，その両端点は異なる色で彩色されていると仮定する．そうでないとすると，その彩色を全体のグラフの正しい 3-彩色にすることはできないからである．任意の点 $v \notin S$ に対して，$S$ に含まれる $v$ の隣接点を 1 点任意に選びその点の色を $n(v) \in \{0,1,2\}$ とする．$S$ に含まれる点の色をすべてそのままに保ちながら，全体のグラフの 3-彩色をするためには，$v$ に $n(v)$ 以外の色 $c(v)$ を割り当てなければならない．$S$ に $n(v)$ 以外の色で彩色されている $v$ の隣接点があるときもある．このときには，$v$ に割り当てることのできる色 $c(v)$ が $\{0,1,2\}$ の 1 色となる（$S$ に含まれる $v$ の隣接点には $\{0,1,2\}$ の 2 色が用いられている）ときもあるし，$v$ に $\{0,1,2\}$ のどの色も割り当てることができない（$S$ に含まれる $v$ の隣接点に $\{0,1,2\}$ の 3 色がすべて用いられている）ときもある．後者の $v$ に $\{0,1,2\}$ のどの色も割り当てることができないときには，$S$ に対する現在の 3-彩色を全体のグラフの正しい 3-彩色にすることはできないということにな

るので，終了する．前者の $v$ に割り当てることのできる色 $c(v)$ が $\{0,1,2\}$ の 1 色となるときには，その色 $c(v)$ を $v$ に割り当てて $S \leftarrow S \cup \{v\}$ として，このような点 $v \notin S$ がなくなるまで上記の操作を繰り返す．したがって，以下では，任意の点 $v \notin S$ に対して，$v$ に割り当てることのできる色 $c(v)$ は $\{0,1,2\} - \{n(v)\}$ の色であると仮定できる．ここで，ブール変数 $x(v)$ を考える．$x(v)$ が真であることは $v$ に $n(v)+1 \pmod 3$ を割り当てることであり，$x(v)$ が偽であることは $v$ に $n(v)-1 \pmod 3$ を割り当てることであるとする．そして，$u,v \notin S$ となるような各辺 $(u,v) \in E$ に対して，$c(u) \neq c(v)$ の制約式を導入する．たとえば，$n(u) = 1 \neq n(v) = 2$ のときには，$c(u) \in \{0,2\}$ かつ $c(v) \in \{0,1\}$ であるので，$c(u) \neq c(v)$ の制約式は，$c(u) = 0 = c(v)$ （すなわち，$\overline{x(u)} \wedge x(v)$）を除去することに等しくなり，$x(u) \vee \overline{x(v)}$ と書ける．また，$n(u) = n(v) = 2$ のときには，$c(u) \in \{0,1\}$ かつ $c(v) \in \{0,1\}$ であるので，$c(u) \neq c(v)$ の制約式は，$c(u) = c(v) = 0$ と $c(u) = c(v) = 1$ （すなわち，$x(u) \wedge x(v)$ と $\overline{x(u)} \wedge \overline{x(v)}$）のいずれも除去することに等しくなり，$(\overline{x(u)} \vee \overline{x(v)}) \wedge (x(u) \vee x(v))$ と書ける．このようにして，$u,v \notin S$ となるようなすべての辺 $(u,v) \in E$ から最大充足化問題の入力が得られる．すなわち，この最大充足化問題の入力のすべてのクローズが充足されるとき，そしてそのときのみ $S$ 以外のグラフのすべての点が正しく 3-彩色できることになる．全体のグラフ $G$ は 3-彩色可能であるので，$S$ のある正しい 3-彩色に対して，対応する最大充足化問題の入力のすべてのクローズが充足されるように，すべての変数 $x(v)$ に適切に真理値割当てをすることができることになる．ここの最大充足化問題の入力のクローズはすべて 2 個のリテラルからなるので，入力のクローズをすべて充足するような変数への真理値割当てが存在するかどうかは，多項式時間で判定できる（そして，存在するときには，その真理値割当ても多項式時間で求めることができる）．その証明は，読者への演習問題とする（演習問題 6.3）．入力のクローズをすべて充足するような変数への真理値割当てから，$u,v \notin S$ となるような各辺 $(u,v) \in E$ に対する制約式 $c(u) \neq c(v)$ はすべて満たされて，全体のグラフの正しい 3-彩色が得られる．一方，入力のクローズをすべて充足するような変数への真理値割当てが存在しないときには，$S$ の現在の 3-彩色に対して，全体のグラフの 3-彩色に拡張することはできないことが得られる．

12.4 節では，ランダムサンプル点集合としてグラフの小さい点集合を選んでくるという本節のアイデアを，デンスグラフの最大カット問題に対して適用する．

## 5.13 演習問題

5.1 **最大 $k$-カット問題** (maximum $k$-cut problem)（簡略化して，MAX $k$-CUT 問題とも表記される）では，入力として，無向グラフ $G = (V,E)$ と各辺 $(i,j) \in E$ に対する非負の重み $w_{ij} \geq 0$ が与えられる．目標は，点集合 $V$ の $k$ 個の部分集合への分割 $V_1,\dots,V_k$ のうちで，両端点が異なる部分集合に属するような辺の重みの総和を最大化する，すなわち，$\sum_{(i,j) \in E : i \in V_a, j \in V_b, a \neq b} w_{ij}$ を最大化するものを求めることである．

MAX $k$-CUT 問題に対する乱択 $\frac{k-1}{k}$-近似アルゴリズムを与えよ．

148　第5章　ランダムサンプリングと線形計画問題での乱択ラウンディング

5.2 最大カット問題に対する以下のグリーディアルゴリズムを考える．点は $1,\ldots,n$ の番号がつけられているとする．アルゴリズムの最初の反復で，点1は $U$ に入れられる．アルゴリズムの $k$ 回目の反復で，点 $k$ は $U$ あるいは $W$ に入れられる．どちらに入れられるかは，以下のようにして決定される．まず，点 $k$ を端点として持つ辺のうちで他方の端点が $1,\ldots,k-1$ のいずれかであるようなすべての辺の集合を $F$ とする．すなわち，$F = \{(j,k) \in E : 1 \leq j \leq k-1\}$ である．ここで，点 $k$ を $W$ に入れるより点 $k$ を $U$ に入れるほうが，$F$ の辺が多くカットに含まれるときには点 $k$ を $U$ に入れ，そうでないときには点 $k$ を $W$ に入れる．

　(a) このアルゴリズムは，最大カット問題に対する $\frac{1}{2}$-近似アルゴリズムであることを証明せよ．

　(b) このアルゴリズムは，5.1節で述べた最大カットアルゴリズムの条件付き期待値法による脱乱択に等価であることを証明せよ．

5.3 **最大有向カット問題** (maximum directed cut problem)（簡略化して，MAX DICUT とも表記される）では，入力として，有向グラフ $G = (V, A)$ と各有向辺 $(i,j) \in A$ に対する非負の重み $w_{ij} \geq 0$ が与えられる．目標は，点集合 $V$ の二つの部分集合 $U$ と $W = V - U$ へ二分割のうちで，$U$ から $W$ へ向かう有向辺（すなわち，ある点 $i \in U$ からある点 $j \in W$ に向かうような有向辺 $(i,j)$）の重みの総和が最大になるようなものを求めることである．この問題に対する乱択 $\frac{1}{4}$-近似アルゴリズムを与えよ．

5.4 5.6節で述べたような MAX SAT に対する非線形乱択ラウンディングアルゴリズムを考える．線形関数 $f(y_i) = \frac{1}{2}y_i + \frac{1}{4}$ に基づく乱択ラウンディングを用いて，MAX SAT に対する $\frac{3}{4}$-近似アルゴリズムが得られることを証明せよ．

5.5 5.6節で述べたような MAX SAT に対する非線形乱択ラウンディングアルゴリズムを考える．

$$f(y_i) = \begin{cases} \frac{3}{4}y_i + \frac{1}{4} & (0 \leq y_i \leq \frac{1}{3} \text{ のとき}) \\ \frac{1}{2} & (\frac{1}{3} \leq y_i \leq \frac{2}{3} \text{ のとき}) \\ \frac{3}{4}y_i & (\frac{2}{3} \leq y_i \leq 1 \text{ のとき}) \end{cases}$$

で定義される区分的線形関数 $f(y_i)$ に基づく乱択ラウンディングを用いても，MAX SAT に対する $\frac{3}{4}$-近似アルゴリズムが得られることを証明せよ．

5.6 演習問題 5.3 の最大有向カット問題を再度取り上げる．

　(a) 以下の整数計画問題は最大有向カット問題の定式化であることを示せ．

$$\begin{aligned}
\text{maximize} \quad & \sum_{(i,j) \in A} w_{ij} z_{ij} \\
\text{subject to} \quad & z_{ij} \leq x_i, & \forall (i,j) \in A, \\
& z_{ij} \leq 1 - x_j, & \forall (i,j) \in A, \\
& x_i \in \{0,1\}, & \forall i \in V, \\
& 0 \leq z_{ij} \leq 1, & \forall (i,j) \in A.
\end{aligned}$$

　(b) この整数計画問題による最大有向カット問題の定式化を緩和して得られる線形計画問題の最適解 $(x^*, z^*)$ を用いて，点 $i \in V$ を確率 $\frac{1}{4} + \frac{x_i^*}{2}$ で $U$ に入れる（したがって，点 $i$ は確率 $\frac{3}{4} - \frac{x_i^*}{2}$ で $W$ に入れられる）．これは，最大有向カット問題に

対する $\frac{1}{2}$-近似アルゴリズムとなることを示せ．

5.7 この問題では，集合カバー問題に対して 1.7 節で与えた乱択ラウンディングアルゴリズムを，どのようにして脱乱択できるかについて考える．条件付き期待値法を適用したいが，最終的に得られるものは正しい集合カバーとなることを保証することが必要である．$X_j$ を集合 $S_j$ が解の集合カバーに含まれることを表す確率変数とする．集合 $S_j$ の重みを $w_j$ とする．そして，$W$ を乱択ラウンディングアルゴリズムで得られる集合カバーの重みとする．したがって，$W = \sum_{j=1}^{m} w_j X_j$ である．$Z$ は，乱択ラウンディングアルゴリズムで正しい集合カバーが得られなかったとき $Z = 1$ の値をとり，正しい集合カバーが得られたとき $Z = 0$ の値をとる確率変数であるとする．ここで，あるパラメーター $\lambda \geq 0$ を用いた目的関数 $W + \lambda Z$ に条件付き期待値法を適用するものとする．乱択ラウンディングアルゴリズムに，適切に選ばれた $\lambda$ を用いて条件付き期待値法を適用すると，正しい集合カバーを常に求める集合カバー問題に対する $O(\ln n)$-近似アルゴリズムが得られることを示せ．

5.8 以下の最大充足化問題の変種版を考える．この問題では，各クローズにおけるリテラルはすべて正リテラルであり，各ブール変数 $x_i$ には非負の重み $v_i \geq 0$ が付随する．目標は，充足されるクローズの総重みと偽になる変数の総重みの和が最大になるようなブール変数への真理値割当てを求めることである．この問題に対して整数計画による定式化を与えよ．ただし，各変数 $x_i$ に真を割り当てることを表す 0-1 変数 $y_i$ を用いること．この定式化の線形計画緩和の最適解に含まれる各 $y_i^*$ と適切に選んだパラメーターの $\lambda$ を用いて，変数 $x_i$ に確率 $1 - \lambda + \lambda y_i^*$ で真を割り当てる乱択ラウンディングアルゴリズムは，$2(\sqrt{2} - 1)$-近似アルゴリズムになることを示せ．なお，$2(\sqrt{2} - 1) \approx 0.828$ であることに注意しよう．

5.9 演習問題 2.11 の最大カバー問題を再度取り上げる．その問題では，入力として，要素集合 $E$ と各 $S_j$ に非負の重み $w_j \geq 0$ が付随する $m$ 個の部分集合 $S_1, \ldots, S_m \subseteq E$ が与えられる．目標は，カバーする部分集合の重みが最大となるような $k$ 個の要素からなる部分集合 $S \subseteq E$ を求めることである．なお，$S$ の要素を含む部分集合 $S_j$ は，すなわち，$S \cap S_j \neq \emptyset$ となる $S_j$ は，$S$ でカバーされると考える．

(a) 以下は，最大カバー問題の非線形整数計画による定式化であることを示せ．

$$\begin{aligned}
\text{maximize} \quad & \sum_{j \in [m]} w_j \left( 1 - \prod_{e \in S_j}(1 - x_e) \right) \\
\text{subject to} \quad & \sum_{e \in E} x_e = k, \\
& x_e \in \{0, 1\}, \quad \forall e \in E.
\end{aligned}$$

(b) 以下の線形計画問題は，上記の最大カバー問題の非線形整数計画による定式化の緩和であることを示せ．

$$\text{maximize} \quad \sum_{j\in[m]} w_j z_j$$
$$\text{subject to} \quad \sum_{e\in S_j} x_e \geq z_j, \quad \forall j \in [m],$$
$$\sum_{e\in E} x_e = k,$$
$$0 \leq z_j \leq 1, \quad \forall j \in [m],$$
$$0 \leq x_e \leq 1, \quad \forall e \in E.$$

(c) 演習問題 4.7 のパイプ輸送ラウンディング技法を用いて，最適 LP 解を確定的に整数解にラウンディングし，性能保証 $1 - \frac{1}{e}$ を達成するアルゴリズムを与えよ．

5.10 **一様ラベリング問題** (uniform labeling problem) では，入力として，グラフ $G = (V, E)$，各辺 $e \in E$ に対するコスト $c_e \geq 0$ および $V$ の点へ割り当てられるラベルの集合 $L$ が与えられる．さらに，各点 $v \in V$ に対してラベル $i \in L$ を割り当てるときにコスト $c_v^i \geq 0$ が生じ，各辺 $e = (u, v)$ に対して両端点の $u$ と $v$ が異なるラベルが割り当てられるときに $c_e$ のコストが生じる．目標は，これらの生じるコストの総和が最小になるような $V$ の各点へのラベルの割当てを求めることである．

この問題に対する整数計画による定式化を与える．変数 $x_v^i \in \{0, 1\}$ は，$v$ にラベル $i \in L$ が割り当てられるときに値 1 をとり，そうでないときに値 0 をとるとする．変数 $z_e^i$ は，辺 $e$ の正確に一方の端点にのみラベル $i$ が割り当てられるときに値 1 をとり，そうでないときに値 0 をとるとする．すると，整数計画による定式化は以下のように書ける．

$$\text{minimize} \quad \frac{1}{2}\sum_{e\in E} c_e \sum_{i\in L} z_e^i + \sum_{v\in V, i\in L} c_v^i x_v^i$$
$$\text{subject to} \quad \sum_{i\in L} x_v^i = 1, \quad \forall v \in V,$$
$$z_e^i \geq x_u^i - x_v^i \quad \forall (u,v) \in E, \forall i \in L,$$
$$z_e^i \geq x_v^i - x_u^i \quad \forall (u,v) \in E, \forall i \in L,$$
$$z_e^i \in \{0, 1\}, \quad \forall e \in E, \forall i \in L,$$
$$x_v^i \in \{0, 1\}, \quad \forall v \in V, \forall i \in L.$$

(a) この整数計画問題は一様ラベリング問題の定式化であることを証明せよ．

ここで，以下のアルゴリズムを考える．最初に，上記の整数計画問題の線形計画緩和を解く．次に，以下の反復のフェーズに進む．反復の各フェーズでは，ラベル $i \in L$ を一様ランダムに選び，値 $\alpha \in [0, 1]$ も一様ランダムに選ぶ．そして，まだラベルが割り当てられていない各点 $v \in V$ に対して，$\alpha \leq x_v^i$ ならばラベル $i$ を割り当てる．

(b) 点 $v \in V$ にまだラベルが割り当てられていないとする．次のフェーズで，$v$ にラベル $i \in L$ が割り当てられる確率は正確に $x_v^i / |L|$ であること，および $v$ にラベルが割り当てられる確率は正確に $1/|L|$ であることを証明せよ．さらに，アルゴリズムで $v$ にラベル $i$ が割り当てられる確率は，正確に $x_v^i$ であることを証明せよ．

(c) あるフェーズにおいて，そのフェーズの開始時に辺 $e$ のいずれの端点にもまだラ

ベルが割り当てられていないとする．そして，そのフェーズで，$e$ の正確に一方の端点にのみラベルが割り当てられるとする．このとき，辺 $e$ は "あるフェーズで分離される" という．それ以前のフェーズで両端点のいずれもラベルが割り当てられていない辺 $e$ があるフェーズで分離される確率は，$\frac{1}{|L|}\sum_{i \in L} z_e^i$ であることを証明せよ．

(d) 辺 $e$ の両端点に異なるラベルが割り当てられる確率は，高々 $\sum_{i \in L} z_e^i$ であることを証明せよ．

(e) このアルゴリズムは，一様ラベリング問題に対する 2-近似アルゴリズムであることを証明せよ．

5.11 補題 5.22 を証明し，5.9 節の最後で述べた整数計画問題の解 $(y^*, C^*)$ が整数計画問題 (5.3) の最適解であることを示せ．

5.12 乱択ラウンディングと First Fit を用いて，ある正数 $\rho < 2$ とある小さい正整数定数 $k$ に対して，$\rho \cdot \mathrm{OPT}(I) + k$ 個のビンを用いるビンパッキング問題に対する乱択アルゴリズムを与えよ．ヒントは，4.6 節の線形計画問題を考えることである．

5.13 系 5.30 の因子 $\mathrm{O}(\log n)$ は，定理 5.23 を用いて，$\mathrm{O}(\log n / \log \log n)$ に置き換えることができることを示せ．

5.14 5.11 節の整数多品種フロー問題に対して，線形計画問題 (5.10) に等価な線形計画緩和で，変数と制約式の個数が問題の入力サイズの多項式となるものが存在することを示せ．

## 5.14 ノートと発展文献

Mitzenmacher and Upfal [226] の本と Motwani and Raghavan [228] の本は，乱択アルゴリズムについて，さらに詳細で広範な議論を取り上げている．

最大カット問題に対する 1967 年の論文 Erdős [99] には，定理 5.3 で述べているように，解を一様ランダムに選ぶことにより，辺の重みの総和の半分以上の重みを期待値として持つ解が得られることが示されている．これは，著者らが知る限りにおいて，最初の乱択近似アルゴリズムの一つである．このアルゴリズムは，Sahni and Gonzalez [258] で与えられた確定的アルゴリズムの乱択版であると見なすこともできる（Sahni and Gonzalez の確定的アルゴリズムは演習問題 5.2 で取り上げた）．

Raghavan and Thompson [247] は，線形計画緩和の乱択ラウンディングの概念を初めて導入した．5.11 節の整数多品種フロー問題に対する結果はその論文からのものである．

ランダムサンプリングと乱択ラウンディングは，任意の解が実行可能となる最大充足化問題や最大カット問題などの制約なし問題に最も簡単に適用できる．賞金獲得シュタイナー木問題や容量制約なし施設配置問題なども制約なし問題と見なせる．木に入る点の集合あるいは開設する施設集合を選ぶだけで十分であるからである．制約のある問題に対する乱択近似アルゴリズムもあるものの，きわめてまれである．

最大充足化問題に対する本章の結果は多くの著者による．5.1 節の単純な乱択アルゴリズムは，先行する Johnson [179] で提案された確定的アルゴリズムの乱択化版として，Yannakakis [293] で与えられたものである．5.3 節の "偏りのあるコイン投げ" アルゴリズムは，Lieberherr and Specker [216] によるアルゴリズムの同様の乱択化版である．5.4 節の乱択ラウンディングアルゴリズム，5.5 節の "二つの解のうちの良いほうを選ぶ" アルゴリズム，および 5.6 節の非線形乱択ラウンディングアルゴリズムは，Goemans and Williamson [136] による．

乱択アルゴリズムの脱乱択は，研究の主たるトピックである．5.2 節で与えた条件付き期待値法は，Erdős and Selfridge [101] の論文で非明示的に与えられ，Spencer [271] で本格的に展開された．

5.7 節の賞金獲得シュタイナー木問題に対する乱択アルゴリズムは，Goemans の未発表の結果である．

5.8 節の容量制約なし施設配置問題に対するアルゴリズムは，Chudak and Shmoys [77] による．

5.9 節のスケジューリングアルゴリズムは，Schulz and Skutella [261] による．この問題に対する整数計画緩和を解くアルゴリズムは，Goemans [132] による．また，単一の $\alpha$ の値を用いる $\alpha$-点アルゴリズムも Goemans [133] による．

Chernoff [71] は，Chernoff の限界の証明で用いられた一般的なアイデアを与えている．本章のこれらの限界の証明は，Mitzenmacher and Upfal [226] および Motwani and Raghavan [228] に述べられている証明に従っている．

デンスな 3-彩色可能グラフの乱択 3-彩色アルゴリズムは，Arora, Karger, and Karpinski [16] による．この問題に対する確定的アルゴリズムは，これに先行して，Edwards [97] で与えられていた．定理 5.31 と定理 5.32 は，それぞれ，Khanna, Linial and Safra [190]（Guruswami and Khanna [152] も参照のこと）と Dinur, Mossel, and Regev [90] による．

演習問題 5.4 と演習問題 5.5 は，Goemans and Williamson [136] による．演習問題 5.6 は Trevisan [279, 280] による．演習問題 5.7 は Norton [237] による．Ageev and Sviridenko [1] は，演習問題 5.8 のアルゴリズムと解析を与えた．さらに，演習問題 5.9 もまた Ageev and Sviridenko [2, 3] による．演習問題 5.10 の一様ラベリング問題に対するアルゴリズムは，Kleinberg and Tardos [198] による．一様ラベリング問題は，画像処理で生じる問題をモデル化している．演習問題 5.12 は Williamson の未発表の結果である．

# 第6章
# 半正定値計画問題での乱択ラウンディング

　本章では，ある問題に対して格段に優れた性能保証を達成する新しい道具を取り上げる．これまでは，様々な近似アルゴリズムのデザインと解析のために，線形計画緩和を用いてきた．本章では，線形計画緩和に基づいて得られるアルゴリズムよりも良い性能保証のアルゴリズムが，非線形計画緩和に基づいてどのようにして得られるかを示す．とくに，半正定値計画問題と呼ばれる種類の非線形計画問題を用いる．半正定値計画の強力な点の一つに，半正定値計画問題が多項式時間で解けることが挙げられる．

　そこで，半正定値計画についての簡単な概観から始める．なお，本章を通して，ベクトルと線形代数についての基本的な知識をいくつか仮定する．これらのトピックに関する参考文献を章末のノートと発展文献に挙げている．その後に，最大カット問題に半正定値計画を適用する．最大カット問題に対するアルゴリズムでは，半正定値計画問題の解をランダム超平面を用いてラウンディングする技法を導入する．さらにその後に，ランダム超平面を1個，あるいは複数個選んでラウンディングする技法が有効となるほかの問題，すなわち，2次計画問題の近似，クラスタリング問題の近似，グラフの3-彩色などの問題を取り上げる．

## 6.1 半正定値計画の簡単な紹介

　半正定値計画は，半正定値対称行列を用いる．そこで，これらの行列の性質をいくつか簡単に復習する．以下では，行列 $X$ の転置行列を $X^T$ と表記する．さらに，ベクトル $v \in \Re^n$ は縦（列）ベクトルであると仮定する．したがって，$v^T v$ は $v$ と $v$ 自身との内積であり，$vv^T$ は $n \times n$ 行列である．

**定義 6.1** 行列 $X \in \Re^{n \times n}$ は，すべての $y \in \Re^n$ に対して，$y^T X y \geq 0$ であるときそしてそのときのみ，**半正定値** (positive semidefinite) であると呼ばれる．

　"半正定値"(positive semidefinite) を "psd" と略記することもある．行列 $X$ が半正定値行列であることを $X \succeq 0$ と表記することもある．半正定値対称行列は，以下に記すような特別な性質を有する．これ以降，とくに断らない限り，任意の半正定値行列 $X$ は対称であると仮定する．

**事実 6.2** $X \in \Re^{n \times n}$ が対称行列であるとき，以下の命題はいずれも互いに等価である．

1. $X$ は半正定値行列である．
2. $X$ の固有値は非負である．
3. $m \leq n$ を満たすある行列 $V \in \Re^{m \times n}$ が存在して $X = V^T V$ と書ける．
4. ある $\lambda_i \geq 0$ と，$w_i^T w_i = 1$ であり，かつ $i \neq j$ で $w_i^T w_j = 0$ であるようなベクトル $w_i \in \Re^n$ が存在して，$X = \sum_{i=1}^n \lambda_i w_i w_i^T$ と書ける．

**半正定値計画問題** (semidefinite program (SDP)) は，線形の目的関数と線形の制約式があるという点では，線形計画問題と似ている．しかし，それ以外に，変数が正方対称行列を形成し，その行列が半正定値であるという制約式が加わる．以下は，各 $1 \leq i, j \leq n$ に対する変数 $x_{ij}$ からなる半正定値計画問題の一例である．

$$\text{maximize あるいは minimize} \quad \sum_{i,j} c_{ij} x_{ij} \tag{6.1}$$

$$\text{subject to} \quad \sum_{i,j} a_{ijk} x_{ij} = b_k, \quad \forall k,$$

$$x_{ij} = x_{ji}, \quad \forall i, j,$$

$$X = (x_{ij}) \succeq 0.$$

わずかに技術的な制約はあるものの，半正定値計画問題 (SDP) は，任意の $\epsilon > 0$ に対して，最適解（の値）からの絶対誤差が $\epsilon$ 以内の（値の）解を，入力のサイズと $\log(1/\epsilon)$ の多項式時間で求めることができる．必要となるわずかな制約についての詳細は，章末のノートと発展文献で解説する．本章で半正定値計画問題を議論するとき，通常，この絶対誤差を無視して，半正定値計画問題は厳密に解くことができると仮定する．その理由は，本章の近似アルゴリズムでは，厳密解を用いることを仮定しないからである．さらに，得られる性能保証がわずかに劣るようにするだけで，無視した絶対誤差も考慮することができるからである．

半正定値計画を**ベクトル計画** (vector programming) の形式で用いることも多い．ベクトル計画問題の変数はベクトル $v_i \in \Re^n$ であり，空間の次元の $n$ はベクトル計画問題のベクトル数である．ベクトル計画問題の目的関数と制約式は，これらのベクトルの内積の線形結合で表現できる．二つのベクトル $v_i$ と $v_j$ の内積を，$v_i \cdot v_j$ あるいは $v_i^T v_j$ と表記する．以下は，ベクトル計画問題の一例である．

$$\text{maximize あるいは minimize} \quad \sum_{i,j} c_{ij} (v_i \cdot v_j) \tag{6.2}$$

$$\text{subject to} \quad \sum_{i,j} a_{ijk} (v_i \cdot v_j) = b_k, \quad \forall k,$$

$$v_i \in \Re^n, \quad i = 1, \ldots, n.$$

実際には，半正定値計画問題 (6.1) とベクトル計画問題 (6.2) は等価であることが主張できる．この主張は，事実 6.2 から得られる．とくに，対称行列 $X$ では，半正定値であることと，ある行列 $V$ を用いて $X = V^T V$ と書けることとが等価であることから得られる．半正定値計画問題 (6.1) の解 $X$ に対して，$X = V^T V$ となるような行列 $V$（十分に小さい誤差

の範囲内で正しくなるようなものでよいが，その誤差はここでも無視する）を多項式時間で求める．そして，$v_i$ を $V$ の第 $i$ 列とする．すると，$x_{ij} = v_i^T v_j = v_i \cdot v_j$ となり，$v_i$ の集合は目的関数の値の等しいベクトル計画問題 (6.2) の実行可能解になる．同様に，ベクトル計画問題の解の $v_i$ の集合に対して，$v_i$ を第 $i$ 列とする行列 $V$ を用いて，$X = V^T V$ とする．すると，$X$ は $x_{ij} = v_i \cdot v_j$ を満たす半正定値対称行列となり，したがって，$X$ は目的関数の値の等しい半正定値計画問題 (6.1) の実行可能解となる．

## 6.2 大きいカットを求める

本節では，5.1 節で取り上げた最大カット (MAX CUT) 問題に対して，より良い性能保証を持つ近似アルゴリズムが半正定値計画を用いてどのようにして得られるかを示す．最大カット問題では，入力として，無向グラフ $G = (V, E)$ と各辺 $(i, j) \in E$ に対する非負の重み $w_{ij} \geq 0$ が与えられる．目標は，点の集合の二分割 $U$ と $W = V - U$ において，辺の両端の点が分割の異なる集合に属する（一方の端点が $U$ に属し他方の端点が $W$ に属する）ような辺の重みの総和が最大となるような二分割を求めることである．5.1 節では，最大カット問題に対して，$\frac{1}{2}$-近似アルゴリズムを与えた．

ここでは，一般のグラフにおける最大カット問題に対して，半正定値計画を用いて，0.878-近似アルゴリズムを与える．最大カット問題に対する以下の定式化を考えることから始める．

$$\begin{aligned} \text{maximize} \quad & \frac{1}{2} \sum_{(i,j) \in E} w_{ij}(1 - y_i y_j) \\ \text{subject to} \quad & y_i \in \{-1, +1\}, \quad i = 1, \ldots, n. \end{aligned} \quad (6.3)$$

まず，この定式化された問題を解くことができれば，最大カット問題も解くことができることを主張したい．

**補題 6.3** 整数計画問題 (6.3) は最大カット問題と等価である．

**証明**：$U = \{i : y_i = -1\}$ と $W = \{i : y_i = +1\}$ で定義されるカットを考える．辺 $(i, j)$ がこのカットに含まれるときには $y_i y_j = -1$ であり，辺 $(i, j)$ がこのカットに含まれないときには $y_i y_j = 1$ であることに注意しよう．したがって，このカットに含まれる辺の重みの総和は

$$\frac{1}{2} \sum_{(i,j) \in E} w_{ij}(1 - y_i y_j)$$

と書ける．以上により，この和を最大にする $y_i$ への値 $\pm 1$ の割当てを求めることは最大重みのカットを求めることに一致する． □

次に，この問題 (6.3) に対する以下のベクトル計画緩和を考える．

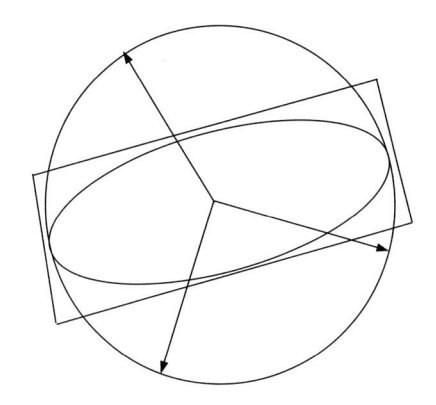

図 6.1 ランダム超平面の説明図.

$$\begin{aligned}
\text{maximize} \quad & \frac{1}{2} \sum_{(i,j) \in E} w_{ij}(1 - v_i \cdot v_j) \\
\text{subject to} \quad & v_i \cdot v_i = 1, \quad i = 1, \ldots, n, \\
& v_i \in \Re^n, \quad i = 1, \ldots, n.
\end{aligned} \quad (6.4)$$

このベクトル計画問題は，整数計画問題(6.3)の緩和と見なせる．実際，問題(6.3)の任意の実行可能解$y$に対して，$v_i = (y_i, 0, 0, \ldots, 0)$とすることにより，$v_i \cdot v_i = 1$かつ$v_i \cdot v_j = y_i y_j$となるので，目的関数の値が等しいこのベクトル計画問題の実行可能解が得られるからである．このベクトル計画問題の最適解$v$の（目的関数の）値を$Z_{VP}$と表記する．すると，$Z_{VP} \geq \text{OPT}$が成立する．

ベクトル計画問題(6.4)は多項式時間で解くことができる．ここで，得られた解をラウンディングして，準最適なカットを求めたい．そこで，ベクトル計画問題に適した乱択ラウンディングを導入する．具体的には，各成分$r_i$が平均0で分散1の正規分布$\mathcal{N}(0,1)$から選ばれたランダムベクトル$r = (r_1, \ldots, r_n)$を考える．$[0,1]$の一様分布から値を繰り返し選んでくるアルゴリズムで，正規分布をシミュレートできる．ベクトル計画問題(6.4)の解に対して，$v_i \cdot r \geq 0$ならば$i \in U$と設定し，そうでないならば$i \in W$と設定する．

上記の乱択ラウンディングアルゴリズムは，以下のように眺めることもできる．原点を通り$r$に垂直な超平面を考える．$v_i \cdot v_i = 1$であるので，すべてのベクトル$v_i$は単位ベクトルとなり，単位球面上に乗る．原点を通り$r$に垂直な超平面は，この球を二つの半球に分離する．一方の半球，すなわち，$v_i \cdot r \geq 0$となる半球に属するようなベクトル$v_i$に対応する点$i$をすべて$U$に入れ，残りの点をすべて$W$に入れる（図6.1）．これから眺めるように，ベクトル$r/\|r\|$は単位球面上に一様に分布するので，これは単位球を二つの半球にランダムに分離することに等価である．このようなことから，この技法は，"ランダム超平面によるラウンディング"と呼ばれることもある．

これが良い近似アルゴリズムであることを証明するために，以下の事実を用いる．

**事実 6.4** $r$の正規化である$r/\|r\|$は$n$-次元単位球面上に一様に分布する．

**事実 6.5** 二つの単位ベクトル$e_1$と$e_2$への$r$の射影が独立であり，かつ，平均0，分散1

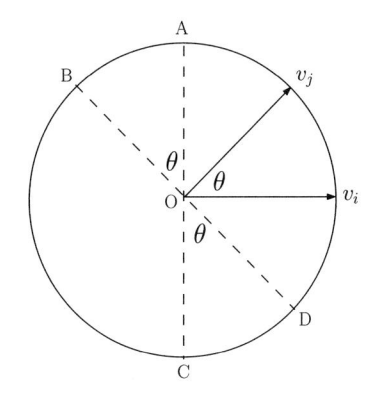

図 6.2 補題 6.7 の証明のための図.

の正規分布に従うための必要十分条件は，$e_1$ と $e_2$ が直交することである．

**系 6.6** $r'$ を $r$ の任意の二次元平面上への射影とする．すると，$r'$ の正規化である $r'/\|r'\|$ はその平面の単位円周上に一様に分布する．

次に，ランダム超平面によるラウンディングから 0.878-近似アルゴリズムが得られることの証明を始める．以下の二つの補題を用いる．

**補題 6.7** 辺 $(i,j)$ が上記のカットに含まれる確率は，$\frac{1}{\pi}\arccos(v_i \cdot v_j)$ である．

**証明**：$v_i$ と $v_j$ で定義される平面上への $r$ の射影を $r'$ とする．$r = r' + r''$ とする．すると，$r''$ は $v_i$ と $v_j$ の両方に直交し，$v_i \cdot r = v_i \cdot (r' + r'') = v_i \cdot r'$ が成立する．同様に，$v_j \cdot r = v_j \cdot r'$ も成立する．ここで，図 6.2 を考える．直線 AC はベクトル $v_i$ に直交し，直線 BD はベクトル $v_j$ に直交する．原点 O を始点とするベクトル $r'$ とベクトル $v_i$ のなす角 $\alpha$ は，系 6.6 より，$[0, 2\pi)$ に一様に分布する．$v_i$ と $r'$ の内積は，$r'$ が直線 AC の右側に来るときには非負となり，左側に来るときには非正となる．$v_j$ と $r'$ の内積は，$r'$ が直線 BD の上側に来るときには非負となり，下側に来るときには非正となる．したがって，$r'$（正確には $r'/\|r'\|$）が円弧 AB の部分に来るとき（そしてそのときのみ）$i \in W$ かつ $j \in U$ となり，$r'$（正確には $r'/\|r'\|$）が円弧 CD の部分に来るとき（そしてそのときのみ）$i \in U$ かつ $j \in W$ となる．ここで，$v_i$ と $v_j$ のなす角が $\theta$ ラジアンであるとする．すると，$\angle$AOB と $\angle$COD も $\theta$ ラジアンになる．したがって，$r'$ と $v_i$ のなす角 $\alpha$ で辺 $(i,j)$ がカットに含まれる事象に対応する割合は，$2\theta/2\pi$ となる．すなわち，辺 $(i,j)$ がカットに含まれる確率は，$\frac{\theta}{\pi}$ となる．なお，$v_i \cdot v_j = \|v_i\|\|v_j\|\cos\theta$ であることはすでにわかっている．$v_i$ と $v_j$ がともに単位ベクトルであるので，$\theta = \arccos(v_i \cdot v_j)$ が得られ，補題の証明が完成する．□

**補題 6.8** $x \in [-1, 1]$ に対して，

$$\frac{1}{\pi}\arccos(x) \geq 0.878 \cdot \frac{1}{2}(1-x)$$

である．

**証明**：簡単な初等微積分学を用いて証明できる．証明の基礎となる説明用の図を図6.3に与えている． □

**定理 6.9** ベクトル計画問題 (6.4) の最適解 $v$ をランダム超平面を用いてラウンディングすることにより，最大カット問題に対する 0.878-近似アルゴリズムが得られる．

**証明**：辺 $(i,j)$ に対する確率変数 $X_{ij}$ は，辺 $(i,j)$ がアルゴリズムでカットに含まれるときに $X_{ij} = 1$ となり，そうでないとき $X_{ij} = 0$ となるとする．$W$ をアルゴリズムで得られるカットの重みを表す確率変数とする．したがって，$W = \sum_{(i,j) \in E} w_{ij} X_{ij}$ と書ける．すると，補題 6.7 より，

$$\mathbf{E}[W] = \sum_{(i,j) \in E} w_{ij} \cdot \Pr[辺 (i,j) がカットに含まれる] = \sum_{(i,j) \in E} w_{ij} \cdot \frac{1}{\pi} \arccos(v_i \cdot v_j)$$

が得られる．さらに，補題 6.8 を用いて，各項の $\frac{1}{\pi} \arccos(v_i \cdot v_j)$ を下から $0.878 \cdot \frac{1}{2}(1 - v_i \cdot v_j)$ で抑えることができるので，

$$\mathbf{E}[W] \geq 0.878 \cdot \frac{1}{2} \sum_{(i,j) \in E} w_{ij}(1 - v_i \cdot v_j) = 0.878 \cdot Z_{VP} \geq 0.878 \cdot \mathrm{OPT}$$

が得られる． □

$Z_{VP} \geq \mathrm{OPT}$ であることはすでに眺めている．上記の定理の証明は，少なくとも $0.878 \cdot Z_{VP}$ の値を持つカットが存在することを示している．したがって，$\mathrm{OPT} \geq 0.878 \cdot Z_{VP}$ であり，$\mathrm{OPT} \leq Z_{VP} \leq \frac{1}{0.878} \mathrm{OPT}$ が得られる．2番目の不等式が等式で成立するようなグラフの存在することも示されている．そのことは，$\mathrm{OPT}$ の上界として $Z_{VP}$ を用いる限りにおいては，最大カット問題に対してこれ以上良い性能保証を得ることはできないことを示している．現時点においては，0.878 は最大カット問題に対して知られている最善の性能保証である．以下の定理は，これが達成できる最善の性能保証に近いかあるいはそのものであることを示している．

**定理 6.10** 最大カット問題に対する $\alpha > \frac{16}{17} \approx 0.941$ の $\alpha$-近似アルゴリズムが存在すれば，**P** = **NP** となる．

**定理 6.11** ユニークゲーム予想の仮定のもとでは，**P** = **NP** でない限り，最大カット問題に対する

$$\alpha > \min_{-1 \leq x \leq 1} \frac{\frac{1}{\pi} \arccos(x)}{\frac{1}{2}(1 - x)} \geq 0.878$$

の $\alpha$-近似アルゴリズムは存在しない．

2番目の定理の証明の概要は，16.5 節で与えることにする．

ここまでは，最大カット問題の乱択アルゴリズムのみを議論してきた．一方，ランダムベクトルの座標を繰り返し決定する精緻な条件付き期待値法を用いて，このアルゴリズムを脱乱択することも可能である．脱乱択の過程で，性能保証はいくぶん悪くなるが，計算時間をより多く費やすことにより，その悪くなる値はいくらでも小さくできる．

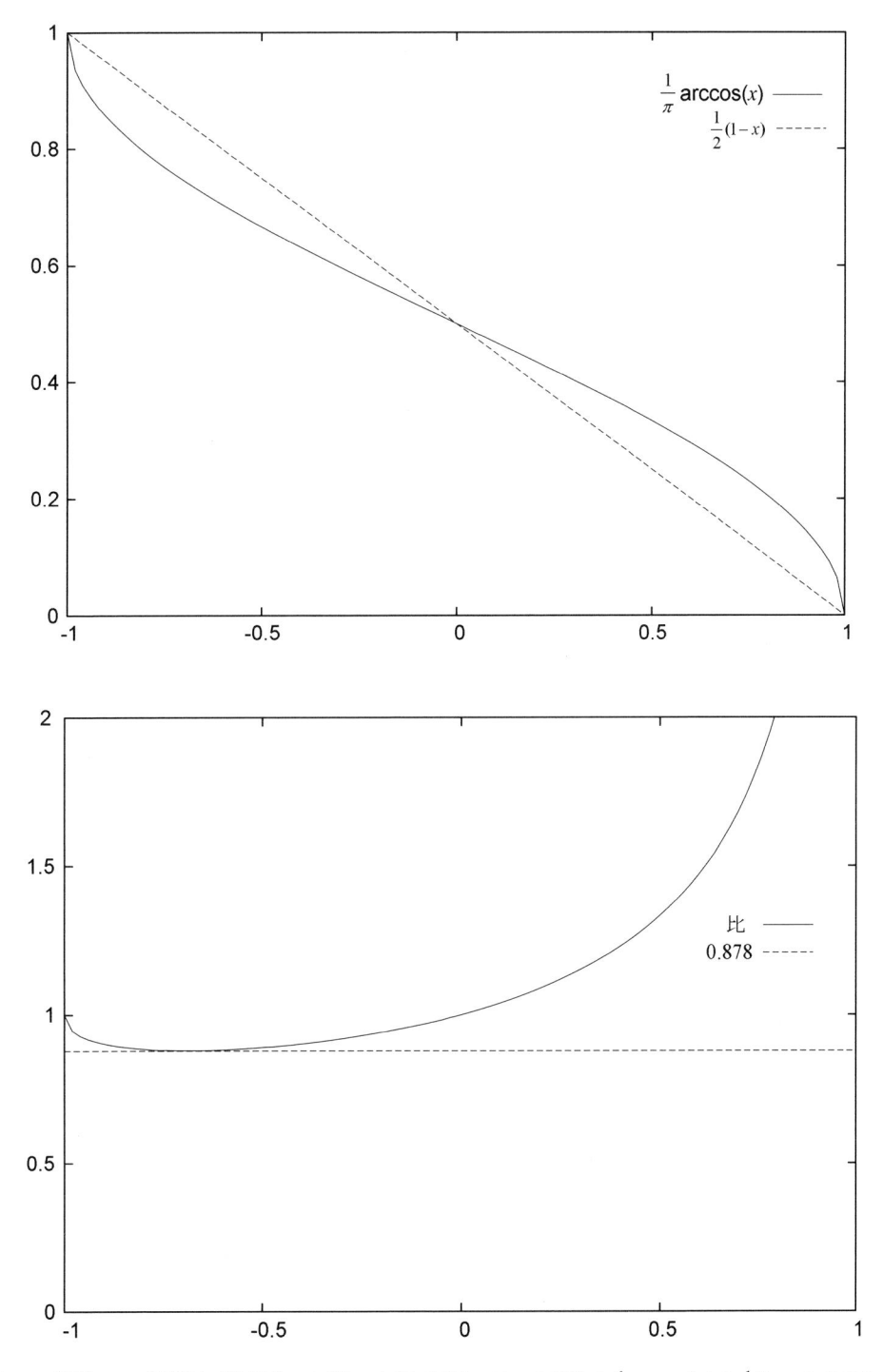

図 6.3 補題 6.8 の説明図（横軸は $x$ の値）．上側の図は，二つの関数の $\frac{1}{\pi}\arccos(x)$ と $\frac{1}{2}(1-x)$ のグラフを示している．下側の図は，それらの二つの関数の比を示している．

## 6.3 二次計画問題の近似解

上記の最大カット問題に対するアルゴリズムをより一般的な問題に拡張することができる．以下の二次計画問題の近似解を求めたいとする．

$$\begin{aligned} \text{maximize} \quad & \sum_{1 \leq i,j \leq n} a_{ij} x_i x_j \\ \text{subject to} \quad & x_i \in \{-1, +1\}, \qquad i = 1, \ldots, n. \end{aligned} \qquad (6.5)$$

このケースでは，最適解の値が負となる（たとえば，対角要素 $a_{ii}$ がすべて負であり，それ以外の非対角要素 $a_{ij}$ がすべてゼロであるときには負となる）こともありうるので，少し注意が必要である．これまでは，実行可能解がすべて非負の値をとる問題のみを考えてきたので，$\alpha$-近似アルゴリズムの定義は意味のあるものであった．解の値が負となるようなケースでは，この定義が意味をなさなくなることは，以下の例を考えてみればわかるであろう．最大化問題に対して，$0 < \alpha < 1$ の $\alpha$-近似アルゴリズムがあり，最適解の値 OPT が負となる入力があったとする．すると，この近似アルゴリズムを用いて，値が少なくとも $\alpha \cdot$ OPT の近似解を求めることができることになる．しかし，この値は最適解の値の OPT より真に大きくなってしまう．この不都合性を回避するために，問題 (6.5) における目的関数の係数行列 $A = (a_{ij})$ も半正定値行列となるケースに限定することにする．このように限定すると，任意の実行可能解 $x$ に対して，目的関数の値は $x^T A x$ となり，それは $A = (a_{ij})$ が半正定値行列であることから非負となる．

最大カット問題のときと同様に，以下のベクトル計画緩和問題が得られる．

$$\begin{aligned} \text{maximize} \quad & \sum_{1 \leq i,j \leq n} a_{ij} (v_i \cdot v_j) \\ \text{subject to} \quad & v_i \cdot v_i = 1, \qquad i = 1, \ldots, n, \\ & v_i \in \Re^n, \qquad i = 1, \ldots, n. \end{aligned} \qquad (6.6)$$

このベクトル計画問題の最適解 $v$ の値を $Z_{VP}$ とする．前節のときと同様の議論により，$Z_{VP} \geq$ OPT が成立する．

最大カット問題に対するアルゴリズムと同一のアルゴリズムをここでも用いることができる．ベクトル計画問題 (6.6) を多項式時間で解いて，ベクトルの集合 $v_i$ を求める．原点を通りベクトル $r$ に直交するランダム超平面を用いて，$r \cdot v_i \geq 0$ のとき $\bar{x}_i = 1$ と設定し，そうでないとき $\bar{x}_i = -1$ と設定して，二次計画問題 (6.5) の解 $\bar{x}$ を生成する．これから二次計画問題 (6.5) に対する $\frac{2}{\pi}$-近似アルゴリズムが得られることを以下で示すことにする．

**補題 6.12**
$$\mathbf{E}[\bar{x}_i \bar{x}_j] = \frac{2}{\pi} \arcsin(v_i \cdot v_j).$$

**証明**: 補題 6.7 から，$v_i$ と $v_j$ がランダム超平面の異なる側に属することになる確率は，$\frac{1}{\pi}\arccos(v_i \cdot v_j)$ となることを思いだそう．したがって，$\bar{x}_i$ と $\bar{x}_j$ が異なる値になる確率は，$\frac{1}{\pi}\arccos(v_i \cdot v_j)$ となる．$\bar{x}_i$ と $\bar{x}_j$ が異なる値のときにはその積は $-1$ となり，$\bar{x}_i$ と $\bar{x}_j$ が同じ値のときにはその積は $1$ となることに注意しよう．したがって，その積が $1$ になる確率は $1 - \frac{1}{\pi}\arccos(v_i \cdot v_j)$ となる．以上の議論より，

$$\mathbf{E}[\bar{x}_i \bar{x}_j] = \Pr[\bar{x}_i \bar{x}_j = 1] - \Pr[\bar{x}_i \bar{x}_j = -1]$$
$$= \left(1 - \frac{1}{\pi}\arccos(v_i \cdot v_j)\right) - \left(\frac{1}{\pi}\arccos(v_i \cdot v_j)\right)$$
$$= 1 - \frac{2}{\pi}\arccos(v_i \cdot v_j)$$

が得られる．ここで，$\arcsin(x) + \arccos(x) = \frac{\pi}{2}$ であることを用いると，

$$\mathbf{E}[\bar{x}_i \bar{x}_j] = 1 - \frac{2}{\pi}\left[\frac{\pi}{2} - \arcsin(v_i \cdot v_j)\right] = \frac{2}{\pi}\arcsin(v_i \cdot v_j)$$

が得られる． □

最大カット問題のときの定理 6.9 で行った議論と同一の議論をここでも行いたい．しかし，実際には解析でうまくいかないことになることが以下のようにわかる．

$$\alpha = \min_{-1 \leq x \leq 1} \frac{\frac{2}{\pi}\arcsin(x)}{x}$$

とする．そして，解の期待値が，定理 6.9 で行った議論と同一の根拠に基づいて，

$$\mathbf{E}\left[\sum_{i,j} a_{ij} \bar{x}_i \bar{x}_j\right] = \sum_{i,j} a_{ij} \mathbf{E}[\bar{x}_i \bar{x}_j]$$
$$= \frac{2}{\pi}\sum_{i,j} a_{ij}\arcsin(v_i \cdot v_j)$$
$$\geq \alpha \sum_{i,j} a_{ij}(v_i \cdot v_j)$$
$$\geq \alpha \cdot \mathrm{OPT}$$

を満たすと結論づけたとする．しかしながら，$a_{ij}$ のいくつかが負となることもあるので，（等式を除いた）最初の不等式は必ずしも成立するとは限らないのである．上記の議論では，不等式が項ごとに成立することを仮定していたが，$a_{ij} < 0$ となる項があるときには，これは成立しないからである．

したがって，このアルゴリズムを解析するには，項ごとの解析ではなく，巨視的な解析が必要となる．ここでは，**Shur の積定理** (Schur product theorem) と呼ばれている以下の事実とそれから得られる二つの系を利用して，巨視的な解析を行う．

**事実 6.13 (Shur の積定理)** 行列の $A = (a_{ij})$ と $B = (b_{ij})$ に対して，$C = A \circ B = (c_{ij})$ を $c_{ij} = a_{ij} b_{ij}$ として定義する．すると，$A \succeq 0$ かつ $B \succeq 0$ ならば $A \circ B \succeq 0$ である．

**系 6.14** $A \succeq 0$ かつ $B \succeq 0$ ならば，$\sum_{i,j} a_{ij} b_{ij} \geq 0$ である．

**証明**：事実6.13より，$A \circ B \succeq 0$ であるので，すべての成分が1のベクトル $\vec{1}$ に対して，半正定値行列の定義から $\sum_{i,j} a_{ij} b_{ij} = \vec{1}^T (A \circ B) \vec{1} \geq 0$ が得られる． □

**系 6.15** $X \succeq 0$ であり，すべての $i, j$ で $|x_{ij}| \leq 1$ であり，さらに $Z = (z_{ij})$ が $z_{ij} = \arcsin(x_{ij}) - x_{ij}$ であるならば，$Z \succeq 0$ である．

**証明**：$x = 0$ で $\arcsin x$ をテイラー展開すると，

$$\arcsin x = x + \frac{1}{2 \cdot 3} x^3 + \frac{1 \cdot 3}{2 \cdot 4 \cdot 5} x^5 + \cdots + \frac{1 \cdot 3 \cdot 5 \cdots (2n-1)}{2 \cdot 4 \cdot 6 \cdots 2n \cdot (2n+1)} x^{2n+1} + \cdots$$

となり，それは $|x| \leq 1$ のとき収束することを思いだそう．行列 $Z = (z_{ij})$ の $ij$ 成分は $z_{ij} = \arcsin(x_{ij}) - x_{ij}$ であるので，それは

$$Z = \frac{1}{2 \cdot 3}((X \circ X) \circ X) + \frac{1 \cdot 3}{2 \cdot 4 \cdot 5}((((X \circ X) \circ X) \circ X) \circ X) + \cdots$$

と書ける．$X \succeq 0$ であるので，事実6.13より，右辺の各項は半正定値行列となり，それらの和である $Z$ も半正定値行列となる． □

これで以下の定理を証明できるようになった．

**定理 6.16** 目的関数の行列 $A$ が半正定値であるときには，ベクトル計画問題 (6.6) の最適解 $v$ をランダム超平面を用いてラウンディングすることにより，二次計画問題 (6.5) に対する $\frac{2}{\pi}$-近似アルゴリズムが得られる．

**証明**：

$$\mathbf{E}\left[\sum_{i,j} a_{ij} \bar{x}_i \bar{x}_j\right] \geq \frac{2}{\pi} \sum_{i,j} a_{ij} (v_i \cdot v_j) \geq \frac{2}{\pi} \cdot \mathrm{OPT}$$

を証明したい．

$$\mathbf{E}\left[\sum_{i,j} a_{ij} \bar{x}_i \bar{x}_j\right] = \frac{2}{\pi} \sum_{i,j} a_{ij} \arcsin(v_i \cdot v_j)$$

であることはすでに知っている．したがって，

$$\frac{2}{\pi} \sum_{i,j} a_{ij} \arcsin(v_i \cdot v_j) - \frac{2}{\pi} \sum_{i,j} a_{ij} (v_i \cdot v_j) \geq 0$$

であることを示せば十分である．二つのベクトル $v_i$ と $v_j$ の内積を $x_{ij} = v_i \cdot v_j$ とし，$v_i$ と $v_j$ のなす角を $\theta_{ij}$ とする．すると，$X = (x_{ij}) \succeq 0$ であり，さらに，

$$|v_i \cdot v_j| = |\|v_i\| \|v_j\| \cos \theta_{ij}| = |\cos \theta_{ij}| \leq 1$$

であるので，$|x_{ij}| \leq 1$ となる．したがって，示したいことは

$$\frac{2}{\pi} \sum_{i,j} a_{ij} (\arcsin(x_{ij}) - x_{ij}) \geq 0$$

となる．$z_{ij} = \arcsin(x_{ij}) - x_{ij}$ とおくと，それは

$$\frac{2}{\pi} \sum_{i,j} a_{ij} z_{ij} \geq 0$$

と等価である．これは，系 6.15 より，$Z = (z_{ij}) \succeq 0$ であり，さらに，$A \succeq 0$ であるので系 6.14 より，$\sum_{i,j} a_{ij} z_{ij} \geq 0$ となることから得られる． □

## 6.4 相関クラスタリングを求める

本節では，半正定値計画を用いて，無向グラフの**相関クラスタリング** (correlation clustering) の良い解を求めることができることを示す．この問題では，入力として，無向グラフ $G = (V, E)$ と各辺 $(i, j) \in E$ に対する二つの非負の重みの $w_{ij}^+ \geq 0$ と $w_{ij}^- \geq 0$ が与えられる．目標は，点集合を類似の点からなる部分集合にクラスタリングすることである．より具体的には，以下のとおりである．ここで，2 点 $i, j$ の類似度は $w_{ij}^+$ で与えられ，相違度は $w_{ij}^-$ で与えられる．点集合のクラスタリングは，点集合の非空な部分集合への分割 $\mathcal{S}$ で表現される．このクラスタリング $\mathcal{S}$ で，分割の異なる部分集合にまたがる辺（両端点が異なる部分集合に属する辺）の集合を $\delta(\mathcal{S})$ とする．また，両端点が分割の同一の部分集合に属する辺の集合を $E(\mathcal{S})$ とする．すると，目標は，

$$\sum_{(i,j) \in E(\mathcal{S})} w_{ij}^+ + \sum_{(i,j) \in \delta(\mathcal{S})} w_{ij}^-$$

が最大になるような分割 $\mathcal{S}$ を求めることである．すなわち，両端点が同一の部分集合に属する辺の重み $w^+$ の総和と両端点が異なる部分集合に属する辺の重み $w^-$ の総和が最大になるような分割 $\mathcal{S}$ を求めることである．

この問題に対して，$\frac{1}{2}$-近似アルゴリズムは容易に得られることに注意しよう．すべての点を同一の集合に入れるクラスタリング $\mathcal{S} = \{V\}$ は，値が $\sum_{(i,j) \in E} w_{ij}^+$ の解である．各集合が 1 点からなるクラスタリング $\mathcal{S} = \{\{i\} : i \in V\}$ は，値が $\sum_{(i,j) \in E} w_{ij}^-$ の解である．最適解の値 OPT は，もちろん OPT $\leq \sum_{(i,j) \in E}(w_{ij}^+ + w_{ij}^-)$ を満たすので，これらの解の良いほうは値が少なくとも $\frac{1}{2}$ OPT となる．

以下では，半正定値計画を用いて，$\frac{3}{4}$-近似アルゴリズムを得ることができることを示す．そこで，この問題をまず整数計画問題として定式化する．$e_k$ を $k$ 番目の単位ベクトルとする．すなわち，$e_k$ は，第 $k$ 成分のみが 1 で，残りの成分はすべてゼロである．各点 $i \in V$ に対して変数ベクトル $x_i$ を考える．そして，点 $i$ が $k$ 番目のクラスターに属するとき $x_i = e_k$ とする．すると，$k = l$ のとき $e_k \cdot e_l = 1$ であり，そうでないとき $e_k \cdot e_l = 0$ であるので，整数計画による定式化は，

$$\begin{aligned}\text{maximize} \quad & \sum_{(i,j) \in E} \left( w_{ij}^+ (x_i \cdot x_j) + w_{ij}^- (1 - x_i \cdot x_j) \right) \\ \text{subject to} \quad & x_i \in \{e_1, \ldots, e_n\}, \quad \forall i\end{aligned}$$

と書ける．この定式化は以下のベクトル計画問題として緩和できる．

$$\begin{aligned}
\text{maximize} \quad & \sum_{(i,j)\in E} \left( w_{ij}^+ (v_i \cdot v_j) + w_{ij}^- (1 - v_i \cdot v_j) \right) \\
\text{subject to} \quad & v_i \cdot v_i = 1, \quad \forall i, \\
& v_i \cdot v_j \geq 0, \quad \forall i,j \\
& v_i \in \Re^n, \quad \forall i.
\end{aligned} \quad (6.7)$$

このベクトル計画問題の最適解 $v$ の値を $Z_{CC}$ とする．整数計画による定式化の任意の実行可能解は，ベクトル計画問題の実行可能解であり，目的関数の値も等しくなるので，ベクトル計画問題は緩和になっていることに注意しよう．したがって，整数計画による定式化の最適解の値 OPT に対して，$Z_{CC} \geq$ OPT が成立する．

前の二つの節では，ランダム超平面を用いて点集合を二つの集合に分割した．最大カット問題のときにはこれでカットの両側の点集合が決定され，二次計画問題では値が $+1$ と $-1$ の変数が決定された．ここのケースでは，二つの独立なランダムベクトルの $r_1$ と $r_2$ のそれぞれに直交するランダム超平面を二つ選ぶ．この二つの超平面により，点集合は $2^2 = 4$ 個の部分集合に分割される．より具体的には，

$$\begin{aligned}
R_1 &= \{i \in V : r_1 \cdot v_i \geq 0, r_2 \cdot v_i \geq 0\}, \\
R_2 &= \{i \in V : r_1 \cdot v_i \geq 0, r_2 \cdot v_i < 0\}, \\
R_3 &= \{i \in V : r_1 \cdot v_i < 0, r_2 \cdot v_i \geq 0\}, \\
R_4 &= \{i \in V : r_1 \cdot v_i < 0, r_2 \cdot v_i < 0\}
\end{aligned}$$

の四つの部分集合に分割される．以下では，これらの四つのクラスターからなる解 $\mathcal{S} = \{R_1, R_2, R_3, R_4\}$ は，最適解の値の $\frac{3}{4}$ 以上の値を持つことになるを示す．最初に，次の補題が必要となる．

**補題 6.17** 任意の $x \in [0,1]$ に対して，

$$\frac{(1 - \frac{1}{\pi} \arccos(x))^2}{x} \geq 0.75$$

と

$$\frac{1 - (1 - \frac{1}{\pi} \arccos(x))^2}{(1-x)} \geq 0.75$$

が成立する．

**証明**：簡単な初等微積分学を用いて証明できる．証明の基礎となる説明用の図を図 6.4 に与えている． □

これで，以下の定理を与えることができるようになった．

**定理 6.18** ベクトル計画問題 (6.7) の最適解 $v$ を上記のように二つのランダム超平面を用いてラウンディングすることにより，相関クラスタリング問題に対する $\frac{3}{4}$-近似アルゴリズムが得られる．

**証明**：各辺 $e = (i,j) \in E$ に対して，確率変数 $X_{ij}$ を考える．$X_{ij}$ は，点 $i,j$ が同一のクラスターに属するとき値 1 をとり，そうでないとき値 0 をとるとする．二つのベクトル $v_i$

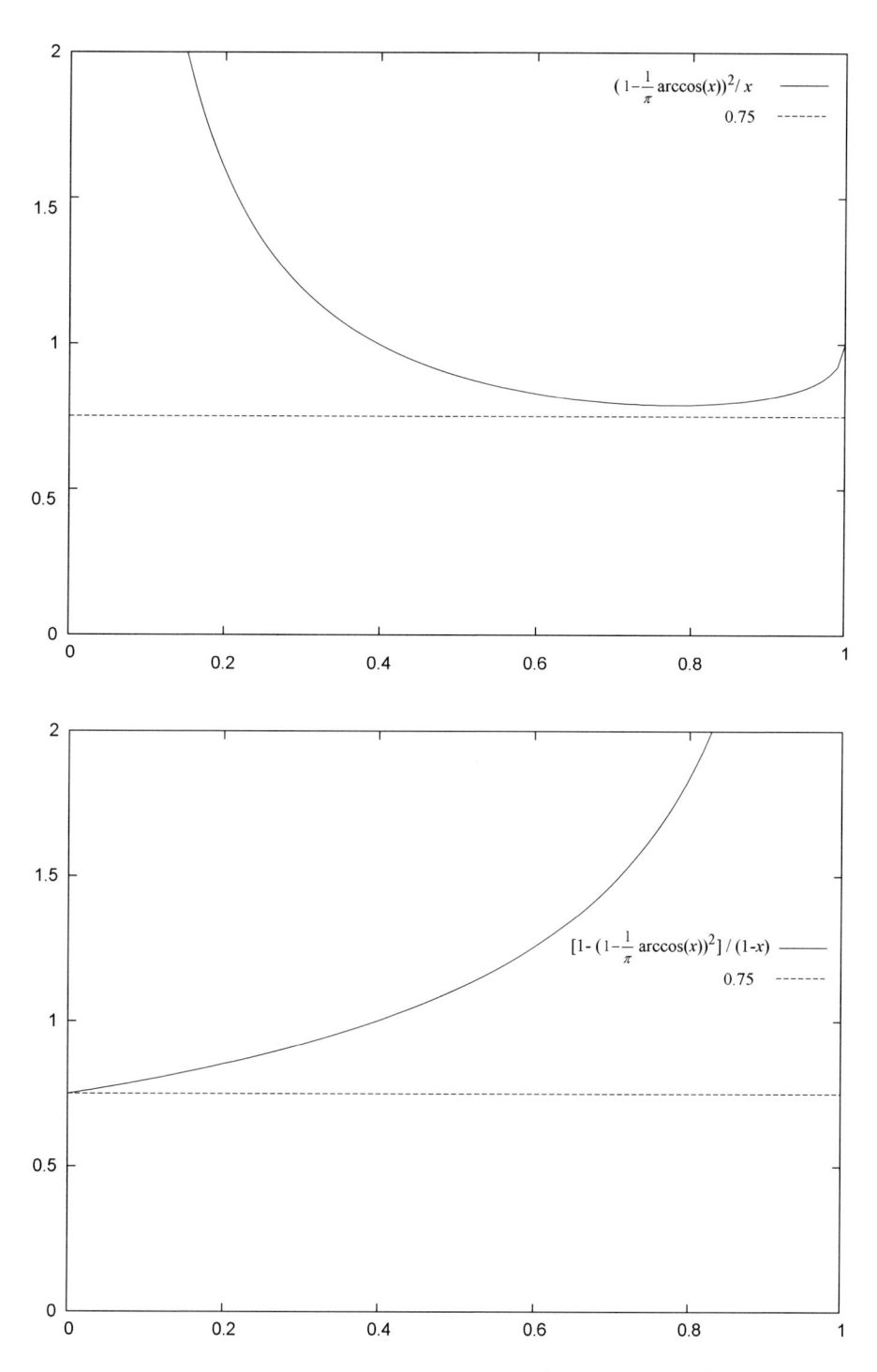

**図 6.4** 補題 6.17 の説明図（横軸は $x$ の値）．上側の図は，関数 $\left[(1-\frac{1}{\pi}\arccos(x))^2\right]/x$ のグラフを示している．下側の図は，関数 $\left[1-(1-\frac{1}{\pi}\arccos(x))^2\right]/(1-x)$ のグラフを示している．

と $v_j$ が一つのランダム超平面の異なる側に属する確率は，補題 6.7 より，$\frac{1}{\pi}\arccos(v_i \cdot v_j)$ であることに注意しよう．したがって，二つのベクトル $v_i$ と $v_j$ が一つのランダム超平面の同じ側に属する確率は，$1 - \frac{1}{\pi}\arccos(v_i \cdot v_j)$ となる．さらに，二つのベクトル $v_i$ と $v_j$ が $r_1$ と $r_2$ で定義される二つのランダム超平面の両方で同じ側に属する確率は，$r_1$ と $r_2$ が独立に選ばれていたことから，$(1 - \frac{1}{\pi}\arccos(v_i \cdot v_j))^2$ となる．したがって，$\mathbf{E}[X_{ij}] = (1 - \frac{1}{\pi}\arccos(v_i \cdot v_j))^2$ となる．

この分割の重みを表す確率変数を $W$ とする．すると，

$$W = \sum_{(i,j)\in E} \left( w_{ij}^+ X_{ij} + w_{ij}^- (1 - X_{ij}) \right)$$

と書けることに注意しよう．したがって，

$$\begin{aligned}\mathbf{E}[W] &= \sum_{(i,j)\in E} \left( w_{ij}^+ \mathbf{E}[X_{ij}] + w_{ij}^- (1 - \mathbf{E}[X_{ij}]) \right) \\ &= \sum_{(i,j)\in E} \left[ w_{ij}^+ \left(1 - \frac{1}{\pi}\arccos(v_i \cdot v_j)\right)^2 + w_{ij}^- \left(1 - \left(1 - \frac{1}{\pi}\arccos(v_i \cdot v_j)\right)^2\right) \right]\end{aligned}$$

が得られる．ここで，この和の各項を補題 6.17 を用いて下から抑えたい．ベクトル計画問題の制約式から $v_i \cdot v_j \in [0,1]$ であるので，補題 6.17 を用いることができて，

$$\mathbf{E}[W] \geq 0.75 \sum_{(i,j)\in E} \left( w_{ij}^+ (v_i \cdot v_j) + w_{ij}^- (1 - v_i \cdot v_j) \right) = 0.75 \cdot Z_{CC} \geq 0.75 \cdot \text{OPT}$$

が得られる． □

## 6.5 3-彩色可能グラフの彩色

5.12 節では，$\delta$-デンス 3-彩色可能グラフを高い確率で 3 色で彩色できることを眺めた．しかし，任意の 3-彩色可能グラフの状況は格段に悪い．本節では，$n = |V|$ 点からなる 3-彩色可能グラフ $G = (V, E)$ を $O(\sqrt{n})$ 色で彩色するきわめて単純なアルゴリズムを与える．その後に，半正定値計画を用いて，$\tilde{O}(n^{0.387})$ 色で彩色するアルゴリズムが得られることを示す．なお，$\tilde{O}$ は以下のように定義できる．

**定義 6.19** 関数 $g(n)$ は，ある定数の $c \geq 0$ とある正整数 $n_0$ が存在して，すべての $n \geq n_0$ で $g(n) = O(f(n)(\log n)^c)$ が成立するときに，$g(n) = \tilde{O}(f(n))$ と表記される．

知られている最善のアルゴリズムでも，$\tilde{O}(n^{0.387})$ 色より十分に少ない色では彩色できない．グラフ彩色問題は，最も近似困難な問題の一つである．

グラフ彩色問題にはきわめて単純なものもある．2-彩色可能グラフは，多項式時間で 2 色で彩色できることが知られている．また，点の最大次数が $\Delta$ である任意のグラフは，多項式時間で $(\Delta + 1)$ 色で彩色できることも知られている．これらの結果は演習問題とする（演習問題 6.4）．

これらの結果を用いて，3-彩色可能グラフ $G = (V, E)$ を $O(\sqrt{n})$ 色で彩色するアルゴリズムは，以下のように，きわめて単純に与えることができる．すなわち，アルゴリズムは，グラフに次数が $\sqrt{n}$ 以上の点が存在する限り，その点とそれに隣接する点をすべて選ぶ．さらに，新しく3色用意して，その点をそのうちの1色で彩色し，隣接する残りのすべての点を，2-彩色アルゴリズムを用いてそれ以外の2色で彩色する．グラフが3-彩色可能であるので，隣接する残りのすべての点は2-彩色可能であり，これは問題なくできる．そしてグラフからこれらの点をすべて除去して，残りのグラフで上記のことを繰り返す．この反復が終了した後に，グラフに点が残っているときには，次数が $\sqrt{n}$ 以上の点は存在しないので，最大次数 $\Delta$ のグラフを $\Delta + 1$ 色で彩色するアルゴリズムを用いて，$\sqrt{n}$ 個の新しい色を用いて彩色できる．

したがって，以下の定理が証明できる．

**定理 6.20** 上記のアルゴリズムは，任意の3-彩色可能グラフを高々 $4\sqrt{n}$ 色で彩色する．

**証明**：アルゴリズムは各反復で，次数が $\lfloor \sqrt{n} \rfloor$ 以上の点とそれに隣接する点を求めて，新しい3色で彩色して除去する[1]．したがって，グラフから少なくとも $\lfloor \sqrt{n} \rfloor + 1$ 個の点が除去されるので，このような反復は高々 $\lfloor \sqrt{n} \rfloor$ 回である[2]．すなわち，すべての反復で用いられる色は高々 $3\lfloor \sqrt{n} \rfloor$ 色である．アルゴリズムの最後のステップで，さらに高々 $\lfloor \sqrt{n} \rfloor$ 色用いているので，アルゴリズム全体で用いる色数は高々 $4\lfloor \sqrt{n} \rfloor \leq 4\sqrt{n}$ である． □

次に，半正定値計画で彩色アルゴリズムが改善できることを議論する．各点 $i \in V$ に対してベクトル $v_i$ を用いて得られる以下のベクトル計画問題を考える．

$$
\begin{aligned}
\text{minimize} \quad & \lambda \\
\text{subject to} \quad & v_i \cdot v_j \leq \lambda, & \forall (i, j) \in E, \\
& v_i \cdot v_i = 1, & \forall i \in V, \\
& v_i \in \Re^n, & \forall i \in V.
\end{aligned}
\quad (6.8)
$$

以下の補題は，3-彩色可能グラフに対するアルゴリズムの導出に，このベクトル計画問題が有効であることの理由を示唆している．

**補題 6.21** 任意の3-彩色可能グラフに対して，ベクトル計画問題 (6.8) に対する $\lambda \leq -\frac{1}{2}$ の実行可能解が存在する．

**証明**：原点を重心とする正三角形を考える．なお，この正三角形の3頂点はいずれも原点からの距離が1であり，3色（赤，青，緑）が割り当てられているとする．そして，3-彩色可能グラフの任意の（赤，青，緑による）3-彩色に対して，各点に彩色されている色の正三角形の頂点への単位ベクトルを対応させる（図6.5）．同一の色の二つのベクトルのなす角は0ラジアン（0度）であり，異なる色の二つのベクトルのなす角は $2\pi/3$ ラジアン

---

[1] 訳注：原著では次数が $\sqrt{n}$ 以上の点とそれに隣接する点を除去することにして議論しているが，本翻訳書では，議論をより厳密化して記述している．

[2] 訳注：$\lfloor \sqrt{n} \rfloor$ 回の反復後に次数が $\lfloor \sqrt{n} \rfloor$ 以上の点が存在したとすると，グラフの点数は少なくとも $(\lfloor \sqrt{n} \rfloor + 1)^2 > (\sqrt{n})^2 = n$ となり矛盾する．

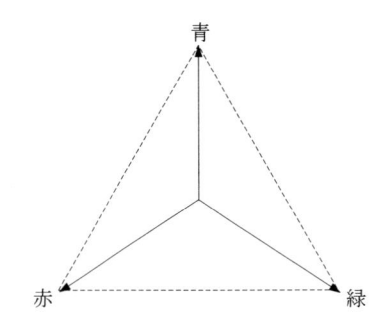

図 6.5 補題 6.21 の証明の説明図.

（120度）である．すると，辺 $(i,j) \in E$ の両端点が対応するベクトルの $v_i$ と $v_j$ に対して，

$$v_i \cdot v_j = \|v_i\|\|v_j\|\cos\left(\frac{2\pi}{3}\right) = -\frac{1}{2}$$

が成立する．これは，目的関数の値が $\lambda = -1/2$ となるベクトル計画問題に対する実行可能解となるので，最適解における目的関数の値に対しては $\lambda \leq -1/2$ が成立することになる． □

上の補題の証明は，実際には，以下の系の証明にもなっていたことに注意しよう．この系はあとで役立つことになる．

**系 6.22** 任意の3-彩色可能グラフに対して，すべての辺 $(i,j) \in E$ で $v_i \cdot v_j = -1/2$ を満たすベクトル計画問題 (6.8) の実行可能解が存在する．

目的を達成するために，**セミ彩色 (semicoloring)** を生成する乱択アルゴリズムをまず述べる．グラフの点への色の割当てで，両端点が同色となるような辺が高々 $n/4$ 本となるとき，その色の割り当てをセミ彩色という．これらの高々 $n/4$ 本の辺の両端点を除去してみる．すると，残りの点は，どの2点を結ぶ辺に対しても両端点に異なる色が割り当てられている．したがって，両端点に異なる色が割り当てられているような点（すなわち，正しく彩色されている点）が少なくとも $n/2$ 個存在する．実は，セミ彩色を生成するアルゴリズムで十分であることが主張できる．なぜなら，$k$ 色でグラフをセミ彩色できれば，全体のグラフを，以下のようにして，$k \log n$ 色で彩色できるからである．すなわち，最初グラフを $k$ 色でセミ彩色する．そして，正しく彩色されている点を除去する．すると，グラフに残る点は $n/2$ 個以下となり，そのグラフに対して新しく $k$ 色用いてセミ彩色して，正しく彩色されている点を除去する．これを繰り返す．各反復で残りのグラフの点は半分以下になるので，これは高々 $\log n$ 回繰り返されるだけである．したがって，全体のグラフが $k \log n$ 色で正しく彩色できる．

そこで，これからセミ彩色を生成する乱択アルゴリズムを与える．基本的なアイデアは，6.4節の相関クラスタリングアルゴリズムで用いたものと同様である．ベクトル計画問題 (6.8) を解いて，最適解のベクトルの集合 $v_i$ を求める．次に，$t = 2 + \log_3 \Delta$ 個のランダムベクトル $r_1, \ldots, r_t$ を選ぶ．なお，$\Delta$ はグラフの最大次数である[3]．$t$ 個のランダ

---

[3] 訳注：ここでは便宜上，$\Delta$ は3のべき乗であるとしている．そうでないときは，$3^{h-1} < \Delta < 3^h$ となる正整数 $h$ が存在するので，$3^h$ 改めて $\Delta$ とおいて議論しても本節の最終的な結論は問題なく得られる．

ムベクトルに直交するランダム超平面で $2^t$ 個の異なる領域が定義される．各ベクトル $v_i$ は，それらのいずれかの領域に属することになる．これらのいずれの領域に対しても，各 $j = 1, \ldots, t$ で $r_j \cdot v_i \geq 0$ あるいは $r_j \cdot v_i < 0$ のいずれかが成立する．そして，同じ領域に属するベクトルに対応する点にのみ同じ色を割り当てる．

**定理 6.23** この色の割当てアルゴリズムは，少なくとも確率 $1/2$ で $4\Delta^{\log_3 2}$ 色のセミ彩色を返す．

**証明**：$t = 2 + \log_3 \Delta$ として，$2^t$ 個の色を用いているので，$4 \cdot 2^{\log_3 \Delta} = 4\Delta^{\log_3 2}$ 個の色を用いている．

次に，この乱択アルゴリズムで，少なくとも確率 $1/2$ でセミ彩色が得られることを示す．そこで，はじめに，指定された辺 $(i, j)$ に対して，両端点の $i$ と $j$ が同一の色を割り当てられる確率を考える．この確率は，$i$ と $j$（に対応するベクトル）の両方が同一の領域に属する確率となる．すなわち，$t$ 個のランダム超平面のいずれでも $v_i$ と $v_j$（$i$ と $j$ と略記する）が分離されない確率となる．補題 6.7 より，一つのランダム超平面で $i$ と $j$ が分離される確率は，$\frac{1}{\pi} \arccos(v_i \cdot v_j)$ であることに注意しよう．したがって，$t$ 個の独立に選ばれたランダム超平面のいずれでも分離されない確率は，$(1 - \frac{1}{\pi} \arccos(v_i \cdot v_j))^t$ となる．すなわち，

$$\Pr[辺 (i,j) の両端点の i と j が同一の色になる] = \left(1 - \frac{1}{\pi} \arccos(v_i \cdot v_j)\right)^t$$
$$\leq \left(1 - \frac{1}{\pi} \arccos(\lambda)\right)^t$$

が得られる．なお，最後の不等式は，ベクトル計画問題 (6.8) の制約式と $\arccos$ が非増加関数であることから得られる．したがって，補題 6.21 より，

$$\left(1 - \frac{1}{\pi} \arccos(\lambda)\right)^t \leq \left(1 - \frac{1}{\pi} \arccos(-1/2)\right)^t$$

となる．最後に，単純な計算と $t$ の定義から

$$\left(1 - \frac{1}{\pi} \arccos(-1/2)\right)^t = \left(1 - \frac{1}{\pi} \frac{2\pi}{3}\right)^t = \left(\frac{1}{3}\right)^t \leq \frac{1}{9\Delta}$$

が得られる．したがって，

$$\Pr[辺 (i,j) の両端点の i と j が同一の色になる] \leq \frac{1}{9\Delta}$$

となる．

$m$ をグラフの辺数とする．すると，$m \leq n\Delta/2$ である．したがって，両端点が同一の色になるような辺の本数の期待値は，高々 $m/(9\Delta)$ となり，さらに $m \leq n\Delta/2$ であるので高々 $n/18$ となる．両端点が同一の色になるような辺の本数を表す確率変数を $X$ とする．補題 5.25 の Markov の不等式より，両端点が同一の色になるような辺が $n/4$ 本より多くなる確率は高々

$$\Pr[X \geq n/4] \leq \frac{\mathbf{E}[X]}{n/4} \leq \frac{n/18}{n/4} \leq \frac{1}{2}$$

である． □

最大次数 $\Delta$ の上界として点数 $n$ を用いると, $\mathrm{O}(n^{\log_3 2})$ 色のセミ彩色を生成するアルゴリズムが得られ, したがって, $\tilde{\mathrm{O}}(n^{\log_3 2})$ 色の彩色が得られる. $\log_3 2 \approx 0.631$ であるので, これは, 本節の最初に与えた $\mathrm{O}(n^{1/2})$ 色を用いるアルゴリズムよりも悪くなる. しかしながら, そのアルゴリズムで用いたアイデアを, ここのアルゴリズムを改善するのに用いることができる. 後に値を決定するパラメーターの $\sigma$ を考える. 次数が少なくとも $\sigma$ の点がグラフに存在する限り, その点とそれに隣接する点をすべて選ぶ. さらに, 新しく 3 色用意して, その点をそのうちの 1 色で彩色し, 隣接する残りのすべての点を, 2-彩色アルゴリズムを用いてそれ以外の 2 色で彩色する. グラフが 3-彩色可能であるので, 隣接する残りのすべての点は 2-彩色可能であり, これは問題なくできる. そしてグラフからこれらの点をすべて除去して, 残りのグラフで上記のことを繰り返す. この反復が終了した後に, グラフに点が残っているときには, 次数が $\sigma$ 以上の点は存在しないので, 上記のセミ彩色アルゴリズムを用いて, 残りのグラフを $\mathrm{O}(\sigma^{\log_3 2})$ 色で各点に色を割り当てる. すると, 以下が示せる.

**定理 6.24** 上記のアルゴリズムは, 少なくとも確率 $1/2$ で, 3-彩色可能グラフの $\mathrm{O}(n^{0.387})$ 色でのセミ彩色を返す.

**証明**: このアルゴリズムは, 前半部分で全部で高々 $3n/\sigma = \mathrm{O}(\frac{n}{\sigma})$ 色用いる. 各反復で少なくとも $\sigma$ 個の点を除去するからである. アルゴリズムの前半部分と後半部分で用いる色数のバランスをとるとする. すなわち, $\frac{n}{\sigma} = \sigma^{\log_3 2}$ とおいて, $\sigma$ の値を決定する. これから, $\sigma = n^{\log_6 3}$, すなわち, $\sigma \approx n^{0.613}$ が得られる. したがって, アルゴリズムの前半部分と後半部分の両方で, $\mathrm{O}(n^{0.387})$ 色を用いることになり, 定理が得られる. □

この定理から, 3-彩色可能グラフを $\tilde{\mathrm{O}}(n^{0.387})$ 色で彩色するアルゴリズムが得られる.

13.2 節では, 半正定値計画を用いて, 3-彩色可能グラフを $\tilde{\mathrm{O}}(\Delta^{1/3}\sqrt{\ln \Delta})$ 色で彩色するアルゴリズムを与えることにする. そのアルゴリズムは, 上記と同じアイデアを用いて, 3-彩色可能グラフを $\tilde{\mathrm{O}}(n^{1/4})$ 色で彩色するアルゴリズムに改善できる.

## 6.6 演習問題

6.1 線形計画問題と同様に, 半正定値計画問題も双対問題を持つ. MAX CUT の SDP (6.4) の双対問題は

$$\begin{aligned}
\text{minimize} \quad & \frac{1}{2}\sum_{i<j} w_{ij} + \frac{1}{4}\sum_i \gamma_i \\
\text{subject to} \quad & W + diag(\gamma) \succeq 0
\end{aligned}$$

と書ける. なお, $W$ は $ij$ 要素が辺 $(i,j)$ の重み $w_{ij}$ の対称行列であり, $diag(\gamma)$ は対角の $ii$ 要素が $\gamma_i$ の対角行列である. この双対問題に対する任意の実行可能解の値は, 任意のカットのコストの上界となることを証明せよ.

6.2 半正定値計画は最大充足化問題のより良い近似アルゴリズムを得るのにも用いることができる．各クローズが高々 2 個のリテラルからなる MAX 2SAT 問題から始めよう．

(a) 最大カット問題のときと同様に，MAX 2SAT 問題を，制約式が $y_i \in \{-1, 1\}$ という形式のものだけであり，目的関数が $y_i$ の二次式であるような "整数二次計画問題" として表現したい．MAX 2SAT 問題がこのような形式で表現できることを示せ．(ヒント：値 $-1$ あるいは値 $1$ が "真" であることを表す変数 $y_0$ を用いるとよい．)

(b) MAX 2SAT 問題に対する 0.878-近似アルゴリズムを導出せよ．

(c) MAX 2SAT 問題に対するこの 0.878-近似アルゴリズムを用いて，最大充足化問題に対するある定数 $\epsilon > 0$ のもとでの $(\frac{3}{4} + \epsilon)$-近似アルゴリズムを導出せよ．この $\epsilon$ はどれくらいまで大きくできるか？

6.3 演習問題 6.2 で定義された MAX 2SAT 問題の入力に対して，すべてのクローズを満たすことができるかどうかを判定する多項式時間アルゴリズムが存在することを証明せよ．

6.4 以下の問題に対する多項式時間アルゴリズムを与えよ．

(a) 2-彩色可能なグラフを 2 色で彩色する問題．

(b) 最大次数 $\Delta$ のグラフの $\Delta + 1$ 色で彩色する問題．

6.5 組合せ最適化問題における重要な不変量の一つとして，**Lovász のシータ関数** (Lovász theta function) が挙げられる．シータ関数は無向グラフ $G = (V, E)$ 上で定義される．シータ関数には多くの（等価な）定義が存在するが，そのうちの一つは，以下の半正定値計画問題を用いて

$$\vartheta(\bar{G}) = \text{maximize} \quad \sum_{i,j} b_{ij}$$
$$\text{subject to} \quad \sum_i b_{ii} = 1,$$
$$b_{ij} = 0, \quad \forall i \neq j, (i,j) \notin E,$$
$$B = (b_{ij}) \succeq 0, \quad B \text{ は対称行列}$$

と書ける[4]．Lovász は，$\omega(G) \leq \vartheta(\bar{G}) \leq \chi(G)$ が成立することを示した．なお，$\omega(G)$ は $G$ の最大クリークのサイズであり，$\chi(G)$ は $G$ の彩色数（すなわち，$G$ を彩色するのに必要な最小の色数）である．

(a) $\omega(G) \leq \vartheta(\bar{G})$ を示せ．

(b) 以下は，グラフ彩色問題に対するベクトル計画問題を少し変えたものである．

$$\text{minimize} \quad \alpha$$
$$\text{subject to} \quad v_i \cdot v_j = \alpha, \quad \forall (i,j) \in E,$$
$$v_i \cdot v_i = 1, \quad \forall i \in V,$$
$$v_i \in \Re^n, \quad \forall i \in V.$$

---

[4] 訳注：$\bar{G} = (V, \bar{E})$ は $G = (V, E)$ の補グラフである (p.297 参照)．すなわち，任意の異なる 2 点 $i, j \in V$ に対して，$(i, j) \notin E$ であるときそしてそのときのみ $(i, j) \in \bar{E}$ である．

この双対問題は,

$$\text{maximize} \quad -\sum_i u_i \cdot u_i$$

$$\text{subject to} \quad \sum_{i \neq j} u_i \cdot u_j \geq 1,$$

$$u_i \cdot u_j = 0, \quad \forall (i,j) \notin E, i \neq j,$$

$$u_i \in \Re^n \quad \forall i \in V$$

と書ける.双対問題の値が $1/(1 - \vartheta(\bar{G}))$ であることを示せ.強双対性より,この値は主問題の値に等しい(強双対性が成立するための条件に関する議論については,章末のノートと発展文献を参照のこと).

このベクトル計画問題の値は,このグラフ $G$ の**厳密ベクトル彩色数** (strict vector chromatic number) とも呼ばれる.また,もともとのベクトル計画緩和 (6.8) の値は,$G$ のベクトル彩色数 (vector chromatic number) とも呼ばれる.

6.6 演習問題 5.3 と演習問題 5.6 の最大有向カット問題を思いだそう.その問題では,入力として,有向グラフ $G = (V, A)$ とすべての辺 $(i, j) \in A$ に対する非負の重み $w_{ij} \geq 0$ が与えられる.目標は,点集合 $V$ の二つの集合 $U$ と $W = V - U$ への分割のうちで,$U$ から $W$ へ向かう辺(すなわち,$i \in U$ かつ $j \in W$ となるような辺 $(i, j)$)の重みの総和が最大になるものを求めることである.

(a) 最大カット問題のときと同様に,最大有向カット問題を,制約式が $y_i \in \{-1, 1\}$ という形式のものだけであり,目的関数が $y_i$ の二次式であるような整数二次計画問題として表現したい.最大有向カット問題がこのような形式で表現できることを示せ.(ヒント:演習問題 6.2 の MAX 2SAT 問題のときと同様に,値 $-1$ あるいは値 $1$ が集合 $U$ に入るかどうかを表す変数 $y_0$ を用いるとよい.)

(b) 上の整数二次計画問題のベクトル計画緩和を用いて,最大有向カット問題に対する $\alpha$-近似アルゴリズムを求めよ.さらに,可能な限り,$\alpha$ の最善の値を求めよ.

6.7 演習問題 6.2 の MAX 2SAT 問題を思いだそう.ここでは,この問題の変種版で,各クローズが正確に 2 個のリテラルからなる MAX E2SAT と呼ばれる問題を考える.したがって,1 個のリテラルからなるクローズは存在しない.MAX E2SAT の入力は,各 $i$ に対して,$x_i$ を含むクローズの重みの総和と $\bar{x}_i$ を含むクローズの重みの総和が等しいとき,"バランスがとれている" ということにする.バランスのとれている MAX E2SAT の入力に対して,

$$\beta = \min_{x:-1 \leq x \leq 1} \frac{\frac{1}{2} + \frac{1}{2\pi} \arccos x}{\frac{3}{4} - \frac{1}{4}x} \approx 0.94394$$

の $\beta$-近似アルゴリズムを与えよ.

6.8 演習問題 6.6 で与えた最大有向カット問題を再度考える.最大有向カット問題の入力は,各点 $i \in V$ に対して,$i$ から出ていく辺の重みの総和と $i$ に入ってくる辺の重みの総和が等しいとき,"バランスがとれている" ということにする.バランスのとれている最大有向カット問題の入力に対して,最大カット問題に対する性能保証 $\alpha$,すなわち,

$$\alpha = \min_{x:-1\leq x\leq 1} \frac{\frac{1}{\pi}\arccos(x)}{\frac{1}{2}(1-x)}$$

を用いて，$\alpha$-近似アルゴリズムを与えよ．

## 6.7 ノートと発展文献

Strang [273, 274] は，半正定値計画およびベクトルと行列における様々な演算に対して，本書の議論の枠組みで有用な線形代数への基礎概念を取り上げている．

1979 年の論文 Lovász [219] は，グラフの $\vartheta$-関数に関連する組合せ最適化問題への初期段階の SDP の応用を与えている（演習問題 6.5 参照）．$\vartheta$-関数のアルゴリズム的な有用性は，Grötschel, Lovász, and Schrijver [144] の研究成果で光を当てられている．そこで彼らは，楕円体法を用いて，$\vartheta$-関数に付随する半正定値計画問題を解くことができること，および，一般に，多項式時間の分離オラクルが与えられれば，楕円体法を用いて凸計画問題を解くことができることを示した．Alizadeh [5] と Nesterov and Nemirovskii [236] は，線形計画問題に対する多項式時間の内点法が半正定値計画問題（SDP）にまで拡張できることを示した．Wolkowicz, Saigal, and Vandenberghe [290] の編纂した本には，半正定値計画（SDP) に対する優れた概観が与えられている．

線形計画問題と異なり，一般の半正定値計画問題は，さらなる仮定がないと，多項式時間では解けない．すべての変数の係数が 1 あるいは 2 であるにもかかわらず，最適値が変数の個数の二重指数関数となって，多項式時間アルゴリズムの存在しないような半正定値計画問題（SDP）の例もある（Alizadeh [5, 3.3 節] 参照）．さらに，SDP が多項式時間で解けるときでさえも，絶対誤差が $\epsilon$ の範囲内でのみ解けるのである．その理由の一つには，厳密解が無理数となることもあり，多項式領域で表現できないことが挙げられる．絶対誤差 $\epsilon$ の範囲内で SDP が多項式時間で解けることを示すためには，実行可能領域が空集合でないこと，および実行可能領域を含む原点を中心とする多項式サイズの球（楕円体）が存在することを示せば十分である．これらの条件は，本書で取り上げて議論した問題では成立している．半正定値計画問題では，常に弱双対性が成立する．主問題と双対問題の実行可能領域の内部に点が存在するという条件（"Slater 条件" と呼ばれる）が成立するときには，強双対性も成立する．半正定値計画問題が多項式時間で解けるかどうかを高速に判定するための一つの方法として，まず，制約式 $X \succeq 0$ が成立することと，すべての $y \in \Re^n$ で $y^T X y \geq 0$ が成立することとが等価であることに注意することが挙げられる．行列 $X$ の最小の固有値 $\lambda$ と対応する固有ベクトル $v$ が計算できているとする．このとき，$\lambda \geq 0$ ならば $X$ は半正定値である．一方，$\lambda < 0$ ならば $v^T(Xv) = v^T(\lambda v) = \lambda v^T v < 0$ となり，満たされない制約式となる．したがって，分離オラクルが得られ，楕円体法を用いて近似解を求めることができる．もちろん，このときには，初期の実行可能領域が多項式サイズの楕円体に含まれることと固有値と固有ベクトルが必要な精度で多項式時間で計算できることを仮定している．Grötschel, Lovász, and Schrijver [144] は，$X$ の列集合の基底をまず計

算して次に行列式を計算して，$X$ が半正定値かどうかを判定し，半正定値でないときには制約式 $y^T X y < 0$ を返す多項式時間の分離オラクルを与え，固有ベクトルを多項式時間で計算しなければならない問題点を回避している．

6.2 節の最大カット問題に対する SDP に基づくアルゴリズムは，Goemans and Williamson [138] による．近似アルゴリズムに半正定値計画を用いたのは，彼らが初めてである．Knuth [200, 3.4.1C 節] は，一様 [0,1] 分布からのサンプリングを介して，正規分布からのサンプリングをするアルゴリズムを与えている．事実 6.4 は Knuth [200, pp. 135-136] から引用した．事実 6.5 は Rényi [251] の定理 IV.16.3 を言い換えたものである．Feige and Schechtman [109] は，$Z_{VP} = \frac{1}{0.878}$ OPT となるグラフを与えている．定理 6.10 は Håstad [159] による．定理 6.11 は，Khot, Kindler, Mossel, and O'Donnell [193] および Mossel, O'Donnell, and Oleszkiewicz [227] による．最大カットアルゴリズムの脱乱択は，Mahajan and Ramesh [222] による．この脱乱択の技法は，ランダム超平面を用いる本章の多くの乱択アルゴリズムに適用できるものである．

Goemans and Williamson の研究成果に続いて，Nesterov [235] は 6.3 節の二次計画問題に対するアルゴリズムを与えた．また，Swamy [277] は 6.4 節の相関クラスタリングのアルゴリズム，Karger, Motwani, and Sudan [185] は 6.5 節の 3-彩色可能グラフに対する SDP に基づく彩色アルゴリズムを与えた．6.5 節の冒頭に与えた 3-彩色可能グラフを彩色する $O(\sqrt{n})$-近似アルゴリズムは Wigderson [286] による．

事実 6.13 は Schur の積定理として知られている．たとえば，Horn and Johnson [171] の定理 7.5.3 を参照されたい．

演習問題の 6.1，6.2，6.6 は Goemans and Williamson [138] から引用した．演習問題 6.3 は Even, Itai, and Shamir [104] で示された．彼らは，2SAT 問題に対するそれ以前の研究も参照している．演習問題 6.5 は，Karger [185] でも引用されているように，Tardos and Williamson による．"バランスがとれている" MAX 2SAT 入力に対する演習問題 6.7 と "バランスがとれている" 最大有向カット問題入力に対する演習問題 6.8 は，Khot, Kindler, Mossel, and O'Donnell [193] による．

# 第7章

# 主双対法

1.5 節で主双対法を紹介して，それに基づいて集合カバー問題に対する近似アルゴリズムが得られることを示した．そして，主双対法は，LP ラウンディングアルゴリズムよりも良い性能保証を与えるものではなかったが，線形計画問題を実際に解くものと比べてきわめて高速なアルゴリズムにつながることを観察した．

本章では，主双対アルゴリズムをさらに深く掘り下げて考えることにする．まず，1.5 節の集合カバー問題に対する主双対アルゴリズムの復習から始める．その後，いくつかの問題に対して主双対法を適用する．その際に，良い性能保証を得るために必要となる主双対法での原理（工夫）を並行して展開していく．具体的には，7.2 節のフィードバック点集合問題の議論では，現在の主解（主問題の解）で満たされない制約式の中で，ある条件を満たす制約式に対応する双対解の値を増加することが有効となることを眺める．7.3 節では，最短 $s$-$t$ パス問題を取り上げて議論し，良い性能保証を達成するためには，アルゴリズムで返された主解から不必要な要素を取り去ることも必要であることを眺める．7.4 節では，一般化シュタイナー木問題（シュタイナー森問題とも呼ばれる）を紹介し，良い性能保証を達成するためには，複数の双対変数を同時に増加することが有効であることを示す．7.5 節では，より良い性能保証を得るためには，別の整数計画による定式化が有効となることを眺める．そして，最後に，容量制約なし施設配置問題に対する主双対法の応用と，そのアルゴリズムを一般化して関係する $k$-メディアン問題に適用することを取り上げて，本章を終えることにする．後者の問題に対しては，近似アルゴリズムに対する適切な緩和を得るためにラグランジュ緩和と呼ばれる技法を用いる．

## 7.1 集合カバー問題：復習

1.5 節の集合カバー問題に対する主双対アルゴリズムとその解析の復習から始める．集合カバー問題では，要素の基礎集合 $E = \{e_1, \ldots, e_n\}$，複数の部分集合 $S_1, S_2, \ldots, S_m \subseteq E$，各部分集合 $S_j$ に対する非負の重み $w_j$ が入力として与えられる．目標は，それらの部分集合からいくつかの部分集合を選んできて $E$ のすべての要素をカバーするようにするときに，重みの総和が最小になる部分集合の族を求めることである．すなわち，$\bigcup_{j \in I} S_j = E$ を

満たすような $I \subseteq \{1,\dots,m\}$ で $\sum_{j \in I} w_j$ が最小となるものを求めることである．

1.5 節で集合カバー問題は整数計画問題

$$\text{minimize} \quad \sum_{j=1}^{m} w_j x_j \tag{7.1}$$

$$\text{subject to} \quad \sum_{j: e_i \in S_j} x_j \geq 1, \qquad i = 1,\dots,n, \tag{7.2}$$

$$\qquad\qquad\qquad x_j \in \{0,1\} \qquad j = 1,\dots,m \tag{7.3}$$

として定式化できることを眺めた．制約式 $x_j \in \{0,1\}$ を $x_j \geq 0$ で置き換えると，整数計画問題の線形計画緩和（主問題）が得られ，その双対問題は以下のように書ける．

$$\text{maximize} \quad \sum_{i=1}^{n} y_i$$

$$\text{subject to} \quad \sum_{i: e_i \in S_j} y_i \leq w_j, \qquad j = 1,\dots,m,$$

$$\qquad\qquad\qquad y_i \geq 0, \qquad i = 1,\dots,n.$$

そして，アルゴリズム 7.1 として再掲している以下のアルゴリズムを与えた．まず，双対変数を $y = 0$ と初期化する．すべての $j$ で $w_j \geq 0$ であるので，これは双対実行可能解である．さらに，主解を $I = \emptyset$ として（主実行不可能解で）初期化する．$I$（すなわち，$\bigcup_{j \in I} S_j$）でカバーされない $E$ の要素 $e_i$ が存在する限り，以下を繰り返す．$e_i$ を含むすべての集合 $S_j$ を考えて，$e_i$ に付随する双対変数 $y_i$ を双対制約式の実行可能性に違反しない範囲で増加できる最大値を求める．したがって，この値は，$\epsilon = \min_{j: e_i \in S_j} \left( w_j - \sum_{k: e_k \in S_j} y_k \right)$ となる（これはゼロのときもあることに注意しよう）．そして，この値 $\epsilon$ だけ $y_i$ を増加する．これにより，ある集合 $S_\ell$ に付随する双対制約式がタイト (tight) になる．すなわち，$y_i$ の増加後にこの集合 $S_\ell$ に対して

$$\sum_{k: e_k \in S_\ell} y_k = w_\ell$$

となる．そこで，集合 $S_\ell$ を集合カバーを構成する集合に加える（$I$ に $\ell$ を加える）．

---

**アルゴリズム 7.1** 集合カバー問題に対する主双対アルゴリズム．

$y \leftarrow 0$
$I \leftarrow \emptyset$
**while** $E - \bigcup_{j \in I} S_j \neq \emptyset$ **do**
　　$e_i \in E - \bigcup_{j \in I} S_j$ を任意に選ぶ
　　$e_i \in S_\ell$ を満たす $\ell$ のうちのどれかで最初に $\sum_{j: e_i \in S_\ell} y_j = w_\ell$ となるまで
　　　　双対変数 $y_i$ の値を（必要最小限）増加する
　　$I \leftarrow I \cup \{\ell\}$
**return** $I$

---

1.5 節では，$f = \max_i \left| \{ j : e_i \in S_j \} \right|$ とおいて，このアルゴリズムが集合カバー問題に対

する $f$-近似アルゴリズムであることを議論した．ここでも，その解析を再掲することにする．主双対アルゴリズムを解析する際にしばしば用いられるいくつかの特徴がその解析には含まれているからである．

**定理 7.1** アルゴリズム 7.1 は集合カバー問題に対する $f$-近似アルゴリズムである．

**証明**：アルゴリズム 7.1 で得られるカバー $I$ に対して，$\sum_{j \in I} w_j \leq f \cdot \mathrm{OPT}$ を示したい．そこで，整数計画問題 (7.1) の線形計画緩和（主問題）の最適解の値を $Z_{LP}^*$ とする．最終的な双対実行可能解 $y$ に対して，$\sum_{j \in I} w_j \leq f \cdot \sum_{i=1}^n y_i$ であることを示せば十分である．弱双対定理より，$Z_{LP}^*$ と任意の双対実行可能解 $y$ に対して $\sum_{i=1}^n y_i \leq Z_{LP}^*$ が成立し，主問題が整数計画問題 (7.1) の緩和であることから $Z_{LP}^* \leq \mathrm{OPT}$ も成立するからである．

部分集合 $S_j$ は，対応する双対制約式の不等式がタイトになって等式で成立するときにのみ，集合カバーを構成する集合に加えられているので，任意の $j \in I$ に対して $w_j = \sum_{i: e_i \in S_j} y_i$ が成立する．したがって，

$$\sum_{j \in I} w_j = \sum_{j \in I} \sum_{i: e_i \in S_j} y_i$$
$$= \sum_{i=1}^n y_i \cdot \left| \left\{ j \in I : e_i \in S_j \right\} \right|$$

が得られる．なお，2 番目の等式は，二重和において和をとる順番の交換に基づいている．ここで，$\left| \left\{ j \in I : e_i \in S_j \right\} \right| \leq f$ であることに注意すると，

$$\sum_{j \in I} w_j \leq f \cdot \sum_{i=1}^n y_i \leq f \cdot \mathrm{OPT}$$

が得られる． □

アルゴリズム 7.1 とその解析における特徴のいくつかを，本章で繰り返し用いることにする．具体的には，以下のとおりである．双対解の実行可能性を維持しながら，双対制約式がタイトになるまで双対解の値を増加する．そして，タイトになった制約式に対応する集合（対象物）を主解に加える．すると，主解のコストを解析する際に，解に含まれる対象物のコスト（重み）に対して，対応する双対制約式の不等式が等式で満たされている（タイトである）ことを用いることができる．したがって，主解のコストを双対変数の値を用いて書き直すことができる．そして，このコストを双対実行可能解の目的関数における値と比較して，主解のコストが双対実行可能解の目的関数のある値倍以内であることを示すことにより，主解のコストが最適解の値に近いことを得ることができることになる．

ここのケースでは，ある集合の $S_j$ で $w_j = \sum_{i: e_i \in S_j} y_i$ となるまで双対変数の値を増加している．そして，それを主解に加えている．主解 $I$ が実行可能解になると，そのコストをタイトな双対制約式における双対変数の値を用いて，

$$\sum_{j \in I} w_j = \sum_{j \in I} \sum_{i: e_i \in S_j} y_i$$

と表すことができる．さらに，それは，二重和において和をとる順番を交換して，

$$\sum_{j \in I} w_j = \sum_{i=1}^n y_i \cdot \left| \left\{ j \in I : e_i \in S_j \right\} \right|$$

と書ける．そして，$\left|\{j \in I : e_i \in S_j\}\right|$ の値を $f$ で上から抑えて，コストが双対実行可能解の目的関数の値の高々 $f$ 倍であることを得て，アルゴリズムの性能保証が $f$ であることを証明している．本章では，この形式の解析をしばしば用いるので，これを**標準的な主双対解析** (standard primal-dual analysis) と呼ぶことにする．

この解析法は，1.4 節の末尾で議論した相補性条件と密接に関係している．$I$ を主双対アルゴリズムで返された集合カバーとし，集合カバー問題の整数計画問題 (7.1) の $j \in I$ となる各集合 $S_j$ に対して $x_j^* = 1$ として得られる整数主解 $x^*$ を考える．すると，$x_j^* > 0$ であるときにはいつでも対応する双対制約式は等式で満たされてタイトであるので，相補性条件が満たされる．さらに，$y_i^* > 0$ であるときにはいつでも対応する主問題の制約式が等式で満たされてタイトである（すなわち，$\sum_{j:e_i \in S_j} x_j^* = 1$ である）とすると，相補性条件から $x^*$ は最適解になる．ここではこれは成立しないが，以下のように相補性条件の**近似式**が成立する．すなわち，$y_i^* > 0$ であるときにはいつでも，

$$\sum_{j:e_i \in S_j} x_j^* = \left|\{j \in I : e_i \in S_j\}\right| \leq f$$

が成立する．このように，$\alpha$ 倍（上では $f$ 倍）以内の相補性条件が成立するときには，$\alpha$-近似アルゴリズムが得られることを示すことができる．

5.6 節で，整数計画による定式化の**整数性ギャップ** (integrality gap) を，整数計画問題の最適解の値と線形計画緩和の最適解の値との比の，すべての入力における最大値として定義した．一方，標準的な主双対アルゴリズムは，主問題の（実行可能）整数解と双対実行可能解を構成して，アルゴリズムの性能保証は，これらの解の値の比のすべての入力における上界で与えられる．したがって，主双対アルゴリズムの性能保証は，整数計画による定式化の整数性ギャップの上界を与える．一方，逆の見方もできる．すなわち，整数性ギャップは，標準的な主双対アルゴリズムで達成できる性能保証の下界を与えると見なすこともできる．これは，実際には，アルゴリズムで得られる解の値と線形計画緩和の最適解の値の比の最大値を性能保証とする任意のアルゴリズムに適用できる．本章では，定式化として特定の整数計画問題を用いる主双対アルゴリズムの限界を，悪い整数性ギャップを有する入力に基づいて示せることも取り上げる．

## 7.2　値を増加する変数の選択：無向グラフのフィードバック点集合問題

**無向グラフのフィードバック点集合問題** (feedback vertex set problem in undirected graphs) では，無向グラフ $G = (V, E)$ と各点 $i \in V$ に対する非負の重み $w_i \geq 0$ が与えられる．目標は，グラフのどの閉路 $C$ とも点を共有する点の部分集合 $S \subseteq V$ のうちで，点の重みの総和が最小となるものを求めることである．このような $S$ はグラフのすべての閉路に"ヒットする"と呼ぶこともある．この問題は，除去するとグラフが無閉路となるような点の部分集合 $S$ のうちでコストが最小となるものを求める問題と見なすこともできる．そこで，点集合が $V - S$ であり，辺集合は両端点が $V - S$ に属する $G$ の辺からなるグラフを

$G[V - S]$ と表記することにする．$G[V - S]$ は $V - S$ で**誘導される** (induced)，**誘導グラフ** (induced graph) と呼ばれる．さらに，この問題は，誘導グラフ $G[V - S]$ が無閉路となるような重みの総和が最小となる点の部分集合 $S$ を求める問題ということもできる．

この問題に対する主双対アルゴリズムを与える．集合カバー問題のときには，どの双対変数の値を増加しても不都合は生じなかった．すなわち，カバーされていない任意の要素 $e_i$ に対応する双対変数 $y_i$ を増加することができた．そして，同一の性能保証を達成できた．しかしながら，増加すべき双対変数を注意深く選ぶことが必要となることもしばしばある．そこで，フィードバック点集合問題に対するアルゴリズムデザインを用いてこの原理を眺めていくことにする．

グラフ $G$ の閉路 $C$ のすべての集合を $\mathcal{C}$ と表記することにする．すると，無向グラフのフィードバック点集合問題は，整数計画問題として以下のように定式化できる．

$$\begin{aligned}
\text{minimize} \quad & \sum_{i \in V} w_i x_i \\
\text{subject to} \quad & \sum_{i \in C} x_i \geq 1, \quad && \forall C \in \mathcal{C}, \\
& x_i \in \{0,1\}, \quad && \forall i \in V.
\end{aligned} \qquad (7.4)$$

一見すると，これは定式化としては良さそうには思えない．グラフの閉路の個数がグラフのサイズの指数関数となりうるからである．しかしながら，主双対法では，この整数計画問題，あるいはその線形計画緩和を，実際に解くことはしない．線形計画問題とその双対問題は，アルゴリズムとその解析を手引きするためだけに用いるからである．したがって，指数関数個の制約式はまったく問題にならないのである．

制約式 $x_i \in \{0,1\}$ を $x_i \geq 0$ で置き換えると，整数計画問題 (7.4) の線形計画緩和（主問題）が得られ，その双対問題は以下のように書ける．

$$\begin{aligned}
\text{maximize} \quad & \sum_{C \in \mathcal{C}} y_C \\
\text{subject to} \quad & \sum_{C \in \mathcal{C}: i \in C} y_C \leq w_i, \quad && \forall i \in V, \\
& y_C \geq 0, \quad && \forall C \in \mathcal{C}.
\end{aligned}$$

ここでも双対変数の個数が指数関数になることが心配になる．主双対法は，双対変数が実行可能になるように管理するからである．しかし，アルゴリズムでは多項式関数個の双対変数のみが非ゼロとなるので，それらの非ゼロの変数のみを管理するだけで十分である．

集合カバー問題に対する主双対アルゴリズムからの類推で，アルゴリズム 7.2 が得られる．まず，すべての双対変数 $y_C$ がゼロである実行可能な双対解と主問題の実行不可能な解 $S = \emptyset$ から出発する．そして，誘導グラフ $G[V - S]$ に閉路 $C$ が存在するかどうかを調べる．そのような閉路 $C$ が存在するときには，双対変数全体の実行可能性を保持しながら，双対変数 $y_C$ の増加できる最大値を求める．この値は，$\epsilon = \min_{i \in C}(w_i - \sum_{C': i \in C'} y_{C'})$ となる．値 $\epsilon$ だけ $y_C$ を増加すると，ある点 $\ell \in C$ に対する双対制約式がタイトになる．具体的には，$\epsilon$ の式で最小値を達成する点 $\ell \in C$ に対する制約式がタイトになる．この点 $\ell$ を解 $S$ に加えて，グラフから $\ell$ を除去する．さらに，結果として得られるグラフに次数 1

の点が存在する限り，（閉路に含まれないので）そのような点を除去し続ける．したがって，結果として得られるグラフは，次数が 2 以上の点からなる．最初のグラフの点数を $n = |V|$ とする．すると，解には高々 $n$ 個の点しか加えることができないので，メインのループは高々 $n$ 回繰り返されるだけであり，非負となる双対変数も高々 $n$ 個である．

---

**アルゴリズム 7.2** フィードバック点集合に対する主双対アルゴリズム（最初の試み）．

$y \leftarrow 0$
$S \leftarrow \emptyset$
**while** $G$ に閉路 $C$ が存在する **do**
　　$\ell \in C$ を満たす $\ell$ のうちのどれかで最初に $\sum_{C' \in \mathcal{C}: \ell \in C'} y_{C'} = w_\ell$ となるまで
　　　双対変数 $y_C$ を増加する
　　$S \leftarrow S \cup \{\ell\}$
　　$G$ から $\ell$ を除去する
　　$G$ から次数 1 の点を繰り返し除去する
**return** $S$

---

ここで，集合カバー問題に対して行ったように，アルゴリズムの解析を行ってみる．最終的に選ばれた点の集合を $S$ とする．任意の $i \in S$ に対して $w_i = \sum_{C: i \in C} y_C$ が成立することはわかっている．したがって，アルゴリズムで得られる解のコストは，

$$\sum_{i \in S} w_i = \sum_{i \in S} \sum_{C: i \in C} y_C = \sum_{C \in \mathcal{C}} |S \cap C| y_C$$

と書ける．なお，$|S \cap C|$ は閉路 $C$ に含まれる解 $S$ の点数であることに注意しよう．$y_C > 0$ であるときにはいつでも $|S \cap C| \leq \alpha$ であることが示せれば，$\sum_{i \in S} w_i \leq \alpha \sum_{C \in \mathcal{C}} y_C \leq \alpha \text{OPT}$ が得られることになる．

残念ながら，アルゴリズムのメインループで，任意に閉路 $C$ を選んで双対変数 $y_C$ を増加するとすると，$|S \cap C|$ はきわめて大きい値になってしまうこともあるのである．したがって，それを改善するためには，注意深く $C$ を選ぶことが必要になる．$|C| \leq \alpha$ となるような短い閉路が常に選べるとすると，$|S \cap C| \leq |C| \leq \alpha$ となる．しかしながら，これは必ずしも成立しない．グラフが $n$ 個のすべての点を含む閉路であることもあるからである．しかし，そのようなときには，閉路から 1 点のみを選ぶだけで実行可能解が得られる．このことから，以下の観察が得られる．

**観察 7.2** グラフ $G$ の次数 2 の点からなる任意のパス $P$ に対して，アルゴリズム 7.2 は $P$ の点を高々 1 個しか $S$ に選ばない．すなわち，アルゴリズムで得られる最終的な解の $S$ に対して，$|S \cap P| \leq 1$ である．

**証明**：アルゴリズムで $S$ が $P$ の点を（初めて）1 個含むと，その点はグラフから除去される．すると，$P$ におけるその点の隣接点は（最初次数 2 であったので）次数 1 となり除去されることになる．これが繰り返されて，パス $P$ 上のすべての点がグラフから除去される．したがって，$P$ の点がさらに $S$ に加えられることはない． □

アルゴリズム 7.2 のメインループの中で，次数 3 以上の点数が最小となる閉路 $C$ を選べるとしてみる．そのような閉路に含まれるグラフの次数 3 以上の点は，グラフの次数 2 の点からなるパス（縮退して 1 本の辺からなるパスもそのようなパスと考える）で結ばれることに注意しよう．したがって，観察 7.2 により，最終的な解の $S$ に対して，$|S \cap C|$ の値は $C$ に含まれる次数 3 以上の点数の 2 倍以下になる．次の補題は，次数 3 以上の点を高々 $O(\log n)$ 個しか含まないような閉路 $C$ を見つけることができることを示している．

**補題 7.3** 次数 1 の点を持たないグラフ $G$ では，次数 3 以上の点を高々 $2\lceil \log_2 n \rceil$ 個しか含まない閉路が存在する．さらに，そのような閉路は線形時間で求めることができる．

**証明：** $G$ が次数 2 の点のみからなるときには，命題は自明に成立する．そこで，$G$ は次数 3 以上の点を含むとする．そして，次数 3 以上の点を任意に選んで $v$ とする．この点 $v$ から幅優先探索の変種版を実行する．すなわち，（$G$ に次数 1 の点が存在しないことに注意して）次数が 2 と異なる（すなわち，次数が 3 以上の）任意の 2 点を結ぶ（内部に 0 個以上の）次数 2 の点からなるパスを 1 本の辺と見なして幅優先探索を行う（これ以降，この証明ではこのようなパスを簡略化して辺ということにする）．したがって，この変種版の幅優先探索で得られる木において，（$v$ のレベルを 0 として）どのレベルも次数 3 以上の点からなる．この幅優先探索を，初めて閉路が検出されるまで，すなわち，辺をたどって訪問済みの点（この点を $x$ とし，そのレベルを $L$ とする）へ到達するようになるまで行う．したがって，得られる幅優先探索木において，レベル $L-1$ までは，どのレベルでも，同じレベルの 2 点を結ぶ辺や，一つ前のレベルの異なる 2 点から辺で結ばれている点は存在しない．さらに，上記の点 $x$ が存在するので，レベル $L$ の 2 点を結ぶ辺が存在するか，あるいは，レベル $L-1$ の異なる 2 点と辺で結ばれているレベル $L$ の 1 点が存在する．したがって，レベル $L-1$ 以下のどのレベルでも，各点は一つ後のレベルに子となる点をその点の（次数 $-1$）個以上（すなわち，2 個以上）持つ．さらに，レベル $L-2$ 以下の各レベルにおいて，そのレベルの異なる 2 点に対してそれらの子はすべて異なる．したがって，レベル $L-1$ までの各レベルの点数は，その前のレベルの点数の 2 倍以上になるので，$L \leq \lceil \log_2 n \rceil$ が得られる [1]．レベル $\lceil \log_2 n \rceil$ に到達するとグラフの $n$ 個の点がすべて尽くされてしまうからである．したがって，この変種版の幅優先探索により，$\lceil \log_2 n \rceil$ 以下のレベル $L$ で，同じレベルの 2 点を結ぶ辺，あるいは，一つ前のレベル $L-1$ の異なる 2 点から辺で結ばれているレベル $L$ の 1 点が存在することになり，閉路が得られる．この閉路は，最悪でもレベル $L$ の 2 点を結ぶ辺で閉路が形成されることになって，次数 3 以上の点を高々 $2\lceil \log_2 n \rceil$ 個しか含まないことになる． □

修正したアルゴリズムをアルゴリズム 7.3 として与えている．このとき，以下の定理を示すことができる．

**定理 7.4** アルゴリズム 7.3 は，無向グラフのフィードバック点集合問題に対する $(4\lceil \log_2 n \rceil)$-近似アルゴリズムである．

---
[1] 訳注：より正確には，$L+1 \leq \lceil \log_2 n \rceil$ である．レベル $L-1$ までの点の総数は $1+3+3\cdot 2+\cdots+3\cdot 2^{L-2} = 2^L + 2^{L-1} - 2$ 以上であり，レベル $L$ の点は 2 個以上存在するので，$n \geq 2^L + 2^{L-1}$ であるからである．

> **アルゴリズム 7.3** フィードバック点集合に対する主双対アルゴリズム（第二の試み）．
>
> $y \leftarrow 0$
> $S \leftarrow \emptyset$
> $G$ から次数 1 の点を繰り返し除去する
> **while** $G$ に閉路 $C$ が存在する **do**
>     次数 3 以上の点を高々 $2\lceil \log_2 n \rceil$ 個しか含まない閉路 $C$ を求める
>     $\ell \in C$ を満たす $\ell$ のうちのどれかで最初に $\sum_{C' \in \mathcal{C}: \ell \in C'} y_{C'} = w_\ell$ となるまで
>         双対変数 $y_C$ を増加する
>     $S \leftarrow S \cup \{\ell\}$
>     $G$ から $\ell$ を除去する
>     $G$ から次数 1 の点を繰り返し除去する
> **return** $S$

**証明**：上で示したように，最終的な解の $S$ のコストは，

$$\sum_{i \in S} w_i = \sum_{i \in S} \sum_{C: i \in C} y_C = \sum_{C \in \mathcal{C}} |S \cap C| y_C$$

である．さらに，構成法により，$y_C > 0$ のときには，$C$ は $y_C$ を増加した直前の時点のグラフの次数 3 以上の点を高々 $2\lceil \log_2 n \rceil$ 個しか含んでいない．この時点では，$S \cap C = \emptyset$ であったことに注意しよう．観察 7.2 により，$C$ の次数 3 以上の 2 点を結ぶ（内部が 0 個以上の）次数 2 の点からなる各パスは $S$ の点を高々 1 個しか含むことができない．したがって，$C$ は次数 3 以上の点を $2\lceil \log_2 n \rceil$ 個しか含むことができないので，$S$ の点を高々 $4\lceil \log_2 n \rceil$ 個しか含むことができないことになる．すなわち，次数 3 以上の各点と $C$ の次数 3 以上の 2 点を結ぶ（内部が 0 個以上の）次数 2 の点からなる各パスから高々 1 個の点のみが $S$ に加えられるだけである．アルゴリズムが進行するに従い，グラフの点の次数は減少するので，$y_C > 0$ であるときにはいつでも，$|S \cap C| \leq 4\lceil \log_2 n \rceil$ が得られる．したがって，

$$\sum_{i \in S} w_i = \sum_{C \in \mathcal{C}} |S \cap C| y_C \leq (4\lceil \log_2 n \rceil) \sum_{C \in \mathcal{C}} y_C \leq (4\lceil \log_2 n \rceil) \text{OPT}$$

が得られる． □

本節での重要な教訓は，良い性能保証を得るためには，増加する双対変数を注意深く選ぶことが必要であり，ある意味で，小さいあるいは極小であるような双対変数を選ぶことが有効となることも多いということである．

整数計画による定式化 (7.4) の整数性ギャップは $\Omega(\log n)$ であることが知られている．したがって，この定式化に基づく主双対アルゴリズムで望みうる最善の性能保証は，$O(\log n)$ である．しかしながら，これは，この問題に対する別の整数計画による定式化に基づく主双対アルゴリズムで，より良い性能保証を達成できる可能性を除外するものではない．14.2 節では，無向グラフのフィードバック点集合問題に対して，より複雑な整数計画による定式化に基づいて，2-近似の主双対アルゴリズムを得ることができることを示すことにする．

## 7.3 主解の整理：最短 s-t パス問題

**最短 s-t パス問題** (shortest s-t path problem) では，グラフ $G = (V, E)$ と各辺 $e \in E$ に対する非負のコスト $c_e \geq 0$ および異なる特定の 2 点 $s, t$ が与えられる．目標は $s$ から $t$ への最小コストのパスを求めることである．最適解を多項式時間で得ることができることはよく知られている．たとえば，**Dijkstra のアルゴリズム** (Dijkstra's algorithm) は多項式時間で最適解を求める．しかし，この問題に主双対法を適用して考えてみることは，次節で取り上げる NP-困難な関係する問題に対して主双対法を用いるときの洞察が得られるということなどから，概念的にも理解の手助けとなる．さらに，ここの主双対法を用いるアルゴリズムは，実際には，Dijkstra のアルゴリズムと等価になる．

$\mathcal{S} = \{S \subseteq V : s \in S, t \notin S\}$ とする．すなわち，$\mathcal{S}$ はグラフのすべての s-t カットの集合である．すると，最短 s-t パス問題は以下の整数計画問題でモデル化できる．

$$\begin{aligned}
\text{minimize} \quad & \sum_{e \in E} c_e x_e \\
\text{subject to} \quad & \sum_{e \in \delta(S)} x_e \geq 1, \quad \forall S \in \mathcal{S}, \\
& x_e \in \{0, 1\}, \quad \forall e \in E.
\end{aligned}$$

ここで，$\delta(S)$ は一方の端点が $S$ に属し，他方の端点が $S$ に属さないすべての辺の集合である．この整数計画問題が最短 s-t パス問題を正しくモデル化していることは，以下のようにしてわかる．任意の解 $x$ に対して，辺集合が $E' = \{e \in E : x_e = 1\}$ のグラフ $G' = (V, E')$ を考える．$x$ が実行可能解であるとする．すると，制約式は，任意の s-t カット $S$ に対して，$E'$ の少なくとも 1 本の辺が $\delta(S)$ に含まれることを保証する．すなわち，$G'$ の最小 s-t カットに含まれる辺は 1 本以上である．したがって，最大フロー最小カット定理より，$G'$ の最大 s-t フローの値は 1 以上となり，$G'$ に $s$ から $t$ へのパスが存在することになる．同様に，$x$ が実行不可能であるとする．すると，$\delta(S)$ が $E'$ の辺を 1 本も含まないような s-t カット $S$ が存在することになる．すなわち，最小 s-t カットの値はゼロとなり，最大 s-t フローの値もゼロとなる．したがって，$G'$ に $s$ から $t$ へのパスが存在しないことになる．

この整数計画問題でも制約式の個数は問題のサイズの指数関数となるが，7.2 節のフィードバック点集合問題のときと同様に，この定式化はアルゴリズムとその解析の手助けとして用いるだけであるので，これは問題にはならない．

制約式 $x_e \in \{0, 1\}$ を $x_e \geq 0$ で置き換えると，整数計画問題の線形計画緩和（主問題）が得られ，その双対問題が以下のように書ける．

$$\begin{aligned}
\text{maximize} \quad & \sum_{S \in \mathcal{S}} y_S \\
\text{subject to} \quad & \sum_{S \in \mathcal{S} : e \in \delta(S)} y_S \leq c_e, \quad \forall e \in E, \\
& y_S \geq 0 \quad \forall S \in \mathcal{S}.
\end{aligned}$$

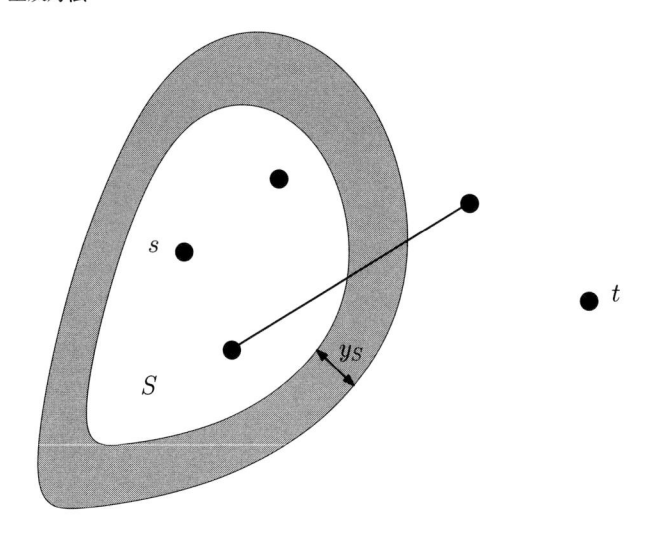

**図7.1** $t$ から $s$ を分離する堀の説明図. この堀は $S$ のすべての点を含み, その幅は $y_S$ である.

双対変数 $y_S > 0$ は幾何的に良い解釈ができる. それは集合 $S$ を取り囲む幅 $y_S$ の**堀** (moat) と解釈できる. 図7.1 はその説明図である. $s$ から $t$ へのパスはいずれもこの堀を横切ることになる. したがって, コストは少なくとも $y_S$ となる. これらの堀は互いに交差しないので, 各辺 $e$ に対して, 辺 $e$ が横切る堀の幅の総和は $c_e$ を超えることができない. したがって, 双対制約式は $\sum_{S:e\in\delta(S)} y_S \leq c_e$ となる. 堀は多数あり, 任意の $s$-$t$ パスはそれらの堀をすべて横切るので, パスの総長は高々 $\sum_{S\in\mathcal{S}} y_S$ となる.

最短 $s$-$t$ パス問題に対する主双対アルゴリズムをアルゴリズム 7.4 として与えている. それは, これまで集合カバー問題とフィードバック点集合問題に対して与えた主双対アルゴリズムの一般的な枠組みに従うものである. 双対実行可能解の $y = 0$ と主問題の実行不可能解の $F = \emptyset$ から出発する. 主問題の実行可能解でないうちは, 現在の解で満たされない $s$-$t$ カット $C$（すなわち, $F \cap \delta(C) = \emptyset$ となる）に付随する双対変数 $y_C$ を増加する. そのような制約式を**満たされない制約式** (violated constraint) と呼ぶことにする. 前節の教訓に従い, そのような制約式で "最小" のものを選ぶ. すなわち, $C$ を辺集合 $F$ からなるグラフで $s$ を含む連結成分の点集合とする. $F$ は $s$-$t$ パスを含まないので, $t \notin C$ となり, 連結成分の定義から $\delta(C) \cap F = \emptyset$ となる. 変数 $y_C$ を双対問題の制約式がいずれかの辺 $e' \in E$ でタイトになるまで増加し, $F$ に $e'$ を加える.

主解 $F$ が実行可能解になって $s$-$t$ パスを含むようになると, メインループは終了する. ここで, これまでと少し異なることを行う. すなわち, 解 $F$ を返すのではなく, $F$ の部分集合を返すことにするのである. $P$ を $P \subseteq F$ となる $s$-$t$ パスとする. アルゴリズムでは $P$ を返すことになる. $F$ のすべての辺を返すことは高価になりすぎることもあるので, 不必要な辺を除去して, $P$ に含まれる辺のみを返すのである.

アルゴリズムで得られる辺の集合 $F$ は木を形成することを示すことから解析を始める. このことから, $s$-$t$ パス $P$ は唯一に定まることが得られる.

**補題 7.5** アルゴリズム 7.4 のどの時点でも, $F$ に属する辺の集合は点 $s$ を含む木を形成する.

**アルゴリズム 7.4** 最短 $s$-$t$ パス問題に対する主双対アルゴリズム．

$y \leftarrow 0$
$F \leftarrow \emptyset$
**while** $(V, F)$ に $s$-$t$ パスが存在しない **do**
　　$s$ を含む $(V, F)$ の連結成分を $C$ とする
　　$e' \in \delta(C)$ を満たす $e'$ のうちのどれかで最初に $\sum_{S \in \mathcal{S}: e' \in \delta(S)} y_S = c_{e'}$ となるまで
　　　　双対変数 $y_C$ を増加する
　　$F \leftarrow F \cup \{e'\}$
$(V, F)$ の $s$-$t$ パスを $P$ とする
**return** $P$

証明：$F$ に加えられる辺の本数についての帰納法で補題を証明する．メインループの各ステップで，$s$ を含む $(V, F)$ の連結成分 $C$ を考えている．そして解 $F$ に $\delta(C)$ に含まれるある辺 $e'$ を加えている．$e'$ の一方の端点のみが $C$ に含まれるので，$e'$ を加えても元の木 $F$ の辺を閉じて閉路を形成することはない．したがって，新しい $F$ では $s$ を含む $(V, F)$ の連結成分に新しく1点が加わることになる． □

これで，このアルゴリズムが最短 $s$-$t$ パス問題に対する最適なアルゴリズムであることを示すことができる．

**定理 7.6** アルゴリズム 7.4 は $s$ から $t$ への最短パス $P$ を返す．

証明：標準的な主双対解析を用いてこの定理を証明する．これまでと同様に，各辺 $e \in P$ に対して，$c_e = \sum_{S: e \in \delta(S)} y_S$ となるので，

$$\sum_{e \in P} c_e = \sum_{e \in P} \sum_{S: e \in \delta(S)} y_S = \sum_{S: s \in S, t \notin S} |P \cap \delta(S)| y_S$$

が得られる．ここで，$y_S > 0$ であるときにはいつでも $|P \cap \delta(S)| = 1$ であることが言えると，弱双対定理より，

$$\sum_{e \in P} c_e = \sum_{S: s \in S, t \notin S} y_S \leq \mathrm{OPT}$$

が得られることになる．一方，$P$ は $s$-$t$ パスであり，コストが最短な $s$-$t$ パスのコスト OPT より真に小さくなることはないので，そのコストは OPT となる．

そこで以下では，$y_S > 0$ であるときにはいつでも $|P \cap \delta(S)| = 1$ であることを示すことにする．そこで，そうではなかったとして，$|P \cap \delta(S)| > 1$ と仮定する．すると，$S$ の2点を結ぶ $P$ の部分パス $P'$ で，$S$ 以外の点を少なくとも1点含みかつ $S$ の点を始点と終点としてのみ含むようなものを $P'$ として選んでくることができる（図 7.2 を参照）．$y_S > 0$ であるので，$y_S$ を増加した直前の時点では，$F$ は $S$ に含まれる点のみを含む木を形成していたことになる．したがって，$F \cup P'$ は閉路を含むことになる．$P$ は最終的な辺の集合 $F$ の部分集合であるので，これから最終的な $F$ が閉路を含むことになってしまう．これは，補題 7.5 に矛盾する．したがって，$|P \cap \delta(S)| = 1$ が得られた． □

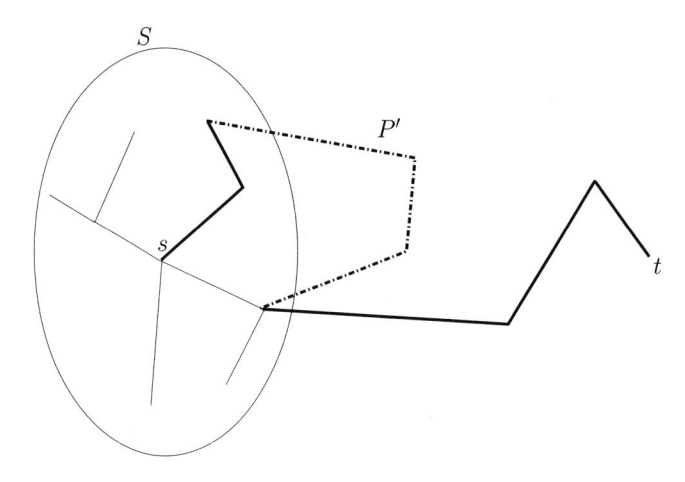

**図 7.2** 定理 7.6 の証明．太い線はパス $P$ を表している．太い点線の部分はパス $P'$ を表している．

前にも述べたように，このアルゴリズムは，最短 $s$-$t$ パス問題に対する Dijkstra のアルゴリズムと同一の動作をすることも示せる．その等価性の証明については，演習問題 7.1 で取り上げる．

### 7.4 複数の変数の値の同時増加：一般化シュタイナー木問題

次に，**一般化シュタイナー木問題** (generalized Steiner tree problem) あるいは**シュタイナー森問題** (Steiner forest problem) として知られている問題に移ることにする．この問題では，無向グラフ $G = (V, E)$，各辺 $e \in E$ に対する非負のコスト $c_e \geq 0$，および $k$ 個の点対 $s_i, t_i \in V$ が与えられる．目標は，どの点対の $s_i, t_i$ も連結になる（すなわち，$(V, F)$ ですべての $i$ において $s_i$ と $t_i$ が連結になる）ような辺の部分集合 $F \subseteq E$ のうちで最小コストのものを求めることである．

$s_i$ と $t_i$ を分離する部分集合からなる集合を $\mathcal{S}_i$，すなわち，$\mathcal{S}_i = \{S \subseteq V : |S \cap \{s_i, t_i\}| = 1\}$ とする．すると，この問題は以下のような整数計画問題でモデル化できる．

$$
\begin{aligned}
\text{minimize} \quad & \sum_{e \in E} c_e x_e \\
\text{subject to} \quad & \sum_{e \in \delta(S)} x_e \geq 1, \quad & \forall S \subseteq V : \exists i : S \in \mathcal{S}_i, \\
& x_e \in \{0, 1\}, \quad & e \in E.
\end{aligned}
\tag{7.5}
$$

制約式の集合は，$(s_i \in S, t_i \notin S,$ あるいは $s_i \notin S, t_i \in S)$ となるいずれの $s_i$-$t_i$ カット $S$ に対しても，$\delta(S)$ から 1 本の辺は選ばなければならないことを要求している．これが実際に一般化シュタイナー木問題を正確にモデル化していることは，前節の最短 $s$-$t$ パス問題に対する議論と同様の議論で確認できる．

制約式 $x_e \in \{0, 1\}$ を $x_e \geq 0$ で置き換えると，整数計画問題の線形計画緩和（主問題）が得られ，その双対問題が以下のように書ける．

## 7.4 複数の変数の値の同時増加：一般化シュタイナー木問題

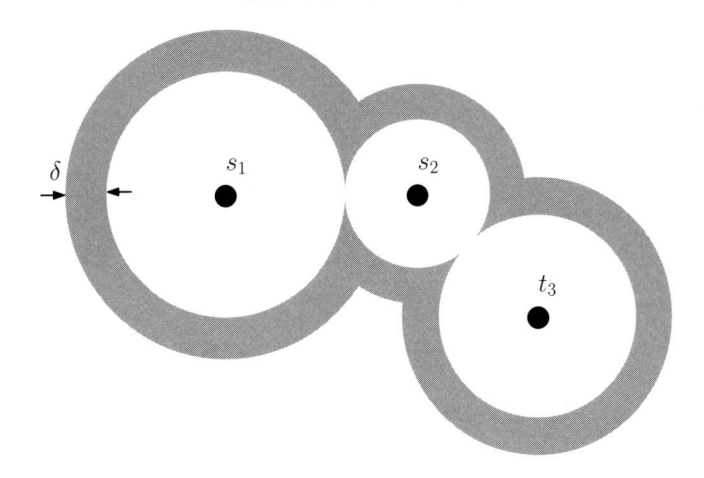

**図 7.3** 一般化シュタイナー木問題に対する堀の説明図. $s_1, s_2, t_3$ のそれぞれが，それぞれの点を囲む白い堀を持っている．さらに，点集合 $\{s_1, s_2, t_3\}$ に対する幅 $y_{\{s_1, s_2, t_3\}} = \delta$ の灰色で示している堀も存在する．

$$
\begin{aligned}
\text{maximize} \quad & \sum_{S \subseteq V : \exists i, S \in \mathcal{S}_i} y_S \\
\text{subject to} \quad & \sum_{S : e \in \delta(S)} y_S \leq c_e, \quad \forall e \in E, \\
& y_S \geq 0, \quad \exists i : S \in \mathcal{S}_i.
\end{aligned}
$$

最短 $s$-$t$ パス問題のときと同様に，双対変数は堀としての良い幾何的な解釈ができる．しかしながら，このケースでは，すべての $i$ に対する任意の点集合 $S \in \mathcal{S}_i$ を取り囲む堀を考えることになる．図 7.3 はその説明図である．

一般化シュタイナー木問題に対する主双対アルゴリズムの最初の試みとして，アルゴリズム 7.5 が考えられる．それは，前節で与えた最短 $s$-$t$ パスアルゴリズムと同様のものである．各反復において，ある $i$ で $|C \cap \{s_i, t_i\}| = 1$ となるような連結成分 $C$ を選ぶ．そして，$C$ に付随する双対変数 $y_C$ をある辺 $e' \in \delta(C)$ で付随する双対制約式がタイトになる（等式で成立する）ようになるまで増加し，その辺を主解の $F$ に加える．

---

**アルゴリズム 7.5** 一般化シュタイナー木問題に対する主双対アルゴリズム（最初の試み）．

$y \leftarrow 0$
$F \leftarrow \emptyset$
**while** $(V, F)$ で連結になっていない対 $s_i, t_i$ が存在する **do**
　　$C$ をある $i$ で $|C \cap \{s_i, t_i\}| = 1$ となる $(V, F)$ の連結成分とする
　　$e' \in \delta(C)$ を満たす $e'$ のうちのどれかで最初に $\sum_{S \in \mathcal{S}_i : e' \in \delta(S)} y_S = c_{e'}$ となるまで
　　　　双対変数 $y_C$ を増加する
　　$F \leftarrow F \cup \{e'\}$
**return** $F$

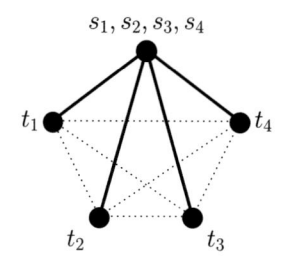

**図 7.4** アルゴリズム 7.5 に対する悪い例．アルゴリズムで，最初の連結成分 $C$ として $s_1,\ldots,s_4$ に対応する 1 点が選ばれると，図の太い線のすべての辺が $F$ に加えられて $|\delta(C)\cap F|=4$ となる．

標準的な主双対解析を用いて，最終的な解の $F$ のコストを

$$\sum_{e\in F} c_e = \sum_{e\in F}\sum_{S:e\in\delta(S)} y_S = \sum_S |\delta(S)\cap F| y_S$$

と書くことができる．値 $\sum_S |\delta(S)\cap F| y_S$ を双対目的関数の値 $\sum_S y_S$ と比較するためには，$y_S>0$ のときは常にある $\alpha$ を用いて $|\delta(S)\cap F|\leq\alpha$ となることを示すことが必要となる．

残念ながら，アルゴリズム 7.5 のメインループで連結成分をどのように選んでも，対 $s_i,t_i$ の個数を $k$ とすると，$y_S>0$ となる $S$ に対して $|\delta(S)\cap F|=k$ となる例を挙げることができるのである．実際，これは以下のように $k+1$ 個の点からなる完全グラフを考えることでわかる．どの辺もコストが 1 であり，1 個の点がすべての $s_i$ に対応し，残りの $k$ 個の点が $t_1,\ldots,t_k$ であるとする（図 7.4）．上記のアルゴリズムは，$k+1$ 個の点の 1 点を集合 $C$ として選ぶことになる．双対変数 $y_C$ は増加されて $y_C=1$ となり，アルゴリズムでは，最終的にこの双対変数 1 個のみが非ゼロの双対変数となる．最終的な解 $F$ は，$C$ として選ばれた点から残りの $k$ 個の点への辺からなり，したがって，$|\delta(C)\cap F|=k$ となる．しかしながら，すべての $k+1$ 個の点のそれぞれが $C$ として選ばれると考えて $|\delta(C)\cap F|$ の平均をとると，$\sum_{j\in V}|\delta(\{j\})\cap F|=2k$ であるので，$2k/(k+1)\approx 2$ が得られることになる．

この観察により，いくつかの $C$ に対応する双対変数を同時に増加することが良いのではいうことになる．このように替えたものをアルゴリズム 7.6 として与えている．$|C\cap\{s_i,t_i\}|=1$ を満たす連結成分 $C$ の"すべての"集合を $\mathcal{C}$ とする．すべての $C\in\mathcal{C}$ に対して，ある集合 $C$ の $\delta(C)$ に含まれるいずれかの辺 $e\in\delta(C)$ で双対制約式がタイトになるまで，双対変数 $y_C$ を同じ値だけ増加する．そして，この辺 $e$ を解の $F$ に加えて，これを繰り返す．そこで，$F$ に加えられる辺を加えられた順に番号をつける．すなわち，$e_1$ は最初の反復で加えられた辺であり，$e_2$ は 2 回目の反復で加えられた辺であり，以下同様である．いったん，$F$ が実行可能解になって，すべての対 $s_i,t_i$ が $F$ で連結になると，$F$ に加えた辺の逆順に辺を除去できるかどうかを確かめていく．すなわち，最後に加えた辺から逆順に，除去しても実行可能解になっている（すなわち，不要な辺である）かどうかを確認しながら，不要な辺であるときには除去することを続けて，最初に加えた辺までこれを繰り返していく．この**逆順削除 (reverse deletion)** のステップ後に得られた最後の集合を $F'$ とする．すると，$F'$ がアルゴリズムで返されることになる．不要な辺を逆順に削除することにより，解析を単純化できる．演習問題 7.4 では，不要な辺を任意の順番で削除しても同一の性能保証を得ることができることを取り上げる．

**アルゴリズム 7.6** 一般化シュタイナー木問題に対する主双対アルゴリズム（第二の試み）．

$y \leftarrow 0$
$F \leftarrow \emptyset$
$\ell \leftarrow 0$
**while** $(V, F)$ で連結になっていない対 $s_i, t_i$ が存在する **do**
 $\ell \leftarrow \ell + 1$
 ある $i$ で $|C \cap \{s_i, t_i\}| = 1$ となる $(V, F)$ のすべての連結成分 $C$ の集合を $\mathcal{C}$ とする
 $\mathcal{C}$ のすべての $C$ に対して，$C' \in \mathcal{C}$ かつ $e_\ell \in \delta(C')$ を満たす $e_\ell$ のうちのどれかで
  最初に $c_{e_\ell} = \sum_{S: e_\ell \in \delta(S)} y_S$ となるまで双対変数 $y_C$ を一様に増加する
 $F \leftarrow F \cup \{e_\ell\}$
$F' \leftarrow F$
**for** $k \leftarrow \ell$ downto $1$ **do**
 **if** $F' - \{e_k\}$ が実行可能解である **then**
  $F'$ から $e_k$ を除去する
**return** $F'$

双対変数を堀と見なす幾何的な解釈を用いて，図 7.5 のようにアルゴリズムの動作を可視化できる．

図 7.4 の悪い例から得られた直観は本質的に正しいことがこれで証明できる．したがって，アルゴリズムが一般化シュタイナー木問題に対する 2-近似アルゴリズムであることも証明できる．そこで，最初に補題を与えて，それを用いてその証明を与えることにする．なお，補題の証明はその後に行うことにする．

**補題 7.7** アルゴリズム 7.6 のどの反復の $\mathcal{C}$ でも，
$$\sum_{C \in \mathcal{C}} |\delta(C) \cap F'| \leq 2|\mathcal{C}|$$
が成立する．

幾何的な解釈を用いて，最終的な解の $F'$ に含まれる辺と堀が交差する総回数が高々堀の個数の 2 倍であることを示したい（図 7.6 参照）．証明における直観的な解釈は，木における点の次数の和が高々点数の 2 倍にしかならないことに基づいている．すなわち，各連結成分 $C$ を木の点と見なし，$\delta(C)$ に含まれる $F'$ の辺を木の辺と見なすのである．$\mathcal{C}$ に含まれるのは特別な連結成分 $C$ のみであるので，実際の証明はこの直観より少し難しいが，木の "葉"（次数 1 の点）はいずれも $\mathcal{C}$ に含まれる連結成分であり，結果を証明するにはこれだけで十分である．

ここで，補題から所望の性能保証が得られることを示すことにする．

**定理 7.8** アルゴリズム 7.6 は，一般化シュタイナー木問題に対する 2-近似アルゴリズムである．

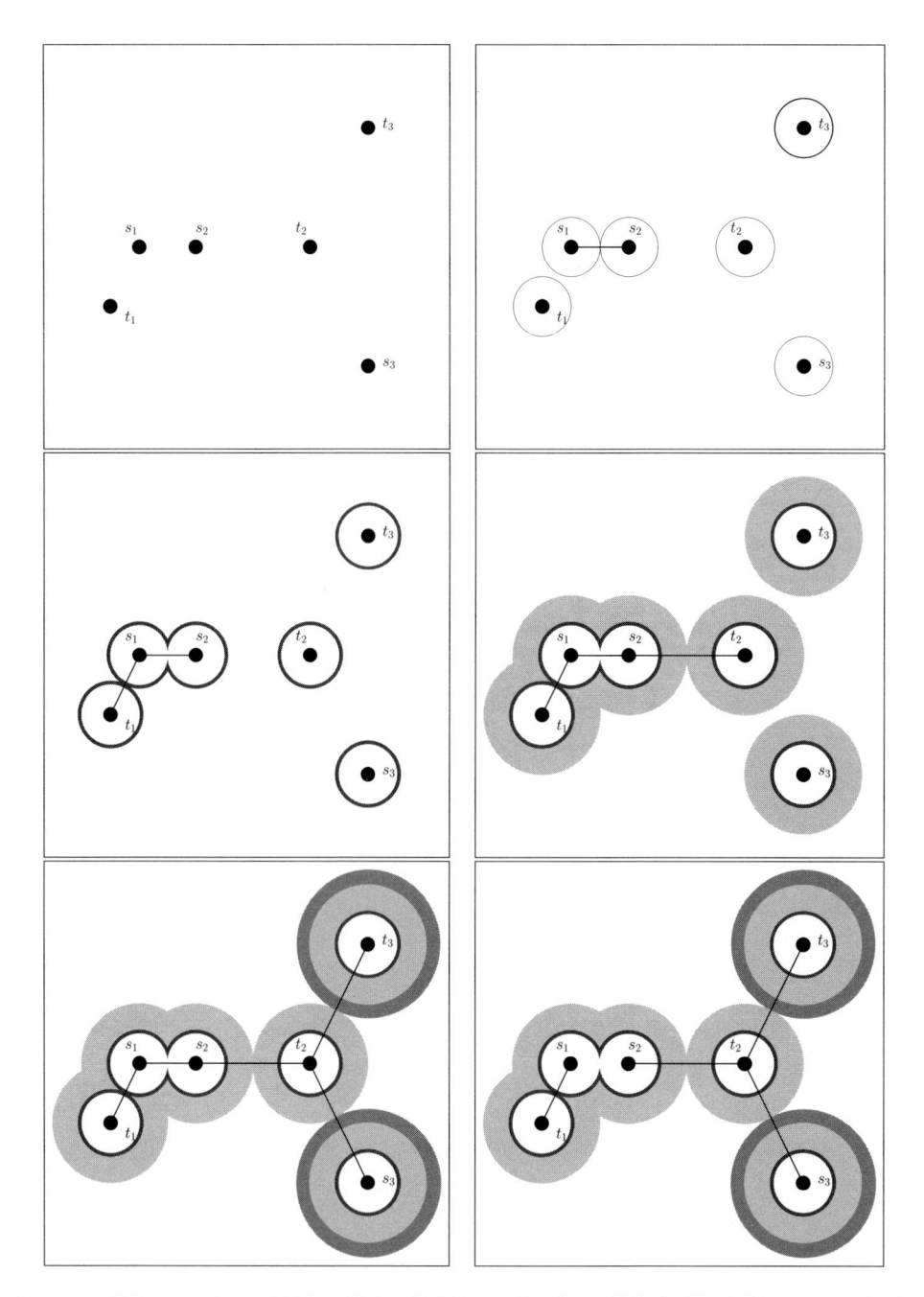

**図7.5** 一般化シュタイナー木問題に対する主双対アルゴリズムの説明図．逆順削除のステップに入る前の最後の反復（左下の図）で，2本の辺 $(t_2, t_3)$, $(s_3, t_2)$ に対応する制約式が同時にタイトになっている．逆順削除ステップで最初の反復で加えられた辺 $(s_1, s_2)$ が除去されている．返される最終的な辺の集合 $F'$ は最後の図に示されている．

## 7.4 複数の変数の値の同時増加：一般化シュタイナー木問題

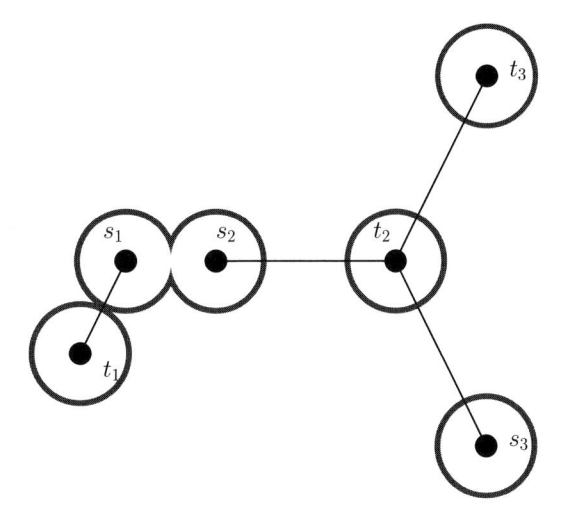

**図 7.6** 補題 7.7 の説明図．5 個の太い線で示している狭い堀を考える．$F'$ の辺は全体で堀と 8 回交差している（$s_1$-$t_1$, $s_2$-$t_2$, $t_2$-$t_3$, $t_2$-$s_3$ の各辺が二つの堀と交差している）．各堀は対応する双対変数 $y_C$ が増加された反復での連結成分 $C \in \mathcal{C}$ に対応する．したがって，この反復で，$8 = \sum_{C \in \mathcal{C}} |\delta(C) \cap F'| \leq 2|\mathcal{C}| = 10$ であることがわかる．

**証明：** これまでのように，得られた主解のコストを双対変数を用いて

$$\sum_{e \in F'} c_e = \sum_{e \in F'} \sum_{S: e \in \delta(S)} y_S = \sum_S |F' \cap \delta(S)| y_S$$

と表すことから始める．ここで，

$$\sum_S |F' \cap \delta(S)| y_S \leq 2 \sum_S y_S \tag{7.6}$$

を証明したい．これが得られれば，弱双対定理より，アルゴリズムが 2-近似アルゴリズムであることが得られることになるからである．図 7.4 の悪い例からもわかるように，$y_S > 0$ のときにはいつでも $|F' \cap \delta(S)| \leq 2$ であるということを用いることはできない．そこで代わりに，アルゴリズムにおける反復回数に基づく帰納法で不等式 (7.6) を証明することにする．最初は，すべての双対変数 $y_S$ が $y_S = 0$ であるので，不等式 (7.6) は成立する．そこで，アルゴリズムのメインループのある反復の開始時に不等式 (7.6) が成立したと仮定する．すると，この反復において，各 $C \in \mathcal{C}$ に対する $y_C$ がある値だけ増加される（その値を $\epsilon$ とする）．これにより，式 (7.6) の左辺は

$$\epsilon \sum_{C \in \mathcal{C}} |F' \cap \delta(C)|$$

だけ増加し，右辺は

$$2\epsilon |\mathcal{C}|$$

だけ増加する．一方，補題 7.7 の不等式より，左辺の増加は右辺の増加より大きくなることがないことがわかる．したがって，この反復において，双対変数を増加する前に不等式 (7.6) が成立していれば，双対変数を増加したあとでもこの不等式が成立することになることが得られた． □

次に，補題 7.7 の証明に移ることにするが，そこでは以下の観察が必要になる．

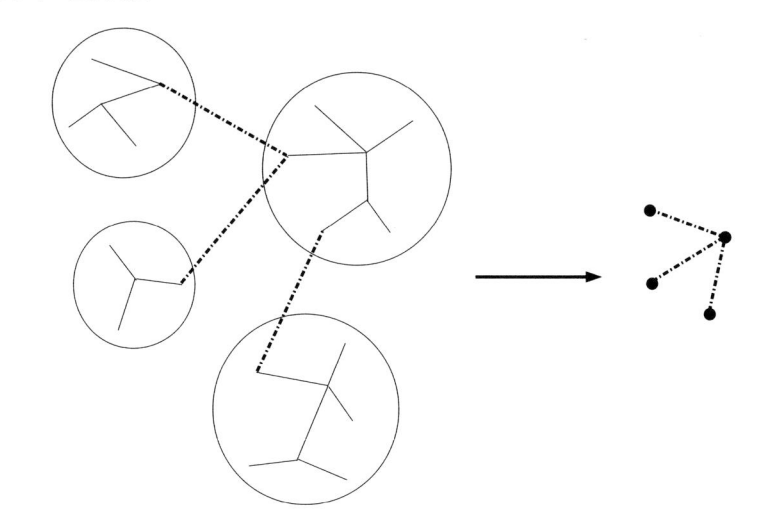

**図 7.7** 補題 7.7 の証明．現在の連結成分の集合と（点線で示している）$H$ の辺を左側に表している．縮約して得られるグラフを右側に表している．

**観察 7.9** アルゴリズム 7.6 のどの時点でも $F$ に属する辺の集合は森を形成する．

**証明**：アルゴリズムにおける反復回数に基づく帰納法で命題を証明する．最初，集合 $F = \emptyset$ は森である．各反復で $F$ に辺が加えられるが，$\mathcal{C}$ のどの連結成分もその加えられる辺の高々一方の端点を含むだけである．したがって，直前の反復で $F$ が森であるとすると，次の反復で森 $F$ に加えられる辺は二つの連結成分を結び，更新された $F$ も（閉路を含まず）そのまま森であり続ける． □

**補題 7.7 の証明**：辺 $e_i$ が $F$ に加えられる反復を考える．この反復の開始時の $F$ を $F_i$ とする．すなわち，$F_i = \{e_1, \ldots, e_{i-1}\}$ である．ここで，$H = F' - F_i$ とする．このとき，$F'$ 自身がこの問題に対する実行可能解であるので，$F_i \cup H = F_i \cup F'$ はこの問題の実行可能解であることに注意しよう．$F_i \cup H$ からどの辺 $e \in H$ も除去すると実行可能解ではなくなることを主張したい．これは，以下のように，アルゴリズムの最後の逆順削除ステップの手続きから得られる．この手続きで $e_{i-1}$ を削除するかどうかを確認するステップの時点における $F'$ の辺の集合は正確に $F_i \cup H$ に一致している．したがって，すでに検証済みで $F'$ に残されている辺は，解が実行可能であるためには必要であることがわかっている．そしてそのような辺の集合がまさに $H$ であることから，$F_i \cup H$ からどの辺 $e \in H$ も除去すると実行可能解でなくなることが得られた．

$(V, F_i)$ の各連結成分を 1 点に縮約して新しいグラフを作る．$V'$ をこのグラフの点集合とする．どの時点でも $F$ は森であり，森 $F_i$ の各木はすべての辺が縮約されて $V'$ の 1 点となっているので，$H$ のどの辺も両端点が $V'$ の同一の点に対応するということはない．したがって，$V'$ で $H$ の辺からなる森を考えることができる．この森で，$H$ の各辺は，$(V, F_i)$ の二つの異なる連結成分に対応する $V'$ の 2 点を結ぶものになっている．図 7.7 はその説明図である．この森の各点 $v \in V'$ に対して，$\deg(v)$ は $v$ の次数を表すものとする．さらに，$V'$ の点を赤と青で彩色する．$V'$ の赤い点は，この反復で集合 $\mathcal{C}$ に含まれていた $(V, F_i)$ の連結成分 $C$ に対応する（すなわち，ある $j$ で $\left|C \cap \{s_j, t_j\}\right| = 1$ である）．$V'$ の残りの点は

すべて青である．$V'$ の赤い点の集合を $R$ と表記し，$\deg(v) > 0$ を満たす $V'$ の青い点 $v$ の集合を $B$ と表記する．

ここで，所望の不等式

$$\sum_{C \in \mathcal{C}} |\delta(C) \cap F'| \leq 2|\mathcal{C}|$$

は，この森を用いて以下のように書き換えることができることを確認する．まず，右辺は $2|R|$ となる．また，$F' \subseteq F_i \cup H$ であり，($C \in \mathcal{C}$ は $F_i$ の連結成分であることから）$F_i$ のどの辺も $C \in \mathcal{C}$ の $\delta(C)$ に現れることはないので，左辺は $\sum_{v \in R} \deg(v)$ より大きくなることはない．したがって，$\sum_{v \in R} \deg(v) \leq 2|R|$ を示せばよいことになる．

これを証明するために，どの青い点も次数が 1 になることはないことを主張したい．この主張が得られれば，あとは容易である．まず，

$$\sum_{v \in R} \deg(v) = \sum_{v \in R \cup B} \deg(v) - \sum_{v \in B} \deg(v)$$

に注意する．さらに，森の点の次数の総和は点数の 2 倍を超えることはない．したがって，主張より次数が 1 以上の青い点は次数が 2 以上となるので，所望の

$$\sum_{v \in R} \deg(v) \leq 2(|R| + |B|) - 2|B| = 2|R|$$

が得られることになる．

残っていることは，どの青い点も次数 1 となることがないことの証明である．そこで，そうではなかったと仮定して，$v \in V'$ が次数 1 の青い点であり，$v$ に対応する縮約前のグラフの連結成分を $C$ とし，$e \in H$ をその連結成分に接続している唯一の辺とする．上記の議論より，$e$ は解の実行可能性には必要なものであることがわかっている．したがって，$e$ は $|C \cap \{s_j, t_j\}| = 1$ を満たすある $j$ の $s_j$ と $t_j$ のパス上の辺となる．しかし，そうなると，$C$ は $\mathcal{C}$ に存在することになってしまい，$v$ は赤い点となって矛盾が得られる．  □

アルゴリズムが，整数計画による定式化 (7.5) に対する線形計画緩和の双対問題の実行可能解の値の高々 2 倍のコストの整数解を求めることを証明したので，その証明は整数性ギャップが高々 2 であることも示している．整数計画問題によるこの定式化に対する整数性ギャップが本質的に 2 であることを示すのに，5.7 節で賞金獲得シュタイナー木問題の整数性ギャップを示した際に用いた例を用いることができる（図 5.4 参照）ので，この定式化に基づく主双対アルゴリズムの性能保証はこれ以上改善できない．

16.4 節で一般化シュタイナー木問題の有向版を取り上げ，その有向版は近似が本質的により困難であることを示すことにする．

## 7.5 不等式の強化：最小ナップサック問題

本節では，3.1 節で定義したナップサック問題の最小化版を取り上げる．この最小化版の問題でも，以前の最大化版のナップサック問題のように，$n$ 個の品物の集合 $I = \{1, 2, \ldots, n\}$

と各品物 $i \in I$ の価値 $v_i$ とサイズ $s_i$ が与えられる．さらに，以前の最大化版の問題ではナップサック容量の $B$ も与えられ，目標は総サイズがナップサックの容量以下で最大の価値になるような $I$ の部分集合を求めることであった．最小化版のナップサック問題では，需要 $D$ が与えられ，目標は総価値が需要 $D$ 以上で総サイズが最小となるような $I$ の部分集合を求めることである．すなわち，$v(X) = \sum_{i \in X} v_i \geq D$ の制約のもとで，$s(X) = \sum_{i \in X} s_i$ が最小となるような品物の部分集合 $X \subseteq I$ を求めることである．

この問題は以下のように整数計画問題として定式化できる．なお，変数 $x_i$ は品物 $i$ が解に含まれるかどうかを表す．

$$
\begin{aligned}
\text{minimize} \quad & \sum_{i \in I} s_i x_i \\
\text{subject to} \quad & \sum_{i \in I} v_i x_i \geq D, \\
& x_i \in \{0,1\}, \quad \forall i \in I.
\end{aligned}
$$

すべての $i \in I$ で制約式 $x_i \in \{0,1\}$ を線形の制約式 $0 \leq x_i \leq 1$ で置き換えて，整数計画問題の線形計画緩和が得られる．しかしながら，この線形計画緩和は悪い整数性ギャップとなるので，良いものとは言いがたい．たとえば，2個の品物の集合 $I = \{1,2\}$ で $v_1 = D - 1$，$v_2 = D$，$s_1 = 0$，$s_2 = 1$ であるとしてみる．すると，品物2のみからなる集合（$x_2 = 1$，$x_1 = 0$）は最適整数解となり，総サイズは1である．一方，$x_1 = 1$，$x_2 = 1/D$ は線形計画緩和の実行可能解であり，総サイズが $1/D$ である．したがって，この例では整数性ギャップが $1/(1/D) = D$ であり，この定式化の整数性ギャップは $1/(1/D) = D$ 以上となる．

この問題に対して良い性能保証を持つ主双対アルゴリズムを得るためには，より良い整数性ギャップを持つ別の整数計画による定式化を用いなければならない．そこで，$v(A) < D$ であるような品物のすべての部分集合 $A \subseteq I$ のそれぞれに対して，新しい制約式を導入することにする．まず $D_A = D - v(A)$ とする．したがって，$D_A$ は，$A$ がナップサックにすでに入れられているとして，需要 $D$ を満たすのに必要な残りの需要であると考えることができる．集合 $A$ の品物をすべて選択しても，さらに総価値が少なくとも $D_A$ 以上となるように，追加の品物を選ばなければならない状況にあることに注意しよう．与えられた集合 $A$ に対して，これは，$I - A$ の品物の集合における需要が $D_A$ の最小ナップサック問題になる．与えられた集合 $A$ に対するこの問題では，$D_A$ より大きい価値は不必要であるので，$I - A$ の各品物 $i$ の価値は，その品物 $i$ の価値 $v_i$ と $D_A$ の最小値となる．そこで，$v_i^A = \min(v_i, D_A)$ とする．すると，任意の $A \subseteq I$ と $v(X) \geq D$ を満たす任意の品物の部分集合 $X \subseteq I$ に対して，$\sum_{i \in X - A} v_i^A \geq D_A$ が成立する．したがって，この問題に対して以下のような整数計画による定式化を与えることができる．

$$
\begin{aligned}
\text{minimize} \quad & \sum_{i \in I} s_i x_i \\
\text{subject to} \quad & \sum_{i \in I - A} v_i^A x_i \geq D_A, \quad \forall A \subseteq I, v(A) < D, \\
& x_i \in \{0,1\}, \quad \forall i \in I.
\end{aligned}
$$

上記の議論からもわかるように，ナップサックに入れた品物の価値が少なくとも $D$ 以上と

なる整数解は，この整数計画問題の実行可能解となるので，この整数計画問題は最小ナップサック問題をモデル化している．

制約式 $x_i \in \{0,1\}$ を $x_i \geq 0$ で置き換えて，この整数計画問題の以下の線形計画緩和（主問題）を考える．

$$\begin{aligned}
\text{minimize} \quad & \sum_{i \in I} s_i x_i \\
\text{subject to} \quad & \sum_{i \in I-A} v_i^A x_i \geq D_A, \quad \forall A \subseteq I, v(A) < D, \\
& x_i \geq 0, \quad \forall i \in I.
\end{aligned}$$

前の整数計画による定式化で悪い整数性ギャップを示した例のLP解は，この緩和では実行不可能になることに注意しよう．その例では，品物の集合は $I = \{1,2\}$ で，価値とサイズは $v_1 = D-1$, $v_2 = D$, $s_1 = 0$, $s_2 = 1$ であった．ここで，$A = \{1\}$ に対応する制約式を考える．すると，この $A$ の選択に対して，$D_A = D - v_1 = 1$, $v_2^A = \min(v_2, D_A) = 1$ となるので，制約式 $\sum_{i \in I-A} v_i^A x_i \geq D_A$ は $x_2 \geq 1$ となる．この制約式により，品物2が選ばれることになる．需要1での不足分を満たすために品物2を $1/D$ だけ選ぶということはできなくなっている．

この線形計画緩和（主問題）の双対問題は以下のように書ける．

$$\begin{aligned}
\text{maximize} \quad & \sum_{A \subseteq I : v(A) < D} D_A y_A \\
\text{subject to} \quad & \sum_{A \subseteq I-\{i\} : v(A) < D} v_i^A y_A \leq s_i, \quad \forall i \in I, \\
& y_A \geq 0, \quad \forall A \subseteq I, v(A) < D.
\end{aligned}$$

これで，上で与えた主問題と双対問題の定式化を用いて，この問題に対する主双対アルゴリズムを与えることができるようになった．最初，選ばれた品物の集合 $A$ を空集合に設定し，双対解を $v(B) < D$ となるすべての部分集合 $B \subseteq I$ に対して $y_B = 0$ に設定する[2]．ここで，増加すべき双対変数を選ばなければならない．どれにすべきであろうか？ ある種の極小集合に対応する変数を選ぶという前に紹介したアイデアに従って，双対変数 $y_\emptyset$ を増加する．双対制約式が，ある品物 $i \in I$ で最初にタイトになるまで，$y_\emptyset$ を増加し，その品物 $i$ を選ばれた品物の集合 $A$ に加える．次に，$A = \{i\}$ のときどの変数を増加すべきであろうか？ 双対実行可能性を保持するには，$i \in B$ を満たすような集合 $B$ に対する変数 $y_B$ を増加することになることに注意しよう．実際，$i \notin B$ の変数 $y_B$ を増加すると，$i$ に対するタイトな双対制約式が満たされなくなってしまうからである．したがって，$A = \{i\}$ に対する変数 $y_A$ が増加すべき変数の最も自然な選択となる．このようにして，選ばれた品物の集合 $A$ に対する双対変数を増加して，新しくタイトになる双対制約式に対応する品物 $j \in I$ を選ばれた品物の集合 $A$ に加えていくことを繰り返し行う．すなわち，$j$ を $A$ に加えて，次の反復では双対変数 $y_A$ を増加する．したがって，アルゴリズムは，アルゴリズム7.7に与えたものになる．アルゴリズムは，$v(A) \geq D$ となると終了する．

---

[2] 訳注：アルゴリズムで選ばれた品物の集合 $A$ と $v(A) < D$ を満たす部分集合 $A \subseteq I$ に対して同じ記法 $A$ を用いると混乱が生じるので，以下では，$v(B) < D$ を満たす $I$ の任意の部分集合に対しては $B \subseteq I$ を用いている．

---

> **アルゴリズム 7.7** 最小ナップサック問題に対する主双対アルゴリズム.
>
> $y \leftarrow 0$
> $A \leftarrow \emptyset$
> **while** $v(A) < D$ **do**
>     $i \in I - A$ を満たす $i$ のうちのどれかで
>         最初に $\sum_{B \subseteq I - \{i\}} v_i^B y_B = s_i$ となるまで双対変数 $y_A$ を増加する
>     $A \leftarrow A \cup \{i\}$
> **return** $A$

---

このアルゴリズムは最小ナップサック問題に対する 2-近似アルゴリズムであることが証明できる.

**定理 7.10** アルゴリズム 7.7 は,最小ナップサック問題に対する 2-近似アルゴリズムである.

**証明**:アルゴリズムで最後に選ばれた品物を $\ell$ とし,アルゴリズムの終了時に返される品物の集合 $A$ を $X$ とする.したがって,$v(X) \geq D$ である.品物 $\ell$ が $X$ に加えられているので,$\ell$ が加えられる前には選ばれた品物の集合の総価値は $D$ 未満であったことになる.すなわち,$v(X - \{\ell\}) < D$ である.

標準的な主双対解析に従って,

$$\sum_{i \in X} s_i = \sum_{i \in X} \sum_{A \subseteq I - \{i\} : v(A) < D} v_i^A y_A$$

が得られる.二重和の和の取り方の順序を交換して,

$$\sum_{i \in X} \sum_{A \subseteq I - \{i\} : v(A) < D} v_i^A y_A = \sum_{A \subseteq I : v(A) < D} y_A \sum_{i \in X - A} v_i^A$$

が得られる.いずれかの反復の開始時までに選ばれた品物の集合 $A$ 以外の $v(B) < D$ を満たす集合 $B \subseteq I$ では $y_B = 0$ であることに注意しよう.最後の反復以外の反復では,その反復で選ばれた品物 $i$ をその反復の開始時までに選ばれた品物の集合 $A$ に加えても,価値の総和が $D$ 以上になることはない.すなわち,アルゴリズムのその反復の開始時で $v_i < D - v(A) = D_A$ である.したがって,$\ell$ 以外のすべての品物 $i \in X$ に対して,$i$ が選ばれた反復の開始時までに選ばれた品物の集合 $A$ では,$v_i^A = \min(v_i, D_A) = v_i$ を満たす.これから

$$\sum_{i \in X - A} v_i^A = v_\ell^A + \sum_{i \in X - A - \{\ell\}} v_i^A = v_\ell^A + v(X - \{\ell\}) - v(A)$$

と書き換えることができることになる.$v_\ell^A = \min(v_\ell, D_A)$ の定義から $v_\ell^A \leq D_A$ であり,また証明の冒頭でも議論したように,$v(X - \{\ell\}) < D$ であるので,$v(X - \{\ell\}) - v(A) < D - v(A) = D_A$ であることに注意しよう.したがって,

$$v_\ell^A + v(X - \{\ell\}) - v(A) < 2D_A$$

となり，

$$\sum_{i \in X} s_i = \sum_{A \subseteq I} y_A \sum_{i \in X-A} v_i^A < 2 \sum_{A \subseteq I} D_A y_A \leq 2\,\mathrm{OPT}$$

が得られる．なお，最後の不等式は，$\sum_{A \subseteq I} D_A y_A$ が双対問題の目的関数であるので，弱双対定理から得られる． □

アルゴリズムの性能保証の証明により，新しい整数計画による定式化の整数性ギャップは高々2であることになる．

## 7.6 容量制約なし施設配置問題

本節では，4.5節で定義して5.8節で乱択アルゴリズムを与えた容量制約なし施設配置問題に戻って議論することにする．この問題は，入力として，利用者の集合 $D$，候補施設の集合 $F$，各施設 $i \in F$ の開設コスト $f_i$，および各利用者 $j \in D$ の各施設 $i \in F$ に対する利用コスト $c_{ij}$ が与えられる．目標は，開設する施設を選択して，各利用者を開設した施設の一つに割り当てる際に，開設コストと利用コストの総和が最小になるようにすることである．これまでと同様に，**メトリック (metric)** な容量制約なし施設配置問題を考える．したがって，利用者と施設はメトリック（距離）空間内の点に位置し，利用コスト $c_{ij}$ は利用者 $j$ と施設 $i$ 間の距離であると仮定できる．具体的には，利用者 $j, l$ と施設 $i, k$ に対して，三角不等式より，$c_{ij} \leq c_{il} + c_{kl} + c_{kj}$ が成立する．

容量制約なし施設配置問題に対して，以下では，主双対近似アルゴリズムを与える．問題の線形計画緩和（LP緩和）は，前にも述べたように，

$$\begin{aligned}
\text{minimize} \quad & \sum_{i \in F} f_i y_i + \sum_{i \in F, j \in D} c_{ij} x_{ij} \\
\text{subject to} \quad & \sum_{i \in F} x_{ij} = 1, \quad \forall j \in D, \\
& x_{ij} \leq y_i, \quad \forall i \in F, j \in D, \\
& x_{ij} \geq 0, \quad \forall i \in F, j \in D, \\
& y_i \geq 0, \quad \forall i \in F
\end{aligned}$$

と書ける．ここで，変数 $x_{ij}$ は利用者 $j$ が施設 $i$ に割り当てられているかどうかを表し，変数 $y_i$ は施設 $i$ が開設されているかどうかを表す．LP緩和の双対問題は以下のように書ける．

$$\begin{aligned}
\text{maximize} \quad & \sum_{j \in D} v_j \\
\text{subject to} \quad & \sum_{j \in D} w_{ij} \leq f_i, \quad \forall i \in F, \\
& v_j - w_{ij} \leq c_{ij}, \quad \forall i \in F, j \in D, \\
& w_{ij} \geq 0, \quad \forall i \in F, j \in D.
\end{aligned}$$

双対問題に対して4.5節で与えた直観を思い出しておくことも役に立つ．すなわち，双対変数 $v_j$ は，解におけるコストに対して各利用者 $j$ が支払う金額と見なすことができる．施設の開設コストがすべてゼロであるとすると，$v_j = \min_{i \in F} c_{ij}$ となる．非ゼロの開設コストを取り扱うためには，施設 $i$ の開設コスト $f_i$ を利用者間で分担して負担することにし，利用者 $j$ の非負の負担額を $w_{ij}$ とする．したがって，$\sum_{j \in D} w_{ij} \le f_i$ が成立する．もちろん，利用者 $j$ は，実際に施設 $i$ を利用するときにのみ，この負担額を支払えばよい．このようにして，施設を開設するコストを考えなくてもよいことになるが，そのコストは実際に開設されるときには支払われなければならない．各利用者 $j$ は開設される施設の利用コストとその施設開設の負担額の和を最小にしたい．したがって，$v_j = \min_{i \in F}(c_{ij} + w_{ij})$ となる．$v_j$ は $v_j \le c_{ij} + w_{ij}$ を満たす任意の値を取りうるとして，目的関数 $\sum_{j \in D} v_j$ を最大化すると，$v_j$ は必然的にすべての $i \in F$ のうちで右辺が最小となる値に等しくなる．したがって，双対問題の任意の実行可能解は施設配置問題の最適解の下界を与えることになる．

主双対解析がなぜ有効であるのかが直観的にイメージできるようにするために，最初に"極大な"双対実行可能解 $(v^*, w^*)$ を以下のように導入する．すなわち，双対実行可能解 $(v^*, w^*)$ は，どの $v_j^*$ に対しても任意の（微小な）正の値 $\epsilon$ の増加（$v_j^* \leftarrow v_j^* + \epsilon$）により，$w_{ij}^*$ をどのように変更しても双対実行可能解にできないときに，"極大である"と定義される．そのような極大な双対実行可能解はきわめて良い構造をいくつか持っている．さらなる議論の展開のために，これまでに与えた定義を修正して，新しい定義を導入する．

**定義 7.11** 双対実行可能解 $(v^*, w^*)$ が与えられるとする．$v_j^* \ge c_{ij}$ であるとき，利用者 $j$ は施設 $i$ に（同様に，施設 $i$ は利用者 $j$ に）**隣接する** (neighbor) という．利用者 $j$ に隣接する施設の集合を $N(j) = \left\{ i \in F : v_j^* \ge c_{ij} \right\}$ と表記し，施設 $i$ に隣接する利用者 $j$ の集合を $N(i) = \left\{ j \in D : v_j^* \ge c_{ij} \right\}$ と表記する．

**定義 7.12** 双対実行可能解 $(v^*, w^*)$ が与えられるとする．このとき $w_{ij}^* > 0$ であるときには，利用者 $j$ は施設 $i$ に**貢献する** (contribute) という．

言い換えると，利用者 $j$ が施設 $i$ に貢献するときには，その施設の開設コストへの負担額 $w_{ij}^*$ は正（非ゼロ）となる．

双対変数の値 $v^*$ が与えられると，$w_{ij}^* = \max(0, v_j^* - c_{ij})$ とすることにより，（実行可能解が存在する限り）実行可能なコスト分担負担の $w^*$ を導出できることに注意しよう．このように $w^*$ を導出して，利用者 $j$ が施設 $i$ に貢献すると，$w_{ij}^* > 0$ から $v_j^* > c_{ij}$ となるので，$j$ と $i$ は隣接することになる（すなわち，$j \in N(i)$ となる）．さらに，$j \in N(i)$ ならば $v_j^* = c_{ij} + w_{ij}^*$ となることも得られる．

負担額の総和が施設の開設コストと等しくなる（対応する双対制約式が等式で成立してタイトになる）ような施設の集合を $T$ とする．すなわち，$T = \left\{ i \in F : \sum_{j \in D} w_{ij}^* = f_i \right\}$ である．最初に，極大な双対実行可能解 $(v^*, w^*)$ においては，どの利用者も $T$ のいずれかの施設と隣接していることを主張したい．これを確立するためには，極大な双対実行可能解 $(v^*, w^*)$ において，すべての $j \in D$ で $v_j^* = \min_{i \in F}(c_{ij} + w_{ij}^*)$ が成立し，さらにこの最小値を実現する施設 $i \in F$ のいずれかが実際に $T$ に含まれることを証明すれば十分である．これが得られれば，施設 $i \in T$ に対して $v_j^* = c_{ij} + w_{ij}^*$ かつ $w_{ij}^* \ge 0$ より $v_j^* \ge c_{ij}$ となり，$j$

は $i \in T$ に隣接することになるからである．最初に，ある $j \in D$ で $v_j^* < \min_{i \in F}(c_{ij} + w_{ij}^*)$ であったとしてみる．すると，明らかに $(v^*, w^*)$ の実行可能性を保ちながら $v_j^*$ を正の微小値だけ増やせるので，解 $(v^*, w^*)$ は極大な双対実行可能解でないことになり，矛盾が得られる．したがって，$v_j^* = \min_{i \in F}(c_{ij} + w_{ij}^*)$ であることが得られた．次に，この最小値を達成する施設 $i$ がいずれも $T$ に含まれていなかったとしてみる．すると，施設 $i$ で $\sum_{k \in D} w_{ik}^* < f_i$ となり，$v_j^*$ と $i$ に対する $w_{ij}^*$ を $v_j^* = c_{ij} + w_{ij}^* = \min_{i' \in F}(c_{i'j} + w_{i'j}^*)$ と $(v^*, w^*)$ の実行可能性を保ちながら正の微小値だけ増やせるので，解 $(v^*, w^*)$ は極大な双対実行可能解でないことになり，矛盾が得られる．したがって，主張が確立できた．

施設 $i \in T$ に対して，施設 $i$ の開設コストと $i$ に隣接する $N(i)$ のすべての利用者を施設 $i$ に割り当てる利用コストの和は，隣接する $N(i)$ の利用者 $j$ の双対変数 $v_j^*$ の総和に等しくなる．すなわち，

$$f_i + \sum_{j \in N(i)} c_{ij} = \sum_{j \in N(i)} (w_{ij}^* + c_{ij}) = \sum_{j \in N(i)} v_j^*$$

が成立する．なお，最初の等式は，$w_{ij}^* > 0$ のときには $j \in N(i)$ であることから得られ，2番目の等式は，$j \in N(i)$ のときには $w_{ij}^* + c_{ij} = v_j^*$ であることから得られる．どの利用者も $T$ のいずれかの施設に隣接しているので，$T$ のすべての施設を開設して，各利用者を隣接する $T$ の一つの施設に割り当てるというアルゴリズムで最適解が得られると考えるかもしれない．しかし，このアプローチでは，利用者 $j$ は隣接する施設が $T$ に複数個あってそれらに貢献することになるという問題が生じる．すなわち，このアプローチでは，$v_j^*$ をこれらの貢献する施設に複数回用いなければならなくなってしまうという点が問題なのである．これは，$T$ の部分集合 $T'$ に含まれる施設だけを開設して，各利用者が $T'$ の高々一つの施設の開設コストの分担に貢献するということで解決できる．このようにして，$T'$ のいずれの施設にも隣接しないどの利用者に対しても，$T'$ の施設からの距離（利用コスト）がそれほど大きくならないように $T'$ を選択できれば，アルゴリズムに対する良い性能保証が得られることになる．

主双対アルゴリズムをアルゴリズム 7.8 として与えている．そこでは，双対変数 $v_j$ の値を増加して極大な双対実行可能解を生成している．双対変数が増加される利用者の集合を $S$ とし，双対制約式がタイトで等式で成立する施設の集合を $T$ とする．最初，$S = D$ と $T = \emptyset$ に設定する．すべての $j \in S$ の $v_j$ を一様に（同じ値だけ）増加する．ある $i$ で $v_j = c_{ij}$ となるとその後は，$w_{ij}$ は $v_j$ とともに同じ値だけ増加する．より具体的には，以下の二つのうちの一つが起こるまで $v_j$ を増加する．すなわち，$j$ が $T$ のいずれかの施設に隣接するようになるか，あるいは，ある施設 $i \in F - T$ に対して双対制約式がタイトになる（等式で成立する）ようになるまで $v_j$ を増加する．前者のケースが起こったときには $S$ から $j$ を除去し，後者のケースが起こったときには，$T$ に $i$ を加えて，$i$ に隣接する $N(i)$ の利用者をすべて $S$ から除去する．$S$ が空集合になって，どの利用者も $T$ のいずれかの施設と隣接するようになると，$T$ の部分集合 $T'$ を決定するフェーズに移る．そこでは，まず $T' = \emptyset$ とする．その後，任意の $i \in T$ を選んで $i$ を $T'$ に加えると同時に，施設 $i$ と $h$ の両方に貢献する利用者 $j$ がいるようなすべての施設 $h \in T$ を除去する．これを，$T = \emptyset$ になるまで繰り返し行う．最後に，$T'$ のすべての施設を開設し，各利用者を開設した施設のうちで最も近い施設に割り当てる．

---

**アルゴリズム 7.8** 容量制約なし施設配置問題に対する主双対アルゴリズム．

$v \leftarrow 0, w \leftarrow 0$
$S \leftarrow D$
$T \leftarrow \emptyset$
**while** $S \neq \emptyset$  // （$T$に含まれるどの施設にも隣接しない利用者が存在する）
**do**
　　どれかの$j \in S$があるい$i \in T$に隣接するようになるか，あるいは
　　ある$i \in F - T$で双対制約式が等式で成立するようになるまで，
　　すべての$j \in S$とすべての$i \in N(j)$に対して$v_j$と$w_{ij}$を一様に増加する
　**if** ある$j \in S$があるい$i \in T$と隣接する **then**
　　　$S \leftarrow S - \{j\}$
　**if** ある$i \in F - T$が双対制約式を等式で成立する **then**
　　　// （施設$i$が$T$に加えられる）
　　　$T \leftarrow T \cup \{i\}$
　　　$S \leftarrow S - N(i)$
$T' \leftarrow \emptyset$
**while** $T \neq \emptyset$ **do**
　　$i \in T$を選び$T' \leftarrow T' \cup \{i\}$とする
　　// （$h$と$i$に貢献するような利用者$j$がいるすべての$h \in T$を除去する）
　　$T \leftarrow T - \left\{ h \in T : \exists j \in D, w_{ij} > 0 \text{ かつ } w_{hj} > 0 \right\}$
$T'$のすべての施設を開設し各利用者$j \in D$を$T'$のうちで最も近い施設に割り当てる

---

アルゴリズム 7.8 で得られる開設施設集合$T'$と双対解$(v, w)$に対して，以下の補題が得られる．それは，$T'$に隣接する施設を持たない利用者でも，それほど遠く離れていない施設が$T'$の中にあることを与えている．

**補題 7.13** 利用者$j$が$T'$に隣接する施設を持たないときには，$c_{ij} \leq 3v_j$となる施設$i \in T'$が存在する．

直観的にわかることであるが，利用者$j$が$T'$のどの施設とも隣接しないときには，図7.8 に示しているような施設$i \in T'$, $h \in T - T'$と利用者$k$が存在する．すなわち，利用者$j$の隣接するあるタイトな施設（双対制約式を等式で満たす施設）$h \notin T'$とある施設$i \in T'$の両方に貢献するようなほかの利用者$k$が存在する．三角不等式を用いると，これから3-近似であることが得られる．補題の証明は後述することにして，補題からアルゴリズムの性能保証3が得られることをまず証明する．

**定理 7.14** アルゴリズム 7.8 は，容量制約なし施設配置問題に対する3-近似アルゴリズムである．

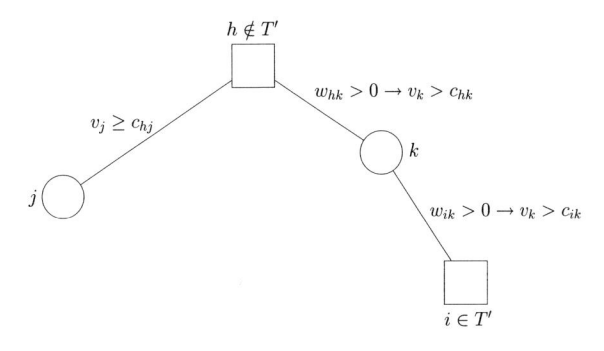

図7.8 補題7.13の証明のための説明図.

**証明**：割当てコストの解析のために，以下の割当てを考える．$T'$ のいずれかの施設に貢献する各利用者 $j$ に対して，$j$ が貢献する $T'$ の施設に $j$ を割り当てる．アルゴリズムの構成法により，どの利用者も $T'$ の高々一つの施設にしか貢献していないことに注意すると，この割当ては唯一である．$T'$ のいずれかの施設に隣接するものの貢献していない利用者に対しては，それぞれ $T'$ の隣接する任意の一つの施設に割り当てる．施設 $i \in T'$ に割り当てられた隣接する利用者の集合を $A(i) \subseteq N(i)$ とする．すると，上で議論したように，$T'$ の施設を開設する総コストと隣接する利用者のこの割当てによる利用コストの総和は合計で

$$\sum_{i \in T'} \left( f_i + \sum_{j \in A(i)} c_{ij} \right) = \sum_{i \in T'} \sum_{j \in A(i)} (w_{ij} + c_{ij}) = \sum_{i \in T'} \sum_{j \in A(i)} v_j$$

となる．なお，最初の等式は，$i \in T'$ ならば $\sum_{j \in D} w_{ij} = f_i$ であり，$w_{ij} > 0$ ならば $j \in A(i)$ であることから得られる．ここで，$T'$ の中に隣接する施設を持たない利用者の集合を $Z$ とする．すなわち，$Z = D - \bigcup_{i \in T'} A(i)$ である．補題7.13より，どの $j \in Z$ に対しても，アルゴリズムで割り当てられる $T'$ の施設までの利用コストは高々 $3v_j$ である．したがって，これらの利用者の利用コストの総和は高々

$$3 \sum_{j \in Z} v_j$$

である．これらを全部一緒にすると，アルゴリズムで得られる解のコストは高々

$$\sum_{i \in T'} \sum_{j \in A(i)} v_j + 3 \sum_{j \in Z} v_j \leq 3 \sum_{j \in D} v_j \leq 3 \, \text{OPT}$$

であることが得られる．なお，最後の不等式は弱双対定理に基づいている． □

最後に補題7.13の証明を与える．

**補題7.13の証明**：$j$ を $T'$ の中に隣接する施設を持たない任意の利用者とする．アルゴリズムでは，$v_j$ の増加は，ある $h \in T$ に $j$ が隣接するようになったか，あるいはある $h \in F - T$ の双対制約式が等式で成立するようになった（このときも $j$ は $h$ に隣接する）ことから終了したことになる．明らかに $h \notin T'$ である．そうでないとすると，$j$ は $T'$ のいずれかの施設に隣接していることになってしまうからである．したがって，施設 $h$ は，$h$ と別の施設 $i \in T'$ の両方に貢献するような利用者 $k$ が存在したので，アルゴリズムの最後のフェーズで $T$ から除去されたことになる（図7.8）．この施設 $i$ に $j$ を割り当てるときの利用コスト

が高々 $3v_j$ であることを示したい．とくに，$c_{hj} + c_{hk} + c_{ik}$ の三つのいずれの項も $v_j$ 以下であることを示したい．すると，三角不等式から $c_{ij} \leq 3v_j$ が得られるからである．

$j$ が $h$ に隣接することから $c_{hj} \leq v_j$ は明らかである．そこで，アルゴリズムで $v_j$ の増加が終了した時点を考える．$h$ の選び方より，アルゴリズムのその時点で $h$ はすでに $T$ に含まれていたか，あるいは，その時点でアルゴリズムで $h$ が $T$ に加えられたかのいずれかである．利用者 $k$ は施設 $h$ に貢献しているので，$v_k$ の増加がそれ以前に終了していたか，あるいは，$v_j$ の増加の終了と同時に $v_k$ の増加も終了したかのいずれかである．双対変数は一様に増加されているので，これから $v_j \geq v_k$ が得られる．利用者 $k$ は施設の $h$ と $i$ の両方に貢献しているので，$v_k \geq c_{hk}$ かつ $v_k \geq c_{ik}$ が成立する．したがって，所望の $v_j \geq v_k \geq c_{hk}$ と $v_j \geq v_k \geq c_{ik}$ が得られる． □

## 7.7 ラグランジュ緩和と $k$-メディアン問題

本節では，$k$-メディアン問題 ($k$-median problem) と呼ばれる容量制約なし施設配置問題の変種版を取り上げる．容量制約なし施設配置問題と同様に，入力として，利用者の集合 $D$ と候補施設の集合 $F$ およびすべての利用者 $j \in D$ に対する各施設 $i \in F$ の利用コスト $c_{ij}$ が与えられる．異なる点は，施設に対する開設コストがこの問題ではないことである．代わりに，開設できる施設数に対して正の整数 $k$ の上界が与えられる．目標は，$k$ 個以下の施設を選択して開設して各利用者を施設に割り当てる際に，利用コストの総和が最小になるようにすることである．これまでと同様に，利用者と施設はメトリック（距離）空間内の点に位置し，利用コスト $c_{ij}$ は利用者 $j$ と施設 $i$ 間の距離であると仮定する．施設もメトリック空間内の点であるので，施設間の距離もあり，それをアルゴリズムでも用いることにする．すなわち，施設 $h, i \in F$ に対して，$h$ と $i$ 間の距離を $c_{hi}$ と表記して用いる．

別の視点から，$k$-メディアン問題は，一種のクラスタリング問題とも見なせる．2.2節で，点集合を $k$ 個のクラスターに分割する $k$-センター問題を眺めてきた．そこでは，各クラスターはクラスターセンターで決定されていた．すなわち，各点は最も近いクラスターセンターに割り当てられ，目標は，各点から割り当てられるクラスターセンターまでの距離の最大値が最小となるように，$k$ 個のクラスターセンターを求めることであった．$k$-メディアン問題では，施設が候補となるクラスターセンターに対応し，利用者が点に対応する．そして，$k$-センター問題のときと同様に，$k$ 個のクラスターセンターを選択して，各点を最も近いクラスターセンターに割り当てる．しかし，$k$-メディアン問題では，各点から割り当てられるクラスターセンターまでの距離の最大値が最小となるようにするのではなく，各点から割り当てられるクラスターセンターまでの距離のすべての点での総和を最小化する．本節の残りの部分では，容量制約なし施設配置問題を用いて，$k$-メディアン問題を議論することにする．本質的には，容量制約なし施設配置問題と $k$-メディアン問題は，クラスタリング問題と完全に等価であり，用いている用語が単に異なるのみである．

$k$-メディアン問題は，整数計画問題として，4.5節の容量制約なし施設配置問題で用いた

定式化ときわめて似た形式で定式化できる．そこで，$y_i \in \{0,1\}$ が施設 $i$ が開設されているかどうかを表す変数とする．そして，開設する施設数が $k$ 個以下であることを表すために制約式 $\sum_{i \in F} y_i \leq k$ を導入する．すると，以下の整数計画による定式化が得られる．

$$
\begin{aligned}
\text{minimize} \quad & \sum_{i \in F, j \in D} c_{ij} x_{ij} \\
\text{subject to} \quad & \sum_{i \in F} x_{ij} = 1, & \forall j \in D, \\
& x_{ij} \leq y_i, & \forall i \in F, j \in D, \\
& \sum_{i \in F} y_i \leq k, \\
& x_{ij} \in \{0,1\}, & \forall i \in F, j \in D, \\
& y_i \in \{0,1\}, & \forall i \in F.
\end{aligned}
$$

4.5節の容量制約なし施設配置問題に対する整数計画問題の定式化と異なる点は，一つ制約式が増えたことと，目的関数に施設の開設コストがないことである．

$k$-メディアン問題を容量制約なし施設配置問題に帰着するために**ラグランジュ緩和** (Lagrangean relaxation) を用いる．ラグランジュ緩和では，複雑な制約式を除去し，その代わりに，それらの制約式を満たさないときのペナルティを目的関数に加える．具体的に述べよう．まず，$k$-メディアン問題に対する整数計画問題の以下の線形計画緩和を考える．

$$
\begin{aligned}
\text{minimize} \quad & \sum_{i \in F, j \in D} c_{ij} x_{ij} \\
\text{subject to} \quad & \sum_{i \in F} x_{ij} = 1, & \forall j \in D, \\
& x_{ij} \leq y_i, & \forall i \in F, j \in D, \\
& \sum_{i \in F} y_i \leq k, \\
& x_{ij} \geq 0, & \forall i \in F, j \in D, \\
& y_i \geq 0, & \forall i \in F.
\end{aligned} \tag{7.7}
$$

さらに，容量制約なし施設配置問題により類似するようにするために，制約式 $\sum_{i \in F} y_i \leq k$ を除去したい．そこで，これを除去して，目的関数に，ある定数 $\lambda \geq 0$ を用いて，ペナルティ $\lambda \left( \sum_{i \in F} y_i - k \right)$ を加える．ペナルティの項は，制約式を満たす解をより好むことを表している．したがって，新しい線形計画問題は以下のようになる．

$$
\begin{aligned}
\text{minimize} \quad & \sum_{i \in F, j \in D} c_{ij} x_{ij} + \sum_{i \in F} \lambda y_i - \lambda k \\
\text{subject to} \quad & \sum_{i \in F} x_{ij} = 1, & \forall j \in D, \\
& x_{ij} \leq y_i, & \forall i \in F, j \in D, \\
& x_{ij} \geq 0, & \forall i \in F, j \in D, \\
& y_i \geq 0, & \forall i \in F.
\end{aligned} \tag{7.8}
$$

最初に，$k$-メディアン問題の線形計画緩和 (7.7) の任意の実行可能解が，この線形計画緩和 (7.8) の実行可能解であることに注意しよう．さらに，任意の $\lambda \geq 0$ に対して，$k$-メディアン問題の線形計画緩和 (7.7) の任意の実行可能解では，この線形計画緩和 (7.8) の目的関数の値が，線形計画緩和 (7.7) の目的関数の値以下である．したがって，この線形計画緩和 (7.8) は，$k$-メディアン問題の最適解のコストに対する下界を与える．$k$-メディアン問題の最適解のコストを $\mathrm{OPT}_k$ と表記することにする．定数項の $-\lambda k$ を除いて，この線形計画緩和 (7.8) は，各施設の開設コストが $f_i = \lambda$ の容量制約なし施設配置問題の線形計画緩和と完全に一致している．この線形計画問題の双対問題は以下のように書ける．

$$
\begin{aligned}
\text{maximize} \quad & \sum_{j \in D} v_j - \lambda k \\
\text{subject to} \quad & \sum_{j \in D} w_{ij} \leq \lambda, && \forall i \in F, \\
& v_j - w_{ij} \leq c_{ij}, && \forall i \in F, j \in D, \\
& w_{ij} \geq 0, && \forall i \in F, j \in D.
\end{aligned} \tag{7.9}
$$

これも，各施設の開設コストが $f_i = \lambda$ であることと目的関数にさらに定数項の $-\lambda k$ があることを除いて，容量制約なし施設配置問題の線形計画緩和の双対問題と同じである．

すべての施設の開設コスト $f_i$ をある値の $\lambda \geq 0$ として選んで，前節の容量制約なし施設配置問題に対する主双対アルゴリズムを用いたい．したがって，いくつかの施設を開設することになるが，性能保証はどのようにしたら得られるのであろうか？ 前節では，アルゴリズムで開設する施設の集合 $S$ と双対実行可能解 $(v,w)$ が得られて，それらは

$$
\sum_{j \in D} \min_{i \in S} c_{ij} + \sum_{i \in S} f_i \leq 3 \sum_{j \in D} v_j
$$

を満たすことを示した．記法の都合により，$c(S) = \sum_{j \in D} \min_{i \in S} c_{ij}$ とする．演習問題 7.8 では，この主張が

$$
c(S) + 3 \sum_{i \in S} f_i \leq 3 \sum_{j \in D} v_j
$$

と強化できることを取り上げている．$f_i = \lambda$ を代入して整理すると，

$$
c(S) \leq 3 \left( \sum_{j \in D} v_j - \lambda |S| \right) \tag{7.10}
$$

が得られる．$|S| = k$ を満たすような施設集合 $S$ をアルゴリズムが運良く開設すると，

$$
c(S) \leq 3 \left( \sum_{j \in D} v_j - \lambda k \right) \leq 3 \, \mathrm{OPT}_k
$$

となることに注意しよう．最後の不等式は，$(v,w)$ が双対問題 (7.9) の実行可能解であり，$\sum_{j \in D} v_j - \lambda k$ が双対目的関数であるので，$\sum_{j \in D} v_j - \lambda k$ が $k$-メディアン問題の最適解のコストの下界となることから得られる．

したがって，$|S| = k$ を満たす施設集合 $S$ をアルゴリズムが開設することになるような $\lambda$ の値を見つけることが自然なアイデアとなる．二分探索を用いてこれを行うことにする．

探索の初期設定として，$\lambda$ の二つの値を用いる．一つは施設配置アルゴリズムで少なくとも $k$ 個の施設が開設されるような値であり，もう一つはこのアルゴリズムで高々 $k$ 個の施設が開設されるような値である．そこで，$\lambda = 0$ のときにこの施設配置アルゴリズムで何が起こるかを考えてみる．このアルゴリズムで $k$ 個よりも少ない施設が開設されるときには，さらに $k - |S|$ 個の施設をコストなしで開設できて，先の理由により，高々 $3\,\mathrm{OPT}_k$ のコストの解を得ることができる．したがって，$\lambda = 0$ のときには，アルゴリズムは $k$ 個より多くの施設を開設すると仮定することにする．一方，$\lambda = \sum_{j \in D} \sum_{i \in F} c_{ij}$ のときには，アルゴリズムで開設される施設は唯一であることを示すことも困難ではない．

したがって，$\lambda$ 上での二分探索を以下のように走らせることができる．最初，$\lambda_1 = 0$ と $\lambda_2 = \sum_{j \in D} \sum_{i \in F} c_{ij}$ と初期設定する．上で議論したように，$\lambda$ のこれらの二つの値 $\lambda_1$ と $\lambda_2$ から，それぞれ $|S_1| > k$ と $|S_2| < k$ を満たす解 $S_1$ と $S_2$ が返される．そこで，$\lambda = \frac{1}{2}(\lambda_1 + \lambda_2)$ として，アルゴリズムを走らせる．アルゴリズムで正確に $k$ 個の施設からなる解 $S$ が返されるときには，上記の議論より，高々 $3\,\mathrm{OPT}_k$ のコストの解が得られたことになるので終了する．アルゴリズムで $k$ 個より多くの施設からなる解 $S$ が返されるときには $\lambda_1 = \lambda$ かつ $S_1 = S$ とし，アルゴリズムで $k$ 個より少ない施設からなる解 $S$ が返されるときには $\lambda_2 = \lambda$ かつ $S_2 = S$ とする．そして，これを，アルゴリズムで正確に $k$ 個の施設からなる解 $S$ が返されるか，あるいは，区間幅 $\lambda_2 - \lambda_1$ が十分に狭くなって，$S_1$ と $S_2$ の解を適切に組み合わせて $k$-メディアン問題に対する解を得ることができるようになるまで繰り返す．そこで，$c_{\min}$ を正の利用コストの最小値とする．そして，二分探索を，アルゴリズムで正確に $k$ 個の施設からなる解 $S$ が返されるか，あるいは，$\lambda_2 - \lambda_1 \leq \epsilon c_{\min}/(3|F|)$ となるまで繰り返す．後者のときには，$S_1$ と $S_2$ を用いて $|S| = k$ かつ $c(S) \leq 2(3+\epsilon)\,\mathrm{OPT}_k$ となるような解 $S$ を多項式時間で得ることにする（後述する）．以上により，$k$-メディアン問題に対する $2(3+\epsilon)$-近似アルゴリズムが得られることになる．

アルゴリズムで正確に $k$ 個の施設からなる解 $S$ が返されないで終了したときには，アルゴリズムは，$|S_1| > k > |S_2|$ を満たし，さらに，不等式 (7.10) より，各 $\ell = 1, 2$ に対して，$c(S_\ell) \leq 3\left(\sum_{j \in D} v_j^\ell - \lambda_\ell |S_\ell|\right)$ を満たすような二つの解 $S_1, S_2$ と対応する二つの双対実行可能解 $(v^1, w^1)$, $(v^2, w^2)$ で終了したことになる．さらに，終了条件より，$\lambda_2 - \lambda_1 \leq \epsilon c_{\min}/(3|F|)$ である．ここで，$0 < c_{\min} \leq \mathrm{OPT}_k$ と一般性を失うことなく仮定できる．なぜなら，そうでないとすると $\mathrm{OPT}_k = 0$ であり，$\mathrm{OPT}_k = 0$ のときには，演習問題 7.9 で取り上げているように，$k$-メディアン問題に対する最適解を多項式時間で求めることができるからである．$\lambda$ 上での二分探索は，施設配置アルゴリズムを $\mathrm{O}(\log \frac{3|F|\sum c_{ij}}{\epsilon c_{\min}})$ 回呼ぶだけであるので，アルゴリズム全体の計算時間も多項式時間となる．

二つの解の $S_1$ と $S_2$ を用いて，$|S| = k$ と $c(S) \leq 2(3+\epsilon)\,\mathrm{OPT}_k$ を満たすような解 $S$ を多項式時間で得る方法を与えることにする．そのためには，最初に二つの解のコストと $\mathrm{OPT}_k$ を関係づけることが必要である．$\alpha_1$ と $\alpha_2$ は，$\alpha_1 |S_1| + \alpha_2 |S_2| = k$，$\alpha_1 + \alpha_2 = 1$ および $\alpha_1, \alpha_2 \geq 0$ を満たすとする．すると，

$$\alpha_1 = \frac{k - |S_2|}{|S_1| - |S_2|} \quad \text{かつ} \quad \alpha_2 = \frac{|S_1| - k}{|S_1| - |S_2|}$$

となることに注意しよう．したがって，$\tilde{v} = \alpha_1 v^1 + \alpha_2 v^2$ かつ $\tilde{w} = \alpha_1 w^1 + \alpha_2 w^2$ として，双対実行可能解 $(\tilde{v}, \tilde{w})$ が得られる．この解 $(\tilde{v}, \tilde{w})$ は，二つの双対実行可能解の凸結合であ

るので，施設の開設コスト $\lambda_2$ の双対線形計画問題 (7.9) の実行可能解であることに注意しよう．そして，このとき，$S_1$ と $S_2$ のコストの凸結合は最適解のコストに近いことを述べている以下の補題を証明できる．

**補題 7.15**
$$\alpha_1 c(S_1) + \alpha_2 c(S_2) \leq (3+\epsilon)\text{OPT}_k.$$

証明：最初に，
$$c(S_1) \leq 3\left(\sum_{j \in D} v_j^1 - \lambda_1 |S_1|\right)$$
$$= 3\left(\sum_{j \in D} v_j^1 - (\lambda_1 + \lambda_2 - \lambda_2)|S_1|\right)$$
$$= 3\left(\sum_{j \in D} v_j^1 - \lambda_2 |S_1|\right) + 3(\lambda_2 - \lambda_1)|S_1|$$
$$\leq 3\left(\sum_{j \in D} v_j^1 - \lambda_2 |S_1|\right) + \epsilon \text{OPT}_k$$

に注意する．なお，最後の不等式は，差の $\lambda_2 - \lambda_1$ に対する上界から得られる．

ここで，$c(S_1)$ に対する上の不等式の上界と $c(S_2)$ に対する上界の凸結合をとることにより，
$$\alpha_1 c(S_1) + \alpha_2 c(S_2) \leq 3\alpha_1 \left(\sum_{j \in D} v_j^1 - \lambda_2 |S_1|\right) + \alpha_1 \epsilon \text{OPT}_k$$
$$+ 3\alpha_2 \left(\sum_{j \in D} v_j^2 - \lambda_2 |S_2|\right)$$

が得られる．したがって，$\tilde{v} = \alpha_1 v^1 + \alpha_2 v^2$ が施設コスト $\lambda_2$ に対する双対実行可能解であることと，$\alpha_1 |S_1| + \alpha_2 |S_2| = k$ かつ $\alpha_1 \leq 1$ であることを思いだせば，
$$\alpha_1 c(S_1) + \alpha_2 c(S_2) \leq 3\left(\sum_{j \in D} \tilde{v}_j - \lambda_2 k\right) + \alpha_1 \epsilon \text{OPT}_k \leq (3+\epsilon)\text{OPT}_k$$

が得られる． □

そこで，アルゴリズムは二つのケース分けをして対処すると考える．すなわち，$\alpha_2 \geq \frac{1}{2}$ の単純なケースと $\alpha_2 < \frac{1}{2}$ のより複雑なケースに分ける．$\alpha_2 \geq \frac{1}{2}$ のときには，$S_2$ を解として返す．$|S_2| < k$ であるので，これは実行可能解である．さらに，$\alpha_2 \geq \frac{1}{2}$ と補題 7.15 を用いると，所望の
$$c(S_2) \leq 2\alpha_2 c(S_2) \leq 2(\alpha_1 c(S_1) + \alpha_2 c(S_2)) \leq 2(3+\epsilon)\text{OPT}_k$$

が得られる．

次に，$\alpha_2 < \frac{1}{2}$ のケースに対する乱択アルゴリズムを与える．そこで，$c(j,S) = \min_{i \in S} c_{ij}$ とする．したがって，$\sum_{j \in D} c(j,S) = c(S)$ である．まずステップ 1 では，各施設 $i \in S_2$ に対して，最も近い施設 $h \in S_1$ を開設する．すなわち，$c_{ih}$ が最小となる施設 $h \in S_1$ を開設

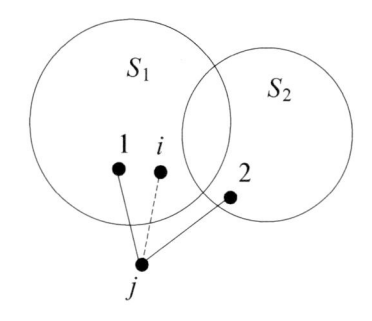

## 7.7 ラグランジュ緩和と k-メディアン問題　207

**図7.9** 利用者の割当ての悪いケース．利用者 $j$ は，$S_1$ の施設では施設 1 に最も近く，$S_2$ の施設では施設 2 に最も近いが，$2 \in S_2$ に最も近い $S_1$ の施設 $i$ に割り当てられている．

する．これにより，$S_1$ の同じ施設が $S_2$ の二つ以上の施設に対して最も近いことになって，$S_1$ の施設が $|S_2|$ 個開設されないときには，開設される施設が正確に $|S_2|$ 個になるように，$S_1$ の施設をさらに任意に開設する．その後のステップ 2 では，$S_1$ の開設されずに残っている $|S_1| - |S_2|$ 個の施設から $k - |S_2|$ 個の施設をランダムに選んで開設する．このようにして開設された施設の集合を $S$ とする．

すると，以下の補題が成立する．

**補題 7.16** $\alpha_2 < \frac{1}{2}$ のときには，上記のように開設された施設の集合 $S$ のコスト $c(S)$ の期待値 $\mathbf{E}[c(S)]$ は，$\mathbf{E}[c(S)] \leq 2(3+\epsilon)\,\mathrm{OPT}_k$ を満たす．

**証明**：補題を証明するために，乱択アルゴリズムで開設された施設へ利用者 $j \in D$ が割り当てられるときの利用コストの期待値を考える．施設 $1 \in S_1$ が $j$ に最も近い $S_1$ の開設された施設であるとする．すなわち，$c_{1j} = c(j, S_1)$ であるとする．同様に，施設 $2 \in S_2$ が $j$ に最も近い $S_2$ の開設された施設であるとする．アルゴリズムのステップ 1 で施設 $1 \in S_1$ が開設されなかったときには，アルゴリズムのステップ 2 で，施設 $1 \in S_1$ は確率 $\frac{k-|S_2|}{|S_1|-|S_2|} = \alpha_1$ で開設されることになる．したがって，開設された $S$ の最も近い施設に割り当てられる $j$ の利用コストは，少なくとも確率 $\alpha_1$ で高々 $c_{1j} = c(j, S_1)$ である．一方，高々確率 $1 - \alpha_1 = \alpha_2$ で，施設 1 は開設されない．このときには，$j$ を最悪でもアルゴリズムのステップ 1 で開設された施設に割り当てることができる．とくに，$j$ を施設 $2 \in S_2$ に最も近い $S_1$ の施設に割り当てることができる．$2 \in S_2$ に最も近い $S_1$ の施設を $i \in S_1$ とする．ここで図 7.9 を参照する．すると，三角不等式により，

$$c_{ij} \leq c_{i2} + c_{2j}$$

となる．$i$ は $2 \in S_2$ に最も近い $S_1$ の施設であるので，$c_{i2} \leq c_{12}$ であり，

$$c_{ij} \leq c_{12} + c_{2j}$$

となる．最後に，三角不等式より，$c_{12} \leq c_{1j} + c_{2j}$ となり，

$$c_{ij} \leq c_{1j} + c_{2j} + c_{2j} = c(j, S_1) + 2c(j, S_2)$$

が得られる．

したがって，$S$ の最も近い施設に $j$ を割り当てる $j$ の利用コストの期待値は

$$\mathrm{E}[c(j,S)] \leq \alpha_1 c(j,S_1) + \alpha_2(c(j,S_1) + 2c(j,S_2)) = c(j,S_1) + 2\alpha_2 c(j,S_2)$$

を満たす．$\alpha_2 < \frac{1}{2}$ の仮定により，$\alpha_1 = 1 - \alpha_2 > \frac{1}{2}$ であるので，

$$\mathrm{E}[c(j,S)] \leq 2(\alpha_1 c(j,S_1) + \alpha_2 c(j,S_2))$$

が得られる．

そして，すべての $j \in D$ で和をとって，補題7.15を用いると，

$$\mathrm{E}[c(S)] \leq 2(\alpha_1 c(S_1) + \alpha_2 c(S_2)) \leq 2(3+\epsilon)\,\mathrm{OPT}_k$$

が得られる． □

このアルゴリズムは，条件付き期待値法で脱乱択できる．それは，演習問題7.10とする．

第9章で，$k$-メディアン問題に対して，局所探索とグリーディアルゴリズムを用いて，より改善されたアルゴリズムを眺めることにする．とくに，9.4節では，容量制約なし施設配置問題に対して，

$$c(S) + 2\sum_{i \in S} f_i \leq 2\sum_{j \in D} v_j$$

を満たすような施設の集合 $S$ を開設する双対フィットグリーディアルゴリズムを眺めることにする．なお，ここで $v$ は，容量制約なし施設配置問題の線形計画緩和の双対問題の実行可能解である．そして，上記と同じロジックを用いると，$k$-メディアン問題に対する $2(2+\epsilon)$-近似アルゴリズムを得ることができることになる．容量制約なし施設配置問題に対して，ある $\alpha$ を用いて

$$c(S) + \alpha \sum_{i \in S} f_i \leq \alpha \sum_{j \in D} v_j$$

となるような解 $S$ を返すアルゴリズムのあることが，解析に本質的であったことを注意しよう．これが成立するときには，$f_i = \lambda$ とおいて，

$$c(S) \leq \alpha \left( \sum_{j \in D} v_j - \lambda |S| \right)$$

が導出できて，解 $S$ の値 $c(S)$ をラグランジュ緩和の双対問題の目的関数の値の $\alpha$ 倍を用いて上から抑えると同時に，その目的関数の値を，最適解の値を抑える下界としても用いることができるのである．このようなアルゴリズムは，**ラグランジュ乗数保存** (Lagrangean multiplier preserving) と呼ばれる．第14章では，ラグランジュ乗数保存アルゴリズムの別の例を眺めることにする．それは，賞金獲得シュタイナー木問題に対する主双対2-近似アルゴリズムである．

$k$-メディアン問題の困難性に対しては，集合カバー問題からのリダクションを用いて以下の結果が知られている．16.2節でこの結果についてさらに議論する．

**定理 7.17** NP のすべての問題が $\mathrm{O}(n^{\mathrm{O}(\log \log n)})$ 時間のアルゴリズムを持つと主張できない限り，$k$-メディアン問題に対する正定数 $\alpha < 1 + \frac{2}{\mathrm{e}} \approx 1.736$ の $\alpha$-近似アルゴリズムは存在しない．

## 7.8 演習問題

**7.1** 7.3節の最短 s-t パスアルゴリズムは，Dijkstra のアルゴリズムと等価であることを証明せよ．すなわち，各ステップでそのアルゴリズムは Dijkstra のアルゴリズムが加える辺と同じ辺を（そしてそれのみを）加えることを証明せよ．

**7.2** 以下の**木における多点対カット**問題 (multicut problem in trees) を考える．すなわち，木 $T = (V, E)$, $k$ 組の点対 $s_i, t_i$ および各辺 $e \in E$ に対するコスト $c_e \geq 0$ が与えられる．目標は，辺の部分集合 $F$ を除去して得られるグラフ $G' = (V, E - F)$ で，すべての $i$ に対して $s_i$ と $t_i$ が異なる連結成分に属するようになる最小コストの $F$ を求めることである．

$T$ において $s_i$ と $t_i$ を結ぶ唯一のパスに含まれる辺の集合を $P_i$ とする．すると，この問題は整数計画問題として以下のように定式化できる．

$$\begin{aligned}
\text{minimize} \quad & \sum_{e \in E} c_e x_e \\
\text{subject to} \quad & \sum_{e \in P_i} x_e \geq 1, \quad 1 \leq i \leq k, \\
& x_e \in \{0, 1\}, \quad e \in E.
\end{aligned}$$

そこで，木の任意のノード $r$ を根として選ぶものとする．そして，$v$ から $r$ へのパス上にある辺数を $depth(v)$ と表し，$v$ の深さと呼ぶことにする．さらに，$s_i$ から $t_i$ へのパス上で深さが最小となるノード $v$ を $lca(s_i, t_i)$ と表記する．そして，満たされない制約式で $depth(lca(s_i, t_i))$ が最大となるようなものに対応する双対変数を増加する主双対法を用いて，この問題を解くものとする．

これは，木における多点対カット問題に対する 2-近似アルゴリズムであることを証明せよ．

**7.3** **局所比技法** (local ratio technique) は，主双対法と深く関係している別の技法である．しかしながら，それは双対性を非明示的に利用している．集合カバー問題に対する以下の局所比アルゴリズムを考える．主双対法と同様に，集合カバーとなる部分集合のインデックスの集合 $I$ を計算する．最初 $I$ は空集合に設定される．各反復で，集合 $I$ に含まれるインデックスを持つ部分集合でカバーされていない要素 $e_i$ を求める．$e_i$ を含む部分集合の重みで最小の重みを $\epsilon$ とする．$e_i$ を含む各部分集合の重みを $\epsilon$ だけ減らす．すると，いずれかの部分集合は重みがゼロとなるので，その部分集合のインデックスを $I$ に加える．

このアルゴリズムの性能を解析しよう．そこで，アルゴリズムの $k$ 回目の反復における $\epsilon$ の値を $\epsilon_k$ とする．

(a) $f = \max_i \left| \{ j : e_i \in S_j \} \right|$ とすると，返される解のコストが高々 $f \sum_k \epsilon_k$ であることを示せ．

(b) 最適解のコストは少なくとも $\sum_k \epsilon_k$ であることを示せ．

(c) 結果としてアルゴリズムは $f$-近似アルゴリズムとなることを示せ．

ほとんどの一般的な応用において，局所比技法は以下の**局所比定理** (local ratio theorem) に基づいている．重み $w$ の付随する最小化問題 $\Pi$ に対して，実行可能解 $F$ は，与えられた重み $w$ のもとで，$F$ の重みが最適解の重みの $\alpha$ 倍以内であるとき，"$w$ に関して $\alpha$-近似である"と呼ぶことにする．すると，非負の重み $w$ が二つの非負の重みの $w^1$ と $w^2$ を用いて $w = w^1 + w^2$ と書けて，実行可能解 $F$ が $w^1$ と $w^2$ の両方に関して $\alpha$-近似であるときには，$w$ に関しても $F$ が $\alpha$-近似であることが成立するというのが局所比定理である．

(d) 局所比定理が成立することを証明せよ．

(e) 局所比定理を用いて，上記の集合カバーアルゴリズムが $f$-近似アルゴリズムであることを解析できる．そのことを説明せよ．

なお，本章のアルゴリズムは多くが，局所比版のアルゴリズムを持っている．

7.4 7.4 節で与えた一般化シュタイナー木問題に対する 2-近似アルゴリズムでは，最初に辺を加えていって，次に加えた順の逆順に不要な辺を除去していった．

不要な辺の除去は，実際には"任意の"順番で行っても（アルゴリズム 7.6 の除去ステップを以下のように置き換えることにしても），この問題に対する 2-近似アルゴリズムが得られることを証明せよ．すなわち，$F' - \{e\}$ が実行可能となるような $F'$ の辺 $e$ が存在する限り，$e$ を $F'$ から除去することを繰り返すことにする．そして，最後に $F'$ を最終的な解として返す．このとき，アルゴリズムで生成された双対実行可能解 $y$ に対して，$\sum_{e \in F'} c_e \leq 2 \sum_S y_S$ が成立することを証明せよ．

7.5 **最小コスト有向全点木問題** (minimum-cost branching problem) では，有向グラフ $G = (V, A)$，根 $r \in V$ および各辺 $(i, j) \in A$ に対する重み $w_{ij} \geq 0$ が与えられる．問題の目標は，辺の部分集合 $F \subseteq A$ において，各点 $v \in V$ に対して $r$ から $v$ への有向パスが正確に 1 本あるようなもので，最小コストのものを求めることである．この問題の最適解を主双対法を用いて求めよ．

7.6 4.4 節と 5.7 節で述べた賞金獲得シュタイナー木問題に対するアルゴリズムでは，整数計画問題の以下の線形計画緩和を用いていたことを思いだそう．

$$\begin{aligned}
\text{minimize} \quad & \sum_{e \in E} c_e x_e + \sum_{i \in V} \pi_i (1 - y_i) \\
\text{subject to} \quad & \sum_{e \in \delta(S)} x_e \geq y_i, \quad \forall i \in S, \forall S \subseteq V - \{r\}, S \neq \emptyset, \\
& y_r = 1, \\
& y_i \leq 1, \quad \forall i \in V, \\
& x_e \geq 0, \quad \forall e \in E.
\end{aligned}$$

そこでは，この線形計画問題の最適解 $(x^*, y^*)$ に対して，ある値 $\alpha > 0$ を用いて $U = \{i \in V : y_i^* \geq \alpha\}$ となるような点集合 $U$ を求めた．

$U$ をターミナル点集合とするシュタイナー木 $T$ で

$$\sum_{e \in T} c_e \leq \frac{2}{\alpha} \sum_{e \in E} c_e x_e^*$$

を満たすようなものを主双対法を用いて求めよ．
(ヒント：新しい主双対アルゴリズムをデザインしなくてもよい．)

7.7 **$k$-パス分割問題** ($k$-path partition problem) では，完全無向グラフ $G = (V, E)$ と各辺 $e \in E$ に対して三角不等式を満たす非負のコスト $c_e \geq 0$ （すなわち，$c_e$ は，すべての $u, v, w \in V$ に対して $c_{(u,v)} \leq c_{(u,w)} + c_{(w,v)}$ を満たす）および $|V|$ の約数であるパラメーター $k$ が与えられる．目標は，グラフのどの点も正確に一つのパスにのみ含まれるような $k$ 個の点からなるパスの集合のうちで，コスト最小のものを求めることである．

関係する問題として，グラフを $0 \pmod k$-木（の集合）への分割が挙げられる．この問題に対する入力は，グラフが必ずしも完全ではないことおよび辺のコストが必ずしも三角不等式を満たすわけではないことを除いて，上記の問題の入力と同じである．目標は，グラフのどの点も正確に一つの木にのみ含まれるような $0 \pmod k$ 個の点からなる木の集合のうちで，コスト最小のものを求めることである．

(a) 後者の問題に対する $\alpha$-近似アルゴリズムが与えられているとして，前者の問題に対する $2\alpha\left(1 - \frac{1}{k}\right)$-近似アルゴリズムを与えよ．
(b) 主双対法を用いて，後者の問題に対する 2-近似アルゴリズムを与えよ．
(c) 長さが正確に $k$ の"閉路"の集合にグラフを分割する問題に対して，$4\left(1 - \frac{1}{k}\right)$-近似アルゴリズムを与えよ．

7.8 容量制約なし施設配置問題に対する 7.6 節の主双対アルゴリズムの性能保証は以下のように強化できることを示せ．すなわち，アルゴリズムで，施設集合 $T'$ が開設され，双対実行可能解 $(v, w)$ が構成されたとすると，

$$\sum_{j \in D} \min_{i \in T'} c_{ij} + 3 \sum_{i \in T'} f_i \leq 3 \sum_{j \in D} v_j$$

であることを示せ．

7.9 7.7 節で定義された $k$-メディアン問題に対して，最適解のコストが $OPT_k = 0$ であるときには，最適解を多項式時間で得ることができることを示せ．

7.10 7.7 節の $k$ 個の施設を開設する $k$-メディアン問題に対する乱択アルゴリズムは，条件付き期待値法を用いて脱乱択できることを示せ．

## 7.9 ノートと発展文献

近似アルゴリズムに対する主双対法は，線形計画および最短 $s$-$t$ パス問題，最大フロー問題，割当て問題，最小コスト有向全点木問題などの組合せ最適化問題で用いられている主双対法を一般化したものである．主双対法の概観とこれらの問題に対する応用に関しては，Papadimitriou and Steiglitz [238] を参照されたい．Edmonds [95] は，演習問題 7.5 で

取り上げた最小コスト有向全点木問題に対して主双対アルゴリズムを与えている．7.3 節で述べた最短 $s$-$t$ パス問題が双対変数をグリーディに増加するアルゴリズムで解けるというアイデアは，Hoffman [167] による．この問題に対する Dijkstra のアルゴリズムは，もちろん，Dijkstra [88] による．

集合カバー問題に対する 7.1 節のアルゴリズムを与えて，近似アルゴリズムに主双対法を初めて適用したのは，Bar-Yehuda and Even [34] である．そして，7.4 節の一般化シュタイナー木問題に対する成果により，主双対アルゴリズムの有用性が再認識されたのである．一般化シュタイナー木問題に対する最初の 2-近似アルゴリズムは，Agrawal, Klein, and Ravi [4] によるものであり，7.4 節で与えたアルゴリズムも本質的には彼らからのものである．そのアルゴリズムにおける線形計画と LP 双対性の有用性は，Goemans and Williamson [137] により，（演習問題 7.7 の $k$-パス分割問題などを含む）ほかの複数の問題にその技法が拡張されて適用され，さらに明らかにされた．双対変数を堀として可視化するアイデアは，Jünger and Pulleyblank [180] による．

その後も，近似アルゴリズムに対する主双対法の有用性が多数指摘されている．Bar-Yehuda, Geiger, Naor, and Roth [37] は，Erdős and Pósa [100] による補題 7.3 を用いて，7.2 節のフィードバック点集合アルゴリズムを与えている．Jain and Vazirani [177] は，7.6 節の容量制約なし施設配置問題に対する主双対アルゴリズムと 7.7 節の $k$-メディアン問題に対してラグランジュ緩和の有用性を展開している．Carnes and Shmoys [61] は，7.5 節の最小ナップサック問題に対する主双対アルゴリズムを与えている．そこでは，Carr, Fleischer, Leung, and Phillips [62] による整数計画問題の定式化を用いている．そして，その定式化に基づいて，その問題に対する LP-ラウンディングの 2-近似アルゴリズムを与えている．

近似アルゴリズムに対する主双対法の研究調査論文としては，Bertsimas and Teo [46]，Goemans and Williamson [139] と Williamson [288] が挙げられる．

演習問題 7.3 の局所比技法は Bar-Yehuda and Even [35] による．7.1 節から 7.4 節に与えているアルゴリズムはすべて，等価な局所比版の存在することが知られている．ある種の問題集合に対する主双対法と局所比技法の等価性の形式的な証明は，Bar-Yehuda and Rawitz [38] に与えられている．局所比技法の研究調査論文としては，Bar-Yehuda [33]，Bar-Yehuda, Bendel, Freund, and Rawitz [36] と Bar-Yehuda and Rawitz [38] が挙げられる．

定理 7.17 の $k$-メディアン問題に対する近似困難性は，Jain, Mahdian, Markakis, Saberi, and Vazirani [176] による．それは，Guha and Khuller [146] による容量制約なし施設配置問題の近似困難性の成果に従っている．演習問題 7.2 の結果は，Garg, Vazirani, and Yannakakis [125] による．演習問題の 7.4 と 7.7 の結果は，Goemans and Williamson [137] からのものである．演習問題 7.8 の結果は Jain and Vazirani [177] からのものであり，演習問題 7.10 もその論文からのものである．

# 第8章

# カットとメトリック

本章では，メトリック (metric) に関与する問題を取り上げて議論する．点集合 $V$ 上のメトリック $(V,d)$ は，各点対 $u,v \in V$ において以下の三つの性質が成立する距離 $d_{uv}$ として与えられる．すなわち，(1) $d_{uv} = 0$ のときそしてそのときのみ $u = v$ である．(2) すべての $u, v \in V$ で $d_{uv} = d_{vu}$ である．(3) すべての $u, v, w \in V$ で $d_{uv} \le d_{uw} + d_{wv}$ である．最後の性質は，**三角不等式** (triangle inequality) とも呼ばれる．文脈から点集合 $V$ が明らかであるときには，$(V,d)$ の代わりにメトリック $d$ と記すことも多い．メトリックに関係する概念として**セミメトリック** (semimetric) $(V,d)$ も挙げられる．すなわち，性質の (2) と (3) は成立するが，性質の (1) は必ずしも成立するとは言えないときに，セミメトリックという．したがって，$d_{uv} = 0$ であっても，$u \ne v$ であることもありうるのである（セミメトリックでも $d_{uu} = 0$ は成立する）．以下では，メトリックとセミメトリックの相違をときには無視してしまうこともある．

メトリックはカットに関係するグラフの問題を議論するのに有効な方法となる．離散最適化の重要な問題では，グラフの様々な種類のカットを求めることが必要となることも多い．カットとメトリックの関係を以下の例を通して眺めてみよう．任意のカット $S \subseteq V$ に対して，($u \in S$ かつ $v \notin S$) あるいは ($u \notin S$ かつ $v \in S$) であるとき $d_{uv} = 1$ とし，それ以外のとき $d_{uv} = 0$ として $d$ を定義する．すると，$(V,d)$ はセミメトリックとなる．これは，$S$ に付随する**カットセミメトリック** (cut semimetric) と呼ばれている．グラフ $G = (V, E)$ でカットに（正確に一方の端点のみが）含まれる辺 $e$ の重み $w_e$ の総和が最小あるいは最大になるカットを求める問題は，$\sum_{e=(u,v) \in E} w_e d_{uv}$ が最小あるいは最大となるカットセミメトリックを求める問題の一つになる．本章の複数の例では，変数 $d_{uv}$ の付随する線形計画緩和（LP緩和）において，$d$ がセミメトリックの性質を持つことに対応する制約式を用いる．そして，所望のカットを求める際に，$d_{uv}$ がメトリックの性質を満たすことを有効に活用する．多くのケースで，LP変数の $d_{uv}$ を距離として，ある点 $s \in V$ に対して $s$ からある小さい距離の $r$ 内に属するすべての点を考えて，それらをカットの一方の側に含め，残りのすべての点を他方の側に含める．すなわち，$s$ を中心として半径 $r$ の球を考えるのである．これは，本章で頻繁に用いられる技法である．

与えられたメトリック $(V,d)$ を，より単純なメトリックで近似する概念も取り上げて議論する．とくに，**木メトリック** (tree metric) を議論する．なお，木メトリックは，木における最短パスの長さで決定される距離である．木メトリックではきわめて単純になる，グ

ラフの距離に関係する一般のグラフの問題の近似解を得たいときも多い．したがって，そのような問題では，最初にグラフの距離を木メトリックの距離で近似して，次に木メトリック上で問題を簡単に解くというやり方で，良い性能保証のアルゴリズムが得られることも多い．

本章では，様々なカット問題を取り上げる．最初に，8.1 節で多分割カット問題を取り上げ，単純に最小 s-t カットを複数回求めるアルゴリズムで 2-近似アルゴリズムが得られることを示す．次に，上記の考えに基づいて LP 緩和を利用して，LP 解を乱択ラウンディングすることにより，$\frac{3}{2}$-近似アルゴリズムに改善できることを示す．8.3 節では，多点対カット問題を取り上げ，ここでも LP 緩和と乱択ラウンディング技法を用いる．とくにこの問題に対しては，**領域成長** (region growing) と呼ばれる技法を導入する．すなわち，球で形成されるカットに含まれる辺を，球内に含まれる辺の LP 解の値と関係づけて，"領域を成長"させていく．その後の節では，領域成長の技法を，最小平衡カットを求める問題に適用する．なお，平衡カットとは，二つの部分の点数がほぼ等しくなるようなカットである．本章の最後の三節では，メトリックを木メトリックで近似する問題を議論する．そして，まとめ買いネットワーク設計問題と線形アレンジメント問題へこの技法を適用する．

## 8.1 多分割カット問題と最小カットに基づくアルゴリズム

最初に，カット問題の単純版から考えて，線形計画緩和を用いない近似アルゴリズムを与える．その後に，線形計画緩和を利用して，その解を点上のメトリックと見なして，より改善された近似アルゴリズムが得られることを示す．取り上げる問題は，**多分割カット問題** (multiway cut problem) として知られている．入力として，無向グラフ $G = (V, E)$，すべての辺 $e \in E$ のコスト $c_e \geq 0$，$k$ 個の異なる特別な点 $s_1, \ldots, s_k$ が与えられる．目標は，辺の部分集合 $F$ を除去して得られるグラフ $(V, E - F)$ で異なる $s_i$ と $s_j$ $(i \neq j)$ が同じ連結成分に属することがないようにするときに，コストが最小となるような $F$ を求めることである．

これは分散計算でも起こる問題の一つである．各点がプロジェクトを表し，プロジェクト間を結ぶ辺 $e$ のコスト $c_e$ はそれらの間で行われる通信量を表す．各プロジェクトを与えられた $k$ 個の異なるマシーンのいずれかに常駐させる．ただし，特別なプロジェクトの各 $s_i$ は $i$ 番目のマシーンに常駐するものとする．このとき，目標は，異なるマシーン間の通信量が最小になるように，各プロジェクトの常駐するマシーンを決定することである．

多分割カット問題に対する最初のアルゴリズムは，実行可能解 $F$ の持っている構造についての観察に基づいている．実行可能解 $F$ に対して，$(V, E - F)$ で特別な点の各 $s_i$ から到達可能な点の集合を $C_i$ とする．点の部分集合 $S$ に対して，正確に一方の端点のみが $S$ に含まれるような $E$ のすべての辺の集合を $\delta(S)$ とする．そして，$F_i = \delta(C_i)$ とする．すると，各 $F_i$ は，$s_i$ を残りの特別な点 $s_1, \ldots, s_{i-1}, s_{i+1}, \ldots, s_k$ から分離するカットになっていることに注意しよう．そこで，$F_i$ を**孤立カット** (isolating cut) と呼ぶことにする．実際，それは $s_i$ をほかのすべての特別な点から孤立させるからである．二つの異なる $F_i$ と $F_j$ の両方

に同時に含まれる辺もありうることに注意しよう．すなわち，一方の端点が $C_i$ に含まれ，他方の端点が別の $C_j$ ($j \neq i$) に含まれるような辺 $e$ は，$e \in F_i$ かつ $e \in F_j$ となる．

アルゴリズムは，まず各 $i$ に対して，$s_i$ と残りの $s_1, \ldots, s_{i-1}, s_{i+1}, \ldots, s_k$ 間の "最小" 孤立カット $F_i$ を計算する．これは，シンクの点 $t$ を新しくグラフに加え，$s_i$ 以外の特別な点のそれぞれと点 $t$ を結ぶ無限大のコストの辺を加えて，そのグラフ（ネットワーク）で，最小コストの $s_i$-$t$ カットを求めることで得られる．そして，$\bigcup_{i=1}^{k} F_i$ を解として返す．

**定理 8.1** 各 $s_i$ と残りのすべての特別な点との間の最小カットを計算して多分割カットを求める上記のアルゴリズムは，多分割カット問題に対する 2-近似アルゴリズムである．

**証明**：上記のように，$F_i$ は $s_i$ を残りのすべての特別な点から分離する最小孤立カットであるとする．$F^*$ を最適解（その値を OPT）とし，この最適解において $s_i$ に対する孤立カットを $F_i^*$ とする．ここで，任意の部分集合 $A \subseteq E$ に対して，$c(A) = \sum_{e \in A} c_e$ とする．$F_i$ は $s_i$ に対する最小孤立カットであるので，$c(F_i) \leq c(F_i^*)$ が成立する．したがって，アルゴリズムで得られる解のコストは，$\sum_{i=1}^{k} c(F_i) \leq \sum_{i=1}^{k} c(F_i^*)$ を満たす．上で注意したように，最適解 $F^*$ の各辺は，高々二つの $F_i^*$ に属するだけであるので，

$$\sum_{i=1}^{k} c(F_i) \leq \sum_{i=1}^{k} c(F_i^*) \leq 2c(F^*) = 2\,\text{OPT}$$

が得られる． □

少しだけ工夫することで，性能保証を少し改善できる．一般性を失うことなく，$F_1, \ldots, F_k$ の孤立カットのうちで $F_k$ が最もコストが大きいとする．ここで，$F_k$ 以外の残りの $k-1$ 個の孤立カット $F_1, \ldots, F_{k-1}$ の和集合 $F = \bigcup_{i=1}^{k-1} F_i$ もまたこの問題の実行可能解であることに注意しよう．実際，$(V, E - F)$ において $s_k$ があるほかの特別な点 $s_i$ から到達可能であるとすると，$F_i$ は $s_i$ に対する孤立カットではなかったということになってしまうからである．したがって，以下の系が得られる．

**系 8.2** コストの小さい $k-1$ 個の最小孤立カットの和集合を返すアルゴリズムは，多分割カット問題に対する $(2 - \frac{2}{k})$-近似アルゴリズムである．

**証明**：上記の定理で用いた記法をここでも用いる．ここで，この新しい解 $F$ のコストが高々 $(1 - \frac{1}{k}) \sum_{i=1}^{k} c(F_i)$ であることに注意しよう．すると，$F$ のコストは高々

$$\left(1 - \frac{1}{k}\right) \sum_{i=1}^{k} c(F_i) \leq \left(1 - \frac{1}{k}\right) \sum_{i=1}^{k} c(F_i^*) \leq 2\left(1 - \frac{1}{k}\right) \text{OPT}$$

であることが得られる． □

## 8.2 多分割カット問題と LP ラウンディングアルゴリズム

次に，LP ラウンディングに基づいて，多分割カット問題に対するより良い近似アルゴリズムが得られることを示す．

まずはじめに上記の観察をさらに強化することが必要になる．この問題に対する任意の実行可能解 $F$ に対して，$(V, E - F)$ で特別な点の各 $s_i$ から到達可能な点の集合 $C_i$ を計算できることを観察した．ここで，任意の極小な実行可能解 $F$ に対して，すべての $C_i$ の集合が点集合 $V$ の分割になるように選べることを主張したい．そこで，そのような極小な実行可能解 $F$ で対応する $C_i$ の集合が $V$ の分割とならないようなものがあったとしてみる．すると，どの $s_i$ からも到達不可能となる点が存在するのでそのような点の集合を $S$ とする．そこで，任意に $j$ を選んで，$S$ を $C_j$ に加えて，それを改めて $C_j$ とする．そして，新しい解を $F' = \bigcup_{i=1}^{k} \delta(C_i)$ とする．すると，$F' \subseteq F$ となることが主張できる．実際，それは以下のようにして理解できる．まず，任意の $i \neq j$ に対して $\delta(C_i) \subseteq F'$ は明らかに $F$ に含まれる．また，どの辺 $e \in \delta(C_j)$ もある $i \neq j$ の $C_i$ に端点を持つこともわかるので，$e \in \delta(C_j) \subseteq F'$ も $F$ に含まれる．したがって，$F' \subseteq F$ となるので，任意の極小な実行可能解 $F$ に対して $F' = F$ となり，すべての $C_i$ の集合が点集合 $V$ の分割になるようにできることが得られた．

したがって，多分割カット問題は，すべての $i$ に対して $s_i \in C_i$ となるような集合 $C_i$ による $V$ の分割のうちで，$F = \bigcup_{i=1}^{k} \delta(C_i)$ のコストが最小となる最適な分割を求める問題ということもできる．この視点から，多分割カット問題を整数計画問題として定式化できる．そこで，各点 $u \in V$ に対して，$k$ 個の異なる変数 $x_u^i$ を考える．変数 $x_u^i$ は，$u$ が集合 $C_i$ に割り当てられるときに $x_u^i = 1$ であり，そうでないときには $x_u^i = 0$ であるとする．さらに，辺 $e \in E$ に対して新しい変数 $z_e^i$ も考えて，$e \in \delta(C_i)$ のとき $z_e^i = 1$ であり，そうでないとき $z_e^i = 0$ であるとする．$e \in \delta(C_i)$ であるときにはある唯一の $j \neq i$ で $e \in \delta(C_j)$ でもあるので，整数計画問題の目的関数は

$$\frac{1}{2} \sum_{e \in E} c_e \sum_{i=1}^{k} z_e^i$$

となる．これは，変数 $x_u^i$ で決定される $C_i$ の集合から得られる解 $F = \bigcup_{i=1}^{k} \delta(C_i)$ の辺のコストの総和に正確に対応する．次に，この整数計画問題の制約式を考える．$s_i$ はもちろん $C_i$ に割り当てられるので，すべての $i$ で $x_{s_i}^i = 1$ となる．さらに，辺 $e = (u, v)$ に対して $e \in \delta(C_i)$ であるとき $z_e^i = 1$ とするために，$z_e^i \geq x_u^i - x_v^i$ と $z_e^i \geq x_v^i - x_u^i$ の制約式を加える．これから $z_e^i \geq |x_u^i - x_v^i|$ となる．この整数計画問題は目的関数の最小化であり，目的関数の変数 $z_e^i$ の係数は非負であるので，最適解では $z_e^i = |x_u^i - x_v^i|$ となることになる．したがって，辺 $e = (u, v)$ の端点の一方のみが集合 $C_i$ に割り当てられ，他方が別の $C_j$ に割り当てられるときに $z_e^i = 1$ となる．こうして，全体の整数計画問題は以下のように書ける．

$$\text{minimize} \quad \frac{1}{2} \sum_{e \in E} c_e \sum_{i=1}^{k} z_e^i \tag{8.1}$$

$$\text{subject to} \quad \sum_{i=1}^{k} x_u^i = 1, \quad \forall u \in V, \tag{8.2}$$

$$z_e^i \geq x_u^i - x_v^i, \quad \forall e = (u, v) \in E,$$

$$z_e^i \geq x_v^i - x_u^i, \quad \forall e = (u, v) \in E,$$

$$x_{s_i}^i = 1, \quad i = 1, \ldots, k,$$

$$x_u^i \in \{0, 1\}, \quad \forall u \in V, i = 1, \ldots, k.$$

$$s_3 \\ (0,0,1)$$

$$s_1 \\ (1,0,0) \qquad s_2 \\ (0,1,0)$$

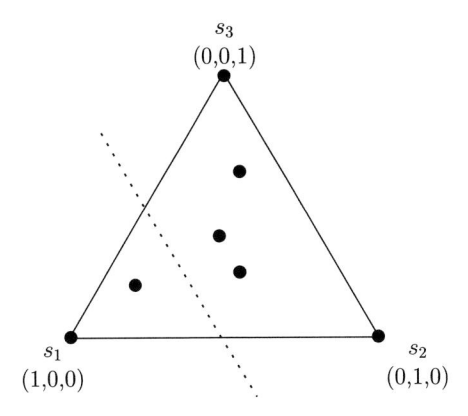

**図 8.1** $k=3$ のときの LP 解の幾何的な表現．特別な点の $s_1, s_2, s_3$ をそれぞれ，$(1,0,0), (0,1,0),$ $(0,0,1)$ の座標で与えている．これらの 3 点を頂点とする三角形の内部に，ほかの点が存在する．点線は $s_1$ を中心とする球に対応する．

この整数計画問題の線形計画緩和は，ユークリッド空間の距離を表す $\ell_1$-メトリックに密接に関係している．$x, y \in \Re^n$ とし，$x$ と $y$ の第 $i$ 成分（第 $i$ 座標値）をそれぞれ $x^i, y^i$ とする．すると，$\ell_1$-メトリックは以下のように定義される．

**定義 8.3** $x, y \in \Re^n$ に対して，$x$ と $y$ の距離が $\|x - y\|_1 = \sum_{i=1}^n |x^i - y^i|$ となるようなメトリックは $\ell_1$**-メトリック** ($\ell_1$-metric) と呼ばれる．

上記の整数計画問題の整数条件の $x_u^i \in \{0,1\}$ を $x_u^i \geq 0$ に置き換えて線形計画問題に緩和する．すると，その線形計画問題はさらに簡潔な形で書ける．各 $x_u \in \Re^k$ のベクトル $x_u$ の第 $i$ 成分を変数 $x_u^i$ とする．さらに，$\Delta_k = \{x \in \Re^k : \sum_{i=1}^k x^i = 1\}$ とする．すると，制約式 (8.2) により，各 $x_u$ は $k$-単体 $\Delta_k$ に属することになる．$e_i$ を第 $i$ 成分のみが 1 でほかがゼロのベクトルとする．すると，特別な点の各 $s_i$ では，$x_{s_i} = e_i$ である．最後に，$\sum_{i=1}^k z_e^i = \sum_{i=1}^k |x_u^i - x_v^i| = \|x_u - x_v\|_1$ であることに注意しよう．これは，$\ell_1$-メトリックのもとでの点 $x_u, x_v$ 間の距離そのものである．したがって，線形計画緩和（LP 緩和）は以下のように書ける．

$$\begin{aligned}
\text{minimize} \quad & \frac{1}{2} \sum_{e=(u,v) \in E} c_e \|x_u - x_v\|_1 \\
\text{subject to} \quad & x_{s_i} = e_i, \qquad i = 1, \ldots, k, \\
& x_u \in \Delta_k, \qquad \forall u \in V.
\end{aligned} \qquad (8.3)$$

図 8.1 は，$k=3$ の例の幾何的な表現である．

LP 緩和 (8.3) の LP 解の乱択ラウンディングに基づく近似アルゴリズムを与える．具体的には，LP 解において，特別な点 $s_i$ に近い点をすべてもってきてそれを $C_i$ に含める．そこで，任意の $r \geq 0$ と $1 \leq i \leq k$ に対して，$\ell_1$-メトリックで $e_i$ を中心とする半径 $r$ の球内の点 $x_u$ に対応する点 $u$ の集合を $B(e_i, r)$ とする．すなわち，$B(e_i, r) = \left\{ u \in V : \frac{1}{2} \|e_i - x_u\|_1 \leq r \right\}$ である．$B(e_i, r)$ ではなく $B(s_i, r)$ と記すこともある．この定義において，係数 $1/2$ を用いている理由は，すべての点が半径 1 の球に含まれるようにするためである．したがって，

$s_3$
$(0,0,1)$

$s_1$
$(1,0,0)$

$s_2$
$(0,1,0)$

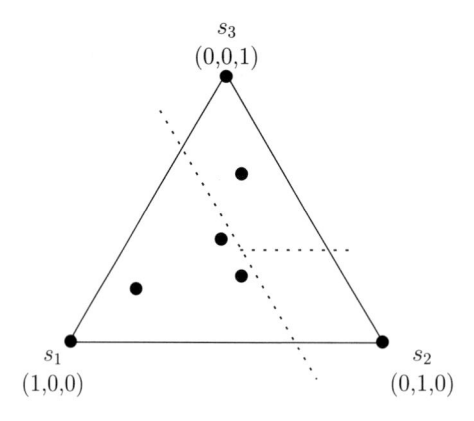

**図 8.2** $k=3$ のときのアルゴリズムの幾何的な表現.ランダムな順列 $\pi$ は 1,3,2 であるとしている.$s_3$ を中心とする球内の点で $C_1$ に割り当てられていない点は,すべて $C_3$ に割り当てられる.

すべての $i$ で $B(e_i, 1) = V$ である.図 8.1 はその説明用の図である.

ここで,アルゴリズム 8.1 を考える.アルゴリズムでは,$r \in (0,1)$ が一様ランダムに選ばれ,インデックス集合 $\{1,\ldots,k\}$ に対するランダムな順列 $\pi$ が選ばれる.この与えられた順列 $\pi$ におけるインデックスの順番に従ってアルゴリズムが進行する.順列 $\pi$ の $i \neq k$ 番目のインデックス $\pi(i)$ に対して,アルゴリズムは,$B(s_{\pi(i)}, r)$ に含まれる点でまだ割当てが決定していない点をすべて $C_{\pi(i)}$ に割り当てる.順列 $\pi$ の最後の $k$ 番目のインデックス $\pi(k)$ に対しては,割当てが決定していないすべての点を $C_{\pi(k)}$ に割り当てる.図 8.2 はその説明用の図である.

---

**アルゴリズム 8.1** 多分割カット問題に対する乱択ラウンディングアルゴリズム.

LP 緩和 (8.3) の最適解を $x$ とする
**for** $i \leftarrow 1$ to $k$ **do** $C_i \leftarrow \emptyset$
$r \in (0,1)$ を一様ランダムに選ぶ
$\{1,\ldots,k\}$ 上のランダムな順列 $\pi$ を選ぶ
$X \leftarrow \emptyset$  // $X$ は当該時点までに割り当てられた点の集合を管理している
**for** $i \leftarrow 1$ to $k-1$ **do**
　　$C_{\pi(i)} \leftarrow B(s_{\pi(i)}, r) - X$
　　$X \leftarrow X \cup C_{\pi(i)}$
$C_{\pi(k)} \leftarrow V - X$
**return** $F = \bigcup_{i=1}^{k} \delta(C_i)$

---

証明の詳細に入る前に,ランダムな半径 $r$ とランダムな順列 $\pi$ を選ぶことが,良い性能保証を与えるのに有効な理由を例を用いて眺めてみることにする.説明の単純化のために,$k$ は十分に大きいとし,$x_v = (0,1,0,0,\ldots)$ かつ $x_u = (\frac{1}{2},\frac{1}{2},0,0,\ldots)$ となる辺 $(u,v)$ があるとする.図 8.3 はその説明図である.さらに,$x_{s_1} = (1,0,0,\ldots)$ かつ $x_{s_2} = (0,1,0,\ldots)$ であるとする.このとき,$r < 1$ かつ $i \neq 1,2$ に対して $\frac{1}{2}\|e_i - x_u\|_1 = 1$ であるので,$u$ は

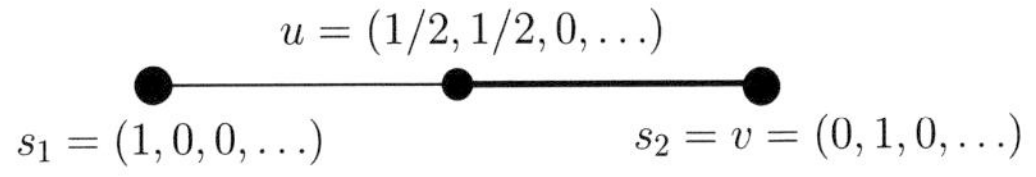

$$u = (1/2, 1/2, 0, \ldots)$$
$$s_1 = (1, 0, 0, \ldots) \qquad s_2 = v = (0, 1, 0, \ldots)$$

**図 8.3** 解析におけるアイデアの説明図（点 $w \in V$ の $x_w$ を $w$ と略記している）．

$B(s_1, r)$, $B(s_2, r)$ 以外の球には属さないことに注意しよう．したがって，$u$ は，$C_1$, $C_2$ あるいは $C_{\pi(k)}$ のいずれかにのみ割り当てられる．なお，$\pi(k) \neq 1, 2$ のときの最後のケース（$u \in C_{\pi(k)}$）は，$u \notin B(s_1, r)$ かつ $u \notin B(s_2, r)$ のときに起こる．ほぼ同様の理由により，$v$ は $C_1$ あるいは $C_2$ のいずれかにのみ割り当てられる可能性があるが，$0 < r < 1$ かつ $\|e_2 - x_v\|_1 = 0$ かつ $\frac{1}{2}\|e_1 - x_v\|_1 = 1$ であるので，$v$ は常に $B(s_2, r)$ に含まれるが，$B(s_1, r)$ には含まれない．したがって，$v$ は $C_2$ にのみ割り当てられる．

ここで，順列 $\pi$ を固定して考える．まず，この順列 $\pi$ で，$s_2$ は $s_1$ よりも後に来ているとする．さらに，$s_2$ はこの順列 $\pi$ で最後ではないとする．すると，辺 $(u, v)$ は確率 $\|x_u - x_v\|_1 = 1$ でカットに入ることが主張できる．実際，それは以下のようにして理解できる．$1/2 \leq r < 1$ のときには $u \in B(s_1, r)$ かつ $v \notin B(s_1, r)$ となるので，$u \in C_1$ かつ $v \in C_2$ となり，$(u, v)$ がカットに含まれることになる．次に，$0 < r < 1/2$ とする．このときには，$v \notin B(s_1, r)$, $v \in B(s_2, r)$ かつ $u \notin B(s_2, r)$ となる．したがって，$v \in C_2$ となる．なお，$u$ が $C_1$, $C_2$ あるいは $C_{\pi(k)}$ のいずれかにのみ割り当てられることは上で眺めたとおりである．したがって，$\pi(k) \neq 2$ としているので，$u \notin B(s_2, r)$ から $u \notin C_2$ となり，$(u, v)$ がカットに含まれることになる．一方，$s_2$ が順列 $\pi$ で最後に来るとき（$\pi(k) = 2$ のとき）には $(u, v)$ がカットに入る確率は小さくなるだけであることに注意しよう．したがって，一般に，辺 $(u, v)$ がカットに入る確率は $\|x_u - x_v\|_1$ で上から抑えられることになる．辺 $e = (u, v)$ の目的関数における寄与分が $\frac{1}{2} c_e \|x_u - x_v\|_1$ であるので，アルゴリズムの性能保証 2 を与えるだけならば，確率のこの解析だけで十分である．次に，順列 $\pi$ で $s_2$ が $s_1$ より前に来るときも考えてみると，以下のことが言える．このときには，$0 < r < 1/2$ ならば，上と同様に，$v \in C_2$ かつ $u \notin C_2$ であるので辺 $(u, v)$ はカットに入るが，$r > 1/2$ ならば $u$ と $v$ がともに $B(s_2, r)$ に含まれて $C_2$ に割り当てられるので，辺 $(u, v)$ はカットに入らない．さらに，ランダムな順列で $s_2$ が $s_1$ より前に来る確率は $1/2$ であるので，辺 $(u, v)$ がカットに入る確率は，高々

$$\Pr[(u, v) \text{ がカットに入る} \mid s_1 \text{ が } s_2 \text{ よりも前に来る}] \Pr[s_1 \text{ が } s_2 \text{ よりも前に来る}]$$
$$+ \Pr[(u, v) \text{ がカットに入る} \mid s_2 \text{ が } s_1 \text{ よりも前に来る}] \Pr[s_2 \text{ が } s_1 \text{ よりも前に来る}]$$
$$\leq \|x_u - x_v\|_1 \cdot \frac{1}{2} + \frac{1}{2}\|x_u - x_v\|_1 \cdot \frac{1}{2}$$
$$= \frac{3}{2} \cdot \frac{1}{2} \|x_u - x_v\|_1$$

である．これからアルゴリズムの性能保証の $3/2$ が得られることになる．

後述する解析で必要となる補題をまず与えることにする．最初の補題は，どの座標成分も $\ell_1$-距離の高々半分にしか寄与しないことを述べている．第二の補題は，点が半径 $r$ の球内に入るための条件を与えている．

**補題 8.4** 任意のインデックス $\ell$ と任意の 2 点 $u, v \in V$ に対して，

$$|x_u^\ell - x_v^\ell| \le \frac{1}{2}\|x_u - x_v\|_1$$

が成立する．

**証明**：一般性を失うことなく，$x_u^\ell \ge x_v^\ell$ と仮定することができる．すると，

$$|x_u^\ell - x_v^\ell| = x_u^\ell - x_v^\ell = \left(1 - \sum_{j\ne\ell} x_u^j\right) - \left(1 - \sum_{j\ne\ell} x_v^j\right) = \sum_{j\ne\ell}(x_v^j - x_u^j) \le \sum_{j\ne\ell}|x_u^j - x_v^j|$$

が得られる．そこで，両辺に $|x_u^\ell - x_v^\ell|$ を加えると，

$$2|x_u^\ell - x_v^\ell| \le \|x_u - x_v\|_1$$

となり，補題が得られる． □

**補題 8.5** $u \in B(s_i, r)$ であるときそしてそのときのみ $1 - x_u^i \le r$ である．

**証明**：$u \in B(s_i, r)$ であるときそしてそのときのみ $\frac{1}{2}\|e_i - x_u\|_1 \le r$ である．そしてこれは，$\frac{1}{2}\sum_{\ell=1}^k |e_i^\ell - x_u^\ell| \le r$ と等価であり，さらにそれは，$\frac{1}{2}\sum_{\ell\ne i} x_u^\ell + \frac{1}{2}(1 - x_u^i) \le r$ とも等価である．$\sum_{\ell\ne i} x_u^\ell = 1 - x_u^i$ であるので，これは $1 - x_u^i \le r$ と等価である． □

**定理 8.6** アルゴリズム 8.1 は，多分割カット問題に対する乱択 $\frac{3}{2}$-近似アルゴリズムである．

**証明**：任意の辺 $(u,v) \in E$ を考える．ここで，この辺の両端点の $u$ と $v$ が，アルゴリズムで得られる分割において異なる部分に含まれる確率が，高々 $\frac{3}{4}\|x_u - x_v\|_1$ であることを主張できる（証明は後述する）．得られるカットの値を表す確率変数を $W$ とする．$Z_{uv}$ は，辺 $(u,v) \in E$ がカットに含まれるとき（すなわち，両端点の $u$ と $v$ が分割において異なる部分に含まれるとき）1 の値をとり，そうでないとき 0 の値をとる確率変数であるとする．したがって，$W = \sum_{e=(u,v)\in E} c_e Z_{uv}$ と書けるので，主張から，

$$\begin{aligned}
\mathbf{E}[W] &= \mathbf{E}\left[\sum_{e=(u,v)\in E} c_e Z_{uv}\right] \\
&= \sum_{e=(u,v)\in E} c_e \mathbf{E}[Z_{uv}] \\
&= \sum_{e=(u,v)\in E} c_e \cdot \Pr[(u,v) \text{ がカットに入る}] \\
&\le \sum_{e=(u,v)\in E} c_e \cdot \frac{3}{4}\|x_u - x_v\|_1 \\
&= \frac{3}{2} \cdot \frac{1}{2}\sum_{e=(u,v)\in E} c_e \|x_u - x_v\|_1 \\
&\le \frac{3}{2}\mathrm{OPT}
\end{aligned}$$

が得られる．なお，最後の不等式は，（OPT が多分割カット問題の最適解の値であり）$\frac{1}{2}\sum_{e=(u,v)\in E} c_e \|x_u - x_v\|_1$ が LP 緩和 (8.3) の目的関数であることから得られる．

以下では主張を証明する．辺 $(u,v)$ に対して，順列 $\pi$ で $u \in B(s_i, r)$ あるいは $v \in B(s_i, r)$ あるいは両方が初めて成立するときに，インデックス $i$ は $(u,v)$ を "解決する" ということにする．同様に，$u \in B(s_i, r)$ あるいは $v \in B(s_i, r)$ のいずれか一方のみが成立するときに，インデックス $i$ は $(u,v)$ を "カットする" ということにする．$i$ が $(u,v)$ を解決する事象を $S_i$ とし，$i$ が $(u,v)$ をカットする事象を $X_i$ とする．事象 $S_i$ はランダムな順列 $\pi$ に依存するが，事象 $X_i$ はランダムな順列 $\pi$ に依存しないことに注意しよう．$(u,v)$ がアルゴリズムで返される多分割カットに含まれるときには，$(u,v)$ を解決すると同時にカットするインデックス $i$ が存在する．そしてこれが起こると，$(u,v) \in \delta(C_i)$ となる．したがって，辺 $(u,v)$ が多分割カットに含まれる確率は，高々 $\sum_{i=1}^{k} \Pr[S_i \wedge X_i]$ である．そこで以下では，$\sum_{i=1}^{k} \Pr[S_i \wedge X_i] \leq \frac{3}{4} \|x_u - x_v\|_1$ となることを示すことにする．

補題 8.5 により，

$$\Pr[X_i] = \Pr[\min(1 - x_u^i, 1 - x_v^i) \leq r < \max(1 - x_u^i, 1 - x_v^i)] = |x_u^i - x_v^i|$$

が成立する．

$\min_i (\min(1 - x_u^i, 1 - x_v^i))$ を達成するインデックスを $\ell$ とする．したがって，辺 $(u,v)$ の両端点に最も近い特別な点は $s_\ell$ である．このとき，インデックス $i \neq \ell$ は，ランダムな順列 $\pi$ で $\ell$ が $i$ の前に来るときには，辺 $(u,v)$ を解決することができない．実際，補題 8.5 と $\ell$ の定義より，$u, v$ の少なくとも 1 点が $B(e_i, r)$ に含まれるときには，$u, v$ の少なくとも 1 点が $B(e_\ell, r)$ に含まれるからである．ランダムな順列 $\pi$ で $\ell$ が $i$ の前に来る確率は $1/2$ であることに注意しよう．したがって，$i \neq \ell$ に対しては，

$$\begin{aligned}\Pr[S_i \wedge X_i] &= \Pr[S_i \wedge X_i | \pi \text{ で } \ell \text{ が } i \text{ の後に来る}] \cdot \Pr[\pi \text{ で } \ell \text{ が } i \text{ の後に来る}] \\ &+ \Pr[S_i \wedge X_i | \pi \text{ で } \ell \text{ が } i \text{ の前に来る}] \cdot \Pr[\pi \text{ で } \ell \text{ が } i \text{ の前に来る}] \\ &\leq \Pr[X_i | \pi \text{ で } \ell \text{ が } i \text{ の後に来る}] \cdot \frac{1}{2} + 0\end{aligned}$$

が得られる．さらに，事象 $X_i$ はランダムな順列 $\pi$ の選び方に依存しないので，

$$\Pr[X_i | \pi \text{ で } \ell \text{ が } i \text{ の後に来る}] = \Pr[X_i]$$

となり，$i \neq \ell$ に対して

$$\Pr[S_i \wedge X_i] \leq \Pr[X_i] \cdot \frac{1}{2} = \frac{1}{2} |x_u^i - x_v^i|$$

が成立することが得られる．

同様に，$\Pr[S_\ell \wedge X_\ell] \leq \Pr[X_\ell] \leq |x_u^\ell - x_v^\ell|$ も得られる．したがって，$(u,v)$ が多分割カットに含まれる確率は，高々

$$\begin{aligned}\sum_{i=1}^{k} \Pr[S_i \wedge X_i] &\leq |x_u^\ell - x_v^\ell| + \frac{1}{2} \sum_{i \neq \ell} |x_u^i - x_v^i| \\ &= \frac{1}{2} |x_u^\ell - x_v^\ell| + \frac{1}{2} \|x_u - x_v\|_1\end{aligned}$$

となる．補題 8.4 より，$\frac{1}{2} |x_u^\ell - x_v^\ell| \leq \frac{1}{4} \|x_u - x_v\|_1$ であるので，所望の

$$\sum_{i=1}^{k} \Pr[S_i \wedge X_i] \leq \frac{3}{4} \|x_u - x_v\|_1$$

が得られる. □

さらに少しだけ工夫することにより，アルゴリズムの性能保証は $\frac{3}{2} - \frac{1}{k}$ に改善できる．これは演習問題8.1とする．順列を適切に二つに固定しても，$\frac{3}{2}$-近似アルゴリズムが得られる．これは演習問題8.2で取り上げる．ランダムな順列での順番で固定した半径の球を考えて点集合を分割するというアイデアは有効であるので，8.5節でも再度取り上げる．

## 8.3 多点対カット問題

本節では，**多点対カット問題** (multicut problem) と呼ばれる少し異なるカット問題を考える．この問題では，無向グラフ $G = (V, E)$ と各辺 $e \in E$ に対する非負のコスト $c_e \geq 0$ が与えられる．さらに，異なる $k$ 個の特別な点 $s_1, \ldots, s_k$ の集合が与えられる代わりに，$k$ 個のソースとシンクの特別な対 $(s_1, t_1), \ldots, (s_k, t_k)$ の集合が与えられる．目標は，除去するとすべての対が非連結になるような辺の集合で，コストが最小のものを求めることである．すなわち，$1 \leq i \leq k$ のどの $i$ に対しても $s_i$ と $t_i$ を結ぶパスが $(V, E - F)$ に存在しなくなるような辺の部分集合 $F \subseteq E$ のうちで，コストが最小のものを求めることである．これまでの多分割カット問題と異なり，異なる $i \neq j$ に対して，$s_i$ と $s_j$ を結ぶパスや $s_i$ と $t_j$ を結ぶパスがあってもかまわない．演習問題7.2で，木における特別なケースの多点対カット問題をすでに取り上げていた．

与えられたグラフ $G$ に対して，$s_i$ と $t_i$ を結ぶパス $P$ のすべての集合を $\mathcal{P}_i$ と表記する．すると，多点対カット問題の整数計画による定式化は

$$\begin{aligned}
\text{minimize} \quad & \sum_{e \in E} c_e x_e \\
\text{subject to} \quad & \sum_{e \in P} x_e \geq 1, && \forall P \in \mathcal{P}_i, 1 \leq i \leq k, \\
& x_e \in \{0, 1\}, && \forall e \in E
\end{aligned}$$

と書ける．これらの制約式は，各 $i$ と各パス $P \in \mathcal{P}_i$ に対して $P$ からいずれかの辺が選択されることを保証している．

制約式 $x_e \in \{0, 1\}$ を $x_e \geq 0$ に置き換えると，線形計画緩和（LP緩和）が得られる．この定式化では，パス $P \in \mathcal{P}_i$ の総数が入力のサイズの指数関数となるので，制約式の個数が指数関数となるが，このLP緩和は4.3節で述べた楕円体法を用いて多項式時間で解くことができる．そのときの分離オラクルは以下のように書ける．与えられた解 $x$ に対して，グラフ $G$ の各辺 $e$ の長さを $x_e$ と考える．そして，$1 \leq i \leq k$ の各 $i$ に対して，$s_i$ と $t_i$ の間の最短パスの長さを計算する．ある $i$ に対して最短パス $P$ の長さが 1 未満のときには，$P \in \mathcal{P}_i$ に対して $\sum_{e \in P} x_e < 1$ となるので，それが満たされない制約式となって返される．すべての $i$ に対して $s_i$ と $t_i$ の間の最短パス $P \in \mathcal{P}_i$ の長さが 1 以上であるときには，その解は実行可能であることになる．したがって，これがこのLP緩和に対する多項式時間の分離オラクルになる．別の対処もできる．すなわち，等価な多項式サイズの線形計画問題を考える

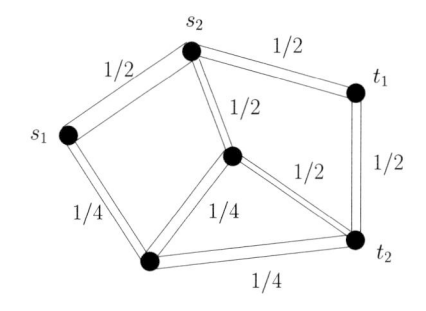

**図8.4** パイプシステムの説明図．各パイプの図での幅は対応する辺 $e$ のコスト $c_e$ であり，そばの数字はその長さ $x_e$ である．各ソース・シンク間を結ぶ $s_i$-$t_i$ パスはいずれも長さが 1 以上である．

こともできる．したがって，直接的に多項式時間で解けて，その解を上記の LP 緩和の解に変換できることになる．これについては演習問題 8.4 で取り上げる．

多分割カット問題に対する LP ラウンディングアルゴリズムのときと同様に，各 $i$ で点 $s_i$ を中心とする球を考えながら解を構成していく．そこで，距離の概念の定義が必要となる．まず，上記の（多点対カット問題の整数計画による定式化の）LP 緩和に対する実行可能解 $x$ が与えられるとする．そして，辺 $e$ の長さを $x_e$ と表記してアルゴリズムで用いることにする．辺 $e$ の長さを $x_e$ としたときの点 $u$ から点 $v$ への最短パスの長さを $d_x(u,v)$ と表記する．したがって，最短パスによる定義から $d_x$ は三角不等式を満たし，すべての $i$ で $d_x(s_i,t_i) \geq 1$ となることに注意しよう．これらの距離のもとで，点 $s_i$ を中心とする半径 $r$ の球を $B_x(s_i,r) = \{v \in V : d_x(s_i,v) \leq r\}$ と表記する．

補足となるが，各辺 $e \in E$ を長さが $x_e$ で断面積が $c_e$ のパイプであると考えるのが有効である．すると，積 $c_e x_e$ は辺 $e$ の容積となる（これ以降，容積の代わりに体積を用いる）．上記の LP 緩和では最適解 $x$ として，すべての $i$ で $d_x(s_i,t_i) \geq 1$ となるような**パイプシステム** (pipe system) のうちで体積最小のものが得られる．図 8.4 はパイプシステムの説明図であり，図 8.5 はパイプシステムにおける球の説明図である．上記の LP 緩和の最適解 $x$ に対して，$V^* = \sum_{e \in E} c_e x_e$ をパイプシステムの総体積とする．もちろん，$V^* \leq \mathrm{OPT}$ であることはわかっている（OPT は多点対カット問題の整数計画による定式化の最適解の値）．ここで，上記の LP 緩和の実行可能解 $x$ に対して，$s_i$ から距離 $r$ 以内のパイプの総体積に $V^*/k$ を加えたものを $V_x(s_i,r)$ とする．したがって，

$$V_x(s_i,r) = \frac{V^*}{k} + \sum_{e=(u,v):u,v \in B_x(s_i,r)} c_e x_e + \sum_{e=(u,v):u \in B_x(s_i,r), v \notin B_x(s_i,r)} c_e(r - d_x(s_i,u))$$

である．第 1 項は $V_x(s_i,0)$ が非ゼロであることを保証し，すべての $s_i$ での $V(s_i,0)$ の総和は $V^*$ となる．これが有用であることの理由は，あとで明らかになる．第 2 項は，$s_i$ を中心として半径 $r$ の球に両端点の $u$ と $v$ が含まれるようなすべての辺 $(u,v)$ の体積の総和である．第 3 項は，この球に一方の端点のみが含まれるような各辺 $(u,v)$ の球に含まれる部分の体積の総和である．すなわち，一方の端点のみが点集合 $S$ に含まれるようなすべての辺の集合を $\delta(S)$ とすると，第 3 項は $\delta(B_x(s_i,r))$ に含まれる各辺に対して $B_x(s_i,r)$ に含まれる部分の体積の総和をとっていると見なせる．

与えられた半径 $r$ に対して，$\delta(B_x(s_i,r))$ に含まれる辺のコストを $c(\delta(B_x(s_i,r)))$ とする．すなわち，$c(\delta(B_x(s_i,r))) = \sum_{e \in \delta(B_x(s_i,r))} c_e$ である．最初に，$s_i$ を中心とする半径 $r$ の球で

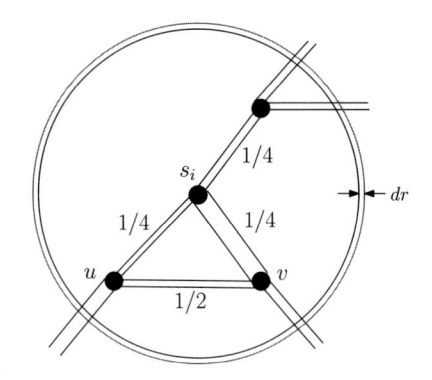

**図 8.5** パイプシステムにおける球の説明図．ここでは，$s_i$ を中心とする半径 $r = 3/8$ の球を実線で表している．なお，球の体積は，半径が $r = 1/4 - \epsilon$ から $r = 1/4$ に移るときに，辺 $(u, v)$ の存在により，非連続的に飛躍することに注意しよう．さらに，図において，十分に小さい $dr$ に対して，半径 $r (= 3/8)$ の球と半径 $r + dr$ の球の体積の差は，一方の端点のみが球の内部にあり他方の端点が球の外部にあるような辺（パイプ）が二つの球で切り取られる部分の体積の総和となることにも注意しよう．すなわち，その値は $c(\delta(B_x(s_i, r)))dr$ となる．

誘導されるカットのコスト $c(\delta(B_x(s_i, r)))$ がその球の体積と比べてそれほど大きくならないような，半径 $r < 1/2$ を常に得ることができることを主張する．さらに，そのような球の半径は，**領域成長** (region growing) と呼ばれる方法で得ることができる．

**補題 8.7** 上記の LP 緩和の実行可能解 $x$ と任意の $s_i$ に対して，

$$c(\delta(B_x(s_i, r))) \leq (2\ln(k+1))V_x(s_i, r)$$

を満たす半径 $r < 1/2$ を多項式時間で得ることができる．

この補題からアルゴリズム 8.2 としてまとめているようなアルゴリズムが得られる．まず，$F$ を空集合に初期設定し，$i$ を 1 から $k$ まで 1 ずつ増やしながら以下の反復を繰り返す．すなわち，$s_i$ と $t_i$ がその時点までのカット $F$ で分離されていなければ補題 8.7 に基づいて，その補題を満たすような $s_i$ を中心とする球の半径 $r < 1/2$ を求める．そして，$\delta(B_x(s_i, r))$ に含まれる辺をすべて $F$ に加えてそれを改めて $F$ とする．さらに，$B_x(s_i, r)$ に含まれる点をすべて除去すると同時に，それらの点に接続する辺をすべて除去する．なお，いずれの反復でも，球 $B_x(s_i, r)$ とその体積 $V_x(s_i, r)$ は，その反復の開始時でのグラフ $G'$ における辺と点に関するものであることに注意しよう[1]．

最初に，このアルゴリズムで実行可能解が得られることを示す．

**補題 8.8** アルゴリズム 8.2 は，多点対カット問題の実行可能解 $F$ を返す．

---

[1] 訳注：アルゴリズム全体を通して，$x$ と $V^*$ は最初のグラフ $G = (V, E)$ に対するものをそのまま用いる．一方，各反復の開始時におけるグラフ $G' = (V', E')$ に制限した $x$ も $G'$ に対する上記の LP 緩和の実行可能解であり，その反復における球 $B_x(s_i, r)$ とその体積 $V_x(s_i, r)$ は，$s_i$ から各 $v \in V'$ への最短パスの長さ $d'_x(s_i, v) \geq d_x(s_i, v)$ に基づいて，$B_x(s_i, r) = \{v \in V' : d'_x(s_i, v) \leq r\}$ かつ

$$V_x(s_i, r) = \frac{V^*}{k} + \sum_{e=(u,v) \in E': u,v \in B_x(s_i,r)} c_e x_e + \sum_{e=(u,v) \in E': u \in B_x(s_i,r), v \notin B_x(s_i,r)} c_e(r - d'_x(s_i, u))$$

と定義している．

> **アルゴリズム 8.2** 多点対カット問題に対するアルゴリズム．
>
> $x$ を上記の LP 緩和の最適解とする
> $F \leftarrow \emptyset$
> $G' \leftarrow G$
> **for** $i \leftarrow 1$ to $k$ **do**
>  **if** $G'$ に $s_i$ と $t_i$ を結ぶパスが存在する **then**
>   補題 8.7 を満たす $s_i$ を中心とする球の半径 $r < 1/2$ を求める
>   $F \leftarrow F \cup \delta(B_x(s_i, r))$
>   $B_x(s_i, r)$ とそれに含まれる点に接続する辺をグラフ $G'$ から除去する
>    // $G' = G' - B_x(s_i, r)$
> **return** $F$

**証明**：$F$ が実行可能解でないとする．すると，以下の条件を満たすような $i$ と $j > i$ が存在する．すなわち，球 $B_x(s_i, r)$ に $s_j$ と $t_j$ がともに含まれて，グラフから球 $B_x(s_i, r)$ の点を除去するときに $s_j$ と $t_j$ も除去されてしまうことになるような $i$ と $j > i$ が存在する．一方，$r < 1/2$ の球 $B_x(s_i, r)$ に $s_j$ と $t_j$ がともに含まれるこの状況のときには，$d_x(s_i, s_j) < 1/2$ かつ $d_x(s_i, t_j) < 1/2$ となるので，$d_x(s_j, t_j) < 1$ となってしまう．しかし，これは $x$ が LP 緩和の最適解（実行可能解）であることに反する．したがって，球 $B_x(s_i, r)$ をグラフから除去するときに，どの $j > i$ でも $s_j$ と $t_j$ がともに除去されることはないことが得られる．□

補題 8.7 を仮定すると，上記のアルゴリズムは，多点対カット問題に対する良い近似アルゴリズムであることが証明できる．

**定理 8.9** アルゴリズム 8.2 は多点対カット問題に対する $(4\ln(k+1))$-近似アルゴリズムである．

**証明**：$s_i$ と $t_i$ の対を分離するアルゴリズムの $i$ 回目の反復で選ばれる球 $B_x(s_i, r)$ の点集合を $B_i$ とする．$i$ 回目の反復でそのような球が選ばれなかった（すなわち，すでにその時点で $s_i$ と $t_i$ を結ぶパスがグラフになかった）ときは，$B_i = \emptyset$ とする．$B_i$ とそれらの点に接続する辺が実際に除去されるときには，$\delta(B_i)$ に含まれる辺の集合を $F_i$ とする．さらに，$B_i = \emptyset$ のときは $F_i = \emptyset$ とする．すると，$F = \bigcup_{i=1}^{k} F_i$ と書ける．$B_i$ のすべての点とそれらに接続するすべての辺をグラフから除去したときの，それらのすべての辺の体積の総和を $V_i$ とする．したがって，$V_i$ が $F_i$ に含まれる各辺に対してその辺の体積を（一部ではなく）全部含むのに対して，$V_x(s_i, r)$ はそのような辺の体積の一部のみを含み，それら以外に余分な項の $V^*/k$ も含んでいることに注意しよう．したがって，$V_i \geq V_x(s_i, r) - \frac{V^*}{k}$ が成立する．また，補題 8.7 の $r$ の選び方より，$c(F_i) \leq (2\ln(k+1))V_x(s_i, r) \leq (2\ln(k+1))\left(V_i + \frac{V^*}{k}\right)$ も成立することに注意しよう．さらに，各辺の体積は，高々一つの $V_i$ にしか寄与しないことにも注意しよう．実際，各辺はいったん $V_i$ に寄与するとグラフから除去されてしまうので，その後の反復で除去される球 $B_j$ の点に接続する辺で定まる体積 $V_j$ には寄与しない．以上の議論により，$\sum_{i=1}^{k} V_i \leq V^*$ が得られる．

これらをすべて組み合わせると，

$$\sum_{e \in F} c_e = \sum_{i=1}^k \sum_{e \in F_i} c_e \leq (2\ln(k+1)) \sum_{i=1}^k \left( V_i + \frac{V^*}{k} \right) \leq (4\ln(k+1))V^* \leq (4\ln(k+1)) \text{OPT}$$

が得られる． □

最後に，補題8.7の証明を行う．

**補題8.7の証明**：簡単化して，$V(r) = V_x(s_i, r)$ と $c(r) = c(\delta(B_x(s_i, r))$ の記法を用いることにする．証明では，まずはじめに，$[0, 1/2]$ から一様ランダムに選ばれた $r$ に対して，$c(r)/V(r)$ の期待値が $2\ln(k+1)$ 以下であることを示す．これから，ある値の $r$ に対して，$c(r) \leq (2\ln(k+1))V(r)$ であることが得られることになる．次に，そのような $r$ を確定的に高速に求める方法を示す．

期待値の計算を始めるには，以下の観察が必要になる．$V(r)$ が微分可能であるような任意の $r$ に対して，微分は $s_i$ を中心とする半径 $r$ の球で与えられるカットに含まれる辺の総コストに正確に一致することに注意しよう．すなわち，このときには $\frac{dV}{dr} = c(r)$ である（図8.5参照）．$V(r)$ が微分可能でなくなるのは，$B_x(s_i, r)$ が変化するような $r$ の値のときである．すなわち，ある点 $v$ で $d_x(s_i, v) = r$ となるような $r$ の値のときである．さらに，$V(r)$ はこのような値の $r$ のときには連続でないこともある．ある辺 $(u, v)$ の両端点の $u$ と $v$ に対して $d_x(s_i, u) = d_x(s_i, v) = r$ であり，その辺の体積が正の値 $\delta > 0$ であるときには，$\epsilon$ を正に保ちながら $0$ に近づけていっても，$V(r) - V(r-\epsilon) \geq \delta$ となるからである（図8.5参照）．それでも，$V(r)$ が $r$ に関しては非減少であることに注意しよう．

ここで，微積分学の平均値の定理が本質的な役割を果たすことになる．なお，平均値の定理は，関数 $f$ が閉区間 $[a, b]$ で連続であり，開区間 $(a, b)$ で微分可能であるときに，$f'(c) = \frac{f(b)-f(a)}{b-a}$ となるような $c \in (a, b)$ が存在するというものである．そこで，$f(r) = \ln V(r)$ とおくと，

$$f'(r) = \frac{\frac{d}{dr}V(r)}{V(r)} = \frac{c(r)}{V(r)}$$

となることに注意しよう．$V(1/2)$ はパイプシステムの総体積と $V^*/k$ の和を超えることはないので，$V(1/2) \leq V^* + \frac{V^*}{k}$ であることに注意する．さらに，$V(0)$ は正確に $V^*/k$ に一致する．平均値の定理に従って，

$$f'(r) \leq \frac{\ln V(1/2) - \ln V(0)}{1/2 - 0} = 2\ln \frac{V(1/2)}{V(0)} \leq 2\ln \frac{V^* + \frac{V^*}{k}}{\frac{V^*}{k}} = 2\ln(k+1) \quad (8.4)$$

となるような $r \in (0, 1/2)$ が存在することを示したい．しかしながら，上で注意したように，$V(r)$ は開区間 $(0, 1/2)$ で連続でも微分可能でもないこともあるので，平均値の定理を適用することができない．それにもかかわらず，このケースでもある種の平均値の定理らしきものが成立するのである．そのことを以下に示すことにする．

まず，$B_x(s_i, 1/2)$ に含まれる点が $l$ 個であるとし，それらを $s_i$ からの距離の小さい順にソートして，ラベルをつける．そこで，$B_x(s_i, 1/2)$ に含まれる点が $s_i = v_0, v_1, v_2, \ldots, v_{l-1}$ とラベルをつけられているとする．したがって，$r_j = d_x(s_i, v_j)$ とおくと，$0 = r_0 \leq r_1 \leq \cdots \leq r_{l-1} \leq 1/2$ と書ける．さらに，記法の単純化のために，$r_l = 1/2$ と定義する．$r_j$ より（正の）無限小だけ小さい値を $r_j^-$ とする．

$[0,1/2)$ から一様ランダムに選ばれた $r$ に対する $c(r)/V(r)$ の期待値は，

$$\frac{1}{1/2}\sum_{j=0}^{l-1}\int_{r_j}^{r_{j+1}^-}\frac{c(r)}{V(r)}\mathrm{d}r = 2\sum_{j=0}^{l-1}\int_{r_j}^{r_{j+1}^-}\frac{1}{V(r)}\frac{\mathrm{d}V}{\mathrm{d}r}\mathrm{d}r$$
$$= 2\sum_{j=0}^{l-1}\left[\ln V(r)\right]_{r_j}^{r_{j+1}^-}$$
$$= 2\sum_{j=0}^{l-1}\left[\ln V(r_{j+1}^-) - \ln V(r_j)\right]$$

と書ける．$V(r)$ が非減少であるので，最後の和は高々

$$2\sum_{j=0}^{l-1}\left[\ln V(r_{j+1}) - \ln V(r_j)\right]$$

である．すると，連続する項での和において，同一のものがプラスとマイナスの符号で存在して次々に打ち消し合っていくので，その総和は

$$2\sum_{j=0}^{l-1}\left[\ln V(r_{j+1}) - \ln V(r_j)\right] = 2\left(\ln V(1/2) - \ln V(0)\right)$$

となり，式 (8.4) で示したように，$2\ln(k+1)$ で上から抑えることができる．

したがって，$c(r) \leq (2\ln(k+1))V(r)$ となるような $r \in [0,1/2)$ が存在することになる．このような値の $r$ をどのようにしたら高速に求めることができるのであろうか？ $r \in [r_j, r_{j+1}^-]$ において $B_x(s_i, r)$ は不変であるので，$c(r)$ も不変である．一方，$V(r)$ は非減少である．したがって，この区間のいずれかの点で不等式が成立すれば，$r_{j+1}^-$ でもその不等式が成立することになる．これから，各 $j = 0,\ldots,l-1$ に対する $r_{j+1}^-$ で，不等式が成立するかどうかを検証するだけでよいことになる．上記の議論より，ある値の $j$ でその不等式が成立することになる． □

多点対カット問題に対して，より良い近似アルゴリズムは知られていないが，ユニークゲーム予想の仮定のもとでは，実際に本質的に良い近似アルゴリズムは得られないことが言える．

**定理 8.10** ユニークゲーム予想の仮定のもとでは，どのような定数 $\alpha \geq 1$ に対しても，$\mathbf{P} = \mathbf{NP}$ でない限り，多点対カット問題に対する $\alpha$-近似アルゴリズムは存在しない．

この定理の証明は 16.5 節で与えることにする．

後の節で役に立つように，補題 8.7 を少しだけ一般化しておく．補題 8.7 の証明を修正することにより，次の系が得られることに注意しよう．

**系 8.11** 辺 $e \in E$ に対する長さ $x_e$ と点 $u$ に対して，

$$c(\delta(B_x(u,r))) \leq \frac{1}{b-a}\left(\ln\frac{V_x(u,b)}{V_x(u,a)}\right)V_x(u,r)$$

を満たすような半径 $r \in [a,b)$ を多項式時間で得ることができる．

## 8.4 平衡カット

本節では，実際に最も起こるグラフカット問題を考える．$n = |V|$ 個の点からなるグラフ $G = (V, E)$ の点の部分集合 $S$ は，$b \in (0, 1/2]$ に対して $\lfloor bn \rfloor \leq |S| \leq \lceil (1-b)n \rceil$ であるとき，**$b$-平衡カット** ($b$-balanced cut) であると呼ばれる．**最小 $b$-平衡カット問題** (minimum $b$-balanced cut problem) では，無向グラフ $G = (V, E)$ と各辺 $e \in E$ に対する非負のコスト $c_e \geq 0$ と $b \in (0, 1/2]$ が入力として与えられる．このとき，目標は，$b$-平衡カット $S$ のうちで，一方の端点のみが $S$ に含まれるような辺のコストの総和を最小とするようなものを求めることである．この問題は，$b = 1/2$ のときには**最小二等分割問題** (minimum bisection problem) とも呼ばれている．

$b$-平衡カットを求める問題は，多くの応用を有する分割統治法のスキームで起こる．すなわち，分割統治法のスキームでは，まずそのようなカット $S$ を求めて，次にグラフの問題を $S$ 上と $V - S$ 上のそれぞれで解いて，最後に $S$ と $V - S$ のそれぞれの解をその間にまたがる辺を用いて組み合わせて最初のグラフの解とする．その際に起こるカットのコストが小さければ，最後の組み合わせるステップがより簡単になる．さらに，$S$ と $V - S$ のサイズがほぼ等しいときには，それぞれにアルゴリズムを再帰的に適用できて，再帰の深さも $\mathrm{O}(\log n)$ で抑えられることになる．

本節では，平衡カット問題に対する近似アルゴリズムを与える代わりに，**偽近似アルゴリズム** (pseudo-approximation algorithm) を与えることにする．すなわち，値 $b' \neq b$ に対する最適な $b'$-平衡カットのコストの $\mathrm{O}(\log n)$ 倍以内のコストの $b$-平衡カットを求めるアルゴリズムを与える．そこで，最小コストの $b$-平衡カットの値を $\mathrm{OPT}(b)$ と表記する．そして，具体的には，値が高々 $\mathrm{O}(\log n) \mathrm{OPT}(1/2)$ であるような $\frac{1}{3}$-平衡カットを求める方法を与えることにする．どの $\frac{1}{2}$-平衡カットも $\frac{1}{3}$-平衡カットであるので，$\mathrm{OPT}(1/3) \leq \mathrm{OPT}(1/2)$ であることに注意しよう．しかしながら，$\mathrm{OPT}(1/2)$ は $\mathrm{OPT}(1/3)$ より大幅に大きくなることもあるのである．実際，$\frac{2}{3}n$ 個のノードからなるクリークと $\frac{1}{3}n$ 個のノードからなるクリークが 1 本の辺のみで結ばれているようなグラフで，すべての辺のコストが 1 であるときには，$\mathrm{OPT}(1/3) = 1$ であるのに対して $\mathrm{OPT}(1/2) = \Omega(n^2)$ である．したがって，このアルゴリズムは真の（性能保証のある）近似アルゴリズムではない．なぜなら，アルゴリズムで得られる解のコストを，アルゴリズムで解こうとしている最適解の値の $\mathrm{OPT}(1/3)$ よりもずっと大きくなりうる，異なる問題の最適解の値の $\mathrm{OPT}(1/2)$ と比較しているからである．コストが高々 $\mathrm{O}(\log n) \mathrm{OPT}(1/2)$ である $\frac{1}{3}$-平衡カットを求めるアルゴリズムを与えるが，そこでの議論は一般化できて，$0 < b \leq 1/3$ かつ $b < b' \leq 1/2$ を満たす $b$ に対して，コストが高々 $\mathrm{O}(\frac{1}{b'-b} \log n) \mathrm{OPT}(b')$ の $b$-平衡カットを求めるのにも適用できる．

この問題に対するアプローチは，前節での多点対カット問題に対して用いたアプローチに従うものである．最小二等分割問題に対する線形計画緩和は以下のように書ける．その正当性は後述の補題 8.12 で与えることにする．与えられたグラフ $G$ に対して，$G$ の点の $u$ と $v$ を結ぶすべてのパスの集合を $\mathcal{P}_{uv}$ とする．そして，以下の線形計画問題を考える．

$$\begin{aligned}
\text{minimize} \quad & \sum_{e \in E} c_e x_e \\
\text{subject to} \quad & d_{uv} \leq \sum_{e \in P} x_e, && \forall u, v \in V, \forall P \in \mathcal{P}_{uv}, \\
& \sum_{v \in S} d_{uv} \geq \left(\tfrac{2}{3} - \tfrac{1}{2}\right) n, && \forall S \subseteq V : |S| \geq \left\lceil \tfrac{2}{3} n \right\rceil + 1, \forall u \in S, \\
& d_{uv} \geq 0, && \forall u, v \in V, \\
& x_e \geq 0, && \forall e \in E.
\end{aligned}$$

この線形計画問題において,変数 $d_{uv}$ は,辺 $e$ の長さが $x_e$ であるときの $u,v$ 間の距離を表そうとしていると考えてよい.実際には,辺 $e$ の長さが $x_e$ であるときの $u$ と $v$ を結ぶ最短パスの長さを $d_x(u,v)$ とすると,$d_{uv} \leq d_x(u,v)$ である.

この線形計画問題も,4.3 節で与えた楕円体法を用いて多項式時間で解ける.解 $(d,x)$ が与えられるとする.すると,最初の制約式(の集合)が満たされるかどうかは,辺 $e$ の長さを $x_e$ として,$u$ と $v$ を結ぶ最短パスの長さ $d_x(u,v)$ を計算して,$d_{uv} \leq d_x(u,v)$ であることを確認することで検証できる.次に,2 番目の制約式(の集合)を考える.各点 $u$ に対して,距離 $d_{uv}$ を用いて $u$ から近い順に $\left\lceil \tfrac{2}{3}n \right\rceil + 1$ 個の点の集合 $S(u)$ を求める.$d_{uu} = 0$ であるのでこれらの点の集合 $S(u)$ に点 $u$ は含まれる.そして,これらの $S(u)$ の $\left\lceil \tfrac{2}{3}n \right\rceil + 1$ 個の点を $u$ から近い順に $u = v_0, v_1, v_2, \ldots, v_{\left\lceil \tfrac{2}{3}n \right\rceil}$ と並べる.このとき,$\sum_{j=0}^{\left\lceil \tfrac{2}{3}n \right\rceil} d_{uv_j} < (\tfrac{2}{3} - \tfrac{1}{2})n$ であるならば,2 番目の制約式(の集合)は $S = \{v_0, \ldots, v_{\left\lceil \tfrac{2}{3}n \right\rceil}\} = S(u)$ と $u$ で満たされないことになる.一方,$\sum_{j=0}^{\left\lceil \tfrac{2}{3}n \right\rceil} d_{uv_j} \geq (\tfrac{2}{3} - \tfrac{1}{2})n$ であるときには,$u \in S$ かつ $|S| \geq \left\lceil \tfrac{2}{3}n \right\rceil + 1$ を満たすどの集合 $S$ に対しても,この $u \in S$ では 2 番目の制約式が満たされることになる.実際,$S$ が $v_0, \ldots, v_{\left\lceil \tfrac{2}{3}n \right\rceil}$ を含むときには制約式が成立するし,そうでないときでも,$S(u)$ は $u$ から近い順の $\left\lceil \tfrac{2}{3}n \right\rceil + 1$ 個の点の集合であり,$|S| \geq \left\lceil \tfrac{2}{3}n \right\rceil + 1$ であるので,

$$\sum_{v \in S} d_{uv} \geq \sum_{v \in S(u)} d_{uv} \geq \left(\frac{2}{3} - \frac{1}{2}\right) n$$

が成立するからである.したがって,多項式時間で,$(d,x)$ が実行可能解であるかどうかを検証して,さらに実行可能解でないときには,満たされない制約式を求めることもできる.

次に,この線形計画問題が最小二等分割問題の緩和になっていることを議論する.

**補題 8.12** 上記の線形計画問題は最小二等分割問題の緩和である.

**証明**:最小二等分割問題の最適解 $S$ に対して,この線形計画問題の解 $(\bar{d}, \bar{x})$ を以下のように構成する.$e \in \delta(S)$ ならば $\bar{x}_e = 1$ とし,そうでないならば $\bar{x}_e = 0$ とする.さらに,すべての $u \in S$ と $v \notin S$ に対して $\bar{d}_{uv} = 1$ とし,それ以外のすべての $u,v$ に対して $\bar{d}_{uv} = 0$ とする.この解 $(\bar{d}, \bar{x})$ が実行可能であることを示す.これが示せれば補題は証明できたことになる.最初の制約式(の集合)が満たされることは明らかである.$\bar{d}_{uv} = 0$ ならば自明であるし,$\bar{d}_{uv} = 1$ ならば $u \in S$ から $v \notin S$ へのどのパス $P$ も $\delta(S)$ の辺を 1 本は用いるからである.

次に,2 番目の制約式(の集合)を考える.$|S'| \geq \left\lceil \tfrac{2}{3}n \right\rceil + 1$ を満たす任意の集合 $S'$ を考

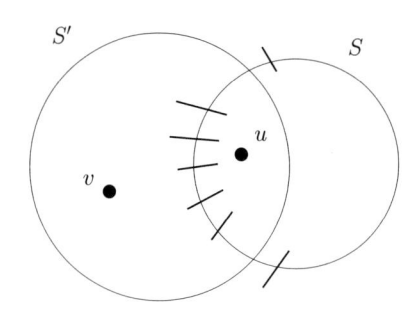

**図 8.6** 補題 8.12 の証明の説明図. $S \cap S' = S' - (V - S)$ と $S' - S$ のそれぞれに属する点は, $(\frac{2}{3} - \frac{1}{2})n$ 個以上存在する. したがって, 任意の $u \in S'$ に対して, 二分割 $S$ において, $u$ が属する $S'$ の部分と異なる $S'$ の部分に属する点が $(\frac{2}{3} - \frac{1}{2})n$ 個以上存在する.

える. このとき, $|S' - S| \geq \lceil \frac{2}{3}n \rceil + 1 - \lceil \frac{1}{2}n \rceil \geq (\frac{2}{3} - \frac{1}{2})n$ かつ $|S' \cap S| = |S' - (V - S)| \geq \lceil \frac{2}{3}n \rceil + 1 - \lceil \frac{1}{2}n \rceil \geq (\frac{2}{3} - \frac{1}{2})n$ であることにまず注意する. $S' - S$ と $S' \cap S$ を $S'$ の二つの部分と呼ぶことにする（図 8.6）. 一方の部分の $S' \cap S$ は $S$ に完全に含まれて, 他方の部分の $S' - S$ は $S$ の点を 1 点も含まないので, 異なる部分に属する $u$ と $v$ に対して, $\bar{d}_{uv} = 1$ となる. ここで, 任意に $u \in S'$ を選ぶ. $u$ は $S'$ の一方の部分のみに属するので, $u$ を含まない $S'$ の他方の部分に含まれる点が少なくとも $(\frac{2}{3} - \frac{1}{2})n$ 個存在する. したがって, $\sum_{v \in S'} \bar{d}_{uv} \geq (\frac{2}{3} - \frac{1}{2})n$ が成立する. □

上記の線形計画問題（LP 緩和）の実行可能解 $(d,x)$ に対して, $u$ を中心とする半径 $r$ の球に属する点の集合を $B_x(u,r)$ とする. すなわち, $B_x(u,r) = \{v \in V : d_x(u,v) \leq r\}$ とする. 多点対カット問題のときと同様に, 上記の LP 緩和の最適解 $(d,x)$ に対して $V^* = \sum_{e \in E} c_e x_e$ とする. 補題 8.12 により, $V^* \leq \mathrm{OPT}(1/2)$ である. さらに, 点 $u$ を中心とする半径 $r$ の球の体積 $V_x(u,r)$ を前節で定義したように定義する. すなわち, 上記の LP 緩和の実行可能解 $(d,x)$ に対して

$$V_x(u,r) = \frac{V^*}{n} + \sum_{e=(v,w):v,w \in B_x(u,r)} c_e x_e + \sum_{e=(v,w):v \in B_x(u,r), w \notin B_x(u,r)} c_e(r - d_x(u,v))$$

とする. 同様に, $c(\delta(B_x(u,r)))$ も正確に一方の端点のみが $B_x(u,r)$ に入るような辺のコストの総和と定義する. すると, 補題 8.7 に対応する以下の補題が証明できる.

**補題 8.13** 上記の LP 緩和の実行可能解 $(d,x)$ と $d_x(u,v) \geq 1/12$ を満たす 2 点 $u, v$ に対して,

$$c(\delta(B_x(u,r))) \leq (12\ln(n+1))V_x(u,r)$$

を満たす半径 $r < 1/12$ を多項式時間で求めることができる.

**証明**: 区間 $[0, 1/12)$ に対する系 8.11 を適用する. すると,

$$\ln \frac{V_x(u, 1/12)}{V_x(u, 0)} \leq \ln \frac{V^* + \frac{V^*}{n}}{\frac{V^*}{n}} = \ln(n+1)$$

から補題が得られる. □

## 8.4 平衡カット

---

**アルゴリズム 8.3** $\frac{1}{3}$-平衡カット問題に対するアルゴリズム．

上記の LP 緩和の最適解を $(d, x)$ とする
$F \leftarrow \emptyset; S \leftarrow \emptyset$
**while** $|S| < \lfloor \frac{1}{3}n \rfloor$ **do**
    $d_x(u,v) \geq 1/6$ となるような $u, v \notin S$ を選ぶ
    補題 8.13 を満たすような $u$ を中心とする球の半径 $r < 1/12$ を選ぶ
    補題 8.13 を満たすような $v$ を中心とする球の半径 $r' < 1/12$ を選ぶ
    **if** $|B_x(u,r)| \leq |B_x(v,r')|$ **then**
        $S \leftarrow S \cup B_x(u,r)$
        $F \leftarrow F \cup \delta(B_x(u,r))$
        グラフから $B_x(u,r)$ とそれらの点に接続する辺を除去する
    **else**
        $S \leftarrow S \cup B_x(v,r')$
        $F \leftarrow F \cup \delta(B_x(v,r'))$
        グラフから $B_x(v,r')$ とそれらの点に接続する辺を除去する
**return** $S$

---

$\frac{1}{3}$-平衡カット問題に対するアルゴリズムをアルゴリズム 8.3 に与えている．$S$ は最終的にカットとして得られる点の集合を表している．最初，$S$ は空集合に設定される．一方，$F$ は得られるカットに含まれる辺の集合の一種の拡大集合であり，最初は空集合に設定される．最終的な解では，$\lfloor \frac{1}{3}n \rfloor \leq |S| \leq \lceil \frac{2}{3}n \rceil$ を要求している．したがって，$|S| < \lfloor \frac{1}{3}n \rfloor$ である限り，$d_x(u,v) \geq \frac{1}{6}$ となるような 2 点 $u, v \notin S$ が存在することを示すことが必要となる．そこで，補題 8.13 を適用して，$u$ と $v$ をそれぞれ中心とする半径 $1/12$ 未満の球を求める．これらの二つの球のうちで含む点数の少ないほうを選んで，その球に含まれる点を $S$ に加え，さらにその球に対応するカットを $F$ に加えて，最後にグラフからその球に含まれる点とそれらの点に接続する辺をすべて除去する．

アルゴリズムで正しく $\frac{1}{3}$-平衡カットが得られることをはじめに証明する．

**補題 8.14** アルゴリズムの $|S| < \lfloor \frac{1}{3}n \rfloor$ であるようなどの反復でも，$d_x(u,v) \geq 1/6$ を満たす 2 点 $u, v \notin S$ が存在する．

**証明**：$S' = V - S$ とする．すると，$|S| < \lfloor \frac{1}{3}n \rfloor$ であるので，$|S'| \geq \lceil \frac{2}{3}n \rceil + 1$ である．また，LP 緩和の制約式から，任意の $u \in S'$ に対して，$\sum_{v \in S'} d_{uv} \geq (\frac{2}{3} - \frac{1}{2})n = \frac{1}{6}n$ である．$S'$ には高々 $n$ 点しかないので，$u \in S'$ に対して $d_{uv} \geq 1/6$ となるような点 $v \in S'$ が存在することになる．さらに，前述の議論と LP 緩和の制約式から，$d_x(u,v) \geq d_{uv}$ もわかっている．したがって，補題が得られる． □

**補題 8.15** 上記のアルゴリズムは $\lfloor \frac{1}{3}n \rfloor \leq |S| \leq \lceil \frac{2}{3}n \rceil$ を満たす $S$ を返す．

**証明：** アルゴリズムの構成法より，$|S| \geq \lfloor \frac{1}{3}n \rfloor$ である．したがって，$|S| \leq \lceil \frac{2}{3}n \rceil$ を示すだけでよい．そこで，アルゴリズムの最後の反復の開始時における $S$ を $\hat{S}$ とする．すると，$|\hat{S}| < \lfloor \frac{1}{3}n \rfloor$ であり，$u$ を中心とする球と $v$ を中心とする球のうちで点数の少ないほうの球を $\hat{S}$ に加えて最終的な $S$ となっている．アルゴリズムでは，$d_x(u,v) \geq 1/6$ であり，$r < 1/12$ と $r' < 1/12$ に対して，それぞれ球 $B_x(u,r)$ と球 $B_x(v,r')$ を考えたので，これらの球は互いに共通部分を持たない．すなわち，$B_x(u,r) \cap B_x(v,r') = \emptyset$ である．点数の少ないほうの球を選んで $\hat{S}$ に加えているので，$\hat{S}$ に加えられた球はグラフの残りの点を高々半分しか含まない，すなわち，$\frac{1}{2}(n - |\hat{S}|)$ 個以下の点しか含まないことになる．したがって，$|\hat{S}| < \lfloor \frac{1}{3}n \rfloor$ から

$$|S| = |\hat{S}| + \min(|B_x(u,r)|, |B_x(v,r')|) \leq |\hat{S}| + \frac{1}{2}(n - |\hat{S}|) = \frac{1}{2}n + \frac{1}{2}|\hat{S}| \leq \lceil \frac{2}{3}n \rceil$$

が得られる． □

性能保証の証明は，多点対カット問題のときとほぼ同様であるので，ここでは省略する．

**定理 8.16** アルゴリズム 8.3 は，$(24\ln(n+1))V^* \leq (24\ln(n+1))\text{OPT}(1/2)$ 以下のコストの $\frac{1}{3}$-平衡カットを返す．

前にも述べたように，アルゴリズムは，$0 < b \leq 1/3$ かつ $b < b' \leq 1/2$ の値の $b$ に対して，高々 $O(\frac{1}{b'-b}\log n)\text{OPT}(b')$ のコストの $b$-平衡カットを返すように一般化できる．

後の 15.3 節で，最小二等分割問題に対して $O(\log n)$-近似アルゴリズムを与える．そのアルゴリズムは，偽近似アルゴリズムではなくて，高々 $O(\log n)\text{OPT}(1/2)$ のコストの二等分割を返すアルゴリズムである．

## 8.5 木メトリックによるメトリックの確率的近似

本節では，本章の残りの部分で取り上げる**木メトリック** (tree metric) の概念を導入する．木メトリックは，広範な問題に対する近似アルゴリズムを考案するための重要な道具となってきている．

与えられた点集合 $V$ 上の距離メトリック $d$ を近似するのに木メトリックを用いる．この点集合 $V$ に対する木メトリック $(V', T)$ は，$T$ の各辺に非負の長さが付随するある点集合 $V' \supseteq V$ 上での木 $T$ として定義される．2 点 $u, v \in V'$ 間の距離 $T_{uv}$ は，$T$ における $u$ と $v$ を結ぶ最短パスの長さである．ここで，木メトリック $(V', T)$ で $V$ 上の距離 $d$ を近似することができるようにしたい．すなわち，ある値 $\alpha$ を用いてすべての $u, v \in V$ で $d_{uv} \leq T_{uv} \leq \alpha \cdot d_{uv}$ が成立するようにしたい．このとき，パラメーター $\alpha$ は，$d$ の木メトリック $(V', T)$ への埋め込みの**歪み** (distortion) と呼ばれる．

低歪み $\alpha$ の埋め込みが与えられると，性能保証は $\alpha$ 倍悪くなるものの，一般のメトリック上での問題を，木メトリック上での問題に帰着できることも多い．一般のメトリックよりも木メトリックに対するアルゴリズムのほうが格段に簡単であることも多い．これにつ

いては，次節以降の二つの節で具体例を眺める．すなわち，そこではそれぞれ，まとめ買いネットワーク設計問題と線形アレンジメント問題を例にとり，議論する．さらなる例については，演習問題で取り上げる．

しかし，残念ながら，$n$ 点からなる閉路に対しては，$(n-1)/8$ 未満の歪みの木メトリックが存在しないことが証明できる（これに対するある限定版の証明を演習問題 8.7 で取り上げる）．一方，各 $u,v \in V$ に対して $d_{uv} \leq T_{uv}$ かつ $\mathrm{E}[T_{uv}] \leq \mathrm{O}(\log n) d_{uv}$ が成立するような木 $T$ を出力する乱択アルゴリズムを与えることができる．したがって，歪みの期待値は $\mathrm{O}(\log n)$ である．言い換えると，歪みの期待値が $\mathrm{O}(\log n)$ となるように，木の確率的な分布を与えることができる．これを木メトリックによるメトリック $d$ の**確率的近似** (probabilistic approximation) と呼ぶ．

**定理 8.17** すべての異なる 2 点 $u,v \in V$ で $d_{uv} \geq 1$ であるようなメトリック $(V,d)$ に対して，すべての $u,v \in V$ で $d_{uv} \leq T_{uv}$ かつ $\mathrm{E}[T_{uv}] \leq \mathrm{O}(\log n) d_{uv}$ であるような $(V \subseteq) V'$ 上の木メトリック $(V', T)$ を出力する乱択多項式時間アルゴリズムが存在する．

メトリックに対する木メトリックによるどの確率的近似でも，歪みの期待値が $\Omega(\log n)$ となるメトリックが存在することも知られている．したがって，上記の結果は定数の範囲内で最善である．

定理 8.17 のアルゴリズムがどのように動作するかについての詳細を与えることから始めよう．メトリック $d$ の**階層的カット分解** (hierarchical cut decomposition) に基づいて木を構成する．$\Delta$ を $2 \max_{u,v} d_{uv}$ より大きい最小の 2 のべき乗とする．階層的カット分解は，$\log_2 \Delta + 1$ 個のレベルからなる根付き木である．木の各レベルのノード全体は，点集合 $V$ のある分割に対応する．レベル $\log_2 \Delta$ のノードは根ノードであり，それは $V$ 自身に対応する．レベル 0 のノードは木の葉で，各葉は $V$ の 1 点に対応する．レベル $i$ の各ノードは，点集合 $V$ のある部分集合 $S$ に対応する．$S$ に対応するノードの子ノード全体は $S$ の分割に対応する．集合 $S$ に対応するレベル $i$ のノードに対して，$S$（に含まれる点）は，$V$ のある点を中心として $2^{i-1}$ 以上 $2^i$ 未満のある値 $r_i$ を半径とする球に含まれるような点で形成される．木の各葉はレベル 0 であるので，$V$ のある点 $u$ を中心とする半径 $2^0 = 1$ 未満の球に含まれる点で形成される集合 $S_u$ に対応し，すべての点 $v \neq u$ に対して $d_{uv} \geq 1$ であるので，$S_u$ は $u$ のみからなることに注意しよう．さらに，$\Delta$ の定義から，レベル $\log_2 \Delta$ の球の半径は少なくとも $\frac{1}{2}\Delta \geq \max_{u,v} d_{uv}$ であるので，$V$ のどの点を中心としても，半径 $\frac{1}{2}\Delta$ の球に $V$ の点がすべて含まれることにも注意しよう．レベル $i-1$ の子ノードとレベル $i$ の親ノードを結ぶ木の辺の長さは $2^i$ である．図 8.7 は階層的カット分解の説明図である．

木メトリックの各ノードは $V'$ の 1 点であり，木メトリックは点集合 $V'$ 上の木である．これ以降，各葉をそれに含まれる唯一の点 $v \in V$ と同一視する．したがって，葉全体の集合は $V$ であり，（内部のノードの）内点の集合は $V'$ の残りの点の集合 $V' - V$ であり，$V \subseteq V'$ である．

どのようにして分解を得るのかということについての詳細を述べる前に，このようにして得られる木の以下の性質を観察する．

**補題 8.18** メトリック $d$ の上記の階層的カット分解により得られる任意の木 $T$ に対して，

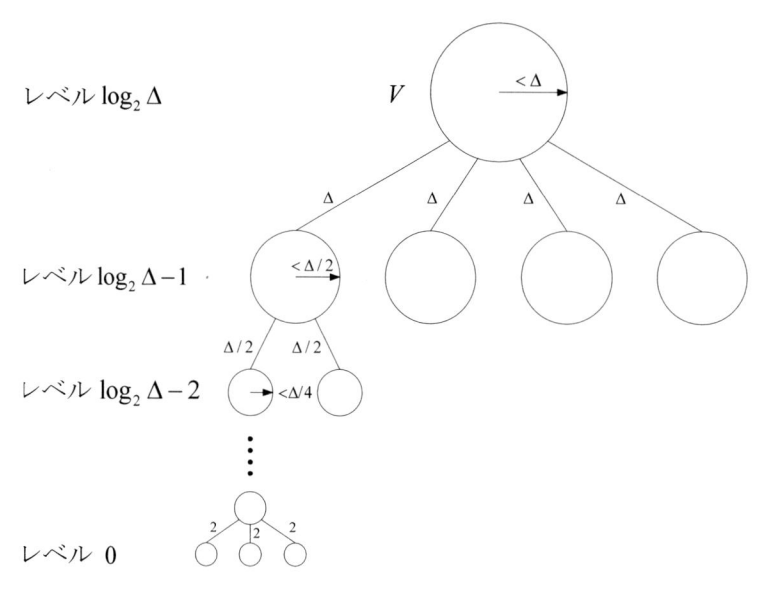

図8.7 メトリック空間の階層的カット分解.

すべての $u,v \in V$ で $T_{uv} \geq d_{uv}$ である.さらに,$u,v \in V$ の最近共通祖先がレベル $i$ であるならば,$T_{uv} \leq 2^{i+2}$ である[2].

**証明**:木のレベル $i$ のノードに対応する集合 $S$ の任意の異なる 2 点 $u,v$ に対して,$S$ を含む球の半径が $2^i$ 未満であるので,$u,v$ 間の距離 $d_{uv}$ は $2^{i+1}$ 未満である.したがって,異なる 2 点 $u,v$ は,レベル $\lfloor \log_2 d_{uv} \rfloor - 1$ の同一のノード(に対応する集合)に同時に属することはない.実際,そうでなかったとすると,$u,v$ 間の距離が $2^{\lfloor \log_2 d_{uv} \rfloor} \leq d_{uv}$ 未満となってしまって,矛盾が得られるからである.したがって,異なる 2 点 $u,v$ が同一のノード(に対応する集合)に同時に属するようなノードのレベルの最小値は $\lfloor \log_2 d_{uv} \rfloor$ 以上となる.これから,木における異なる 2 点 $u,v$ の距離 $T_{uv}$ は,$T_{uv} \geq 2 \sum_{j=1}^{\lfloor \log_2 d_{uv} \rfloor} 2^j \geq d_{uv}$ を満たすことが得られる.木のレベルの $j-1$ と $j$ を結ぶ辺の長さは $2^j$ であり,$T$ において $u$ から $v$ へのパスは,レベル 0 の $u$ から出発して,レベルが $\lfloor \log_2 d_{uv} \rfloor$ 以上のノードを経由して再度レベル 0 の $v$ にいくからである.

以上により,異なる 2 点 $u,v \in V$ の最近共通祖先がレベル $i$ であるときには,$T_{uv} = 2 \sum_{j=1}^{i} 2^j = 2^{i+2} - 4 \leq 2^{i+2}$ である. □

木メトリックを出力する乱択アルゴリズムは,点集合でのランダムな順列 $\pi$ を選び,各レベル $i$ の球の半径 $r_i$ を以下のように設定する.すなわち,$r_0 \in [1/2, 1)$ を一様ランダムに選び,$1 \leq i \leq \log_2 \Delta$ の各 $i$ に対して,$r_i = 2^i r_0$ と設定する.これにより,どの $i$ でも $r_i$ は $[2^{i-1}, 2^i)$ に一様分布することに注意しよう.

木メトリックを得る方法を示すためには,階層的カット分解のレベル $i$ のノード $v$ に対応する集合 $S$ に対して,子ノードに対応する集合を得る方法を述べることが必要である.$S$ のレベル $i-1$ の子ノードに対応する集合への分割は以下のようにして得られる.与え

---
[2] 訳注:最近共通祖先は,通常,最小共通祖先と呼ばれることが多いが,本翻訳書ではイメージしやすいように,最近共通祖先を用いている.

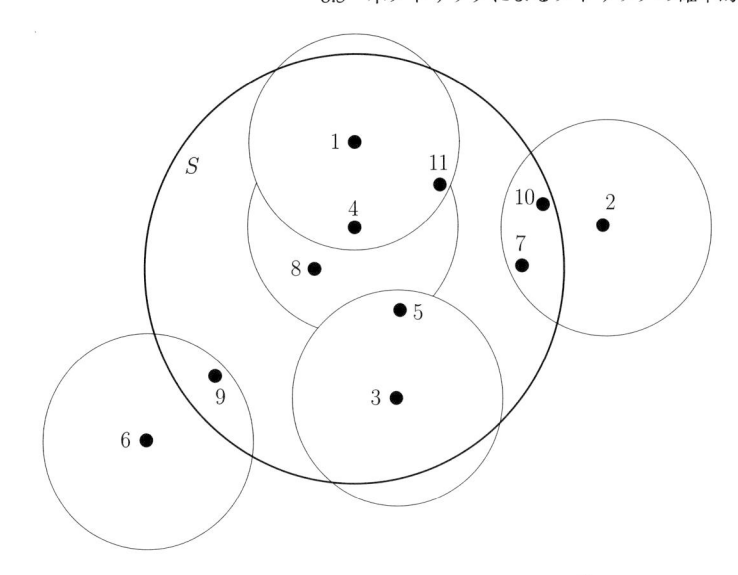

**図 8.8** 階層的カット分解における集合 $S = \{1,3,4,5,7,8,9,10,11\}$ の分割の例．ランダムな順列は恒等順列である（すなわち，$\pi(j) = j$ である）とする．1 を中心とする球は 1, 4, 11 を含むので，$\{1,4,11\}$ が第一の子ノードを形成する．2 を中心とする球は 7 と 10 を含むので，$\{7,10\}$ が第二の子ノードを形成する．3 を中心とする球は 3 と 5 を含むので，$\{3,5\}$ が第三の子ノードを形成する．4 を中心とする球は 8 を含むので，$\{8\}$ が第四の子ノードを形成する．4 を中心とする球は 4, 1, 11 も含むが第一の子ノードにすでに入れられていたことに注意しよう．5 を中心とする球はまだ子ノードに含まれていないような $S$ のどの点も含まない．6 を中心とする球は 9 を含むので，$\{9\}$ が第五の子ノードを形成する．これで $S$ のすべての点がいずれかの子ノードに入れられた．したがって，$S$ は $\{1,4,11\}, \{7,10\}, \{3,5\}, \{8\}, \{9\}$ に分割される．

られた順列における $V$ の点の順番で $\pi(1)$ の点から始めてすべての点を調べていく．そして，点 $\pi(j)$ のときには，球 $B(\pi(j), r_{i-1})$ を考える．そこで，$B(\pi(j), r_{i-1}) \cap S = \emptyset$ のときには，次の点 $\pi(j+1)$ へ進む．一方，そうでないとき（$B(\pi(j), r_{i-1}) \cap S \neq \emptyset$ のとき）には，$S$（に対応するノード $v$）の子ノードを 1 個作り，そのノードに $B(\pi(j), r_{i-1}) \cap S$ を対応させ，$S$ から $B(\pi(j), r_{i-1})$ を除去する（$S \leftarrow S - B(\pi(j), r_{i-1})$ とする）．そして，更新された $S$ が空集合でないときには，$\pi(j+1)$ に進んで，上記と同様のことを行う．この手続きを別の視点で眺めると以下のとおりである．すなわち，各 $u \in S$ は，与えられた順列の順番で，$u \in B(\pi(j), r_{i-1})$ となる最初の $\pi(j)$ に割り当てられる．そして，同一の $\pi(j)$ に割り当てられる $S$ の点の集合が，一つの子ノードに対応する集合となる．これにより，上記と同じ $S$ の分割が得られる．この手続きで，$S$ のすべての点が分割のいずれかの集合に属することになることに注意しよう．$S$ のどの点もそれ自身を中心とする球には必ず含まれるからである．$S$ の子ノードには，$S$ に含まれない点 $\pi(j)$ を中心とするものもあることにも注意しよう．すなわち，分割の部分として先に形成された部分に $\pi(j)$ が含まれることもあることにも注意しよう．図 8.8 はこの分割の説明図である．また，アルゴリズム 8.4 として，このアルゴリズムをまとめている．

次に，上記で構成された木がメトリック $d$ を確率的に近似すること（定理 8.17）の証明を与える．便宜上，その定理を以下に再掲する．

236　第 8 章　カットとメトリック

---

**アルゴリズム 8.4**　階層的カット分解を生成するアルゴリズム．

$V$ のランダムな順列 $\pi$ を選ぶ
$\Delta$ を $2\max_{u,v} d_{uv}$ より大きい最小の 2 のべき乗とする
$r_0 \in [1/2, 1)$ を一様ランダムに選ぶ
すべての $1 \leq i \leq \log_2 \Delta$ なる $i$ に対して $r_i = 2^i r_0$ とする
// $\mathcal{C}(i)$ はレベル $i$ のノードに対応する集合の族で，$V$ の分割となる
$\mathcal{C}(\log_2 \Delta) = \{V\}$
$V$ に対応する木の根ノードを作る
**for** $i \leftarrow \log_2 \Delta$ downto 1 **do**
　　$\mathcal{C}(i-1) \leftarrow \emptyset$
　　**for** すべての $C \in \mathcal{C}(i)$ **do**
　　　　$S \leftarrow C$
　　　　**for** $j \leftarrow 1$ to $n$ **do**
　　　　　　**if** $B(\pi(j), r_{i-1}) \cap S \neq \emptyset$ **then**
　　　　　　　　$B(\pi(j), r_{i-1}) \cap S$ を $\mathcal{C}(i-1)$ に加える
　　　　　　　　$S$ から $B(\pi(j), r_{i-1}) \cap S$ を除去する
　　　　$C$ の部分集合となる $\mathcal{C}(i-1)$ の各集合に対応する木のノードを作る
　　　　$C$ に対応するノードとこれらの各ノードを長さ $2^i$ の辺で結ぶ

---

**定理 8.17**　すべての異なる 2 点 $u, v \in V$ で $d_{uv} \geq 1$ であるようなメトリック $(V, d)$ に対して，すべての $u, v \in V$ で $d_{uv} \leq T_{uv}$ かつ $\mathbf{E}[T_{uv}] \leq O(\log n) d_{uv}$ であるような $(V \subseteq) V'$ 上の木メトリック $(V', T)$ を出力する乱択多項式時間アルゴリズムが存在する．

**証明**：補題 8.18 で，すでに木 $T$ に対して $T_{uv} \geq d_{uv}$ が成立することは示している．以下では，もう一方の不等式の証明を与える．2 点 $u, v \in V$ を任意に選ぶ．補題 8.18 では，長さ $T_{uv}$ が $u$ と $v$ の最近共通祖先のレベルによることも示した．具体的には，このレベルが $i+1$ のときに，$T_{uv} \leq 2^{i+3}$ となることを示した．そして，この最近共通祖先がレベル $i+1$ であるときには，$u$ と $v$ がレベル $i$ では異なる集合に属することになる．これが起こるためには，$w$ を中心とするレベル $i$ の球に対応する集合に $u$ と $v$ の正確に一方のみが含まれるというような点 $w$ が存在しなければならない．定理 8.6 の証明のときと同様に，レベル $i$ の 2 点 $u, v$ に対して，球 $B(w, r_i)$ が $u, v$ の少なくとも 1 点を含むようになる与えられたランダムな順列で最初の点 $w$ は，2 点 $u, v$ を "解決する" ということにする．同様に，レベル $i$ の 2 点 $u, v$ に対して，球 $B(w, r_i)$ が $u, v$ の正確に 1 点のみを含むような点 $w$ は，2 点 $u, v$ を "カットする" ということにする．$X_{iw}$ をレベル $i$ で $w$ が $(u, v)$ をカットする事象とし，$S_{iw}$ をレベル $i$ で $w$ が $(u, v)$ を解決する事象とする．ここで，$\mathbf{1}$ を**標示関数** (indicator function) とする．すると，上記の説明により，

$$T_{uv} \leq \max_{i=0,\ldots,\log \Delta - 1} \mathbf{1}(\exists w \in V : X_{iw} \wedge S_{iw}) \cdot 2^{i+3}$$

が成立することがわかる．最大値をとることと存在限量子を用いる代わりに単純化して和

をとることにすると，

$$T_{uv} \leq \sum_{w \in V} \sum_{i=0}^{\log \Delta - 1} \mathbf{1}(X_{iw} \wedge S_{iw}) \cdot 2^{i+3}$$

が得られる．したがって，期待値をとると，

$$\mathbf{E}[T_{uv}] \leq \sum_{w \in V} \sum_{i=0}^{\log \Delta - 1} \Pr[X_{iw} \wedge S_{iw}] \cdot 2^{i+3}$$

が得られる．

$\Pr[S_{iw}|X_{iw}]$ に対して $w$ のみに依存する上界 $b_w$ を与えるとともに，$\sum_{i=0}^{\log \Delta - 1} \Pr[X_{iw}] \cdot 2^{i+3} \leq 16 d_{uv}$ を示すことにする．したがって，これらのことから

$$\begin{aligned}\mathbf{E}[T_{uv}] &\leq \sum_{w \in V} \sum_{i=0}^{\log \Delta - 1} \Pr[X_{iw} \wedge S_{iw}] \cdot 2^{i+3} \\ &= \sum_{w \in V} \sum_{i=0}^{\log \Delta - 1} \Pr[S_{iw}|X_{iw}] \Pr[X_{iw}] \cdot 2^{i+3} \\ &\leq \sum_{w \in V} b_w \sum_{i=0}^{\log \Delta - 1} \Pr[X_{iw}] \cdot 2^{i+3} \\ &\leq 16 d_{uv} \sum_{w \in V} b_w\end{aligned}$$

が得られることになる．さらに，$\sum_{w \in V} b_w = \mathrm{O}(\log n)$ を示して証明を完成する．

最初に，$\sum_{i=0}^{\log \Delta - 1} \Pr[X_{iw}] \cdot 2^{i+3} \leq 16 d_{uv}$ を示す．対称性から，一般性を失うことなく，$d_{uw} \leq d_{vw}$ と仮定できる．すると，レベル $i$ で $w$ が $(u,v)$ をカットする確率は，$u \in B(w, r_i)$ かつ $v \notin B(w, r_i)$ である確率，すなわち，$d_{uw} \leq r_i < d_{vw}$ である確率となる．$r_i \in [2^{i-1}, 2^i)$ は一様ランダムに選ばれているので，この確率は区間 $[2^{i-1}, 2^i)$ と区間 $[d_{uw}, d_{vw})$ の共通部分の長さを $1/(2^i - 2^{i-1})$ 倍した値となり，

$$\Pr[X_{iw}] = \frac{|[2^{i-1}, 2^i) \cap [d_{uw}, d_{vw})|}{|[2^{i-1}, 2^i)|} = \frac{|[2^{i-1}, 2^i) \cap [d_{uw}, d_{vw})|}{2^{i-1}}$$

と書ける．したがって，

$$2^{i+3} \Pr[X_{iw}] = \frac{2^{i+3}}{2^{i-1}} |[2^{i-1}, 2^i) \cap [d_{uw}, d_{vw})| = 16|[2^{i-1}, 2^i) \cap [d_{uw}, d_{vw})|$$

となる．$i = 0$ から $\log_2 \Delta - 1$ までの区間 $[2^{i-1}, 2^i)$ の集合は区間 $[1/2, \Delta/2)$ を分割し，区間 $[1/2, \Delta/2)$ は区間 $[d_{uw}, d_{vw})|$ を含むので，

$$\sum_{i=0}^{\log_2 \Delta - 1} \Pr[X_{iw}] \cdot 2^{i+3} \leq 16|[d_{uw}, d_{vw})| = 16(d_{vw} - d_{uw}) \leq 16 d_{uv}$$

が得られる．なお，最後の不等式は三角不等式から得られる．

次に，$\Pr[S_{iw}|X_{iw}]$ の上界を与える．点対 $u, v$ からの距離で小さい順に $V$ の点を並べる．すなわち，$\min(d_{uw}, d_{vw})$ の値の小さい順に点 $w \in V$ を並べる．事象 $X_{iw}$ が起こるときには，$u$ と $v$ の $1$ 点のみが球 $B(w, r_i)$ に含まれることに注意しよう．さらにこのとき，対 $u, v$ からの距離が $w$ よりも小さいか等しい $z$ に対して，球 $B(z, r_i)$ は $u$ と $v$ の少なくとも $1$ 点を含む．したがって，レベル $i$ で $w$ が $u, v$ をカットするときに，レベル $i$ で $w$ が $u, v$ を解

決するためには，ランダムな順列で，点対 $u,v$ からの距離が $w$ よりも小さいか等しいすべての $z$ に対して，$w$ はそれらよりも前に位置していることが必要である．$u,v$ に対する上記の並べ方で $w$ が $j$ 番目であるときには，これが起こる確率は高々 $1/j$ である．したがって，$u,v$ に対して $w$ が $j$ 番目であるときには，$\Pr[S_{iw}|X_{iw}] \leq 1/j$ と書ける．すなわち，この確率に対する上界 $b_w$ を $1/j$ として定義できる．$1 \leq j \leq n$ の各 $j$ に対して，対 $u,v$ に対する $j$ 番目の点 $w$ は存在するので，所望の $\sum_{w \in V} b_w = \sum_{j=1}^{n} \frac{1}{j} = O(\log n)$ が得られる．□

## 8.6　木メトリックの応用：まとめ買いネットワーク設計

木メトリックによる確率的近似を用いて近似アルゴリズムを得ることのできる問題に対する感触を得るために，**まとめ買いネットワーク設計問題** (buy-at-bulk network design problem) を考える．この問題では，無向グラフ $G = (V, E)$ と各辺 $e \in E$ に対する長さ $\ell_e \geq 0$ が与えられる．さらに，$k$ 組のソース・シンク対 $s_i, t_i \in V$ と各対 $s_i, t_i$ に付随する需要 $d_i$ も与えられる．どの辺に対しても，容量 $u$ を単位長さ当たり $f(u)$ のコストで購入できる．なお，関数 $f$ は $f(0) = 0$ で非減少であると仮定する．したがって，容量をより多く購入すると総コストは増加する．さらに，関数 $f$ はスケールの経済に従うと仮定する．すなわち，容量を多く買う（まとめ買いする）ほど単価（1単位当たりの容量コスト）は安くなる．これは，$f$ が**劣加法的** (subadditive) である，すなわち，$f(u_1 + u_2) \leq f(u_1) + f(u_2)$ を満たすことを意味することに注意しよう（容量を購入する際のほかの仮定については演習問題 8.9 参照）．問題の目標は，各 $i$ で $s_i$ から $t_i$ へのパス $P_i$ を求め，そのパス $P_i$ に沿って $d_i$ 単位のフローを流すときに，解のコスト，すなわち，すべての $i$ にわたって使用される各辺 $e \in E$ の容量 $c_e$ のコスト $f(c_e)\ell_e$ の総和 $\sum_{e \in E} f(c_e)\ell_e$ が最小になるようにすることである．

木メトリック $T$ ではこの問題は簡単に解くことができることに注意しよう．$T$ における $u, v$ 間の唯一のパスの長さを $T_{uv}$ とする．どの $s_i$ と $t_i$ に対しても，$T$ で $s_i$ と $t_i$ を結ぶパス $P_i$ は唯一であるので，その木の与えられた辺の所望の容量は，その辺を含むそのような唯一のパスの需要の総和となる．このアルゴリズムをアルゴリズム 8.5 にまとめている．したがって，一般のメトリック $d$ を木メトリックで近似する前節のアルゴリズムが与えられていれば，アルゴリズムに対するアイデアが自然に浮かぶ．長さ $\ell_e$ に基づく $u, v$ 間の $G$ における最短パスの長さを $d_{uv}$ とする．前節のアルゴリズムを用いて $d$ を木メトリック $T$ で確率的近似して，木 $T$ 上で上記のアルゴリズムを走らせる．しかし，少し問題が生じる．木メトリックは点集合 $V' \supseteq V$ 上でのものであるからである．この木メトリック $(V', T)$ 上での結果を，元のグラフでの結果にどのようにして翻訳し直したらよいのかが明らかではない．それを解決するために，以下の定理を用いる．

**定理 8.19**　階層的カット分解で定義される $V$ の点集合が木 $T$ の葉集合に一致する $V'$ ($V \subseteq V'$) 上の木メトリック $(V', T)$ に対して，すべての $u, v \in V$ で $T_{uv} \leq T'_{uv} \leq 4T_{uv}$ となるような木メトリック $(V, T')$ を多項式時間で得ることができる．

> **アルゴリズム 8.5** 木 $T$ におけるまとめ買いネットワーク設計問題に対するアルゴリズム．
>
> 各 $i$ に対して $T$ の唯一の $s_i$-$t_i$ パス $P_i$ を求める
> すべての $e \in T$ に対して $c_e = \sum_{i: e \in P_i} d_i$ とする

**証明**：木 $T$ において親が $V$ に含まれないような任意の $v \in V$ を選ぶ（すなわち，$v$ の親を $w$ とすると $w \in V' - V$ である）．辺 $(v, w)$ を縮約して，$v$ を親 $w$ と同一視し，それを改めて $v$ とする．このプロセスを木のすべての点が $V$ の点になるまで繰り返す．最後に，残っている辺の長さを 4 倍する．このようにして得られる木を $T'$ と表記する．

辺の縮約のプロセスを通して $u$ と $v$ の距離は減少するだけであり，最後に残った辺の長さが 4 倍されるだけであるので，$T'_{uv} \leq 4T_{uv}$ が成立することは明らかである．最初の木 $T$ で $u$ と $v$ の最近共通祖先がレベル $i$ の点 $w$ であったとする．すると，補題 8.18 の証明で示したように，$T_{uv} = 2^{i+2} - 4$ である．縮約のプロセスで $u$ と $v$ は $T$ で根に向かって移動するが，同一視されることはないので，$T'$ における距離 $T'_{uv}$ は $T$ で $w$ から一つの子への辺の長さの 4 倍，すなわち，$4 \cdot 2^i = 2^{i+2}$ 以上となる．したがって，$T'_{uv} \geq T_{uv}$ が成立する． □

したがって，定理 8.17 の系として以下が得られる．

**系 8.20** すべての異なる 2 点 $u, v \in V$ に対して $d_{uv} \geq 1$ であるような距離メトリック $(V, d)$ に対して，すべての $u, v \in V$ で $d_{uv} \leq T'_{uv}$ かつ $\mathbf{E}[T'_{uv}] \leq O(\log n) d_{uv}$ となるような木メトリック $(V, T')$ を求める乱択多項式時間アルゴリズムが存在する．

**証明**：補題 8.18 の証明により，階層的カット分解で得られる木 $T$ において，$u$ と $v$ の最近共通祖先はレベルが $\lfloor \log_2 d_{uv} \rfloor$ 以上である．一方，定理 8.19 の証明により，木 $T$ のレベル $i$ に最近共通祖先を持つ $u$ と $v$ の $T'$ における距離 $T'_{uv}$ は $T'_{uv} \geq 2^{i+2}$ である．したがって，$T'_{uv} \geq d_{uv}$ である．ほかの命題も同様に定理 8.17 からすぐに得られる． □

したがって，アルゴリズムは以下のように書ける．まず，系 8.20 のアルゴリズムを用いて，木メトリック $T'$ を求める．次に，アルゴリズム 8.5 を用いて，$T'$ 上でのまとめ買い問題を解く．各辺 $(x, y) \in T'$ に対して，入力のグラフ $G$ で対応する最短パス $P_{xy}$ を求める．そして，入力のグラフ $G$ で出力される $s_i$ から $t_i$ へのパス $P_i$ は，$s_i$ から $t_i$ への木 $T'$ でのパス上にあるすべての辺 $(x, y) \in T'$ に対するパス集合 $P_{xy}$ を連接したものとなる．すべてのパス $P_i$ の集合に対して，辺 $e$ の容量を $e$ を使用するパスの需要の総和とする．したがって，$c_e = \sum_{i: e \in P_i} d_i$ と書ける．このアルゴリズムをアルゴリズム 8.6 にまとめている．したがって，この解のコストは $\sum_{e \in E} \ell_e f(c_e)$ である．

まとめ買いネットワーク設計問題に対して，アルゴリズム 8.6 が $O(\log n)$-近似アルゴリズムであることを，いくつかの補題を用いながら示す．そのために，アルゴリズムで得られる解のコストと最適解のコストをともに，$T'$ のコストと関連づける．まず，いくつか記法を導入する．$G$ で $u$ から $v$ への固定された最短パスに含まれる辺の集合を $P_{uv}$ と表記し，$T'$ で $x$ から $y$ への唯一のパスに含まれる辺の集合を $P'_{xy}$ と表記する．木 $T'$ の辺 $(x, y)$ に対

240　第8章　カットとメトリック

---

**アルゴリズム 8.6**　一般のメトリック $d$ におけるまとめ買いネットワーク設計問題に対するアルゴリズム.

系 8.20 に基づいて入力のメトリック $d$ を近似する木メトリック $(V, T')$ を求める
各 $(x, y) \in T'$ に対して $G$ の最短パス $P_{xy}$ を求める
すべての $i$ に対して, $T'$ の唯一の $s_i$-$t_i$ パスを $P'_{s_i t_i}$ とする
すべての $(x, y) \in T'$ に対して $c'_{xy} = \sum_{i:(x,y) \in P'_{s_i t_i}} d_i$ とする
すべての $i$ に対して, すべての $(x, y) \in P'_{s_i t_i}$ に対するパス $P_{xy}$ を連接して $P_i$ とする
すべての $e \in E$ に対して $c_e = \sum_{i:e \in P_i} d_i$ とする

---

して, $c'_{xy}$ をアルゴリズム 8.6 で辺 $(x, y) \in T'$ に与えられる容量とする. すなわち, $c'_{xy} = \sum_{i:(x,y) \in P'_{s_i t_i}} d_i$ とする.

アルゴリズム 8.6 では, 最初に $T'$ の解を求めて, その後それを $G$ の解に翻訳していることを思いだそう. この翻訳において, 解のコストが増加することは決してないことを最初に示す.

**補題 8.21**　アルゴリズム 8.6 で得られる解のコストは高々 $\sum_{(x,y) \in T'} T'_{xy} f(c'_{xy})$ である.

**証明**: 各 $(x, y) \in T'$ に対して, アルゴリズムは, $G$ の $x$-$y$ 最短パス $P_{xy}$ を求める. $(x, y) \in T'$ を使用する (すなわち, $(x, y) \in P'_{s_i t_i}$ となる) 各需要 $i$ は, $G$ のこのパス $P_{xy}$ に沿って送られることはわかっている. したがって, $c'_{xy}$ の需要がコスト $d_{xy} f(c'_{xy}) \leq T'_{xy} f(c'_{xy})$ でこのパス $P_{xy}$ に沿って送られる. $G$ のある辺 $e$ は, $T'$ の2本以上の辺に対応する (2本以上の) 最短パスに含まれることもあることに注意しよう. たとえば, $T'$ の2本の辺の $(x, y)$ と $(v, w)$ のそれぞれに対応する最短パスの $P_{xy}$ と $P_{vw}$ に $e$ が含まれることもある. このときには, 辺 $e$ を $c'_{xy} + c'_{vw}$ の需要が通る. しかしながら, $f$ の劣加法性により, $e$ が複数のパスで選ばれても, $f(c'_{xy} + c'_{vw}) \leq f(c'_{xy}) + f(c'_{vw})$ であるので, 解の総コストは決して増加することはない. したがって, $T'$ の解のコストは $G$ の解に翻訳されるときに増加しない.

より正確には,

$$\sum_{(x,y) \in T'} T'_{xy} f(c'_{xy}) \geq \sum_{(x,y) \in T'} d_{xy} f(c'_{xy})$$
$$= \sum_{(x,y) \in T'} f(c'_{xy}) \sum_{e \in P_{xy}} \ell_e$$
$$= \sum_{e \in E} \ell_e \sum_{(x,y) \in T': e \in P_{xy}} f(c'_{xy})$$
$$\geq \sum_{e \in E} \ell_e f\left( \sum_{(x,y) \in T': e \in P_{xy}} c'_{xy} \right)$$
$$= \sum_{e \in E} \ell_e f(c_e)$$

と書けて, 所望の結果が得られる.　□

次に, 最適解において $G$ のパス集合 $\{P_i^* : i = 1, 2, \ldots, k\}$ が用いられるとする. すると, この最適解において, 辺 $e$ で使用される容量は $c_e^* = \sum_{i:e \in P_i^*} d_i$ となり, コストは

$\mathrm{OPT} = \sum_{e \in E} \ell_e f(c_e^*)$ となる．この最適解のコストをアルゴリズム 8.6 で得られる木 $T'$ の解のコストと比較する．そのために，$G$ の最適解を $T'$ の解に翻訳する方法を考える．各辺 $e = (u,v) \in E$ に対して，$T'$ の唯一の $u$-$v$ パス $P'_{uv}$ 上のすべての辺に $c_e^*$ 単位の容量を加える．したがって，$G$ の最適解が翻訳された $T'$ の解における各辺 $(x,y) \in T'$ の容量は $\sum_{e=(u,v) \in E : (x,y) \in P'_{uv}} c_e^*$ である．$G$ の最適解がこのように $T'$ の解に翻訳されたときのコストは，アルゴリズム 8.6 で得られる木 $T'$ の解のコスト以上であることをこれから証明する．

**補題 8.22** 上記のように，$G$ の最適解が $T'$ の解に翻訳されたときのコストは，少なくとも $\sum_{(x,y) \in T'} T'_{xy} f(c'_{xy})$ である．

**証明**：補題を証明するために，どの辺 $(x,y) \in T'$ でも，アルゴリズムで得られる容量 $c'_{xy}$ は，$T'$ から $(x,y)$ を除去したときに $T'$ で分離されるすべての対 $s_i, t_i$ での需要の総和に等しいことに注意しよう．各 $i$ に対して，$s_i$ から $t_i$ へ $d_i$ の需要を送る $T'$ のほかの解は，容量をこれ以上使用することになる．したがって，$G$ の最適解が翻訳された $T'$ の解では，辺 $(x,y)$ で少なくとも $c'_{xy}$ の容量が使用される．さらに，$f$ は非減少であり，$G$ の最適解が翻訳された $T'$ の解では，すべての辺 $(x,y) \in T'$ で少なくとも $c'_{xy}$ の容量が使用されるので，$G$ の最適解が翻訳された $T'$ の解のコストは，少なくとも $\sum_{(x,y) \in T'} T'_{xy} f(c'_{xy})$ となる． □

これで主定理を証明できるようになった．

**定理 8.23** 上記の乱択アルゴリズムは，まとめ買いネットワーク設計問題に対する $O(\log n)$-近似アルゴリズムである．

**証明**：補題 8.21 と補題 8.22 を合わせることにより，アルゴリズムで得られる解のコストは，$G$ の最適解が翻訳された $T'$ の解のコスト以下であることがわかっている．したがって，この解のコストが，期待値として，高々 $O(\log n)$ OPT であることを示せば十分である．

$G$ の最適解が翻訳された $T'$ の解のコストが高々 $\sum_{e=(u,v) \in E} f(c_e^*) T'_{uv}$ であることが主張できることから始めよう．この主張が得られてしまえば，系 8.20 により，解の期待値が

$$\mathbf{E}\left[\sum_{e=(u,v) \in E} f(c_e^*) T'_{uv}\right] \leq O(\log n) \sum_{e=(u,v) \in E} f(c_e^*) d_{uv} \leq O(\log n) \sum_{e \in E} f(c_e^*) \ell_e = O(\log n) \mathrm{OPT}$$

を満たすことから，定理はすぐに得られる．

そこで，以下では主張を証明する．任意の辺 $(x,y) \in T'$ に対して，$G$ の最適解が翻訳された $T'$ の解で必要となる容量は $\sum_{e=(u,v) \in E : (x,y) \in P'_{uv}} c_e^*$ である．したがって，劣加法性により，$G$ の最適解が翻訳された $T'$ の解のコストは，

$$\begin{aligned}
\sum_{(x,y) \in T'} T'_{xy} \cdot f\left(\sum_{e=(u,v) \in E : (x,y) \in P'_{uv}} c_e^*\right) &\leq \sum_{(x,y) \in T'} T'_{xy} \sum_{e=(u,v) \in E : (x,y) \in P'_{uv}} f(c_e^*) \\
&= \sum_{e=(u,v) \in E} f(c_e^*) \sum_{(x,y) \in P'_{uv}} T'_{xy} \\
&= \sum_{e=(u,v) \in E} f(c_e^*) T'_{uv}
\end{aligned}$$

を満たす． □

## 8.7 延伸メトリックと木メトリックと線形アレンジメント

木メトリックを用いて近似できるもう一つの問題に移る．すなわち，**線形アレンジメント問題** (linear arrangement problem) を取り上げる．線形アレンジメント問題では，無向グラフ $G = (V, E)$ とすべての辺 $e \in E$ に対する非負の重み $w_e \geq 0$ が与えられる．実行可能解は，$n = |V|$ とすると，点集合 $V$ から集合 $\{1, 2, \ldots, n\}$ への全単射（一対一）写像 $f$ である．目標は，$\sum_{e=(u,v) \in E} w_e |f(u) - f(v)|$ が最小となる全単射写像 $f$ を求めることである．直観的には，グラフの点を直線上に等間隔で並べて，グラフの辺が極端に引き延ばされることがないようにすることであると言える．図 8.9 にこの問題の例を示している．問題の解を求めるために，まず延伸メトリックと呼ばれるメトリックを用いる LP 緩和を与える．そして，延伸メトリックを木メトリックで近似する．最後に，距離の総和を最小にしようとしているので，良い木メトリックを確定的に求めることができることを示す．

以下の線形計画問題は線形アレンジメント問題の緩和であることが主張できる．

$$
\begin{aligned}
\text{minimize} \quad & \sum_{e=(u,v) \in E} w_e d_{uv} \\
\text{subject to} \quad & \sum_{v \in S} d_{uv} \geq \tfrac{1}{4}|S|^2, && \forall S \subseteq V, u \notin S, \\
& d_{uv} = d_{vu}, && \forall u, v \in V, \\
& d_{uv} \leq d_{uw} + d_{wv}, && \forall u, v, w \in V, \\
& d_{uv} \geq 1, && \forall u, v \in V, u \neq v, \\
& d_{uu} = 0, && \forall u \in V.
\end{aligned}
$$

これが緩和であることを確認しよう．全単射写像 $f : V \to \{1, \ldots, n\}$ に対して，その写像 $f$（解）のもとで，$u, v$ 間の距離を $d_{uv}$ とする．したがって，$d_{uv} = |f(u) - f(v)|$ である．もちろん，解の値はその線形アレンジメントのコストであり，線形計画問題の目的関数の値になる．$d_{uv} = d_{vu}$ かつ $d_{uv} \leq d_{uw} + d_{wv}$ であり，さらに，$u \neq v$ であるとき $d_{uv} \geq 1$ であり，$d_{uu} = 0$ であることは，容易にわかる．残りの制約式も満たされることを確かめるために，以下の事実に注意する．すなわち，任意の点の部分集合 $S$ と任意の $u \notin S$ に対して，$f(u)$ から距離 1 の $S$ の点は高々 2 点（すなわち，$f(u) + 1$ と $f(u) - 1$ に写像される 2 点）であり，$f(u)$ から距離 2 の $S$ の点も高々 2 点であり，以下同様である．したがって，

$$\sum_{v \in S} d_{uv} \geq \frac{|S|}{2} \cdot \left( \frac{|S|}{2} + 1 \right) \geq \frac{1}{4}|S|^2$$

が成立する．すなわち，上記の線形計画問題は線形アレンジメント問題の LP 緩和であることが得られた．一方，この LP 緩和の解の変数 $d$ は $V$ 上のメトリック $(V, d)$ である．本章の最初に定義したメトリックの三つの性質を満たすからである．このメトリックは，**延伸メトリック** (spreading metric) とも呼ばれる．任意の集合 $S$ と任意の $u \notin S$ に対して，集合 $S \subseteq V$ に対する制約式から，$u$ から遠く離れた点 $v \in S$ が存在する．実際，任意の集

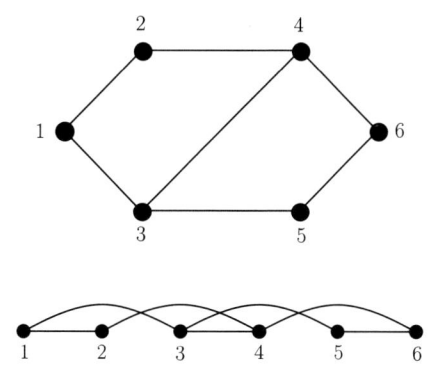

**図 8.9** 線形アレンジメント問題の例．上図のグラフの点集合を下図に示しているように集合 $\{1,\ldots,6\}$ に全単射写像できる．グラフのどの辺も重みが 1 であるとすると，この写像はコストが $1+1+1+2+2+2+2=11$ の解となる．

合 $S$ と任意の $u \notin S$ に対して，$z = \max_{v \in S} d_{uv}$ とすると，$z|S| \geq \sum_{v \in S} d_{uv} \geq \frac{1}{4}|S|^2$ に注意して，$z \geq \frac{1}{4}|S|$ が得られる．制約式 $\sum_{v \in S} d_{uv} \geq \frac{1}{4}|S|^2$ は**延伸制約式** (spreading constraint) とも呼ばれる．

**観察 8.24** 上で定義された延伸メトリック $d$ に対して，任意の集合 $S$ と任意の $u \notin S$ に対して，$d_{uv} \geq \frac{1}{4}|S|$ となるような点 $v$ が存在する．

上記の LP 緩和は，4.3 節で与えた楕円体法を用いて，多項式時間で解ける．延伸制約式を除けば，制約式の個数は多項式である．延伸制約式に対する多項式時間の分離オラクルは，以下のように書ける．各 $u \in V$ に対して，$u$ からの距離の小さい順に残りの点を並べ，$v_1,\ldots,v_{n-1}$ とする．したがって，$d_{uv_1} \leq d_{uv_2} \leq \cdots \leq d_{uv_{n-1}}$ である．集合 $\{v_1\}, \{v_1, v_2\}, \ldots, \{v_1,\ldots,v_{n-1}\}$ のそれぞれに対する制約式が満たされるかどうかを検証する．これらのすべての集合とすべての $u$ で制約式が満たされるときには，すべての制約式が満たされることが主張できる．そうではなかったとして，ある $S$ とある $u \notin S$ に対する制約式が満たされなかったとする．すなわち，$\sum_{v \in S} d_{uv} < \frac{1}{4}|S|$ とする．すると，$\sum_{v \in S} d_{uv}$ は明らかに $\sum_{i=1}^{|S|} d_{uv_i}$ 以上となるので，$u$ と集合 $\{v_1,\ldots,v_{|S|}\}$ に対する制約式が満たされなくなってしまう（$u \notin \{v_1,\ldots,v_{|S|}\}$ であることは，$v_1,\ldots,v_{n-1}$ の定義から明らかである）．

問題に対する近似アルゴリズムを得るために，LP 緩和を解いて得られたメトリック $d_{uv}$ を近似する木メトリックを用いる．しかし，ここでは，所望の性質を満たす木メトリックを確定的に得ることができることを示すことにする．具体的には，任意のメトリック $d$ と任意の点対 $u, v \in V$ に対する非負のコスト $c_{uv} \geq 0$ に対して，$T_{uv} \geq d_{uv}$ かつ

$$\sum_{u,v \in V} c_{uv} T_{uv} \leq \mathrm{O}(\log n) \sum_{u,v \in V} c_{uv} d_{uv}$$

であるような木メトリック $(V', T)$ を多項式時間で得ることができることを以下で示す．なお，8.5 節の結果から

$$\mathbf{E}\Big[\sum_{u,v \in V} c_{uv} T_{uv}\Big] \leq \mathrm{O}(\log n) \sum_{u,v \in V} c_{uv} d_{uv}$$

を満たすような乱択アルゴリズムを与えることもできることに注意しよう．乱択アルゴリズムで得られるすべてのランダムな木の全体で考えるとこの不等式が成立することから，アルゴリズムで生成される木 $T$ でこの不等式を満たすものが存在する．実際，そのような木を求める乱択アルゴリズムは簡単に与えることができる（演習問題 8.12）．しかしながら，本節の残りの部分では，上記の不等式を満たすような木メトリックにつながる階層的カット分解を確定的に得ることにする．

ここで，$d$ を近似する木メトリックを線形アレンジメント問題にどのように適用するかについて示す．木メトリック $T$ にさらにいくつかの性質を課すことが必要になる．第一に，$T$ は $V$ のすべての点が木の葉の集合となるような根付き木であることである．第二に，点 $u,v \in V$ を含む最小の部分木に点 $z \in V$ が属するときには，$T_{uv} \geq T_{uz}$ であることである．これらのさらに加えた性質は，階層的カット分解で得られる木で満たされていることに注意しよう．そのような木は効率的に得ることができることが主張できる．

**定理 8.25** 点集合 $V$ 上のメトリック $(V,d)$ とすべての $u,v \in V$ に対する非負のコスト $c_{uv}$ に対して，すべての $u,v \in V$ で $T_{uv} \geq d_{uv}$ かつ $\sum_{u,v \in V} c_{uv} T_{uv} \leq \mathrm{O}(\log n) \sum_{u,v \in V} c_{uv} d_{uv}$ であるような点集合 $V' \supseteq V$ 上の木メトリック $(V',T)$ で，以下の性質 (i), (ii) を満たすものを多項式時間で得ることができる．

(i) $T$ は $V$ のすべての点が木の葉の集合となるような根付き木である．
(ii) 点 $u,v \in V$ を含む最小の部分木に点 $z \in V$ が属するときには，$T_{uv} \geq T_{uz}$ である．

これで，線形アレンジメント問題に対するアルゴリズムは以下のように書ける．メトリック $d$ を得るために上記の LP 緩和を解き，さらに，各 $e = (u,v) \in E$ に対してコスト $c_{uv} = w_e$ とし，それ以外の各 $e = (u,v) \notin E$ に対してコスト $c_{uv} = 0$ として，定理 8.25 に基づいて木メトリック $(V',T)$ を得る．そして，木 $T$ の各葉に 1 から $n$ の整数を割り当てる．直観的には，それらの整数が木で左から右に連続的になるようにする．すると，$T$ の各部分木では，葉に割り当てられている整数は連続的になっている．$V$ の各点は木の葉であるので，各 $v \in V$ には 1 から $n$ のいずれかの整数が割り当てられている．

**定理 8.26** 上記のアルゴリズムは，線形アレンジメント問題に対する $\mathrm{O}(\log n)$-近似アルゴリズムである．

**証明**：$f$ をアルゴリズムで得られる全単射写像とする．任意の辺 $e = (u,v)$ に対して，$u$ と $v$ を同時に含む $T$ の最小の部分木を考える．この部分木の葉に割り当てられている整数は連続的であるので，ある区間 $[a,b]$ を形成する．したがって，この部分木の葉の個数は $b - a + 1$ となる．最悪でも，辺 $e = (u,v)$ の一方の点に $a$ が割り当てられ，他方の点に $b$ が割り当てられる．したがって，$|f(u) - f(v)| \leq b - a$ である．この部分木における $u$ 以外のすべての葉の集合を $S$ とする．したがって，$|S| = b - a$ である．観察 8.24 から，$d_{uz} \geq \frac{1}{4}(b-a)$ となるようなほかの点 $z \in S$ が存在することはわかっている．したがって，定理 8.25 の木メトリックの性質により，$z$ が $u$ と $v$ を同時に含む最小の部分木に含まれるので，$T_{uv} \geq T_{uz} \geq d_{uz} \geq \frac{1}{4}(b-a)$ が成立する．すなわち，$|f(u) - f(v)| \leq 4 \cdot T_{uv}$ が得られる．定理 8.25 により，解 $f$ のコストは

$$\sum_{e=(u,v)\in E} w_e |f(u)-f(v)| \le 4 \sum_{e=(u,v)\in E} w_e T_{uv} \le O(\log n) \sum_{e=(u,v)\in E} w_e d_{uv} \le O(\log n)\, \mathrm{OPT}$$

と抑えることができる．なお，最後の不等式は，$\sum_{e=(u,v)\in E} w_e d_{uv}$ が線形アレンジメント問題のLP緩和の目的関数であることから得られる． □

これから定理 8.25 の証明を始めることにする．前にも述べたように，8.5 節と同様に，階層的カット分解を用いて木を構成する．分解を与えるためには，木のレベル $i$ のノードに対応する集合 $S$ を，レベル $i-1$ の子ノードを得るために，どのように分割するのかについて説明しなければならない．これまでの節のときと同様に，球と球の体積の概念の定義が必要である．与えられたメトリック $d$ に対して，$B_d(u,r)$ を $u$ からの距離が $r$ 以下の点の集合とする．したがって，$B_d(u,r)=\{v\in V: d_{uv}\le r\}$ である．$V^* = \sum_{u,v\in V} c_{uv} d_{uv}$ とする．これまでの節と同様に，$B_d(u,r)=\{v\in V: d_{uv}\le r\}$ の体積 $V_d(u,r)$ を

$$V_d(u,r) = \frac{V^*}{n} + \sum_{v,w\in B_d(u,r)} c_{vw} d_{vw} + \sum_{v\in B_d(u,r),\, w\notin B_d(u,r)} c_{vw}(r-d_{uv})$$

と定義する．さらに，すべての点対に対して，正確に一方の端点のみが $B_d(u,r)$ に含まれるような点対のコストの総和を $c(\delta(B_d(u,r)))$ と定義する．したがって，$c(\delta(B_d(u,r))) = \sum_{v\in B_d(u,r),\, w\notin B_d(u,r)} c_{vw}$ である．以下簡単化のため，$c(\delta(B_d(u,r)))$ を $c_d(u,r)$ と表記する．

8.5 節では，すべてのレベル $i$ の球の半径 $r_i$ を同一の乱数 $r_0 \in [1/2, 1)$ に基づいて $r_i = 2^i r_0$ と定義したことに注意しよう．一方，ここでは，コスト $c_d(u,r)$ と各レベルの球の体積とを関係づける領域成長技法に基づいて，各球の良い半径を確定的に決定できることになるのである．

**補題 8.27** 任意の $u\in V$ と $0 \le i \le \log_2 \Delta$ なる任意の $i$ に対して $2^{i-1} \le r < 2^i$ かつ

$$c_d(u,r) \le 2^{1-i}\left(\ln \frac{V_d(u, 2^i)}{V_d(u, 2^{i-1})}\right) V_d(u,r)$$

となるような値 $r$ を多項式時間で得ることができる．

**証明**：これは，区間 $[2^{i-1}, 2^i)$ に系 8.11 を適用することで得られる． □

レベル $i$ の集合 $S$ に対応するノードからレベル $i-1$ の子ノード（に対応する集合）への分割は，点集合に対するランダムな順列を用いる代わりに，以下のような反復を通して得られる．$S$ の点のうちで体積 $V_d(u, 2^{i-2})$ を最大化する点 $u \in S$ を求め，$2^{i-2} \le r < 2^{i-1}$ かつ補題 8.27 を満たす $u$ を中心とする半径 $r$ の球 $B_d(u,r)$ を求める．そして，$B_d(u,r)$ に含まれる $S$ のすべての点からなる集合を $S$ の一つの子ノードとし，この点集合を $S$ から除去する．この反復のプロセスを $S \ne \emptyset$ である限り繰り返す．得られる各球の半径は一般に異なるが，要求どおり，$2^{i-1}$ 未満であることに注意しよう．

これで主定理を証明できるようになった．便宜上，主定理を以下に再掲する．

**定理 8.25** 点集合 $V$ 上のメトリック $(V,d)$ とすべての $u,v\in V$ に対する非負のコスト $c_{uv}$ に対して，すべての $u,v\in V$ で $T_{uv} \ge d_{uv}$ かつ $\sum_{u,v\in V} c_{uv} T_{uv} \le O(\log n) \sum_{u,v\in V} c_{uv} d_{uv}$ であるような点集合 $V' \supseteq V$ 上の木メトリック $(V', T)$ で，以下の性質 (i), (ii) を満たすものを多項式時間で得ることができる．

(i) $T$ は $V$ のすべての点が木の葉の集合となるような根付き木である.

(ii) 点 $u,v \in V$ を含む最小の部分木に点 $z \in V$ が属するときには, $T_{uv} \geq T_{uz}$ である.

**証明**: 階層的カット分解の性質から, $T$ の各葉は単一のある点 $v \in V$ に対応する. さらに, 補題 8.18 により, $u$ と $v$ の距離は, $u$ と $v$ の最近共通祖先のレベルにのみ依存する. すなわち, $u$ と $v$ の最近共通祖先のレベルが $i$ であるとすると, $T_{uv} = 2\sum_{j=1}^{i} 2^j = 2^{i+2} - 4$ である. したがって, $z$ が $u$ と $v$ を同時に含む最小の部分木に含まれるときには, $u$ と $z$ の最近共通祖先のレベルは明らかに高々 $i$ となるので, $T_{uv} \geq T_{uz}$ である.

$\sum_{u,v \in V} c_{uv} T_{uv} \leq O(\log n) \sum_{u,v \in V} c_{uv} d_{uv}$ であることを議論することも必要である. 与えられた点対 $u,v \in V$ に対して, $T$ における $u$ と $v$ の最近共通祖先のレベルが $i+1$ であるとする. 補題 8.18 で示したときと同様に, $T_{uv} \leq 2^{i+3}$ である. $u,v \in V$ に対して $T$ における $u$ と $v$ の最近共通祖先のレベルが $i+1$ であるようなすべての点対 $(u,v)$ の集合を $E_{i+1}$ とする. したがって,

$$\sum_{u,v \in V} c_{uv} T_{uv} \leq \sum_{i=0}^{\log_2 \Delta - 1} \sum_{(u,v) \in E_{i+1}} 2^{i+3} \cdot c_{uv}$$

である. $(u,v) \in E_{i+1}$ であることは, $u$ と $v$ のうち正確に 1 点のみが球に含まれるというような球に対応する木 $T$ のレベル $i$ のノードが存在することを意味することに注意しよう. したがって, $\sum_{(u,v) \in E_{i+1}} c_{uv}$ は, レベル $i$ の子ノードをすべて構成したときに生成されるカットのコストの総和以下である. さらに, 補題 8.27 により, これらのカットとこれらの子ノードの体積とを関係づけることができる.

木 $T$ のレベル $i$ のすべてのノードに対応する球の中心の集合を $C_i$ とする. そして, 各 $z \in C_i$ に対して, 補題 8.27 に基づいて選んだ $z$ を中心とする球の半径を $r_{zi}$ とする. すると, 任意のレベル $i$ に対して, $\sum_{(u,v) \in E_{i+1}} c_{uv} \leq \sum_{z \in C_i} c_d(z, r_{zi})$ である. 補題 8.27 から, $c_d(z, r_{zi}) \leq 2^{1-i} \left( \ln \frac{V_d(z, 2^i)}{V_d(z, 2^{i-1})} \right) V_d(z, r_{zi})$ であることはわかっている. したがって,

$$\sum_{u,v \in V} c_{uv} T_{uv} \leq \sum_{i=0}^{\log_2 \Delta - 1} \sum_{(u,v) \in E_{i+1}} 2^{i+3} \cdot c_{uv}$$

$$\leq \sum_{i=0}^{\log_2 \Delta - 1} \sum_{z \in C_i} 2^{i+3} \cdot c_d(z, r_i)$$

$$\leq 16 \sum_{i=0}^{\log_2 \Delta - 1} \sum_{z \in C_i} \left( \ln \frac{V_d(z, 2^i)}{V_d(z, 2^{i-1})} \right) V_d(z, r_{iz})$$

となる.

最後の項を抑えるためには, その和を全体の体積と何らかの方法で関係づけることが必要である. そのために, 点 $v$ に接続するすべての辺の体積に $V^*/n$ を加えた値を $g(v)$ とする. すなわち, $g(v) = \frac{V^*}{n} + \sum_{u \in V} c_{uv} d_{uv}$ とする. すると, 木の任意のノードに付随する集合の体積は, 明らかに, その集合に属するすべての点 $v$ の $g(v)$ の和以下になる. すなわち, $z$ を中心とする半径 $r_{iz}$ の球 $B_d(z, r_{iz})$ で生成されるレベル $i$ のノードに対応する集合 $S$ に対して, $V_d(z, r_{iz}) \leq \sum_{v \in S} g(v)$ である. 任意に $v \in S$ を選ぶ. $r_{iz} < 2^i$ であるので, 半径 $r_{iz}$ の球 $B_d(z, r_{iz})$ の体積 $V_d(z, r_{iz})$ に貢献する, あるいは部分的に貢献する $S$ の任意の辺は, $v$ を中心とする半径 $2^{i+1}$ の球 $B_d(v, 2^{i+1})$ の体積 $V_d(v, 2^{i+1})$ でもそれ以上に貢献する. したがって, $V_d(z, r_{iz}) \leq V_d(v, 2^{i+1})$ である. アルゴリズムでの構成法により, $z$ が木のレ

ベル $i$ のノードに対応する球の中心であるときには，体積 $V_d(z, 2^{i-1})$ が最大となる点として $z \in S$ を選んだので，ほかの任意の点 $v \in S$ に対して $V_d(z, 2^{i-1}) \geq V_d(v, 2^{i-1})$ となる．これらをすべて一緒にすると，以下のことが言える．すなわち，任意のレベル $i$ とレベル $i$ のノードに対応する任意の（$z$ を中心とする球で定義された）集合 $S$ に対して，

$$\left(\ln \frac{V_d(z, 2^i)}{V_d(z, 2^{i-1})}\right) V_d(z, r_{zi}) \leq \sum_{v \in S} \left(\ln \frac{V_d(z, 2^i)}{V_d(z, 2^{i-1})}\right) g(v) \leq \sum_{v \in S} \left(\ln \frac{V_d(v, 2^{i+1})}{V_d(v, 2^{i-1})}\right) g(v)$$

が得られる．これを上記の不等式に代入して，レベル $i$ のノード集合は $V$ の分割に対応するという事実を用いると，

$$\sum_{u,v \in V} c_{uv} T_{uv} \leq 16 \sum_{i=0}^{\log_2 \Delta - 1} \sum_{v \in V} \left(\ln \frac{V_d(v, 2^{i+1})}{V_d(v, 2^{i-1})}\right) g(v)$$
$$= 16 \sum_{v \in V} \sum_{i=0}^{\log_2 \Delta - 1} \left(\ln \frac{V_d(v, 2^{i+1})}{V_d(v, 2^{i-1})}\right) g(v)$$

が得られる．この和は，各 $v \in V$ に対して打ち消し合う項が出てくるので，$\ln(V_d(v, \Delta)) + \ln(V_d(v, \Delta/2)) - \ln(V_d(v, 1)) - \ln(V_d(v, 1/2))$ と書ける．これは $2(\ln(V_d(v, \Delta)) - \ln(V_d(v, 0)))$ で上から抑えられる．したがって，この和は，高々

$$32 \sum_{v \in V} \left(\ln \frac{V_d(v, \Delta)}{V_d(v, 0)}\right) g(v)$$

である．さらに，$V_d(v, \Delta)$ は総体積 $V^*$ に $V^*/n$ を加えた値以下であり，かつ $V_d(v, 0) = V^*/n$ であるので，

$$32 \sum_{v \in V} \left(\ln \frac{V_d(v, \Delta)}{V_d(v, 0)}\right) g(v) \leq 32 \sum_{v \in V} \left(\ln \frac{V^* + \frac{V^*}{n}}{\frac{V^*}{n}}\right) g(v) = 32(\ln(n+1)) \sum_{v \in V} g(v)$$

となる．ここで，$g(v)$ の定義を用いると，

$$32(\ln(n+1)) \sum_{v \in V} g(v) = 32(\ln(n+1)) \sum_{v \in V} \left(\frac{V^*}{n} + \sum_{u \in V} c_{uv} d_{uv}\right) = 96(\ln(n+1)) \sum_{u,v \in V} c_{uv} d_{uv}$$

となるので，所望の

$$\sum_{u,v \in V} c_{uv} T_{uv} \leq O(\log n) \sum_{u,v \in V} c_{uv} d_{uv}$$

が得られる． □

$\sum_{u,v \in V} c_{uv} T_{uv} \leq O(\log n) \sum_{u,v \in V} c_{uv} d_{uv}$ となるような木メトリック $T$ を求める確定的アルゴリズムを与えるのにかなり長い議論をしたが，歪み $O(\log n)$ の木メトリックでメトリックを確率的に近似する乱択アルゴリズムが与えられていれば，そのような木メトリックを高い確率で求める乱択アルゴリズムをきわめて簡単に得ることもできる．これについては演習問題として取り上げる（演習問題 8.12）．逆向きも同様に示せる．すなわち，$\sum_{u,v \in V} c_{uv} T_{uv} \leq O(\log n) \sum_{u,v \in V} c_{uv} d_{uv}$ となるような木メトリック $T$ を求める確定的アルゴリズムが与えられていれば，メトリック $d$ を歪み $O(\log n)$ の木メトリックで確率的に近似する乱択アルゴリズムを得ることができる．これについては，楕円体法についてさらに慣れ親しんだ後に，本書の後の部分で演習問題として取り上げる（演習問題 15.9）．

## 8.8 演習問題

8.1 8.2節の多分割カットアルゴリズムの性能保証に対する解析は，性能保証 $\frac{3}{2} - \frac{1}{k}$ に改善できることを証明せよ．

8.2 二つの順列 $\pi_1$ と $\pi_2$ は，それぞれ $\pi_1(1) = 1, \pi_1(2) = 2, \ldots, \pi_1(k) = k$ と $\pi_2(1) = k, \pi_2(2) = k-1, \ldots, \pi_2(k) = 1$ であるとする．そして，アルゴリズム 8.1 でランダムな順列 $\pi$ を用いる代わりに，それを修正して，確率 $1/2$ で $\pi = \pi_1$ を選び，確率 $1/2$ で $\pi = \pi_2$ を選ぶことにする．このように修正されたアルゴリズムも多分割カット問題に対する $\frac{3}{2}$-近似アルゴリズムであることを示せ．

8.3 **シュタイナー k-カット問題** (Steiner k-cut problem) では，無向グラフ $G = (V, E)$，すべての辺 $e \in E$ に対する非負のコスト $c_e \geq 0$，ターミナル点集合 $T \subseteq V$ および正整数 $k \leq |T|$ が入力として与えられる．この問題の目標は，点集合 $V$ を $k$ 個の集合 $S_1, \ldots, S_k$ に分割するときに，各 $S_i$ が少なくとも 1 個のターミナル点を含み（すなわち，各 $i = 1, \ldots, k$ で $S_i \cap T \neq \emptyset$ である），異なる $S_i, S_j$ 間を結ぶ辺のコストの総和が最小になるようなものを求めることである．分割 $\mathcal{P} = \{S_1, \ldots, S_k\}$ に対して，異なる $S_i, S_j$ 間を結ぶ辺のコストの総和を $c(\mathcal{P})$ と表記する．

シュタイナー k-カット問題に対して以下のグリーディアルゴリズムを考える．まず $\mathcal{P} = \{V\}$ と初期設定する．そして，$\mathcal{P}$ が $k$ 個の集合からなる分割でない限り，以下の手続きを繰り返す．$|S \cap T| \geq 2$ を満たすすべての $S \in \mathcal{P}$ と $S \cap T$ のすべてのターミナル点対に対して，それらのターミナル点対間の最小コストのカットを計算する．そして，それらのカットのうちで最小コストのカットを選ぶ．これにより，いずれかの集合 $S \in \mathcal{P}$ が二つの集合に分割されることに注意しよう．そこで，そのような集合を二つの集合に置き換えて得られる分割を改めて $\mathcal{P}$ とする．

(a) アルゴリズムで得られる分割が $i$ 個の集合からなるときの分割を $\mathcal{P}_i$ とする．$\hat{\mathcal{P}} = \{V_1, V_2, \ldots, V_i\}$ を $i$ 個の集合への任意の正しい分割である（すなわち，すべての $j = 1, \ldots, i$ で $V_j \cap T \neq \emptyset$ である）とする．このとき，

$$c(\mathcal{P}_i) \leq \sum_{j=1}^{i-1} \sum_{e \in \delta(V_j)} c_e$$

であることを示せ．

(b) (a) の事実を用いて，このグリーディアルゴリズムはシュタイナー k-カット問題に対する $\left(2 - \frac{2}{k}\right)$-近似アルゴリズムであることを示せ．

8.4 8.3節の最小多点対カット問題に対して，変数の個数と制約式の個数が入力のグラフ $G$ のサイズの多項式となる線形計画緩和を与えよ．そして，それが 8.3 節の線形計画緩和と等価であることを示すとともに，その線形計画問題の任意の最適解が 8.3 節の線形計画問題の最適解に多項式時間で変換可能であることを示せ．

8.5 **最小カット線形アレンジメント問題** (minimum cut linear arrangement problem) で

は，無向グラフ $G = (V, E)$ とすべての辺 $e \in E$ に対する非負のコスト $c_e \geq 0$ が入力として与えられる．線形アレンジメント問題と同様に，実行可能解は，点集合 $V$ から集合 $\{1, 2, \ldots, n\}$ への全単射関数 $f$ である．一方，ここの問題での目標は，すべての $i$ に対するカット $\{f(1), \ldots, f(i)\}$ のうちでコストが最大となるカットのコスト

$$\max_{1 \leq i < n} \sum_{e=(u,v): f(u) \leq i, f(v) > i} c_e$$

を最小とする全単射関数 $f$ を求めることである．

8.4 節の平衡カット問題に対する偽近似アルゴリズムを用いて，この問題に対する $O((\log n)^2)$-近似アルゴリズムが得られることを示せ．

8.6 **最疎カット問題** (sparsest cut problem) では，無向グラフ $G = (V, E)$，すべての辺 $e \in E$ に対する非負のコスト $c_e \geq 0$ および正の需要 $d_i$ の付随する $k$ 組の点対 $s_i, t_i$ が入力として与えられる．目標は，

$$\frac{\sum_{e \in \delta(S)} c_e}{\sum_{i: |S \cap \{s_i, t_i\}| = 1} d_i}$$

を最小化する点集合 $S$ を求めることである．すなわち，カットのうちで，カットに含まれる辺のコストとカットで分離される需要との比が最小となるものを求めるのが最疎カット問題である．$s_i$ と $t_i$ を結ぶすべてのパス $P$ の集合を $\mathcal{P}_i$ とする．

(a) 辺の部分集合 $F \subseteq E$ に対してグラフ $(V, E - F)$ で $s_i$ と $t_i$ が分離されて連結でなくなるインデックス $i$ の集合を $s(F)$ と表記する．すると，ここの問題は

$$\frac{\sum_{e \in F} c_e}{\sum_{i \in s(F)} d_i}$$

を最小化する辺の部分集合 $F$ を求めることに等価であることを証明せよ．

(b) 次の線形計画問題は最疎カット問題の LP 緩和であることを証明せよ．

$$\begin{aligned}
\text{minimize} \quad & \sum_{e \in E} c_e x_e \\
\text{subject to} \quad & \sum_{i=1}^{k} d_i y_i = 1, \\
& \sum_{e \in P} x_e \geq y_i, \qquad \forall P \in \mathcal{P}_i, 1 \leq i \leq k, \\
& y_i \geq 0, \qquad 1 \leq i \leq k, \\
& x_e \geq 0.
\end{aligned}$$

(c) この線形計画問題は多項式時間で解けることを証明せよ．

(d) この線形計画問題の最適解を $(x^*, y^*)$ とし，$y_1^* \geq y_2^* \geq \cdots \geq y_k^*$ であるとする．さらに，$D_i = \sum_{j=1}^{i} d_j$，$H_n = 1 + \frac{1}{2} + \cdots + \frac{1}{n}$ とする．このとき，

$$y_i^* \geq \frac{1}{D_i \cdot H_{D_k}}$$

となるような $i$ ($1 \leq i \leq k$) が存在することを示せ．

(e) 上の議論を用いて，最疎カット問題に対する $O(\log k \cdot H_{D_k})$-近似アルゴリズムを与えよ．これは，$H_n = O(\log n)$ から $O(\log k \cdot \log D_k)$-近似アルゴリズムとなる．

8.7 $C_n = (V, E)$ を $n$ 個の点からなる閉路とし，$C_n$ における $u, v \in V$ 間の距離を $d_{uv}$ とする．この同一点集合 $V$ 上での（すべての対 $u, v \in V$ で $T_{uv} \geq d_{uv}$ を満たす）任意の木メトリック $(V, T)$ に対して，$d_{uv} = 1$ であるが $T_{uv} \geq n - 1$ となるような点対 $u, v \in V$ が存在することを示せ．なお，これを行うときに，歪み最小のすべての木のうちで，木 $T$ は総長が最小であるとする．このとき，$T$ は途中が次数 2 の点からなるパスとなり，上記の命題が得られることを示せ．

8.8 **ユニバーサル巡回セールスマン問題** (universal traveling salesman problem) では，メトリック空間 $(V, d)$ が与えられて，すべての点を含むツアー $\pi$ を求める．点部分集合 $S \subseteq V$ に対してツアー $\pi$ で現れる順番で $S$ の点を結んで得られるツアーの値を $\pi_S$ とする．点の部分集合 $S \subseteq V$ で誘導されるメトリック空間での最適なツアーの値を $\mathrm{OPT}_S$ とする．この問題の目標は，すべての $S \subseteq V$ のうちで $\pi_S / \mathrm{OPT}_S$ の最大値を最小化するツアー $\pi$ を求めることである．すなわち，すべての部分集合 $S \subseteq V$ に対して，ツアー $\pi$ で現れる順番で $S$ の点を結んで得られるツアーの長さと $S$ の最適なツアーの長さとの比の最大値が最小となるようなツアー $\pi$ を求めることである．$(V, d)$ が木メトリックであるときには，$\pi_S = \mathrm{OPT}_S$ となるツアー $\pi$ を求めることができることを示せ．

8.9 8.6 節で議論したまとめ買いネットワーク設計問題の変種版として，ケーブルに様々なタイプがあって，タイプ $i$ のケーブルはコストが $c_i$ で容量が $u_i$ であるときを考える．与えられた需要を満たすように各辺に実装するケーブルのタイプとその本数を決定しなければならない．各辺で満たさなければならない需要 $d$ が与えられると，各辺ではある一つのタイプ $i$ のケーブルのみを $\lceil d/u_i \rceil$ 本用いてその辺の需要を満たすようにするという方法は，この問題に対する 2-近似アルゴリズムであることを示せ．

8.10 7.7 節で与えた $k$-メディアン問題の変種版を考える．この問題では，メトリック空間における位置の集合 $N$ とパラメーター $k$ が入力として与えられる．$i, j \in N$ に対して $i$ と $j$ との距離を $c_{ij}$ とする．目標は，$k$ 個のセンターの集合 $S \subseteq N$ を選んで，各位置から最寄りのセンターまでの距離の総和を最小にすることである．すなわち，$|S| = k$ を満たす $S$ のうちで $\sum_{j \in N} \min_{i \in S} c_{ij}$ を最小化する $S \subseteq N$ を選びたい．

(a) メトリック $c_{ij}$ が木メトリック $(N, T)$ からのものであるとして，多項式時間のアルゴリズムを与えよ．なお，$T$ は与えられていると仮定してよい．（ヒント：木で動的計画を用いよ．木は各ノードが高々 2 個の子しか持たない根付き木の二分木であると仮定することが役に立つ．この仮定は一般性を失わないことを示せ．）

(b) 7.7 節で与えた $k$-メディアン問題のここの変種版に対して乱択 $O(\log |N|)$-近似アルゴリズムを与えよ．

8.11 **容量制約付き電話予約引取配送問題** (capacitated dial-a-ride problem)[3] では，メトリック $(V, d)$，車の最大積載量 $C$，出発地点 $r \in V$ およびすべての $i = 1, \ldots, k$ で $s_i, t_i \in V$ である $k$ 組のソース・シンク対 $s_i, t_i$ が与えられる．各ソース・シンク対 $s_i, t_i$ に対して，ソース $s_i$ からシンク $t_i$ に配送してもらいたい品物が一つ付随している．車はどの時点でも高々 $C$ 個の品物しか積んでおくことができない．このとき，目標

---
[3] 訳注：デマンドバス問題とも呼ばれる．

は出発地点 $r$ から出発して，どの時点でも最大積載量を守りながら，各品物を積んでソースからシンクに配送して出発地点 $r$ に戻る最短の経路を求めることである．なお，そのような経路は $V$ のいくつかの点を複数回訪問することもあることに注意しよう．さらに，車は必要に応じて $V$ のどの地点でも一時的に品物を降ろしておくことも許されると仮定する．

(a) メトリック $(V,d)$ が木メトリック $(V,T)$ であるとする．このケースにおける 2-近似アルゴリズムを与えよ．（ヒント："各辺 $(u,v) \in T$ を $u$ から $v$ へ何回通り，$v$ から $u$ へ何回通らなければならないか？" を考えよ．必要に応じて各辺を高々 2 回しか通らない経路を求めるアルゴリズムを与えよ．）

(b) 一般の容量制約付き電話予約引取配送問題に対して，乱択 $O(\log |V|)$-近似アルゴリズムを与えよ．

8.12 メトリック $(V,d)$ とすべての $u,v \in V$ に対する非負のコスト $c_{uv}$ が与えられる．さらに，すべての $u,v \in V$ に対して，$d_{uv} \leq T_{uv}$ と $\mathbf{E}[T_{uv}] \leq O(\log n) d_{uv}$ を満たす $V' \supseteq V$ 上の木メトリック $(V',T)$ を求める乱択アルゴリズムも与えられているとする．このとき，$d_{uv} \leq T'_{uv}$ と $\sum_{u,v \in V} c_{uv} T'_{uv} \leq O(\log n) \sum_{u,v \in V} c_{uv} d_{uv}$ を満たす $V'' \supseteq V$ 上の木メトリック $(V'',T')$ を高い確率で求める乱択アルゴリズムを与えよ．

## 8.9 ノートと発展文献

NP-困難なカット問題に対する初期の近似アルゴリズムは，ほとんどが最小 $s$-$t$ カットを求める多項式時間アルゴリズムをサブルーチンとして用いていた．8.1 節の多分割カット問題に対する孤立カットアルゴリズムは，Dahlhaus, Johnson, Papadimitriou, Seymour, and Yannakakis [86] によるものであり，そのようなアルゴリズムの一例である．8.1 節で述べた対象物（プロジェクト）をマシーンに割り当てる分散計算の応用は，Hogstedt, Kimelman, Rajan, Roth, and Wegman [169] による．比較的最近の結果である演習問題 8.3 のシュタイナー $k$-カットアルゴリズムも最小 $s$-$t$ カットアルゴリズムを繰り返し適用してカット問題を解決するほかの例である．シュタイナー $k$-カット問題は，Chekuri, Guha, and Naor [70] と Maeda, Nagamochi, and Ibaraki [221] で，独立に提案された．その演習問題で与えたアルゴリズムは，Zhao, Nagamochi, and Ibaraki [295] によるもので，ほかの問題に対するそれ以前のアルゴリズムに基づいている．その演習問題における解析は，Chekuri の未発表の結果による．その問題は，**$k$-カット問題** ($k$-cut problem) の一般化と見なせる．すなわち，$k$-カット問題での目標は，辺の部分集合を除去してグラフの連結成分が少なくとも $k$ 個になるようにするときに，総コストが最小となる除去する辺部分集合を求めることである．したがって，$k$-カット問題は，シュタイナー $k$-カット問題の $T = V$ の特殊ケースと見なせる．Saran and Vazirani [259] による $k$-カット問題に対する 2-近似アルゴリズムは，すでに知られていた．

Leighton and Rao [213, 214] は，カット問題に対して，整数計画問題による定式化の LP

緩和におけるメトリックとしての解を求めて，そのLP緩和の解をラウンディングしてカット問題の解を得るという，きわめて影響力の大きい論文を発表した．この論文における領域成長のアイデアは，（演習問題8.6で議論した）最疎カット問題の一種の変種版である**一様最疎カット問題** (uniform sparsest cut problem) と呼ばれる問題に対する$O(\log n)$-近似アルゴリズムを得る枠組みで与えられた．一様最疎カット問題では，各点対$u, v \in V$が需要$d_i = 1$のソース・シンク対$s_i, t_i$である．（8.4節で議論した）平衡カット問題に対する最初の偽近似アルゴリズムもこの論文で与えられている．演習問題8.5で取り上げた最小カット線形アレンジメント問題に対する結果も含めて，カット問題とアレンジメント問題に対するこれらの技法の応用もこの論文で与えられている．

LP緩和の解をメトリックとして取り扱って得られたそれに引き続く結果としては，Garg, Vazirani, and Yannakakis [127] による8.3節の多点対カットアルゴリズム，Even, Naor, Rao, and Schieber [102] による8.4節の平衡カット問題に対する偽近似アルゴリズム，Călinescu, Karloff, and Rabani [60] による多分割カット問題に対するLPラウンディングアルゴリズムなどが挙げられる．なお，Karger, Klein, Stein, Thorup, and Young [184] は，多分割カット問題に対して同じLP緩和に基づくものの，より工夫を凝らしたLPラウンディングアルゴリズムを用いて，いくぶん良い性能保証を与えている．

本書で用いたメトリックの木メトリックによる確率的近似の概念は，Bartal [39] が定義したものである．なお，その論文の結果は，それ以前のKarpの未発表の結果とAlon, Karp, Peleg, and West [7] の結果からヒントを得たものである．Bartal [39, 40] は，そのような木メトリックを求めるアルゴリズムも与えた．Bartal [39] は，木メトリックによるどのような確率的近似でも，歪みが$\Omega(\log n)$となるメトリックの存在も示している．そのようなグラフの一例として，どの閉路も少なくとも$\Omega(\log n)$個の点を含むようなグラフを与えた．メトリックの木メトリックによる8.5節の確率的近似のアルゴリズムは，Fakcharoenphol, Rao, and Talwar [106] による．8.7節の木メトリックアルゴリズムも，この論文からのものである．その節でも述べたように，多くの近似アルゴリズムが，メトリックの木メトリックによる確率的近似をサブルーチンとして用いている．8.6節のまとめ買いネットワーク設計問題に対する木メトリックの適用は，Awerbuch and Azar [28] で行われた．その節の定理8.19は，Konjevod, Ravi, and Sibel Salman [202] による．Even, Naor, Rao, and Schieber [103] は，延伸メトリックを導入し，線形アレンジメント問題に適用した．8.7節のこの問題に対する木メトリックの適用は，Fakcharoenphol, Rao, and Talwar [105] の研究調査論文に基づいている．演習問題8.10の$k$-メディアン近似アルゴリズムは，しばらくの間この問題に対して知られている最善の近似アルゴリズムであった．定数の性能保証を持つ近似アルゴリズムを7.7節で議論したが，9.2節でも議論する．木メトリックでの$k$-メディアン問題に対する多項式時間アルゴリズムは，Kariv and Hakimi [186] と Tamir [278] による．演習問題8.11の容量制約付き電話予約引取配送アルゴリズムは，Charikar and Raghavachari [66] による．

演習問題8.1と演習問題8.2はCălinescu, Karloff, and Rabani [60] による．演習問題8.6で与えた最疎カット問題に対するアルゴリズムとその解析はKahale [181] による．演習問題8.8はSchalekamp and Shmoys [260] による．演習問題8.7はGupta [147] による．演習問題8.9はAwerbuch and Azar [28] による．

# 第 II 部

# 技法：発展

# 第9章
# グリーディアルゴリズムと局所探索アルゴリズムの発展利用

近似アルゴリズムデザインの様々な技法の入門的な解説はこれで終了である．本書の第II部では，これらの各技法を再度取り上げ，さらなる問題に適用する．これらの適用において，あるときには，より最近のものであったり，より高度のものであったりもする．またあるときには，単に技術的により複雑であったりして，何らかの意味で，"入門的でない"こともある．したがって，第II部で，各技法の"高度利用"あるいは"最新利用"というよりも，"発展利用"である．

本章では，グリーディアルゴリズムと局所探索アルゴリズムを再度取り上げる．とくに，全点木の最大次数を最小化する問題を再度取り上げ，2.6節で与えた局所探索アルゴリズムの変種版を与える．ここでは，局所移動が注意深く順番づけられて行われ，結果として，最適解における全点木の最大次数より1だけしか大きくならない最大次数の全点木が得られる．第11章で確定的ラウンディングの技法を再度取り上げるときに，辺にコストの付随する問題版に対して同様の結果を示すことにする．

本章では，容量制約なし施設配置問題と$k$-メディアン問題に対するグリーディアルゴリズムと局所探索アルゴリズムが，大部分を形成する．これらの問題に対する単純な局所探索アルゴリズムは1960年代の初めから知られている．しかしながら，これらのアルゴリズムが最適解に近い解をもたらすことが証明されたのは，かなり最近のことである．9.1節では，容量制約なし施設配置問題に対する局所探索アルゴリズムで，$(3+\epsilon)$-近似アルゴリズムが得られることを示す．さらに，この局所探索アルゴリズムを走らせる前に，スケーリングと呼ばれる技法を用いて，施設開設のコストをある割合でスケール変換することで，容量制約なし施設配置問題に対して，$(1+\sqrt{2}+\epsilon)$-近似アルゴリズムが得られることを示す．なお，$1+\sqrt{2} \approx 2.414$である．9.2節では，単純な局所探索アルゴリズムで，$k$-メディアン問題に対する$(5+\epsilon)$-近似アルゴリズムが得られることを示す．最後に，9.4節では，容量制約なし施設配置問題に対して，1.6節で議論した集合カバー問題に対するグリーディアルゴリズムと類似のアルゴリズムを与える．集合カバー問題で用いた解析と同様の双対フィット解析を用いて，このグリーディアルゴリズムが，容量制約なし施設配置問題に対する2-近似アルゴリズムであることが示せる．さらに，このアルゴリズムは，7.7節の末尾で述べた意味でラグランジュ乗数保存であることになって，$k$-メディアン問題に対する$2(2+\epsilon)$-近似アルゴリズムが得られることになる．

## 9.1 容量制約なし施設配置問題に対する局所探索アルゴリズム

本節では，これまで何度か議論してきた容量制約なし施設配置問題に対する局所探索アルゴリズムを取り上げる．局所探索アルゴリズムを用いて，7.6 節で与えた主双対アルゴリズムよりも少し良い性能保証を達成できることを示す．なお，容量制約なし施設配置問題は以下のように定義される問題であったことを思いだそう．すなわち，入力として，利用者の集合 $D$，候補施設の集合 $F$，各施設 $i \in F$ の開設コスト $f_i$，各施設 $i \in F$ と各利用者 $j \in D$ に対する割当て（利用）コスト $c_{ij}$ が与えられる．目標は，開設する施設のコストの総和と，開設された施設への利用者の割当てコストの総和の和が最小になるような開設する施設の集合を求めることである．前と同様に，利用者と施設はメトリック空間内の点として与えられるとする．すなわち，各対 $i, j \in F \cup D$ に対して値 $c_{ij}$ が付随していて，各3要素 $i, j, k \in F \cup D$ に対して $c_{ij} + c_{jk} \geq c_{ik}$ が成立するとする．したがって，$i \in F$ と $j \in D$ 間の距離もこれまでどおり，$c_{ij}$ と考えることに注意しよう．

この問題に対する局所探索アルゴリズムでは，開設する施設の（空集合でない）集合 $S \subseteq F$ と $S$ の施設への利用者の割当て $\sigma$ を管理する．すなわち，$\sigma$ は，利用者 $j$ が施設 $i \in S$ に割り当てられていることを $\sigma(j) = i$ として表す．最初に考えるアルゴリズムは，最も自然な局所探索アルゴリズムと言えるもので，そこでは，対象とする解に対して3種類の更新が可能である．すなわち，新しく施設を1個開設すること（"追加"移動と呼ぶ）ができ，現在開設している施設を1個閉じること（"削除"移動と呼ぶ）ができ，さらに現在開設している施設を1個閉じること（"削除"）と同時に新しく施設を1個開設すること（"追加"）（合わせて"交換"移動と呼ぶ）ができる．もちろん，開設されている施設への利用者の現在の割当ても，これらの各更新の移動により更新される．アルゴリズムでは，各更新の移動に伴い，各利用者が開設されている最も近い施設へ割り当てられるように，管理される．現在の解に対するこれらの更新のいずれかの移動で，総コストが減少するかどうかを検証することを繰り返し，減少するときにはその移動を現在の解に適用する．そして，総コストを減少するような更新の移動がなくなると，アルゴリズムは終了する．こうして得られる解は，**局所最適解 (locally optimal solution)** と呼ばれる．

最初に，この手続きで得られる解の品質を解析する．したがって，ここでは，局所最適解を得るアルゴリズムの詳細な記述を与えるのではなく，"任意の"局所最適解が最適解にかなり近いことを証明する．本質的には，任意の局所最適解に対して，総コストを減少する追加移動が存在しないことから，その解の割当ての総コストが比較的小さいことになることを示す．さらに，総コストを減少するような交換移動も削除移動も存在しないことから，その解で開設されている施設の総コストも比較的小さいことになることを示す．したがって，これらを組み合わせて，任意の局所最適解のコストの上界が得られる．より具体的に記述しよう．最適解を任意に選び固定する．この最適解で開設される施設の集合を $S^*$ とし，開設される $S^*$ の施設への利用者の最適な割当てを $\sigma^*$ とする．この最適解と対象とする局所最適解のコストを比較するために，$F$ と $F^*$ をそれぞれ，対象の局所最適解と最

適解において開設されている施設の総コストとする．同様に，$C$と$C^*$をそれぞれ，対象の局所最適解と最適解における利用者の施設への最適な割当ての総コストとする．もちろん，最適解の値（総コスト）OPTは$F^*+C^*$であり，対象の局所最適解の値（総コスト）は$F+C$である．なお，$F$は施設の集合を表すと同時に，開設される施設の総コストも表すことになるが，本文の文脈からそれらを明確に区別できるので，混乱を招くことはない．

この$F+C$と$F^*+C^*$の比の上界を証明するための戦略は，可能な移動の特別な部分集合に焦点を当てることである．各移動は，開設施設集合$S$の更新と割当て$\sigma$の更新からなる．そのような各移動で，対象としている局所最適解においては，更新によるコストの減少がないことから，不等式が得られる．実際には，割当て$\sigma$の更新では，更新された施設集合に対して最適に更新しなくても，そのような不等式が得られる．割当て$\sigma$の更新が最適に行われないときには，最適に行われたときの更新と比べて，コストの増加分がより大きくなるからである．したがって，これから述べる解析においては，割当ての更新が準最適なものであっても何ら問題なく，各移動による更新で，コストは増加するか等しいことが常に成立する．

**補題 9.1** $S$と$\sigma$が局所最適解であるとする．すると，

$$C \leq F^* + C^* = \text{OPT} \tag{9.1}$$

が成立する．

**証明**：$S$は局所最適解であるので，$S$に新しく1個の施設を追加しても（さらに最適に割当てを更新しても），解は改善されない．そこで，現在の解に対する更新移動を特殊なものに限定して，コストの変化分を解析する．なお，更新は解析のためだけに行うのであって，実際に解を変えることはしないことに注意しよう．

施設$i^* \in S^* - S$を任意に選んで$i^*$も開設することにする．同時に，最適解で$i^*$に割り当てられている各利用者を$i^*$に割り当てることにする．すなわち，$\sigma^*(j)=i^*$であるすべての利用者$j$に対して，現在割り当てられている施設$\sigma(j) \in S$から新しく追加された施設$i^*$に割当てを変える．現在の解の$S$と$\sigma$は局所最適解であるので，追加の施設$i^*$の開設コストは，各利用者を開設された施設のうちで最も近い施設に割り当てることにより得られるコストの減少分より大きいか等しい．したがって，追加の施設$i^*$の開設コスト$f_{i^*}$は，上記の準最適な割当てによるコストの減少分よりも大きいか等しい．すなわち，

$$f_{i^*} \geq \sum_{j:\sigma^*(j)=i^*} (c_{\sigma(j)j} - c_{\sigma^*(j)j}) \tag{9.2}$$

が成立する．

少し奇妙に思えるが，施設$i^*$が$S$と$S^*$の両方に含まれるときにも，$i^*$に対して上記の不等式(9.2)が成立することに注意しよう．$S$と$\sigma$が局所最適解であるので，各利用者$j$は開設されている最も近い施設に割り当てられていて，この不等式の右辺の和の各項は非正となるからである．したがって，各$i^* \in S^*$に対する不等式(9.2)をすべての$i^* \in S^*$で和をとると，

$$\sum_{i^* \in S^*} f_{i^*} \geq \sum_{i^* \in S^*} \sum_{j:\sigma^*(j)=i^*} (c_{\sigma(j)j} - c_{\sigma^*(j)j})$$

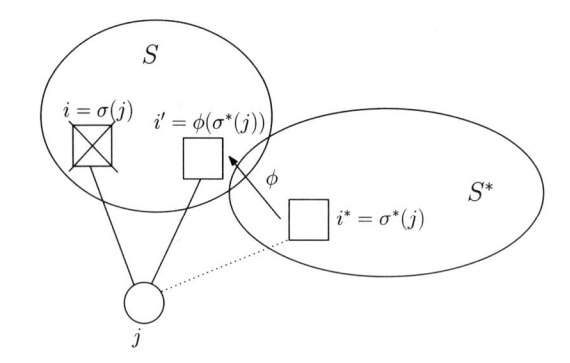

**図 9.1** 施設 $i = \sigma(j)$ が閉鎖されるときの，利用者 $j$ に対する割当ての $i$ から $i' = \phi(\sigma^*(j))$ への更新．

が得られる．この不等式の左辺は，明らかに，$F^*$ に等しい．この不等式の右辺は，割当て $\sigma^*$ で各利用者 $j$ が正確に一つの施設 $i^* \in S^*$ に割り当てられているので，二重和の値はすべての利用者 $j \in D$ による和の値と等しくなる．したがって，右辺の $c_{\sigma(j)j}$ の項に対応する和は $C$ となり，$c^*_{\sigma(j)j}$ の項に対応する和は $C^*$ となる．以上により，$F^* \geq C - C^*$ が得られて，補題が証明された． □

局所最適解で開設される施設の総コストがそれほど大きくならないことの議論は少し複雑である．先の補題の証明と同様に，解 $S$ に対して各更新から対応する不等式が得られる更新の集合を考える．施設 $i \in S$ を削除する任意の移動では，削除移動でも，施設 $i$ を"交換除去する"交換移動でも，$i$ に割り当てられている各利用者の割当てを変えなければならない．単なる $i$ の削除移動では，$i$ に割り当てられている $\sigma(j) = i$ の各利用者 $j$ を $S - \{i\}$ のいずれかの施設に割り当てることになる．割り当てる施設を決定する一つの自然な方法は，以下のとおりである．すなわち，$\sigma(j) = i$ の各利用者 $j$ に対して，固定している最適解で割り当てられている施設 $i^* = \sigma^*(j)$ を考える．さらに，各 $i^* \in S^*$ に対して，$i^*$ に最も近い $S$ の施設を $\phi(i^*)$ とする．そして，$\sigma(j) = i$ の各利用者 $j$ に対して $i' = \phi(\sigma^*(j))$ とおき，$i \neq i'$ であるときには，利用者 $j$ を $i'$ に割り当てるのが良さそうに思える（図 9.1 参照）．以下の補題は，この直観が実際に正しいことを示している．

**補題 9.2** $\sigma(j) = i$ である利用者 $j$ に対して，$i' = \phi(\sigma^*(j))$ は $i$ と異なるとする．このとき，利用者 $j$ の割当てを $i$ から $i'$ に更新するときのコストの増加分は，高々 $2c_{\sigma^*(j)j}$ である．

**証明**：現在 $i$ に割り当てられている利用者 $j$ を考える．最適解で開設されている施設集合 $S^*$ で利用者 $j$ が割り当てられている施設を $i^* = \sigma^*(j)$ とし，$i^*$ に最も近い $S$ の施設を $\phi(i^*)$ として $i' = \phi(i^*)$ とする．このとき，$i'$ と $i$ が異なるならば，割当コスト $c_{i'j}$ に対してどのようなことが言えるであろうか？図 9.1 を参考にして考える．三角不等式から，

$$c_{i'j} \leq c_{i'i^*} + c_{i^*j}$$

である．また，$i'$ の選び方から，$c_{i'i^*} \leq c_{ii^*}$ であることがわかり，それから

$$c_{i'j} \leq c_{ii^*} + c_{i^*j}$$

が得られる．さらに，三角不等式から，$c_{ii^*} \leq c_{ij} + c_{i^*j}$ も言えるので，

$$c_{i'j} \leq c_{ij} + 2c_{i^*j} \tag{9.3}$$

が得られる．ここで，両辺から $c_{ij}$ を引いて得られる不等式を考えると，利用者 $j$ の割当てを $i$ から $i'$ に更新するときのコストの増加分が高々 $2c_{\sigma^*(j)j}$ であることが得られる． □

この補題を，$i$ が削除移動で解から削除されるときと，$i$ が交換移動で解から削除されるときの両方に適用する．

**補題 9.3** $S$ と $\sigma$ は局所最適解であるとする．すると，

$$F \leq F^* + 2C^* \tag{9.4}$$

が成立する．

**証明**：補題 9.1 の証明でもそうであったが，解 $S$ に対する更新のある集合を考えて，その集合に含まれる各更新に基づいて不等式を導出して証明を行う．$S$ が局所最適解であるので，削除，交換，追加のいずれの移動でも，総コストは非減少である（増加するかそのままである）．ここでも解析のためだけにこれらの移動を考える．ここの構成では，$S$ の各施設に対する 1 個の削除移動あるいは交換移動での削除の集合と，$S^*$ の各施設に対する 1 個の追加移動あるいは交換移動での追加の集合を与える．これらの各局所的な移動におけるコストは非減少であるので，開設施設の総コスト $F$ を，最適解における開設施設の総コスト $F^*$ と最適解における割当ての総コストの 2 倍との和で上から抑えることが可能になる．

最初に，施設 $i \in S$ の削除を考える．したがって，現在 $i$ に割り当てられている $\sigma(j) = i$ の各利用者 $j$ を，残っている施設の集合 $S - \{i\}$ のいずれかの施設に割り当てなければならない．補題 9.2 を適用するとすると，$\sigma(j) = i$ である各利用者 $j$ に対して，$\phi(\sigma^*(j)) \neq i$ が成立しなければならない．そこで，$\sigma(j) = i$ である"どの"利用者 $j$ の施設 $i^* = \sigma^*(j) \in S^*$ に対しても，$i^*$ に最も近い $S$ の施設 $\phi(i^*) \in S$ が $i$ と異なるとき，施設 $i$ は"安全"であるということにする．この用語が示唆するように，任意の安全な施設 $i$ に対して，各利用者 $j$ を安全に $\phi(\sigma^*(j))$ に割り当てることができるので，施設 $i$ を閉鎖する削除移動を行い，利用者 $j$ の再割当てによるコストの増加分を，補題 9.2 を適用して上から抑えることができる．繰り返しになるが，$S$ は局所最適解であり，この局所移動で総コストが減少することはないことがわかっているので，安全な施設 $i$ の閉鎖により戻るコストは，$i$ に割り当てられている利用者の再割当てによるコストの増加分より大きくなることはない．すなわち，

$$f_i \leq \sum_{j:\sigma(j)=i} 2c_{\sigma^*(j)j}$$

が得られる．これは，

$$-f_i + \sum_{j:\sigma(j)=i} 2c_{\sigma^*(j)j} \geq 0 \tag{9.5}$$

とも書ける．

次に，安全でない施設 $i$ も存在するとする．安全でない各施設 $i$ に対して，$\sigma(j) = i$ の各利用者 $j$ が $S^*$ で割り当てられている施設 $i^* = \sigma^*(j)$ の集合を考えて，その中で $\phi(i^*) = i$ となる施設 $i^* \in S^*$ のすべての集合を $R_i \subseteq S^*$ とする．すると，$R_i$ は空集合ではない．$R_i$

の施設のうちで$i$に最も近い施設を$i'$とする．そして，$R_i - \{i'\}$の各施設に対する追加移動と，施設$i$を閉鎖して施設$i'$を開設する交換移動の$R_i$の各移動に対して，対応する不等式をそれぞれ1個導出する．

最初に，各$i^* \in R_i - \{i'\}$の追加移動に対する不等式を導出する．補題9.1の証明のときと同様に，施設$i^*$を開設して，局所最適解で$i$に割り当てられていた各利用者$j$に対して，最適解において$i^*$に割り当てられているときには，この利用者$j$の割当てを$i^*$に変更する．この追加移動で総コストが減少することはないので，不等式

$$f_{i^*} + \sum_{j : \sigma(j) = i \ \& \ \sigma^*(j) = i^*} (c_{\sigma^*(j)j} - c_{\sigma(j)j}) \geq 0 \tag{9.6}$$

が得られる．

次に，施設$i$を閉鎖して施設$i'$を開設する交換移動に基づく不等式を導出する．もちろん，この交換移動が意味をなすためには，$i' \neq i$であることが必要である．しかしながら，この移動で得られる最終的な不等式は，$i' = i$のときでも成立するので，$i' \neq i$であることは重要ではなくなる．この交換移動の解析では，$\sigma$で$i$に割り当てられている利用者$j$の（準最適な）再割当ては以下のように行われる．すなわち，$\sigma^*(j) \notin R_i$となる各利用者$j$は$\phi(\sigma^*(j))$に割り当てられ，それ以外の利用者は$i'$に割り当てられる．

この交換移動で生じるコストの変化を考えよう．明らかに，開設される施設のコストの増加分は$f_{i'} - f_i$となる．利用者の再割当てで生じるコストの増加分の上界を与えるために，再割当てのルールの二つのケースを考える．$\phi(\sigma^*(j))$に再割当てされる各利用者$j$に対しては，補題9.2が適用できる状況であるので，割当てコストの増加分は高々$2c_{\sigma^*(j)j}$となる．一方，$j$が$i'$に再割当てされるときには，割当てコストの増加分は正確に$c_{i'j} - c_{ij}$である．これらを組み合わせて，この交換移動で生じるコストの増加分の上界が得られる．なお，これは単に上界である．解析における再割当ては準最適であり，さらに解析で与えた増加分の評価も上界であるからである．実際の交換移動における最適な再割当てでも増加分は0以上であるので，不等式

$$f_{i'} - f_i + \sum_{j : \sigma(j) = i \ \& \ \sigma^*(j) \notin R_i} 2c_{\sigma^*(j)j} + \sum_{j : \sigma(j) = i \ \& \ \sigma^*(j) \in R_i} (c_{i'j} - c_{ij}) \geq 0 \tag{9.7}$$

が得られる．この不等式は，上記のように，$i' = i$のときでも成立する．$i' = i$のときには，左辺が$\sum_{j : \sigma(j) = i \ \& \ \sigma^*(j) \notin R_i} 2c_{\sigma^*(j)j}$となるので，不等式は

$$\sum_{j : \sigma(j) = i \ \& \ \sigma^*(j) \notin R_i} 2c_{\sigma^*(j)j} \geq 0$$

となり，自明に成立するからである．

安全でない各施設$i$に対して，これらの不等式を全部合わせて，すなわち，交換移動で得られる不等式(9.7)と$R_i - \{i'\}$の施設の追加移動で得られるすべての不等式(9.6)を全部加えて，全体としての効果を考える．すると，不等式

$$-f_i + \sum_{i^* \in R_i} f_{i^*} + \sum_{j : \sigma(j) = i \ \& \ \sigma^*(j) \notin R_i} 2c_{\sigma^*(j)j} + \sum_{j : \sigma(j) = i \ \& \ \sigma^*(j) \in R_i} (c_{i'j} - c_{ij})$$
$$+ \sum_{j : \sigma(j) = i \ \& \ \sigma^*(j) \in R_i - \{i'\}} (c_{\sigma^*(j)j} - c_{\sigma(j)j}) \geq 0$$

が得られる．

この不等式の左辺の最後の二つの和の部分を組み合わせて，式を単純化する．一方の和にしか現れない $\sigma^*(j) = i'$ を満たす利用者 $j$ に対しては，両方の和での寄与分は単純で $c_{i'j} - c_{ij}$ であるので，上から $2c_{i'j}$ で抑えられる．両方の和に現れる各利用者 $j$ に対しても，両方の和での寄与分は，上から $2c_{\sigma^*(j)j}$ で抑えることができることを示す．すなわち，$\sigma(j) = i$ かつ $\sigma^*(j) \in R_i - \{i'\}$ を満たす両方の和に現れる各利用者 $j$ に対して，両方の和での寄与分を考える．その寄与分は $c_{i'j} + c_{\sigma^*(j)j} - 2c_{ij}$ と書ける．三角不等式より，$c_{i'j} \leq c_{i'i} + c_{ij}$ が成立する．さらに，$R_i$ での $i'$ の選び方より，$c_{i'i} \leq c_{\sigma^*(j)i}$ が成立する．最後に三角不等式より，$c_{\sigma^*(j)i} \leq c_{\sigma^*(j)j} + c_{ij}$ が成立する．これらの三つの不等式を組み合わせて $c_{i'j} \leq c_{\sigma^*(j)j} + 2c_{ij}$ が成立するので，両方の和に現れる各利用者 $j$ の両方の和での寄与分は，高々 $2c_{\sigma^*(j)j}$ となる．したがって，これらの上界を全体の効果の不等式で考慮して整理すると，

$$-f_i + \sum_{i^* \in R_i} f_{i^*} + \sum_{j:\sigma(j)=i} 2c_{\sigma^*(j)j} \geq 0 \tag{9.8}$$

が得られる．

最後に，安全な各施設 $i \in S$ に対する不等式 (9.5) のすべてと安全でない各施設 $i \in S$ に対する不等式 (9.8) のすべてを加える．したがって，安全でないすべての施設 $i \in S$ を考えたことになり，さらに，そのような安全でない各施設 $i \in S$ に対応する $\phi(i^*) = i$ となる各施設 $i^* \in S^*$ は，正確に一つの対応する $R_i$ にしか現れないことに注意して，

$$\sum_{i^* \in S^*} f_{i^*} - \sum_{i \in S} f_i + \sum_{j \in D} 2c_{\sigma^*(j)j} \geq 0 \tag{9.9}$$

が得られる．すなわち，$F^* - F + 2C^* \geq 0$ が得られ，補題の証明が終了する． □

これらの二つの補題の不等式を加えることで，以下の定理が直接的に得られる．

**定理 9.4** $S$ と $\sigma$ は，容量制約なし施設配置問題の局所最適解であるとする．すると，この解の総コストは高々 3 OPT である．

この定理は，以下の二つの点から最終的な結果とは言い難い．第一に，実際には，より強力なこと，すなわち，コストが高々 $3C^* + 2F^*$ であることを証明していたからである．したがって，性能保証を少し改善することができることになる．第二に，そのような局所最適解を多項式時間で求める局所探索アルゴリズムを与えたわけではなかったからである．したがって，ここまでの段階では，3-近似アルゴリズムとはまだ言えない．たとえば，局所移動で解のコストが 1 しか改善されないときには，アルゴリズムの計算時間は，入力のサイズの指数関数となってしまう．

これらの二つの問題点において，前者の解決はより簡単である．各施設の開設コスト $f_i$ を同一のパラメーター $\mu$ で割ってスケール変換するものとする．すると，元の入力の割当てコスト $C^*$ と施設開設コスト $F^*$ の最適解に対して，変換後の入力に対する割当てコスト $C^*$ と施設開設コスト $F^*/\mu$ の解が存在する（この解は，一般には，変換後の入力の最適解ではない）．補題 9.3 と補題 9.1 より，局所探索で返される解では，割当てコストが

高々 $C^* + F^*/\mu$ となり，(スケール変換された) 開設施設のコストが高々 $2C^* + F^*/\mu$ となる．(なお，これらの補題の証明において，固定して用いた最適解が実際に最適解であるという事実は用いていなかったことに注意しよう．用いていたのは，ある指定された値の施設開設コストと割当てコストの実行可能解が存在するという事実だけであったのである．) この解を元のコストのもとで解釈し直して，各施設のコストを $\mu$ 倍すると，総コストが高々 $(1+2\mu)C^* + (1+1/\mu)F^*$ の解となる．これらの二つの係数の値が等しくなるようにパラメーター $\mu$ の値を決定すると，これらの二つの係数の最大値は最小になることに注意しよう．すなわち，$\mu = \sqrt{2}/2$ とすると，(最も良い性能保証が得られ) 性能保証は $1 + \sqrt{2} \approx 2.414$ となる．

局所探索アルゴリズムが多項式時間で走ることを保証するための背後にあるアイデアは単純であるが，そのアイデアに基づく解析の詳細においては，かなりの計算が関係してくる．アルゴリズムを高速化するためには，単なるコストの減少に基づくのではなく，各反復において，現在のコストが，1 より真に小さいある一定割合の $1-\delta$ 倍以下のコストになるときにのみ，その移動を採用するということが必要である．このような条件が成立するときにのみ，局所移動するとする．すると，入力データがすべて整数であり，目的関数の値が最初 $M$ に等しいとすると，任意の実行可能解の目的関数の値も整数となり，$k$ を $(1-\delta)^k M < 1$ となるように選ぶと，高々 $k$ 回の反復後には，アルゴリズムが終了することが保証される．一方，現在の解に対して $1-\delta$ 倍以下のコストとなるような局所移動が存在しないときには，アルゴリズムは終了するものとする．すると，アルゴリズムで最終的に得られる解は，$1-\delta$ 倍以下のコストにするような局所移動が存在しないという意味で，準局所最適であったことになる．そこで，補題 9.1 の証明を再度考えてみる．不等式 (9.2) を導出するために，解を改善する局所移動が存在しないという事実を用いた．ここでは，大きく改善する局所移動が存在しないという事実しか用いることができないので，

$$f_i - \sum_{j:\sigma^*(j)=i} (c_{\sigma(j)j} - c_{\sigma^*(j)j}) \geq -\delta(C+F) \tag{9.10}$$

という不等式しか結論づけることができない．

補題 9.1 の証明の残りの部分はそのまま用いて，$|F|$ 個のそのような不等式の和をとる．すると，$m = |F|$ において，

$$F^* - C + C^* \geq -m\delta(C+F)$$

と結論づけることができる．同様に，補題 9.3 の証明では，不等式 (9.5)，不等式 (9.7) および不等式 (9.6) の和をとって，結果を導出した．ここでも，$m$ 個の不等式が現れるが，今回は $1-\delta$ 倍以下のコストに減少するときにのみ局所移動するとしているので，各不等式の右辺は 0 ではなく $-\delta(C+F)$ となる．したがって，不等式

$$F^* - F + 2C^* \geq -m\delta(C+F)$$

が得られる．これらの二つの不等式の和をとり，不等式

$$(1-2m\delta)(C+F) \leq 3C^* + 2F^* \leq 3\,\text{OPT}$$

が得られる．したがって，"より大きい改善ステップ"の局所探索アルゴリズムの性能保証は $\frac{3}{1-2m\delta}$ となる．

ここで，$\delta = \epsilon/(4m)$ と設定することにする．すると，多項式時間のアルゴリズムとともに，性能保証 $3(1+\epsilon)$ も達成できることが，以下のように言える．第一に，反復回数 $k$ は高々 $(4m \ln M)/\epsilon$ である．なぜなら，$(1 - \epsilon/(4m))^{4m/\epsilon} \le 1/e$ であるので，最悪でも $(4m \ln M)/\epsilon$ 回の反復後には，$(1 - \epsilon/(4m))^{(4m \ln M)/\epsilon} M < 1$ が成立するからである．なお，$M$ は $\sum_{i \in F} f_i + \sum_{i \in F, j \in D} c_{ij}$ とおくこともできる．すなわち，すべての施設を開設する解から出発することもできる．したがって，$(4m \ln M)/\epsilon$ 回の反復は，多項式時間の反復である．さらに，$\epsilon \le 1$ を仮定すると，$\frac{1}{1-\epsilon/2} \le 1 + \epsilon$ は明らかである．したがって，"より大きい改善ステップ"に限定することにより，局所探索アルゴリズムは，任意に小さい正の値 $\epsilon$ だけ性能保証を悪くするだけの犠牲で，多項式時間で走るように変換できることが得られた．最後に，スケール変換のアイデアと大きい改善ステップのアイデアを組み合わせて，以下の定理が得られることは容易にわかる．

**定理 9.5** 任意の定数 $\rho > 1 + \sqrt{2}$ に対して，より大きい改善ステップとスケール変換のアイデアを用いる局所探索アルゴリズムから，容量制約なし施設配置問題に対する $\rho$-近似アルゴリズムが得られる．

## 9.2 $k$-メディアン問題に対する局所探索アルゴリズム

本節では，7.7 節で取り上げた $k$-**メディアン問題** ($k$-median problem) を再度考える．ただし，ここでは，利用者と候補施設がともに同じ点集合の $N$ からなる単純版を取り上げる．任意の 2 点 $i, j$ に対して，利用者 $j$ を施設 $i$ に割り当てるときのコストの $c_{ij}$ が存在する．入力の一部として与えられる $k$ に対して，高々 $k$ 個の施設を開設することができる．目標は，$|S| \le k$ となる施設の集合 $S$ のうちで，割当てコスト $\sum_{j \in N} \min_{i \in S} c_{ij}$ が最小となるものを求めることである．一般性を失うことなく，$|S| = k$ と仮定できる．言い換えれば，この問題は，前の 2.2 節で取り上げた $k$-センター問題の min-sum（和最小化）版とも言える．その意味では，$k$-センター問題は min-max（最大最小化）版と言える．$k$-センター問題のときと同様に，距離行列は，対称で，三角不等式を満たし，すべての対角成分はゼロである（すなわち，すべての $i \in N$ で $c_{ii} = 0$）と仮定する．

$k$-メディアン問題に対する局所探索アルゴリズムを与える．そこで，対象とする現在の解で開設されている施設の集合を $S \subseteq N$ とし，任意に選ばれて固定された一つの最適解で開設されている施設の集合を $S^* \subseteq N$ とする．これらのいずれの解でも，各利用者は開設されている施設で最も近い施設に割り当てられているとする．なお，開設される施設の中で最も近い施設が複数あるときには，その中の任意の一つに割り当てられているとする．これらの割当てを，$N$ から $S$ への写像 $\sigma$ と $N$ から $S^*$ への写像 $\sigma^*$ を用いて表す．すなわち，解 $S$ と解 $S^*$ における利用者 $j$ の割当てを，それぞれ $\sigma(j)$ と $\sigma^*(j)$ と表記する．同様に，現在の解 $S$ と最適解 $S^*$ における割当てのコストを，それぞれ $C$ と $C^*$ と表記する．

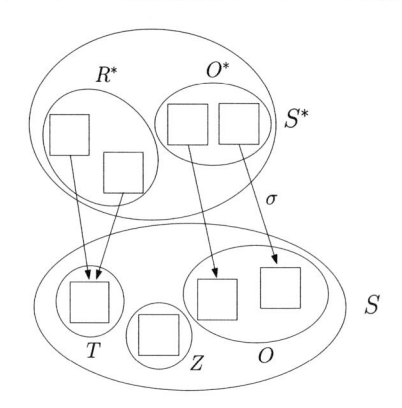

**図9.2** 重要交換移動集合を構成するための $S^*$ から $S$ への写像 $\sigma$.

これから与える局所探索アルゴリズムは，最も自然なアルゴリズムである．各時点で対象とする現在の解は，正確に $k$ 個の点からなる部分集合 $S \subseteq N$ で記述されているとする．一つの実行可能解から近傍解への移動は，二つの施設の**交換** (swap) による移動である．すなわち，現在の解から1個の施設 $i \in S$ を選んでそれを $S$ から除去すると同時に，現在の解に含まれない施設から1個の施設 $i' \in N - S$ を選んでそれを現在の解に加える．この交換直後に，各利用者は開設されている施設で最も近い施設に再割当てされる．この局所探索アルゴリズム（手続き）では，交換移動により解のコストを減少させることができるかどうかを検証して，減少させることができるときにはその交換を実行して解を更新することを繰り返す．どの交換移動でも現在の解のコストを減少することができなくなると，繰り返しは終了し，そのときの解は，局所最適解と呼ばれる．

このとき，以下の定理が成立することを証明する．

**定理 9.6** $k$-メディアン問題の任意の入力に対して，どの交換移動でも解のコストを減せない実行可能な任意の局所最適解 $S$ は，コストが最適解のコストの高々5倍である．

**証明**：証明は，"重要交換移動集合" と呼ぶことにする $k$ 個の特別な交換移動の集合を構成することが中心となる．現在の解 $S$ は局所最適解であるので，これらの交換移動で目的関数の値は改善されないことがわかっている．重要交換移動集合は，$S^*$ の各 $i^*$ を解に入れて，代わりに $S$ から1個の $i$ を除去することで構成される．重要交換移動集合に含まれる $k$ 個の交換移動において，各 $i^* \in S^*$ は正確に一度だけ現れ，各 $i \in S$ は高々2回現れる．なお，$i^* = i$ の可能性も含めている．このときは，実際には交換移動は縮退して解 $S$ は不変であるが，対応する割当ては変化することもあり，それでも現在の解の目的関数の値が減少しないということで，含めることができるからである．現在の解において，各施設 $i^* \in S^*$ は，写像 $\sigma$ で一つの施設 $\sigma(i^*) \in S$ が割り当てられていることに注意しよう．

図9.2に示しているように，この写像 $\sigma$ により，$S$ の施設を以下のように $O, Z, T$ の3種類に分類することができる．

- $O \subseteq S$ は，$S^*$ の正確に1個の施設が写像されるような $S$ の施設の集合である．すなわち，$O \subseteq S$ は，$\sigma(i^*) = i$ となる唯一の施設 $i^* \in S^*$ が存在するような施設 $i \in S$ からなる．

- $Z \subseteq S$ は，$S^*$ の施設が1個も写像されないような $S$ の施設の集合である．すなわち，$Z \subseteq S$ は，$\sigma(i^*) = i$ となる $i^* \in S^*$ が存在しないような施設 $i \in S$ からなる．
- $T \subseteq S$ は，$\sigma(i^*) = i$ となる施設 $i^* \in S^*$ が2個以上存在するような施設 $i \in S$ からなる．

いくつかの単純な観察を行う．写像 $\sigma$ により $O$ の施設に写像される $S^*$ の施設の集合を $O^*$ とする．すなわち，$O^* = \{i^* \in S^* : \sigma(i^*) \in O\}$ である．すると，（$O$ と $O^*$ の定義より）集合 $O^* \subseteq S^*$ と集合 $O \subseteq S$ との間で $\sigma$ によるマッチングが得られる．さらに，$R^* = S^* - O^*$ とし，$\ell$ を $R^*$ の施設数 $|R^*|$ とする．すると，$|S^*| = |S| = k$ であるので，$\ell$ は $|Z \cup T|$ に等しくなる．$T$ の各施設に写像される $R^*$ の施設は2個以上あるので，$|T| \leq \ell/2$ となる．したがって，$|Z| \geq \ell/2$ である．

これで，重要交換移動集合を以下のように定義できるようになった．第一に，各 $i^* \in O^*$ に対する $i^*$ と $\sigma(i^*)$ との交換移動が重要交換移動である．第二に，残りの $\ell$ 個の重要交換移動は，$R^*$ の各施設と $Z$ の施設との交換移動からなる．ただし，$Z$ の各施設は高々2個の重要交換移動に含まれることとする．したがって，$R^*$ の各施設が正確に1個の重要交換移動に含まれ，$Z$ の各施設が 0, 1 あるいは 2 個の重要交換移動に含まれていさえすれば，重要交換移動集合における $R^*$ と $Z$ との間の交換移動はどんなものであってもかまわない．

$i^* \in S^*$ と $i \in S$ との間の重要交換移動を考える．$i \in S$ の施設を閉鎖して，$i^*$ の施設を代わりに解に入れることにより生じるコストの変化を解析する．$S'$ をこの移動後に得られる解とする．すなわち，$S' = S - \{i\} \cup \{i^*\}$ である．解析のために，$N$ の各利用者に対して，$S'$ の開設施設の割当てを以下のように定める．$\sigma^*(j) = i^*$ となる各利用者 $j$ に対して，$i^*$ が $S'$ にあるので，$j$ を $i^*$ に割り当てる．$\sigma^*(j) \neq i^*$ かつ $\sigma(j) = i$ である各利用者 $j$ に対して，（これまで $j$ が割り当てられている施設 $i$ は除去されてなくなるので）$j$ を $\sigma(\sigma^*(j))$ に割り当てる．なお，このとき，$\sigma(\sigma^*(j))$ が $S'$ に含まれることは後述する．上記以外の利用者 $j$ に対しては，割当てはそのままで，$j$ を $\sigma(j)$ に割り当てる．

$\sigma^*(j) \neq i^*$ かつ $\sigma(j) = i$ であるとき，$\sigma(\sigma^*(j)) \neq i$ であること，すなわち，$\sigma(\sigma^*(j))$ が $S'$ に含まれることを証明する．背理法で証明する．$\sigma(\sigma^*(j)) = i$ であったと仮定する．すると，$i \in O$ であることが得られる．なぜなら，$S$ から重要交換移動で除去される各施設は $Z$ あるいは $O$ に含まれるが，$Z$ に $\sigma$ で写像される $S^*$ の施設は定義より存在しないからである（ここでは $\sigma(\sigma^*(j)) = i$ であるとしていることに注意しよう）．$O$ の各施設に $\sigma$ で写像される $S^*$ の施設は唯一であり $O^*$ に含まれるので，$i \in O$ であることから，$i$ と重要交換移動される $S^*$ の施設は唯一であることが得られる．一方，重要交換移動で $i$ は $i^*$ と交換されているので，$\sigma^*(j) = i^*$ が得られる．しかし，これは，$\sigma^*(j) \neq i^*$ であったことに反する．

したがって，新しい施設集合 $S'$ と $N$ の各利用者の $S'$ の施設への割当てが正しく構成できたことになる．この割当てでは，$S'$ の最も近い施設に割り当てられていない利用者 $j$ も存在しうる．しかしながら，現在の解 $S$ から交換移動で解を改善することはできないので，この $S'$ での準最適な上記の利用者の割当てでも，総コストは $S$ の総コスト以上になる．したがって，$S'$ と上記の利用者の割当てにおける総コストは，$S$ と関数 $\sigma$ で与えられる利用者の割当ての総コスト以上になる．

この交換移動による総コストはどのように変化するのであろうか？ $\sigma^*(j) = i^*$ となる利用者 $j$ と $\sigma^*(j) \neq i^*$ かつ $\sigma(j) = i$ となる利用者 $j$ のみに注目して（それ以外の利用者は割

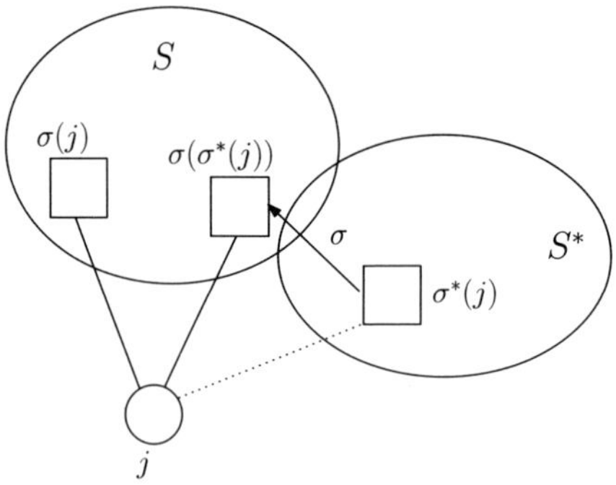

**図9.3** $j$ から $\sigma(\sigma^*(j))$ への辺の長さの上界を求める.

当てが変わらないので），総コストの増加分は，

$$\sum_{j:\sigma^*(j)=i^*}(c_{\sigma^*(j)j}-c_{\sigma(j)j}) + \sum_{j:\sigma^*(j)\neq i^* \,\&\, \sigma(j)=i}(c_{\sigma(\sigma^*(j))j}-c_{\sigma(j)j})$$

と書ける．

図9.3を参照しながら，2番目の和の項の単純化を行う．三角不等式から，

$$c_{\sigma(\sigma^*(j))j} \leq c_{\sigma(\sigma^*(j))\sigma^*(j)} + c_{\sigma^*(j)j}$$

が得られる．現在の解 $S$ において，$\sigma^*(j)$ は，$\sigma(j)$ ではなく，最も近い $\sigma(\sigma^*(j))$ に割り当てられているので，

$$c_{\sigma(\sigma^*(j))\sigma^*(j)} \leq c_{\sigma(j)\sigma^*(j)}$$

が成立することがわかる．再度三角不等式を用いて，

$$c_{\sigma(j)\sigma^*(j)} \leq c_{\sigma^*(j)j} + c_{\sigma(j)j}$$

が得られるので，これらをすべて組み合わせて，

$$c_{\sigma(\sigma^*(j))j} \leq 2c_{\sigma^*(j)j} + c_{\sigma(j)j}$$

が得られる．すなわち，

$$c_{\sigma(\sigma^*(j))j} - c_{\sigma(j)j} \leq 2c_{\sigma^*(j)j}$$

が得られる．（実際には，少し考えると，この不等式は補題9.2の証明ですでに与えていたことがわかる．そこでの $\phi$ と同じ役割を，ここでは $\sigma$ が果たしている．）以上により，総コストの増加分の簡潔な上界が得られたが，もちろん，それはゼロ以上であることがわかっている．したがって，$i^*$ と $i$ の各重要交換移動に対して，

$$0 \leq \sum_{j:\sigma^*(j)=i^*}(c_{\sigma^*(j)j}-c_{\sigma(j)j}) + \sum_{j:\sigma^*(j)\neq i^* \,\&\, \sigma(j)=i} 2c_{\sigma^*(j)j} \tag{9.11}$$

が成立することが得られた．

ここで，すべての $k$ 個の重要交換移動で得られる不等式(9.11)を加える．最初の和における二つの項のそれぞれの寄与を考える．各 $i^* \in S^*$ は正確に1個の重要交換移動に含

まれることを思いだそう．1番目の項に対しては，$\sigma^*(j) = i^*$ となるすべての利用者 $j$ で $c_{\sigma^*(j)j}$ の和をとり，さらに，この和に対して，$S^*$ のすべての $i^*$ で和をとっている．各利用者 $j$ が固定された最適解で割り当てられている施設は唯一で $\sigma^*(j) \in S^*$ であるので，これらの二重和は，結果として $\sum_{j \in N} c_{\sigma^*(j)j} = C^*$ となる．2番目の項に対しても同様のことが言える．すなわち，すべて利用者 $j$ での和となり，これらの二重和は，結果として $-\sum_{j \in N} c_{\sigma(j)j} = -C$ となる．次に，不等式 (9.11) の2番目の和について考える．この和は

$$\sum_{j:\sigma(j)=i} 2c_{\sigma^*(j)j}$$

で上から抑えることができる．この値をすべての重要交換移動で和をとるとどうなるであろうか？各施設 $i \in S$ は，$0, 1$，あるいは2個の重要交換移動に含まれる．そこで，各 $i \in S$ が重要交換移動に含まれる回数を $n_i$ とする．したがって，これらの二重和に対して，

$$\sum_{i \in S} \sum_{j:\sigma(j)=i} 2n_i c_{\sigma^*(j)j} \leq 4 \sum_{i \in S} \sum_{j:\sigma(j)=i} c_{\sigma^*(j)j}$$

が成立する．上述の議論がここでも適用できる．各利用者 $j$ は現在の解で唯一の施設 $\sigma(j) \in S$ が割り当てられているので，これらの二重和は，結果として，すべての $j \in N$ での和に等しくなる．すなわち，これらの二重和の左辺の値は，高々 $4 \sum_{j \in N} c_{\sigma^*(j)j} = 4C^*$ となる．したがって，不等式 (9.11) から $0 \leq 5C^* - C$ となり，$C \leq 5C^*$ が得られる． □

最後に，前節の容量制約なし施設配置問題に対する多項式時間アルゴリズムで用いたアイデアをここでも用いることができることを注意しておく．その証明での中心となる構成要素は，総コストが $1 - \delta$ 倍以下に減るような更新移動（ここでは交換移動）のみを採用することにするというものであった．ここでも，このようにすることにより，得られる局所最適解の解析では，特別な多項式個の移動のみを考えて，その中の各移動によりコストの増加分が非負であるという不等式が得られる[1]．そして，任意に与えられる小さい正の値だけ性能保証を悪くするだけで，局所最適解に到達するまでの移動回数が多項式になるように，$\delta$ の値を定めることができる．

**定理 9.7** 任意の定数 $\rho > 5$ に対して，より大きい改善の交換移動を用いることで，$k$-メディアン問題に対する $\rho$-近似アルゴリズムを得ることができる．

## 9.3 最小次数全点木

本節では，2.6節で議論した最小次数全点木問題を再度取り上げる．この問題では，与えられたグラフ $G = (V, E)$ の最小次数全点木（$G$ の全点木のうちで，次数の最大値が最小になるような全点木）を求めることが目標であったことを思いだそう．$T^*$ を $G$ の最小次数全点木とし，$T^*$ の最大次数を OPT とする．2.6節では，ある特殊な局所探索アルゴ

---
[1] 訳注：各移動によりコストの増加分が $-\delta C$ 以上となる不等式が得られる．

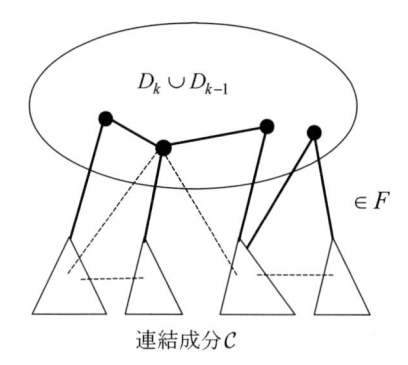

**図 9.4** 補題 9.8 の命題で用いている用語の説明図. $F$ の辺を実線で示している. 一方, $T$ に属さない $G$ の辺の一部を破線で示している. そのような辺は, 一般には, $D_k \cup D_{k-1}$ のどの点にも接続していないときもあることに注意しよう. $\mathcal{C}$ は, 全点木 $T$ から $F$ の辺を除去して得られるすべての連結成分の集合である.

リズムを用いて, 最大次数が高々 $2\,\mathrm{OPT} + \lceil \log_2 n \rceil$ となる局所最適な全点木を多項式時間で求めることができることを示した. 本節では, 別の局所探索アルゴリズムを用いて, 最大次数が高々 $\mathrm{OPT}+1$ となる局所最適な全点木を多項式時間で求めることができることを示す. 2.6 節でも議論したように, 最小次数全点木を求めることは NP-困難であるので, $\mathbf{P} = \mathbf{NP}$ でない限り, この結果は可能な最善の結果である.

2.6 節のアルゴリズムと同様に, アルゴリズムは任意の全点木 $T$ から出発し, その木での最大次数を下げるために局所移動を行う. $T$ での $u$ の次数を $d_T(u)$ と表記する. 点 $u$ を選び, その次数を下げるために, $u$ を含む閉路 $C$ ができるように $T$ にある辺 $(v,w)$ を加え, $u$ に接続する閉路 $C$ 上の辺を 1 本除去する. $\Delta(T) = \max_{v \in V} d_T(v)$ を, 現在の全点木 $T$ の最大次数とする. 現在の木 $T$ が $\Delta(T) \leq \mathrm{OPT}+1$ を満たすための条件を与える以下の補題が成立するように, 局所移動を行う.

**補題 9.8** $k = \Delta(T)$ とし, $T$ の次数 $k$ のすべての点の集合の, 任意の空でない部分集合を $D_k$ とする. 同様に, $T$ の次数 $k-1$ のすべての点の集合の, 任意の部分集合を $D_{k-1}$ とする. さらに, $D_k \cup D_{k-1}$ の点に接続する $T$ のすべての辺の集合を $F$ とし, $T$ から $F$ の辺をすべて除去して得られる $T-F$ のすべての連結成分 (全部で $|F|+1$ 個) の集合を $\mathcal{C}$ とする. このとき, $\mathcal{C}$ の異なる二つの連結成分を結ぶ $G$ のどの辺に対しても, 少なくとも一方の端点が $D_k \cup D_{k-1}$ に含まれるとする. すると, $\Delta(T) \leq \mathrm{OPT}+1$ である.

**証明**: 用語の説明用の図を図 9.4 に示している. 定理 2.19 の証明で用いたアイデアを用いて, OPT の下界を求める. $G$ の全点木はいずれも, $\mathcal{C}$ の連結成分を連結にするために $G$ の辺を少なくとも $|F|$ 本用いる (補題の条件より, それらの各辺は $D_k \cup D_{k-1}$ のいずれかの点を端点として持つ) ので, どの全点木においても $D_k \cup D_{k-1}$ の点の平均次数は少なくとも $|F|/|D_k \cup D_{k-1}|$ である. したがって, $\mathrm{OPT} \geq \lceil |F|/|D_k \cup D_{k-1}| \rceil$ が得られる.

次に, 補題を証明するために, $|F|$ の下界を求める. $D_k$ と $D_{k-1}$ に含まれる点の $T$ における次数の総和は, $|D_k|k + |D_{k-1}|(k-1)$ となる. なお, この和で, 両端点がともに $D_k \cup D_{k-1}$ に属する $F$ の辺は二度数えられている. $T$ は木で無閉路であるので, そのように二度数えられる $F$ の辺は高々 $|D_k| + |D_{k-1}| - 1$ 本である. したがって, $|F| \geq$

$|D_k|k + |D_{k-1}|(k-1) - (|D_k| + |D_{k-1}| - 1)$ となり，

$$\text{OPT} \geq \left\lceil \frac{|D_k|k + |D_{k-1}|(k-1) - (|D_k| + |D_{k-1}| - 1)}{|D_k| + |D_{k-1}|} \right\rceil$$
$$\geq \left\lceil k - 1 - \frac{|D_{k-1}| - 1}{|D_k| + |D_{k-1}|} \right\rceil$$
$$\geq k - 1$$

が得られる．これから，$k = \Delta(T) \leq \text{OPT} + 1$ が得られる． □

　局所探索アルゴリズムは，目標の補題9.8の条件が満たされるようにするために，$\Delta(T)$ の次数となる点の次数を下げることを繰り返し行う．アルゴリズムは，フェーズの列からなり，各フェーズは部分フェーズの列からなる．各フェーズの開始時において，その時点での全点木は $T$ であり，$k = \Delta(T)$ であるとする．各部分フェーズの開始時においては，以下のように設定する．すなわち，$T$ の次数 $k$ のすべての点の集合を $D_k$ とし，$T$ の次数 $k-1$ のすべての点の集合を $D_{k-1}$ とする．さらに，$D_k \cup D_{k-1}$ の点に接続する $T$ のすべての辺の集合を $F$ とし，$T$ から $F$ を除去して得られる $T - F$ の連結成分の集合を $\mathcal{C}$ とする．各フェーズの目標は，全点木に次数 $k$ の点がなくなるように局所移動をすることである．各部分フェーズの目標は，次数 $k$ の点が全点木に1個少なくなるように局所移動をすることである．各部分フェーズの実行においては，$D_k$ のいずれかの点の次数を局所移動で下げられるようになるまで以下の反復を繰り返す．すなわち，各反復では，$D_{k-1}$ の次数 $k-1$ の点のうちで，局所移動で次数を下げることができるような点（複数個のときもある）を求める．このとき，すぐにはこれらの局所移動を行わずに，これらの点にある局所移動で"減少可能"であるというラベルをつけて，その後に，$D_{k-1}$ からラベルをつけた点をすべて除去して，$F$ から対応する辺を除去し $\mathcal{C}$ の対応する連結成分を併合して，$F$ と $\mathcal{C}$ を更新して，次の反復に移る．このアルゴリズムをアルゴリズム9.1にまとめている．以下では，その詳細を議論する．

　部分フェーズの各反復では，$\mathcal{C}$ の任意の二つの連結成分を結ぶ $G$ の辺をすべて考える．そのような辺がすべて少なくとも一方の端点を $D_k \cup D_{k-1}$ に持つときには，補題9.8の条件が成立するので，アルゴリズムは $\Delta(T) \leq \text{OPT} + 1$ を満たす $T$ を返して終了する．そこで以下では，そのような辺の中に両端点とも $D_k \cup D_{k-1}$ に属さない（すなわち，$v, w \notin D_k \cup D_{k-1}$ となる）ような辺 $(v, w)$ が存在するとする．そして，$T$ に $(v, w)$ を加えて得られる唯一の閉路を考える．$(v, w)$ は $\mathcal{C}$ の異なる二つの連結成分を結んでいるので，その閉路は $D_k \cup D_{k-1}$ のある点 $u$ を含むことになる．このときには，望むならば，$T$ に辺 $(v, w)$ を加えて，$u$ に接続する $T$ の辺を除去して，$u$ の次数を減らす局所移動を実行することもできることに注意しよう．しかし，この閉路が $D_k$ の点を含まないときには，すぐにはこの局所移動は行わない．このときには，閉路上の $D_{k-1}$ に含まれるこれらの点に，辺 $(v, w)$ を介して減少可能であるとラベルをつけ，それらの点を $D_{k-1}$ から除去して，更新された $D_k \cup D_{k-1}$ の点に接続する木 $T$ の辺の集合に $F$ を更新して，$\mathcal{C}$ もそれに応じて更新して，次の反復に移る．閉路上の $D_{k-1}$ の点をすべて $D_{k-1}$ から除去したので，それに伴い $F$ からも辺が除去され，$\mathcal{C}$ の連結成分も併合される．とくに，$(v, w)$ で結ばれる二つの連結成分は併合されて，新しい $\mathcal{C}$ では一つの連結成分に含まれることになる．一方，この

> **アルゴリズム 9.1** 最小次数全点木問題に対する局所探索アルゴリズム.
>
> $T$ を $G = (V, E)$ の任意の全点木とする
> **while** true **do**      // 補題9.8の条件が成立しない限り以下を繰り返す
>     $k \leftarrow \Delta(T)$      // 新しいフェーズの開始
>     **while** $T$ に次数 $k$ の点が存在する **do**     // 新しい部分フェーズの開始
>         $D_k \leftarrow T$ の次数 $k$ のすべての点の集合
>         $D_{k-1} \leftarrow T$ の次数 $k-1$ のすべての点の集合
>         $F \leftarrow D_k \cup D_{k-1}$ の点に接続する $T$ のすべての辺の集合
>         $\mathcal{C} \leftarrow T$ から $F$ を除去して得られるすべての連結成分の集合
>         すべての点 $u \in D_{k-1}$ はラベルがつけられていないとする
>         **if** $\mathcal{C}$ の異なる二つの連結成分を結ぶすべての辺 $(v,w) \in E$ に対して
>             $v$ あるいは $w$ が $D_k \cup D_{k-1}$ に含まれる **then**    // 補題9.8の条件成立
>           **return** $T$
>         **for** $\mathcal{C}$ の異なる二つの連結成分を結ぶ $v, w \notin D_k \cup D_{k-1}$ となる
>               辺 $(v,w) \in E$ が存在する **do**
>             $T$ に $(v,w)$ を加えて得られる唯一の閉路を $C$ とする
>             **if** $C \cap D_k = \emptyset$ **then**
>                 すべての $u \in C \cap D_{k-1}$ に $(v,w)$ を介して減少可能とラベルをつける
>                 $D_{k-1}$ から $C \cap D_{k-1}$ を除去する
>                 $F$ と $\mathcal{C}$ を更新する
>             **else**
>                 **if** $u \in C \cap D_k$ **then**
>                     **if** $v$ あるいは $w$ に減少可能とラベルがつけられている **then**
>                         局所移動を介して $v$ と $w$ の一方あるいは両方の次数を減らし,
>                         必要に応じて局所移動を伝搬する
>                     $(v,w)$ に伴う局所移動を介して $u$ の次数を減らす
>                     **for** ループを強制終了する    // 新しい部分フェーズの開始

閉路が $D_k$ の点 $u$ を含むときには,すぐに木に辺 $(v,w)$ を加えて,$u$ に接続する閉路上の辺を1本除去して,点 $u$ の次数を1減らす.このようにして $u$ の次数が1減ることにより,($(v,w)$ 以外の)木の次数 $k$ の点数は1減るが,$v$ と $w$ のいずれも次数が $k$ にならないことも保証したい.$v$ と $w$ の少なくとも一方の次数が $k$ になるのは,$v$ あるいは $w$ の木 $T$ における次数が $k-1$ のときのみである.さらに,そのような点 $v, w$ は,辺 $(v,w)$ の選び方より $v, w \notin D_k \cup D_{k-1}$ であったので,この部分フェーズのそれ以前の反復で $D_{k-1}$ から除去されて,減少可能とラベルがつけられていたことになる.このようなケースでは,減少可能な点の次数を $k-2$ に減らすことができる局所移動を実行し,木に $(v,w)$ を加えて,$u$ に接続する木の辺を1本除去する.しかし,このような減少可能な点の次数を $k-2$ にする局所移動を実行することで,局所移動のカスケード(伝搬)が生じることもある.たとえば,

$v$ が次数 $k-1$ であり，辺 $(x,y)$ を加えて $v$ の次数を $k-2$ にする局所移動を実行するとき，$x$ もこの部分フェーズの開始時には次数が $k-1$ であって，この部分フェーズのある反復（$v$ が減少可能とラベルがつけられるより前の反復）で減少可能となっていた，というように続くこともありうる．これらの局所移動をすべて実行して，新しく次数 $k$ の点を生み出すことなく，$u$ の次数を $k-1$ に減らすことができることを示す．このようなときには，$u$ に対する局所移動を"伝搬"することができると呼ぶ．$u$ の次数が $k$ から $k-1$ に減ると，次の部分フェーズを新しく開始する．次数 $k$ の点がなくなると，次の新しいフェーズを開始する．

これで，アルゴリズムが多項式時間で所望の解を求めてくることを証明することができるようになった．

**定理 9.9** アルゴリズム 9.1 は，$\Delta(T) \leq \mathrm{OPT}+1$ を満たす全点木 $T$ を多項式時間で求める．

**証明**：アルゴリズムは，補題 9.8 の条件を満たすようになって初めて終了するので，終了するときには，$\Delta(T) \leq \mathrm{OPT}+1$ を満たす全点木 $T$ が返される．さらに，各部分フェーズのどの反復でも，次数 $k$ の点を新しく生じることなく，局所移動を伝搬して，$\mathcal{C}$ のある一つの連結成分の減少可能な点の次数を減少できることが主張できる．したがって，アルゴリズムは終了するか，あるいは，各部分フェーズで次数 $k$ のある点 $u$ を求めてきて，ある辺 $(v,w)$ を用いる局所移動でその点 $u$ の次数を $k-1$ に減らすことができる．なお，後者のとき，$v$ と $w$ は $\mathcal{C}$ の異なる連結成分に属し，それらの点の次数は $k-1$ 未満であるか，あるいは次数 $k-1$ で減少可能であるかのいずれかとなり，上記の主張により，局所移動の伝搬でそれらの点の次数を減少できる．したがって，各部分フェーズで，次数 $k$ の点を新しく生じることなく，$u$ の次数を $k$ から $k-1$ にすることができるので，これを繰り返し行って，各フェーズで次数 $k$ の点がなくなるようにできる．$\Delta(T) = 1$ の実行可能な全点木は（点数が 2 でない限り）存在しないので，アルゴリズムは最終的には終了することになる．したがって，アルゴリズムは多項式時間で走ることになる．

最後に，部分フェーズの各反復で，次数 $k$ の点を新しく生じることなく，局所移動を伝搬して，$\mathcal{C}$ のある一つの連結成分の減少可能な点の次数を減少できるという，上記の主張を証明する．これを部分フェーズにおける反復回数の帰納法で証明する．最初の反復の開始時には，減少可能とラベルのつけられている点は存在しないので，自明に成立する．そこで，部分フェーズの第 $i \geq 1$ 回目の反復で，$u$ が減少可能とラベルがつけられたとする．すなわち，$u$ の次数を $k-1$ から $k-2$ に減らす木に含まれない辺 $(v,w)$ の局所移動があるので，この反復で点 $u$ が減少可能とラベルをつけられたとする．さらに，この反復の開始時には $v$ と $w$ を含む $\mathcal{C}$ の連結成分は互いに素である（共通点を持たない）．もし $v$ が減少可能ならば，それ以前の反復 $j < i$ でそのようにラベルがつけられていたことになり，帰納法の仮定から，その点の次数を $k-2$ 以下とすることを保証する局所移動を行うことができる．同じことが，$w$ に対しても言えるので，帰納法の仮定から，$v$ と $w$ の両方に対して，それらが $\mathcal{C}$ の異なる連結成分にあることに基づいて，次数を $k-2$ 以下とすることを保証する局所移動を行うことができる．その次の反復（第 $i+1$ 回目の反復）では，$v$ と $w$ を含む連結成分は併合されて一つの連結成分に含まれるようになり，さらにその連結成分は $u$ も含むことになる．一つの部分フェーズで $\mathcal{C}$ の連結成分で起こりうる変化は，連結成

分が併合されるだけであるので，部分フェーズのその後の反復では，$u, v, w$ は $\mathcal{C}$ の同一の連結成分にずっととどまり続ける．したがって，$(v, w)$ を加える局所移動と $u$ の次数を減らすことは第 $i+1$ 回目の反復（の開始時）でも可能であり続ける． □

11.2 節では，各辺にコストが付随し，各点には次数の上界が与えられるような問題版を取り上げる．与えられた次数の上界を満たすような全点木が存在するときに，各点の次数の上界を高々 1 しか超えない木でコストが最小なものを求める方法を示す．

## 9.4 容量制約なし施設配置問題に対するグリーディアルゴリズム

本節では，容量制約なし施設配置問題に対する別のアルゴリズムをさらに与える．この問題に対してグリーディアルゴリズムを与えて，それを双対フィット法を用いて解析する．これは，集合カバー問題に対して，定理 1.12 で行ったこととほぼ同様である．

きわめて単純なグリーディアルゴリズムとして，毎回開設する施設を一つ選んで，その施設に利用者を割り当てることを繰り返すことが挙げられる．すなわち，選んだ施設を開設し，その施設に適切に利用者を割り当て，この施設と割り当てた利用者を除去し，残った施設と利用者に対して，同じことを繰り返す．グリーディアルゴリズムでは，毎回，達成される前進に対して総コストが最小となるような，開設する施設と利用者の集合を求めたい．そこで，1.6 節で集合カバー問題に対するグリーディアルゴリズムで用いた基準をここでも用いる．すなわち，総コストに対して割り当てられた各利用者の負担が最小になるような，"元がとれる" ことが最大になるようなものを選ぶ．より正確には，以下のように記述できる．それまでに開設した施設の集合を $X$ とし，開設した $X$ の施設にまだ割り当てられていない利用者の集合を $S$ とする．このとき，施設 $i \in F - X$ と利用者の部分集合 $Y \subseteq S$ に対して，比

$$\frac{f_i + \sum_{j \in Y} c_{ij}}{|Y|}$$

が最小となる施設 $i \in F - X$ と利用者の部分集合 $Y \subseteq S$ を求める．そして，施設 $i$ を開設集合 $X$ に加え，$Y$ のすべての利用者を $i$ に割り当て，（割り当てられていない利用者の集合）$S$ から $Y$ を除去する．そして，$S$ が空集合になるまでこれを繰り返す．任意に与えられた施設 $i$ に対して，上記の比 $\frac{f_i + \sum_{j \in Y} c_{ij}}{|Y|}$ を最小にする $Y \subseteq S$ は，以下のようにして得られる．すなわち，最初に $S$ の利用者を $i$ からの距離が小さい順にソートする．すると，上記の比を最小とする $Y$ は，この順番のあるところまでのすべての利用者の集合となることが言えることに注意しよう．したがって，1 から $|S|$ の各 $k$ に対して，$i$ への距離が小さい順に $k$ 番目までの利用者の集合を $Y$ として，上記の比を計算して，最小値を達成する $Y$ を求めればよい．

この提案するアルゴリズムに，さらに以下の二つの単純な改善を加える．第一の改善は，開設する施設 $i$ を（初めて）選択したときに，これまでは開設済み施設集合に加えて，これから開設する可能性のある施設の集合から除去していたが，ここでは，$i$ を今後も開設コスト 0 で開設できるものとして，開設する可能性のある集合に残しておくとい

うものである．このアイデアは，アルゴリズムの進行に伴い，将来，新しく施設を開設して適切に利用者を割り当てるよりも，開設コスト 0 の開設済みの施設 $i$ に利用者を適切に割り当てるほうが，上記の比がより小さくなることもありうるということによる．第二の改善は，開設された施設への利用者の割当てを固定化するのではなく，後に開設する施設へ割当てを変えることも許すというものである．したがって，毎回この割当ての変更による節約も考慮に入れて，開設する施設を選ぶことにする．より具体的には，以下のとおりである．$c(j, X) = \min_{i \in X} c_{ij}$ および $(a)_+ = \max(a, 0)$ とする．さらに，開設済みの $X$ のいずれかの施設にすでに割り当てられている利用者の集合を $D - S$ とする．ここで，施設 $i$ を開設するかどうかを考えているとする．このとき，$c(j, X) > c_{ij}$ を満たすすべての利用者 $j \in D - S$ に対して，割当てを $X$ の施設から $i$ に変更すると割当てのコストを削減できる．これによる総節約分は $\sum_{j \in D-S}(c(j, X) - c_{ij})_+$ となる．したがって，毎回，比

$$\frac{f_i - \sum_{j \in D-S}(c(j, X) - c_{ij})_+ + \sum_{j \in Y} c_{ij}}{|Y|}$$

を最小化する $i \in F$ を選んで開設し，$Y \subseteq S$ のすべての利用者（および $c(j, X) > c_{ij}$ を満たすすべての利用者 $j \in D - S$）を $i$ に割り当てる．二つの改善を加えたこのアルゴリズムを，アルゴリズム 9.2 にまとめている．

---

**アルゴリズム 9.2** 容量制約なし施設配置問題に対するグリーディアルゴリズム．

$S \leftarrow D$
$X \leftarrow \emptyset$
**while** $S \neq \emptyset$ **do**
　　$\frac{f_i - \sum_{j \in D-S}(c(j,X) - c_{ij})_+ + \sum_{j \in Y} c_{ij}}{|Y|}$ を最小化する $i \in F$ と $Y \subseteq S$ を選ぶ
　　$f_i \leftarrow 0; \ S \leftarrow S - Y; \ X \leftarrow X \cup \{i\};$
$X$ のすべての施設を開設し，各施設 $j$ を $X$ の最も近い施設に割り当てる

---

このアルゴリズムを双対フィット法を用いて解析する．最初に，主問題のこの実行可能解のコストと目的関数の値が等しくなるような（主問題の線形計画緩和の）双対問題の実行不可能解を構成する．次に，この双対実行不可能解を値 2 で割ると双対問題の実行可能解になることを示す．したがって，主問題のこの実行可能解のコストは，（主問題の線形計画緩和の）双対問題の実行可能解の値（この値は主問題の最適解の値以下）の 2 倍であることになり，アルゴリズムは 2-近似アルゴリズムであることになる．

最初に，容量制約なし施設配置問題の線形計画緩和の双対問題は

$$\begin{aligned}
\text{maximize} \quad & \sum_{j \in D} v_j \\
\text{subject to} \quad & \sum_{j \in D} w_{ij} \leq f_i, && \forall i \in F, \\
& v_j - w_{ij} \leq c_{ij}, && \forall i \in F, j \in D, \\
& w_{ij} \geq 0, && \forall i \in F, j \in D
\end{aligned}$$

と書けることを思いだそう.

上記のグリーディアルゴリズムは,以下のようにも書けることが主張できる. 各利用者 $j$ が施設開設とサービス利用の割当てコストの負担額として, 値 $\alpha_j$ の入札をする. いずれかの施設に開設コストのための貢献分が集まり開設されるか, あるいは開設されている施設への割当てコストが払えるようになるまで, 各利用者は入札額を一様に増やしていく. 施設 $i$ に割り当てられていない利用者 $j$ の入札額 $\alpha_j$ は, その値から割当てコストを引いた差額分が正のときは, その分は施設 $i$ の開設コストに対する貢献として向けられる. すなわち, $(\alpha_j - c_{ij})_+$ が施設 $i$ の開設コストに対する貢献として向けられる. 施設 $i$ に向けられる利用者の総貢献分が開設コスト $f_i$ に等しくなると, 施設 $i$ を開設する. さらに, すでに開設された施設に割り当てられている利用者に対しても, 現在の割当てコストからより近い未開設の施設への割当てコストを引いた差額分が, より近いその施設への開設コストに対する貢献分として向けられると考える. すなわち, 利用者 $j$ がすでに開設されている $X$ の施設に割り当てられているとき, 差額の $(c(j,X) - c_{ij})_+$ が施設 $i$ の開設コストへの貢献分として向けられる. さらに, このとき施設 $i$ が開設されると, 利用者 $j$ は施設 $i$ に割り当てられて, その割当てコストは正確に $(c(j,X) - c_{ij})_+$ の分だけ減ることになる. そして, すべての利用者が開設されているいずれかの施設に割り当てられると, アルゴリズムはすぐに終了する.

---

**アルゴリズム 9.3** 容量制約なし施設配置問題に対する双対フィットアルゴリズム.

$\alpha \leftarrow 0$
$S \leftarrow D$
$X \leftarrow \emptyset$
すべての $i \in F$ で $\hat{f}_i = 2f_i$ とする
**while** $S \neq \emptyset$ **do** // $X$ の施設に割り当てられていない利用者が存在する限り
　　$[\alpha_j = c_{ij}$ となる $j \in S, i \in X$ が存在する$]$ か, あるいは
　　　　$[\sum_{j \in S}(\alpha_j - c_{ij})_+ + \sum_{j \in D-S}(c(j,X) - c_{ij})_+ = \hat{f}_i$ となる $i \in F - X$ が存在する$]$
　　ようになるまで, すべての $j \in S$ で $\alpha_j$ を一様に増やす
　　**if** $\alpha_j = c_{ij}$ となる $j \in S, i \in X$ が存在する **then**
　　　　// $j$ を開設済みの施設 $i \in X$ に割り当てる
　　　　$S \leftarrow S - \{j\}$
　　**else**
　　　　// 施設 $i$ が $X$ に加えられる
　　　　$X \leftarrow X \cup \{i\}$
　　　　**for** $\alpha_j \geq c_{ij}$ を満たす各 $j \in S$ **do**
　　　　　　$S \leftarrow S - \{j\}$
$X$ のすべての施設を開設し, 各利用者 $j$ を $X$ の最も近い施設に割り当てる

---

このアルゴリズムを, アルゴリズム 9.3 にまとめている. 証明の単純化のため, アルゴリズムでは, $\hat{f}_i = 2f_i$ を用いている. グリーディアルゴリズムでの記述でも用いたように,

開設された施設の集合を $X \subseteq F$ で管理し，開設された $X$ の施設にまだ割り当てられていない利用者の集合を $S \subseteq D$ で管理する．

上記の二つのアルゴリズムが等価であることを証明することは，演習問題とする（演習問題9.1)[2]．そのための基礎となるアイデアは，利用者 $j$ が最初に施設 $i$ に割り当てられるときに，$j$ の入札額 $\alpha_j$ は比 $(f_i - \sum_{j \in D-S}(c(j,X) - c_{ij})_+ + \sum_{j \in Y} c_{ij})/|Y|$ に等しいということである．

補足として，容量制約なし施設配置問題に対するアルゴリズム9.3と7.6節の主双対アルゴリズムとの間には，ある種の強い関係が存在することを注意しておく．ここでは，"開設済み"の施設に割り当てられていないすべての利用者 $j$ の入札額 $\alpha_j$ を一様に増やしている．一方，主双対アルゴリズムでは，"暫定的に開設"としているいずれかの施設に割当コストが払えるようになるか，ある施設に対する双対不等式が初めてタイトになるまで，各利用者 $j$ に対する双対変数 $v_j$ の値を一様に増やしていた．すなわち，主双対アルゴリズムでは，最終的には，暫定的に開設としている施設の部分集合を開設し，さらに，双対制約式を実行可能に保つために，すべての利用者 $j$ にわたる和で，$\sum_j (v_j - c_{ij})_+ \leq f_i$ が成立するようにしていた．一方，ここのアルゴリズムでは，$\sum_{j \in S}(\alpha_j - c_{ij})_+ + \sum_{j \in D-S}(c(j,X) - c_{ij})_+ > f_i$ も認めて，$\sum_{j \in S}(\alpha_j - c_{ij})_+ + \sum_{j \in D-S}(c(j,X) - c_{ij})_+ \leq \hat{f}_i = 2f_i$ が成立するようにしている．さらに，$S$ に含まれない利用者 $j$ の施設開設のコストにおける寄与は，ここのアルゴリズムでは $(c(j,X) - c_{ij})_+$ であるのに対して，主双対アルゴリズムでは $(v_j - c_{ij})_+$ であるのでより大きい値になることもある．この理由により，入札額 $\alpha$ は，一般には，線形計画緩和の双対問題の実行可能解にはならない．

以下の二つの補題に対する証明は後述するが，その前にそれらを用いてアルゴリズム9.3が2-近似アルゴリズムであることを示す．アルゴリズム9.3で得られる入札額の集合を $\alpha$ とし，開設される施設の集合を $X$ とする．最初の補題は，利用者の入札額の総和が，解における割当てコストと開設される施設のコスト $\hat{f}$ の総和に等しいことを述べている．2番目の補題は，$\alpha/2$ が双対実行可能解であることを述べている．

**補題 9.10** アルゴリズム9.3で得られる $\alpha$ と $X$ に対して，

$$\sum_{j \in D} \alpha_j = \sum_{j \in D} c(j, X) + 2\sum_{i \in X} f_i$$

が成立する．

**補題 9.11** $v_j = \alpha_j/2$ かつ $w_{ij} = (v_j - c_{ij})_+$ とする．すると，$(v, w)$ は双対実行可能解である．

これらの二つの補題から，以下の定理が得られる．

**定理 9.12** アルゴリズム9.3は，容量制約なし施設配置問題に対する2-近似アルゴリズムである．

---

[2] 訳注：証明の単純化のため，アルゴリズム9.3では $\hat{f}_i = 2f_i$ を用いているので，実際には等価でない．しかし，$\hat{f}_i = f_i$ を用いることにすれば等価である．

**証明**：補題 9.10 と補題 9.11 を組み合わせて，

$$\sum_{j\in D} c(j,X) + \sum_{i\in X} f_i \leq \sum_{j\in D} c(j,X) + 2\sum_{i\in X} f_i$$
$$= \sum_{j\in D} \alpha_j$$
$$= 2\sum_{j\in D} v_j$$
$$\leq 2\,\mathrm{OPT}$$

が得られる．最後の不等式は，$\sum_{j\in D} v_j$ が双対問題の目的関数の値であり，弱双対定理により，最適な整数解のコストの下界であることから得られる． □

上では，実行可能解 $(v,w)$ に対して，実際には，

$$\sum_{j\in D} c(j,X) + 2\sum_{i\in X} f_i = 2\sum_{j\in D} v_j$$

を証明したことに注意しよう．したがって，アルゴリズムは，7.7 節の最後に定義したように，ラグランジュ乗数保存である．そこで議論したように，7.7 節で与えた $k$-メディアン問題に対するアルゴリズムに，このアルゴリズムを組み込んで，任意の $\epsilon > 0$ に対して，$k$-メディアン問題に対する $2(2+\epsilon)$-近似アルゴリズムが得られる．

補題 9.10 と補題 9.11 の証明に移る．

**補題 9.10 の証明**：アルゴリズムの while ループでの各反復の開始時に

$$\sum_{j\in D-S} \alpha_j = \sum_{j\in D-S} c(j,X) + 2\sum_{i\in X} f_i$$

であることを，帰納法を用いて証明する．アルゴリズムの終了時には $S = \emptyset$ であるので，これから補題が得られる．

アルゴリズムの開始時には，$S = D$ かつ $X = \emptyset$ であるので，等式は明らかに成立する．while ループの各反復で，ある利用者 $j \in S$ が $X$ の開設済みのある施設 $i$ に初めて割り当てられるか，新しい施設が $X$ に加えられる．最初のケースでは，$\alpha_j = c(j,X)$ が成立して，$j$ が $S$ から除去される．したがって，等式の左辺は $\alpha_j$ だけ増加し，右辺は $c(j,X)$ だけ増加するので，等式は成立し続ける．2 番目のケースでは，$\sum_{j\in S}(\alpha_j - c_{ij})_+ + \sum_{j\in D-S}(c(j,X) - c_{ij})_+ = \hat{f}_i$ が成立して，$i$ が $X$ に加えられる．さらに，アルゴリズムでは，$\alpha_j - c_{ij} \geq 0$ となるすべての $j \in S$ が $S$ から除去される．このような $j$ からなる集合を $S' \subseteq S$ とする．すると，等式の左辺は $\sum_{j\in S'} \alpha_j$ だけ増加する．施設 $i$ に正の貢献をする（すなわち，$(c(j,X) - c_{ij})_+ > 0$ である）すべての $j \in D - S$ の集合を $S''$ とする．$S''$ は，$D - S$ の利用者のうちで，$X$ のどの施設よりも $i$ のほうが真に近いという利用者からなることに注意すると，$i$ が $X$ に加えられるときに，すべての $j \in S''$ で $c(j, X \cup \{i\}) = c_{ij}$ が成立することになる．したがって，等式の右辺の増加分は，

$$2f_i + \sum_{j\in S'} c_{ij} + \sum_{j\in S''}(c(j, X\cup\{i\}) - c(j,X)) = 2f_i + \sum_{j\in S:\alpha_j \geq c_{ij}} c_{ij} - \sum_{j\in D-S}(c(j,X) - c_{ij})_+$$

となる．さらに，$2f_i = \hat{f}_i = \sum_{j\in S}(\alpha_j - c_{ij})_+ + \sum_{j\in D-S}(c(j,X) - c_{ij})_+$ であることを用いて，それを上式の $2f_i$ に代入すると，等式の右辺の増加分は，$\sum_{j\in S:\alpha_j\geq c_{ij}} \alpha_j = \sum_{j\in S'} \alpha_j$ と書ける．これは，左辺の増加分に一致する．したがって，等式が成立し続ける． □

いくつかの補題を用いて，補題9.11を証明する．これらの補題の証明では，アルゴリズムに時刻の概念を導入して用いる．アルゴリズムは，時刻0で開始し，すべての$j \in S$の$\alpha_j$を一様に増やす．時刻$t$では，開設されている施設にまだ接続されていない各利用者$j$（すなわち，$j \in S$である任意の利用者$j$）に対して，$\alpha_j = t$が成立する．

**補題 9.13** 各利用者$j$がいずれかの施設に割り当てられる最初の時刻を$\alpha_j$とする．さらに，利用者$j, k$に対して$\alpha_k \leq \alpha_j$であるとする．このとき，時刻$t = \alpha_j$における利用者$k$の施設$i$に対する貢献分は[3]，少なくとも$\alpha_j - c_{ij} - 2c_{ik}$である．

**証明**：$\alpha_k \leq \alpha_j$であるので，$\alpha_k = \alpha_j$であるときと，$\alpha_k < \alpha_j$であるときとに分けて議論する．

$\alpha_j = \alpha_k$である（利用者$k$が利用者$j$と同時に施設に初めて割り当てられる）ときには，その時刻$\alpha_j$で，利用者$k$の施設$i$に対する貢献分$(\alpha_k - c_{ik})_+$は，$(\alpha_k - c_{ik})_+ = (\alpha_j - c_{ik})_+ \geq \alpha_j - c_{ij} - 2c_{ik}$を満たす．

$\alpha_k < \alpha_j$である（利用者$k$が施設に初めて割り当てられた時刻$\alpha_k$は，利用者$j$が施設に初めて割り当てられる時刻$\alpha_j$より前である）とする．施設$i$が時刻$\alpha_k$までに開設されているときには，どの時刻$t$でも利用者$k$の施設$i$に対する貢献分は$(\alpha_k - c_{ik})_+ = 0$である．さらにこのとき，同様に，どの時刻$t$でも利用者$j$の施設$i$に対する貢献分は$(\alpha_j - c_{ij})_+ = 0$である．したがって，時刻$\alpha_j$で利用者$k$の施設$i$に対する貢献分は，$(\alpha_k - c_{ik})_+ = 0 = (\alpha_j - c_{ij})_+ \geq \alpha_j - c_{ij} - 2c_{ik}$である．そこで以下では，施設$i$は時刻$\alpha_k$以降に開設されるか，あるいは最後まで開設されないかのいずれかであるとする．利用者$k$は時刻$\alpha_k$で初めて施設に割り当てられているので，利用者$k$が時刻$\alpha_j$の直前に割り当てられている施設を$h$とする．すると，時刻$\alpha_j$で$k$の施設$i$に対する貢献分は，$(c_{hk} - c_{ik})_+$となる．三角不等式より，$c_{hj} \leq c_{ij} + c_{ik} + c_{hk}$が成立する．さらに，利用者$j$は，時刻$\alpha_k$より後の時刻$\alpha_j$で初めて施設に割り当てられたので，それ以前には施設$h$に割り当てられていなかったことになり，$\alpha_j \leq c_{hj}$が成立する．したがって，$\alpha_j \leq c_{ij} + c_{ik} + c_{hk}$が得られる．以上より，時刻$\alpha_j$で利用者$k$の施設$i$に対する貢献分は，少なくとも$(c_{hk} - c_{ik})_+ \geq c_{hk} - c_{ik} \geq \alpha_j - c_{ij} - 2c_{ik}$となる． □

**補題 9.14** $A \subseteq D$を任意の利用者の部分集合とする．$A$のすべての利用者の名前を必要に応じて交換して，$A = \{1, \ldots, p\}$かつ$\alpha_1 \leq \cdots \leq \alpha_p$を満たすように並べる．すると，任意の$j \in A$に対して，

$$\sum_{k=1}^{j-1}(\alpha_j - c_{ij} - 2c_{ik}) + \sum_{k=j}^{p}(\alpha_j - c_{ik}) \leq \hat{f}_i$$

が成立する．

---

[3] 訳注：時刻$t = \alpha_j$における利用者$k$の施設$i$に対する貢献分を，施設$i$が開設される時刻$t_i$に基づいて，(i) $t_i < \alpha_k$のとき，(ii) $\alpha_k \leq t_i$のときの二通りに分けて考える（開設されないときは$t_i = \infty$であると見なす）．(i) $t_i < \alpha_k$のときには，利用者$k$は施設$i$に貢献しないことになり，$\alpha_k \leq c_{ik}$が成立する．したがって，どの時刻$t$でも利用者$k$の施設$i$に対する貢献分は$(\alpha_k - c_{ik})_+ = 0$である．(ii) $\alpha_k \leq t_i$のときには，時刻$t = \alpha_k$の直前まで$k$はどの施設にも割り当てられていないので，$t \leq \alpha_k$のどの時刻$t$でも利用者$k$の施設$i$に対する貢献分は$(\alpha_k - c_{ik})_+$である．一方，$\alpha_k < t \leq t_i$の時刻$t$では，時刻$t$の直前に$k$が割り当てられている施設が存在するのでそれを$h_t$とすると，時刻$t$における利用者$k$の施設$i$に対する貢献分は$(c_{h_t k} - c_{ik})_+$である．時刻$t = t_i$以降，利用者$k$の施設$i$に対する貢献分は$(c_{h_{t_i} k} - c_{ik})_+$で不変である．

**証明**：どの時刻でも，施設 $i$ に対する総貢献分は，施設コスト $\hat{f}_i$ 以下であることは，わかっている．補題9.13より，時刻 $\alpha_j$ では，$k < j$ を満たすすべての利用者 $k$ に対して，利用者 $k$ の施設 $i$ に対する貢献分は少なくとも $\alpha_j - c_{ij} - 2c_{ik}$ である．一方，すべての利用者 $k \geq j$ に対して，$\alpha_k \geq \alpha_j$ であるので，時刻 $\alpha_j$ の直前までどの施設にも割り当てられていなかったことになり，時刻 $\alpha_j$ での利用者 $k$ の施設 $i$ に対する貢献分は $(\alpha_j - c_{ik})_+ \geq \alpha_j - c_{ik}$ となる．これらをすべて合わせて，補題の主張が得られる． □

**補題 9.15** $A \subseteq D$ を任意の利用者の部分集合とする．$A$ のすべての利用者の名前を必要に応じて交換して，$A = \{1, \ldots, p\}$ かつ $\alpha_1 \leq \cdots \leq \alpha_p$ を満たすように並べる．すると，

$$\sum_{j \in A}(\alpha_j - 2c_{ij}) \leq \hat{f}_i$$

が成立する．

**証明**：補題9.14の不等式をすべての $j \in A$ で和をとると，

$$\sum_{j=1}^{p}\left(\sum_{k=1}^{j-1}(\alpha_j - c_{ij} - 2c_{ik}) + \sum_{k=j}^{p}(\alpha_j - c_{ik})\right) \leq p\hat{f}_i$$

が得られる．これは，

$$p\sum_{j=1}^{p}\alpha_j - \sum_{k=1}^{p}(k-1)c_{ik} - p\sum_{k=1}^{p}c_{ik} - \sum_{k=1}^{p}(p-k)c_{ik} \leq p\hat{f}_i$$

と書けるので，

$$\sum_{j=1}^{p}(\alpha_j - 2c_{ij}) \leq \hat{f}_i$$

が得られる． □

これで，$v_j = \alpha_j/2$ が双対実行可能解であることを証明できるようになった．

**補題9.11の証明**：$v_j = \alpha_j/2$ とし，$w_{ij} = (v_j - c_{ij})_+$ とする．すると，明らかに，$v_j - w_{ij} \leq c_{ij}$ である．ここで，すべての $i \in F$ で，$\sum_{j \in D} w_{ij} \leq f_i$ が成立することを示すことが必要である．そこで，任意に $i \in F$ を選び，$A = \{j \in D : w_{ij} > 0\}$ とする．すると，$\sum_{j \in A} w_{ij} \leq f_i$ を証明すれば十分であることになる．補題9.15より，

$$\sum_{j \in A}(\alpha_j - 2c_{ij}) \leq \hat{f}_i$$

が成立する．これは，

$$\sum_{j \in A}(2v_j - 2c_{ij}) \leq 2f_i$$

と書き換えることができる．両辺を2で割ると，

$$\sum_{j \in A}(v_j - c_{ij}) \leq f_i$$

が得られる．最後に，$A$ と $w$ の定義より，すべての $j \in A$ に対して，$w_{ij} = v_j - c_{ij}$ が成立するので，補題が証明された． □

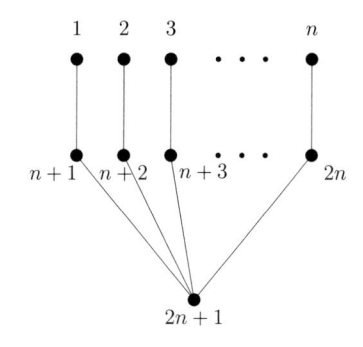

**図 9.5** 9.1 節の局所探索アルゴリズムの局所性ギャップが悪くなることを示す演習問題 9.2 の入力の例.

このアルゴリズムは，きわめて複雑な解析をとおして，性能保証が 1.61 であることも示されている．詳細については，章末のノートと発展文献を参照されたい．

## 9.5 演習問題

9.1 容量制約なし施設配置問題に対するアルゴリズム 9.2 と（$\hat{f}_i = 2f_i$ の代わりに $\hat{f}_i = f_i$ とした）アルゴリズム 9.3 は，等価であることを証明せよ．

9.2 最適化問題の局所探索アルゴリズムの**局所性ギャップ** (locality gap) は，局所最適解のコストと最適解のコストとの最悪比として定義される．なお，その比は，すべての入力および入力のすべての局所最適解にわたってとられる．局所性ギャップは線形計画緩和の整数性ギャップと類似の概念であると考えられる．

9.1 節の容量制約なし施設配置問題に対する局所探索アルゴリズムの局所性ギャップを考える．図 9.5 に示している入力を考える．そこでは，$F = \{1, \ldots, n, 2n+1\}$ が候補施設集合，$D = \{n+1, \ldots, 2n\}$ が利用者集合である．施設 $1, \ldots, n$ の各施設のコストは 0 であり，施設 $2n+1$ のコストは $n-1$ である．図に示している各辺のコストは 1 であり，示されていない施設 $i \in F$ と利用者 $j \in D$ の間の割当てコスト $c_{ij}$ は，（コストを長さと考えたときの）2 点間の最短パスの長さである．この例を用いて，任意の $\epsilon > 0$ に対して，局所性ギャップは少なくとも $3 - \epsilon$ であることを示せ[4]．

9.3 9.3 節の局所探索アルゴリズムは，最大次数が $\mathrm{OPT} + 1$ となるシュタイナー木を求めるのに利用できることを示せ．なお，OPT は最小次数シュタイナー木の最大次数である．

9.4 演習問題 5.10 の一様ラベリング問題を思いだそう．入力として，グラフ $G = (V, E)$，すべての辺 $e \in E$ に対するコスト $c_e \geq 0$，$V$ の点に割り当てることのできるラベルの集合 $L$ が与えられる．さらに，点 $v \in V$ にラベル $i \in L$ を割り当てるときの非負のコ

---

[4] 訳注：各施設 $i$ ($i = 1, \ldots, n$) のコストを $\frac{\epsilon}{2n}$，施設 $2n+1$ のコストを $2n-2$，各辺 $(i, n+i)$ ($i = 1, \ldots, n$) のコストを $1 + \frac{\epsilon}{2n}$，各辺 $(n+i, 2n+1)$ ($i = 1, \ldots, n$) のコストを 1，図示していない施設 $i \in F$ と利用者 $j \in D$ の間の割当てコスト $c_{ij}$ を 2 点間の最短パスの長さ，とすると良いと思われる．

スト $c_v^i \geq 0$，および，各辺 $e=(u,v)$ に対して，$e$ の両端点の $u$ と $v$ に異なるラベルが割り当てられるとコスト $c_e$ が生じる．目標は，生じる総コストが最小となるような各点へのラベルの割当てを求めることである．演習問題 5.10 では，この問題に対して乱択 2-近似アルゴリズムを与えた．ここでは，性能保証 $(2+\epsilon)$ の局所探索アルゴリズムを与える．

ここの局所探索アルゴリズムでは，以下の局所移動を用いる．$V$ のすべての点に対する現在のラベルの割当てに対して，一つのラベル $i \in L$ を選んで，ラベル $i$ の最小コスト $i$-**拡大** (expansion) を考える．すなわち，$V$ の各点に対して，現在のラベルをそのまま保持するか，あるいはラベルを $i$ に変えることにして得られる最小コストのラベルの割当て（ラベル $i$ が割り当てられているすべての点はラベルが $i$ のままとなることに注意しよう）を考える．そして，あるラベル $i$ で，$i$-拡大のラベリングのほうが現在のラベリングのコストより小さくなるときには，$i$-拡大のラベリングに交換する．この局所移動を局所最適解が得られるまで繰り返す．すなわち，現在の割当てより，どの $i \in L$ に対する最小コスト $i$-拡大も，コストが小さくならないようになるまで繰り返す．

(a) 任意のラベル $i \in L$ に対して，最小コスト $i$-拡大を多項式時間で計算できることを証明せよ（**ヒント**：$s$ をラベル $i$ に対応させ，$t$ をそれ以外のラベルに対応させて，最小 $s$-$t$ カットを求めよ）．

(b) 任意の局所最適な割当てのコストが，最適な割当てのコストの高々 2 倍であることを証明せよ．

(c) 任意の $\epsilon > 0$ に対して，$(2+\epsilon)$-近似アルゴリズムを得ることができることを示せ．

**9.5 オンライン施設配置問題** (online facility location problem) は，容量制約なし施設配置問題の変種版であり，利用者が時間の経過とともに（サービス利用を求めて）到着するが，前もってどの利用者がサービスを求めるかはわからない．前と同様に，$F$ が開設できる候補施設の集合であり，$D$ が潜在的な利用者の集合である．施設 $i \in F$ を開設するときのコストを $f_i$ とし，利用者 $j \in D$ が施設 $i \in F$ に割り当てられるときのコストを $c_{ij}$ とする．なお，割当てコストは三角不等式を満たすものと仮定する．各時刻ステップ $t$ で新しい利用者の集合 $D_t \subseteq D$ が到着し，それらの利用者を開設している施設に割り当てなければならない．なお，各時刻ステップで新しく施設を開設して，到着した利用者を割り当てることもできる．いったん，利用者は一つの施設に割り当てられると，その後に開設される施設がより近くてもその割当ては変えられないものとする．各時刻ステップ $t$ で，（$t$ を含む）$t$ までに到着した利用者で定まる総コスト（開設する施設コストと割当てコストの和）が最小になるようにしたい．このコストを，（$t$ を含む）$t$ までに到着した利用者と $F$ で定まる容量制約なし施設配置問題の最適解のコストとを比較する．これらの二つのコストの比は，オンライン問題に対するアルゴリズムの**競争比** (competitive ratio) と呼ばれる．

アルゴリズム 9.3 の以下の変種版を考える．前と同様に，現在の時点で，$X$ を開設された施設の集合とし，$S$ を $X$ の開設されたどの施設にもまだ割り当てられてい

ない利用者の集合とする．各時刻ステップ $t$ で，$D_t$ に含まれる利用者 $j$ を順番に並べて，以下を行う．以前に開設された施設に接続できるようになる（すなわち，ある $i \in X$ に対して $\alpha_j = c_{ij}$ となる）か，あるいは，ある施設を開設するのに必要なコストが利用者からの入札で集まるようになるまで，利用者 $j$ の入札 $\alpha_j$ をゼロから上げていく．グリーディアルゴリズムのときと同様に，すでに開設された施設に割り当てられている利用者 $j$ は，開設されている最も近い施設への割当てコスト $c(j, X)$ から施設 $i$ の接続コスト $c_{ij}$ を引いた差額分を施設 $i$ の開設コストに回すことができるものとする．すなわち，$j$ は施設 $i$ へ $(c(j, X) - c_{ij})_+$ 分を回すことができる．したがって，施設 $i$ は $(\alpha_j - c_{ij})_+ + \sum_{j \in D-S}(c(j, X) - c_{ij})_+ = f_i$ となると開設される．施設 $i$ が開設されても，（問題の設定から）$X$ のすでに開設されている施設に割り当てられている利用者 $j$ が，$i$ に割当てを変えられることはないことに注意しよう．

(a) 各時刻ステップ $t$ の終了時には，その時点での解のコストが利用者の入札の総和 $\sum_{j \in D} \alpha_j$ の高々 2 倍であることを証明せよ．

(b) 利用者 $k$ の入札より前に利用者 $j$ の入札が上げられるような二人の利用者の $j$ と $k$ を考える．$\alpha_k$ を上げているときに，開設されている施設の集合を $X$ とする．任意の施設 $i$ に対して，$c(X, j) - c_{ij} \geq \alpha_k - c_{ik} - 2c_{ij}$ であることを証明せよ．

(c) 各時刻ステップ $t$ で，それまでに到着した利用者の任意の部分集合 $A$ と任意の施設 $i$ を選ぶ．そして，$A$ の利用者を入札を上げた順番に並べて，$A = \{1, \ldots, p\}$ とする．

   (i) 任意の $\ell \in A$ に対して，$\ell(\alpha_\ell - c_{i\ell}) - 2\sum_{j<\ell} c_{ij} \leq f_i$ が成立することを証明せよ．

   (ii) 上の不等式を用いて，$\sum_{\ell=1}^{p}(\alpha_\ell - 2H_p c_{i\ell}) \leq H_p f_i$ が成立することを証明せよ．なお，$H_p = 1 + \frac{1}{2} + \cdots + \frac{1}{p}$ である．

(d) $v_j = \alpha_j/(2H_n)$ が時刻 $t$ での容量制約なし施設配置問題（の線形計画緩和）に対する双対問題の実行可能解であることを証明せよ．なお，$n$ は（$t$ を含む）$t$ までに到着した利用者の人数である．

(e) 上記のことを利用して，アルゴリズムの競争比が高々 $4H_n$ であることを示せ．

## 9.6 ノートと発展文献

第 2 章で議論したように，局所探索アルゴリズムはヒューリスティックのうちでも最もよく知られているものであるので，これまでも多く用いられてきた．たとえば，容量制約なし施設配置問題に対する局所探索アルゴリズムは，Kuehn and Hamburger [206] により 1963 年に提案されている．しかしながら，局所探索に基づく近似アルゴリズムは最近まで知られていなかった．局所探索を用いる近似アルゴリズムの研究は，2000 年の論文 Korupolu, Plaxton, and Rajaraman [205] で始まったとも言える．その論文は，容量制約なし施設配置問題と $k$-メディアン問題に対する局所探索アルゴリズムの性能保証を与え

た初めての論文であった．なお，$k$-メディアン問題に対するその局所探索アルゴリズムでは，開設される施設数は$k$ではなく$2k$であったいう課題は残された．Charikar and Guha [64] は，容量制約なし施設配置問題に対する局所探索アルゴリズムを提案し，その性能保証 3 を初めて証明した．彼らはさらに，スケール変換のアイデアを導入して，性能保証が $1+2\sqrt{2}$ まで改善できることも示した．本章で述べた解析は，Gupta and Tangwongsan [151] による．Arya, Garg, Khandekar, Meyerson, Munagala, and Pandit [24] は，$k$-メディアン問題に対する局所探索アルゴリズムを提案し，その性能保証 5 を初めて証明した．9.2 節の結果は，Gupta and Tangwongsan [151] による解析をわずかに修正したものである．演習問題 9.2 は上記の Arya et al. [24] による．

　局所探索近似アルゴリズムは，配置問題に対する問題以外にはそれほど多くは知られていなかったが，9.3 節で述べた最小次数全点木を求めるアルゴリズムは例外である．このアルゴリズムは，1994 年に Fürer and Raghavachari [119] で与えられている．演習問題 9.3 もこの論文からのものである．

　9.4 節で与えた容量制約なし施設配置問題に対するグリーディ双対フィットアルゴリズムは，Jain, Mahdian, Markakis, Saberi, and Vazirani [176] による．その節の最後でも述べたように，アルゴリズムのより注意深い解析を通して，性能保証 1.61 が得られることが示されている．その解析は，**性能保証解明 LP** (factor-revealing LP) を用いている．すなわち，任意に与えられた施設 $i \in F$ に対して，利用者の入札 $\alpha_j$ を LP 変数として考える．そして，各施設開設に向けられる入札の総額が高々入札の和であるという制約式と補題 9.13 から導出される結果のような不等式の制約式を導入する．これらの制約式のもとで，入札の和と施設 $i$ のコストと施設 $i$ へ利用者を割り当てるコストの和の比が最大になるようにする．この比で $\alpha_j$ を割ることにより，容量制約なし施設配置問題の LP 緩和の双対問題の実行可能解 $v$ が得られる．したがって，この LP によりアルゴリズムの性能保証が"解明"される．この解析の技術的な困難性は，膨大な数の利用者が関係するこの LP の値を決定しなければならないことからきている．

　演習問題 9.4 は，Boykov, Veksler, and Zabih [57] の結果である．オンライン施設配置問題に対する演習問題 9.5 のアルゴリズムは，Fotakis [116] による．そのアルゴリズムの解析は，Nagarajan and Williamson [229] による．

# 第10章
## データのラウンディングと動的計画の発展利用

　本章では，データのラウンディングに基づく動的計画の技法を再度取り上げる．とくに，二つの異なる問題に対して，技術的にはかなり複雑になるが，この技法を適用して多項式時間近似スキーム (PTAS) が得られることを眺める．

　第一に，2.4節で取り上げた巡回セールスマン問題に対して，ユークリッド平面上に都市が与えられて，二つの都市間の距離が対応する2点間のユークリッド距離であるというユークリッド版を取り上げる．このユークリッド版の巡回セールスマン問題では，平面を再帰的に正方形の集合に分割する手法で動的計画がうまく機能するようにできる．すなわち，最も小さいすべての正方形で，各正方形内にあるすべての都市を通る最小コストのパスを求めることから始めて，次に大きい正方形内のすべての都市を通る最小コストのパスを求めるのにそれらの解を用いることを繰り返していく．一方，最適なツアーは，コストがわずかに大きくなるものの，どの正方形に対してもそれほど多く出たり入ったりしないようなツアーに修正できることを示すことができる．最適ツアーに対するこの"ラウンディング"により，動的計画問題が多項式時間で解けるようになる．そして，この技法は，たとえば，ユーリッド版の入力のシュタイナー木問題，$k$-メディアン問題などを含む，ユークリッド平面上の多くの問題に適用できることになる．

　第二に，平面的グラフにおける最大独立集合問題を取り上げる．木における最大独立集合問題は容易に解くことができて，"木のような"グラフでも解くことができる．グラフがどのくらい木に近いかを木幅と呼ばれるパラメーターを用いて測ることができる．ここでは，与えられたグラフに対して，最大独立集合問題を，点数に関しては多項式時間で，木幅に関しては指数時間のアルゴリズムを与える．平面的グラフは，必ずしも木幅が小さいとは限らないが，平面的グラフの点集合を$k$個の部分に分割して，グラフからそれらのどの部分を除去しても残りのグラフが小さい木幅になるようにできることを示す．また，これらの$k$個の部分の少なくとも1個の部分は，最適解の重みの高々$\frac{1}{k}$倍の重みになるので，平面的グラフの最大独立集合問題に対する$\left(1-\frac{1}{k}\right)$-近似アルゴリズムを得ることができる．さらに，上記のことを用いて，この問題に対するPTASも得ることができることになる．

## 10.1　ユークリッド平面上の巡回セールスマン問題

　近似アルゴリズムに対する動的計画問題のより精緻な利用を眺めるために，2.4節で定義した巡回セールスマン問題（TSPと略記する）を取り上げ，あるクラスのTSP入力に対する多項式時間近似スキーム (PTAS) を得るのに，動的計画がどのように利用できるかを示す．これらのTSP入力では，各都市 $i$ はユークリッド平面上の点 $(x_i, y_i)$ で定義され，都市 $i$ から都市 $j$ への移動コスト $c_{ij}$ は，2点 $(x_i, y_i), (x_j, y_j)$ 間のユークリッド距離（すなわち，$c_{ij} = \sqrt{(x_i - x_j)^2 + (y_i - y_j)^2}$ ）である．TSPのそのような入力をユークリッドTSP (Euclidean TSP) 入力と呼ぶことにする．ユークリッドTSP入力では，$n$ 個の各都市 $i$ の座標 $(x_i, y_i)$ が与えられるだけであることに注意しよう．したがって，2点間の距離 $c_{ij}$ は入力としては与えられない．

　アルゴリズムの基本的なアイデアは，平面を再帰的に正方形に分割して，コストが最適なツアーのコスト OPT よりもわずかに大きくなるものの，どの正方形に対してもその境界をそれほど多く横切ることのないようなツアーが存在することを示すことである．そのようなツアーの存在が保証されると，それを求めるために動的計画を適用することができる．最も小さい正方形内のすべての都市を通る最小コストのパスを求めることから始めて，それらを組み合わせて，次に小さい正方形内のすべての都市を通る最小コストのパスを求めることを繰り返し行う．この構造に基づいて，最終的には，すべての都市を通る最小コストの閉路を求める．

　証明の戦略の概略は，以下のように書ける．第一に，ある"良い"性質を持つユークリッドTSP入力に対してPTASをデザインすることができれば十分であることを示す．第二に，上述のように，平面を再帰的に正方形に分割する．この際に，ある種の乱択化を導入する．第三に，良い入力においては，平面のランダムな分割に関して，少なくとも確率 $\frac{1}{2}$ で，コストが高々 $(1 + \epsilon)$OPT であるようなツアーが存在することを示す．このようなツアーは，分割のどの正方形にもそれほど多く交差しないという性質を持つ．最後に，与えられた性質を持つ最小コストのツアーを動的計画を用いて求める．そして，これからPTASが得られることになる．

　ユークリッドTSPのある部分クラスに対するPTASを得ることができれば十分であることを示すことから始める．ユークリッドTSP入力は，$n$ を都市（点）数とすると，すべての点の座標 $x_i, y_i$ が $[0, O(n)]$ の整数であり，2点間のゼロでない距離の最小値が4以上であるとき，（定数 $\epsilon > 0$ に対して）"良い"性質を持つという．

**補題 10.1**　良いユークリッドTSP入力に対する多項式時間近似スキームが与えられると，任意のユークリッドTSP入力に対する多項式時間近似スキームを得ることができる．

**証明**：変換された良い入力の任意のツアーのコストが元の入力のツアーのコストと比べて，それほど悪くならないように，任意の入力を良い入力に変換する方法を示す．これから補題の証明が可能になる．

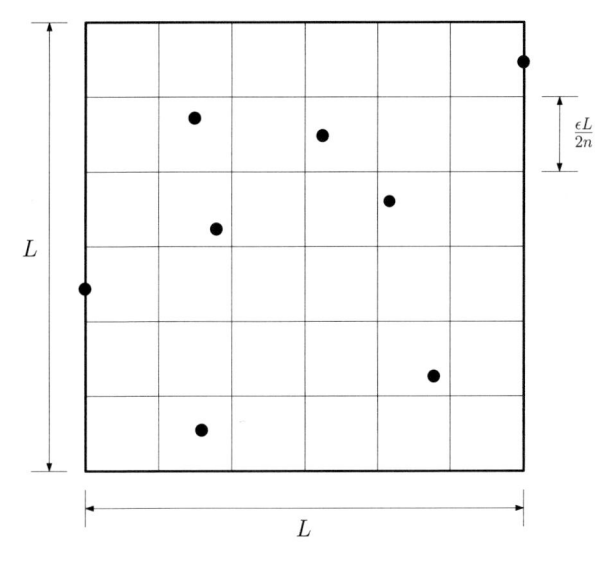

**図 10.1** 与えられた入力に対するすべての点を含む最小の正方形の例．グリッドを形成する水平線と垂直線は間隔 $\epsilon L/(2n)$ で引かれる．

与えられた任意の入力に対して，最適なツアーのコストを OPT とする．さらに，座標軸に平行な辺からなる正方形のうちで，すべての点を内部（境界も含む）に含む最小の正方形の 1 辺の長さを $L$ とする．したがって，$L = \max(\max_i x_i - \min_i x_i, \max_i y_i - \min_i y_i)$ である．距離が少なくとも $L$ 離れている 2 点が存在するので，$L \leq \text{OPT}$ が成立することに注意しよう．$\epsilon > 0$ をあとで値を決定する定数のパラメーターとする．これを良い入力に変換するために，まず，間隔 $\epsilon L/(2n)$ の水平線と垂直線を用いて，正方形内をグリッドに分割する（図 10.1 参照）．次に，変換前の入力の各点を最も近いグリッド点（水平線と垂直線の交点で最も近い交点）へ移動する．こうして，第一段階の変換後の入力が得られる．各点を高々 $\epsilon L/(2n)$ の距離の点に移動しているので，任意の 2 点間の距離は，高々 $\pm 2\epsilon L/(2n)$ しか変化しない．したがって，任意のツアーは，この変換で，コストが高々 $\pm \epsilon L$ しか変化しない．

次に，第二段階（最終段階）の変換を行う．まず，グリッドの間隔を $8n/(\epsilon L)$ 倍する．したがって，グリッドを定義する水平線と垂直線の間隔は，$\frac{\epsilon L}{2n} \cdot \frac{8n}{\epsilon L} = 4$ となる．さらに，最も大きい正方形の左下の点が原点となるように平行移動する．こうして第二段階（最終段階）の変換が終了する．最終的な変換後の入力の各点は，非負整数の座標を持つことになり，ゼロでない 2 点間の最小距離は少なくとも 4 となる．さらに，2 点間の最大距離は，グリッドの間隔を大きくする前には高々 $2L$ であったことから，グリッドの間隔を大きくした後では高々 $2L \cdot \frac{8n}{\epsilon L} = \frac{16n}{\epsilon} = O(n)$ であることになるので，各点の座標値 $x, y$ は $[0, O(n)]$ に属する整数になり，この変換は良い変換であることになる．したがって，変換前の最初の入力における任意のコスト $C$ のツアーに対して，変換後の良い入力では，そのコストは，少なくとも $\frac{8n}{\epsilon L}(C - \epsilon L)$ であり，高々 $\frac{8n}{\epsilon L}(C + \epsilon L)$ である．

上記の変換で得られる対応する良い入力での最適なツアーのコストを $\text{OPT}'$ とする．なお，OPT は元の入力での最適なツアーのコストである．その良い入力に対して PTAS で返されるツアーのコストを $C'$ とし，そのツアーの元の入力におけるコストを $C$ とす

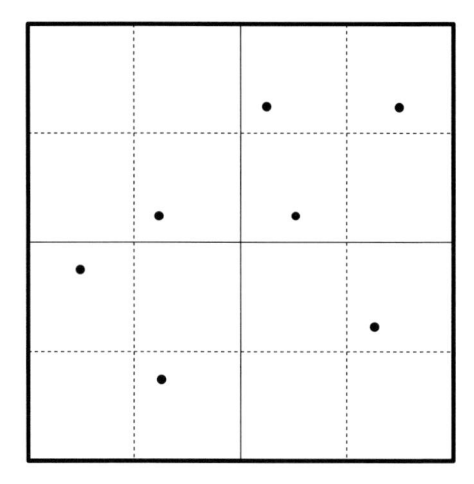

図 10.2 階層分割図の例．レベル 0 の正方形（の境界）を太い実線で示している．レベル 1 の正方形は細い実線で，レベル 2 の正方形を点線で示している．また，細い実線はレベル 1 の線であり，点線はレベル 2 の線である（直線のレベルの定義は 293 ページで与えている）．

る．したがって，$C' \leq (1+\epsilon) \text{OPT}'$ であることはわかっている．さらに，$\text{OPT}'$ は，元の入力での最適なツアーの変換後の良い入力でのコストより大きくなることはないので，$\text{OPT}' \leq \frac{8n}{\epsilon L}(\text{OPT} + \epsilon L)$ となる．これらのすべてを組み合わせると，

$$\frac{8n}{\epsilon L}(C - \epsilon L) \leq C' \leq (1+\epsilon)\text{OPT}' \leq (1+\epsilon)\frac{8n}{\epsilon L}(\text{OPT} + \epsilon L)$$

が得られるので，

$$C - \epsilon L \leq (1+\epsilon)(\text{OPT} + \epsilon L)$$

となる．$L \leq \text{OPT}$ であることを思いだして，

$$C \leq (1 + 3\epsilon + \epsilon^2)\text{OPT}$$

が得られる．したがって，任意の $\epsilon'$ に対して，$\epsilon$ を適切に小さくとれば，コストが高々 $(1+\epsilon')\text{OPT}$ のツアーが得られることになる． □

これ以降では，良いユークリッド TSP 入力が与えられるものとする．そして，そのような入力に対する PTAS を得る方法を示す．

良い入力上で動的計画を実行するためには，より小さい問題から解を構築していくことができるような構造が必要である．そのために，乱択化を絡ませて平面を再帰的に正方形に分割していく．最初に，乱択化を用いないで，再帰的に分割することを述べる．その後に乱択化を説明する．

補題 10.1 の証明のときと同様に，入力の点をすべて含む最小の正方形の一辺の長さを $L$ とする．$L'$ を $2L$ 以上の値となる最小の 2 のべき乗の値とする．入力の点をすべて含む一辺の長さが $L'$ の正方形を考えて，4 個の同じ大きさの正方形に分割する．さらに，それらの 4 個の各正方形を再帰的に 4 個の同じ大きさの正方形に分割することを繰り返す（図 10.2）．そして，正方形の一辺の長さが 1 となったら終了する．与えられた入力に対するこれらの正方形への分割を **階層分割図** (dissection) と呼ぶことにする．階層分割図において，

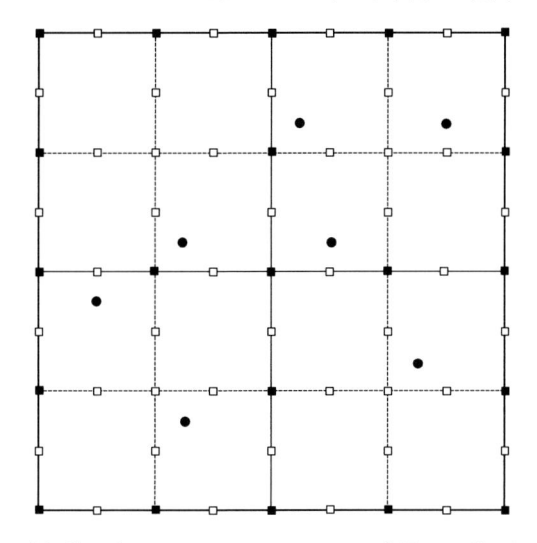

**図10.3** 階層分割図の正方形にポータルパラメーター $m=2$ を用いてポータルを加えた図．黒の小正方形はレベル1とレベル2の正方形のポータルであり，白の小正方形はレベル2の正方形のポータルである．

与えられた正方形のレベルを定義しておくと役に立つ．階層のトップレベルの一辺の長さが $L'$ の正方形をレベル0といい，トップレベルの正方形を4個の正方形に分割して得られる正方形をレベル1という．以下同様で，4個に分割されて得られる正方形は，元の正方形のレベルからレベルが1増える．良い入力では，2点間の最大距離は $O(n)$ であるので，$L' = O(n)$ であることはわかっている．したがって，階層分割図において最小（一辺の長さが1）の正方形のレベルは $O(\log n)$ である．良い入力の異なる2点間の最小距離は4以上であるので，一辺の長さが1の最小な正方形に含まれる異なる点は高々1点である．

入力のすべての点を含む一辺の長さが $L'$ の正方形は無数にあるので，これまで階層分割図の構成法を完全には述べてこなかったと言える．実際，任意の整数 $a, b \in (-L'/2, 0]$ に対して，一辺の長さが $L'$ の正方形を左下の頂点が $(a, b)$ となるように平行移動しても入力のすべての点を内部に含むからである（良いTSP入力ではすべての点の座標 $x_i, y_i$ が $[0, O(n)]$ の整数であることに注意しよう）．二つの整数 $a, b$ を $(-L'/2, 0]$ から一様ランダムに選んで，この平行移動をランダムに選ぶことが有効になる．$a$ と $b$ をランダムに選んでそのようにして得られる階層分割図を **$(a, b)$-階層分割図** ($(a, b)$-dissection) と呼ぶことにする．乱択化の直観的な説明は後ほど与えることにする．

次に，問題に対して動的計画がうまく適用できるようにするために，階層分割図の各正方形に対して，考慮するツアーは前もって指定した**ポータル** (portal) と呼ばれる点を介してのみその正方形に出入りできるものとする．レベル $i$ の各正方形に対して，この正方形の4個のすべての頂点にポータルを置く．さらに，$m$ を2のべき乗のある値として，この正方形の各辺に（両端の頂点のポータルも含めて）等間隔になるように残りの $m-1$ 個のポータルを置く．この $m$ を**ポータルパラメーター** (portal parameter) と呼ぶことにする．$m$ は2のべき乗であるので，レベル $i-1$ の各正方形の辺上の各ポータルは，その正方形に含まれるレベル $i$ のある正方形のポータルに一致することに注意しよう．図10.3はポータルの説明図である．

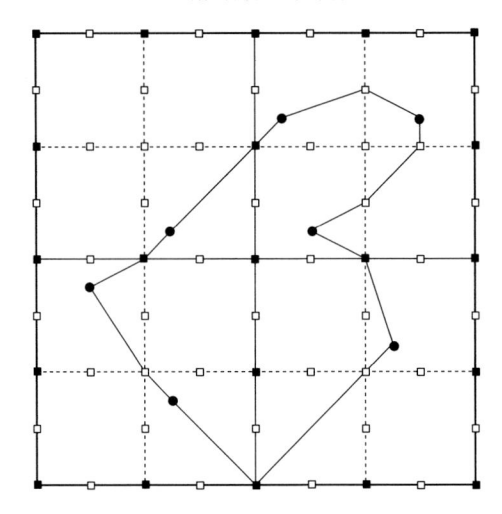

**図10.4** ポータル考慮 p-ツアーの例．レベル1の正方形では黒の小正方形のポータルのみが p-ツアーの出入りできる点であり，レベル2の正方形では黒と白の小正方形のポータルのみが p-ツアーの出入りできる点であることに注意しよう．

演習問題 2.5 のシュタイナー木問題のときのように，与えられた TSP 入力に対して，すべての点を含むツアーのうちで，いくつかのポータルを含んでもかまわないとするツアー（すなわち，与えられた TSP 入力のすべての点がターミナル点であり，ポータルをシュタイナー点とするツアー）を **p-ツアー** (p-tour) と呼ぶことにする．p-ツアーは，階層分割図のすべての正方形に対して，正方形のポータルを介してのみ正方形の内部に出入りしているとき，**ポータル考慮** (portal-respecting) であると呼ぶことにする．図10.4 はポータル考慮 p-ツアーの例である．ポータル考慮 p-ツアーは，階層分割図のすべての正方形に対して，正方形のどの辺とも高々 $r$ 回しか交差しないとき **$r$-ライト** ($r$-light) であるということにする．

これで，ユークリッド TSP 入力に対する多項式時間近似スキームを得るための中心となる二つの定理を述べることができるようになった．2番目の定理は最初の定理の上に構築されていて，その証明はかなり複雑になる．

**定理 10.2** 二つの整数 $a, b$ を $(-L'/2, 0]$ から一様ランダムに選ぶものとする．すると，ポータルパラメーター $m = O(\frac{1}{\epsilon} \log L')$ と $r = 2m + 4$ に対して，$(a, b)$-階層分割図は，少なくとも確率 $1/2$ で，コストが高々 $(1 + \epsilon)\text{OPT}$ の $r$-ライトなポータル考慮 p-ツアーを持つ．

**定理 10.3** 二つの整数 $a, b$ を $(-L'/2, 0]$ から一様ランダムに選ぶものとする．すると，ポータルパラメーター $m = O(\frac{1}{\epsilon} \log L')$ と $r = O(\frac{1}{\epsilon})$ に対して，$(a, b)$-階層分割図は，少なくとも確率 $1/2$ で，コストが高々 $(1 + \epsilon)\text{OPT}$ の $r$-ライトなポータル考慮 p-ツアーを持つ．

これらの定理の証明は後述することにする．キーとなるアイデアは，最適なツアーを，コストをそれほど増やすことなく，以下のように，ポータル考慮 p-ツアーに変換できるということである．すなわち，最適なツアーが正方形のポータル以外の点で交差するときはいつでも，最も近いポータルを通るように迂回する．すると，交点をこのように迂回して最寄りのポータルへと変えるときの距離の増加は，対象となる正方形のレベルに依存す

る．そして，その増加は，$(a,b)$-階層分割図がランダムに選ばれて与えられていると，与えられたレベルの正方形となる確率とうまくトレードオフすることになる．同様に，最適なツアーが正方形の一辺とあまりにも多く交差するときには，その正方形の辺の長さに比例するコストをかけるだけで，より少なく交差するようなツアーに変換できる．このときも，この増加分のコストは，$(a,b)$-階層分割図がランダムに選ばれて与えられていると，与えられたレベルの正方形となる確率とうまくトレードオフすることになる．

これがどのようにして行えるかを示す前に，最初に，上記の定理が与えられているとして，良いユークリッド TSP 入力に対して，コストが高々 $(1+\epsilon)$ OPT のツアーを多項式時間で得ることができることを示すことにする．なお，必要となる計算時間は，ポータルパラメーターおよびツアーが階層分割図の各正方形の一辺と交差する回数に依存する．

**定理 10.4** 良いユークリッド TSP 入力に対して，少なくとも確率 $1/2$ で，コストが高々 $(1+\epsilon)$ OPT のツアーを $O(m^{O(r)} n \log n)$ 時間で求めることができる．

$L' = O(n)$ であり，$m = O(\frac{1}{\epsilon} \log L') = O(\frac{1}{\epsilon} \log n)$ かつ $(\log n)^{\log n} = n^{\log \log n}$ となることを思いだすと，以下の系が得られる．

**系 10.5** 定数 $\epsilon > 0$ に対して，定理 10.2 の $m$ と $r$ を用いると，計算時間は $O(n^{O(\log \log n)})$ となる．

**系 10.6** 定数 $\epsilon > 0$ に対して，定理 10.3 の $m$ と $r$ を用いると，計算時間は $O(n(\log n)^{O(1/\epsilon)})$ となる．

**定理 10.4 の証明**： 定理 10.2 と定理 10.3 から，定理で選ばれた $a,b$ のもとで，$m = O(\frac{1}{\epsilon} \log L') = O(\frac{1}{\epsilon} \log n)$ に対して少なくとも確率 $1/2$ で，コストが高々 $(1+\epsilon)$ OPT の $r$-ライトなポータル考慮 p-ツアーを持つ $(a,b)$-階層分割図が存在することはわかっている．二つの定理で異なる点は $r$ の値のみである．与えられた $(a,b)$-階層分割図と与えられた $m$ と $r$ に対して，$r$-ライトなポータル考慮 p-ツアーで最小コストのものを $O(m^{O(r)} n \log n)$ 時間で求めることができることを示す．任意の p-ツアーは，ポータルをショートカットすることで，コストを大きくすることなく通常のツアーを得ることができることに注意しよう．

前にも述べたように，そのような最小コストの p-ツアーを動的計画を用いて求める．与えられた入力に対する任意の $r$-ライトなポータル考慮 p-ツアーを考える．すると，$(a,b)$-階層分割図の任意に与えられた正方形に対して，この p-ツアーは，その正方形に入り，内部の点をいくつか通ってその後その正方形から出て，その正方形の外部の点を通って，またその正方形に入り，内部のほかの点をいくつか通ってその後その正方形から出て，さらに同様のことを行うというようになることもある．この p-ツアーのその正方形内の部分を **部分 p-ツアー** (partial p-tour) と呼ぶ．部分 p-ツアーは，対象としている正方形の内部にある TSP 入力の点をすべて通過することに注意しよう（図 10.5）．p-ツアーは $r$-ライトであるので，一つの正方形の各辺とは高々 $r$ 回しか交差せず，その正方形のすべての辺のポータルのうちで高々 $4r$ 個のポータルしか用いないことはわかっている．さらに，p-ツ

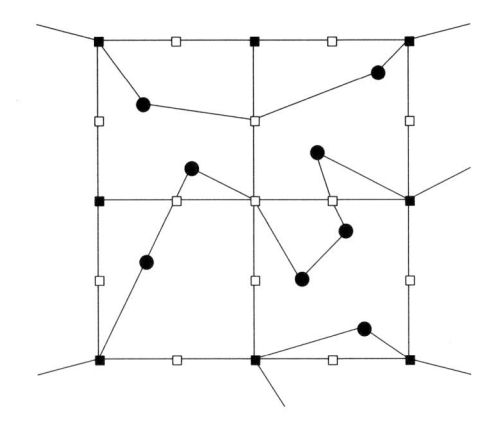

**図 10.5**　一つの正方形内の部分 p-ツアー.

アーで用いられるこれらのポータルを，p-ツアーがその正方形に入るときに用いる各ポータル（入口）とその正方形をその直後に出るポータル（出口）とで対にすることができる．したがって，各対のポータル間を結ぶ p-ツアーの部分はその正方形の内部のいくつかの点を含むパスとなり，その正方形の部分 p-ツアーはそのようなパスの集合となる．動的計画の目標は，階層分割図の各正方形に対して，その正方形の各辺から $r$ 個までポータルを任意に選び，その正方形の 4 辺上で選ばれたポータルからなる集合（以下，選択集合と呼ぶことにする）での入口・出口の対集合（マッチング）のそれぞれに対して，その正方形内部にある TSP 入力のすべての点を通過する最小コストの部分 p-ツアーを計算することとなる．これができると，境界にポータルを持たないレベル 0 の正方形に対する動的計画の配列の要素の内容を考えることで，最小コストの $r$-ライトなポータル考慮 p-ツアーを求めることができることは明らかである．

　動的計画の議論を，必要となる配列の要素数（配列のサイズ）を計算することから始める．階層分割図の各レベルの正方形集合に対して，TSP 入力の点を含む正方形は高々 $n$ 個であり，新しく生じる次のレベルの正方形は高々 $4n$ 個であることに注意しよう．また，これらの $4n$ 個の正方形で内部に TSP 入力の点を含む正方形は高々 $n$ 個であり，残りの少なくとも $3n$ 個の正方形は TSP 入力の点を含まないので，次のレベルの正方形には分割されない．したがって，TSP 入力の点を含まない正方形はどのレベルの正方形でも，次のレベルの正方形には分割されないので，初めてそのような正方形になったレベルの正方形を 1 個考えるだけで十分である．階層分割図には $O(\log L') = O(\log n)$ 個のレベルしかないので，考慮しなければならない正方形の個数は $O(n \log n)$ である．レベル $i$ の各正方形に対して，その正方形の境界上に $4m$ 個のポータルが存在するので，その正方形の各辺において $r$ 個までのポータルを重複を許して選ぶ組合せ（1 個もポータルを選ばない組合せも含めて）の個数は，その正方形の 4 辺の合計で，高々 $(4m+1)^{4r}$ となる．すなわち，$r$-ライトなポータル考慮 p-ツアーがポータルとして用いることのできるポータルの選択集合の個数は高々 $(4m+1)^{4r}$ となる[1]．最後に，選択されたポータルに対する入口・出口の対集合（マッチング）は高々 $(4r)!$ 通りである．$r = O(m)$ であることを用いると，配列の要

---

[1] 訳注：$1 + 4m + (4m)^2 + \cdots + (4m)^{4r} \leq \binom{4r}{0}(4m)^0 + \binom{4r}{1}(4m)^1 + \binom{4r}{2}(4m)^2 + \cdots + \binom{4r}{4r}(4m)^{4r} = (1+4m)^{4r}$ が成立する．

素の総数は，
$$\mathrm{O}(n \log n) \times (4m+1)^{4r} \times (4r)! = \mathrm{O}(m^{\mathrm{O}(r)} n \log n)$$
となることが得られる．

次に，配列の要素に記憶する内容の構築法について議論する．TSP 入力の異なる各点に対して，その点のみを含む階層分割図の最大の正方形を求める．そのような正方形に対する要素の内容はきわめて単純である．その正方形のポータルの各選択集合とその集合での入口・出口対集合に対して，正方形内にある TSP 入力の唯一の点を通り，指定された入口・出口のポータル対を結ぶ最短（最初コスト）パスを求めて，その解をその正方形に対する要素に内容として書き込んで付加する．一般の段階では，階層分割図の小さい正方形からそれを含む大きい正方形に向かいながら，配列の前の段階で解が書き込まれている要素の解に基づいて，対応する配列の要素に解を書き込んでいく．より具体的には以下のとおりである．正方形 $S$ に対する解をそれに含まれる四つの正方形 $s_1, \ldots, s_4$ に対する解を用いて構成する．$S$ に対する任意の部分 p-ツアーは，$S$ の辺上にない $s_i$ の 4 辺上のポータルを用いていることもあることに注意しよう．これらの $s_i$ の辺を $s_i$ の"内部"辺と呼ぶことにする．これらの $s_i$ の解を組み合わせて正方形 $S$ の解とするために，$S$ に対する部分 p-ツアーが用いたと考えられる内部辺のすべてのポータルを列挙し，さらにこれらのポータルを通過した順番を列挙し，最善の解を求める．内部辺で用いられるポータルの集合とそれらを通過する順番を記述することにより，各正方形 $s_i$ に対して用いられるポータルの集合とそれらのポータル集合の和集合上での入口・出口のポータル対の集合が決定されるので，各正方形 $s_i$ に対する最善の解を対応する配列の要素を表引きして用いることができることに注意しよう．したがって，正方形 $S$ に対して，用いられる $S$ のポータルの集合とそれらのポータルの集合上での入口・出口のポータル対の集合が与えられると，この状態図に対する部分 p-ツアーで用いられたと考えられる内部辺上のすべてのポータルとそれらの通過する順番を列挙する．四つの内部辺のそれぞれが $m+1$ 個のポータルを持つが，それらから $r$ 個までのポータルを選ぶ組合せは（ポータルをまったく選ばない組合せも含めて）高々 $(m+2)^{4r}$ 通りである．$S$ の内部の部分 p-ツアーは，$S$ の辺上のポータルを高々 $4r$ 個しか用いないので，$S$ に入り出ていくパスは高々 $2r$ 本である．したがって，内部辺上のポータルがこれらの高々 $2r$ 個のパスのどのパス上にあるかを記述しなければならない．これは，高々 $(2r)^{4r}$ 通りしかない．最後に，パス上でのポータルの順番は高々 $(4r)!$ 通りである．したがって，高々

$$(m+2)^{4r} \times (2r)^{4r} \times (4r)! = \mathrm{O}(m^{\mathrm{O}(r)})$$

通りの可能性をすべて列挙して $S$ の選ばれたポータル集合とその集合での入口・出口のポータル対集合に対する最善の解を求めて，正方形 $S$ に対応する配列の要素に書き加える．これは $\mathrm{O}(m^{\mathrm{O}(r)})$ 時間でできる．動的計画の配列の $\mathrm{O}(m^{\mathrm{O}(r)} n \log n)$ 個の要素に対して，これらの計算を行うので，総計算時間は $\mathrm{O}(m^{\mathrm{O}(r)} n \log n)$ となる． □

次に，定理 10.2 の証明に移る．前にも述べたように，証明はある有意な確率で，最適なツアーを，コストをそれほど増やすことなく，$r$-ライトなポータル考慮 p-ツアーに変換できることを示すことからなる．$r = 2m + 2$ のときの $r$-ライトなツアーは，各正方形

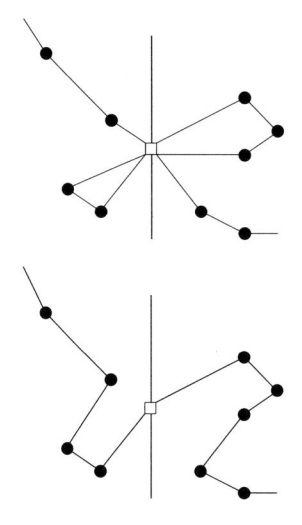

**図10.6** ポータルのショートカットの説明図.

の各辺の各ポータルを高々2回しか交差しないツアーと見なせることに注意しよう．実際，ツアーが一つのポータルと3回以上交差したとすると，図10.6に例を示しているように，高々2回しか交差しないようにショートカットできる．したがって，最適なツアーを，高々$\epsilon$ OPT のコストの増加で，ポータル考慮ツアーに変換できることを示すだけで十分である．これを証明するには，いくつかの記法と補題が必要となる．ある整数$i$を用いて書ける垂直線$x = i$あるいは水平線$y = i$を$\ell$と表記する．与えられた最適なツアーに対して，その最適なツアーが直線$\ell$と交差する回数を$t(\ell)$と表記する．そのようなすべての水平線と垂直線の$\ell$にわたって$t(\ell)$の和をとったものを$T$とする．

**補題10.7** 良いユークリッド TSP 入力に対して，$T \leq 2\,\mathrm{OPT}$ が成立する．

**証明**：最適なツアーにおける点$(x_1, y_1)$から点$(x_2, y_2)$への辺を考える．この辺は，$T$に高々$|x_1 - x_2| + |y_1 - y_2| + 2$だけ寄与し，長さは$s = \sqrt{(x_1 - x_2)^2 + (y_1 - y_2)^2}$である．良いユークリッド TSP 入力では，異なる2点間の距離は少なくとも4であるので，$s \geq 4$が成立する．$x = |x_1 - x_2|$と$y = |y_1 - y_2|$とする．すると，$(x - y)^2 \geq 0$であるので，$x^2 + y^2 \geq 2xy$となり，$2x^2 + 2y^2 \geq x^2 + 2xy + y^2 = (x+y)^2$ および $\sqrt{2(x^2 + y^2)} \geq x + y$ が成立する．したがって，その辺の$T$に対する貢献分は，

$$\begin{aligned} x + y + 2 &= |x_1 - x_2| + |y_1 - y_2| + 2 \\ &\leq \sqrt{2[(x_1 - x_2)^2 + (y_1 - y_2)^2]} + 2 \\ &\leq \sqrt{2s^2} + 2 \\ &\leq 2s \end{aligned}$$

と抑えることができる．なお，最後の不等式は，$s \geq 4$であることから得られる．最適なツアーのすべての辺で和をとると，$T \leq 2\,\mathrm{OPT}$ が得られる．□

これで，定理10.2の証明を与えることができるようになった．便宜上，その定理を以下に再掲する．

**定理 10.2** 二つの整数 $a, b$ を $(-L'/2, 0]$ から一様ランダムに選ぶものとする．すると，ポータルパラメーター $m = O(\frac{1}{\epsilon} \log L')$ と $r = 2m + 4$ に対して，$(a, b)$-階層分割図は，少なくとも確率 $1/2$ で，コストが高々 $(1 + \epsilon)$ OPT の $r$-ライトなポータル考慮 p-ツアーを持つ．

**証明**：前にも述べたように，証明の一般的なアイデアは，最適なツアーを，どの正方形でもポータルでのみ交差するようなツアーに変換できる，ということである．最適なツアーの一つの正方形内での交点の移動に伴うコストの増加は，その正方形のポータル間の距離に依存する値で抑えられる．正方形のレベルが小さくなる（すなわち，正方形が大きくなる）に従い，ポータル間の距離は大きくなるが，任意に与えられた直線 $\ell$ がその正方形の辺を含む確率は小さくなるので，ツアーの迂回による距離の増加の全体としての期待値は，$t(\ell)$ と $m$ にのみ依存する値で抑えることができるようになり，補題 10.7 の最適なツアーのコストと関係づけることができるようになる．

このことを正式に示すために，直線 $\ell$ の **レベル** (level) を以下のように定義する．すなわち，$\ell$ に辺が含まれるような $(a, b)$-階層分割図のすべての正方形のうちで，最小のレベルの正方形のレベルを $\ell$ のレベルと定義する．レベル $i$ の正方形（のすべて）をレベル $i + 1$ の正方形（のすべて）に分割するために $2^i$ 本の水平線と $2^i$ 本の垂直線を用いている．したがって，それらの直線がレベル $i + 1$ の直線を形成する（図 10.2）．$a, b$ は一様ランダムに選んでいるので，これから

$$\Pr[\ell \text{のレベルは} i \text{である}] \leq \frac{2^{i-1}}{L'/2} = \frac{2^i}{L'}$$

が得られる．したがって，たとえば，垂直線 $\ell$ がレベル 1 の直線である確率は与えられた TSP 入力のすべての点を含む正方形を垂直線で二等分する確率であるので，高々 $1/(L'/2)$ となる．

最適なツアーを各正方形でその正方形のポータルでのみ交差するようなツアーに以下のように変換する．そこでレベル $i$ の任意の直線 $\ell$ を考える．それはレベル $i$ のある正方形の辺を含み，レベル $i$ の正方形の一辺の長さは $L'/2^i$ であるので，ポータル間の距離は $L'/(2^i m)$ である．なお，ポータルの構成法より，レベル $i$ の正方形の各ポータルは，$j > i$ である（サイズのより小さい）任意のレベル $j$ のある正方形のポータルでもあることに注意しよう．ここで，レベル $i$ の直線 $\ell$ の交点をその交点を含むレベル $i$ の正方形で高々 $L'/(2^i m)$ のコストの増加でポータルを含むように迂回するとする．すると，その直線 $\ell$ 上に 1 辺を持つレベル $i$ のその正方形に含まれる（サイズのより小さい）レベル $j$ の正方形のうちで，そのポータルを含む正方形でもそのポータルを通過するように変換されることになる．最適なツアーが直線 $\ell$ と交差する回数を $t(\ell)$ と定義したことを思いだそう．したがって，直線 $\ell$ 上の交点を最も近いポータルを通るように迂回したツアーのコストの増加分の期待値は，高々

$$\sum_{i=1}^{\log L'} \Pr[\ell \text{のレベルは} i \text{である}] \cdot t(\ell) \cdot \frac{L'}{2^i m} \leq \sum_{i=1}^{\log L'} \frac{2^i}{L'} \cdot t(\ell) \cdot \frac{L'}{2^i m}$$

$$= \frac{t(\ell)}{m} \log L'$$

となる．そこで，ポータルパラメーター $m$ を $\frac{4}{\epsilon} \log L'$ 以上の値をとる 2 の最小のべき乗と選ぶ．すると，総コストの増加分の期待値は，高々 $\frac{\epsilon}{4} t(\ell)$ となる．

すべての直線 $\ell$ にわたって $t(\ell)$ の和をとったものを $T$ として定義したことを思いだそう．したがって，上記のように交点をポータルを通過するように迂回したツアーによる総コストの増加分の期待値は，高々

$$\sum_{\text{直線}\,\ell} \frac{\epsilon}{4} t(\ell) = \frac{\epsilon}{4} T$$

となる．補題 10.7 より，良いユークリッド TSP 入力に対して $T \le 2\,\text{OPT}$ である．したがって，迂回したツアーによる総コストの増加分の期待値は，高々 $\frac{\epsilon}{4}T \le \frac{\epsilon}{2}\text{OPT}$ となる．ここで，$X$ は迂回したツアーによる総コストの増加分を表す確率変数であるとする．すると，$\mathbf{E}[X] \le \frac{\epsilon}{4}T \le \frac{\epsilon}{2}\text{OPT}$ および Markov の不等式（補題 5.25）から，$\Pr[X \ge \epsilon\,\text{OPT}] \le \mathbf{E}[X]/(\epsilon\,\text{OPT}) \le (\frac{\epsilon}{2}\text{OPT})/(\epsilon\,\text{OPT}) = 1/2$ が得られる．したがって，迂回したツアーによる総コストの増加分は，少なくとも確率 1/2 で，高々 $\epsilon\,\text{OPT}$ であることが得られる． □

定理 10.3 の証明には，ツアーが与えられた直線と交差する回数があまりにも多いときには，コストをわずかに増加するだけで，その直線と交差する回数がそれほど多くないようなツアーに変換できることを示すことが必要となる．これに対する以下の補題を**パッチング補題** (Patching lemma) と呼ぶことにする．

**補題 10.8 (パッチング補題)** 与えられた長さ $l$ の線分 $R$ に対して，ツアーが $R$ と 3 回以上交差するとする．このとき，ツアーの長さを高々 $6l$ 増加するだけで，交点以外のツアーの点をすべて含む閉路で線分 $R$ との交差回数が高々 2 のものを得ることができる．

**証明**：ツアーが線分 $R$ と $k$ 回交差するとする．そこで，ツアーを巡回しながら，線分 $R$ との各交点で分断する．そして，それらの交点を $R$ の両側でそれぞれ $k$ 個の新しい点で置き換える．したがって，$2k$ 個の新しい点で置き換えられる（図 10.7）．

さらに，これらの置き換えた新しい点上に，以下のようにして，閉路とマッチングを加える．まず，線分 $R$ のそれぞれの側で，$k$ 個の点を $R$ に沿って順番にたどって最初の点に戻ってくる閉路を加える．次にマッチングを以下のように加える．$k$ が奇数のときには，線分 $R$ のそれぞれの側で，最初の $k-1$ 個の点を順番に 2 個ずつ対にしてマッチングに加える．さらに，線分 $R$ のそれぞれの側の最後の点同士を対にしてマッチングに加える．$k$ が偶数のときには，線分 $R$ のそれぞれの側で，最初の $k-2$ 個の点を順番に 2 個ずつ対にしてマッチングに加える．さらに，線分 $R$ のそれぞれの側の $k-1$ 番目の点同士を対にし，線分 $R$ のそれぞれの側の $k$ 番目（最後）の点同士を対にして，マッチングに加える．このようにして得られたグラフは TSP 入力のすべての点を含むオイラーグラフとなり，$R$ と高々 2 回しか交差しない．加えられた 2 個の閉路はそれぞれコストが高々 $2l$ であり，加えられた 2 個のマッチングはそれぞれコストが高々 $l$ である（両側にまたがる 2 点の対はコストが 0 である）ので，総コストは高々 $6l$ である．このオイラーグラフのオイラーツアーは，元のツアーのすべての点を含む．このオイラーツアーで二度以上通過する点をショートカットすると，ツアーのすべての点を含む閉路が得られる． □

これで，定理 10.3 の証明を与えることができるようになった．便宜上，その定理を以下に再掲する．

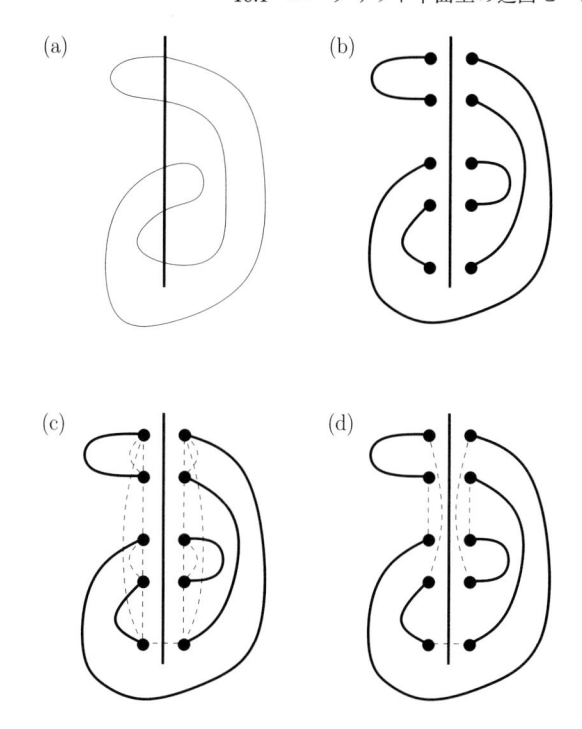

図10.7 パッチング補題の説明図．(a) 最初のツアー．(b) 線分と交差する点でのツアーの切断．(c) 線分の両側に加えられた閉路とマッチング．(d) ショートカットして得られる閉路．

**定理 10.3** 二つの整数 $a, b$ を $(-L'/2, 0]$ から一様ランダムに選ぶものとする．すると，ポータルパラメーター $m = O(\frac{1}{\epsilon} \log L')$ と $r = O(\frac{1}{\epsilon})$ に対して，$(a, b)$-階層分割図は，少なくとも確率 $1/2$ で，コストが高々 $(1 + \epsilon)$OPT の $r$-ライトなポータル考慮 p-ツアーを持つ．

**証明：** 基本的なアイデアは，各正方形の各辺がツアーと高々 $r$ 回しか交差しなくなるように，パッチング補題を繰り返し適用する，ということである．パッチングによるコストの増加は，それが適用される正方形の 1 辺の長さに依存する．それは，正方形のレベルが小さくなる（正方形のサイズが大きくなる）に従い大きくなる．一方，直線 $\ell$ が正方形の辺を含む確率は，正方形のレベルが小さくなる（正方形のサイズが大きくなる）に従い小さくなる．繰り返しになるが，これらの値に対してはトレードオフが存在する．したがって，直線 $\ell$ に対するパッチングによるコストの増加の期待値は，$t(\ell)$ の増加に伴い増加し，$r$ の増加に伴い減少する．したがって，適切に選んだ $r$ に対して，補題 10.7 を用いて，最適なツアーのコストとパッチングによるコストの増加とを関係づけることができる．

正式な証明をこれから与える．レベル $i$ の直線 $\ell$ を考える．パッチング補題（補題 10.8）を繰り返し適用して，$\ell$ に含まれる辺を持つすべての正方形の各辺において，その辺がツアーと高々 $r$ 回しか交差しないようにできる．しかし，パッチング補題の適用においては注意が必要である．ここでは，以下のように行う．$\ell$ に辺が含まれる正方形のうちで（サイズが）最小の正方形のそのような辺で，$r$ 回を超えて交差する辺に対して最初にパッチング補題を適用する．次に，それを含む 2 番目に小さい正方形の辺で $r$ 回を超えて交差する辺に対してパッチング補題を適用する．以下同様に，それを含むその次に小さい正方形の辺で $r$ 回を超えて交差する辺に対してパッチング補題を適用することを繰り返して，最

後に，レベル $i$ の正方形の辺で $r$ 回を超えて交差する辺に対してパッチング補題を適用して終了する．$\ell$ はレベル $i$ の直線であるので，それより大きい正方形の辺を含むことはない．言い換えると，$j$ を $\log L'$ に初期設定して，1 ずつ減らしながら $i$ になるまで反復を繰り返す．各反復では，$\ell$ に含まれる辺を持つレベル $j$ のすべての正方形を考える．そして，正方形の辺が $r$ 回を超えて交差するときには，そのような辺のそれぞれに対してパッチング補題を適用する．

パッチング補題を適用したときのコストの増加分を抑えるために，$c_j$ をレベル $j$ の正方形を考えた際にパッチング補題が適用された回数とする．すると，パッチング補題が適用されるたびに $r+1$ 個以上の交差を高々 2 個の交差に変えるので $\sum_{j\geq 1} c_j \leq t(\ell)/(r-1)$ が得られる．パッチング補題により，レベル $j$ の正方形の $r+1$ 個以上の交差を持つ辺を高々 2 個の交差に変えることによるコストの増加分は，レベル $j$ の正方形の辺の長さの高々 6 倍である．すなわち，高々 $6L'/2^j$ である．したがって，$\ell$ がレベル $i$ の直線のときには，パッチング補題を適用したときのコストの総増加分は，上で与えたように，$\sum_{j=i}^{\log L'} c_j(6L'/2^j)$ となる．直線 $\ell$ のレベルは，アルゴリズムの開始時に選んだ $a,b$ のランダムな選択に依存して決まるので，パッチング補題を適用したときのコストの総増加分の期待値は，上で与えたように，高々

$$\sum_{i=1}^{\log L'} \Pr[\ell \text{のレベルは} i \text{である}] \sum_{j=i}^{\log L'} c_j \frac{6L'}{2^j} \leq \sum_{i=1}^{\log L'} \frac{2^i}{L'} \sum_{j=i}^{\log L'} c_j \frac{6L'}{2^j}$$

$$= 6 \sum_{j=1}^{\log L'} \frac{c_j}{2^j} \sum_{i=1}^{j} 2^i$$

$$\leq 6 \sum_{j=1}^{\log L'} 2c_j$$

$$\leq 12t(\ell)/(r-1)$$

となる．

定理 10.2 の証明のときと同様に，直線 $\ell$ と交差するツアーを迂回してポータルのみで交差するようなツアーへの変換によるコストの増加分の期待値は，高々 $\frac{t(\ell)}{m}\log L'$ である．ここで，$(r-1)\log L'$ 以上の値となる最小の 2 のべき乗の値を $m$ として選ぶ．すると，このコストの増加分の期待値は，高々 $t(\ell)/(r-1)$ となる．すべての直線 $\ell$ にわたって $t(\ell)$ の和をとったものを $T$ として定義したことを思いだそう．したがって，上記のように，ポータルのみで交差するようなツアーへの変換によるコストの総増加分の期待値は，高々

$$\sum_{\text{直線}\ell} 13t(\ell)/(r-1) = \frac{13}{r-1}T$$

となる．ここで，$r = \left\lceil \frac{52}{\epsilon} \right\rceil + 1$ と設定する．すると，補題 10.7 より，良いユークリッド TSP 入力に対して $T \leq 2\,\mathrm{OPT}$ であるので，ポータルのみで交差するようなツアーへの変換によるコストの総増加分の期待値は，高々 $\frac{\epsilon}{4}T \leq \frac{\epsilon}{2}\mathrm{OPT}$ となることが得られる．定理 10.2 の証明の最後での議論と同様に，これからコストの増加は，少なくとも確率 1/2 で，高々 $\epsilon\,\mathrm{OPT}$ であることが得られる．

最終的な結論を出すには，さらに，ツアーが $r$-ライトなポータル考慮 p-ツアーに，正しく変換されることを議論することが必要である．これはかなり複雑である．垂直線 $\ell$ に対

して交差回数を減らす操作により，ある水平線 $\ell'$ の交差回数を増やしてしまうこともありうるからである．$\ell$ の交差を減らすパッチング補題で新しく生じる水平線 $\ell'$ 上の垂直線分による各交差は，$\ell$ のある正方形の辺上にあり，したがって，$\ell$ と $\ell'$ の交点に対応するポータルを通過することになることに注意しよう．ここで，$\ell'$ のこの点で交差する回数を高々2回に減らすためにパッチング補題を適用できるが，幾何的には単一の点ですべての交差が起こっているので，コストの増加はない．したがって，垂直線 $\ell$ での交差を減らす操作で，階層分割図の正方形の頂点で生じる交差は，高々4しか増えない．すなわち，$\ell$ の両側の各辺で1回のパッチング補題の適用で高々2増えるだけである．また正方形の1辺では，交差は（その辺の各端点で高々4回であるので）高々8しか増えない．したがって，$(r+8)$-ライトなポータル考慮 p-ツアーが得られる．定理を証明する目的ではこれで十分である． □

ユークリッド TSP に対するこのアルゴリズムアイデアは，ユークリッド版のほかの多くの問題，たとえば，シュタイナー木，$k$-メディアン問題などにも適用できる．

## 10.2 平面的グラフの最大独立集合

与えられた無向グラフ $G = (V, E)$ において，点の部分集合 $S \subseteq V$ は，$S$ のどの2点間にも辺が存在しないとき，すなわち，すべての $i, j \in S$ に対して $(i, j) \notin E$ が成立するとき，**独立集合** (independent set) と呼ばれる．すべての点 $i \in V$ に非負の重み $w_i \geq 0$ が与えられているときに，独立集合のうちで重み $w(S) = \sum_{i \in S} w_i$ が最大の独立集合 $S$ を求める問題は，**最大独立集合問題** (maximum independent set problem) と呼ばれる．すべての点 $i \in V$ で $w_i = 1$ のときの "重みなし" 版の最大独立集合問題，すなわち，点数最大の独立集合を求める問題を取り上げるときもある．

最大独立集合問題は，本書の最初の部分で取り上げたほかの問題である**最大クリーク問題** (maximum clique problem) と本質的には同一の問題である．点の部分集合 $S \subseteq V$ は，$S$ のどの2点間にも辺が存在するとき，すなわち，すべての $i, j \in S$ に対して $(i, j) \in E$ が成立するとき，**クリーク** (clique) と呼ばれる．すべての点 $i \in V$ に非負の重み $w_i \geq 0$ が与えられているときに，クリークのうちで重み $w(S) = \sum_{i \in S} w_i$ が最大のクリーク $S$ を求める問題は，**最大クリーク問題** (maximum clique problem) と呼ばれる．最大独立集合問題のときと同様に，すべての点 $i \in V$ で $w_i = 1$ のときの "重みなし" 版の最大クリーク問題，すなわち，点数最大のクリークを求める問題を取り上げるときもある．最大クリーク問題と最大独立集合問題の関係を明らかにするために，グラフ $G = (V, E)$ の**補グラフ** (complement) を $\bar{G} = (V, \bar{E})$ とする．なお，$\bar{E}$ は，$E$ に辺として含まれないすべての点対 $(i, j)$ からなる集合である．すなわち，$\bar{E} = \{(i, j) : i, j \in V, i \neq j, (i, j) \notin E\}$ である．$G$ の任意のクリーク $S$ は補グラフ $\bar{G}$ の独立集合であり，それらの重みは等しく，逆も成立する（$G$ の任意の独立集合 $S$ は補グラフ $\bar{G}$ のクリークであり，それらの重みは等しい）ことに注意しよう．したがって，最大独立集合問題に対する近似アルゴリズムは，補グラフで走

らせることにより，最大クリーク問題に対して同一の性能保証を持つ近似アルゴリズムに変換できる．逆も成立し，最大クリーク問題に対する近似アルゴリズムは，最大独立集合問題に対して同一の性能保証を持つ近似アルゴリズムに変換できる．

第1章の定理1.4を思いだそう．以下に（一部修正して）再掲するが，それは重みなし版の最大クリーク問題がきわめて近似困難であることを述べている．

**定理10.9 (定理1.4)** $n$を入力のグラフの点数とし，$\epsilon > 0$を任意の定数とする．このとき，$\mathbf{P} = \mathbf{NP}$でない限り，重みなし最大クリーク問題に対する$\Omega(n^{\epsilon-1})$-近似アルゴリズムは存在しない．

したがって，最大独立集合問題も，同様に，きわめて近似困難である．

一方，ある特殊なグラフの族に対しては，状況は良くなる可能性もある．実際に，格段に良くなる．たとえば，木に限定すると，重み最大の独立集合（以下簡略化して，最大独立集合と呼ぶ）は，動的計画に基づいて多項式時間で容易に求めることができる．木$T$があるノードを根としているとする．動的計画は，ボトムアップ形式に進行する．すなわち，葉から始めて根に向かって行われる．ノード$u$を根とする$T$の部分木を$T_u$とする．動的計画のための表は，木$T$の各ノード$u$に対して$I(T_u, u)$と$I(T_u, \emptyset)$を記憶する二つの要素を持つ．ここで，$I(T_u, u)$は，$u$を含む$T_u$の独立集合のうちで最大独立集合の重みとし，$I(T_u, \emptyset)$は，$u$を含まない$T_u$の独立集合のうちで最大独立集合の重みとする．$u$が$T$の葉のときには，$u$に対してこれらの二つの要素を容易に計算できる．次に，$u$を$T$の内点とし，$k$個の子を持つとする．それらの子を$v_1, \ldots, v_k$とし，各$v_i$に対して二つの要素が計算済みであるとする．すると，$u$に対する二つの要素を以下のように計算できる．$u$を含む$T_u$の独立集合は，明らかに，$v_1, \ldots, v_k$のいずれも含まない．したがって，$u$を含む$T_u$の最大独立集合は，$u$と各子$v_i$に対して$v_i$を含まない$T_{v_i}$の最大独立集合の（すべての）和集合となり，

$$I(T_u, u) = w_u + \sum_{i=1}^{k} I(T_{v_i}, \emptyset)$$

が得られる．一方，$u$を含まない$T_u$の独立集合は，各子$v_i$に対して$v_i$を含むときもあるし，含まないときもある．また，異なる$i \neq j$に対して，$T_{v_i}$と$T_{v_j}$を結ぶ辺は存在しないので，$T_{v_i}$の最大独立集合は，$T_{v_j}$の最大独立集合とは，無関係に決定できる．したがって，$u$を含まない$T_u$の最大独立集合は，各子$v_i$に対する$T_{v_i}$の最大独立集合の和集合となる．各子$v_i$に対する$T_{v_i}$の最大独立集合は，$v_i$を含む$T_{v_i}$の最大独立集合と$v_i$を含まない$T_{v_i}$の最大独立集合のうちで，重みの大きいほうとなる．このようにして，$u$を含まない$T_u$の最大独立集合が得られる．したがって，$I(T_u, \emptyset) = \sum_{i=1}^{k} \max(I(T_{v_i}, v_i), I(T_{v_i}, \emptyset))$となる．根の$r$に対して二つの要素の計算が終わると，これらのうちで重みの大きいほうの独立集合がもともとの木$T$の最大独立集合となる．

木はきわめて限定されたグラフのクラスである．より大きなクラスのグラフに対しても良いアルゴリズムが考案できればうれしい．本節では，平面的グラフの最大独立集合問題に対して，多項式時間近似スキーム (PTAS) を得ることができることを示す．グラフは，ユークリッド平面上に辺を交差することなく描けるときに，**平面的グラフ (planar graph)**と呼ばれる．より正確には，グラフ$G$の各点をユークリッド平面上の点に対応させ，グ

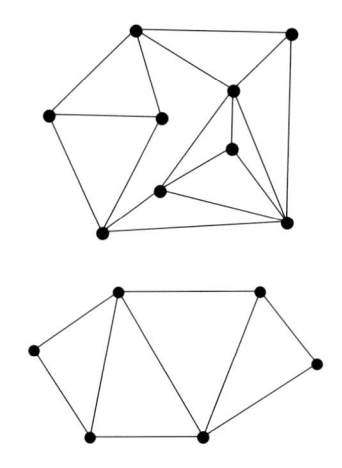

**図 10.8** 平面的グラフの平面描画の例．両方のグラフが平面的であるが，下のグラフのみが外平面的である．

ラフの各辺 $(i,j)$ に対して $i$ と $j$ に対応するユークリッド平面上の点を結ぶ曲線を対応させる．そして，辺に対応するどの二つの曲線も交差しないようにできるとき，グラフは平面的である．平面的グラフ $G$ の点と曲線へのこのような写像は，$G$ の**平面描画** (planar embedding) と呼ばれる．平面的グラフ $G$ は，グラフのすべての点が外部の面にくるように平面描画できるとき，**外平面的** (outerplanar) であると呼ばれる．大まかに言えば，すべての点が外部になるようにグラフを平面描画できるとき，グラフは外平面的である．図 10.8 は平面的グラフと外平面的グラフの例を示している．

平面的グラフに対する PTAS を得るためには，**$k$-外平面的グラフ** ($k$-outerplanar graph) の概念を定義することが必要となる．グラフ $G$ の与えられた平面描画に対して，外部の面上にあるすべての点をそのグラフ $G$ のレベル 1 の点という．そのグラフ $G$ の一般のレベル $i$ の点は以下のように定義される．すなわち，$G$ の同一の平面描画においてレベル $1, \ldots, i-1$ のすべての点とそれらに接続する辺をすべて除去したあとで，外部の面上にあるすべての点をそのグラフ $G$ のレベル $i$ の点という．グラフ $G$ は，すべての点がレベル $k$ 以下となるように平面描画できるとき，$k$-外平面的であると呼ばれる．図 10.9 に $k$-外平面的グラフの例を示している．グラフ $G$ が $k$-外平面的であるかどうかは，$k$ と $n$ の多項式時間で判定できるが，その証明は本書の範囲を超えるので省略する．

平面的グラフでの PTAS を証明するのに必要な中核となる定理は以下のとおりである．

**定理 10.10** $k$-外平面的グラフの最大独立集合は，動的計画に基づいて，$O(2^{O(k)}n^2)$ の計算時間で求めることができる．

この定理の証明でキーとなるのは，$k$-外平面的グラフが木に似た構造に分解できることの証明である．これにより，木に対する動的計画と同様の方法で動的計画を走らせることができることになる．

この定理が与えられれば，多項式時間近似スキームを得ることは比較的簡単である．

**定理 10.11** （任意に与えられた $\epsilon > 0$ に対して）平面的グラフの最大独立集合問題に対する計算時間 $O(2^{O(1/\epsilon)}n^2)$ の多項式時間近似スキームが存在する．

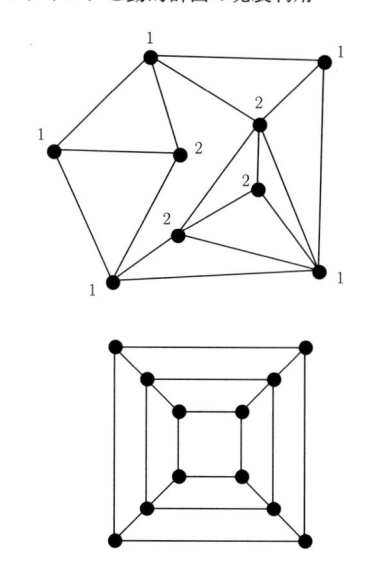

**図 10.9**　2-外平面的グラフと 3-外平面的グラフの例．2-外平面的グラフでは，点にレベルを記している．

**証明**：平面的グラフ $G$ の与えられた平面描画に対して $G$ のレベル $i$ のすべての点の集合を $L_i$ と表記する．レベルの定義より，レベルが 2 以上離れた 2 点を結ぶ辺は存在しないことに注意しよう．なぜなら，もしそのような辺が存在したとすると，平面描画において，その辺に対応する曲線が途中のレベルの点を結ぶ辺に対応するある曲線と交差してしまうからである．

$(1 - \epsilon)$-近似アルゴリズムを得たいので，$k$ を $1/k \le \epsilon$ を満たすような最小の正整数とする．各 $i = 0, \ldots, k-1$ に対して，$S_i$ をレベルが $i \pmod{k}$ となるすべての点の集合とする．"$S_i$ 以外の"すべての点で誘導される $G$ の部分グラフを $G_i$ と表記する．すなわち，$G_i = G[V - S_i]$ である．各 $i = 0, \ldots, k-1$ に対して，$S_i$ のすべての点とそれらの点に接続する辺をすべて除去すると $G_i$ が得られ，$G_i$ の各連結成分は $k$-外平面的グラフとなる．たとえば，$G_0$ は，レベル $k, 2k, 3k, \ldots$（$k$ の倍数のレベル）の点をすべて除去して得られる．したがって，$L_1 \cup \cdots \cup L_{k-1}$ に含まれる点と $G_0$ のそれら以外の点とを結ぶパスは存在しない．したがって，$L_1 \cup \cdots \cup L_{k-1}$ に含まれる点で誘導される部分グラフは，（連結で）$k$-外平面的グラフとなる．同様に，$L_{k+1} \cup \cdots \cup L_{2k-1}$ に含まれる点と $G_0$ のそれら以外の点とを結ぶパスも存在しないので，$L_{k+1} \cup \cdots \cup L_{2k-1}$ に含まれる点で誘導される部分グラフも，（連結で）$k$-外平面的グラフとなる．以下同様である．定理 10.10 のアルゴリズムを用いて，$G_i$ の各連結成分の最大独立集合を個別に求める．そして得られた最大独立集合の和集合 $X_i$ は $G_i$ の最大独立集合となる．その計算時間は $O(2^{O(1/\epsilon)} n^2)$ である．$G_i$ の独立集合 $X_i$ は（$G_i$ の任意の独立集合 $X_i'$ も）元のグラフ $G$ の独立集合でもあることに注意しよう．したがって，アルゴリズムは，最大の重みの $X_i$ ($i = 0, \ldots, k-1$) を解として返す．

$O$ を $G$ の最大独立集合とする．したがって，$w(O) = \mathrm{OPT}$ である．$S_i$ ($i = 0, \ldots, k-1$) は $V$ のすべての集合を $k$ 個の集合に分割しているので，$w(O \cap S_j) \le w(O)/k$ となるような $j$ が存在する．$O - S_j$ は $G_j$ の独立集合であるので，$G_j$ に対してアルゴリズムで得られた独立集合 $X_j$ の重みは少なくとも

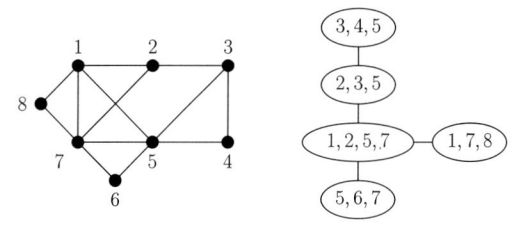

**図 10.10** グラフの木分解の例．グラフは左の図であり，その木分解が右の図である．この木分解の木幅は 3 である．

$$w(O - S_j) = w(O) - w(O \cap S_j) \geq \left(1 - \frac{1}{k}\right) w(O) \geq (1 - \epsilon) \text{OPT}$$

である．したがって，アルゴリズムは，重みが少なくとも $(1-\epsilon)$ OPT の解を $O(2^{O(1/\epsilon)} n^2)$ 時間で返す． □

次に，定理 10.10 の証明に移る．そのために，最初に，グラフの**木幅** (treewidth) と呼ばれる新しい概念を導入する．グラフの木幅は，ある意味で，グラフが木にどのくらい近いかを測る指標である．次に，木幅 $t$ の任意のグラフの最大独立集合を，動的計画に基づいて，$t$ に関して指数時間，$n$ に関して多項式時間の計算時間で求めることができることを示す．最後に，$k$-外平面的グラフの木幅が高々 $3k+2$ であることを示す．

与えられた無向グラフ $G = (V,E)$ に対して $G$ の**木分解** (tree decomposition) は，新しい点（ノード）集合である $V'$ 上の全点木 $T$ として定義される．なお，各点 $i \in V'$ は $V$ のある部分集合 $X_i$ に対応し，全点木 $T$ は以下の三つの性質を満たす．

1. 各点 $u \in V$ に対して，$u \in X_i$ となるような $i \in V'$ が存在する．
2. 各辺 $(u,v) \in E$ に対して，$u,v \in X_i$ となるような $i \in V'$ が存在する．
3. $i,j,k \in V'$ に対して，$j$ が $T$ の $i$ から $k$ へのパス上にあるときには，$X_i \cap X_k \subseteq X_j$ である．

例として，グラフ $G$ が木のときを考えてみよう．すると，$G$ の木分解は以下のようになる．各点 $u \in V$ に対して $V'$ の点 $i_u$ を作り，各辺 $e \in E$ に対して $V'$ の点 $i_e$ を作る．さらに，各辺 $e \in E$ の端点となる各点 $u \in V$ に対して $T$ は辺 $(i_u, i_e)$ を持つ．$G$ が木であるので，こうして得られる $T$ も木になることに注意しよう．ここでは，点 $i_u \in V'$ は部分集合 $X_{i_u} = \{u\}$ に対応し，辺 $e = (u,v) \in E$ に対する点 $i_e \in V'$ は部分集合 $X_{i_e} = \{u,v\}$ に対応する．したがって，この木分解は，木分解の三つの性質を満たすことが確認できる．図 10.10 は，別のグラフの木分解の例を示している．

$G$ の木分解 $T$ の**木幅** (treewidth) は，すべての $i \in V'$ での $|X_i| - 1$ の最大値として定義される．さらに，$G$ の木幅は，$G$ のすべての木分解における木幅の最小値として定義される．定義になぜ $-1$ の項があるのかと疑問を持つかもしれない．しかし，上記の木の木分解でも示したように，この定義により，木の木幅は 1 となることに注意しよう．木分解の 2 番目の性質より，グラフのどの辺も両端点が木分解のいずれかの部分集合に含まれることになるので，グラフにまったく辺がないときを除いて，木幅は 1 以上になるからである．

これで，小さい木幅のグラフの最大独立集合を木幅の指数時間で求めることができるこ

とを示せるようになった．そのアルゴリズムは，木の最大独立集合を求める動的計画の単純な一般化と見なせる．

**定理 10.12** グラフ $G = (V, E)$ の点集合 $V'$ での木幅 $t$ の木分解が与えられるとする．すると，動的計画に基づいて，$G$ の最大独立集合を $O(2^{O(t)}|V'|)$ 時間で求めることができる．

**証明**：与えられたグラフ $G = (V, E)$ の点集合 $V'$ での木幅 $t$ の木分解 $T$ において，各 $i \in V'$ に対して部分集合 $X_i \subseteq V$ が対応しているとする．$T$ の点を任意に 1 点選んで，$T$ をその点 $r$ を根とする根付き木と考える．木に対する動的計画のときと同様に，アルゴリズムはボトムアップに動作する．そこで，各 $i \in V'$ に対して，$i$ を根とする $T$ の部分木を $T_i$ とする．$T_i$ のすべての点 $j$ に対する点部分集合 $X_j$ の和集合を $V_i$ とし，$V_i$ で誘導される $G$ の部分グラフを $G_i$ とする．そして，各 $i \in V'$ に対して $G_i$ の最大独立集合を求めていく．最後に，根付き木 $T$ の根 $r$ に到達すると，グラフ $G_r$ は $G_r = G$ となるので，$G$ の最大独立集合が得られる．ここの動的計画では，配列（表）の各 $i \in V'$ に対して，$2^{|X_i|}$ 個の要素が存在する．すなわち，$X_i$ の各部分集合 $U$ に対して各要素が存在する．各部分集合 $U \subseteq X_i$ に対して，$X_i$ との共通集合が $U$ となるような $G_i$ の独立集合（$U$ に対応する $G_i$ の独立集合という）のうちで重み最大の独立集合 $S_i(U)$ が $U$ に対する要素に記憶される．したがって，$G_i$ の辺の両端点を含むような部分集合 $U$ のように，$G_i$ の正しい独立集合に対応しない $X_i$ の部分集合に対する要素もありうることに注意しよう．そのような要素は，"存在しない" とマークづけられる．

$T$ の各葉 $i$ から出発する．このときは $V_i = X_i$ である．したがって，$i$ に対する表の各要素は，その要素に対する部分集合 $U \subseteq X_i$ が独立集合であるかどうかを確認して，独立集合のときにはそれを対応する最大独立集合として，独立集合でないときには "存在しない" として，正しく書き込むことができる．

次に，木の内点 $i$ を考える．この内点 $i$ でのケースを議論するために，以下の二つの主張 (1), (2) をまず最初に確立することにする．すなわち，(1) $i$ の二つの異なる子 $j, k$ に対して，$V_j \cap V_k \subseteq X_i$ である，(2) $G_i$ のどの辺に対しても，両端点が $X_i$ に含まれるか，あるいは，両端点が $i$ のある子 $j$ に対する $V_j$ に含まれる．主張 (1) から確立する．$u \in V_j \cap V_k$ となる $u$ が存在したとする．すると，部分木 $T_j$ のある点 $p$ に対して $u \in X_p$ であったことから $u \in V_j$ であり，部分木 $T_k$ のある点 $q$ に対して $u \in X_q$ であったことから $u \in V_k$ であることになる．一方，点 $i$ は木 $T$ における $p$ から $q$ へのパス上にあるので，木分解の第三の性質より，$u \in X_p \cap X_q \subseteq X_i$ となることが得られる．次に，主張 (2) を確立する．$G_i$ に含まれる任意の辺を $(u, v)$ とする．木分解の第二の性質より，辺 $(u, v)$ の両端点 $u, v$ が $u, v \in X_\ell$ となるような木 $T$ の点 $\ell$ が存在する．$\ell = i$ のときには $u, v \in X_i$ である．一方，$\ell \neq i$ であり，$\ell$ が部分木 $T_i$ に存在するときには，$\ell$ は $i$ のある子 $j$ に対する部分木 $T_j$ に存在することになる．したがって，このときには，辺 $(u, v)$ の両端点 $u, v$ が $u, v \in X_\ell \subseteq V_j$ となる．最後に，$\ell \neq i$ であり，$\ell$ が部分木 $T_i$ に存在しないとする．$u$ と $v$ が $G_i$ に含まれるので，$u \in X_p$ かつ $v \in X_q$ となるような $T_i$ の点 $p, q$ が存在する．木分解 $T$ において，点 $i$ は，$p$ から $\ell$ へのパス上にあるとともに，$q$ から $\ell$ へのパス上にある．したがって，木分解の第三の性質より，$u \in X_p \cap X_\ell \subseteq X_i$ かつ $v \in X_q \cap X_\ell \subseteq X_i$ となり，$u, v \in X_i$ が得られる．すなわち，このときには $\ell$ として $i$ を選ぶことができることになる．

これで木の内点 $i$ に対して，表における $i$ の要素を計算する方法を示せるようになった．正しい独立集合となる $U \subseteq X_i$ と $i$ の任意の子 $j$ に対して，$j$ に対する要素 $W \subseteq X_j$ を考える．$j$ に対する要素 $W$ と $i$ に対する要素 $U$ は，$U$ と $W$ が $X_i \cap X_j$ 上で一致するとき，すなわち，$U \cap X_i \cap X_j = W \cap X_i \cap X_j$ であるとき，"適合する"ということにする．そして，集合 $U \subseteq X_i$ に対する $i$ の要素を計算するために，$i$ の各子 $j$ において，適合するすべての要素 $W$ に対して対応する $G_j$ の最大独立集合 $S_j(W)$ を求めて，その中で重み最大となるものを $S_j$ とする．すると，すべての子 $j$ にわたる $S_j$ の和集合との $U$ の和集合 $S = U \cup \bigcup_j S_j$ は，$X_i$ との共通集合が $U$ となるような $G_i$ の独立集合のうちで最大重みの独立集合である（すなわち，$S = S_i(U)$）と主張できる．主張 (1) より，$i$ のすべての子 $j$ の $V_j - X_i$ は互いに素であるので，$S$ は矛盾なく正しく定義されていることに注意しよう．帰納法（アルゴリズムがボトムアップに動作するという仮定）により，すべての $S_j$ は $U$ に適合する $G_j$ の最大独立集合であるので，$S$ が独立集合であるときには，それより大きい重みの独立集合は存在しない．さらに，$S$ は独立集合である．これは，主張 (2) より以下のように得られる．すなわち，$G_i$ のどの辺 $(u,v)$ も両端点が $X_i$ に含まれるか，あるいは，両端点が $i$ のある子 $j$ に対する $V_j$ に含まれる．両端点の $u$ と $v$ が $S$ に含まれることはない．もし含まれたとすると，両端点とも $U$ に含まれて $U$ が正しい独立集合であることに反するか，両端点とも $S_j$ に含まれて $S_j$ が正しい独立集合であることに反してしまうからである．

$V'$ の各点に対して，計算しなければならない要素は高々 $2^{t+1}$ 個存在する．各要素の計算では，子の要素と適合するかどうかを検証する．1 個の子の高々 $2^{t+1}$ 個の各要素は親の点の各要素と適合するかどうかを一度検証される．したがって，全体では $O(2^{O(t)}|V'|)$ の計算時間となる． □

次に，$k$-外平面的グラフの木幅が小さいことを示すことに移る．なお，最大次数が 3 以下の $k$-外平面的グラフに限定して考えることが有用になる．そしてそのとき，木幅が高々 $3k + 1$ となることを示す．まず，任意の $k$-外平面的グラフ $G$ が最大次数が 3 以下の $k$-外平面的グラフ $G'$ に変換でき，$G'$ の木分解から木幅を増やすことなく $G$ の木分解を計算することができることを示して，この制限が何ら一般性を失わないことを明らかにする．

**補題 10.13** 任意の $k$-外平面的グラフ $G$ に対して，$G'$ の木分解から木幅を増やすことなく $G$ の木分解を計算できるような最大次数が 3 以下の $k$-外平面的グラフ $G'$ が存在する．

**証明**：与えられた $k$-外平面的グラフ $G$ に対して，4 以上の次数 $d$ の点 $v$ が存在するとする．このとき，新しいグラフ $G'$ を，$v$ を 2 点 $v_1$ と $v_2$ に分離して辺で結び，それぞれ次数 3 と次数 $d-1$ になるようにして作る．これは，図 10.11 からも類推できるように，$k$-外平面的グラフを保ちながらできる．$G'$ の木分解 $T'$ が与えられるとする．このとき，$v_1$ あるいは $v_2$ のいずれかを含む各部分集合 $X'_i$ に対して $v_1, v_2$ を $v$ に置き換えて $G$ の木分解 $T$ を新しく構成する．すなわち，$X'_i$ が $v_1$ あるいは $v_2$ を含むときには $X_i = (X'_i - \{v_1, v_2\}) \cup \{v\}$ とし，そうでないときには $X_i = X'_i$ とする．すると，$T'$ が $G'$ の正しい木分解である限り，$T$ も $G$ の正しい木分解となる．さらに，$G$ の木分解 $T$ の木幅は $G'$ の木分解 $T'$ の木幅より大きくなることはない．

最大次数が 4 以上の任意の $k$-外平面的グラフ $G$ に対して，最終的に得られる $G_z$ が最大

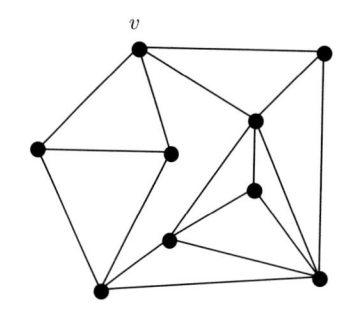

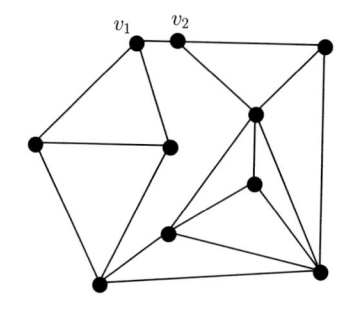

**図 10.11** $k$-外平面性を保ちながらの，点 $v$ の $v_1$ と $v_2$ への分離．

次数 3 以下になるまで上記の変換を繰り返し適用して，グラフの列 $G_1, G_2, \ldots, G_z$ が生成されたとする．$G' = G_z$ とする．すると，$G' = G_z$ は最大次数が 3 以下の $k$-外平面的グラフである．さらに，$G' = G_z$ の木分解から出発して，逆順の $G_{z-1}, \ldots, G_1, G$ の順に，前のグラフの木分解の木幅より木幅が大きくならないよう木分解を上記のように得ることができる．したがって，$G' = G_z$ の木分解の木幅以下の木幅の $G$ の木分解が得られる． □

$G$ の（辺数最大の）最大全点森 $(V, F)$ に対して，任意の辺 $e \in E - F$ を考える．$F$ に $e$ を加えるとできる唯一の閉路は $e$ の**基本閉路** (fundamental cycle) と呼ばれる．すべての辺 $e \in E - F$ にわたってできる基本閉路のうちで，点 $v \in V$ を含む基本閉路の個数を $v$ の**負荷** (load) ということにする．同様に，木辺 $f \in F$ に対して，すべての辺 $e \in E - F$ にわたってできる基本閉路のうちで，$f$ を含む基本閉路の個数を $f$ の負荷ということにする．そして，すべての点 $v \in V$ の負荷とすべての木辺 $f \in F$ の負荷のうちで最大の負荷をその最大全点森の**最大負荷** (maximum load) と定義する．

**補題 10.14** 最大次数が 3 以下の $k$-外平面的グラフはいずれも，最大負荷が高々 $3k$ の最大全点森 $(V, F)$ を持つ．

**証明**：対象とする $k$-外平面的グラフは閉路を持つとする（そうでないときは補題は自明に成立する）．$k$ についての帰納法で証明する．$k = 1$ とし，グラフ $G$ は外平面的グラフであるとする．さらに，$G$ はすべての点が外面上にくるように平面描画されているとする．$R$ を外面上のすべての辺の集合とする．$G$ が最大次数が 3 以下の外平面的グラフであるので，$R$ のすべての辺を除去すると，（すなわち，辺集合 $E - R$ のグラフ $(V, E - R)$ は）無閉路グラフになることに注意しよう．この無閉路グラフ $(V, E - R)$ に $R$ の辺をできるだけ多く加えて，$G$ の最大全点森 $F$ が得られたとする．このとき，（$E - F \subseteq R$ であるので）$E - F$ のどの辺も外面上にある．$F$ に $E - F$ の任意の辺を加えると唯一の閉路が生じ，それは $G$ の上記の平面描画における内面となる．その平面描画において，$G$ の各辺は高々 2 個の内面の境界上にあり，$G$ の各点はその点の次数以下の個数の内面上の点となるので，各辺の負荷は 2 以下であり各点の負荷は 3 以下である．すなわち，$G$ の最大負荷は 3 以下である．

次に，$G$ は $k > 1$ の $k$-外平面的グラフであるとする．さらに，$G$ は $k - 1$ 回外面上の点を除去することを繰り返すとすべての点が外面にくるように平面描画されているとする．前と同様に，$R$ をこの平面描画における外面上のすべての辺の集合とする．$R$ の辺をすべて除去すると，グラフの最大次数が 3 以下であるので，この外面上の点はいずれも次数が

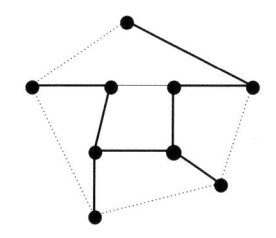

**図10.12** 補題10.14の証明の2-外平面的グラフを用いた説明図．最大全点森$F$の辺と$R$の辺で$F$に加えられた辺を太い実線で示している．$R$の残りの辺を点線で示している．

高々1となる．したがって，こうして得られるグラフ$(V,E-R)$は$(k-1)$-外平面的グラフとなる．帰納法の仮定より，グラフ$(V,E-R)$は，最大負荷が高々$3(k-1)$の最大全点森$F'$を持つことが言える．$F'$に$R$の辺をできるだけ多く加えて，$G$の最大全点森$F$へと拡張する．上の$k=1$のときと同様に，$F$に$R-F$の任意の辺を加えると唯一の閉路が生じ，それは平面描画された$G$の部分グラフ$(V,F\cup R)$上での平面描画における内面となる．したがって，$R-F$の辺による$F$の任意の辺の負荷の増加は高々2であり，$R-F$の辺による任意の点$v$の負荷の増加は高々3である．図10.12に説明用の例を示している．したがって，$G$の最大全点森$(V,F)$の最大負荷が高々$3k$であることになる． □

**補題10.15** 最大次数が3以下のグラフ$G$が最大負荷が高々$\ell$の最大全点森$(V,F)$を持つとする．すると，$G$の木幅は高々$\ell+1$である．

**証明**：与えられた$G=(V,E)$と最大全点森$(V,F)$に対して，木の木分解を初めて議論したときのようにして，$F$の木分解を求めることから始める．すなわち，各$u\in V$に対して点$i_u$を作り，森$F$の各辺$e$に対して点$i_e$を作る．そして，各$u\in V$に対して$X_{i_u}=\{u\}$とし，各$e=(u,v)$に対して$X_{i_e}=\{u,v\}$と初期設定する．さらに，点$u$が森$F$のある辺$e$の端点になっているとき（そしてそのときのみ）木分解$T$において辺$(i_u,i_e)$を持つと定義する．こうして得られる木分解は，木分解の第一の性質と第三の性質を満たすが，第二の性質は，$E-F$の辺があるにもかかわらず，$E-F$の辺の両端点を含む木分解の点に対応する点の部分集合が存在しないので，一般には満たされない．この問題を解決するために，各$(u,v)\in E-F$に対して（木分解に対応する）木を更新する．辺$e=(u,v)\in E-F$に対して，任意に一方の端点を選び，それを$u$とする．次に，$e$を加えてできる基本閉路を考える．この閉路上の各点$w\neq v$に対応する集合$X_{i_w}$に$u$を加え，この閉路上の各辺$e'\neq e$に対応する集合$X_{i_{e'}}$に$u$を加える．

上記の操作により，$G$の木分解が得られることをこれから証明する．第一の性質は満たされる．各辺$e\in F$に対しては第二の性質も満たされる．各辺$e=(u,v)\in E-F$に対して，$e$の基本閉路を考える．この閉路上には$v$に接続する辺$(w,v)\in F$が存在する．上記の操作で$u$を集合$X_{(w,v)}$に加え，$v$はその集合にすでに含まれていたので，第二の性質は$E$のすべての辺で満たされる．第三の性質も同様に満たされることが以下のようにしてわかる．それは，全点森$F$の最初の分解では満たされていたし，その後点$u$を木分解の点に対応する部分集合に加えたときはいつでも木分解$T$のパス上にある点に対応するすべての部分集合に加えていた．したがって，木分解$T$の点$i,j,k$に対して，$j$が$i$から$k$への木分

解 $T$ のパス上にあるときには，$X_i \cap X_k \subseteq X_j$ が成立する．

最初，木分解の各点に対応する部分集合はサイズが高々 2 であり，その後，各 $u \in V$ に対応する木分解の部分集合 $X_{i_u}$ には $u$ の負荷以下の個数の点を加え，各 $e \in E - F$ に対応する木分解の部分集合 $X_{i_e}$ には $e$ の負荷以下の個数の点を加えたことに注意しよう．したがって，最終的に得られた木分解の木幅は高々 $\ell + 1$ となる． □

以上の議論をまとめて，定理 10.10 として前述した以下の定理が得られる．

**定理 10.16** $k$-外平面的グラフの最大独立集合は，動的計画に基づいて，$O(2^{O(k)} n^2)$ 時間で求めることができる．

**証明**：$n$ 点からなる（多重辺を持たない）平面的グラフは高々 $3n - 6$ 本の辺しか持たないこと，すなわち，辺数 $m$ は $m \leq 3n - 6$ の不等式を満たすことを用いる．補題 10.13，補題 10.14 と補題 10.15 の議論をアルゴリズム化できることに注意することから始める．補題 10.13 を適用して，$k$-外平面的グラフを最大次数が高々 3 の $k$-外平面的グラフに変換する．これにより，最初の $n$ 点，$m$ 辺のグラフは $n'$ 点，$m'$ 辺のグラフになる．なお，$n'$ は最初のグラフのすべての点の次数の総和以下である．したがって，$n' \leq 2m = O(n)$ であり，$m' \leq 3n' - 6 = O(n)$ である．次に，補題 10.14 を適用して，最大次数が 3 以下のグラフの最大全点森を $O(m') = O(n)$ 時間で適切に求めて，さらに補題 10.15 を適用して，サイズ $|V'| = O(m' + n') = O(n)$ の木分解を $O(m' n') = O(n^2)$ 時間で求める．その後，補題 10.13 を再度適用して，最初のグラフの木分解を $O(m'|V'|) = O(n^2)$ 時間で求める．最初のグラフの木分解は，$|V'| = O(n)$ の点集合 $V'$ 上で定義されていることに注意しよう．最後に，定理 10.12 を適用して，最大独立集合を求める． □

計算時間が，グラフのサイズの多項式時間であり，グラフの木幅の指数時間となるようなアルゴリズムを持つ計算困難な組合せ最適化問題も多数存在する．以下の演習問題でそのような例を取り上げる．

## 10.3 演習問題

10.1 ユークリッドシュタイナー木問題 (Euclidean Steiner tree problem) では，入力として，平面上にターミナル点と呼ばれる点の集合 $T$ が与えられる．平面上のほかの点からなる任意の集合を $N$ とする．ここでは $N$ の点を非ターミナル点と呼ぶ．任意の点対 $i, j \in T \cup N$ に対して，$i$ と $j$ を結ぶ辺のコストは $i, j$ 間のユークリッド距離である．目標は，すべての可能な $N$ のうちで，$T \cup N$ 上の最小全点木のコストが最小となるような非ターミナル点の集合 $N$ を求めることである．

ユークリッド TSP に対する多項式時間近似スキームを，一部修正を加えて，うまく用いて，ユークリッドシュタイナー木問題に対する多項式時間近似スキームを得ることができることを示せ．

10.2 この問題では，9.2 節の $k$-メディアン問題のユークリッド版を考える．平面上に利

用者と候補施設の位置の点の集合 $N$ が与えられる．$c_{ij}$ を $i, j \in N$ 間のユークリッド距離とする．このとき，目標は，$|S| \leq k$ を満たす施設の部分集合 $S \subseteq N$ のうちで $\sum_{j \in N} \min_{i \in S} c_{ij}$ が最小となるようなものを求めることである．10.1 節の技法を用いて，ユークリッド $k$-メディアン問題に対する多項式時間近似スキームを与えよ．(**詳細ヒント**：そこの証明のいくつかは修正が必要である．ユークリッド TSP に対しては，すべての点を内部に含む最小の正方形の一辺の長さ $L$ が最適解の下界であった．そして，その後，それを用いて，与えられた入力を良い入力に変えることができた．一方，ユークリッド $k$-メディアン問題に対しては，$L$ は必ずしも最適解のコストの下界になるとは限らない．代わりに何を用いたらよいのであろうか？ 動的計画の部分では，一辺の長さが $s$ の各正方形に対して，その正方形の内部で開設された施設の個数を管理するのが有効となる．また，その正方形内の各ポータルに対して，以下の二つの見積もりを管理するのが役に立つ．第一の見積もりは，その正方形内で（開設された施設が存在するときには），そのポータルから最も近い開設された施設までの $s/m$ 単位で数えたときの距離（$s/m$ に適切な整数をかけた値）である．なお，$m$ はその正方形の一辺に含まれるポータルの個数である．第二の見積もりは，その正方形の外部で開設されている施設でそのポータルから最も近い開設された施設までの $s/m$ 単位で数えたときの距離である．二つの隣接するポータルに対するこれらの見積もりは，高々 1 個分の $s/m$ しか異ならないことに注意しよう．)

10.3 1.2 節で定義した点カバー問題を思いだそう．点カバー問題では，入力として，無向グラフ $G = (V, E)$ と各点 $i \in V$ に対する非負の重み $w_i$ が与えられる．目標は，各辺 $(i, j) \in E$ に対して $i \in C$ あるいは $j \in C$ が成立するような点の部分集合 $C \subseteq V$ のうちで重みが最小となるものを求めることである．

　平面的グラフの最大独立集合問題に対する多項式時間近似スキームをうまく修正して用いて，平面的グラフの点カバー問題に対する多項式時間近似スキームを得ることができることを示せ．

10.4 5.12 節で，グラフ $G = (V, E)$ は，どの辺 $(i, j) \in E$ に対しても $i$ と $j$ が異なる色となるように $k$ 色の中の 1 色を各点に割り当てることができるときに，$k$-彩色可能であると言ったことを思いだそう．$G$ が定数 $t$ の木幅 $t$ の木分解 $T$ を持つとする．このとき，任意の $k$ に対して，$G$ が $k$-彩色可能であるかどうかは多項式時間で判定できることを示せ．

10.5 **グラフ的巡回セールスマン問題** (graphical traveling salesman problem) では，入力として，グラフ $G = (V, E)$ とすべての辺 $e \in E$ に対するコスト $c_e \geq 0$ が与えられる．目標は，$(V, F)$ がオイラーグラフとなるような多重辺集合 $F$ のうちで，最小コストのものを求めることである．これは，都市を複数回訪問できるが，$(i, j) \notin E$ であるときには都市 $i$ から都市 $j$ に直接行くことはできない，巡回セールスマン問題 (TSP) の変種版であると見なすことができる．この演習問題では，木幅と関係する分枝幅を考えて，グラフ $G$ が小さい値の分枝幅を持つときにはグラフ的 TSP の最適解を計算できることを示す．

　与えられた無向グラフ $G = (V, E)$ に対して，$G$ の**分枝分解** (branch decomposition) $T$ は以下の性質を満たす新しい点集合 $V'$ 上の全点木として定義される．$T$ の内点は

すべて次数が3であり，$T$の葉（外点，次数1の点）は$|E|$個であり，$G$の各辺$e$が$T$の唯一の葉に写像されている．木$T$から任意に1辺除去すると，$T$は二つの連結成分（木）になる．このとき，二つの連結成分（木）に含まれる葉に対応する$G$の辺の集合をそれぞれ，$A$と$B$とする．すると，$T$のこの辺の（除去で得られる）分離幅は，$A$に含まれる$G$の辺と$B$に含まれる$G$の辺の両方が接続するような点の総数として定義される．分枝分解$T$の幅は，$T$のすべての辺に対する分離幅の最大値として定義される．$G$の**分枝幅** (branchwidth) は，$G$のすべての分枝分解にわたる分枝分解の幅の最小値として定義される．

グラフ的巡回セールスマン問題の入力と，その入力グラフ$G = (V,E)$の分枝幅$t$の分枝分解$T$が与えられているとする．木$T$から任意に1本辺$(a,b)$を選んで，それを2本の辺$(a,r)$と$(r,b)$で置き換え，$r$を根とする木を得ることができる．分枝幅$t$が定数のとき，動的計画を用いて，グラフ的TSPに対する多項式時間アルゴリズムを得ることができることを示せ．

## 10.4　ノートと発展文献

巡回セールスマン問題とほかの幾何的な問題のユークリッド平面での入力に対する多項式時間近似スキームは，Arora [11] と Mitchell [225] により，独立に発見された．Aroraのスキームは，次元$d$が$o(\log \log n)$である限り，さらに高次元のユークリッド版の問題にも一般化できる．10.1節で与えたアルゴリズムとその記述は，Arora [11] およびその後の研究調査論文 Arora [12] による．本章の冒頭でも述べたように，この技法は，演習問題 10.1 で与えたシュタイナー木問題（[11] と [225] の両方で議論されている），演習問題 10.2 で与えた $k$-メディアン問題（Arora, Raghavan, and Rao [20] による）を含むユークリッド平面上の最適化問題に広く応用できるものである．

10.2節の平面的グラフの最大独立集合問題に対する多項式時間近似スキームは，Baker [30] による．なお，本書ではその記述を少し変更している．演習問題 10.3 の点カバーに対する結果も Baker [30] からのものである．グラフの木幅の概念は Robertson and Seymour [252] で導入された．文献ではほかの等価な定義も導入されている．そのような概念の一つである**部分 $k$-木** (partial $k$-tree) に対して，Arnborg and Proskurowski [10] は，最大独立集合を求める動的計画に基づく"線形時間"のアルゴリズムを与えている．Bodlaender [52] は，$k$-外平面的グラフが高々 $3k - 1$ の木幅となることを示している．本書では，それを少し弱めて与えた．演習問題 10.5 の分枝幅の概念は，Robertson and Seymour [253] で導入された．彼らは，分枝幅 $t$ のグラフは木幅が高々 $3t/2$ であること，および木幅 $k$ のグラフは分枝幅が高々 $k+1$ であることを示した．グラフ的巡回セールスマン問題は，Cornuéjols, Fonlupt, and Naddef [84] で導入され，演習問題 10.5 の動的計画アルゴリズムは Cook and Seymour [81] による．

# 第11章
# 線形計画問題での確定的ラウンディングの発展利用

本章では，線形計画問題の解に対する確定的ラウンディング技法を取り上げる．2.3節で取り上げた同一マシーン上でのスケジューリング問題の一般化から始める．この一般化問題では，ジョブ $j$ は割り当てられるマシーン $i$ に依存して処理時間が変わるばかりでなく，マシーン $i$ に割り当てられたときのコスト $c_{ij}$ も与えられる．（整数計画問題による定式化において，完了時刻 $T$ でコスト $C$ の実行可能なスケジュールは，その整数計画問題の線形計画緩和の実行可能解であるので，その線形計画緩和に）完了時刻 $T$ でコスト $C$ の実行可能なスケジュールが存在するときには，その線形計画緩和のそのような実行可能解を得ることができ，その解をラウンディングして，コストが高々 $C$ で完了時刻が高々 $2T$ のスケジュールを，多項式時間で求めることができることを示す．

ほかの問題への適用においては，線形計画問題の最適基底解が存在して，そのような解を求めるアルゴリズムも存在するという事実を用いる．$n$ 個の変数 $x_j$ からなる線形計画問題で，各変数 $x_j$ に対して $x_j \geq 0$ の制約式があるとする．すると，ほかの制約式もあることを考えると，制約式の個数 $m$ は $m \geq n$ を満たす．$i$ 番目の制約式がベクトル $a_i$ とスカラー $b_i$ を用いて $a_i^T x \geq b_i$ と表されているとする．実行可能解 $\bar{x}$ は，$n$ 個の線形独立なベクトル $a_i$ に対して，$n$ 個の対応する制約式 $a_i^T x \geq b_i$ が等号で成立するとき，すなわち，$a_i^T \bar{x} = b_i$ であるとき，**実行可能基底解** (basic feasible solution) と呼ばれる．この $n$ 個の等式 $a_i^T x = b_i$ で構成される線形システムから $\bar{x}$ は唯一に決定されることに注意しよう．実行可能基底解は，線形計画問題で定義される実行可能領域の**端点解** (extreme point) と等価である．なお，端点解は，別の二つの実行可能解の凸結合では表すことのできない実行可能解であることを思いだそう（たとえば，演習問題1.5参照）．線形計画問題に最適解が存在するときには，実行可能基底解の最適解が必ず存在する．そして，そのような解は，**最適基底解** (basic optimal solution) と呼ばれる．

基底解の構造は，近似アルゴリズムデザインにおいてきわめて役に立つ．11.2節では，2.6節と9.3節で取り上げた最小次数全点木問題の変種版を取り上げる．その変種版では，辺にコストが付随し，各点 $v \in V$ の次数にも上界 $b_v$ が与えられる．コストが高々 $C$ で各点 $v$ の次数が高々 $b_v$ であるような全点木が存在するときには，コストが高々 $C$ で各点 $v$ の次数が高々 $b_v + 1$ であるような全点木を多項式時間で得ることができることを示す．そのアルゴリズムは，最適基底解の性質を用いて，問題の線形計画緩和 (LP) の列を生成し，その列で各 LP は，それより前に現れる LP より小さいグラフで定義され，制約式も少なくな

る．そして，列の最後の LP では，所望の性質を有する全点木が返される．

11.3 節では，7.4 節で取り上げた一般化シュタイナー木問題のさらなる一般化の，与えられた複数の点対に対して各点対間を指定された本数以上の辺素なパスが存在するようになる部分グラフで，コスト最小のものを求める問題を取り上げる．この問題に対して本書で与える線形計画緩和では，どの実行可能基底解でも，いずれかの変数は値が少なくとも 1/2 となることを示す．このような変数の一つの値を 1 に繰り上げてラウンディングし，残りの問題でこれを繰り返す．この技法は，**反復ラウンディング** (iterated rounding) と呼ばれる．そして，これからこの問題に対する 2-近似アルゴリズムが得られる．この定理は，演習問題 1.5 で取り上げた点カバー問題に対する線形計画緩和において，任意の実行可能基底解で"すべての"の変数が値 0, 1, 1/2 のいずれかになるということを証明した命題の弱化版であると見なせる．すなわち，ここでは，任意の実行可能基底解で，"ある"変数が少なくとも 1/2 の値を持つことを示すだけであるが，良い近似アルゴリズムを得るにはこれでも十分なのである．

## 11.1　一般化割当て問題

**一般化割当て問題** (generalized assignment problem) では，入力として，$n$ 個のジョブと $m$ 個のマシーンが与えられる．各ジョブ $j = 1,\ldots,n$ は $m$ 個のマシーンのうちの正確に 1 個のマシーンに割り当てられる．ジョブ $j$ がマシーン $i$ に割り当てられるとその処理時間は $p_{ij}$ となり，コストは $c_{ij}$ となる．さらに，各マシーン $i = 1,\ldots,m$ の総処理時間の上界 $T$ も与えられる．このとき，目標は，最小コストの実行可能解を求めることである．

この問題を整数計画問題として定式化する．$i = 1,\ldots,m$ と $j = 1,\ldots,n$ の各対 $(i, j)$ に対して，0-1 の値をとる決定変数 $x_{ij}$ を導入する．すなわち，ジョブ $j$ がマシーン $i$ に割り当てられているときは $x_{ij} = 1$ であり，そうでないときは $x_{ij} = 0$ であるとする．すると，整数計画問題としての定式化は以下のように書ける．

$$\text{minimize} \quad \sum_{i=1}^{m}\sum_{j=1}^{n} c_{ij}x_{ij} \tag{11.1}$$

$$\text{subject to} \quad \sum_{i=1}^{m} x_{ij} = 1, \quad j = 1,\ldots,n, \tag{11.2}$$

$$\sum_{j=1}^{n} p_{ij}x_{ij} \leq T, \quad i = 1,\ldots,m, \tag{11.3}$$

$$x_{ij} \in \{0,1\}, \quad i = 1,\ldots,m,\ j = 1,\ldots,n. \tag{11.4}$$

この整数計画問題に実行可能解が存在するかどうかを判定することでさえも，強 NP-困難であることは困難なく理解できる．たとえば，この整数計画問題が実行可能解を持つかどうかを検証できれば，同一並列マシーン上での完了時刻最小化問題（このときには，各ジョブ $j = 1,\ldots,n$ に対して，すべての $i = 1,\ldots,m$ で $p_{ij} = p_j$ である）が解けることになることからもわかる．それでも，かなり強力な近似の結果を得ることができることを本節で示すことにする．すなわち，与えられた入力に対して，(後述する定理 11.2 のこの問題

の線形計画緩和 (11.1) – (11.3), (11.5), (11.6) が実行不可能であること，あるいは実行可能であるときには実行可能小数解 $x$ を用いて）実行可能解が存在しないことを証明することができるか，あるいは，どのマシーンの総処理時間も $2T$ を超えないという緩和した条件のもとで，コストが（どのマシーンの総処理時間も $T$ を超えないという元の条件のもとでの）最適解のコスト以下となる解を出力できることを示す．

準最適なスケジュールを求める LP ラウンディングアルゴリズムを与える．しかしながら，(11.1) – (11.4) の整数計画問題の制約式 (11.4) を単に

$$x_{ij} \geq 0, \qquad i = 1, \ldots, m, \, j = 1, \ldots, n \tag{11.5}$$

で置き換えて得られる線形計画緩和に基づくアルゴリズムでは，十分に強力な性能保証が得られない．そこで，これ以外にも，自明とも言える以下の制約式

$$p_{ij} > T \text{ならば} x_{ij} = 0 \text{である} \tag{11.6}$$

を加えて強化する．もちろん，この制約式は任意の実行可能解で成立する．

得られた実行可能な小数解 $x$ のラウンディングにおいては，マッチング理論（より一般的には，ネットワークフロー理論）でよく知られた華麗な結果が重要となる．点集合が二つの互いに素な集合 $V$ と $W$ からなり，辺集合が $F$ のグラフは，$F$ のどの辺も，一方の端点が $V$ に属し，他方の端点が $W$ に属するとき，二部グラフと呼ばれ，$B = (V, W, F)$ と表記される．このグラフで，$M \subseteq F$ は，以下の (a) と (b) を満たすとき，$V$ に対する**完全マッチング** (complete matching) と呼ばれる．(a) 各点 $v \in V$ に対して，$v$ に接続する $M$ の辺は正確に 1 本である．(b) 各点 $w \in W$ に対して，$w$ に接続する $M$ の辺は高々 1 本である．($|V| \leq |W|$ を仮定している．そうでないときには，$V$ に対する完全マッチングは存在しないからである．）

与えられた二部グラフ $B = (V, W, F)$ が完全マッチングを持つかどうかを判定することは，以下の整数計画問題（の制約式）が実行可能解を持つかどうかを判定することに等価である．なお，0-1 の値をとる決定変数 $y_{vw}$ は，辺 $(v, w)$ がマッチングに含まれているとき $y_{vw} = 1$ であり，そうでないときは $y_{vw} = 0$ である．

$$\sum_{v:(v,w)\in F} y_{vw} \leq 1, \qquad \forall w \in W, \tag{11.7}$$

$$\sum_{w:(v,w)\in F} y_{vw} = 1, \qquad \forall v \in V, \tag{11.8}$$

$$y_{vw} \in \{0, 1\}, \qquad \forall (v, w) \in F. \tag{11.9}$$

この 0-1 の値をとるという制約式 (11.9) を以下の非負制約式

$$y_{vw} \geq 0, \qquad \forall (v, w) \in F \tag{11.10}$$

に緩和すると，線形計画問題が得られる．この問題の実行可能解は，**小数完全マッチング** (fractional complete matching) と呼ばれる．演習問題 4.6 では，端点解がいずれも整数となるという特別な性質を示した．したがって，その演習問題から以下の定理が得られる．

**定理 11.1 (演習問題 4.6)**　任意の二部グラフ $B = (V, W, F)$ に対して，制約式 (11.7), (11.8), (11.10) の実行可能解領域の各端点解は整数（どの成分も整数）である．さらに，各辺 $(v, w) \in F$ に辺のコスト $c_{vw} \geq 0$ が付随しているとき，任意の実行可能小数解 $y = (y_{vw})$ $((v, w) \in F)$ に対して，

$$\sum_{(v,w)\in F} c_{vw} \hat{y}_{vw} \leq \sum_{(v,w)\in F} c_{vw} y_{vw}$$

を満たす実行可能整数解 $\hat{y} = (\hat{y}_{vw})$ $((v, w) \in F)$ を多項式時間で求めることができる．

次に，この結果を用いて，本節の主結果が以下のように得られることを示す．

**定理 11.2**　線形計画問題 (11.1) – (11.3), (11.5), (11.6) が総コスト $C$ の実行可能 LP（小数）解 $x$ を持つときには，総コストが高々 $C$ で各マシーンの総処理時間が高々 $2T$ の（整数の）割当てにラウンディングできる[1]．

**証明**：実行可能 LP 解 $x$ を所望の（整数の）割当てに変換するアルゴリズムを与えて証明する．この小数解 $x$ では，総個数 $\sum_{j=1}^n x_{ij}$ のジョブがマシーン $i$ に割り当てられている．これから構成する整数解もこれに類似するものになる．そこで，マシーン $i$ にジョブを割り当てる $k_i = \lceil \sum_{j=1}^n x_{ij} \rceil$ 個の "スロット" を用意する．さらに，アルゴリズムでジョブ $j$ がマシーン $i$ に割り当てられるときには，必ず $x_{ij} > 0$ である．

この条件を二部グラフ $B = (J, S, E)$ を用いてモデル化できる．二部グラフの一方の側は，"ジョブノード" の集合 $J = \{1, \ldots, n\}$ であり，他方の側は "マシーンスロットノード" の集合

$$S = \{(i, s) : i = 1, \ldots, m, \ s = 1, \ldots, k_i\}$$

である（$|S| \geq |J|$ に注意）．一つの自然なアイデアとしては，各 $x_{ij} > 0$ に対して $((i, s), j)$ という辺を考えて，そのような辺からなる集合を $E$ とすることが挙げられる．これは，出発点としては良いが，さらに精密化することが必要となる．

このグラフ $B$ で完全マッチングに対応するジョブの割当てに焦点を当てる．マシーンスロットノード $(i, s)$ とジョブノード $j$ を結ぶ辺 $e$ は，($e$ が完全マッチングに含まれるときには）ジョブ $j$ がマシーン $i$ に割り当てられていると解釈できるので，辺 $e$ のコストを $c_{ij}$ とするのが自然である．さらに理想的には，グラフ $B$ は以下の二つの性質を満たすことが望まれる．

(1)　$B$ は $J$ に対してコスト $C$ の小数完全マッチングを持つ．
(2)　$J$ に対する $B$ のどの（整数）完全マッチングも，各マシーンに対する総処理時間が高々 $2T$ の割当てに対応する．

この二つの性質を満たす二部グラフ $B$ を構成することができれば，$B$ において最小コストの（整数）完全マッチングを（たとえば，定理 11.1 の多項式時間アルゴリズムを用いて）

---

[1] 訳注：この線形計画緩和が実行不可能であるときには，与えられた入力の整数計画問題に実行可能解は存在しないことがわかる．一方，実行可能であるときには，この線形計画緩和の最適解を $x$，その値を $C$ とすると，（どのマシーンの総処理時間も $T$ を超えないという元の整数計画問題のもとでの）最適解のコスト OPT は $C \leq$ OPT であるので，どのマシーンの総処理時間も $2T$ を超えないという緩和した条件のもとで，コストが OPT 以下となる解が得られる．

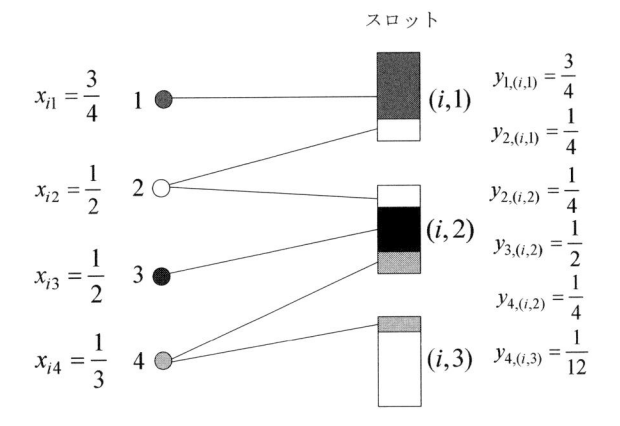

**図 11.1** 与えられた $x_{ij}$ から $B$ の小数完全マッチングの構成法の例.

求めることで,所望の割当てを得ることができる.このマッチングは,上記の性質 (1) と定理 11.1 より,コストが高々 $C$ であり,さらに,上記の性質 (2) より,各マシーンの総処理時間が高々 $2T$ の割当てとなる.

まず,グラフ $B$ が性質 (1) を満たすようにすることについて詳しく考えよう.任意のマシーン $i$ に注目する.LP 解 $x$ を $B$ の小数完全マッチング $y$ に変換できることを議論する.各 $s = 1, \ldots, k_i$ に対してスロットノード $(i, s)$ を容量 1 のビンであり,$n$ 個の各ジョブ $j = 1, \ldots, n$ に対して $x_{ij}$ の値をこれらのビンに詰め込まれる $j$ の部分(割合)と考える.スロット $(i, 1)$ に対応するビンにこれらのジョブの部分を総サイズが 1 を超える前まで詰め込む.すなわち,スロット $(i, 1)$ に対応するビンにジョブ $j$ のサイズ $x_{ij}$ をすべて詰め込むと 1 を超えてしまうとする.このとき,ジョブ $j$ のサイズ $x_{ij}$ を詰め込む前の残容量を $z$ とする.すると,$z < x_{ij}$ が成立する.そして,このジョブ $j$ のサイズ $x_{ij}$ のうちのサイズ $z$ 分だけをスロット $(i, 1)$ に詰め込み,残りのサイズ $x_{ij} - z$ の分は次のビン,すなわち,スロット $(i, 2)$ に詰め込む.このようにして,$n$ 個のジョブを $k_i$ 個のビンに順番に詰め込んでいく.そして,ジョブ $j$ の正の部分がスロット $(i, s)$ に詰め込まれるときには,その分を $y_{j,(i,s)}$ とおく.それ以外のときには,$y_{j,(i,s)} = 0$ とおく.これを各マシーン $i$ に対して行う.このようにして $y$ のすべての成分が決定される.$y$ の正の値を持つ成分に対応する辺からなる辺集合が,二部グラフ $B$ のコスト $\sum_{i,j} c_{ij} x_{ij}$ の小数完全マッチングになることは,構成法より,明らかである(制約式 (11.2) より,任意の $j$ で $\sum_{i=1}^{m} x_{ij} = 1$ であることに注意しよう).図 11.1 は上記の構成法の説明図である.

しかしながら,上記の構成法では,上記の性質 (2) が満たされない.したがって,$B = (J, S, E)$ の構成法を精密化しなければならない.まず,$(j, (i, s))$ を辺集合 $E$ の辺として含めるのは,$y_{j,(i,s)} > 0$ のときのみとする.こうしても $y$ が小数完全マッチングであることには変わりはない.さらに,解 $y$ を構成する上記の"ビンパッキング"の手続きも以下のように精密化する.$n$ 個の各ジョブ $j = 1, \ldots, n$ の $x_{ij}$ を $k_i$ 個のスロット(ビン)に順番に詰め込んでいく際に,ジョブを処理時間 $p_{ij}$ の大きい順(非増加順)にソートして並べる.記法の単純化のため,一般性を失うことなく,

$$p_{i1} \geq p_{i2} \geq \cdots \geq p_{in} \tag{11.11}$$

であるとする．そして，上記のビンパッキングを行い，$x_{ij}$ の正の部分がスロット $(i,s)$ に詰め込まれたときにのみ，$(j,(i,s))$ をグラフ $B$ の辺集合 $E$ に加える．したがって，$E$ は $y$ の正の値を持つ成分に対応する辺からなる辺集合である．

スロット $(i,s)$ に対して，このスロットに対応するビンに正の部分が詰め込まれているすべてのジョブ $j$ に焦点を当てて考える．これらのジョブのうちで，処理時間 $p_{ij}$ の最大値を $\max(i,s)$ とする．$B$ の任意の完全マッチングにおいて，マシーン $i$ に割り当てられるジョブの総処理時間は，高々

$$\sum_{s=1}^{k_i} \max(i,s)$$

である．制約式 (11.6)（すなわち，$p_{ij} > T$ ならば $x_{ij} = 0$ である）が成立しているので，$\max(i,1) \leq T$ であることはわかっている．このとき，

$$\sum_{s=2}^{k_i} \max(i,s) \leq T$$

であることを以下で示す．これが得られれば，$B$ の任意の完全マッチングにおいて，マシーン $i$ に割り当てられるジョブの総処理時間は，高々 $\sum_{s=1}^{k_i} \max(i,s) = \max(i,1) + \sum_{s=2}^{k_i} \max(i,s) \leq 2T$ であることが得られることに注意しよう．各 $s = 1, \ldots, k_i - 1$ に対して，$\sum_j y_{j,(i,s)} = 1$ であることが確認できる．上記のビンパッキングでは，次の新しいビンは，前のビンが完全にいっぱいになって初めて用いられるからである．したがって，$\sum_j y_{j,(i,s)} p_{ij}$ は，関係する $p_{ij}$（すなわち，スロット $(i,s)$ に正の部分が割り当てられているジョブ $j$ の処理時間）の値の平均であると考えることができる．不等式 (11.11) の仮定より，各 $s = 1, \ldots, k_i - 1$ に対して，$\max(i,s+1) \leq \sum_j y_{j,(i,s)} p_{ij}$ が成立するので，

$$\sum_{s=1}^{k_i-1} \max(i,s+1) \leq \sum_{s=1}^{k_i-1} \sum_j y_{j,(i,s)} p_{ij} \leq \sum_{s=1}^{k_i} \sum_j y_{j,(i,s)} p_{ij}$$

が得られる．一方，$x_{ij} = \sum_s y_{j,(i,s)}$ であるので，最後の式の二重和の和をとる順番を交換すると，$\sum_{s=1}^{k_i} \sum_j y_{j,(i,s)} p_{ij} = \sum_j \sum_s y_{j,(i,s)} p_{ij} = \sum_j p_{ij} x_{ij}$ となり，

$$\sum_{s=1}^{k_i-1} \max(i,s+1) \leq \sum_j p_{ij} x_{ij}$$

が得られる．さらに，$x$ は最初の LP の実行可能解であり，制約式 (11.3) を満たすので，

$$\sum_{s=1}^{k_i-1} \max(i,s+1) = \sum_{s=2}^{k_i} \max(i,s) \leq T$$

が成立する．これで定理の証明は完了である． □

## 11.2 最小コスト次数上界付き全点木

本節では，2.6 節と 9.3 節で取り上げた問題の重み付き版を考える．すなわち，それらの節では，全点木の最大次数が最小となるものを求める問題を取り上げた．ここでは，各点

$v$ の次数が指定された上界を超えないようなグラフの全点木のうちでコスト最小のものを求める問題を取り上げる．この問題を**最小コスト次数上界付き全点木問題** (minimum-cost bounded-degree spanning tree problem) と呼ぶことにする．より形式的には，以下のように定義される．入力として，無向グラフ $G = (V, E)$，すべての辺 $e \in E$ に対するコスト $c_e \geq 0$，部分集合 $W \subseteq V$，およびすべての点 $v \in W$ に対する整数の上界 $b_v \geq 1$ が与えられる．各点 $v \in W$ の次数が高々 $b_v$ であるような全点木が存在するとして，そのような全点木のうちで，コスト最小の全点木のコストを OPT とする．本節の前半の部分では，各点 $v \in W$ の次数が高々 $b_v + 2$ であり，コストが高々 OPT であるような全点木を求めるアルゴリズムを与える．本節の後半の部分では，各点 $v \in W$ の次数が高々 $b_v + 1$ であり，コストが高々 OPT であるような全点木を求めるアルゴリズムを与える．2.6 節の最後に述べたように，重み（コスト）なしの全点木版に限定しても，$\mathbf{P} = \mathbf{NP}$ でない限り，これより良い結果を得ることはできないので，この結果は最善のものである．

与えられた入力のグラフ $G = (V, E)$ に対して，整数計画による定式化を与えることから始める．点の部分集合 $S \subseteq V$ に対して，両端点とも $S$ に属するような $E$ の辺の部分集合を $E(S)$ とし，一方の端点のみが $S$ に属するような $E$ の辺の部分集合を $\delta(S)$ とする．なお，$\delta(\{v\})$ は $\delta(v)$ と略記することにする．各辺 $e$ に対して，$x_e$ は全点木に $e$ が含まれているかどうかを表す 0-1 決定変数であるとし，含まれているときに値 1 をとり，そうでないときに値 0 をとるとする．すると，どの全点木も $|V| - 1$ 本の辺からなるので，

$$\sum_{e \in E} x_e = |V| - 1$$

が得られる．さらに，$|S| \geq 2$ となるどの部分集合 $S \subseteq V$ に対しても，全点木は $E(S)$ に限定しても閉路を含まないので，

$$\sum_{e \in E(S)} x_e \leq |S| - 1$$

が得られる．最後に，すべての点 $v \in W$ に対する上界を満たす全点木を求めたいので，

$$\sum_{e \in \delta(v)} x_e \leq b_v$$

が得られる．

整数性制約式の $x_e \in \{0, 1\}$ を $x_e \geq 0$ に緩和することにより，以下の最小コスト次数上界付き全点木問題に対する線形計画緩和による定式化が得られる．

$$\text{minimize} \quad \sum_{e \in E} c_e x_e \tag{11.12}$$

$$\text{subject to} \quad \sum_{e \in E} x_e = |V| - 1, \tag{11.13}$$

$$\sum_{e \in E(S)} x_e \leq |S| - 1, \quad \forall S \subseteq V, |S| \geq 2, \tag{11.14}$$

$$\sum_{e \in \delta(v)} x_e \leq b_v, \quad \forall v \in W, \tag{11.15}$$

$$x_e \geq 0, \quad \forall e \in E. \tag{11.16}$$

4.3 節で解説した楕円体法を用いて，この線形計画問題を分離オラクルに基づいて多項式時間で解くことができる．制約式の (11.13), (11.15), (11.16) が満たされているかどうかは，容易に検証できる．制約式 (11.14) が満たされているかどうかは，以下のように，最大フロー問題を解くことで検証することができる．最大フロー問題の入力に変換する一般的な構成法を最初に述べ，その後に制約式 (11.14) を検証するために必要な修正を与える．新しいグラフ $G'$ を以下のように構成する．まず，新しくソース $s$ とシンク $t$ を加え，ソース $s$ からすべての点 $v \in V$ へ向かう辺 $(s,v)$ と，すべての点 $v \in V$ からシンク $t$ へ向かう辺 $(v,t)$ とを加える．さらに，グラフ $G$ の各辺 $e$ の容量は $\frac{1}{2}x_e$ であり，各辺 $(s,v)$ の容量は $\frac{1}{2}\sum_{e \in \delta(v)} x_e$ であり，各辺 $(v,t)$ の容量は 1 であるとする．そして，各 $S \subseteq V$ に対して，$s$-$t$ カット $S \cup \{s\}$ を考える[2]．それは，すべての $v \in S$ に対する辺 $(v,t)$，すべての辺 $e \in \delta(S)$ およびすべての点 $v \in V - S$ に対する辺 $(s,v)$ からなる．したがって，その容量は，

$$|S| + \frac{1}{2}\sum_{e \in \delta(S)} x_e + \frac{1}{2}\sum_{v \in V-S}\sum_{e \in \delta(v)} x_e = |S| + \sum_{e \in \delta(S)} x_e + \sum_{e \in E(V-S)} x_e$$

となる[3]．等式になることは以下のようにしてわかる．すなわち，各 $v \in V-S$ ですべての $e \in \delta(v)$ にわたって $\frac{1}{2}x_e$ の和をとる左辺の2番目の和の部分では，両端点とも $V-S$ に含まれるような各辺 $e$ に対して和は $x_e$ となり，正確に一方の端点のみが $S$ に含まれるような各辺 $e$ に対して和は $\frac{1}{2}x_e$ となることから得られる．$\sum_{e \in E} x_e = |V| - 1$ であるという事実を用いると，この式の値は

$$|S| + |V| - 1 - \sum_{e \in E(S)} x_e = |V| + (|S| - 1) - \sum_{e \in E(S)} x_e$$

と等しくなる．したがって，このカットの容量が少なくとも $|V|$ であることと，$\sum_{e \in E(S)} x_e \leq |S| - 1$ であることは等価である．$|S| \geq 2$ を保証することも必要である．そこで，任意の2点 $x, y \in V$ に対して，上記で構成した最大フロー問題の入力における $(s,x)$ と $(s,y)$ の辺の容量を無限大に修正する．このように修正した入力では，すべての最小 $s$-$t$ カットの $S \cup \{s\}$ において $x, y \in S$ となる．したがって，上記の理由により，この修正した入力での最大フローの値が少なくとも $|V|$ であることと，すべての $S \supseteq \{x, y\}$ で制約式 (11.14) が成立することとは等価である．すなわち，すべての2点 $x, y \in V$ に対して，修正した入力でのフローの値が少なくとも $|V|$ であるならば，制約式 (11.14) はすべて満たされる．一方，ある2点 $x, y \in V$ に対して，修正した入力でのフローの値が $|V|$ 未満のときには，最小 $s$-$t$ カットの $S \cup \{s\}$ に対応する制約式が満たされない制約式となる．

これ以降の議論では，この線形計画問題 (11.12)[4] に実行可能解が存在すると仮定する．実行可能解が存在しないときには，グラフ $G$ に指定された次数の上界を満たす全点木が存在しないことは明らかである．これ以降，線形計画問題 (11.12) を LP (11.12) と略記する[5]．

アルゴリズムデザインへのウォーミングアップとして，次数に上界のない（すなわち，$W = \emptyset$ である）ときを考える．そして，LP (11.12) の値以下のコストの全点木を求めるこ

---

[2] 訳注：正式には，$s$-$t$ カット $\delta(S \cup \{s\})$ であるが，簡略化して $s$-$t$ カット $S \cup \{s\}$ を用いることも多い．
[3] 訳注：$\delta(v)$ と $\delta(S)$ は $G$ に対して定義されたものである．
[4] 訳注：制約式 (11.13), (11.14), (11.15), (11.16) のもとで，目的関数 (11.12) を最小化する線形計画問題を，簡略化して，線形計画問題 (11.12) と呼んでいる．
[5] 訳注：原著では，線形計画問題 (11.12) と LP (11.12) がともに用いられている．

とができることを示す．したがって，この全点木は最小全点木となる．LP (11.12) の与えられた解 $x$ に対して，$x$ のサポートを $E(x)$ とする．すなわち，$E(x) = \{e \in E : x_e > 0\}$ である．最小全点木を求めるアルゴリズムは，以下の補題に基づいている．補題の証明は少しあとに延ばして，より一般的な補題の証明を通して与える．

**補題 11.3** $W = \emptyset$ であるときの LP (11.12) の任意の実行可能基底解 $x$ に対して，接続する $E(x)$ の辺が高々 1 本となるような点 $v \in V$ が存在する．

アルゴリズムは以下のように動作する．解に含まれる辺の集合を $F$ として管理する．最初は空集合に設定する．アルゴリズムの各時点で対象とするグラフに 2 点以上残っている限り，その時点でのグラフ $G = (V, E)$ に対する LP (11.12) を解き，最適基底解 $x$ を求める．そして，辺集合 $E$ から $x_e = 0$ となる辺 $e$ をすべて除去する．補題 11.3 より，$E(x)$ の辺が高々 1 本しか接続していないような点 $v \in V$ が存在する．実際には，$v$ に接続している $E(x)$ の辺が存在するので，その辺を $(u, v)$ とする．そして，$(u, v)$ を解集合 $F$ に加え，$v$ と $(u, v)$ をグラフから除去する．以上のことを繰り返す．直観的には，各反復で，全点木の葉（その時点での次数 1 の点）$v$ が得られ，再帰的に全点木の残りの部分が求められる．このアルゴリズムをアルゴリズム 11.1 にまとめている．

---

**アルゴリズム 11.1** 最小コスト全点木を求める確定的ラウンディングアルゴリズム．

$F \leftarrow \emptyset$
**while** $|V| > 1$ **do**
  $(V, E)$ 上での LP (11.12) を解いて最適基底解 $x$ を求める
  $E \leftarrow E(x)$
  $E(x)$ の辺が 1 本だけ接続している点 $v \in V$ を求め，その辺を $(u, v)$ とする
  $F \leftarrow F \cup \{(u, v)\}$
  $V \leftarrow V - \{v\}$
  $E \leftarrow E - \{(u, v)\}$
**return** $F$

---

**定理 11.4** アルゴリズム 11.1 は，LP (11.12) の値以下のコストの全点木を返す．

**証明**：アルゴリズムのある反復で，辺 $e^*$ が選ばれて $F$ に加えられるときには，その反復で $x_{e^*} = 1$ であることを示すことから始める．その証明には以下の主張を用いる．すなわち，任意の $w \in V$ で，$\sum_{e \in \delta(w)} x_e \geq 1$ であることが主張できることを用いる．この主張（および補題 11.3）により，アルゴリズムで選ばれる辺 $e^* = (u, v)$ が存在して，それは $v$ に接続する $E(x)$ の唯一の辺となるので，$x_{e^*} \geq 1$ が成立する．ここで，主張の $\sum_{e \in \delta(w)} x_e \geq 1$ を示す．$S = V - \{w\}$ に対して，制約式 (11.14) から $\sum_{e \in E(S)} x_e \leq |S| - 1 = (|V| - 1) - 1 = |V| - 2$ が成立することに注意しよう．一方，制約式 (11.13) より $\sum_{e \in E} x_e = |V| - 1$ であり，$\sum_{e \in \delta(w)} x_e = \sum_{e \in E} x_e - \sum_{e \in E(S)} x_e$ も成立する．したがって，主

張の $\sum_{e\in\delta(w)} x_e \geq (|V|-1) - (|V|-2) = 1$ が得られる．次に，$S=\{u,v\}$ に対する制約式 (11.14) を考える．すると，これから $x_{e^*} \leq 1$ が得られる．したがって，$x_{e^*} = 1$ が得られた．

アルゴリズムで，LP (11.12) の値以下のコストの全点木が得られることを，グラフの点数の帰納法で証明する．基本ステップとして，2 点のグラフを考える．このとき，アルゴリズムで 1 本の辺 $e$ が返される．上記のとおり，$x_e = 1$ となるので，LP (11.12) の値は少なくとも $c_e x_e = c_e$ であり，命題が成立する．次に，高々 $k \geq 2$ 個の点からなるすべてのグラフで命題が成立すると仮定して，$k+1$ 個の点からなるグラフ $G = (V, E)$ を考える．LP (11.12) を解いて，最適基底解 $x$ を求めて，接続する $E(x)$ の辺が唯一であるような点 $v$ を求め，その辺を $e^* = (u, v)$ とする．$V' = V - \{v\}$ かつ $E' = E(x) - \{e^*\}$ とする．帰納法の仮定より，グラフ $G' = (V', E')$ 上での LP (11.12) の値以下のコストの $G' = (V', E')$ の全点木 $F'$ が得られる．この LP (11.12) の最適基底解を $x'$ とする．$F' \cup \{e^*\}$ は $G = (V, E)$ の全点木（の辺集合）であることは明らかであるので，アルゴリズムは全点木を返す．その全点木のコストが高々 $\sum_{e \in E} c_e x_e$ であることを示すために，$E'$ に制限した $x$（すべての $e \in E'$ での $x_e$）が $G' = (V', E')$ 上での LP (11.12) の実行可能解であることを示す．これが得られれば，全点木のコストは

$$\sum_{e \in F'} c_e + c_{e^*} \leq \sum_{e \in E'} c_e x'_e + c_{e^*} x_{e^*} \leq \sum_{e \in E'} c_e x_e + c_{e^*} x_{e^*} = \sum_{e \in E} c_e x_e$$

となり，所望の結果が得られることになる．

そこで以下では，すべての $e \in E'$ での $x_e$ が $G' = (V', E')$ 上での LP (11.12) の実行可能解であることを示す．$G' = (V', E')$ での制約式 (11.14) は，$G = (V, E)$ での制約式 (11.14) の部分集合であるので，$E'$ に制限した $x$（すべての $e \in E'$ での $x_e$）は，$G' = (V', E')$ での制約式 (11.14) を満たす．したがって，最初の制約式 (11.13) の $\sum_{e \in E'} x_e = |V'| - 1 = |V| - 2$ が成立することを示せば十分である．一方，$E - E'$ に属する辺は，$x_{e^*} = 1$ を満たす辺 $e^*$ と $x_e = 0$ を満たす辺 $e$ からなるので，$\sum_{e \in E'} x_e = \sum_{e \in E} x_e - x_{e^*} = (|V| - 1) - 1 = |V'| - 1$ となり，これも得られる．したがって，$E'$ に制限した $x$（すべての $e \in E'$ での $x_e$）が，$G' = (V', E')$ 上の LP (11.12) の実行可能解であることが得られた． □

ここで，最小コスト次数上界付き全点木問題に移ろう．すべての点 $v \in W$ に対して，次数が高々 $b_v$ であるような全点木を求めたいという点の部分集合 $W$ が存在することを思いだそう．この問題に対して，補題 11.3 の結果と同じほどの強い結果を望むことはできない．同じ強さの結果が得られれば，この問題に対しても最適な全点木をアルゴリズムで得ることができてしまうことになるからである．ここでは，代わりに，以下の結果が示せる．この結果を用いて，次数の上界を高々 2 だけしか超えないような全点木を求めることができるようになる．

**補題 11.5** LP (11.12) の任意の実行可能基底解 $x$ に対して，接続する $E(x)$ の辺が高々 1 本であるような点 $v \in V$ が存在するか，あるいは，接続する $E(x)$ の辺が高々 3 本であるような点 $v \in W$ が存在する．

補題 11.3 は，この補題の特殊ケースであることに注意しよう．そこでは $W = \emptyset$ であるので，後者の可能性がないことになるからである．この補題の証明も後述することにし

て，まずこれから所望のアルゴリズムが得られることを示す．前と同様に，$F$ を空集合に初期設定して，解の集合を $F$ で管理する．各反復で，対象となるグラフ $(V, E)$ と上界の付随する点の集合 $W$ での LP (11.12) を解いて，最適基底解 $x$ を求める．そして，$x_e = 0$ となる辺 $e$ をすべて辺集合から除去する．前と同様に，接続する $E(x)$ の辺が 1 本のみの点 $v \in V$ が存在するときには，その辺を $(u, v)$ とおいて，$(u, v)$ を $F$ に加え，$V$ から $v$ を除去し[6]，$E$ から $(u, v)$ を除去する．さらに，$u \in W$ ならば $b_u$ の値を 1 減らす．そして次の反復に進む．一方，接続する $E(x)$ の辺が高々 3 本であるような点 $v \in W$ が存在するときには，$W$ から $v$ を除去して，次の反復に進む．このアルゴリズムをアルゴリズム 11.2 にまとめている．

---

**アルゴリズム 11.2** 最小コスト次数上界付き全点木を求める確定的ラウンディングアルゴリズム．

$F \leftarrow \varnothing$
**while** $|V| > 1$ **do**
    $(V, E)$ と $W$ 上での LP (11.12) を解いて，最適基底解 $x$ を求める
    $E \leftarrow E(x)$
    **if** $E(x)$ の辺が 1 本だけ接続している点が存在する **then**
        そのような点 $v \in V$ を求め，接続している辺を $(u, v)$ とする
        $F \leftarrow F \cup \{(u, v)\}$
        $V \leftarrow V - \{v\}$
        $E \leftarrow E - \{(u, v)\}$
        **if** $u \in W$ **then**
            $b_u \leftarrow b_u - 1$
    **else**
        $E(x)$ の辺が高々 3 本だけ接続している点 $v \in W$ を求める
        $W \leftarrow W - \{v\}$
**return** $F$

---

このとき，以下の定理を証明することができる．

**定理 11.6** アルゴリズム 11.2 は，各点 $v \in W$ に対して次数が高々 $b_v + 2$ であり，かつコストが LP (11.12) の値以下であるような全点木（の辺集合）$F$ を返す．

**証明**：アルゴリズムの各反復で，全点木の辺を $F$ に加えるか，$W$ から点を除去する．したがって，アルゴリズムは，高々 $(n-1) + n = 2n - 1$ 回の反復で終了する．

コストが LP (11.12) の値以下の全点木がアルゴリズムで返されることの証明は，定理 11.4 の証明とほぼ同一であることを確認しよう．その証明では，解 $F$ に辺 $(u, v)$ を加えて，その後に $v$ と $(u, v)$ をグラフから除去して得られるグラフ $(V', E')$ を考えた．そして，グ

---

[6] 訳注：$V$ からの $v$ の除去において，$v \in W$ のときには，明示的には記されていないが，$v$ は $W$ から除去される．

ラフ $(V, E)$ 上での LP (11.12) の解 $x$ を $E'$ の辺に制限したものは，新しいグラフ $(V', E')$ 上でのLP (11.12) の実行可能解になることを示した．ここでは，さらに，$W$ に属する点の次数の上界も議論しなければならない．すなわち，$x$ を新しいグラフ $(V', E')$ に制限したものが，$b_u$ の値を1減らした新しい上界の集合も満たすことを示すことが必要になる．元の制約式 (11.15) で $x$ は実行可能であったので，$\sum_{e \in \delta(u)} x_e \leq b_u$ が成立する．したがって，$x_e = 1$ の辺 $e = (u, v)$ がグラフから除去されたあとでも，残りの辺の集合 $E'$ に制限された解 $x$ は，新しいグラフ $(V', E')$ でも上界 $b_u - 1$ の制約式を満たすことになる．

次に，最初に $W$ に含まれていた任意の点 $v$ を考える．アルゴリズムの反復回数の帰納法で，解 $F$ における $v$ の次数が高々 $b_v + 2$ であることを証明する．各反復で，以下の三つのケースのいずれかが起こる．第一のケースでは，$v$ に接続する辺が選ばれて $b_v$ の値が1減らされる（アルゴリズム 11.2 での $u$ がこのケースの $v$ に対応する）．このケースでは，帰納法の仮定から，命題はすぐに得られる．第二のケースでは，$v$ に接続する辺を1本選んで除去し，$v$ をグラフから除去する．このケースでは，LP (11.12) に実行可能解が存在することを仮定していたので，$b_v \geq 1$ となる．したがって，このケースでも命題が得られる．第三のケースでは，$v$ を $W$ から除去する．このケースでは，$v$ に接続する $E(x)$ の辺は高々3本であるが，$v$ に接続する $E(x)$ の辺が存在したはずであるので，$b_v \geq 1$ となる．したがって，この $E(x)$ に含まれない辺はこの反復ですべて除去されるのでこれ以降の反復で $v$ に接続する辺が $F$ に加えられても3本だけである．すなわち，この反復以降では，$v$ の次数は高々 $b_v + 2$ となる． □

これで，補題 11.5 の証明に移ることができる．証明には，いくつかの定義と記法が必要となる．これ以降の議論では，与えられた解 $x$ に対して，$x_e = 0$ となる辺 $e$ はすべて除去して，$E = E(x)$ であると仮定する．

**定義 11.7** $x \in \Re^{|E|}$ と辺の部分集合 $F$ に対して，$x(F) = \sum_{e \in F} x_e$ と定義する．

**定義 11.8** LP (11.12) の解 $x$ に対して，$|S| \geq 2$ となる集合 $S \subseteq V$ に対応する制約式 (11.14) は，$x(E(S)) = |S| - 1$ であるとき，**タイト (tight)** であると呼ばれる．また，点 $v \in W$ に対応する制約式 (11.15) は，$x(\delta(v)) = b_v$ であるとき**タイト**であると呼ばれる．

$x(E(S)) = |S| - 1$ であるときには集合 $S \subseteq V$ も**タイト**であると呼ぶことにする．また，$x(\delta(v)) = b_v$ であるときには点 $v$ も**タイト**であると呼ぶことにする．

**定義 11.9** 二つの集合 $A$ と $B$ は，$A \cap B, A - B, B - A$ のいずれも空集合でないとき，**交差 (intersecting)** すると呼ばれる．

**定義 11.10** 集合族 $\mathcal{S}$ は，どの二つの集合 $A, B \in \mathcal{S}$ も交差しないとき，**ラミナー (laminar)** であると呼ばれる．

図 11.2 は，交差する二つの集合とラミナーな集合族の例を示している．

**定義 11.11** 部分集合 $F \subseteq E$ に対して，$F$ の**特性ベクトル (characteristic vector)** を $\chi_F \in \{0, 1\}^{|E|}$ と表記する．すなわち，$e \in F$ のとき $\chi_F(e) = 1$ であり，そうでないとき $\chi_F(e) = 0$ である．

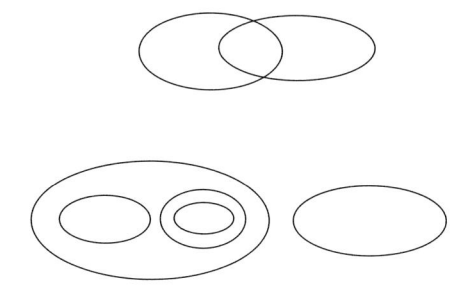

**図 11.2** 交差する二つの集合（上側）とラミナーな集合族（下側）.

これで，以下の定理を記述できるようになった．この定理は，補題 11.5 の証明に必要となる．

**定理 11.12** LP (11.12) の任意の実行可能基底解 $x$ に対して，以下の性質を満たす集合 $Z \subseteq W$ と点の部分集合族 $\mathcal{L}$ が存在する．

1. すべての $S \in \mathcal{L}$ は $|S| \geq 2$ でタイトであり，すべての $v \in Z$ もタイトである．
2. すべての $S \in \mathcal{L}$ に対する特性ベクトル $\chi_{E(S)}$ の集合とすべての $v \in Z$ に対する特性ベクトル $\chi_{\delta(v)}$ の集合の和集合は，線形独立である．
3. $|\mathcal{L}| + |Z| = |E|$ である．
4. 集合族 $\mathcal{L}$ はラミナーである．

この定理の証明は少しだけあと回しにして，この定理から補題 11.5 の証明がどのように得られるかについて議論する．ただし，その前に，いくつか注意を与えておく．第一に，LP (11.12) の任意の実行可能基底解 $x$ に対して，最初の三つの性質を満たす集合族 $\mathcal{S}$ と集合 $Y \subseteq W$ が存在することである（$\mathcal{L} = \mathcal{S}$ と $Z = Y$ と見なす）．したがって，定理で重要な部分は，そのような集合族でラミナーな集合族が存在するという最後の性質と言える．実際，LP (11.12) の線形独立な $|E|$ 個の制約式を選んで，それらが等号で成立するとして得られる線形システムを解いて，基底解を求める．すると，この基底解は最初の二つの性質を満たすそのものとなっている．3 番目の性質は，等式で成立する制約式の個数が非ゼロの値をとる変数の個数と等しいことを述べている（$E = E(x)$ と仮定したことを思いだそう）．

最初に，あとで用いる以下の短い補題を与えておく．

**補題 11.13** $\mathcal{L}$ は，各 $S \in \mathcal{L}$ が $|S| \geq 2$ であるような $V$ の部分集合のラミナー集合族とする．すると，$|\mathcal{L}| \leq |V| - 1$ である．

**証明**：これは，$|V|$ のサイズについての帰納法で証明できる．$|V| = 2$ の基本ステップでは，$\mathcal{L}$ は点数 2 の集合 1 個しか含むことはできないので，補題の命題は自明である．$|V| > 2$ 未満で成立すると仮定して $|V|$ の帰納的ステップでは，$\mathcal{L}$ の点数最小の集合 $R$ を一つ選ぶ．$V'$ は $V$ から $R$ の 1 点を除去して得られるとする．さらに，$\mathcal{L}'$ は，$\mathcal{L}$ から集合 $R$ を除去すると同時に，$\mathcal{L}$ に属する残りの集合を $V'$ に制限して得られる集合の族とする．すると，$\mathcal{L}'$ も補題の条件を満たすことに注意しよう．すなわち，$\mathcal{L}'$ はラミナーであり，

$\mathcal{L}'$ に属するどの集合も点数2以上である．$|V'| \leq |V|-1$ であるので，帰納法の仮定より，$|\mathcal{L}'| \leq |V'|-1$ となり，$|\mathcal{L}'| = |\mathcal{L}|-1$ から補題の命題が成立することが得られる． □

ここで，以下に再掲する補題11.5の命題を思いだして，その証明を与える．

**補題11.5** LP (11.12) の任意の実行可能基底解 $x$ に対して，接続する $E(x)$ の辺が高々1本であるような点 $v \in V$ が存在するか，あるいは，接続する $E(x)$ の辺が高々3本であるような点 $v \in W$ が存在する．

**証明**：背理法を用いて補題の命題を証明する．命題が成立しなかったとする．すると，すべての点 $v \in V$ に対して接続する $E(x)$ の辺は2本以上であり，すべての点 $v \in W$ に対して接続する $E(x)$ の辺は4本以上であることになる．したがって，

$$|E(x)| \geq \frac{1}{2}(2(|V|-|W|) + 4|W|) = |V| + |W|$$

が得られる．

一方，定理11.12より，ラミナー集合族 $\mathcal{L}$ に対して，$|E(x)| = |\mathcal{L}| + |Z| \leq |\mathcal{L}| + |W|$ である．各集合 $S \in \mathcal{L}$ は2個以上の点からなるので，補題11.13より，$|E(x)| \leq |V| - 1 + |W|$ となる．しかし，これは上記の不等式に矛盾する． □

これで定理11.12の証明に入ることができるようになった．証明の基本アイデアは単純である．そして，それは，数多くの状況で，きわめて有効であることが示されてきたものでもある．ラミナーでない集合族 $\mathcal{S}$ から出発する．そして，交差する二つの集合 $S, T \in \mathcal{S}$ が存在する限り，それらの"交差をほどいて"，交差しない二つの集合に置き換えることができることを示す．この証明の第一ステップは，以下の補題を示すことになる．

**補題11.14** $S$ と $T$ は交差する二つのタイトな集合であるとする．すると，$S \cup T$ と $S \cap T$ の両方ともタイトな集合である．さらに，以下の等式が成立する．

$$\chi_{E(S)} + \chi_{E(T)} = \chi_{E(S \cup T)} + \chi_{E(S \cap T)}.$$

**証明**：$x(E(S))$ が"優モジュラー"であること[7]，すなわち，

$$x(E(S)) + x(E(T)) \leq x(E(S \cap T)) + x(E(S \cup T))$$

が成立することを示すことから始める．これは，単純な数え上げ議論で得られる．$E(S)$ あるいは $E(T)$ に含まれるどの辺も $E(S \cup T)$ に含まれる．一方，$E(S)$ と $E(T)$ の両方に含まれるどの辺も $E(S \cap T)$ と $E(S \cup T)$ の両方に含まれる．したがって，右辺は左辺以上となる．なお，一方の端点が $S-T$ に属し，他方の端点が $T-S$ に属するような辺は，$E(S \cup T)$ に含まれるが，$E(S)$ と $E(T)$ のいずれにも含まれないので，そのような辺が存在するときには，右辺のほうが左辺よりも大きくなる．

$S$ と $T$ は交差するので，$S \cap T \neq \emptyset$ である．したがって，$x$ の実行可能性より，

$$(|S|-1) + (|T|-1) = (|S \cap T|-1) + (|S \cup T|-1) \geq x(E(S \cap T)) + x(E(S \cup T))$$

---

[7] 訳注：集合 $E$ 上の集合関数 $f$ は，すべての $X, Y \subseteq E$ に対して $f(X) + f(Y) \leq f(X \cup Y) + f(X \cap Y)$ であるとき優モジュラー (supermodular) であると呼ばれる．

が成立する．一方，上記の優モジュラー性より，

$$x(E(S \cap T)) + x(E(S \cup T)) \geq x(E(S)) + x(E(T))$$

が成立する．最後に，$S$ と $T$ がともにタイトな集合であるので，

$$x(E(S)) + x(E(T)) = (|S| - 1) + (|T| - 1)$$

が成立する．したがって，これらの不等式はすべて等式で成立することになり，$S \cap T$ と $S \cup T$ は両方ともタイトであることになる．さらに，$x(E(S \cap T)) + x(E(S \cup T)) = x(E(S)) + x(E(T))$ であり，$E$ のどの辺 $e$ も $x_e > 0$ であると仮定していたので，$\chi_{E(S)} + \chi_{E(T)} = \chi_{E(S \cup T)} + \chi_{E(S \cap T)}$ が得られる． □

$\mathcal{T}$ を LP (11.12) の解 $x$ に対するすべてのタイトな集合の族とする．すなわち，$\mathcal{T} = \{S \subseteq V : x(E(S)) = |S| - 1, |S| \geq 2\}$ とする．$\mathrm{span}(\mathcal{T})$ をベクトル $\{\chi_{E(S)} : S \in \mathcal{T}\}$ で張られる空間とする．このとき，少なくとも $\mathcal{T}$ で張られる空間を張るようなラミナー集合族を求めることができることを示す．

**補題 11.15** $\mathrm{span}(\mathcal{L}) \supseteq \mathrm{span}(\mathcal{T})$ を満たすようなラミナー集合族 $\mathcal{L}$ で，各 $S \in \mathcal{L}$ がタイトで $|S| \geq 2$ であり，すべての $S \in \mathcal{L}$ に対するベクトル $\chi_{E(S)}$ の集合が線形独立であるようなものが存在する．

**証明**：各 $S \in \mathcal{L}$ がタイトで $|S| \geq 2$ であり（したがって $S \in \mathcal{T}$ である），すべての $S \in \mathcal{L}$ に対するベクトル $\chi_{E(S)}$ の集合が線形独立であるようなラミナー集合族を $\mathcal{L}$ とする．さらに，$\mathcal{L}$ はそのような集合族で極大であると仮定する．すなわち，$\mathcal{T} - \mathcal{L}$ のどの集合も $\mathcal{L}$ に加えると，上記のいずれか（すなわち，線形独立性あるいはラミナー性）が満たされなくなるとする．$\mathrm{span}(\mathcal{L}) \supseteq \mathrm{span}(\mathcal{T})$ であることを背理法を用いて証明する．そこで，$\mathrm{span}(\mathcal{L}) \supseteq \mathrm{span}(\mathcal{T})$ でなかったと仮定する．すると，$\chi_{E(S)} \in \mathrm{span}(\mathcal{T})$ かつ $\chi_{E(S)} \notin \mathrm{span}(\mathcal{L})$ であるような $|S| \geq 2$ のタイトな集合 $S \in \mathcal{T}$ が存在する．そのような $S$ のうちで，交差する $\mathcal{L}$ の集合の個数が最小となるものを改めて $S$ として選ぶ．このように選んだ $S$ は，$\mathcal{L}$ の少なくとも 1 個の集合と交差することに注意しよう．そうでないとすると，$\mathcal{L}$ に $S$ を加えることができて，$\mathcal{L}$ の極大性に反するからである．

$S$ と交差する集合 $T \in \mathcal{L}$ を一つ選ぶ．補題 11.14 より，$\chi_{E(S)} + \chi_{E(T)} = \chi_{E(S \cap T)} + \chi_{E(S \cup T)}$ であり，$S \cap T$ と $S \cup T$ は両方ともタイトである．ここで，$\chi_{E(S \cap T)} \in \mathrm{span}(\mathcal{L})$ かつ $\chi_{E(S \cup T)} \in \mathrm{span}(\mathcal{L})$ が同時に成立することはないことを示す．$T \in \mathcal{L}$ であるので $\chi_{E(T)} \in \mathrm{span}(\mathcal{L})$ であり，$\chi_{E(S)} = \chi_{E(S \cap T)} + \chi_{E(S \cup T)} - \chi_{E(T)}$ であることもわかっている．したがって，$\chi_{E(S \cup T)}$ と $\chi_{E(S \cap T)}$ の両方とも $\mathrm{span}(\mathcal{L})$ に含まれるとすると，$\chi_{E(S)} \in \mathrm{span}(\mathcal{L})$ となって，$\chi_{E(S)} \notin \mathrm{span}(\mathcal{L})$ と仮定したことに矛盾してしまう．したがって，$\chi_{E(S \cup T)}$ と $\chi_{E(S \cap T)}$ の少なくとも一方は $\mathrm{span}(\mathcal{L})$ に含まれない．

一般性を失うことなく，$\chi_{E(S \cap T)} \notin \mathrm{span}(\mathcal{L})$ と仮定できる．すると，$\chi_{E(S \cap T)} \neq 0$ となり，$|S \cap T| \geq 2$ となることに注意しよう．ここで，$S \cap T$ に交差する $\mathcal{L}$ の集合の個数が $S$ に交差する $\mathcal{L}$ の集合の個数よりも少なくなることが主張できることを示す．この主張が得られれば，$S \cap T$ がタイトで $|S \cap T| \geq 2$ であり，$\chi_{E(S \cap T)} \notin \mathrm{span}(\mathcal{L})$ であることから，$S$

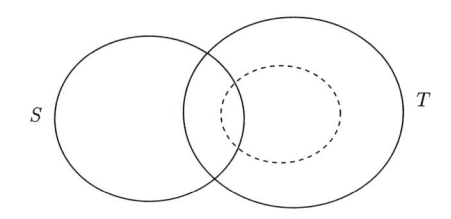

**図 11.3** 補題 11.15 の証明の説明図. $S$ に交差するラミナー集合族 $\mathcal{L}$ の集合 $T$ に対して, $S \cap T$ に交差する $\mathcal{L}$ のどの集合も $S$ に交差する.

の選び方に矛盾することになる. 主張を証明しよう. $S \cap T$ に交差するラミナー集合族 $\mathcal{L}$ のどの集合も $S$ に交差することに注意しよう（図 11.3 参照）. 一方, $S$ は $T$ に交差するが $S \cap T$ は $T$ に交差しないので, $S \cap T$ に交差する $\mathcal{L}$ の集合の個数が $S$ に交差する $\mathcal{L}$ の集合の個数よりも少なくなることが得られた. □

これで定理 11.12 の証明を与えることができる. その定理を再掲する.

**定理 11.12** LP (11.12) の任意の実行可能基底解 $x$ に対して, 以下の性質を満たす集合 $Z \subseteq W$ と点の部分集合族 $\mathcal{L}$ が存在する.

1. すべての $S \in \mathcal{L}$ は $|S| \geq 2$ でタイトであり, すべての $v \in Z$ もタイトである.
2. すべての $S \in \mathcal{L}$ に対する特性ベクトル $\chi_{E(S)}$ の集合とすべての $v \in Z$ に対する特性ベクトル $\chi_{\delta(v)}$ の集合の和集合は, 線形独立である.
3. $|\mathcal{L}| + |Z| = |E|$ である.
4. 集合族 $\mathcal{L}$ はラミナーである.

**証明**：前にも述べたように, 定理の最初の三つの性質を満たす 2 点以上の集合族 $\mathcal{S}$ と集合 $Y \subseteq W$ が存在することはわかっている. 集合 $\{\chi_{E(S)} : S \in \mathcal{S}\} \cup \{\chi_{\delta(v)} : v \in Y\}$ に含まれるベクトルで張られるベクトル空間を $\mathrm{span}(\mathcal{S}, Y)$ とする. この集合には, $|E|$ 個の線形独立なベクトルが存在して, ベクトルは $|E|$ 個の座標を持つので, $\mathrm{span}(\mathcal{S}, Y) = \Re^{|E|}$ となることは明らかである. 補題 11.15 より, $\mathcal{T}$ を 2 点以上のすべてのタイトな集合とすると, $\mathrm{span}(\mathcal{L}) \supseteq \mathrm{span}(\mathcal{T})$ となるようなタイトな集合のラミナー集合族 $\mathcal{L}$ が存在する. したがって, $\mathcal{S} \subseteq \mathcal{T}$ であるので, $\Re^{|E|} = \mathrm{span}(\mathcal{S}, Y) \subseteq \mathrm{span}(\mathcal{T}, Y) \subseteq \mathrm{span}(\mathcal{L}, Y) \subseteq \Re^{|E|}$ となり, $\mathrm{span}(\mathcal{S}, Y) = \mathrm{span}(\mathcal{L}, Y) = \Re^{|E|}$ が得られる. 補題 11.15 の証明より, すべての $S \in \mathcal{L}$ に対するベクトルの集合 $\chi_{E(S)}$ は線形独立である. ここで, $Z = Y$ とおいて, $\chi_{\delta(v)} \in \mathrm{span}(\mathcal{L}, Z - \{v\})$ となる $v \in Z$ が存在する限り $v$ を $Z$ から除去する. このような $v \in Z$ を除去しても, $\mathrm{span}(\mathcal{L}, Z)$ は縮小することはなく, 常に $\Re^{|E|}$ のままである. このプロセスが終了すると, $S \in \mathcal{L}$ に対するベクトル $\chi_{E(S)}$ の集合と $v \in Z$ に対するベクトルの集合 $\chi_{\delta(v)}$ は, 線形独立であり, さらにそれらのベクトルで張られる空間も $\Re^{|E|}$ であるので, $|E| = |\mathcal{L}| + |Z|$ が得られる. □

これまでのことを要約しておく. コストが高々 OPT であり, 各点 $v \in W$ で次数が高々 $b_v + 2$ であるような全点木を求めることができることを示してきた. これを示すために, 実行可能基底解の性質を利用した. とくに, 最適基底解のタイトな集合のラミナー集合族

による構造を利用した．この構造により，補題 11.5 を証明することができた．その補題は，直観的には，全点木の葉（次数 1 の点 $v \in V$）あるいは次数が高々 $b_v + 2$ の点 $v \in W$ を求めることができるというものであった．この補題を用いて，所望の全点木を求めるアルゴリズムが自然に得られることになった．

次に，コストが高々 OPT であり，各点 $v \in W$ で次数が高々 $b_v + 1$ であるような全点木を求めるアルゴリズムを与える．前述のアルゴリズムと同様に，この問題に対する線形計画緩和の最適基底解を求める．このアルゴリズムへのキーは，補題 11.5 の強化版を証明することである．すなわち，$W \neq \emptyset$ のときには，接続する $E(x)$ の辺が高々 $b_v + 1$ 本であるような点 $v \in W$ を得ることができることである．したがって，今回の新しいアルゴリズムでは，線形計画緩和から次数に対する上界を，対応する線形計画緩和の解のコストを増加させることなく，除去できることになることを示す．次数に対する上界をすべて除去できると，最小全点木問題の線形計画緩和の解が得られることになる．したがって，定理 11.4 ですでに眺めたように，線形計画緩和の値以下のコストの最小全点木問題の解を得ることができることになる．

前と同様に，$E(x) = \{e \in E : x_e > 0\}$ と定義する．アルゴリズムは以下の補題に基づいている．補題の証明は少し延ばしてあとで与える．

**補題 11.16** $W \neq \emptyset$ である LP (11.12) の任意の実行可能基底解 $x$ に対して，接続する $E(x)$ の辺が高々 $b_v + 1$ 本であるような点 $v \in W$ が存在する．

補題が得られてしまえば，アルゴリズムはかなり単純である．LP (11.12) を解いて，最適基底解 $x$ を求める．$x_e = 0$ となる辺 $e \in E$ をすべて $E$ から除去する．$W \neq \emptyset$ のときには，上記の補題より，接続する $E(x)$ の辺が高々 $b_v + 1$ 本であるような点 $v \in W$ が存在するので，$W$ から $v$ を除去する．このようにしても，最終的に，最小コストの全点木 $F$ が得られたときに，$v$ に接続する $F$ の辺は高々 $b_v + 1$ 本となることがわかっているからである．$W = \emptyset$ のときには，定理 11.4 より，線形計画緩和の値以下のコストの最小全点木問題の解を得ることができる．このアルゴリズムをアルゴリズム 11.3 にまとめている．したがって，下記のように，アルゴリズムの正当性の証明は困難ではない．

---

**アルゴリズム 11.3** 最小コスト次数上界付き全点木を求める確定的ラウンディングアルゴリズム．

**while** $W \neq \emptyset$ **do**
    $(V, E)$ と $W$ 上での LP (11.12) を解いて，最適基底解 $x$ を求める
    $E \leftarrow E(x)$
    接続する $E$ の辺が高々 $b_v + 1$ 本であるような点 $v \in W$ を選ぶ
    $W \leftarrow W - \{v\}$
$(V, E)$ 上の最小コスト全点木 $F$ を求める
**return** $F$

**定理 11.17** アルゴリズム 11.3 は，すべての点 $v \in W$ に対して $F$ における $v$ の次数（$v$ に接続する $F$ の辺の本数）が高々 $b_v + 1$ であり，コストが LP (11.12) の値以下である全点木 $F$ を返す．

**証明**：定理 11.4 と定理 11.6 の証明のときと同様に，アルゴリズムの反復回数についての帰納法で証明する．すなわち，ある反復での入力の $(V, E)$ と $W$ に対する LP (11.12) の解 $x$ に対して，$x$ を次の反復での入力の $(V, E')$ と $W' = W - \{v\}$ に制限して得られる $x_e$ ($e \in E'$) からなる解が，$(V, E')$ と $W'$ 上での LP (11.12) の実行可能解であることを証明する．各反復で，解の実行可能性に影響を与えない $x_e = 0$ となる辺 $e$ をすべて $E$ から除去し，さらに，$W$ から単に点を除去しているだけで制約式が少なくなっているので，これは容易に確認できる．したがって，入力の $(V, E')$ と $W'$ での LP (11.12) の最適解のコストは，入力の $(V, E)$ と $W$ での LP (11.12) の最適解のコスト以下である．

各反復で $W$ から 1 点 $v$ を除去しているので，最終的には $W = \emptyset$ となり，アルゴリズムは，最終的な辺の集合上で最小全点木 $F$ を求める．定理 11.4 より，この木のコストは，最終的な線形計画問題の値以下である．各反復で $E$ と $W$ を修正しても線形計画問題の値は決して増加することはないので，最小全点木のコストは，最初に与えられた LP (11.12) の解の値以下である．

さらに，残りの辺の集合 $E$ のうちで，$v$ に接続する辺の本数が高々 $b_v + 1$ であるときにのみ，$v$ を $W$ から除去した．したがって，最初の $W$ に属していた各点 $v$ に対して，最終的に得られる全点木では，$v$ の次数は高々 $b_v + 1$ である． □

補題 11.16 の証明に移ろう．前と同様に，実行可能基底解 $x$ に対して，定理 11.12 で与えられたラミナー集合族 $\mathcal{L}$ と点集合 $Z$ の存在を用いる．さらに，以下の補題も用いる．

**補題 11.18** $x_e = 1$ となる任意の $e \in E$ に対して，$\chi_e \in \text{span}(\mathcal{L})$ が成立する．

**証明**：定理 11.12 の証明より，2 点以上のすべてのタイトな集合の族を $\mathcal{T}$ とすると，ラミナー集合族 $\mathcal{L}$ は，$\text{span}(\mathcal{L}) \supseteq \text{span}(\mathcal{T})$ を満たす．$e = (u, v)$ に対して $x_e = 1$ であるときには，集合 $S = \{u, v\}$ は $x_e = x(E(S)) = |S| - 1 = 1$ であるので，タイトになることに注意しよう．したがって，$\chi_e = \chi_{E(S)} \in \text{span}(\mathcal{T}) \subseteq \text{span}(\mathcal{L})$ が得られる． □

ここで，補題 11.16 を再掲して，その証明を与える．

**補題 11.16** $W \neq \emptyset$ である LP (11.12) の任意の実行可能基底解 $x$ に対して，接続する $E(x)$ の辺が高々 $b_v + 1$ 本であるような点 $v \in W$ が存在する．

**証明**：補題の命題が成立しなかったと仮定する．すなわち，$W \neq \emptyset$ であり，どの点 $v \in W$ でも $E$ の辺が $b_v + 2$ 本以上接続しているとする．したがって，定理 11.12 のラミナー集合族 $\mathcal{L}$ と点集合 $Z \subseteq W$ に対して，どの点 $v \in Z$ でも $E$ の辺が $b_v + 2$ 本以上接続している．チャージングスキームを用いて矛盾を導き出すことにする．すなわち，各 $v \in Z$ と各 $S \in \mathcal{L}$ に，小数値も可能な非負の値を料金として割り当てる．そして，補題が成立しなかったとしたことから，どの $v \in Z$ もどの $S \in \mathcal{L}$ も 1 以上の料金が割り当てられることになることを示す．したがって，総料金は $|Z| + |\mathcal{L}| = |E|$ 以上となる．一方，割り当てられ

る総料金は $|E|$ 未満となることも示す．すなわち，矛盾が得られることになる．したがって，接続する $E$ の辺が高々 $b_v+1$ 本であるような点 $v \in Z \subseteq W$ ($W \neq \emptyset$) が存在することが得られる．

チャージングスキームを実行するために，各辺 $e \in E$ に対して，$Z$ に属する $e$ の各端点に $\frac{1}{2}(1-x_e)$ の料金を割り当て，$\mathcal{L}$ に属する集合で $e$ の両端点を含むものが存在するときには，$e$ の両端点を含む最小の $S \in \mathcal{L}$ に $x_e$ の料金を割り当てる．したがって，各辺 $e \in E$ に対して，割り当てられる総料金は高々 $(1-x_e)+x_e=1$ であることに注意しよう．

次に，各点 $v \in Z$ と各集合 $S \in \mathcal{L}$ が，1以上の料金が割り当てられることを示す．各点 $v \in Z$ は，接続する $E$ の各辺 $e$ から $\frac{1}{2}(1-x_e)$ の料金が割り当てられる．仮定から，この点 $v \in Z$ には $b_v+2$ 本以上 $E$ の辺が接続している．さらに $v \in Z$ であることは $v$ がタイトであるということであるので，$\sum_{e \in \delta(v)} x_e = b_v$ が成立する．したがって，$v$ が割り当てられる総料金は，

$$\sum_{e \in \delta(v)} \frac{1}{2}(1-x_e) = \frac{1}{2}\left(|\delta(v)| - \sum_{e \in \delta(v)} x_e\right)$$
$$\geq \frac{1}{2}[(b_v+2) - b_v]$$
$$= 1$$

となり，1以上となる．

次に，集合 $S \in \mathcal{L}$ を考える．$S$ に真に含まれるような $C \in \mathcal{L}$ が存在しないときをまず考える．$S$ がタイトな集合であるので $\sum_{e \in E(S)} x_e = |S|-1$ となり，$S$ に割り当てられる総料金は $|S|-1$ となる．さらに，$|S| \geq 2$ であるので，$S$ に割り当てられる総料金は1以上となる．次に，$S$ がある $C \in \mathcal{L}$ を含むときを考える．ここで，集合 $C \in \mathcal{L}$ が $S$ に真に含まれ，かつ $C$ を真に含み $S$ に真に含まれるような $C' \in \mathcal{L}$ が存在しないとき，$C$ は $S$ の"子"であると呼ぶことにする．$S$ のすべての子を $C_1, \ldots, C_k$ とする．$S$ と $C_1, \ldots, C_k$ はすべてタイトな集合であることを思いだすと，$x(E(S))=|S|-1$ と $x(E(C_i))=|C_i|-1$ が得られる．したがって，それらはすべて整数である．さらに，$\mathcal{L}$ のラミナー性より，$E(C_i)$ は互いに素であり，すべて $E(S)$ に含まれる．したがって，$S$ に割り当てられる総料金は，

$$x(E(S)) - \sum_{i=1}^{k} x(E(C_i)) \geq 0$$

となる．一方，$E(S) = \bigcup_{i=1}^{k} E(C_i)$ となることはない．$E(S) = \bigcup_{i=1}^{k} E(C_i)$ となったとすると，$\chi_{E(S)} = \sum_{i=1}^{k} \chi_{E(C_i)}$ と書けることになり，定理11.12の2番目の性質である，$\mathcal{L}$ に属する集合の特性ベクトルが線形独立であるということに反するからである．したがって，$S$ に割り当てられる総料金は，

$$x(E(S)) - \sum_{i=1}^{k} x(E(C_i)) > 0$$

となる．さらに，

$$x(E(S)) - \sum_{i=1}^{k} x(E(C_i)) = (|S|-1) - \sum_{i=1}^{k}(|C_i|-1)$$

は整数となるので，その値は1以上となる．したがって，$S$ には1以上の料金が割り当てられる．

最後に，三つのケース分け議論をして，総料金が $|E|$ 未満であることを示す．第一のケースとして，$V \notin \mathcal{L}$ であるとする．すると，すべての $S \in \mathcal{L}$ に対して $e \notin E(S)$ となるような $e$ が存在する[8]．料金 $x_e > 0$ は $\mathcal{L}$ のどの集合にも割り当てられないので，総料金は $|E|$ 未満となる．第二のケースとして，$x_e < 1$ であり，かつ少なくとも一方の端点が $V - Z$ に属する（$Z$ に属さない）ような辺 $e = (u,v) \in E$ が存在するとする．一般性を失うことなく，$u \notin Z$ と仮定できる．すると，$u$ には $\frac{1}{2}(1 - x_e) > 0$ の料金が割り当てられないことになり，総料金は $|E|$ 未満となる．最後のケースとして，$V \in \mathcal{L}$ であり，かつ $x_e < 1$ となる任意の $e \in E$ に対して，$e$ の両端点が $Z$ に属するとする．このケースからは矛盾が得られることを示す（したがって，上の二つのケースのいずれかしか起こらないことが得られることになる）．$\sum_{v \in Z} \chi_{\delta(v)} = 2\chi_{E(Z)} + \chi_{\delta(Z)}$ であることに注意しよう．さらに，各辺 $e \in \delta(Z) \cup E(V - Z)$ は，（少なくとも一方の端点が $Z$ に属さないので）仮定から，$x_e = 1$ である．このとき，$2\chi_{E(Z)} + \chi_{\delta(Z)}$ が $S \in \mathcal{L}$ に対する $\chi_{E(S)}$ の線形和で書けることを示すことにする（これが得られると，$S \in \mathcal{L}$ に対する $\chi_{E(S)}$ と $v \in Z$ に対する $\chi_{\delta(v)}$ のベクトルの集合の線形独立性に矛盾することが得られることになる）．任意の $e \in \delta(Z) \cup E(V - Z)$ に対して，$x_e = 1$ であるので，補題 11.18 より，$\chi_e \in \mathrm{span}(\mathcal{L})$ である．したがって，$\sum_{v \in Z} \chi_{\delta(v)} = 2\chi_{E(Z)} + \chi_{\delta(Z)} = 2\chi_{E(V)} - 2\sum_{e \in E(V-Z)} \chi_e - \sum_{e \in \delta(Z)} \chi_e$ となり，右辺のすべての項が $\mathrm{span}(\mathcal{L})$ に含まれることになる．これは，$v \in Z$ に対する $\chi_{\delta(v)}$ と $S \in \mathcal{L}$ に対する $\chi_{E(S)}$ のベクトルの集合が線形従属である（線形独立でない）ことを意味している．したがって，矛盾である． □

これまでのことを要約しておく．コストが高々 OPT であり，各点 $v \in W$ で次数が高々 $b_v + 1$ であるような全点木を求めることができることを示してきた．これを示すために，線形計画緩和の実行可能基底解 $x$ において，接続する $E(x)$ の辺が高々 $b_v + 1$ 本であるという $v \in W$ が存在するという補題を証明して用いた．この補題の証明には，上述のように，実行可能基底解のタイトな集合のラミナー集合族による構造と，小数値の料金を割り当てるチャージングスキームを用いた．次節では，これらと同一のアイデアを用いて，ネットワーク設計問題に対する近似アルゴリズムを与えることにする．

## 11.3 サバイバルネットワーク設計と反復ラウンディング

本節では，7.4 節で取り上げた一般化シュタイナー木問題の一般化に移る．この一般化の問題はサバイバルネットワーク設計問題 (survivable network design problem) と呼ばれ

---

[8] 訳注：すべての $S \in \mathcal{L}$ に対して $e \notin E(S)$ となるような $e \in E$ が存在するという命題が成立しなかったとする．すると，任意の $e \in E$ に対して $e \in E(S)$ となるような $S \in \mathcal{L}$ が存在するので，$E = E(V) = \bigcup_{S \in \mathcal{L}} E(S)$ となる．したがって，$\mathcal{L}$ のすべての極大集合 $C_1, \ldots, C_k$ を用いて，$E(V) = \bigcup_{i=1}^{k} E(C_i)$ と書けることになる．$\mathcal{L}$ はラミナーであるので，二つの異なる $C_i, C_j$ に対して $C_i \cap C_j = \emptyset$ であり，$E(C_i) \cap E(C_j) = \emptyset$ である．したがって，$\chi_{E(V)} = \sum_{i=1}^{k} \chi_{E(C_i)}$ かつ $\sum_{i=1}^{k} |C_i| \leq |V|$ となる．さらに，$C_1, \ldots, C_k \in \mathcal{L}$ と $V$ はタイトであるので，$0 = \chi_{E(V)} - \sum_{i=1}^{k} \chi_{E(C_i)} = |V| - 1 - \sum_{i=1}^{k}(|C_i| - 1) \geq k - 1$ となり，$k = 1$ が得られる．すなわち，$E(V) = E(C_1)$ と書ける．さらに，$C_1 \in \mathcal{L}$ かつ $V \notin \mathcal{L}$ から $V - C_1 \neq \emptyset$ となる．しかし，$E$ は全点木の辺をすべて含むので，各点 $v \in V - C_1$ に接続する $E$ の辺が存在することになり，$E(V) = E(C_1)$ に反する．したがって，すべての $S \in \mathcal{L}$ に対して $e \notin E(S)$ となるような $e \in E$ が存在する．

る．この問題では，入力として，無向グラフ $G = (V, E)$，すべての辺 $e \in E$ に対するコスト $c_e \geq 0$ および異なる 2 点 $i, j \in V$ のすべての対に対して連結要求 $r_{ij}$ が与えられる．連結要求はすべて非負の整数である．目標は，異なる 2 点 $i, j \in V$ のすべての対に対して，辺の部分集合 $F \subseteq E$ で定義されるグラフ $(V, F)$ に $i$ と $j$ とを結ぶ辺素なパスが少なくとも $r_{ij}$ 本存在するような $F$ のうちで，コストが最小のものを求めることである．一般化シュタイナー木問題は，異なる 2 点 $i, j \in V$ のすべての対に対して連結要求 $r_{ij}$ が，$r_{ij} \in \{0, 1\}$ であるようなサバイバルネットワーク設計問題の特殊ケースである．

サバイバルネットワーク設計問題は電話通信産業から提起された問題である．ある程度の辺の故障があっても通信可能である（生き残れる）ような低コストのネットワークを設計したいということに起因する．$r_{ij} - 1$ 本の辺に故障が生じたとしても，2 点 $i$ と $j$ は残りの生き残っている辺で連結されている（通信可能である）．ある（複数の）2 点間は高度に連結されていることが必要であるが，ほかの（複数の）2 点間は万一故障して非連結になったとしてもそれほど極端な不都合が生じないので連結されていればよいということもある．

この問題は整数計画問題として以下のように定式化できる．

$$\begin{aligned}
\text{minimize} \quad & \sum_{e \in E} c_e x_e \\
\text{subject to} \quad & \sum_{e \in \delta(S)} x_e \geq \max_{i \in S, j \notin S} r_{ij}, \quad \forall S \subseteq V, \\
& x_e \in \{0, 1\}, \quad \forall e \in E.
\end{aligned}$$

異なる任意の 2 点 $i, j$ と辺の部分集合 $F$ を考える．最大フロー最小カット定理により，$i$ と $j$ を結ぶ辺素なパスが $(V, F)$ に少なくとも $r_{ij}$ 本あるための必要十分条件は，$i$ と $j$ を分離するどのカット $S$ も $F$ の辺を少なくとも $r_{ij}$ 本含む（すなわち，$|\delta(S) \cap F| \geq r_{ij}$ である）ことである．したがって，辺の部分集合 $F$ が実行可能であるための必要十分条件は，すべての $S \subseteq V$ に対して $|\delta(S) \cap F| \geq \max_{i \in S, j \notin S} r_{ij}$ であることとなり，それは上記の整数計画問題の制約式に正確に一致する．

この洞察を用いて，上記の整数計画問題の線形計画緩和

$$\begin{aligned}
\text{minimize} \quad & \sum_{e \in E} c_e x_e \\
\text{subject to} \quad & \sum_{e \in \delta(S)} x_e \geq \max_{i \in S, j \notin S} r_{ij}, \quad \forall S \subseteq V, \\
& 0 \leq x_e \leq 1, \quad \forall e \in E.
\end{aligned}$$

を多項式時間で解くことができることに注意しよう．すなわち，以下の分離オラクルを用いて 4.3 節で述べた楕円体法で解ける．与えられた解 $x$ に対して，最初，すべての辺 $e \in E$ で $0 \leq x_e \leq 1$ が満たされているかどうかを検証する．次に，各辺 $e$ の容量を $x_e$ として，異なる 2 点 $i, j$ のすべての対で最大フローの入力を構成する．このネットワークですべての $i, j \in V$ で $i$ から $j$ への最大フローの流量が少なくとも $r_{ij}$ であるときには，上記の議論により，すべての制約式は満たされることがわかる．最大フローの流量が $r_{ij}$ 未満となるよ

うな異なる2点$i, j$が存在するときには，$i \in S$かつ$j \notin S$で$\sum_{e \in \delta(S)} x_e < r_{ij}$となるようなカット$S$が存在することになり，それが満たされない制約式となる．

上記の線形計画問題のより一般的な形式の問題を取り上げるのが有効となる．すなわち，すべての$S \subseteq V$に対して$f(S)$が整数の値となるような点集合のすべての部分集合で定義される関数$f$による以下の線形計画問題を考える．

$$
\begin{aligned}
\text{minimize} \quad & \sum_{e \in E} c_e x_e \\
\text{subject to} \quad & \sum_{e \in \delta(S)} x_e \geq f(S), \quad \forall S \subseteq V, \\
& 0 \leq x_e \leq 1, \quad \forall e \in E.
\end{aligned}
\tag{11.17}
$$

明らかに，サバイバルネットワーク設計問題の線形計画緩和は，$f(S) = \max_{i \in S, j \notin S} r_{ij}$のケースに対応する．

以下では，"弱優モジュラー"な関数$f$を考える．

**定義 11.19** 関数$f : 2^V \to \mathbb{Z}$は，$f(\emptyset) = f(V) = 0$であり，どの二つの集合$A, B \subseteq V$に対しても，以下の二つの不等式の少なくとも一方が成立するときに，**弱優モジュラー (weakly supermodular)** であると呼ばれる．

$$f(A) + f(B) \leq f(A \cap B) + f(A \cup B), \tag{11.18}$$
$$f(A) + f(B) \leq f(A - B) + f(B - A). \tag{11.19}$$

サバイバルネットワーク設計問題で用いる関数$f$はこのクラスに入る．

**補題 11.20** 関数$f(S) = \max_{i \in S, j \notin S} r_{ij}$は弱優モジュラーである．

**証明**：$f(\emptyset) = f(V) = 0$であることは自明である．任意の$S \subseteq V$で$f(S) = f(V - S)$が成立することもすぐに確認できる．また，二つの互いに素な$A, B$に対して$f(A \cup B) \leq \max(f(A), f(B))$であることも以下のように確認できる．すなわち，$\max_{i \in A \cup B, j \notin A \cup B} r_{ij}$として$f(A \cup B)$を定義する$i \in A \cup B$と$j \notin A \cup B$を適切に選ぶ．すると，$i \in A$かつ$j \notin A$であるか，あるいは$i \in B$かつ$j \notin B$であるので，$\max(f(A), f(B)) \geq r_{ij} = f(A \cup B)$が得られる．最後に，二つの共通部分を持つ（互いに素でない）$A, B$に対して，$f$が以下の四つの性質を満たすことも確認できる．

$f(A) \leq \max(f(A - B), f(A \cap B));$
$f(A) = f(V - A) \leq \max(f(B - A), f(V - (A \cup B))) = \max(f(B - A), f(A \cup B));$
$f(B) \leq \max(f(B - A), f(A \cap B));$
$f(B) = f(V - B) \leq \max(f(A - B), f(V - (A \cup B))) = \max(f(A - B), f(A \cup B)).$

したがって，四つの$f(A - B), f(B - A), f(A \cup B), f(A \cap B)$のうちの最小値に関係する二つの不等式の和をとることで，所望の結果が得られる．たとえば，四つの$f(A - B), f(B - A), f(A \cup B), f(A \cap B)$のうちで$f(A - B)$が最小であるとする．すると，$f(A - B)$が関係する最初と最後の不等式から$f(A) + f(B) \leq f(A \cup B) + f(A \cap B)$が得られる． □

ここで，サバイバルネットワーク設計問題に対する 2-近似アルゴリズムを得ることができるようになる注目すべき定理を述べることにする．そして最初に，この定理からどのようにして 2-近似アルゴリズムが得られるかを示し，その後にこの定理の証明を与える．

**定理 11.21** $f$ が弱優モジュラー関数であるときの線形計画問題 (11.17) の任意の実行可能基底解 $x$ に対して，$x_e \geq 1/2$ を満たす辺 $e \in E$ が存在する．

定理が与えられているとする．すると，サバイバルネットワーク設計問題に対する近似アルゴリズムは以下のかなり単純なアイデアに基づいてデザインできる．すなわち，上記の線形計画問題 (11.17)（これ以降，線形計画問題 (11.17) を LP (11.17) と略記する[9]）を解いて解 $x$ を求め，$x_e$ が 1/2 以上となる辺 $e$ をすべて 1 に固定する．さらに，これを組み込むような形で LP (11.17) を更新し，実行可能解になるまで，このプロセスを繰り返す．直観的には，常に値を高々 2 倍の整数にラウンディングしているので，性能保証 2 につながることになる．注意を払わなければならない詳細が多数あるものの，これが主たるアイデアである．

アルゴリズム 11.4 に，より形式的にアルゴリズムを与えている．$F$ を最終的には解となる辺の集合とする．$F$ は最初空集合に設定される．アルゴリズムの $i$ 回目の反復では，$f_i(S) = f(S) - |\delta(S) \cap F|$ として定義される関数 $f_i$ を用いて，辺集合 $E - F$ 上で LP (11.17) を解く．この LP (11.17) の最適基底解 $x$ に対して，$F_i$ を $F_i = \{e \in E - F : x_e \geq 1/2\}$ として $F$ に加える．LP (11.17) を反復して解いてその解を毎回ラウンディングして最終的に実行可能解を構成しているので，この技法は**反復ラウンディング** (iterated rounding) と呼ばれる（**反復丸め法**とも呼ばれる）．

---

**アルゴリズム 11.4** サバイバルネットワーク設計問題に対する確定的ラウンディングアルゴリズム．

$F \leftarrow \emptyset$
$i \leftarrow 1$
**while** $F$ が実行可能解でない **do**
  $f_i(S) = f(S) - |\delta(S) \cap F|$ とおいて関数 $f_i$ のもとで
    辺集合 $E - F$ 上の LP (11.17) を解いて最適基底解 $x$ を求める
  $F_i \leftarrow \{e \in E - F : x_e \geq 1/2\}$
  $F \leftarrow F \cup F_i$
  $i \leftarrow i + 1$
**return** $F$

---

アルゴリズムが正しく動作することを示すためには，定理 11.21 が適用できるように各関数 $f_i$ もまた弱優モジュラーであることを示さなければならない．これが言えれば，各反復で $F_i \neq \emptyset$ となり，高々 $|E|$ 回の反復でアルゴリズムが終了することになる．各反復で

---

[9] 訳注：原著では，線形計画問題 (11.17) と LP (11.17) がともに用いられている．

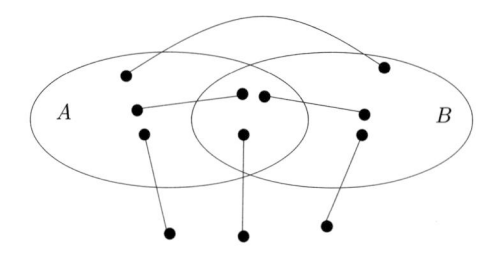

**図 11.4** 補題 11.22 の証明．

LP (11.17) を解くことができることも示さなければならない．$f_i$ が弱優モジュラーであることを示す際に有効となる以下の補題から始める．

**補題 11.22** すべての $e \in E$ に対して任意に $z_e \geq 0$ を選び，任意の $E' \subseteq E$ に対して $z(E') = \sum_{e \in E'} z_e$ とする．すると，任意の部分集合 $A, B \subseteq V$ に対して，

$$z(\delta(A)) + z(\delta(B)) \geq z(\delta(A \cup B)) + z(\delta(A \cap B))$$

かつ

$$z(\delta(A)) + z(\delta(B)) \geq z(\delta(A - B)) + z(\delta(B - A))$$

が成立する．

**証明**：単純な数え上げ議論で証明できる．いずれの不等式においても，不等式の右辺の和で数えられる各辺の回数は，その不等式の左辺の和で数えられる各辺の回数以下であることを示して，不等式を証明する．図 11.4 はその説明のための図である．たとえば，一方の端点が $A - B$ に含まれ他方の端点が $V - (A \cup B)$ に含まれる辺 $e$ は，$\delta(A \cup B)$, $\delta(A - B)$, $\delta(A)$ のいずれにも含まれるが，$\delta(A \cap B)$, $\delta(B - A)$, $\delta(B)$ のどれにも含まれない．したがって，最初の不等式では，その辺 $e$ は，右辺でも左辺でも正確に 1 回含まれる．同様に，2 番目の不等式でも，その辺 $e$ は，右辺でも左辺でも正確に 1 回含まれる．このように，各辺の両端点のそれぞれが，四つの $A - B, B - A, A \cap B, V - (A \cup B)$ の異なる二つのどの集合に属するかによってすべてのケースを場合分けして，単に検証すれば十分である．一方の端点が $A - B$ に含まれ他方の端点が $B - A$ に含まれる辺 $e$ は，最初の不等式では，左辺で正確に 2 回含まれるが，右辺ではまったく含まれないことに注意しよう．同様に，一方の端点が $A \cap B$ に含まれ他方の端点が $V - (A \cup B)$ に含まれる辺 $e$ は，2 番目の不等式では，左辺で正確に 2 回含まれるが，右辺ではまったく含まれない．したがって，これらの不等式はいずれも等号が成立しないこともある． □

**補題 11.23** $f$ が弱優モジュラーならば，任意の $F \subseteq E$ に対して $f_i(S) = f(S) - |\delta(S) \cap F|$ として定義される関数 $f_i$ も弱優モジュラーである．

**証明**：$e \in F$ のときには $z_e = 1$ とし，そうでないときには $z_e = 0$ と設定する．すると，$f_i$ は $f_i(S) = f(S) - z(\delta(S))$ と書けるので，この $f_i$ が弱優モジュラーであることを示せば十分である．$f_i(\emptyset) = f_i(V) = 0$ であることは自明である．ここで，二つの部分集合 $A, B \subseteq V$ を任意に選ぶ．なお，関数 $f$ は弱優モジュラーであるので，$f(A) + f(B) \leq f(A \cup B) + f(A \cap B)$

を満たすかあるいは $f(A) + f(B) \leq f(A - B) + f(B - A)$ を満たすことに注意しよう．前者の不等式が成立するとする．すると，

$$\begin{aligned} f_i(A) + f_i(B) &= f(A) + f(B) - z(\delta(A)) - z(\delta(B)) \\ &\leq f(A \cup B) + f(A \cap B) - z(\delta(A \cup B)) - z(\delta(A \cap B)) \\ &= f_i(A \cup B) + f_i(A \cap B) \end{aligned}$$

が得られる．なお，不等式は仮定と補題 11.22 から得られる．後者の不等式が成立するときも同様である． □

**補題 11.24** $f(S) = \max_{i \in S, j \notin S} r_{ij}$ であるとき，任意の $F \subseteq E$ に対して辺集合 $E - F$ と関数 ($f(S)$ の代わりに) $g(S) = f(S) - |\delta(S) \cap F|$ で定義される LP (11.17) は，多項式時間で解くことができる．

**証明**：最初の関数 $f$ で LP (11.17) を解くときに用いたものと同様の分離オラクルによる楕円体法を用いる．与えられた解 $x$ に対して，最初，すべての辺 $e \in E - F$ で $0 \leq x_e \leq 1$ が満たされているかどうかを検証する．次に，各辺 $e \in E - F$ の容量を $x_e$，各辺 $e \in F$ の容量を 1 として，異なる 2 点 $i, j$ のすべての対で最大フローの入力を構成する．このネットワークですべての $i, j \in V$ で $i$ から $j$ への最大フローの流量が少なくとも $r_{ij}$ であるかどうかを検証する．異なる 2 点 $i, j$ のすべての対で $i$ から $j$ への最大フローの流量が少なくとも $r_{ij}$ であるときには，$i \in S$ かつ $j \notin S$ となる任意のカット $S$ でその容量は少なくとも $r_{ij}$ となるので，$x(\delta(S)) + |\delta(S) \cap F| \geq r_{ij}$（すなわち，$x(\delta(S)) \geq r_{ij} - |\delta(S) \cap F|$）が得られて，$x(\delta(S)) \geq g(S) = \max_{i \in S, j \notin S} r_{ij} - |\delta(S) \cap F| = f(S) - |\delta(S) \cap F|$ となり，制約式はすべて満たされる．同様に，最大フローの流量が $r_{ij}$ 未満となるような異なる 2 点 $i, j \in V$ が存在するときには，$i \in S$ かつ $j \notin S$ で容量が $r_{ij}$ 未満となるような最小カット $S$ が存在することになるので，$x(\delta(S)) + |\delta(S) \cap F| < r_{ij}$，すなわち，$x(\delta(S)) < r_{ij} - |\delta(S) \cap F| \leq g(S)$ となり，これが満たされない制約式となる．なお，$x(\delta(S) \cap (E - F))$ を $x(\delta(S))$ と略記した． □

これで，定理 11.21 を用いて上記のアルゴリズムが 2-近似アルゴリズムであることを証明できるようになった．

**定理 11.25** 定理 11.21 のもとで，アルゴリズム 11.4 はサバイバルネットワーク設計問題に対する 2-近似アルゴリズムである．

**証明**：アルゴリズムの反復回数についての帰納法で，わずかに強力な命題を証明する．すなわち，任意の弱優モジュラー関数 $f$ に対して，アルゴリズムが性能保証 2 を達成することを証明する．なお，LP (11.17) を多項式時間で解くときにのみ，関数 $f$ がサバイバルネットワーク設計問題に対するものであることが必要である．

反復回数が 1 のときを考える．弱優モジュラー関数 $f$ に対する関数 $f_1 = f$ のもとでの（もともとの）LP (11.17) の最適基底解を $x$ とする．任意の辺の部分集合 $E' \subseteq E$ に対して，$c(E') = \sum_{e \in E'} c_e$ とする．この基本的なケースでは，以下のように明らかである．すなわち，この反復の終了後，$F = F_1$ は実行可能解であり，$F_1 = \{e \in E : x_e \geq 1/2\}$ であるので，$c(F) \leq 2 \sum_{e \in E} c_e x_e \leq 2\,\mathrm{OPT}$ が明らかに成立する．

アルゴリズムの反復回数が $k$ であるときには命題が成立すると仮定する．そして，アルゴリズムが $k+1$ 回の反復からなるときを考える．帰納法の仮定から，2回目以降の反復で加えられた辺のコストは，弱優モジュラー関数 $f_2$ のもとでの LP (11.17) の最適基底解の値の高々2倍である．すなわち，$x'$ を2回目の反復の関数 $f_2$ のものでの LP (11.17) の最適基底解とすると，アルゴリズムは関数 $f_2$ に対する解を $k$ 回の反復で得るので，帰納法の仮定より，$c(F - F_1) \leq 2 \sum_{e \in E - F_1} c_e x'_e$ が成立する．すべての $e \in F_1$ に対して $x_e \geq 1/2$ であるので，$c(F_1) \leq 2 \sum_{e \in F_1} c_e x_e$ であることはわかっている．証明を完結するために，関数 $f_2$ のもとで辺集合 $E - F_1$ 上での $x$ が実行可能解であることを以下で示す．これが言えれば，

$$\sum_{e \in E - F_1} c_e x'_e \leq \sum_{e \in E - F_1} c_e x_e$$

となり，

$$c(F) = c(F - F_1) + c(F_1) \leq 2 \sum_{e \in E - F_1} c_e x'_e + 2 \sum_{e \in F_1} c_e x_e$$

$$\leq 2 \sum_{e \in E - F_1} c_e x_e + 2 \sum_{e \in F_1} c_e x_e$$

$$= 2 \sum_{e \in E} c_e x_e \leq 2 \, \text{OPT}$$

が得られることになるからである．

辺集合 $E - F_1$ 上での $x$ が関数 $f_2$ に対する LP (11.17) の実行可能解であることを示す．これは，任意の $S \subseteq V$ に対して，$x(\delta(S)) \geq f_1(S)$ に注意すると，

$$x(\delta(S) \cap (E - F_1)) = x(\delta(S)) - x(\delta(S) \cap F_1)$$
$$\geq f_1(S) - x(\delta(S) \cap F_1) \geq f_1(S) - |\delta(S) \cap F_1| = f_2(S)$$

となることから得られる．なお，2番目の不等式では $x_e \leq 1$ を用いている．  □

定理 11.21 の証明に移る．すなわち，LP (11.17) の任意の実行可能基底解 $x$ に対して，$x_e \geq 1/2$ となる $e \in E$ が存在することを示すことにする．一般性を失うことなく，すべての $e \in E$ で $0 < x_e < 1$ であると仮定できる．なぜなら，ある $e$ で $x_e = 1$ ならば定理が成立するし，ある $e \in E$ で $x_e = 0$ ならば $e$ をグラフから除去できるからである．証明には以下の定義を用いる．

**定義 11.26** 与えられた LP (11.17) の解 $x$ に対して，集合 $S \subseteq V$ は $x(\delta(S)) = f(S)$ であるとき**タイト** (tight) であるという．

これで，定理 11.21 の証明で必要となる以下の定理を述べることができるようになった．

**定理 11.27** 弱優モジュラー関数 $f$ に対する LP (11.17) の任意の実行可能基底解 $x$ に対して，以下の性質をすべて満たす点部分集合の族 $\mathcal{L}$ が存在する．

1. すべての $S \in \mathcal{L}$ に対して $S$ はタイトである．
2. すべての $S \in \mathcal{L}$ に対するベクトル特性 $\chi_{\delta(S)}$ の集合は線形独立である．
3. $|\mathcal{L}| = |E|$ である．
4. $\mathcal{L}$ はラミナー族である．

この定理の証明は，11.2 節で与えた定理 11.12 の証明とほぼ同じであるので，演習問題（演習問題 11.2）とする．

定理 11.21 の証明に移る．便宜上，その定理を再掲する．その証明は，補題 11.16 で最小コスト次数上界付き全点木問題で用いた小数チャージング議論と同様である．

**定理 11.21** $f$ が弱優モジュラー関数であるときの LP (11.17) の任意の実行可能基底解 $x$ に対して，$x_e \geq 1/2$ を満たす辺 $e \in E$ が存在する．

**証明**：背理法に基づいて証明を与える．（定理の命題が成立せずに）すべての $e \in E$ で $0 < x_e < \frac{1}{2}$ であったと仮定する．この仮定に基づいて，課される料金の総額が $|E|$ 未満となるように，すべての辺 $e \in E$ に料金を課して，集められた料金の総額がすべての $S \in \mathcal{L}$ に分配されるチャージングスキームを与える．一方で，各 $S \in \mathcal{L}$ が少なくとも 1 の料金を受け取ることも示すことができて，したがって，料金の総額は少なくとも $|\mathcal{L}| = |E|$ となることが得られる．これから矛盾が得られることになる．

各辺 $e \in E$ に対して以下の料金を課す．$e$ の両端点を含む集合が存在するときには，そのような集合のうちで最小の集合 $S \in \mathcal{L}$ に渡す $1 - 2x_e > 0$ の料金を課す．さらに，$e$ の各端点 $v$ に対して，$v$ を含む集合が $\mathcal{L}$ に存在するときには，そのような集合のうちで最小の集合 $S \in \mathcal{L}$ に渡す $x_e > 0$ の料金を課す．$0 < x_e < 1/2$ と仮定しているので，$1 - 2x_e$ と $x_e$ はともに正である．したがって，各辺 $e$ に課される料金の総和は高々 $1 - 2x_e + 2x_e = 1$ である．さらに，（定理 11.27 の 2 番目の性質より）$\mathcal{L}$ のほかのどの集合にも含まれない任意の集合 $S \in \mathcal{L}$（すなわち，$\mathcal{L}$ の極大な集合 $S \in \mathcal{L}$）に対して，$e \in \delta(S)$ となるような辺 $e$ が存在することに注意しよう．このような辺 $e$ に対して，その両端点を含むような集合は $\mathcal{L}$ に存在しない（そのような集合 $S' \in \mathcal{L}$ が存在したとすると，定理 11.27 の 4 番目のラミナー性より，$S'$ は $S$ を真に含むようになって，$S$ の極大性に反する）．したがって，その辺 $e$ は $1 - 2x_e > 0$ 分の料金が課されず，課される料金の総和が 1 未満になるので，すべての辺に課される料金の総額は $|E|$ 未満である．

次に，各 $S \in \mathcal{L}$ が少なくとも 1 の料金を受け取ることを示す．$S \in \mathcal{L}$ に真に含まれる $C \in \mathcal{L}$ は，$C$ を真に含み $S$ に真に含まれるような $C' \in \mathcal{L}$ が存在しないとき，$S$ の**子** (child) であるという．$S$ の子が存在するとき，$C_1, \ldots, C_k$ が $S$ の子のすべてであるとする．$S$ とすべての $C_i$ は $\mathcal{L}$ に含まれているので，それらはすべてタイトであり，したがって，$x(\delta(S)) = f(S)$ であり，かつすべての $i$ で $x(\delta(C_i)) = f(C_i)$ である．そして $C = \bigcup_i C_i$ とする．ここで，$E_S = \delta(S) \cup \bigcup_i \delta(C_i)$ の辺を以下のように 4 種類に分類する（図 11.5 はその説明図である）．

- （"二つの異なる子同士を結ぶ辺"）$E_{cc}$ は，一方の端点がある $C_i$ に他方の端点が別の $C_j$ に含まれるような辺 $e \in E_S$ のすべての集合である．このような辺 $e$ に対して $S$ は両端点を含むような $\mathcal{L}$ の集合で最小の集合となるので，上記のチャージングスキームにより，辺 $e$ は $1 - 2x_e$ の料金を $S$ に渡す．
- （"子と親とを結ぶ辺"）$E_{cp}$ は一方の端点がある $C_i$ に他方の端点が $S - C$ に含まれるような辺 $e \in E_S$ のすべての集合である．上記のチャージングスキームにより，このような辺 $e = (u, v)$ に対しては，$S - C$ に含まれる一方の端点 $u$ を含む最小の $\mathcal{L}$ の集

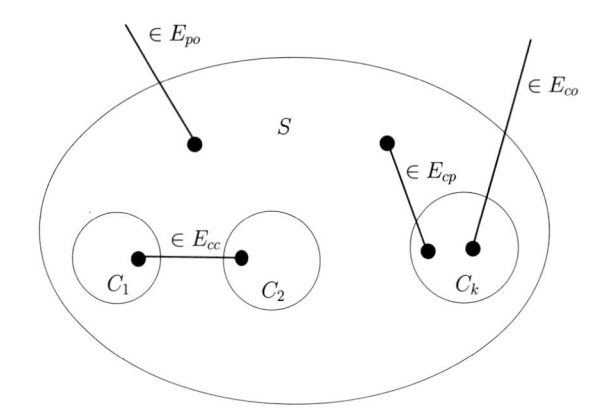

**図11.5** 定理 11.21 の証明における 4 種類の辺の説明.

合は $S$ であるので，辺 $e$ は $x_e$ の料金を $S$ に渡すと同時に，$S$ は $e$ の両端点を含むような $\mathcal{L}$ の集合で最小の集合となるので，辺 $e$ はさらに $1 - 2x_e$ の料金を $S$ に渡す．したがって，各辺 $e \in E_{cp}$ がこのような $S$ に渡す総料金は $1 - x_e$ となる．

- ("親と親の外部とを結ぶ辺") $E_{po}$ は，一方の端点が $S - C$ に含まれ，他方の端点が $S$ の外部に含まれるような辺 $e \in E_S$ のすべての集合である．上記のチャージングスキームにより，このような辺 $e = (u, v)$ に対して，$S - C$ に含まれる一方の端点 $u$ を含む最小の $\mathcal{L}$ の集合は $S$ であるので，辺 $e$ は $x_e$ の料金を $S$ に渡す．

- ("子と親の外部とを結ぶ辺") $E_{co}$ は $\delta(S)$ と $\delta(C_i)$ の両方に含まれるような辺 $e \in E_S$ のすべての集合である．このような辺 $e$ が $S$ に渡す料金は $0$ である．

$E_S$ のすべての辺が $E_{co}$ に含まれるということはないことが主張できる．そこで，$E_S$ のすべての辺が $E_{co}$ に含まれると仮定してみる．すると，辺 $e$ が $\delta(S)$ に含まれることと，ある $i$ で $\delta(C_i)$ が辺 $e$ を含むようになることとは等価になる．したがって，$\chi_{\delta(S)} = \sum_{i=1}^{k} \chi_{\delta(C_i)}$ と書けてしまうことになる．しかし，これはすべての $T \in \mathcal{L}$ に対するベクトル $\chi_{\delta(T)}$ の集合が線形独立であるという定理 11.27 の性質 2 に矛盾する．

したがって，少なくとも一つの辺は $E_{cc}$, $E_{cp}$ あるいは $E_{po}$ に含まれる．$S$ はそのような各辺から正の料金を受け取るので，受け取る料金の総和は $|E_{cc}| - 2x(E_{cc}) + |E_{cp}| - x(E_{cp}) + x(E_{po}) > 0$ となる．上記の辺の分類の定義により，

$$x(\delta(S)) - \sum_{i=1}^{k} x(\delta(C_i)) = x(E_{po}) - x(E_{cp}) - 2x(E_{cc})$$

と書けることに注意しよう．したがって，$S$ が受け取る料金の総和は

$$|E_{cc}| - 2x(E_{cc}) + |E_{cp}| - x(E_{cp}) + x(E_{po}) = |E_{cc}| + |E_{cp}| + \left( x(\delta(S)) - \sum_{i=1}^{k} x(\delta(C_i)) \right)$$

となる．すべての集合はタイトであるので，この料金の総和は

$$|E_{cc}| + |E_{cp}| + \left( f(S) - \sum_{i=1}^{k} f(C_i) \right)$$

に等しい．この式は整数の和で料金の総和は正であるとわかっているので，料金の総和は 1 以上となる．

したがって，各 $S \in \mathcal{L}$ は少なくとも1の料金を受け取り，総料金は少なくとも $|\mathcal{L}| = |E|$ となることが得られた．しかし，分配できる料金の総和は $|E|$ 未満であったので，これは矛盾である． □

7.4節でも注意したように，その節で与えた一般化シュタイナー木問題に対する線形計画緩和は，整数性ギャップが本質的に2である．一般化シュタイナー木問題はサバイバルネットワーク設計問題の特殊ケースであり，さらに，一般化シュタイナー木問題のその線形計画緩和は，サバイバルネットワーク設計問題で用いた LP (11.17) の特殊ケースであるので，LP (11.17) の整数性ギャップも本質的に2である．したがって，上記の確定的ラウンディングアルゴリズムで得られる解の値と LP (11.17) の最適解の値とを比較する方法では，これより良い性能保証を得ることはできない．

本章の冒頭でも述べたように，サバイバルネットワーク設計問題の研究の動機はネットワークの辺の故障でも通信可能である（サバイバルできる）低コストのネットワークを設計したいという要求から生じている．点の故障でも通信可能である（サバイバルできる）低コストのネットワークを設計したいとしたらどうなるであろうか？このときには，すべての異なる2点 $i, j \in V$ 間に $r_{ij}$ 本の（内部の点の）点素なパスが存在するようにしたいということになる．この種のサバイバルネットワーク設計問題は，上で議論した辺素版のサバイバルネットワーク設計問題よりも格段に近似困難になることを16.4節で示す．

## 11.4 演習問題

11.1 コストの付随しない一般化割当て問題の変種版を考える．$m$ 個のマシーンに割り当てなければならない $n$ 個のジョブの集合が与えられる．各ジョブ $j$ は正確に一つのマシーンに割り当てられる（スケジュールされる）．ジョブ $j$ がマシーン $i$ に割り当てられると，その処理時間は $p_{ij}$ となる．目標は，長さが最小となるスケジュールを求めることである．すなわち，各マシーンの総処理時間を考えて，総処理時間が最大となるマシーンの総処理時間（完了時刻）を最小とするようなジョブのマシーンへの割当てを求めることである．この問題は，完了時刻を最小化する**相互独立並列マシーン (unrelated parallel machines)** のスケジューリング問題とも呼ばれる．線形計画問題の解の確定的ラウンディングを用いて，2-緩和決定手続きを得ることができることを示す（演習問題2.4で与えた緩和決定手続きの定義を思いだそう）．

パラメーター $T$ を用いる以下の線形不等式からなる制約式を考える．

$$\sum_{i=1}^{m} x_{ij} = 1, \qquad j = 1, \ldots, n,$$

$$\sum_{j=1}^{n} p_{ij} x_{ij} \leq T, \qquad i = 1, \ldots, m,$$

$$x_{ij} \geq 0, \qquad i = 1, \ldots, m, j = 1, \ldots, n,$$

$$x_{ij} = 0, \qquad p_{ij} > T \text{ のとき．}$$

これらの制約式をすべて満たす実行可能解が存在するときには，$x$をこれらの制約式の集合に対する実行可能基底解とする．マシーンに対応する点$M_1,\ldots,M_m$とジョブに対応する点$N_1,\ldots,N_n$と各変数$x_{ij}>0$に対する辺$(M_i,N_j)$からなる二部グラフ$G$を考える．

(a) 上の線形不等式の制約式の集合は，$T$が最適解の長さ（完了時刻）ならば，相互独立並列マシーンのスケジューリング問題の実行可能解が存在するという意味で，相互独立並列マシーンのスケジューリング問題の緩和であることを示せ．

(b) $G$の各連結成分は，$k$個の点からなるとすると高々$k$本の辺からなり，したがって，木であるか，あるいは木に1本の辺が加えられたものになることを証明せよ．

(c) $x_{ij}=1$のときにはジョブ$j$をマシーン$i$に割り当てる．そのようなジョブをすべてマシーンに割り当てたあとでは，前述の構造を用いて，どのマシーンでも，さらに割り当てることができるジョブは高々1個であることを示せ．このことから，高々長さ$2T$のスケジュールとなることを議論せよ．

(d) 前述の部分の主張を用いて，多項式時間の2-緩和決定手続きを与え，相互独立並列マシーンでの完了時刻最小化スケジューリング問題に対する（多項式時間の）2-近似アルゴリズムが存在することを結論づけよ．

11.2 この演習問題では，定理11.27を証明する．

　(a) まず与えられた二つのタイト集合$A$と$B$に対して，以下の(i), (ii)のいずれかが成立することを証明せよ．

　　(i) $A\cup B$と$A\cap B$はともにタイトであり，かつ$\chi_{\delta(A)}+\chi_{\delta(B)}=\chi_{\delta(A\cap B)}+\chi_{\delta(A\cup B)}$が成立する．

　　(ii) $A-B$と$B-A$はともにタイトであり，かつ$\chi_{\delta(A)}+\chi_{\delta(B)}=\chi_{\delta(A-B)}+\chi_{\delta(B-A)}$が成立する．

　(b) (a)を用いて，定理11.27を証明せよ．

11.3 巡回セールスマン問題に対する以下のLP緩和を考える．

$$\begin{aligned}\text{minimize}\quad & \sum_{e\in E}c_e x_e \\ \text{subject to}\quad & \sum_{e\in\delta(S)}x_e \geq 2, \quad \forall S\subset V, S\neq\emptyset, \\ & 0\leq x_e\leq 1, \quad \forall e\in E.\end{aligned}$$

この線形計画問題の任意の実行可能基底解$x$に対して，$x_e=1$となる辺$e\in E$が存在することを示せ．

11.4 演習問題7.5の有向全点木の定義を思いだそう．すなわち，有向グラフ$G=(V,A)$と指定された点の根$r\in V$が与えられているとき，辺の部分集合$F\subseteq A$は，すべての点$v\in V$に対して，$(V,F)$において$r$から$v$へのパスが唯一存在するとき，有向全点木と呼ばれる．このことは，$F$において，根以外のどの点も入次数が1であることを意味することに注意しよう．

**次数上界付き有向全点木問題** (bounded-degree branching problem) では，各点$v\in V$に対する次数の上界$b_v$が与えられ，目標は，すべての$v\in V$で，$v$の出次数

が高々 $b_v$ となるような有向全点木を求めることである．以下では，すべての $v \in V$ で，$v$ の出次数が高々 $b_v$ となるような有向全点木が存在するときに，すべての $v \in V$ で，$v$ の出次数が高々 $b_v + 2$ となるような有向全点木を求める多項式時間のアルゴリズムを与える．

入力のグラフ $G = (V, A)$ と任意の部分集合 $S \subseteq V$ に対して，$\delta^+(S)$ は，始点が $S$ に含まれ終点が $V - S$ に含まれる $A$ のすべての辺の集合であり，$\delta^-(S)$ は，始点が $V - S$ に含まれ終点が $S$ に含まれる $A$ のすべての辺の集合であるとする．さらに，任意の部分集合 $F \subseteq A$ に対して，$\delta_F^+(S) = \delta^+(S) \cap F$ かつ $\delta_F^-(S) = \delta^-(S) \cap F$ とする．そして，辺集合 $A$ と辺の部分集合 $F \subseteq A$ と点の部分集合 $W \subseteq V$ に対して定義される以下の線形計画緩和を考える．

$$\begin{aligned}
\text{minimize} \quad & \sum_{a \in A} x_a \\
\text{subject to} \quad & \sum_{a \in \delta^-(S)} x_a \geq 1 - |\delta_F^-(S)|, && \forall S \subseteq V - \{r\}, \\
& \sum_{a \in \delta^+(v)} x_a \leq b_v - |\delta_F^+(v)|, && \forall v \in W, \\
& 0 \leq x_a \leq 1 && \forall a \in A - F.
\end{aligned}$$

この問題に対して以下のアルゴリズムを考える．まず，$F = \emptyset$ かつ $W = V$ と初期設定する．そして，$A - F \neq \emptyset$ である限り，以下を繰り返す．$A$ と $F$ と $W$ に対する線形計画緩和の解を求める．$x_a = 0$ となるすべての辺 $a \in A - F$ を $A$ から除去する．$x_a = 1$ となるすべての辺 $a \in A - F$ を $F$ に加える．さらに，$A - F$ で $v$ から出ている辺が高々 $b_v - |\delta_F^+(v)| + 2$ 本であるようなすべての $v \in W$ に対して，$W$ から $v$ を除去し，$A - F$ で $v$ から出ている辺をすべて $F$ に加える．そして，$A - F = \emptyset$ となると，$F$ で定まる $r$ を根とする有向全点木を出力する．

(a) 元の問題に与えられた次数上界を満たす実行可能解が存在するとき，この線形計画緩和にも実行可能解が存在するという意味で，この線形計画緩和は元の問題の緩和であることを証明せよ．

(b) この線形計画緩和の任意の実行可能基底解 $x$ において，任意の $A$, $F \subseteq A$, $W \subseteq V$ に対して以下が成立することを証明せよ．すなわち，すべての $a \in A - F$ に対して $0 < x_a < 1$ であるならば，以下の性質を満たす集合 $Z \subseteq W$ と $V$ の部分集合の族 $\mathcal{L}$ が存在することを証明せよ．

1. すべての $S \in \mathcal{L}$ で $x(\delta^-(S)) = 1$ であり，すべての $v \in Z$ で $x(\delta^+(v)) = b_v - |\delta_F^+(v)|$ である．
2. すべての $S \in \mathcal{L}$ にわたる特性ベクトル $\chi_{\delta^-(S)}$ の集合とすべての $v \in Z$ にわたる特性ベクトル $\chi_{\delta^+(v)}$ の集合の和集合は線形独立である．
3. $|A - F| = |\mathcal{L}| + |Z|$ である．
4. $\mathcal{L}$ はラミナーである．

(c) アルゴリズムの任意の反復の開始時において，どの辺 $a \in A - F$ も $W$ に始点を持つ．

(d) アルゴリズムの各反復において，$A-F$で$v$から出ている辺が高々$b_v - |\delta_F^+(v)| + 2$本であるような$v \in W$が存在することを証明せよ．（ヒント：最初に，$|\mathcal{L}| < \sum_{a \in A-F} x_a + 2|W|$ ならばそのような点が$W$に存在することを示せ．次に，各$S \in \mathcal{L}$が1単位以上の料金を受け取るものの，課される料金の総額が$\sum_{a \in A-F} x_a + 2|W|$未満であるという，チャージングスキームをデザインせよ．）

(e) 以上により，アルゴリズムが多項式時間で所望の結果を出力することを証明せよ．

11.5 **最小$k$-辺連結部分グラフ問題** (minimum $k$-edge-connected subgraph problem) では，入力として，無向グラフ$G = (V, E)$と非負整数$k$が与えられる．目標は，辺部分集合$F \subseteq E$で定まるグラフ$(V, F)$において，グラフのどの2点間にも辺素なパスが少なくとも$k$本存在するような$F$のうちで辺数最小のものを求めることである．

この問題に対して，以下の線形計画緩和を考える．

$$\begin{aligned}
\text{minimize} \quad & \sum_{e \in E} x_e \\
\text{subject to} \quad & \sum_{e \in \delta(S)} x_e \geq k, \quad \forall S \subseteq V, \\
& 0 \leq x_e \leq 1, \quad e \in E.
\end{aligned}$$

(a) この線形計画問題が，実際にこの問題のLP緩和になっていることを証明せよ．

(b) この線形計画問題が多項式時間で解けることを証明せよ．

(c) このLP緩和の最適基底解が得られているとする．このとき，ゼロでない値をとる"すべての"変数を切り上げて値1をとるようにラウンディングする．このラウンディングにより，この問題に対する$(1 + \frac{4}{k})$-近似アルゴリズムが得られることを証明せよ．

11.6 この演習問題では，11.1節の一般化割当て問題を再度取り上げ，それに対する反復ラウンディングアルゴリズムを与える．ここでは，各マシーン$i$に対して，$i$に割り当てられるジョブの処理時間は高々$T_i$であるとして，わずかに一般化した問題を考える．

11.1節で与えた元の問題の線形計画緩和を修正する．ジョブ$j$をマシーン$i$に割り当てることができるような対$(i, j)$のすべての集合を$E$と表記する．$M = \{1, \ldots, m\}$をすべてのマシーンの集合，$J = \{1, \ldots, n\}$をすべてのジョブの集合とする．最初，$E$は$p_{ij} \leq T_i$を満たすような$i \in M$と$j \in J$のすべての対$(i, j)$からなる集合である．部分集合$M' \subseteq M$と部分集合$J' \subseteq J$も最初は，それぞれ，$M' = M$と$J' = J$である．マシーン$i \in M'$に割り当てることのできるジョブの総処理時間$T_i'$も考えて，最初$T_i'$は$T_i$であるとする．すると，LP緩和は以下のように書ける．

$$\text{minimize} \quad \sum_{(i,j)\in E} c_{ij}x_{ij}$$
$$\text{subject to} \quad \sum_{i\in M:(i,j)\in E} x_{ij} = 1, \quad \forall j \in J',$$
$$\sum_{j\in J':(i,j)\in E} p_{ij}x_{ij} \leq T'_i, \quad \forall i \in M',$$
$$x_{ij} \geq 0, \quad \forall (i,j) \in E.$$

以下のアルゴリズムを考える．$J' \neq \emptyset$ である限り，以下を繰り返す．LP 緩和の最適基底解 $x$ を求める．$x_{ij} = 0$ となるすべての対 $(i,j)$ を $E$ から除去する．$x_{ij} = 1$ となる変数 $x_{ij}$ が存在するときには，そのような各変数 $x_{ij}$ に対して，ジョブ $j$ をマシーン $i$ に割り当て，$J'$ から $j$ を除去し，$T'_i$ を $p_{ij}$ だけ減らす．マシーン $i \in M'$ に $1$ 未満の正の値だけ割り当てられているジョブの集合を $J_i$ とする．すなわち，$J_i = \{j \in J' : x_{ij} > 0\}$ であるとする．$|J_i| = 1$ あるいは $|J_i| = 2$ かつ $\sum_{j\in J_i} x_{ij} \geq 1$ となるようなマシーン $i$ が存在するときには，そのようなマシーン $i$ を $M'$ からすべて除去する．

(a) この LP 緩和の任意の実行可能基底解 $x$ に対して，以下が成立することを証明せよ．すなわち，すべての $i \in M''$ で対応する LP 制約式が $\sum_{j\in J':(i,j)\in E} p_{ij}x_{ij} = T'_i$ と等式で成立し，$J''$ と $M''$ に対する LP 制約式に対応するベクトルの集合が線形独立で，$|J''| + |M''|$ が $x_{ij} > 0$ となる変数の個数に等しくなるような $J'' \subseteq J'$ と $M'' \subseteq M'$ が存在することを証明せよ．

(b) この LP 緩和の任意の実行可能基底解 $x$ に対して，$x_{ij} \in \{0,1\}$ となるような $(i,j) \in E$ が存在するか，$|J_i| = 1$ となるような $i \in M'$ が存在するか，$|J_i| = 2$ かつ $\sum_{j\in J_i} x_{ij} \geq 1$ となるような $i \in M'$ が存在することを証明せよ．

(c) 上記のアルゴリズムは，総コストが高々 OPT であり，かつすべてのマシーン $i \in M$ に対して，マシーン $i$ に割り当てられるジョブの総処理時間が $2T_i$ となる解を返すことを証明せよ．

## 11.5 ノートと発展文献

近似アルゴリズムデザインにおいて，これまでいくつかの節で，実行可能基底解の構造が有用であることの例を眺めてきた．本章の冒頭でも述べたように，点カバー問題の線形計画緩和の任意の実行可能基底解 $x$ に対して，各変数 $x_i$ は $0, 1, 1/2$ のいずれかの値をとることを演習問題 1.5 で眺めた．4.6 節のビンパッキング問題に対するアルゴリズムでも，その線形計画緩和の任意の実行可能基底解 $x$ に対して，非ゼロの値をとる変数の個数が品物の異なるサイズの個数以下であるという事実を用いた．

実行可能基底解の構造の有用性を工夫を凝らして用いたのは，Lenstra, Shmoys, and Tardos [215] が初めてである．彼らは，相互独立並列マシーン上での完了時刻最小化スケジューリング問題に対して，2-近似アルゴリズムを与えた．彼らのアルゴリズムは演習問

題 11.1 で取り上げた．この結果は，11.1 節の一般化割当て問題への 2-近似アルゴリズムへとつながった．そこで与えた 2-近似アルゴリズムは Shmoys and Tardos [263] による．なお，その結果は，実行可能基底解の性質を用いていない．用いているのは，実行可能性のみである．演習問題 11.6 の一般化割当て問題に対する別の結果は実行可能基底解の性質を用いていて，Singh [268] による．

近似アルゴリズムを得るための反復ラウンディングのアイデアは Jain [175] による．彼は，11.3 節のサバイバルネットワーク設計問題に対するアルゴリズムで，反復ラウンディングのアイデアを導入した．さらに，彼は，定理 11.21 を証明するためにチャージングスキームも導入した．本書の証明は，Nagarajan, Ravi, and Singh [230] による単純化版に基づいている．

最小コスト次数上界付き全点木問題に対する絶対誤差 2 を初めて達成したアルゴリズムは，Goemans [134] による．その後，Singh and Lau [269] により，その問題に対して反復ラウンディングが適用された．彼らは，11.2 節で述べた絶対誤差 2 の近似アルゴリズムを与えた．さらに，Singh and Lau は，絶対誤差 1 を初めて達成した近似アルゴリズムも与えた．このアルゴリズムをいくぶん単純化した 11.2 節で与えたアルゴリズムと解析は，Lau and Singh [209] による（Lau, Ravi, and Singh [208] も参照のこと）．それは，より一般的な問題に対する Bansal, Khandekar, and Nagarajan [32] の仕事を目標にしている．Bansal らは，小数チャージングスキームも導入した．線形計画問題 (11.12) を解くために与えた分離オラクルは Cunningham [85] からのものである．

演習問題 11.2 は Jain [175] による．演習問題 11.3 の結果は，反復ラウンディングのすべての結果に先駆けて，Boyd and Pulleyblank [56] で示された．演習問題 11.4 は Bansal, Khandekar, and Nagarajan [32] による．演習問題 11.5 は Gabow, Goemans, Tardos, and Williamson [120] による．

# 第12章
# ランダムサンプリングとLP乱択ラウンディングの発展利用

　本章では，容量制約なし施設配置問題を再度（そしてこれが最後）取り上げ，乱択ラウンディングアルゴリズムを考える．5.8 節でも述べたように，自然な乱択ラウンディングアルゴリズムは，各施設 $i$ を対応する線形計画問題の最適解の変数の値の確率で開設するというものであろう．しかし，5.8 節でも注意したように，このアルゴリズムの問題点は，開設された施設に遠いような利用者が存在することも起きてしまうことである．このことについては，12.1 節で示すことにする．しかし，この問題点は以下のようにして克服できる．すなわち，この乱択ラウンディングアルゴリズムと，（各利用者が開設されている施設から遠く離れていないことを保証する）クラスタリングを用いるこれまでに述べてきた乱択アルゴリズムとを組み合わせて，この問題点を克服できる．これにより，性能保証 $1+\frac{2}{e}\approx 1.736$ の近似アルゴリズムが得られることになる．

　さらに，12.2 節では新しい問題の単一ソースレンタル・購入問題を取り上げる．この問題では，与えられたターミナル点集合の各点が根に連結になるようにするために，辺をレンタルするか購入する．ここでは，サンプル・オーグメント技法によるランダムサンプリングを利用する．すなわち，ターミナル点の部分集合をランダムに選んで，その部分集合に属するターミナル点が根とすべて連結になるようにするために必要となる辺を購入する．その後に，解が実行可能になるように，辺を追加（オーグメント）する．すなわち，上記の部分集合に含まれないターミナル点に対しては，根と連結になるようにするために必要となる辺をレンタルする．

　その後に，12.3 節では演習問題 2.5 で定義したシュタイナー木問題に移る．この問題の目標は，ターミナル点集合のすべての点が連結になるような最小コストの辺集合を求めることであったことを思いだそう．シュタイナー木問題は，これまでの章で取り上げてきた賞金獲得シュタイナー木問題，一般化シュタイナー木問題，サバイバルネットワーク設計問題の特殊ケースである．これらの問題に対して，様々な LP ラウンディングアルゴリズムと主双対アルゴリズムを与えてきた．ここでは，シュタイナー木問題に対して，新しい線形計画緩和を導入し，反復ラウンディングと乱択ラウンディングを組み合わせて，良い近似アルゴリズムを与える．

　最後に，12.4 節ではデンスグラフ（密グラフ）における最大カット問題を取り上げ，乱択化の主たる道具，すなわち，ランダムサンプリング，乱択ラウンディング，Chernoff 限界，を駆使して，この問題に対する多項式時間近似スキームを与える．

## 12.1 容量制約なし施設配置問題

本節では，容量制約なし施設配置問題に対する別の乱択ラウンディングアルゴリズムを取り上げる．これは，容量制約なし施設配置問題に対して本書で議論しているアルゴリズムのうちで，最も良い性能保証を達成するアルゴリズムである．容量制約なし施設配置問題は以下のように定義されたことを思いだそう．入力として，利用者の集合 $D$，候補施設の集合 $F$，各施設 $i \in F$ に対する開設コスト $f_i$，および各施設 $i \in F$ と各利用者 $j \in D$ に対する割当てコスト $c_{ij}$ が与えられる．さらに，利用者と施設はメトリック空間の点として与えられて，割当てコスト $c_{ij}$ は利用者 $j$ と施設 $i$ の距離であると仮定している．目標は，開設する施設の開設コストの総和と利用者の割当てコストの総和の和が最小となるように，開設する施設の集合と利用者の開設施設への割当てを求めることである．

容量制約なし施設配置問題の線形計画緩和は以下のように書けたことを思いだそう．

$$\begin{aligned}
\text{minimize} \quad & \sum_{i \in F} f_i y_i + \sum_{i \in F, j \in D} c_{ij} x_{ij} \\
\text{subject to} \quad & \sum_{i \in F} x_{ij} = 1, & \forall j \in D, & \quad (12.1) \\
& x_{ij} \leq y_i, & \forall i \in F, j \in D, & \quad (12.2) \\
& x_{ij} \geq 0, & \forall i \in F, j \in D, & \\
& y_i \geq 0, & \forall i \in F. &
\end{aligned}$$

さらに，このLP緩和の双対問題は以下のように書けたことも思いだそう．

$$\begin{aligned}
\text{maximize} \quad & \sum_{j \in D} v_j \\
\text{subject to} \quad & \sum_{j \in D} w_{ij} \leq f_i, & \forall i \in F, \\
& v_j - w_{ij} \leq c_{ij}, & \forall i \in F, j \in D, \\
& w_{ij} \geq 0, & \forall i \in F, j \in D.
\end{aligned}$$

4.5節と5.8節では，以下の記法と用語を用いた．与えられた最適LP解 $(x^*, y^*)$ に対して，$x_{ij}^* > 0$ であるとき利用者 $j$ と施設 $i$ は"隣接する"と呼び，$N(j) = \{i \in F : x_{ij}^* > 0\}$，$N^2(j) = \{k \in D - \{j\} : k \text{ はある } i \in N(j) \text{ に隣接する}\}$ とおいた．さらに，隣接する施設への利用者の割当てコストとその利用者の双対変数の値を関係づける以下の補題を与えた．

**補題 12.1 (補題 4.11)** $(x^*, y^*)$ を施設配置LPの最適解とし，$(v^*, w^*)$ をその双対問題の最適解をする．すると，$x_{ij}^* > 0$ ならば $c_{ij} \leq v_j^*$ である．

5.8節では，この問題に対して，4.5節のアルゴリズムのときと同様に，利用者と施設をクラスター化するアルゴリズムを考えた．しかし，クラスター内の施設を開設する決断に

おいては，4.5節では確定的に決断したが，5.8節では乱択ラウンディングを用いた．本節では，施設を開設する決断において，（クラスターを考えずに）直接的に乱択ラウンディングを適用することを取り上げる．とくに，各施設$i$を確率$y_i^*$で開設するものと考える．すると，開設コストの期待値は$\sum_{i \in F} f_i y_i^*$となり，その値は高々 OPT となる．さらに，与えられた利用者$j$の隣接する施設が開設されているときには，上記の補題より，$j$の割当てコストは高々$v_j^*$となる．すべての利用者に対して，隣接する施設が開設されているときには，総コストは，$\sum_{i \in F} f_i y_i^* + \sum_{j \in D} v_j^* \leq 2\,\mathrm{OPT}$を満たす．しかしながら，ある利用者$j$に対して，隣接する施設が一つも開設されないということも起こりうる．$j$の隣接する施設が一つも開設されない確率は，$1 - x \leq e^{-x}$を用いて，

$$\Pr[j\text{の隣接する施設が一つも開設されない}] = \prod_{i \in N(j)} (1 - y_i^*) \leq \prod_{i \in N(j)} e^{-y_i^*}$$

と書ける．LP 制約式 (12.2) より$x_{ij}^* \leq y_i^*$であり，LP 制約式 (12.1) より$\sum_{i \in N(j)} x_{ij}^* = 1$であるので，この確率は高々

$$\prod_{i \in N(j)} e^{-y_i^*} \leq \prod_{i \in N(j)} e^{-x_{ij}^*} = e^{-\sum_{i \in N(j)} x_{ij}^*} = e^{-1}$$

である．確率に対するこの上界が達成されることも実際にありうるので，そのようなときには，利用者を最も近い施設に割り当てるときの割当てコストを上からうまく抑えることができなくなる．したがって，より工夫したアプローチが必要となる．

本節の主たるアイデアは，この乱択ラウンディングに，前の章のクラスタリングのアイデアを加えるというものである．こうすることにより，乱択ラウンディングで利用者$j$の隣接する施設が一つも開設されないときでも，それほど遠くない施設が開設されることになるのである．

アルゴリズムの記述には，主問題の線形計画問題に対する特別な形の解が必要となる．主問題の解は，$x_{ij}^* > 0$であるときにはいつでも$x_{ij}^* = y_i^*$が成立するとき，**完全 (complete)** であると呼ぶことにする．主問題の任意の最適解に対して，各施設の（開設のコストも割当てコストも同じである）コピーを考えて，目的関数の値が等しい等価な完全解を得ることができる．なお，これは演習問題（演習問題 12.1）とする．以下の議論では，完全解が与えられているとする．

アルゴリズムをアルゴリズム 12.1 にまとめている．5.8 節のアルゴリズムのときと同様に，ある基準に基づいてクラスターセンター$j_k$を選び（ここでは，まだ開設された施設に割り当てられていない利用者のうちで$v_j^*$が最小となる利用者を選び），隣接する施設$i_k$を確率$x_{i_k j_k}^*$で選んで開設する．完全性から，$x_{i_k j_k}^* = y_{i_k}^*$であることに注意しよう．すべての利用者がいずれかのクラスター$\{j_k\} \cup N(j_k) \cup N^2(j_k)$に属したにもかかわらず，どのクラスターにも属さない施設が存在したときには，それらの施設$i$を確率$y_i^*$で独立に開設する．

> **アルゴリズム 12.1** 容量制約なし施設配置問題に対する乱択ラウンディングアルゴリズム.
>
> LPを解いて，主問題の最適完全解 $(x^*, y^*)$ と双対最適解 $(v^*, w^*)$ を求める
> $C \leftarrow D$
> $T \leftarrow F$
> $k \leftarrow 0$
> **while** $C \neq \emptyset$ **do**
>     $k \leftarrow k+1$
>     すべての $j \in C$ のうちで $v_j^*$ が最小となる $j_k \in C$ を選ぶ
>     $N(j_k)$ から確率 $x_{i_k j_k}^* = y_{i_k}^*$ で $i_k \in N(j_k)$ を正確に一つ選ぶ
>     $i_k$ を開設する
>     $C \leftarrow C - \{j_k\} - N^2(j_k)$
>     $T \leftarrow T - N(j_k)$
> **foreach** $i \in T$ **do** $i$ を確率 $y_i^*$ で開設する
> 各利用者 $j$ を開設されている施設で最も近い施設に割り当てる

このアルゴリズムは，各施設 $i$ を独立に確率 $y_i^*$ で開設するアルゴリズムとは異なることに注意しよう．利用者 $j$ がある反復で $j_k$ として選ばれると，隣接する施設のうちから正確に一つの施設 $i_k$ が開設される．したがって，このアルゴリズムで施設が開設される確率は，ほかの施設が開設される確率に依存する．しかし，以下の補題は，与えられた利用者の隣接する施設が一つも開設されない確率の上界に，影響を与えないことを示している．

**補題 12.2** 任意の利用者 $j \in D$ に対して，$j$ に隣接するどの施設も開設されない確率は高々 $\frac{1}{e}$ である．

**証明**：$j$ に隣接する施設の集合 $N(j)$ を以下のように複数の集合に分割する．アルゴリズムの while ループの反復回数を $p-1$ とし，$k$ 回目の反復で形成されるクラスター $N(j_k)$ に属する $N(j)$ の施設の集合を $X_k$ とする（$k = 1, 2, \ldots, p-1$）．すなわち，$X_k = N(j_k) \cap N(j)$ である．そして，アルゴリズムで最後までどのクラスターにも属さなかった $N(j)$ の施設の集合を $X_p = N(j) - \cup_{k \in \{1,2,\ldots,p-1\}} X_k$ とする．各 $k = 1, 2, \ldots, p$ に対して，$X_k$ のある施設が開設される事象を $O_k$ とする．アルゴリズムの構造から，事象集合 $O_k$ は互いに独立であることに注意しよう．

事象 $O_k$ が起こる確率を $Y_k^*$ とする．すると，$Y_k^* = \Pr[O_k] = \sum_{i \in X_k} y_i^*$ と書ける．さらに，解の完全性より，

$$\sum_{k=1}^{p} Y_k^* = \sum_{k=1}^{p} \sum_{i \in X_k} y_i^* = \sum_{k=1}^{p} \sum_{i \in X_k} x_{ij}^*$$

が成立する．また，集合族 $\{X_k : k = 1, 2, \ldots, p\}$ は $N(j)$ の分割を形成するので，LP 制約式 (12.1) より，

$$\sum_{k=1}^{p} Y_k^* = \sum_{k=1}^{p} \sum_{i \in X_k} x_{ij}^* = \sum_{i \in N(j)} x_{ij}^* = \sum_{i \in F} x_{ij}^* = 1$$

が得られる．前にも与えた理由により，

$$\Pr[j に隣接するどの施設も開設されない] = \prod_{k=1}^{p}(1-Y_k^*) \leq \prod_{k=1}^{p} e^{-Y_k^*} = e^{-\sum_{k=1}^{p} Y_k^*} = e^{-1}$$

が得られる． □

これで以下の定理を証明できるようになった．

**定理 12.3** アルゴリズム 12.1 は，容量制約なし施設配置問題に対する $(1+\frac{3}{e})$-近似アルゴリズムである．なお，$1+\frac{3}{e} \approx 2.104$ である．

**証明**：定理 5.19 の証明に従う．$k$ 回目の反復において，開設される施設のコストの期待値は，LP 制約式 (12.2) の $x_{ij_k}^* \leq y_i^*$ を用いて，不等式

$$\sum_{i \in N(j_k)} f_i x_{ij_k}^* \leq \sum_{i \in N(j_k)} f_i y_i^*$$

を満たすことがわかる．したがって，すべての反復で開設される施設のコストの期待値は，高々

$$\sum_{k=1}^{p-1} \sum_{i \in N(j_k)} f_i y_i^*$$

である．さらに，残りの各施設 $i \in F - \bigcup_k N(j_k)$ を確率 $y_i^*$ で開設するので，開設される施設の総コストの期待値は，高々 $\sum_{i \in F} f_i y_i^*$ である．

任意に与えられた利用者 $j \in D$ に対して，$j$ のどの隣接する施設も開設されないときには，定理 4.13 の証明でも議論したように，$j$ が属するクラスターに属して開設されている施設に $j$ を高々 $3v_j^*$ の割当てコストで割り当てることができる．任意の施設 $i \in N(j)$ に対して $i$ が開設される確率は $y_i^*$ であることに注意すると，複数の異なる $i \in N(j)$ が開設される確率は互いに独立ではないが，ある $i \in N(j)$ が開設されたもとでの，$j$ に対する割当てコストの期待値は，$\sum_{i \in N(j)} c_{ij} y_i^* = \sum_{i \in N(j)} c_{ij} x_{ij}^*$ と書ける．なお，等式は解の完全性から得られる．したがって，$j$ に対する割当てコストの期待値は，以下の不等式を満たす．

$$\Pr[j に隣接するいずれかの施設が開設される]$$
$$\cdot \mathbf{E}[割当てコスト \mid j に隣接するいずれかの施設が開設される]$$
$$+ \Pr[j に隣接するどの施設も開設されない]$$
$$\cdot \mathbf{E}[割当てコスト \mid j に隣接するどの施設も開設されない]$$
$$\leq 1 \cdot \sum_{i \in N(j)} c_{ij} x_{ij}^* + \frac{1}{e} \cdot (3v_j^*).$$

したがって，全体の割当てコストの期待値は，高々

$$\sum_{j \in D} \sum_{i \in F} c_{ij} x_{ij}^* + \frac{3}{e} \sum_{j \in D} v_j^*$$

となり，総コストの期待値は，高々

$$\sum_{i \in F} f_i y_i^* + \sum_{j \in D} \sum_{i \in F} c_{ij} x_{ij}^* + \frac{3}{e} \sum_{j \in D} v_j^* \leq \mathrm{OPT} + \frac{3}{e} \mathrm{OPT} = \left(1 + \frac{3}{e}\right) \mathrm{OPT}$$

である.

このアルゴリズムは,以下のようにわずかに修正するだけで,$(1+\frac{2}{e})$-近似アルゴリズムに改善できる.すなわち,$k$回目の反復における利用者$j_k$の選び方をわずかに修正する.そして,解析をよりタイトにする.より具体的には,5.8節の記法に従い,LP解における$j$の割当てコストを$C_j^*$とする.したがって,$C_j^* = \sum_{i \in F} c_{ij} x_{ij}^*$である.5.8節におけるアルゴリズムのときと同様に,$k$回目の反復では,$v_j^*$を最小化する利用者ではなく,$v_j^* + C_j^*$を最小化する利用者$j$を選ぶことにすればよい.

アルゴリズムで利用者$j$に隣接するどの施設も開設されない確率を$p_j$とする.$p_j \leq \frac{1}{e}$であることはわかっている.上記の定理の解析では,$j$に隣接するいずれかの施設が開設される確率を1で上から抑えていたという意味で,割当てコストの期待値の解析が幾分粗いものであった.この部分の解析を,以下の補題を用いて,より精密化することができる.補題の証明はきわめて技巧的であるので,ここでは省略する.

**補題 12.4** 利用者$j$に隣接するどの施設も開設されないという条件のもとでの,$j$に対する割当てコストの期待値を$A_j$とする.すると,利用者$j \in D$の割当てコストの期待値は,高々$(1 - p_j)C_j^* + p_j A_j$である.

アルゴリズム12.1では,$k$回目の反復で$v_j^*$を最小化する利用者$j_k$を選んで,$A_j \leq 3v_j^*$の上界を与えた.一方,$v_j^* + C_j^*$を最小化する利用者$j_k$を選ぶと,(定理5.19の解析と同様にして)$A_j \leq 2v_j^* + C_j^*$が得られる.したがって,修正されたアルゴリズムでは,割当てコストの期待値は,高々

$$(1 - p_j)C_j^* + p_j(2v_j^* + C_j^*) = C_j^* + 2p_j v_j^* \leq C_j^* + \frac{2}{e}v_j^*$$

であることが得られる.さらに,施設開設のコストの期待値が高々$\sum_{i \in F} f_i y_i^*$であることを合わせて,総コストの期待値は,高々

$$\sum_{i \in F} f_i y_i^* + \sum_{j \in D} C_j^* + \frac{2}{e} \sum_{j \in D} v_j^* \leq \text{OPT} + \frac{2}{e} \text{OPT}$$

であることが得られる.したがって,以下の定理が得られる.

**定理 12.5** $k$回目の反復で$v_j^* + C_j^*$を最小化する利用者$j_k$を選ぶように修正されたアルゴリズム12.1は,容量制約なし施設配置問題に対する$(1+\frac{2}{e})$-近似アルゴリズムである.なお,$1 + \frac{2}{e} \approx 1.736$である.

## 12.2 単一ソースのレンタル・購入問題

本節では,単一ソースのレンタル・購入問題 (single-source rent-or-buy problem) を取り上げる.この問題では,入力として,無向グラフ$G = (V, E)$,すべての辺$e \in E$に対す

る非負のコスト $c_e$, 根 $r \in V$, ターミナル点の集合 $X \subseteq V$ およびパラメーター $M > 1$ が与えられる．このとき，すべてのターミナル点が根に連結になるように，ネットワークを構成することが要求される．すなわち，各ターミナル点に対して，その点から根までのパスがネットワークに存在するようにする．このとき，このターミナル点から根までのパス上の辺を，このターミナル点は"使用"しているということにする．パスを構成するために，辺は購入することもレンタルすることもできる．辺 $e$ を購入すると $Mc_e$ のコストがかかるが，購入してしまえばどのターミナル点もその辺 $e$ を使用できる．辺 $e$ をコスト $c_e$ でレンタルすることもできるが，そのときにはその辺を使用する各ターミナル点がそのコストを支払わなければならない．目標は，すべてのターミナル点が根に連結になるようにネットワークを構成する際に，総コストが最小になるように，購入する辺とレンタルする辺を求めることである．これは，以下のように定式化できる．購入する辺の集合を $B \subseteq E$ とし，各ターミナル点 $t \in X$ がレンタルする辺の集合を $R_t$ とする．すると，各ターミナル点 $t \in X$ に対して，辺集合 $B \cup R_t$ は $t$ から $r$ へのパスを含まなければならない．任意の $F \subseteq E$ に対して $c(F) = \sum_{e \in F} c_e$ とする．すると，解の総コストは $Mc(B) + \sum_{t \in X} c(R_t)$ と書ける．この総コストが最小となるように，購入する辺の集合 $B$ とレンタルする辺の集合 $\{R_t : t \in X\}$ を求めることが目標である．

この問題に対して，購入する辺の集合のコストとレンタルする辺の集合のコストのトレードオフをうまく行う乱択近似アルゴリズムを与える．それは**サンプル・オーグメントアルゴリズム (sample-and-augment algorithm)** と呼ばれ，はじめに各ターミナル点 $t$ を独立に確率 $1/M$ でマークをつけてサンプル点とする．マークをつけられた点のランダムな集合を $D$ とする．次に，根と $D$ の点からなる集合をターミナル点集合とするシュタイナー木 $T$ を求め，$T$ 上の辺をすべて購入する．なお，このシュタイナー木は，演習問題 2.5 の 2-近似アルゴリズムを用いて求める．すなわち，グラフのメトリック閉包での最小全点木を計算してそれを返すというアルゴリズムを用いる．最後に，マークのつけられていない各ターミナル点から木 $T$ へのパスを求め，そのパス上の辺をレンタルする（$T$ をオーグメントする）．これは，マークのついていない各ターミナル点 $t$ から $T$ の最も近い点までの最短パスを求め，そのパス上の辺をすべてレンタルすることで達成できる．

サンプル・オーグメントアルゴリズムで購入される木 $T$ の辺のコストの期待値が，レンタル・購入問題の最適解のコストの高々 2 倍であることを述べている以下の補題を観察することから，解析を始める．

**補題 12.6**

$$\mathbf{E}[Mc(T)] \leq 2\,\mathrm{OPT}.$$

**証明**：購入する辺のコストの期待値が高々 OPT となるような，マークをつけられた $D$ の点と根 $r$ をターミナル点とするシュタイナー木 $T^*$ が存在することを実際に示して，補題を証明する．2-近似アルゴリズムを用いて，根 $r$ と $D$ の点からなる集合をターミナル点集合とするシュタイナー木 $T$ を求めているので，これから補題はすぐに得られることになる．

レンタル・購入問題の最適解を固定して考える．その最適解で購入される辺の集合を $B^*$ とし，各ターミナル点 $t$ でレンタルされる辺の集合を $R_t^*$ とする．マークをつけられたすべてのターミナル点 $t \in D$ に対する $R_t^*$ の和集合と $B^*$ の和集合 $B^* \cup \bigcup_{t \in D} R_t^*$ を考える．

各ターミナル点 $t \in X$ に対して辺集合 $B^* \cup R_t^*$ は $t$ から根 $r$ へのパスを含むので，この和集合 $B^* \cup \bigcup_{t \in D} R_t^*$ は，マークをつけられた $D$ の点と根 $r$ をターミナル点集合とするシュタイナー木（の辺集合）を含むことに注意しよう．そこで，$T^*$ をそのようなシュタイナー木とし，辺集合 $T^*$ の辺をすべて購入するときのコストを解析する．解析の本質的なアイデアは以下のとおりである．マークをつけられた各ターミナル点 $t \in D$ でレンタルされている辺の集合 $R_t^*$ のコストは，購入されることになるので $M$ 倍されるが，$t$ は確率 $1/M$ でマークをつけていたので，購入される辺のコストの期待値は，最適解でレンタルされる辺のコストに等しくなるというのがアイデアである．これは，正式には以下のように記述できる．$D$ をマークをつけられたターミナル点のランダムな集合とする．すると，

$$\begin{aligned}
\mathbf{E}[Mc(T^*)] &\leq Mc(B^*) + \mathbf{E}[M \sum_{t \in D} c(R_t^*)] \\
&= Mc(B^*) + M \sum_{t \in X} c(R_t^*) \Pr[t \in D] \\
&= Mc(B^*) + \sum_{t \in X} c(R_t^*) \\
&= \mathrm{OPT}
\end{aligned}$$

が成立する． □

レンタルする辺のコストの期待値が購入する辺のコストの期待値より大きくなることのないことを示して，解析を完結することにしよう．

**補題 12.7**
$$\mathbf{E}\left[\sum_{t \in X} c(R_t)\right] \leq \mathbf{E}[Mc(T)].$$

**証明**：証明を与えるために，アルゴリズムをより正確に与えることにする．その後，等価なアルゴリズムに置き換えて，その等価なアルゴリズムに対する命題を証明する．

$D$ を，マークをつけられたターミナル点の（ランダムな）集合とする．メトリック閉包グラフで，根 $r$ から出発して Prim の最小全点木アルゴリズムを走らせる（Prim のアルゴリズムに対する説明については 2.4 節参照）．Prim のアルゴリズムは，根 $r$ を含む全点木 $T$ の点の部分集合 $S \subseteq D \cup \{r\}$ を管理しながら，一方の端点が $S$ に属し，他方の端点が $D - S$ に属する辺のうちで最もコストの小さい辺 $e$ を選び，その辺 $e$ を全点木 $T$ の辺として取り込むと同時に，$D - S$ に属する辺 $e$ の端点を $S$ に加える．

ここで，アルゴリズムを以下のように修正する．すなわち，$D$ を前もって選ぶことはしないことにする．むしろ，（$S$ を $S = \{r\}$ と初期設定し）一方の端点が（マークをつける・つけないの決断がなされて）マークのすでにつけられたターミナル点の集合 $S$ に属し，他方の端点がマークをつける・つけないの決断がまだなされていないすべてのターミナル点の集合に属する辺のうちで，最もコストの小さい辺 $e$ を選ぶ．マークをつける・つけないの決断がなされて，マークをつけられなかった点はこれらの二つの集合には含まれないことに注意しよう．そこで，$t$ をマークをつける・つけないの決断がまだなされていない $e$ の他方の端点とする．この時点で，$t$ にマークをつける・つけないの決断をする．すなわち，$t$ に確率 $1/M$ でマークをつける．そして，$t$ がマークをつけられたときには，$t$ を $D$ と $S$ の両方に加え，$e$ を全点木 $T$ の辺として取り込む．一方，$t$ にマークがつけられなかったとき

には，$D$ と $S$ のいずれにも $t$ を加えることはせず，$e$ を全点木 $T$ に取り込むこともしない（その後 $e$ と $t$ はアルゴリズムで無視される）．このプロセスの終了時には，アルゴリズムが始まる前にランダムな集合 $D$ が与えられていたときと，まったく同一の $D$ 上のシュタイナー木 $T$ が得られることに注意しよう．

ターミナル点 $t \in X$ に対して，購入された辺で構成される木 $T$ に，辺を購入して $t$ を取り込むときのコスト（以下，購入コストという）を表す確率変数を $\beta_t$ とする．したがって，マークをつけられたターミナル点 $t \in D$ の $\beta_t$ は，$t$ が Prim のアルゴリズムで木 $T$ に最初に取り込まれるときに用いられる辺のコストの $M$ 倍であり，$t$ がマークをつけられなかったとき（すなわち $t \in X - D$ のとき）には $\beta_t$ はゼロである．上記の修正 Prim のアルゴリズムでは，$\beta_t$ は，$t$ がマークをつけられたときに $S$ と結ばれる辺のコストの $M$ 倍である．したがって，最終的に得られる木 $T$ の総コストは，その木 $T$ に入れられたマークをつけられたすべてのターミナル点の購入コストの総和となる．すなわち，$\sum_{t \in D} \beta_t = Mc(T)$ である．同様に，ターミナル点 $t$ に対して，$t$ を木 $T$ に連結にするのにレンタルする辺のコストを表す確率変数を $\rho_t$ とする．

ここで，与えられたターミナル点 $t$ に対して，$t$ にマークをつける・つけないの決断がなされる時点を考える．この時点までに修正 Prim のアルゴリズムですでにマークをつけられて選ばれているターミナル点の集合を $S$ とし，この時点で修正 Prim のアルゴリズムで選ばれる辺が $e$ であり，$e$ の一方の端点が $t$ であり，他方の端点が $S$ に属しているとする．ここで $t$ にマークがつけられると，辺 $e$ はコスト $Mc_e$ で購入されることになる．一方，$t$ にマークがつけられないときは，コスト $c_e$ で辺 $e$ をレンタルすることもできる．この辺 $e$ をレンタルするとすると，$S$ のすべての点がマークをつけられているので $t$ は根に連結になる．したがって，$\rho_t \le c_e$ が得られる．以上により，$t$ の購入コストの期待値は $\mathbf{E}[\beta_t] = \frac{1}{M} \cdot Mc_e = c_e$ である．一方，$t$ を根と連結にするための辺のレンタルコストの期待値は $\mathbf{E}[\rho_t] \le (1 - \frac{1}{M}) \cdot c_e \le c_e$ である．これは，$t$ が考慮されるアルゴリズムのどの時点でも成立することに注意しよう．したがって，

$$\mathbf{E}\left[\sum_{t \in X} c(R_t)\right] = \mathbf{E}\left[\sum_{t \in X} \rho_t\right] \le \mathbf{E}\left[\sum_{t \in X} \beta_t\right] = \mathbf{E}\left[\sum_{t \in D} \beta_t\right] = \mathbf{E}[Mc(T)]$$

が得られる． □

以上により，以下の定理がすぐに得られる．

**定理 12.8** 上記のサンプル・オーグメントアルゴリズムは，単一ソースのレンタル・購入コスト問題に対する乱択 4-近似アルゴリズムである．

**証明**：上記の乱択アルゴリズムで得られる解の $B = T$ と $R_t$ ($t \in X$) に対して，

$$\mathbf{E}\left[Mc(T) + \sum_{t \in X} c(R_t)\right] \le 2 \cdot \mathbf{E}[Mc(T)] \le 4\,\mathrm{OPT}$$

が得られる． □

演習問題 12.2 で，単一ソースのレンタル・購入コスト問題の拡張版である複数のソース・シンク対に対する多品種のレンタル・購入コスト問題を取り上げる．この問題に対しても，サンプル・オーグメントアルゴリズムで良い近似アルゴリズムが得られる．

## 12.3　シュタイナー木問題

近似アルゴリズムデザインにおいて，シュタイナー木問題は，組合せ的構造の理解と線形計画に基づくデザインと解析とが一緒になって，うまく解くことができるようになる卓越した例と言える．本節ではさらに，LP 解のラウンディングで議論した乱択ラウンディングと反復ラウンディングの二つの技法を組み合わせることにする．**シュタイナー木問題** (Steiner tree problem) は，演習問題 2.5 でも議論したように，以下のように定義される．入力として，無向グラフ $G = (V, E)$ と各辺 $(i, j) \in E$ に対する非負のコスト $c_{ij} \geq 0$ および点の部分集合 $R \subseteq V$ が与えられる．目標は，辺部分集合 $F \subseteq E$ で定義されるグラフ $G = (V, F)$ において，$R$ のどの 2 点もパスで結ばれるようになる最小コストの $F$ を求めることである．その演習問題でも議論したように，グラフのメトリック閉包を考えることで，一般性を失うことなく，入力のグラフ $G$ は完全であり，コストは三角不等式を満たすと仮定できる．7.4 節では，より一般的な問題，すなわち，2 点間にパスがあることが要求される（連結要求のある）対の集合が与えられる問題（シュタイナー木問題は，$R$ のすべての対で，その対をなす 2 点間にパスがあることが要求される問題である）に対して，比較的弱い LP 定式化に基づいて，2-近似アルゴリズムが主双対法で得られることを示した．通常，連結要求のある $R$ の点は，**ターミナル点** (terminal) と呼ばれ，それ以外の点は**シュタイナー点** (Steiner node) と呼ばれる．

シュタイナー木問題に対して，（極小な）実行可能解は，木（"シュタイナー木"）に対応し，そこでは外点（次数 1 の点，葉）がすべて $R$ の点（ターミナル点）となる．そのようなシュタイナー木はいずれも，以下のように定義される**フル成分** (full component) に分解できる．これはこれ以降の議論できわめて重要な役割を果たすことになる．シュタイナー木において，どの内点もシュタイナー点となるような極大な連結部分グラフをそのシュタイナー木のフル成分という．シュタイナー木のフル成分への分解は唯一に定まり，その例を図 12.1 に示している．与えられた最適なシュタイナー木から出発して，点部分集合 $V_1, V_2, \ldots, V_s$ によるフル成分への分解が与えられているとする．すると，すべての $i = 1, \ldots, s$ に対して $V_i$ 上のフル成分は，$V_i$ で誘導される部分グラフを入力とするシュタイナー木問題の最適なシュタイナー木となることが容易に理解できる．さらに，最初の最適なシュタイナー木で，任意に一つの $V_i$ を選んで $V_i$ のすべての点を 1 点 $v_i$ に縮約すると，得られるシュタイナー木は，残りの点集合 $(V - V_i) \cup \{v_i\}$ で誘導される部分グラフの最適なシュタイナー木となることも容易に理解できる．最後に，点部分集合 $V' \subseteq V$ からなる $G$ の最適なシュタイナー木は，$V'$ で誘導される部分グラフを入力とするグラフの最小全点木であることにも注意しよう．以上により，近似アルゴリズムデザインにおいて（厳密アルゴリズムデザインにおいても），以下の自然なアプローチが考えられる．すなわち，縮約すべきフル成分を特定し，その成分を縮約し，以下これを繰り返す．実際，シュタイナー木問題に対して，性能保証が 2 より良いすべての知られている近似アルゴリズムは，いずれもこのアイデア（あるいはその変種版）に基づいている．

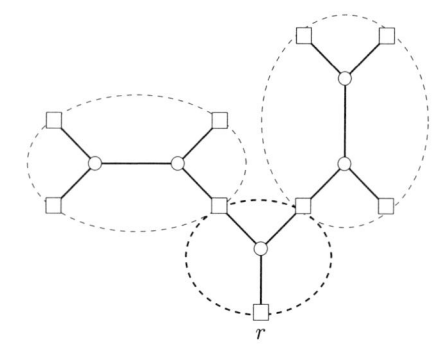

**図12.1** シュタイナー木．ターミナル点を四角で，シュタイナー点を丸で示している．このシュタイナー木のフル成分への分解を，三つの破線の楕円で示している．

7.4節で議論したものと比べて，シュタイナー木問題に対するより強力なLP緩和を考えるための自然なアプローチの一つとして以下が挙げられる．ターミナル点集合から任意に1点$r$を選び，その点$r$を"根"とし，各辺$e = (u,v) \in E$を，$u$から$v$への有向辺$(u,v)$と$v$から$u$への有向辺$(v,u)$と見なし，それらの有向辺のコストは元の辺$e$のコスト$c_e$と同じであるとする．そして，有向ネットワーク設計問題を考える．すなわち，これらの有向辺の集合から辺の部分集合$F$を選んで，根以外の各ターミナル点から根$r$に，$F$に含まれる辺のみからなるパスが存在するようにする．このアプローチから，**両方向カット定式化** (bidirected cut formulation) として知られている整数計画問題が得られる．すなわち，そこでは，$S \subseteq V - \{r\}$かつ$S \cap R \neq \emptyset$を満たすすべての非空な部分集合$S$に対して，このカットとクロスする有向辺（$u \in S$かつ$v \notin S$となるような有向辺）$(u,v) \in F$が存在することが要求される．そこで，$A$をすべての有向辺の集合とする．さらに，$u \in S$かつ$v \notin S$を満たすような有向辺$(u,v) \in A$の集合を$\delta^+(S)$とする．すると，両方向カット定式化による整数計画問題の線形計画緩和は以下のように書ける[1]．

$$\begin{aligned}
\text{minimize} \quad & \sum_{e \in A} c_e y_e \\
\text{subject to} \quad & \sum_{e \in \delta^+(S)} y_e \geq 1, \quad \forall S \subseteq V - \{r\}, S \cap R \neq \emptyset, \\
& y_e \geq 0, \quad \forall e \in A.
\end{aligned}$$

直接的な証明は与えていなかったが，演習問題7.5の一つの結論として以下が主張できる．入力が$V = R$となるとき，すなわち，シュタイナー点が存在しないときには，実際には最小全点木問題の入力となり，上記の両方向カット定式化のLP緩和は整数端点解を持ち，したがって，LP緩和は最初の整数計画問題そのものになる．

このアイデアとフル成分の概念とを組み合わせて，シュタイナー木問題に対するアルゴリズムを与える．これまでと同様に，ターミナル点を任意に1点選んで，その点を根$r$とする．そして，任意のシュタイナー木に対して，すべての辺が根に向かうように向きづけて，このシュタイナー木のフル成分への分解を求める．したがって，各フル成分は，図

---

[1] 訳注：原著では本節でも線形計画緩和とLP緩和がともに用いられているが，簡略化して，本翻訳書の本節ではこれ以降，LP緩和を用いることにする．

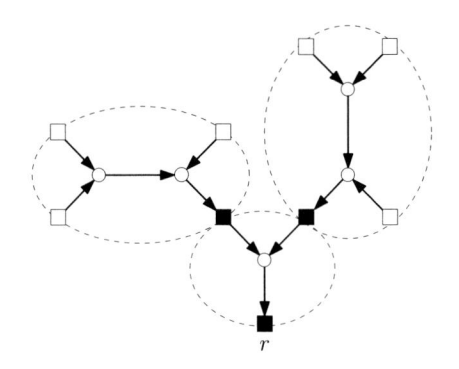

**図12.2** 図12.1の（有向化した）シュタイナー木と有向フル成分. 各有向フル成分のシンクを黒い四角で示している.

12.2に示しているように，有向グラフとなる．さらに，シュタイナー木の各点に，根 $r$ までの距離（根 $r$ への唯一のパスに含まれる辺数）をラベルとしてつける．各フル成分 $C$ に対して，その成分に含まれる点で最小のラベルとなる点を $C$ のシンクと呼び $sink(C)$ と表記する．もちろん，$sink(C)$ はターミナル点となり，フル成分 $C$ は，根 $r$ へ向かって向きづけられている全体のシュタイナー木において，（その向き付けで）$C$ で誘導される部分グラフの有向シュタイナー木となり，$sink(C)$ に向かって向きづけられている．そのようなシンクを持つフル成分を**有向フル成分** (directed full component) と呼ぶことにする．有向フル成分は，新しい整数計画による定式化の構成要素となる．記法をわずかに乱用して，$C$ を指定された $sink(C)$ を持つ有向フル成分とする．$C$ に含まれるすべてのターミナル点の集合を $R(C)$ と表記する．したがって，$R(C)$ は $sink(C)$ を含む．（すべてのシュタイナー木にわたる）このような有向フル成分のすべての集合を $\mathcal{C}$ と表記する．

各有向フル成分 $C \in \mathcal{C}$ に対して，0-1決定変数 $x_C$ を導入する．各有向フル成分 $C$ に含まれる辺の総コストを $c(C)$ と表記する．シュタイナー木は，含まれる有向フル成分を列挙することで記述できる．もちろん，与えられた有向フル成分の集合が，実際に実行可能なシュタイナー木であることを保証する制約式が必要である．ここでもカット制約式を用いてこれを以下のように行うことができる．そこで，（ターミナル点集合の）非空な各部分集合 $S \subseteq R - \{r\}$ に対して，有向フル成分 $C$ は，$sink(C) \notin S$ かつ $(R(C) - \{sink(C)\}) \cap S \neq \emptyset$ であるとき，**カットクロス条件** (cut-crossing condition) を満たすと呼ぶことにする．そして，非空な各部分集合 $S \subseteq R - \{r\}$ に対して，カットクロス条件を満たす有向フル成分 $C$ のみを $S$ のカット制約式での考慮対象とする．通常の記法 $\delta(S)$（カット $S$ とクロスするような辺のすべての集合をこのように表記していたこと）を拡張して，$\Delta(S)$ を上記のカットクロス条件を満たすようなすべての有向フル成分の集合とする．

すると，シュタイナー木問題に対する以下の有向フル成分によるLP緩和が得られる．

$$\text{minimize} \quad \sum_{C \in \mathcal{C}} c(C) x_C \tag{12.3}$$

$$\text{subject to} \quad \sum_{C \in \mathcal{C} : C \in \Delta(S)} x_C \geq 1, \quad \forall S \subseteq R - \{r\}, S \neq \emptyset, \tag{12.4}$$

$$x_C \geq 0, \quad \forall C \in \mathcal{C}.$$

この有向フル成分LP緩和（線形計画問題）は数理計画の記法により，簡潔で華麗に表

現されている．そして，一見したところでは，完全に無害な線形計画問題のように思える．しかし，この記述では，変数の個数は指数関数となり，さらに制約式の個数も指数関数となる．したがって，この線形計画問題を多項式時間で解くために，楕円体法を直接的に用いることはできない．しかし，幸運にも，性能保証に大きな影響を与えることなく，変数の個数を限定して，より弱い線形計画問題を考えることができるのである．すなわち，ある固定したパラメーター $k$ を用いて，($k+1$ 個以上のターミナルからなる有向フル成分は，いずれも対応する変数が常に値 $0$ をとると見なして）変数集合を高々 $k$ 個のターミナル点からなる有向フル成分の集合に限定できる．実行可能な整数解をこのように限定すると，いわゆる $k$-限定シュタイナー木問題 ($k$-restricted Steiner tree problem) と呼ばれる問題になり，その最適解は以下の強力な性質を満たすことが示されている．

**定理 12.9** シュタイナー木問題の任意の入力と固定した任意の整数 $k$ に対して，$k$-限定シュタイナー木問題の最適解の値は，シュタイナー木問題の最適解の値の高々 $1 + \frac{1}{\lceil \log_2 k \rceil}$ 倍である．

この定理の特殊ケースを演習問題 12.6 で取り上げる．

このことから，有向フル成分 LP 緩和 (12.3) の $\mathcal{C}$ を高々 $k$ 個のターミナル点からなる有向フル成分の集合に限定した版の $k$-限定有向フル成分 LP 緩和を考えればよいことが示唆される．実際には，一般性を失うことなく，この限定版の $k$-限定有向フル成分 LP 緩和の変数（有向フル成分）を，以下のように，さらに限定することもできる．最適な整数解では，各有向フル成分がその有向フル成分のターミナル点集合に対する最適なシュタイナー木となっていることを思いだそう．同様に，最適な小数解でも，有向フル成分のターミナル点集合に対する最適なシュタイナー木（とその指定されたシンク）となっているような有向フル成分 $C$（に対する変数 $x_C$）にのみ注目すればよいことになる．さらに，三角不等式を満たすような入力を取り上げているので，シュタイナー木のシュタイナー点はいずれも次数 2 となることはないと，一般性を失うことなく仮定できる．そのようなシュタイナー点が存在したとすると，コストを増やすことなくショートカットして，シュタイナー点の 1 個少ないシュタイナー木が得られてしまうことになるからである．木の点の平均次数は 2 未満（正確には，$n$ 個の点からなる木の点の平均次数は $2 - 2/n$）であり，$k$ 個のターミナル点からなるフル成分において各ターミナル点が次数 1 であるので，そのフル成分にはシュタイナー点は（いずれも次数が 3 以上であり）高々 $k-2$ 個しか存在しないことが確認できる．フル成分のターミナル点集合とシュタイナー点集合を与えると，最適なシュタイナー木は，この和集合の点集合上での最小全点木となる．したがって，$k$-限定有向フル成分 LP 緩和では，指定されたシンクも考慮して，考慮対象としなければならない有向フル成分は高々 $kn^{2k-2}$ 個であることがわかる．この限定された有向フル成分のすべてからなる集合を $\mathcal{C}_k$ と表記し，$M = |\mathcal{C}_k|$ とする．

最適な小数解で $x_C > 0$ となるような各有向フル成分 $C$ に定理 12.9 を適用することで，以下の系がすぐに得られる．すなわち，有向フル成分 LP 緩和 (12.3) の集合 $\mathcal{C}$ を集合 $\mathcal{C}_k$ で置き換えて得られる $k$-限定有向フル成分 LP 緩和の最適解は，有向フル成分 LP 緩和 (12.3)

の最適解の値の高々 $1 + \frac{1}{\lceil \log_2 k \rceil}$ 倍の値であることがすぐに得られる[2]．したがって，あるアルゴリズムで $k$-限定有向フル成分LP緩和の最適解をラウンディングしてシュタイナー木を得るときにコストが高々 $\alpha$ 倍しかされないときには，そのアルゴリズムは，ある固定された $\epsilon > 0$ に対して，$k$ を十分大きい定数とすることで，$(\alpha + \epsilon)$-近似アルゴリズムとなるので，"ほぼ" $\alpha$-近似アルゴリズムであるということができる．もちろん，$k$-限定有向フル成分LP緩和でも制約式の個数は指数関数であるので，$k$-限定有向フル成分LP緩和が多項式時間で解くことができるかどうかの議論がまだ残っている．これに対するアプローチは多数ある．たとえば，単純な最小カット計算でも，制約式 (12.4) に対応する不等式がすべて満たされることを主張できるか，あるいは満たされない制約式を一つ特定できる．この $k$-限定有向フル成分LP緩和を多項式時間で解くことができることの証明は，演習問題 12.5 とする．

この $k$-限定有向フル成分LP緩和を多項式時間で解くことはできるが，それを解いた後，最適な小数解をどのように用いたらよいのであろうか？ ここでは，乱択ラウンディングと反復ラウンディングのアプローチを組み合わせたアルゴリズムを用いる[3]．アルゴリズムは，ターミナル点集合で誘導されるグラフの最小全点木（以下では，**最小ターミナル点全点木** (minimum terminal spanning tree) と呼ぶことにする）から出発する．各反復では，最適な小数解における変数の値に比例する確率でランダムに1個有向フル成分を選んで，その成分に含まれるターミナル点集合を特定して縮約する．そして次の反復に移る．この反復はある固定された回数だけ繰り返される．最後に，すべての反復の終了後，残っているターミナル点集合上で最小ターミナル点全点木を求める．ターミナル点集合は，アルゴリズムの実行中に変化していくので，$R' \subseteq R$ がターミナル点集合であるときの最小ターミナル点全点木のコストを $mst(R')$ と表記して用いる．与えられた反復で，最小ターミナル点全点木 $T$ から出発して，有向フル成分 $C$ で定義される"縮約"を実行した後に残っているターミナル点集合を $R'$ とする．縮約により，アルゴリズムで最終的に返される解（シュタイナー木）に有向フル成分 $C$ の辺がすべて入れられることになる．そのコストは $c(C)$ である．一方，残った点集合での問題は"単純化"されてその節約分 $drop_T(C)$ は

$$drop_T(C) = c(T) - mst(R')$$

となる．

アルゴリズムの解析は，小数解の値と上記の各反復で得られる節約分とを関係づける以下の補題に基づいている．

**補題 12.10** $T$ をターミナル点全点木とし，$x$ を有向フル成分LP緩和 (12.3) の実行可能解とする．すると，

$$c(T) \leq \sum_{C \in \mathcal{C}} drop_T(C) x_C \tag{12.5}$$

が成立する．

---
[2] 訳注：$k$-限定有向フル成分LP緩和の実行可能解は，有向フル成分LP緩和 (12.3) の実行可能解である．
[3] 訳注：本節のこれ以降の議論は，多項式時間で得られる $k$-限定有向フル成分LP緩和の解のみならず，有向フル成分LP緩和 (12.3) の解が何らかの方法で与えられるとすれば，その解にも適用できる．

補題を証明する前に，この補題により，上記の反復近似アルゴリズムの解析のキーがどのように得られるかについて示す．アルゴリズムの1回の反復に焦点を当てる．この反復の開始時に得られる最小ターミナル点全点木を $T$ とし，$x$ を有向フル成分LP緩和の最適小数解とする．$\Sigma = \sum_C x_C$ とする．この反復で選ばれる有向フル成分を $C$ とする（これは $x_C/\Sigma$ の確率で起こる）．この反復で $C$ の縮約後に得られる最小ターミナル点全点木を $T'$ とする．すると，成分 $C$ のランダムな選択を考慮して，

$$\begin{aligned} \mathbf{E}[c(T')] &= c(T) - \mathbf{E}[drop_T(C)] \\ &= c(T) - \sum_C (x_C/\Sigma) drop_T(C) \\ &\leq \left(1 - \frac{1}{\Sigma}\right) c(T) \\ &\leq \left(1 - \frac{1}{\Sigma}\right) \cdot 2\,\mathrm{OPT} \end{aligned}$$

が得られる．なお，OPTはシュタイナー木問題の入力の最適解の値である．実際には，最後の不等式は，最小ターミナル点全点木のコストと有向フル成分LP緩和の最適解の値とを関係づける以下の補題を用いて，さらに強化できる．

**補題 12.11** シュタイナー木問題の任意の入力に対して，最小ターミナル点全点木 $T$ のコストは，有向フル成分LP緩和 (12.3) の最適小数解 $x$ のコストの高々2倍である．

**証明**：最初に，$x$ を，ターミナル点集合 $R$ で誘導される入力に対する両方向カット定式化のLP緩和に対する小数実行可能解 $y$ に変換する（詳細は後述する）．このとき，$y$ のコストは $x$ のコストの高々2倍となる．さらに，（すべての点がターミナル点となる）この場合の両方向カット定式化のLP緩和の整数性より，最小ターミナル点全点木のコストは $y$ のコスト以下であると結論づけられる．これで補題の証明が完結する．

以下では，$y$ の構成の詳細について述べる．$y = 0$ と初期設定する．その後，$x_C > 0$ となる各有向フル成分 $C$（以下，成分 $C$ と呼ぶ）に対して以下を実行する．シュタイナー木の成分 $C$ に含まれる各辺を辺の向きを無視して"二重化"して，オイラーグラフにする（コストは成分 $C$ のコストの2倍になる）．そしてオイラーツアーを求め，さらに，適切にショートカットを繰り返して，成分 $C$ のターミナル点集合 $R(C)$ 上の閉路に変換する（コストは成分 $C$ のコストの高々2倍になる）．最後に，この閉路上の辺を任意に1本選んで除去して $R(C)$ 上のターミナル点全点木を求め，この全点木上の各辺を成分 $C$ の根である $sink(C)$ へ向かうように向きづける．そして，この有向全点木上の各有向辺 $e$ に対して，$y_e$ の値を $x_C$ だけ増やす（これらの $y_e$ の増加によるコストの増加分は成分 $C$ のコストの高々2倍になる）．これは，各成分 $C$ が $R(C)$ の各ターミナル点から $sink(C)$ に向かって $x_C$ のフローを流すための容量 $x_C$ を与えていると見なすことができる．したがって，各ターミナル点から $sink(C)$ へターミナル点のみを用いるショートカット解の容量と等しい容量を追加したことになることがわかる．$x$ の実行可能性より，各ターミナル点から根への容量は少なくとも1であるので，$y$ に対しても同じことが言える．すなわち，$y$ が両方向カット定式化のLP緩和の実行可能小数解となり，これで補題の証明が完成する． □

直観的には，各反復で，最小ターミナル点全点木のコストを $(1-1/\Sigma)$ 倍以下になるよ

うに減らすことができると，$\Sigma$ 回の反復に同じ技法を適用して，最小ターミナル点全点木のコストが $1/e$ 倍以下になるようにすることができる．したがって，$\ell\Sigma$ 回反復すると，最終的に得られる最小ターミナル点全点木のコストは $(1/e)^\ell$ 倍以下になる．実際には，補題 12.11 より，最小ターミナル点全点木から出発して，コストの期待値が有向フル成分 LP 緩和の最適解の値の $2(1/e)^\ell$ 倍以下の最小ターミナル点全点木が得られることになる．しかし，各反復で，このコストの減少分は，選ばれた成分 $C$ の連結コスト $c(C)$ で支払われることになる．ランダムな選択のルールにより，生じる連結コストの期待値は $\sum_C (x_C/\Sigma)c(C)$ となり，それは，現在の有向フル成分 LP 緩和の最適小数解 $x$ のコストの $1/\Sigma$ 倍に等しい．この連結コストを有向フル成分 LP 緩和の最適小数解のコストで抑える上で技法的に好都合な点は，アルゴリズムの進行に伴い，最適小数解のコストが非増加であることである（補題 12.11 の証明で行ったときと同様に，有向フル成分 LP 緩和を辺に容量を与える操作であるとここでも見なしている）．したがって，$\ell\Sigma$ 回の反復後，有向フル成分 LP 緩和の最初の最適小数解のコストの $\ell$ 倍以下の連結コストが支払われる．以上により，$\ell\Sigma$ 回の反復後には，最終的に得られる（最小ターミナル点全点木の縮約された点を対応する有向フル成分で置き換えた）シュタイナー木のコストは，有向フル成分 LP 緩和の最初の最適小数解のコストの $(2e^{-\ell}+\ell)$ 倍以下である．この値が最小となるように $\ell$ を設定すると $\ell = \ln 2$ となり，性能保証（および整数性ギャップ）$1+\ln 2 \leq 1.694$ が得られる．

　この直観的な説明は内在する一つの技術的な問題を極端に単純化している．各反復で有向フル成分 LP 緩和の最適小数解の変数の値の和をとると固定された値の $\Sigma$ になるということの説明が行われていない．これは以下の解決法で回避できる．$k$-限定有向フル成分 LP 緩和の最適なシュタイナー木において値が正となる変数の個数を $M$ とすると，$\Sigma \leq M$ が満たされることはわかっている．根に対応するダミーのフル成分を加えて，変数の値の和が $M$ となるように制約式を加えることができる．したがって，アルゴリズムは $(\ln 2)M$ 回の反復で走ることになり，それは多項式時間である．（アルゴリズムをこのように記述することにより，効率性はかなり失われることになることに注意することは重要である．ダミーのフル成分が選択されることが頻繁に起こりうるにもかかわらず，それは縮約されないからである．しかし，それでもコストの増加はない．）

　次に，補題 12.10 の証明に用いるために，$drop_T(C)$ のさらなる深い理解の獲得に移る．

　$T$ を最小ターミナル点全点木とし，ある有向フル成分 $C$ に対応する縮約を考える．すなわち，$R(C)$ に含まれるすべてのターミナル点を同一視して 1 点とする．この縮約により，最小ターミナル点全点木にはどのようなことが起こるであろうか？ $|R(C)|$ 個の点が 1 個の点で置き換えられるので，残りのターミナル点集合上での最小ターミナル点全点木では，辺数が $|R(C)|-1$ 本減ることになる．最初に，$R(C)$ が $u$ と $v$ の 2 個のターミナル点からなるとしてみる．すると，$u$ と $v$ を同一視することは，$T$ において $u$ と $v$ をコスト 0 の辺で結ぶことに等価である．したがって，最小ターミナル点全点木における効果は，$T$ にコスト 0 の辺 $(u,v)$ を加えると同時に，$u$ と $v$ を結ぶ $T$ の唯一のパスと辺 $(u,v)$ で閉路ができるので，$u$ と $v$ を結ぶ $T$ の唯一のパス上の辺でコストが最大の辺を $T$ から除去することになる．より一般的には，$R(C)$ に含まれるすべてのターミナル点を同一視して 1 点とすることに伴う効果は，$R(C)$ の各ターミナル点対に対してコスト 0 の辺を加えることに等価であると見なせる．したがって，縮約で得られる残りのターミナル点集合上での新しい最

12.3 シュタイナー木問題 359

小ターミナル点全点木 $T'$ は，コスト 0 の辺からなる $R(C)$ の全点木に $T$ のいくつかの辺が加えられたものになると考えることができる．なぜなら，コスト 0 のダミーの辺以外に $T$ に含まれない辺 $e$ が $T'$ に含まれていたとすると，$T'$ から $e$ の除去で定義されるカットに含まれる $T$ の辺でコスト最小の辺を $e'$ とし，$e$ と $e'$ を交換する（$T' \leftarrow (T' - \{e\}) \cup \{e'\}$ とする）ことで，（$T$ が $R$ 上の最小全点木であることから，$e'$ のコストは $e$ のコスト以下であるので）コストを増加することなく，（更新された）最小ターミナル点全点木 $T'$ が得られるからである．したがって，$R(C)$ の点をすべて縮約して得られる残りのターミナル点上の最小全点木 $T'$ において，除去されている $T$ の $|R(C)| - 1$ 本の辺の集合を $Drop_T(C)$ と定義すると，$drop_T(C)$ は $Drop_T(C)$ に含まれる辺のコストの総和として定義できる．ここで，$R(C)$ 上の点からなる完全グラフを考えて，その各辺 $(u,v)$ の重みを $u$ と $v$ を結ぶ $T$ の唯一のパス上の辺のうちでコスト最大の辺のコストとする．この完全グラフを"補助グラフ"と呼ぶことにする．すると，この補助グラフの最大重み全点木の辺集合が $Drop_T(C)$ となることにも注意しよう[4]．すなわち，$T$ の $Drop_T(C)$ の辺の集合とこの補助グラフの（訳注で記述しているような）最大重み全点木の辺集合とに一対一対応があると解釈できる．

補題 12.10 の証明に進むことにしよう．

**補題 12.10 の証明**：最小全点木問題に対する両方向カット定式化の LP 緩和の整数性が，この証明の中核となる．この証明の基本的なステップは以下のとおりである．新しい辺のコストを持つ無向多重グラフ $H = (R, F)$ を構成する．そして，不等式 (12.5) の右辺の値に等しいコストを持つ $H = (R, F)$ に対する両方向カット定式化の LP 緩和の実行可能小数解 $y$ を構成する．一方，$H$ の任意の全点木のコストが少なくとも $c(T)$ であることも示す．したがって，整数性から補題の不等式 (12.5) が得られることになる．

詳細に移ろう．各有向フル成分 $C$ を考える．各成分 $C$ に基づいて $H$ の辺が生成され，それに応じて，最初 0 と初期設定されていた実行可能解 $y$ が調整される．より具体的には，各有向フル成分 $C$ に対して，上記で定義した $R(C)$ の補助グラフ（無向グラフ）を考える．そして，$Drop_T(C)$ に対応する $R(C)$ 上の最大重み全点木を求め，その全点木の各辺を $H$ に加え，その辺のコストを補助グラフでの辺の重みとする．さらに，この全点木を $sink(C)$ へ向かうように各辺 $e$ を向きづけて（木のすべての点から根となるシンクへパスの存在する）有向木とし，辺 $e$ に対応する $y_e$ の値を $x_C$ だけ増やす．すべての有向フル成分でこのプロセスが実行されると，$\sum_C x_C drop_T(C)$ と等しい総コストの小数解 $y$ が得られる．

$y$ が多重グラフ $H$ に対する両方向カット定式化の LP 緩和の実行可能小数解であることを確立することが必要である．$x$ が有向フル成分 LP 緩和の実行可能小数解であるので，各有向フル成分 $C$ がシンクでない $R(C)$ の各点から $sink(C)$ へ $x_C$ の容量を与えていると見なすことができる．最大フロー最小カット定理より，$x$ の実行可能性は，$R$ の各点から根 $r$

---

[4] 訳注：原著の正誤表にもあるように，このままでは正確でない．補助グラフを以下のように修正する．$T$ に含まれる $R(C)$ の 2 点間を結ぶ辺の集合を $E_A = \{e_1, e_2, \ldots, e_a\}$ とする．$R(C)$ 上の点からなる完全グラフで $E_A$ の辺をすべて含む任意の全点木を一つ選び $T_C$ とする．$T_C$ の辺を $e_1, e_2, \ldots, e_a, e_{a+1}, e_{a+2}, \ldots, e_h$ ($h = |R(C)| - 1$) と並べて，$T_a = T$ とする．ただし，$T_a$ の各辺 $e_i$ ($i = 1, 2, \ldots, a$) のコストをすべて 0 とする．さらに，各 $i = a+1, a+2, \ldots, h$ に対して $T_{i-1}$ に辺 $e_i$ を加えてできる唯一の閉路 $C_i$ において，$C_i - \{e_i\}$ のコスト最大の辺を $e'_i$ とし，$e_i$ のコストを 0 として，$T_i = (T_{i-1} - \{e'_i\}) \cup \{e_i\}$ とする．最後に，$T_C$ の各辺 $e_i$ の重みを以下のように定める．各 $i = 1, 2, \ldots, a$ に対して $e_i$ の重みを最初のグラフ $G$ の $e_i$ のコストとし，各 $i = a+1, a+2, \ldots, h$ に対して $e_i$ の重みを最初のグラフ $G$ の $e'_i$ のコストとする．さらに，$R(C)$ 上の点からなる完全グラフの $e_1, e_2, \ldots, e_h$ 以外の辺の重みを 0 として，補助グラフが完成する．

へ流量1のフローを流すことができるのに十分な容量を全体として与えていることを意味している．一方，$y$ も同様である．各成分 $C$ がそれに対応する有向全点木のもとでシンクでない $R(C)$ の各点から $sink(C)$ へ $x_C$ の容量を $y$ に加えているからである．したがって，全体として，$R$ の各点から根 $r$ へ流量1のフローを流すことができるのに十分な容量を与えていたと言える．すなわち，$y$ は両方向カット定式化のLP緩和の実行可能解である．

最後に，$H$ の任意の全点木のコストが少なくとも $c(T)$ であることを示す．$H$ と $T$ の和集合で定義されるグラフ $G'$ を考えて，$T$ が $G'$ の最小全点木であることを示せば十分である．全点木 $T$ が最小であるための一つの十分条件として，$T$ に含まれないどの辺 $(u,v)$ に対しても，そのコストが，$u$ と $v$ を結ぶ $T$ の唯一のパス上の辺のうちでコスト最大の辺のコスト以上であることが挙げられる．構成法に注意すれば，$H$ に加えられる各辺はコストがそのような最大コストとして与えられたことがわかり，したがって，$T$ は $G'$ の最小全点木である． □

以上を全部合わせると，以下の定理を証明したことになる．

**定理 12.12** 上記の反復乱択ラウンディングアルゴリズムは，シュタイナー木問題に対する 1.694-近似アルゴリズムである．さらに，有向フル成分LP緩和の整数性ギャップは高々 1.694 である．

実際には，同様の枠組みを用いて，さらに本質的により強力な性能保証の 1.5 を得ることもできる．有向フル成分 $C$ を選んでそれらの点を同一視して縮約するとき，最小ターミナル点全点木のコストが減少するだけでなく，最適なシュタイナー木のコストも，$(1-1/(2M))$ の割合ではあるが，減少するということが主たる観察となる．このことから複数の項に対してこれまでとはやや異なるバランスをとることができて，より強力な性能保証の 1.5 が得られるのである．しかし興味深いことに，この技法では，有向フル成分LP緩和の整数性ギャップに対するより強力な上界を証明することはできないのである．

## 12.4　すべてを同時に解決：デンスグラフの大きいカットの求解

次に，第5章で展開した多数の道具，すなわち，乱択ラウンディング，Chernoff 限界，ランダムサンプリングを必要とする結果に移る．ここでは，5.1節で取り上げた最大カット問題 (MAX CUT) にこれらの道具を適用する．最大カット問題では，入力として，無向グラフ $G=(V,E)$，各辺 $(i,j) \in E$ に対する非負の重み $w_{ij} \geq 0$ が与えられて，目標はグラフの点集合を $U$ と $W=V-U$ に二分割して，異なる集合間にまたがる辺（すなわち，一方の端点が $U$ に他方の端点が $W$ に属する辺）の重みの総和が最大になるようにすることであったことを思いだそう．すべての辺 $(i,j) \in E$ で $w_{ij}=1$ であるときには，"重みなし" 最大カット問題と呼ばれることもある．

本節では，第5章で取り上げた複数の乱択技法を，工夫を凝らして組み合わせて，デンスグラフにおいて，重みなし最大カット問題に対する PTAS を得ることができることを示

す．なお，グラフがデンス（密）であるということは，ある定数 $\alpha > 0$ が存在して，そのグラフが少なくとも $\alpha\binom{n}{2}$ 本の辺を持つことであったことを思いだそう．5.1 節の定理 5.3 で，最大カット問題に対する単純な $\frac{1}{2}$-近似アルゴリズムを与えた．その解析では，そのアルゴリズムが期待値として少なくとも $\frac{1}{2}\sum_{(i,j)\in E} w_{ij}$ の重みを持つカットを求めることを示した．したがって，最大カットの値 OPT は OPT $\geq \frac{1}{2}\sum_{(i,j)\in E} w_{ij}$ を満たす．このことから，重みなしデンスグラフでの OPT は OPT $\geq \frac{\alpha}{2}\binom{n}{2}$ を満たすことが得られる．

5.12 節で，3-彩色可能なデンスグラフに対してサンプリング技法を導入したことを思いだそう．重みなしデンスグラフの最大カット問題に対しても同じサンプリング技法を用いたい．すなわち，まずグラフの点集合から点をサンプリングして取り出しサンプル集合を得る．このとき，サンプル集合のサイズが $O(\log n)$ ならば，サンプル集合の各点が $U$ と $W$ のいずれかに入るのかという可能性を多項式時間ですべて列挙でき，その中の一つが最大カットに対応する．3-彩色可能グラフの彩色では，最終的に全体の正しい彩色に対応するサンプル集合での彩色から，全体の正しい彩色が導出できることを示した．ここのケースではどのようなことができるであろうか？グラフ彩色のケースでは，高い確率で，グラフの各点がサンプル集合 $S$ の中に隣接点を持つことを示した．ここでは，サンプル集合 $S$ を用いることで，最適解（最大カット）の点集合の二分割 $U$ と $W$ において，$V$ の各点が $U$ に含まれる隣接点をどの程度持つかを $\pm\epsilon n$ 以内の誤差で見積もることができる．そのような見積もりが得られてしまえば，線形計画問題の解の乱択ラウンディングを用いて，残りの $V - S$ の各点を $U$ に入れたらよいかどうかを決定できることになる．最後に，乱択ラウンディングで得られた解が，最適解に近いことを Chernoff 限界を用いて示す．

3-彩色アルゴリズムで行ったときとは少し異なる形式でサンプル点集合を選ぶ．与えられた定数 $c > 0$ と $0 < \epsilon < 1$ を満たす定数 $\epsilon$ に対して，重複を許して $(c \ln n)/\epsilon^2$ 個の点をランダムに選びその多重集合を $S$ とする．グラフの 3-彩色のときと同様に，サンプル点集合 $S$ の可能なすべての二分割を多項式時間で列挙することができる．$V$ の各点 $i$ に対して，$i$ を $U$ に割り当てることを $x_i = 0$ と考え，$i$ を $W$ に割り当てることを $x_i = 1$ と考える．したがって，この割当てのベクトル $x$ はグラフの一つのカットに対応する．$x^*$ を最大カット問題の最適解とする．与えられたすべての点への割当て $x$ に対して，$u_i(x)$ を点 $i$ の隣接点で $U$ に含まれる点の個数とする．すると，$\sum_{i=1}^n u_i(x) x_i$ は割当て $x$ で定まるカット（二分割 $U = \{i \in V : x_i = 0\}$ と $W = \{i \in V : x_i = 1\}$）の値となることが確認できる．実際，$x_i = 1$ $(i \in W)$ であるときには，$i$ と $U$ の点を結ぶグラフの辺が $u_i(x)$ 本であるので，この和 $\sum_{i=1}^n u_i(x) x_i$ はカットに含まれる辺の本数と一致する．すべての点 $i$ に対して，$S$ に含まれる $i$ の隣接点で $U$ に割り当てられる点の個数を計算し，その値を $n/|S|$ 倍することで $u_i(x)$ のかなり良い見積もりを与えることができる．すなわち，点 $i$ の隣接点で $U$ に含まれる点の個数の見積もりである $\hat{u}_i(x)$ に対して，

$$\hat{u}_i(x) = \frac{n}{|S|} \sum_{j \in S : (i,j) \in E} (1 - x_j)$$

が成立する．この見積もりは，$j \in S$ に対する $x_j$ の値が与えられるだけで計算できることに注意しよう．

これらの見積もりが良いことを証明するには，**Hoeffding の不等式** (Hoeffding's inequality) として知られている以下の不等式が必要である．

**事実 12.13 (Hoeffding の不等式)** $X_1, X_2, \ldots, X_\ell$ は，（必ずしも同一の分布に属するとは限らない）$\ell$ 個の独立な確率変数であり，各 $X_i$ は 0 あるいは 1 の値をとるものとする．さらに，$X = \sum_{i=1}^{\ell} X_i$ かつ $\mu = \mathbf{E}[X]$ とする．すると，任意の $b > 0$ に対して，

$$\Pr[|X - \mu| \geq b] \leq e^{-2b^2/\ell}$$

が成立する．

これで見積もりの品質の限界を証明できるようになった．

**補題 12.14** 任意の $i \in V$ に対して，少なくとも確率 $1 - 2n^{-2c}$ で

$$u_i(x) - \epsilon n \leq \hat{u}_i(x) \leq u_i(x) + \epsilon n$$

が成立する．

**証明**：$G$ において $i$ の隣接点の集合を $N(i)$ とする．すなわち，$N(i) = \{j \in V : (i,j) \in E\}$ とする．$Y_j$ を $S$ の $j$ 番目の点に対して以下のように定義される確率変数とする．すなわち，$S$ の $j$ 番目の点が $N(i)$ に含まれるときには，その点が $k$ $(k \in N(i))$ であるとして，$Y_j = 1 - x_k$ と定義する．そうでないときには $Y_j = 0$ と定義する．$S$ の $j$ 番目の点は重複を許してランダムに選ばれているので，その点が $N(i)$ に含まれる確率は $|N(i)|/n$ である．したがって，$j \in N(i)$ のもとでの $Y_j$ の条件付き期待値は $\frac{1}{|N(i)|} \sum_{k \in N(i)} (1 - x_k)$ であるので，（無条件のもとでの）$Y_j$ の期待値は

$$\mathbf{E}[Y_j] = \frac{|N(i)|}{n} \cdot \frac{1}{|N(i)|} \sum_{k \in N(i)} (1 - x_k) = \frac{1}{n} u_i(x)$$

と書ける．$Y = \sum_{j=1}^{|S|} Y_j$ とする．すると $\mu = \mathbf{E}[Y] = \frac{|S|}{n} u_i(x)$ が得られる．$\hat{u}_i(x) = \frac{n}{|S|} Y$ であることに注意しよう．$b = \epsilon |S|$ において Hoeffding の不等式を適用すると，

$$\Pr\left[\left|Y - \frac{|S|}{n} u_i(x)\right| \geq \epsilon |S|\right] \leq 2e^{-2(\epsilon |S|)^2/|S|} = 2e^{-2\epsilon^2 |S|} = 2e^{-2c \ln n} = 2n^{-2c}$$

となる．したがって，少なくとも $1 - 2n^{-2c}$ の確率で $\frac{|S|}{n} u_i(x) - \epsilon |S| \leq Y \leq \frac{|S|}{n} u_i(x) + \epsilon |S|$ となることが得られる．不等式の各辺に $n/|S|$ を掛けると所望の結果が得られる．  □

$|S|$ は十分に小さいので，すべての $i \in S$ に対する $x_i$ の割当ての可能な組合せ（設定）をすべて列挙できる．これらのうちの一つの設定は最適解 $x^*$ に対応することになるので，その設定において $\hat{u}_i(x^*)$ の良い見積もりが得られる．そこで，良いカットを求めるためにこれらの見積もりの使用法を次に示すことにする．すべての $i \in S$ に対する $x_i$ の割当ての可能な組合せ（設定）をすべて列挙する際に，どの設定が $x^*$ に対応するかどうかはわからないことに注意しよう．しかしながら，$x^*$ に対応する設定においては，指定された $\epsilon' > 0$ を用いてサイズが少なくとも $(1 - \epsilon')$ OPT のカットが得られることを示す．したがって，得られるカットでサイズが最大のものをアルゴリズムで返せば，そのカットのサイズは少なくとも $(1 - \epsilon')$ OPT であることが保証できる．

これ以降，すべての $i$ に対して $u_i(x^*) - \epsilon n \leq \hat{u}_i(x^*) \leq u_i(x^*) + \epsilon n$ を満たすような見積もり $\hat{u}_i(x^*)$ が得られていると仮定する．これらの見積もりを利用して良いカットを得る

ために乱択ラウンディングを用いる．整数計画問題による定式化の以下の線形計画緩和（LP 緩和）を考える．

$$
\begin{aligned}
\text{maximize} \quad & \sum_{i=1}^{n} \hat{u}_i(x^*) y_i \\
\text{subject to} \quad & \sum_{j:(i,j)\in E} (1-y_j) \geq \hat{u}_i(x^*) - \epsilon n, \quad i=1,\ldots,n, \\
& \sum_{j:(i,j)\in E} (1-y_j) \leq \hat{u}_i(x^*) + \epsilon n, \quad i=1,\ldots,n, \\
& 0 \leq y_i \leq 1 \quad i=1,\ldots,n.
\end{aligned}
\tag{12.6}
$$

この LP 緩和 (12.6) において，すべての変数 $y_i$ が整数であるような解 $y$ を考える．すると，$u_i(y) = \sum_{j:(i,j)\in E}(1-y_j)$ であるので，対応する制約式は $\hat{u}_i(x^*) - \epsilon n \leq u_i(y) \leq \hat{u}_i(x^*) + \epsilon n$ であることと等価である．したがって，$y$ を（最大カット問題の）最適解 $x^*$ とおくと，$y = x^*$ は LP 緩和 (12.6) の実行可能解となることに注意しよう．さらに，目的関数が（見積もり $\hat{u}_i(x^*)$ を用いた $\sum_{i=1}^{n} \hat{u}_i(x^*) y_i$ でなく）$\sum_{i=1}^{n} u_i(x^*) y_i$ であったとすると，$\sum_{i=1}^{n} u_i(x^*) x_i^*$ は割当て $x^*$ のカットに含まれる辺の本数であることを確認していたので，LP 緩和 (12.6) の実行可能解 $y = x^*$ の（見積もり $u_i(x^*)$ を用いた目的関数 $\sum_{i=1}^{n} u_i(x^*) y_i$ の）値は（最大カット問題の最適解の値）OPT になる．

目的関数に，未知の値の $u_i(x^*)$ の代わりに既知の見積もり $\hat{u}_i(x^*)$ を用いることにより，LP 緩和 (12.6) の最適解の値は，OPT ではなくなるものの，それでも OPT にかなり近いものになることを，以下で最初に示す．その次に，アルゴリズムは，LP 緩和 (12.6) の最適解に乱択ラウンディングを適用する．最後に，アルゴリズムで得られる解の値は，Chernoff 限界を用いて，LP 緩和 (12.6) の最適解の値よりわずかに小さくなるだけであることを示す．したがって，アルゴリズムで得られる解の値は，ほぼ OPT であることになる．

**補題 12.15** LP 緩和 (12.6) の最適解の値は少なくとも $\left(1 - \frac{4\epsilon}{\alpha}\right)$ OPT である．

**証明**：上で確認したように，解 $y = x^*$ は LP 緩和 (12.6) の実行可能解である．その目的関数は $\sum_{i=1}^{n} \hat{u}_i(x^*) y_i$ であるので，解 $y = x^*$ の値は

$$
\begin{aligned}
\sum_{i=1}^{n} \hat{u}_i(x^*) x_i^* & \geq \sum_{i=1}^{n} (u_i(x^*) - \epsilon n) x_i^* \\
& \geq \text{OPT} - \epsilon n \sum_{i=1}^{n} x_i^*
\end{aligned}
$$

となる．最適なカットにおいて，$U$ に含まれる点は少なくとも 1 個は存在すると仮定しているので，$\sum_{i=1}^{n} x_i^* \leq n-1$ であることはわかっている．さらに，OPT $\geq \frac{\alpha}{2}\binom{n}{2}$ であることもわかっているので，

$$
\begin{aligned}
\sum_{i=1}^{n} \hat{u}_i(x^*) x_i^* & \geq \text{OPT} - \epsilon n(n-1) \\
& \geq \left(1 - \frac{4\epsilon}{\alpha}\right) \text{OPT}
\end{aligned}
$$

が得られる． □

次に，LP緩和 (12.6) の解を乱択ラウンディングすることで，良い解が得られることを示す．$y^*$ を LP緩和 (12.6) の最適解とし，$y^*$ を乱択ラウンディングして得られる整数解を $\bar{y}$ とする．このとき以下の定理が成立することを証明する．

**補題 12.16** 十分に大きい $n$ に対して，LP緩和 (12.6) の最適解 $y^*$ の乱択ラウンディングによる解 $\bar{y}$ の値は，少なくとも $1 - 2n^{-c+1}$ の確率で $\left(1 - \frac{13\epsilon}{\alpha}\right)$ OPT 以上である．

**証明**：上記の議論より，整数解 $\bar{y}$（で定まるカット）の値が $\sum_{i=1}^n u_i(\bar{y})\bar{y}_i$ であることはわかっている．補題 12.15 より，$\sum_{i=1}^n \hat{u}_i(x^*)y_i^*$ は OPT に近い値となることがわかっている．最初，$u_i(\bar{y})$ が $\hat{u}_i(x^*)$ に近い値になることを示し，次に $\sum_{i=1}^n \hat{u}_i(x^*)\bar{y}_i$ が $\sum_{i=1}^n \hat{u}_i(x^*)y_i^*$ に近い値になることを示して，$\bar{y}$ の値が OPT に近いことを証明する．

最初に，$u_i(\bar{y}) = \sum_{j:(i,j)\in E}(1 - \bar{y}_j)$ が $\hat{u}_i(x^*)$ に近い値になることを示す．そのために，

$$\begin{aligned}
\mathbf{E}[u_i(\bar{y})] &= \mathbf{E}\left[\sum_{j:(i,j)\in E}(1 - \bar{y}_j)\right] \\
&= \sum_{j:(i,j)\in E}(1 - \mathbf{E}[\bar{y}_j]) \\
&= \sum_{j:(i,j)\in E}(1 - y_j^*) = u_i(y^*)
\end{aligned}$$

となることを確認する．ここで，Chernoff 限界を用いて，高い確率で $u_i(\bar{y}) \geq u_i(y^*) - \sqrt{(2c\ln n)u_i(y^*)}$ が成立することを証明する．そのために，$\delta_i = \sqrt{\frac{2c\ln n}{u_i(y^*)}} > 0$ とおいて，$Y_j = (1 - \bar{y}_j)$ とし，$Y = \sum_{j:(i,j)\in E} Y_j = u_i(\bar{y})$ とする．すると，$\mu_i = \mathbf{E}[Y] = u_i(y^*)$ となる．$L = \mu_i$ とおいて系 5.28 を適用することにより，少なくとも

$$1 - e^{-\mu_i \delta_i^2/2} \geq 1 - e^{-u_i(y^*)\frac{c\ln n}{u_i(y^*)}} = 1 - n^{-c}$$

の確率で $u_i(\bar{y}) \geq (1 - \delta_i)u_i(y^*)$ が成立することが得られる．したがって，少なくとも $1 - n^{-c+1}$ の確率で，すべての $i \in V$ で $u_i(\bar{y})$ は $u_i(y^*)$ に近い値となる．こうして，乱択ラウンディングで得られる解の値は（高い確率で），

$$\begin{aligned}
\sum_{i=1}^n u_i(\bar{y})\bar{y}_i &\geq \sum_{i=1}^n (1 - \delta_i)u_i(y^*)\bar{y}_i \\
&\geq \sum_{i=1}^n \left(u_i(y^*) - \sqrt{(2c\ln n)u_i(y^*)}\right)\bar{y}_i \\
&\geq \sum_{i=1}^n \left(\hat{u}_i(x^*) - \epsilon n - \sqrt{2cn\ln n}\right)\bar{y}_i
\end{aligned}$$

を満たす．なお，最後の不等式は，$u_i(y^*) = \sum_{j:(i,j)\in E}(1 - y_j^*)$ で $u_i(y^*) \leq n$ であり，さらに LP緩和 (12.6) の制約式から $u_i(y^*) = \sum_{j:(i,j)\in E}(1 - y_j^*) \geq \hat{u}_i(x^*) - \epsilon n$ であることから得られる．したがって，$\sum_{i=1}^n \bar{y}_i \leq n$ であるので，

$$\sum_{i=1}^n u_i(\bar{y})\bar{y}_i \geq \sum_{i=1}^n \hat{u}_i(x^*)\bar{y}_i - \epsilon n^2 - n\sqrt{2cn\ln n} \tag{12.7}$$

が得られる．

## 12.4 すべてを同時に解決：デンスグラフの大きいカットの求解 365

ここで，項 $\sum_{i=1}^{n} \hat{u}_i(x^*)\bar{y}_i$ の値の下界を与えて，それが OPT に近いことを示したい．その値 $\sum_{i=1}^{n} \hat{u}_i(x^*)\bar{y}_i$ の期待値は，$\sum_{i=1}^{n} \hat{u}_i(x^*)y_i^*$ であり，さらにそれは LP 緩和 (12.6) の最適解の値であるので，補題 12.15 により，OPT に近いことに注意しよう．$Z = \max_i \hat{u}_i(x^*)$ とする．Chernoff 限界を用いて，高い確率で

$$\sum_{i=1}^{n} \hat{u}_i(x^*)\bar{y}_i \geq \sum_{i=1}^{n} \hat{u}_i(x^*)y_i^* - \sqrt{(2cZ \ln n) \sum_{i=1}^{n} \hat{u}_i(x^*)y_i^*}$$

が成立することを示す．$\delta = \sqrt{\frac{2cZ \ln n}{\sum_{i=1}^{n} \hat{u}_i(x^*)y_i^*}} > 0$，$X_i = \hat{u}_i(x^*)\bar{y}_i/Z$，$X = \sum_{i=1}^{n} X_i$ とする．すると，$\mu = \mathbf{E}[X] = \frac{1}{Z}\sum_{i=1}^{n} \hat{u}_i(x^*)y_i^*$ となる．$Z$ で割ってスケール変換しているので，$X_i$ は $X_i = 0$ であるか，あるいは 1 以下の値をとることに注意しよう．したがって，系 5.28 により，

$$\Pr\left[\frac{1}{Z}\sum_{i=1}^{n} \hat{u}_i(x^*)\bar{y}_i \geq (1-\delta)\frac{1}{Z}\sum_{i=1}^{n} \hat{u}_i(x^*)y_i^*\right] \geq 1 - e^{-\delta^2 \sum_{i=1}^{n} \hat{u}_i(x^*)y_i^*/(2Z)}$$
$$= 1 - n^{-c}$$

が得られる．したがって，高い確率で

$$\sum_{i=1}^{n} \hat{u}_i(x^*)\bar{y}_i \geq (1-\delta)\sum_{i=1}^{n} \hat{u}_i(x^*)y_i^*$$
$$= \left(1 - \sqrt{\frac{2cZ \ln n}{\sum_{i=1}^{n} \hat{u}_i(x^*)y_i^*}}\right)\sum_{i=1}^{n} \hat{u}_i(x^*)y_i^*$$
$$= \sum_{i=1}^{n} \hat{u}_i(x^*)y_i^* - \sqrt{(2cZ \ln n) \sum_{i=1}^{n} \hat{u}_i(x^*)y_i^*}$$

が成立することになる．$Z \leq n$ でありかつ $\sum_{i=1}^{n} \hat{u}_i(x^*)y_i^* \leq n^2$ であることを用いて，

$$\sum_{i=1}^{n} \hat{u}_i(x^*)\bar{y}_i \geq \sum_{i=1}^{n} \hat{u}_i(x^*)y_i^* - n\sqrt{2cn \ln n}$$

が得られる．

不等式 (12.7) にこれを代入すると，

$$\sum_{i=1}^{n} u_i(\bar{y})\bar{y}_i \geq \sum_{i=1}^{n} \hat{u}_i(x^*)y_i^* - 2n\sqrt{2cn \ln n} - \epsilon n^2$$

が得られる．ここで，$\sum_{i=1}^{n} \hat{u}_i(x^*)y_i^*$ が LP 緩和 (12.6) の目的関数の値であり，補題 12.15 により，その値は少なくとも $(1 - \frac{4\epsilon}{\alpha})$ OPT であることを思いだそう．したがって，乱択ラウンディングで得られる解 $\bar{y}$ の値 $\sum_{i=1}^{n} u_i(\bar{y})\bar{y}_i$ は，不等式

$$\sum_{i=1}^{n} u_i(\bar{y})\bar{y}_i \geq \left(1 - \frac{4\epsilon}{\alpha}\right) \text{OPT} - 2n\sqrt{2cn \ln n} - \epsilon n^2$$

を満たす．十分に大きい $n$ に対して，$2n\sqrt{2cn \ln n} \leq \epsilon n(n-1)/4 = \frac{\epsilon}{2}\binom{n}{2}$ かつ $\epsilon n^2 \leq 4\epsilon\binom{n}{2}$ である．OPT $\geq \frac{\alpha}{2}\binom{n}{2}$ であることも思いだそう．したがって，乱択ラウンディングで得られる解 $\bar{y}$ の値は少なくとも

$$\left(1 - \frac{4\epsilon}{\alpha}\right) \text{OPT} - \frac{\epsilon}{\alpha} \text{OPT} - \frac{8\epsilon}{\alpha} \text{OPT}$$

となる．すなわち，少なくとも
$$\left(1 - \frac{13\epsilon}{\alpha}\right) \mathrm{OPT}$$
である． □

以上を要約する．アルゴリズムは，グラフ $G = (V, E)$ の点集合 $V$ から重複を許して点を $(c \ln n)/\epsilon^2$ 個ランダムに選んで，それらの点からなる多重集合 $S$ を求める．その後，$U$ と $W$ へのカットの一方の点集合 $U$ に含まれる可能性のある $S$ の $2^{|S|}$ 個のすべての部分集合を列挙し，そのような各部分集合に対応して，各 $j \in S$ がその部分集合に入っているとき $x_j = 0$，入っていないとき $x_j = 1$ として $x$ を定義する．そして，LP緩和 (12.6) で用いる $\hat{u}_i(x)$ の見積もりを求め，その見積もりのもとでのLP緩和 (12.6) の最適解に乱択ラウンディングを適用してカットを求める．変数 $x$ の設定の一つは最適なカット $x^*$ に対応するので，これに対するアルゴリズムの反復で上の補題が適用でき，最適解に近い解が得られる．以上により，以下の定理が得られたことになる．

**定理 12.17** 十分に大きい $n$ に対して，上記のアルゴリズムは，少なくとも $1 - 4n^{-c+1}$ の確率で，値が $(1 - \frac{13\epsilon}{\alpha})$ OPT 以上となるカットを求める．

**証明**：サンプル点集合 $S$ に対する解 $x^*$ に対して，補題12.14から，すべての $i \in V$ に対して，少なくとも $1 - 2n^{-2c+1} \geq 1 - 2n^{-c+1}$ の確率で，$u_i(x^*) - \epsilon n \leq \hat{u}_i(x^*) \leq u_i(x^*) + \epsilon n$ が成立する．この見積もりが成立するときには，補題12.16から少なくとも $1 - 2n^{-c+1}$ の確率で，LP緩和 (12.6) の最適解の乱択ラウンディングにより，値が $(1 - \frac{13\epsilon}{\alpha})$ OPT 以上の解が得られる．したがって，アルゴリズムは，少なくとも $1 - 4n^{-c+1}$ の確率で，値が $(1 - \frac{13\epsilon}{\alpha})$ OPT 以上の解を求める． □

## 12.5 演習問題

12.1 容量制約なし施設配置問題の線形計画緩和の任意の解を 345 ページで定義されたような完全解，すなわち，$x_{ij}^* > 0$ であるときには常に $x_{ij}^* = y_i^*$ であるような解に変換する方法を示せ．

12.2 **多品種のレンタル・購入問題** (multicommodity rent-or-buy problem) では，入力として，すべての辺 $e \in E$ にコスト $c_e \geq 0$ が付随する無向グラフ $G = (V, E)$，$k$ 個のソース・シンク対 $s_i, t_i$ $(i = 1, \ldots, k)$ およびパラメーター $M > 1$ が与えられる．この問題の解では，各ソース・シンク対 $s_i, t_i$ $(i = 1, \ldots, k)$ に対して，$s_i$ と $t_i$ を結ぶパス $P_i$ が存在することが必要である．単一ソースのレンタル・購入問題のときと同様に，辺 $e$ をコスト $Mc_e$ で購入する（このときにはこの辺はすべてのソース・シンク対で利用できる）か，辺 $e$ をコスト $c_e$ でレンタルする（このときにはこの辺 $e$ を利用する各ソース・シンク対がレンタルコスト $c_e$ を支払う）ことができる．$B$ を購入された辺の集合，$R_i$ をソース・シンク対 $s_i, t_i$ でレンタルされた辺の集合とする．すると，実行可

能解においては，各$i$に対して，辺集合$B \cup R_i$で定まるグラフには$s_i$と$t_i$を結ぶパスが存在しなければならない．このときの解のコストは，$Mc(B) + \sum_{i=1}^{k} c(R_i)$となる．

各ソース・シンク対を確率$1/M$でサンプルするサンプル・オーグメントアルゴリズムを考える．$D$をサンプルで選ばれたすべての対の集合とする．$D$のソース・シンク対上で7.4節の一般化シュタイナー木アルゴリズムを走らせて，そのアルゴリズムで与えられた辺を購入する．これらの購入された辺の集合を$B$とする．そして，$B$の辺はコストを0と見なして，$D$に含まれていない各ソース・シンク対$s_i, t_i$に対して，$s_i$と$t_i$を結ぶ最短パス上の辺をレンタルする．

(a) 購入された辺集合$B$のコストの期待値は高々$2\,\mathrm{OPT}$であることを示せ．

レンタルする辺のコストを解析するために，一般化シュタイナー木問題に対する**α-厳密コスト分担** (α-strict cost shares) の概念を用いる．各$i \in R$に対する対$s_i, t_i$の付随する一般化シュタイナー木問題の入力が与えられているとする．アルゴリズムは，以下の二つの条件を満たすとき，すべての$i \in R = \{1, 2, \dots, k\}$に対して$\alpha$-厳密コスト分担$\chi_i$を返すという．第一に，コスト分担の総和$\sum_{i \in R} \chi_i$が$R$の対上での一般化シュタイナー木問題の最適解のコスト以下である．第二に，各$i \in R$に対して，与えられた入力を$R - \{i\}$のソース・シンク対上での入力であると見なしたときにそのアルゴリズムで返される解$F$の辺をコスト0と考えると，$s_i$と$t_i$を結ぶ最短パスのコストが$\alpha \chi_i$以下である．

(b) このコスト分担のアイデアを用いて，レンタルする辺のコストの期待値が高々$\alpha\,\mathrm{OPT}$であることを示せ．（ヒント：$i \in D$のときに値$M\chi_i$をとり，それ以外のときに値0をとる確率変数を$\beta_i$と定義する．さらに，$i \notin D$のときに対$i$のレンタルする辺の総コストを値としてとり，それ以外のときに値0をとる確率変数を$\rho_i$と定義する．集合$D - \{i\}$上に限定すると，$\rho_i$の期待値は高々$\alpha \beta_i$であることを示せ．）

7.4節の主双対法に基づく一般化シュタイナー木アルゴリズムで，3-厳密コスト分担が返されることは知られている．

(c) 上記のサンプル・オーグメントアルゴリズムは，多品種のレンタル購入問題に対する乱択5-近似アルゴリズムであることを示せ．

12.3 重みなし最大有向カット問題では，入力として有向グラフ$G = (V, A)$が与えられて，目標は，$V$の二つの集合$U$と$W = V - U$への分割において，$U$から$W$へ向かう辺（すなわち，$i \in U$かつ$j \in W$となる辺$(i, j)$）の本数が最大になるようなものを求めることである．グラフ$(V, A)$がデンスであるとする．すなわち，ある定数$\alpha > 0$が存在して，辺の本数が少なくとも$\alpha n^2$であるとする．デンスグラフの重みなし最大有向カット問題に対する多項式時間近似スキームを与えよ．

12.4 この演習問題では，演習問題1.3で取り上げた**非対称メトリック巡回セールスマン問題** (metric asymmetric traveling salesman problem) を再度取り上げる．この問題では，入力として，すべての辺$(i, j) \in A$に対してコスト$c_{ij} \geq 0$が付随する有向完全グラフ$G = (V, A)$が与えられる．なお，この辺のコストは三角不等式が成立する，すなわち，すべての$i, j, k \in V$に対して$c_{ij} + c_{jk} \geq c_{ik}$が成立するとする．目標は，コスト最小のツアーを求めることである．すなわち，各点を正確に一度含む有向閉路で，

その閉路に含まれる辺のコストの総和が最小となるものを求めることである．演習問題 1.3 のときと同様に，コストの小さい強連結オイラーグラフを求め，ショートカットしてツアーを求める．有向グラフは，どの 2 点 $i, j \in V$ においても $i$ から $j$ へのパスと $j$ から $i$ へのパスが存在するときに，強連結であると呼ばれたことを思いだそう．また，有向グラフは，強連結であり，かつどの点でも入次数と出次数が等しいときに，オイラーであると呼ばれる．

この問題に対して，乱択ラウンディングを用いて，$O(\log n)$-近似アルゴリズムを得ることができることを示す．まず，この問題の線形計画緩和を与える．入力のグラフ $G = (V, A)$ の各辺 $(i, j) \in A$ に対して変数 $x_{ij}$ を導入する．点の部分集合 $S \subseteq V$ に対して，$\delta^+(S)$ は始点が $S$ に含まれ終点が $V - S$ に含まれる $A$ のすべての辺の集合であり，$\delta^-(S)$ は始点が $V - S$ に含まれ終点が $S$ に含まれる $A$ のすべての辺の集合であるとする．単純化のために，$\delta^+(v) = \delta^+(\{v\})$ および $\delta^-(v) = \delta^-(\{v\})$ とする．そして，以下の線形計画問題を考える．

$$
\begin{aligned}
\text{minimize} \quad & \sum_{(i,j) \in A} c_{ij} x_{ij} \\
\text{subject to} \quad & \sum_{(i,j) \in \delta^+(v)} x_{ij} = 1, \quad \forall v \in V, \\
& \sum_{(i,j) \in \delta^-(v)} x_{ij} = 1, \quad \forall v \in V, \\
& \sum_{(i,j) \in \delta^+(S)} x_{ij} \geq 1, \quad \forall S \subset V, S \neq \emptyset, \\
& x_{ij} \geq 0, \quad \forall (i,j) \in A.
\end{aligned}
$$

記法の単純化のために，この線形計画問題の解 $x$ と部分集合 $F \subseteq A$ に対して，$\sum_{(i,j) \in F} x_{ij}$ を $x(F)$ と表記することもある．

アルゴリズムは以下のとおりである．線形計画問題の最適解 $x^*$ を求める．適切に選んだ正定数 $C$ を用いて，各辺 $(i, j)$ のコピーを $K = C \ln n$ 個作り，得られる結果のグラフの各辺 $(i, j)$ を確率 $x_{ij}^*$ で選ぶ乱択ラウンディングを適用する．そうして得られた解における辺 $(i, j)$ のコピーの個数を $z_{ij}$ とする．$z$ は確率変数であることに注意しよう．さらに，$z$ はオイラーグラフに対応しないこともあることに注意しよう．したがって，そのときにはオイラーグラフにするためにさらに辺を加えなければならない．グラフをオイラーグラフにするためには，点 $v$ から出ていく辺をさらに $b_v = z(\delta^+(v)) - z(\delta^-(v))$ 本加えなければならない（なお，$b_v$ が負のときには，点 $v$ に入ってくる辺をさらに $|b_v|$ 本加えなければならないことに注意しよう）．$b_v$ を点 $v$ の需要と呼ぶ．最小コストフローアルゴリズムを用いて，すべての $v \in V$ で $w(\delta^-(v)) - w(\delta^+(v)) = b_v$ であり，$\sum_{(i,j) \in V} c_{ij} w_{ij}$ が最小となるような整数ベクトル $w \geq 0$ を求める．

(a) 上記の線形計画問題が非対称メトリック巡回セールスマン問題の線形計画緩和であることを示せ．

(b) $C$ と $\epsilon$ を適切に選ぶことにより，$S \neq \emptyset$ となるすべての $S \subset V$ に対して

$$(1-\epsilon) x^*(\delta^+(S)) \leq z(\delta^+(S)) \leq (1+\epsilon) x^*(\delta^+(S))$$

が高い確率で成立することを示せ．さらに，これを用いて，$S \neq \emptyset$ となるすべての $S \subset V$ に対して

$$z(\delta^+(S)) \leq 2z(\delta^-(S))$$

が高い確率で成立することを示せ．(**ヒント**：辺に容量の付随する無向グラフにおいて，$n = |V|$ とし，$\lambda$ を最小カットの容量とすると，容量が高々 $\alpha\lambda$ であるカットの個数は $n^{2\alpha}$ である．この結果を用いるためには，解 $x^*$ をある意味で辺に容量の付随する無向グラフとして議論することが必要である．)

(c) 各辺 $(i,j) \in A$ に対する容量 $u_{ij}$ および各点 $v \in V$ に対する需要 $b_v$ の付随する有向グラフにおいて，$S \neq \emptyset$ となるすべての $S \subset V$ に対して $u(\delta^-(S)) \geq \sum_{v \in S} b_v$ であるときには，すべての需要を満たす実行可能フローが存在することが知られている．$S \neq \emptyset$ となるすべての $S \subset V$ に対して $z(\delta^-(S)) \geq \sum_{v \in S} b_v$ であることを証明せよ．さらに，このことを用いて，最小コストフロー $w$ に対して $\sum_{(i,j) \in A} c_{ij} w_{ij} \leq \sum_{(i,j) \in A} c_{ij} z_{ij}$ が得られることを証明せよ．

(d) 上記のアルゴリズムは，非対称メトリック巡回セールスマン問題に対する乱択 $O(\log n)$-近似アルゴリズムであることを示せ．

12.5 $k$-限定シュタイナー木問題の有向フル成分LP緩和に対する多項式時間分離オラクルを与えよ（したがって，それはこの線形計画問題を解く多項式時間手続きとなる）．

12.6 すべてのターミナル点と木のすべての葉が一対一対応して，最適なシュタイナー木が完全二分木となる定理12.9の特殊ケースを考える．さらに，ある正数 $p$ を用いて $k = 2^p$ と書けるとする（実際には，$k = 4$ も良い出発点となる）．このケースでは，小さいフル成分に対するさらなるコストは，高々 $1 + \frac{1}{p}$ 倍であることが証明できる．それを示せ．なお，それに対するアプローチの一つとして，制限のないシュタイナー木から複数の $k$-限定シュタイナー木を得て，それらの平均コストが元の木の高々 $1 + \frac{1}{p}$ 倍であることを証明することが挙げられる．

## 12.6　ノートと発展文献

12.1節の容量制約なし施設配置問題に対する近似アルゴリズムは，Chudak and Shmoys [77] による．本書の執筆時点で，この問題に対して知られている最善の近似アルゴリズムは，Byrka and Aardal [58] による 1.5-近似アルゴリズムである．

12.2節の単一ソースのレンタル・購入問題に対するアルゴリズムは，Gupta, Kumar, and Roughgarden [149] による（[148] も参照のこと）．Williamson and van Zuylen [289] は，このアルゴリズムの脱乱択を与えた．わずかに異なる確率を用いて点をマークするアルゴリズムにより，より良い性能保証が得られる．その結果は，Eisenbrand, Grandoni, Rothvoß and Schäfer [98] による．演習問題12.2の多品種のレンタル・購入問題に対するサンプル・オーグメントアルゴリズムは，Gupta, Kumar, Pál, and Roughgarden [148] による．一般化シュタイナー木問題に対する主双対アルゴリズムが3-厳密コスト分担であることの事実

は，Fleischer, Könemann, Leonardi, and Schäfer [115] による．

シュタイナー木問題に対する 1.694-近似アルゴリズムを与えた 12.3 節の結果は，Byrka, Grandoni, Rothvoß, and Sanità [59] による．性能保証 2 を与えてシュタイナー木問題に対する近似アルゴリズムを初めて示したのは Moore であり，1968 年の論文 Gilbert and Pollak [130] にその内容が述べられている．シュタイナー木問題に対する正定数 $\alpha < 2$ の $\alpha$-近似アルゴリズムを初めて与えたのは Zelikovsky [294] である．それは，多くの点で，12.3 節で議論した LP に基づく結果と完全に類似する．それは，3-限定シュタイナー木問題に焦点を当てて，最小ターミナル点全点木から出発して，グリーディ法に基づいて改善を繰り返す近似アルゴリズムである．そして，ネットコストの減少が最大となるようなシュタイナー点を加えることのできる 3-点部分グラフを求めることを試みている．したがって，ネットコストの減少がある限り，フル成分が得られることになる．これにより，$\frac{11}{6}$-近似アルゴリズムが得られる．その結果が発表されて以来，多くの改善がなされた．第一に，$k$-限定シュタイナー木に一般化して，それを近似アルゴリズムの土台として用いることにより改善が得られた．定理 12.9 は Borchers and Du [53] による．組合せアルゴリズムとして達成されている最も良い性能保証は，Robins and Zelikovsky [254] による 1.55-近似アルゴリズムである．そして，それはグリーディアルゴリズムである．この問題に特化した本の Prömel and Steger [242] には，本書の執筆時点までのシュタイナー木問題とそのアルゴリズムに対する詳細な研究成果の概観が与えられている．（本書の範囲を超えてしまうので）本書では記述できなかったが，Byrka らは，さらに強力な結果も多数得ている．その中でも注目すべきものは，ln 4-近似アルゴリズムである．なお，ln 4 は 1.39 より小さい．また，本書の記述は，同一の LP に基づく Chakrabarty, Könemann, and Pritchard [63] による最近の 1.55-近似アルゴリズムから強く影響を受けている．さらに，この性能保証は，この分野で現在知られている最も強力な整数性ギャップに一致する．

12.4 節で与えた重みなしデンスグラフの最大カット問題に対する多項式時間近似スキームは，Arora, Karger, and Karpinski [16] による．同一の最大カット問題に対して異なる PTAS が Fernandez de la Vega [110] で独立に与えられている．事実 12.13 の Hoeffding の不等式は Hoeffding [166] による．Arora, Karger, and Karpinski は，彼らの技法が，演習問題 12.3 でも与えたように，重みなしデンスグラフの最大有向カット問題などを含むほかの様々な問題にもうまく適用できることを示している．これらの結果が発表されて以来，これらの問題およびさらなる一般化に対してもほかの様々な多項式時間近似スキームが発表されてきている．Mathieu and Schudy [223] は，重みなしデンスグラフの最大カット問題に対するきわめて単純なアルゴリズムを与えている．それは，ランダムにサンプリングして点の部分集合を定め，そのサンプル点集合で可能なすべてのカットを列挙して，それをグリーディアルゴリズムを用いて全体の解にオーグメントするというものである．

演習問題 12.4 は Goemans, Harvey, Jain, and Singh [135] による．Asadpour, Goemans, Mądry, Oveis Gharan and Saberi [25] によるこの結果の改善では，$O(\log n / \log \log n)$ の性能保証が与えられている．最小カットの容量の高々 $\alpha$ 倍の容量のカットの個数の上界は，Karger [182, 183] による．フローの実行可能性に対する条件は Hoffman の循環フロー定理として知られていて，Hoffman [168] による．

# 第 13 章
# 半正定値計画問題での乱択ラウンディングの発展利用

　近似アルゴリズムに対して半正定値計画の利用を第 6 章で紹介した．その章のアルゴリズムでは，ベクトル計画緩和を解いて，得られたベクトルの集合を，1 個あるいは複数個のランダム超平面を利用して，いくつかの部分集合に分割した．これらのアルゴリズムの解析の中核となる構成要素は，補題 6.7 であった．すなわち，二つのベクトルが一つのランダム超平面で分離される確率は，それらの二つのベクトルのなす角に比例するということである．本章では，半正定値計画を用いるアルゴリズムの解析とアルゴリズム自身の両方をさらに広げる方法を眺める．

　解析技法を広げるために，第 6 章で初めて議論した二つの問題を再度取り上げる．具体的には，6.3 節で議論した二次整数計画問題を近似的に解く問題と，6.5 節で議論した 3-彩色可能グラフの彩色問題を取り上げる．本章のアルゴリズムでも，問題に対するベクトル計画緩和を解いて，さらに各成分を正規分布から選んで（得られるベクトルに直交する）ランダム超平面を選ぶ．しかしながら，ここのアルゴリズムの解析では，先の章で用いていなかった正規分布の性質をいくつか用いる．とくに，正規分布の末端部分に対する限界の性質を用いることが有効となる．

　さらに，ユニークゲーム問題への半正定値計画の適用についても考える．これまで，ユニークゲーム予想を仮定して，その仮定のもとで，いくつかの問題が近似困難であることを述べてきた．13.3 節で，ユニークゲーム問題を定義し，ユニークゲーム予想を与える．ユニークゲーム問題は一種の制約充足化問題であり，ユニークゲーム予想は，与えられた入力の最適解がほぼすべての制約式を満たすとわかっているときでも，実際にかなり小さい割合の制約式を満たすようにすることが NP-困難であるということを主張している．ユニークゲーム予想は，近似困難性の様々な結果の基盤となっている．ユニークゲーム問題に対する近似アルゴリズムを与えるが，その性能保証は，ユニークゲーム予想を否定できるほど強力なものではない．この近似アルゴリズムは，ランダム超平面を用いずに，ベクトル計画問題の幾何学的な性質に基づいている点が，興味深い．

## 13.1 二次計画問題の近似

6.3 節で議論した二次計画問題に戻って考えてみることから始める．その二次計画問題 (6.5) は以下のように書けていたことを思いだそう．

$$\begin{aligned}\text{maximize} \quad & \sum_{1 \leq i,j \leq n} a_{ij} x_i x_j \\ \text{subject to} \quad & x_i \in \{-1, +1\}, \qquad i = 1, \ldots, n.\end{aligned} \quad (13.1)$$

6.3 節では，最適解の値が非負であることを保証するために，目的関数の係数行列 $A = (a_{ij})$ が半正定値行列であることを仮定した．そして，その仮定のもとで，$\frac{2}{\pi}$-近似アルゴリズムを得ることができた．本節では，係数行列 $A$ がすべての $i$ で $a_{ii} = 0$ であるという制約のみを課することにして，格段に弱い性能保証 $\Omega(1/\log n)$ の近似アルゴリズムを得ることにする．上記の二次計画問題の任意の実行可能解において，$\sum_{i=1}^n a_{ii} x_i^2 = \sum_{i=1}^n a_{ii}$ は定数であるので，すべての $i$ で $a_{ii} = 0$ であるという制約がないときでも，ここで得られる解に単に定数を加えることで，解が得られることに注意しよう．

すべての $i$ で $a_{ii} = 0$ であるという制約のもとで，最適解の値が非負であることをまず示す．したがって，この問題に対する近似アルゴリズムが意味のあるものであることになる．

**補題 13.1** すべての $i$ で $a_{ii} = 0$ であるとする．すると，

$$\text{OPT} \geq \frac{1}{n^2} \sum_{1 \leq i < j \leq n} |a_{ij} + a_{ji}|$$

が成立する．

**証明**： 乱択化を用いて，

$$\mathbf{E}\left[\sum_{1 \leq i,j \leq n} a_{ij} \bar{x}_i \bar{x}_j\right] \geq \frac{1}{n^2} \sum_{1 \leq i < j \leq n} |a_{ij} + a_{ji}|$$

を満たすような解 $\bar{x}$ を構成する．これから補題の証明が得られる．$n$ 個の点からなる無向完全グラフを考える．さらに，各辺 $(i, j)$ は重み $(a_{ij} + a_{ji})$ を持つとする．このグラフのランダムマッチング $M$ を以下のように構成する．グラフの辺を 1 本ランダムに選び，それを $(i, j)$ としてマッチング $M$ に加え，その両端点の $i$ と $j$ を（それらに接続するすべての辺も）グラフから除去する．そして，グラフが高々 1 点となるまで，この操作を繰り返す．完全グラフには $n(n-1)/2$ 本の辺があるので，指定された辺が最初に選ばれてマッチング $M$ に含まれる確率は，$2/(n(n-1))$ である．すなわち，グラフの各辺に対して，その辺がマッチング $M$ に含まれる確率は，少なくとも $1/n^2$ である．これはきわめて粗い下界であるが，ここでの目的のためには十分である．

次に，解 $\bar{x}$ を構成する．マッチング $M$ が与えられているとする．$i<j$ を満たすマッチングの各辺 $(i,j) \in M$ に対して，確率 $\frac{1}{2}$ で $\bar{x}_i = 1$ と設定し，確率 $\frac{1}{2}$ で $\bar{x}_i = -1$ と設定する．さらに，$a_{ij} + a_{ji} \geq 0$ のときには $\bar{x}_j = \bar{x}_i$ と設定し，そうでないときには $\bar{x}_j = -\bar{x}_i$ と設定する．最後に，$n$ が奇数で点 $i$ がマッチング辺の端点でないときには，確率 $\frac{1}{2}$ で $\bar{x}_i = 1$ と設定し，確率 $\frac{1}{2}$ で $\bar{x}_i = -1$ と設定する．このとき，$(i,j) \in M$ ならば $\mathbf{E}[(a_{ij}+a_{ji})\bar{x}_i\bar{x}_j] = |a_{ij}+a_{ji}|$ であり，$(i,j) \notin M$ ならば $\mathbf{E}[(a_{ij}+a_{ji})\bar{x}_i\bar{x}_j] = 0$ であることに注意することが重要である．したがって，すべての $i$ で $a_{ii} = 0$ であることから，

$$\begin{aligned}
\mathbf{E}\left[\sum_{1 \leq i,j \leq n} a_{ij}\bar{x}_i\bar{x}_j\right] &= \mathbf{E}\left[\sum_{1 \leq i<j \leq n} (a_{ij}+a_{ji})\bar{x}_i\bar{x}_j\right] \\
&= \sum_{1 \leq i<j \leq n: (i,j) \in M} \Pr[(i,j) \in M]\mathbf{E}[(a_{ij}+a_{ji})\bar{x}_i\bar{x}_j|(i,j) \in M] \\
&\quad + \sum_{1 \leq i<j \leq n: (i,j) \notin M} \Pr[(i,j) \notin M]\mathbf{E}[(a_{ij}+a_{ji})\bar{x}_i\bar{x}_j|(i,j) \notin M] \\
&\geq \frac{1}{n^2} \sum_{1 \leq i<j \leq n} |a_{ij}+a_{ji}|
\end{aligned}$$

が得られ，証明が完成する． □

アルゴリズムに向けての第一歩として，近似可能性の枠組みでは，$x_i \in \{-1,1\}$ の整数制約の二次計画問題が，実際には，$-1 \leq x_i \leq 1$ の線形制約の二次計画問題と等価であることを示す．次に，線形制約の二次計画問題に対する近似アルゴリズムを与える．具体的には，以下の問題を考える．

$$\begin{aligned}
\text{maximize} \quad & \sum_{1 \leq i,j \leq n} a_{ij}y_iy_j \\
\text{subject to} \quad & -1 \leq y_i \leq 1, \quad i = 1,\ldots,n.
\end{aligned} \tag{13.2}$$

すると以下が示せる．

**補題 13.2** すべての $i$ で $a_{ii} = 0$ であると仮定する．すると，線形制約の二次計画問題 (13.2) に対する任意の $\alpha$-近似アルゴリズムは，整数制約の二次計画問題 (13.1) に対する乱択 $\alpha$-近似アルゴリズムに変換できる．

**証明**：線形制約の二次計画問題 (13.2) の解 $\bar{y}$ が，乱択ラウンディングを用いて，期待値として同じ値を持つ整数制約の二次計画問題 (13.1) の解 $\bar{x}$ に変換できることを示して，補題を証明する．そこで，確率 $\frac{1}{2}(1-\bar{y}_i)$ で $\bar{x}_i = -1$ と設定し，確率 $\frac{1}{2}(1+\bar{y}_i)$ で $\bar{x}_i = 1$ と設定する．すると，$i \neq j$ に対して，

$$\begin{aligned}
\mathbf{E}[\bar{x}_i\bar{x}_j] &= \Pr[\bar{x}_i = \bar{x}_j] - \Pr[\bar{x}_i \neq \bar{x}_j] \\
&= \frac{1}{4}\left((1-\bar{y}_i)(1-\bar{y}_j) + (1+\bar{y}_i)(1+\bar{y}_j)\right) \\
&\quad - \frac{1}{4}\left((1-\bar{y}_i)(1+\bar{y}_j) + (1+\bar{y}_i)(1-\bar{y}_j)\right) \\
&= \frac{1}{4}(2+2\bar{y}_i\bar{y}_j) - \frac{1}{4}(2-2\bar{y}_i\bar{y}_j) \\
&= \bar{y}_i\bar{y}_j
\end{aligned}$$

が成立する.さらに,すべての $i$ で $a_{ii} = 0$ であるので,

$$\mathbf{E}\left[\sum_{1 \le i,j \le n} a_{ij} \bar{x}_i \bar{x}_j\right] = \sum_{1 \le i,j \le n} a_{ij} \bar{y}_i \bar{y}_j$$

が得られる.

線形制約の二次計画問題 (13.2) の最適解の値を $\mathrm{OPT}_{lin}$ とし,整数制約の二次計画問題 (13.1) の最適解の値を OPT とする.整数制約の任意の実行可能解は,線形制約の二次計画問題の制約式を満たすので,$\mathrm{OPT}_{lin} \ge \mathrm{OPT}$ であることに注意しよう.一方,$\mathrm{OPT} \ge \mathrm{OPT}_{lin}$ も成立する.なぜなら,上記の議論より,線形制約の二次計画問題 (13.2) の最適解 $\bar{y}$ に対して,整数制約の二次計画問題 (13.1) の整数解で値がそれ以上のものが存在するからである.以上の議論より,$\mathrm{OPT} = \mathrm{OPT}_{lin}$ が成立する.

したがって,値が少なくとも $\alpha \mathrm{OPT}_{lin}$ の線形制約の二次計画問題 (13.2) の任意の解 $\bar{y}$ に対して,多項式時間の乱択ラウンディングアルゴリズムで,期待値として同じ値を持つ整数制約の二次計画問題 (13.1) の整数解 $\bar{x}$ を得ることができるので,少なくとも $\alpha \mathrm{OPT}_{lin} = \alpha \mathrm{OPT}$ の値を持つ解を得ることができる.したがって,線形制約の二次計画問題 (13.2) に対する $\alpha$-近似アルゴリズムから,整数制約の二次計画問題 (13.1) に対する乱択 $\alpha$-近似アルゴリズムを得ることができる. □

次に,線形制約の二次計画問題 (13.2) に対する $\Omega(1/\log n)$-近似アルゴリズムを与える.補題 13.2 より,これから元の整数制約の二次計画問題 (13.1) に対する乱択 $\Omega(1/\log n)$-近似アルゴリズムも得られる.これ以降,(上記の補題の証明より,$\mathrm{OPT} = \mathrm{OPT}_{lin}$ が得られているので) OPT は線形制約の二次計画問題 (13.2) の最適解の値であるとする.6.3 節で用いたものと同一の以下のベクトル計画緩和を用いる.

$$\begin{aligned}
\text{maximize} \quad & \sum_{1 \le i,j \le n} a_{ij}(v_i \cdot v_j) \\
\text{subject to} \quad & v_i \cdot v_i = 1, \quad i = 1, \ldots, n, \\
& v_i \in \Re^n, \quad i = 1, \ldots, n.
\end{aligned} \quad (13.3)$$

このベクトル計画緩和の最適解の値を $Z_{VP}$ とする.前にも議論したように,このベクトル計画問題は,元の整数制約の二次計画問題 (13.1) の緩和になっているので,$Z_{VP} \ge \mathrm{OPT}$ が成立する.アルゴリズムは,ベクトル計画問題 (13.3) の最適解を多項式時間で求める.最適解での $i$ 番目のベクトルを $v_i$ とする.平均 0,分散 1 の正規分布 $\mathcal{N}(0,1)$ から各成分をランダムに選んで,ランダムベクトル $r$ を求める.後に決定するパラメーター $T \ge 1$ を用いて,$z_i = (v_i \cdot r)/T$ と設定する.$z_i > 1$ あるいは $z_i < -1$ となることもあるので,$z$ は線形制約の二次計画問題 (13.2) の実行不可能解となることもある.そこで,そのようなことが起こったときには,$y_i$ を 1 あるいは $-1$ に固定して,解 $y$ を構成する.すなわち,

$$y_i = \begin{cases} z_i & (|z_i| \le 1 \text{ のとき}) \\ -1 & (z_i < -1 \text{ のとき}) \\ 1 & (z_i > 1 \text{ のとき}) \end{cases}$$

と定義して,$y$ を解として返す.このアルゴリズムをアルゴリズム 13.1 にまとめている.

> **アルゴリズム 13.1** 二次計画問題 (13.2) に対する近似アルゴリズム.
>
> ベクトル計画問題 (13.3) を解いて各ベクトル $v_i$ を得る
> ランダムベクトル $r$ を求める
> $z_i = (v_i \cdot r)/T$ とする
> **if** $|z_i| \leq 1$ **then**
>   $y_i \leftarrow z_i$
> **else if** $z_i < -1$ **then**
>   $y_i \leftarrow -1$
>  **else**
>   $y_i \leftarrow 1$
> **return** $y$

積 $z_i z_j$ の期待値が内積 $v_i \cdot v_j$ を $T^2$ で割った値に等しくなることを示すことができる.さらに,すべての $i$ で $|z_i| \leq 1$ となるときには,解 $y$ の期待値が $Z_{VP}/T^2$ となることを示せる.しかし,ある $i$ で $|z_i| > 1$ となることもある(その確率は高々 $2\overline{\Phi}(T) \leq e^{-T^2/2}$ であることを後述する).それでも $T$ の値を大きくすることで,これが起こる確率を小さくできる.そして,$|z_i| > 1$ の可能性から生じる誤差の期待値が $O(n^2 e^{-T^2/2} \mathrm{OPT})$ であることを示すことができる.したがって,$T = \Theta(\sqrt{\ln n})$ と設定することで,$Z_{VP}/\Theta(\ln n) \geq \mathrm{OPT}/\Theta(\ln n)$ から誤差の項の $O(\mathrm{OPT}/n)$ を引いた値以上の期待値を持つような解を得ることができる.このようにして,十分に大きい $n$ において,所望の性能保証が得られる.

この結果を得るのに必要な中核となる以下の補題を次に証明する.

**補題 13.3**
$$\mathbf{E}[z_i z_j] = \frac{1}{T^2}(v_i \cdot v_j).$$

**証明**:$\mathbf{E}[z_i z_j] = \frac{1}{T^2}\mathbf{E}[(v_i \cdot r)(v_j \cdot r)]$ を計算したい.(全体の)ベクトルの(同一の)回転のもとでベクトル計画問題の解の値は不変であり,さらに,事実 6.4 より $r$ は球面対称であるので,$v_i = (1, 0, \ldots)$ かつ $v_j = (a, b, 0, \ldots)$ となるように回転できる.すると,各成分 $r_i$ が正規分布 $\mathcal{N}(0, 1)$ からランダムに選ばれて得られる $r = (r_1, r_2, \ldots, r_n)$ に対して,$v_i \cdot r = r_1$ かつ $v_j \cdot r = ar_1 + br_2$ となる.したがって,

$$\mathbf{E}[z_i z_j] = \frac{1}{T^2}\mathbf{E}[r_1(ar_1 + br_2)] = \frac{1}{T^2}\left(a\mathbf{E}[r_1^2] + b\mathbf{E}[r_1 r_2]\right)$$

と書ける.$r_1$ が $\mathcal{N}(0, 1)$ からランダムに選ばれているので,$\mathbf{E}[r_1^2]$ は $r_1$ の分散に等しくなり,1 となる.$r_1$ と $r_2$ は $\mathcal{N}(0, 1)$ から独立に選ばれているので,$\mathbf{E}[r_1 r_2] = \mathbf{E}[r_1]\mathbf{E}[r_2] = 0$ となる.したがって,

$$\mathbf{E}[z_i z_j] = \frac{a}{T^2} = \frac{1}{T^2}(v_i \cdot v_j)$$

が得られる. □

アルゴリズムで得られる解の期待値は

$$\mathbf{E}\left[\sum_{1\le i,j\le n} a_{ij}y_iy_j\right] = \sum_{1\le i,j\le n} a_{ij}\mathbf{E}[y_iy_j]$$

である．一方，上記の補題から，

$$\sum_{1\le i,j\le n} a_{ij}\mathbf{E}[z_iz_j] = \frac{1}{T^2}\sum_{1\le i,j\le n} a_{ij}(v_i\cdot v_j) = \frac{1}{T^2}Z_{VP}$$

が得られている．アルゴリズムの解の期待値とベクトル（半正定値）計画問題の値を関係づけるために，各 $i,j$ に対して $z_iz_j$ と $y_iy_j$ の差を考える．この差を $\Delta_{ij} = z_iz_j - y_iy_j$ と表記する．次の補題は，この差の期待値の絶対値が $-T^2$ の指数関数で上から抑えられることを示している[1]．

**補題 13.4**

$$|\mathbf{E}[\Delta_{ij}]| \le 8\mathrm{e}^{-T^2/2}.$$

この補題の証明は少し延ばすことにする．この補題が与えられると，アルゴリズムの性能保証の証明を得ることができる．

**定理 13.5** 十分に大きい $n$ に対して，アルゴリズム 13.1 は，すべての $i$ で $a_{ii} = 0$ を満たす二次計画問題 (13.2) に対する乱択 $\Omega(1/\log n)$-近似アルゴリズムである．

**証明**：補題 13.3 より，$\mathbf{E}[z_iz_j] = \frac{1}{T^2}(v_i\cdot v_j)$ である．したがって，アルゴリズムで得られる解の期待値は，

$$\begin{aligned}
\mathbf{E}\left[\sum_{1\le i,j\le n} a_{ij}y_iy_j\right] &= \sum_{1\le i,j\le n} a_{ij}\mathbf{E}[y_iy_j] \\
&= \sum_{1\le i,j\le n} a_{ij}\mathbf{E}[z_iz_j] - \sum_{1\le i,j\le n} a_{ij}\mathbf{E}[\Delta_{ij}] \\
&= \frac{1}{T^2}\sum_{1\le i,j\le n} a_{ij}(v_i\cdot v_j) - \sum_{1\le i,j\le n} a_{ij}\mathbf{E}[\Delta_{ij}] \\
&= \frac{1}{T^2}Z_{VP} - \sum_{1\le i,j\le n} a_{ij}\mathbf{E}[\Delta_{ij}] \\
&\ge \frac{1}{T^2}Z_{VP} - \left|\sum_{1\le i,j\le n} a_{ij}\mathbf{E}[\Delta_{ij}]\right| \\
&\ge \frac{1}{T^2}Z_{VP} - \sum_{1\le i<j\le n} |a_{ij}+a_{ji}|\cdot|\mathbf{E}[\Delta_{ij}]| \\
&\ge \frac{1}{T^2}Z_{VP} - 8\mathrm{e}^{-T^2/2}\sum_{1\le i<j\le n} |a_{ij}+a_{ji}|
\end{aligned}$$

を満たす．最後の不等式は，補題 13.4 から得られる．補題 13.1 より，$\sum_{1\le i<j\le n} |a_{ij}+a_{ji}| \le n^2\cdot\mathrm{OPT}$ であるので，アルゴリズムで得られる解の期待値は，少なくとも

$$\frac{1}{T^2}Z_{VP} - 8n^2\mathrm{e}^{-T^2/2}\,\mathrm{OPT} \ge \left(\frac{1}{T^2} - 8n^2\mathrm{e}^{-T^2/2}\right)\mathrm{OPT}$$

---

[1] 訳注：原著の補題 13.4 では，$|\mathbf{E}[\Delta_{ij}]| \le 8\mathrm{e}^{-T^2}$ と記載されていたが，より弱い $|\mathbf{E}[\Delta_{ij}]| \le 8\mathrm{e}^{-T^2/2}$ が証明されていただけであるので，本翻訳書では，補題 13.4 を $|\mathbf{E}[\Delta_{ij}]| \le 8\mathrm{e}^{-T^2/2}$ に修正している．それ以降の部分も必要に応じて修正している．

である．ここで，$T = \sqrt{6\ln n}$ と設定する．すると，アルゴリズムで得られる解の期待値は，少なくとも

$$\left(\frac{1}{6\ln n} - \frac{8}{n}\right) \text{OPT}$$

である．$e^6 \geq 384$ より大きい $n$ に対して，$1/(8\ln n) \geq 8/n$ であるので，アルゴリズムで得られる解の期待値は少なくとも $(\frac{1}{6} - \frac{1}{8})\frac{\text{OPT}}{\ln n} = \frac{\text{OPT}}{24\ln n}$ である．以上の議論より，アルゴリズムは，十分に大きい $n$ に対して，乱択 $\Omega(1/\log n)$-近似アルゴリズムであることが証明できた． □

最後に，延ばしていた補題 13.4 の証明を与える．

**補題 13.4 の証明**：$X_i$ を $y_i = z_i$ となる事象，$X_j$ を $y_j = z_j$ となる事象とする．記法の簡単化のため，事象 $X_i$ のもとでの条件付き期待値を $\mathbf{E}_i$，事象 $\bar{X}_i$ のもとでの条件付き期待値を $\mathbf{E}_{\neg i}$，事象 $X_i \wedge X_j$ のもとでの条件付き期待値を $\mathbf{E}_{i,j}$ と表記する．以下同様である．すると，

$$\begin{aligned}\left|\mathbf{E}[\Delta_{ij}]\right| &\leq \left|\mathbf{E}_{i,j}[\Delta_{ij}]\Pr[X_i \wedge X_j]\right| + \mathbf{E}_{\neg i,j}[|\Delta_{ij}|]\Pr[\bar{X}_i \wedge X_j] \\ &\quad + \mathbf{E}_{i,\neg j}[|\Delta_{ij}|]\Pr[X_i \wedge \bar{X}_j] + \mathbf{E}_{\neg i,\neg j}[|\Delta_{ij}|]\Pr[\bar{X}_i \wedge \bar{X}_j]\end{aligned} \quad (13.4)$$

が成立する．なお，

$$\mathbf{E}_{\neg i}[|\Delta_{ij}|]\Pr[\bar{X}_i] = \mathbf{E}_{\neg i,j}[|\Delta_{ij}|]\Pr[\bar{X}_i \wedge X_j] + \mathbf{E}_{\neg i,\neg j}[|\Delta_{ij}|]\Pr[\bar{X}_i \wedge \bar{X}_j]$$

であり，かつ

$$\mathbf{E}_{\neg j}[|\Delta_{ij}|]\Pr[\bar{X}_j] = \mathbf{E}_{i,\neg j}[|\Delta_{ij}|]\Pr[X_i \wedge \bar{X}_j] + \mathbf{E}_{\neg i,\neg j}[|\Delta_{ij}|]\Pr[\bar{X}_i \wedge \bar{X}_j]$$

であることに注意しよう．したがって，$\mathbf{E}_{\neg i,\neg j}[|\Delta_{ij}|]\Pr[\bar{X}_i \wedge \bar{X}_j]$ は非負であるので，式(13.4)の右辺は高々

$$\left|\mathbf{E}_{i,j}[\Delta_{ij}]\Pr[X_i \wedge X_j]\right| + \mathbf{E}_{\neg i}[|\Delta_{ij}|]\Pr[\bar{X}_i] + \mathbf{E}_{\neg j}[|\Delta_{ij}|]\Pr[\bar{X}_j]$$

となる．

ここで，これらの各項を上から抑える．事象 $X_i \wedge X_j$（すなわち，$y_i = z_i$ かつ $y_j = z_j$）に対して，$\Delta_{ij} = 0$ であるので，$\mathbf{E}_{i,j}[\Delta_{ij}] = 0$ となる．対称性より，$\mathbf{E}_{\neg i}[|\Delta_{ij}|]\Pr[\bar{X}_i] = \mathbf{E}_{\neg j}[|\Delta_{ij}|]\Pr[\bar{X}_j]$ であるので，$\mathbf{E}_{\neg i}[|\Delta_{ij}|]\Pr[\bar{X}_i]$ を上から抑えるだけで十分である．それを行うために，正規分布 $\mathcal{N}(0,1)$ の確率密度関数 $p(x)$ が

$$p(x) = \frac{1}{\sqrt{2\pi}}e^{-x^2/2}$$

であり，その累積分布関数が $\Phi(x) = \int_{-\infty}^{x} p(s)\mathrm{d}s$ であることをまず思いだそう．$\overline{\Phi}(x) = 1 - \Phi(x) = \int_{x}^{\infty} p(s)\mathrm{d}s$ とする．補題 13.3 の証明より，$v_i = (1, 0, \ldots), v_j = (a, b, 0, \ldots)$ と仮定できることも思いだそう．なお，$v_j$ が単位ベクトルであるので，$|a| \leq 1$ かつ $|b| \leq 1$ である．さらに，$r = (r_1, r_2, \ldots, r_n)$ の各成分 $r_i$ は，正規分布 $\mathcal{N}(0,1)$ から独立に選ばれている．事象 $\bar{X}_i$ は $|z_i| > 1$ すなわち $|v_i \cdot r| = |r_1| > T$ のときに起こるので，

$$\Pr[\bar{X}_i] = 2\overline{\Phi}(T)$$

が得られる．また，$|y_i y_j| \leq 1$ を用いると，

$$\mathbf{E}_{\neg i}[|\Delta_{ij}|]\Pr[\bar{X}_i] \leq \mathbf{E}_{\neg i}[|y_i y_j| + |z_i z_j|]\Pr[\bar{X}_i] \leq 2\overline{\Phi}(T) + \mathbf{E}_{\neg i}[|z_i z_j|]$$

も得られる．$z_i z_j = \frac{1}{T^2}(v_i \cdot r)(v_j \cdot r) = \frac{1}{T^2}r_1(ar_1 + br_2)$ であり，かつ $\bar{X}_i$ ならば $|v_i \cdot r| > T$ であるので，

$$\begin{aligned}
\mathbf{E}_{\neg i}[|z_i z_j|] &= \frac{1}{T^2}\int_{-\infty}^{-T}\int_{-\infty}^{\infty}|r_1(ar_1 + br_2)|p(r_1)p(r_2)\mathrm{d}r_2\mathrm{d}r_1 \\
&\quad + \frac{1}{T^2}\int_{T}^{\infty}\int_{-\infty}^{\infty}|r_1(ar_1 + br_2)|p(r_1)p(r_2)\mathrm{d}r_2\mathrm{d}r_1 \\
&= \frac{2}{T^2}\int_{T}^{\infty}\int_{-\infty}^{\infty}|ar_1^2 + br_1 r_2|p(r_1)p(r_2)\mathrm{d}r_2\mathrm{d}r_1 \\
&\leq \frac{2}{T^2}\int_{T}^{\infty}|a|r_1^2 p(r_1)\mathrm{d}r_1 + \frac{2}{T^2}\left(\int_{T}^{\infty}|br_1|p(r_1)\mathrm{d}r_1\right)\left(\int_{-\infty}^{\infty}|r_2|p(r_2)\mathrm{d}r_2\right)
\end{aligned}$$

が得られる．

ここで，これらの各項を上から抑える．部分積分と $|a| \leq 1$ を用いて，

$$\begin{aligned}
\int_T^\infty |a|r^2 p(r)\mathrm{d}r &\leq \frac{1}{\sqrt{2\pi}}\int_T^\infty r^2 \mathrm{e}^{-r^2/2}\mathrm{d}r \\
&= \frac{1}{\sqrt{2\pi}}\left(-r\mathrm{e}^{-r^2/2}\Big]_T^\infty + \int_T^\infty \mathrm{e}^{-r^2/2}\mathrm{d}r\right) \\
&= \frac{1}{\sqrt{2\pi}}T\mathrm{e}^{-T^2/2} + \overline{\Phi}(T)
\end{aligned}$$

が得られる．また，$|b| \leq 1$ であるので，

$$\int_T^\infty |br|p(r)\mathrm{d}r \leq \frac{1}{\sqrt{2\pi}}\int_T^\infty r\mathrm{e}^{-r^2/2}\mathrm{d}r = -\frac{1}{\sqrt{2\pi}}\mathrm{e}^{-r^2/2}\Big]_T^\infty = \frac{1}{\sqrt{2\pi}}\mathrm{e}^{-T^2/2}$$

および

$$\int_{-\infty}^\infty |r|p(r)\mathrm{d}r = 2\int_0^\infty rp(r)\mathrm{d}r = -\frac{2}{\sqrt{2\pi}}\mathrm{e}^{-r^2/2}\Big]_0^\infty = \frac{2}{\sqrt{2\pi}}$$

が得られる．これらをすべて組み合わせて，さらに $T \geq 1$ を用いると，

$$\begin{aligned}
\mathbf{E}_{\neg i}[|\Delta_{ij}|]\Pr[\bar{X}_i] &\leq 2\overline{\Phi}(T) + \frac{2}{T\sqrt{2\pi}}\mathrm{e}^{-T^2/2} + \frac{2}{T^2}\overline{\Phi}(T) + \frac{2}{T^2\pi}\mathrm{e}^{-T^2/2} \\
&\leq 4\overline{\Phi}(T) + \frac{2}{T}\mathrm{e}^{-T^2/2}
\end{aligned}$$

が得られる．$T \geq 1$ に対して $\overline{\Phi}(T)$ は，

$$\overline{\Phi}(T) = \int_T^\infty p(x)\mathrm{d}x \leq \int_T^\infty xp(x)\mathrm{d}x = \frac{1}{\sqrt{2\pi}}\int_T^\infty x\mathrm{e}^{-x^2/2}\mathrm{d}x = -\frac{1}{\sqrt{2\pi}}\mathrm{e}^{-x^2/2}\Big]_T^\infty \leq \frac{1}{2}\mathrm{e}^{-T^2/2}$$

と上から抑えることができる．

ここで，これらをすべて組み合わせる．すると，

$$\left|\mathbf{E}[\Delta_{ij}]\right| \leq 2\mathbf{E}_{\neg i}[|\Delta_{ij}|]\Pr[\bar{X}_i] \leq 4\mathrm{e}^{-T^2/2} + \frac{4}{T}\mathrm{e}^{-T^2/2} \leq 8\mathrm{e}^{-T^2/2}$$

が得られ，証明が完成する． □

前に進む前に，少し立ち止まって，上記の解析が必要であったことを振り返ってみよう．そこで，たとえば以下の（アルゴリズムとその）解析を考えてみる．ベクトル計画問題を

解いて，ランダム超平面$r$を選び，$z_i = (v_i \cdot r)/T$とおく．そして，すべての$i$で$|z_i| \leq 1$であるときには，解として$z_i$を返す．一方，そうでないときには，補題13.1で保証されている非負の値を持つ任意の解を返す．与えられた$i$で$|z_i| > 1$である確率は$|v_i \cdot r| > T$となる確率$2\overline{\Phi}(T) \leq e^{-T^2/2}$である．したがって，$T = O(\sqrt{\log n})$とすると，高い確率で，すべての$i$で$|z_i| \leq 1$となる．さらに，補題13.3より，期待値が$\mathbf{E}[z_i z_j] = (v_i \cdot v_j)/T^2$であることはすでにわかっている．したがって，その期待値は$Z_{VP}$の$\Omega(1/\log n)$倍になる．この（アルゴリズムとその）解析のほうがより簡単ではなかろうか？ しかし，この解析の問題点は，すべての$i$で$|z_i| \leq 1$であるという条件付きのもとで，$\mathbf{E}[z_i z_j]$の期待値を議論していないことである．この解析で必要になるものは，返される解の期待値，すなわち，すべての$i$で$|z_i| \leq 1$であるという条件のもとでの$\mathbf{E}[z_i z_j]$の条件付き期待値なのである．本文の解の解析での期待値では，$|z_i| > 1$の寄与がきわめて大きくなって，期待値が大きくなった可能性もある．この可能性を誤差の項$\Delta_{ij}$としてきちんと考慮して解析していたのが，本文の解析なのである．

## 13.2　3-彩色可能グラフの彩色

本節では，6.5節で議論した3-彩色可能グラフをできるだけ少ない色で彩色する問題を再度取り上げる．本節のアルゴリズムは，グラフの独立集合を繰り返し求めて彩色をする．独立集合は，10.2節で述べたように，点の部分集合$S \subseteq V$で$S$のどの2点$i,j$に対しても，その2点を結ぶ$(i,j)$という辺が存在しないようなものである．与えられたグラフの独立集合に対して，その独立集合に含まれる点をすべて同一の色で（彩色できるので）彩色する．そして，その独立集合に含まれるすべての点をグラフから除去する．さらに，残りのグラフにおいて，別の大きい独立集合を求めて，そこに含まれるすべての点を同一の色で彩色し，それらをすべて除去する．グラフの点がすべてなくなるまで，このプロセスを繰り返す．このプロセスでグラフの正しい彩色が得られることは明らかである．次に，使用される色数の上界を与える．各反復で，対象としているグラフの点数の$\gamma$倍以上の点数の独立集合が得られるものとする．すると，第1回目の反復後に残る点数は高々$(1-\gamma)n$となる．したがって，第$k$回目の反復後に残る点数は高々$(1-\gamma)^k n$となる．$1 - x \leq e^{-x}$を用いて$(1-\gamma)^k \leq e^{-\gamma k}$となるので，$k = \frac{1}{\gamma} \ln n$回の反復後に残っている点数は高々

$$(1-\gamma)^k n \leq e^{-\gamma k} n = e^{-\ln n} n = 1$$

となり，高々1色で彩色できる．したがって，各反復で，対象としているグラフの点数の$\gamma$倍以上の点数の独立集合が得られるときには，最初の与えられたグラフを$O(\frac{1}{\gamma} \ln n)$色で彩色できることになる．$\Delta$をグラフの点の最大次数とする．このアルゴリズムに少し変更を加える．すなわち，残っている点からなるグラフの最大次数$\Delta$が，ある定数より小さくなったときには，その残りのグラフを演習問題6.4で与えた単純なグリーディ$\Delta + 1$彩色アルゴリズムで彩色する．用いる定数の実際の値についてはあとで与える．このように変更を加えたものも，$O(\frac{1}{\gamma} \ln n)$彩色アルゴリズムとなる．

ものごとが少し複雑になるが，以下に与える独立集合を求めるアルゴリズムは，得られる独立集合のサイズの"期待値"が $\gamma n$ となる乱択アルゴリズムである．このアルゴリズムを $O(\frac{1}{\gamma} \ln n)$ 回繰り返すだけで，サイズが少なくとも $\gamma n/2$ の独立集合を，高い確率で，求めることができることをまず議論する．そこで，独立集合に含まれない点の個数を表す確率変数を $X$ とする．独立集合のサイズの期待値が $\gamma n$ 以上であるときには，$\mathbf{E}[X] \leq n(1-\gamma)$ が成立することになる．ここで，補題5.25のMarkovの不等式を用いると，

$$\Pr\left[X \geq n\left(1 - \frac{\gamma}{2}\right)\right] \leq \frac{\mathbf{E}[X]}{n\left(1 - \frac{\gamma}{2}\right)} \leq \frac{n(1-\gamma)}{n\left(1 - \frac{\gamma}{2}\right)} \leq 1 - \frac{\gamma}{2}$$

が得られる．すなわち，得られる独立集合のサイズが $\gamma n/2$ 未満である確率は，高々 $1 - \frac{\gamma}{2}$ となり，その独立集合のサイズが $\gamma n/2$ 以上である確率は少なくとも $\frac{\gamma}{2}$ となる．したがって，ある定数 $c$ を用いて，アルゴリズムを少なくとも $\frac{2c}{\gamma} \ln n$ 回走らせると，アルゴリズムで返される独立集合のサイズがすべて $\gamma n/2$ 未満となる確率は，高々

$$\left(1 - \frac{\gamma}{2}\right)^{\frac{2c}{\gamma} \ln n} \leq e^{-c \ln n} = \frac{1}{n^c}$$

となる．

大きい独立集合を求めるために，以下のベクトル計画問題の実行可能解を用いる．

$$\begin{aligned}
\text{minimize} \quad & 0 \\
\text{subject to} \quad & v_i \cdot v_j = -\frac{1}{2}, && \forall (i,j) \in E, \\
& v_i \cdot v_i = 1, && \forall i \in V, \\
& v_i \in \Re^n, && \forall i \in V.
\end{aligned} \qquad (13.5)$$

ここで，目的関数の最小化では "minimize 0" を用いている．このベクトル計画問題の実行可能解にのみ興味があるからである．任意の3-彩色可能グラフに対して，このベクトル計画問題に実行可能解が存在することを，系6.22で示した．そこで，このベクトル計画問題の実行可能解 $\{v_i\}$ が与えられたとする．各成分 $r_i$ を正規分布 $\mathcal{N}(0,1)$ から独立にランダムに選んでランダムベクトル $r = (r_1, r_2, \ldots, r_n)$ を求める．すぐあとで定めるパラメータ $\epsilon$ を用いて，$S(\epsilon) = \{i \in V : v_i \cdot r \geq \epsilon\}$ を求める．この集合 $S(\epsilon)$ は独立集合でないこともあるので，$S(\epsilon)$ に隣接点を持たないような $S(\epsilon)$ のすべての点からなる集合 $S'(\epsilon) \subseteq S(\epsilon)$ を求める．すると，$S'(\epsilon)$ は独立集合になるので，それを返す．アルゴリズム13.2にこのアルゴリズムをまとめている．以下では，このアルゴリズムで，サイズの期待値が少なくとも $\Omega(n\Delta^{-1/3}(\ln \Delta)^{-1/2})$ となる独立集合が得られることを示す．さらに，あとで説明する理由により，$\epsilon = \sqrt{\frac{2}{3} \ln \Delta}$ と選ぶ．また，$\epsilon \geq 1$ としたいので，残りのグラフの最大次数 $\Delta$ が反復ごとに単調非増加であることに注意して，$\Delta \leq e^{3/2}$ $(4 < e^{3/2} < 5)$ となったならば，残りのグラフをグリーディ彩色アルゴリズムで彩色する．これらと先の議論とを一緒にすると，(反復ごとに残りのグラフにおける最大次数 $\Delta$ が単調非増加であることから $\gamma = \Omega(\Delta^{-1/3}(\ln \Delta)^{-1/2})$ の中の $\Delta^{-1/3}(\ln \Delta)^{-1/2}$ は反復ごとに単調非減少となるので) これから3-彩色可能グラフを $O(\Delta^{1/3}\sqrt{\ln \Delta} \log n)$ 色で彩色するアルゴリズムが得られることになる．演習問題13.1では，このアルゴリズムが $\tilde{O}(n^{1/4})$ 色で彩色するアルゴリズムにつながることを取り上げる．

## 13.2　3-彩色可能グラフの彩色

**アルゴリズム 13.2**　3-彩色可能グラフの大きい独立集合を求めるアルゴリズム.

ベクトル計画問題 (13.5) を解いて，ベクトル $v_i$ の集合を得る
ランダムベクトル $r$ を求める
$\epsilon \leftarrow \sqrt{\frac{2}{3}\ln\Delta}$
$S(\epsilon) \leftarrow \{i \in V : v_i \cdot r \geq \epsilon\}$
$S'(\epsilon) \leftarrow \{i \in S(\epsilon) : \forall (i,j) \in E, j \notin S(\epsilon)\}$
**return** $S'(\epsilon)$

本書の証明では，以下の記法を用いる．前節と同様に，正規分布 $\mathcal{N}(0,1)$ の確率密度関数を $p(x)$ とする．すなわち，

$$p(x) = \frac{1}{\sqrt{2\pi}}e^{-x^2/2}$$

とする．すると，累積分布関数は $\Phi(x) = \int_{-\infty}^{x} p(s)\mathrm{d}s$ となる．$\overline{\Phi}(x) = 1 - \Phi(x) = \int_{x}^{\infty} p(s)\mathrm{d}s$ とする．単純な補題から始める．

**補題 13.6**　任意の $i \in V$ に対して，$i \in S(\epsilon)$ である確率は $\overline{\Phi}(\epsilon)$ である．したがって，$\mathrm{E}[|S(\epsilon)|] = n\overline{\Phi}(\epsilon)$ である．

**証明**：任意の $i \in V$ が $i \in S(\epsilon)$ である確率は，$v_i \cdot r \geq \epsilon$ である確率に等しい．事実 6.5 より，$v_i \cdot r$ は正規分布する．$\overline{\Phi}$ の定義より，$v_i \cdot r$ が $\epsilon$ 以上である確率は $\overline{\Phi}(\epsilon)$ である．　□

次に，$S(\epsilon)$ に含まれる任意の点が $S'(\epsilon)$ に含まれない確率の上界を与える．

**補題 13.7**　$S(\epsilon)$ に含まれる点が $S'(\epsilon)$ に含まれない確率は，高々 $\Delta\overline{\Phi}(\sqrt{3}\epsilon)$ である．

**証明**：$i \in S(\epsilon)$ が $S'(\epsilon)$ に含まれないときには，$i$ のある隣接点 $j$ が $S(\epsilon)$ に含まれる．したがって，

$$\Pr[i \notin S'(\epsilon) | i \in S(\epsilon)] = \Pr[\exists (i,j) \in E : v_j \cdot r \geq \epsilon | v_i \cdot r \geq \epsilon]$$

が得られる．$i$ と $j$ は隣接点同士であるので，辺 $(i,j) \in E$ が存在する．したがって，ベクトル計画問題 (13.5) の制約式から，$v_i \cdot v_j = -1/2$ となる．すなわち，$v_i$-$v_j$ 平面で $v_i$ に直交する単位ベクトル $u$ を用いて，$v_j = -\frac{1}{2}v_i + \frac{\sqrt{3}}{2}u$ と書ける（図 13.1）．したがって，$u$ は $u = \frac{2}{\sqrt{3}}(\frac{1}{2}v_i + v_j)$ と書ける．このとき，$v_i \cdot r \geq \epsilon$ かつ $v_j \cdot r \geq \epsilon$ ならば，$u \cdot r \geq \frac{2}{\sqrt{3}}(\frac{1}{2}\epsilon + \epsilon) = \sqrt{3}\epsilon$ となる．$u$ は $v_i$ に直交するので，事実 6.5 より，$u \cdot r$ は，$v_i \cdot r$ に独立であり，正規分布する．したがって，$v_i \cdot r \geq \epsilon$ という条件のもとで，$v_j \cdot r \geq \epsilon$ である確率は，独立で正規分布する確率変数 $u \cdot r$ が $u \cdot r \geq \sqrt{3}\epsilon$ を満たす確率以下である．すなわち，$\overline{\Phi}(\sqrt{3}\epsilon)$ 以下である．したがって，$\Pr[v_j \cdot r \geq \epsilon | v_i \cdot r \geq \epsilon] \leq \overline{\Phi}(\sqrt{3}\epsilon)$ となる．$i$ は隣接点を高々 $\Delta$ 個しか持たないので，

$$\Pr[\exists (i,j) \in E : v_j \cdot r \geq \epsilon | v_i \cdot r \geq \epsilon] \leq \sum_{j:(i,j) \in E} \Pr[v_j \cdot r \geq \epsilon | v_i \cdot r \geq \epsilon] \leq \Delta\overline{\Phi}(\sqrt{3}\epsilon)$$

が得られ，証明が完成する．　□

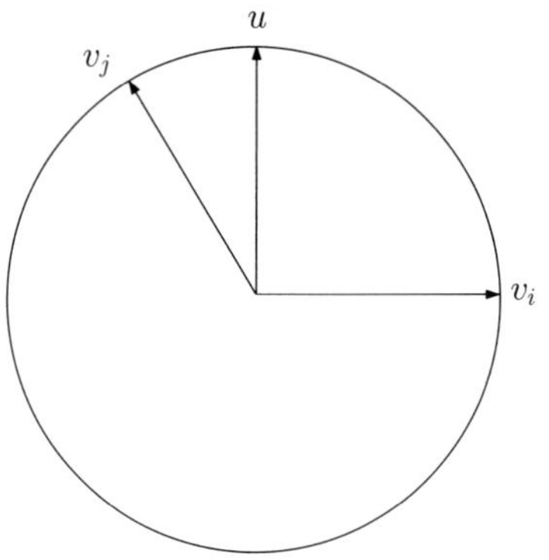

図 13.1　補題 13.7 の証明のための図.

ここで，$\overline{\Phi}(\sqrt{3}\epsilon)$ が高々 $\frac{1}{2\Delta}$ となるように $\epsilon$ を設定できるとする．すると，$i \in S(\epsilon)$ であるという条件のもとで，$i \notin S'(\epsilon)$ である確率は，高々 $\frac{1}{2}$ である．これから，$S'(\epsilon)$ のサイズの期待値は $S(\epsilon)$ のサイズの期待値の半分以上，すなわち，$\frac{n}{2}\overline{\Phi}(\epsilon)$ 以上になることがわかる．この期待値が達成されて十分大きい独立集合が得られるようにするために，$\overline{\Phi}$ に対する以下の限界を用いて $\epsilon$ を決定する．

**補題 13.8**　任意の $x > 0$ に対して，
$$\frac{x}{1+x^2}p(x) \leq \overline{\Phi}(x) \leq \frac{1}{x}p(x)$$
が成立する．

**証明**：$p'(s) = -sp(s)$ に注意して，$\left(-\frac{1}{s}p(s)\right)' = \left(1 + \frac{1}{s^2}\right)p(s)$ が得られる．$\overline{\Phi}$ の下界を得るために，
$$\left(1 + \frac{1}{x^2}\right)\overline{\Phi}(x) = \int_x^\infty \left(1 + \frac{1}{x^2}\right)p(s)\mathrm{d}s$$
$$\geq \int_x^\infty \left(1 + \frac{1}{s^2}\right)p(s)\mathrm{d}s$$
$$= -\frac{1}{s}p(s)\Big]_x^\infty = \frac{1}{x}p(x)$$
に注意する．この不等式の両辺を $1 + \frac{1}{x^2}$ で割ることにより，$\overline{\Phi}(x)$ に対する下界が得られる．上界は，
$$\overline{\Phi}(x) = \int_x^\infty p(s)\mathrm{d}s$$
$$\leq \int_x^\infty \left(1 + \frac{1}{s^2}\right)p(s)\mathrm{d}s = \frac{1}{x}p(x)$$
に注意して得られる． □

これで，以下の定理を与えることができるようになった．

**定理 13.9**　アルゴリズム 13.2 で，サイズの期待値が $\Omega(n\Delta^{-1/3}(\ln \Delta)^{-1/2})$ 以上となる独立集合が得られる．

証明：$\epsilon = \sqrt{\frac{2}{3}\ln\Delta}$ と設定する．上記の議論より，グラフが $\epsilon \geq 1$ を満たす範囲内でアルゴリズムを走らせることを思いだそう．

補題 13.8 より，

$$\overline{\Phi}(\sqrt{3}\epsilon) \leq \frac{1}{\sqrt{3}\epsilon}\frac{1}{\sqrt{2\pi}}e^{-3\epsilon^2/2}$$

$$= \frac{1}{\sqrt{2\ln\Delta}}\frac{1}{\sqrt{2\pi}}e^{-\ln\Delta}$$

$$\leq \frac{1}{2\Delta}$$

が成立する．上記の議論でも述べたように，補題 13.7 より，$i \in S(\epsilon)$ であるという条件のもとで，$i \notin S'(\epsilon)$ である確率は，高々 $\frac{1}{2}$ である．したがって，$S'(\epsilon)$ のサイズの期待値は，補題 13.6 を用いて，

$$\mathbf{E}[|S'(\epsilon)|] = \sum_{i \in V} \Pr[i \in S'(\epsilon) | i \in S(\epsilon)]\Pr[i \in S(\epsilon)] \geq \frac{n}{2}\overline{\Phi}(\epsilon)$$

を満たすことがわかる．補題 13.8 と $\epsilon \geq 1$ という事実を用いて，

$$\overline{\Phi}(\epsilon) \geq \frac{\epsilon}{1+\epsilon^2}\frac{1}{\sqrt{2\pi}}e^{-\epsilon^2/2} \geq \frac{1}{2\epsilon}\frac{1}{\sqrt{2\pi}}e^{-(\ln\Delta)/3} = \Omega((\ln\Delta)^{-1/2}\Delta^{-1/3})$$

が得られる．したがって，返される独立集合のサイズの期待値は，$\Omega(n\Delta^{-1/3}(\ln\Delta)^{-1/2})$ となる． □

同一の半正定値計画緩和（ベクトル計画緩和）を用いて，わずかに良いアルゴリズムを得ることもできる．また，より強力な半正定値計画緩和を用いて，さらに少し改善されたアルゴリズムも可能である．それらの議論については章末のノートと発展文献を参照されたい．しかしながら，アルゴリズムは，3-彩色可能グラフを彩色するのに，まだある定数 $c$ に対して $O(n^c)$ 色を用いている．格段に良い結果（たとえば，$O((\log n)^c)$ 色で彩色するという結果）を得ることができるかどうかは大きな未解決問題である．

## 13.3　ユニークゲーム

本節では，ユニークゲーム問題を取り上げる．ユニークゲーム問題は，一種の**制約充足化問題** (constraint satisfaction problem) である．制約充足化問題では，入力として，$n$ 個の変数 $x_1,\ldots,x_n$ と各変数が取りうる有限個の値の基礎集合 $U$ が与えられる．さらに，与えられた変数の部分集合から 0 あるいは 1 の値へ写像する関数である $m$ 個の制約が与えられる．通常，これらの制約は，$k$-項関数 $f: U^k \to \{0,1\}$ の特殊クラスから選ばれる．目標は，"充足される"制約の個数が最大となるように，各変数への $U$ の値の割当てを求めることである．なお，制約は，その制約に対応する関数が，含まれる変数への与えられた割当てで値 1 となるときに，充足されると呼ばれる．この問題に対する重み付き版も考えることができる．そこでは，入力の $j$ 番目の制約に非負の重み $w_j \geq 0$ が付随し，目標は，充足される制約の重みの総和が最大になるように，変数への割当てを求めることである．

これまで眺めてきた問題のいくつかは，一種の制約充足化問題である．5.1節，6.2節および12.4節で議論してきた最大カット問題は，重み付き制約充足化問題である．入力として与えられた $G = (V, E)$ と各辺 $(i, j) \in E$ に対する非負の重み $w_{ij} \geq 0$ に対して，最大カット問題は，$U = \{0, 1\}$ であり，各点 $i \in V$ に対する変数 $x_i$ が存在し，各辺 $(i, j)$ に対して非負の重み $w_{ij}$ の制約 $f(x_i, x_j) = x_i \oplus x_j$ が存在する重み付き制約充足化問題に対応する．なお，$\oplus$ は排他的論理和を表し，$x_i \neq x_j$ であるときそしてそのときのみ $x_i \oplus x_j$ は1である．第5章の5.1節で定義し，いくつかの節で議論した最大充足化問題も制約充足化問題である．すなわち，$U = \{$真,偽$\}$ であり，$n$ 個の変数 $x_1, \ldots, x_n$ が存在し，各クローズに対応するブール関数の制約が存在する重み付き制約充足化問題に対応する．なお，ブール関数はクローズが充足されるときそしてそのときのみ値1をとる．

**ユニークゲーム問題** (unique games problem) は，制約が2項関数となる一種の制約充足化問題である．すなわち，各制約は2変数で定義される関数に対応する．さらに，各関数は，一方の変数に値が与えられると，制約を充足する他方の変数の値が存在して唯一に定まるという性質（したがって，それ以外の値では制約は充足されないという性質）を持つ．たとえば，上記の最大カット問題に対応する制約充足化問題は，基礎集合が2個の要素からなるユニークゲーム問題と見なせる．各変数 $x_i$ は $x_i \in \{0, 1\}$ の値をとり，各辺 $(i, j)$ に対応する制約は二つの変数 $x_i, x_j$ の関数であり，その関数は，一方の変数 $x_i$ の値が与えられると，充足されるのは，他方の変数 $x_j$ の値が $x_j \neq x_i$ であるときそしてそのときのみであるからである．本書では，一般に，基礎集合 $U$ が（サイズ2も含めて）様々なサイズのユニークゲーム問題を取り上げることにする．

これまでいくつかの節で，ユニークゲーム予想に基づいて，様々な問題に対する近似困難性についての定理を述べてきた．ユニークゲーム予想が意味することを正式に述べるべき時が来たと言える．直観的には，ユニークゲーム問題において，ほとんどすべての制約を充足することができる入力とほとんど0個の制約しか充足することができない入力とを識別することは，NP-困難であるということが，ユニークゲーム予想であると言える．

**予想 13.10 (ユニークゲーム予想 (Unique Games Conjecture))** ユニークゲーム問題においては，任意の $\epsilon, \delta > 0$ $(0 < \delta < 1 - \epsilon < 1)$ に対して，基礎集合のサイズが $k$ のユニークゲーム問題の入力が，少なくとも $1 - \epsilon$ の割合の辺を充足できる入力であるのか，あるいは高々 $\delta$ の割合の辺しか充足できない入力であるのかを，識別するのが NP-困難となるような $\epsilon$ と $\delta$ に依存する整数 $k$ が存在する．

ユニークゲーム問題は2項関数の制約を扱うので，無向グラフでの問題として見なすのが普通である．そこでこれからは，グラフの点を $u, v, w, \ldots$ と表記し，基礎集合を $U = [k] = \{1, \ldots, k\}$ とし，$U$ の値を $i, j, \ldots$ と表記する．各変数 $x_u$ に対してグラフの点 $u$ を導入し，各制約 $f(x_u, x_v)$ に対して無向辺 $(u, v)$ を導入する．各辺 $(u, v)$ に対して，$f(i, j) = 1$ のときそしてそのときのみ $\pi_{uv}(i) = j$ となる置換 $\pi_{uv} : U \to U$ を導入する．ユニークゲーム問題の定義より，そのような置換が存在する．制約 $f(x_u, x_v)$ を充足するための必要十分条件となる全単射写像，すなわち，$u$ に対する各ラベルを $v$ に対するラベルに一対一対応させる写像，が存在するからである．すると，ユニークゲーム問題は，できるだけ多くの辺が充足されるように，基礎集合 $U$ のラベルを点に割り当てる問題となる．

すなわち，点$u$にラベル$i \in U$が割り当てられ，点$v$にラベル$j \in U$が割り当てられたとき，辺$(u,v)$が充足されるのは$\pi_{uv}(i) = j$のときそしてそのときのみである．なぜなら，これが最初の与えられた制約$f(x_u, x_v)$が充足されるための必要十分条件に対応するからである．

興味深いことに，すべての辺（すべての制約）が充足できるかどうかは，容易に判定できる．与えられた制約のグラフに対して，グラフの連結成分を考える．連結成分の1点$v$を任意に選ぶ．$v$にラベル$i$を与えるとする．このとき，$v$と$v$の隣接点とを結ぶすべての辺を充足しようとすると，それらの各隣接点のラベルが唯一に決まる．より具体的には，辺$(v,w)$を充足するためには，$v$の隣接点$w$に$\pi_{vw}(i)$のラベルを与えなければならない．このように$v$に対するラベル$i$から$v$の隣接点のラベルをたどる辺が充足するように唯一に決定していくことを，$v$に対するラベル$i$を隣接点に"伝搬"するということにする．同様に，$v$の各隣接点から，その点に唯一に決定されたラベルを，その点のすべての隣接点に伝搬する．このように，たどる辺を充足しながら"伝搬"を繰り返せる限り，この操作を繰り返す．そしてこの連結成分のすべての点にたどる辺を充足しながらラベルがつけられるかどうかを検証する．途中で点のラベルが唯一に決定されない（二通り以上になる）ときには，その時点でこの操作を打ち切り，$v$に対するほかのラベルでこの操作を行う．$v$に対するすべてのラベルで，この操作が打ち切られるときには，この連結成分をすべて満たすラベルの割当ては存在しないことが得られる．$v$に対するあるラベルで出発して"伝搬"を繰り返して，この連結成分のすべての点にたどる辺を充足しながらラベルをつけることができるときには，この連結成分の辺をすべて充足するラベル付けが得られたことになる．これをすべての連結成分で行うことで，グラフのすべての辺を充足することができるかどうかを，多項式時間で判定できる．したがって，ユニークゲーム予想のきわめて重要な部分は，すべての辺が充足できるかどうかを検証することではなく，ほとんどすべての辺が充足できるかどうかを検証することであることがわかる．

ユニークゲーム問題に対して，ユニークゲーム予想を否定することができるほどの性能保証を持つ近似アルゴリズムが存在するかどうかは，現時点で知られていない．以下では，少なくとも$1-\epsilon$の割合の制約が充足可能であるようなユニークゲーム問題の入力に限定して，少なくとも$1-\Theta(\sqrt{\epsilon \log n})$の割合の制約を充足するアルゴリズムを与える[2]．$\epsilon = O(1/\log n)$のときには，このアルゴリズムは，ある定数割合の制約を充足することになる．

ユニークゲーム問題を整数二次計画問題として定式化することから始める．各点$u \in V$と各ラベル$i \in [k]$に対して，決定変数$u_i \in \{0,1\}$を考える．変数$u_i$は，点$u$にラベル$i$が割り当てられるとき$u_i = 1$であり，そうでないとき$u_i = 0$であるとする．すると，各点には正確に1個のラベルが割り当てられるので，$\sum_{i=1}^{k} u_i^2 = 1$であり，$i \neq j$で$u_i u_j = 0$である．最後に，$(u,v)$が充足されるときそしてそのときのみ$u$にあるラベル$i$が割り当てられ，$v$にラベル$\pi_{uv}(i)$が割り当てられるので，$\sum_{i=1}^{k} u_i v_{\pi_{uv}(i)} = 1$であることは$(u,v)$が充足されることに等価である（$\sum_{i=1}^{k} u_i v_{\pi_{uv}(i)} = 0$であることは$(u,v)$が充足されないことに等価である）．したがって，ユニークゲーム問題は以下のように書ける．

---

[2] 訳注：原著では"少なくとも$1-O(\sqrt{\epsilon \log n})$の割合"となっていたが，曖昧性が残るので，"少なくとも$1-\Theta(\sqrt{\epsilon \log n})$の割合"に修正している．

$$\begin{aligned}
\text{maximize} \quad & \sum_{(u,v) \in E} \sum_{i=1}^{k} u_i v_{\pi_{uv}(i)} \\
\text{subject to} \quad & \sum_{i=1}^{k} u_i^2 = 1, && \forall u \in V, \\
& u_i u_j = 0, && \forall u \in V, i \in [k], j \in [k], i \neq j, \\
& u_i \in \{0,1\}, && \forall u \in V, i \in [k].
\end{aligned} \quad (13.6)$$

この整数二次計画問題では冗長となるが，この問題のベクトル計画緩和を考える際に有効となる，制約式をいくつか加えることができる．まず，$(v_j - u_i)^2 \geq v_j^2 - u_i^2$ であると仮定できる．$v_j$ と $u_i$ へのすべての可能な 0 と 1 の割当てでこの不等式が成立するからである．最後に，任意の $u, v, w \in V$ と任意の $h, i, j \in [k]$ に対して，$(w_h - u_i)^2 \leq (w_h - v_j)^2 + (v_j - u_i)^2$ であると仮定できる．$u_i, v_j, w_h$ へのすべての可能な 0 と 1 の割当てでこの不等式が成立するからである．この不等式は，一種の三角不等式であると見なせる．これらの不等式を加えると，ユニークゲーム問題を定式化する以下の整数二次計画問題が得られる．

$$\begin{aligned}
\text{maximize} \quad & \sum_{(u,v) \in E} \sum_{i=1}^{k} u_i v_{\pi_{uv}(i)} && (13.7)\\
\text{subject to} \quad & \sum_{i=1}^{k} u_i^2 = 1, && \forall u \in V, \\
& u_i u_j = 0, && \forall u \in V, i \in [k], j \in [k], i \neq j, \\
& (v_j - u_i)^2 \geq v_j^2 - u_i^2, && \forall u, v \in V, i, j \in [k], \\
& (w_h - u_i)^2 \leq (w_h - v_j)^2 + (v_j - u_i)^2, && \forall u, v, w \in V, h, i, j \in [k], \\
& u_i \in \{0,1\}, && \forall u \in V, i \in [k].
\end{aligned}$$

すべてのスカラー変数 $u_i$ をベクトル変数 $u_i$ に置き換え，さらに積を内積に置き換えて，整数二次計画問題 (13.7) をベクトル計画問題に緩和する．すると，$u_i \cdot u_i = \|u_i\|^2$ であり，かつ $(v_j - u_i) \cdot (v_j - u_i) = \|v_j - u_i\|^2$ であるので，それは以下のように書ける．

$$\text{maximize} \quad \sum_{(u,v) \in E} \sum_{i=1}^{k} u_i \cdot v_{\pi_{uv}(i)} \quad (13.8)$$

subject to

$$\begin{aligned}
& \sum_{i=1}^{k} \|u_i\|^2 = 1, && \forall u \in V, && (13.9)\\
& u_i \cdot u_j = 0, && \forall u \in V, i \in [k], j \in [k], i \neq j, && (13.10)\\
& \|v_j - u_i\|^2 \geq \|v_j\|^2 - \|u_i\|^2, && \forall u, v \in V, i, j \in [k], && (13.11)\\
& \|w_h - u_i\|^2 \leq \|w_h - v_j\|^2 + \|v_j - u_i\|^2, && \forall u, v, w \in V, h, i, j \in [k], && (13.12)\\
& u_i \in \Re^{kn}, && \forall u \in V, i \in [k].
\end{aligned}$$

このベクトル計画問題は，明らかに整数二次計画問題 (13.7)（整数二次計画問題 (13.6)）の緩和であり，したがって，その値はユニークゲーム問題の入力における充足可能な制約の個数の上界を与える．

アルゴリズムの概略は以下のように書ける．まずベクトル計画緩和 (13.8) を解く．この解から得られる情報を用いて，いくつかの制約を除去（無視）する．その後，これらの除去した制約が充足されてもされなくても，アルゴリズムは気にしない．除去される制約（辺）は以下のように 2 種類に分類される．第一に，目的関数にあまり寄与しない辺を除去する．第二に，8.3 節で導入した領域成長技法を用いてグラフから小さい半径の球を分離するときに，辺を除去する．各球の中心 $w$ に対して，$w$ にラベル $i$ を確率 $\|w_i\|^2$ でランダムに割り当てる．制約式 (13.9) より $\sum_{i=1}^{k} \|w_i\|^2 = 1$ であるので，これは正しく実行できる．$w$ にラベル $i$ が割り当てられているとする．このとき，この球内の $w$ 以外の各点 $v$ に対して，すべてのラベル $j$ のうちで，$\|w_i - v_j\|^2$ の値を最小化するラベルを，$w_i$ に最も近い $v$ のラベルと考える．そして，$w_i$ に最も近い $v$ のラベルを $v$ に割り当てる．この球の半径が小さいことから，両端点ともこの球に属するような辺 $(u,v)$ に対して，$u$ と $v$ に割り当てられるラベルは制約 $(u,v)$ を充足する確率がきわめて高くなる．

アルゴリズムの詳細を述べる前に，必要となるいくつかの記法について説明する．全体の制約の少なくとも $1-\epsilon$ の割合の制約を充足することができるユニークゲーム問題の入力が与えられたとする．$\delta = \sqrt{\epsilon \ln(n+1)}$ とする．ベクトル計画緩和 (13.8) の最適解を $\{u_i\}$ とし，最適解の値を $Z^*$ と表記する．すると，$Z^* = \sum_{(u,v) \in E} \sum_{i=1}^{k} u_i \cdot v_{\pi_{uv}(i)}$ と書ける．制約（辺）の個数を $m$ とする．すると，$Z^* \geq \mathrm{OPT} \geq (1-\epsilon)m$ が成立する．与えられたユニークゲーム問題の入力の各辺 $(u,v)$ に対して，その長さを $\ell(u,v) = \frac{1}{2} \sum_{i=1}^{k} \|u_i - v_{\pi_{uv}(i)}\|^2$ と定義する（ベクトル計画緩和 (13.8) の最適解 $\{u_i\}$ を用いて長さ $\ell(u,v)$ が定義されていることに注意しよう）．辺 $(u,v)$ の長さは，$u$ に対するベクトルが，辺 $(u,v)$ を充足する $v$ に対するベクトルにどれほど近いかを把握するものである．とくに，すべての $i \in [k]$ で $u_i = v_{\pi_{uv}(i)}$ であるときには長さ $\ell(u,v)$ はゼロとなる．なお，

$$\ell(u,v) = \frac{1}{2} \sum_{i=1}^{k} \|u_i - v_{\pi_{uv}(i)}\|^2$$
$$= \frac{1}{2} \sum_{i=1}^{k} \left( \|u_i\|^2 + \|v_{\pi_{uv}(i)}\|^2 - 2 u_i \cdot v_{\pi_{uv}(i)} \right)$$

であることに注意しよう．制約式 (13.9) と $\pi_{uv}$ が置換であることを用いると，これは，

$$\ell(u,v) = \frac{1}{2} \left( 2 - 2 \sum_{i=1}^{k} u_i \cdot v_{\pi_{uv}(i)} \right) = 1 - \sum_{i=1}^{k} u_i \cdot v_{\pi_{uv}(i)}$$

となるので，長さ $\ell(u,v)$ は，辺 $(u,v)$ のベクトル計画緩和 (13.8) の最適解の目的関数への寄与分を 1 から引いた値に等しい．すべての辺の長さの総和を $L^*$ とする．したがって，

$$L^* = \sum_{(u,v) \in E} \ell(u,v) = m - Z^* \leq m - (1-\epsilon)m = \epsilon m$$

が成立する．

これで，アルゴリズムの詳細のいくつかの部分を述べることができるようになった．ここでもメインとなる直観は同じで，点 $w$ にランダムに割り当てられたラベルに対して，長さ $\ell$ に基づいて，$w$ に近い 2 点を両端点とする辺は充足される確率がきわめて高くなるということである．このために，長さ $\ell$ に基づいて，グラフを小さい半径の球の連結成分に

分割したい．そこで，まず長さが $\ell(u,v) \geq \delta/4$ となるような辺 $(u,v)$ をすべて除去する．なお，$\delta = \sqrt{\epsilon \ln(n+1)}$ であることを思いだそう．すべての辺の長さの総和は高々 $\epsilon m$ であるので，上記で除去される辺の本数は高々 $4\epsilon m/\delta = 4\delta m/\ln(n+1)$ であることに注意しよう．次に，長さ $\ell$ に基づいて，グラフから小さい半径の球の連結成分を分離するためにさらに辺を除去する．このときに除去される辺の本数は，以下の補題を用いて，$O(\delta m)$ であることがわかる．なお，前にも述べたように，これは領域成長技法を用いて実行できる．与えられた辺の長さ $\ell$ のもとで，グラフの 2 点 $u,v$ の距離を $d_\ell(u,v)$ とする．$B_\ell(u,r)$ を $u$ を中心とする半径 $r$ の球とする．したがって，$B_\ell(u,r) = \{v \in V : d_\ell(u,v) \leq r\}$ である．

**補題 13.11** グラフから高々 $8\delta m$ 本の辺を除去して，各球 $B$ がある点 $w \in V$ を中心として半径が高々 $\delta/4$ であるように，グラフの点集合 $V$ を $t$ 個の球 $B_1,\ldots,B_t$ に分割する多項式時間アルゴリズムが存在する．

**証明**：8.3 節と 8.4 節の体積の概念を用いて，$w$ を中心とする半径 $r$ の球 $B = B_\ell(w,r)$ の体積 $V_\ell^*(w,r)$ を

$$V_\ell^*(w,r) = \frac{L^*}{n} + \sum_{e=(u,v):u,v \in B} \ell(u,v) + \sum_{e=(u,v):u \in B, v \notin B} (r - d_\ell(w,u))$$

と設定する．すると，任意の点 $w \in V$ と任意の半径 $r$ に対して，$V_\ell^*(w,r) \leq L^* + L^*/n$ となることに注意しよう．さらに，系 8.11 より，任意の点 $w \in V$ に対して両端点の正確に一方の端点のみが $B_\ell(w,r)$ に含まれるという辺の本数が高々

$$\frac{4}{\delta}\left(\ln \frac{V_\ell^*(w,\delta/4)}{V_\ell^*(w,0)}\right) V_\ell^*(w,r) \leq \frac{4}{\delta}\left(\ln \frac{L^* + L^*/n}{L^*/n}\right) V_\ell^*(w,r) = \frac{4}{\delta}(\ln(n+1))V_\ell^*(w,r)$$

となるように，$w$ を中心とする半径 $r \leq \delta/4$ の球 $B_\ell(w,r)$ を多項式時間で得ることができる．

多点対カット問題に対する定理 8.9 に従い，グラフの点を 1 点選び，それを $w$ とする．$w$ からの距離が $\delta/4$ より大きくなる別の点 $v$ が存在するときには，$w$ を中心とする半径 $r \leq \delta/4$ の球を求めて，その球に一方の端点のみが含まれる辺をすべて除去する．したがって，上記の議論より，グラフから高々 $\frac{4}{\delta}(\ln(n+1))V_\ell^*(w,r)$ 本の辺が除去される．この球を所望の球の集合に加える．さらに，グラフからこの球に含まれる点（とそれらの点に接続する辺）をすべて除去する．そして得られるグラフで，再び新しい 1 点 $w$ を選んで，残りの点 $v$ がすべて $w$ からの距離が $\delta/4$ 以下になるまで上記のことを繰り返す．最後に残ったグラフは $w$ を中心とする半径 $r \leq \delta/4$ の最後の球となるので，それを所望の球の集合に加える．（最後の球を除いて）所望の球の集合に入れられたすべての球 $B_\ell(w,r)$ の体積 $V_\ell^*(w,r)$ の総和は，高々 $2L^*$ となる（各辺は高々一つの球の体積にのみ寄与するだけである）．したがって，$L^* \leq \epsilon m$ と $\delta = \sqrt{\epsilon \ln(n+1)}$ を用いると，このようにして得られる球 $B_\ell(w,r)$ を分離するために除去される（いずれかの球 $B_\ell(w,r)$ に正確に一方の端点を持つ）辺の総数は，高々

$$\frac{8}{\delta}(\ln(n+1))L^* \leq \frac{8\epsilon m}{\delta}\ln(n+1) = 8\delta m$$

であることが得られる． □

次に，所望の球の集合となる各球 $B$ を個別に考える．球 $B$ は $w$ を中心とする球であるとする．中心 $w$ に確率 $\|w_i\|^2$ でラベル $i$ をつけているとする．そして，球 $B$ のほかのすべての点 $v \in B$ には，$\|w_i - v_j\|^2$ が最小となるラベル $j$ がつけられているとする．すると，以下に示す補題は，両端点がこの球 $B$ に含まれるような辺，すなわち，$u, v \in B$ となる辺 $(u, v)$ は，いずれも，少なくとも $1 - 3\delta$ の確率で充足されることを述べている．このアルゴリズムは，脱乱択も容易にできることに注意しよう．球 $B$ の中心の $w$ に対して，$k$ 個のラベルのすべてで，上記のことを行う．すなわち，$w$ に対する各ラベル付けに対して，球 $B$ のほかのすべての点 $v \in B$ に上記の方法でラベルをつける．そして，両端点がこの球 $B$ に含まれる辺で充足される辺の本数が最も多くなる $w$ のラベルを選び，それを $w$ に対するラベルとして確定する．すると，この補題より，この確定されたラベルで，両端点がこの球 $B$ に含まれる辺のうちで，充足される辺の本数は，両端点がこの球 $B$ に含まれる辺の総本数の少なくとも $1 - 3\delta$ 倍以上になる．

補題の中核となるアイデアは以下のように記述できる．$w$ から $v$ へのパスを考える．$w$ にラベル $i$ が確率 $\|w_i\|^2$ で割り当てられているとする．そして，$v$ に対する可能な二つのラベルを考える．すなわち，$w$ のラベル $i$ からの "伝搬" で $v$ に割り当てられるラベルと，$\|w_i - v_j\|^2$ を最小化するラベルとして $v$ に割り当てられるラベルを考える．そこで，これらの二つのラベルが異なる確率は，パスの長さの高々 4 倍であることを示す．したがって，両端点がこの球に含まれる任意の辺 $(u, v)$ に対して，球の半径が小さくて $(u, v)$ の長さが小さいので，$u$ と $v$ に割り当てられたラベルが $(u, v)$ を充足する確率は高くなる．

**補題 13.12** $w$ を中心とする任意の球 $B$ と $u, v \in B$ を満たす任意の辺 $(u, v)$ に対して，アルゴリズムで与えられるラベルで $(u, v)$ が充足される確率は少なくとも $1 - 3\delta$ である．

**証明**：辺 $(u, v)$ を考える．$u$ は $w$ を中心とする半径が高々 $\delta/4$ の球に含まれているので，$w$ から $u$ へ長さが $\delta/4$ 以下のパスが存在することはわかっている．そこで，このパスが $w = u^0, u^1, \ldots, u^q = u$ と書けるとする．長さが $\delta/4$ より長い辺はすべて除去したので，このパスに辺 $(u, v)$ を加えて得られる $w$ から $v$ へのパスは，長さが高々 $\delta/2$ である．

$w$ にラベル $i$ がつけられたとする．このとき，$w$ のこのラベル $i$ から "伝搬" で得られる $u^t$ ($t = 1, 2, \ldots, q$) のラベルを計算できるようにしたい．$w$ から $u^t$ への上記のパスに沿って得られる置換 $\pi_{wu^1}, \ldots, \pi_{u^{t-1}u^t}$ の積を $\pi_t$ と表記する．したがって，$\pi_t(i) = \pi_{u^{t-1}u^t}(\pi_{t-1}(i))$ と書ける．$\pi_u = \pi_q$ と置く．すなわち，$\pi_u$ は $w$ から $u$ への上記のパスに沿って得られるすべての置換の積である．$\pi_v$ を $\pi_u$ と $\pi_{uv}$ の積とする．すなわち，$\pi_v(i) = \pi_{uv}(\pi_u(i))$ である．したがって，$w$ のラベルが $i$ のときには，$\pi_t(i)$ は "伝搬" で $u^t$ につけられるラベルであり，$\pi_u(i)$ は "伝搬" で $u$ につけられるラベルであり，$\pi_v(i)$ は "伝搬" で $v$ につけられるラベルである．

任意の点 $z \in B$ に対して，アルゴリズムで点 $z$ に割り当てられるラベルを表す確率変数を $A(z)$ とする．アルゴリズムで $u$ に割り当てられたラベル $A(u)$ が，アルゴリズムで $w$ に割り当てられたラベル $A(w)$ から $u$ への上記のパスに沿っての "伝搬" で $u$ につけられるラベルと一致する事象を，$P$ とする．すなわち，$P$ は $A(u) = \pi_u(A(w))$ となる事象である．以下では，この事象が起こらない確率が，$w$ から $u$ への上記のパスの長さの高々 4 倍，したがって，高々 $\delta$ であることを示す．これが得られてしまえば，これらのラベルが

一致する確率は少なくとも $1-\delta$ となる．同様に，アルゴリズムで $v$ に割り当てられたラベル $A(v)$ が，アルゴリズムで $w$ に割り当てられたラベル $A(w)$ から $v$ への"伝搬"で $v$ につけられるラベル $\pi_v(A(v))$ と一致する確率は，少なくとも $1-4(\delta/2) = 1-2\delta$ であることを示すことができる．したがって，少なくとも $1-3\delta$ の確率で，$A(v) = \pi_v(A(w))$ かつ $A(u) = \pi_u(A(w))$，すなわち，$A(v) = \pi_{uv}(A(u))$ が成立し，辺 $(u,v)$ が充足される．

任意の $t$ に対して，上記の $\pi_t$ の定義と $\pi_t$ が置換であることから，

$$\ell(u^t, u^{t+1}) = \frac{1}{2}\sum_{i=1}^{k}\|u_i^t - u_{\pi_{u^t u^{t+1}}(i)}^{t+1}\|^2 = \frac{1}{2}\sum_{i=1}^{k}\|u_{\pi_t(i)}^t - u_{\pi_{t+1}(i)}^{t+1}\|^2$$

となることに注意しよう．したがって，三角不等式の制約式 (13.12) を用いて，

$$\frac{1}{2}\sum_{i=1}^{k}\|w_i - u_{\pi_u(i)}\|^2$$
$$\leq \frac{1}{2}\sum_{i=1}^{k}\left(\|w_i - u_{\pi_1(i)}^1\|^2 + \|u_{\pi_1(i)}^1 - u_{\pi_2(i)}^2\|^2 + \cdots + \|u_{\pi_{q-1}(i)}^{q-1} - u_{\pi_u(i)}^q\|^2\right)$$
$$= \frac{1}{2}\sum_{i=1}^{k}\|w_i - u_{\pi_1(i)}^1\|^2 + \frac{1}{2}\sum_{i=1}^{k}\|u_{\pi_1(i)}^1 - u_{\pi_2(i)}^2\|^2 + \cdots + \frac{1}{2}\sum_{i=1}^{k}\|u_{\pi_{q-1}(i)}^{q-1} - u_{\pi_u(i)}^q\|^2$$
$$= \ell(w, u^1) + \ell(u^1, u^2) + \cdots + \ell(u^{q-1}, u^q)$$
$$\leq \delta/4 \tag{13.13}$$

が得られる．最後の不等式は，パスの長さが高々 $\delta/4$ であることから得られる．$w$ にラベル $i$ を割り当てると，それからの"伝搬"で得られる $u$ のラベル $\pi_u(i)$ とアルゴリズムで与えられる $u$ のラベルが異なるような $i$，すなわち，$\|w_i - u_j\|^2$ を最小化するラベル $j$ に対して $j \neq \pi_u(i)$ であるような $i$ の集合を $I$ とする．すると，確率 $\|w_i\|^2$ で $w$ に $i$ を割り当てているので，

$$\Pr[A(u) \neq \pi_u(A(w))] = \sum_{i \in I}\|w_i\|^2$$

が得られる．ここで，任意の $i \in I$ に対して，$\|w_i - u_{\pi_u(i)}\|^2 \geq \frac{1}{2}\|w_i\|^2$ であることが主張できる．この主張が与えられていれば，

$$\Pr[A(u) \neq \pi_u(A(w))] = \sum_{i \in I}\|w_i\|^2$$
$$\leq 2\sum_{i \in I}\|w_i - u_{\pi_u(i)}\|^2$$
$$\leq 2\sum_{i=1}^{k}\|w_i - u_{\pi_u(i)}\|^2$$
$$\leq 4 \cdot (\delta/4) = \delta$$

が得られる．なお，最後の不等式は，不等式 (13.13) から得られる．$w$ から $v$ への上記のパスの長さは高々 $\delta/2$ であるので，同様の議論により，

$$\Pr[A(v) \neq \pi_v(A(w))] \leq 4 \cdot (\delta/2) = 2\delta$$

が得られる．前にも述べたように，これは，辺 $(u,v)$ が少なくとも $1-3\delta$ の確率で充足されることを意味する．

最後に，上記の主張を証明する．三つの場合に分けて考える．$w$ にラベル $i \in I$ が割り当てられ，$j$ は $u$ に対して $\|w_i - u_j\|^2$ を最小化するラベルであるとする．記法の単純化のため，"伝搬" で得られるラベル $\pi_u(i)$ を $h$ と表記する．$i \in I$ であるので，$\pi_u(i) = h \neq j$ であることはわかっている．最初に，$\|u_h\|^2 \leq \frac{1}{2}\|w_i\|^2$ であるとする．すると，制約式 (13.11) から

$$\|w_i - u_h\|^2 \geq \|w_i\|^2 - \|u_h\|^2 \geq \frac{1}{2}\|w_i\|^2$$

となるので，主張の不等式が得られる．次に，$\|u_j\|^2 \leq \frac{1}{2}\|w_i\|^2$ であるとする．すると，$j$ が $u$ に対して $\|w_i - u_j\|^2$ を最小化するラベルであるので，制約式 (13.11) と仮定から，

$$\|w_i - u_h\|^2 \geq \|w_i - u_j\|^2 \geq \|w_i\|^2 - \|u_j\|^2 \geq \frac{1}{2}\|w_i\|^2$$

となるので，主張の不等式が得られる．最後に，上記の二つの条件がともに成立しないとする．したがって，$\|u_h\|^2 \geq \frac{1}{2}\|w_i\|^2$ かつ $\|u_j\|^2 \geq \frac{1}{2}\|w_i\|^2$ である．三角不等式の制約式 (13.12) と $j$ が $u$ に対して $\|w_i - u_j\|^2$ を最小化するラベルであることから，

$$\|u_h - u_j\|^2 \leq \|w_i - u_h\|^2 + \|w_i - u_j\|^2 \leq 2\|w_i - u_h\|^2$$

が得られる．制約式 (13.10) と $j \neq h$ であることから，$u_j \cdot u_h = 0$ となり，

$$\|u_h - u_j\|^2 = \|u_h\|^2 + \|u_j\|^2 - 2u_h \cdot u_j = \|u_h\|^2 + \|u_j\|^2$$

が成立する．したがって，仮定から，

$$\|w_i - u_h\|^2 \geq \frac{1}{2}\|u_h - u_j\|^2 = \frac{1}{2}\left(\|u_h\|^2 + \|u_j\|^2\right) \geq \frac{1}{2}\|w_i\|^2$$

となる．以上の議論より，主張が成立することが得られた． □

これで以下の定理を証明できるようになった．

**定理 13.13** 上記のアルゴリズムは，制約のうちの $1 - \epsilon$ の割合の制約を充足することができるようなユニークゲーム問題の入力に対して，少なくとも $1 - 15\delta = 1 - \Theta(\sqrt{\epsilon \log n})$ の割合の制約を充足する．

**証明：**アルゴリズムにおいて，（長さが $\delta/4$ 以上の）長い辺の除去で高々 $4\delta m / \ln(n+1) \leq 4\delta m$ 本の辺が除去され，グラフからの球の分離で高々 $8\delta m$ 本の辺が除去される．また，各球において，両端点がその球に属するような辺のうちで充足されない辺の割合は高々 $3\delta$ であるので，すべての球ではそのような辺は高々 $3\delta m$ 本である．したがって，充足されない辺は，全体でも，高々 $(4+8+3)\delta m = 15\delta m$ 本となり，定理が得られる． □

少し良いアルゴリズムも知られている．それらも，ユニークゲーム問題に対して，同じベクトル計画緩和を用いている．そのようなアルゴリズムの一つとして，以下が挙げられる．

**定理 13.14** 制約のうちの $1 - \epsilon$ の割合の制約を充足することができるような基礎集合のサイズが $k$ のユニークゲーム問題の入力に対して，少なくとも $1 - \Theta(\sqrt{\epsilon \log k})$ の割合の制約を充足する多項式時間アルゴリズムが存在する．

以下の定理は，ユニークゲーム予想の仮定のもとでは，上記の結果が本質的に最善であることを示している．

**定理 13.15** ユニークゲーム予想の仮定のもとでは，ユニークゲーム問題において，任意の $\epsilon > 0 \, (\epsilon < 1)$ に対して，基礎集合のサイズが $k$ のユニークゲーム問題の入力が，少なくとも $1-\epsilon$ の割合の制約が充足可能な入力であるのか，あるいは，高々 $1-\sqrt{2/\pi}\sqrt{\epsilon \log k}+\mathrm{o}(1)$ の割合の制約しか充足可能でない入力であるのかを識別することがNP-困難となるような $\epsilon$ に依存する整数 $k$ が存在する．

## 13.4 演習問題

13.1 13.2節のグラフ彩色アルゴリズムは，3-彩色可能グラフを $\tilde{O}(n^{1/4})$ 色で彩色するのに用いることができることを示せ．

13.2 この演習問題では，8.3節の最小多点対カット問題の重みなし版を考える．すなわち，入力として，グラフ $G = (V, E)$ と各 $i = 1, \ldots, k$ に対するソース・シンク対 $s_i, t_i \in V$ が $k$ 組与えられる．目標は，辺の部分集合 $F \subseteq E$ で，それを除去すると得られるグラフ $(V, E-F)$ にどの $i = 1, \ldots, k$ でも $s_i$-$t_i$ パスがなくなるようなもので，辺数 $|F|$ が最小となるものを求めることである．

以下のベクトル計画問題を考える．

$$\begin{aligned}
\text{minimize} \quad & \sum_{(i,j) \in E} (1 - v_i \cdot v_j) \\
\text{subject to} \quad & v_{s_i} \cdot v_{t_i} = 0, && i = 1, \ldots, k, \\
& v_j \cdot v_j = 1, && \forall j \in V, \\
& v_j \in \Re^n, && \forall j \in V.
\end{aligned}$$

$E' = \{(s_i, t_i) : i = 1, \ldots, k\}$ で定義される**需要グラフ** (demand graph) $H = (V, E')$ を考える．需要グラフの点の最大次数を $\Delta$ とする．上記のベクトル計画問題の最適解の値が $\epsilon |E|$ であるとする．ここで，6.5節の3-彩色可能グラフに対するアルゴリズムと同様の以下のアルゴリズムを考える．まず，ベクトル計画問題の最適解のベクトルの集合 $\{v_i\}$ を求め，次に，$t = \lceil \log_2(\Delta/\epsilon) \rceil$ 個のランダムベクトル $r_1, \ldots, r_t$ を選ぶ．これらのランダムベクトルに直交する $t$ 個のランダム超平面で，（空間は） $2^t$ 個の異なる領域に分割される．各ベクトル $v_i$ はそのうちのいずれかの領域に属することになる．ベクトル $v_i$ に対して各領域は，各 $j = 1, \ldots, t$ で $r_j \cdot v_i \geq 0$ あるいは $r_j \cdot v_i < 0$ のいずれかが成立する．ここで，$v_i$ と $v_j$ が異なる領域に属するようなグラフの辺 $(i, j)$ をすべて除去する．さらに，$s_i$-$t_i$ パスが存在するような対 $s_i, t_i$ が存在する限り $s_i$ に接続する辺をすべて除去する．以下では，このアルゴリズムの解析を取り上げる．

(a) 上記のベクトル計画問題は，重みなし多点対カット問題の緩和であることを証明せよ．

(b) 任意の $(i,j) \in E$ に対して，$i$ と $j$ が異なる領域に属する確率は，高々 $t \cdot \sqrt{1 - v_i \cdot v_j}$ であることを証明せよ．

(c) 任意の $i = 1, \ldots, k$ に対して，$s_i$ に接続する辺がすべて除去される確率は，高々 $\Delta 2^{-t}$ であることを証明せよ．

(d) 除去される辺の本数の期待値は，$O(\sqrt{\epsilon} \log(\Delta/\epsilon))|E|$ であることを示せ．

最後の問題に対しては，**Jensen の不等式** (Jensen's inequality) を用いることが役に立つ．なお，任意の凸関数 $f$（すなわち，$f''(x) \geq 0$ を満たす関数 $f(x)$）と任意の正数 $p_i$ に対する不等式

$$f\left(\frac{\sum_i p_i x_i}{\sum_i p_i}\right) \leq \frac{1}{\sum_i p_i} \sum_i p_i f(x_i)$$

が Jensen の不等式と呼ばれる．事実 5.8 で与えた算術平均幾何平均不等式は，$f(x) = -\log x$ であり，すべての $p_i$ が $p_i = 1$ であるときの Jansen の不等式の特殊ケースである．

13.3 この問題では，前の問題の重みなし多点対カットに対する別のアルゴリズムを取り上げる．そのアルゴリズムも上記のベクトル計画緩和を用いる．前と同様に，ベクトル計画問題の最適解の値は $\epsilon|E|$ であり，需要グラフの点の最大次数は $\Delta$ であるとする．ある正定数 $C$ を用いて，しきい値を $\alpha = C\sqrt{\ln(\Delta/\epsilon)}$ に設定する．ランダムベクトルを 1 個選び $r$ とする．集合 $S(\alpha) = \{i \in V : v_i \cdot r \geq \alpha\}$ を考えて，$S'(\alpha) = S(\alpha) - \bigcup_{i=1}^{k} \{s_i, t_i : s_i, t_i \in S(\alpha)\}$ とする．すなわち，$S'(\alpha)$ は，$S(\alpha)$ から両方とも $S(\alpha)$ に含まれるようなソース・シンク対 $s_i, t_i$ を除去して得られる．

以下の不等式は，アルゴリズムの解析で役に立つ．$v_i$ と $v_j$ を単位ベクトルとし，$r$ をランダムベクトルとする．$\alpha$ を $\alpha > 1$ かつ $\overline{\Phi}(\alpha) < 1/3$ を満たす値とする．すると，

$$\Pr[v_i \cdot r \geq \alpha \text{ かつ } v_j \cdot r < \alpha] = O(\sqrt{v_i \cdot v_j} \overline{\Phi}(\alpha) \sqrt{\log(1/\overline{\Phi}(\alpha))})$$

が成立する．

(a) 繰り返しランダムベクトル $r$ を選び，上で定義した集合 $S'(\alpha)$ を考える乱択アルゴリズムを与えよ．そのアルゴリズムで返される多点対カットのサイズの期待値は，高々

$$\sum_{(i,j) \in E} \frac{\Pr[(i,j) \in \delta(S'(\alpha))]}{\Pr[i \in S'(\alpha) \text{ または } j \in S'(\alpha)]}$$

であることを示せ．

(b) 任意の $(i,j) \in E$ に対して，

$$\frac{\Pr[(i,j) \in \delta(S'(\alpha))]}{\Pr[i \in S'(\alpha) \text{ または } j \in S'(\alpha)]} \leq O(\sqrt{v_i \cdot v_j})\alpha + \epsilon$$

が成立することを証明せよ．

(c) この乱択アルゴリズムは，期待値として，$O(\sqrt{\epsilon \log(\Delta/\epsilon)})|E|$ 本の辺からなる多点対カットを返すことを示せ．

## 13.5 ノートと発展文献

13.1 節で与えた二次計画問題に対する近似アルゴリズムは，何度か再発見されている．二人の著者の知る限りでは，それは，最初，論文 Nemirovskii, Roos, and Terlaky [234] で取り上げられ，その後，論文 Megretski [224] および論文 Charikar and Wirth [67] で取り上げられている．本書の記述は論文 Charikar and Wirth [67] による．

13.2 節の 3-彩色可能グラフに対する近似アルゴリズムは，Karger, Motwani, and Sudan [185] によるが，与えた解析は Arora, Chlamtac, and Charikar [15] の解析による．演習問題 13.1 は，Karger, Motwani, and Sudan [185] による．Arora, Chlamtac, and Charikar [15] には，より改善されたアルゴリズムと解析に基づいて，3-彩色可能グラフを $O(n^{0.211})$ 色で彩色するアルゴリズムが与えられている[3]．

ユニークゲーム予想は，論文 Khot [192] で初めて定式化が与えられた．それ以来，アルゴリズムと計算の複雑さの理論の分野で研究の重要性が認識され精力的に研究が行われた．そして，多数の条件付き近似困難性の成果を得るのに用いられてきた．第 16 章でさらにこの予想について取り上げる．ユニークゲーム問題に対して本章で与えた近似アルゴリズムは，Trevisan [282] による．なお，その解析は少し改善したものを与えたが，それは Gupta and Talwar [150] による．Charikar, Makarychev, and Makarychev [65] は，より改善された定理 13.14 で述べた結果を与えている．定理 13.15 の近似困難性の結果は Khot, Kindler, Mossel, and O'Donnell [193] と Mossel, O'Donnell, and Oleszkiewicz [227] による．

演習問題の 13.2 と 13.3 は，Steurer and Vishnoi [272] による．演習問題 13.3 で与えた限界は，Chlamtac, Makarychev, and Makarychev [72, Lemma A.2] からのものである．

---

[3] 訳注：3-彩色可能グラフに対して，K.Kawarabayashi and M. Thorup は，$O(n^{0.2049})$ 色で彩色するアルゴリズム（Combinatorial coloring of 3-colorable graphs, In *Proceedings of the 53rd Annual IEEE Symposium on Foundations of Computer Science*, pp. 68 - 75, 2012）および現在最善の $O(n^{0.19996}) = o(n^{1/5})$ 色で彩色するアルゴリズム（Coloring 3-colorable graphs with $o(n^{1/5})$ colors, In *Proceedings of the 31st Symposium on Theoretical Aspects of Computer Science*, pp. 458 - 469, 2014）を与えている．

# 第 14 章

# 主双対法の発展利用

本章では，第 7 章で最初に取り上げた標準的な主双対アルゴリズムとその解析を，さらに精緻化して，二つの問題に適用する．とくに，4.4 節と 5.7 節で議論した賞金獲得シュタイナー木問題を再度取り上げ，それに対する主双対 2-近似アルゴリズムを与える．さらに，7.2 節で議論した無向グラフのフィードバック点集合問題も再度取り上げ，それに対する主双対 2-近似アルゴリズムを与える．これらの問題に対して，ここでは別の整数計画による定式化を用いる．とくに後者の問題に対しては，前の定式化では整数性ギャップが $\Omega(\log n)$ となり，その定式化によるアルゴリズムでは，7.2 節の $O(\log n)$-近似アルゴリズムが（定数の範囲内で）最善のアルゴリズムであったからである．

## 14.1 賞金獲得シュタイナー木問題

本節では，4.4 節で最初に取り上げ，さらに 5.7 節でも議論した賞金獲得シュタイナー木問題を再度取り上げる．主双対アルゴリズムを用いて，この問題に対する 2-近似アルゴリズムを得ることができることを示す．この主双対法に基づく 2-近似アルゴリズムは，前に与えたアルゴリズムの性能保証を改善するばかりでなく，実際には線形計画緩和を解くこともしないものである．繰り返しになるが，賞金獲得シュタイナー木問題では，入力として，無向グラフ $G = (V, E)$，各辺 $e \in E$ に対するコスト $c_e \geq 0$，特別に選ばれた根 $r \in V$ および各点 $i \in V$ に対するペナルティ $\pi_i \geq 0$ が与えられる．目標は，根 $r$ を含む木 $T$ のうちで，木に含まれる辺のコストの総和と木に含まれない点のペナルティの総和の和が最小となるようなものを求めることである．すなわち，$V(T)$ を木 $T$ に含まれる点の集合とすると，目標は，$\sum_{e \in T} c_e + \sum_{i \in V - V(T)} \pi_i$ が最小となるような木 $T$ を求めることである．

この問題に対する別の整数計画による定式化を与えることから始める．各辺 $e \in E$ に対して，求める木に辺 $e$ が含まれるかどうかを表す決定変数 $x_e \in \{0, 1\}$ を用いる．さらに，すべての部分集合 $X \subseteq V - \{r\}$ に対して，決定変数 $z_X \in \{0, 1\}$ を用いる．なお，各変数 $z_X$ は，$X$ が求める木に入らないすべての点の集合のときに $z_X = 1$ であり，そうでないときに $z_X = 0$ であるとする．すると，任意の部分集合 $S \subseteq V - \{r\}$ に対して，$S$ が求める木に含まれないすべての点の集合の部分集合となるか，あるいは，求める木に入る点を $S$ が

含むことを要求するような制約式が必要となる．これは，

$$\sum_{e \in \delta(S)} x_e + \sum_{X: X \supseteq S} z_X \geq 1$$

として表現できる．$S$ の少なくとも 1 点が求める木に入れられるときには，その 1 点から $r$ へのパスが存在しなければならないことになり，$\delta(S) \neq \emptyset$，すなわち，$\sum_{e \in \delta(S)} x_e \geq 1$ が必要である．一方，$S$ のどの点も求める木に入れられないときには，求める木に入れられないすべての点からなる集合 $Y$ で $z_Y = 1$ が成立することになる．$\pi(X) = \sum_{i \in X} \pi_i$ とする．すると，以下の整数計画問題としての定式化が得られる．

$$\begin{aligned}
\text{minimize} \quad & \sum_{e \in E} c_e x_e + \sum_{X \subseteq V - \{r\}} \pi(X) z_X \\
\text{subject to} \quad & \sum_{e \in \delta(S)} x_e + \sum_{X: X \supseteq S} z_X \geq 1, \quad \forall S \subseteq V - \{r\}, \\
& x_e \in \{0, 1\}, \quad \forall e \in E, \\
& z_X \in \{0, 1\}, \quad \forall X \subseteq V - \{r\}.
\end{aligned}$$

7.3 節の $s$-$t$ 最短パス問題と 7.4 節の一般化シュタイナー木問題のときと同様に，最大フロー最小カット定理を用いて，任意の実行可能解において，根 $r$ と $z_X = 1$ となる集合 $X$ に含まれないすべての点 $i$ とを結ぶような木が存在することを示すことができる．

整数条件の $x_e \in \{0, 1\}$ と $z_X \in \{0, 1\}$ をそれぞれ $x_e \geq 0$ と $z_X \geq 0$ に緩和して得られる線形計画問題（主問題）の双対問題は以下のように書ける．

$$\begin{aligned}
\text{maximize} \quad & \sum_{S \subseteq V - \{r\}} y_S \\
\text{subject to} \quad & \sum_{S: e \in \delta(S)} y_S \leq c_e, \quad \forall e \in E, \\
& \sum_{S \subseteq X} y_S \leq \pi(X), \quad \forall X \subseteq V - \{r\}, \\
& y_S \geq 0, \quad \forall S \subseteq V - \{r\}.
\end{aligned}$$

この双対問題には 2 種類の制約式が存在することに注意しよう．すなわち，一方は辺に対する制約式と他方は点の部分集合に対する制約式である．便宜上，点の部分集合に対する制約式に関する記法を導入する．

**定義 14.1** $r$ を含まない点の部分集合 $X \subseteq V - \{r\}$ と双対実行可能解 $y$ に対して，$p(X, y, \pi) = \pi(X) - \sum_{S \subseteq X} y_S$ を集合 $X$ の（残余）**ポテンシャル** (potential) という．

アルゴリズム 14.1 にまとめている主双対アルゴリズムについて説明する．一般化シュタイナー木問題に対するアルゴリズムのときと同様に，アルゴリズムでは，双対解 $y$ は最初すべてゼロと初期設定され，常に双対実行可能解に保たれ，主解 $F$ は最初空集合に設定され，常に実行不可能解に保たれる（アルゴリズムの終了時に主解は実行可能解になる）．辺集合 $F$（と点集合 $V$）で形成されるグラフの連結成分を 2 種類に分割する．すなわち，**活性** (active) と**不活性** (inactive) とに分ける．根 $r$ を含む連結成分は，常に不活性である．

**アルゴリズム 14.1** 賞金獲得シュタイナー木問題に対する主双対アルゴリズム．

$y \leftarrow 0$
$F \leftarrow \emptyset$
$\ell \leftarrow 1$
**while** $(V, F)$ に活性な連結成分が存在する **do**
    $(V, F)$ のすべての活性な連結成分 $C$ の集合を $\mathcal{C}$ とする
    // （$p(C, y, \pi) > 0$ かつ $r \notin C$ である）
    以下の条件が初めて成立するようになるまで，すなわち，
        ある $C' \in \mathcal{C}$ とある $e_\ell \in \delta(C')$ で $c_{e_\ell} = \sum_{S: e_\ell \in \delta(S)} y_S$ となるか，
        ある $C'' \in \mathcal{C}$ で $p(C'', y, \pi) = 0$ となるまで，
        $\mathcal{C}$ のすべての $C$ に対して，$y_C$ を一様に増加する
    **if** ある $C \in \mathcal{C}$ で $p(C, y, \pi) = 0$ となった **then**
        $C$ を不活性として，$\mathcal{C}$ から $C$ を除去する
    **else**
        $F \leftarrow F \cup \{e_\ell\}$
        $\ell \leftarrow \ell + 1$
$F'$ を $r$ を含む $(V, F)$ の連結成分とする
**for** $k \leftarrow \ell - 1$ **downto** $1$ **do**
    **if** $e_k \in F'$ **then**
        $e_k$ を介して $r$ と連結になる点の集合を $C$ とする
        **if** $p(C, y, \pi) = 0$ **then**
            $F'$ から $e_k$ および $C$ の両端点を結ぶ $F'$ のすべての辺を除去する
**return** $F'$

ポテンシャル $p(C, y, \pi)$ がゼロの連結成分 $C$ も不活性である．なお，各ポテンシャルは双対解の実行可能性より常に非負であり，ポテンシャル $p(C, y, \pi)$ がゼロのときには，$\sum_{S \subseteq C} y_S = \pi(C)$ が成立する．したがって，これはタイトな双対制約式に対応し，双対変数 $y_C$ の値を少しでも増やすと，双対解は実行不可能になってしまうことに注意しよう．上記以外の連結成分は活性である．そこで，すべての活性な連結成分に対応する双対変数に対して，いずれかの制約式がタイトになるまで，一様に増加する．このとき，ある活性な集合 $C$ とある辺 $e \in \delta(C)$ に対して，辺 $e$ に対応する制約式がタイトになったときには，$F$ に $e$ を加えて，上記のことを繰り返す．ある活性集合 $C$ のポテンシャルがゼロになってそれに対応する制約式がタイトになったときには，$C$ を不活性として，上記のことを繰り返す．$F$ のすべての成分が不活性になったならば，メインの while ループを終了する．

一般化シュタイナー木アルゴリズムのときと同様に，最後に，$F$ に加えられた辺の順番と逆の順番で，辺を考慮するクリーンナップステップが行われる．そこで，$F'$ を $r$ を含む $F$ の連結成分と初期設定する．そして，$F'$ の各辺 $e$ を $F$ に加えられた辺の順番と逆の順番で処理する．まずためしに，$F'$ から辺 $e$ を除去してみる．この除去により，$F' - \{e\}$ で根

と連結でなくなるような点の集合を $C$ とする．そして $p(C,y,\pi)=0$ かどうかを確かめる．$p(C,y,\pi)=0$ ならば，辺 $e$ および $C$ の点同士を結ぶすべての辺を $F'$ から除去する．こうしても $F'$ は根を含む木であり続ける．そうでなければ（$p(C,y,\pi)>0$ ならば），辺 $e$ は $F'$ にそのまま残す．

上記のアルゴリズムが性能保証 2 を達成することを示す．一般化シュタイナー木アルゴリズムのときと同様に，これは以下の補題（証明は後述する）を用いて得られる．

**補題 14.2** アルゴリズム 14.1 で返される木を $F'$ とし，$F'$ に含まれないすべての点の集合を $X$ とする．すると，任意の while ループの反復において，$\mathcal{C}$ をその反復の開始時の活性な連結成分の集合とすると，

$$\sum_{C \in \mathcal{C}} |\delta(C) \cap F'| + |\{C \in \mathcal{C} : C \subseteq X\}| \leq 2|\mathcal{C}|$$

が成立する．

この補題を用いて性能保証 2 を証明することができる．

**定理 14.3** アルゴリズム 14.1 は，賞金獲得シュタイナー木問題に対する 2-近似アルゴリズムである．

**証明**：アルゴリズムで返される木を $F'$ とし，$F'$ に含まれないすべての点の集合を $X$ とする．最初に，$X$ は，各集合 $X_j$ が $p(X_j,y,\pi)=0$（ポテンシャル 0）を満たすような集合の族 $X_1,\ldots,X_k$ に分割できることが主張できる．これは，以下のように，クリーンナップの辺除去のステップに入る直前に，$X$ の任意の点 $v$ に対して，それが根に連結していたか連結していなかったかに注意することで確認できる．そのとき，$v$ が根に連結していなかったならば，根を含まないある連結成分 $I$ に $v$ は含まれていたことになる．クリーンナップの辺除去のステップに入る直前に活性な連結成分は存在しなくなっていたので，$I$ は不活性な連結成分であり，そのポテンシャルは $p(I,y,\pi)=0$ である．一方，クリーンナップの辺除去のステップに入る直前に，$v$ が根に連結していたならば，辺除去のあるステップで根に連結しないようになったことになる．辺除去のこのステップで根に非連結になるような点の集合を $I$ とすると，$v$ は $I$ に含まれる．さらに，アルゴリズムにより，ポテンシャルは $p(I,y,\pi)=0$ となる．以上により，$X$ は，各集合 $X_j$ が $p(X_j,y,\pi)=0$（ポテンシャル 0）を満たすような集合の族 $X_1,\ldots,X_k$ に分割できることが得られた．

ポテンシャルが $p(I,y,\pi)=0$ であることは，$\pi(I)=\sum_{S \subseteq I} y_S$ であることを意味することに注意しよう．ここで，主解のコストを双対変数を用いて以下のように書き換える．

$$\sum_{e \in F'} c_e + \sum_{i \in X} \pi_i = \sum_{e \in F'} \sum_{S:e \in \delta(S)} y_S + \sum_{j=1}^{k} \pi(X_j)$$

$$= \sum_{S \subseteq V-\{r\}} |\delta(S) \cap F'| y_S + \sum_{j=1}^{k} \sum_{S \subseteq X_j} y_S.$$

このコストが双対目的関数の値の 2 倍以下であることを証明したい．すなわち，

$$\sum_{S \subseteq V-\{r\}} |\delta(S) \cap F'| y_S + \sum_{j=1}^{k} \sum_{S \subseteq X_j} y_S \leq 2 \sum_{S \subseteq V-\{r\}} y_S \tag{14.1}$$

を証明したい．補題7.7の証明と同様に，アルゴリズムにおけるwhileループの反復に関する帰納法でこの証明を行う．最初，すべての双対変数の値は0であるので，不等式(14.1)は明らかに成立する．そこで，ある反復の開始時に不等式(14.1)が成立していたと仮定する．そして，この反復の開始時に活性な連結成分の集合を$\mathcal{C}$とする．この反復において，すべての$S \in \mathcal{C}$の$y_S$は同じ値だけ増やされる．その値を$\epsilon$とする．この増加により，不等式(14.1)の左辺は，

$$\epsilon \sum_{C \in \mathcal{C}} |F' \cap \delta(C)| + \epsilon \sum_{j=1}^{k} \left| \left\{ C \in \mathcal{C} : C \subseteq X_j \right\} \right|$$

だけ増加し，不等式(14.1)の右辺は，

$$2\epsilon|\mathcal{C}|$$

だけ増加する．一方，補題14.2の不等式より，左辺の増加分は右辺の増加分以下である．したがって，ある反復の開始時に不等式(14.1)が成立していたとすると，その反復の終了時にも不等式(14.1)が成立することが得られた． □

最後に，補題の証明を与える．

**補題14.2の証明**：ある反復に固定して議論する．この反復で，活性な連結成分の集合を$\mathcal{C}$とし，不活性な連結成分の集合を$\mathcal{I}$とする．$\mathcal{C}$と$\mathcal{I}$に含まれる集合で点集合$V$が分割されることに注意しよう．

証明すべき不等式を単純化することから始める．任意の$C \in \mathcal{C}$に対して，$C$のどの点も木$F'$に含まれないときは，$\delta(C) \cap F' = \emptyset$であることに注意しよう．したがって，$C \subseteq X$ならば$\delta(C) \cap F' = \emptyset$である．ここで$\mathcal{C}' = \{C \in \mathcal{C} : C \not\subseteq X\}$とする．すると，証明したい不等式は，

$$\sum_{C \in \mathcal{C}'} |\delta(C) \cap F'| \leq 2|\mathcal{C}'|$$

を証明すれば得られることになる．なお，任意の$C \in \mathcal{C}'$に対して$\delta(C) \cap F' \neq \emptyset$であることにも注意しよう．

一般化シュタイナー木に対する補題7.7の証明のときと同様に，$\mathcal{C}'$と$\mathcal{I}$に含まれる各連結成分を1点に縮約し，さらに$\mathcal{C} - \mathcal{C}'$の連結成分をすべて無視する．このようにして得られる点の集合を$V'$とする．さらに，$V'$の異なる点間を結ぶ$F'$の辺の集合を$T$とする．したがって，$\mathcal{C}'$と$\mathcal{I}$の一つの連結成分内を結ぶ$F'$の辺は$T$には存在しない．観察7.9と補題7.7でも眺めたように，$T$は木となる[1]．各点$v \in V'$に対して，$v$のこの木$T$における次数を$deg(v)$と表記する．さらに，前と同様に，$V'$の点を赤と青を用いて彩色する．すなわち，赤い点は$\mathcal{C}'$の連結成分に対応し，青い点は$\mathcal{I}$の連結成分に対応する．$V'$の赤い点の集合を$R$とし，$deg(v) > 0$となるような$V'$の青い点$v$の集合を$B$とする．すると，所望の不等式

$$\sum_{C \in \mathcal{C}'} |\delta(C) \cap F'| \leq 2|\mathcal{C}'|$$

は，この木$T$での不等式$\sum_{v \in R} deg(v) \leq 2|R|$として書き直すことができる．

---
[1] 訳注：木$T$に含まれる点の集合を$V(T)$とする．すると，$C \subseteq X$となる$C \in \mathcal{I}$が存在するときには，$V' - V(T) \neq \emptyset$である．なお，$\mathcal{C}'$の各連結成分を1点に縮約した点は常に$V(T)$に含まれる．

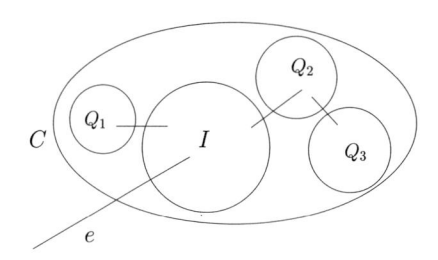

**図 14.1** 補題 14.2 の証明で用いる図.

青い点で次数が正確に1となる点が高々1個であることが主張できることを用いて，この不等式を証明する（主張の証明は後述する）．まず，$R \cap B = \emptyset$ であるので，

$$\sum_{v \in R} deg(v) = \sum_{v \in R \cup B} deg(v) - \sum_{v \in B} deg(v)$$

であることは自明である．さらに，木において，点の次数の総和は，点数の総和から1引いた値の2倍を超えることはなく，さらに主張により，$B$ の青い点は高々1個の点を除いて次数が2以上であるので，

$$\sum_{v \in R \cup B} deg(v) - \sum_{v \in B} deg(v) \leq 2(|R| + |B| - 1) - 2(|B| - 1) - 1 \leq 2|R|$$

となり，$\sum_{v \in R} deg(v)$ に対する所望の不等式が得られる．

最後に上記の主張を証明する．すなわち，次数1の青い点になりうる点は，縮約前の根を含む連結成分に対応する点のみであることを証明する．そこで，それ以外の青い点は次数1となることがないことを証明する．背理法を用いる．縮約前の根を含む連結成分に対応する点以外に次数1の青い点 $v$ があったとする．点 $v$ に接続する辺を $e \in F'$ とし，$v$ に対応する縮約前の連結成分を $I \in \mathcal{I}$ とする．仮定より，$r \notin I$ である．この反復の開始時に，$I \in \mathcal{I}$ かつ $e \in \delta(I)$ であるので，$e$ はこの反復以降の反復で加えられたことになる．$e$ がこの反復以前の反復で加えられたすると，この反復で，$I$ は $e$ を含むより大きい連結成分の一部となってしまうからである．ここで，$e$ がクリーンナップの除去ステップで検証されるときを考える．$e$ を除去すると，根と非連結になる点の集合を $C$ とする．すると，$I$ も根と非連結になるので，$I \subseteq C$ となることは明らかである．一方，$e$ は除去されないので，$I$ は $e$ を介して根と連結のままであり，$C$ も根と連結のままである．$e$ よりも後のクリーンナップの除去ステップで除去される $C$ に含まれる部分を $Q_1, \ldots, Q_k$ とする．したがって，$I$ と $Q_1, \ldots, Q_k$ は $C$ の分割となる（図14.1参照）．各 $Q_j$ は最終的には除去されたので，$p(Q_j, y, \pi) = 0$ である．さらに，$I$ も不活性で根を含まないので $p(I, y, \pi) = 0$ である．一方，双対実行可能性から

$$\pi(C) \geq \sum_{S \subseteq C} y_S \geq \sum_{S \subseteq I} y_S + \sum_{j=1}^{k} \sum_{S \subseteq Q_j} y_S$$

であることもわかっている．$I$ と各 $Q_j$ のポテンシャルはすべてゼロであるので，右辺は

$$\pi(I) + \sum_{j=1}^{k} \pi(Q_j) = \pi(C)$$

と書ける．したがって，$\sum_{S \subseteq C} y_S = \pi(C)$ となり，$p(C, y, \pi) = 0$ が成立する．しかし，これが成立すると，$e$ がクリーンナップの除去ステップで除去されてしまうことになり，$e \in F'$ であることに矛盾してしまう．したがって，主張が得られた． □

## 14.2 無向グラフのフィードバック点集合問題

本節では，7.2 節で初めて取り上げた無向グラフのフィードバック点集合に移る．この問題は以下の問題であったことを思いだそう．すなわち，無向グラフのフィードバック点集合では，無向グラフ $G = (V, E)$ と各点 $v \in V$ に対する非負の重み $w_v \geq 0$ が与えられる．そして，目標は，グラフのどの閉路 $C$ とも点を共有する点の部分集合 $S \subseteq V$ のうちで，点の重みの総和が最小となるものを求めることである．言い換えると，点集合 $V - S$ で誘導される誘導部分グラフ $G[V - S]$ が無閉路となるような $S$ のうちで，重みの総和が最小となる点の部分集合 $S$ を求める問題である．$V - S$ で誘導される部分グラフを単に $G - S$ と書くこともある．

7.2 節では，フィードバック点集合問題に対して $O(\log n)$-近似アルゴリズムを与えた．そのアルゴリズムでは，与えられたグラフのすべての閉路 $C$ の集合を $\mathcal{C}$ とおいて，以下の整数計画による定式化を用いた．

$$
\begin{aligned}
\text{minimize} \quad & \sum_{v \in V} w_v x_v \\
\text{subject to} \quad & \sum_{v \in C} x_v \geq 1, \qquad \forall C \in \mathcal{C}, \\
& x_v \in \{0, 1\}, \qquad v \in V.
\end{aligned}
$$

そして，その節では，この定式化の整数性ギャップが $\Omega(\log n)$ であることが知られていることから，この定式化では，$O(\log n)$ より良い性能保証を達成することができないことを主張した．

しかし，この問題に対する別の整数計画による定式化を用いて，主双対 2-近似アルゴリズムを得ることができる．それを説明するために，まず辺を除去してグラフを無閉路にするのに必要な辺の本数について考えることから始める．グラフ $G$ の連結成分の個数を $c(G)$ とする．グラフ $G = (V, E)$ の無閉路となる辺の部分集合は高々 $|V| - c(G)$ 本の辺からなる（$|V| - c(G) + 1$ 本以上の辺からなる $G$ の辺部分集合は必ず $G$ の閉路を含む）．したがって，グラフ $G$ を無閉路にするには，少なくとも $|E| - |V| + c(G)$ 本の辺を除去しなければならない．点 $v$ の次数を $d(v)$ とする．点 $v$ とそれに接続する辺を除去すると，目標の $|E| - |V| + c(G)$ の辺の除去に向けて $d(v)$ 本の辺を除去することになる．しかし，点 $v$ の除去に伴い，点が 1 点減るばかりでなく，連結成分の個数も変化するので注意が必要である．$v$ を除去して得られるグラフ $G - \{v\}$ では，$G - \{v\}$ を無閉路にするために除去しなければならない辺は少なくとも $(|E| - |d(v)|) - (|V| - 1) + c(G - \{v\})$ 本となる．したがって，$v$ の除去により，除去しなければならない辺の総数は

$$[|E| - |V| + c(G)] - [(|E| - d(v)) - (|V| - 1) + c(G - \{v\})] = d(v) - 1 + c(G) - c(G - \{v\})$$

だけ減ることになる．記述を単純化するために，$c(G - \{v\}) - c(G) + 1$ を $b(v)$ と表記する．したがって，$v$ の除去により，除去しなければならない辺の総数は $d(v) - b(v)$ だけ少なくなる．上記の推論は以下のように定式化できる．

**補題 14.4** $G = (V, E)$ の任意のフィードバック点集合 $F$ に対して，

$$\sum_{v \in F} (d(v) - b(v)) \geq |E| - |V| + c(G)$$

が成立する．

**証明**：$F$ と $F$ の点に接続する辺を除去すると，得られるグラフは無閉路になることがわかっている．$F$ に両端点が含まれる辺の集合を $E(F)$ とする．すると，$\sum_{v \in F} d(v) - |E(F)|$ は $G$ から $G - F$ を得るときに除去した辺の本数（の上界）となる．一方，$G - F$ が無閉路であるので，$|V| - |F| - c(G - F)$ は $G - F$ に残っている辺の本数の上界である．したがって，

$$|E| \leq \sum_{v \in F} d(v) - |E(F)| + |V| - |F| - c(G - F)$$

が得られる．このとき，

$$c(G) \leq \sum_{v \in F} (1 - b(v)) + |E(F)| + c(G - F) \tag{14.2}$$

が成立することを主張できる．この主張が与えられれば，二つの不等式を辺ごとに加えて，

$$|E| + c(G) \leq \sum_{v \in F} (d(v) - b(v)) + |V|$$

が得られる．両辺から $V$ を引くと所望の不等式が得られる．

主張の不等式 (14.2) を $F$ についての帰納法で証明する．なお，$F$ がフィードバック点集合であることは，主張の証明では必要でない．$F = \emptyset$ と $F = \{v\}$ のときに，主張が成立することは容易にわかる．とくに，$F = \{v\}$ のときには，不等式 (14.2) の右辺は，$b(v)$ の定義から，

$$(1 - b(v)) + c(G - \{v\}) = (1 - c(G - \{v\}) + c(G) - 1) + c(G - \{v\}) = c(G)$$

となるので，不等式 (14.2) が等式で成立する．そこで，以下では $v \in F$ の $F - \{v\}$ に対して主張が成立したと仮定する．そして，$F$ でも成立することをこれから示す．$G$ における $v$ の隣接点の集合を考える．$G$ から $v$ を除去すると，これらの集合は，少なくとも $c(G - \{v\}) - c(G) = b(v) - 1$ 個のさらなる連結成分の部分に分割される．これらの $b(v) - 1$ 個の各連結成分から $v$ の隣接点を 1 個ずつ選ぶものとする．これらの選ばれた各隣接点に対して，この隣接点が $F$ に属する（このときには，$v$ とこの隣接点を結ぶ辺が $E(F)$ に含まれる）か，あるいは，この隣接点が $F$ に属さない（このときには，$G - (F - \{v\})$ から $v$ を除去するとこの隣接点を含む連結成分が新しく生まれる）かのいずれかである．したがって，$b(v) - 1$ は，高々 $|E(F)| - |E(F - \{v\})|$ と $c(G - F) - c(G - (F - \{v\}))$ の和で

ある．すなわち，$0 \leq 1 - b(v) + |E(F)| - |E(F - \{v\})| + c(G - F) - c(G - (F - \{v\}))$ が成立する．帰納法の仮定から，$F - \{v\}$ に対して不等式 (14.2) が成立するので，

$$c(G) \leq \sum_{u \in F - \{v\}} (1 - b(u)) + |E(F - \{v\})| + c(G - (F - \{v\}))$$

が得られる．これに上記の不等式を加えると，$F$ に対する不等式 (14.2) が得られる． □

任意の点の部分集合 $S \subseteq V$ を考える．$S$ で誘導される $G = (V, E)$ の誘導部分グラフを $G[S]$ とし，$G[S]$ における点 $v \in S$ の次数を $d_S(v)$ とする．さらに，点 $v \in S$ の $G[S]$ における $b(v)$ の値も $b_S(v)$ と表記する．$G[S]$ を無閉路グラフにするために必要となる除去すべき辺の最小数 $|E(S)| - |S| + c(G[S])$ を $f(S)$ と表記する．すなわち，$f(S) = |E(S)| - |S| + c(G[S])$ である．このとき，$F \cap S$ が $G[S]$ のフィードバック点集合となることに注意すると，補題 14.4 の系として以下が得られる．

**系 14.5** 任意の点の部分集合 $S \subseteq V$ に対して，

$$\sum_{v \in F \cap S} (d_S(v) - b_S(v)) \geq f(S)$$

が成立する．

無向グラフのフィードバック点集合問題に対して，整数計画による定式化を以下のように与えることができる．

$$\begin{aligned}
\text{minimize} \quad & \sum_{v \in V} w_v x_v \\
\text{subject to} \quad & \sum_{v \in S} (d_S(v) - b_S(v)) x_v \geq f(S), \quad \forall S \subseteq V, \\
& x_v \in \{0, 1\}, \quad v \in V.
\end{aligned}$$

この整数計画問題が，無向グラフのフィードバック点集合問題の定式化になっていることは，以下のようにして理解できる．これまでと同様に，点 $v$ に対する変数 $x_v$ は，$v$ がフィードバック点集合に含まれているかどうかを表す（含まれるときは $x_v = 1$ で，含まれないときは $x_v = 0$ である）．解 $x$ がフィードバック点集合に対応するときには，系 14.5 より，すべての制約式が満たされる．一方，解 $x$ がフィードバック点集合に対応しないときには，すべての $v \in C$ で $x_v = 0$ となるような閉路 $C$ が存在する．そこで，この $C$ に対応する制約式を考える．左辺は明らかにゼロである．一方，$f(C) \geq 1$ が成立することが主張できる（証明はすぐに与える）．したがって，この制約式が満たされないことになり，$x$ は実行不可能解となる．以上の議論より，この整数計画問題は，実際に，フィードバック点集合問題の定式化になっていることが証明できた．最後に，主張の $f(C) \geq 1$ の証明を与える．$C$ は閉路であるので，$|E(C)| \geq |C|$ となり，$f(C) = |E(C)| - |C| + c(G[C]) \geq c(G[C]) \geq 1$ が得られる．

この整数計画問題の線形計画緩和（主問題）の双対問題は，以下のように書ける．

$$\text{maximize} \quad \sum_{S \subseteq V} f(S) y_S$$
$$\text{subject to} \quad \sum_{S: v \in S} (d_S(v) - b_S(v)) y_S \leq w_v, \quad \forall v \in V,$$
$$y_S \geq 0, \quad \forall S \subseteq V.$$

第7章で与えた標準的な主双対アルゴリズムを用いて，アルゴリズム14.2を得ることができる．最初，双対実行可能解の $y = 0$ と主実行不可能解の $F = \emptyset$ を用いて出発する．アルゴリズムの反復の各時点で対象としている $G$ の部分グラフの点集合を $S$ として管理する．したがって，最初 $S = V$ と設定される．そして，$F$ が実行不可能である（すなわち，$G[S]$ が無閉路でない）限り，双対変数 $y_S$ の値を，いずれかの点 $v \in S$ で初めて対応する制約式がタイトになるまで増加する．そして，その点 $v$ を $F$ に加え，$S$ から $v$ を除去する．さらに，$G[S - \{v\}]$ で閉路に含まれなくなった $S$ の点もすべて $S$ から除去する．

$F$ が実行可能解になると同時に，7.4節の一般化シュタイナー木アルゴリズムと同様に，最後のクリーンナップの除去ステップに進む．具体的には，$F$ に加えられた点の順番と逆の順番で，点の除去を考慮することを繰り返す．すなわち，$F'$ を $F$ と初期設定して，各反復で対象とする $F'$ の点 $v$ に対して，$F'$ から $v$ を除去して得られる $F' - \{v\}$ もフィードバック点集合のままであるかどうかを検証する．そして，$F' - \{v\}$ がフィードバック点集合のままであるときには，$F' - \{v\}$ を改めて $F'$ と設定する．一方，$F' - \{v\}$ がフィードバック点集合でなくなるときは $v$ を $F'$ にそのまま残す．

クリーンナップの除去ステップは，以下の補題を証明するのに役立つ．なお，グラフ $G$ のフィードバック点集合 $F$ は，どの $v \in F$ に対しても $F - \{v\}$ が $G$ のフィードバック点集合でなくなるとき，$G$ で極小 (minimal) であると呼ぶことにする．

**補題 14.6** アルゴリズム 14.2 で返される主解 $F'$ と双対解 $y$ に対して，以下が成立する．すなわち，$y_S > 0$ となる任意の $S \subseteq V$ に対して，$F' \cap S$ は $G[S]$ の極小なフィードバック点集合である．

**証明**：背理法を用いて証明する．$F' \cap S - \{v_j\}$ が $G[S]$ のフィードバック点集合となるような点 $v_j \in F' \cap S$ が存在したと仮定する．クリーンナップの除去ステップで $F'$（$\{v_1, \ldots, v_{j-1}\} \cup F'$）から $v_j$ が除去されなかったので，$\{v_1, \ldots, v_{j-1}\} \cup F' - \{v_j\}$ が $G$ のフィードバック点集合でないことはわかっている．$F'$ が $G$ のフィードバック点集合（したがって，$\{v_1, \ldots, v_{j-1}\} \cup F'$ も $G$ のフィードバック点集合）であり，$\{v_1, \ldots, v_{j-1}\} \cup F' - \{v_j\}$ が $G$ のフィードバック点集合でないので，$v_j$ が閉路 $C$ に含まれる $\{v_1, \ldots, v_{j-1}\} \cup F'$ の唯一の点となるような $G$ の閉路 $C$ が存在する．さらに，$C \subseteq S$ である．なぜなら，$v_j \in S$ かつ $\{v_1, \ldots, v_{j-1}\} \cap C = \emptyset$ であるので，$y_S$ が増加される反復において，アルゴリズムでの構成法により，$C$ のどの点もそれ以前に $S$ から除去されたことはなかったからである．したがって，$C$ は $G[S]$ に含まれ，$S \cap C \cap F' = C \cap F' = \{v_j\}$ であるので，$F' \cap S - \{v_j\}$ が $G[S]$ のフィードバック点集合になることはないこと（矛盾）が得られる． □

## 14.2 無向グラフのフィードバック点集合問題 405

**アルゴリズム 14.2** 無向グラフのフィードバック点集合問題に対するより良い主双対アルゴリズム.

$y \leftarrow 0$
$F \leftarrow \emptyset$
$S \leftarrow V$
$\ell \leftarrow 0$
**while** $F$ が実行不可能であり $G[S]$ が閉路を含む **do**
　　$\ell \leftarrow \ell + 1$
　　いずれか点 $v_\ell \in S$ で,制約式が初めて $\sum_{C:v_\ell \in C}(d_C(v_\ell) - b_C(v_\ell))y_C = w_{v_\ell}$ となるまで $y_S$ の値を増加する
　　$F \leftarrow F \cup \{v_\ell\}$
　　$T \leftarrow \{v \in S : v$ は $G[S - \{v_\ell\}]$ のどの閉路にも含まれない$\}$
　　$S \leftarrow S - \{v_\ell\} - T$
$F' \leftarrow F$
**for** $k \leftarrow \ell$ **downto** 1 **do**
　　**if** $F' - \{v_k\}$ が実行可能解である **then**
　　　　$F'$ から $v_k$ を除去する
**return** $F'$

主双対アルゴリズムの解析の典型的な証明と同様に,アルゴリズムの性能保証は,組合せ的な補題を用いて示すことができる.このケースでは,その補題は以下のように書ける.その証明は後述する.

**補題 14.7** どの点 $v \in V$ もいずれかの閉路に含まれるような任意のグラフ $G$ において,$G$ の任意の極小なフィードバック点集合 $F$ は,

$$\sum_{v \in F}(d(v) - b(v)) \leq 2f(V) = 2(|E| - |V| + c(G))$$

を満たす(定義より,$f(V) = |E| - |V| + c(G)$ であることに注意しよう).

この補題が与えられれば,アルゴリズムの性能保証を与える以下の定理を証明できる.

**定理 14.8** アルゴリズム 14.2 は,フィードバック点集合問題に対する 2-近似アルゴリズムである.

**証明**:$F'$ をアルゴリズムで返される最終的なフィードバック点集合とする.すると,標準的な主双対アルゴリズムの解析により,

$$\sum_{v \in F'} w_v = \sum_{v \in F'} \sum_{S:v \in S}(d_S(v) - b_S(v))y_S$$
$$= \sum_{S \subseteq V} y_S \sum_{v \in F' \cap S}(d_S(v) - b_S(v))$$

が得られる．$y_S > 0$ であるときには $F' \cap S$ がグラフ $G[S]$ の極小なフィードバック点集合であることは，補題 14.6 よりわかっている．また，グラフ $G[S]$ と $F' \cap S$ は補題 14.7 の条件を満たすことになり，$\sum_{v \in F' \cap S}(d_S(v) - b_S(v)) \leq 2f(S)$ が成立することもわかっている．したがって，

$$\sum_{v \in F'} w_v \leq 2 \sum_{S \subseteq V} f(S) y_S \leq 2\,\mathrm{OPT}$$

が得られる．なお，2番目の不等式は，$\sum_{S \subseteq V} f(S) y_S$ が双対目的関数の値であるので，弱双対定理より得られる． □

最後に，補題 14.7 の証明を与える．

**補題 14.7 の証明**：$\sum_{v \in V} d(v) = 2|E|$ であることはわかっているので，不等式の両辺からこの値を引いて得られる不等式

$$\sum_{v \in F} d(v) - \sum_{v \in V} d(v) - \sum_{v \in F} b(v) \leq 2(c(G) - |V|)$$

を証明する．この不等式は，少し整理すると

$$\sum_{v \in V-F} d(v) \geq 2|V| - \sum_{v \in F} b(v) - 2c(G)$$

と書ける．$\sum_{v \in V-F} d(v) = \sum_{v \in V-F} d_{V-F}(v) + |\delta(F)|$ であることと，$G[V-F]$ が森であることから $\sum_{v \in V-F} d_{V-F}(v) = 2(|V| - |F| - c(G-F))$ であることに注意しよう．したがって，証明したい不等式と次の不等式

$$2(|V| - |F| - c(G-F)) + |\delta(F)| \geq 2|V| - \sum_{v \in F} b(v) - 2c(G)$$

は等価である．この不等式は整理すると，

$$2|F| + 2c(G-F) \leq |\delta(F)| + \sum_{v \in F} b(v) + 2c(G) \tag{14.3}$$

と書ける．

$F$ が $G$ の極小なフィードバック点集合であるので，各点 $v \in F$ に対して，$G$ の閉路 $C_v$ に含まれる $F$ の点が唯一 $v$ のみであるような $G$ の閉路が存在する．なぜなら，そのような閉路が存在しないとすると，$F$ から $v$ を除去しても $G$ のフィードバック点集合になってしまい，$F$ は $G$ の極小なフィードバック点集合であることに反してしまうからである．したがって，各点 $v \in F$ に対して，この閉路 $C_v$ 上の $v$ の二つの隣接点と $v$ を結ぶ 2 本の辺（上記の議論より，$v$ は $F$ に含まれ，これらの 2 個の隣接点は $V - F$ に含まれる）が存在する．これらの 2 本の辺を**閉路辺** (cycle edge) と呼ぶことにする．すると，所望の不等式の値の $2|F|$ を，$|\delta(F)|$ の閉路辺にチャージすることができることに注意しよう．さらに，各点 $v \in F$ に対するこの閉路 $C_v$ の 2 本の閉路辺による $v$ の 2 個の隣接点は，$G[V-F]$ の同じ連結成分に属することにも注意しよう．

証明を完成するために，$G[V-F]$ の各連結成分に対して，上記の不等式 (14.3) の右辺に 2 だけチャージすることができることを示す．とくに，$G[V-F]$ の各連結成分に対して，

$G[V-F]$ の連結成分

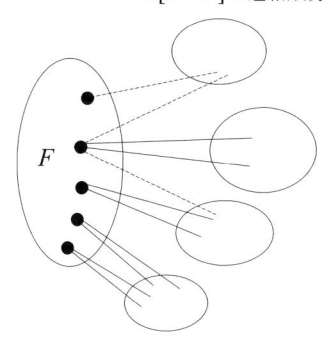

**図14.2** 補題14.7の証明における場合分け．実線の線分は閉路辺を表し，破線の線分は非閉路辺を表す．$G[V-F]$ の4個の連結成分は，上から順番に本文で議論している四つの場合分けの連結成分に対応する．

$G$ の連結成分，$\delta(F)$ の非閉路辺あるいは $v \in F$ の $b(v)$ に適切にチャージすることができることを示す．$G[V-F]$ の任意の連結成分 $S$ を考える．$F$ がフィードバック点集合であるので，$G[S]$ は無閉路である．補題の仮定より，グラフのどの点もいずれかの閉路に含まれる．したがって，$F$ と $S$ の間にまたがる辺は2本以上存在することに注意しよう．さらに，上記のような閉路 $C_v$ の一方の閉路辺が $v$ と $S$ とを結ぶときには，前述したように，他方の閉路辺も $v$ と $S$ とを結ぶことにも注意しよう．すなわち，他方の閉路辺が $v$ と $S$ 以外の $G[V-F]$ の連結成分とを結ぶことはない．以下のように場合分けをして，チャージすることができることを示す．

- $F$ と $S$ の間にまたがる2本以上の非閉路辺が存在するとき．このときには，これらの $|\delta(F)|$ の2本の非閉路辺に2をチャージできる．
- $F$ と $S$ の間にまたがる辺が正確に2本存在して，非閉路辺が1本以下のとき．このときには，2本とも閉路辺となるので，閉路 $C_v$ に対応する閉路辺であると見なせる．$\{v\} \cup S$ が $G$ の連結成分であるときと，$\{v\} \cup S$ が $G$ の連結成分でないときに分けて考える．$\{v\} \cup S$ が $G$ の連結成分であるときには，その連結成分に2をチャージできる（すなわち，$2c(G)$ の項にチャージできる）．$\{v\} \cup S$ が $G$ の連結成分でないときには，$G$ から $v$ を除去すると新しく連結成分 $S$ が生じる．このときには，$b(v) = c(G - \{v\}) - c(G) + 1 \geq 2$ となるので，2を $b(v)$ にチャージできる．
- $F$ と $S$ の間にまたがる辺が3本存在し，非閉路辺が1本以下のとき．このときには，そのうちの1本が非閉路辺であり，残りの2本がある閉路 $C_v$ に対応する閉路辺である．したがって，1を $|\delta(F)|$ の非閉路辺にチャージし，1を $b(v) \geq 1$ にチャージできる．
- $F$ と $S$ の間にまたがる辺が4本以上存在し，非閉路辺が1本以下のとき．このときには，閉路辺が4本以上存在することになる．そのうちの2本がある閉路 $C_v$ に対応する閉路辺であり，それ以外の2本がある閉路 $C_w$ に対応する閉路辺であるとする．したがって，1を $b(v) \geq 1$ にチャージし，1を $b(w) \geq 1$ にチャージできる．

図14.2は場合分けの説明図である（最後の三つの場合における $v$ と $w$ はすべて異なることに注意しよう）． □

演習問題14.4では，フィードバック点集合問題に対する別の整数計画による定式化を与えている．そして，その定式化からも主双対2-近似アルゴリズムが得られることを取り上げている．

## 14.3 演習問題

14.1 14.1節の賞金獲得シュタイナー木問題に対する主双対アルゴリズムの性能保証は，以下のように強化できることを示せ．アルゴリズムで返される木を$T$とし，アルゴリズムで構成される双対解を$y$とする．すると，

$$\sum_{e \in T} c_e + 2 \sum_{i \in V - V(T)} \pi_i \leq 2 \sum_{S \subseteq V - \{r\}} y_S$$

が成立することを示せ．これは，アルゴリズムが，**ラグランジュ乗数保存アルゴリズム** (Lagrangean multiplier preserving algorithms) であることを証明している（7.7節参照）．

14.2 $k$-最小全点木問題 ($k$-MST) では，入力として，無向グラフ$G = (V, E)$と各辺$e \in E$に対するコスト$c_e \geq 0$，根$r \in V$および正整数$k$が与えられる．目標は，根を含み少なくとも$k$個の点を含む最小コストの木を求めることである．

(a) 賞金獲得シュタイナー木問題に対する整数計画による定式化の制約式と同一の制約式に，さらに一つ制約式を加えたものを制約式とする，$k$-MSTに対する整数計画による定式化を与えよ．その後，ラグランジュ緩和を適用して，目的関数が定数項だけ異なる，賞金獲得シュタイナー木問題に対する整数計画による定式化の制約式と同一の制約式を制約式とする，整数計画問題の定式化を与えよ．

(b) $r$からの最大距離が高々 $\mathrm{OPT}_k$ ($k$点からなる最小コストの木のコスト) となるケースでうまく動作する$\alpha$-近似アルゴリズムを用いて，一般のケースの$\alpha$-近似アルゴリズムが得られることを証明せよ．

(c) 賞金獲得シュタイナー木アルゴリズムをサブルーチンとして用いるとともに，演習問題14.1の解析を用いて，$k$-MST問題に対する$(5 + \epsilon)$-近似アルゴリズムを求めよ．

14.3 賞金獲得シュタイナー木問題に対して，14.1節で用いた線形計画緩和は，4.4節と5.7節で用いた線形計画緩和と等価であることを示せ．

14.4 無向グラフのフィードバック点集合問題に対して，本章で与えた主双対2-近似アルゴリズムのほかにも主双対2-近似アルゴリズムが存在する．この演習問題では，ほかのそのようなアルゴリズムを導出する．

(a) 任意のフィードバック点集合$F$に対して

$$\sum_{v \in F} (d(v) - 1) \geq |E| - |V| + 1$$

が成立することを示せ．

(b) $g(S) = |E(S)| - |S| + 1$ とする．すると，以下はフィードバック点集合問題の整数計画による定式化であることを示せ．

$$\begin{aligned}
\text{minimize} \quad & \sum_{v \in V} w_v x_v \\
\text{subject to} \quad & \sum_{v \in S}(d_S(v) - 1)x_v \geq g(S), \quad \forall S \subseteq V, \\
& x_v \in \{0,1\}, \quad v \in V.
\end{aligned}$$

(c) 閉路は，その閉路上の高々 1 点のみが次数 3 以上であるとき，**半素** (semidisjoint) であると呼ぶことにする．$G$ の各点の次数が 2 以上であり，$G$ が半素閉路を持たないときには，任意の極小なフィードバック点集合 $F$ に対して，

$$\sum_{v \in F}(d(v) - 1) \leq 2g(S)$$

であることを示せ．

(d) この問題に対して，上記の定式化に基づく主双対アルゴリズムを与え，それが 2-近似アルゴリズムであることを証明せよ．（ヒント：アルゴリズムでは，グラフが半素閉路を持つときには，異なる双対変数を増やすことが必要になる．）

14.5 **賞金獲得一般化シュタイナー木問題** (prize-collecting generalized Steiner tree problem) を取り上げる．この問題では，入力として，無向グラフ $G = (V, E)$ と各辺 $e \in E$ に対する非負のコスト $c_e \geq 0$ が与えられる．さらに，$k$ 組のソース・シンク対 $s_i, t_i$ と各ソース・シンク対 $s_i, t_i$ に対するペナルティ $\pi_i \geq 0$ が与えられる．目標は，$F$ に含まれる辺のコストの総和と，$(V, F)$ で連結にされない対 $s_i, t_i$ のペナルティの総和の和を最小とするような辺の集合 $F \subseteq E$ を求めることである．

(a) 各ソース・シンク対 $s_i, t_i$ に対して，解で $s_i$ と $t_i$ が連結にされているかどうかを表す決定変数 $y_i \in \{0,1\}$ を用いて，この問題に対する整数計画による定式化を与えよ．この定式化の線形計画緩和を用いて，この問題に対する $(1 - e^{-1/2})^{-1}$-近似アルゴリズムを与えよ．なお，$(1 - e^{-1/2})^{-1} \approx 2.54$ である．

(b) $\mathcal{X}$ を点の部分集合の任意の族とする．$|S \cap \{s_i, t_i\}| = 1$ となるようなすべての部分集合 $S$ の族を $\mathcal{S}_i$ とする．この問題に対する別の整数計画による定式化を与える．この定式化では，$\delta(S)$ の辺を 1 本も選ばないようなすべての集合 $S$ を $\mathcal{X}$ が含むときには $z_\mathcal{X} = 1$ であり，そうでないときには $z_\mathcal{X} = 0$ となる 0-1 変数 $z_\mathcal{X}$ を用いる．$S \in \mathcal{S}_i \cap \mathcal{X}$ となるような $S$ が存在するすべてのペナルティ $\pi_i$ の総和を $\pi(\mathcal{X})$ とする．すなわち，

$$\pi(\mathcal{X}) = \sum_{1 \leq i \leq k : \mathcal{X} \cap \mathcal{S}_i \neq \emptyset} \pi_i$$

である．これらを用いて，定式化は以下のように書ける．

$$\begin{aligned}
\text{minimize} \quad & \sum_{e \in E} c_e x_e + \sum_{\mathcal{X}} \pi(\mathcal{X}) z_{\mathcal{X}} \\
\text{subject to} \quad & \sum_{e \in \delta(S)} x_e + \sum_{\mathcal{X}: S \in \mathcal{X}} z_{\mathcal{X}} \geq 1, & \forall S \subseteq V, \\
& x_e \in \{0, 1\}, & \forall e \in E, \\
& z_{\mathcal{X}} \in \{0, 1\}, & \forall \mathcal{X}.
\end{aligned}$$

これが,賞金獲得一般化シュタイナー木問題の定式化であることを証明せよ.

(c) 上記の整数計画問題の線形計画緩和を用いて,賞金獲得一般化シュタイナー木問題に対する主双対3-近似アルゴリズムを与えよ.なお,問題をより簡単化するため,変数$z_{\mathcal{X}}$に対応する双対制約式がいつタイトになるかを多項式時間で検出する方法は説明しなくてもよいことにする.

## 14.4 ノートと発展文献

14.1節の賞金獲得シュタイナー木アルゴリズムはGoemans and Williamson [137] による.

無向グラフのフィードバック点集合問題に対する最初の2-近似アルゴリズムは,Becker and Geiger [41] と Bafna, Berman, and Fujito [29] によるものである.そこでは,局所比技法を用いて記述されていた.これらのアルゴリズムは,Chudak, Goemans, Hochbaum, and Williamson [74] で,主双対アルゴリズムに翻訳された.演習問題14.4はこの論文からのものである.14.2節で与えたアルゴリズムは,Fujito [117] で与えられた別の主双対2-近似アルゴリズムに基づいている.

演習問題14.1の結果は,Goemans and Williamson [137] で,非明示的に与えられている.より明示的には,独立に,Blum, Ravi, and Vempala [51] と Goemans and Kleinberg [140] で与えられている.演習問題14.2の$k$-MSTに対する5-近似アルゴリズムは,Garg [126] で初めて与えられた.この問題に対するラグランジュ緩和の利用は,Chudak, Roughgarden, and Williamson [75] で明示的になされた.演習問題14.3で与えた賞金獲得シュタイナー木問題の定式化の等価性は,Williamson [287] で発見された.演習問題14.5の賞金獲得一般化シュタイナー木問題は,Hajiaghayi and Jain [154] で定義が与えられた.その演習問題の二つのアルゴリズムもその論文からのものである.

# 第15章

# カットとメトリックの発展利用

8.5節では，メトリックをほかのメトリックで近似するというアイデアを紹介した．具体的には，一般のメトリックを木メトリックで近似するというアイデアを眺めた．ここでは，一般のメトリックを木メトリックよりも一般的な別のメトリック，すなわち，$\ell_1$-埋め込み可能メトリックで近似することを考える．任意のメトリック $(V, d)$ を，$n = |V|$ とすると，$O(\log n)$ の歪みで $\ell_1$-埋め込み可能メトリックに近似できることを示す．$\ell_1$-埋め込み可能メトリックは，カットにとくに密接に関係している．実際，そのようなメトリックが，第8章の冒頭で議論したカットセミメトリックの非負線形結合で表現できることを示す．さらに，最疎カット問題に対する近似アルゴリズムを与えて，$\ell_1$-埋め込み可能メトリックへの低歪みの埋め込みは，カット問題への応用があることを示す．

15.2節では，カット木と呼ばれる木をグラフにパッキングするアルゴリズムを与える．このカット木パッキングを用いて，ある特別なルーティング問題が解けることになる．15.3節では，8.5節の木メトリックによるメトリックの確率的近似と同様に，カット木パッキングを用いることができることを示す．具体的には，（8.5節および）8.6節では，ある指定された問題を木メトリックで解くアルゴリズムが与えられれば，$O(\log n)$ 倍だけ性能保証が悪くなるものの，一般のメトリックでその問題を解くアルゴリズムが得られることになることを示した．15.3節では，ある指定されたカット問題を木で解くアルゴリズムが与えられれば，カット木パッキングを用いて，$O(\log n)$ 倍だけ性能保証が悪くなるものの，一般のグラフでその問題を解くアルゴリズムを得ることができることを示す．そして，これらの二つの結果が深く関係していることを眺める．さらに，そのアルゴリズムを用いて，8.4節で導入した最小二等分割問題に対する $O(\log n)$-近似アルゴリズムを与える．

最後に，15.4節で，一様最疎カット問題と呼ばれる最疎カット問題の特殊ケースを取り上げ，ベクトル計画緩和に基づいて，その問題に対する $O(\sqrt{\log n})$-近似アルゴリズムが得られることを示す．

## 15.1 低歪み埋め込みと最疎カット問題

8.5節では，メトリックをほかのメトリックで近似するというアイデアを議論した．こ

こでは，一般のメトリックを木メトリックよりも一般的な別のメトリック，すなわち，$\ell_1$-埋め込み可能メトリック ($\ell_1$-embeddable metric) で近似することを考える．なお，ベクトル $x \in \Re^m$ は $x$ の第 $i$ 成分が $x^i$ であるとき，$\|x\|_1 = \sum_{i=1}^{m} |x^i|$ と書けることを思いだそう．

**定義 15.1** メトリック $(V, d)$ は，すべての $u, v \in V$ で $d_{uv} = \|f(u) - f(v)\|_1$ であるような正整数 $m$ と関数 $f : V \to \Re^m$ が存在するとき，$\ell_1$-**埋め込み可能メトリック**であると呼ばれる（$\ell_1$ **に等長埋め込みできる**とも呼ばれる）．

このとき，関数 $f$ は，このメトリックの $\ell_1$ への埋め込み (embedding) と呼ばれる．任意の木メトリックが $\ell_1$-埋め込み可能メトリックであるが，逆は必ずしも成立しないことを示すことはそれほど困難なことではないので，読者の演習問題とする（演習問題 15.1）．

$\ell_1$-埋め込み可能メトリックは，カットと密接に関係している．ここでは，任意の $\ell_1$-メトリック $(V, d)$ が，点集合 $V$ のグラフのカット（カットセミメトリック）の非負の重み付き和で書けることを示す．より正確には以下のとおりである．$S$ で定義されるカット $\delta(S)$（以下，カット $\delta(S)$ を簡略化してカット $S$ と呼ぶことも多い）に辺 $(u, v)$ が含まれているかどうかを示す関数を $\chi_{\delta(S)}(u, v)$ と書くことにする．すなわち，$u, v$ の正確に 1 点が $S$ に含まれるときに $\chi_{\delta(S)}(u, v) = 1$ であり，そうでないときに $\chi_{\delta(S)}(u, v) = 0$ である．すると，以下が成立する．

**補題 15.2** $(V, d)$ を $\ell_1$-埋め込み可能メトリックとし，$f : V \to \Re^m$ を付随する埋め込みとする．すると，すべての $S \subseteq V$ およびすべての $u, v \in V$ に対して，

$$\|f(u) - f(v)\|_1 = \sum_{S \subseteq V} \lambda_S \chi_{\delta(S)}(u, v)$$

となるような $\lambda_S \geq 0$ が存在する．さらに，$n = |V|$ とすると，$\lambda_S$ の高々 $mn$ 個のみが非ゼロであり，それらの $\lambda_S$ を多項式時間で求めることができる．

**証明：** $V$ を 1 次元に埋め込む最も単純な $m = 1$ のケースの $f$ から考える．そこで，$V = \{1, 2, \ldots, n\}$ とし，$f : \{1, \ldots, n\} \to \Re$ とする．$x_i = f(i)$ とする．一般性を失うことなく，$x_1 \leq x_2 \leq \cdots \leq x_n$ と仮定できる．そして，カット $\{1\}$, $\{1, 2\}$, $\ldots$, $\{1, 2, \ldots, n-1\}$ に対して，$\lambda_{\{1\}} = x_2 - x_1$, $\lambda_{\{1,2\}} = x_3 - x_2$, $\ldots$, $\lambda_{\{1,2,\ldots,n-1\}} = x_n - x_{n-1}$ とする．これら以外のカット $S \subseteq V$ に対しては $\lambda_S = 0$ とする．すると，$i < j$ を満たす任意の $i, j \in V$ に対して，

$$\|f(i) - f(j)\|_1 = |x_i - x_j| = x_j - x_i = \sum_{k=i}^{j-1} \lambda_{\{1,\ldots,k\}} = \sum_{S \subseteq V} \lambda_S \chi_{\delta(S)}(i, j)$$

が成立する（ことが確認できる）．

次に，$m \, (m > 1)$ 次元への埋め込み $f$ を考える．各次元に対して，上記の 1 次元でのプロセスを用いて，カット $S$ と $\lambda_S$ を生成する．すなわち，各次元 $i$ に対して，グラフの点を $f$ で写像される点の次元 $i$ の座標値に基づいてソートし，最初の $k$ 個の点の集合 $S$ で定義されるカットを考え，$(k+1)$ 番目の点と $k$ 番目の点のその次元 $i$ の座標値の差を $\lambda_S^i \geq 0$ と設定し，$\lambda_S = \sum_{i=1}^{m} \lambda_S^i$ と設定する（このように明示するカット $S$ 以外のカット $S'$ に対

応する $\lambda_{S'}$ はこれ以降 0 と見なす).したがって,明らかに,高々 $mn$ 個の $\lambda_S$ のみが非ゼロである.より具体的には,$x_u = f(u)$ であり,$x_u^i$ が $x_u$ の第 $i$ 成分(第 $i$ 座標の値)であり,$\lambda_S^i$ が次元 $i$(第 $i$ 座標)のプロセスで生成された $\lambda_S$ の値であるとする.上で示したように,任意の $u,v \in V$ に対して,$|x_u^i - x_v^i| = \sum_{S \subseteq V} \lambda_S^i \chi_{\delta(S)}(u,v)$ である.したがって,所望の

$$\|f(u) - f(v)\|_1 = \sum_{i=1}^m |x_u^i - x_v^i| = \sum_{i=1}^m \sum_{S \subseteq V} \lambda_S^i \chi_{\delta(S)}(u,v) = \sum_{S \subseteq V} \lambda_S \chi_{\delta(S)}(u,v)$$

が得られる.これらの $\lambda_S$ が多項式時間で計算できることは明らかである. □

すべてのメトリックが $\ell_1$-埋め込み可能であるというわけでないが,どのメトリックも,ある意味で,$\ell_1$-埋め込み可能メトリックとそれほど異ならないことを示す.そのために,次の定義を与える.

**定義 15.3** メトリック $(V,d)$ は,すべての $u,v \in V$ で

$$r \cdot d_{uv} \leq \|f(u) - f(v)\|_1 \leq r\alpha \cdot d_{uv}$$

であるような正整数 $m$,正数 $r$ および関数 $f : V \to \Re^m$ が存在するとき,**歪み (distortion) $\alpha$ で $\ell_1$ に埋め込みできる**という.

任意のメトリックに対して,$\ell_1$ への低歪みの埋め込みが存在するという以下の結果を示すことが,本節の主要なテーマである.

**定理 15.4** 任意のメトリック $(V,d)$ は,$n = |V|$ とすると,歪み $O(\log n)$ で $\ell_1$ に埋め込みできる.さらに,その埋め込み $f : V \to \Re^{O((\log n)^2)}$ は,高い確率で,乱択多項式時間で計算できる.

この結果は,ある意味で,最善である.実際,演習問題 15.2 で,$\Omega(\log n)$ 未満の歪みでは $\ell_1$ への埋め込みができないメトリックが存在することを取り上げている.

定理 15.4 の応用を示すために,演習問題 8.6 で取り上げた**最疎カット問題** (sparsest cut problem) を思いだそう.最疎カット問題では,無向グラフ $G = (V,E)$,すべての辺 $e \in E$ に対するコスト $c_e \geq 0$,および正整数の需要 $d_i$ が付随する $k$ 組の点対 $s_i, t_i$(ターミナル点対とも呼ばれる)が与えられる.目標は,点部分集合 $S$ で,

$$\rho(S) \equiv \frac{\sum_{e \in \delta(S)} c_e}{\sum_{i : |S \cap \{s_i, t_i\}|=1} d_i}$$

が最小となるようなものを求めることである.すなわち,最疎カット問題は,カットに含まれる辺のコストの和とそのカットで分離される需要の和との比が最小となるカットを求める問題である.演習問題 8.6 は,"$\mathcal{P}_i$ をすべての $s_i$-$t_i$ パスの集合とすると,この問題の LP 緩和が以下のように書けて,それが多項式時間で解けることを示せ"というものであった.

$$
\begin{aligned}
\text{minimize} \quad & \sum_{e \in E} c_e x_e \\
\text{subject to} \quad & \sum_{i=1}^{k} d_i y_i = 1, \\
& \sum_{e \in P} x_e \geq y_i, \qquad \forall P \in \mathcal{P}_i, 1 \leq i \leq k, \\
& y_i \geq 0, \qquad 1 \leq i \leq k, \\
& x_e \geq 0, \qquad \forall e \in E.
\end{aligned}
$$

このLP緩和を用いて，最疎カット問題に対する$O(\log n)$-近似アルゴリズムを，定理15.4に基づいて得ることができることを以下で示す．

**定理15.5** 最疎カット問題に対する乱択$O(\log n)$-近似アルゴリズムが存在する．

**証明：** 証明のために，最疎カット問題のLP緩和の最適解$(x,y)$が得られているとする．辺$e$の長さを$x_e$として，グラフ$G$の$u$から$v$への最短パスの長さを$d_x(u,v)$とする．定理15.4より，ある$r$を用いて，すべての$u,v \in V$で$\|f(u)-f(v)\|_1 \leq r \cdot O(\log n) \cdot d_x(u,v)$かつ$\|f(u)-f(v)\|_1 \geq r \cdot d_x(u,v)$であるような埋め込み$f : V \to \Re^{O((\log n)^2)}$を，高い確率で乱択多項式時間で得ることができる．補題15.2より，与えられた埋め込み$f$のもとで，すべての$u,v \in V$で$\|f(u)-f(v)\|_1 = \sum_{S \subseteq V} \lambda_S \chi_{\delta(S)}(u,v)$であるような非ゼロ（正確には，正）の$\lambda_S$をすべて（高々$O(n(\log n)^2)$個）多項式時間で求めることができる．$\lambda_S > 0$となるようなすべての$S \subseteq V$のうちで$\rho(S)$が最小となる$S$を$S^*$とする．したがって，

$$\rho(S^*) = \min_{S : \lambda_S > 0} \rho(S) = \min_{S : \lambda_S > 0} \frac{\sum_{e \in \delta(S)} c_e}{\sum_{i : |S \cap \{s_i,t_i\}|=1} d_i}$$

である．このとき，$\rho(S^*) \leq O(\log n)\,\mathrm{OPT}$であることを示す．任意の$S \subseteq V$に対して，$\sum_{e \in \delta(S)} c_e = \sum_{e \in E} c_e \cdot \chi_{\delta(S)}(e)$かつ$\sum_{i : |S \cap \{s_i,t_i\}|=1} d_i = \sum_{i=1}^{k} d_i \cdot \chi_{\delta(S)}(s_i, t_i)$であることに注意しよう．これと事実1.10を用いて，

$$
\begin{aligned}
\rho(S^*) &= \min_{S : \lambda_S > 0} \frac{\sum_{e \in \delta(S)} c_e}{\sum_{i : |S \cap \{s_i,t_i\}|=1} d_i} \\
&= \min_{S : \lambda_S > 0} \frac{\sum_{e \in E} c_e \cdot \chi_{\delta(S)}(e)}{\sum_{i=1}^{k} d_i \cdot \chi_{\delta(S)}(s_i, t_i)} \\
&\leq \frac{\sum_{S \subseteq V} \lambda_S \sum_{e \in E} c_e \cdot \chi_{\delta(S)}(e)}{\sum_{S \subseteq V} \lambda_S \sum_{i=1}^{k} d_i \cdot \chi_{\delta(S)}(s_i, t_i)} \\
&= \frac{\sum_{e \in E} c_e \sum_{S \subseteq V} \lambda_S \chi_{\delta(S)}(e)}{\sum_{i=1}^{k} d_i \sum_{S \subseteq V} \lambda_S \chi_{\delta(S)}(s_i, t_i)} \\
&= \frac{\sum_{e=(u,v) \in E} c_e \|f(u) - f(v)\|_1}{\sum_{i=1}^{k} d_i \|f(s_i) - f(t_i)\|_1} \\
&\leq \frac{r \cdot O(\log n) \sum_{e=(u,v) \in E} c_e \cdot d_x(u,v)}{r \cdot \sum_{i=1}^{k} d_i \cdot d_x(s_i, t_i)}
\end{aligned}
$$

が得られる．なお，最後の不等式は，関数$f$が$d_x(u,v)$の$\ell_1$への歪み$O(\log n)$の埋め込みであることから得られる．したがって，すべての$e = (u,v) \in E$で$x_e \geq d_x(u,v)$であり，

LP制約式からすべての$i$で$y_i \leq d_x(s_i, t_i)$であり，$\sum_{i=1}^k d_i y_i = 1$であることに注意すると，

$$\begin{aligned}
\rho(S^*) &\leq \mathrm{O}(\log n) \frac{\sum_{e=(u,v) \in E} c_e \cdot d_x(u,v)}{\sum_{i=1}^k d_i \cdot d_x(s_i, t_i)} \\
&\leq \mathrm{O}(\log n) \frac{\sum_{e \in E} c_e x_e}{\sum_{i=1}^k d_i y_i} \\
&= \mathrm{O}(\log n) \sum_{e \in E} c_e x_e \\
&\leq \mathrm{O}(\log n) \cdot \mathrm{OPT}
\end{aligned}$$

が得られる． □

定理15.5の上記の証明を振り返ってみると，低歪み埋め込みで要求される性質をすべて用いているわけではなかったことがわかる．上記の性能保証の証明では，上界はすべての辺 $e = (u,v)$ に対して $\|f(u) - f(v)\|_1 \leq r \cdot \mathrm{O}(\log n) d_x(u,v)$ であることを要求したが，下界は $1 \leq i \leq k$ のすべての $i$ でのみ $\|f(s_i) - f(t_i)\|_1 \geq r \cdot d_x(s_i, t_i)$ であれば十分であった．より弱いこの要求のもとで，より良い近似アルゴリズムにつながる定理15.4の若干の強化版を得ることができる．具体的には，以下の定理を得ることができる．

**定理 15.6** メトリック $(V,d)$ と $k$ 組の指定された点対 $s_i, t_i \in V$ $(1 \leq i \leq k)$ に対して，高い確率で，すべての $u, v \in V$ で $\|f(u) - f(v)\|_1 \leq r \cdot \mathrm{O}(\log k) \cdot d_{uv}$ であり，すべての $1 \leq i \leq k$ で $\|f(s_i) - f(t_i)\|_1 \geq r \cdot d_{s_i t_i}$ であるような $\ell_1$ への埋め込み $f : V \to \Re^{\mathrm{O}((\log k)^2)}$ を乱択多項式時間で求めることができる．

この定理は，定理15.4の一般化であることに注意しよう．なぜなら，$V$ から得られる $\binom{n}{2}$ 組のすべての対を対 $s_i, t_i$ とすると，定理15.6の命題が定理15.4の命題になるからである．

上の定理15.6を用いると，定理15.5の解析をそのまま繰り返すことで，以下のより良い近似アルゴリズムが得られる．

**系 15.7** 最疎カット問題に対する乱択 $\mathrm{O}(\log k)$-近似アルゴリズムが存在する．

次に，定理15.6の証明に移ることにしよう．メトリック $(V,d)$ を $p$-次元空間の点の集合に写像することから始める．そのために，**Fréchet埋め込み** (Fréchet embedding) を用いることにする．与えられた $(V,d)$ と点の部分集合 $A \subseteq V$ において，各 $u \in V$ に対して $d(u,A) = \min_{v \in A} d_{uv}$ と定義する．

**定義 15.8** 与えられたメトリック空間 $(V,d)$ と $p$ 個の $V$ の点部分集合 $A_1, A_2, \ldots, A_p$ に対して，**Fréchet埋め込み** (Fréchet embedding) $f : V \to \Re^p$ は，すべての $u \in V$ で

$$f(u) = (d(u, A_1), d(u, A_2), \ldots, d(u, A_p)) \in \Re^p$$

として定義される．

Fréchet埋め込みは，与えられた集合 $A_i$ $(i = 1, 2, \ldots, p)$ に対して容易に計算できるという良い性質を持つ．どの2点間の $\ell_1$ 距離も元々の距離の高々 $p$ 倍であることも容易に示せる．

**補題 15.9** 与えられたメトリック $(V,d)$ と上で定義された Fréchet 埋め込み $f: V \to \Re^p$ に対して，どの $u,v \in V$ でも $\|f(u) - f(v)\|_1 \leq p \cdot d_{uv}$ が成立する．

証明：任意の $A \subseteq V$ と任意の $u,v \in V$ に対して，$w$ を $v$ に最も近い $A$ の点とする（したがって，$d(v,A) = d_{vw}$ である）．すると，$d(u,A) \leq d_{uw} \leq d_{uv} + d_{vw} = d_{uv} + d(v,A)$ である．同様に，対称性から $d(v,A) \leq d_{uv} + d(u,A)$ でもある．したがって，$|d(u,A) - d(v,A)| \leq d_{uv}$ となり，

$$\|f(u) - f(v)\|_1 = \sum_{j=1}^{p} |d(u,A_j) - d(v,A_j)| \leq p \cdot d_{uv}$$

が得られる． □

ここで，どの対 $s_i, t_i$ に対しても埋め込みにおける $s_i$ と $t_i$ の距離が元の $s_i$ と $t_i$ の距離と比べてそれほど小さくならないような良い集合 $A_j$ をいかにして選ぶかということが証明の核心となる．ここでは，$p = O((\log k)^2)$ 個のそのような集合を乱択化を用いて選び，高い確率で，どの対 $s_i, t_i$ に対しても埋め込みにおける $s_i$ と $t_i$ の距離が少なくとも $\Omega(\log k)\, d_{s_i t_i}$ であることを示す．これから，定理 15.6 の結果は，$r = \Theta(\log k)$ とおくことにより得られることになる．証明で用いる主補題は，以下のとおりである．

**補題 15.10** 与えられた $k$ 組の異なるターミナル点対 $s_i, t_i \in V$ が付随するメトリック空間 $(V,d)$ に対して，高い確率で，Fréchet 埋め込み $f: V \to \Re^p$ が，どの $1 \leq i \leq k$ でも $\|f(s_i) - f(t_i)\|_1 \geq \Omega(\log k) \cdot d_{s_i t_i}$ となるような $p = O((\log k)^2)$ 個の集合 $A_j \subseteq V$ を乱択多項式時間で選ぶことができる．

証明：集合 $A_j$ を定義するために，$T = \bigcup_{i=1}^{k} \{s_i, t_i\}$ とする（$T$ は重複を許す多重集合であると考える）．なお，$|T|$ は 2 のべき乗であると仮定する．そうでないときには，さらにいくつかの対 $s_i, t_i$ を選んできて，$|T|$ が 2 のべき乗になるまで $T$ に加える．$\tau = \log_2(2k)$ とする．したがって，$|T| = 2k = 2^\tau$ である．あとで正確に値を決定する定数 $q$ を用いて，$L = q \ln k$（正整数）とする．$\ell = 1, \ldots, L$ と $t = 1, \ldots, \tau$ に対して，集合 $A_{t\ell}$ は，$T$ から重複を許して選んだ $2^{\tau-t} = 2k/2^t$ 個の点からなる多重集合と定義する．これらの集合 $A_{t\ell}$ を用いて Fréchet 埋め込み $f$ が所望の性質を持つことを示す．所望の $L\tau = O((\log k)^2)$ 個の集合を選んだことに注意しよう．

任意の $i$ ($1 \leq i \leq k$) に対して，高い確率で $\|f(s_i) - f(t_i)\|_1 \geq \Omega(L\, d_{s_i t_i}) = \Omega((\log k)\, d_{s_i t_i})$ であることを示す．すると，$1 \leq i \leq k$ のすべての $i$ で，この不等式が高い確率で成立することになる．

$u \in V$ を中心とする半径 $r$ の閉球 $B(u,r)$ を，$u$ からの距離が $r$ 以下の $T$ の点の集合と定義する．したがって，$B(u,r) = \{v \in T : d_{uv} \leq r\}$ である．$u \in V$ を中心とする半径 $r$ の開球 $B^o(u,r)$ を $u$ からの距離が $r$ 未満の $T$ の点の集合と定義する．したがって，$B^o(u,r) = \{v \in T : d_{uv} < r\}$ である．上で選んだ任意の $i$ に対して，点対 $s_i, t_i$ に関する特別な距離 $r_t$ の集合を以下のように定義する．$r_0 = 0$ とする．さらに，$t = 1, \ldots, \tau$ に対して，$|B(s_i, r)| \geq 2^t$ かつ $|B(t_i, r)| \geq 2^t$ を満たす最小の距離 $r$ を $r_t$ とする．そして，$r_t \geq \frac{1}{4} d_{s_i t_i}$ を満たす最小のインデックス $t$ を $\hat{t}$ と定義し，$r_{\hat{t}} = \frac{1}{4} d_{s_i t_i}$ と再定義する．すると，$s_i$ を中心とする半径 $r_{\hat{t}}$ の球と $t_i$ を中心とする半径 $r_{\hat{t}}$ の球は交差しない，すなわち，$B(s_i, r_{\hat{t}}) \cap B(t_i, r_{\hat{t}}) = \emptyset$

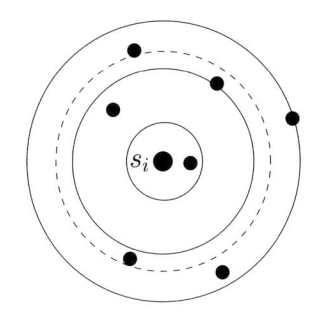

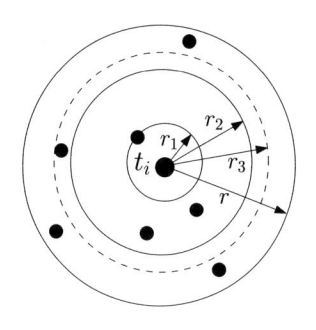

**図15.1** 点対 $s_i, t_i$ に関して選ばれる半径 $r_t$ の集合の例．半径 $r_1$ は $|B(s_i, r_1)| \geq 2$ かつ $|B(t_i, r_1)| \geq 2$ を満たす最小値である．半径 $r_2$ は $|B(s_i, r_2)| \geq 4$ かつ $|B(t_i, r_2)| \geq 4$ を満たす最小値である．（最初 $r_3$ として選ばれる）半径 $r$ は，$|B(s_i, r)| \geq 8$ かつ $|B(t_i, r)| \geq 8$ を満たす最小値である．この例では，$r \geq \frac{1}{4} d_{s_i t_i}$ であり，$r_2$ は $\frac{1}{4} d_{s_i t_i}$ より小さいので，$\hat{t} = 3$ となる．したがって，（$r_3$ は定義し直されて）$r_{\hat{t}} = r_3 = \frac{1}{4} d_{s_i t_i}$ となる．

であることに注意しよう．図 15.1 にその説明を与えている．$|B(s_i, r_{\hat{t}-1})| \geq 2^{\hat{t}-1}$ かつ $|B(t_i, r_{\hat{t}-1})| \geq 2^{\hat{t}-1}$ であり，さらにこれらの球は交差しないので，$\hat{t} = \tau$ であるときには，$T$ が全部で $2^\tau$ 個の点からなることから，$|B(s_i, r_{\hat{t}})| = |B(t_i, r_{\hat{t}})| = 2^{\tau-1}$ であることになる．

以下のことを示すことが証明のアイデアである．すなわち，任意の $\ell = 1, \ldots, L$ と任意の $t = 1, \ldots, \hat{t}$ に対して，ランダムに選ばれた集合 $A_{t\ell}$ が，ターミナル点対 $s_i, t_i$ の一方を中心とする半径 $r_{t-1}$ の球と交差し，他方を中心とする半径 $r_t$ の球と交差しない確率がある定数以上となることを示す（あとでこの定数を 0.098 として選べることを示す）．したがって，ある定数 (0.098) 以上の確率で，一方のターミナル点から $A_{t\ell}$ までの距離が高々 $r_{t-1}$ であり，他方のターミナル点から $A_{t\ell}$ までの距離が少なくとも $r_t$ であることが成立し，$|d(s_i, A_{t\ell}) - d(t_i, A_{t\ell})| \geq r_t - r_{t-1}$ となる．ここで，5.10 節の Chernoff 限界を適用すると，高い確率で各 $t = 1, \ldots, \hat{t}$ に対して，$\sum_{\ell=1}^{L} |d(s_i, A_{t\ell}) - d(t_i, A_{t\ell})| \geq \Omega(L(r_t - r_{t-1}))$ であることを示すことができる．したがって，高い確率で，

$$\|f(s_i) - f(t_i)\|_1 \geq \sum_{t=1}^{\hat{t}} \sum_{\ell=1}^{L} |d(s_i, A_{t\ell}) - d(t_i, A_{t\ell})|$$

$$\geq \sum_{t=1}^{\hat{t}} \Omega(L(r_t - r_{t-1}))$$

$$= \Omega(L r_{\hat{t}})$$

$$= \Omega(L d_{s_i t_i})$$

が成立すると結論づけられる．1 から $\tau$ ではなく，1 から $\hat{t}$ の各 $t$ で命題が成立することを示せば十分であることに注意しよう．$r_t - r_{t-1}$ の和は連続する項で打ち消し合って $r_{\hat{t}}$ となり，$r_{\hat{t}} = \Omega(d_{s_i t_i})$ であるので，これで十分となるからである．

$s_i$ を中心とする球が半径 $r_t$ を定義していると仮定する．したがって，$|B^o(s_i, r_t)| < 2^t$ かつ ($t < \hat{t}$ である限り) $|B(s_i, r_t)| \geq 2^t$ である．そうでないとき ($t_i$ を中心とする球が半径 $r_t$ を定義しているとき) には，以下の議論において $s_i$ と $t_i$ の役割を交換すればよい．ランダムに選ばれた集合 $A_{t\ell}$ に対して，$A_{t\ell} \cap B^o(s_i, r_t) = \emptyset$ かつ $A_{t\ell} \cap B(t_i, r_{t-1}) \neq \emptyset$ である事象 $E_{t\ell}$ を考える．$E_{t\ell}$ が起こると，$d(s_i, A_{t\ell}) \geq r_t$ かつ $d(t_i, A_{t\ell}) \leq r_{t-1}$ となり，

$|d(s_i, A_{t\ell}) - d(t_i, A_{t\ell})| \geq r_t - r_{t-1}$ が成立することになる．この事象の起こる確率 $\Pr[E_{t\ell}]$ がある定数 (0.098) 以上であることを示したい．記法を簡単化して，$G = B(t_i, r_{t-1})$ を"良い集合"，$B = B^o(s_i, r_t)$ を"悪い集合"といい，$A = A_{t\ell}$ とする．このとき，$r_{t-1}$ の定義から $|G| \geq 2^{t-1}$ であり，$r_t$ についての上記の仮定から $|B| < 2^t$ であり，$|A| = 2^{\tau-t} = |T|/2^t$ である．これらの命題は $t = \hat{t}$ のときでも成立する．$|T| = 2^\tau$ であることを思いだしておこう．したがって，

$$\Pr[E_{t\ell}] = \Pr[A \cap B = \emptyset \wedge A \cap G \neq \emptyset]$$
$$= \Pr[A \cap G \neq \emptyset | A \cap B = \emptyset] \cdot \Pr[A \cap B = \emptyset]$$
$$\geq \Pr[A \cap G \neq \emptyset] \cdot \Pr[A \cap B = \emptyset]$$

となる[1]．$A$ の点は $T$ から重複を許してランダムに選ばれたことを思いだそう．したがって，$A \cap B = \emptyset$ を示したいときには，$A$ に選ばれたどの点も $T - B$ に含まれることを示すことになる．$B$ に含まれない $T$ の 1 点が選ばれる確率は $1 - \frac{|B|}{|T|}$ である．したがって，

$$\Pr[A \cap B = \emptyset] = \left(1 - \frac{|B|}{|T|}\right)^{|A|}$$

となるので，$B$ と $T$ のサイズ（$|B| < 2^t$, $|T| = 2^\tau$）および $|A| = 2^{\tau-t} = |T|/2^t$ を代入すると，$\Pr[A \cap B = \emptyset] \geq (1 - 2^{t-\tau})^{2^{\tau-t}}$ が得られる．$x \geq 2$ のときに $(1 - \frac{1}{x})^x \geq \frac{1}{4}$ となることを用いると，$\tau - t \geq 1$ である限り，$\Pr[A \cap B = \emptyset] \geq \frac{1}{4}$ が得られる．この命題は，もちろん，$t \leq \hat{t} < \tau$ のときには成立する．一方，$t = \hat{t} = \tau$ のときでも，前に観察したことから $|B| = |B^o(s_i, r_{\hat{t}})| \leq 2^{\tau-1}$ であるので，$\frac{|B|}{|T|} \leq \frac{1}{2}$ となり，この命題 $\Pr[A \cap B = \emptyset] \geq (1 - 2^{-1})^{2^0} = \frac{1}{2} \geq \frac{1}{4}$ が成立する．同様に，$1 - x \leq e^{-x}$ を用いて，

$$\Pr[A \cap G \neq \emptyset] = 1 - \left(1 - \frac{|G|}{|T|}\right)^{|A|} \geq 1 - e^{-|G||A|/|T|} \geq 1 - e^{-2^{t-1}/2^t} = 1 - e^{-1/2}$$

が得られる．したがって，各 $t \leq \hat{t}$ に対して，

$$\Pr[E_{t\ell}] \geq \Pr[A \cap G \neq \emptyset] \cdot \Pr[A \cap B = \emptyset] \geq \frac{1}{4}(1 - e^{-1/2}) \geq 0.098$$

が成立する．

次に，Chernoff 限界を用いて，所望の結果が高い確率で起こることを示す．そこで，$1 \leq t \leq \hat{t}$ に対して，$X_{t\ell}$ は，事象 $E_{t\ell}$ が起こるとき値 1 をとり，それ以外のとき値 0 をとる 0-1 確率変数とし，$X_t = \sum_{\ell=1}^{L} X_{t\ell}$ とする．$\mu = \mathbf{E}[X_t]$ とする（$\mu \geq 0.098L$ となる）．このとき，$\sum_{\ell=1}^{L} |d(s_i, A_{t\ell}) - d(t_i, A_{t\ell})| \geq \sum_{\ell=1}^{L} X_{t\ell} |d(s_i, A_{t\ell}) - d(t_i, A_{t\ell})| \geq X_t(r_t - r_{t-1})$ であることに注意しよう[2]．ここで，補題 5.26 の Chernoff 限界を適用する．ある定数 $q$ に対して $L = q \ln k$ であることを思いだして $q' = 0.098q$ とおく．すると，$X_t < \frac{1}{2}\mu$ である確率は $\Pr[X_t < \frac{1}{2}\mu] \leq e^{-\mu/8} \leq e^{-0.098L/8} = k^{-0.098q/8} = k^{-q'/8}$ を満たすこと

---

[1] 訳注：$\Pr[A \cap G \neq \emptyset] = 1 - \left(1 - \frac{|G|}{|T|}\right)^{|A|}$ かつ $\Pr[A \cap G \neq \emptyset | A \cap B = \emptyset] = 1 - \left(1 - \frac{|G|}{|T-B|}\right)^{|A|}$ である．したがって，$\Pr[A \cap G \neq \emptyset | A \cap B = \emptyset] \geq \Pr[A \cap G \neq \emptyset]$ である．
[2] 訳注：$\sum_{\ell=1}^{L} |d(s_i, A_{t\ell}) - d(t_i, A_{t\ell})| \geq \sum_{\ell=1}^{L} X_{t\ell}|d(s_i, A_{t\ell}) - d(t_i, A_{t\ell})|$ は，$X_{t\ell}$ が 0 あるいは 1 の値をとる確率変数であることから明らかであり，$\sum_{\ell=1}^{L} X_{t\ell}|d(s_i, A_{t\ell}) - d(t_i, A_{t\ell})| \geq X_t(r_t - r_{t-1})$ は，$X_{t\ell} = 1$ のとき $|d(s_i, A_{t\ell}) - d(t_i, A_{t\ell})| \geq r_t - r_{t-1}$ であることと $X_t = \sum_{\ell=1}^{L} X_{t\ell}$ であることから明らかである．

が得られる．したがって，少なくとも確率 $1 - k^{-q'/8}$ で，$X_t \geq \frac{1}{2}\mu \geq 0.049L$ であり，$\sum_{\ell=1}^{L} |d(s_i, A_{t\ell}) - d(t_i, A_{t\ell})| \geq X_t(r_t - r_{t-1}) \geq 0.049L(r_t - r_{t-1})$ が成立する．$\hat{t} \leq \tau = \log_2(2k)$ であることを思いだすと，前に説明したように，少なくとも確率 $1 - \frac{\log_2(2k)}{k^{q'/8}}$ で，

$$\|f(s_i) - f(t_i)\|_1 \geq \sum_{t=1}^{\hat{t}} \sum_{\ell=1}^{L} |d(s_i, A_{t\ell}) - d(t_i, A_{t\ell})| \geq \sum_{t=1}^{\hat{t}} \Omega(L(r_t - r_{t-1})) \geq \Omega(L d_{s_i t_i})$$

が成立することが得られる．どの対 $s_i, t_i$ でもこの確率は成立するので，少なくとも確率 $1 - k\frac{\log_2(2k)}{k^{q'/8}} = 1 - \frac{\log_2(2k)}{k^{(q'/8)-1}}$ で，すべての対 $s_i, t_i$ で同時にこの不等式が成立する．$q' = 0.098q$ を十分に大きく選ぶことにより，所望の結果が高い確率で成立することが得られる． □

上記の補題が与えられていれば，定理 15.6 の証明はすぐに得られる．

**定理 15.6 の証明**：補題 15.10 の証明で用いた値の $L = q \ln k$ を用いて，$r = \Theta(L)$ と設定する．すると，その補題から，高い確率ですべての $i$ で $\|f(s_i) - f(t_i)\|_1 \geq r \cdot d_{s_i t_i}$ が成立する．一方，補題 15.9 により，すべての $u, v \in V$ で $\|f(u) - f(v)\|_1 \leq O((\log k)^2) d_{uv} = r \cdot O(\log k) d_{uv}$ であることも成立するので，定理が証明できた． □

木メトリックや $\ell_1$-メトリック以外のメトリックへのメトリック $(V, d)$ の埋め込みを考えることもできることに注意しよう．たとえば，$\|x - y\|_p = \sqrt[p]{\sum_i (x^i - y^i)^p}$ である $\ell_p$-メトリックを考える．このとき，以下の定義が得られる．

**定義 15.11** メトリック $(V, d)$ は，ある $m$ と $r$ に対して，すべての $u, v \in V$ で

$$r \cdot d_{uv} \leq \|f(u) - f(v)\|_p \leq r\alpha \cdot d_{uv}$$

となるような関数 $f: V \to \Re^m$ が存在するとき，**歪み $\alpha$ で $\ell_p$ へ埋め込みできる** と呼ばれる．

$\ell_p$-メトリックへの低歪み埋め込みについては，演習問題で取り上げる．

一方，最近の結果から，最疎カット問題はきわめて近似困難となることがわかっている．

**定理 15.12** ユニークゲーム予想の仮定のもとでは，**P = NP** でない限り，最疎カット問題に対する正定数 $\alpha$ の $\alpha$-近似アルゴリズムは存在しない．

一方，最疎カット問題に対して，最近，より良い結果を得るために，半正定値計画に基づく研究も行われてきている．15.4 節では，一様最疎カット問題と呼ばれる最疎カット問題の特殊ケースを取り上げて，その問題に対する $O(\sqrt{\log n})$-近似アルゴリズムを得ることができることを示す．

## 15.2 需要未確定ルーティングとカット木パッキング

本節では，ルーティング問題に移る．ルーティング問題では，通常，無向グラフ $G = (V, E)$ と各辺 $e \in E$ の容量 $c_e \geq 0$ が与えられる．さらにすべての点対 $u, v \in V$ に対す

る需要 $d_{uv}$ の集合が与えられる．各需要 $d_{uv}$ は，グラフ $G$ の $u$-$v$ 間を結ぶパス（ルート）に沿って送られる．なお，各 $d_{uv}$ はいくつかに分離されて，それぞれが異なる $u$-$v$ パスに沿って送られてもかまわないとする．与えられた辺 $e \in E$ の需要の総和（"総フロー"）は，辺 $e$ を含む（すべての点対 $u,v$ にわたる）すべての $u$-$v$ パスに沿って送られる需要の総和である．各辺の総フローが容量以下となるようにしてすべての需要を送ることができるかどうかを知りたい．より一般には，すべての需要を送るためには，どれくらい容量を増加しなければならないかを知りたい．需要のルーティングに対して，そのルーティングで各辺 $e$ の総フローが $\rho c_e$ 以下となるような最小の $\rho$ は，そのルーティングの**混雑度 (congestion)** と呼ばれる．混雑度が最小となるようなルーティングを求めたい．

これまで述べた問題は，多項式時間で解ける．混雑度最小となるルーティングを求める問題を線形計画問題として定式化することができるからである．ここでは，さらに一般的な問題を考える．すなわち，需要 $d_{uv}$ が前もってわからない問題を考える．したがって，各点対 $u,v \in V$ に対する $u$-$v$ パスの集合を求めて，各パスに対してそのパスで送る需要の割合を与えなければならない．たとえば，$u,v$ に対する出力は，$P_1, P_2, P_3$ の3本の $u$-$v$ パスで，$P_1$ に沿って需要の1/2，$P_2$ に沿って需要の1/3，$P_3$ に沿って需要の1/6というようになる．したがって，どのような需要 $d_{uv}$ が与えられたとしても，これらのパス全体の集合で定義される混雑度が最小に近くなるようなパス全体の集合を求めたい．これは，**需要未確定ルーティング問題 (oblivious routing problem)** と呼ばれる．8.7節で議論した木メトリックへのメトリックの確率的近似のアイデアのいくつかを用いて，この問題に対する $O(\log n)$-近似アルゴリズムを与える．

パスを記述する方法についての単純なアイデアを最初に与えて，次に，近似アルゴリズムが可能となるように，そのアイデアを徐々に改善する．そのためには，グラフ $G$ の辺の容量を，すべての $e = (u,v) \in E$ に対して $c_{uv} = c_e$ とし，それ以外のすべての $(u,v) \notin E$ に対して $c_{uv} = 0$ としておくのが良いと思われる．最初のアイデアは，グラフ $G$ のある全点木 $T$ に基づいて $u$-$v$ パスの集合を与えるというものである．各点対 $u,v \in V$ に対して，$T$ での $u$-$v$ パスは唯一である．さらに，需要 $d_{uv}$ の任意の集合に対して，全点木でのルーティングによる需要が最適解の $\alpha$ 倍以内の混雑度であるかどうかを決定する単純な方法も与えることができる．全点木の任意の辺 $(x,y) \in T$ に対して，$T$ から辺 $(x,y)$ を除去すると $T$ は二つの連結成分に分離される．そしてそれにより，一方の端点が一方の連結成分に属し，他方の端点が他方の連結成分に属す辺の集合からなるグラフ $G$ のカットが得られる．$T$ から辺 $(x,y)$ を除去して得られる二つの連結成分のうちの一方を固定し，それに属する点の集合を $S(x,y)$ とし，$C(x,y)$ をそのカットの容量とする．すなわち，$C(x,y) = \sum_{u \in S(x,y), v \notin S(x,y)} c_{uv}$ であるとする．任意の需要集合 $d$ に対して，このカットとクロスする需要の総和は，$\sum_{u \in S(x,y), v \notin S(x,y)} d_{uv}$ であることに注意しよう．与えられた需要集合 $d$ に対するこの値を $D(x,y)$ と表記する．したがって，この需要集合に対する"任意の"可能なルーティングに対して，このカットの容量1単位当たりのフローは，少なくとも $D(x,y)/C(x,y)$ である．これは容量1単位当たりのフローであるので，任意の可能なルーティングに対して，このカットのいずれかの辺の混雑度は少なくとも $D(x,y)/C(x,y)$ であることになる．

全点木 $T$ で定義される唯一のパスに沿ってパスのルートを決める．すると，辺 $(x,y)$

を用いる需要の総和は $D(x,y)$ に正確に一致する．したがって，辺 $(x,y) \in T$ の容量 $c_{xy}$ が少なくとも $\frac{1}{\alpha} C(x,y)$ であるときには，ここのルーティングでの辺 $(x,y)$ の混雑度は $D(x,y)/c_{xy} \le \alpha D(x,y)/C(x,y)$ となる．任意のルーティングで必要な混雑度の最小値は少なくとも $D(x,y)/C(x,y)$ であるので，辺 $(x,y)$ の混雑度は，与えられた需要集合 $d$ に対するルーティングの最適な混雑度の $\alpha$ 倍以内である．したがって，すべての $(x,y) \in T$ で辺 $(x,y)$ の容量 $c_{xy}$ が少なくとも $\frac{1}{\alpha} C(x,y)$ であるときには，その需要集合に対する全点木 $T$ でのルーティングは，元々のグラフ $G$ でのルーティングにおける最適な混雑度の $\alpha$ 倍以内である．この条件は需要集合 $d$ に依存しないことに注意しよう．したがって，この条件が成立するときには，どのような需要集合でも成立する．

これ以降，所望の性能保証の $\alpha$ を得るために，ルーティングスキームを二通りの方法で修正する．第一の修正は，全点木 $T_i$ の集合と，それらに対するすべての $i$ で $\lambda_i \ge 0$ であり，かつ $\sum_i \lambda_i = 1$ となるような重み $\lambda_i$（重み付け）を与えることである（図15.2）．ここで，与えられた任意の需要 $d_{uv}$ に対して，各全点木 $T_i$ の唯一の $u$-$v$ パスに沿ってその需要の $\lambda_i$ の割合の分だけ送る．辺 $(x,y) \in T_i$ に対して，$C_i(x,y)$ を全点木 $T_i$ の辺 $(x,y)$ で定まるカットの容量とし，$D_i(x,y)$ を与えられた需要集合 $d$ に対してこのカットとクロスする総需要とする．なお，異なる全点木 $T_i$ に属する同一の辺 $(x,y)$ の除去で異なるカットが得られることもあることに注意しよう．すると，上で議論したように，任意に与えられた需要集合 $d$ と任意の $i$ に対して，$d$ の任意のルーティングの混雑度は少なくとも $D_i(x,y)/C_i(x,y)$ であるので，$d$ の任意のルーティングの混雑度は少なくとも $\max_i D_i(x,y)/C_i(x,y)$ である．上記のルーティングでの辺 $(x,y)$ の総フローは $\sum_{i:(x,y) \in T_i} \lambda_i D_i(x,y)$ である．したがって，

$$c_{xy} \ge \frac{1}{\alpha} \sum_{i:(x,y) \in T_i} \lambda_i C_i(x,y) \tag{15.1}$$

であるときには，上記のルーティングでの辺 $(x,y)$ の混雑度は，事実1.10により，

$$\frac{\sum_{i:(x,y) \in T_i} \lambda_i D_i(x,y)}{c_{xy}} \le \alpha \frac{\sum_{i:(x,y) \in T_i} \lambda_i D_i(x,y)}{\sum_{i:(x,y) \in T_i} \lambda_i C_i(x,y)} \le \alpha \max_{i:(x,y) \in T_i} \frac{D_i(x,y)}{C_i(x,y)}$$

を満たす．すべての全点木 $T_i$ の辺 $(x,y)$ で不等式(15.1)が成立するときには，上記のルーティングは，最適な混雑度の高々 $\alpha$ 倍の混雑度を持つことになる．

不等式(15.1)で与えられた制約は単一の全点木上での容量に対する制約よりも弱いが，所望の結果を得るためには，ルーティングスキームをさらにもう一段修正することが必要である．全点木の集合の各全点木 $T_i$ と各 $(x,y) \in T_i$ に対して，グラフ $G$ の $x$ と $y$ とを結ぶパスを選択する．このパスは辺 $(x,y)$ のみからなるときもあるが，そうでないときもある．そこで，全点木 $T_i$ と辺 $(x,y) \in T_i$ に対して，このパスに含まれる辺の集合を $P_i(x,y)$ と表記する．ここで，すべての辺 $(x,y) \in T_i$ に対して，全点木 $T_i$ とそれに付随するパス $P_i(x,y)$ が $i$ をインデックスとして持つ．したがって，異なるインデックス $i' \ne i$ は，全点木が同一（すなわち，$T_i = T_{i'}$）でも，付随するパスが異なることを表すこともある．与えられた需要 $d_{uv}$ に対して，全点木 $T_i$ で需要の $\lambda_i$ の割合を送るルートを定めるために，この全点木上の $u$ と $v$ を結ぶ唯一のパスを考え，パス上の全点木の各辺 $(x,y)$ に付随するパス $P_i(x,y)$ をつなぐ．これにより，グラフ上での $u$ から $v$ への経路（実際には同じ点を複数回通ることもある経路）が得られ，この経路に沿って需要を送るルーティングを定める

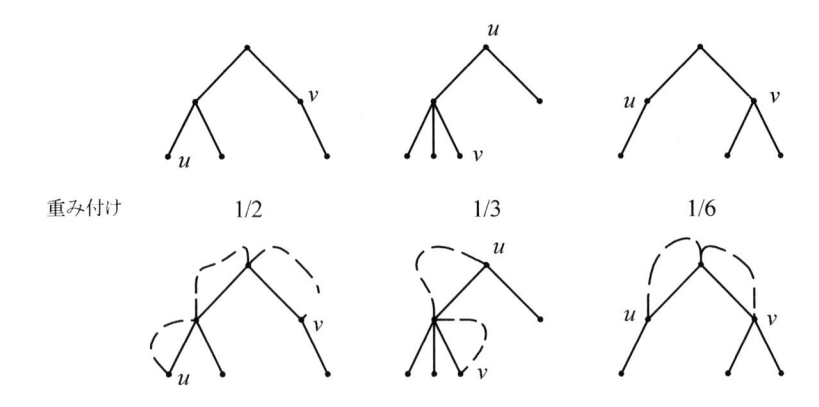

**図15.2** ルーティングを記述する二つの異なる方法. 上側の図は, 重み付き全点木の集合である. $u$ から $v$ への需要のルーティングでは, 最初の全点木の $u$-$v$ パスに沿って需要の 1/2 を送り, 2 番目の全点木の $u$-$v$ パスに沿って需要の 1/3 を送り, 最後の全点木の $u$-$v$ パスに沿って需要の 1/6 を送る. 下側の図は重み付き全点木の集合であり, 全点木の各辺は付随するパスを持つ (なお, 図では $u$-$v$ パスの辺に対してのみ点線で表示している). $u$ から $v$ への需要のルーティングでは, 全点木の $u$-$v$ パスの各辺に付随するパスをつないだ経路に沿ってフローを送る. したがって, 最初の全点木の $u$-$v$ パスの各辺に付随するパスをつないだ経路に沿って需要の 1/2 のフローを送り, 2 番目の全点木の $u$-$v$ パスの各辺に付随するパスをつないだ経路に沿って需要の 1/3 のフローを送り, 最後の全点木の $u$-$v$ パスの各辺に付随するパスをつないだ経路に沿って需要の 1/6 のフローを送る.

(図 15.2 参照). ここで, グラフの任意の辺 $(u,v)$ に対して, ルーティングでこの辺を通る総需要は, 全点木 $T_i$ の付随するパス $P_i(x,y)$ が辺 $(u,v)$ を含むような各辺 $(x,y) \in T_i$ に対して, 辺 $(u,v)$ に $\lambda_i D_i(x,y)$ の需要が送られると考えて, それをすべての全点木 $T_i$ とすべての辺 $(x,y) \in T_i$ にわたって和をとったものとする. すなわち, 辺 $(u,v)$ の総需要は

$$\sum_i \lambda_i \sum_{(x,y) \in T_i : (u,v) \in P_i(x,y)} D_i(x,y)$$

である. ここで, 任意の辺 $(u,v) \in E$ に対して, その容量 $c_{uv}$ は, $(u,v)$ を含む上記の全点木の辺に付随するパスの重み付きカットの和の少なくとも $\frac{1}{\alpha}$ 倍であるとする. すなわち,

$$c_{uv} \geq \frac{1}{\alpha} \sum_i \lambda_i \sum_{(x,y) \in T_i : (u,v) \in P_i(x,y)} C_i(x,y) \tag{15.2}$$

であるとする. すると, このルーティングにおける辺 $(u,v)$ の混雑度は,

$$\frac{\sum_i \lambda_i \sum_{(x,y) \in T_i : (u,v) \in P_i(x,y)} D_i(x,y)}{c_{uv}} \leq \alpha \frac{\sum_i \lambda_i \sum_{(x,y) \in T_i : (u,v) \in P_i(x,y)} D_i(x,y)}{\sum_i \lambda_i \sum_{(x,y) \in T_i : (u,v) \in P_i(x,y)} C_i(x,y)} \leq \alpha \max_i \frac{D_i(x,y)}{C_i(x,y)}$$

となる. 上で述べたように, どのルーティングも混雑度は少なくとも $\max_i D_i(x,y)/C_i(x,y)$ であるので, すべての辺 $(u,v) \in E$ で不等式 (15.2) が成立するときには, このルーティングは, 最適な混雑度の高々 $\alpha$ 倍の混雑度になる.

木の集合と付随するパスの集合を求めるためには, 線形計画問題を用いる. そこでは, 決定変数 $\alpha$ と決定変数 $\lambda_i$ を用いる. 各 $\lambda_i$ は, 全点木 $T_i$ とともに各辺 $(x,y) \in T_i$ に付随するパス $P_i(x,y)$ に対する重みである. すべての $u,v \in V$ で不等式 (15.2) が成立するという

制約式のもとで，$\alpha$ を最小化する．$(u,v) \notin E$ に対して $c_{uv} = 0$ であるので，そのような $(u,v)$ を含むパスは選ばない．すると，この線形計画問題は，

$$
\begin{aligned}
\text{minimize} \quad & \alpha \\
\text{subject to} \quad & \sum_i \lambda_i \sum_{(x,y) \in T_i : (u,v) \in P_i(x,y)} C_i(x,y) \leq \alpha c_{uv}, \quad \forall u, v \in V, \\
& \sum_i \lambda_i = 1, \\
& \lambda_i \geq 0, \quad \forall i
\end{aligned}
$$

と書ける．この線形計画問題で得られる全点木の集合（すなわち，$\lambda_i > 0$ となる全点木 $T_i$ の集合）を，**カット木パッキング (cut-tree packing)** と呼ぶことにする．なお，全点木 $T$ の各辺 $(x,y)$ の重みが正確に $C(x,y)$ であるような重み付き木 $T$ は**カット木 (cut tree)** と呼ばれる．上記の線形計画問題は，パス上に現れる全点木の各辺をパスに広げて，$G$ の各辺の容量をある値 $\alpha$ 倍してカット木の凸結合でグラフ $G$ にパッキングできるようにするときに，その値 $\alpha$ を最小化する問題と見なすこともできる．

これでこの線形計画問題が値 $O(\log n)$ の解を持つことを非構成的に示すことができるようになった．この非構成的な証明からカット木パッキングを得るためのアルゴリズムのアイデアが得られることになる．そして，需要未確定ルーティング問題に対する $O(\log n)$-近似アルゴリズムを得ることができることの証明が得られることになる．

**補題 15.13** 上記の線形計画問題は $O(\log n)$ の値を持つ．

**証明**：これを証明するために，この線形計画問題（主問題）の双対問題を考える．その後，8.7 節で述べた木メトリックによるメトリックの近似アルゴリズムの結果を適用して，双対問題の値を $O(\log n)$ で抑えることができることを示す．これから強双対性を用いて，主問題の値を抑えることができることになる．

この線形計画問題（主問題）の双対問題は，

$$
\begin{aligned}
\text{maximize} \quad & z \\
\text{subject to} \quad & \sum_{u,v \in V} c_{uv} \ell_{uv} = 1, \\
& z \leq \sum_{(x,y) \in T_i} C_i(x,y) \sum_{(u,v) \in P_i(x,y)} \ell_{uv}, \quad \forall i, \\
& \ell_{uv} \geq 0, \quad \forall u,v \in V
\end{aligned}
$$

と書ける．この問題に木メトリックのこれまでの知識が適用できるようになる点まで，双対問題の解を修正することから始める．双対変数 $\ell_{uv}$ を $u$ と $v$ の間の辺の長さと考える．すると，この辺の長さ $\ell_{uv}$ を用いて，2 点 $x, y \in V$ 間の最短パスの長さを考えるのが有効となる．この最短パスの長さを $d_\ell(x,y)$ と表記する．

最初に，すべての $(x,y) \in T_i$ で $x$ から $y$ への付随するパスの長さを $C_i(x,y)$ 倍して総和をとった値より双対変数 $z$ が小さいか等しいことに注意しよう．これにより，全点木の各辺 $(x,y)$ では，付随する $x$-$y$ パスが辺の長さ $\ell_{uv}$ に基づく最短パスであるようなもののみ

を考えれば十分であることになる．したがって，すべての全点木 $T_i$ に対して，

$$z \leq \sum_{(x,y) \in T_i} C_i(x,y) d_\ell(x,y)$$

が得られる．すなわち，双対問題は

$$\max_{\ell \geq 0 : \sum_{u,v \in V} c_{uv} \ell_{uv} = 1} \min_i \sum_{(x,y) \in T_i} C_i(x,y) d_\ell(x,y)$$

と書き換えることができる．ここで，長さ $\ell$ が $\sum_{u,v \in V} c_{uv} \ell_{uv} = 1$ であるという制限をなくしたい．長さ $\ell$ が $\sum_{u,v \in V} c_{uv} \ell_{uv} = \beta > 0$ であるときには，すべての辺の長さ $\ell_{uv}$ を $1/\beta$ 倍することにより，$\sum_{u,v \in V} c_{uv} \ell_{uv} = 1$ となることに注意しよう．このとき，最短パスの長さ $d_\ell(x,y)$ も同じく $1/\beta$ 倍されるので，双対目的関数の値も $1/\beta$ 倍される．したがって，双対問題を，さらに

$$\max_{\ell \geq 0} \min_i \frac{\sum_{(x,y) \in T_i} C_i(x,y) d_\ell(x,y)}{\sum_{u,v \in V} c_{uv} \ell_{uv}}$$

と書き変えることができる．

定理 8.25 を定理 8.19 と結びつけて用いる．すなわち，これらの定理から，任意の非負のコスト $c_{uv}$ の集合と任意の距離メトリック $d_\ell$ に対して，すべての $u,v \in V$ で $d_\ell(u,v) \leq T_{uv}$ かつ $\sum_{u,v \in V} c_{uv} T_{uv} \leq O(\log n) \sum_{u,v \in V} c_{uv} d_\ell(u,v)$ であるような木メトリック $(V,T)$ を得ることができる．さらに，以下の二つの観察を用いると証明を完成できる．第一に，すべての $u,v \in V$ で，$u$ と $v$ 間の最短パスの長さは $u$-$v$ 辺の長さより大きくなることはないので，$d_\ell(u,v) \leq \ell_{uv}$ となることがわかる．第二に，すべての $x,y \in V$ で $d_\ell(x,y) \leq T_{xy}$ であるので，$\sum_{(x,y) \in T_i} C_i(x,y) d_\ell(x,y) \leq \sum_{(x,y) \in T_i} C_i(x,y) T_{xy}$ である．さらに，どの $u,v \in V$ も $u$ から $v$ への $T_i$ の唯一のパス上の各辺 $(x,y)$ に対応するカット $C_i(x,y)$ に正確に $c_{uv}$ の分だけ貢献するので，$\sum_{(x,y) \in T_i} C_i(x,y) T_{xy} = \sum_{u,v \in V} c_{uv} T_{uv}$ が成立することもわかる．これらをすべて合わせると，任意の辺の長さ $\ell \geq 0$ の集合に対して，

$$\sum_{(x,y) \in T_i} C_i(x,y) d_\ell(x,y) \leq \sum_{u,v \in V} c_{uv} T_{uv} \leq O(\log n) \sum_{u,v \in V} c_{uv} d_\ell(u,v) \leq O(\log n) \sum_{u,v \in V} c_{uv} \ell_{uv}$$

(15.3)

が得られる．したがって，任意の辺の長さ $\ell \geq 0$ の集合に対して，

$$\frac{\sum_{(x,y) \in T_i} C_i(x,y) d_\ell(x,y)}{\sum_{u,v \in V} c_{uv} \ell_{uv}} \leq O(\log n)$$

となるような全点木 $T_i$ が存在する．以上により，双対問題の最適解の値は $O(\log n)$ であることが証明された．さらに，強双対性により，主問題の（最適解の）値と双対問題の（最適解の）値は等しいので，元の主問題の値も $O(\log n)$ である． □

最後に，上記の補題から得られる知識を用いて，$O(\log n)$-近似アルゴリズムにつながる全点木と対応するパスの近似的な集合を得ることができることになる．4.3 節の楕円体法を用いて上の双対問題を解くのも一つのアイデアである．上記の証明は，$z > \Omega(\log n)$ ならば木メトリックアルゴリズムで満たされない制約式をある意味で得ることができることを示している．しかし，最適解の値 $z$ が $O(\log n)$ より大幅に小さいときには，満たされな

い制約式を得ることができないこともある（したがって，多項式時間の分離オラクルが明確ではない）．ここの近似アルゴリズムに対して用いるアイデアは，上とは異なる線形計画問題の定式化を与えて，楕円体法に対して，木メトリックアルゴリズムが実際に分離オラクルとして機能できるようにすることである．満たされない制約式の定義に用いられる木メトリックがどのようなものであるかを観察して，その後にこれらの全点木のみを用いるカット木パッキングを得ることにする．そして，近似アルゴリズムを得るためにはこれで十分であることを示す．

**定理 15.14** 需要未確定ルーティング問題に対する $O(\log n)$-近似アルゴリズムが存在する．

**証明**：上記の補題の証明から，線形計画問題の（最適解の）値が高々 $Z = 4 \cdot 96 \ln(n+1)$ であることは，わかっている．なぜなら，辺の長さ $\ell$ の集合で定義されるメトリック $d_\ell$ が与えられると，$\sum_{u,v \in V} c_{uv} T_{uv} \le 4 \cdot 96 \ln(n+1) \sum_{u,v \in V} c_{uv} d_\ell(u,v)$ を満たすような木メトリック $(V, T)$ を得ることができることを定理 8.25 と定理 8.19 ですでに示しているからである．ここで，以下のように，わずかに異なる線形計画問題に楕円体法を適用する．すなわち，考える線形計画問題は，以下のとおりである．なお，$\mathcal{I}$ は可能な全点木と付随するパスのインデックスのすべての集合であり，$Z$ は固定された定数であるとして扱う．問題に対する実行可能解のみを探し求めるので，定数 0 を最小化する目的関数を用いる．したがって，線形計画問題は，

$$\begin{aligned}
\text{minimize} \quad & 0 \\
\text{subject to} \quad & \sum_{i \in \mathcal{I}} \lambda_i \sum_{(x,y) \in T_i : (u,v) \in P_i(x,y)} C_i(x,y) \le Z c_{uv}, \quad \forall u, v \in V, \\
& \sum_{i \in \mathcal{I}} \lambda_i = 1, \\
& \lambda_i \ge 0, \quad \forall i \in \mathcal{I}.
\end{aligned}$$

と書ける．この線形計画問題（主問題）の双対問題は，

$$\begin{aligned}
\text{maximize} \quad & z - Z \sum_{u,v \in V} c_{uv} \ell_{uv} \\
\text{subject to} \quad & z \le \sum_{(x,y) \in T_i} C_i(x,y) \sum_{(u,v) \in P_i(x,y)} \ell_{uv}, \quad \forall i \in \mathcal{I}, \\
& \ell_{uv} \ge 0, \quad \forall u, v \in V
\end{aligned}$$

と書ける．（適切に固定された $Z$ のもとで）値がゼロの主問題の実行可能解が存在することはわかっているので，双対問題の最適解の値もゼロである．ここで，多項式サイズの全点木とパスのインデックスの集合 $\mathcal{T} \subseteq \mathcal{I}$ で，$\mathcal{T}$ に対して主問題が実行可能となるようなものを得るために，双対問題上で楕円体法を用いる方法を示す．これが得られてしまえば，主問題を多項式時間で解くことができて，所望のカット木パッキングも得られる．

そのために，楕円体法がどのように動作するかについての知識をいくつか用いる．与えられた解が実行可能であると楕円体法に対する分離オラクルが宣言するときには，楕円体

法は**目的関数カット** (objective function cut) を行う．すなわち，（最大化問題のときには）目的関数の値が現在の解の値以上であるすべての解にのみ注意を払うことになる．楕円体法の操作で考えると，これは目的関数の値が現在の解の値以上であることを与える制約式を返す分離オラクルと等価である．楕円体法が，各ステップで，最適解を保持する制約式を課している限り（さらに制約式を表現するのに用いられるビット数が多項式である限り），4.3 節で議論したように，最適解が多項式時間で得られる．

ここで，双対問題に対して楕円体法を適用する．分離オラクルは以下のように動作する．与えられた解 $(z, \ell)$ に対して，$z > Z \sum_{u,v \in V} c_{uv} \ell_{uv}$ かどうかを検証する．そうであるときには，$\sum_{u,v \in V} c_{uv} T_{uv} \leq Z \sum_{u,v \in V} c_{uv} d_\ell(u, v)$ であるような木メトリック $(V, T)$ を求める．補題 15.13 の証明の中の不等式 (15.3) から，この全点木 $T$ で各辺 $(x, y) \in T$ に対して $P(x, y)$ が長さ $\ell$ に基づく $x$-$y$ 最短パスであるとき，

$$\sum_{(x,y) \in T} C(x, y) \sum_{(u,v) \in P(x,y)} \ell_{uv} \leq Z \sum_{u,v \in V} c_{uv} d_\ell(u, v) \leq Z \sum_{u,v \in V} c_{uv} \ell_{uv} < z$$

であることが得られ，この全点木 $T$ と付随するパスのインデックス $i$ に対応する双対制約式を満たされない制約式として返すことができる．一方，そうでない（すなわち，$z \leq Z \sum_{u,v \in V} c_{uv} \ell_{uv}$ である）ときには，解 $(z, \ell)$ は実行可能であると宣言する．このときには，目的関数の値は $z - Z \sum_{u,v \in V} c_{uv} \ell_{uv} \leq 0$ である．以上の議論から，楕円体法は，目的関数カットを行い，目的関数の値が少なくとも $z - Z \sum_{u,v \in V} c_{uv} \ell_{uv}$ であると主張する．最適な双対解の値がゼロであることはわかっているので，最適解を除去することは決してなく，したがって，楕円体法は多項式時間で双対問題の最適解を求める．

ここで，$\mathcal{T} \subseteq \mathcal{I}$ を，上記の楕円体法の実行中に分離オラクルで見つけられた全点木と付随するパスのインデックスのすべての集合とする．楕円体法が多項式時間で終了したということから，$\mathcal{T}$ のサイズは入力サイズの多項式で抑えられることに注意しよう．さらに，上記の双対問題で $\mathcal{I} = \mathcal{T}$ とおいても，最適解の値はゼロのままであることが主張できる．これを確認するために，$\mathcal{I} = \mathcal{T}$ のもとでの双対問題に再度楕円体法を走らせたとしてみる．このときに返される満たされない制約式は $\mathcal{T}$ のみからくることになるので，もともとの問題に対する楕円体法の動作と完全に一致することになり，値がゼロの同じ最適解が返されることになる．

$\mathcal{I} = \mathcal{T}$ のときの双対問題に値ゼロの最適解が存在するので，この全点木の集合に対する主問題の実行可能解も存在する．これで，$\mathcal{T}$ からの多項式サイズの変数の集合で，（楕円体法のような）多項式時間の線形計画アルゴリズムを走らせることができるようになった．したがって，これを用いて，所望どおりに，混雑度が高々 $Z = O(\log n)$ のカット木パッキングが得られる． □

カット木パッキングと木メトリックの間の関係では，逆向きも成立することが示せる．入力として，メトリック $(V, d)$（$d$ はメトリックで，需要ではない）とすべての $u, v \in V$ に対するコスト $c_{uv}$ が与えられているとする．さらに，ある値の $\alpha$ で不等式 (15.2) が成立するようなカット木パッキングを求める多項式時間アルゴリズムもあるとする．演習問題 15.7 では，すべての $u, v \in V$ で $d_{uv} \leq T_{uv}$ であり，かつ $\sum_{u,v \in V} c_{uv} T_{uv} \leq \alpha \sum_{u,v \in V} c_{uv} d_{uv}$ であるような木メトリック $(V, T)$ を求める多項式時間アルゴリズムを導き出すことができ

ることを取り上げている．したがって，二つの問題は互いに帰着可能である．

## 15.3 カット木パッキングと最小二等分割問題

本節では，前節で導入したカット木パッキングのさらなる応用に移る．8.5 節で木メトリックによるメトリックの確率的近似を議論したときに，一般のメトリックで解を求める問題が，性能保証を $O(\log n)$ 倍だけ悪くするものの，木メトリックで解を求める問題に翻訳できることを観察した．本節では，カット問題に対しても同じことができることを示す．すなわち，一般のグラフで良いカットを求める問題が性能保証を $O(\log n)$ 倍だけ悪くするものの，木での良いカットを求める問題に帰着できることを示す．

説明のために，8.4 節で導入した最小二等分割を求める問題を取り上げる．$n = |V|$ 個の点からなるグラフ $G = (V, E)$ の点部分集合 $S$ は，$b \in (0, 1/2]$ に対して $\lfloor bn \rfloor \leq |S| \leq \lceil (1-b)n \rceil$ であるとき，**$b$-平衡カット** ($b$-balanced cut) であると言ったことを思いだそう．**最小 $b$-平衡カット問題** (minimum $b$-balanced cut problem) では，無向グラフ $G = (V, E)$ と各辺 $e \in E$ に対する非負のコスト $c_e \geq 0$ と $b \in (0, 1/2]$ が入力として与えられる．このとき，目標は，$b$-平衡カット $S$ のうちで，コスト最小のカット，すなわち，一方の端点のみが $S$ に含まれるような辺のコストの総和を最小とするようなものを求めることである．**最小二等分割問題** (minimum bisection problem) は，この問題の $b = 1/2$ のときの特殊ケースである．

本節では，最小二等分割問題に対する $O(\log n)$-近似アルゴリズムを得るために，どのようにカット木パッキングを用いればよいかを示す．なお，ここで与えるアルゴリズムとその解析は，ほかの多くのカット問題にも拡張して用いることができる．実際，最小多分割カット問題に対する $O(\log n)$-近似アルゴリズムと最疎カット問題に対する $O(\log n)$-近似アルゴリズムをそれぞれ求めることを，演習問題 15.5 と演習問題 15.6 で取り上げている．

アルゴリズムはきわめて単純である．与えられたグラフ $G = (V, E)$ と各辺 $e \in E$ のコスト $c_e$ に対して，辺のコスト $c_e$ を容量と見なして，前節で議論したように，全点木と付随するパスの集合を求める．前節の議論を思いだして，全点木 $T_i$ と辺 $(x, y) \in T_i$ に対して，$T_i$ からの $(x, y)$ の除去で誘導されるカットを考える．$S_i(x, y)$ は $(x, y)$ を除去して得られる二つの連結成分の一方に含まれる点の集合であるとする．このカットに含まれる $G$ の辺のコストの総和を $C_i(x, y) = \sum_{e \in \delta(S_i(x, y))} c_e$ と表記する．$P_i(x, y)$ は辺 $(x, y) \in T_i$ に付随するパスであるとする．任意の $S \subseteq V$ に対して，$c(\delta(S))$ は正確に一方の端点のみが $S$ に属する $G$ の辺のコストの総和を表すとする．すなわち，$c(\delta(S)) = \sum_{e \in \delta(S)} c_e$ である．さらに，$c_{T_i}(\delta(S))$ は正確に一方の端点のみが $S$ に属する全点木 $T_i$ の辺のコストの総和を表すとする．すなわち，$c_{T_i}(\delta(S)) = \sum_{(x,y) \in T_i \cap \delta(S)} C_i(x, y)$ である．与えられた全点木 $T_i$ の集合に対して，各 $T_i$ で各辺 $(x, y) \in T_i$ のコストを $C_i(x, y)$ として，最適な二等分割 $X_i \subseteq V$ を求める．すなわち，$c_{T_i}(\delta(X_i))$ が最小となるような $T_i$ での二等分割 $X_i$ を求める．あとで示すように，木における最小二等分割は多項式時間で得ることができる．カット木パッキングのすべての全点木 $T_i$ にわたって最小二等分割を求めて，それらの中でグラフ $G$ でのコス

ト $c(\delta(X_i))$ を最小化する二等分割 $X_i$ を返す.

以下の二つの補題で，グラフ $G$ の任意のカット $S$ のコストと $T_i$ でのカット $S$ のコストとの関係を明らかにする．

**補題 15.15** 任意の全点木 $T_i$ と任意の $S \subseteq V$ に対して，
$$c(\delta(S)) \leq c_{T_i}(\delta(S))$$
である．

**証明**：上記の定義から，右辺は
$$c_{T_i}(\delta(S)) = \sum_{(x,y) \in T_i \cap \delta(S)} C_i(x,y) = \sum_{(x,y) \in T_i \cap \delta(S)} \sum_{e \in \delta(S_i(x,y))} c_e$$
と書き直すことができる．$\delta(S)$ に含まれる $G$ の任意の辺 $e = (u,v)$ を選ぶ．このとき，右辺の和にこの辺が存在することを示す．$u$ と $v$ の正確に 1 点のみが $S$ に含まれるので，$T_i$ の $u$ から $v$ へのパス上には $\delta(S)$ の辺が存在する．そのような辺の一つを $(x,y)$ とする．すると，$(x,y) \in T_i \cap \delta(S)$ かつ $e = (u,v) \in \delta(S_i(x,y))$ となるので，$c_e$ は右辺の和に存在することになる． □

**補題 15.16** 15.2 節で議論したように，入力のグラフ $G$ と各辺 $e \in E$ のコスト $c_e$ に対する混雑度 $O(\log n)$ のカット木パッキングに含まれる全点木 $T_i$ の集合が得られているとする．すると，任意のカット $S \subseteq V$ に対して，
$$\sum_i \lambda_i c_{T_i}(\delta(S)) \leq O(\log n) c(\delta(S))$$
である．

**証明**：カット木パッキングの定義の性質を思いだそう．不等式 (15.2) から，木辺 $(x,y) \in T_i$ に付随する $G$ における $x$ から $y$ へのパス $P_i(x,y)$ に対して，
$$\sum_i \lambda_i \sum_{(x,y) \in T_i : (u,v) \in P_i(x,y)} C_i(x,y) \leq O(\log n) c_{uv}$$
が成立する．補題を証明するために，各辺 $(u,v) \in \delta(S)$ に対して，$(u,v) \in P_i(x,y)$ となるようなすべての $(x,y) \in T_i$ を除去する．上記の不等式により，除去されるすべての木辺 $(x,y) \in T_i$ のコスト $C_i(x,y)$ を $\lambda_i$ 倍したコストの，そのようなすべての $T_i$ にわたる総和（のすべての $(u,v) \in \delta(S)$ にわたる和 $\sum_{(u,v) \in \delta(S)} \sum_i \lambda_i \sum_{(x,y) \in T_i : (u,v) \in P_i(x,y)} C_i(x,y)$）は，高々 $O(\log n) c(\delta(S))$ である．したがって，各全点木 $T_i$ に対して，$(x,y) \in \delta(S)$ となるすべての木辺が上記の辺の除去で除去されたことを示せば，補題を証明したことになる．任意の全点木 $T_i$ に対して，任意の木辺 $(x,y) \in \delta(S)$ を選んで，$x$ と $y$ 間の対応するパス $P_i(x,y)$ を考える．$(x,y)$ の両端点の正確に 1 点のみが $S$ に含まれるので，そのパス上には両端点の正確に 1 点のみが $S$ に含まれるような辺 $(u,v)$ が存在し，$(u,v) \in \delta(S)$ である．したがって，$(u,v) \in \delta(S)$ を考えたときに，木辺 $(x,y)$ は除去された（あるいはすでにされていた）ことになる． □

これらの補題が与えられていれば，性能保証の証明は，以下のように，簡単に得られる．

**定理 15.17** 上記のアルゴリズムは，最小二等分割問題に対する $O(\log n)$-近似アルゴリズムである．

**証明**：$X^* \subseteq V$ を $G$ の最適な二等分割であるとする．各全点木 $T_i$ において最適な二等分割 $X_i$ がすでに得られていることはわかっているので，$T_i$ での二等分割 $X^*$ のコストはそのコスト以上である．すなわち，カットパッキングのすべての全点木 $T_i$ に対して，$c_{T_i}(\delta(X_i)) \leq c_{T_i}(\delta(X^*))$ である．さらに，補題 15.15 により，

$$\sum_i \lambda_i c(\delta(X_i)) \leq \sum_i \lambda_i c_{T_i}(\delta(X_i))$$

である．一方，上記の観察により，

$$\sum_i \lambda_i c_{T_i}(\delta(X_i)) \leq \sum_i \lambda_i c_{T_i}(\delta(X^*))$$

である．最適な二等分割 $X^*$ に補題 15.16 を適用することにより，

$$\sum_i \lambda_i c_{T_i}(\delta(X^*)) \leq O(\log n) c(\delta(X^*)) = O(\log n) \text{OPT}$$

が得られる．これらをすべて合わせて，

$$\sum_i \lambda_i c(\delta(X_i)) \leq O(\log n) \text{OPT}$$

が得られる．したがって，二等分割のコスト $c(\delta(X_i))$ の凸結合は，高々 $O(\log n) \text{OPT}$ である．このことは，二等分割 $X_i$ のうちの少なくとも一つはコストが高々 $O(\log n) \text{OPT}$ であることを意味している．$c(\delta(X_i))$ を最小化する $X_i$ がアルゴリズムで返されるので，アルゴリズムは $O(\log n)$-近似アルゴリズムである． □

証明を完成させるためには，木で最小二等分割を求める方法を示さなければならない．動的計画を用いてこれを行う．

**補題 15.18** 木の最小二等分割を求める多項式時間アルゴリズムが存在する．

**証明**：点集合 $V$ 上の木 $T$ とすべての辺 $e \in T$ に付随する重み $c_e \geq 0$ が入力として与えられていると仮定する．下記のアルゴリズムは，内点が 1 個あるいは 2 個の子を持つ根付き木の上で動作する．木が $\ell$ 個の葉を持つときには，正確に $\lfloor \ell/2 \rfloor$ 個の葉を含むような最適なカット $S$ がアルゴリズムで出力される．これを木の**葉二等分割** (leaf bisection) ということにする．そこで，はじめに，元の入力を，アルゴリズムでこの葉二等分割が得られるような入力に変換できることを示すことが必要である．任意の内点 $v \in V$ に対して，新しい点 $v'$ を作り，それを $v$ の位置に置いて，コストが無限大の辺 $(v, v')$ を加える．こうして，$V$ のすべての点の集合がすべての葉の集合となる木が得られる．次に，任意に内点を 1 点選びその点を根とする．3 個以上の子を持つ任意の内点に対して，さらに別の点を新しく作って，コスト無限大の辺で結んでどの内点も子を 2 個しか持たないようにする．したがって，$d \geq 3$ 個の子を持つ任意の点からは，最終的に $d - 2$ 個の新しい点が作られる．最初の点がすべて葉になり，どの内点も高々 2 個の子しか持たない根付き木への変換の例を

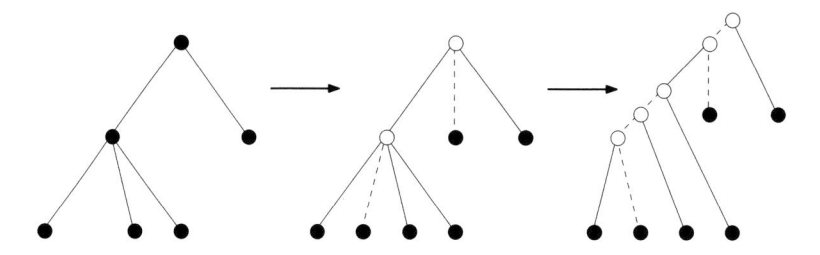

**図 15.3** 与えられた木から，元のすべての点が葉であり，どの内点も子を高々 2 個しか持たないような木への変換．新しく作られた辺は，コストが無限大であり，破線で示している．新しく作られた点は白丸で示している．

図 15.3 に示している．この修正後の木における無限大のコストの辺を（カットに）含まない葉二等分割の任意の解は，元の木における同一のコストを持つ二等分割の解に対応し，逆も成立することに注意しよう．したがって，全体では，$O(n)$ 個の新しい点が作られることになり，点数の多項式時間で葉二等分割を求めるアルゴリズムは，元の入力でも多項式時間で走ることになる．

こうして得られた根付き木上で，最小葉二等分割を求めるために，木の葉から出発して根に向かっていきながら，動的計画を実行する．各内点 $u$ で，$u$ を根とする部分木が $k$ 個の葉を持つとき，各整数 $i \in [0, k]$ に対応して要素を持つ表を作る．この表は，カットで $u$ を含む側が $i$ 個の葉を含み，他方の（$u$ を含まない）側が $k - i$ 個の葉を含むときに，$u$ を根とする部分木から除去しなければならない辺の集合のうちで，最小コストの辺の集合を記憶する．与えられた内点 $u$ に対して，2 個の子の $v_1$ と $v_2$ は，それぞれ，それを根とする部分木に $k_1$ 個と $k_2$ 個の葉を持つとする．各 $i \in [0, k_1 + k_2]$ に対する表の $u$ の要素を四つのケースを考えて構成する．図 15.4 はその説明図である．

第一のケースでは，$i_1 + i_2 = i$ となるすべての対の $i_1 \in [0, k_1]$ と $i_2 \in [0, k_2]$ を考える．これは，カットの一方の側が，$u, v_1, v_2$ を含み，$i$ 個の葉を含むケースを捉えている．第二のケースでは，$i_1 + (k_2 - i_2) = i$ であり，かつ $(u, v_1)$ と $(u, v_2)$ のうち，$(u, v_2)$ のみがカットに含まれるすべての対の $i_1 \in [0, k_1]$ と $i_2 \in [0, k_2]$ を考える．これは，カットの一方の側が $i$ 個の葉を含み，かつ $u$ と $v_1$ を含むが，$v_2$ は含まないケースを捉えている．第三のケースでは，$(k_1 - i_1) + i_2 = i$ であり，かつ $(u, v_1)$ と $(u, v_2)$ のうち，$(u, v_1)$ のみがカットに含まれるすべての対の $i_1 \in [0, k_1]$ と $i_2 \in [0, k_2]$ を考える．これは，カットの一方の側が $i$ 個の葉を含み，かつ $u$ と $v_2$ を含むが，$v_1$ は含まないケースを捉えている．最後の第四のケースでは，$(k_1 - i_1) + (k_2 - i_2) = i$ であり，かつ $(u, v_1)$ と $(u, v_2)$ の両方がカットに含まれるすべての対の $i_1 \in [0, k_1]$ と $i_2 \in [0, k_2]$ を考える．これは，カットの一方の側が $i$ 個の葉を含み，かつ $u$ を含むが，$v_1$ と $v_2$ は含まないケースを捉えている．これらのすべての可能な組合せのうちで，コストが最小となるものを表の $i$ の要素として記憶する．内点 $u$ が子を 1 個しか持たないときも同様である．木が $n$ 個のノードからなり，$\ell$ 個の葉を持つときには，表の 1 個の要素のために $O(\ell)$ 個の可能な組合せを考えるので，内点 1 個あたり $O(\ell^2)$ 時間かかる．したがって，全体では，$O(n\ell^2) = O(n^3)$ 時間となる．最小葉二等分割は，根の $i = \lfloor \ell/2 \rfloor$ に対する要素に記憶されて得られる． □

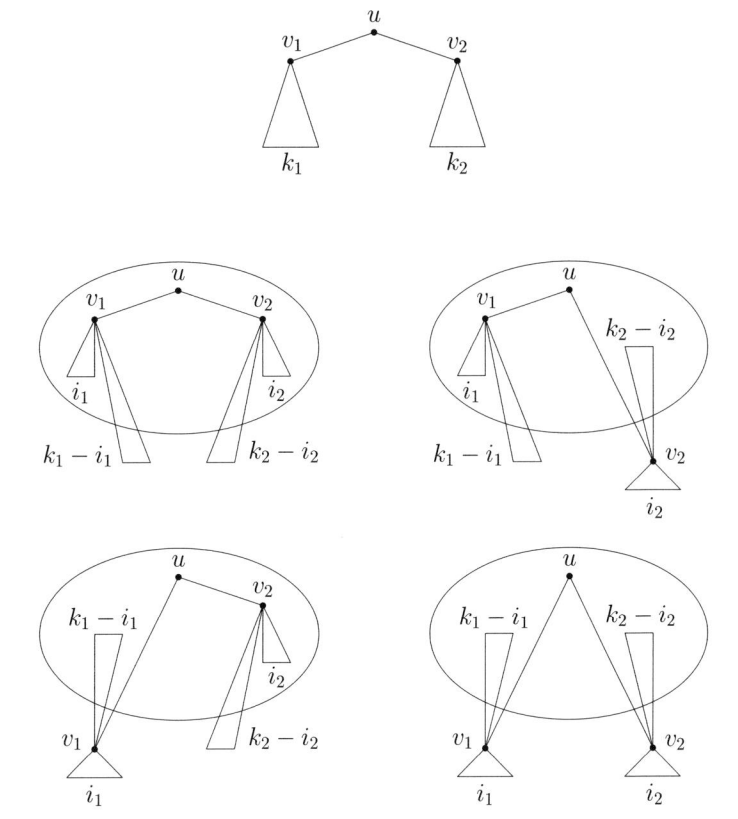

**図 15.4** 内点 $u$ の 2 個の子の $v_1$ と $v_2$ がそれぞれ，それを根とする部分木に $k_1$ 個と $k_2$ 個の葉を持つときの，動的計画における内点 $u$ での四つの異なるケース．

## 15.4 一様最疎カット問題

　本書における最後のアルゴリズム的な結果として，演習問題 8.6 で紹介して 15.1 節で議論した**最疎カット問題** (sparsest cut problem) を再度取り上げる．最疎カット問題では，無向グラフ $G = (V, E)$，すべての辺 $e \in E$ に対するコスト $c_e \geq 0$，および正整数の需要 $d_i$ が付随する $k$ 組のターミナル点対 $s_i, t_i$ が与えられる．目標は，点部分集合 $S$ で，

$$\rho(S) \equiv \frac{\sum_{e \in \delta(S)} c_e}{\sum_{i: |S \cap \{s_i, t_i\}| = 1} d_i}$$

が最小となるようなものを求めることである．すなわち，最疎カット問題は，カットに含まれる辺のコストの和とそのカットで分離される需要の和との比が最小となるカットを求める問題である．本節では，興味深い特殊ケース版の "一様" 最疎カット問題を取り上げる．すなわち，**一様最疎カット問題** (uniform sparsest cut problem) では，すべての異なる 2 点がターミナル点対の $s_i, t_i$ であり，その需要 $d_i$ は 1 である．したがって，目標は，点部分集合 $S$ で，

$$\rho(S) \equiv \frac{\sum_{e \in \delta(S)} c_e}{|S||V - S|}$$

が最小となるようなものを求めることである．

8.4 節で紹介した $b$-平衡カットと同様に，一様最疎カットを求めることも，分割統治法を適用する際にしばしば取られる方法である．すべての辺 $e \in E$ で $c_e = 1$ である重みなし版の一様最疎カット問題では，点部分集合 $S$ で，カットに含まれる辺の本数（すなわち，$|\delta(S)|$）とそのカットで分離される需要の和（すなわち，$|S||V - S|$）との比が最小となるようなものを求めることになる．さらに，重みなしグラフの辺拡張を見つけたいときにも，一様最疎カットを求めてその代わりにすることもある．なお，$|S| \leq \frac{n}{2}$ を満たす点部分集合（カット）$S \subseteq V$ に対する**辺拡張** (edge expansion) $\alpha(S)$ は，

$$\alpha(S) \equiv \frac{|\delta(S)|}{|S|}$$

として定義され，グラフの辺拡張は $|S| \leq \frac{n}{2}$ を満たすすべての $S$ での $\alpha(S)$ の最小値として定義される．辺拡張が最小となるカット $S$ では，サイズ $|S|$ と辺数 $|\delta(S)|$ の間にトレードオフが存在する．したがって，$b$-平衡カット問題のときとは異なり，辺拡張が最小となるカット $S$ のサイズ $|S|$ に対する下界は存在しない．すなわち，カット $S$ に含まれる辺数 $|\delta(S)|$ が十分小さければ $|S|$ も小さくなりうる．$|S| \leq \frac{n}{2}$ であるので $\frac{n}{2} \leq |V - S| \leq n$ であり，$\frac{1}{n}\alpha(S) \leq \rho(S) \leq \frac{2}{n}\alpha(S)$ の関係式が成立する．したがって，重みなしグラフの一様最疎カットの $\rho(S)$ を $n$ 倍することにより，そのグラフの辺拡張の $\alpha(S)$ を高々 2 の相対誤差で近似できることになる．

15.1 節では，最疎カット問題に対して線形計画緩和を用いて $O(\log k)$-近似アルゴリズムを与えた．本節では，一様最疎カット問題に対して，ベクトル計画緩和を考えて，それにより $O(\sqrt{\log n})$-近似アルゴリズムが得られることを示す．

整数二次計画問題としての定式化を与えることから始める．以下の定式化を考える．

$$\begin{aligned}
\text{minimize} \quad & \frac{\frac{1}{4}\sum_{e=(i,j) \in E} c_e(x_i - x_j)^2}{\frac{1}{4}\sum_{i,j \in V: i \neq j} (x_i - x_j)^2} \\
\text{subject to} \quad & (x_i - x_j)^2 \leq (x_i - x_k)^2 + (x_k - x_j)^2, \quad \forall i, j, k \in V, \qquad (15.4) \\
& x_i \in \{-1, +1\}, \qquad \forall i \in V.
\end{aligned}$$

実際にこれが一様最疎カット問題の定式化であることが以下のようにして確認できる．与えられた集合（カット）$S \subseteq V$ に対して，すべての $i \in S$ に対して $x_i = -1$ とし，それ以外の $i$ に対して $x_i = 1$ とする．すると，$\frac{1}{4}\sum_{(i,j) \in E} c_e(x_i - x_j)^2 = \sum_{e \in \delta(S)} c_e$ かつ $\frac{1}{4}\sum_{i,j \in V: i \neq j}(x_i - x_j)^2 = |S||V - S|$ となるので，目的関数の値は $\rho(S)$ となる．さらに，不等式 (15.4) は，$x_i = x_j$ ならば自明に成立し，$x_i \neq x_j$ ならば $x_i \neq x_k$ あるいは $x_j \neq x_k$ であるのでやはり自明に成立する．したがって，上記の二次計画問題における制約式はすべて成立することが容易に確認できる．逆も同様に確認できる．$x$ が上記の二次計画問題の整数解であるとして，$S = \{i \in V : x_i = -1\}$ とする．すると，$V - S = \{i \in V : x_i = +1\}$ となり，目的関数の値は $\rho(S)$ となるからである．

## 15.4 一様最疎カット問題

まず，この定式化を以下のように緩和する．

$$\begin{aligned}
\text{minimize} \quad & \frac{1}{n^2} \sum_{e=(i,j) \in E} c_e (y_i - y_j)^2 \\
\text{subject to} \quad & \sum_{i,j \in V: i \neq j} (y_i - y_j)^2 = n^2, \\
& (y_i - y_j)^2 \leq (y_i - y_k)^2 + (y_k - y_j)^2, \quad \forall i, j, k \in V.
\end{aligned}$$

$y_i$ が $y_i \in \{-1, 1\}$ となることは要求していないことに注意しよう．前の定式化の最適解 $x^*$ に対して，$d = \sum_{i,j \in V: i \neq j} (x_i^* - x_j^*)^2$ とおいて，$y_i = nx_i^*/\sqrt{d}$ とする．すると，上記の定式化の一方の制約式を満たす所望の

$$\sum_{i,j \in V: i \neq j} (y_i - y_j)^2 = \frac{n^2}{d} \sum_{i,j \in V: i \neq j} (x_i^* - x_j^*)^2 = n^2$$

が得られる．他方の各制約式 $(y_i - y_j)^2 \leq (y_i - y_k)^2 + (y_k - y_j)^2$ も，各 $y_i$ が $x_i^*$ を $n/\sqrt{d}$ 倍しているだけであるので前の定式化の対応する制約式 $(x_i^* - x_j^*)^2 \leq (x_i^* - x_k^*)^2 + (x_k^* - x_j^*)^2$ から満たされる．さらに，

$$\frac{1}{n^2} \sum_{e=(i,j) \in E} c_e (y_i - y_j)^2 = \frac{1}{d} \sum_{e=(i,j) \in E} c_e (x_i^* - x_j^*)^2 = \frac{\frac{1}{4} \sum_{e=(i,j) \in E} c_e (x_i^* - x_j^*)^2}{\frac{1}{4} \sum_{i,j \in V: i \neq j} (x_i^* - x_j^*)^2}$$

であるので目的関数の値も等しくなる．したがって，$y$ は上記の定式化の実行可能解であり，前の定式化の最適解 $x^*$ の値と等しい値を持つ（任意の実行可能解 $x^*$ に対しても同様のことが言える）ことになって，上記の定式化は前の定式化の緩和であることが得られる．

これでこの定式化をベクトル計画問題として緩和することができるようになった．ベクトル $v_i \in \Re^n$ に対して $\|v_i - v_j\|^2 = (v_i - v_j) \cdot (v_i - v_j)$ であることに注意すると，

$$\begin{aligned}
\text{minimize} \quad & \frac{1}{n^2} \sum_{e=(i,j) \in E} c_e \|v_i - v_j\|^2 \\
\text{subject to} \quad & \sum_{i,j \in V: i \neq j} \|v_i - v_j\|^2 = n^2, \\
& \|v_i - v_j\|^2 \leq \|v_i - v_k\|^2 + \|v_k - v_j\|^2 \quad \forall i, j, k \in V, \\
& v_i \in \Re^n, \quad \forall i \in V
\end{aligned}$$

が得られる．前記の緩和の定式化の解 $y$ に対して，$v_i = (y_i, 0, \cdots, 0)$ とおくことにより，目的関数の値が等しいベクトル計画問題の実行可能解が得られるので，上記のベクトル計画問題は前記の緩和の定式化の緩和になっている．なお，これまで眺めてきた多くのベクトル計画問題とは異なり，ベクトル $v_i$ が単位ベクトルであるという制約はないことに注意しよう．

この問題に対する本節のアルゴリズムは，これまで眺めてきたほかのベクトル計画問題の解をラウンディングするランダム超平面技法の変種版であると見なせる．これまでと同様に，ベクトル計画問題を解いて最適解のベクトルの集合を $\{v_i\}$ とする．次に，各座標（成分）を平均 0 分散 1 の正規分布 $\mathcal{N}(0, 1)$ から独立にランダムに選び，ランダムベクトル $r = (r_1, \ldots, r_n)$ を定める．しかし，アルゴリズムの本質的な部分では，単に $r \cdot v_i \geq 0$ であ

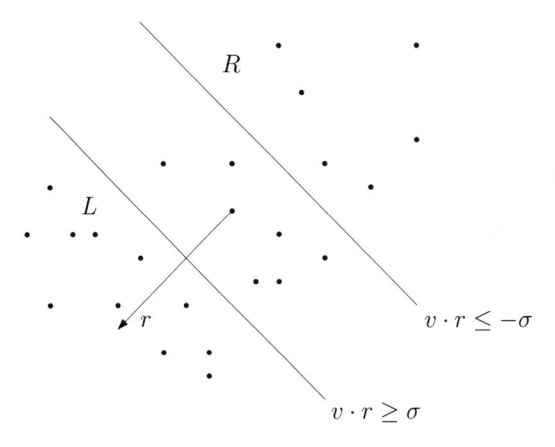

**図 15.5** 超平面を厚くして二つの集合の $L$ と $R$ にラウンディングする手法の説明図.

るかそうでないかに基づいて各ベクトル $v_i$ を分割するのではなく，その代わりに超平面を"厚く"してランダムベクトル $r$ への射影が十分な大きさ（正の値あるいは負の値）を持つかどうかを確かめる．以下では，簡単な例外のケースを除いて，$r$ への射影が十分大きい正の値を持つベクトルの集合 $L$ と，$r$ への射影が絶対値の十分大きい負の値を持つベクトルの集合 $R$ とが，ある定数以上の確率で，ともにサイズが $\Omega(n)$ となることを示す．この状況の説明を図 15.5 に示している．その後，$L$ と $R$ の多くの対が十分に離れていることを示す．すなわち，ほとんどの $i \in L$ と $j \in R$ に対して，$\|v_i - v_j\|^2 = \Omega(1/\sqrt{\log n})$ であることを示す．そして，これが示したい結果につながるキーとなる．これが得られると，

$$\sum_{i,j \in V: i \neq j} \|v_i - v_j\|^2 \geq \sum_{i \in L, j \in R} \|v_i - v_j\|^2 \geq \Omega(n^2/\sqrt{\log n}) \tag{15.5}$$

となることがわかる．さらに，$L \subseteq S \subseteq V - R$ かつ

$$\rho(S) \leq \frac{\sum_{e=(i,j) \in E} c_e \|v_i - v_j\|^2}{\sum_{i \in L, j \in R} \|v_i - v_j\|^2}$$

を満たすカット $S$ を容易に求めることができることを示す．したがって，不等式 (15.5) より，

$$\rho(S) \leq O(\sqrt{\log n}) \frac{1}{n^2} \sum_{e=(i,j) \in E} c_e \|v_i - v_j\|^2 \leq O(\sqrt{\log n}) \, \text{OPT}$$

が得られることになる．なお，最後の不等式は，$\frac{1}{n^2} \sum_{e=(i,j) \in E} c_e \|v_i - v_j\|^2$ が一様最疎カット問題のベクトル計画緩和の最適解の目的関数の値であることから得られる．

アルゴリズムをより正確に述べるために，いくつか記法を導入する．$i, j \in V$ に対して，$d(i,j) = \|v_i - v_j\|^2$ とする．ベクトル計画問題の制約式から $d$ は三角不等式を満たすので，$d$ は距離メトリックである．実際，$d(i,j)$ は $\ell_2$ 距離の 2 乗に等しい．したがって，この $d$ は $\ell_2^2$-メトリックとも呼ばれる．中心 $i$ で半径 $r$ の球を $B(i,r)$ と表記する．すなわち，$B(i,r) = \{j \in V : d(i,j) \leq r\}$ である．集合 $S \subseteq V$ に対して $d(i,S) = \min_{j \in S} d(i,j)$ とする．$\Delta$ を要求する閾値とする．すなわち，$L$ と $R$ のほとんどの対が，距離が閾値 $\Delta$ 以上となることが要求される．したがって，$\Delta = \Omega(1/\sqrt{\log n})$ に対して，$|L|, |R| = \Omega(n)$ であり，ほとんどの $i \in L$ と $j \in R$ に対して，$d(i,j) \geq \Delta$ となるような $L$ と $R$ を得ることができることを示すことが最終的な目標になる．

15.4 一様最疎カット問題 435

> **アルゴリズム 15.1** 一様最疎カット問題のベクトル計画緩和のラウンディングアルゴリズム.
>
> **if** $|B(i,\frac{1}{4})| \geq \frac{n}{4}$ を満たす $i \in V$ が存在する **then**
> $\quad L' = B(i,\frac{1}{4})$
> **else**
> $\quad |B(o,4)|$ が最大となる $o \in V$ を選ぶ
> $\quad$ ランダムベクトル $r$ を選ぶ
> $\quad L = \{i \in V : r \cdot (v_i - v_o) \geq \sigma\}; \ R = \{i \in V : r \cdot (v_i - v_o) \leq -\sigma\}$
> $\quad L' = L; \ R' = R$
> $\quad$ **while** $d(i,j) \leq \Delta$ となる $i \in L', j \in R'$ が存在する **do**
> $\quad\quad L' \leftarrow L' - \{i\}; \ R \leftarrow R' - \{j\}$
> $i \in V$ を距離 $d(i,L')$ の小さい順に並べ, $i_1,\ldots,i_n$ とする
> **return** $\min_{1 \leq k \leq n-1} \rho(\{i_1,\ldots,i_k\})$ を達成する $\{i_1,\ldots,i_k\}$

　アルゴリズムは, 近接する点が十分に多いかどうかを確かめることから始める. とくに, 点 $i \in V$ に対して球 $B(i,\frac{1}{4})$ が少なくとも $\frac{n}{4}$ 個の点を含むようなものが存在するかどうかを検証する. そのような点 $i \in V$ が存在するときには, 取扱いが容易になる. そこで, 以下ではそのような点 $i \in V$ が存在しなかったとする. そして, $|B(o,4)|$ が最大となるような点 $o \in V$ を選ぶ. このときには, かなり多くの割合の $V$ の2点が遠く離れていて, さらに $o$ にも近くないことを, これを用いて保証できることを示す. より具体的には, 特別に選んだ定数 $\sigma$ (具体的な $\sigma$ の値はあとの補題 15.33 で与える) に対して, 二つの集合 $L = \{i \in V : r \cdot (v_i - v_o) \geq \sigma\}$ と $R = \{i \in V : r \cdot (v_i - v_o) \leq -\sigma\}$ を考える. そして, $L$ と $R$ からそれぞれ1点ずつ選んでそれらの2点が近すぎるときにはともに除去する. すなわち, $i \in L$ と $j \in R$ に対して $d(i,j) \leq \Delta$ であるときには, $L$ から $i$ を, $R$ から $j$ を除去する. 上で議論したように, 目標はある正定数 $C$ に対する $\Delta = C/\sqrt{\log n}$ でアルゴリズムがうまく動作することを示すことである. そこで距離が $\Delta$ 以下の $L$ と $R$ の2点が存在しなくなるまでこのプロセスを繰り返す. そして, この除去プロセスが終了して得られる二つの集合をそれぞれ $L'$ と $R'$ とする. その後, 各点 $i \in V$ を $L'$ からの距離 $d(i,L')$ の小さい順に並べ, $i_1, i_2, \ldots, i_n$ とする. 最後に, この順番で先頭部分の点部分集合 (カット) のなかで最疎となるカットの値を考える. すなわち, $\rho(\{i_1\}), \rho(\{i_1,i_2\}), \ldots, \rho(\{i_1,\ldots,i_{n-1}\})$ を考えて, 値が最小となる集合 $\{i_1,\ldots,i_k\}$ を返す. このアルゴリズムをアルゴリズム 15.1 にまとめている.

　主定理が記述しやすくなるように, いくつかの用語をまず定義して, その後に定理を記述する. $L$ と $R$ は, $|L| \geq \alpha n$ かつ $|R| \geq \alpha n$ であるとき, **$\alpha$-ラージ**であると定義する. これ以降, $\alpha$ はあとで定める正定数であるとする (具体的な $\alpha$ の値はあとの補題 15.33 で与える). $\Delta > 0$ に対して, $L$ と $R$ は, すべての $i \in L$ とすべての $j \in R$ で $d(i,j) \geq \Delta$ であるとき, **$\Delta$-分離**されていると定義する. 以下の補題を用いる.

**補題 15.19** $|B(i, \frac{1}{4})| \geq \frac{n}{4}$ であるような $i \in V$ が存在しないときには，ある正定数 $\alpha$ のもとで，ある正定数以上の確率で，$L$ と $R$ は $\alpha$-ラージである．

この補題の証明は本節の最後で与える．その証明はかなり長いが，難しいことはなく，また主定理の証明の困難性の中核となる部分でもないからである．

ここで解析の中核となる技術的な定理を述べる．前に概略を述べたように，この定理から，アルゴリズムは，ある正定数以上の確率で，$\rho(S) \leq O(\sqrt{\log n})\,\text{OPT}$ を満たすカット $S$ を返すことが得られる．

**定理 15.20** 適切に選んだ正定数 $C$ を用いて $\Delta = C/\sqrt{\log n}$ とする．このとき，$L$ と $R$ が $\alpha$-ラージであるならば，ある正定数 $p$ 以上の確率で，$L'$ と $R'$ は $\frac{\alpha}{2}$-ラージであり，$\Delta$-分離されている．

この定理の証明が，本書で最も長く複雑な部分である．そこで，時間をかけながら証明を完成していくことにする．

ある正定数 $\beta$ のもとで $L'$ と $R'$ が $\beta$-ラージであり，$\Delta$-分離されているときには，アルゴリズムは性能保証 $O(\frac{1}{\beta^2 \Delta})$ を持つことを示すことから始めよう．

**定理 15.21** 与えられた正数 $\Delta = O(1)$ と正定数 $\beta \leq 1$ に対して，$|B(i, \frac{1}{4})| \geq \frac{n}{4}$ を満たすような $i \in V$ が存在するか，あるいは（そのような $i$ が存在せず）二つの集合 $L'$ と $R'$ が $\beta$-ラージで $\Delta$-分離されているかのいずれかであるとする．このとき，アルゴリズム 15.1 は，一様最疎カット問題に対して，値が高々 $O(\frac{1}{\beta^2 \Delta})\,\text{OPT}$ の解を返す．

**証明**：定理の仮定のもとで，アルゴリズムは，

$$\sum_{i,j \in V} |d(i, L') - d(j, L')| \geq \Omega(\beta^2 n^2 \Delta)$$

を満たす集合 $L'$ を求めることが主張できる（証明は後述する）．そこでこの主張が得られているとする．各 $i \in V$ を距離 $d(i, L')$ の小さい順に並べたものを $i_1, \ldots, i_n$ とする．したがって，任意の $1 \leq k \leq n-1$ で $d(i_k, L') \leq d(i_{k+1}, L')$ である．アルゴリズムは，$\min_{1 \leq k \leq n-1} \rho(\{i_1, \ldots, i_k\})$ を達成する解を返す．$S_k = \{i_1, \ldots, i_k\}$ とする．さらに，$S \subseteq V$ に対して，$|\{i,j\} \cap S| = 1$ のとき $\chi_{\delta(S)}(i,j) = 1$ とし，そうでないとき $\chi_{\delta(S)}(i,j) = 0$ とする．最疎カット問題に対する定理 15.5 の証明で用いた方法と同様の方法で，アルゴリズムで得られる解のコスト

$$\min_{1 \leq k \leq n-1} \rho(S_k) = \min_{1 \leq k \leq n-1} \frac{\sum_{e \in \delta(S_k)} c_e}{|S_k||V - S_k|} = \min_{1 \leq k \leq n-1} \frac{\sum_{e \in E} c_e \chi_{\delta(S_k)}(e)}{\sum_{i,j \in V} \chi_{\delta(S_k)}(i,j)}$$

の上界を与えることができる．事実 1.10 より，

$$\min_{1 \leq k \leq n-1} \frac{\sum_{e \in E} c_e \chi_{\delta(S_k)}(e)}{\sum_{i,j \in V} \chi_{\delta(S_k)}(i,j)} \leq \min_{1 \leq k \leq n-1 : d(i_{k+1}, L') - d(i_k, L') > 0} \frac{\sum_{e \in E} c_e \chi_{\delta(S_k)}(e)}{\sum_{i,j \in V} \chi_{\delta(S_k)}(i,j)}$$

$$\leq \frac{\sum_{k=1}^{n-1} (d(i_{k+1}, L') - d(i_k, L')) \sum_{e \in E} c_e \chi_{\delta(S_k)}(e)}{\sum_{k=1}^{n-1} (d(i_{k+1}, L') - d(i_k, L')) \sum_{i,j \in V} \chi_{\delta(S_k)}(i,j)}$$

$$= \frac{\sum_{k=1}^{n-1} \sum_{e \in E} c_e \chi_{\delta(S_k)}(e)(d(i_{k+1}, L') - d(i_k, L'))}{\sum_{k=1}^{n-1} \sum_{i,j \in V} \chi_{\delta(S_k)}(i,j)(d(i_{k+1}, L') - d(i_k, L'))}$$

$$= \frac{\sum_{e=(i,j) \in E} c_e |d(i, L') - d(j, L')|}{\sum_{i,j \in V} |d(i, L') - d(j, L')|}$$

$$\leq \frac{\sum_{e=(i,j) \in E} c_e d(i,j)}{\Omega(\beta^2 n^2 \Delta)}$$

が得られる．なお，最後の不等式は，分子に対する三角不等式および分母に対する上記の主張より得られる．さらに，$\frac{1}{n^2} \sum_{e=(i,j) \in E} c_e \|v_i - v_j\|^2$ が一様最疎カット問題に対するベクトル計画緩和の最適解の目的関数の値であり，$d(i,j) = \|v_i - v_j\|^2$ であるので，

$$\frac{\sum_{e=(i,j) \in E} c_e d(i,j)}{\Omega(\beta^2 n^2 \Delta)} = \mathrm{O}(\frac{1}{\beta^2 \Delta}) \frac{1}{n^2} \sum_{e=(i,j) \in E} c_e \|v_i - v_j\|^2 \leq \mathrm{O}(\frac{1}{\beta^2 \Delta}) \mathrm{OPT}$$

が得られる．

次に，上記の主張の証明を与える．$|B(i, \frac{1}{4})| \geq \frac{n}{4}$ を満たすような $i \in V$ が存在しないときには，仮定より，$L'$ と $R'$ が $\beta$-ラージで $\Delta$-分離されている．したがって，

$$\sum_{i,j \in V} |d(i, L') - d(j, L')| \geq \sum_{i \in L', j \in R'} |d(i, L') - d(j, L')| \geq |L'||R'|\Delta = \Omega(\beta^2 n^2 \Delta)$$

が得られる．

そこで以下では，$|B(i', \frac{1}{4})| \geq \frac{n}{4}$ となるような $i' \in V$ が存在するとする．このとき，アルゴリズムで $L' = B(i', \frac{1}{4})$ とされているとする．ベクトル計画問題の制約式から，$\sum_{i,j \in V} d(i,j) = \sum_{i,j \in V} \|v_i - v_j\|^2 = n^2$ であることはわかっている．任意の $i \in V$ に対して，$d(i, L') = d(i,j)$ となる $j \in L'$ が存在するので，$d(i, i') \leq d(i,j) + d(j, i') \leq d(i, L') + \frac{1}{4}$ が成立する．したがって，

$$n^2 = \sum_{i,j \in V} d(i,j) \leq \sum_{i,j \in V} (d(i, i') + d(i', j))$$
$$= 2n \sum_{i \in V} d(i, i')$$
$$\leq 2n \sum_{i \in V} \left( d(i, L') + \frac{1}{4} \right)$$
$$= 2n \sum_{i \in V} d(i, L') + \frac{n^2}{2}$$

が成立する．これらの式を整理すると，

$$\sum_{i \in V} d(i, L') = \sum_{i \notin L'} d(i, L') \geq \frac{n}{4}$$

が得られる．したがって，$\Delta = \mathrm{O}(1)$ と正定数 $\beta \leq 1$ に対して，

$$\sum_{i,j \in V} |d(i, L') - d(j, L')| \geq \sum_{j \in L', i \notin L'} d(i, L')$$
$$= |L'| \sum_{i \notin L'} d(i, L')$$
$$\geq \frac{n}{4} \sum_{i \notin L'} d(i, L') \geq \frac{n^2}{16} = \Omega(\beta^2 n^2 \Delta)$$

となり，主張が証明できた． □

補題 15.19，定理 15.20 および定理 15.21 から，以下の系がただちに得られる．

**系 15.22** ある正定数以上の確率で，アルゴリズム 15.1 は，$\rho(S) \leq O(\sqrt{\log n})$ OPT を満たす集合 $S$ を返す．

定理 15.20 の証明に向けて作業することから始める．ウオームアップとして，$\Delta = C/\sqrt{\log n}$ ではなく，$\Delta = C/\log n$ とおいて，$\Delta$-分離されている $L'$ と $R'$ に対して得られる弱い結果をまず示すことにする．これから，値が高々 $O(\log n)$ OPT の解がアルゴリズムで返されることが得られることになる．もちろん，一様最疎カット問題に対する $O(\log n)$-近似アルゴリズムは，15.1 節の結果からすでに得られているが，この弱い結果は，$O(\sqrt{\log n})$ の性能保証の証明の背後にあるアイデアに対する直観への出発点となる．補題 15.19 により，$L$ と $R$ は $\alpha$-ラージであると仮定する．このとき，任意の $i \in L, j \in R$ に対して，$L$ と $R$ の定義より，$(v_i - v_j) \cdot r = (v_i - v_0) \cdot r + (v_0 - v_j) \cdot r \geq 2\sigma$ が成立する．一方，$d(i,j) \leq \Delta = C/\log n$ であるときには，$(v_i - v_j) \cdot r \geq 2\sigma$ である確率が，$c = \frac{2}{C}\sigma^2$ に対して高々 $e^{-2\sigma^2/\|v_i - v_j\|^2} \leq \frac{1}{n^c}$ であることを示して，$i \in L$ かつ $j \in R$ となる可能性が（$i \in L$ かつ $j \in R$ とすると $(v_i - v_j) \cdot r \geq 2\sigma$ となってしまうので）きわめて低くなることを示す．したがって，少なくとも $1 - \frac{1}{n^{c-2}}$ の確率で，2 点 $i \in L, j \in R$ のどの対も除去されないことになり，$L'$ と $R'$ はともに $\alpha$-ラージでありかつ $\Delta$-分離されていることが得られる．

この結果を証明するために，正規分布の末端確率の上界を用いる．正規分布 $\mathcal{N}(0,1)$ の確率密度関数 $p(x)$ は，

$$p(x) = \frac{1}{\sqrt{2\pi}} e^{-x^2/2}$$

であり，累積分布関数は $\Phi(x) = \int_{-\infty}^{x} p(s) ds$ であることを思いだそう．正規分布の末端確率を $\overline{\Phi}(x) = 1 - \Phi(x) = \int_{x}^{\infty} p(s) ds$ で与える．このとき，以下の上界が得られる．

**補題 15.23** $v \in \Re^n$ を $v \neq 0$ のベクトルとすると，ランダムベクトル $r$ と $\sigma \geq 0$ に対して，

$$\Pr[v \cdot r \geq \sigma] \leq e^{-\frac{\sigma^2}{2\|v\|^2}}$$

および

$$\Pr[|v \cdot r| \leq \sigma] \leq \frac{2\sigma}{\|v\|}$$

が成立する．

**証明**：事実 6.5 から $\frac{v}{\|v\|} \cdot r$ が正規分布 $\mathcal{N}(0,1)$ に従うことを思いだそう．したがって，

$$\Pr[v \cdot r \geq \sigma] = \Pr\left[\frac{v}{\|v\|} \cdot r \geq \frac{\sigma}{\|v\|}\right] = \overline{\Phi}\left(\frac{\sigma}{\|v\|}\right)$$

が成立する．

$X$ を正規分布 $\mathcal{N}(0,1)$ に従う確率変数とする．すると，$\overline{\Phi}(t) = \Pr[X \geq t]$ である．任意の $\lambda \geq 0$ と $t \geq 0$ に対して，$X \geq t$ ならば $e^{\lambda X} \geq e^{\lambda t}$ である（$\lambda = 0$ のときには $X < t$ でも $e^{\lambda X} \geq e^{\lambda t}$ が成立する）ので，$\Pr[X \geq t] \leq \Pr[e^{\lambda X} \geq e^{\lambda t}]$ であることに注意しよう．し

たがって，補題 5.25 の Markov の不等式により，$\Pr[e^{\lambda X} \geq e^{\lambda t}] \leq \mathbf{E}[e^{\lambda X}]/e^{\lambda t}$ が成立する．さらに，$\mathbf{E}[e^{\lambda X}]$ は

$$\mathbf{E}[e^{\lambda X}] = \int_{-\infty}^{\infty} e^{\lambda x} p(x) \mathrm{d}x = \int_{-\infty}^{\infty} \frac{1}{\sqrt{2\pi}} e^{\lambda x - (x^2/2)} \mathrm{d}x$$

と計算できる．$z = x - \lambda$ と変数変換をする．すると，$z^2 = x^2 - 2\lambda x + \lambda^2$ となり，

$$\mathbf{E}[e^{\lambda X}] = \int_{-\infty}^{\infty} \frac{1}{\sqrt{2\pi}} e^{(\lambda^2/2) - (z^2/2)} \mathrm{d}z = e^{\lambda^2/2} \int_{-\infty}^{\infty} p(z) \mathrm{d}z = e^{\lambda^2/2}$$

が得られる．したがって，$\overline{\Phi}(t) \leq \mathbf{E}[e^{\lambda X}]/e^{\lambda t} = e^{(\lambda^2/2) - \lambda t}$ となる．$\lambda = t$ とおいて代入すると，$\overline{\Phi}(t) \leq e^{-t^2/2}$ となり，所望の $\overline{\Phi}\left(\frac{\sigma}{\|v\|}\right) \leq e^{-\frac{\sigma^2}{2\|v\|^2}}$ が得られる．

2番目の不等式は，

$$\Pr[|v \cdot r| \leq \sigma] = \int_{-\sigma/\|v\|}^{\sigma/\|v\|} p(x) \mathrm{d}x \leq \int_{-\sigma/\|v\|}^{\sigma/\|v\|} \mathrm{d}x = \frac{2\sigma}{\|v\|}$$

から得られる． □

これで，定理 15.20 の $\Delta = C/\sqrt{\log n}$ の代わりに $\Delta = C/\log n$ を用いた弱い版を証明することができるようになった．補題 15.19 と定理 15.21 により，これから性能保証 $O(\log n)$ のアルゴリズムが得られることになる．

**定理 15.24** 適切に選んだ正定数 $C$ を用いて $\Delta = C/\log n$ とする．このとき，$L$ と $R$ が $\alpha$-ラージであるならば，アルゴリズム 15.1 で得られる $L'$ と $R'$ は，高い確率で，$\alpha$-ラージ集合であり，$\Delta$-分離されている．

**証明**：$d(i,j) \leq \Delta = C/\log n$ となるような任意の $i, j \in V$ を考える．補題 15.23 により，

$$\Pr[(v_i - v_j) \cdot r \geq 2\sigma] \leq e^{-2\sigma^2/\|v_i - v_j\|^2} \leq e^{-2\sigma^2(\log n)/C} = n^{-2\sigma^2/C}$$

が成立することはわかっている[3]．したがって，$c = \frac{2}{C}\sigma^2$ とおいて，この確率は高々 $n^{-c}$ であることが得られる．一方，$i \in L$ かつ $j \in R$ であるとすると，構成法により，

$$(v_i - v_j) \cdot r = [(v_i - v_o) + (v_o - v_j)] \cdot r \geq 2\sigma$$

が成立してしまう．したがって，高い確率（少なくとも $1 - \frac{1}{n^c}$ の確率）で $(i,j) \notin L \times R$ となる．さらに，$d(i,j) \leq \Delta = C/\log n$ となるような $(i,j)$ の対は高々 $n^2$ 個であるので，少なくとも $1 - \frac{1}{n^{c-2}}$ の確率で，$L \times R$ にそのような対が存在しないことになり，$L$ と $R$ から除去される点対はないことになる．したがって，$L$ と $R$ が $\alpha$-ラージならば，高い確率で，$L'$ と $R'$ も $\alpha$-ラージであり，かつ $\Delta = C/\log n$ のもとで $\Delta$-分離されている． □

$O(\sqrt{\log n})$ の性能保証の証明のキーとなるものは，上記の $O(\log n)$ の性能保証の証明とほぼ同様である．定理 15.20 の証明は背理法を用いる．$L$ と $R$ が $\alpha$-ラージであるものの，ある正定数 $q (> 1 - p)$ 以上の確率で，$L'$ と $R'$ が $\frac{\alpha}{2}$-ラージでなかったと仮定する．このと

---
[3] 訳注：最後の等式から，$\Delta = C/\log n$ の $\log n$ の底は e であることがわかる．本節では log と ln がともに使用されているが，同じものと考えて問題ない．

き，ランダムベクトル $r$ の確率空間で，ある別の正定数 $q'$ 以上の割合で $d(i,j) \leq \mathrm{O}(\sqrt{\log n})$ であり，かつ $(v_i - v_j) \cdot r \geq \Omega(\sigma \log n)$ となるような 2 点 $i,j \in V$ が存在することをあとで示すことにする．一方，補題 15.23 により，$i,j \in V$ が $(v_i - v_j) \cdot r \geq \Omega(\sigma \log n)$ となる確率は，高々 $\mathrm{e}^{-\Omega(\sigma^2(\log n)^2)/\|v_i - v_j\|^2}$ であり，さらに $d(i,j) \leq \mathrm{O}(\sqrt{\log n})$ ならば，

$$\mathrm{e}^{-\Omega(\sigma^2(\log n)^2)/\|v_i-v_j\|^2} \leq \mathrm{e}^{-\Omega(\sigma^2 \log n)} \leq n^{-\Omega(\sigma^2)}$$

となることはわかっている．したがって，$d(i,j) \leq \mathrm{O}(\sqrt{\log n})$ となるようなすべての対 $i,j \in V$ において，そのような対 $i,j$ が $(v_i - v_j) \cdot r \geq \Omega(\sigma \log n)$ となる確率は，ある正定数 $c$ のもとで高々 $1/n^c$ であることがわかっている．これに対して，正定数 $q$ 以上の確率で，$L'$ と $R'$ が $\frac{\alpha}{2}$-ラージでなかったという仮定から，繰り返しになるが上記のように，そのような対 $i,j$ が正定数 $q'$ 以上の確率で存在することも示せるので，（$n$ が十分大きいところでは $1/n^c < q'$ となり）矛盾が得られる．

どのようにしてこれを証明するのかということに対して直観が得られるようにしよう．そこで，定理 15.20 が成立しなかったとする．すると，ある正定数 $q\ (>1-p)$ 以上の確率で，$L \times R$ から少なくとも $\frac{\alpha}{2} n = \Omega(n)$ 個の対を除去できることになる．これを $L$ と $R$ の点間のマッチングとして見ることができる．なお，除去される任意の対の $i \in L, j \in R$ に対して，$d(i,j) \leq \Delta$，かつ $(v_i - v_j) \cdot r \geq 2\sigma$ であることはわかっている．与えられたランダムベクトル $r$ に対して，このマッチングに含まれる辺の集合を $M(r)$ と表記する．定理 15.20 が成立しなかったとしているので，ランダムベクトル $r$ の確率空間で，正定数 $q$ 以上の確率で，$|M(r)| = \Omega(n)$ であり，任意の $(i,j) \in M(r)$ に対して $(v_i - v_j) \cdot r \geq 2\sigma$ となるようなマッチング $M(r)$ が得られる．そこで，$L'$ と $R'$ が $\frac{\alpha}{2}$-ラージでなくなるようなランダムベクトル $r$ にわたって得られるこれらのマッチング $M(r)$ に含まれるすべての辺の集合（のある特別な部分集合）を $\mathcal{M}$ とする（正式にはあとの補題 15.25 で与える）．

ランダムベクトル $r$ の確率空間で，ある正定数 $q'$ 以上の割合で $\mathcal{M}$ に含まれる $k = \Theta(\log n)$ 本の辺からなるパス $(i_1, i_2), (i_2, i_3), \ldots, (i_{k-1}, i_k)$ で $(v_{i_k} - v_{i_1}) \cdot r = \Omega(\sigma k) = \Omega(\sigma \log n)$ を満たすようなパス（の集合）を得ることができることを示すことが，$\mathrm{O}(\sqrt{\log n})$ の性能保証の証明の核心となる．そして，これが示せると，三角不等式および $\Delta = \mathrm{O}(C/\sqrt{\log n})$ と $k = \Theta(\log n)$ により，

$$d(i_k, i_1) \leq \sum_{j=1}^{k-1} d(i_{j+1}, i_j) \leq (k-1)\Delta = \mathrm{O}(\sqrt{\log n})$$

となり，各パスの始点と終点の対（の集合）から所望の矛盾が得られる．正定数 $q'$ 以上の確率で $(v_{i_k} - v_{i_1}) \cdot r \geq \Omega(\sigma k)$ であることをいかにして得ることができるかを理解するために，各 $j \in [1, k-1]$ に対して，ランダムベクトル $r$ の確率空間で，ある別の正定数以上の割合で $(v_{i_{j+1}} - v_{i_j}) \cdot r \geq 2\sigma$ が成立することに注意する．これを拡張して，ランダムベクトル $r$ の確率空間において正定数 $q'$ 以上の割合で，すべての $j \in [1, k-1]$ で $(v_{i_{j+1}} - v_{i_j}) \cdot r \geq \Omega(\sigma)$ が成立することを示したい．すると，所望の結果，すなわち，正定数 $q'$ 以上の確率で

$$(v_{i_k} - v_{i_1}) \cdot r = \left[\sum_{j=1}^{k-1}(v_{i_{j+1}} - v_{i_j})\right] \cdot r \geq \Omega(\sigma k) = \Omega(\sigma \log n)$$

であることが得られる．実際には，これよりもいくぶん弱い結果を示して終わることになるが，どのようにしてこの結果が得られるのかということに対する直観が得られたと言える．

よりわかりやすくするために，最初に，中間的な結果を示すことから始める．すなわち，$\Delta = C/(\log n)^{2/3}$ に対して定理 15.20 が成立することをまず証明する．その証明でも上記のアプローチを採用する．ただし，ここでは，$\Delta = C/(\log n)^{2/3}$ と $k = \Theta((\log n)^{1/3})$ を用いる．より具体的には，ランダムベクトル $r$ の確率空間で，ある正定数以上の割合で，$(v_{i_k} - v_{i_1}) \cdot r \geq \Omega(\sigma k) = \Omega(\sigma(\log n)^{1/3})$ を満たすような $\mathcal{M}$ の $k-1$ 本の辺からなるパス $(i_1, i_2), (i_2, i_3), \ldots, (i_{k-1}, i_k)$ の集合を求める．すると，三角不等式により，$d(i_k, i_1) \leq (k-1)\Delta = O((\log n)^{-1/3})$ であることがわかる．一方，補題 15.23 により，$(v_{i_k} - v_{i_1}) \cdot r \geq \Omega(\sigma(\log n)^{1/3})$ である確率は高々 $e^{-\Omega(\sigma^2(\log n)^{2/3})/\|v_{i_k} - v_{i_1}\|^2}$ であり，

$$e^{-\Omega(\sigma^2(\log n)^{2/3})/\|v_{i_k} - v_{i_1}\|^2} \leq e^{-\Omega(\sigma^2 \log n)} \leq n^{-\Omega(\sigma^2)}$$

となる．したがって，$d(i, j) \leq O((\log n)^{-1/3})$ となるようなすべての $i, j \in V$ にわたって，そのような対 $i, j$ が $(v_i - v_j) \cdot r \geq \Omega(\sigma(\log n)^{1/3})$ となる確率は，ある正定数 $c$ に対して $1/n^c$ 未満であることがわかる．これに対して，正定数 $q$ 以上の確率で $L'$ と $R'$ が $\frac{\alpha}{2}$-ラージでないときには，そのような対が正定数 $q'$ 以上の確率で存在することになり，矛盾が得られる．

証明を始めるには，所望のパスの集合を得る**マッチンググラフ** (matching graph) $\mathcal{M} = (V_{\mathcal{M}}, A_{\mathcal{M}})$ のより正確な定義が必要である．（主定理の $\Delta = C/\sqrt{\log n}$ あるいは，中間的な結果の $\Delta = C/(\log n)^{2/3}$ のいずれであっても）与えられた $\Delta$ に対して，$\mathcal{M}$ は $(V, \{(i, j) \in V \times V : d(i, j) \leq \Delta\})$ の部分グラフになる．上述のように，指定されたランダムベクトル $r$ に対して，最初 $i \in L$ かつ $j \in R$ であり，アルゴリズムのいずれかのステップで $i$ と $j$ がそれぞれ $L$ と $R$ から除去されるような辺 $(i, j)$ の集合を $M(r)$ と定義する．辺 $(i, j) \in M(r)$ は $i \in L$ かつ $j \in R$ であるので，$(v_i - v_j) \cdot r \geq 2\sigma$ であり，さらにそれらは除去されているので，$d(i, j) \leq \Delta$ である．対 $i, j$ が $L$ と $R$ から除去される順番は，アルゴリズムでは規定していないことに注意しよう．この順番は，$(i, j) \in M(r)$ のときそしてそのときのみ $(j, i) \in M(-r)$ を満たすと仮定する．このグラフの各有向辺 $(i, j)$ に，対 $(i, j)$ が指定されたランダムベクトル $r$ に対する $M(r)$ のマッチング辺である確率に等しい重み $w_{ij}$ を与える．すなわち，すべてのランダムベクトル $r$ にわたる確率 $\Pr[(i, j) \in M(r)]$ を用いて，$w_{ij} = \Pr[(i, j) \in M(r)]$ と書ける．上で注意したように，$(i, j) \in M(r)$ ならば $(v_i - v_j) \cdot r \geq 2\sigma$ であるので，$\Pr[(v_i - v_j) \cdot r \geq 2\sigma] \geq w_{ij}$ が成立する（この確率もすべてのランダムベクトル $r$ にわたる確率である）．$(i, j) \in M(r)$ のときそしてそのときのみ $(j, i) \in M(-r)$ であるので，$w_{ij} = w_{ji}$ が成立する．$L$ と $R$ が $\alpha$-ラージであるにもかかわらず，$L'$ と $R'$ が $\frac{\alpha}{2}$-ラージでなくなるときには，ある定数 $\delta > 0$ に対して，どの点においても出ていく辺の重みの総和が少なくとも $\delta$ となるような $(V, \{(i, j) \in V \times V : d(i, j) \leq \Delta\})$ の部分グラフ $\mathcal{M}$ が存在することを証明する．次の補題は，この性質を満たすマッチンググラフ $\mathcal{M}$ を実際に構成できることを示している．

**補題 15.25** $L$ と $R$ が $\alpha$-ラージであるものの，ある正定数 $q$ 以上の確率で，$L'$ と $R'$ が $\frac{\alpha}{2}$-

ラージでないとする．このとき，どの点 $i \in V_M$ においても出ていく辺の重みの総和が少なくとも $\delta = q\alpha/8$ であるようなマッチンググラフ $\mathcal{M} = (V_M, A_M)$ を定義することができる．

**証明**：補題の条件から，ランダムベクトル $r$ の分布全体において，$|M(r)| \geq \frac{\alpha}{2}n$ となる確率は少なくとも $q$ である．したがって，グラフ $(V, \{(i,j) \in V \times V : d(i,j) \leq \Delta\})$ の有向辺の重みの定義から，すべての有向辺の重みの総和は少なくとも $q\alpha n/2$ となる．所望のマッチンググラフを得るために，出ていく辺の重みの総和が $q\alpha/8$ 未満である点を除去することを繰り返す．なお，各点から出ていく辺の重みの総和は，それらの各辺に対応する逆向きのその点に入ってくる辺の重みの総和に等しいことに注意すると，各点の除去に伴い除去される辺の重みの総和は高々 $q\alpha/4$ である．したがって，除去されるすべての点にわたっても，除去される辺の重みの総和は高々 $q\alpha n/4$ となる．さらに，最初に辺の重みの総和が少なくとも $q\alpha n/2$ であったので，グラフには除去されない点が存在する．それらの除去されずに残された点の集合を $V_M$ とし，除去されずに残された有向辺の集合を $A_M$ として，$\mathcal{M} = (V_M, A_M)$ とする．したがって，各点 $i \in V_M$ に対して，出ていく辺の重みの総和は少なくとも $\delta = q\alpha/8$ である．  □

上記のマッチンググラフで $\Theta((\log n)^{1/3})$ 本の有向辺からなるパスの集合を求めるプロセスでは，以下のようにしてパスの集合を構成していく．$V_M$ の各点 1 点（0 本の有向辺）からなるパスの集合から出発する．そして，各パスに有向辺を 1 本加えて，パスを延伸していく．後述する所望の性質を満たす延伸ができないときには，いくつかのパスが集合から消去されることもある．パスの集合を構成していくプロセスのどの時点でも，パスの集合は下記のいくつかの性質を満たすことが要求される．パスの集合のどのパスも高々 $k$ 本の有向辺からなるとき，そのパスの集合は "長さ" が高々 $k$ であるという．パスの集合の各パスの終点の $V_M$ の点からなる集合をそのパスの集合の "終点集合" といい，$H$ と表記する．パスの集合の各パスの始点の集合をそのパスの集合の "始点集合" という．パスの集合の各パスを終点から延伸していこうとしているので，終点集合にとくに注目する．パスの集合は，各終点 $i \in H$ に対して，$(v_i - v_j) \cdot r \geq \rho$ となるような始点 $j$ のパスがその集合に存在する確率が少なくとも $\delta$ であるとき，少なくとも $\delta$ の確率で**射影 (projection)** が少なくとも $\rho$ であるという．これ以降の大部分のところでは，パスの集合を以下のように非明示的に定義して用いる．マッチンググラフで，$k$ 本以下の有向辺からなるパスで点 $i$ へ到達できる $V_M$ の点の集合を $\Gamma_k^-(i)$ とする．対称的に，マッチンググラフで，点 $i$ から $k$ 本以下の有向辺からなるパスで到達できる $V_M$ の点の集合を $\Gamma_k^+(i)$ とする．なお，簡単化のため，$\Gamma^-(i) = \Gamma_1^-(i)$ および $\Gamma^+(i) = \Gamma_1^+(i)$ と表記する．また，各 $S \subseteq V_M$ に対して，$S$ のいずれかの点から $k$ 本以下の有向辺からなるパスで到達できる $V_M$ の点の集合を $\Gamma_k^+(S)$ とする．図 15.6 はこれらの説明図である．したがって，与えられた終点 $i \in H$ に対して，点 $i$ へ到達する長さが高々 $k$ のパスが存在するかどうかは，$j \in \Gamma_k^-(i)$ となるような $j$ が存在するかどうかで判定できる．また，パスの集合を延伸するときには，さらなる有向辺を用いて終点が $\Gamma^+(i)$ に属するパスの集合を見る．この新しい記法を用いると，各 $i \in H$ で $\Pr[\exists j \in \Gamma_k^-(i) : (v_i - v_j) \cdot r \geq \rho] \geq \delta$ であるときには，長さが高々 $k$ のパスの集合は，少なくとも $\delta$ の確率で射影が少なくとも $\rho$ である．

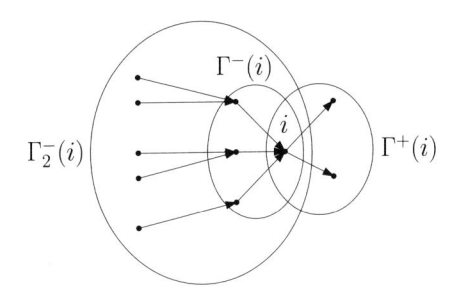

**図 15.6** 記法 $\Gamma^-(i), \Gamma_k^-(i), \Gamma^+(i)$ の説明図.

以下では，ある正定数 $q'$ 以上の確率で長さが $\mathrm{O}((\log n)^{1/3})$ であり射影が $\Omega(\sigma(\log n)^{1/3})$ であるパスの集合が得られるまで，パスの集合を延伸する手続きを与える．上で議論したように，性能保証 $\mathrm{O}((\log n)^{2/3})$ を与えるにはこれで十分である．その後に，$\mathrm{O}(\sqrt{\log n})$ の性能保証を得るために，パスの集合の構築の議論をさらに強化できることを説明する．

ここで，パスの集合を延伸するときに，パスの集合における様々な特徴のトレードオフを可能にする補題を与える．とくに，以下の補題は，射影を減らすことにより，パスの集合の確率を上げるものである．その証明は，本節の最後の証明の一つ前に与える．

**補題 15.26** $\beta$ を $0 < \beta \leq 1/2$ とする．このとき，少なくとも $\beta$ の確率で射影が少なくとも $\rho$ であり長さが高々 $k$ であるような任意のパスの集合は，任意の $\lambda \geq 0$ と任意の $\gamma \geq \sqrt{2\ln(1/\beta)} + \lambda$ に対して，少なくとも $1 - e^{-\lambda^2/2}$ の確率で射影が少なくとも $\rho - \gamma\sqrt{k\Delta}$ である．

これで，$\mathrm{O}((\log n)^{2/3})$ の性能保証につながる長さが $\mathrm{O}((\log n)^{1/3})$ のパスの集合を構成することが可能となる帰納法に基づく証明を与えることができるようになった．

**定理 15.27** $L$ と $R$ が $\alpha$-ラージであるものの，ある正定数 $q$ 以上の確率で，$L'$ と $R'$ が $\frac{\alpha}{2}$-ラージでないとする．さらに，$\delta = q\alpha/8$ とする．このとき，$0 \leq k \leq \mathrm{O}((\log n)^{1/3})$ の各 $k$ に対して，マッチンググラフ $\mathcal{M} = (V_M, A_M)$ に，各パスの長さが高々 $k$ であり，終点集合 $H_k$ が $|H_k| \geq \left(\frac{\delta}{4}\right)^k |V_M|$ を満たし，さらに少なくとも $1 - \delta/2$ の確率で射影が少なくとも $\sigma k/4$ となるようなパスの集合が存在する．

**証明**：
$$K = \left\lfloor \frac{7\sigma}{8\sqrt{2\Delta\ln(4/\delta)}} \right\rfloor = \mathrm{O}((\log n)^{1/3})$$

とおいて，$0 \leq k \leq K$ で定理の命題が成立することを $k$ についての帰納法で証明する．

基本ステップ ($k = 0$) として，各パスが $V_M$ の各点 1 点からなるパスの集合を考える．このときには，$H_0 = V_M$ であり，このパスの集合はどのパスも長さが 0 であり，確率 1 で射影が 0 である．

次に帰納的ステップを考える．そこで，$0 \leq k \leq K - 1$ の任意の $k$ で命題が成立すると仮定する．この帰納的ステップの証明は，三つのステップからなる．第一のステップでは，各パスに有向辺を 1 本加えて延伸し，パスの射影を増やす．第二のステップでは，延伸されたパスの集合の終点集合から部分集合を選んで，得られるパスの集合がかなり良い確率

を持つことを保証できるようにする．第三のステップでは，補題15.26を適用して，射影をわずかに減らすことにより，確率を$1-\delta/2$にまで上げる．

第一ステップでは，各パスに辺を加えてパスの集合を延伸する．帰納法の仮定から，各$i \in H_k$に対して，$\Pr[\exists j \in \Gamma_k^-(i) : (v_i - v_j) \cdot r \geq \sigma k/4] \geq 1 - \delta/2$が成立する．補題15.25により，マッチンググラフ$\mathcal{M} = (V_M, A_M)$において，各点$i$から出ていく有向辺の重みの総和は少なくとも$\delta$であるので，$\Pr[\exists (i, \ell) \in A_M : (v_\ell - v_i) \cdot r \geq 2\sigma] \geq \delta$が成立する．したがって，ランダムベクトル$r$の確率空間において，少なくとも$\delta/2$の割合の空間で両方の命題が成立することになる．すなわち，少なくとも$\delta/2$の割合の空間のベクトル$r$で，ある$j \in \Gamma_k^-(i)$とある$(i, \ell) \in A_M$に対して，$(v_i - v_j) \cdot r \geq \sigma k/4$かつ$(v_\ell - v_i) \cdot r \geq 2\sigma$となる．したがって，有向辺$(i, \ell)$を用いてパスを延伸でき，その新しいパスの射影は

$$\begin{aligned}(v_\ell - v_j) \cdot r &= [(v_\ell - v_i) + (v_i - v_j)] \cdot r \\ &= (v_\ell - v_i) \cdot r + (v_i - v_j) \cdot r \geq \frac{1}{4}\sigma k + 2\sigma = \frac{1}{4}\sigma(k+1) + \frac{7}{4}\sigma\end{aligned}$$

となる．

これで長さが高々$k+1$のパスの新しい集合が得られた．第二のステップでは，パスの集合に対する帰納法の仮定が成立するように，パスの部分集合を選ぶことが必要となる．具体的には，新しいパスの集合の終点集合として，以下のようにして集合$H_{k+1} \subseteq \Gamma^+(H_k)$を定める．各点$\ell \in \Gamma^+(H_k)$に対して，上記で構成されたパスの集合のいずれかのパスで$\ell$が終点となるランダムベクトル$r$の確率空間での割合を$p(\ell)$とする．各終点$i \in H_k$に対して，ランダムベクトル$r$の確率空間において，少なくとも$\delta/2$の割合の空間で$i$からパスを延伸できることに注意しよう．さらに，任意のランダムベクトル$r$に対して$M(r)$はマッチングであるので，与えられた$r$のもとでは異なる終点$i, i' \in H_k$に対して，$i$と$i'$から辺を加えて延伸された2本のパスは同一の点$\ell$を終点とすることはないことにも注意しよう．これらの二つの注意から，$\sum_{\ell \in \Gamma^+(H_k)} p(\ell) \geq \frac{\delta}{2}|H_k|$が得られる．すべての$\ell \in \Gamma^+(H_k)$で$p(\ell) \leq 1$は自明に成立することにも注意しよう．新しいパスの終点集合$H_{k+1}$を，延伸されたパスの集合でかなりの確率で終点となるような点の集合とする．具体的には，$H_{k+1} = \{\ell \in \Gamma^+(H_k) : p(\ell) \geq \frac{\delta|H_k|}{4|\Gamma^+(H_k)|}\}$とする．すると，

$$\begin{aligned}\frac{\delta}{2}|H_k| &\leq \sum_{\ell \in \Gamma^+(H_k)} p(\ell) = \sum_{\ell \in \Gamma^+(H_k) - H_{k+1}} p(\ell) + \sum_{\ell \in H_{k+1}} p(\ell) \\ &\leq |\Gamma^+(H_k) - H_{k+1}| \frac{\delta|H_k|}{4|\Gamma^+(H_k)|} + |H_{k+1}| \\ &\leq \frac{\delta}{4}|H_k| + |H_{k+1}|\end{aligned}$$

となり，$|H_{k+1}| \geq \frac{\delta}{4}|H_k|$が得られる．したがって，上記で構成されたパスのなかで$H_{k+1}$に終点を持つパスの集合をパスの集合として定めれば，$|H_{k+1}| \geq \frac{\delta}{4}|H_k| \geq \left(\frac{\delta}{4}\right)^{k+1}|V_M|$となる．さらに，上記で議論したように，各$\ell \in H_{k+1}$に対して，各パスの射影は，少なくとも$\frac{\delta|H_k|}{4|\Gamma^+(H_k)|} \geq \frac{\delta}{4} \frac{(\delta/4)^k |V_M|}{|\Gamma^+(H_k)|} \geq \left(\frac{\delta}{4}\right)^{k+1}$の確率で少なくとも$\frac{1}{4}\sigma(k+1) + \frac{7}{4}\sigma$である．

帰納法の最後のステップの第三のステップでは，補題15.26を適用して，射影を高々$\frac{7}{4}\sigma$だけ減らすことにより，パスの集合の確率を増やす．確率$1-\delta/2$を達成するために，$\beta = \left(\frac{\delta}{4}\right)^{k+1}$かつ$\lambda = \sqrt{2\ln(2/\delta)}$と設定し，$1 - e^{-\lambda^2/2} = 1 - \delta/2$となるようにする．そ

して，$\delta \leq 1$ と $k \geq 0$ を用いて，

$$\begin{aligned}\gamma &= \sqrt{2\ln(1/\beta)} + \lambda = \sqrt{2\ln(1/\beta)} + \sqrt{2\ln(2/\delta)}\\ &= \sqrt{2(k+1)\ln(4/\delta)} + \sqrt{2\ln(2/\delta)}\\ &\leq (\sqrt{k+1}+1)\sqrt{2\ln(4/\delta)}\\ &\leq 2\sqrt{k+1}\sqrt{2\ln(4/\delta)}\end{aligned}$$

と設定する．補題 15.26 により，$\gamma\sqrt{(k+1)\Delta} \leq \frac{7}{4}\sigma$ であるとき，長さが高々 $k+1$ のパスの集合の射影は高々 $\frac{7}{4}\sigma$ しか減らない．この不等式は，

$$2(k+1)\sqrt{2\Delta\ln(4/\delta)} \leq \frac{7}{4}\sigma$$

であるとき，すなわち，

$$k+1 \leq \frac{7\sigma}{8\sqrt{2\Delta\ln(4/\delta)}}$$

であるときには，成立する．これは $k+1 \leq K = \left\lfloor \frac{7\sigma}{8\sqrt{2\Delta\ln(4/\delta)}} \right\rfloor$ であるので成立する．□

上記の議論は以下の定理としてまとめることができる．

**定理 15.28** 適切に選んだ正定数 $C$ を用いて $\Delta = C/(\log n)^{2/3}$ とする．このとき，$L$ と $R$ が $\alpha$-ラージであるならば，アルゴリズム 15.1 で得られる $L'$ と $R'$ は，ある正定数 $p$ 以上の確率で，$\frac{\alpha}{2}$-ラージであり，$\Delta$-分離されている

**証明**：$L$ と $R$ が $\alpha$-ラージであるものの，ある定数 $q\,(> 1-p \geq 0)$ 以上の確率で，$L'$ と $R'$ が $\Delta$ に対して $\frac{\alpha}{2}$-ラージでなかったとする．すると，補題 15.25 によりマッチンググラフ $\mathcal{M} = (V_M, A_M)$ を定義でき，定理 15.27 により，長さが高々 $K$ で少なくとも $1-\delta/2$ の確率で射影が少なくとも $\sigma K/4$ のパスの集合を得ることができる．このようなパスの終点と始点をそれぞれ $i$ と $j$ とする．パスの長さは高々 $K$ であるので，$d(i,j) \leq K\Delta$，すなわち，$\|v_i - v_j\|^2 \leq K\Delta$ となる．補題 15.23 により，

$$\Pr[(v_i - v_j) \cdot r \geq K\sigma/4] \leq e^{-K^2\sigma^2/(32\|v_i-v_j\|^2)} \leq e^{-K\sigma^2/(32\Delta)}$$

であることがわかる．定理 15.27 の $K$ の定義により，$K/\Delta = \Theta(\Delta^{-3/2}) = \Theta(C^{-3/2}\log n)$ となり，確率は高々

$$e^{-\Theta(C^{-3/2}\log n)} = n^{-\Theta(C^{-3/2})}$$

となる．したがって，$C$ を適切な正定数と設定すれば，この確率は高々 $n^{-c}$ と書け，すべての可能な対の $i,j$ にわたっても，確率は高々 $n^{-c+2}$ となる．しかし，十分大きい $n$ に対して，そのようなパスの集合が存在する確率が少なくとも $1-\delta/2$ であることに，これは反する． □

したがって，補題 15.19，定理 15.21 および定理 15.28 から，以下の系が得られる．

**系 15.29** ある正定数以上の確率で，アルゴリズム 15.1 は，$\rho(S) \leq O((\log n)^{2/3})\,\mathrm{OPT}$ となるような集合 $S$ を求める．

これで，定理15.27における限界について考えることができて，$O(\sqrt{\log n})$の性能保証の証明に対して，これらのアイデアをどのように拡張すればよいかがわかるようになる．全体の証明の方法論では，補題15.23の末端確率を用いて，背理法に基づいた証明であったことにまず注意しよう．矛盾を得るために，$i$から$j$への長さ高々$k$のパスの集合が少なくとも$k\sigma$の射影を持つときには，ある適切に選んだ正定数のもとで$e^{-(k\sigma)^2/2\|v_i-v_j\|^2} \leq 1/n^c$となるように，

$$\frac{(k\sigma)^2}{2\|v_i-v_j\|^2} \geq \frac{k\sigma^2}{2\Delta} = \Omega(\log n)$$

であることが必要であった．すなわち，$k/\Delta = \Omega(\log n)$であることが必要であった．次に，$k$と$\Delta$に対するこの制限が定理15.27の証明にどのように作用したかを考える．この証明では，キーとなる問題点は，長さ$k$のパスの集合を長さ$k+1$のパスの集合に延伸するときに，$\Omega(\sigma(k+1))$の射影を持つ確率が$1-\delta/2$から$\frac{\delta|H_k|}{4|\Gamma^+(H_k)|}$に劇的に下がることであった．その証明で示したように，この確率が少なくとも$\left(\frac{\delta}{4}\right)^{k+1}$であることはわかっている．しかし，これは，補題15.26を用いてパスの集合の射影を減らして確率を上げるときに，$\gamma \geq \sqrt{2\ln(4/\delta)^k} = \Omega(\sqrt{k})$でなければならないことを意味する．射影を高々$\sigma$しか減らさないようにするためには，さらに$\gamma\sqrt{k\Delta} \leq \sigma$であること，すなわち，$k = O(\sqrt{1/\Delta})$であることが必要であった．上記の$k/\Delta = \Omega(\log n)$であることが必要であることと合わせて，$\Delta^{-3/2} = \Omega(\log n)$，すなわち，$\Delta = O((\log n)^{-2/3})$となったのである．

性能保証を改善するために，パスの集合を長さを増やして延伸する際に，$\Omega(k\sigma)$の射影を持つ確率が$1-\delta/2$から（$k$に依存しない）$\delta$にのみ依存するある正定数にしか下がらないように方法を修正する．その後，補題15.26を適用する．そこでは，$\gamma$は（$k$に依存しない）$\delta$にのみ依存する正定数となり，射影が高々$\sigma$しか減らないようにするために$k = O(1/\Delta)$となる．そして，$k/\Delta = \Omega(\log n)$であることが必要であるので，$\Delta^{-2} = \Omega(\log n)$，すなわち，$\Delta = O((\log n)^{-1/2})$となり，これから$O(\sqrt{\log n})$の性能保証につながっていく．

この改善を達成するために，パスの集合の終点集合$H_k$から到達できる点の集合がパスの終点数$|H_k|$と比べて大きくなりすぎることのないことを保証することを試みる．具体的には，$|\Gamma^+(H_k)| \leq \frac{1}{\delta}|H_k|$が成立することを保証したい．これが成立すると，射影を$\Omega(\sigma(k+1))$に増加しても確率は$1-\delta/2$から$\frac{\delta|H_k|}{4|\Gamma^+(H_k)|} \geq \delta^2/4$に下がるだけである．$\Gamma^+(H_k)$に対してこの条件を達成するために，所望の条件が成立するまで有向辺をさらに多く加えて，パスの集合を延伸する．条件が成立しないときには，$|\Gamma^+(H_k)| > \frac{1}{\delta}|H_k|$であり，パスを延伸することによって到達できる点の個数は，幾何学的に（等比数列的に）増加する．したがって，すべての点が到達できるようになるまでに，それほど多くのステップを必要としなくなり，条件が成立するようになる．この延伸により，射影が減少しないこと，パスの集合の確率がそれほど劇的には下がることのないこと，および終点集合$H_k$のパスの集合のパスの長さが高々$4k$となることを示す．パスの集合の延伸によって得られる射影と確率の減少を抑えるために以下の補題を用いる．

**補題15.30** 長さが高々$k$であり，少なくとも$\delta$の確率で射影が少なくとも$\rho$である任意のパスは，任意の$t \geq 0$と$\lambda \geq 0$に対して$t$本の有向辺を用いてパスを延伸すると，少なくとも$\delta - e^{-\lambda^2/2}$の確率で射影は少なくとも$\rho - \lambda\sqrt{t\Delta}$である．

**証明**：$i \in H$ を長さが高々 $k$ のパスの集合のあるパスの終点とする．$r$ をランダムベクトルとし，$\ell \in \Gamma_t^+(i)$ とする．$(v_i - v_j) \cdot r \geq \rho$ であり，かつ $(v_\ell - v_j) \cdot r < \rho - \lambda\sqrt{t\Delta}$ となるような $j \in \Gamma_k^-(i)$ が存在するときには，$(v_\ell - v_i) \cdot r < -\lambda\sqrt{t\Delta}$，すなわち，$(v_i - v_\ell) \cdot r > \lambda\sqrt{t\Delta}$ が成立する．一方，$\ell \in \Gamma_t^+(i)$ から，$i$ から $\ell$ へ長さが高々 $t$ のパスが存在するので，$d(i, \ell) = \|v_i - v_\ell\|^2 \leq t\Delta$ である．補題 15.23 により，$\Pr[(v_i - v_\ell) \cdot r > \lambda\sqrt{t\Delta}] \leq e^{-\frac{\lambda^2 t\Delta}{2t\Delta}} = e^{-\lambda^2/2}$ となる．したがって，$\Pr[\exists j \in \Gamma_{k+t}^-(\ell) : (v_\ell - v_j) \cdot r \geq \rho - \lambda\sqrt{t\Delta}] \geq \delta - e^{-\lambda^2/2}$ である． $\square$

これでパスの集合を延伸する手続きを与えることができるようになった．

**定理 15.31** $L$ と $R$ が $\alpha$-ラージであるものの，ある正定数 $q$ 以上の確率で，$L'$ と $R'$ が $\frac{\alpha}{2}$-ラージでないとする．さらに，$\delta = q\alpha/8 \leq 1/2$ と仮定する．すると，マッチンググラフ $\mathcal{M} = (V_\mathcal{M}, A_\mathcal{M})$ において，$0 \leq k \leq O(\sqrt{\log n})$ となる各 $k$ に対して，長さが高々 $4k$ で，少なくとも $1 - \delta/2$ の確率で射影が少なくとも $\sigma k/4$ であり，さらに，$|H_k| \geq \left(\frac{\delta}{4}\right)^k |V_\mathcal{M}|$ かつ $|H_k| \geq \delta|\Gamma^+(H_k)|$ であるようなパスの集合が存在する．

**証明**：
$$K = \left\lfloor \frac{\sigma^2}{128\Delta \ln(2/\delta)} \right\rfloor = O(\sqrt{\log n})$$
とおいて，$0 \leq k \leq K$ で定理の命題が成立することを証明する．

定理 15.27 の証明のときと同様に，基本ステップとして，各パスが $V_\mathcal{M}$ の各点の 1 点からなるパスの集合を考える．このときには，$H_0 = V_\mathcal{M}$ であり，このパスの集合は長さが 0 であり，確率 1 で射影が 0 である．さらに，$|H_0| = |V_\mathcal{M}| \geq \delta|\Gamma^+(H_0)| = \delta|V_\mathcal{M}|$ も成立する．

次に帰納的ステップを考える．そこで，$0 \leq k \leq K - 1$ の任意の $k$ で命題が成立すると仮定する．この帰納的ステップの証明は，四つのステップからなる．第一のステップでは，各パスに有向辺を 1 本加えて延伸し，パスの射影を増やす．第二のステップでは，延伸されたパスの集合の終点集合から部分集合を選んで，得られるパスの集合がかなり良い確率を持つことを保証できるようにする．第三のステップでは，$|H_{k+1}| \geq \delta|\Gamma^+(H_{k+1})|$ が成立することを保証するために，射影と確率をわずかに失うものの，さらにパスの集合に辺を加えてパスの集合を延伸する．第四のステップでは，補題 15.26 を適用して，射影をわずかに減らすことにより，確率を $1 - \delta/2$ にまで上げる．

帰納的ステップの最初の二つのステップは，定理 15.27 の証明の最初の二つのステップと同一である．現在のパスの集合を用いて，辺数が 1 本多くて，少なくとも $\frac{\delta|H_k|}{4|\Gamma^+(H_k)|}$ の確率で射影が少なくとも $\frac{1}{4}\sigma(k+1) + \frac{7}{4}\sigma$ のパスの集合を構築することができる．帰納法の仮定より，$|H_k| \geq \delta|\Gamma^+(H_k)|$ であるので，この確率は少なくとも $\delta^2/4$ である．定理 15.27 の証明での $H_{k+1}$ を $H'_{k+1}$ とする．すなわち，$H'_{k+1} = \{\ell \in \Gamma^+(H_k) : p(\ell) \geq \frac{\delta|H_k|}{4\Gamma^+(H_k)}\}$ とする．すると，定理 15.27 の証明から，$|H'_{k+1}| \geq \frac{\delta}{4}|H_k| \geq \left(\frac{\delta}{4}\right)^{k+1}|V_\mathcal{M}|$ が成立する．

帰納的ステップの第三のステップは以下のように実行される．$t$ を $|\Gamma_t^+(H'_{k+1})| \geq \delta|\Gamma_{t+1}^+(H'_{k+1})|$ となるような最小の非負整数とする．現在得られているパスの集合の各パスを選び，各終点に $t$ 本以下の辺からなるパスを加えて得られるパスの集合を考える．そしてそれらのパスの終点集合を $H_{k+1}$ とする．すると，明らかに $H_{k+1} = \Gamma_t^+(H'_{k+1})$ であり，さらに，$t$ の選び方により，所望の帰納的な命題の $|H_{k+1}| \geq \delta|\Gamma^+(H_{k+1})|$ が得られる．また，$H_{k+1} \supseteq H'_{k+1}$ であるので，$|H_{k+1}| \geq \left(\frac{\delta}{4}\right)^{k+1}|V_\mathcal{M}|$ も得られる．

ここで，パスの長さの上界を与える．帰納的ステップの第一ステップでは，パスの集合の各パスに辺を1本加えた．第三ステップでは，（高々）$t$本の辺を加えた．任意の$t' < t$に対して，$\frac{1}{\delta}|\Gamma_{t'}^+(H_{k+1}')| < |\Gamma_{t'+1}^+(H_{k+1}')|$が成立していたことに注意しよう．したがって，第三ステップでは，高々$t \leq \log_{1/\delta} \frac{|H_{k+1}|}{|H_{k+1}'|}$本の辺を加えたことになる．すなわち，全体を通して，帰納的ステップの第三ステップで加えた辺の総数は，高々

$$\sum_{s=0}^{k} \log_{1/\delta} \frac{|H_{s+1}|}{|H_{s+1}'|}$$

である．$|H_{s+1}'| \geq \frac{\delta}{4}|H_s|$であるので，パスでの集合の各パスの長さは，$\delta \leq \frac{1}{2}$, $H_0 = V_M$, $H_{k+1} \subseteq V_M$を用いて，高々

$$\begin{aligned}(k+1) + \sum_{s=0}^{k} \log_{1/\delta} \frac{|H_{s+1}|}{|H_{s+1}'|} &= (k+1) + \log_{1/\delta}\left(\prod_{s=0}^{k} \frac{|H_{s+1}|}{|H_{s+1}'|}\right) \\ &\leq (k+1) + \log_{1/\delta}\left(\left(\frac{4}{\delta}\right)^{k+1} \prod_{s=0}^{k} \frac{|H_{s+1}|}{|H_s|}\right) \\ &\leq (k+1) + (k+1)\log_{1/\delta}\left(\frac{4}{\delta}\right) + \log_{1/\delta}\left(\frac{|V_M|}{|V_M|}\right) \\ &\leq (k+1) + 3(k+1) \leq 4(k+1)\end{aligned}$$

となる．上の証明は，帰納的ステップの第三ステップで加えられる辺数$t$が$t \leq 3(k+1)$であることを示している．

ここで，補題15.30を適用して，終点集合$H_{k+1}$を持つパスの集合の射影と確率を決定する．上で議論したように，$H_{k+1}'$に終点を持つパスの集合は，少なくとも$\delta^2/4$の確率で射影が少なくとも$\frac{1}{4}(k+1)\sigma + \frac{7}{4}\sigma$であることはわかっている．$\lambda = \sigma/\sqrt{t\Delta}$を用いて補題15.30を適用することにより，$t$本までの辺を加えて得られる延伸されたパスの集合では，射影の減少は高々$\lambda\sqrt{t\Delta} = \sigma$であり，確率の減少は高々$e^{-\lambda^2/2} = e^{-\sigma^2/(2t\Delta)}$であることはわかっている．確率の減少分が高々$\delta^2/8$であるとすると，少なくとも$\delta^2/8$が残る．これを実際に成立させるためには，$e^{-\sigma^2/(2t\Delta)} \leq \frac{\delta^2}{8}$，すなわち，$-\frac{\sigma^2}{2t\Delta} \leq \ln\frac{\delta^2}{8}$，すなわち，$t \leq \frac{\sigma^2}{2\Delta\ln(8/\delta^2)}$であることが必要である．$t \leq 3(k+1)$であることを思いだすと，この条件は，

$$3(k+1) \leq \frac{\sigma^2}{2\Delta\ln(8/\delta^2)},$$

すなわち，

$$k+1 \leq \frac{\sigma^2}{6\Delta\ln(8/\delta^2)}$$

であるならば，成立する．さらに，$\delta \leq 1$から$\ln(8/\delta^2) \leq 3\ln(2/\delta)$であるので，

$$k+1 \leq \frac{\sigma^2}{18\Delta\ln(2/\delta)}$$

ならば，上記の条件は成立する．一方，$k+1 \leq K = \left\lfloor \frac{\sigma^2}{128\Delta\ln(2/\delta)} \right\rfloor \leq \frac{\sigma^2}{128\Delta\ln(2/\delta)}$であるので，これは成立する．すなわち，上記の条件は常に成立する．したがって，$H_{k+1}$に終点を持つパスの集合は，少なくとも$\delta^2/8$の確率で射影が少なくとも$\frac{1}{4}(k+1)\sigma + \frac{3}{4}\sigma$である．

帰納法の最後のステップの第四のステップでは，補題15.26を適用して，射影をわずかに減らすことにより，パスの集合の全体的な確率を増やす．確率$1 - \delta/2$を達成するため

に，$\lambda = \sqrt{2\ln(2/\delta)}$ と設定する．すると，$1 - e^{-\lambda^2/2} = 1 - \delta/2$ となる．さらに，$\beta = \delta^2/8$ かつ

$$\gamma = \sqrt{2\ln(1/\beta)} + \lambda = \sqrt{2\ln(8/\delta^2)} + \sqrt{2\ln(2/\delta)} \leq \sqrt{2\ln(2/\delta)}(\sqrt{3}+1) \leq 3\sqrt{2\ln(2/\delta)}$$

と設定する．これらのことにより，$\gamma\sqrt{4(k+1)\Delta} \leq \frac{3}{4}\sigma$ であるとき，すなわち，

$$k+1 \leq \frac{9\sigma^2}{64\gamma^2\Delta}$$

であるときには，パスの集合の射影の減少は高々 $\frac{3}{4}\sigma$ に減る．上記の不等式は，

$$k+1 \leq \frac{\sigma^2}{128\Delta\ln(2/\delta)}$$

ならば成立する．また，この条件は，$k+1 \leq K$ であるので成立する．したがって，パスの集合は，少なくとも $1 - \delta/2$ の確率で射影が少なくとも $(k+1)\sigma/4$ である． □

主定理である定理 15.20 の証明は，この定理から定理 15.28 の証明で用いた議論と同様の議論で得られる．

**定理 15.20** 適切に選んだ正定数 $C$ を用いて $\Delta = C/\sqrt{\log n}$ とする．このとき，$L$ と $R$ が $\alpha$-ラージであるならば，ある正定数 $p$ 以上の確率で，$L'$ と $R'$ は $\frac{\alpha}{2}$-ラージであり，$\Delta$-分離されている．

**証明**：$L$ と $R$ が $\alpha$-ラージであるものの，ある定数 $q\ (> 1-p \geq 0)$ 以上の確率で，$L'$ と $R'$ が $\Delta$ に対して $\frac{\alpha}{2}$-ラージでなかったとする．すると，補題 15.25 により，マッチンググラフ $\mathcal{M} = (V_M, A_M)$ を定義でき，定理 15.27 により，長さが高々 $4K$ で，少なくとも $1 - \delta/2$ の確率で射影が少なくとも $\sigma K/4$ のパスの集合を得ることができる．このようなパスの終点と始点をそれぞれ $i$ と $j$ とする．パスの長さは高々 $4K$ であるので，$d(i,j) \leq 4K\Delta$ である．すなわち，$d(i,j) = \|v_i - v_j\|^2 \leq 4K\Delta$ である．補題 15.23 により，

$$\Pr[(v_i - v_j) \cdot r \geq K\sigma/4] \leq e^{-K^2\sigma^2/(32\|v_i-v_j\|^2)} \leq e^{-K\sigma^2/(128\Delta)}$$

であることがわかる．定理 15.31 の $K$ の定義により，$K/\Delta = \Theta(\Delta^{-2}) = \Theta(C^{-2}\log n)$ となり，この確率は高々

$$e^{-\Theta(C^{-2}\log n)} = n^{-\Theta(C^{-2})}$$

となる．したがって，$C$ を適切な正定数と設定すれば，この確率は高々 $n^{-c}$ と書け，すべての可能な対の $i,j$ にわたっても，確率は高々 $n^{-c+2}$ となる．しかし，十分大きい $n$ に対して，これは，定理 15.31 より，そのようなパスの集合が存在する確率が少なくとも $1 - \delta/2$ であることに反する． □

まだいくつかの補題の証明が残っている．補題 15.26 の証明には，本書の範囲を超える定理が必要となる．その定理を述べるには，いくつかの定義が必要である．与えられた集合 $A \subseteq \Re^n$ に対して，ランダムベクトル $r \in \Re^n$ が $r \in A$ となる確率を $\mu(A)$ と表記する．任意の $\gamma > 0$ に対して，$A_\gamma = \{r' \in \Re^n : \exists r \in A, \|r - r'\| \leq \gamma\}$ とする．$\Phi(x)$ は正規確率分布の累積分布関数であり，$\overline{\Phi}(x) = 1 - \Phi(x)$ であることを思いだそう．定理の記述にお

**定理 15.32** 与えられた可測集合 $A \subseteq \Re^n$ に対して，$\alpha \in [-\infty, +\infty]$ は $\mu(A) = \Phi(\alpha)$ を満たすとする．すると，$\mu(A_\gamma) \geq \Phi(\alpha + \gamma)$ である．

この定理を用いて，補題 15.26 の証明を与えることができるようになった．便宜上，その補題を以下に再掲する．

**補題 5.26** $\beta$ を $0 < \beta \leq 1/2$ とする．このとき，少なくとも $\beta$ の確率で射影が少なくとも $\rho$ であり長さが高々 $k$ であるような任意のパスの集合は，任意の $\lambda \geq 0$ と任意の $\gamma \geq \sqrt{2\ln(1/\beta)} + \lambda$ に対して，少なくとも $1 - e^{-\lambda^2/2}$ の確率で射影が少なくとも $\rho - \gamma\sqrt{k\Delta}$ である．

**証明**：長さが高々 $k$ のパスの集合の一つのパスの終点 $i$ を選ぶ．$A$ を $(v_i - v_j) \cdot r \geq \rho$ となる $j \in \Gamma_k^-(i)$ が存在するようなランダムベクトル $r$ の集合とする．集合 $A$ は，半空間の和集合，すなわち，$A = \bigcup_{j \in \Gamma_k^-(i)} \{r \in \Re^n : (v_i - v_j) \cdot r \geq \rho\}$ として書けるので，可測集合であることに注意しよう．任意に $r' \in A_\gamma$ を選ぶ．すると，$\|r - r'\| \leq \gamma$ となるような $r \in A$ が存在することになる．選んだパスは長さが高々 $k$ であるので，$\|v_i - v_j\|^2 \leq k\Delta$ が成立することはわかっている．したがって，

$$(v_i - v_j) \cdot r' = (v_i - v_j) \cdot r + (v_i - v_j) \cdot (r' - r) \geq \rho - \|r' - r\|\|v_i - v_j\| \geq \rho - \gamma\sqrt{k\Delta}$$

となる．以上により，$A_\gamma$ のランダムベクトル $r'$ に対して，所望の射影が得られる．次に，$A_\gamma$ からランダムベクトルが選ばれる確率を決定する．

仮定により，$\mu(A) \geq \beta$ かつ $\beta \leq 1/2$ である．したがって，$\beta = \Phi(\alpha)$ となるように $\alpha$ を選べば，正規分布は 0 に関して対称であるので，$\alpha \leq 0$ となることがわかる．同様に，対称性から，$\Phi(\alpha) = \overline{\Phi}(-\alpha)$ である．補題 15.23 を適用すると，$\beta = \overline{\Phi}(-\alpha) \leq e^{-(-\alpha)^2/2}$ となるので，$-\alpha \leq \sqrt{2\ln(1/\beta)}$ である．$\Phi$ は非減少関数であるので，$\mu(A) = \Phi(\alpha') \geq \beta = \Phi(\alpha)$ となるように $\alpha'$ を選ぶと，$\alpha \leq \alpha'$ となる．定理 15.32 により，$\mu(A_\gamma) \geq \Phi(\alpha' + \gamma) \geq \Phi(\alpha + \gamma)$ であることがわかるので，$\Phi(\alpha + \gamma)$ に対する下界を与えさえすれば十分である．仮定により，$\gamma \geq \sqrt{2\ln(1/\beta)} + \lambda \geq -\alpha + \lambda$ であるので，$\alpha + \gamma \geq \lambda \geq 0$ である．したがって，補題 15.23 から，所望の

$$\mu(A_\gamma) \geq \Phi(\alpha + \gamma) = 1 - \overline{\Phi}(\alpha + \gamma) \geq 1 - e^{-(\alpha+\gamma)^2/2} \geq 1 - e^{-\lambda^2/2}$$

が得られる． □

最後に，ある正定数以上の確率で二つの集合 $L$ と $R$ が $\alpha$-ラージであることを保証する補題 15.19 の証明を与える．以下のように，現れる正定数の値を具体的に与えて，その補題を再掲する．

**補題 15.33 (補題 15.19)** $|B(i, \frac{1}{4})| \geq \frac{n}{4}$ となるような $i \in V$ が存在しないとする．このとき，$a = \frac{1}{\pi}\arccos(\frac{31}{32})$, $\sigma = \frac{a^2}{2^{14}}$, $\alpha = \frac{a}{128}$ とする．すると，二つの集合 $L = \{i \in V : (v_i - v_o) \cdot r \geq \sigma\}$ と $R = \{i \in V : (v_i - v_o) \cdot r \leq -\sigma\}$ は，少なくとも $\frac{a}{32}$ の確率で $\alpha$-ラージである．

**証明**：2点 $i,j$（のベクトル $v_i, v_j$）間の距離が $\frac{1}{4}$ より大きく，点 $o$（のベクトル $v_o$）から点 $i,j$（のベクトル $v_i, v_j$）それぞれまでの距離もともに $\frac{1}{4}$ より大きいような2点 $i,j$ の対が $\Omega(n^2)$ 個あることを示すことから始める．まず，アルゴリズムでの $o \in V$ の選び方より，$|B(o,4)| \geq \frac{3n}{4}$ が主張できることを示す．$|B(o,4)| \geq \frac{3n}{4}$ が成立しなかったと仮定する．すると，$o$ は $|B(o,4)|$ を最大化するので，任意の $i \in V$ に対して $|B(i,4)| < \frac{3n}{4}$ となり，$i$ までの距離が4より大きい点の集合が全体の集合の $\frac{1}{4}$ より大きくなる．したがって，

$$\sum_{i,j \in V} d(i,j) = \sum_{i \in V} \left( \sum_{j \in V} d(i,j) \right) > n \cdot \frac{n}{4} \cdot 4 = n^2$$

が得られる．しかし，これは，ベクトル計画問題の制約式 $\sum_{i,j \in V} d(i,j) = \sum_{i,j \in V} \|v_i - v_j\|^2 = n^2$ に反する．したがって，$|B(o,4)| \geq \frac{3n}{4}$ が得られた．$A = B(o,4) - B(o, \frac{1}{4})$ とする．仮定により，$|B(o, \frac{1}{4})| < \frac{n}{4}$ であるので，$|A| \geq \frac{n}{2}$ である．任意の $i \in V$ に対して $|B(i, \frac{1}{4})| < \frac{n}{4}$ であるので，任意の $i \in A$ に対して，$d(i,o) > \frac{1}{4}$ であり，さらに，$|A - B(i, \frac{1}{4})| \geq \frac{n}{4}$ から，$d(i,j) > \frac{1}{4}$ かつ $d(j,o) > \frac{1}{4}$ となるような $i$ と異なる点 $j \in A$ が $\frac{n}{4}$ 個以上存在する．以上により，$d(i,j) > \frac{1}{4}$ となるような異なる2点 $i,j \in A$ の対の個数は少なくとも $\frac{n^2}{16} \geq \frac{1}{8} \binom{n}{2}$ であることが証明できた．

ここで，$L$ と $R$ の各集合に $A$ の点がある正定数以上の割合で現れることを示したい．2点 $i,j$ は，ランダムベクトル $r$ に対して，$(v_i - v_o) \cdot r \geq 0$ かつ $(v_j - v_o) \cdot r < 0$ であるか，あるいは $(v_i - v_o) \cdot r > 0$ かつ $(v_j - v_o) \cdot r \leq 0$ であるとき，$r$ で分離されるという．このとき，$i$ と $j$ は分離対であるということもある．補題6.7の証明により，$d(i,j) > \frac{1}{4}$ を満たす任意の対 $i,j \in A$ に対して，$i$ と $j$ が分離される確率は $\theta_{ij}/\pi$ である．なお，$\theta_{ij}$ は二つのベクトルの $v_i - v_o$ と $v_j - v_o$ のなす角である．余弦定理から，

$$\cos \theta_{ij} = \frac{\|v_i - v_o\|^2 + \|v_j - v_o\|^2 - \|v_i - v_j\|^2}{2\|v_i - v_o\|\|v_j - v_o\|}$$

である．したがって，大まかにいうと，$\|v_i - v_o\|$ と $\|v_j - v_o\|$ が最大化され，$\|v_i - v_j\|$ が最小化されるときに，このなす角 $\theta_{ij} > 0$ はほぼ最小化される．$i,j \in A$ に対して $i,j \in B(o,4)$ であることはわかっているので，$\|v_i - v_o\|^2 \leq 4$ かつ $\|v_j - v_o\|^2 \leq 4$ であり，$i,j$ の選び方より $\|v_i - v_j\|^2 > \frac{1}{4}$ である．したがって，$\cos \theta_{ij} \leq (8 - \frac{1}{4})/8 = 1 - \frac{1}{32} = \frac{31}{32}$ となって $\theta_{ij} \geq \arccos(\frac{31}{32})$ となり，$i,j \in A$ かつ $d(i,j) > \frac{1}{4}$ となる $i$ と $j$ がランダムベクトルで分離される確率は，正定数 $a = \frac{1}{\pi} \arccos(\frac{31}{32})$ を用いると，少なくとも $a$ である．したがって，ランダムベクトルで分離されるような異なる2点 $i,j \in A$ の対の個数の期待値は少なくとも $\frac{a}{8} \binom{n}{2}$ である．

次に，ランダムベクトルで分離されるような $A$ の異なる2点の対の個数が，期待値の半分の $\frac{a}{16} \binom{n}{2}$ 未満になる確率の上界を与える．$P$ を $A$ の異なる2点の対の総数とする．したがって，$P \leq \binom{n}{2}$ である．この確率は，ランダムベクトルで分離されないような $A$ の異なる2点の対の個数が，少なくとも $P - \frac{a}{16} \binom{n}{2}$ である確率に等しい．$X$ を（ランダムベクトルで）分離されないような $A$ の異なる2点の対の個数を与える確率変数とする．上記の議論より，$\mathbf{E}[X] \leq P - \frac{a}{8} \binom{n}{2}$ である．補題5.25のMarkovの不等式により，

$$\Pr\left[X \geq P - \frac{a}{16}\binom{n}{2}\right] \leq \frac{\mathbf{E}[X]}{P - \frac{a}{16}\binom{n}{2}}$$

$$\leq \frac{P - \frac{a}{8}\binom{n}{2}}{P - \frac{a}{16}\binom{n}{2}}$$

$$\leq \frac{\binom{n}{2}(1 - \frac{a}{8})}{\binom{n}{2}(1 - \frac{a}{16})}$$

$$= \frac{1 - \frac{a}{8}}{1 - \frac{a}{16}} \leq 1 - \frac{a}{16}$$

が得られる．したがって，分離されるような $A$ の異なる2点の対の個数が実際に $\frac{a}{16}\binom{n}{2}$ 以上である確率は少なくとも $\frac{a}{16}$ であり，そのときにはランダム超平面のいずれの側にも $A$ の点が少なくとも $\frac{a(n-1)}{32} \geq \frac{an}{64}$ 個存在する．すなわち，$(v_i - v_o) \cdot r \geq 0$ となるような点 $i \in A$ が $\frac{an}{64}$ 個以上であり，$(v_i - v_o) \cdot r < 0$ となるような点 $i \in A$ も $\frac{an}{64}$ 個以上である．したがって，少なくとも $\frac{a}{16}$ の確率で，ランダム超平面のいずれの側にも $A$ の点が $\frac{an}{64}$ 個以上存在する．

$i \in A$ に対するベクトル $v_i - v_o$ に補題15.23を適用すると，$\|v_i - v_o\|^2 \geq \frac{1}{4}$ であるので，$\Pr[|(v_i - v_o) \cdot r| \leq \sigma] \leq 2\sigma / \|v_i - v_o\| \leq 4\sigma$ が得られる．$Y$ を $|(v_i - v_o) \cdot r| \leq \sigma$ となるような点 $i \in A$ の個数を表す確率変数とする．したがって，$\mathbf{E}[Y] \leq 4\sigma n$ である．Markovの不等式を適用すると，$\Pr[Y \geq \frac{an}{128}] \leq \mathbf{E}[Y] / (\frac{an}{128}) \leq 4\sigma n / (\frac{an}{128}) = 512\sigma / a$ が得られる．ここで，$\sigma = \frac{a^2}{32 \cdot 512} = \frac{a^2}{2^{14}}$ と設定しているので，この確率は高々 $\frac{a}{32}$ となる．

したがって，ランダム超平面のいずれか一方の側に $A$ の点が $\frac{an}{64}$ 個未満しか含まれないか，あるいは，ランダム超平面の一方の側に $|(v_i - v_o) \cdot r| \leq \sigma$ となるような点 $i \in A$ が少なくとも $\frac{an}{128}$ 個存在する確率は，高々 $1 - \frac{a}{16} + \frac{a}{32} = 1 - \frac{a}{32}$ となる．すなわち，少なくとも $\frac{a}{32}$ の確率で，ランダム超平面のいずれの側にも $A$ の点が $\frac{an}{64}$ 個以上含まれ，かつ $|(v_i - v_o) \cdot r| \leq \sigma$ となるような点 $i$ の個数は $\frac{an}{128}$ 以下である．したがって，少なくとも $\frac{a}{32}$ の確率で，$\frac{an}{64}$ 個の $i \in A$ で $(v_i - v_o) \cdot r \geq 0$ となり，それらのうちで少なくとも $\frac{an}{128}$ 個が $(v_i - v_o) \cdot r \geq \sigma$ を満たし，$\frac{an}{64}$ 個の $j \in A$ で $(v_j - v_o) \cdot r < 0$ となり，それらのうちで少なくとも $\frac{an}{128}$ 個が $(v_j - v_o) \cdot r \leq -\sigma$ を満たす．以上により，少なくとも $\frac{a}{32}$ の確率で，$L$ と $R$ のいずれも少なくとも $\frac{an}{128}$ 個の点を含むことが得られた． □

最後に，一般の最疎カット問題に対して，15.1節で与えた $\mathrm{O}(\log n)$-近似アルゴリズムよりも良い性能保証を持つアルゴリズムを，本節で導入したいくつかの技法を用いて構築することができることを注意しておく．

**定理 15.34** 最疎カット問題に対して，$\mathrm{O}(\sqrt{\log n} \log \log n)$-近似アルゴリズムが存在する．

## 15.5 演習問題

15.1 木メトリックは $\ell_1$-埋め込み可能メトリックであることを示せ．さらに，$\ell_1$-埋め込み可能メトリックのうちで，ノード数を多くしても木メトリックでは表せないものが

存在することを示せ.

15.2 この演習問題では，定理 15.4 で達成された歪みが定数の範囲内で最善であることを示す．そのためには，エクスパンダーグラフの最短パスで与えられる距離メトリックを考えることが必要である．**エクスパンダーグラフ (expander graph)** $G = (V, E)$ は，ある定数が存在して，どのカットでも，カットに含まれる辺の本数がカットの点数の少ない側の点数のその定数倍以上であるという性質を持つ．すなわち，ある定数 $\alpha > 0$ が存在して，$|S| \leq |V|/2$ となる任意の $S \subseteq V$ に対して，$|\delta(S)| \geq \alpha \cdot |S|$ が成立する．$G$ のどの点も次数が 3 であるようなエクスパンダーグラフが存在する.

(a) 与えられたエクスパンダーグラフ $G = (V, E)$ で，すべての $e \in E$ で $c_e = 1$ であり，$V$ のすべての異なる 2 点がターミナル点対の $s_i, t_i$ であり，すべての $i$ で $d_i = 1$ であるとする．このとき，最疎カットは値が少なくとも $\Omega(1/n)$ であることを示せ.

(b) $G$ はどの点も次数が 3 であるようなエクスパンダーグラフであるとする．$(V, d)$ は $G$ の最短パスによる距離であるとする．すなわち，$d_{uv}$ は辺の長さがすべて 1 の $G$ における $u$ から $v$ への最短パスの長さである．任意の点 $v$ に対して，$d_{uv} \leq \log n - 3$ となるような点 $u$ は高々 $n/4$ 個しか存在しないことを示せ.

(c) 前問 (b) のグラフと距離メトリックが与えられる．このとき，

$$\frac{\sum_{(u,v) \in E} d_{uv}}{\sum_{u,v \in V : u \neq v} d_{uv}} = \mathrm{O}\left(\frac{1}{n \log n}\right)$$

であることを示せ.

(d) 以上を用いて，どの点も次数が 3 であるようなどのエクスパンダーグラフも，$\Omega(\log n)$ より小さい歪みで $\ell_1$ への埋め込みはできないことを示せ.

15.3 任意のメトリック空間 $(V, d)$ に対して，半正定値計画を用いて，$\ell_2$ 空間への最小歪みの埋め込み $f : V \to \Re^{|V|}$ を計算できることを示せ.

15.4 定理 15.4 の証明で与えられた Fréchet 埋め込みから，任意の $p \geq 1$ での $\ell_p$ への $\mathrm{O}(\log n)$ の歪みの埋め込みが得られることを示せ.

15.5 カット木パッキングを用いて，8.3 節で定義した最小多分割カット問題に対する別の $\mathrm{O}(\log n)$-近似アルゴリズムを与えよ．（**ヒント**：演習問題 7.2 を見よ．）

15.6 カット木パッキングを用いて，15.1 節で定義した最疎カット問題に対する別の $\mathrm{O}(\log n)$-近似アルゴリズムを与えよ.

15.7 入力として，メトリック $(V, d)$ とすべての $u, v \in V$ に対するコスト $c_{uv}$ が与えられる．さらに，ある正定数 $\alpha$ に対して不等式 (15.2) が成立するようなカット木パッキングを求める多項式時間アルゴリズムが与えられるとする．このとき，すべての $u, v \in V$ で $d_{uv} \leq T_{uv}$ であり，かつ $\sum_{u,v \in V} c_{uv} T_{uv} \leq \alpha \sum_{u,v \in V} c_{uv} d_{uv}$ であるような木メトリック $(V, T)$ を求める多項式時間アルゴリズムを得ることができることを示せ.

15.8 定理 15.14 のアイデアに基づいて，4.6 節で与えられたビンパッキング問題の線形計画緩和を，楕円体法を用いて絶対誤差 1 の範囲内で $m$ と $\log(n/s_m)$ の多項式時間で解くことができることを証明せよ．なお，$n$ は品物の個数であり，$m$ は品物の異なるサイズの個数であり，$s_m$ はサイズ最小の品物のサイズである.

15.9 メトリック $(V,d)$ が与えられるとする．さらに，すべての $u,v \in V$ で $c_{uv} \geq 0$ である任意のコストが与えられたときに，すべての $u,v \in V$ で $d_{uv} \leq T_{uv}$ であり，かつ $\sum_{u,v \in V} c_{uv} T_{uv} \leq O(\log n) \sum_{u,v \in V} c_{uv} d_{uv}$ であるような $V' \supseteq V$ の木メトリック $(V', T)$ を求める確定的アルゴリズムが与えられるとする．このとき，すべての $u,v \in V$ で $d_{uv} \leq T'_{uv}$ かつ $\mathbf{E}[T'_{uv}] \leq O(\log n) d_{uv}$ であるような $V'' \supseteq V$ の木メトリック $(V'', T')$ を求める乱択アルゴリズムを与えよ．

## 15.6　ノートと発展文献

　Deza and Laurent [87] の本は，近似アルゴリズムの観点からとは言えないが，カットとメトリックのテーマを技術的にも深く取り上げている．

　メトリックのほかのメトリックへの埋め込みにおいて，歪みを最小化する研究は，かなり大きい注目を浴びてきている．近似アルゴリズムの分野では，この線に沿う研究は 15.1 節の結果から始まった．その節の主定理である定理 15.4 は，本質的には，Bourgain [55] の結果である．Bourgain の定理は多項式時間アルゴリズムを与えていなかった．アルゴリズム的な結果は，Linial, London, and Rabinovich [217] で与えられた．Aumann and Rabani [26] と Linial et al. [217] は，定理 15.6 のさらなる強化版と最疎カット問題に対する $O(\log k)$-近似アルゴリズムを独立に得ている．この結果の確定的な結果は Linial et al. により示されている．本書の記述は，Shmoys [262] の研究調査論文に基づいている．

　定理 15.12 は Chawla, Krauthgamer, Kumar, Rabani, and Sivakumar [68] による．

　15.2 節と 15.3 節の結果は，Räcke [244] による．演習問題 15.5 と演習問題 15.6 もこの論文からのものである．カット木パッキングと木メトリックの間の双対性は，より一般的な形で，Andersen and Feige [8] で示されている．

　15.4 節の一様最疎カット問題に対するより改善された結果は，Arora, Rao, and Vazirani [22] によるブレークスルーである．その節での議論は，Lee [212] による改善された解析に基づいている．Arora, Rao, and Vazirani [21] は，その結果の技術的な側面を和らげて平易にした解説を与えている．定理 15.34 の一般的な最疎カット問題に対する改善は，これらの先の論文に基づいていて，Arora, Lee, and Naor [17] による．定理 15.32 は，Borell [54] と Sudakov and Tsirel'son [275] による．

　演習問題 15.2 は，Leighton and Rao [214] と Linial et al. [217] を組み合わせたものから選んだものである．演習問題 15.4 は Linial et al. [217] からのものである．演習問題 15.8 は Karmarkar and Karp [187] からのものである．

# 第16章

# 近似困難性の証明技法

本書の最後から2番目の本章では，良い近似アルゴリズムのデザイン技法から，問題に対してある値の性能保証が困難であることを証明する技法に移る．ただし，本書におけるこのトピックの取扱いはかなり短いものである．実際，このトピックにのみ限定しても，もう一つ本が書けるくらいである．

本章では，これらの結果を証明するための様々な技法を取り上げる．第一に，NP-完全問題からのリダクションから始める．本書では，このようなリダクションの例をすでにいくつか眺めてきている．たとえば，定理 2.4 では，$k$-センター問題に対して，$\mathbf{P} = \mathbf{NP}$ でない限り，$1 \leq \alpha < 2$ の $\alpha$-近似アルゴリズムが存在しないことを示した．また，定理 2.9 では，一般の巡回セールスマン問題に対して，$\mathbf{P} = \mathbf{NP}$ でない限り，$O(2^n)$-近似アルゴリズムが存在しないことを示した．第二に，近似保存リダクションを取り上げる．近似保存リダクションは，問題 $\Pi'$ に対して性能保証 $\alpha$ の近似アルゴリズムが存在するときには問題 $\Pi$ に対する性能保証 $f(\alpha)$ の近似アルゴリズムが存在するというような，問題 $\Pi$ から別の問題 $\Pi'$ へのリダクションである．なお，$f$ はある関数である．この技法により，対偶を用いて近似困難性の定理が得られる．すなわち，問題 $\Pi$ に対して，$\mathbf{P} = \mathbf{NP}$ でない限り，$f(\alpha)$-近似アルゴリズムが存在しないときには，問題 $\Pi'$ に対しても，$\mathbf{P} = \mathbf{NP}$ でない限り，$\alpha$-近似アルゴリズムが存在しないことが得られる．第三に，確率的検証可能証明（簡略化して，PCP とも表記する）による $\mathbf{NP}$ の定義を取り上げる．これらの PCP により，多数の特殊な制約充足化問題に対する近似困難性の結果を証明することができる．これらの制約充足化問題からの近似保存リダクションを用いて，さらにほかの多数の問題の近似困難性が得られる．第四に，ラベルカバー問題と呼ばれる特別な問題を取り上げる．ラベルカバー問題からのリダクションを用いて，ある種の近似困難性の結果が得られる．具体的には，集合カバー問題と二つのネットワーク設計問題へのリダクションを取り上げる．最後に，ユニークゲーム問題からのリダクションを示す．これにより，ユニークゲーム予想の仮定のもとでは，様々な近似困難性の結果が得られる．

## 16.1 NP-完全問題からのリダクション

近似困難性の結果を示す一つの簡単な方法は，NP-完全問題からのリダクションを用いることである．リダクションとNP-完全性についての簡単な解説を付録Bにまとめている．上述のように，このリダクションの例を本書では何度か眺めてきている．とくに，定理2.4では，支配集合問題からのリダクションを用いて，$k$-センター問題に対して，$\mathbf{P} = \mathbf{NP}$でない限り，$1 \leq \alpha < 2$の$\alpha$-近似アルゴリズムは存在しないことを示した．具体的には，与えられた支配集合問題の入力にサイズが高々$k$の支配集合が存在するとき，そしてそのときのみ，リダクションで得られるすべての距離が1あるいは2の$k$-センター問題の入力に値が1の最適解が存在する，というリダクションを用いていた．また，定理2.9では，一般の巡回セールスマン問題に対して，ハミルトン閉路問題からのリダクションを用いて，$\mathbf{P} = \mathbf{NP}$でない限り，$O(2^n)$-近似アルゴリズムが存在しないことを示した．さらに，定理3.8では，ビンパッキング問題に対して，等分割問題からのリダクションを用いて，$\mathbf{P} = \mathbf{NP}$でない限り，性能保証が$\frac{3}{2}$より良い近似アルゴリズムが存在しないことを示した．なお，そこでは，ビンパッキング問題がリスケーリング性質を持たないことに注意して，絶対誤差の項を含む性能保証を考えて，より良い性能保証を与えることができることも示した．

これらのケースの多くでは，NP-完全問題$\Pi$の入力を，対象とする最小化問題$\Pi'$で目的関数の値が小さい正整数値をとる入力にリダクションすることができる．そして，これらのリダクションにおいては，$\Pi$の"Yes"入力は目的関数の値が$k$の$\Pi'$の入力に変換されるのに対して，$\Pi$の"No"入力は目的関数の値が$k+1$以上の$\Pi'$の入力に変換される．これは，$\mathbf{P} = \mathbf{NP}$でない限り，性能保証が$\frac{k+1}{k}$より良い近似アルゴリズムを得ることができないことを証明している．なぜなら，性能保証が$\frac{k+1}{k}$より良い近似アルゴリズムが得られたとすると，NP-完全問題$\Pi$の"Yes"入力と"No"入力を識別できることになってしまうからである．たとえば，ビンパッキング問題を例にとると，等分割問題の"Yes"入力は2個のビンを用いてパッキングできるビンパッキング問題の入力に多項式時間で変換され，等分割問題の"No"入力は少なくとも3個のビンを用いなければパッキングできないビンパッキング問題の入力に多項式時間で変換される．したがって，これから，$\mathbf{P} = \mathbf{NP}$でない限り，$\frac{3}{2}$より良い性能保証の近似アルゴリズムは不可能であることが得られる．NP-完全性の証明のすべてのリダクションと同様に，このようなリダクションを考案することは，一種の芸術とも言えるくらいの工夫が必要である．

これ以降では，これまでと異なるそのようなリダクションを与える．11.1節で取り上げた一般化割当て問題を考える．ただし，ジョブをマシーンに割り当てるときのコストはないものとする．ジョブ$j$をマシーン$i$に割り当てると，マシーン$i$でジョブ$j$を処理するのに$p_{ij}$の処理時間が必要である．目標は，最大の処理時間となるマシーンの処理時間が最小となるように，ジョブをマシーンに割り当てることである．この問題は，演習問題11.1で取り上げていたが，**相互独立並列マシーン** (unrelated parallel machines) 上での完了時

刻最小化スケジューリング問題と呼ばれる．11.1 節と演習問題 11.1 で与えたアルゴリズムは，いずれもこの問題に対する 2-近似アルゴリズムである．ある NP-完全問題からこの問題に直接リダクションすることにより，得られる入力が長さ 2 のスケジュールを持つか，あるいは長さ 3 以上のスケジュールしか持たないかを判定することは NP-完全であることを示すことができる．したがって，これから $\mathbf{P} = \mathbf{NP}$ でない限り，$\frac{3}{2}$ より良い性能保証の近似アルゴリズムは存在しないことが得られる．

最初に，すべての処理時間が整数の入力に対して，長さが高々 3 のスケジュールが存在するかどうかを判定することが NP-完全であるという，より弱い結果から示すことにする．以下の（NP-完全な）**3-次元マッチング問題** (3-dimensional matching problem) からのリダクションを用いる．なお，3-次元マッチング問題では，入力として，互いに素な三つの集合 $A = \{a_1, \ldots, a_n\}$, $B = \{b_1, \ldots, b_n\}$, $C = \{c_1, \ldots, c_n\}$ と各 $i = 1, \ldots, m$ に対する $T_i$ が $A, B, C$ のそれぞれから 1 個ずつ選ばれた要素からなる 3 要素組であるような集合 $F = \{T_1, \ldots, T_m\}$ が与えられる．このとき，目標は，部分集合 $F' \subseteq F$ のうちで，$A \cup B \cup C$ の各要素が $F'$ の正確に一つの 3 要素組に含まれるという性質を満たすものが存在するかどうかを判定することである．この性質を満たすような部分集合は，**3-次元マッチング** (3-dimensional matching) と呼ばれる．

リダクションの背後にあるアイデアはきわめて単純である．与えられた 3-次元マッチング問題の入力に対して，スケジューリング問題の入力を以下のように構成する．$A \cup B \cup C$ に含まれる $3n$ 個の各要素に対応してジョブを考える．$F$ に含まれる $m$ 個の 3 要素組の各 3 要素組に対応してマシーンを考える．直観的には，3-次元マッチングを "短い" スケジュールに埋め込むというものである．そのために，各ジョブ $j$ に対して，ジョブ $j$ に対応する要素を含む各 3 要素組 $T_i$ に対応するマシーン $i$ での処理時間 $p_{ij}$ を 1 と設定し，ジョブ $j$ に対応する要素を含まない各 3 要素組 $T_i$ に対応するマシーン $i$ での処理時間 $p_{ij}$ を $+\infty$ と設定する．そして，与えられた 3-次元マッチング問題の入力の任意の 3-次元マッチングに対して，これらの $3n$ 個のジョブをこの 3-次元マッチングに対応する $n$ 個のマシーンに割り当てる．これにより，残りの $m - n$ 個のマシーンにはジョブは一つも割り当てられない．これらの残りのマシーンにもジョブを割り当てるようにするために，$m - n$ 個の新しいジョブを導入して，前からあるジョブと区別するために，"ダミージョブ" ということにする．また前からあるジョブは，"要素ジョブ" ということにする．さらに，$i = 1, \ldots, m$ の各マシーン $i$ におけるダミージョブの処理時間は 3 であるとする．したがって，明らかに，3-次元マッチングが存在するときには，長さ 3 のスケジュールが存在する．図 16.1 は，そのような例を示している．

次に，このリダクションで得られるスケジューリング問題の入力に対して長さ 3 のスケジュールが存在するとする．そのようなスケジュールを任意に一つ選んで固定してそこで考える．$m - n$ 個の各ダミージョブは，どのマシーンに割り当てられても処理時間は 3 である．したがって，選んだスケジュールでは長さが 3 であるので，$m - n$ 個のダミージョブはそれぞれ異なるマシーンに割り当てられている．ダミージョブが 1 個割り当てられている各マシーンは，それ以外のジョブは割り当てられていない．したがって，残りの正確に $n$ 個のマシーンにのみ要素ジョブが割り当てられている．$3n$ 個の要素ジョブがあり，各要素ジョブのマシーンにおける処理時間は 1 以上であり，このスケジュールの長さが 3

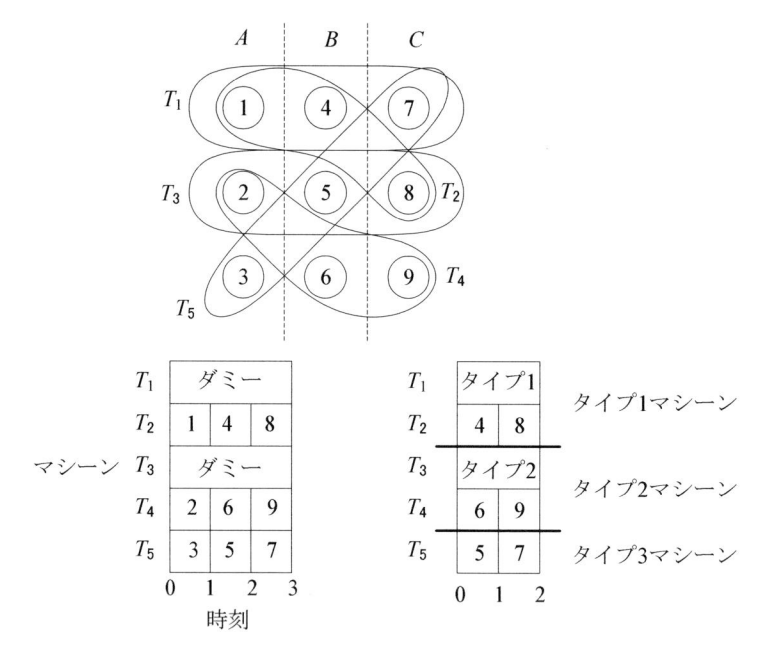

**図16.1** 3-次元マッチング問題から相互独立並列マシーン上での完了時刻最小化スケジューリング問題へのリダクションの例．この例で，3-次元マッチング問題の入力は，$A = \{1,2,3\}$, $B = \{4,5,6\}$, $C = \{7,8,9\}$ と以下の $F = \{T_1, \ldots, T_5\}$ からなる．すなわち，$T_1 = (1,4,7)$, $T_2 = (1,4,8)$, $T_3 = (2,5,8)$, $T_4 = (2,6,9)$, および $T_5 = (3,5,7)$ である．$T_2, T_4, T_5$ からなる3要素組の集合は3-次元マッチングを形成する．このとき，最初のリダクションで得られるスケジュールを左側に，2番目のリダクションで得られるスケジュールを右側に示している．2番目のリダクションでは，$k_1 = 2, k_2 = 2, k_3 = 1$ であるので，タイプ1のダミージョブとタイプ2のダミージョブがそれぞれ1個あり，タイプ3のダミージョブはないことに注意しよう．

であるので，残りの $n$ 個の各マシーンには，処理時間が1の要素ジョブが正確に3個割り当てられていることになる．したがって，各要素ジョブはその要素を含む3要素組 $T_i$ に対応するマシーン $i$ に割り当てられていることになる．すなわち，このスケジュールで要素ジョブが割り当てられている各マシーンには，$A$ の要素に対応するジョブが1個，$B$ の要素に対応するジョブが1個，$C$ の要素に対応するジョブが1個割り当てられている．したがって，これらの要素ジョブが割り当てられているマシーンの集合は，基礎集合 $A \cup B \cup C$ の3-次元マッチングに対応する．

細かい注意を二つ与えておく．第一に，上記の構成では，暗黙のうちに $m \geq n$ であることを仮定していたことである．しかし，$m < n$ のときには，3-次元マッチングが存在しないことは明らかである．すなわち，このときには，構成されるスケジューリング問題の入力は，"No" 入力であることがわかる．第二に，上記の構成で処理時間の $+\infty$ を3あるいは2に置き換えても，証明はまったく同一にできることである．

前述のリダクションを精密化して，長さ2のスケジュールが存在するかどうかを判定することがNP-完全であるという，より強い結果を証明することもできる．上記と本質的に同じ構成を用いることから始める．ただし，要素ジョブは $B$ と $C$ の各要素に対してのみ存在するとする．さらに，ダミージョブはどのマシーンでも処理時間が2であるとする．すると，3-次元マッチングが存在するときには，長さ2のスケジュールが存在するという性

質が成立する．もちろん，このままでは，逆は成立しない．長さ2のスケジュールが存在するときでも，元の問題の入力に3-次元マッチングが必ずしも存在するとは言えない．実際，そのような長さ2のスケジュールが存在したとしても，ある要素 $a \in A$ に対してこのスケジュールで $a \in T_i$ かつ $a \in T_{i'}$ となる二つのマシーン $i$ と $i'$ に要素ジョブが割り当てられていることもありうるからである．すなわち，この要素 $a$ を含む $F$ に含まれる3要素組の個数が $k$ であるとき，対応する $k$ 個のマシーンのうちの $k-1$ 個のマシーンにダミージョブが割り当てられるのではなく，$k-2$ 個以下のマシーンにしかダミージョブが割り当てられていないこともあるのである．しかし，以下のようにダミージョブの構成を修正して，長さ2のスケジュールにおいて，対応する $k$ 個のマシーンのうちの正確に $k-1$ 個のマシーンにダミージョブが割り当てられるようにすることができる．

各要素 $a \in A$ に対して，$a$ を含む $F$ の3要素組の個数を $k_a$ と表記する．$m-n$ 個の同じダミージョブの代わりに，$A$ の $n$ 個の各要素 $a \in A$ に対して"タイプ $a$"のダミージョブを $k_a - 1$ 個構成する．したがって，ダミージョブの総数はここでも $m-n$ 個となる．タイプ $a$ の各ダミージョブは，$a$ を含む3要素組 $T_i$ に対応するマシーン $i$ では処理時間が2であり，$a$ を含まない3要素組 $T_{i'}$ に対応するマシーン $i'$ では処理時間が $+\infty$ であると設定する．さらに，$a \in T_i$ であるとき，マシーン $i$ は"タイプ $a$"であると呼ぶことにする．なお，$m < n$ のときと同様に，ある $a \in A$ で $k_a = 0$ であるときには，得られるスケジューリング問題の入力は，自明に"No"入力であることになる．

ここで，3-次元マッチング $F'$ が存在するとする．各 $T_i \in F'$ に対して，$T_i$ に含まれる $B$ と $C$ の要素に対応する要素ジョブをマシーン $i$ に割り当てる．$n$ 個の各要素 $a \in A$ に対して，ジョブが割り当てられていないタイプ $a$ のマシーンは $k_a - 1$ 個残っているので，$k_a - 1$ 個のタイプ $a$ の各ダミージョブをそれらのそれぞれに割り当てる．すると，長さ2のスケジュールが得られる．図16.1は，このリダクションの説明用の図である．

次に，逆に長さ2のスケジュールが存在するとする．すると，タイプ $a$ の各ダミージョブは，タイプ $a$ のマシーンに割り当てられていることになる．したがって，各 $a \in A$ に対して，ダミージョブを割り当てられていないタイプ $a$ のマシーンが唯一存在する．すなわち，このようなマシーンが $n$ 個あり，長さ2のスケジュールであるので，$2n$ 個の要素ジョブは，これらの各マシーンに2個ずつ割り当てられていることになる．したがって，各 $a \in A$ に対して，このようなタイプ $a$ のマシーンに割り当てられている要素ジョブを $b \in B$ と $c \in C$ とすると，そのマシーンは3要素組 $(a,b,c)$ に対応する．（ダミージョブが割り当てられていない）このような要素ジョブの割り当てられているマシーンに対応する $n$ 個の3要素組の集合を $F'$ とする．すると，$F'$ は3-次元マッチングとなる．各要素ジョブが一つのマシーンに割り当てられ，要素ジョブが割り当てられている各タイプのマシーンも唯一であるからである．

したがって，以下の定理が証明されたことになる．

**定理16.1** 相互独立並列マシーン上での完了時刻最小化スケジューリング問題においては，各ジョブ $j$ を処理できるマシーンの部分集合 $M_j$ が与えられて，さらに $M_j$ に含まれるすべてのマシーン $i \in M_j$ のジョブ $j$ を処理するときの処理時間が同じで $p_j \in \{1,2\}$ であると入力を限定しても，長さ2のスケジュールが存在するかどうかを判定する問題はNP-完

全である．したがって，相互独立並列マシン上での完了時刻最小化スケジューリング問題に対して，$\mathbf{P} = \mathbf{NP}$でない限り，$1 \leq \alpha < \frac{3}{2}$の$\alpha$-近似アルゴリズムは存在しない．

NP-完全問題からのリダクションできわめて強力な近似困難性の結果が得られる一つのケースを示して本節を終えることにする．具体的には，演習問題2.14で取り上げた有向グラフの**辺素パス**問題 (edge-disjoint paths problem) に対してこのことを示す．有向グラフの辺素パス問題では，入力として，有向グラフ$G = (V, A)$と$k$個のソース・シンク対$s_i, t_i \in V$が与えられる．目標は，できるだけ多くのソース・シンク対で$s_i$から$t_i$への辺素パスを求めることである．より正確には，$S \subseteq \{1, \ldots, k\}$を用いて，以下のように記述できる．すなわち，すべての$i \in S$に対するパス$P_i$の集合で，任意の$i, j \in S, i \neq j$で$P_i$と$P_j$が辺素（$P_i \cap P_j = \emptyset$）であるような$S$のうちで$|S|$が最大になるようなものを求めることである．演習問題2.14では，この問題に対して，グリーディアルゴリズムで$\Omega(m^{-\frac{1}{2}})$-近似アルゴリズムが得られることを眺めた．ここでは，NP-完全問題からのリダクションを用いて，$\mathbf{P} = \mathbf{NP}$でない限り，これより格段に良い性能保証の近似アルゴリズムが存在しないことを示す．とくに，どのような$\epsilon > 0$に対しても，$\mathbf{P} = \mathbf{NP}$でない限り，$\Omega(m^{-\frac{1}{2}+\epsilon})$-近似アルゴリズムは得ることができないことを示す．

ここで，リダクションに用いるNP-完全問題は，有向グラフの$k=2$の辺素パス問題である．与えられた有向グラフに，$s_1$から$t_1$へのパスと$s_2$から$t_2$へのパスが存在するときに，$s_1$から$t_1$へと$s_2$から$t_2$への辺素パスが存在するか，そうでないかを判定することはNP-完全であることが示されている．このNP-完全問題は，$\mathbf{P} = \mathbf{NP}$でない限り，有向グラフの辺素パス問題に対して，$\rho > \frac{1}{2}$の$\rho$-近似アルゴリズムを得ることができないことを意味していることに注意しよう．

有向辺素パス問題の$k=2$の入力としてのグラフ$G = (V, A)$と定数$\epsilon > 0$が与えられたときに，$k = |A|^{\lceil \frac{1}{\epsilon} \rceil}$として，新しい入力のグラフ$G'$を図16.2に示しているように構成する．二つの問題が識別しやすくなるように，$G'$のソース・シンク対を$a_i, b_i$と呼ぶことにする．ここで，$G'$の辺の総数は$O(k^2 |A|) = O(k^{2+\epsilon})$となる．まず，$G$と$G'$における関係について二つの観察を行う．第一に，$G$に$s_1$から$t_1$へと$s_2$から$t_2$への2本の辺素パスが存在するときには，明らかに，各対$a_i, b_i$に対する$a_i$から$b_i$へのパスからなる$k$本の辺素パスが$G'$に存在することである．第二に，任意の$i \neq j$に対して，$a_i$から$b_i$へのパスと$a_j$から$b_j$へのパスの2本の辺素パスが$G'$に存在するときには，$G$に2本の辺素パスが存在することが主張できることである．これは，$G$のコピーであるグラフ$G'$のある交点で，$a_i$-$b_i$パスと$a_j$-$b_j$パスが交差することから得られる．すなわち，その交点のグラフ$G$で交差する二つのパスが辺素であるためには，$s_1$-$t_1$パスと$s_2$-$t_2$パスが$G$で辺素であることが必要であるからである．

したがって，辺素パス問題に対する$\Omega(m^{-\frac{1}{2}+\epsilon})$-近似アルゴリズムが与えられると，グラフ$G$から上記のように多項式時間で$G'$を構成して，グラフ$G$が2本の辺素パスを持つかあるいは1本しか持たないかを以下のように判定することができることになる．あとで指定する定数より$|A|$が小さいときには，単純に全探索することにより，$G$に2本の辺素パスが存在するかあるいは1本しか存在しないかを定数時間で判定することができる．$|A|$がこの定数以上のときには，$G'$を上記のように構成し，それにこの近似アルゴリズムを適

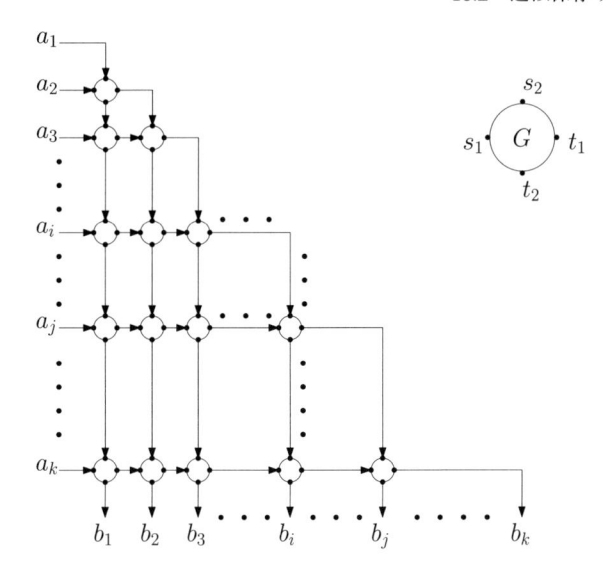

**図16.2** $k=2$ の辺素パス問題から一般の $k$ の辺素パス問題へのリダクションの説明図．異なる $a_i$ から $b_i$ へのパスのどの交点にも $G$ のコピーが埋め込まれていることに注意しよう．

用する．$G$ に 1 本の辺素パスしか存在しないときには，$G'$ にも辺素パスは 1 本しか存在しない．$G$ に 2 本の辺素パスが存在するときには，$G'$ に $k$ 本の辺素パスが存在することがわかる．したがって，このときこの近似アルゴリズムは，$G'$ の辺数が $O(k^{2+\epsilon})$ であるので，

$$\Omega\left((k^{2+\epsilon})^{-\frac{1}{2}+\epsilon}\right)\cdot k = \Omega\left(k^{\frac{3}{2}\epsilon+\epsilon^2}\right) = \Omega\left(|A|^{\frac{3}{2}+\epsilon}\right)$$

本の辺素パスを求めてくる．この値は，$|A|$ がある定数以上のときには，2 以上となる．したがって，$G'$ で得られる辺素パスの本数が 2 以上のときには，$G$ に 2 本の辺素パスが存在することになる．一方，$G'$ で得られる辺素パスの本数が 1 のときには，$G$ にも 1 本の辺素パスしか存在しないことになる．したがって，この近似アルゴリズムを用いて，NP-完全問題を多項式時間で解くことができることになってしまう．以上の議論より，以下が示されたことになる．

**定理 16.2** $\mathbf{P}=\mathbf{NP}$ でない限り，どのような $\epsilon>0$ に対しても，有向グラフの辺素パス問題に対する $\Omega(m^{-\frac{1}{2}+\epsilon})$-近似アルゴリズムは存在しない．

## 16.2 近似保存リダクション

本節では，**近似保存リダクション** (approximation-preserving reduction) のアイデアを議論する．すなわち，問題 $\Pi'$ に対する $\alpha$-近似アルゴリズムが存在するときには問題 $\Pi$ に対する $f(\alpha)$-近似アルゴリズムが得られる，という性質を満たす問題 $\Pi$ から問題 $\Pi'$ のリダクションを示す．なお，$f$ はある関数である．したがって，$\Pi$ がある性能保証で近似困難であるときには，このリダクションから，$\Pi'$ も（一般には異なる）ある性能保証で近似困

難となることが得られる．

これからこの種のリダクションを説明する．各クローズが正確に3個のリテラルからなる最大充足化問題 (MAX SAT) を考える．この版の問題を **MAX E3SAT** と呼ぶことにする．この MAX E3SAT から各クローズが高々2個のリテラルからなる最大充足化問題（**MAX 2SAT** と呼ばれる）へのリダクションを示す．このリダクションでは，MAX E3SAT の入力の各クローズに対して，以下のように定義される 10 個のクローズからなる MAX 2SAT の入力を構成する．これらの MAX 2SAT の 10 個のクローズでは，MAX E3SAT の入力の対応するクローズで用いられた変数 $x_i$ のほかに，そのクローズが MAX E3SAT の入力の $j$ 番目のクローズならば，新しい変数 $y_j$ も用いる．より具体的には，以下のとおりである．MAX E3SAT の入力の $j$ 番目のクローズが $x_1 \vee x_2 \vee x_3$ であるとする．すると，MAX 2SAT の入力の 10 個のクローズは，

$$x_1,\ x_2,\ x_3,\ \bar{x}_1 \vee \bar{x}_2,\ \bar{x}_2 \vee \bar{x}_3,\ \bar{x}_1 \vee \bar{x}_3,\ y_j,\ x_1 \vee \bar{y}_j,\ x_2 \vee \bar{y}_j,\ x_3 \vee \bar{y}_j$$

と書ける．このとき，MAX E3SAT のこのクローズ $x_1 \vee x_2 \vee x_3$ が充足されるときには，変数 $y_j$ に適切に真理値を割り当てて，10 個のクローズのうち 7 個のクローズを充足できる（8 個以上のクローズは充足できない）ことが主張できる．一方，このクローズ $x_1 \vee x_2 \vee x_3$ が充足されないときには，$x_1, x_2, x_3$ のすべてが偽に設定されている．このとき，10 個のクローズのうち 6 個のクローズが充足されるように変数 $y_j$ に適切に真理値を割り当てることができるが，それより多く充足されるようにすることはできない．これを以下で場合分けをして実際に確認する．$x_1, x_2, x_3$ がすべて真のときには，$y_j$ を真に設定することにより，10 個のクローズのうち，最初の 3 個のクローズのすべてと，最後の 4 個のクローズをすべて充足することができる．$x_1, x_2, x_3$ の 2 個のみが真のときには，$y_j$ を真に設定することにより，最初の 3 個のクローズの 2 個と，次の 3 個のクローズの 2 個と，最後の 4 個のクローズの 3 個を充足することができる．$x_1, x_2, x_3$ の 1 個のみが真のときには，$y_j$ を偽に設定することにより，最初の 3 個のクローズの 1 個と，次の 3 個のクローズのすべてと，最後の 3 個のクローズのすべてを充足することができる．しかし，いずれのときも 8 個以上のクローズを充足することはできない．最後に，$x_1, x_2, x_3$ の 0 個のみが真のとき（すべてが偽のとき）を考える．$y_j$ を真に設定すると，最初の 3 個のクローズの 0 個と，次の 3 個のクローズの 3 個と，最後の 4 個のクローズの 1 個を充足することができる．一方，$y_j$ を偽に設定することにより，最初の 3 個のクローズの 0 個と，次の 3 個のクローズの 3 個と，最後の 4 個のクローズの 3 個を充足することができる．任意の MAX E3SAT の入力のクローズに対しても，同一の結果が得られる．

ここで，MAX 2SAT 入力の近似可能性と MAX E3SAT 入力の近似可能性とを関係づけたい．MAX E3SAT 入力が $m$ 個のクローズからなり，最適解は $k^*$ 個のクローズを充足しているとする．したがって，$m - k^*$ 個のクローズは充足されない．このとき，MAX 2SAT 入力の最適解は $7k^* + 6(m - k^*)$ 個のクローズを充足することに注意しよう．さらに，MAX 2SAT に対する $\alpha$-近似アルゴリズムがあり，10 個のクローズからなるグループで 7 個のクローズが充足されるグループの個数が $\tilde{k}$ であり，残りの $m - \tilde{k}$ 個の各グループでは 6 個のクローズが充足されるとする．すると，変数 $x_i$ への同一の割当てを用いて，MAX E3SAT 入力の $\tilde{k}$ 個のクローズが充足される．ここで，MAX 2SAT 入力の近似可能性と MAX E3SAT

入力の近似可能性とを関係づけるために，MAX E3SAT 入力の最適解を $I$ とし，対応する MAX 2SAT 入力の最適解を $I'$ とする．$\mathrm{OPT}(I) = k^*$ と $\mathrm{OPT}(I') = 7k^* + 6(m - k^*)$ をそれぞれの入力の最適解の値とする．そして，MAX 2SAT に対する $\alpha$-近似アルゴリズムから，MAX E3SAT に対するある関数 $f(\alpha)$ の $f(\alpha)$-近似アルゴリズムが得られることを以下に示す．そこで，はじめに，$\alpha \mathrm{OPT}(I') \leq 7\tilde{k} + 6(m - \tilde{k})$ および

$$\mathrm{OPT}(I') - \alpha\,\mathrm{OPT}(I') \geq 7k^* + 6(m - k^*) - [7\tilde{k} + 6(m - \tilde{k})] = k^* - \tilde{k} = \mathrm{OPT}(I) - \tilde{k}$$

に注意する．したがって，

$$\tilde{k} \geq \mathrm{OPT}(I) - (1 - \alpha)\mathrm{OPT}(I')$$

が得られる．ここで，MAX E3SAT 入力で得られる解の値を抑えるために，$\mathrm{OPT}(I')$ を $\mathrm{OPT}(I)$ に関係づけることが必要である．5.1 節で議論したように，最大充足化問題に対する単純な乱択アルゴリズムは，MAX SAT 入力の各クローズが3個のリテラルからなるときには，少なくとも $\frac{7}{8}$ の割合のクローズを充足するので，$k^* \geq \frac{7}{8}m$ が得られる．したがって，

$$\mathrm{OPT}(I') = 7k^* + 6(m - k^*) = k^* + 6m \leq k^* + \frac{48}{7}k^* = \frac{55}{7}\mathrm{OPT}(I)$$

が得られる．この不等式を上記の不等式に代入すると，

$$\tilde{k} \geq \mathrm{OPT}(I) - (1 - \alpha)\mathrm{OPT}(I') \geq \mathrm{OPT}(I) - (1 - \alpha)\frac{55}{7}\mathrm{OPT}(I) = \left(\frac{55}{7}\alpha - \frac{48}{7}\right)\mathrm{OPT}(I)$$

が得られる．

したがって，MAX 2SAT 問題に対する $\alpha$-近似アルゴリズムが与えられているとすると，MAX E3SAT 問題に対して $\left(\frac{55}{7}\alpha - \frac{48}{7}\right)$-近似アルゴリズムが得られる．対偶を取ると，MAX E3SAT に対して，$\mathbf{P} = \mathbf{NP}$ でない限り，与えられた $\rho$ の $\rho$-近似アルゴリズムが存在しないとすると，MAX 2SAT に対して，$\mathbf{P} = \mathbf{NP}$ でない限り，$\frac{55}{7}\alpha - \frac{48}{7} \geq \rho$ を満たす $\alpha$ の $\alpha$-近似アルゴリズムが存在しないことになる．定理 5.2 では，$\mathbf{P} = \mathbf{NP}$ でない限り，MAX E3SAT に対する定数 $\rho > \frac{7}{8}$ の $\rho$-近似アルゴリズムが存在しないことが主張されている．$\frac{55}{7}\alpha - \frac{48}{7} > \frac{7}{8}$ を用いて $\alpha$ の値を決定すると，以下の結論が得られる．

**定理 16.3** $\mathbf{P} = \mathbf{NP}$ でない限り，MAX 2SAT 問題に対する $\alpha > \frac{433}{440} \approx 0.984$ の $\alpha$-近似アルゴリズムは存在しない．

上で用いたリダクションの特徴を抽出して以下にまとめておこう．このリダクションは，**L-リダクション** (L-reduction) と呼ばれている．すなわち，問題 $\Pi$ から問題 $\Pi'$ への L-リダクションは，$\Pi$ の入力 $I$ から $\Pi'$ の入力 $I'$ を，ある定数 $a$ を用いて $\mathrm{OPT}(I') \leq a\,\mathrm{OPT}(I)$ が成立するように，多項式時間で構成する．さらに，$I'$ の値 $V'$ の実行可能解に対して，ある定数 $b$ を用いて，$|\mathrm{OPT}(I) - V| \leq b|\mathrm{OPT}(I') - V'|$ が成立するような $I$ の値 $V$ の解を多項式時間で求めることができるようにする．パラメーターの $a, b$ は，近似可能性を決定するのに重要な役割を果たすので，"パラメーター $a, b$ を伴う L-リダクション" と呼ばれることもある．たとえば，上記の MAX E3SAT から MAX 2SAT へのリダクションでは，パラメーター $a = \frac{55}{7}, b = 1$ を伴う L-リダクションであったと言える．便宜上，以下に L-リダクションの定義を形式的に与えておくことにする．

**定義 16.4** 与えられた二つの最適化問題 $\Pi, \Pi'$ に対して，$\Pi$ から $\Pi'$ への変換は，ある数 $a, b > 0$ に対して以下の性質を満たすとき，**L-リダクション (L-reduction)**（あるいは "パラメーター $a, b$ を伴う L-リダクション"）と呼ばれる．

1. $\Pi$ の各入力 $I$ に対して，$\Pi'$ の入力 $I'$ を多項式時間で計算できる．
2. $\mathrm{OPT}(I') \leq a\,\mathrm{OPT}(I)$ が成立する．
3. $I'$ の値 $V'$ の解が与えられると，

$$|\mathrm{OPT}(I) - V| \leq b|\mathrm{OPT}(I') - V'|$$

を満たすような $I$ の値 $V$ の解を多項式時間で計算できる．

$\Pi$ と $\Pi'$ の両方が最大化問題であり，$\Pi'$ に対する $\alpha$-近似アルゴリズムがあるときには，$\Pi$ の入力 $I$ の解を得ることができることに注意しよう．実際，それは以下のようにして得られる．$\Pi'$ の入力 $I'$ を多項式時間で構成し，次に，値 $V' \geq \alpha\,\mathrm{OPT}(I')$ の解を $\alpha$-近似アルゴリズムを用いて求めて，さらに，多項式時間のアルゴリズムを用いて値 $V$ の $I$ の解を求める．さらに，値 $V$ は

$$V \geq \mathrm{OPT}(I) - b(\mathrm{OPT}(I') - V') \geq \mathrm{OPT}(I) - b(1-\alpha)\mathrm{OPT}(I') \geq \mathrm{OPT}(I)(1 - ab(1-\alpha))$$

を満たすことになるので，このアルゴリズムは，$\Pi$ に対する $(1 - ab(1-\alpha))$-近似アルゴリズムとなる．同様に，$\Pi$ と $\Pi'$ の両方が最小化問題であり，$\Pi'$ に対する $\alpha$-近似アルゴリズムがあるときには，$\Pi$ に対する $(ab(\alpha-1)+1)$-近似アルゴリズムが得られる．あとでこれらの結果を参照しやすくするために，これらを定理としてまとめておく．

**定理 16.5** 最大化問題 $\Pi$ から最大化問題 $\Pi'$ へのパラメーター $a, b$ を伴う L-リダクションと $\Pi'$ に対する $\alpha$-近似アルゴリズムがあるときには，$\Pi$ に対する $(1 - ab(1-\alpha))$-近似アルゴリズムが存在する．

**定理 16.6** 最小化問題 $\Pi$ から最小化問題 $\Pi'$ へのパラメーター $a, b$ を伴う L-リダクションと $\Pi'$ に対する $\alpha$-近似アルゴリズムがあるときには，$\Pi$ に対する $(ab(\alpha-1)+1)$-近似アルゴリズムが存在する．

L-リダクションの品質は積 $ab$ に依存することに注意しよう．積が小さくなればなるほど，結果として得られる $\Pi$ に対する近似アルゴリズムはより良いものとなる．たとえば，MAX E3SAT から MAX 2SAT へのより良い L-リダクションを以下のように与えることができる．MAX E3SAT の $j$ 番目のクローズ $x_1 \vee x_2 \vee x_3$ に対して，重み $1/2$ の 6 個のクローズ $x_1 \vee x_3, \bar{x}_1 \vee \bar{x}_3, x_1 \vee \bar{y}_j, \bar{x}_1 \vee y_j, x_3 \vee \bar{y}_j, \bar{x}_3 \vee y_j$ と重み 1 の 1 個のクローズ $x_2 \vee y_j$ を構成する．すると，$x_1 \vee x_2 \vee x_3$ を充足する任意の割当てに対して，$y_j$ を適切に設定することにより，充足されるクローズの重みの総和が 3.5 となるようにできる．一方，$x_1 \vee x_2 \vee x_3$ が充足されないときには $x_1, x_2, x_3$ のすべてに偽が割り当てられていることになり，$y_j$ を適切に設定することにより，充足されるクローズの重みの総和が 2.5 となるようにできるが，それより大きい値にすることはできない．このリダクションは，パラメーター $a = 1 + \frac{5}{2} \cdot \frac{8}{7} = \frac{27}{7}, b = 1$ を伴う L-リダクションとなる．したがって，定理 16.5 より，

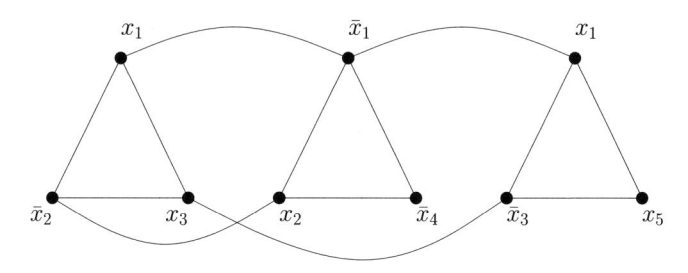

**図 16.3** MAX E3SAT から最大独立集合問題へのリダクションの説明図. MAX E3SAT の入力は 3 個のクローズ $x_1 \vee \bar{x}_2 \vee x_3, \bar{x}_1 \vee x_2 \vee \bar{x}_4, x_1 \vee \bar{x}_3 \vee x_5$ からなるとしている.

MAX 2SAT に対する $\alpha$-近似アルゴリズムは，MAX E3SAT に対する $(1 - \frac{27}{7}(1-\alpha))$-近似アルゴリズムとなる．上記のように，**P = NP** でない限り，MAX E3SAT に対する定数 $\rho > \frac{7}{8}$ の $\rho$-近似アルゴリズムは存在しないので，以下の定理が得られる．

**定理 16.7** **P = NP** でない限り，MAX 2SAT に対する定数 $\alpha > \frac{209}{216} \approx 0.968$ の $\alpha$-近似アルゴリズムは存在しない．

次に，ほかの L-リダクションを与える．10.2 節で与えた最大独立集合問題を思いだそう．その問題では，入力として無向グラフ $G = (V, E)$ が与えられ，目標は，すべての $u, v \in S$ に対して $(u, v) \notin E$ を満たすような点の部分集合 $S \subseteq V$ のうちで，点数が最大のものを求めることであった．MAX E3SAT から最大独立集合問題への L-リダクションを示す．与えられた MAX E3SAT の $m$ 個のクローズからなる入力 $I$ に対して，$3m$ 個の点からなるグラフを以下のように構成する．各点は MAX E3SAT のクローズの各リテラルに対応する．したがって，MAX E3SAT の各クローズから 3 個の点が生成され，それらの 3 点を互いに結ぶ 3 本の辺を加える．さらに各リテラル $x_i$ に対応する点と各リテラル $\bar{x}_i$ に対応する点の間に辺を加える．こうして得られるグラフが最大独立集合問題の入力 $I'$ である．このリダクションの説明図を図 16.3 に与えている．

最大独立集合問題の入力に対する解が与えられるとする．このとき，$x_i$ に対応するリテラルの点が解の独立集合に含まれているとき $x_i$ を真に設定し，$\bar{x}_i$ に対応するリテラルの点が解の独立集合に含まれているとき $x_i$ を偽に設定する．独立集合に，$x_i$ に対応するリテラルの点も $\bar{x}_i$ に対応するリテラルの点も含まれていないときには，$x_i$ に真あるいは偽を任意に設定する．こうして，MAX E3SAT の入力に対する解が得られる．この割当ては矛盾のない割当てになっている．各 $x_i$ に対応するリテラルの点と各 $\bar{x}_i$ に対応するリテラルの点との間には辺があるので，それらが同時に独立集合に含まれることはないからである．前述したように，ある変数 $x_j$ に対して，独立集合に，$x_j$ に対応するリテラルの点も $\bar{x}_j$ に対応するリテラルの点も含まれていないときには，$x_j$ に真あるいは偽を任意に設定する．さらに，各クローズから独立集合に選ばれるリテラルの点は高々 1 点であることに注意しよう．したがって，得られる割当てでは，独立集合に含まれる点の個数以上のクローズが充足されることになる．同様に，MAX E3SAT の入力に対する解が与えられるとする．このとき，充足されている各クローズからそのクローズを満たしているリテラルを 1 個選んで独立集合に入れる．すなわち，このクローズでそのようなリテラルが，正

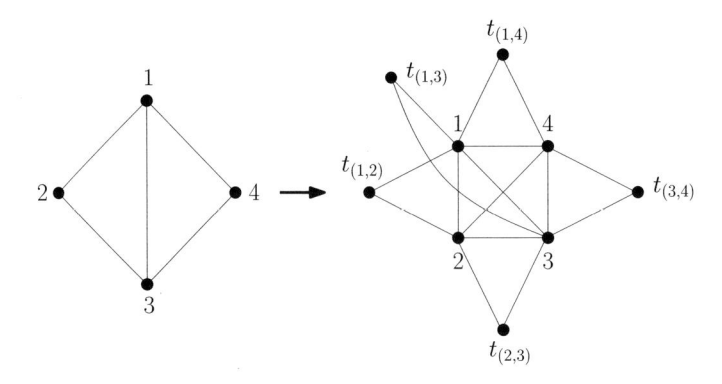

**図16.4** 次数上界付きグラフの重みなし点カバー問題からシュタイナー木問題へのリダクションの説明図．左が点カバー問題の入力の例であり，右がリダクションで得られるシュタイナー木問題の入力である．右の図では，コスト1の辺のみを表示している．2点を結ぶ表示していない辺のコストはすべて2である．

リテラル $x_i$ で真が割り当てられているときには対応する点 $x_i$ を独立集合に入れ，負リテラル $\bar{x}_i$ で真が割り当てられているときには対応する点 $\bar{x}_i$ を独立集合に入れる．したがって，充足されているクローズの個数に等しい点数の独立集合が得られる．以上の議論より，$\mathrm{OPT}(I) = \mathrm{OPT}(I')$ が成立する．さらに，最大独立集合問題の入力の任意の値 $V'$ の解に対して，MAX E3SAT の入力の $V \geq V'$ を満たす値 $V$ の解が得られる．これは，パラメーター $a = b = 1$ を伴う L-リダクションとなり，最大独立集合問題に対する任意の $\alpha$-近似アルゴリズムから，MAX E3SAT 問題に対する $\alpha$-近似アルゴリズムが得られることを示している．したがって，以下の定理が得られる．

**定理 16.8** $\mathbf{P} = \mathbf{NP}$ でない限り，最大独立集合問題に対する定数 $\alpha > \frac{7}{8}$ の $\alpha$-近似アルゴリズムは存在しない．

ほかの種類の近似保存リダクションに移る前に，最後の以下の L-リダクションを与える．すなわち，1.2節で取り上げた点カバー問題の次数上界付きグラフの重みなし点カバー問題版から，演習問題2.5で取り上げたシュタイナー木問題へのリダクションを与える．重みなし点カバー問題の入力 $I$ として，各点の次数が高々 $\Delta$ である3点以上の連結なグラフ $G = (V, E)$ が与えられる．この入力 $I$ から，シュタイナー木問題の入力 $I'$ を以下のように構成する．$V$ の各点 $v$ に対応する1点 $v$ と $E$ の各辺 $e$ に対応する1点 $t_e$ をそれぞれ新しく作り，それらの点からなる集合 $V'$ を点集合とする新しいグラフ $G'$ を構成する．$V$ からの各点 $v$ はシュタイナー点（非ターミナル点）であり，$E$ からの各点 $t_e$ はターミナル点であるとする．すなわち，$T = \{t_e : e \in E\}$ とすると，$T$ がターミナル点の集合であり，$V' = V \cup T$ と書ける．任意の $e = (u, v) \in E$ に対して，辺 $(t_e, u), (t_e, v)$ のコストを $c_{t_e, u} = c_{t_e, v} = 1$ と定める．また，任意のシュタイナー点対 $u, v \in V$ に対して，辺 $(u, v)$ のコストを $c_{uv} = 1$ と定める．さらに，上記以外の点対 $u, v \in V \cup T$ に対して，辺 $(u, v)$ のコストを $c_{uv} = 2$ と定める．このリダクションの説明図を図16.4に与えている．

これが L-リダクションであることを次に示す．点カバー問題の入力において各点 $v$ は高々 $\Delta$ 本の辺しかカバーできないので，$\mathrm{OPT}(I) \geq |E|/\Delta$ が成立する．シュタイナー木問

題の入力においては，コスト 2 の辺のみを用いて，すべてのターミナル点を含むパスを構築できるので，$|E|=|T|$ より，$\mathrm{OPT}(I') \le 2(|T|-1) \le 2|E| \le 2\Delta\,\mathrm{OPT}(I)$ が得られる．

点カバー $C \subseteq V$ が与えられると，それを用いてコスト $|T|+|C|-1$ のシュタイナー木を以下のように構成できることに注意しよう．最初に，$C$ に含まれるシュタイナー点に対して，コスト 1 の辺のみを用いてコスト $|C|-1$ の木を構築する．次に，各辺 $e$ に対して，$e$ をカバーする点 $u \in C$ を 1 点選んで，ターミナル点 $t_e$ と $u$ をコスト 1 の辺を用いて結ぶ．したがって，このとき用いる辺の総コストは $|T|$ となり，コスト $|T|+|C|-1$ のシュタイナー木が得られる．

同様に，コスト $L$ のシュタイナー木が与えられると，それを用いて高々 $L-(|T|-1)$ 個の点からなる点カバーを得ることができることを示す．与えられたシュタイナー木から，コストが高々 $L$ でコスト 2 の辺を用いないシュタイナー木を得ることができることを最初に示す．そこで，シュタイナー木からコスト 2 の辺を任意に 1 本除去するとする．すると，二つの連結成分（木）が得られることに注意しよう．両方の連結成分がシュタイナー点を含むならば，それぞれの連結成分からシュタイナー点を任意に 1 個選んでそれらの 2 点をコスト 1 の辺で結ぶことにより，コストが 1 小さいシュタイナー木が得られる．これを繰り返して，以下では，コスト 2 のどの辺を除去しても，少なくとも一方の連結成分がシュタイナー点を含まないとする．すると，シュタイナー点を含まない連結成分は，ターミナル点からなり，2 点以上含むときにはコスト 2 の辺のみで結ばれている．さらにこの連結成分は木であるので，次数 0 の点 1 点からなるか，あるいは次数 1 の点を 2 個以上含む．この次数 1 以下の点として，元のシュタイナー木で次数 1 のターミナル点を選ぶことができる．この点を辺 $e=(u,v)$ に対応するターミナル点 $t_e$ とする．$t_e$ に接続しているコスト 2 の辺が元のシュタイナー木に存在することが言えるので，その辺を除去する．すると，二つの連結成分（木）が得られる（次数 1 の点 $t_e$ の選び方により，一方の連結成分は 1 点 $t_e$ のみからなる）．以下の議論ではこの二つの連結成分に固定して議論する．$G$ は 3 点以上の連結グラフであると仮定していたので，$u$ あるいは $v$ に接続する $e$ と異なる $G$ の辺 $e'$ が存在する．対称性から $e'$ は $u$ に接続していると仮定する．ここで，二つの連結成分にコスト 1 の 2 本の辺 $(t_e,u), (u,t_{e'})$ を加える．ターミナル点 $t_{e'}$ は元のシュタイナー木に含まれていて，1 点 $t_e$ からなる連結成分と異なる連結成分に属するので，上記の 2 本の辺 $(t_e,u), (u,t_{e'})$ を加えると，コストが同じか（$(u,t_{e'})$ を加えると閉路ができるときには加えないで）小さくなるシュタイナー木が得られる．このプロセスをコスト 2 の辺がシュタイナー木に存在する限り繰り返す．すると，最終的に，すべての辺がコスト 1 で $L$ 以下のコストのシュタイナー木が得られる．この得られたシュタイナー木で，シュタイナー点の集合を $C$ とする．シュタイナー木はコスト 1 の辺しか用いていないので，各辺 $e=(u,v)$ に対応するターミナル点 $t_e$ は，シュタイナー木で辺 $(t_e,u)$ あるいは辺 $(t_e,v)$ を用いて $C$ の $u$ あるいは $v$ と結ばれている．したがって，$C$ は点カバーとなる．さらに，シュタイナー木はコスト 1 の辺のみを用いて $|T|+|C|$ 個の点を結んでいるので，そのコストは $|T|+|C|-1 \le L$ である．したがって，得られる点カバーの点数は，所望のとおり，高々 $L-(|T|-1)$ である．

以上の議論より，シュタイナー木問題の入力 $I'$ に対してコスト $Z'$ の解が与えられると，点カバー問題の入力 $I$ に対してサイズが高々 $Z \le Z'-|T|+1$ の解を得ることがで

き，点カバー問題の入力 $I$ に対してサイズ $Z$ の解が与えられるとシュタイナー木問題の入力 $I'$ に対してコストが高々 $Z + |T| - 1$ の解を得ることができることがわかった．したがって，$\mathrm{OPT}(I') = \mathrm{OPT}(I) + |T| - 1$ となって，$Z - \mathrm{OPT}(I) = Z - \mathrm{OPT}(I') + |T| - 1 \leq Z' - \mathrm{OPT}(I')$ が得られる．すなわち，リダクションは，パラメーター $a = 2\Delta, b = 1$ を伴う L-リダクションであることになる．したがって，定理 16.6 より，以下が得られる．

**補題 16.9** 最小シュタイナー木問題に対する $\alpha$-近似アルゴリズムが与えられると，最大次数 $\Delta$ の連結グラフにおける点カバー問題に対する $(2\Delta(\alpha - 1) + 1)$-近似アルゴリズムが得られる．

次数上界付きグラフの点カバー問題に対しては以下の定理が知られている．

**定理 16.10** 十分に大きい $\Delta$ に対して，最大次数 $\Delta$ の連結グラフにおける点カバー問題に対する $(1 + \epsilon)$-近似アルゴリズムが存在すれば，$\mathbf{P} = \mathbf{NP}$ となるような $\epsilon > 0$ が存在する．

したがって，この定理から以下の系を得ることができる．

**系 16.11** 最小シュタイナー木問題に対する $(1 + \epsilon')$-近似アルゴリズムが存在すれば，$\mathbf{P} = \mathbf{NP}$ となるような $\epsilon' > 0$ が存在する．

これまでに眺めてきた近似保存リダクションは，すべて L-リダクションであった．また，リダクションはすべて，ある問題から別の問題へのリダクションであった．そこで，次に，最大独立集合からそれ自身への近似保存リダクションの興味深い例を与える．その後，このリダクションを用いて，$\mathbf{P} = \mathbf{NP}$ でない限り，最大独立集合問題に対する定数の性能保証の近似アルゴリズムが存在しないことを示す．

**定理 16.12** 最大独立集合問題に対する $\alpha$-近似アルゴリズムが存在すれば，最大独立集合問題に対する $\sqrt{\alpha}$-近似アルゴリズムが存在する．

**証明**：最大独立集合問題に対する $\alpha$-近似アルゴリズムが与えられていて，入力のグラフ $G$ が与えられたとする．$G$ の最大独立集合のサイズを $\mathrm{OPT}(G)$ とする．このとき，サイズが少なくとも $\sqrt{\alpha}\,\mathrm{OPT}(G)$ であるような解を求めたい．そのために，以下のように定義される新しいグラフ $G \times G$ を考える．$G \times G$ の点集合は $V' = V \times V$ であり，辺集合 $E'$ は，2 点の $(u_1, u_2) \in V'$ と $(v_1, v_2) \in V'$ に対して，$(u_1, v_1) \in E$ あるいは $(u_2, v_2) \in E$ であるとき（そしてそのときのみ）辺があるとして定義される．

すると，以下が言える．第一に，$G$ の任意の独立集合 $S$ に対して，$S \times S$ は $G \times G$ の独立集合であることが主張できる．なぜならば，任意の $(u_1, u_2), (v_1, v_2) \in S \times S$ に対して，$S$ が独立であるので，$(u_1, v_1) \notin E$ と $(u_2, v_2) \notin E$ の両方が成立し，$S \times S$ は $G \times G$ の独立集合となるからである．第二に，$G \times G$ の任意の独立集合 $S' \subseteq V'$ に対して，$S_1 = \{u \in V : \exists (u, w) \in S'\}$ と $S_2 = \{u \in V : \exists (w, u) \in S'\}$ の両方が $G$ で独立であることが主張できる．これは以下のようにして理解できる．$u, v \in S_1$ とする．すると定義より，$(u, w_1), (v, w_2) \in S'$ が存在する．さらに，$S'$ は独立集合であるので，$(u, v) \in E$ となるような辺は存在しない．したがって，$S_1$ は独立集合である．$S_2$ も同一の議論で独立集合で

あることが得られる．したがって，$G$ の独立集合 $S$ を用いて，サイズが少なくとも $|S|^2$ の $G \times G$ の独立集合を得ることができる．逆に，$G \times G$ の独立集合を $S'$ とする．そして，上記の $S_1$ と $S_2$ を用いる．すると，$S' \subseteq S_1 \times S_2$ かつ $|S'| \leq |S_1||S_2|$ が得られる．二つの集合 $S_1, S_2$ のうちで大きい方の集合を選ぶと，サイズが少なくとも $\sqrt{|S'|}$ の $G$ の独立集合が得られる．したがって，$\text{OPT}(G \times G) = \text{OPT}(G)^2$ が得られる．

与えられた最大独立集合問題に対する $\alpha$-近似アルゴリズムと入力のグラフ $G$ に対して，グラフ $G \times G$ を構成して，その近似アルゴリズムを用いて，サイズが少なくとも $\alpha \text{OPT}(G \times G)$ の $G \times G$ の独立集合 $S'$ を求める．さらに，この $S'$ を用いて，上述のようにして，サイズが少なくとも $\sqrt{\alpha \text{OPT}(G \times G)} = \sqrt{\alpha} \text{OPT}(G)$ の $G$ の独立集合 $S$ を求める．したがって，このアルゴリズムは，最大独立集合問題に対する $\sqrt{\alpha}$-近似アルゴリズムとなる． □

このリダクションを繰り返し適用することにより，以下の系が得られる．

**系 16.13** 最大独立集合問題に対する正定数 $\rho < 1$ の $\rho$-近似アルゴリズムが存在すれば，最大独立集合問題に対する多項式時間近似スキーム (PTAS) が存在する．

**証明**：任意の $\epsilon > 0$ と $\rho$-近似アルゴリズムが与えられるとする．$\rho > 1 - \epsilon$ ならば，証明すべきことはない．そこで，そうでないとする．このとき，$k \geq \log \log \frac{1}{\rho} - \log \log \frac{1}{1-\epsilon}$ を満たす最小の正整数 $k$ を用いて，定理 16.12 に対する議論を $k$ 回適用する．すると，$\rho^{1/2^k} \geq 1 - \epsilon$ が成立する．$n$ を入力のグラフの点数とする．すると，$k$ 回のリダクションにより，点数が $n^{2^k}$ のグラフが構成される．これは，入力のサイズ $n$ の多項式サイズである．したがって，$(1-\epsilon)$-近似アルゴリズムが得られたことになる． □

この議論から，以下の系が得られる．

**系 16.14** $\mathbf{P} = \mathbf{NP}$ でない限り，どのような定数 $\rho > 0$ に対しても，最大独立集合問題に対する $\rho$-近似アルゴリズムは存在しない．

**証明**：定理 16.8 より，$\mathbf{P} = \mathbf{NP}$ でない限り，最大独立集合問題に対する $\alpha > \frac{7}{8}$ の $\alpha$-近似アルゴリズムは存在しないことがわかっている．したがって，系 16.13 より，$\mathbf{P} = \mathbf{NP}$ でない限り，どのような定数 $\rho > 0$ でも，$\rho$-近似アルゴリズムは存在しない． □

ある問題から別の問題へのリダクションの最後の例として，1.2 節で取り上げた重みなし集合カバー問題から 4.5 節で取り上げた容量制約なしメトリック施設配置問題へのリダクションを与える．容量制約なしメトリック施設配置問題に対する $\alpha < 1.463$ の $\alpha$-近似アルゴリズムがあるとすると，重みなし集合カバー問題に対する $c < 1$ の $(c \ln n)$-近似アルゴリズムが存在することになることを示す．一方，定理 1.13 より，すべての NP-完全問題に対して $\text{O}(n^{\text{O}(\log \log n)})$ 時間アルゴリズムが存在することが言えない限りは，重みなし集合カバー問題に対するそのような近似アルゴリズムの存在しないことがわかっている．したがって，このリダクションより，すべての NP-完全問題に対して $\text{O}(n^{\text{O}(\log \log n)})$ 時間アルゴリズムが存在することが言えない限りは，容量制約なしメトリック施設配置問題に対する $\alpha < 1.463$ の $\alpha$-近似アルゴリズムが存在しないことが得られる．

**アルゴリズム 16.1** 基礎集合 $E$ と部分集合 $S_1,\ldots,S_m \subseteq E$ の重みなし集合カバー問題の入力に対して，容量制約なしメトリック施設配置問題に対する $\alpha$-近似アルゴリズムをサブルーチンとして用いるアルゴリズム．

    **for** $k \leftarrow 1$ to $m$ **do**
        $I_k \leftarrow \emptyset$
        施設配置問題の入力を $D = E, F = \{1, 2, \ldots, m\}$ とする
        **while** $D \neq \emptyset$ **do**
            すべての $i \in F$ で $f_i \leftarrow \gamma |D|/k$ とする
            利用者の集合 $D$，施設の集合 $F$ の入力に対して，施設配置問題に対する
                $\alpha$-近似アルゴリズムを走らせる
            この近似アルゴリズムで開設される施設の集合を $F'$ とする
            $I_k \leftarrow I_k \cup F'$
            ある $i \in F'$ に対して $c_{ij} = 1$ となるような利用者 $j$ からなる集合を $D'$ とする
            $F \leftarrow F - F', D \leftarrow D - D'$
    **return** $|I_k|$ が最小となる $I_k$

  ここのリダクションは，これまで眺めてきたリダクションと比べてかなり複雑である．とくに，施設配置問題に対する $\alpha$-近似アルゴリズムを何度も呼び出して用いて，集合カバー問題の近似アルゴリズムを得るというものになる．集合カバー問題の入力として，基礎集合 $E$ と部分集合 $S_1, \ldots, S_m \subseteq E$ が与えられるとする．これから容量制約なし施設配置問題の入力を以下のように構成する．利用者の集合を $D = E$，施設の集合を $F = \{1, 2, \ldots, m\}$ と設定する．さらに，各利用者 $j$ に対して，$j$ に対応する要素が部分集合 $S_i$ に含まれるとき $c_{ij} = 1$ と設定し，そうでないとき $c_{ij} = 3$ と設定する．このようにして定まる割当て（利用）コストは，任意の施設 $h, i \in F$ と任意の利用者 $j, l \in D$ に対して，$c_{ij} \leq c_{il} + c_{hl} + c_{hj}$ となるので，メトリックであることに注意しよう．

  これ以降の議論では，この集合カバー問題の入力の最適な集合カバーのサイズを $k$ とする．もちろん，最適な集合カバーのサイズは前もってわからないので，$1$ から $m$ の可能な $k$ のすべての値で，以下のアルゴリズムを走らせて，得られた集合カバーでサイズが最小のものを返すことになる．すべての施設 $i \in F$ に対して，施設 $i$ の開設コストを，あとで決定する正定数 $\gamma$ を用いて，$f_i = \gamma |D|/k$ とする．ここの集合カバー問題に対するアルゴリズムでは，与えられた施設配置問題に対する $\alpha$-近似アルゴリズムを繰り返し呼び出す．施設配置問題に対する $\alpha$-近似アルゴリズムの毎回の呼び出しでは以下が実行される．開設される各施設 $i$ に $c_{ij} = 1$ で割り当てられる利用者 $j$ がすべて求められて，対応する部分集合 $S_i$ が求めようとしている集合カバーに加えられる．さらに，まだカバーされていない利用者の集合が改めて $D$ と設定され，求めようとしている集合カバーに加えられていない施設の集合が改めて $F$ と設定され，このより小さくなった施設配置問題に対して，次の反復の施設配置問題に対する $\alpha$-近似アルゴリズムが呼び出される．すべての要素がカバーされるまでこれが繰り返し行われる．アルゴリズム 16.1 に，このアルゴリズムをまとめている．

**定理 16.15** 容量制約なしメトリック施設配置問題に対して $1 \leq \alpha < 1.463$ の $\alpha$-近似アルゴリズムが存在すれば，アルゴリズム 16.1 は，重みなし集合カバー問題の基礎集合の要素数 $n$ が十分大きい入力に対して，ある正数 $c < 1$ の $(c \ln n)$-近似アルゴリズムである．

**証明**：集合カバー問題の入力の最適な集合カバーのサイズを $k$ と仮定する．そして，for ループの $k$ 回目の反復を考える．この $k$ 回目の反復において，while ループの $\ell$ 回目の反復の開始時におけるカバーされていない要素の個数を $n_\ell$ とし，施設の開設コストを定数 $\gamma$ を用いて $f^\ell = \gamma n_\ell / k$ とする．なお，あとで $\gamma = 0.463$ と設定できることを示す．すると，この $\ell$ 回目の反復での施設配置問題の最適解のコストは高々 $f^\ell k + n_\ell$ である．これは，以下のようにして理解できる．まず，$k$ 個の部分集合からなる集合カバー問題の入力の最適な集合カバーに対応する施設の集合を $F^*$ とする．さらに，$F'$ を $\ell$ 回目の反復の開始時までに開設された施設の集合とする．注意しておきたいことは，$\ell$ 回目の反復の開始時においてカバーされていない各要素に対応する利用者は，$F'$ に含まれるどの施設への割当てコストも 3 であり，$F'$ に含まれる施設に対応する部分集合にはその要素が含まれていないことである．したがって，$\ell$ 回目の反復の開始時においてカバーされていない各要素は，$F^* - F'$ のある施設に対応する部分集合に含まれる．すなわち，$\ell$ 回目の反復で（高々 $k$ 個である）$F^* - F'$ のすべての施設を開設すれば，$\ell$ 回目の反復の開始時においてカバーされていない各要素はコスト 1 でそれらのいずれかの施設に割り当てることができるので，$\ell$ 回目の反復での施設配置問題の最適解のコストは高々 $f^\ell k + n_\ell$ となる．したがって，施設配置問題に対する $\alpha$-近似アルゴリズムをサブルーチンとして用いているので，この反復でアルゴリズムで返される解は，$f^\ell$ の定義より，コストが高々 $\alpha(f^\ell k + n_\ell) = \alpha n_\ell (\gamma + 1)$ となる．

次に，$\ell$ 回目の反復でアルゴリズムで得られる解をさらに詳しく考える．この反復で，$\beta_\ell k$ 個の施設が開設され，$n_\ell$ 人の利用者のうち，開設された施設にコスト 1 で割り当てられる利用者が $\rho_\ell n_\ell$ 人であるとする．残りの $(1 - \rho_\ell) n_\ell$ 人の利用者は，いずれも開設された施設への割当てコストが 3 であるので，この解のコストは

$$\beta_\ell k f^\ell + \rho_\ell n_\ell + 3(1 - \rho_\ell) n_\ell = n_\ell (\beta_\ell \gamma + 3 - 2\rho_\ell)$$

と書ける．一方，近似アルゴリズムの性質と上記の議論より，この解のコストは高々 $\alpha n_\ell (\gamma + 1)$ となるので，

$$\beta_\ell \gamma + 3 - 2\rho_\ell \leq \alpha(\gamma + 1) \tag{16.1}$$

が得られる．整理すると，

$$\frac{\beta_\ell \gamma + 3 - 2\rho_\ell}{1 + \gamma} \leq \alpha < 1.463 \tag{16.2}$$

が得られる．なお，最後の不等式は，仮定より得られる．

$c$ をあとで設定する $0 < c < 1$ を満たす定数とする．このとき，いずれかの $\ell$ で $\rho_\ell \leq 1 - e^{-\beta_\ell / c}$ ならば，$\alpha > 1.463$ となって矛盾することが主張できる（証明は後述する）．したがって，すべての $\ell$ で $\rho_\ell > 1 - e^{-\beta_\ell / c}$ である．そして，これを用いて，$c < c' < 1$ を満たすある $c'$ と十分に大きい $n$ において，アルゴリズムで集合カバー問題の解として返さ

れる集合カバーは高々 $(c' \ln n) k$ 個の部分集合からなることを示すことができる．それを以下で実際に示すことにする．最初にカバーされていない要素の個数は $n_1 = |E|$ であり，$\ell$ 回目の反復では $\rho_\ell$ の割合の要素がカバーされるので，$n_{\ell+1} = (1 - \rho_\ell) n_\ell$ が得られる．アルゴリズムは，すべての要素をカバーして終了するので，最後の反復を $r$ 回目の反復とする．すると，$\rho_r = 1$, $n_r \geq 1$ かつ $|E| \prod_{\ell=1}^{r-1} (1 - \rho_\ell) = n_r \geq 1$ が成立する．

アルゴリズムは while ループの $r$ 回の反復からなるので，集合カバーに選ばれる部分集合の総数は $\sum_{\ell=1}^{r} \beta_\ell k$ となり，アルゴリズムの性能保証は $\sum_{\ell=1}^{r} \beta_\ell$ と書ける．主張により，すべての $\ell$ で $\rho_\ell > 1 - e^{-\beta_\ell/c}$ であるので，すべての $\ell$ で $\beta_\ell < c \ln \frac{1}{1-\rho_\ell}$ が成立する．とくに，$\beta_r$ をさらに詳しく抑えることにする．$\rho_r = 1$ かつ不等式 (16.1) により，$\beta_r \gamma + 3 - 2\rho_r = \beta_r \gamma + 1 \leq \alpha(\gamma + 1)$ が成立する．ここで，$\gamma = 0.463$ と選ぶ．すると，$\beta_r \leq \alpha \left(1 + \frac{1}{\gamma}\right) \leq 4\alpha$ が得られる．したがって，アルゴリズムの性能保証は

$$\sum_{\ell=1}^{r} \beta_\ell = \sum_{\ell=1}^{r-1} \beta_\ell + \beta_r < c \sum_{\ell=1}^{r-1} \ln \frac{1}{1-\rho_\ell} + 4\alpha = c \ln \prod_{\ell=1}^{r-1} \frac{1}{1-\rho_\ell} + 4\alpha$$

を満たす．上で注意したように，$|E| \prod_{\ell=1}^{r-1} (1-\rho_\ell) \geq 1$ であるので，$\ln \prod_{\ell=1}^{r-1} \frac{1}{1-\rho_\ell} \leq \ln |E|$ が得られる．この不等式を上記の不等式に代入すると，$n = |E|$ であり，かつ $1 \leq \alpha < 1.463$ であるので，$c < c' < 1$ を満たすある $c'$ と十分大きい $n$ に対して，性能保証は，

$$\sum_{\ell=1}^{r} \beta_\ell \leq c \ln \prod_{\ell=1}^{r-1} \frac{1}{1-\rho_\ell} + 4\alpha \leq c \ln |E| + 4\alpha < c' \ln n$$

と書ける．

最後に，ある $\ell$ で $\rho_\ell \leq 1 - e^{-\beta_\ell/c}$ であるときには，$\alpha > 1.463$ となるという主張を証明する．ある $\ell$ で $\rho_\ell \leq 1 - e^{-\beta_\ell/c}$ であるとする．固定された値の $\gamma$ と $c$ に対して，

$$f(\beta_\ell) = \frac{\beta_\ell \gamma + 1 + 2e^{-\beta_\ell/c}}{1+\gamma} = \beta_\ell - \frac{1}{1+\gamma} \left(\beta_\ell - (1 + 2e^{-\beta_\ell/c})\right)$$

と定義する．すると，

$$f(\beta_\ell) = \frac{\beta_\ell \gamma + 1 + 2e^{-\beta_\ell/c}}{1+\gamma} \leq \frac{\beta_\ell \gamma + 3 - 2\rho_\ell}{1+\gamma}$$

が成立する．さらに，不等式 (16.2) より，$f(\beta_\ell) \leq \alpha$ である．この不等式は，左辺が最小となるような $\beta_\ell$ の値でも成立する．$f(\beta_\ell)$ の微分は，$f'(\beta_\ell) = \frac{1}{1+\gamma}(\gamma - \frac{2}{c} e^{-\beta_\ell/c})$ と書け，$\beta_\ell = c \ln \frac{2}{\gamma c} > 0$ でゼロとなる．$f(\beta_\ell)$ の 2 階微分 $f''(\beta_\ell)$ は，すべての $\beta_\ell$ で $f''(\beta_\ell) = \frac{2}{c^2(1+\gamma)} e^{-\beta_\ell/c} > 0$ となるので，関数 $f(\beta_\ell)$ は $\beta_\ell = c \ln \frac{2}{\gamma c}$ で最小値をとる．この値の $\beta_\ell = c \ln \frac{2}{\gamma c}$ で，関数 $f(\beta_\ell)$ は

$$f(\beta_\ell) = \frac{1}{1+\gamma} \left(\gamma c \ln \frac{2}{\gamma c} + 1 + \gamma c\right) = \beta_\ell - \frac{1}{1+\gamma} \left(\beta_\ell - (1+\gamma c)\right)$$

となる．したがって，$\gamma = 0.463$ としているので，$c$ が十分に 1 に近いときには，この値の $\beta_\ell$ は $\beta_\ell = \ln \frac{2}{\gamma} = 1.46305$ となり，$f(1.46305) = 1.46305 - \frac{1}{1.463}(1.46305 - 1.463) \geq 1.46301 > 1.463$ となる．関数 $f(\beta_\ell)$ はこの値の $\beta_\ell = \ln \frac{2}{\gamma}$ で最小値をとるので，一般の $\beta_\ell$ では $1.463 < f(\beta_\ell) \leq \alpha$ が成立することになる．しかし，これは，$1 \leq \alpha < 1.463$ の $\alpha$-近似

アルゴリズムを用いていたことに反する．したがって，すべての $\ell$ で $\rho_\ell > 1 - e^{-\beta_\ell/c}$ であることが得られた． □

定理1.13を用いて，以下の系がすぐに得られる．

**系 16.16** **NP**のすべての問題に対して $O(n^{O(\log\log n)})$ 時間のアルゴリズムが存在すると主張できない限り，容量制約なしメトリック施設配置問題に対する $1 \leq \alpha < 1.463$ の $\alpha$-近似アルゴリズムは存在しない．

上記の結果は，$k$-メディアン問題の近似困難性の結果にまで拡張できる．その拡張は困難ではないので，読者の演習問題とする．

**定理 16.17** **NP**のすべての問題に対して $O(n^{O(\log\log n)})$ 時間のアルゴリズムが存在すると主張できない限り，$k$-メディアン問題に対する $1 \leq \alpha < 1 + \frac{2}{e} \approx 1.736$ の $\alpha$-近似アルゴリズムは存在しない．

## 16.3　確率的検証可能証明からのリダクション

本節では，確率的検証可能証明 (PCP) の概念を用いて，**NP** の定義を行う．確率的検証可能証明を用いて，ある制約充足化問題が，**P** = **NP** でない限り，ある値以上の性能保証を持たないことを直接的に示すことができる．さらに，この結果と前節の近似保存リダクションを用いて，確率的検証可能証明からほかの問題に対する近似困難性の結果も得られることを眺める．

確率的検証可能証明で定義するところのものを記述する前に，問題のクラス **NP** に対する特別な視点を思いだしてみることが有効であろう（付録B参照）．問題のクラス **NP** は決定問題からなる．決定問題の各入力は，"Yes" 入力であるかあるいは "No" 入力である．与えられた決定問題 $\Pi$ に対して，$\Pi$ が **NP** に含まれるということは，$\Pi$ の任意の "Yes" 入力に対してそれが "Yes" 入力であることを容易に検証できる短い証明が存在する（のに対して，$\Pi$ の "No" 入力に対しては短い証明では "No" 入力であることを納得させるには不十分である）ということである．たとえば，与えられた入力の3SATの式が充足可能かどうかを決定する問題に対して，その式に現れる各変数へのブール値（真理値）の割当ては，容易に検証できる短い証明と言える．その入力が "Yes" 入力である（充足可能である）ときには，与えられた証明の割当てで入力のすべてのクローズが実際に充足されることを容易に検証できる．一方，その入力が "No" 入力である（充足不可能である）ときには，可能な真理値割当てはいずれも入力のすべてのクローズを充足することはできないので，可能な一つの真理値割当ての証明では "No" 入力であることを納得させるには不十分である．より正確（技術的）には，以下のように記述できる．**検証者** (verifier) とも呼ばれる多項式時間の検証アルゴリズム $V$ は，（符号化された）入力 $x$ とある証明 $y$ の二つを入力として受け取る．$y$ の長さは $x$ の長さの多項式で上から抑えられる（すなわち，$y$ は

短い証明である）．入力 $x$ が "Yes" 入力であるときには，検証者が "Yes" を出力するような短い証明 $y$ が存在する．このとき，検証者は証明 $y$ を "受理" するという．一方，入力 $x$ が "No" 入力であるときには，どのような短い証明 $y$ に対しても検証者は "No" を出力する．このとき，検証者はすべての証明 $y$ を "拒否" するという．

驚きに値することであるが，**NP** の各問題に対する格段に弱い版の乱択版の検証者の概念も可能である．証明 $y$ の全体を読むことはせずに，その証明のいくつかのビットのみを検査するのである．どこのビットを読み込むかは，ある長さのランダムビット（乱数）を用いて決定する．証明の読み込んだビット上のみで，ある種の計算をして，この計算に基づいて受理あるいは拒否の決断を下す．直観的には，以下のように書ける．**NP** の問題 $\Pi$ の任意の "Yes" 入力 $x$ に対して，（すべての可能なランダムビットの選択のもとで）検証者がほぼ確実に受理するような証明 $y$ が存在する．一方，$\Pi$ の任意の "No" 入力 $x$ に対しては，どの証明 $y$ においても検証者はかなりの確率で拒否する．この概念は，正確には，以下のように書ける．（符号化された）入力 $x$ は $n$ ビットからなるとする．このとき，検証者は $r(n)$ 個のランダムビットを用いて，検査すべき証明 $y$ の $q(n)$ 個のビットを決定する．さらに，検証者は，多項式時間で計算可能な関数 $f : \{0,1\}^{q(n)} \to \{0,1\}$ を選択し，この $q(n)$ ビット上で関数 $f$ の値を計算する．そして，関数の値が，1 のときに受理し，0 のときに拒否する．入力が "Yes" 入力のときは，検証者が少なくとも確率 $c$ で受理するような多項式サイズの証明 $y$ が存在する．なお，確率は，検証者が用いる $r(n)$ 個のランダムビット上でとられる．このとき用いるパラメーター $c$ は，検証者の**完全性** (completeness) と呼ばれる．入力が "No" 入力のときは，多項式サイズの任意の証明 $y$ を検証者は高々確率 $s < c$ で受理する．このとき用いるパラメーター $s$ は，検証者の**健全性** (soundness) と呼ばれる．このような検証者を持つ決定問題のクラスは，$\textbf{PCP}_{c,s}(r(n), q(n))$ と表記される．前述の非乱択版の検証者の概念は，以下のように把握できる．問題 $\Pi$ に対して，すべての証明が，ある多項式 $p$ を用いて長さが高々 $p(n)$ であることに注意して，$\Pi \in \textbf{PCP}_{1,0}(0, p(n))$ として考えることができる．すなわち，検証者は，乱数を用いないで，証明の $p(n)$ 個のすべてのビットを検査し，"Yes" 入力を確率 1 で受理し，"No" 入力を確率 0 で受理する．

さらに一層驚きに値することは，検証者が，対数個のランダムビットのみを用いて，証明のわずかに定数個のビットを検査するだけで，クラス **NP** を把握することができるということである．

**定理 16.18 (PC 定理)** $\textbf{NP} \subseteq \textbf{PCP}_{1,\frac{1}{2}}(O(\log n), k)$ となるような正定数の $k$ が存在する．

この定理を用いて，得ることのできる近似困難性の結果に直接進むこともできるが，この定理を堪能してみることも有意義であろう．検証者は $O(\log n)$ 個のランダムビットを用いるので，$2^{c \log n} = n^c$（$c$ はある正定数であり，上記の完全性の $c$ とは異なる）より，多項式の長さの証明の中の任意の位置のビットを見るのには十分であることに注意しよう．さらに，$k$ 個のビットの集合上で定義される異なる関数の個数は定数の $2^{2^k}$ であるので，証明が受理できるかどうかを判定するために，検証者はそれらの関数から評価に用いる関数を 1 個選ぶ．したがって，検証者はきわめて小さなパワーしか持たないように思える．実際，証明のどのビットにもアクセスできるために必要な（最小限の）ランダムビットしか持たず，証明の定数個のビットのみを検査するだけで，定数個ある関数のうちの 1 個のみ

を評価に用いるだけであるが，それでも **NP** に含まれる問題の "Yes" 入力と "No" 入力とをかなりの確率で正しく識別するには，これで十分なのである．

この定理を用いて，近似困難性の結果を導出することにしよう．中心となるアイデアは，検証者が与えられると，それからある制約充足化問題の入力を作ることができるということである．得られる入力では，検証者の受理する確率が最大となるように，証明の中のビットを決定することが問題となる．PCP 定理より，NP-完全問題の "Yes" 入力を受理する確率と "No" 入力を受理する確率の相違により，この最大制約充足化問題に対して $\frac{1}{2}$ より良い性能保証が達成できると，**P = NP** が得られてしまうのである．

より正確に述べることにしよう．与えられた NP-完全問題 $\Pi$ と $\Pi$ に対する PCP 定理の検証者に対して，検証者が用いることのできる $2^{c\log n} = n^c$ 個の $c\log n$ の長さの可能なランダムビット列の集合を考える．証明の $i$ 番目の位置のビットを $x_i$ とする．$k$ 個のビットの集合から $\{0,1\}$ へのすべての関数の集合を $\mathcal{F}$ とする．一つのランダムビット列で定まる $k$ 個のビット $x_{i_1},\ldots,x_{i_k}$ が与えられると，すでに選んでいる $f \in \mathcal{F}$ を用いて，検証者はこの関数の値 $f(x_{i_1},\ldots,x_{i_k})$ を計算する．これに対応して，得ようとしている制約充足化問題の入力では，制約 $f(x_{i_1},\ldots,x_{i_k})$ を導入する．PCP 定理より，$\Pi$ の任意の "Yes" 入力に対して，検証者が確率 1 で受理する証明が存在する．これから，この "Yes" 入力に対して，すべての制約 $f(x_{i_1},\ldots,x_{i_k})$ が充足されるように全変数 $x_i \in \{0,1\}$ に適切に真理値 $(0,1)$ 割当てをすることができる．同様に，$\Pi$ の任意の "No" 入力に対して，検証者は任意の証明に対して高々 $\frac{1}{2}$ の確率で受理する．したがって，全変数 $x_i \in \{0,1\}$ へのどの割当てに対しても，すべての制約のうちで高々半分の制約が充足されるだけである．ここで，このようにして得られた最大制約充足化問題に対して，$\alpha > \frac{1}{2}$ の $\alpha$-近似アルゴリズムがあったと仮定する．制約充足化問題の入力が $\Pi$ の "Yes" 入力に対応するときには，すべての制約が充足可能であるので，この近似アルゴリズムで半分より多くの制約が充足される．一方，制約充足化問題の入力が $\Pi$ の "No" 入力に対応するときには，すべての制約のうちで高々半分の制約しか充足可能ではないので，この近似アルゴリズムでは半分以下の制約しか充足されない．したがって，半分より多くの制約が充足されるか，あるいは半分以下の制約しか充足されないかを確認することで，$\Pi$ の入力が "Yes" 入力であったのか，あるいは "No" 入力であったのかを正しく判定することができる．すなわち，この NP-完全問題に対する多項式時間アルゴリズムが得られ，**P = NP** が得られる．一般には，**PCP** 検証者が完全性 $c$ で健全性 $s$ を有するときには，最大制約充足化問題に対する $\alpha > \frac{s}{c}$ の $\alpha$-近似アルゴリズムから **P = NP** が得られる．

検証者が特殊な $k$-ビット関数を用いる PCP 定理の特殊版も証明されている．この特殊な PCP 定理から，これらの特殊な $k$-ビット関数のみに対応する最大制約充足化問題の近似困難性の結果も得られることに注意しよう．たとえば，$\mathrm{odd}(x_1,x_2,x_3)$ は 3-ビット関数であり，和 $x_1 + x_2 + x_3$ が奇数のとき $\mathrm{odd}(x_1,x_2,x_3) = 1$ であり，そうでないとき（和 $x_1 + x_2 + x_3$ が偶数のとき）$\mathrm{odd}(x_1,x_2,x_3) = 0$ であるとする．同様に，$\mathrm{even}(x_1,x_2,x_3)$ も 3-ビット関数であり，和 $x_1 + x_2 + x_3$ が偶数のとき値 1 をとり，そうでないとき値 0 をとるとする．これらの関数は，異なる 3 個の変数 $x_i$ 上で定義されていると仮定することができる．以下の特殊版の PCP 定理も証明されている．

**定理 16.19** （$1-\epsilon > \frac{1}{2}+\delta$ を満たす）任意の定数 $\epsilon, \delta > 0$ に対して，検証者が上記の関数の odd と even のみを用いるとしても，$\mathbf{NP} \subseteq \mathbf{PCP}_{1-\epsilon,\frac{1}{2}+\delta}(O(\log n), 3)$ が成立する．

この定理を用いると，得られる最大制約充足化問題の入力は制約として，異なる3個の変数 $x_i$ 上で定義される $\text{odd}(x_i, x_j, x_k)$ と $\text{even}(x_i, x_j, x_k)$ という形式のものだけになる．この最大制約充足化問題を**奇偶制約充足化問題** (odd/even constraint satisfaction problem) と呼ぶことにする．上記の議論より，以下の系がすぐに得られる．

**系 16.20** 奇偶制約充足化問題に対して，$\alpha > \frac{1}{2}$ の $\alpha$-近似アルゴリズムが存在すれば，$\mathbf{P} = \mathbf{NP}$ となる．

しかしながら，奇偶制約充足化問題に対して自明な $\frac{1}{2}$-近似アルゴリズムが存在することは，きわめて容易にわかる．すべての $i$ で変数 $x_i$ を $x_i = 1$ とすれば，各 odd 制約は3個の異なる変数からなるので充足される．同様に，すべての $i$ で変数 $x_i$ を $x_i = 0$ とすれば，すべての even 制約が充足される．odd 制約または even 制約のいずれか一方は，全体の制約の半分以上となるので，上記の二通りの設定の一方は，少なくとも全体の制約の半分以上の制約を充足することになる．したがって，上記の系のしきい値は厳密（タイト）である．すなわち，性能保証 $\frac{1}{2}$ は達成できるが，それより良い性能保証は，$\mathbf{P} = \mathbf{NP}$ を意味することになる．

定理 16.19 の結果を用いて，MAX E3SAT 問題に対するさらなる結果も得ることができる．すなわち，奇偶制約充足化問題から MAX E3SAT への L-リダクションを示す．各 $\text{odd}(x_i, x_j, x_k)$ 制約に対して，以下の4個のクローズ $x_i \vee x_j \vee x_k, \bar{x}_i \vee \bar{x}_j \vee x_k, \bar{x}_i \vee x_j \vee \bar{x}_k, x_i \vee \bar{x}_j \vee \bar{x}_k$ を構成する．すると，$\text{odd}(x_i, x_j, x_k)$ が充足されるような変数への割当てでは，これらの4個のクローズのすべてが充足され，$\text{odd}(x_i, x_j, x_k)$ が充足されないような変数への割当てでは，これらの4個のクローズのうち正確に3個が充足されることが確認できる．各 $\text{even}(x_i, x_j, x_k)$ 制約に対して，以下の4個のクローズ $\bar{x}_i \vee x_j \vee x_k, x_i \vee \bar{x}_j \vee x_k, x_i \vee x_j \vee \bar{x}_k, \bar{x}_i \vee \bar{x}_j \vee \bar{x}_k$ を構成する．このときも，$\text{even}(x_i, x_j, x_k)$ が充足されるような変数への割当てでは，これらの4個のクローズのすべてが充足され，$\text{even}(x_i, x_j, x_k)$ が充足されないような変数への割当てでは，これらの4個のクローズのうち正確に3個が充足されることが確認できる．元の奇偶制約充足化問題の入力を $I$ とし，上記のようにして得られる MAX E3SAT の入力を $I'$ とする．奇偶制約充足化問題の入力 $I$ の最適解が $m$ 個の制約のうち $k^*$ を充足するとし，MAX E3SAT の入力 $I'$ に対してアルゴリズムで得られる解は，各グループが4個のクローズからなる $m$ 個のグループのうち，$\tilde{k}$ 個の各グループでグループに含まれる4個のクローズをすべて充足し，残りの $m - \tilde{k}$ 個の各グループでグループに含まれる4個のクローズのうち3個のクローズを充足するとする．すると，このアルゴリズムで得られる $I'$ の解における変数と同一の設定で，奇偶制約充足化問題の入力 $I$ の $\tilde{k}$ 個の制約が充足される．すなわち，このアルゴリズムで得られる $I'$ の解で充足される MAX E3SAT のクローズの個数は $V' = 4\tilde{k} + 3(m - \tilde{k})$ となり，変数に対する同一の設定で充足される奇偶制約充足化問題の入力 $I$ の制約の個数は $V = \tilde{k}$ となる．したがって，

$$\text{OPT}(I) - V = k^* - \tilde{k} = [4k^* + 3(m - k^*)] - [4\tilde{k} + 3(m - \tilde{k})] = \text{OPT}(I') - V'$$

が得られる．上で議論したように，$m$ 個の奇偶制約の少なくとも半分は常に充足することができるので，$k^* \geq \frac{1}{2}m$ である．したがって，

$$\text{OPT}(I') = 4k^* + 3(m - k^*) = k^* + 3m \leq k^* + 6k^* = 7k^* = 7\,\text{OPT}(I)$$

が得られる．すなわち，これはパラメーター $a = 7, b = 1$ を伴う L-リダクションとなる．したがって，定理 16.5 より，MAX E3SAT 問題に対する $\alpha$-近似アルゴリズムがあれば，奇偶制約充足化問題に対する $(7\alpha - 6)$-近似アルゴリズムが得られることになる．系 16.20 により，$7\alpha - 6 > \frac{1}{2}$ を満たす $\alpha$ の $\alpha$-近似アルゴリズムが MAX E3SAT に対してあるとすると，$\mathbf{P} = \mathbf{NP}$ が得られてしまう．これから，以下の定理が得られる．

**定理 16.21** MAX E3SAT に対して $\alpha > \frac{13}{14} \approx 0.928$ の $\alpha$-近似アルゴリズムが存在すれば，$\mathbf{P} = \mathbf{NP}$ となる．

しかしながら，これよりもわずかに強力な限界を以下のように得ることもできる．$\Pi$ を任意の NP-完全問題とする．定理 16.19 より，$\Pi$ の任意の "Yes" 入力に対応する奇偶充足化問題の入力では，$(1 - \epsilon)$ の割合の制約を充足する解が存在し，$\Pi$ の任意の "No" 入力に対応する奇偶充足化問題の入力では，$\frac{1}{2} + \delta$ より多くの割合の制約を充足する解は存在しない．ここで，MAX E3SAT の入力を上記のリダクションで構成する．$m$ 個の奇偶制約のうち少なくとも $(1 - \epsilon)$ の割合の制約を満たす解が存在するときには，上記のリダクションで得られる MAX E3SAT のクローズで充足されるクローズの個数は，少なくとも $4(1-\epsilon)m + 3\epsilon m = (4 - \epsilon)m$ となる．一方，$\frac{1}{2} + \delta$ より多くの割合の制約を充足する解が存在しないときには，MAX E3SAT のクローズで充足されるクローズの個数は，高々 $4\left(\frac{1}{2} + \delta\right)m + 3\left(\frac{1}{2} - \delta\right)m = \left(\frac{7}{2} + \delta\right)m$ となる．したがって，$4m$ 個のクローズのうちで少なくとも $(4 - \epsilon)m$ 個のクローズが充足可能である MAX E3SAT 入力と，$4m$ 個のクローズのうちで高々 $\left(\frac{7}{2} + \delta\right)m$ 個のクローズしか充足可能でない MAX E3SAT 入力とを多項式時間で識別することができれば，NP-完全問題 $\Pi$ の "Yes" 入力と "No" 入力とを多項式時間で識別できることになり，$\mathbf{P} = \mathbf{NP}$ が得られる．なお，MAX E3SAT に対して定数 $\alpha > \frac{7}{8}$ を満たす $\alpha$-近似アルゴリズムがあれば，適切に $\epsilon, \delta > 0$ を選択することで，$\alpha \cdot 4(1-\epsilon)m > \left(\frac{7}{2} + \delta\right)m$ とすることができるので，NP-完全問題 $\Pi$ の "Yes" 入力と "No" 入力とを多項式時間で識別できることになる．このことから，定理 5.2 が得られる．

**定理 16.22 (定理 5.2)** MAX E3SAT に対して定数 $\alpha > \frac{7}{8} = 0.875$ の $\alpha$-近似アルゴリズムが存在すれば，$\mathbf{P} = \mathbf{NP}$ となる．

上記のリダクションは，**ギャップ保存リダクション** (gap-preserving reduction) とも呼ばれる．充足可能な制約（クローズ）の個数における "ギャップ" を（値は異なるものの完全に消滅することはないという意味で）保存するからである．そして，そのギャップを用いて，NP-完全問題の "Yes" 入力と "No" 入力とを識別することができるからである．すなわち，少なくとも $(1 - \epsilon)$ の割合の奇偶制約を充足できることと，高々 $\left(\frac{1}{2} + \delta\right)$ の割合の奇偶制約しか充足できないことのギャップが，MAX E3SAT 入力では，少なくとも $\left(1 - \frac{\epsilon}{4}\right)$ の割合の MAX E3SAT クローズを充足できることと，高々 $\left(\frac{7}{8} + \frac{\delta}{4}\right)$ の割合の MAX E3SAT ク

ローズしか充足できないことのギャップに保存される．このギャップから，MAX E3SAT に対する定数 $\alpha > \frac{7}{8}$ の $\alpha$-近似アルゴリズムがあれば，$\mathbf{P} = \mathbf{NP}$ が得られるのである．

この結果に対しては，PCP 定理からの直接的な証明も存在する．あとでそれが役立つことになるので，それを定理として与えておく．

**定理 16.23** 任意の定数 $\delta > 0$ に対して，検証者が 3 個のビットあるいはそれらの否定からなる "or" 関数のみを用いるとしても，$\mathbf{NP} \subseteq \mathbf{PCP}_{1, \frac{7}{8}+\delta}(O(\log n), 3)$ が成立する．

したがって，前述の議論より，$\mathbf{P} = \mathbf{NP}$ でない限り，任意の $\delta > 0$ に対して，すべてのクローズが充足可能な MAX E3SAT 入力と高々 $\frac{7}{8} + \delta$ の割合のクローズしか充足可能でない MAX E3SAT 入力とを識別できるような多項式時間アルゴリズムは存在しない．

奇偶制約充足化問題から MAX 2SAT 問題へのギャップ保存リダクションも与えることができる．これから MAX 2SAT に対するより良い近似困難性の結果が得られることになる．任意の偶制約 $\text{even}(x_i, x_j, x_k)$ に対して，以下のように MAX 2SAT に対する入力を構成する．$\ell$ 番目の偶制約 $\text{even}(x_i, x_j, x_k)$ に対して，4 個の新しい変数 $y_{00}^\ell, y_{01}^\ell, y_{10}^\ell, y_{11}^\ell$ を導入して，以下のように 12 個の MAX 2SAT のクローズを構成する．すなわち，

$$\bar{x}_i \vee \bar{y}_{00}^\ell, \quad \bar{x}_j \vee \bar{y}_{00}^\ell, \quad x_k \vee y_{00}^\ell,$$

$$x_i \vee \bar{y}_{01}^\ell, \quad \bar{x}_j \vee \bar{y}_{01}^\ell, \quad \bar{x}_k \vee y_{01}^\ell, \quad \bar{x}_i \vee \bar{y}_{10}^\ell, \quad x_j \vee \bar{y}_{10}^\ell, \quad \bar{x}_k \vee y_{10}^\ell,$$

$$x_i \vee \bar{y}_{11}^\ell, \quad x_j \vee \bar{y}_{11}^\ell, \quad x_k \vee y_{11}^\ell$$

を構成する．$\ell$ 番目の偶制約 $\text{even}(x_i, x_j, x_k)$ が充足されるような $x_i, x_j, x_k$ への任意の割当てに対して，変数 $y^\ell$ ($y_{00}^\ell, y_{01}^\ell, y_{10}^\ell, y_{11}^\ell$) を適切に設定することにより，12 個のクローズのうち 11 個のクローズを充足することができる（12 個のすべてを充足することはできない）ことが確認できる（読者の演習問題とする）．一方，$\ell$ 番目の偶制約 $\text{even}(x_i, x_j, x_k)$ が充足されないような割当てに対しては，12 個のクローズのうち 10 個のクローズを充足するように変数 $y^\ell$ を適切に設定できるが，それより多く充足することは不可能である．同様に，任意の奇制約 $\text{odd}(x_i, x_j, x_k)$ に対しても，12 個の MAX 2SAT のクローズを構成することができて，同様の性質が成立することは，読者の演習問題とする．このようにして，MAX 2SAT に対する入力が構成できる．このリダクションで，$m$ 個の奇偶制約のうち少なくとも $(1-\epsilon)$ の割合の制約を満たすことができれば，$12m$ 個の MAX 2SAT クローズのうちの少なくとも $11(1-\epsilon)m + 10\epsilon m = (11-\epsilon)m$ 個のクローズが充足可能である．一方，$m$ 個の奇偶制約のうち高々 $\left(\frac{1}{2}+\delta\right)m$ の割合の制約しか充足することができないときには，$12m$ 個の MAX 2SAT クローズのうちの高々 $11\left(\frac{1}{2}+\delta\right)m + 10\left(\frac{1}{2}-\delta\right)m = \left(\frac{21}{2}+\delta\right)m$ 個のクローズしか充足できない．したがって，少なくとも $\frac{11}{12} - \frac{\epsilon}{12}$ の割合のクローズが充足可能な MAX 2SAT の入力と，高々 $\frac{21}{24} + \frac{\delta}{12}$ の割合のクローズしか充足できない MAX 2SAT の入力とを多項式時間で識別できれば，NP-完全問題の "Yes" 入力と "No" 入力とを多項式時間で識別できることになる．なお，MAX 2SAT 問題に対して，定数 $\alpha > \frac{21}{22}$ の $\alpha$-近似アルゴリズムがあれば，適切に $\epsilon, \delta > 0$ を選択することで，$\alpha \cdot \left(\frac{11}{12} - \frac{\epsilon}{12}\right) > \frac{21}{24} + \frac{\delta}{12}$ とすることができるので，NP-完全問題 $\Pi$ の "Yes" 入力と "No" 入力を多項式時間で識別できることになる．このことから，以下の定理が得られる．

**定理 16.24** MAX 2SAT に対して定数 $\alpha > \frac{21}{22} \approx 0.954$ の $\alpha$-近似アルゴリズムが存在すれば，**P** = **NP** となる．

## 16.4 ラベルカバー問題からのリダクション

本節では，別の問題のラベルカバー問題を定義する．ラベルカバー問題は，近似困難性の結果を得るためのリダクションでしばしば用いられる．ラベルカバー問題には，最大化版と最小化版がある．ラベルカバー問題では，二部グラフ $(V_1, V_2, E)$ が与えられる．さらに，$V_1$ の点で用いられるラベルの集合 $L_1$ と $V_2$ の点で用いられるラベルの集合 $L_2$ が与えられる．各辺 $(u,v) \in E$ に対して，受理可能な空集合でない関係 $R_{uv} \subseteq L_1 \times L_2$ も与えられる．すなわち，$u$ にラベル $\ell_1 \in L_1$ が割り当てられ，$v$ にラベル $\ell_2 \in L_2$ が割り当てられるとき，$(\ell_1, \ell_2) \in R_{(u,v)}$ ならば辺 $(u,v)$ は満たされる．最大化版のラベルカバー問題では，各点に 1 個のラベルを割り当てて，できるだけ多くの辺が満たされるようにすることが目標である．一方，最小化版のラベルカバー問題では，各点 $v$ にラベルの集合 $L_v$ を割り当て，各辺 $(u,v) \in E$ で $(\ell_1, \ell_2) \in R_{(u,v)}$ となるようなラベル $\ell_1 \in L_u$ とラベル $\ell_2 \in L_v$ が存在するようにする．最小化版の問題では，使用されるラベルの総数を最小化するのが目標である．すなわち，$\sum_{u \in V_1} |L_u| + \sum_{v \in V_2} |L_v|$ を最小化するのが目標である．

ラベルカバー問題の入力のグラフが正則である，すなわち，すべての点 $u \in V_1$ が同じ次数 $d_1$ を持ち，すべての点 $v \in V_2$ が同じ次数 $d_2$ を持つ，とすることも有効である．そのような入力を，$(d_1, d_2)$-**正則** ($(d_1, d_2)$-regular) ラベルカバー問題の入力と呼ぶことにする．$V_1$ と $V_2$ のすべての点が同じ次数 $d$ を持つときには，$d$-**正則** ($d$-regular) 入力と呼ぶことにする．$d$-正則な入力では，$|V_1| = |V_2|$ であることに注意しよう．

最大化版のラベルカバー問題は，13.3 節で定義したユニークゲーム問題と関係している．ユニークゲーム問題では，ラベル集合が同じ（したがって，$L_1 = L_2$）であり，各辺 $(u,v)$ 上の関係 $R_{uv}$ はラベル集合上の置換 $\pi_{uv}$ であると仮定している．したがって，$u$ に割り当てることのできる各ラベル $\ell$ に対して，辺 $(u,v)$ を満たす（充足する）ためには，$v$ に割り当てることのできるラベルは唯一存在し，$\pi_{uv}(\ell)$ のみである．逆も言える．

これまでにわかっていることに基づいて，ラベルカバー問題の両方の版の近似困難性を示す．その後に，最大化版のラベルカバー問題からのリダクションを用いて，集合カバー問題の近似困難性を示す．さらに，最小化版のラベルカバー問題からのリダクションを用いて，二つのネットワーク設計問題の近似困難性を示す．具体的には，7.4 節で定義した一般化シュタイナー木問題の有向版と 11.3 節で定義したサバイバルネットワーク設計問題の点連結版の近似困難性を示す．

MAX E3SAT 問題からのギャップ保存リダクションを与えて，最大化版のラベルカバー問題の近似困難性を示す．MAX E3SAT 問題の与えられた入力に対して，ラベルカバー問題の入力を以下のように構成する．MAX E3SAT 入力の各変数 $x_i$ に対して $V_1$ の点 $i$ を作る．MAX E3SAT 入力の各クローズ $C_j$ に対して $V_2$ の点 $j$ を作る．そして，クローズ $C_j$

に変数 $x_i$ が（肯定形 $x_i$ あるいは否定形 $\bar{x}_i$ にかかわらずに）現れるときそしてそのときのみ，$i \in V_1$ かつ $j \in V_2$ の辺 $(i,j)$ を作る．$V_1$ に対するラベル集合 $L_1$ は，$L_1 = \{$真, 偽$\}$ であるとする．$V_2$ に対するラベル集合 $L_2$ は，3個の可能なブール値（真理値）の順序付きの集合であるとする．したがって，$L_2 = L_1 \times L_1 \times L_1$ となる．直観的には，変数 $x_i$ に割り当てられるブール値が $b$ のとき $i \in V_1$ に $b$ を割り当て，クローズ $C_j$ の現れる三つの変数 $x_p, x_q, x_r$ に3組のブール値 $(b_p, b_q, b_r)$ が割り当てられるとき $j \in V_2$ に $(b_p, b_q, b_r)$ を割り当てる．辺 $(i,j)$ に対して，$x_i$ がクローズ $C_j$ の三つの変数 $x_p, x_q, x_r$ のうちの一つである，すなわち，$i = p$ あるいは $i = q$ あるいは $i = r$ であることに注意しよう．すると，辺 $(i,j) \in E$ に対して，関係 $R_{ij}$ は，$(b_p, b_q, b_r)$ がクローズ $C_j$ を充足し，$b = b_i$ であるようなすべての $(b, (b_p, b_q, b_r)) \in L_1 \times L_2$ からなる．たとえば，MAX E3SAT の最初のクローズ $C_1$ が $x_1 \vee \bar{x}_2 \vee \bar{x}_3$ であるときには，辺集合に辺 $(1,1), (2,1), (3,1)$ が入れられ，関係 $R_{11}$ は以下のようになる（$R_{11}$ の各要素は $(x_1, (x_1, x_2, x_3))$ の形式で与えられる）．

$$R_{11} = \{(真,(真,真,真)),(真,(真,真,偽)),(真,(真,偽,真)),(真,(真,偽,偽)),$$
$$(偽,(偽,真,偽)),(偽,(偽,偽,真)),(偽,(偽,偽,偽))\}.$$

クローズ $C_j$ に与えられた一つのラベルに対して，辺 $(i,j)$ の関係 $R_{ij}$ を満たす $x_i$ のラベルは高々1個であることに注意しよう．たとえば，上記の例では，$C_1$ に (偽, 偽, 偽) のラベルが割り当てられると，$x_1$ に対してラベル 偽 のみが関係 $R_{11}$ を満たす．これは，本節のあとでこれらの入力において利用する有用な性質である．

次に，これがギャップ保存リダクションであることを示す．MAX E3SAT の入力 $I$ が $m$ 個のクローズからなるときには，ラベルカバー問題の入力 $I'$ は $3m$ 本の辺を持つ．$x_i$ への与えられた割当で $k$ 個のクローズが充足されるときには，以下のように，ラベルカバー問題の入力 $I'$ の $3k + 2(m-k)$ 本の辺を満たす解を構成できる．すなわち，各点 $i \in V_1$ に与えられた $x_i$ の値に対応するラベルを与える．充足される各クローズ $C_j$ に対して，$C_j$ に現れる3個の変数に対する3組の与えられた値に対応するラベルを $j \in V_2$ に与える．このラベルの割当てで，$j$ に接続する3本の辺 $(i,j)$ はすべて満たされる．充足されない各クローズ $C_j$ に対して，$C_j$ に現れる3個の変数に対する3組の与えられた値のうちで任意に一つ選んだ変数の値をフリップして得られるラベルを $j \in V_2$ に与える．すると，$j$ に接続する3本の辺の2本が満たされ，残りの1本の辺（値をフリップした変数に対応する点に接続する辺）が満たされない．この考え方に基づいて，任意に与えられた $V_1$ の点へのラベル割当てに対して，$V_2$ の各点 $j \in V_2$ に接続する辺が2本あるいは3本満たされるように $V_2$ の各点 $j \in V_2$ にラベルを割り当てることができる．一方，ラベルカバー問題の入力に対する解が与えられれば，MAX E3SAT の入力の各変数 $x_i$ に $i \in V_1$ のラベルを値として割り当てることができる．この割当てで接続する3本の辺が満たされる各 $j \in V_2$ は，充足されるクローズ $C_j$ に対応することになる．したがって，このラベルカバー問題の解が $3k + 2(m-k)$ 本の辺を満たすときには，MAX E3SAT の入力の $k$ 個のクローズが充足される．

MAX E3SAT の入力において，$m$ 個のすべてのクローズを充足できる入力と高々 $\left(\frac{7}{8} + \delta\right)m$ 個のクローズしか充足することのできない入力とを識別することが NP-

困難であることは，定理 16.23 からすでにわかっている．したがって，上記のリダクションにより，$m$ 個のすべてのクローズが充足できるときには，ラベルカバー問題の入力の $3m$ 本のすべての辺を満たすことができる．一方，高々 $\left(\frac{7}{8}+\delta\right)m$ 個のクローズしか充足できないときには，ラベルカバー問題の入力の $3m$ 本の辺のうち，高々 $3m\left(\frac{7}{8}+\delta\right)+2m\left(\frac{1}{8}-\delta\right)=\left(\frac{23}{8}+\delta\right)m$ 本の辺しか満たすことができない．したがって，ラベルカバー問題の入力において，すべての辺を満たすことができる入力と高々 $\left(\frac{23}{24}+\frac{\delta}{3}\right)$ の割合の辺しか満たすことができない入力とを識別することはNP-困難である．最大化版のラベルカバー問題に対して $\alpha > \frac{23}{24}$ の $\alpha$-近似アルゴリズムが与えられているときには，これらの2種類の入力を識別できることになる．したがって，以下の定理が得られる．

**定理 16.25** 最大化版のラベルカバー問題に対して，定数 $\alpha > \frac{23}{24} \approx 0.958$ の $\alpha$-近似アルゴリズムが存在すれば，$\mathbf{P} = \mathbf{NP}$ となる．

ラベルカバー問題の (5,3)-正則版に対しても，異なる正定数 $\alpha$ の同一の結果を示すことができる．詳細は省略するが，概略は以下のとおりである．まず，MAX E3SAT は各変数が正確に5個のクローズに現れる入力に限定しても，近似困難性が主張できる．具体的には，そのような入力において，すべてのクローズが充足可能であるか，ある正定数の $\rho < 1$ に対して高々 $\rho$ の割合のクローズしか充足可能でないかを識別することは，$\mathbf{P} = \mathbf{NP}$ でない限り，多項式時間でできない．次に，上記と同一のリダクションに基づいて，最大化版のラベルカバー問題の入力は，各点 $i \in V_1$（変数 $x_i$ に対応する）が次数5であり，各点 $j \in V_2$（クローズ $C_j$ に対応する）が次数3である．したがって，この入力は (5,3)-正則である．このようにしてもまだ，すべての辺を満たすことができる入力と，ある正定数の $\alpha < 1$ に対して，高々 $\alpha$ の割合の辺しか満たすことができない入力とを識別することは，$\mathbf{P} = \mathbf{NP}$ でない限り，多項式時間でできない．さらに，この入力でも，辺 $(u,v) \in E$ と $v \in V_2$ に対するラベル $\ell_2$ に対して $(\ell_1, \ell_2) \in R_{uv}$ となるような $u$ に対するラベル $\ell_1$ は高々1個であることは，成立し続ける．上記のリダクションの残りの部分はそのまま用いて，以下が得られる．

**定理 16.26** 最大化版のラベルカバー問題の (5,3)-正則版に対して，$\alpha$-近似アルゴリズムが存在すれば $\mathbf{P} = \mathbf{NP}$ となるような正定数 $\alpha < 1$ が存在する．

(5,3)-正則入力に限定した最大化版のラベルカバー問題の近似困難性から，$d = 15$ の $d$-正則入力に限定した最大化版のラベルカバー問題の近似困難性を以下のようにして得ることができる．まず，ラベル集合 $L_1$ と $L_2$ の $(d_1, d_2)$-正則入力 $(V_1, V_2, E)$ に対して，$V_1' = V_1 \times V_2$, $V_2' = V_2 \times V_1$, $L_1' = L_1$, $L_2' = L_2$ の新しい入力 $(V_1', V_2', E')$ を以下のように構成する．任意の $(u, v) \in V_1'$ と $(v', u') \in V_2'$ に対して，$(u, v') \in E$ かつ $(u', v) \in E$ であるときそしてそのときにのみ，辺 $((u,v),(v',u')) \in E'$ を作る．したがって，$|E'| = |E|^2$ となる．$(u,v) \in V_1'$ にラベル $\ell_1$ と $(v',u') \in V_2'$ にラベル $\ell_2$ を割り当てるとする．すると，$(\ell_1, \ell_2)$ が辺 $((u,v),(v',u'))$ に対する関係 $R'_{((u,v),(v',u'))}$ に含まれるのは，$(\ell_1, \ell_2) \in R_{uv'}$ であるときそしてそのときのみであるとする．構成法により，任意の固定した $(u',v) \in E$ に対して，以下のような意味で，元の入力のコピーが存在する．すなわち，元の入力の各辺

$(u, v')$ は新しい入力の辺 $((u,v),(v',u'))$ に対応する. $(u,v) \in V_1'$ にラベル $\ell_1$ が割り当てられ, $(v',u') \in V_2$ にラベル $\ell_2$ が割り当てられるとする. すると, 新しい入力でこの辺が満たされるための必要十分条件は, 元の入力で $u \in V_1$ に $\ell_1$ が割り当てられ, $v' \in V_2$ に $\ell_2$ が割り当てられたときに辺 $(u,v')$ が満たされることである. したがって, すべての辺を満たすことができるときには新しい入力でもすべての辺を満たすことができる. 一方, 元の入力で高々 $\alpha$ の割合の辺しか満たすことができないときには各固定した $(u',v) \in E$ に対して, 新しい入力の対応する辺 $((u,v),(v',u'))$ の集合で, 高々 $\alpha$ の割合の辺しか満たすことができない. 新しい入力の辺の集合は $(u',v) \in E$ に基づいて分割できるので, 元の入力で高々 $\alpha$ の割合の辺しか満たすことができないときには新しい入力でも高々 $\alpha$ の割合の辺しか満たすことができない. 新しい入力が $d$-正則であることは以下のようにして確認できる. 任意の固定した $(u,v) \in V_1'$ で議論する. 元の入力は $(d_1,d_2)$-正則であるので, $(u,v')$ が元の入力の辺であるような点 $v' \in V_2$ は $d_1$ 個あり, $(u',v)$ が元の入力の辺であるような点 $u' \in V_1$ は $d_2$ 個ある. したがって, 新しい入力で, 点 $(u,v) \in V_1'$ に接続するような辺 $((u,v),(v',u'))$ は $d = d_1 d_2$ 本存在する. $V_2'$ の各点が次数 $d = d_1 d_2$ であることも同様である. 最後に, 元の入力で, 与えられた辺 $(u,v) \in E$ と点 $v \in V_2$ のラベル $\ell_2$ に対して, $(\ell_1, \ell_2) \in R_{uv}$ であるような $u$ のラベル $\ell_1$ は高々1個であるとする. すると, 新しい入力で, 与えられた辺 $((u,v),(v',u')) \in E'$ と点 $(v',u') \in V_2'$ に対するラベル $\ell_2$ に対して, $(\ell_1, \ell_2)$ がその辺 $((u,v),(v',u')) \in E'$ を満たす (その辺が関係に含まれる) ような点 $(u,v) \in V_1'$ に対するラベル $\ell_1$ は高々1個である. したがって, 以下の結果が得られる.

**定理 16.27** 最大化版のラベルカバー問題の 15-正則版に対して, $\alpha$-近似アルゴリズムが存在すれば $\mathbf{P} = \mathbf{NP}$ となるような正定数 $\alpha < 1$ が存在する.

最大独立集合問題に対して用いた技法と同様の技法を用いて, 最大化版のラベルカバー問題を自身にリダクションして, より強力な近似困難性を証明できる. 点集合が $V_1$ と $V_2$, ラベル集合が $L_1$ と $L_2$, 辺集合が $E$, 各辺 $(u,v) \in E$ に対する関係が $R_{uv}$ の入力 $I$ が与えられたとき, 任意の正整数 $k$ に対して, 点集合が $V_1' = V_1^k = V_1 \times V_1 \times \cdots \times V_1$ と $V_2' = V_2^k$, ラベル集合が $L_1' = L_1^k$ と $L_2' = L_2^k$, 辺集合が $E' = E^k$ のこの問題の新しい入力 $I'$ を以下のように構成する. 各辺 $(u,v) \in E'$ は以下のように定義される. すなわち, $u \in V_1'$ は各 $u_i$ が $u_i \in V_1$ であるような $u = (u_1, \ldots, u_k)$ であり, $v \in V_2'$ は各 $v_i$ が $v_i \in V_2$ であるような $v = (v_1, \ldots, v_k)$ であるとする. このとき, すべての $i$ で $(u_i, v_i) \in E$ であるときそしてそのときのみ, $(u,v) \in E'$ である. また, 辺 $(u,v) \in E'$ での関係 $R_{uv}'$ は以下のように定義される. すなわち, $u$ に $(\ell_1', \ell_2', \ldots, \ell_k') \in L_1'$ のラベルが割り当てられ, $v$ に $(\ell_1'', \ell_2'', \ldots, \ell_k'') \in L_2'$ のラベルが割り当てられるとき, このラベル対が $R_{uv}'$ に含まれるための必要十分条件は, すべての $i = 1, \ldots, k$ で $(\ell_i', \ell_i'') \in R_{u_i, v_i}$ が成立することである. 定理 16.27 の近似困難な入力でも成立する性質として議論したように, 元の入力において, $v \in V_2$ に対するラベル $\ell_2$ と辺 $(u,v)$ に対して, $(\ell_1, \ell_2) \in R_{uv}$ であるような $u$ に対するラベル $\ell_1 \in L_1$ が高々1個であるという性質が成立するとする. すると, 新しい入力でもこの性質が成立する. 同様に, 元の入力が $d$-正則ならば新しい入力は $d^k$-正則である. 元の入力 $I$ のサイズが $n$ ならば新しい入力 $I'$ のサイズは $O(n^{O(k)})$ である. 辺数 $m = |E|$ の元の入力 $I$ ですべての辺を満たすことができて $m = |E| = \mathrm{OPT}(I)$ であるときには, 新しい入力の新しい点に対応す

る $k$ 組のラベルを割り当てることにより $m^k = |E'|$ 本の辺をすべて満たすことができるので，OPT$(I') = m^k$ となる．一方，元の入力 $I$ で OPT$(I)$ が $m$ よりわずかでも小さいときには，新しい入力 $I'$ で最適解の値 OPT$(I')$ は $m^k$ より格段に小さくなる．

**定理 16.28** 辺数が $m = |E|$ でラベル総数が $L = |L_1| + |L_2|$ の最大化版のラベルカバー問題の任意の入力 $I$ に対して，OPT$(I) = |E|(1 - \delta)$ であるならば，上記のように構成される問題の入力 $I'$ に対して OPT$(I') \leq |E'|(1 - \delta)^{\frac{ck}{\log L}}$ となるような定数 $c > 0$ が存在する．

この定理の証明はきわめて非自明であるので，本書では省略する．

上記のリダクションから，より強力な近似困難性を導き出すことができる．本書の MAX E3SAT からのラベルカバー問題へのリダクションでは，$L = 2 + 8 = 10$ 個のラベルを用いた．ここで，$k$ の値を固定して定理 16.28 を適用する．（定理 16.27 および）上でも述べたように，**P** = **NP** でない限り，$d$-正則の最大化版のラベルカバー問題において，すべての辺を満たすことのできる入力とある正定数 $\alpha < 1$ の割合の辺しか満たすことのできない入力とを識別できる多項式時間アルゴリズムは存在しない．さらに，OPT$(I) = |E|$ ならば OPT$(I') = |E'|$ であり，ある定数 $\delta > 0$ のもとで，OPT$(I) = |E|(1 - \delta)$ ならば，定理 16.28 から，OPT$(I') \leq |E'|(1 - \delta)^{\frac{ck}{\log 10}}$ であることがわかっている．したがって，任意の固定された値 $k$ に対して，$I'$ の $|E'|$ 本のすべての辺を満たすことができるのか，あるいは高々 $|E'|(1 - \delta)^{\frac{ck}{\log 10}}$ 本の辺しか満たすことができないのかを識別できるような（$I'$ のサイズの）多項式時間アルゴリズムが存在すれば，OPT$(I) = |E|$ であるのかあるいは OPT$(I) = |E|(1 - \delta)$ であるのかを識別できることになり，**P** = **NP** が得られる．以上の議論から，**P** = **NP** でない限り，最大化版のラベルカバー問題に対して，$(1 - \delta)^{\frac{ck}{\log 10}}$ より良い性能保証は不可能であるというような定数 $\delta > 0$ が存在する．この結論を以下にまとめておく．

**定理 16.29** 以下の命題を満たすような定数 $c > 0$ が存在する．

命題：任意の正整数 $k$ に対して，**NP** のすべての問題が O$(n^{\mathrm{O}(k)})$ 時間のアルゴリズムを持つと主張できない限り，最大化版のラベルカバー問題の $d$-正則の入力 $I$ に対して，OPT$(I) = |E|$ であるのかあるいは OPT$(I) = |E|(1 - \delta)^{\frac{ck}{\log 10}}$ であるのかを（$I$ のサイズの多項式時間で）識別できなくなるような定数 $\delta > 0$ が存在する．

これから以下の系を容易に得ることができる．

**系 16.30** **P** = **NP** でない限り，最大化版のラベルカバー問題に対して，正定数 $\alpha \leq 1$ の $\alpha$-近似アルゴリズムは存在しない．

**証明**：正定数 $\alpha \leq 1$ の $\alpha$-近似アルゴリズムが与えられているとする．このとき，$k$ を $(1 - \delta)^{\frac{ck}{\log 10}} < \alpha$ を満たすように定めると，$k$ は定数となるので，O$(n^{\mathrm{O}(k)})$ は多項式である．したがって，最大化版のラベルカバー問題に対して，すべての辺を満たすことのできる入力と高々 $(1 - \delta)^{\frac{ck}{\log 10}}$ の割合の辺しか満たすことのできない入力とを多項式時間で識別できることになる． □

$\mathbf{P} \neq \mathbf{NP}$ の仮定をさらに弱めると，定理 16.29 を用いて，きわめて強力な近似困難性の限界を得ることができる．$0 < \epsilon < 1$ のある適切な $\epsilon$ を用いて $k = C(\log|E|)^{\frac{1-\epsilon}{\epsilon}}$ とおく．したがって，$k$ は定数ではないことに注意しよう．このとき，$C$ を適切に選ぶことにより，定理 16.29 の定数 $\delta > 0$ と定数 $c > 0$ に対して $\frac{ck^\epsilon}{\log 10} \log_2(1-\delta) \leq -(\log|E|)^{1-\epsilon}$ が成立するようにできる．これから，$\frac{ck}{\log 10} \log_2(1-\delta) \leq -(k\log|E|)^{1-\epsilon}$，すなわち，$(1-\delta)^{\frac{ck}{\log 10}} \leq 2^{-(\log|E|^k)^{1-\epsilon}} = 2^{-(\log|E'|)^{1-\epsilon}}$ が得られる．しかしながら，入力 $I'$ の構成に，$O(|E|^{O(k)}) = O(|E|^{O((\log|E|)^{O((1-\epsilon)/\epsilon)})})$ 時間必要となる．したがって，$I'$ が $|E'|$ 本のすべての辺を満たすことのできる入力であるのか，あるいは高々 $2^{-(\log|E'|)^{1-\epsilon}}|E'|$ 本の辺しか満たすことのできない入力であるのかを識別する（$I'$ のサイズの）多項式時間アルゴリズムが存在すれば，$\mathbf{NP}$ が（上記の $c$ とは異なる）ある正定数 $c$ の $O(n^{O((\log n)^c)})$ 時間アルゴリズムを持つことになる．正定数 $c$ の $O(n^{O((\log n)^c)})$ の計算時間は，**準多項式時間** (quasipolynomial time) とも呼ばれている．これから以下の定理が得られる．

**定理 16.31** $\mathbf{NP}$ が準多項式時間アルゴリズムを持つと主張できない限り，どのような $\epsilon > 0$ に対しても，最大化版のラベルカバー問題の辺数 $m$ の $d$-正則版入力に対する $2^{-(\log m)^{1-\epsilon}}$-近似アルゴリズムは存在しない．

最大化版のラベルカバー問題の近似困難性を用いて，定理 1.13 と定理 1.14 で主張した重みなし集合カバー問題に対する近似困難性のわずかに弱い版を導き出すことができる．

**定理 16.32** $\mathbf{NP}$ のすべての問題が $O(n^{O(\log\log n)})$ 時間のアルゴリズムを持つと主張できない限り，要素数 $N$ の基礎集合の重みなし集合カバー問題に対する $(\frac{1}{32}\log N)$-近似アルゴリズムは存在しない．

この定理を証明するためには，これまでの結果から容易に導き出せる最大化版のラベルカバー問題の近似困難性の以下の版が必要になる．さらに，これまでに観察してきた性質も必要となる．すなわち，困難性を示したこれらの入力において，$v \in V_2$ に対するラベル $\ell_2 \in L_2$ と辺 $(u,v)$ に対して，$(\ell_1, \ell_2) \in R_{uv}$ となるような $u \in V_1$ に対するラベル $\ell_1 \in L_1$ は高々 1 個しか存在しないという性質である．

**補題 16.33** $\mathbf{NP}$ のすべての問題が $O(n^{O(\log\log n)})$ 時間のアルゴリズムを持つと主張できない限り，すべての辺を満たすことのできる入力であるのか，あるいは高々 $1/(\log(|L_1||E|))^2$ の割合の辺しか満たすことのできない入力であるのかを（入力サイズの）多項式時間で識別することができないような，最大化版のラベルカバー問題の $d$-正則入力が存在する．

**証明**：最大化版のラベルカバー問題の入力サイズが $n$ であるとき，

$$k = \frac{2\log 10}{c} \log_{\frac{1}{1-\delta}}(\log(|L_1||E|)) = O(\log\log n)$$

とおいて，定理 16.29 を適用する．すると，リダクションに必要な時間は $O(n^{O(k)}) = O(n^{O(\log\log n)})$ であり，すべての辺を満たすことのできる入力であるのか，あるいは高々 $(1-\delta)^{\frac{ck}{\log 10}} = (1-\delta)^{2\log_{\frac{1}{1-\delta}}(\log(|L_1||E|))} = 1/(\log(|L_1||E|))^2$ の割合の辺しか満たすことのできない入力であるのかは，多項式時間で識別することができない． □

定理16.32の証明のためのリダクションの基本的なアイデアは，補題16.33のときと同様のラベルカバー問題の入力が与えられたときに，各$u \in V_1$と各$i \in L_1$に対する集合$S_{u,i}$と各$v \in V_2$と各$j \in L_2$に対する集合$S_{v,j}$が存在するような集合カバーの入力を構成することであると言える．要素の基礎集合は，ある集合$U$を用いて$E \times U$として定義される．基礎集合の要素数を$N = |E||U|$とする．集合カバー問題の部分集合の族は，ラベルカバー問題の入力の辺$(u,v)$とラベル$(i,j) \in R_{uv}$に対して，基礎集合の部分集合$\{(u,v)\} \times U$のすべての要素をカバーするために，集合カバーが2個の集合$S_{u,i}$と$S_{v,j}$を選ぶか，あるいは$\Omega(\log N)$個以上の集合を選ばなければならなくなるように構成する．

この性質を満たすような部分集合の族を得るために，以下のように定義される分割システムの概念を用いる．サイズ$s$の基礎集合$U = \{1,\ldots,s\} = [s]$と$t$個の対の集合$(A_1, \bar{A}_1), (A_2, \bar{A}_2), \ldots, (A_t, \bar{A}_t)$は，以下の性質を満たすとき，サイズ$s$の基礎集合$U$と$t$個の対の集合$(A_1, \bar{A}_1), (A_2, \bar{A}_2), \ldots, (A_t, \bar{A}_t)$に対するパラメーター$h$の**分割システム** (partition system) と呼ばれる．すなわち，各$i = 1, 2, \ldots, t$で$\bar{A}_i = U - A_i$であり，$t$個の対の集合$(A_1, \bar{A}_1), (A_2, \bar{A}_2), \ldots, (A_t, \bar{A}_t)$のどの$h$個の対でも，その$h$個の各対から任意に一方を選んで和集合をとると$U$の真部分集合になるという性質を満たさなければならない．後半の性質は，より正確には，$h$個の異なる任意のインデックス$i_1, i_2, \ldots, i_h$に対して，各$i_j$で$B_{i_j} = A_{i_j}$あるいは$B_{i_j} = \bar{A}_{i_j}$とおくと，$\bigcup_{j=1}^{h} B_{i_j} \subset U$であると言える．サイズ$s = |U| = 2^{2h+2}t^2$のそのような分割システムを構成することができることをあとで示すことにする．また，あとで$t = |L_1|$と$h = \log(|L_1||E|)$とおいて，$h = \Omega(\log N)$となることを示す．直観的には，ラベルカバー問題の入力の辺$(u,v)$に対して$(i,j) \in R_{uv}$であるときには，ある$k$で$S_{u,i}$が$\{(u,v)\} \times A_k$を含み，$S_{v,j}$が$\{(u,v)\} \times \bar{A}_k$を含むようになるように，部分集合の族を構成する．したがって，集合カバーがそれらの部分集合の和集合$S_{u,i} \cup S_{v,j}$を含み$\{(u,v)\} \times U$を含むようになるか，そうでなければ$\{(u,v)\} \times U$を含むために少なくとも$h = \Omega(\log N)$個の部分集合を含むことになる．

この直観に従う構成をこれから与える．基礎集合$U$と$t = |L_1|$個の対の集合$(A_1, \bar{A}_1), (A_2, \bar{A}_2), \ldots, (A_t, \bar{A}_t)$およびパラメーター$h = \log(|L_1||E|)$の分割システムが与えられているとする．このとき，集合カバー問題の入力を以下のように構成する．上でも述べたように，基礎集合は$E \times U$であり，各$u \in V_1$と各$i \in L_1$に対して部分集合$S_{u,i}$を作り，各$v \in V_2$と各$j \in L_2$に対して部分集合$S_{v,j}$を作る．最大化版のラベルカバー問題の近似困難な入力においては，任意の辺$(u,v) \in E$と任意のラベル$j \in L_2$に対して，$(i,j) \in R_{uv}$となるラベル$i \in L_1$は高々1個であったことを思いだそう．このとき，すべての$u \in V_1$とすべての$i \in L_1$に対して，

$$S_{u,i} = \{((u,v), a) : v \in V_2, (u,v) \in E, a \in A_i\}$$

かつ

$$S_{v,j} = \{((u,v), a) : u \in V_1, (u,v) \in E, (i,j) \in R_{uv}, a \in \bar{A}_i\}$$

と設定する．$S_{v,j}$の定義において，与えられた$j$と辺$(u,v)$に対して，$(i,j) \in R_{uv}$となる$i$は高々1個であるので，部分集合$\bar{A}_i$は矛盾なく定義されていることに注意しよう．

このことから所望の近似困難性の結果が得られることを議論する．最初に，すべての辺を満たす最大化版のラベルカバー問題の入力の解が与えられたときに，$|V_1| + |V_2|$個の部

分集合しか用いないような集合カバーの解を得ることができることを示す．具体的には，ラベルカバー問題のすべての辺が満たされているその解において，$u \in V_1$ にラベル $i$ が割り当てられているとき部分集合 $S_{u,i}$ を選び，$v \in V_2$ にラベル $j$ が割り当てられているとき部分集合 $S_{v,j}$ を選ぶ．すると，ラベルカバー問題の入力の各辺 $(u,v)$ は満たされているので，$(i,j) \in R_{uv}$ であり，

$$\{(u,v)\} \times U = \{(u,v)\} \times (A_i \cup \bar{A}_i) \subseteq S_{u,i} \cup S_{v,j}$$

が成立する．したがって，すべての辺が満たされているので，すべての $(u,v) \in E$ に対して選ばれる部分集合の和集合には，すべての $\{(u,v)\} \times U$ が含まれる．

次に，集合カバー問題の入力で比較的少ない個数の部分集合による集合カバーから，ラベルカバー問題の入力のかなり多くの割合の辺を満たすことができることを議論することが必要である．

**補題 16.34** 集合カバー問題の入力に対する高々 $\frac{h}{8}(|V_1|+|V_2|)$ 個の部分集合による集合カバーの解が与えられると，元のラベルカバー問題の入力で，少なくとも $\frac{2}{h^2}|E|$ 本の辺を満たす解を多項式時間で得ることができる．

**証明**：与えられた解の集合カバーにおいて，各 $u \in V_1$ に対して，その解に含まれる部分集合 $S_{u,i}$ の個数を $n_u$ とし，各 $v \in V_2$ に対して，その解に含まれる部分集合 $S_{v,j}$ の個数を $n_v$ とする．$E_1 = \{(u,v) \in E : n_u \geq \frac{h}{2}\}$ かつ $E_2 = \{(u,v) \in E : n_v \geq \frac{h}{2}\}$ とする．この解の集合カバーには，高々 $\frac{h}{8}(|V_1|+|V_2|)$ 個の部分集合しか含まれていないので，$n_u$ あるいは $n_v$ が少なくとも $\frac{h}{2}$ となるような点は，高々 $\frac{1}{4}(|V_1|+|V_2|)$ 個である．ラベルカバー問題の入力は $d$-正則であるので，$|E_1 \cup E_2| \leq \frac{1}{4}(|V_1|+|V_2|)d = \frac{1}{2}|E|$ である．$E_0 = E - E_1 - E_2$ とする．すると，$|E_0| \geq \frac{1}{2}|E|$ となる．任意の辺 $(u,v) \in E_0$ で $n_u + n_v < h$ であるので，解の集合カバーに含まれる $S_{u,i}$ と $S_{v,j}$ の個数の和は $h$ 未満である．したがって，解の集合カバーで辺 $(u,v) \in E_0$ に対する $\{(u,v)\} \times U$ のすべての要素がカバーされていることおよび分割システムの性質から，その解の集合カバーに二つの部分集合 $S_{u,i}$ と $S_{v,j}$ が含まれるようなラベル $i \in L_1$ と $j \in L_2$ が存在することになり，さらに，$S_{v,j} \supseteq \{(u,v)\} \times \bar{A}_i$ から $(i,j) \in R_{uv}$ となる．各 $u \in V_1$ に対して，解の集合カバーに含まれるすべての部分集合 $S_{u,i}$ からランダムに部分集合 $S_{u,i}$ を選び $u$ のラベルを $i$ とする．同様に，各 $v \in V_2$ に対して，解の集合カバーに含まれるすべての部分集合 $S_{v,j}$ からランダムに部分集合 $S_{v,j}$ を選び $v$ のラベルを $j$ とする．すると，各 $(u,v) \in E_0$ に対して，$u$ と $v$ に対する高々 $(\frac{h}{2})^2$ 個の可能なラベル対 $(i,j)$ の組合せの中の少なくとも 1 個の対がその辺 $(u,v)$ を満たすので，その辺 $(u,v)$ が満たされる確率は少なくとも $1/(\frac{h}{2})^2 = \frac{4}{h^2}$ である．したがって，満たされる辺の本数の期待値は，少なくとも

$$\sum_{(u,v) \in E_0} \frac{4}{h^2} = \frac{4}{h^2}|E_0| \geq \frac{2}{h^2}|E|$$

である．さらに，条件付き期待値法に基づいて，アルゴリズムを脱乱択できる． □

これで，集合カバー問題に対する所望の近似困難性の定理 16.32 を証明できるようになった．その定理を再掲しておく．

**定理 16.32** **NP** のすべての問題が $O(n^{O(\log\log n)})$ 時間のアルゴリズムを持つと主張できない限り，要素数 $N$ の基礎集合の重みなし集合カバー問題に対する $(\frac{1}{32}\log N)$-近似アルゴリズムは存在しない．

**証明**：ラベル集合が $L_1$ と $L_2$ の最大化版のラベルカバー問題の入力 $(V_1,V_2,E)$ に対して，$h = \log(|E||L_1|)$ と $t = |L_1|$ とおく．すると，分割システムのサイズは $s = |U| = 2^{2h+2}t^2 = 4(|E||L_1|)^2|L_1|^2 = 4|E|^2|L_1|^4$ である．集合カバー問題の入力の構成法により，$|E| \geq 4$ のときには，基礎集合のサイズは $N = |E||U| = 4|E|^3|L_1|^4 \leq (|E||L_1|)^4$ であり，$h \geq \frac{1}{4}\log N$ である．与えられたラベルカバー問題の入力ですべての辺を満たすことができるときには，$|V_1|+|V_2|$ 個の部分集合しか含まない集合カバーの解が存在することはわかっている．そのような入力では，補題 16.34 により，高々 $\frac{h}{8}(|V_1|+|V_2|)$ 個の部分集合からなる集合カバーを得ることができるときには，最大化版のラベルカバー問題に対して少なくとも $\frac{2}{h^2} > 1/(\log(|L_1||E|))^2$ の割合の辺を満たすような解を得ることができる．すると，このことから，最大化版のラベルカバー問題の入力において，すべての辺を満たすことができる入力であるのか，あるいは高々 $1/(\log(|L_1||E|))^2$ の割合の辺しか満たすことのできない入力であるのかを識別できることになる．すなわち，重みなし集合カバー問題に対する $\frac{h}{8}$ 以下の値の性能保証を持つ近似アルゴリズムがあるときには，そのような入力の識別を多項式時間でできる．ここで，$\frac{h}{8} = \frac{1}{8}\log(|E||L_1|) \geq \frac{1}{32}\log N$ であることに注意しよう．したがって，補題 16.33 により，**NP** のすべての問題が $O(n^{O(\log\log n)})$ 時間のアルゴリズムを持つと主張できない限り，重みなし集合カバー問題に対する性能保証 $\frac{1}{32}\log N$ の近似アルゴリズムは存在しない． □

集合カバー問題に対する近似困難性の結果の証明を完成するには，分割システムの構成を与えることが必要である．サイズ $2^{2h+2}t^2$ の分割システムを構成する確定的アルゴリズムも存在するが，ここでは，幾分サイズが小さくなる，より単純な乱択アルゴリズムを与える．

**補題 16.35** 与えられた $h$ と $t$ に対して，高い確率で，サイズ $s = 2^h h \ln(4t) \leq 2^{2h+2}t^2$ の分割システムを構成する乱択アルゴリズムが存在する．

**証明**：$U$ のすべての部分集合の族 $2^U$ から $t$ 個の集合 $A_i$ $(i=1,2,\ldots,t)$ を一様ランダムに選ぶ．これらの $t$ 個のインデックスから $h$ 個のインデックスが選ばれて一つの集合をなし，それらのインデックスが $i_1 < i_2 < \cdots < i_h$ を満たすとする．そして，各 $j$ に対する $B_{i_j}$ を，$B_{i_j} = A_{i_j}$ あるいは $B_{i_j} = \bar{A}_{i_j}$ とする．これらのインデックス集合と $h$ 個の集合 $B_{i_j}$ の選び方は，$\binom{t}{h}2^h$ 通りある．与えられた選択に対して，$\bigcup_{j=1}^h B_{i_j} = U$ である確率を考える．$t$ 個の集合の $A_i$ のランダムな構成により，任意に与えられた $u \in U$ がこの和集合に含まれる確率は，ほかの任意の $u' \in U$ がこの和集合に含まれる確率とは独立である．$u \notin \bigcup_{j=1}^h B_{i_j}$ である確率は，どのインデックス $j$ でも対 $(A_{i_j}, \bar{A}_{i_j})$ で選ばれた集合 $B_{i_j}$ に $u$ が含まれない確率である．各対で $u$ が選ばれた集合に含まれない確率は $\frac{1}{2}$ であるので，$u \notin \bigcup_{j=1}^h B_{i_j}$ である確率は $\frac{1}{2^h}$ である．したがって，

$$\Pr\left[\bigcup_{j=1}^h B_{i_j} = U\right] = \left(1 - \frac{1}{2^h}\right)^s$$

である．したがって，$t$ 個の集合 $A_i$ が分割システムでない確率は，$s = 2^h h \ln(4t) \leq 2^{2h+2} t^2$ から，

$$\binom{t}{h} 2^h \left(1 - \frac{1}{2^h}\right)^s \leq (2t)^h \mathrm{e}^{-s/2^h} = (2t)^h \cdot \mathrm{e}^{-h \ln(4t)} = \frac{1}{2^h}$$

である．$h = \log(|L_1||E|)$ と選んでいることから，$t$ 個の集合 $A_i$ は，少なくとも $1 - \frac{1}{|E||L_1|}$ の確率で分割システムとなる． □

ここで，最小化版のラベルカバー問題の近似困難性の限界の証明に移る．その証明のために，最小化版のラベルカバー問題の $d$-正則入力に対する $2^{(\log m)^{1-\epsilon}}$-近似アルゴリズムがあるとする．すると，最大化版のラベルカバー問題の $d$-正則入力に対する $2^{-(\log m)^{1-\epsilon'}}$-近似アルゴリズムが得られることになって，**NP** が準多項式時間アルゴリズムを持つことを意味することになることを示す．最初に，以下の補題を必要とする．

**補題 16.36** 最小化版のラベルカバー問題の $d$-正則入力とそれに対する高々 $K(|V_1| + |V_2|)$ 個のラベルを用いる解が与えられてすべての辺を満たすときには，各点で1個のラベルを選んで少なくとも $\frac{1}{32K^2}$ の割合の辺を満たすような多項式時間アルゴリズムが存在する．

**証明**：この補題の証明は，集合カバー問題に対するリダクションで用いた補題 16.34 の証明と同様である．問題に対して乱択アルゴリズムを与え，条件付き期待値法を用いて，少なくとも同じ性能保証を達成する確定版を得ることができることを示す．与えられたすべての辺を満たす解で点 $v \in V_1 \cup V_2$ に割り当てられるラベルの集合を $L_v$ とし，$n_v = |L_v|$ とする．各 $v \in V_1 \cup V_2$ に対して，$L_v$ から1個のラベルをランダムに選んで，それを $v$ に割り当てる．各辺 $(u,v) \in E$ ($u \in V_1, v \in V_2$) で $(u,v)$ が満たされるようなラベルの $i \in L_u$ と $j \in L_v$ が存在するので，このランダムなラベルの割当てで $(u,v)$ が満たされる確率は少なくとも $\frac{1}{n_u n_v}$ である．

$E_1 = \{(u,v) \in E : n_u \geq 4K\}$ かつ $E_2 = \{(u,v) \in E : n_v \geq 4K\}$ とする．使用されたラベルの総数 $\sum_{v \in V_1 \cup V_2} n_v$ は高々 $K(|V_1| + |V_2|)$ であるので，少なくとも $4K$ 個のラベルを含むラベル集合が割り当てられた点は高々 $\frac{1}{4}(|V_1| + |V_2|)$ 個である．入力は $d$-正則であるので，$|E_1 \cup E_2| \leq \frac{1}{2}|E|$ である．$E_0 = E - E_1 - E_2$ とする．すると，$|E_0| \geq \frac{1}{2}|E|$ となる．したがって，この一様ランダムなラベルの割当てで満たされる辺の本数の期待値は

$$\sum_{(u,v) \in E} \frac{1}{n_u n_v} \geq \sum_{(u,v) \in E_0} \frac{1}{n_u n_v} \geq \sum_{(u,v) \in E_0} \frac{1}{(4K)(4K)} \geq \frac{|E|}{32K^2}$$

である． □

これで最小化版のラベルカバー問題の近似困難性を証明できるようになった．

**定理 16.37** **NP** が準多項式時間アルゴリズムを持つと主張できない限り，どのような $\epsilon > 0$ に対しても，最小化版のラベルカバー問題の $d$-正則入力に対する $2^{(\log m)^{1-\epsilon}}$-近似アルゴリズムは存在しない．

**証明**：定理 16.31 で与えた最大化版のラベルカバー問題の $d$-正則入力に対する近似困難性からのギャップ保存リダクションを用いて，補題を証明する．最小化版のラベルカバー問題の $d$-正則入力に対する $\alpha$-近似アルゴリズムがあるとする．与えられた最大化版

のラベルカバー問題のすべての辺を満たすことができる $d$-正則入力 $(V_1, V_2, E)$ に対して，$|V_1|+|V_2|$ 個だけのラベルを用いてすべての辺を満たすようにできることはわかっているので，このアルゴリズムは高々 $\alpha(|V_1|+|V_2|)$ 個のラベルを用いる解を返す．このとき，補題 16.36 により，少なくとも $\frac{1}{32\alpha^2}$ の割合の辺を満たす最大化版のラベルカバー問題に対する解を得ることができる．$\frac{1}{32\alpha^2} > 2^{-(\log m)^{1-\epsilon}}$ であるときには，最大化版のラベルカバー問題の入力において，すべての辺を満たすことができる入力であるのか，あるいは高々 $2^{-(\log m)^{1-\epsilon}}$ の割合の辺しか満たすことができないような入力であるのかを識別できることになってしまう．したがって，**NP** が准多項式時間アルゴリズムを持つと主張できない限り，$\alpha \geq \frac{1}{\sqrt{32}} \cdot 2^{\frac{1}{2}(\log m)^{1-\epsilon}} = 2^{\frac{1}{2}((\log m)^{1-\epsilon}-5)}$ となる．十分に大きい $m$ に対して，$\frac{1}{2}((\log m)^{1-\epsilon}-5) \geq (\log m)^{1-2\epsilon}$ が成立するので，**NP** が准多項式時間アルゴリズムを持つと主張できない限り，最小化版のラベルカバー問題に対する $\epsilon' = 2\epsilon$ の $2^{(\log m)^{1-\epsilon'}}$-近似アルゴリズムは存在しない．最大化版のラベルカバー問題は任意の $\epsilon > 0$ で近似困難であるので，最小化版のラベルカバー問題も任意の $\epsilon' > 0$ で近似困難となる． □

最小化版のラベルカバー問題は，ネットワーク設計問題の近似困難性を証明するのに有効である．具体的には，最小化版のラベルカバー問題を有向版一般化シュタイナー木問題へリダクションして，その後，これから点連結版のサバイバルネットワーク設計問題の近似困難性がどのようにして得られるかを示す．**有向版一般化シュタイナー木問題** (directed generalized Steiner tree problem) は，7.4 節で定義した一般化シュタイナー木問題の有向グラフ版である．入力として，有向グラフ $G = (V, A)$，すべての有向辺 $a \in A$ に対する非負のコスト $c_a \geq 0$，$k$ 個のソース・シンク対 $s_i, t_i \in V$ が与えられる．目標は，辺の部分集合 $F \subseteq A$ の辺からなる $s_i$-$t_i$ パスが存在するような $F$，すなわち，すべての $i$ に対する $s_i$ から $t_i$ への有向パスが $(V, F)$ に存在するような $F$ のうちで，コストが最小となるものを求めることである．

**補題 16.38** 有向版一般化シュタイナー木問題に対する $\alpha$-近似アルゴリズムが与えられていれば，最小化版のラベルカバー問題に対する $\alpha$-近似アルゴリズムを得ることができる．

**証明**：最小化版のラベルカバー問題の与えられた入力から，有向版一般化シュタイナー木問題の入力へのリダクションを与える．そのリダクションでは，最小化版のラベルカバー問題の入力とリダクションで得られる有向版一般化シュタイナー木問題の入力に対して，最小化版のラベルカバー問題の入力の任意の実行可能解から，その実行可能解で使用されたラベル数と等しいコストの有向版一般化シュタイナー木問題の入力の実行可能解を得ることができる．さらに，リダクションで得られる有向版一般化シュタイナー木問題の入力の任意の実行可能解から，使用されるラベル数がその実行可能解のコストと等しい最小化版のラベルカバー問題の元の入力の実行可能解を得ることができる．したがって，二つの入力の最適解の値は正確に一致する．さらに，有向版一般化シュタイナー木問題に対する $\alpha$-近似アルゴリズムを用いて，最小化版のラベルカバー問題に対する $\alpha$-近似アルゴリズムを得ることができる．具体的には，最初に最小化版のラベルカバー問題の入力を有向版一般化シュタイナー木問題の入力にリダクションして，次に，その入力上で有向版一般化シュタイナー木問題に対する $\alpha$-近似アルゴリズムを走らせて実行可能解を求め，その後

に，得られた実行可能解を元の最小化版のラベルカバー問題の入力に対する実行可能解へと翻訳しなおせばよい．$\mathrm{OPT}_{LC}$ を最小化版のラベルカバー問題の入力の最適解の値とし，$\mathrm{OPT}_{GST}$ を有向版一般化シュタイナー木問題の入力の最適解の値とする．すると，このアルゴリズムで，値が高々 $\alpha\,\mathrm{OPT}_{GST} = \alpha\,\mathrm{OPT}_{LC}$ の最小化版のラベルカバー問題の入力の解が得られる．

最小化版のラベルカバー問題の入力におけるグラフを $(V_1, V_2, E)$，ラベルの集合を $L_1$ と $L_2$，各辺 $(u,v) \in E$ の関係を $R_{uv}$ とする．有向版一般化シュタイナー木問題の入力を以下のように構成する．点集合を $V = V_1 \cup V_2 \cup (V_1 \times L_1) \cup (V_2 \times L_2)$ として作る．$V_1 \times L_1$ と $V_2 \times L_2$ の点をそれぞれ，$(u, \ell_1)$ と $(v, \ell_2)$ と表記する．辺の集合を $A = A_1 \cup A_2 \cup A_3$ として作る．なお，

$$A_1 = \{(u, (u, \ell_1)) : u \in V_1, \ell_1 \in L_1\},$$
$$A_2 = \{((u, \ell_1), (v, \ell_2)) : u \in V_1, \ell_1 \in L_1, v \in V_2, \ell_2 \in L_2, (u,v) \in E, (\ell_1, \ell_2) \in R_{uv}\},$$
$$A_3 = \{((v, \ell_2), v) : v \in V_2, \ell_2 \in L_2\}$$

である．$A_1$ と $A_3$ の各辺のコストを $1$ とし，$A_2$ の各辺のコストを $0$ とする．各辺 $(u,v) \in E$ に対して，$s_i = u$ かつ $t_i = v$ としてソース・シンク対 $s_i, t_i$ を作る．

最小化版のラベルカバー問題の入力に対して，各 $u \in V_1$ に対するラベル集合 $L_u$ と各 $v \in V_2$ に対するラベル集合 $L_v$ の実行可能解が与えられているとする．このとき，有向版一般化シュタイナー木問題の入力の実行可能解を以下のように構成する．各 $u \in V_1$ と各ラベル $\ell_1 \in L_u$ に対して，有向辺 $(u, (u, \ell_1))$ を解に加える．各 $v \in V_2$ と各ラベル $\ell_2 \in L_v$ に対して，有向辺 $((v, \ell_2), v)$ を解に加える．ラベルカバー問題の入力の各辺 $(u,v) \in E$ に対して，$(\ell_1, \ell_2) \in R_{uv}$ であるような $\ell_1 \in L_u$ と $\ell_2 \in L_v$ が存在することはわかっている．そのような辺 $((u, \ell_1), (v, \ell_2))$ を解に加える．この辺により，$(u, (u, \ell_1))$, $((u, \ell_1), (v, \ell_2))$, $((v, \ell_2), v)$ の辺からなる $u$ から $v$ への有向パスが生じる．したがって，各対 $s_i, t_i$ に対して，解に有向パスが存在する．明らかに，有向版一般化シュタイナー木問題の解のコストは，ラベルカバー問題の解で用いられているラベルの総数に等しい．

有向版一般化シュタイナー木問題の実行可能解 $F$ が与えられているとする．このとき，同様に，この解をラベルカバー問題の入力の実行可能解に変換する．各辺 $(u, (u, \ell_1)) \in F$ に対して $u \in V_1$ にラベル $\ell_1 \in L_1$ を割り当て（$L_u$ に $\ell_1$ を追加し），各辺 $((v, \ell_2), v) \in F$ に対して $v \in V_2$ にラベル $\ell_2 \in L_2$ を割り当てる（$L_v$ に $\ell_2$ を追加する）．使用されるラベルの総数が $F$ のすべての有向辺のコストの総和に正確に一致することに注意しよう．次に，このラベルの割当てが，最小化版のラベルカバー問題の実行可能解であることを議論することが必要である．$F$ が有向版一般化シュタイナー木問題の入力の実行可能解であるので，$s_i = u$ かつ $t_i = v$ の対 $s_i, t_i$ に対して，有向グラフ $(V, A)$ に $u$ から $v$ へのパスが存在する．そしてそのパスは，$A_1$ の辺 $(u, (u, \ell_1))$, $A_2$ の辺 $((u, \ell_1), (v, \ell_2))$, $A_3$ の辺 $((v, \ell_2), v)$ を含むことになる．なお，$A_2$ の定義により，$(\ell_1, \ell_2) \in R_{uv}$ となる．辺 $(u, (u, \ell_1))$ と辺 $((v, \ell_2), v)$ は $F$ に含まれているので，$u$ にラベル $\ell_1$ を $v$ に $\ell_2$ を割り当てていたことになる． □

これで以下の系を得ることができるようになった．それは，上記の定理に，シュタイナー木問題の入力のサイズ $n$ とラベルカバー問題の入力の辺数 $m$ が多項式の関係にある

ということを組み合わせて得られる．

**系 16.39** NPが准多項式時間アルゴリズムを持つと主張できない限り，どのような $\epsilon > 0$ に対しても，有向版一般化シュタイナー木問題に対する $O(2^{(\log n)^{1-\epsilon}})$-近似アルゴリズムは存在しない．

最後に，11.3節で定義したサバイバルネットワーク設計問題の点連結版を取り上げて本節を終わることにする．サバイバルネットワーク設計問題のときと同様に，入力として，無向グラフ $G = (V, E)$，すべての辺 $e \in E$ に対するコスト $c_e \geq 0$，すべての異なる2点 $i, j \in V$ に対する連結性要求 $r_{ij}$ が与えられる．目標は，辺の部分集合 $F \subseteq E$ で定まるグラフ $(V, F)$ において，すべての異なる2点 $i, j \in V$ に対して，$i$ と $j$ を結ぶ $r_{ij}$ 本の"点素パス"，すなわち，端点 $i, j$ 以外の点を共有することのない $i$ と $j$ を結ぶ $r_{ij}$ 本のパスが存在するような $F$ のうちで，最小コストのものを求めることである．11.3節では，$i$ と $j$ を結ぶ $r_{ij}$ 本の"辺素パス"を求める辺連結版のサバイバルネットワーク設計問題に対して，2-近似アルゴリズムを与えた．しかし，点連結版は，きわめて近似困難である．以下の定理を証明することにする．

**定理 16.40** ある正整数 $k$ を用いて各 $r_{ij}$ が $r_{ij} \in \{0, k\}$ と書ける点連結版のサバイバルネットワーク設計問題の入力に対する $\alpha$-近似アルゴリズムがあれば，有向版一般化シュタイナー木問題に対する $\alpha$-近似アルゴリズムが存在する．

この定理から，以下の系がすぐに得られる．

**系 16.41** NPが准多項式時間アルゴリズムを持つと主張できない限り，どのような $\epsilon > 0$ に対しても，ある正整数 $k$ を用いて各 $r_{ij}$ が $r_{ij} \in \{0, k\}$ と書ける点連結版のサバイバルネットワーク設計問題の入力に対する $O(2^{(\log n)^{1-\epsilon}})$-近似アルゴリズムは存在しない．

この定理を証明するために，有向版一般化シュタイナー木問題から，点連結版のサバイバルネットワーク設計問題へのリダクションを与える．そこで，与えられた有向グラフ $G = (V, A)$ とすべての有向辺 $a \in A$ に対するコスト $c_a \geq 0$ に対して，無向グラフ $G' = (V', E')$ を以下のように構成する．点集合 $V'$ は，点集合 $V$ のコピー $V^*$ を用いて $V' = V^* \cup V$ であると定める．各点 $u \in V$ のコピーを $u^* \in V^*$ と表記する．すべての異なる2点 $u, v \in V$ 間にコスト0の辺 $(u, v)$ を作り，すべての異なる2点 $u^*, v^* \in V^*$ 間にもコスト0の辺 $(u^*, v^*)$ を作る．さらに，すべての $u \in V$ に対してコスト0の辺 $(u, u^*)$ を作る．最後に，各有向辺 $a = (u, v) \in A$（とそのコスト $c_a$）に対してコスト $c_a$ の辺 $(u, v^*)$ を作る．この最後の辺の集合に含まれる辺を"有向辺"と呼び，それ以外の辺の集合に含まれる辺を"非有向辺"と呼ぶ．$N' \subseteq E'$ をすべての"非有向辺"の集合とする．任意の有向辺の部分集合 $F \subseteq A$ に対して，対応する"有向辺"の集合を $F'$ と表記する．すなわち，各有向辺 $(u, v) \in F$ に"有向辺" $(u, v^*) \in F'$ が対応する．各辺 $e \in E'$ のコストを $c_e$ と表記し，$k = |V| + 1$ とする．有向版一般化シュタイナー木問題の入力の各ソース・シンク対 $s_i, t_i$ に対して $r_{s_i, t_i^*} = k$ とし，それら以外の異なる2点の対 $u, v \in V'$ に対して $r_{uv} = 0$ とする．図16.5はこのリダクションの説明図である．

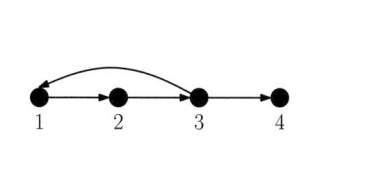

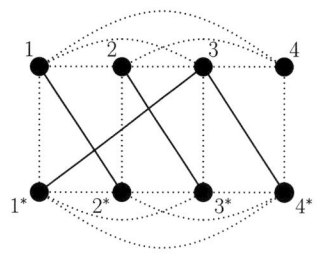

**図 16.5** 有向版一般化シュタイナー木問題から点連結版のサバイバルネットワーク設計問題へのリダクションの説明図. 左図が有向版一般化シュタイナー木問題の入力の有向グラフであり, 右図は対応する点連結版のサバイバルネットワーク設計問題の入力の無向グラフである. "非有向辺"は点線で, "有向辺"は実線で示している. 有向版一般化シュタイナー木問題の入力で, 点1から点4へのパスを見つけることが必要であるとする. これは, サバイバルネットワーク設計問題の入力で, 点1と点$4^*$とを結ぶ5本の点素パスを求めることに翻訳される.

定理 16.40 の証明のキーとなるのは以下の補題である.

**補題 16.42** $F \subseteq A$ を有向グラフ $G = (V, A)$ の辺の部分集合とし, $s, t \in V$ を $G$ の異なる2点とする. すると, $(V, F)$ に $s$ から $t$ への有向パスが存在するときそしてそのときにのみ, $(V', N' \cup F')$ に $s \in V'$ と $t^* \in V'$ とを結ぶ $k = |V| + 1$ 本の点素パスが存在する.

**証明**: 図 16.6 は証明の説明図である. 最初に, $(V, F)$ に $s$ から $t$ への単純なパス $P$ が存在すると仮定する. そのパス $P$ は $s, u_1, \ldots, u_r, t$ であるとする. $P$ から $(V', N' \cup F')$ の $k$ 本の点素パスを構成する. $P$ の最初の辺 $(s, u_1)$ に対してパス $(s, u_1^*), (u_1^*, t^*)$ を構成する. $P$ の最後の辺 $(u_r, t)$ に対してパス $(s, u_r), (u_r, t^*)$ を構成する. $P$ の $1 \leq i \leq r - 1$ となるそれ以外のすべての辺 $(u_i, u_{i+1})$ に対して, パス $(s, u_i), (u_i, u_{i+1}^*), (u_{i+1}^*, t^*)$ を構成する. すべての点 $v \notin \{s, t, u_1, \ldots, u_r\}$ に対して, パス $(s, v), (v, v^*), (v^*, t^*)$ を構成する. 最後に, 2本のパス $(s, s^*), (s^*, t^*)$ と $(s, t), (t, t^*)$ を構成する. これらのパスはすべて点素であることに注意しよう. $P$ の $r + 1$ 本の各有向辺に対して1本のパスがあり, このパス $P$ に含まれない $|V| - (r + 2)$ 個の各点に対して1本のパスがあり, さらに2本のパスがあるので, 全部でパスは $(r + 1) + (|V| - (r + 2)) + 2 = |V| + 1 = k$ 本である.

次に, $(V, F)$ に $s$ から $t$ へのパスが存在しないと仮定する. すると, 集合 $S \subseteq V$ から出ていく $F$ の辺がないような $s \in S$ かつ $t \notin S$ となる $S$ が存在することになる. 同一の点集合 $S \subseteq V'$ を考える. そして, 一方の端点が $S$ に含まれ, 他方の端点が $V' - S$ に含まれる $N' \cup F'$ の辺の集合を考える. $\Gamma(S) \subseteq V'$ をこれらの辺の端点で $S$ に含まれない端点の集合とする. このとき, $|\Gamma(S)| < k$ かつ $t^* \notin \Gamma(S)$ であることが主張できる. この主張が得られてしまえば, $(V', N' \cup F')$ に $s$ と $t^*$ を結ぶ $k$ 本の点素パスが存在しないことを以下のように示すことができる. $s \in S$ かつ $t^* \notin S \cup \Gamma(S)$ であるので, $s$ から $t^*$ へのどの点素パスも $\Gamma(S)$ の1点を通過しなければならないことに注意しよう. しかし, $|\Gamma(S)| < k$ であるので, $k$ 本のそのようなパスは存在しない.

主張を証明するために, $\Gamma(S)$ の点を列挙する. 各点 $v \in V - S$ に対して $(s, v) \in N'$ である (各点 $u \in S$ に対しても $(u, v) \in N'$ である) ので, 点 $v$ は $\Gamma(S)$ に含まれることに注意しよう. また, 各点 $u \in S$ に対して $(u, u^*) \in N'$ であるので, $u^* \in \Gamma(S)$ である. したがって,

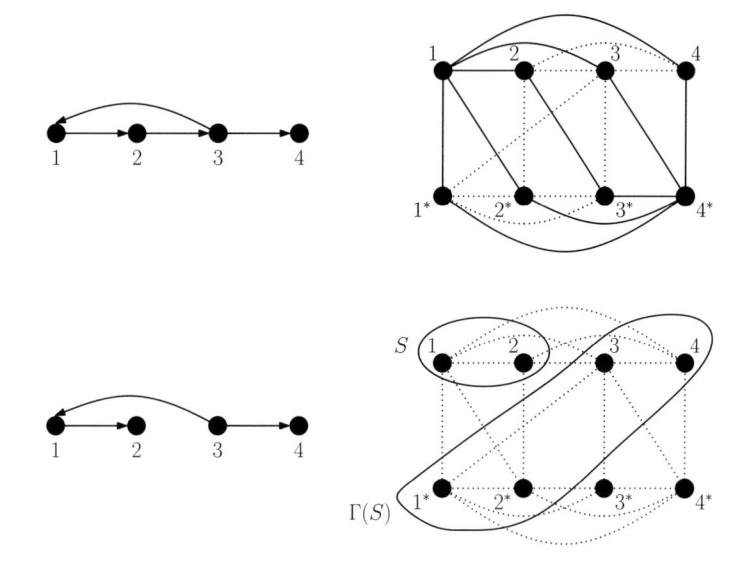

**図16.6** 補題16.42の証明の説明図．上側の図の入力では，点1から点4への有向パスが存在し，対応するサバイバルネットワーク設計問題の入力では，点1と点$4^*$を結ぶ5本の点素パスが存在する．なお，点素パスに含まれる辺は実線で，それ以外の辺は点線で示している．下側の図の入力では，点1から点4への有向パスは存在しない．対応するサバイバルネットワーク設計問題の入力での集合$S = \{1,2\}$と$\Gamma(S) = \{1^*,2^*,3,4\}$を示している．$|\Gamma(S)| = 4$であり，点1と点$4^*$を結ぶパスは$\Gamma(S)$の点を必ず含むので，点1と点$4^*$を結ぶ5本の点素パスは存在しない．

$\Gamma(S)$には少なくとも$|V - S| + |S| = |V| = k - 1$個の点が存在する．これで正確に1個の端点が$S$に含まれるような$N'$のすべての辺を考慮したことに注意しよう．さらに，任意の$v \in V - S$に対して，$v^* \in \Gamma(S)$となることはない．なぜなら，もし$v^* \in \Gamma(S)$であったとすると，$u \in S$かつ$v \in V - S$となるような辺$(u,v^*) \in F'$が存在したことになって，辺$(u,v) \in F$が$S$から出ていく辺になってしまい，矛盾が得られるからである．各$v \in V - S$に対して$v^* \notin \Gamma(S)$であるので，これから$|\Gamma(S)| = |V| = k - 1$となり，$t \in V - S$であるので$t^* \notin \Gamma(S)$となる． □

これで，定理16.40はすぐに証明できるようになった．

**定理16.40の証明**：有向版一般化シュタイナー木問題の入力の任意の実行可能解$F$が与えられているとする．これから，$N'$のコスト0のすべての"非有向辺"と$F$の各辺のコストと等しい$F'$の対応する"有向辺"をすべて選んで，点連結版のサバイバルネットワーク設計問題の入力のコストが同じ実行可能解を構成する．実際，補題16.42により，各ソース・シンク対$s_i, t_i$に対して，$s_i$と$t_i^*$を結ぶ$k$本の点素パスが存在するので，この解は，点連結版のサバイバルネットワーク設計問題の入力の実行可能解である．逆に，点連結版のサバイバルネットワーク設計問題の入力の実行可能解が与えられているとする．$N'$のすべての"非有向辺"はコストゼロであるので一般性を失うことなく，その解は$N'$のすべての"非有向辺"を含むと仮定できる．したがって，点連結版のサバイバルネットワーク設計問題のこの実行可能解は，$N' \cup F'$であると仮定できる．これから，有向版一般化シュタイナー木問題の対応する同じコストを持つ有向辺の集合$F$を構成する．点連結版のサバイ

バルネットワーク設計問題において，各 $i$ に対して $s_i$ と $t_i^*$ を結ぶ少なくとも $k$ 本の点素パスが存在するので，補題 16.42 により，$(V,F)$ に $s_i$ から $t_i$ への有向パスが存在する．したがって，二つの入力における最適解の値は同じになる．さらに，すべての $i,j$ で $r_{ij} \in \{0,k\}$ となる点連結版のサバイバルネットワーク設計問題に対する $\alpha$-近似アルゴリズムが与えられていれば，有向版一般化シュタイナー木問題の入力を，上記のようにリダクションして得られる，点連結版のサバイバルネットワーク設計問題の入力で $\alpha$-近似アルゴリズムを走らせて解 $N' \cup F'$ を求めて，その解から対応する有向辺の集合 $F$ を返すことで，最適解のコストの高々 $\alpha$ 倍のコストの解が得られるので，有向版一般化シュタイナー木問題の $\alpha$-近似アルゴリズムが得られる． □

## 16.5　ユニークゲーム問題からのリダクション

本節では，13.3 節で定義したユニークゲーム問題に戻る．ユニークゲーム問題では，入力として，無向グラフ $G = (V,E)$，ラベル集合 $L$ が与えられることを思いだそう．さらに，各辺 $(u,v) \in E$ に対して，$L$ 上の置換 $\pi_{uv}$ も与えられる．ユニークゲーム問題の目標は，$V$ の各点に $L$ のラベルから 1 個ラベルを選んで割り当て，できるだけ多くの辺が満たされるようにすることである．なお，辺 $(u,v)$ は，$\pi_{uv}(i) = j$ となるように $u$ にラベル $i$ が割り当てられ，$v$ にラベル $j$ が割り当てられるときに，満たされる，あるいは充足されるという．

さらに，ユニークゲーム予想 (UGC) は，ユニークゲーム問題の入力において，ほとんどすべての辺を満たすことができる入力とほとんどどの辺も満たすことのできない入力とを識別するのが NP-困難であるというものであることも思いだそう．

**予想 16.43 (ユニークゲーム予想 (UGC))**　ユニークゲーム問題においては，任意の $\epsilon, \delta > 0$ $(0 < \delta < 1 - \epsilon < 1)$ に対して，ラベル数 $k = |L|$ のユニークゲーム問題の入力が，少なくとも $1 - \epsilon$ の割合の辺を満たすことのできる入力であるのか，あるいは高々 $\delta$ の割合の辺しか満たすことのできない入力であるのかを，識別するのが NP-困難となるような $\epsilon$ と $\delta$ に依存する整数 $k$ が存在する．

本節では，(UGC が成立するという条件のもとで) UGC からのリダクションを用いて，どのようにして近似困難性を証明することができるかを示す．この目的のためには，以下で定義を与える MAX 2LIN($k$) と呼ばれるユニークゲーム問題の特殊ケースを考えるのが有効になる．なお，本書では与えないが，MAX 2LIN($k$) に対するユニークゲーム予想は，元のユニークゲーム予想に等価であることが証明できる．MAX 2LIN($k$) は $L = \{0,1,\ldots,k-1\}$ であり，かつ各辺 $(u,v)$ に付随する置換 $\pi_{uv}$ は，$u$ に対するラベル $x_u \in L$ と $v$ にラベル $x_v \in L$ に対して，$\pi_{uv}(x_u) = x_v$ であるときそしてそのときのみ $x_u - x_v = c_{uv} \pmod{k}$ となるような定数 $c_{uv} \in \{0,\ldots,k-1\}$ で与えられるユニークゲーム問題である．この問題が MAX 2LIN($k$) と呼ばれる理由は，各辺 $(u,v)$ に付随する置換 $\pi_{uv}$

が，サイズ $k$ のラベル集合 $L$ 上の置換であり，二つの変数 $x_u, x_v$ のラベル間の線形方程式で規定されるからである．この問題に付随する予想は "線形" ユニークゲーム予想 (LUGC) と呼ばれ，以下のように書ける．

**予想 16.44 (線形ユニークゲーム予想 (LUGC))** MAX 2LIN($k$) 版のユニークゲーム問題においては，任意の $\epsilon, \delta > 0$ $(0 < \delta < 1 - \epsilon < 1)$ に対して，$L = \{0, \ldots, k-1\}$ の MAX 2LIN($k$) の入力が，少なくとも $1 - \epsilon$ の割合の辺を満たすことのできる入力であるのか，あるいは高々 $\delta$ の割合の辺しか満たすことのできない入力であるのかを，識別するのが NP-困難となるような $\epsilon$ と $\delta$ に依存する整数 $k$ が存在する．

MAX 2LIN($k$) と 8.3 節で定義した多点対カット問題の間の強い関係を示すことから始める．このことから定理 8.10 で主張した多点対カット問題に対する結果が得られる．さらに，そのことから，13.3 節の一般のユニークゲーム問題に対する近似アルゴリズムよりも良い近似アルゴリズムが MAX 2LIN($k$) に対して得られる．多点対カット問題では，入力として，無向グラフ $G = (V, E)$，すべての辺 $e \in E$ に対する非負のコスト $c_e \geq 0$，および $k$ 組の異なるソース・シンク対 $s_i, t_i$ ($i = 1, 2, \ldots, k$) が与えられることを思いだそう．目標は，辺の部分集合 $F$ を除去するとどの対 $s_i, t_i$ 間でもパスがなくなるような $F$ のうちで，コストが最小のものを求めることである．すなわち，$(V, E - F)$ に $1 \leq i \leq k$ のどの $i$ でも $s_i$ から $t_i$ へのパスが存在しなくなるような $F$ のうちで，コストが最小のものを求めることである．

これらの二つの問題の関係を示すために，MAX 2LIN($k$) から多点対カット問題へのリダクションを与える．与えられた MAX 2LIN($k$) の入力のグラフ $G = (V, E)$，ラベル集合 $L = \{0, \ldots, k-1\}$，すべての $(u, v) \in E$ に対する定数 $c_{uv} \in L$ から，多点対カット問題の入力を以下のように構成する．$V' = V \times L$ とし，$(u, v) \in E$ かつ $i - j \equiv c_{uv} \pmod{k}$ であるときそしてそのときのみ $(u, i) \in V'$ と $(v, j) \in V'$ 間に辺を作る．こうして得られるすべての辺の集合を $E'$ とし，$G' = (V', E')$ とする．$|E'| = k|E|$ かつ $|V'| = k|V|$ であることに注意しよう．$E'$ の辺はすべてコスト 1 であるとする（すなわち，重みなし多点対カット問題を考えている）．最後に，すべての $u \in V$ とすべての異なるラベル対 $i, j \in L$ に対して，$(u, i)$ と $(u, j)$ をソース・シンク対とする．

これで，MAX 2LIN($k$) の入力とこのようにして得られる多点対カット問題の入力の値を関係づける二つの補題を示すことができるようになった．

**補題 16.45** $0 \leq \epsilon \leq 1$ であるような任意の $\epsilon$ に対して，少なくとも $(1 - \epsilon)|E|$ 本の辺を満たす MAX 2LIN($k$) の入力の実行可能解が与えられるとする．すると，上記のように構成された多点対カット問題の入力に対して，コストが高々 $\epsilon|E'|$ の実行可能解が存在する．

**証明**：MAX 2LIN($k$) の入力のグラフ $G$ の少なくとも $(1-\epsilon)|E|$ 本の辺を満たす $G$ のラベリングが与えられているとする．各点 $u \in V$ に割り当てられたラベルを $x_u \in \{0, \ldots, k-1\}$ とする．このとき，$G'$ の点集合 $V'$ を $k$ 個の部分集合の $V'_0, \ldots, V'_{k-1}$ に分割して，さらに異なる部分集合間を結ぶ辺をすべて除去して $G'$ の多点対カットを得る．具体的には，以下のようにする．$c$ 番目の部分集合 $V'_c$ をすべての点 $u \in V$ にわたる $(u, x_u + c \pmod{k})$

の和集合，すなわち，$V'_c = \{(u, x_u + c \pmod{k}) : u \in V\}$ と定める．最初に，異なるラベル $i, j \in \{0, \ldots, k-1\}$ に対して，$(u, i)$ と $(u, j)$ は異なる部分集合に属することになるので，これが実際に $G'$ の多点対カットであることが確認できる．次に，この多点対カットのコストを決定する．$(u, i)$ と $(v, j)$ が異なる部分集合に属することになる任意の辺 $((u, i), (v, j)) \in E'$ を考えて，$(u, v)$ がこのラベリングで満たされないことを示す．$E'$ の構成法により，$i - j = c_{uv} \pmod{k}$ であることはわかっている．さらに，$(u, i)$ と $(v, j)$ は分割の異なる部分集合に属することもわかっている．そこで，$c \neq c'$ であり，$(u, i) \in V'_c$ かつ $(v, j) \in V'_{c'}$ であるとする．すると，$i = x_u + c \pmod{k}$ かつ $j = x_v + c' \pmod{k}$ となるので，$c \neq c'$ から

$$c_{uv} = i - j \pmod{k} = (x_u + c) - (x_v + c') \pmod{k} = (x_u - x_v) + (c - c') \pmod{k}$$
$$\neq x_u - x_v \pmod{k}$$

が得られる．したがって，MAX 2LIN($k$) の入力の解で $(u, v) \in E$ は満たされない．MAX 2LIN($k$) の入力の各辺 $(u, v)$ は，多点対カット問題の入力の $k$ 本の辺に対応するので，多点対カット問題の解に含まれる（除去されている）辺の総数は，MAX 2LIN($k$) の解で満たされない辺の総数の高々 $k$ 倍である．したがって，MAX 2LIN($k$) の解で高々 $\epsilon|E|$ 本の辺が満たされないときには，多点対カット問題の解に含まれる辺の総数は，高々 $\epsilon k|E| = \epsilon|E'|$ 本である． □

**補題 16.46** $0 \leq \epsilon \leq 1$ であるような任意の $\epsilon$ に対して，上記のように構成された多点対カット問題の入力に対して，コストが高々 $\epsilon|E'|$ の実行可能解が与えられるとする．すると，少なくとも $(1 - 2\epsilon)|E|$ 本の辺を満たす MAX 2LIN($k$) の入力の実行可能解が存在する．

**証明**：$G'$ から多点対カット問題の解に含まれる辺を除去すると，グラフが $\ell$ 個の連結成分になるとする．点集合 $V'$ の対応する分割に含まれる部分集合を 1 番目から $\ell$ 番目までランダムに並べて $V'_1, \ldots, V'_\ell$ とする．この分割を用いて，MAX 2LIN($k$) の入力に対するラベリングを決定する．具体的には，各 $u \in V$ に対して，点 $(u, i)$ ($i \in L$) を最初に含む部分集合 $V'_c$ を求める．すなわち，$c$ は，$(u, i) \in V'_c$ であり，さらに，どの $c' < c$ に対しても $(u, j) \in V'_{c'}$ となるような $j \in L$ が存在しないとして定義される．分割は多点対カットによるものであるので，どの $j \neq i$ に対しても $(u, j) \notin V'_c$ であることはわかっている．このとき，$u$ にラベル $i$ を割り当てる．そして，部分集合 $V'_c$ が $u$ を "定義する" ということにする．

このラベリングで満たされる辺の本数を解析するために，辺 $(u, v) \in E$ を考える．対応する $E'$ の $k$ 本の辺 $((u, i), (v, j))$ $(i - j = c_{uv} \pmod{k}))$ の集合を考え，これらの $k$ 本の辺のうちで多点対カットに含まれる辺の割合を $\epsilon_{uv}$ とする．すると，これらの $k$ 本の辺のうち $(1 - \epsilon_{uv})k$ 本の各辺は，両端点の $(u, i)$ と $(v, j)$ が分割において同じ部分集合に含まれる．分割において，これらの $(1 - \epsilon_{uv})k$ 本の各辺とその両端点の $(u, i)$ と $(v, j)$ をともに含むような部分集合を "良い部分集合" ということにする．したがって，分割には $(1 - \epsilon_{uv})k$ 個の良い部分集合が存在する．$V'_c$ が "良い部分集合" であり，辺 $((u, i), (v, j))$ の両端点の $(u, i)$ と $(v, j)$ を含むとする．さらに，$V'_c$ が $u$ と $v$ を同時に "定義する" とする．すると，ラ

ベリングにおいて，$u$ と $v$ のラベルは $(u,v) \in E$ を満たす．なぜなら，$u$ はラベル $i$ が割り当てられ，$v$ はラベル $j$ が割り当てられていて，辺 $((u,i),(v,j))$ は $i-j = c_{uv} \pmod{k}$ となる（ので，辺 $(u,v)$ は満たされる）からである．次に，分割の良い部分集合が $u$ と $v$ を同時に"定義する"確率を解析する．この解析から，辺 $(u,v)$ が満たされる確率の下界が得られる．これを行うために，分割において，以下の三つのケースのいずれかに当てはまる部分集合を"悪い部分集合"と呼び，"悪い部分集合"が $u$ あるいは $v$ を"定義する"確率を解析する．すなわち，(i) 部分集合は点 $(u,i)$ を含むが，$(v,j)$ は含まない．(ii) 部分集合は点 $(v,j)$ を含むが，$(u,i)$ は含まない．(iii) 部分集合は点 $(u,i)$ と $(v,j)$ をともに含むが，辺 $((u,i),(v,j))$ は含まない．$(u,v)$ に対応する辺のうちで，$\epsilon_{uv}k$ 本の辺が多点対カットに含まれているので，"悪い部分集合"は高々 $2\epsilon_{uv}k$ 個である．このような"悪い部分集合"のいずれかが上記の順番で先にくると，後からくる"良い部分集合"は $u$ と $v$（のラベル）を同時に"定義する"ことができない．ここで，"悪い部分集合"の個数を $b \le 2\epsilon_{uv}k$ とする．$b + (1-\epsilon_{uv})k$ 個のすべての"悪い部分集合"とすべての"良い部分集合"のうちで，"良い部分集合"が最初にくると，上記のように，ここのラベリングで辺 $(u,v) \in E$ は満たされるので，ここのラベリングで辺 $(u,v) \in E$ が満たされない確率は，"悪い集合"が最初にくる確率以下である．この確率は，高々

$$\frac{b}{b + (1-\epsilon_{uv})k} \le \frac{2\epsilon_{uv}k}{2\epsilon_{uv}k + (1-\epsilon_{uv})k} = \frac{2\epsilon_{uv}}{1+\epsilon_{uv}} \le 2\epsilon_{uv}$$

である．

したがって，ランダムなラベリングで満たされない辺の総数の期待値は，高々 $2\sum_{(u,v)\in E} \epsilon_{uv}$ である．$\epsilon_{uv}$ の定義により，$E'$ の $k\sum_{(u,v)\in E} \epsilon_{uv}$ 本の辺が多点対カットに含まれる．したがって，多点対カットのコストが $k\sum_{(u,v)\in E} \epsilon_{uv} \le \epsilon|E'| = \epsilon k|E|$ であるときには，$\sum_{(u,v)\in E} \epsilon_{uv} \le \epsilon|E|$ が成立する．このとき，満たされない辺の総数の期待値は，高々 $2\epsilon|E|$ となるので，満たされる辺の総数の期待値は少なくとも $(1-2\epsilon)|E|$ である．□

上記の補題は，多点対カット問題の入力の解から MAX 2LIN($k$) の入力の解を得る乱択アルゴリズムを与えているが，これを確定的アルゴリズムに変換するのは困難ではない．これは読者の演習問題とする．

**系 16.47** 多点対カット問題の入力に対して，コストが高々 $\epsilon|E'|$ の実行可能解が与えられるとする．すると，少なくとも $(1-2\epsilon)|E|$ 本の辺を満たす MAX 2LIN($k$) の入力の実行可能解を返す確定的多項式時間アルゴリズムが存在する．

これらの二つの補題から，以下の系を導き出すことができる．

**系 16.48** P = NP でない限り，ユニークゲーム予想の仮定のもとでは，どのような定数 $\alpha \ge 1$ に対しても，多点対カット問題に対する $\alpha$-近似アルゴリズムは存在しない．

**証明：** ユニークゲーム予想と線形ユニークゲーム予想の等価性を用いる．ある定数 $\alpha \ge 1$ に対して，多点対カット問題に対する $\alpha$-近似アルゴリズムがあったとする．$\epsilon < \frac{1-\delta}{2\alpha}$ を満たすような任意の $\epsilon, \delta > 0$ を選ぶ．与えられた MAX 2LIN($k$) の入力に対して，上記のように，多点対カット問題の入力を構成して，それに多点対カット問題に対する $\alpha$-近似アルゴ

リズムを適用して解を求め，その解から系 16.47 に基づいて，多項式時間で MAX 2LIN(k) の入力の解に変換する．少なくとも $(1-\epsilon)|E|$ 個の制約式（辺）を満たすことのできる与えられた MAX 2LIN(k) の入力に対して，補題 16.45 により，対応する多点対カット問題の入力が高々 $\epsilon|E'|$ のコストの最適解を持つことはわかっている．仮定の近似アルゴリズムを用いて，コストが高々 $\epsilon\alpha|E'|$ の多点対カット問題の解を求める．すると，系 16.47 により，この多点対カットの解から得られる MAX 2LIN(k) の解は，少なくとも $(1-2\epsilon\alpha)|E|$ 個の制約式（辺）を満たす．一方，高々 $\delta|E|$ 個の制約式（辺）しか満たすことのできない与えられた MAX 2LIN(k) の入力に対して，ここのアルゴリズムでは，高々 $\delta|E|$ 個の制約式（辺）しか満たすことのできない解が返される．さらに，$\epsilon < \frac{1-\delta}{2\alpha}$ であるので，$(1-2\epsilon\alpha)|E| > \delta|E|$ である．したがって，ここのアルゴリズムは，少なくとも $(1-\epsilon)|E|$ 個の制約式（辺）を満たすことのできる MAX 2LIN(k) の入力と高々 $\delta|E|$ 個の制約式（辺）しか満たすことのできない MAX 2LIN(k) の入力とを多項式時間で識別できる．ユニークゲーム予想の仮定のもとでは，これは $\mathbf{P} = \mathbf{NP}$ を意味する． □

**系 16.49** 少なくとも $1-\epsilon$ の割合の辺を満たすことができる MAX 2LIN(k) の任意の入力に対して，少なくとも $1-\mathrm{O}(\epsilon \log n)$ の割合の辺を満たすような多項式時間アルゴリズムが存在する．

**証明**：与えられた MAX 2LIN(k) の入力に対して，上記のように，多点対カット問題の入力を構成して，それに多点対カット問題に対する 8.3 節の近似アルゴリズムを適用して解を求め，その解から系 16.47 に基づいて，多項式時間で MAX 2LIN(k) の入力の解に変換する．この多点対カット問題の入力におけるソース・シンク対の総数は $\frac{nk(k-1)}{2}$ であるので，$k$ を定数と見なすと，多点対カット問題の近似アルゴリズムの性能保証は $\mathrm{O}(\log(nk)) = \mathrm{O}(\log n)$ である．仮定により，MAX 2LIN(k) の入力は少なくとも $1-\epsilon$ の割合の辺を満たすので，補題 16.45 により，多点対カット問題の入力の最適解のコストは高々 $\epsilon|E'|$ である．したがって，近似アルゴリズムでコストが高々 $\mathrm{O}(\epsilon \log n)|E'|$ の解が得られ，さらに，系 16.47 のアルゴリズムにより，少なくとも $(1-\mathrm{O}(\epsilon \log n))|E|$ 本の辺を満たす MAX 2LIN(k) の入力の解が得られる． □

最後に，定理 6.11 の証明のハイレベルの概略を与えて，本節を終了することにする．その定理は，ユニークゲーム予想の仮定のもとで，最大カット問題に対する近似困難性の限界を与えている．その定理を以下に再掲する．

**定理 6.11** ユニークゲーム予想の仮定のもとでは，$\mathbf{P} = \mathbf{NP}$ でない限り，最大カット問題に対する

$$\alpha > \min_{-1 \leq x \leq 1} \frac{\frac{1}{\pi}\arccos(x)}{\frac{1}{2}(1-x)} \geq 0.878$$

の $\alpha$-近似アルゴリズムは存在しない．

この定理の証明から，ユニークゲーム予想の仮定のもとで，ほかの多くの問題の近似困難性の証明で用いられている多くのアイデアが得られる．しかしながら，全体の証明はここで与えるには複雑すぎる．そこでその代わりに，その証明で用いられるアイデアの概略

を与える．読者がそれらのアイデアに遭遇したときに少しでも役立つことになることを期待する．

証明を始めるには，ユニークゲーム予想に等価なほかの定式化が必要となる．ユニークゲーム予想は，入力が二部グラフで，一方の側のすべての点の次数が等しいときのユニークゲーム予想に等価である．

**予想 16.50 (二部グラフユニークゲーム予想)** 二部グラフ上でのユニークゲーム問題においては，任意の $\epsilon, \delta > 0$ $(0 < \delta < 1 - \epsilon < 1)$ に対して，二部グラフの一方の側のすべての点の次数が等しいラベル数 $k = |L|$ のユニークゲーム問題の入力が，少なくとも $1 - \epsilon$ の割合の辺を満たすことのできる入力であるのか，あるいは高々 $\delta$ の割合の辺しか満たすことのできない入力であるのかを，識別するのが NP-困難となるような $\epsilon$ と $\delta$ に依存する整数 $k$ が存在する．

以下の定理の証明の概略を与える．

**定理 16.51** 二部グラフユニークゲーム予想の仮定のもとでは，任意の $\gamma > 0$ と任意の $\rho \in (-1, 0)$ に対して，検証者が少なくとも $\frac{1}{2}(1 - \rho) - \gamma$ の完全性 $c$ と高々 $\frac{1}{\pi} \arccos(\rho) + \gamma$ の健全性 $s$ を持ち，検証する二つのビットが異なるときに受理するとしても，**NP** $\subseteq$ **PCP**$_{c,s}(\log n, 2)$ である．

この定理が与えられていれば，最大カット問題の近似困難性は容易に得られる．

**定理 6.11 の証明：** 16.3 節の議論に従って，任意の NP-完全問題 $\Pi$ と定理 16.51 に基づく $\Pi$ に対する検証者に対して，証明のすべての可能なビットのそれぞれに対する点を点集合とするグラフを構成する．（完全性の $c$ とは異なるある正定数 $c$ を用いて）検証者が用いることのできる $2^{c \log n} = n^c$ 個の可能なランダムビット列のそれぞれに対して，それで定まる検証者が検証する証明の中の二つのビットに対応して辺を作る．問題 $\Pi$ の任意の "Yes" 入力に対して，ランダムビット列で定められる証明の中の二つのビットは，少なくとも $\frac{1}{2}(1 - \rho) - \gamma$ の割合で検証者の検証がパスするように，0 と 1 に設定することができる．これは，グラフを二つの部分に分けることに対応する．一方の側は 0 に設定されるビットに対応する点からなり，他方の側は 1 に設定されるビットに対応する点からなる．少なくとも $\frac{1}{2}(1 - \rho) - \gamma$ の割合で検証者の検証がパスするので，すべての辺のうちの少なくとも $\frac{1}{2}(1 - \rho) - \gamma$ の割合の辺で両端点が異なる部分に属することになり，すべての辺のうちの少なくとも $\frac{1}{2}(1 - \rho) - \gamma$ の割合の辺がカットに含まれることを意味する．同様に，問題 $\Pi$ の任意の "No" 入力に対して，すべての辺のうちの高々 $\frac{1}{\pi} \arccos(\rho) + \gamma$ の割合の辺しかカットに含まれないことも得られる．したがって，

$$\alpha > \frac{\frac{1}{\pi} \arccos(\rho) + \gamma}{\frac{1}{2}(1 - \rho) - \gamma}$$

であるような定数 $\alpha$ の $\alpha$-近似アルゴリズムがあれば，$\Pi$ の "Yes" 入力と "No" 入力とを多項式時間で識別できることになり，**P** $=$ **NP** が得られる．以上のことは，任意の $\gamma > 0$ と任意の $\rho \in (-1, 0)$ で成立するので，**P** $=$ **NP** でない限り，

$$\alpha > \min_{\rho \in (-1, 0)} \frac{\frac{1}{\pi} \arccos(\rho)}{\frac{1}{2}(1 - \rho)}$$

を満たす定数 $\alpha$ の $\alpha$-近似アルゴリズムは存在しない．証明を完了するためには，あとは単に，

$$\min_{\rho \in (-1,0)} \frac{\frac{1}{\pi}\arccos(\rho)}{\frac{1}{2}(1-\rho)} = \min_{\rho \in [-1,1]} \frac{\frac{1}{\pi}\arccos(\rho)}{\frac{1}{2}(1-\rho)}$$

であること，すなわち，区間 $[-1,1]$ 上でのこの比の最小値が区間 $(-1,0)$ で達成されることを確認するだけで十分である． □

　（少なくとも $1-\epsilon$ の割合の辺を満たすことのできる）二部グラフユニークゲーム問題の"Yes"入力に対する PCP 証明がどのように符号化されるかについて説明する．$G = (V_1, V_2, E)$ を，ラベル集合 $L$ で，$V_1$ のすべての点の次数が等しいこの二部グラフユニークゲーム問題の入力の二部グラフであるとする．二部グラフ $(V_1, V_2, E)$ の各点 $v \in V_1 \cup V_2$ に対して，そのラベルを符号化したい．これを行うために，関数 $f_v : \{0,1\}^k \to \{0,1\}$ を以下のように構成する．点 $v$ にラベル $i$ が割り当てられていることを符号化するために，関数 $f_v$ は，$i$ 番目のビットが 1 であるとき 1 であり，$i$ 番目のビットが 0 であるとき 0 であると設定する．そのような関数は**独裁者** (dictator) と呼ばれる．その値は入力のビットのうちの 1 個のビットで支配されている（上のケースでは $f_v(x_1, \ldots, x_k) = x_i$ である）．PCP 証明の一つのブロックは $f_v$ の符号化に当てられている．これは，$\{0,1\}^k$ から得られるすべての $2^k$ 個の列上で $f_v$ の値を列挙して行われる．これは極端に非効率的な符号化である．$k$ 個の可能なラベルの 1 個を符号化するのは $\lceil \log_2 k \rceil$ ビットでできるので，$2^k$ ビットは（$\log_2 k$ の）二重の指数関数個のビットである．このことから，この符号化は**長コード** (long code) と呼ばれる．しかし，$k$ は定数であるので長さ $2^k$ も定数である．したがって，証明の長さは $(|V_1| + |V_2|)2^k$ となり，ユニークゲーム問題の入力のサイズの多項式である．

　ここで，検証者が証明の検証に用いるテストについて説明するために，いくつかの概念を定義することが必要となる．関数 $f : \{0,1\}^k \to \{0,1\}$ において，入力の第 $i$ 番目のビットをフリップ（反転）すると関数 $f$ の値が変わる（$f$ のすべての入力にわたっての）確率を，関数 $f$ における第 $i$ 番目のビットの**影響力** (influence) という．この値を $\mathrm{Inf}_i$ と表記する．したがって，

$$\mathrm{Inf}_i(f) = \Pr_{x \in \{0,1\}^k}[f(x) \neq f(x_1, \ldots, x_{i-1}, 1-x_i, x_{i+1}, \ldots, x_k)]$$

である．第 $i$ 番目のビットによる独裁者関数 $f$ に対して，$\mathrm{Inf}_i(f) = 1$ であるが，ほかのすべての $j \neq i$ に対して $\mathrm{Inf}_j(f) = 0$ であることに注意しよう．関数 $f$ は，どのビットも影響力が小さいときには，"独裁者からは遠い" ということにする．与えられた入力 $x \in \{0,1\}^k$ に対して，$x$ の各ビットを独立にフリップ（反転）するノイズを考える．$y$ が以下のように，$x$ の各ビットをランダムにフリップ（反転）して得られるとき，$y \sim_\rho x$ と表記することにする．すなわち，ある $\rho \in [-1,1]$ を用いて，各 $i$ に対して，独立に，確率 $\frac{1}{2}(1+\rho)$ で $y_i = x_i$ とし，確率 $\frac{1}{2}(1-\rho)$ で $y_i = 1-x_i$ として $y$ が $x$ から得られるとき，$y \sim_\rho x$ と表記する．最後に，関数 $f : \{0,1\}^k \to \{0,1\}$ の**ノイズ感度** (noise sensitivity) の概念を定義する．ノイズ感度は，$y \sim_\rho x$ に対して，$f(x) \neq f(y)$ となるすべての入力 $x$ にわたる確率である．ノイズ感度の高い関数は，ノイズの存在により出力が変化しやすい．ノイズ感度を $\mathrm{NS}$ と表記する．したがって，

$$\mathrm{NS}_\rho(f) = \Pr_{x \in \{0,1\}^k,\, y \sim_\rho x}[f(x) \neq f(y)]$$

である．ブール関数のときのノイズ感度に帰着できる，ブール関数とは限らないより一般的な関数のノイズ感度の定義もある．

次に，独裁者ブール関数 $f$ に対しては，ノイズ感度を容易に記述できることを観察する．すなわち，独裁者 $f$ の支配が第 $i$ 番目のビットによるときには，ノイズ感度は単に第 $i$ 番目のビットがフリップ（反転）される確率になる．したがって，この $f$ に対して，$\mathrm{NS}_\rho(f) = \frac{1}{2}(1-\rho)$ と書ける．さらに，関数が "独裁者からは遠い" ときには，以下の定理が成立することを示すことができる．

**定理 16.52** 任意の $\rho \in (-1, 0)$ と任意の $\gamma > 0$ に対して，すべての $i$ で $f : \{0,1\}^k \to [0,1]$ が $\mathrm{Inf}_i(f) \leq \beta$ であるときには，

$$\mathrm{NS}_\rho(f) \leq \frac{1}{\pi} \arccos(\rho) + \gamma$$

となるような $\rho$ と $\gamma$ に依存する $\beta$ が存在する．

上記のノイズ感度の議論から，定理 16.51 の証明が示唆される．点 $v \in V_1 \cup V_2$ をランダムに選び，入力 $x \in \{0,1\}^k$ をランダムに選び，$y \sim_\rho x$ を選んで，$f_v(x)$ と $f_v(y)$ に対応する証明の中のビットが一致するかどうかを検証するとする．上記の議論により，$f_v$ が独裁者ならば，確率 $\frac{1}{2}(1-\rho)$ で $f_v(x) \neq f_v(y)$ であり，$f_v$ が "独裁者からは遠い" ときには，$f_v(x) \neq f_v(y)$ である確率は高々 $\frac{1}{\pi} \arccos(\rho) + \gamma$ である．したがって，このテストを実行することにより，証明が適切にラベリングを符号化しているかどうかを，テストすることができることになる．テストは，証明が実際にラベリングを符号化しているときには完全性以上の確率でパスし，符号化されたどの関数も "独裁者からは遠い" ときには，健全性以下の確率でパスすることになる．

しかしながら，符号化が単に独裁者関数の符号化であるかどうか以上のテストが必要になる．すなわち，符号化されたラベリングで，ほとんどすべての辺が満たされるか，あるいは，満たされる辺がほとんど存在しないかを検証することができるようにしたい．適切なテストを考案するために，以下の記法を用いる．$x \in \{0,1\}^k$ とラベル集合上の置換 $\pi : [k] \to [k]$ に対して，$x_{\pi(1)}, x_{\pi(2)}, \ldots, x_{\pi(k)}$ のビット列を $x \circ \pi$ と表記する[1]．辺 $(v, w) \in E$ に対して，$v$ と $w$ のラベルがそれぞれ $\pi_{vw}(i) = j$ となる $i$ と $j$ であり，かつ $f_v$ と $f_w$ がそれぞれ $i$ と $j$ による独裁者関数であるときには，任意の $x \in \{0,1\}^k$ に対して $f_v(x) = f_w(x \circ \pi_{vw})$ であることに注意しよう．さらに，2本の辺 $(v, w)$ と $(v, u)$ が存在して，$v$ にラベル $i$，$w$ にラベル $j$，$u$ にラベル $h$ が割り当てられていて，$\pi_{vw}(i) = j$ かつ $\pi_{vu}(i) = h$ であり，かつ $f_v, f_w, f_u$ がそれぞれ $v, w, u$ の適切なラベルによる独裁者関数であるときには，任意の $x \in \{0,1\}^k$ に対して $f_v(x) = f_w(x \circ \pi_{vw}) = f_u(x \circ \pi_{vu})$ である．

これで検証者のテストを与えることができるようになった．$V_1$ のすべての点が同じ次数を持つ二部グラフユニークゲーム問題の入力 $(V_1, V_2, E)$ に対して，テストは，点 $v \in V_1$

---

[1] 訳注：$x \circ \pi$ は，各 $i \in [k]$ に対して $y_{\pi(i)} = x_i$ となる $y_1, y_2, \ldots, y_k$ として定義されるビット列と考えられる．すなわち，$x \circ \pi$ は，$\pi$ の逆元 $\pi^{-1} : [k] \to [k]$ を用いて $x_{\pi^{-1}(1)}, x_{\pi^{-1}(2)}, \ldots, x_{\pi^{-1}(k)}$ として定義されるビット列である．

を一様ランダムに選び，$v$ の二つの隣接点 $w, u \in V_2$ を独立に一様ランダムに選ぶ．さらに，テストは，$x \in \{0,1\}^k$ を一様ランダムに選び，$y \sim_\rho x$ を引いてくる．最後に，テストは，二つのビットの $f_w(x \circ \pi_{vw})$ と $f_u(y \circ \pi_{vu})$ を見て，これらの二つのビットが異なるときにのみ受理する．

これで，検証者のテストの完全性を証明できるようになった．

**補題 16.53** 任意の $\rho \in [-1, 1]$ に対して，二部グラフ上でのユニークゲーム問題の入力の少なくとも $1 - \epsilon$ の割合の辺を満たすことができるときには，検証者が $(1 - 2\epsilon) \cdot \frac{1}{2}(1 - \rho)$ 以上の確率で受理するような証明が存在する．

**証明**：$V_1$ のすべての点が同じ次数を持つので，点 $v \in V_1$ を一様ランダムに選び，$v$ の隣接点 $w$ をランダムに選ぶときには，$(v, w)$ はランダムに選ばれた辺であることに注意しよう．辺 $(v, u)$ に対しても同様である．$(v, w)$ が満たされない確率は高々 $\epsilon$ であり，$(v, u)$ が満たされない確率も同様に高々 $\epsilon$ である．したがって，これらの 2 本の辺が同時に満たされる確率は，少なくとも $1 - 2\epsilon$ である．

各 $v \in V_1 \cup V_2$ に対して，証明は適切な独裁者関数 $f_v$ を符号化したものであると仮定する．上記の理由により，$(v, w)$ と $(v, u)$ がともに満たされるときには，$f_w(x \circ \pi_{vw}) = f_u(x \circ \pi_{vu})$ である．ここで，$y \sim_\rho x$ を引いてくると，$x$ の $f_u$ の値を支配するビットが $y$ でフリップ（反転）されている確率は $\frac{1}{2}(1 - \rho)$ である．したがって，$(v, w)$ と $(v, u)$ がともに満たされるときには，$f_w(x \circ \pi_{vw}) \neq f_u(y \circ \pi_{vu})$ である確率は $\frac{1}{2}(1 - \rho)$ である．したがって，全体で検証者が受理する確率は，少なくとも $(1 - 2\epsilon) \cdot \frac{1}{2}(1 - \rho)$ である． □

与えられた値 $\rho$ と $\gamma > 0$ に対して，ユニークゲーム問題の入力における $\epsilon$ と $\delta$ の値を適切に選ぶことができることに注意しよう．したがって，以下の系が得られる．

**系 16.54** 任意の $\rho \in [-1, 1]$ と任意の $\gamma > 0$ に対して，ユニークゲーム問題の入力の少なくとも $1 - \epsilon$ の割合の辺を満たすことができるときには，検証者が $\frac{1}{2}(1 - \rho) - \gamma$ 以上の確率で受理するような証明が存在する．

健全性の証明はこの証明の技術的に困難な部分であり，ここではきわめてハイレベルの概略的なアイデアを述べるだけにする．検証者が $\frac{1}{\pi} \arccos(\rho) + \gamma$ よりも大きい確率で受理するような証明が存在しているとする．次数 $d$ の与えられた点 $v \in V_1$ に対して，$g_v(z) = \frac{1}{d} \sum_{w \in V_2 : (v,w) \in E} f_w(z \circ \pi_{vw})$ と定義する．検証者が点 $v$ を選んだとして，検証者が受理する確率を $p_v$ とする．すると，$p_v = \mathrm{NS}_\rho(g_v)$ となることが証明できる．検証者が少なくとも確率 $\frac{1}{\pi} \arccos(\rho) + \gamma$ で受理するときには，$\frac{\gamma}{2}$ の割合の点 $v \in V_1$ に対して，$\mathrm{NS}_\rho(g_v) \geq \frac{1}{\pi} \arccos(\rho) + \frac{\gamma}{2}$ であることが示せる．定理 16.52 により，そのような関数 $g_v$ は影響力が大きくなるようなビット $i$ を持つ．これらの影響力の大きいビット（座標）を用いて，$\delta$ よりも大きい割合の辺を満たすユニークゲーム問題の入力の解を構成することができる．以上により証明された健全性の定理は以下のようになる．

**定理 16.55** 任意の $\rho \in (-1, 0)$ と任意の $\gamma > 0$ に対して，ユニークゲーム問題の入力の高々 $\delta$ の割合の辺しか満たすことができないときには，検証者が $\frac{1}{\pi} \arccos(\rho) + \gamma$ より大きい確率で受理するような証明は存在しない．

ユニークゲーム予想は，上記のような方法で，ほかの多くの近似困難性の証明に用いられてきた．独裁者関数として長コードで符号化されたラベリングのテストは，対象とする問題ごとに短くされている．

## 16.6　ノートと発展文献

本章の冒頭でも述べたように，近似困難性のトピックを完全に網羅するとそれ自身で1冊の本となってしまう．現時点でそのような本はまだ執筆されていない．しかしながら，Arora and Barak [14] による計算の複雑さの理論に関する本ではそのトピックがかなり取り上げられている．同様に，近似アルゴリズムに関する Ausiello, Crescenzi, Gambosi, Kann, Marchetti-Spaccamela, and Protasi [27] や Vazirani [283] の本でも取り上げられている．より古くなるが，Arora and Lund [18] の調査論文はまだ読む価値がある．また，Trevisan [281] によるより最近の卓越した調査論文もある．さらに，Harsha and Charikar [156] により開催されたワークショップにおける講義ノートも役に立つ．

本書における近似困難性の結果の記述はほぼ年代順になっている．すなわち，近似困難性の初期の証明はNP-完全問題からのリダクションによるものであった．その後，ある問題の近似困難性からほかの問題の近似困難性が得られるというような，様々な問題の近似可能性間の関係が観察された．1990年代の初頭には，PCP定理が証明された．この結果とその後の研究成果により，様々な制約充足化問題の近似困難性が示された．さらに，それ以前に知られていた近似保存リダクションも用いて，ほかの近似困難性の結果も得られた．この時期を通して，さらにほかの近似困難性を示す方法として，ラベルカバー問題が導き出された．前にも述べたように，2000年代の初頭に，Khot [192] により，ユニークゲーム問題とユニークゲーム予想が提起された．それ以降，ユニークゲーム予想を用いて，近似困難性を導出する多数の重要な結果が得られてきている．

16.1節で与えた，3-次元マッチング問題からのリダクションによる相互独立並列マシン上での完了時刻最小化スケジューリング問題の近似困難性の結果は，Lenstra, Shmoys, and Tardos [215] による．辺素パス問題の近似困難性の結果は，Guruswami, Khanna, Rajaraman, Shepherd, and Yannakakis [153] による．

16.2節で与えたL-リダクションの概念は，問題のクラス **MAX SNP** を提起した論文 Papadimitriou and Yannakakis [240] で与えられた．この論文は，問題の特別なクラスを定義して，$P = NP$ でない限り，このクラスのすべての問題が多項式時間近似スキーム (PTAS) を持つか，あるいは，このクラスのどの問題も PTAS を持たないかのいずれかであることを示した．その後，PCP定理で，$P = NP$ でない限り，このクラスのどの問題も PTAS を持たないことが証明された．MAX E3SAT から MAX 2SAT へのL-リダクションは，実際には，NP-完全性を示した Garey, Johnson, and Stockmeyer [123] による MAX 2SAT への元々のリダクションである．MAX E3SAT から最大独立集合問題へのL-リダクションは，Papadimitriou and Yannakakis [240] による．次数上界付きグラフの点カバー問題からのシュタイナー木問題へのL-リダクションは，Bern and Plassmann [44] による．

最大独立集合問題に対して，多項式時間近似スキーム (PTAS) があるか，あるいは，定数の近似が不可能であることを示した．最大独立集合問題からそれ自身へのリダクションは，Garey and Johnson [124] による．集合カバー問題から容量制約なし施設配置問題へのリダクションは，Guha and Khuller [146] による．そこで用いられたリダクションが $k$-メディアン問題に対しても拡張適用できるという観察は，Jain, Mahdian, Markakis, Saberi, and Vazirani [176] による．

16.3 節の PCP 定理は，Arora, Lund, Motwani, Sudan, and Szegedy [19] による．それは，それ以前の Feige, Goldwasser, Lovász, Safra, and Szegedy [108] と Arora and Safra [23] の結果の上に構築されている．確率的検証可能証明による **NP** の定義は，本書の PCP 定理で与えられたものとは異なるパラメーターを用いているが，Arora and Safra [23] による．PCP 定理の証明が得られて以来，この定理の様々なパラメーターを改善する一連の重要な研究が活発に行われてきた．定理 16.19 はそのような重要な例であり，検証者は証明の中の 3 ビットのみを読んで，関数 odd と even を用いるだけで十分であることを示している．この定理は Håstad [159] による．PCP 定理の変種版の完全性 1 と MAX E3SAT の近似困難性が $\frac{7}{8}$ であることを証明した定理 16.23 も Håstad [159] による．Dinur [89] は，きわめて複雑な最初の証明を簡単化した．Radhakrishnan and Sudan [245] には，Dinur の結果が掲載されている．その節の最後の奇偶制約充足化問題から MAX 2SAT への近似保存リダクションは，Bellare, Goldreich, and Sudan [42] による．

ラベルカバー問題は，証明者と検証者の二者による対話型証明のある側面を把握する方法として，Arora, Babai, Stern, and Sweedyk [13] の論文で提起された．そこでのラベルカバー問題の定義は，本書で与えた定義とは少し異なる．各変数が正確に 5 個のクローズに現れる MAX E3SAT の近似困難性は，Feige [107] による．$(d_1, d_2)$-正則入力から $d$-正則入力へのリダクションは，基盤となる証明者と検証者の二者による対話型証明システムに対する Lund and Yannakakis [220] のリダクションからの類推で得られる．定理 16.28 は，並列反復定理として知られている定理から得られる．それも，基盤となる証明者と検証者の二者による対話型証明システムで用いられている．並列反復定理は Raz [250] による．集合カバー問題の近似困難性の証明は，Lund and Yannakakis [220] による．本書の記述は，Khot [191] の講義ノートに基づいている．最小化版のラベルカバー問題から有向版一般化シュタイナー木問題へのリダクションは，Dodis and Khanna [92] による．有向版一般化シュタイナー木問題から点連結版のサバイバルネットワーク設計問題へのリダクションは，Lando and Nutov [207] による．点連結版のサバイバルネットワーク設計問題に対するその近似困難性の結果は，それ以前に証明がきわめて複雑であったものの，Kortsarz, Krauthgamer, and Lee [204] により示されている．

前にも述べたように，ユニークゲーム問題とユニークゲーム予想は，Khot [192] により提起されたが，最初は二部グラフに対するものであった．したがって，二部グラフユニークゲーム予想が，もともとの予想であった．ユニークゲーム予想と線形ユニークゲーム予想の等価性は，Khot, Kindler, Mossel, and O'Donnell [193] で示された．本章の MAX 2LIN から多点対カット問題へのリダクションは，Steurer and Vishnoi [272] による．なお，それ以前にも，ユニークゲーム予想の仮定のもとで，多点対カット問題に対して定数近似が不可能であることは，Chawla, Krauthgamer, Kumar, Rabani, and Sivakumar [68]

により，より複雑な証明で示されていた．最大カット問題に対する近似困難性の結果は，Khot, Kindler, Mossel, and O'Donnell [193] と Mossel, O'Donnell, and Oleszkiewicz [227] の結果による．本書で与えたその結果の概略は，前に述べた Harsha and Charikar [156] により開催された近似困難性に関するワークショップでの Khot の講義ノート [191] に深く基づいている．ユニークゲーム予想は，今もなお，強力な結果を得るための道具であり続けている．Raghavendra [248] と Raghavendra and Steurer [249] には，ユニークゲーム予想の仮定のもとで，制約充足化問題に対する可能な本質的に最善の近似アルゴリズムが掲載されている．Raghavendra [248] には，与えられたある一つの制約充足化問題に対する近似困難性の限界が自然な SDP の整数性ギャップに一致することが示されている．一方，Raghavendra and Steurer [249] には，性能保証が整数性ギャップに一致する SDP のラウンディングアルゴリズムが与えられている．ユニークゲーム予想が真であるかどうかの解決は，近似アルゴリズムの分野のきわめて興味深い未解決問題である．

# 第17章
# 未解決問題

　近似アルゴリズムデザインは，研究分野として，かなりの成熟期に到達したと考えられる．本書に掲載した豊富な成果からもその成熟度が深く理解できるものと思われる．しかしながら，いまだに発見されていないきわめて重要で基本的な成果も多く残っていて，さらに多くの研究が必要であると信じている．

　驚きをもってこの分野における新しい指針をもたらす可能性があると考えられる研究に光を当てて，いくつかの未解決問題を概観することにする．"トップ10"リストは，その年の映画評論家や深夜番組の司会者に特有のものとは限らないので，この形式できわめて重要な成果と思われるものを挙げてみる．

　多くの最適化問題に対して，究極の成果は，（少なくとも P vs. NP のような問題が解決されるまでは，計算の複雑さの仮定に基づいて）下界に一致する性能保証である．本書でもきわめて多くの部分で，ある正定数 $\alpha$ の $\alpha$-近似アルゴリズム，すなわち，最適解の値の $\alpha$ 倍以内の目的関数値を持つ解を求める多項式時間アルゴリズムのデザインを取り上げてきた．そして，非明示的に，与えられた問題に対して達成できる最善の $\alpha$ を探求してきた．

　最近の10年間の最も重要な成果の一つに，16.5節で議論したユニークゲーム予想の提起が挙げられる．この予想により，性能保証に対する下界を得るための土台となるより強力な計算の複雑さの仮定が与えられて，最近の研究により，幅広い分野の最適化問題に対して，性能保証のタイトな限界がこの予想から得られてきている．したがって，アルゴリズムデザインの問題に注目する前に，最初の未解決問題 0 として，予想 16.43，すなわち，Khot [192] のユニークゲーム予想の解決を挙げる．もちろん，この予想が成立しないということもありうる．しかしそれでも，ユニークゲーム問題のほぼすべてを満たすことのできる入力とほとんどどれも満たすことができない入力とを識別する多項式時間アルゴリズム，あるいは準多項式時間アルゴリズムさえも存在しないこともありうる．したがって，そのときには，ユニークゲーム予想によるすべての近似困難性の結果とほぼ同様の限界が，計算の複雑さの理論の観点から，成立することになる．

　**問題 1：メトリック巡回セールスマン問題**　2.4節で提起したメトリック巡回セールスマン問題は，あらゆる分野にわたるアルゴリズム研究の成果において，その着想の源泉的役割を繰り返し果たしてきている．この問題に対して，ほぼ35年前に Christofides [73] が $\frac{3}{2}$-近似アルゴリズムを与えたが，その後いまだに性能保証は改善されていない．演習問題 11.3 で与えた自然な線形計画緩和に関する知識の現状を踏まえると，これはきわめて

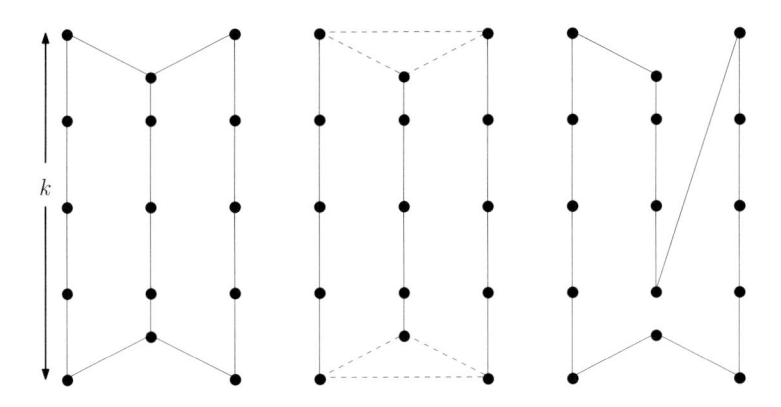

**図 17.1** メトリック巡回セールスマン問題に対して知られている最悪の整数性ギャップを達成する例の説明図．最も左の図が与えられる入力のグラフで，コスト $c_{ij}$ はそのグラフの点 $i,j$ 間の最短パスの長さである．中央の図は LP 解で，点線の辺は値 1/2 であり，実線の辺は値 1 である．最も右の図は最適なツアーである．

注目すべきことである．この LP に対して，（Wolsey [291] で示されて，後に，Shmoys and Williamson [266] でも示されたように）整数性ギャップは高々 $\frac{3}{2}$ である．しかし，$\frac{4}{3}$ より悪い入力例は知られていない（図 17.1 参照）．最初の第 1 番目の未解決問題はメトリック巡回セールスマン問題に対するより良いアルゴリズムを与えることである．とくに，この線形計画問題に基づく $\frac{4}{3}$-近似アルゴリズムを得ることができることを示すことである．Oveis Gharan, Saberi, and Singh は，（原書の出版時点ではまだ印刷されていないが）この問題に対するほのかな期待を与える結果を公表したことを注意しておく．その結果は，メトリックが重みなし無向グラフの最短パスで与えられる特殊ケースに対して，$\frac{3}{2}$ の限界をわずかに改善するものである．

**問題 2：非対称巡回セールスマン問題**　定数の性能保証がまだ知られていない問題のうちで，（$\mathbf{P} \neq \mathbf{NP}$ の仮定のもとで）定数の近似アルゴリズムが得られる可能性のある問題が多数存在する．このクラスの問題のうちでも，おそらく最も注目すべき問題として，非対称巡回セールスマン問題が挙げられる．演習問題 1.3 と演習問題 12.4 では，この問題に対する $O(\log n)$-近似アルゴリズムを与えた．Asadpour, Goemans, Mądry, Oveis Gharan, and Saberi [25] の最近の華麗な結果は，性能保証を $O(\log n / \log \log n)$ に改善している．第 2 番目の未解決問題は，非対称巡回セールスマン問題に対する定数近似アルゴリズムを与えることである．この問題でも，演習問題 12.4 で与えた LP 緩和が自然なアプローチである．以下の**待ち時間なしフローショップスケジューリング問題** (no-wait flowshop scheduling problem) と呼ばれる特殊ケースの問題における改善でさえも興味深いと思われる．待ち時間なしフローショップスケジューリング問題では，入力として，$n$ 個のジョブと $m$ 個の各マシーンでの処理時間が与えられる．各ジョブ $j$ $(j = 1,\ldots,n)$ の各マシーン $i$ $(i = 1,\ldots,m)$ における処理時間を $p_{ij}$ と表記する．各ジョブの処理は，最初にマシーン 1 で，次にマシーン 2 で，以下順番に，最後にマシーン $m$ で行われる．さらに，この処理は連続的に行われる．すなわち，各 $i$ $(i = 1,\ldots,m-1)$ でマシーン $i+1$ における処理はマシーン $i$ における処理が完了するとすぐに行われる（すなわち，待ち時間なしである）．目標は，すべてのジョブを完了する時間が最小になるようにジョブを処理する順番を求める

ことである．この問題はNP-困難であり，定数近似アルゴリズムもまだ知られていない．

**問題3：ビンパッキング問題**　（任意の実行可能解が整数の目的関数値を持つ）問題に対する究極的な近似アルゴリズムの結果では，値 $k$ の実行可能解が存在するかどうかを決定することがNP-完全であるものの，目的関数の値が最適解の値から高々1しか悪くならないような実行可能解を求めることが可能なこともある．たとえば，2.7節の辺彩色問題や9.3節の最小次数全点木問題でそのような結果を眺めた．そのような結果を達成できると思われる自然な最適化問題は，それほど多くは存在しないが，ビンパッキング問題は，少なくとも近似アルゴリズムの発展に貢献してきた点から踏まえて，そのような可能性のある候補の最重要問題と言える．4.6節では，ビンパッキング問題に対して，最適解に比べて $O((\log n)^2)$ 個の余分なビンを用いる多項式時間アルゴリズムを眺めた．しかし，Karmarkar and Karp [187] がこの結果を得たのはほぼ35年前のことであり，それ以降，この問題に対してより良い結果は得られていない．したがって，これが第3番目の未解決問題である．余分なビンを定数個しか用いないパッキングを求めることができることを示すことでも，注目すべき進展と思える．ここでも，繰り返しになるが，Karmarkar-Karpの結果で用いられたLP緩和がそのような結果の基礎とならないという証拠はまったく存在しない．

**問題4：サバイバルネットワーク設計問題**　達成できる性能保証に基づいて進展の度合いを測定する傾向が多いが，ほかの軸からの進展も存在する．たとえば，本書のかなりの部分が線形計画緩和あるいは半正定値計画緩和に基づいている．しかし，それらのすべての結果がまったく同じように得られたというわけではない．あるものはラウンディングによる結果であり，またほかのあるものは主双対アプローチによるものである．両方とも入力ごとの**事後保証** (a fortiori guarantee) を与えることができるなどの長所が存在するものの，ラウンディングによるアプローチでは，最初に緩和を解かなければならないという重い負担が存在する．これらの緩和は多項式時間で解けるものの，とくに，LPにおける制約式が指数個であり，多項式時間で解を得るために楕円体法（あるいは実際にはシンプレックス法）を用いるときには，これらの緩和を実際に解くことは計算時間の観点からきわめて大変であるということに注意することが重要である．そこで，第4番目の未解決問題として，サバイバルネットワーク設計問題に焦点を当てる．11.3節では，Jain [175] の反復ラウンディングの2-近似アルゴリズムを与えた．連結性要求が0-1のケースでは，7.4節の主双対2-近似アルゴリズムが知られているが，一般のケースに対しては，知られている最善の主双対アルゴリズムの性能保証は，$O(\log R)$ である．なお，$R$ は連結性要求の最大値，すなわち，$R = \max_{i,j} r_{ij}$ である．この結果は，Goemans, Goldberg, Plotkin, Shmoys, Tardos, and Williamson [131] による．第4番目の未解決問題は，サバイバルネットワーク設計問題に対する主双対2-近似アルゴリズムを与えることである．

**問題5：容量制約付き施設配置問題に対する緩和に基づくアルゴリズム**　主双対アルゴリズムあるいはラウンディングに基づくアルゴリズムのいずれであっても，ある特別な緩和に基づく結果は，ほかにはない個別の長所が存在する．すなわち，そのようなアルゴリズムでは，入力ごとの"事後保証"を与えることができる．実際には，Raghavendra [248] の最近の結果によると，究極の性能保証が半正定値計画緩和を用いて，驚きに値するほど多く得られていることがわかる．そのような緩和に基づく結果がまだ知られていない問題

の中で，最も重要なものは，4.5節で提起して，本書を通して最も詳しく議論した容量制約なし施設配置問題の容量制約付き版である．容量制約付き施設配置問題と容量制約なし施設配置問題との唯一の相違は，各候補施設に割り当てることのできる利用者数に制限（容量）が与えられていることである．Korupolu, Plaxton, and Rajaraman [205] 以来，容量制約付き施設配置問題に対する華麗な局所探索アルゴリズムが複数存在するが，緩和に基づく結果はまったく知られていない．これを解決することが第5番目の未解決問題である．

**問題6：一般化シュタイナー木問題** メトリック TSP のように，長年の精力的な研究にもかかわらず，よく知られた定数近似のアルゴリズムを持つ基本的な最適化問題のうちで，定数の性能保証の改善が一向に進まない問題に対する膨大な文献が存在する．一方，最近の15年間で，これらの問題の大半が，計算の複雑さの理論の進展で解決されてきた．実際，ユニークゲーム予想を証明できれば，これらの問題のさらに格段に多くの問題が解決できることになる．ここでは，この予想およびその変種版と関係づけられていない問題にのみ焦点を当てる．第6番目の未解決問題として，上で議論したサバイバルネットワーク設計問題の特殊ケースである，7.4節で提起した一般化シュタイナー木問題を取り上げる．この特殊ケースに対しても，知られている最善の性能保証は，Agrawal, Klein, and Ravi [4] で初めて得られた2であり，その後20年以上が過ぎても，この基本的な問題の改善が得られていない．もちろん，この特殊ケースで進展をもたらすアイデアが，一般のサバイバルネットワーク設計問題に対してもかなりの改善につながることを期待する．

**問題7：相互独立並列マシーンのスケジューリング** 光を当てたい定数の性能保証の改善の最後の例は，演習問題11.1と16.1節で提起した相互独立並列マシーン上での完了時刻最小化スケジューリング問題である．知られている最善の性能保証は Lenstra, Shmoys, and Tardos [215] で初めて得られた2である．さらに，彼らは，16.1節で示したように，$\frac{3}{2}$ より良い性能保証を達成することが NP-困難であることも証明した．それ以来25年が過ぎたにもかかわらず，上界と下界のいずれに対しても進展が得られていない．したがって，第7番目の未解決問題は，この問題に対して，ある正定数 $\alpha < 2$ に対する $\alpha$-近似のアルゴリズムを与えることである．この問題に対する一縷の望みは，ある特殊ケースに対するきわめて最近の Svensson [276] の結果である．すなわち，各ジョブは与えられた固定の処理時間である（言い換えると，各ジョブに対して，有限の処理時間はすべて同じである）が，処理できるマシーンがある指定されたマシーンに限定されるという特殊ケースに対する結果である．この特殊ケースは，$p_{ij} \in \{p_j, \infty\}$ として表記されることも多い．16.1節で与えた NP-困難性の結果は，この特殊ケースにも当てはまるにもかかわらず，Svensson は 1.9412 の性能保証を証明している．

**問題8：先行制約付き相互関連並列マシーン上での完了時刻最小化スケジューリング問題** 定数の性能保証を持つことが知られていなかった問題に対する定数近似のアルゴリズムへの望みをことごとく押しつぶすのに，計算の複雑さの理論の技法がこの10年間きわめて成功してきた．しかしながら，このタイプの中心的な問題がいくつか残っている．第8番目の未解決問題では，これらに光を当てたい．最古の近似アルゴリズムの結果の一つとして，（演習問題2.3で与えた）同一並列マシーン上での先行制約のあるジョブのスケジューリング問題に対する Graham [142] の2-近似のアルゴリズムが挙げられる．このマシーン環境の一般化については，相互独立並列マシーンを取り上げたときに述べた．しか

し，相互独立並列マシーンと同一並列マシーンの間に，マシーンが異なるスピードで走るが，すべてのジョブに対して一様であるという，自然なモデルが存在する．すなわち，与えられたマシーンに対して各ジョブの処理時間は，そのジョブに固有の処理時間をそのマシーンのスピードで割った値になる．これは演習問題 2.4 で与えた相互関連並列マシーンのモデルである．驚きに値するが，ジョブに先行制約のあるときには，この問題に対する定数近似のアルゴリズムが知られていない．知られている最善の結果は，Chudak and Shmoys [76] による $O(\log m)$-近似アルゴリズムである（Chekuri and Bender [69] も参照のこと）．

**問題 9：3-彩色可能グラフの彩色** 彩色問題は，近似アルゴリズム発展の歴史において重要な役割を果たしてきた．多くが達成されてきているが，いくつかの基本的な問題が残っている．それらのうちでも最高のものは，6.5 節と 13.2 節で議論した 3-彩色可能グラフに対するより良い点彩色を求める問題である．この問題に対する現在の状況は，6.5 節で与えた Wigderson [286] の $O(\sqrt{n})$ 色を用いる彩色アルゴリズムを出発点とする，性能保証 $O(n^\epsilon)$ の近似アルゴリズムである．しかしながら，3-彩色可能グラフに対して，$O(\log n)$ 色を用いる多項式時間アルゴリズムを得ることの計算の複雑さの理論の観点からの障壁は知られていない．したがって，$O(\log n)$ 色を用いる多項式時間アルゴリズムを与えることが第 9 番目の未解決問題である．

**問題 10：最大カット問題に対する主双対アルゴリズム** 半正定値計画が広い範囲の問題に対する究極の性能保証を得る基盤であることが示されてきていることを注意してきた．しかしながら，半正定値計画問題 (SDP) は $\mathbf{P}$ に属するものの，実際に SDP を解く技術の現状は，SDP それ自身の準最適解を高速に解く最近の結果に照らし合わせてみても，線形計画問題 (LP) に対する現状と比較すると格段に劣る．したがって，この枠組みでの主双対アルゴリズムの魅力はきわめて大きい．最後の第 10 番目の未解決問題は，近似アルゴリズムにおける半正定値計画の出発点である最大カット問題に戻って，6.2 節で与えたアルゴリズムの性能保証を達成する直接的な主双対アルゴリズムを導き出すことである．

最後に，補足として，このリストに一つ付け加えておく．一つの驚きとして（少なくとも原著者らにとって），このリストに以下の形式の問題が一つもなかったことである．すなわち，定数の性能保証を持つ近似アルゴリズムが存在する以下の問題に対して，多項式時間近似スキームが存在することを示せという形式のものがなかった．そのような問題がないということではなくて，そのような問題はいずれも，近似アルゴリズムの分野において，上記のリストに挙げた問題ほどに中核となるものとは思えなかったからである．それにもかかわらず，これは，アルゴリズムデザインと計算の複雑さの理論間での相互作用が，このようなレベルの性能保証の限界に対する徹底的な理解をもたらす役割を果たした証拠であると考える．ほかのクラス間の限界に対する同様の理解もこれに引き続くと確信して，ここのリストがその道標となることを期待している．

# 付録 A
# 線形計画

　この付録では，線形計画についての短い概略を与える．線形計画では，非負の有理数ベクトル $x$ に対する線形の制約式のもとで，与えられた $x$ の線形の目的関数を最小化するような $x$ を求める．より正確には，与えられた $n$-次元ベクトル $c \in \mathbf{Q}^n$，$m$-次元ベクトル $b \in \mathbf{Q}^m$，$m \times n$ 行列 $A = (a_{ij}) \in \mathbf{Q}^{m \times n}$ に対して，線形計画問題

$$
\begin{aligned}
& \text{minimize} && \sum_{j=1}^{n} c_j x_j \\
(P) \quad & \text{subject to} && \sum_{j=1}^{n} a_{ij} x_j \geq b_i, \quad i = 1, \ldots, m, && \text{(A.1)} \\
& && x_j \geq 0, \quad j = 1, \ldots, n && \text{(A.2)}
\end{aligned}
$$

の**最適解** (optimal solution) は，**制約式** (constraint) の (A.1) と (A.2) のもとで，**目的関数** (objective function) $\sum_{j=1}^{n} c_j x_j$ を最小化する $n$-次元ベクトル $x$ である．ベクトル $x$ は**変数** (variable) と呼ばれる．制約式を満たす任意の $x$ は，**実行可能解** (feasible solution) と呼ばれる．そのような $x$ が存在するときには，線形計画問題は**実行可能** (feasible) である，あるいは**実行可能解** (feasible solution) を持つと呼ばれる．線形計画問題の最適解 $x$ を求めることを，その線形計画問題を "解く" という．線形計画問題のどの実行可能解 $x$ も存在しないときには，その線形計画問題は**実行不可能** (infeasible) であると呼ばれる．"線形計画問題" はしばしば "LP" と略記される．線形計画問題を解くきわめて効率的で実際的なアルゴリズムが存在する．実際，数万の変数と制約式からなる LP がごく普通に解かれている．

　上記の線形計画問題の変種版や一般化を考えることもできる．たとえば，目的関数を最小化することではなく最大化すること，制約式に不等式のほかに等式も含めること，変数 $x_j$ が負の値も取りうるとすること，などが考えられる．しかしながら，上記の線形計画問題 $(P)$ は，これらの変種版をすべて把握することができる十分に一般的なものであり，**正準系** (canonical form) と呼ばれている．それは以下のように確認できる．$\sum_{j=1}^{n} c_j x_j$ を最大化することは，$-\sum_{j=1}^{n} c_j x_j$ を最小化することであり，等式 $\sum_{j=1}^{n} a_{ij} x_j = b_i$ は，二つの不等式の $\sum_{j=1}^{n} a_{ij} x_j \geq b_i$ と $-\sum_{j=1}^{n} a_{ij} x_j \geq -b_i$ で表現できることに注意しよう．最後に，変数 $x_j$ が負の値も取りうることは，二つの非負変数の $x_j^+$ と $x_j^-$ を用いて目的関数と制約式における $x_j$ を $x_j^+ - x_j^-$ で置き換えることで達成できる．

　線形計画のほかの変種版としては，**整数線形計画** (integer linear programming) あるいは**整数計画** (integer programming) と呼ばれるものが挙げられる．そこでは，変数 $x_j$ が整数

であることを要求する制約式が加えられる．たとえば，$x_j \in \mathbf{N}$ であることや，$x_j \in \{0,1\}$ というように $x_j$ がある有界な領域内の整数であることが要求される．線形計画と異なり，一般の整数計画問題を解く効率的で実際的なアルゴリズムは，現在のところ，存在しない．実際，きわめて小さい整数計画問題でもきわめて解くのが困難である．整数計画問題は，NP-完全であることが知られていて，したがって，効率的なアルゴリズムは存在しないであろうと考えられている．それにもかかわらず，整数計画は有用な道具である．なぜならば，整数計画に基づいて，組合せ最適化の多くの問題を簡潔な形でモデル化できるばかりでなく，効率的なアルゴリズムを持つ重要な特殊ケースもいくつかあるからである．

線形計画には，きわめて興味深い有用な概念の**双対性** (duality) が存在する．それを説明するために，小さい例を考える．以下の正準系の線形計画問題

$$
\begin{aligned}
\text{minimize} \quad & 6x_1 + 4x_2 + 2x_3 \\
\text{subject to} \quad & 4x_1 + 2x_2 + x_3 \geq 5, \\
& x_1 + x_2 \geq 3, \\
& x_2 + x_3 \geq 4, \\
& x_i \geq 0, \quad i = 1,2,3
\end{aligned}
$$

を考える．すべての変数 $x_j$ が非負であるので，目的関数は $6x_1 + 4x_2 + 2x_3 \geq 4x_1 + 2x_2 + x_3$ を満たすことに注意しよう．さらに，最初の制約式により，$4x_1 + 2x_2 + x_3 \geq 5$ である．したがって，この線形計画問題の最適解での目的関数の値（それは，この線形計画問題の**最適値** (optimal value) と呼ばれる）は，少なくとも 5 であることがわかる．制約式の組合せを考えることで，この下界の 5 を改善することもできる．最初の制約式に 2 番目の制約式を 2 倍して加えると，$6x_1 + 4x_2 + 2x_3 \geq (4x_1 + 2x_2 + x_3) + 2 \cdot (x_1 + x_2) \geq 5 + 2 \cdot 3 = 11$ の下界が得られる．さらに，三つの制約式をすべて加えると，$6x_1 + 4x_2 + 2x_3 \geq (4x_1 + 2x_2 + x_3) + (x_1 + x_2) + (x_2 + x_3) \geq 5 + 3 + 4 = 12$ のさらに良い下界が得られる．したがって，この LP の最適値は少なくとも 12 である．

実際には，制約式の様々な組合せで得ることのできる下界で最善のものを決定する線形計画問題を定義できる．最初の制約式を $y_1$ 倍して，2 番目の制約式を $y_2$ 倍して，3 番目の制約式を $y_3$ 倍して加えるとする．なお，すべての $y_i$ は非負であるとする．すると，達成される下界は $5y_1 + 3y_2 + 4y_3$ である．もちろん，

$$6x_1 + 4x_2 + 2x_3 \geq y_1(4x_1 + 2x_2 + x_3) + y_2(x_1 + x_2) + y_3(x_2 + x_3)$$

を保証することが必要である．これは，右辺の和において，$x_1$ のコピーは 6 個以下，$x_2$ のコピーは 4 個以下，$x_3$ のコピーは 2 個以下とすることで保証できる．すなわち，$4y_1 + y_2 \leq 6$，$2y_1 + y_2 + y_3 \leq 4$，$y_1 + y_3 \leq 2$ とすることで保証できる．これらの制約のもとで，達成できる下界を最大化したい．これから線形計画問題

$$\begin{aligned}
\text{maximize} \quad & 5y_1 + 3y_2 + 4y_3 \\
\text{subject to} \quad & 4y_1 + y_2 \leq 6, \\
& 2y_1 + y_2 + y_3 \leq 4, \\
& y_1 + y_3 \leq 2, \\
& y_i \geq 0, \quad i = 1, 2, 3
\end{aligned}$$

が得られる．この最大化の線形計画問題は，元の最小化の線形計画問題の**双対問題** (dual) と呼ばれる．これに対して，元の問題は**主問題** (primal) と呼ばれる．双対問題の任意の実行可能解の目的関数の値が主問題の最適値の一つの下界を与えることを理解するのは，困難なことではない．

任意の線形計画問題に対して双対問題を構成できる．上記の正準系の LP $(P)$ の双対問題は，以下のように書ける．

$$(D) \quad \begin{aligned}
\text{maximize} \quad & \sum_{i=1}^{m} b_i y_i \\
\text{subject to} \quad & \sum_{i=1}^{m} a_{ij} y_i \leq c_j, \quad j = 1, \ldots, n, \quad (A.3) \\
& y_i \geq 0, \quad i = 1, \ldots, m. \quad (A.4)
\end{aligned}$$

これは，上の小さい例のときと同様に，主問題の各制約式に対して非負変数 $y_i$ を導入して，第 $i$ 番目の制約式を $y_i$ 倍して加えて達成できる下界を，その和における各変数 $x_j$ の係数が $c_j$ より大きくなることのないことを保証する制約式のもとで，最大化しようとしている．

これで，正準系の LP の双対問題の値が主問題の値の下界であるという上記の議論を正確に述べることができるようになった．この事実は，**弱双対性** (weak duality) と呼ばれる．

**定理 A.1 (弱双対性)** $x$ が LP $(P)$ の実行可能解であり，$y$ が LP $(D)$ の実行可能解であるときには，$\sum_{j=1}^{n} c_j x_j \geq \sum_{i=1}^{m} b_i y_i$ である．

**証明：**

$$\begin{aligned}
\sum_{j=1}^{n} c_j x_j &\geq \sum_{j=1}^{n} \left( \sum_{i=1}^{m} a_{ij} y_i \right) x_j \quad &(A.5) \\
&= \sum_{i=1}^{m} \left( \sum_{j=1}^{n} a_{ij} x_j \right) y_i \\
&\geq \sum_{i=1}^{m} b_i y_i \quad &(A.6)
\end{aligned}$$

が成立する．最初の不等式は，$y$ の実行可能性（したがって，双対問題の不等式 (A.3) が成立すること）と $x_j \geq 0$ から得られる．2 番目の等式は和をとる順番を交換しただけであるので得られる．最後の不等式は，$x$ の実行可能性（したがって，主問題の不等式 (A.1) が成立すること）と $y_i \geq 0$ から得られる． □

主問題と双対問題がともに実行可能であるときに，それらの最適値が等しくなるとい

う，きわめて驚きに値し，興味深い有用な事実が成立する．この事実は，**強双対性** (strong duality) とも呼ばれている．

**定理 A.2 (強双対性)** LP $(P)$ と LP $(D)$ がともに実行可能であるときに，$(P)$ の任意の最適解 $x^*$ と $(D)$ の任意の最適解 $y^*$ に対して，$\sum_{j=1}^{n} c_j x_j^* = \sum_{i=1}^{m} b_i y_i^*$ が成立する．

この定理の例として，前に眺めた3変数の小さい例のLPとその双対問題を考える．主問題の最適値は14で，$x_1^* = 0,\ x_2^* = 3,\ x_3^* = 1$ とおくことで達成される．一方，双対問題の最適値も14で，$y_1^* = 0,\ y_2^* = 2,\ y_3^* = 2$ とおくことで達成される．定理A.2の証明は，この付録の範囲を超えるが，第1章の章末のノートと発展文献で挙げた線形計画のテキストには掲載されている．

強双対性の簡単であるものの有用な系として，**相補性条件** (complementary slackness conditions) と呼ばれているものが挙げられる．$\bar{x}$ と $\bar{y}$ をそれぞれ，$(P)$ と $(D)$ の実行可能解とする．$\bar{x}_j > 0$ となる各 $j$ に対して $\sum_{i=1}^{m} a_{ij} \bar{y}_i = c_j$ であり，かつ $\bar{y}_i > 0$ となる $i$ に対して $\sum_{j=1}^{n} a_{ij} \bar{x}_j = b_i$ であるとき，$\bar{x}$ と $\bar{y}$ は相補性条件に従うという．言い換えると，$\bar{x}_j > 0$ であるときにはいつでも変数 $x_j$ に対応する双対問題の制約式が等号で成立し，$\bar{y}_i > 0$ であるときにはいつでも変数 $y_i$ に対応する主問題の制約式が等号で成立する．

**系 A.3 (相補性)** $\bar{x}$ と $\bar{y}$ をそれぞれ，$(P)$ と $(D)$ の実行可能解とする．すると，$\bar{x}$ と $\bar{y}$ が相補性条件に従うときそしてそのときのみ，$\bar{x}$ と $\bar{y}$ はそれぞれ，$(P)$ と $(D)$ の最適解である．

**証明**：$\bar{x}$ と $\bar{y}$ が最適解であるときには，強双対性により，二つの不等式の (A.5) と (A.6) は等号で成立することになり，したがって，$\bar{x}$ と $\bar{y}$ は相補性条件に従うことが得られる．同様に，$\bar{x}$ と $\bar{y}$ が相補性条件に従うときには，(A.5) と (A.6) が等号で成立することになり，$\sum_{j=1}^{n} c_j \bar{x}_j = \sum_{i=1}^{m} b_i \bar{y}_i$ が成立する．弱双対性により，任意の実行可能解の $x$ と $y$ に対して，$\sum_{j=1}^{n} c_j x_j \geq \sum_{i=1}^{m} b_i y_i$ であるので，$\bar{x}$ と $\bar{y}$ はそれぞれ，$(P)$ と $(D)$ の最適解である．　□

これまでは，LP $(P)$ と LP $(D)$ がともに実行可能であるケースのみを議論してきた．しかし，もちろん，一方あるいは両方が実行不可能であるということもありうる．以下の定理は，そのようなケースも取り上げて，以下のことを述べている．主問題が実行不可能であり，双対問題が実行可能であるときには，双対問題は**非有界** (unbounded) となる．すなわち，目的関数の値 $z$ の与えられた実行可能解 $y$ に対して，任意の $z' > z$ で値が $z'$ の実行可能解 $y'$ が存在する．同様に，双対問題が実行不可能であり，主問題が実行可能であるときには，主問題が非有界である．すなわち，目的関数の値 $z$ の与えられた実行可能解 $x$ に対して，任意の $z' < z$ で値が $z'$ の実行可能解 $x'$ が存在する．LPが非有界でないとき，そのLPは**有界** (bounded) であると呼ばれる．

**定理 A.4** 主問題 LP $(P)$ と双対問題 LP $(D)$ に対して，以下の命題のいずれかが成立する．(i) $(P)$ と $(D)$ がともに実行可能である．(ii) $(P)$ が実行不可能であり，$(D)$ が非有界である．(iii) $(P)$ が非有界であり，$(D)$ が実行不可能である．(iv) $(P)$ と $(D)$ がともに実行不可能である．

近似アルゴリズムデザインにおいて，LP が実行可能であるときに，**実行可能基底解** (basic feasible solution) と呼ばれる特別な形の実行可能解が存在することを，有利に用いることができることもある．さらに，最適解が存在するときには，**最適基底解** (basic optimal solution)，すなわち，最適解であるとともに実行可能基底解でもある解が存在する．線形計画のたいていのアルゴリズムは，最適基底解を返す．$n$ 個の変数と $n+m$ 個の制約式からなる正準系の主問題の LP を考える．基底解は，$n$ 個の制約式を選んで（$n$ 個の選ばれた制約式が線形独立であると仮定して）それらの制約式が等号で成立すると見なして，その結果の $n \times n$ の線形システム（$n$ 変数の $n$ 個の式からなる連立方程式）を解いて得られる．そうして得られる解は，いくつかの制約式を無視しているので，実行不可能であることもある．**シンプレックス法** (simplex method) と呼ばれる最古のそしてしばしば用いられている線形計画のアルゴリズムでは，線形システムに含まれている一つの制約式と線形システムに含まれていない一つの制約式がある特別な方法で交換されて，基底解から基底解への移動が繰り返されて，ついには実行可能基底解に達して，最終的には最適基底解に到達する．

# 付録 B
# NP-完全性

　この付録では，NP-完全性とリダクションの概念を手短かに復習する．3.1 節のナップサック問題を例にとり，説明する．ナップサック問題では，入力として，$n$ 個の品物の集合 $I = \{1, \ldots, n\}$ と各品物 $i$ の価値 $v_i$ とサイズ $s_i$ およびナップサックの容量 $B$ が与えられることを思いだそう．なお，品物のサイズと価値はすべて正整数であり，ナップサックの容量 $B$ も正整数である．目標は，ナップサックの容量を超えることなくナップサックに品物を詰め込むという制約式，すなわち，$\sum_{i \in S} s_i \leq B$ のもとで，価値の総和 $\sum_{i \in S} v_i$ が最大になるような品物の部分集合 $S \subseteq I$ を求めることである．

　多項式時間アルゴリズムの定義を思いだそう．

**定義 B.1** 一つの問題に対するアルゴリズムは，（RAM のような）ある特別な計算のモデルに関して，アルゴリズムで実行される指令の個数が入力のサイズの多項式で上から抑えられるとき，多項式時間で走る，あるいは，多項式時間アルゴリズムと呼ばれる．

　より正確には，以下のように書ける．$x$ を与えられた問題の "入力" とする．たとえば，ナップサック問題では，入力は，品物の個数の（正整数）$n$，各品物 $i$ のサイズと価値を表す正整数の $s_i$ と $v_i$，ナップサックのサイズを表す正整数の $B$ からなる．アルゴリズム $A$ の入力としてこの入力を表現するには，それをビットを用いて符号化しなければならない．$|x|$ を $x$ を符号化するときに用いるビット数とする．このとき，$|x|$ がこの入力の**サイズ (size)** あるいは**入力サイズ (instance size)** と呼ばれる．さらに，$A$ の計算時間が $O(p(|x|))$ となるような多項式 $p(n)$ が存在するとき，$A$ は多項式時間アルゴリズムと呼ばれる．

　決定問題の概念も必要である．決定問題は，出力が "Yes" あるいは "No" である問題である．最適化問題に関係する決定問題を考えることも困難ではない．たとえば，ナップサック問題の決定問題では，$B$ と各品物 $i$ に対する $v_i$ と $s_i$ のナップサック問題の入力のほかに，正整数 $C$ も入力の一部として与えられる．このとき，ナップサック問題の最適解の価値が少なくとも $C$ であるとき，ナップサック問題の決定問題では "Yes" を出力する．そうでないときには "No" を出力する．決定問題の入力は，"Yes" 入力と "No" 入力に分けることができる．すなわち，その入力に対する正しい出力が "Yes" である入力と "No" である入力に分けることができる．クラス **P** は多項式時間アルゴリズムを持つすべての決定問題からなる．

　大まかに述べると，クラス **NP** は，任意の "Yes" 入力に対してその答えが "Yes" であるという容易に検証可能な短い "証明" を持っているようなすべての決定問題からなる．さ

らに，問題の各 "No" 入力に対して，そのような "証明" はいずれも "No" 入力であることを納得させることができない．"短い証明" とはどのようなものであろうか？ 上記のナップサック問題の決定問題を例にとって考える．価値が少なくとも $C$ であるような実行可能な品物の部分集合が存在する任意の "Yes" 入力に対して，この事実の短い証明として，その部分集合に含まれる品物を列挙したリストが挙げられる．このナップサック問題の入力とこのリストが与えられれば，アルゴリズムは，リストに含まれる品物のサイズの総和が高々 $B$ であり，価値の総和が少なくとも $C$ であることを高速に検証できる．一方，どの "No" 入力に対しても，品物の可能なリストは，どれもそのこと（"No" であること）を納得させることができないことに注意しよう．

この大まかなアイデアを以下のように定式化してみよう．短い証明とは，符号化したときの長さが入力のサイズの多項式で上から抑えられるような証明である．容易に検証可能な証明とは，入力とその証明のサイズの多項式で上から抑えられるような計算時間で検証できる証明である．このことから，以下の定義が得られる．

**定義 B.2** 決定問題は，以下の性質を満たすような検証アルゴリズム $A(\cdot,\cdot)$ と二つの多項式の $p_1$ と $p_2$ が存在するときには，問題のクラス **NP** に属すると呼ばれる．

1. 問題のどの "Yes" 入力 $x$ に対しても，$A(x,y)$ が "Yes" を出力するような $|y| \le p_1(|x|)$ となる証明 $y$ が存在する．
2. 問題のどの "No" 入力 $x$ に対しても，$|y| \le p_1(|x|)$ となるどの証明 $y$ でも $A(x,y)$ は "No" を出力する．
3. $A(x,y)$ の計算時間は $\mathrm{O}(p_2(|x|+|y|))$ である．

**NP** は非決定性多項式時間 (non-deterministic polynomial time) を表す．

**NP** の決定問題が多項式時間アルゴリズムを持つことを妨げるものは何もないことに注意しよう．しかしながら，計算の複雑さの理論における中心的な問題は，**NP** の "すべての" 問題が多項式時間アルゴリズムを持つかどうかということである．これは，通常，多項式時間アルゴリズムを持つ決定問題のクラス **P** がクラス **NP** と同一であるかどうか，すなわち，**P** = **NP** かどうかという問題として表されている．

この問題に対する一つのアプローチとして，**NP** の全体のクラスを代表する問題が **NP** に存在することが示されてきている．すなわち，それらの問題が多項式時間アルゴリズムを持てば **P** = **NP** であり，そうでなければ **P** ≠ **NP** であるという意味で，それらの問題は **NP** の全体のクラスを代表する問題である．そのような問題が **NP-完全** (NP-complete) 問題である．NP-完全性を定義するには，**多項式時間リダクション** (polynomial-time reduction) の概念が必要である．

**定義 B.3** 与えられた二つの決定問題の $A$ と $B$ に対して，$B$ の "Yes" 入力を出力するときそしてそのときのみ $A$ の "Yes" 入力であるという性質を満たすような，$A$ の入力を入力として受け取って $B$ の入力として出力する多項式時間アルゴリズムが存在するとき，$A$ から $B$ への多項式時間リダクションが存在する（$A$ は $B$ に多項式時間でリダクションされる）という．

多項式時間リダクションを表現するのにシンボル $\preceq$ を用いる．したがって，$A$ から $B$ への多項式時間リダクションを $A \preceq B$ と書く．文献では，多項式時間リダクションを表現するのにシンボル $\leq_m^P$ を用いているものもある．これで，NP-完全性を正式に定義できるようになった．

**定義 B.4 (NP-完全)** 問題 $B$ は，$B$ が **NP** に含まれていて，かつ **NP** に属するすべての $A$ に対して $A$ から $B$ への多項式時間リダクションが存在するとき，NP-完全である．

これで以下の定理が容易に示せるようになった．

**定理 B.5** $B$ は NP-完全問題であるとする．このとき，$B$ が多項式時間アルゴリズムを持つならば **P** = **NP** である．

**証明**：**P** $\subseteq$ **NP** であることは容易にわかる．**NP** $\subseteq$ **P** であることを示すために，任意の問題 $A \in$ **NP** を選ぶ．問題 $A$ の任意の入力に対して，$A$ から $B$ への多項式時間リダクションを走らせて $B$ の入力を求め，その入力に対して $B$ の多項式時間アルゴリズムを適用する．このアルゴリズムで "Yes" が返されとき "Yes" を返し，そうでないとき "No" を返す．多項式時間リダクションの性質により，このアルゴリズムは，$A$ の与えられた入力が $A$ の "Yes" 入力であるかどうかを多項式時間で正しく決定する． □

NP-完全問題の一つの有用な性質として，いったんある問題 $B$ が NP-完全であることが得られれば，ほかの問題 $A$ が NP-完全であることを証明することがしばしば易しくなるということが挙げられる．これから眺めるように，問題 $A$ が **NP** に属することと $B \preceq A$ であることを示せば十分である．これは，多項式時間リダクションの推移性から簡単な系として得られる．

**定理 B.6** 多項式時間リダクションは推移性を満たす．すなわち，$A \preceq B$ かつ $B \preceq C$ ならば $A \preceq C$ である．

**系 B.7** $A$ が **NP** に属し，$B$ が NP-完全で $B \preceq A$ であるならば，$A$ も NP-完全である．

**証明**：**NP** に属する各問題 $C$ に対して，$C$ から $A$ への多項式時間リダクションが存在することを示すだけで十分である．$B$ は NP-完全であるので，$C \preceq B$ であることはわかっている．仮定により，$B \preceq A$ である．定理 B.6 により，$C \preceq A$ が得られる． □

数万におよぶ問題が NP-完全であることが証明されてきている．ここでは，それらのうちの二つを取り上げる．**等分割問題** (partition problem) では，入力として，$\sum_{i=1}^n a_i$ が偶数となる正整数 $a_1, \ldots, a_n$ が与えられる．このとき，$\{1, \ldots, n\}$ を $\sum_{i \in S} a_i = \sum_{i \in T} a_i$ となるような二つの集合 $S$ と $T$ へ分割することができるかどうかを決定したい．**3要素組分割問題** (3-partition problem) では，入力として，すべての $i$ で $b/4 < a_i < b/2$ であり，かつ $\sum_{i=1}^{3n} a_i = nb$ であるような正整数 $a_1, \ldots, a_{3n}, b$ が与えられる．このとき，$\{1, \ldots, 3n\}$ をすべての $j = 1, \ldots, n$ で $\sum_{i \in T_j} a_i = b$ であるような $n$ 個の部分集合 $T_j$ へ分割することができるかどうかを決定したい．$a_i$ についての条件から，各 $T_j$ は3個の要素からなることになる．本付録の冒頭で与えた決定版のナップサック問題も NP-完全である．しかし，3.1

節でも示したように，この問題は偽多項式時間アルゴリズムを持つ．これにより，NP-完全問題間に興味深い相違が存在する．ナップサック問題や等分割問題などのように，あるNP-完全問題に対しては，入力のデータが二進法で符号化されているときにのみNP-完全である．これまで眺めてきたように，ナップサック問題は，入力のデータが一進法で符号化されているときには，多項式時間アルゴリズムを持つ（数字の7は一進法では1111111と符号化されることを思いだそう）．等分割問題も，入力のデータが一進法で符号化されているときには，多項式時間アルゴリズムを持つ．一方，上記の3要素組分割問題などのような問題に対しては，入力のデータが一進法で符号化されているときでも，NP-完全である．そのような問題は**強NP-完全** (strongly NP-complete)（あるいは**一進数NP-完全** (unary NP-complete)）であると呼ばれる．一方，ナップサック問題や等分割問題などのような問題は，**弱NP-完全** (weakly NP-complete)（あるいは**二進数NP-完全** (binary NP-complete)）であると呼ばれる．

**定義 B.8** 問題 $B$ は，入力のデータが一進法で符号化されているときでもNP-完全であるとき，**強NP-完全** (strongly NP-complete) である．(NP-完全)問題 $C$ は，偽多項式時間アルゴリズムを持つ（すなわち，入力のデータが一進法で符号化されているときには多項式時間アルゴリズムを持つ）とき，**弱NP-完全** (weakly NP-complete) である．

最後に，最適化問題と決定問題のいずれにも適用できる**NP-困難** (NP-hard) の用語を定義して，本付録を終了する．大まかに述べると，それは"NP"に属する最も困難な問題と同等に困難"であることを意味する．より正確には，以下のように定義される**オラクル** (oracle) を用いて定義できる．与えられた決定問題あるいは最適化問題 $A$ に対して，アルゴリズムは，$A$ の入力を1回の指令で解くことができるとするとき，$A$ をオラクルとして持つ（あるいは，$A$ に対して**オラクルアクセス** (oracle access) をする）という．

**定義 B.9 (NP-困難)** アルゴリズムが問題 $A$ にオラクルアクセスをすることにより，あるNP-完全問題 $B$ に対する多項式時間アルゴリズムが存在するようになるとき，問題 $A$ はNP-困難である．

たとえば，ナップサック問題はNP-困難である．なぜなら，ナップサック問題に対するオラクルアクセスが与えられていれば，決定問題版のナップサック問題を多項式時間で解くことができるからである．すなわち，決定問題版のナップサック問題に対して，最適解の値が少なくとも $C$ であるかどうかを検証して，そうならば"Yes"と出力し，そうでなければ"No"を出力すればよいからである．

"NP-困難"の用語は，対応する決定問題がNP-完全である最適化問題で最も多く用いられる．そのような最適化問題がNP-困難であることは，上でナップサック問題で眺めたのと同じように，容易にわかる．さらに，$A$ がNP-困難であり，かつ $A$ に対する多項式時間アルゴリズムが存在するときには，$\mathbf{P} = \mathbf{NP}$ であることも容易にわかる．

# 参考文献

[1] A. A. Ageev and M. I. Sviridenko. An 0.828-approximation algorithm for the uncapacitated facility location problem. *Discrete Applied Mathematics*, Vol. 93, pp. 149–156, 1999.

[2] A. A. Ageev and M. I. Sviridenko. Approximation algorithms for maximum coverage and max cut with given sizes of parts. In Gérard Cornuéjols, Rainer E. Burkard, and Gerhard J. Woeginger, editors, *Integer Programming and Combinatorial Optimization*, No. 1610 in Lecture Notes in Computer Science, pp. 17–30, 1999.

[3] A. A. Ageev and M. I. Sviridenko. Pipage rounding: A new method of constructing algorithms with proven performance guarantee.t *Journal of Combinatorial Optimization*, Vol. 8, pp. 307–328, 2004.

[4] Ajit Agrawal, Philip Klein, and R. Ravi. When trees collide: An approximation algorithm for the generalized Steiner problem on networks. *SIAM Journal on Computing*, Vol. 24, pp. 440–456, 1995.

[5] Farid Alizadeh. Interior point methods in semidefinite programming with applications to combinatorial optimization. *SIAM Journal on Optimization*, Vol. 5, pp. 13–51, 1995.

[6] Noga Alon, Yossi Azar, Gerhard J. Woeginger, and Tal Yadid. Approximation schemes for scheduling. In *Proceedings of the 8th Annual ACM-SIAM Symposium on Discrete Algorithms*, pp. 493–500, 1997.

[7] Noga Alon, Richard M. Karp, David Peleg, and Douglas West. A graph-theoretic game and its application to the $k$-server problem. *SIAM Journal on Computing*, Vol. 24, pp. 78–100, 1995.

[8] Reid Andersen and Uriel Feige. Interchanging distance and capacity in probabilistic mappings. *CoRR*, Vol. abs/0907.3631, , 2009. Available from http://arxiv.org/abs/0907.3631. Accessed June 4, 2010.

[9] David L. Applegate, Robert E. Bixby, Vašek Chvátal, and William J. Cook. *The Traveling Salesman Problem: A Computational Study*. Princeton University Press, Princeton, NJ, USA, 2006.

[10] Stefan Arnborg and Andrzej Proskurowski. Linear time algorithms for NP-hard problems restricted to partial $k$-trees. *Discrete Applied Mathematics*, Vol. 23, pp. 11–24, 1989.

[11] Sanjeev Arora. Polynomial time approximation schemes for Euclidean traveling salesman and other geometric problems. *Journal of the ACM*, Vol. 45, pp. 753–782, 1998.

[12] Sanjeev Arora. Approximation schemes for NP-hard geometric optimization problems: a survey. *Mathematical Programming*, Vol. 97, pp. 43–69, 2003.

[13] Sanjeev Arora, László Babai, Jacques Stern, and Z. Sweedyk. The hardness of approximate optima in lattices, codes, and systems of linear equations. *Journal of Computer and System Sciences*, Vol. 54, pp. 317–331, 1997.

[14] Sanjeev Arora and Boaz Barak. *Computational Complexity: A Modern Approach*. Cambridge

University Press, New York, NY, 2009.

[15] Sanjeev Arora, Eden Chlamtac, and Moses Charikar. New approximation guarantee for chromatic number. In *Proceedings of the 38th Annual ACM Symposium on the Theory of Computing*, pp. 215–224, 2006.

[16] Sanjeev Arora, David Karger, and Marek Karpinski. Polynomial time approximation schemes for dense instances of NP-hard problems. *Journal of Computer and System Sciences*, Vol. 58, pp. 193–210, 1999.

[17] Sanjeev Arora, James R. Lee, and Assaf Naor. Euclidean distortion and the sparsest cut. *Journal of the American Mathematical Society*, Vol. 21, pp. 1–21, 2008.

[18] Sanjeev Arora and Carsten Lund. Hardness of approximations. In Dorit S. Hochbaum, editor, *Approximation Algorithms for NP-Hard Problems*, chapter 10. PWS Publishing Company, 1997.

[19] Sanjeev Arora, Carsten Lund, Rajeev Motwani, Madhu Sudan, and Mario Szegedy. Proof verification and the hardness of approximation problems. *Journal of the ACM*, Vol. 45, pp. 501–555, 1998.

[20] Sanjeev Arora, Prabhakar Raghavan, and Satish Rao. Approximation schemes for Euclidean $k$-medians and related problems. In *Proceedings of the 30th Annual ACM Symposium on the Theory of Computing*, pp. 106–113, 1998.

[21] Sanjeev Arora, Satish Rao, and Umesh Vazirani. Geometry, flows, and graph-partitioning algorithms. *Communications of the ACM*, Vol. 51, pp. 96–105, 2008.

[22] Sanjeev Arora, Satish Rao, and Umesh Vazirani. Expander flows, geometric embeddings and graph partitioning. *Journal of the ACM*, Vol. 56, , 2009. Article 5.

[23] Sanjeev Arora and Shmuel Safra. Probabilistic checking of proofs: a new characterization of NP. *Journal of the ACM*, Vol. 45, pp. 70–122, 1998.

[24] Vijay Arya, Naveen Garg, Rohit Khandekar, Adam Meyerson, Kamesh Munagala, and Vinayaka Pandit. Local search heuristics for $k$-median and facility location problems. *SIAM Journal on Computing*, Vol. 33, pp. 544–562, 2004.

[25] Arash Asadpour, Michel X. Goemans, Aleksander Mądry, Shayan Oveis Gharan, and Amin Saberi. An $O(\log n / \log \log n)$-approximation algorithm for the asymmetric traveling salesman problem. In *Proceedings of the 21st Annual ACM-SIAM Symposium on Discrete Algorithms*, pages 379–389, 2010.

[26] Yonatan Aumann and Yuval Rabani. An $O(\log k)$ approximate min-cut max-flow theorem and approximation algorithm. *SIAM Journal on Computing*, Vol. 27, pp. 291–301, 1998.

[27] G. Ausiello, P. Crescenzi, G. Gambosi, V. Kann, A. Marchetti-Spaccamela, and M. Protasi. *Complexity and Approximation: Combinatorial Optimization Problems and Their Approximability Properties*. Springer-Verlag, Berlin, Germany, 1999.

[28] Baruch Awerbuch and Yossi Azar. Buy-at-bulk network design. In *Proceedings of the 38th Annual IEEE Symposium on Foundations of Computer Science*, pp. 542–547, 1997.

[29] Vineet Bafna, Piotr Berman, and Toshihiro Fujito. A 2-approximation algorithm for the undirected feedback vertex set problem. *SIAM Journal on Discrete Mathematics*, Vol. 12, pp. 289–297, 1999.

[30] Brenda S. Baker. Approximation algorithms for NP-complete problems on planar graphs. *Journal of the ACM*, Vol. 41, pp. 153–180, 1994.

[31] Egon Balas. The prize collecting traveling salesman problem. *Networks*, Vol. 19, pp. 621–636, 1989.

[32] Nikhil Bansal, Rohit Khandekar, and Vishwanath Nagarajan. Additive guarantees for degree-

bounded directed network design. *SIAM Journal on Computing*, Vol. 39, pp. 1413–1431, 2009.

[33] R. Bar-Yehuda. One for the price of two: a unified approach for approximating covering problems. *Algorithmica*, Vol. 27, pp. 131–144, 2000.

[34] R. Bar-Yehuda and S. Even. A linear time approximation algorithm for the weighted vertex cover problem. *Journal of Algorithms*, Vol. 2, pp. 198–203, 1981.

[35] R. Bar-Yehuda and S. Even. A local-ratio theorem for approximating the weighted vertex cover problem. *Annals of Discrete Mathematics*, Vol. 25, pp. 27–46, 1985.

[36] Reuven Bar-Yehuda, Keren Bendel, Ari Freund, and Dror Rawitz. Local ratio: A unified framework for approximation algorithms. *ACM Computing Surveys*, Vol. 36, pp. 422–463, 2004.

[37] Reuven Bar-Yehuda, Dan Geiger, Joseph Naor, and Ron M. Roth. Approximation algorithms for the feedback vertex set problem with applications to constraint satisfaction and Bayesian inference. *SIAM Journal on Computing*, Vol. 27, pp. 942–959, 1998.

[38] Reuven Bar-Yehuda and Dror Rawitz. On the equivalence between the primal-dual schema and the local ratio technique. *SIAM Journal on Discrete Mathematics*, Vol. 19, pp. 762–797, 2005.

[39] Yair Bartal. Probabilistic approximation of metric spaces and its algorithmic applications. In *Proceedings of the 37th Annual IEEE Symposium on Foundations of Computer Science*, pp. 184–193, 1996.

[40] Yair Bartal. On approximating arbitrary metrics by tree metrics. In *Proceedings of the 30th Annual ACM Symposium on the Theory of Computing*, pp. 161–168, 1998.

[41] Ann Becker and Dan Geiger. Optimization of Pearl's method of conditioning and greedy-like approximation algorithms for the vertex feedback set problem. *Artificial Intelligence*, Vol. 83, pp. 167–188, 1996.

[42] Mihir Bellare, Oded Goldreich, and Madhu Sudan. Free bits, PCPs, and nonapproximability – towards tight results. *SIAM Journal on Computing*, Vol. 27, pp. 804–915, 1998.

[43] Mihir Bellare, Shafi Goldwasser, Carsten Lund, and Alexander Russell. Efficient probabilistically checkable proofs and applications to approximation. In *Proceedings of the 25th Annual ACM Symposium on the Theory of Computing*, pp. 294–304, 1993.

[44] Marshall Bern and Paul Plassmann. The Steiner problem with edge lengths 1 and 2. *Information Processing Letters*, Vol. 32, pp. 171–176, 1989.

[45] Dimitri P. Bertsekas and John N. Tsitsiklis. *Introduction to Probability*. Athena Scientific, Nashua, NH, USA, second edition, 2008.

[46] Dimitris Bertsimas and Chung-Piaw Teo. From valid inequalities to heuristics: A unified view of primal-dual approximation algorithms in covering problems. *Operations Research*, Vol. 46, pp. 503–514, 1998.

[47] Dimitris Bertsimas and John N. Tsitsiklis. *Introduction to Linear Optimization*. Athena Scientific, Belmont, MA, USA, 1997.

[48] Daniel Bienstock, Michel X. Goemans, David Simchi-Levi, and David Williamson. A note on the prize collecting traveling salesman problem. *Mathematical Programming*, Vol. 59, pp. 413–420, 1993.

[49] G. Birkhoff. Tres observaciones sobre el algebra lineal. *Revista Facultad de Ciencias Exactas, Puras y Aplicadas Universidad Nacional de Tucuman, Serie A (Matematicas y Fisica Teorica)*, Vol. 5, pp. 147–151, 1946.

[50] Robert G. Bland, Donald Goldfarb, and Michael J. Todd. The ellipsoid method: A survey. *Operations Research*, Vol. 29, pp. 1039–1091, 1981.

[51] Avrim Blum, R. Ravi, and Santosh Vempala. A constant-factor approximation algorithm for

the *k*-MST problem. *Journal of Computer and System Sciences*, Vol. 58, pp. 101–108, 1999.

[52] Hans L. Bodlaender. Planar graphs with bounded treewidth. Technical Report RUU-CS-88-14, Utrecht University Department of Computer Science, 1988.

[53] Al Borchers and Ding-Zhu Du. The *k*-Steiner ratio in graphs. *SIAM Journal on Computing*, Vol. 26, pp. 857–869, 1997.

[54] Christer Borell. The Brunn-Minkowski inequality in Gauss space. *Inventiones Mathematicae*, Vol. 30, pp. 207–216, 1975.

[55] J. Bourgain. On Lipschitz embedding of finite metric spaces in Hilbert space. *Israel Journal of Mathematics*, Vol. 52, pp. 46–52, 1985.

[56] S. C. Boyd and W. R. Pulleyblank. Optimizing over the subtour polytope of the travelling salesman problem. *Mathematical Programming*, Vol. 49, pp. 163–187, 1991.

[57] Yuri Boykov, Olga Veksler, and Ramin Zabih. Fast approximate energy minimization via graph cuts. *IEEE Transactions on Pattern Analysis and Machine Intelligence*, Vol. 23, pp. 1222–1239, 2001.

[58] Jaroslaw Byrka and Karen Aardal. An optimal bifactor approximation algorithm for the metric uncapacitated facility location problem. *SIAM Journal on Computing*, Vol. 39, pp. 2212–2231, 2010.

[59] Jarosław Byrka, Fabrizio Grandoni, Thomas Rothvoß, and Laura Sanità. An improved LP-based approximation for Steiner tree. In *Proceedings of the 42nd Annual ACM Symposium on the Theory of Computing*, pp. 583–592, 2010.

[60] Gruia Călinescu, Howard Karloff, and Yuval Rabani. An improved approximation algorithm for MULTIWAY CUT. *Journal of Computer and System Sciences*, Vol. 60, pp. 564–574, 2000.

[61] Tim Carnes and David Shmoys. Primal-dual schema for capacitated covering problems. In Andrea Lodi, Alessandro Panconesi, and Giovanni Rinaldi, editors, *Integer Programming and Combinatorial Optimization*, No. 5035 in Lecture Notes in Computer Science, pp. 288–302, 2008.

[62] Robert D. Carr, Lisa K. Fleischer, Vitus J. Leung, and Cynthia A. Phillips. Strengthening integrality gaps for capacitated network design and covering problems. In *Proceedings of the 11th Annual ACM-SIAM Symposium on Discrete Algorithms*, pp. 106–115, 2000.

[63] Deeparnab Chakrabarty, Jochen Könemann, and David Pritchard. Integrality gap of the hypergraphic relaxation of Steiner trees: a short proof of a 1.55 upper bound. *Operations Research Letters*, Vol. 38, pp. 567–570, 2010.

[64] Moses Charikar and Sudipto Guha. Improved combinatorial algorithms for facility location problems. *SIAM Journal on Computing*, Vol. 34, pp. 803–824, 2005.

[65] Moses Charikar, Konstantin Makarychev, and Yury Makarychev. Near-optimal algorithms for unique games. In *Proceedings of the 38th Annual ACM Symposium on the Theory of Computing*, pp. 205–214, 2006.

[66] Moses Charikar and Balaji Raghavachari. The finite capacity dial-a-ride problem. In *Proceedings of the 39th Annual IEEE Symposium on Foundations of Computer Science*, pp. 458–467, 1998.

[67] Moses Charikar and Anthony Wirth. Maximizing quadratic programs: extending Grothendieck's inequality. In *Proceedings of the 45th Annual IEEE Symposium on Foundations of Computer Science*, pp. 54–60, 2004.

[68] Shuchi Chawla, Robert Krauthgamer, Ravi Kumar, Yuval Rabani, and D. Sivakumar. On the hardness of approximating multicut and sparsest-cut. *Computational Complexity*, Vol. 15, pp. 94–114, 2006.

[69] Chandra Chekuri and Michael Bender. An efficient approximation algorithm for minimizing makespan on uniformly related machines. *Journal of Algorithms*, Vol. 41, pp. 212–224, 2001.

[70] Chandra Chekuri, Sudipto Guha, and Joseph (Seffi) Naor. The Steiner *k*-cut problem. *SIAM Journal on Discrete Mathematics*, Vol. 20, pp. 261–271, 2006.

[71] Herman Chernoff. A measure of asymptotic efficiency for tests of a hypothesis based on the sum of observations. *Annals of Mathematical Statistics*, Vol. 23, pp. 493–507, 1952.

[72] Eden Chlamtac, Konstantin Makarychev, and Yury Makarychev. How to play unique games using embeddings. In *Proceedings of the 47th Annual IEEE Symposium on Foundations of Computer Science*, pp. 687–696, 2006.

[73] N. Christofides. Worst-case analysis of a new heuristic for the travelling salesman problem. Report 388, Graduate School of Industrial Administration, Carnegie-Mellon University, 1976.

[74] Fabián A. Chudak, Michel X. Goemans, Dorit S. Hochbaum, and David P. Williamson. A primal-dual interpretation of two 2-approximation algorithms for the feedback vertex set problem in undirected graphs. *Operations Research Letters*, Vol. 22, pp. 111–118, 1998.

[75] Fabián A. Chudak, Tim Roughgarden, and David P. Williamson. Approximate *k*-MSTs and *k*-Steiner trees via the primal-dual method and Lagrangean relaxation. *Mathematical Programming*, Vol. 100, pp. 411–421, 2004.

[76] Fabián A. Chudak and David B. Shmoys. Approximation algorithms for precedence-constrainted scheduling problems on parallel machines that run at different speeds. *Journal of Algorithms*, Vol. 30, pp. 323–343, 1999.

[77] Fabián A. Chudak and David B. Shmoys. Improved approximation algorithms for the uncapacitated facility location problem. *SIAM Journal on Computing*, Vol. 33, pp. 1–25, 2003.

[78] Vašek Chvátal. A greedy heuristic for the set-covering problem. *Mathematics of Operations Research*, Vol. 4, pp. 233–235, 1979.

[79] Vašek Chvátal. *Linear Programming*. W. H. Freeman, 1983.（邦訳：阪田省二郎，藤野和建，田口東，『線形計画法（上，下）』，啓学出版，1986/1988）

[80] William J. Cook, William H. Cunningham, William R. Pulleyblank, and Alexander Schrijver. *Combinatorial Optimization*. Wiley and Sons, New York, NY, USA, 1998.

[81] William Cook and Paul Seymour. Tour merging via branch-decomposition. *INFORMS Journal on Computing*, Vol. 15, pp. 233–248, 2003.

[82] Thomas H. Cormen, Charles E. Leiserson, Ronald L. Rivest, and Clifford Stein. *Introduction to Algorithms*. MIT Press, Cambridge, MA, USA, third edition, 2009.（邦訳：浅野哲夫，岩野和生，梅尾博司，山下雅史，和田幸一，『アルゴリズムイントロダクション第3版総合版』，近代科学社，2013）

[83] Gerard Cornuejols, Marshall L. Fisher, and George L. Nemhauser. Location of bank accounts to optimize float: an analytic study of exact and approximate algorithms. *Management Science*, Vol. 23, pp. 789–810, 1977.

[84] Gérard Cornuéjols, Jean Fonlupt, and Denis Naddef. The traveling salesman problem on a graph and some related integer polyhedra. *Mathematical Programming*, Vol. 33, pp. 1–27, 1985.

[85] William H. Cunningham. Minimum cuts, modular functions, and matroid polyhedra. *Networks*, Vol. 15, pp. 205–215, 1985.

[86] E. Dahlhaus, D. S. Johnson, C. H. Papadimitriou, P. D. Seymour, and M. Yannakakis. The complexity of multiterminal cuts. *SIAM Journal on Computing*, Vol. 23, pp. 864–894, 1994.

[87] Michel Marie Deza and Monique Laurent. *Geometry of Cuts and Metrics*. Springer, 1997.

[88] E. W. Dijkstra. A note on two problems in connexion with graphs. *Numerische Mathematik*,

Vol. 1, pp. 269–271, 1959.

[89] Irit Dinur. The PCP theorem by gap amplification. *Journal of the ACM*, Vol. 54, , 2007. Article 12.

[90] Irit Dinur, Elchanan Mossel, and Oded Regev. Conditonal hardness for approximate coloring. *SIAM Journal on Computing*, Vol. 39, pp. 843–873, 2009.

[91] Irit Dinur and Shmuel Safra. The importance of being biased. In *Proceedings of the 34th Annual ACM Symposium on the Theory of Computing*, pp. 33–42, 2002.

[92] Yevgeniy Dodis and Sanjeev Khanna. Designing networks with bounded pairwise distance. In *Proceedings of the 31st Annual ACM Symposium on the Theory of Computing*, pp. 750–759, 1999.

[93] Richard Durrett. *The Essentials of Probability*. The Duxbury Press, Belmont, CA, USA, 1994.

[94] Rick Durrett. *Elementary Probability for Applications*. Cambridge University Press, New York, NY, USA, 2009.

[95] Jack Edmonds. Optimum branchings. *Journal of Research of the National Bureau of Standards B*, Vol. 71B, pp. 233–240, 1967.

[96] Jack Edmonds. Matroids and the greedy algorithm. *Mathematical Programming*, Vol. 1, pp. 127–136, 1971.

[97] Keith Edwards. The complexity of colouring problems on dense graphs. *Theoretical Computer Science*, Vol. 43, pp. 337–343, 1986.

[98] Friedrich Eisenbrand, Fabrizio Grandoni, Thomas Rothvoß, and Guido Schäfer. Connected facility location via random facility sampling and core detouring. *Journal of Computer and System Sciences*, Vol. 76, pp. 709–726, 2010.

[99] P. Erdős. Gráfok páros körüljárású részgráfjairól (On bipartite subgraphs of graphs, in Hungarian). *Mat. Lapok*, Vol. 18, pp. 283–288, 1967.

[100] P. Erdős and L. Pósa. On the maximal number of disjoint circuits of a graph. *Publ. Math Debrecen*, Vol. 9, pp. 3–12, 1962.

[101] P. Erdős and J. L. Selfridge. On a combinatorial game. *Journal of Combinatorial Theory B*, Vol. 14, pp. 293–301, 1973.

[102] Guy Even, Joseph (Seffi) Naor, Satish Rao, and Baruch Schieber. Fast approximate graph partitioning algorithms. *SIAM Journal on Computing*, Vol. 28, pp. 2187–2214, 1999.

[103] Guy Even, Joseph (Seffi) Naor, Satish Rao, and Baruch Schieber. Divide-and-conquer approximation algorithms via spreading metrics. *Journal of the ACM*, Vol. 47, pp. 585–616, 2000.

[104] S. Even, A. Itai, and A. Shamir. On the complexity of timetable and multicommodity flow problems. *SIAM Journal on Computing*, Vol. 5, pp. 691–703, 1976.

[105] Jittat Fakcharoenphol, Satish Rao, and Kunal Talwar. Algorithms column: Approximating metrics by tree metrics. *SIGACT News*, Vol. 35, pp. 60–70, 2004.

[106] Jittat Fakcharoenphol, Satish Rao, and Kunal Talwar. A tight bound on approximating arbitrary metrics by tree metrics. *Journal of Computer and System Sciences*, Vol. 69, pp. 485–497, 2004.

[107] Uriel Feige. A threshold of $\ln n$ for approximating set cover. *Journal of the ACM*, Vol. 45, pp. 634–652, 1998.

[108] Uriel Feige, Shafi Goldwasser, Laszlo Lovász, Shmuel Safra, and Mario Szegedy. Interactive proofs and the hardness of approximating cliques. *Journal of the ACM*, Vol. 43, pp. 268–292, 1996.

[109] Uriel Feige and Gideon Schechtman. On the optimality of the random hyperplane rounding technique for MAX CUT. *Random Structures and Algorithms*, Vol. 20, pp. 403–440, 2002.

[110] W. Fernandez de la Vega. MAX-CUT has a randomized approximation scheme in dense graphs. *Random Structures and Algorithms*, Vol. 8, pp. 187–198, 1996.

[111] W. Fernandez de la Vega and G. S. Lueker. Bin packing can be solved within $1 + \epsilon$ in linear time. *Combinatorica*, Vol. 1, pp. 349–355, 1981.

[112] Michael C. Ferris, Olvi L. Mangasarian, and Stephen J. Wright. *Linear Programming with MATLAB*. Society for Industrial and Applied Mathematics and the Mathematical Programming Society, Philadelphia, PA, USA, 2007.

[113] Greg Finn and Ellis Horowitz. A linear time approximation algorithm for multiprocessor scheduling. *BIT*, Vol. 19, pp. 312–320, 1979.

[114] M. L. Fisher, G. L. Nemhauser, and L. A. Wolsey. An analysis of approximations for maximizing submodular set functions – II. *Mathematical Programming Study*, Vol. 8, pp. 73–87, 1978.

[115] Lisa Fleischer, Jochen Könemann, Stefano Leonardi, and Guido Schäfer. Simple cost sharing schemes for multicommodity rent-or-buy and stochastic Steiner tree. In *Proceedings of the 38th Annual ACM Symposium on the Theory of Computing*, pp. 663–670, 2006.

[116] Dimitris Fotakis. A primal-dual algorithm for online non-uniform facility location. *Journal of Discrete Algorithms*, Vol. 5, pp. 141–148, 2007.

[117] Toshihiro Fujito. Approximating node-deletion problems for matroidal properties. *Journal of Algorithms*, Vol. 31, pp. 211–227, 1999.

[118] Martin Fürer and Balaji Raghavachari. Approximating the minimum degree spanning tree to within one from the optimal degree. In *Proceedings of the 3rd Annual ACM-SIAM Symposium on Discrete Algorithms*, pp. 317–324, 1992.

[119] Martin Fürer and Balaji Raghavachari. Approximating the minimum-degree Steiner tree to within one of optimal. *Journal of Algorithms*, Vol. 17, pp. 409–423, 1994.

[120] Harold N. Gabow, Michel X. Goemans, Éva Tardos, and David P. Williamson. Approximating the smallest $k$-edge connected spanning subgraph by LP-rounding. *Networks*, Vol. 53, pp. 345–357, 2009.

[121] David Gale. Optimal assignments in an ordered set: An application of matroid theory. *Journal of Combinatorial Theory*, Vol. 4, pp. 176–180, 1968.

[122] M. R. Garey and D. S. Johnson. "Strong" NP-completeness results: Motivation, examples, and implications. *Journal of the ACM*, Vol. 25, pp. 499–508, 1978.

[123] M. R. Garey, D. S. Johnson, and L. Stockmeyer. Some simplified NP-complete graph problems. *Theoretical Computer Science*, Vol. 1, pp. 237–267, 1976.

[124] Michael R. Garey and David S. Johnson. *Computers and Intractability: A Guide to the Theory of NP-Completeness*. W. H. Freeman and Company, New York, NY, 1979.

[125] N. Garg, V. V. Vazirani, and M. Yannakakis. Primal-dual approximation algorithms for integral flow and multicut in trees. *Algorithmica*, Vol. 18, pp. 3–20, 1997.

[126] Naveen Garg. A 3-approximation for the minimum tree spanning $k$ vertices. In *Proceedings of the 37th Annual IEEE Symposium on Foundations of Computer Science*, pp. 302–309, 1996.

[127] Naveen Garg, Vijay V. Vazirani, and Mihalis Yannakakis. Approximate max-flow min-(multi)cut theorems and their applications. *SIAM Journal on Computing*, Vol. 25, pp. 235–251, 1996.

[128] G. V. Gens and E. V. Levner. On approximation algorithms for universal scheduling problems. *Izvestiya Akademii Nauk SSSR, Tehnicheskaya Kibernetika*, Vol. 6, pp. 38–43, 1978. (in Russian).

[129] G. Gens and E. Levner. Complexity of approximation algorithms for combinatorial problems:

a survey. *SIGACT News*, Vol. 12, pp. 52 – 65, 1980.

[130] E. N. Gilbert and H. O. Pollak. Steiner minimal trees. *SIAM Journal on Applied Mathematics*, Vol. 16, pp. 1–29, 1968.

[131] M. X. Goemans, A. V. Goldberg, S. Plotkin, D. B. Shmoys, É. Tardos, and D. P. Williamson. Improved approximation algorithms for network design problems. In *Proceedings of the 5th Annual ACM-SIAM Symposium on Discrete Algorithms*, pp. 223–232, 1994.

[132] Michel X. Goemans. A supermodular relaxation for scheduling with release dates. In William H. Cunningham, S. Thomas McCormick, and Maurice Queyranne, editors, *Integer Programming and Combinatorial Optimization*, Vol. 1084 of *Lecture Notes in Computer Science*, pp. 288–300, 1996.

[133] Michel X. Goemans. Improved approximation algorithms for scheduling with release dates. In *Proceedings of the 8th Annual ACM-SIAM Symposium on Discrete Algorithms*, pp. 591–598, 1997.

[134] Michel X. Goemans. Minimum bounded-degree spanning trees. In *Proceedings of the 47th Annual IEEE Symposium on Foundations of Computer Science*, pp. 273–282, 2006.

[135] Michel X. Goemans, Nicholas J. A. Harvey, Kamal Jain, and Mohit Singh. A randomized rounding algorithm for the asymmetric traveling salesman problem. *CoRR*, Vol. abs/0909.0941, , 2009. Available at http://arxiv.org/abs/0909.0941. Accessed June 10, 2010.

[136] Michel X. Goemans and David P. Williamson. New 3/4-approximation algorithms for the maximum satisfiability problem. *SIAM Journal on Discrete Mathematics*, Vol. 7, pp. 656–666, 1994.

[137] Michel X. Goemans and David P. Williamson. A general approximation technique for constrained forest problems. *SIAM Journal on Computing*, Vol. 24, pp. 296–317, 1995.

[138] Michel X. Goemans and David P. Williamson. Improved approximation algorithms for maximum cut and satisfiability problems using semidefinite programming. *Journal of the ACM*, Vol. 42, pp. 1115–1145, 1995.

[139] Michel X. Goemans and David P. Williamson. The primal-dual method for approximation algorithms and its application to network design problems. In Dorit S. Hochbaum, editor, *Approximation algorithms for NP-hard problems*, chapter 4. PWS Publishing Company, 1997.

[140] Michel Goemans and Jon Kleinberg. An improved approximation ratio for the minimum latency problem. *Mathematical Programming*, Vol. 82, pp. 111–124, 1998.

[141] Teofilo F. Gonzalez. Clustering to minimize the maximum intercluster distance. *Theoretical Computer Science*, Vol. 38, pp. 293–306, 1985.

[142] R. L. Graham. Bounds for certain multiprocessor anomalies. *Bell System Technical Journal*, Vol. 45, pp. 1563–1581, 1966.

[143] R. L. Graham. Bounds on multiprocessing timing anomalies. *SIAM Journal on Applied Mathematics*, Vol. 17, pp. 416–429, 1969.

[144] Martin Grötschel, László Lovász, and Alexander Schrijver. The ellipsoid method and its consequences in combinatorial optimization. *Combinatorica*, Vol. 1, pp. 169–197, 1981.

[145] Martin Grötschel, László Lovász, and Alexander Schrijver. *Geometric Algorithms and Combinatorial Optimization*. Springer-Verlag, 1988.

[146] Sudipto Guha and Samir Khuller. Greedy strikes back: Improved facility location algorithms. *Journal of Algorithms*, Vol. 31, pp. 228–248, 1999.

[147] Anupam Gupta. Steiner points in tree metrics don't (really) help. In *Proceedings of the 12th*

*Annual ACM-SIAM Symposium on Discrete Algorithms*, pp. 220–227, 2001.

[148] Anupam Gupta, Amit Kumar, Martin Pál, and Tim Roughgarden. Approximation via cost-sharing: Simpler and better approximation algorithms for network design. *Journal of the ACM*, Vol. 54, , 2007. Article 11.

[149] Anupam Gupta, Amit Kumar, and Tim Roughgarden. Simpler and better approximation algorithms for network design. In *Proceedings of the 35th Annual ACM Symposium on the Theory of Computing*, pp. 365–372, 2003.

[150] Anupam Gupta and Kunal Talwar. Approximating unique games. In *Proceedings of the 17th Annual ACM-SIAM Symposium on Discrete Algorithms*, pp. 99–106, 2006.

[151] Anupam Gupta and Kanat Tangwongsan. Simpler analyses of local search algorithms for facility location. Available at http://arxiv.org/abs/0809.2554, 2008.

[152] Venkatesan Guruswami and Sanjeev Khanna. On the hardness of 4-coloring a 3-colorable graph. *SIAM Journal on Discrete Mathematics*, Vol. 18, pp. 30–40, 2004.

[153] Venkatesan Guruswami, Sanjeev Khanna, Rajmohan Rajaraman, Bruce Shepherd, and Mihalis Yannakakis. Near-optimal hardness results and approximation algorithms for edge-disjoint paths and related problems. *Journal of Computer and System Sciences*, Vol. 67, pp. 473–496, 2003.

[154] MohammadTaghi Hajiaghayi and Kamal Jain. The prize-collecting generalized Steiner tree problem via a new approach of primal-dual schema. In *Proceedings of the 17th Annual ACM-SIAM Symposium on Discrete Algorithms*, pp. 631–640, 2006.

[155] Leslie A. Hall, Andreas S. Schulz, David B. Shmoys, and Joel Wein. Scheduling to minimize average completion time: Off-line and on-line approximation algorithms. *Mathematics of Operations Research*, Vol. 22, pp. 513–544, 1997.

[156] Prahladh Harsha, Moses Charikar, Matthew Andrews, Sanjeev Arora, Subhash Khot, Dana Moshkovitz, Lisa Zhang, Ashkan Aazami, Dev Desai, Igor Gorodezky, Geetha Jagannathan, Alexander S. Kulikov, Darakhshan J. Mir, Alantha Newman, Aleksandar Nikolov, David Pritchard, and Gwen Spencer. Limits of approximation algorithms: PCPs and unique games (DIMACS tutorial lecture notes). *CoRR*, Vol. abs/1002.3864, , 2010. Available at http://arxiv.org/abs/1002.3864. Accessed June 2, 2010.

[157] Refael Hassin. Approximation schemes for the restricted shortest path problem. *Mathematics of Operations Research*, pp. 36–42, 1992.

[158] Johan Håstad. Clique is hard to approximate within $n^{1-\epsilon}$. *Acta Mathematica*, Vol. 182, pp. 105–142, 1999.

[159] Johan Håstad. Some optimal inapproximability results. *Journal of the ACM*, Vol. 48, pp. 798–859, 2001.

[160] Dorit S. Hochbaum. Approximation algorithms for the set covering and vertex cover problems. *SIAM Journal on Computing*, Vol. 11, pp. 555–556, 1982.

[161] Dorit S. Hochbaum. Heuristics for the fixed cost median problem. *Mathematical Programming*, Vol. 22, pp. 148–162, 1982.

[162] Dorit S. Hochbaum, editor. *Approximation algorithms for NP-hard problems*. PWS Publishing Company, 1997.

[163] Dorit S. Hochbaum and David B. Shmoys. A best possible heuristic for the *k*-center problem. *Mathematics of Operations Research*, Vol. 10, pp. 180–184, 1985.

[164] Dorit S. Hochbaum and David B. Shmoys. A unified approach to approximation algorithms for bottleneck problems. *Journal of the ACM*, Vol. 33, pp. 533–550, 1986.

[165] Dorit S. Hochbaum and David B. Shmoys. Using dual approximation algorithms for scheduling problems: Theoretical and practical results. *Journal of the ACM*, Vol. 34, pp. 144–162, 1987.

[166] Wassily Hoeffding. Probability inequalities for sums of bounded random variables. *Journal of the American Statistical Association*, Vol. 58, pp. 13–30, 1963.

[167] A. J. Hoffman. On simple combinatorial optimization problems. *Discrete Mathematics*, Vol. 106/107, pp. 285–289, 1992.

[168] Alan J. Hoffman. Some recent applications of the theory of linear inequalities to extremal combinatorial analysis. In Richard Bellman and Marshall Hall, Jr., editors, *Combinatorial Analysis*, Vol. X of *Proceedings of Symposia in Applied Mathematics*, pp. 113–127. American Mathematical Society, 1960.

[169] Karin Hogstedt, Doug Kimelman, V. T. Rajan, Tova Roth, and Mark Wegman. Graph cutting algorithms for distributed applications partitioning. *ACM SIGMETRICS Performance Evaluation Review*, Vol. 28, pp. 27–29, 2001.

[170] Ian Holyer. The NP-completeness of edge coloring. *SIAM Journal on Computing*, Vol. 10, pp. 718–720, 1981.

[171] Roger A. Horn and Charles R. Johnson. *Matrix Analysis*. Cambridge University Press, New York, NY, USA, 1985.

[172] Wen-Lian Hsu and George L. Nemhauser. Easy and hard bottleneck location problems. *Discrete Applied Mathematics*, Vol. 1, pp. 209–215, 1979.

[173] Oscar H. Ibarra and Chul E. Kim. Fast approximation algorithms for the knapsack and sum of subset problems. *Journal of the ACM*, Vol. 22, pp. 463–468, 1975.

[174] J. R. Jackson. Scheduling a production line to minimize maximum tardiness. Research Report 43, Management Science Research Project, University of California at Los Angeles, 1955.

[175] Kamal Jain. A factor 2 approximation algorithm for the generalized Steiner network problem. *Combinatorica*, Vol. 21, pp. 39–60, 2001.

[176] Kamal Jain, Mohammad Mahdian, Evangelos Markakis, Amin Saberi, and Vijay V. Vazirani. Greedy facility location algorithms analyzed using dual fitting with factor-revealing LP. *Journal of the ACM*, Vol. 50, pp. 795–824, 2003.

[177] Kamal Jain and Vijay V. Vazirani. Approximation algorithms for metric facility location and $k$-median problems using the primal-dual schema and Lagrangian relaxation. *Journal of the ACM*, Vol. 48, pp. 274–296, 2001.

[178] David S. Johnson. *Near-optimal Bin Packing Algorithms*. PhD thesis, Massachusetts Institute of Technology, Cambridge, MA, USA, June 1973.

[179] David S. Johnson. Approximation algorithms for combinatorial problems. *Journal of Computer and System Sciences*, Vol. 9, pp. 256–278, 1974.

[180] M. Jünger and W. Pulleyblank. New primal and dual matching heuristics. *Algorithmica*, Vol. 13, pp. 357–380, 1995.

[181] Nabil Kahale. On reducing the cut ratio to the multicut problem. Techical Report 93-78, DIMACS, 1993.

[182] David R. Karger. Global min-cuts in RNC, and other ramifications of a simple min-cut algorithm. In *Proceedings of the 4th Annual ACM-SIAM Symposium on Discrete Algorithms*, pp. 21–30, 1993.

[183] David R. Karger. Minimum cuts in near-linear time. *Journal of the ACM*, Vol. 47, pp. 46–76, 2000.

[184] David R. Karger, Philip Klein, Cliff Stein, Mikkel Thorup, and Neal E. Young. Rounding

algorithms for a geometric embedding of minimum multiway cut. *Mathematics of Operations Research*, Vol. 29, pp. 436–461, 2004.

[185] David Karger, Rajeev Motwani, and Madhu Sudan. Approximate graph coloring by semidefinite programming. *Journal of the ACM*, Vol. 45, pp. 246–265, 1998.

[186] O. Kariv and S. L. Hakimi. An algorithmic approach to network location problems. II: The *p*-medians. *SIAM Journal on Applied Mathematics*, Vol. 37, pp. 539–560, 1979.

[187] Narendra Karmarkar and Richard M. Karp. An efficient approximation scheme for the one-dimensional bin-packing problem. In *Proceedings of the 23rd Annual IEEE Symposium on Foundations of Computer Science*, pp. 312–320, 1982.

[188] Jeffrey O. Kephart, Gregory B. Sorkin, William C. Arnold, David M. Chess, Gerald J. Tesauro, and Steve R. White. Biologically inspired defenses against computer viruses. In *Proceedings of the International Joint Conference on Artificial Intelligence*, 1995.

[189] Leonid G. Khachiyan. A polynomial algorithm in linear programming (in Russian). *Doklady Akademii Nauk SSSR*, Vol. 244, pp. 1093–1096, 1979.

[190] Sanjeev Khanna, Nathan Linial, and Shmuel Safra. On the hardness of approximating the chromatic number. *Combinatorica*, Vol. 20, pp. 393–415, 2000.

[191] Subhash Khot. Lecture notes from Fall 2004, Georgia Tech CS 8002: PCPs and the Hardness of Approximation, Lecture 3: Hardness of Set Cover. http://http://www.cs.nyu.edu/ khot/pcp-lecnotes/lec3.ps. Accessed June 2, 2010.

[192] Subhash Khot. On the power of unique 2-prover 1-round games. In *Proceedings of the 34th Annual ACM Symposium on the Theory of Computing*, pp. 767–775, 2002.

[193] Subhash Khot, Guy Kindler, Elchanan Mossel, and Ryan O'Donnell. Optimal inapproximability results for MAX-CUT and other 2-variable CSPs? *SIAM Journal on Computing*, Vol. 37, pp. 319–357, 2007.

[194] Subhash Khot and Oded Regev. Vertex cover might be hard to approximate to with 2-$\epsilon$. *Journal of Computer and System Sciences*, Vol. 74, pp. 335–349, 2008.

[195] Hiroshi Kise, Toshihide Ibaraki, and Hisashi Mine. Performance analysis of six approximation algorithms for the one-machine maximum lateness scheduling problem with ready times. *Journal of the Operations Research Society of Japan*, Vol. 22, pp. 205–224, 1979.

[196] Philip Klein and R. Ravi. A nearly best-possible approximation algorithm for node-weighted Steiner trees. *Journal of Algorithms*, Vol. 19, pp. 104–115, 1995.

[197] Jon Michael Kleinberg. *Approximation Algorithms for Disjoint Paths Problems*. PhD thesis, Massachusetts Institute of Technology, May 1996.

[198] Jon Kleinberg and Éva Tardos. Approximation algorithms for classification problems with pairwise relationships: Metric labeling and markov random fields. *Journal of the ACM*, Vol. 49, pp. 616–639, 2002.

[199] Jon Kleinberg and Éva Tardos. *Algorithm Design*. Pearson Education, Boston, Massachusetts, 2006.（邦訳：浅野孝夫，浅野泰仁，小野孝男，平田富夫，『アルゴリズムデザイン』，共立出版，2008）

[200] Donald E. Knuth. *Seminumerical Algorithms*, Vol. 2 of *The Art of Computer Programming*. Addison-Wesley, Reading, MA, third edition, 1998.（邦訳：有沢誠，和田英一監訳，『The Art of Computer Programming Vol. 2: 準数値演算』，ASCII, 2004）

[201] D. Kőnig. Grafok és alkalmazásuk a determinánsok és a halmazok elméletére [in Hungarian]. *Mathematikai és Természettudományi Értesitő*, Vol. 34, pp. 104–119, 1916.

[202] Goran Konjevod, R. Ravi, and F. Sibel Salman. On approximating planar metrics by tree metrics. *Information Processing Letters*, Vol. 80, pp. 213–219, 2001.

[203] Bernhard Korte and Jens Vygen. *Combinatorial Optimization*. Springer, Berlin, Germany, fourth edition, 2007.（邦訳：浅野孝夫，浅野泰仁，小野孝夫，平田富夫，『組合せ最適化第 2 版』，丸善出版，2012）

[204] Guy Kortsarz, Robert Krauthgamer, and James R. Lee. Hardness of approximation for vertex-connectivity network design problems. *SIAM Journal on Computing*, Vol. 33, pp. 704–720, 2004.

[205] Madhukar R. Korupolu, C. Greg Plaxton, and Rajmohan Rajaraman. Analysis of a local search heuristic for facility location problems. *Journal of Algorithms*, Vol. 37, pp. 146–188, 2000.

[206] Alfred A. Kuehn and Michael J. Hamburger. A heuristic program for locating warehouses. *Management Science*, Vol. 9, pp. 643–666, 1963.

[207] Yuval Lando and Zeev Nutov. Inapproximability of survivable networks. *Theoretical Computer Science*, Vol. 410, pp. 2122–2125, 2009.

[208] Lap Chi Lau, R. Ravi, and Mohit Singh. *Iterative Methods in Combinatorial Optimization*. Cambridge University Press, New York, NY, USA, 2011.

[209] Lap Chi Lau and Mohit Singh. Iterative rounding and relaxation. To appear in *RIMS Kôkyûroku Bessatsu*. Available at http://www.cse.cuhk.edu/~chi/papers/relaxation.pdf. Accessed November 19, 2010., 2008.

[210] E. L. Lawler, J. K. Lenstra, A. H. G. Rinnooy Kan, and D. B. Shmoys. *The Traveling Salesman Problem: A Guided Tour of Combinatorial Optimization*. John Wiley and Sons, Chichester, 1985.

[211] Eugene L. Lawler. Fast approximation algorithms for knapsack problems. *Mathematics of Operations Research*, Vol. 4, pp. 339–356, 1979.

[212] James R. Lee. Distance scales, embeddings, and metrics of negative type. Unpublished manuscript. Available at http://www.cs.washington.edu/homes/jrl/papers/soda05-full.pdf. Accessed November 19, 2010., 2005.

[213] Tom Leighton and Satish Rao. An approximate max-flow min-cut theorem for uniform multicommodity flow problems with applications to approximation algorithms. In *Proceedings of the 29th Annual IEEE Symposium on Foundations of Computer Science*, pp. 422–431, 1988.

[214] Tom Leighton and Satish Rao. Multicommodity max-flow min-cut theorems and their use in designing approximation algorithms. *Journal of the ACM*, Vol. 46, pp. 787–832, 1999.

[215] Jan Karel Lenstra, David B. Shmoys, and Éva Tardos. Approximation algorithms for scheduling unrelated parallel machines. *Mathematical Programming*, Vol. 46, pp. 259–271, 1990.

[216] K. J. Lieberherr and E. Specker. Complexity of partial satisfaction. *Journal of the ACM*, Vol. 28, pp. 411–421, 1981.

[217] Nathan Linial, Eran London, and Yuri Rabinovich. The geometry of graphs and some of its algorithmic applications. *Combinatorica*, Vol. 15, pp. 215–245, 1995.

[218] L. Lovász. On the ratio of optimal integral and fractional covers. *Discrete Mathematics*, Vol. 13, pp. 383–390, 1975.

[219] László Lovász. On the Shannon capacity of a graph. *IEEE Transactions on Information Theory*, Vol. IT-25, pp. 1–7, 1979.

[220] Carsten Lund and Mihalis Yannakakis. On the hardness of approximating minimization problems. *Journal of the ACM*, Vol. 41, pp. 960–981, 1994.

[221] Naohisa Maeda, Hiroshi Nagamochi, and Toshihide Ibaraki. Approximate algorithms

for multiway objective point split problems of graphs (in Japanese). *Surikaisekikenkyusho Kôkyûroku*, Vol. 833, pp. 98–109, 1993.

[222] Sanjeev Mahajan and H. Ramesh. Derandomizing approximation algorithms based on semidefinite programming. *SIAM Journal on Computing*, Vol. 28, pp. 1641–1663, 1999.

[223] Claire Mathieu and Warren Schudy. Yet another algorithm for dense max cut: Go greedy. In *Proceedings of the 19th Annual ACM-SIAM Symposium on Discrete Algorithms*, pp. 176–182, 2008.

[224] Alexandre Megretski. Relaxations of quadratic programs in operator theory and system analysis. In Alexander A. Borichev and Nikolai K. Nikolski, editors, *Systems, approximation, singular integral operators, and related topis: Interntational Workshop on Operator Theory and Applications, IWOTA 2000*, pp. 365–392. Birkhäuser, 2001.

[225] Joseph S. B. Mitchell. Guillotine subdivisions approximate polygonal subdivisions: A simple polynomial-time approximation scheme for geometric TSP, $k$-MST, and related problems. *SIAM Journal on Computing*, Vol. 28, pp. 1298–1309, 1999.

[226] Michael Mitzenmacher and Eli Upfal. *Probability and Computing: Randomized Algorithms and Probabilistic Analysis*. Cambridge University Press, 2005.（邦訳：小柴健史，河内亮周，『確率と計算：乱択アルゴリズムと確率的解析』，共立出版，2009）

[227] Elchanan Mossel, Ryan O'Donnell, and Krzysztof Oleszkiewicz. Noise stability of functions with low influences: Invariance and optimality. *Annals of Mathematics*, Vol. 171, pp. 295–341, 2010.

[228] Rajeev Motwani and Prabhakar Raghavan. *Randomized Algorithms*. Cambridge University Press, 1995.

[229] Chandrashekhar Nagarajan and David P. Williamson. Offline and online facility leasing. In Andrea Lodi, Alessandro Panconesi, and Giovanni Rinaldi, editors, *Integer Programming and Combinatorial Optimization*, No. 5035 in Lecture Notes in Computer Science, pp. 303–315. Springer, 2008.

[230] Vishwanath Nagarajan, R. Ravi, and Mohit Singh. Simpler analysis of LP extreme points for traveling salesman and survivable network design problems. *Operations Research Letters*, Vol. 38, pp. 156–160, 2010.

[231] G. L. Nemhauser and L. E. Trotter, Jr. Vertex packings: structural properties and algorithms. *Mathematical Programming*, Vol. 8, pp. 232–248, 1975.

[232] G. L. Nemhauser, L. A. Wolsey, and M. L. Fisher. An analysis of approximations for maximizing submodular set functions — I. *Mathematical Programming*, Vol. 14, pp. 265–294, 1978.

[233] George L. Nemhauser and Laurence A. Wolsey. *Integer and Combinatorial Optimization*. Wiley, 1988.

[234] A. Nemirovski, C. Roos, and T. Terlaky. On maximization of quadratic form over intersection of ellipsoids with common center. *Mathematical Programming*, Vol. 86, pp. 463–473, 1999.

[235] Yurii Nesterov. Semidefinite relaxation and nonconvex quadratic optimization. *Optimization Methods and Software*, Vol. 9, pp. 141–160, 1998.

[236] Yurii Nesterov and Arkadii Nemirovskii. *Interior-Point Polynomial Algorithms in Convex Programming*. Society for Industrial and Applied Mathematics, Philadelphia, PA, 1994.

[237] Carolyn H. Norton. *Problems in Discrete Optimization*. PhD thesis, Massachusetts Institute of Technology, September 1993.

[238] Christos H. Papadimitriou and Kenneth Steiglitz. *Combinatorial Optimization: Algorithms and Complexity*. Prentice-Hall, Englewood Cliffs, NJ, 1982. Reprinted by Dover Publications, 1998.

[239] Christos H. Papadimitriou and Santosh Vempala. On the approximability of the traveling

salesman problem. *Combinatorica*, Vol. 26, pp. 101–120, 2006.

[240] Christos H. Papadimitriou and Mihalis Yannakakis. Optimization, approximation, and complexity classes. *Journal of Computer and System Sciences*, Vol. 43, pp. 425–440, 1991.

[241] Cynthia Phillips, Clifford Stein, and Joel Wein. Minimizing average completion time in the presence of release dates. *Mathematical Programming*, Vol. 82, pp. 199–223, 1998.

[242] Hans Jürgen Prömel and Angelika Steger. *The Steiner tree problem: a tour through graphs, algorithms, and complexity*. Vieweg, Braunschweig, 2002.

[243] Maurice Queyranne. Structure of a simple scheduling polyhedron. *Mathematical Programming*, Vol. 58, pp. 263–285, 1993.

[244] Harald Räcke. Optimal hierarchical decompositions for congestion minimization in networks. In *Proceedings of the 40th Annual ACM Symposium on the Theory of Computing*, pp. 255–264, 2008.

[245] Jaikumar Radhakrishnan and Madhu Sudan. On Dinur's proof of the PCP theorem. *Bulletin of the American Mathematical Society*, Vol. 44, pp. 19–61, 2007.

[246] R. Rado. Note on independence functions. *Proceedings of the London Mathematical Society*, Vol. s3-7, pp. 300–320, 1957.

[247] P. Raghavan and C. D. Thompson. Randomized rounding: a technique for provably good algorithms and algorithmic proofs. *Combinatorica*, Vol. 7, pp. 365–374, 1987.

[248] Prasad Raghavendra. Optimal algorithms and inapproximability results for every CSP? In *Proceedings of the 40th Annual ACM Symposium on the Theory of Computing*, pp. 245–254, 2008.

[249] Prasad Raghavendra and David Steurer. How to round any CSP. In *Proceedings of the 50th Annual IEEE Symposium on Foundations of Computer Science*, pp. 586–594, 2009.

[250] Ran Raz. A parallel repetition theorem. *SIAM Journal on Computing*, Vol. 27, pp. 763–803, 1998.

[251] A. Rényi. *Probability Theory*. North-Holland, Amsterdam, 1970.

[252] Neil Robertson and P. D. Seymour. Graph minors. II. Algorithmic aspects of tree-width. *Journal of Algorithms*, Vol. 7, pp. 309–322, 1986.

[253] Neil Robertson and P. D. Seymour. Graph minors. X. Obstructions to tree-decomposition. *Journal of Combinatorial Theory B*, Vol. 52, pp. 153–190, 1991.

[254] Gabriel Robins and Alexander Zelikovsky. Tighter bounds for graph Steiner tree approximation. *SIAM Journal on Discrete Mathematics*, Vol. 19, pp. 122–134, 2005.

[255] Daniel J. Rosenkrantz, Richard E. Stearns, and Philip M. Lewis II. An analysis of several heuristics for the traveling salesman problem. *SIAM Journal on Computing*, Vol. 6, pp. 563–581, 1977.

[256] Sheldon Ross. *A First Course in Probability*. Prentice Hall, eighth edition, 2009.

[257] Sartaj K. Sahni. Algorithms for scheduling independent tasks. *Journal of the ACM*, Vol. 23, pp. 116–127, 1976.

[258] Sartaj Sahni and T. Gonzalez. P-complete approximation problems. *Journal of the ACM*, Vol. 23, pp. 555–565, 1976.

[259] Huzur Saran and Vijay V. Vazirani. Finding $k$ cuts within twice the optimal. *SIAM Journal on Computing*, Vol. 24, pp. 101–108, 1995.

[260] Frans Schalekamp and David B. Shmoys. Universal and *a priori* TSP. *Operations Research Letters*, Vol. 36, pp. 1–3, 2008.

[261] Andreas S. Schulz and Martin Skutella. Scheduling unrelated machines by randomized rounding. *SIAM Journal on Discrete Mathematics*, Vol. 15, pp. 450–469, 2002.

[262] David B. Shmoys. Cut problems and their application to divide-and-conquer. In Dorit S.

Hochbaum, editor, *Approximation Algorithms for NP-Hard Problems*, chapter 5. PWS Publishing Company, 1997.

[263] David B. Shmoys and Éva Tardos. An approximation algorithm for the generalized assignment problem. *Mathematical Programming*, Vol. 62, pp. 461–474, 1993.

[264] David B. Shmoys, Éva Tardos, and Karen Aardal. Approximation algorithms for facility location problems. In *Proceedings of the 29th Annual ACM Symposium on the Theory of Computing*, pp. 265–274, 1997.

[265] David B. Shmoys, Joel Wein, and David P. Williamson. Scheduling parallel machines on-line. *SIAM Journal on Computing*, Vol. 24, pp. 1313–1331, 1995.

[266] David B. Shmoys and David P. Williamson. Analyzing the Held-Karp TSP bound: A monotonicity property with application. *Information Processing Letters*, Vol. 35, pp. 281–285, 1990.

[267] N. Z. Shor. Cut-off method with space extension in convex programming problems [in Russian]. *Kibernetika*, Vol. 13, pp. 94–95, 1977.

[268] Mohit Singh. *Iterative Methods in Combinatorial Optimization*. PhD thesis, Carnegie Mellon University, May 2008.

[269] Mohit Singh and Lap Chi Lau. Approximating minimum bounded degree spanning trees to within one of optimal. In *Proceedings of the 39th Annual ACM Symposium on the Theory of Computing*, pp. 661–670, 2007.

[270] W. E. Smith. Various optimizers for single-stage production. *Naval Research Logistics Quarterly*, Vol. 3, pp. 59–66, 1956.

[271] Joel Spencer. *Ten Lectures on the Probabilistic Method*. Society for Industrial and Applied Mathematics, 1987.

[272] David Steurer and Nisheeth K. Vishnoi. Connections between unique games and multicut. Report TR09-125, Electronic Colloquium on Computational Complexity, 2009. Available at http://eccc.hpi-web.de/report/2009/125/.

[273] Gilbert Strang. *Linear Algebra and Its Applications*. Brooks Cole, fourth edition, 2005.

[274] Gilbert Strang. *Introduction to Linear Algebra*. Wellesley-Cambridge Press, Wellesley, MA, USA, fourth edition, 2009.

[275] V. N. Sudakov and B. S. Tsirel'son. Extremal properties of semi-spaces for spherically symmetric measures [in russian]. In V. N. Sudakov, editor, *Problems of the theory of probability distributions. Part II.*, Vol. 41 of *Zapiski Nauchnykh Seminarov LOMI*, pp. 14–24. Nauka, Leningrad, Russia, 1974.

[276] Ola Svensson. Santa Claus schedules jobs on unrelated machines. *CoRR*, Vol. abs/1011.1168, , 2010. Available at http://arxiv.org/1011.1168. Accessed November 4, 2010.

[277] Chaitanya Swamy. Correlation clustering: Maximizing agreements via semidefinite programming. In *Proceedings of the 15th Annual ACM-SIAM Symposium on Discrete Algorithms*, pp. 519–520, 2004.

[278] Arie Tamir. An $O(pn^2)$ algorithm for the $p$-median and related problems in tree graphs. *Operations Research Letters*, Vol. 19, pp. 59–64, 1996.

[279] Luca Trevisan. Positive linear programming, parallel approximation, and PCP's. In Josep Diaz and Maria Serna, editors, *Algorithms – ESA '96*, No. 1136 in Lecture Notes in Computer Science, pp. 62–75, 1996.

[280] L. Trevisan. Parallel approximation algorithms by positive linear programming. *Algorithmica*, Vol. 21, pp. 72–88, 1998.

[281] Luca Trevisan. Inapproximabilité des problèmes d'optimisation combinatoire. In Vange-

lis Th. Paschos, editor, *Optimisation combinatoire 2: concepts avancés*, Informatique et Systèmes D'Information, chapter 3. Lavoisier, Paris, France, 2005. English version available at http://www.cs.berkeley.edu/~luca/pubs/inapprox.pdf. Accessed June 2, 2010.

[282] Luca Trevisan. Approximation algorithms for unique games. *Theory of Computing*, Vol. 4, pp. 111–128, 2008. Online journal at http://theoryofcomputing.org.

[283] Vijay V. Vazirani. *Approximation Algorithms*. Springer, Berlin, Germany, second edition, 2004. （邦訳：浅野孝夫，『近似アルゴリズム』，丸善出版，2012）

[284] V. G. Vizing. On an estimate of the chromatic class of a *p*-graph (in Russian). *Diskretnyĭ Analiz*, Vol. 3, pp. 25–30, 1964.

[285] Haussler Whitney. On the abstract properties of linear dependence. *American Journal of Mathematics*, Vol. 57, pp. 509–533, 1935.

[286] Avi Wigderson. Improving the performance guarantee of approximate graph coloring. *Journal of the ACM*, Vol. 30, pp. 729–735, 1983.

[287] David P. Williamson. *On the design of approximation algorithms for a class of graph problems*. PhD thesis, MIT, Cambridge, MA, September 1993. Also appears as Tech Report MIT/LCS/TR-584.

[288] David P. Williamson. The primal-dual method for approximation algorithms. *Mathematical Programming*, Vol. 91, pp. 447–478, 2002.

[289] David P. Williamson and Anke van Zuylen. A simpler and better derandomization of an approximation algorithm for single source rent-or-buy. *Operations Research Letters*, Vol. 35, pp. 707–712, 2007.

[290] Henry Wolkowicz, Romesh Saigal, and Lieven Vandenberghe, editors. *Handbook of Semidefinite Programming: Theory, Algorithms, and Applications*. Kluwer Academic Publishers, 2000.

[291] L. A. Wolsey. Heuristic analysis, linear programming and branch and bound. *Mathematical Programming Study*, Vol. 13, pp. 121–134, 1980.

[292] Laurence A. Wolsey. Mixed integer programming formulations for production planning and scheduling problems. Invited talk at the 12th International Symposium on Mathematical Programming, MIT, Cambridge, 1985.

[293] Mihalis Yannakakis. On the approximation of maximum satisfiability. *Journal of Algorithms*, Vol. 17, pp. 475–502, 1994.

[294] A. Z. Zelikovsky. An 11/6-approximation algorithm for the network Steiner problem. *Algorithmica*, Vol. 9, pp. 463–470, 1993.

[295] Liang Zhao, Hiroshi Nagamochi, and Toshihide Ibaraki. Greedy splitting algorithms for approximating multiway partition problems. *Mathematical Programming*, Vol. 102, pp. 167–183, 2005.

[296] David Zuckerman. Linear degree extractors and the inapproximability of max clique and chromatic number. *Theory of Computing*, Vol. 3, pp. 103–128, 2007. Online journal at http://theoryofcomputing.org.

# 著者索引

## ■ A

Aardal, K., 110, 369

Ageev, A.A., 110, 152

Agrawal, A., 212, 509

Alizadeh, F., 173

Alon, N., 81, 252

Andersen, R., 454

Applegate, D.L., 62

Arnborg, S., 308

Arnold, W.C., 27

Arora, S., 27, 152, 308, 370, 394, 454, 503, 504

Arya, V., 282

Asadpour, A., 370, 507

Aumann, Y., 454

Ausiello, G., 27, 503

Awerbuch, B., 252

Azar, Y., 81, 252

## ■ B

Babai, L., 504

Bafna, V., 410

Baker, B.S., 308

Balas, E., 109

Bansal, N., 342

Bar-Yehuda, R., 27, 212

Barak, B., 503

Bartal, Y., 252

Becker, A., 410

Bellare, M., 28, 504

Bendel, K., 212

Bender, M., 510

Berman, P., 410

Bern, M., 503

Bertsekas, D.P., 27

Bertsimas, D., 27, 212

Bertsimas, D.P., 27

Bienstock, D., 109

Birkhoff, G., 110

Bixby, R.E., 62

Bland, R.G., 109

Blum, A., 410

Bodlaender, H.L., 308

Borchers, A., 370

Borell, C., 454

Bourgain, J., 454

Boyd, S.C., 342

Boykov, Y., 282

Byrka, J., 369, 370

## ■ C

Călinescu, G., 252

Carnes, T., 212

Carr, R.D., 212

Chakrabarty, D., 370

Charikar, M., 252, 282, 394, 503, 505

Chawla, S., 454, 504

Chekuri, C., 251, 510

Chernoff, H., 152

Chess, D.M., 27

Chlamtac, E., 394

Christofides, N., 62, 506

Chudak, F.A., 110, 152, 369, 410, 510

Chvátal, V., 27, 28, 62

Cook, W.J., 27, 62, 308

Cormen, T.H., 27
Cornuéjols, G., 61, 308
Crescenzi, P., 27, 503
Cunningham, W.H., 27, 342

■ D
Dahlhaus, E., 251
Deza, M.M., 454
Dijkstra, E.W., 212
Dinur, I., 28, 152, 504
Dodis, Y., 504
Du, D.-Z., 370
Durrett, R., 27

■ E
Edmonds, J., 62, 211
Edwards, K., 152
Eisenbrand, F., 369
Erdős, P., 26, 151, 152, 212
Even, G., 252
Even, S., 27, 174, 212

■ F
Fürer, M., 62, 282
Fakcharoenphol, J., 252
Feige, U., 27, 28, 62, 174, 454, 504
Fernandez de la Vega, W., 81, 370
Ferris, M.C., 27
Finn, G., 62
Fisher, M.L., 61, 62
Fleischer, L.K., 212, 370
Fonlupt, J., 308
Fotakis, D., 282
Freund, A., 212
Fujito, T.（藤戸敏弘）, 410

■ G
Gabow, H.N., 342
Gail, A.B., 538
Gale, D., 62
Gambosi, G., 27, 503
Garey, M.R., 81, 503, 504
Garg, N., 212, 252, 282, 410
Geiger, D., 212, 410
Gens, G.V., 81
Gilbert, E.N., 370
Goemans, M.X., 109, 152, 174, 212, 342, 370, 410, 507, 508
Goldberg, A.V., 508
Goldfarb, D., 109
Goldreich, O., 504
Goldwasser, S., 27, 28, 504
Gonzalez, T.F., 62, 151
Grötschel, M., 109, 173
Graham, R.L., 26, 61, 62, 81, 509
Grandoni, F., 369, 370
Guha, S., 110, 212, 251, 282, 504
Gupta, A., 252, 282, 369, 394
Guruswami, V., 152, 503

■ H
Håstad, J., 27, 174, 504
Hajiaghayi, M., 410
Hakimi, S.L., 252
Hall, L.A., 110
Hamburger, M.J., 281
Harsha, P., 503, 505
Harvey, N.J.A., 370
Hochbaum, D.S., 27, 28, 62, 81, 109, 410
Hoeffding, W., 370
Hoffman, A.J., 212, 370
Hogstedt, K., 251
Holyer, I., 62
Horn, R.A., 174
Horowitz, E., 62
Hsu, W.-L., 62

■ I
Ibaraki, T.（茨木俊秀）, 61, 251
Ibarra, O.H., 81
Itai, A., 174

■ J
Jünger, M., 212
Jackson, J.R., 61
Jain, K., 212, 282, 342, 370, 410, 504, 508
Johnson, C.R., 174
Johnson, D.S., 26–28, 81, 152, 251, 503, 504

■ K
Könemann, J., 370
Kőnig, D., 62
Kahale, N., 252
Kann, V., 27, 503

Karger, D.R., 152, 174, 252, 370, 394
Kariv, O., 252
Karloff, H., 252
Karmarkar, N., 109, 110, 454, 508
Karp, R.M., 109, 110, 252, 454, 508
Karpinski, M., 152, 370
Kephart, J.O., 27
Khachiyan, L.G., 109
Khandekar, R., 282, 342
Khanna, S., 152, 503, 504
Khot, S., 28, 174, 394, 503–506
Khuller, S., 110, 212, 504
Kim, C.E., 81
Kimelman, D., 251
Kindler, G., 174, 394, 504, 505
Kise, H.（木瀬洋）, 61
Klein, P., 28, 212, 252, 509
Kleinberg, J.M., 27, 28, 62, 152, 410
Knuth, D.E., 174
Konjevod, G., 252
Korte, B., 27
Kortsarz, G., 504
Korupolu, M.R., 281, 509
Krauthgamer, R., 454, 504
Kuehn, A.A., 281
Kumar, A., 369
Kumar, R., 454, 504

■ L

Lando, Y., 504
Lau, L.C., 342
Laurent, M., 454
Lawler, E.L., 62, 81
Lee, J.R., 454, 504
Leighton, T., 251, 454
Leiserson, C.E, 27
Lenstra, J.K., 62, 341, 503, 509
Leonardi, S., 370
Leung, V.J., 212
Levner, E.V., 81
Lewis, P.M., 62
Lieberherr, K.J., 152
Linial, N., 152, 454
London, E., 454
Lovász, L., 27, 28, 109, 173, 504
Lueker, G.S., 81

Lund, C., 27, 28, 503, 504

■ M

Mądry, A., 370, 507
Maeda, N.（前田尚久）, 251
Mahajan, S., 174
Mahdian, M., 212, 282, 504
Makarychev, K., 394
Makarychev, Y., 394
Mangasarian, O.L., 27
Marchetti-Spaccamela, A., 27, 503
Markakis, E., 212, 282, 504
Mathieu, C., 370
Megretski, A., 394
Meyerson, A., 282
Mine, H.（三根久）, 61
Mitchell, J.S.B, 308
Mitzenmacher, M., 27, 151, 152
Mossel, E., 152, 174, 394, 504, 505
Motwani, R., 27, 151, 152, 174, 394, 504
Munagala, K., 282

■ N

Naddef, D., 308
Nagamochi, H.（永持仁）, 251
Nagarajan, C., 282
Nagarajan, V., 342
Naor, A., 454
Naor, J., 212, 251, 252
Nemhauser, G.L., 28, 61, 62
Nemirovskii, A., 173, 394
Nesterov, Y., 173, 174
Niel,D.A., 539
Norton, C.H., 152
Nutov, Z., 504

■ O

O'Donnell, R., 174, 394, 504, 505
Oleszkiewicz, K., 174, 394, 505
Oveis Gharan, S., 370, 507

■ P

Pál, M., 369
Pósa, L., 212
Pandit, V., 282
Papadimitriou, C.H., 62, 211, 251, 503
Peleg, D., 252

Phillips, C.A., 110, 212

Plassmann, P., 503

Plaxton, C.G., 281, 509

Plotkin, S., 508

Pollak, H.O., 370

Prömel, H.J., 370

Pritchard, D., 370

Proskurowski, A., 308

Protasi, M., 27, 503

Pulleyblank, W.R., 27, 212, 342

## ■ Q

Queyranne, M., 110

## ■ R

Räcke, H., 454

Rényi, A., 174

Rabani, Y., 252, 454, 504

Rabinovich, Y., 454

Radhakrishnan, J., 504

Rado, R., 62

Raghavachari, B., 62, 252, 282

Raghavan, P., 151, 152, 308

Raghavendra, P., 505, 508

Rajan, V.T., 251

Rajaraman, R., 281, 503, 509

Ramesh, H., 174

Rao, S., 251, 252, 308, 454

Ravi, R., 28, 212, 252, 342, 410, 509

Rawitz, D., 212

Raz, R., 504

Regev, O., 28, 152

Rinnooy Kan, A.H.G, 62

Rivest, R.L., 27

Robertson, N., 308

Robins, G., 370

Roos, C., 394

Rosenkrantz, D.J., 62

Ross, S., 27

Roth, R.M., 212

Roth, T., 251

Rothvoß, T., 370

Rothvoß, T., 369

Roughgarden, T., 369, 410

Russell, A., 28

## ■ S

Saberi, A., 212, 282, 370, 504, 507

Safra, S., 27, 28, 152, 504

Sahni, S.K., 62, 81, 151

Saigal, R., 173

Sanità, L., 370

Saran, H., 251

Schäfer, G., 369, 370

Schalekamp, F., 252

Schechtman, G., 174

Schieber, B., 252

Schrijver, A., 27, 109, 173

Schudy, W., 370

Schulz, A.S., 110, 152

Selfridge, J.L., 152

Seymour, P.D., 251, 308

Shamir, A., 174

Shepherd, B., 503

Shmoys, D.B., 62, 81, 110, 152, 212, 252, 341, 342, 369, 454, 503, 507–510

Shor, N.Z., 109

Sibel Salman, F., 252

Simchi-Levi, D., 109

Singh, M., 342, 370, 507

Sivakumar, D., 454, 504

Skutella, M., 152

Smith, W.E., 110

Sorkin, G.B., 27

Specker, E., 152

Spencer, J., 152

Stearns, R.E., 62

Steger, A., 370

Steiglitz, K., 211

Stein, C., 27, 110, 252

Stern, J., 504

Steurer, D., 394, 504, 505

Stockmeyer, L., 503

Strang, G., 173

Sudakov, V.N., 454

Sudan, M., 27, 174, 394, 504

Svensson, O., 509

Sviridenko, M.I., 110, 152

Swamy, C., 174

Sweedyk, Z., 504

Szegedy, M., 27, 504

### ■ T

Talwar, K., 252, 394

Tamir, A., 252

Tangwongsan, K., 282

Tardos, É., 27, 110, 152, 174, 341, 342, 503, 508, 509

Teo, C.-P., 212

Terlaky, T., 394

Tesauro, G.J., 27

Thompson, C.D., 151

Thorup, M., 252

Todd, M.J., 109

Trevisan, L., 394, 503

Trotter, Jr.,L.E., 28

Tsirel'son, B.S., 454

Tsitsiklis, J.N., 27

### ■ U

Upfal, E., 27, 151, 152

Uth, R., 541

### ■ V

van Zuylen, A., 369

Vandenberghe, L., 173

Vazirani, U., 454

Vazirani, V.V., 27, 212, 251, 252, 282, 503, 504

Veksler, O., 282

Vempala, S., 62, 410

Vishnoi, N.K., 394, 504

Vizing, V.G., 26, 61

Vygen, J., 27

### ■ W

Wegman, M., 251

Wein, J., 62, 110

West, D., 252

White, S.R., 27

Whitney, H., 62

Wigderson, A., 174

Williamson, D.P., 28, 62, 109, 152, 174, 212, 282, 342, 369, 410, 507, 508

Wirth, A., 394

Woeginger, G.J., 81

Wolkowicz, H., 173

Wolsey, L.A., 61, 62, 110, 507

Wright, S.J., 27

### ■ Y

Yadid, T., 81

Yannakakis, M., 28, 152, 212, 251, 252, 503, 504

Young, N.E., 252

### ■ Z

Zabih, R., 282

Zelikovsky, A.Z., 370

Zhao, L., 251

Zuckerman, D., 27

# 用語英（和）索引

■記号/数字

α-approximation algorithm（α-近似アルゴリズム）, 4

α-point（α-ポイント）, 137

α-strict cost shares（α-厳密コスト分担）, 367

δ-dense（δ-デンス）, 144

δ-dense graph（δ-デンスグラフ）, 144

Φ ⇒ cumulative distribution function of normal distribution（正規分布の累積分布関数）, 377, 438

$\overline{\Phi}$ ⇒ tail of normal distribution（正規分布の末端）, 377, 438

ρ-relaxed decision procedure（ρ-緩和決定手続き）, 57

$\succeq$ ⇒ positive semidefinite matrix（半正定値行列）, 153

3-dimensional matching（3-次元マッチング）, 457

3-dimensional matching problem（3-次元マッチング問題）, 457

3-partition problem（3要素組分割問題）, 518

■A

a fortiori guarantee（事後保証）, 5, 11, 16, 508

a priori guarantee（事前保証）, 5

$(a, b)$-dissection（$(a,b)$-階層分割図）, 287

active（活性）, 396

approximate complementary slackness conditions（近似相補性条件）, 178

approximation algorithm（近似アルゴリズム）, 4

definition（定義）, 4

approximation factor（近似率）, 4

approximation ratio（近似比）, 4

approximation-preserving reduction（近似保存リダクション）, 461

APTAS（漸近的多項式時間近似スキーム）⇒ asymptotic polynomial-time approximation scheme, 75

arithmetic-geometric mean inequality（算術平均幾何平均不等式）, 120

arrival time（到着時刻）, 30

assignment cost（割当てコスト）, 94

asymmetric traveling salesman problem（非対称巡回セールスマン問題）, 39

asymptotic polynomial-time approximation scheme（漸近的多項式時間近似スキーム）, 75

definition（定義）, 75

for bin-packing problem（ビンパッキング問題に対する）, 75–79

■B

balanced cut（平衡カット）, 228–232

definition（定義）, 228

deterministic rounding（確定的ラウンディング）, 230–232

linear programming relaxation（線形計画緩和）, 228–230

base（基）, 60

basic feasible solution（実行可能基底解）, 309, 515

basic optimal solution（最適基底解）, 309, 515

$b$-balanced cut（$b$-平衡カット）, 228, 427

bidirected cut formulation（両方向カット定式化），352–353
bin-packing problem（ビンパッキング問題），73–79, 100–107, 151, 453, 508
    asymptotic polynomial-time approximation scheme（漸近的多項式時間近似スキーム），75–79
    configuration（状態図），100
    configuration IP（状態図 IP），100–101
    definition（定義），73
    dual of LP relaxation（LP 緩和の双対問題），101
    First-Fit algorithm（First-Fit アルゴリズム），75, 104, 151
    First-Fit decreasing algorithm（First-Fit 減少アルゴリズム），74
    hardness（困難性），74
    harmonic grouping（調和グルーピング），102–107
    linear grouping scheme（線形グルーピングスキーム），76–79
    linear programming relaxation（線形計画緩和），101, 107
    randomized rounding algorithm（乱択ラウンディングアルゴリズム），151
    solving LP relaxation（LP 緩和を解く），453
binary NP-complete（二進数 NP-完全），519
bipartite graph（二部グラフ）
    definition（定義），61
bipartite unique games conjecture（二部グラフユニークゲーム予想），499
bisection（二等分割），228
bounded（有界），514
bounded-degree branching problem（次数上界付き有向全点木問題），338–340
branch decomposition（分枝分解），307
branching（有向全点木），210, 338
    bounded degree（次数上界付き），338–340
    minimum-cost（最小コスト），210
branchwidth（分枝幅），307–308
buy-at-bulk network design problem（まとめ買いネットワーク設計問題），238–241, 250
    algorithm on trees（木上でのアルゴリズム），238–239
    definition（定義），238
    reduction to tree metric（木メトリックへのリダクション），239–241

■ C

canonical form（正準系），511
capacitated dial-a-ride problem（容量制約付き電話予約引取配送問題），250–251
capacitated facility location problem（容量制約付き施設配置問題），95
characteristic vector（特性ベクトル），320
check kiting（空小切手），44
Chernoff bounds（Chernoff 限界），138–142
child（子），335
Christofides' algorithm（Christofides のアルゴリズム），43, 506
clause（クローズ），112
    length（長さ），112
    satisfied（充足される），112
    size（サイズ），112
    unit（単位），113
client（利用者），94
clique（クリーク），6, 297
cluster center（クラスターセンター），33
clustering（クラスタリング），32
    correlation（相関），163
    $k$-center problem（$k$-センター問題），32–33
    $k$-median problem（$k$-メディアン問題），202
coloring（彩色），52, 166–170, 379–383, 392, 510
    $\Delta$-degree graph（$\Delta$-次数グラフ），166, 171
    $\delta$-dense graph（$\delta$-デンスグラフ）
        random sampling algorithm（ランダムサンプリングアルゴリズム），145–147
    2-colorable（2-彩色可能），166, 171
    edge（辺），52
    finding maximum independent sets（最大独立集合を求めることによる），379–383
    greedy algorithm（グリーディアルゴリズム），171
    hardness（困難性），145
    in low treewidth graphs（小さい木幅のグラフにおける），307

randomized rounding via SDP（SDPによる乱択ラウンディング）, 166–170, 380–383
　　vector programming relaxation（ベクトル計画緩和）, 167, 171
　　vertex（点）, 52
competitive ratio（競争比）, 280
complement（補グラフ）, 297
complementary slackness（相補性）, 14
complementary slackness conditions（相補性条件）, 14, 97, 178, 514
　　approximate（近似）, 178
complete（完全）, 345
complete matching（完全マッチング）, 107, 311
completeness（完全性）, 474
configuration（状態図）, 100
configuration IP（状態図 IP）, 100–101
congestion（混雑度）, 420
constraint（制約式）, 8, 511
　　spreading（延伸）, 243
　　tight（タイト）, 176
　　violated（満たされない）, 184
constraint satisfaction problem（制約充足化問題）, 383–384
contribute（貢献する）, 198
correlation clustering（相関クラスタリング）, 163
correlation clustering problem（相関クラスタリング問題）, 163–166
　　definition（定義）, 163
　　randomized rounding via SDP（SDPによる乱択ラウンディング）, 163–166
cumulative distribution function of normal distribution（正規分布の累積分布関数）, 377, 438
cut semimetric（カットセミメトリック）, 213
cut tree（カット木）, 423
cut-crossing condition（カットクロス条件）, 354
cut-tree packing（カット木パッキング）, 422–423
　　and tree metric（と木メトリック）, 453
cut-tree packing algorithm（カット木パッキングアルゴリズム）
　　for minimum bisection problem（最小二等分割問題に対する）, 427–429
　　for multicut problem（多点対カット問題に対する）, 453
　　for sparsest cut problem（最疎カット問題に対する）, 453
cycle edge（閉路辺）, 406

■ D

$(d_1, d_2)$-regular（$(d_1, d_2)$-正則）, 479
data rounding（データラウンディング）, 66
decision problem（決定問題）, 516
decision variable（決定変数）, 8
demand（需要）, 94
demand graph（需要グラフ）, 392
dense（デンス）, 144
dense graph（デンスグラフ）, 144, 361
derandomization（脱乱択）, 24, 111, 115–117
　　maximum cut problem（最大カット問題）, 148, 158
　　prize-collecting Steiner tree problem（賞金獲得シュタイナー木問題）, 128
　　set cover problem（集合カバー問題）, 149
deterministic rounding（確定的ラウンディング）, 82–106, 310–341
　　for balanced cut（平衡カットに対する）, 230–232
　　for complete matching（完全マッチングに対する）, 107–108
　　for generalized assignment problem（一般化割当て問題に対する）, 312–314, 340–341
　　for minimum-cost bounded-degree spanning tree problem（最小コスト次数上界付き全点木問題に対する）, 318–328
　　for minimum spanning tree problem（最小全点木問題に対する）, 316–318
　　for multicut problem（多点対カット問題に対する）, 223–227
　　for prize-collecting Steiner tree problem（賞金獲得シュタイナー木問題に対する）, 91–94
　　for scheduling single machine（単一マシーンスケジューリングに対する）, 83–88
　　for scheduling unrelated parallel ma-

用語英（和）索引　545

chines（相互独立並列マシーンスケジューリングに対する），337–338
 for set cover problem（集合カバー問題に対する），10–11
 for sparsest cut problem（最疎カット問題に対する），249
 for survivable network design problem（サバイバルネットワーク設計問題に対する），331–337
 for uncapacitated facility location problem（容量制約なし施設配置問題に対する），97–100
deterministic rounding algorithm（確定的ラウンディングアルゴリズム）
 pipage rounding（パイプ輸送ラウンディング），108
dictator（独裁者），500
Dijkstra's algorithm（Dijkstra のアルゴリズム），183, 186, 209
directed full component（有向フル成分），354
directed generalized Steiner tree problem（有向版一般化シュタイナー木問題），489–491
 hardness（困難性），489–491
directed Steiner tree problem（有向シュタイナー木問題），24
discrete optimization（離散最適化），3
dissection（階層分割図），286
distortion（歪み），232, 413, 453
dominate（支配する），64
dominating set（支配集合），34
dominating set problem（支配集合問題），34
double-tree algorithm（木二重化アルゴリズム），42–43
$d$-regular（$d$-正則），479
dual（双対問題），12, 513
dual fitting（双対フィット法），19
dual fitting algorithm（双対フィットアルゴリズム）
 for set cover problem（集合カバー問題に対する），19–20
 for uncapacitated facility location problem（容量制約なし施設配置問題に対する），272–279
dual linear program（双対線形計画問題）
 ⇒ linear programming, duality, 11
dual of LP relaxation（LP 緩和の双対問題）
 for bin-packing problem（ビンパッキング問題に対する），101
 for feedback vertex set problem（フィードバック点集合問題に対する），179
 for generalized Steiner tree problem（一般化シュタイナー木問題に対する），186–187
 for $k$-median problem（$k$-メディアン問題に対する），204
 for minimum knapsack problem（最小ナップサック問題に対する），195
 for prize-collecting Steiner tree problem（賞金獲得シュタイナー木問題に対する），396
 for set cover problem（集合カバー問題に対する），12, 176
 for shortest $s$-$t$ path problem（最短 $s$-$t$ パス問題に対する），183–184
 for uncapacitated facility location problem（容量制約なし施設配置問題に対する），96–97, 130, 197–198, 273–274, 344
dual of SDP relaxation（SDP 緩和の双対問題）
 for maximum cut problem（最大カット問題に対する），170
dual rounding（双対ラウンディング）
 for set cover problem（集合カバー問題に対する），11–15
duality（双対性），512
dynamic programming（動的計画），63
 for coloring in low treewidth graphs（小さい木幅のグラフの彩色に対する），307
 for Euclidean traveling salesman problem（ユークリッド巡回セールスマン問題に対する），284–297
 for graphical traveling salesman problem（グラフ的巡回セールスマン問題に対する），307–308
 for knapsack problem（ナップサック問題に対する），64–66
 for maximum independent set problem in low treewidth graphs（小さい木幅の

グラフにおける最大独立集合問題に対する), 301–303
 for maximum independent set problem in trees (木における最大独立集合問題に対する), 298
 for minimum bisection in trees (木における最小二等分割問題に対する), 429–430
 for scheduling identical machines (同一マシーンスケジューリングに対する), 71, 72, 75–76

## ■ E

earliest due date rule (最近期限ルール), 31, 61
EDD (最近期限ルール) ⇒ earliest due date rule, 31
edge coloring (辺彩色), 52
edge coloring problem (辺彩色問題), 52–56
 definition (定義), 52
 fan sequence (ファン列), 53
 greedy algorithm (グリーディアルゴリズム), 52–56
 hardness (困難性), 52, 61
 in bipartite graph (二部グラフにおける), 61
 path recoloring (パス再彩色), 56
 shifting recoloring (シフト再彩色), 55
edge-disjoint paths problem (辺素パス問題), 460–461
 definition (定義), 60
 greedy algorithm (グリーディアルゴリズム), 60
 hardness (困難性), 460–461
edge expansion (辺拡張), 432
eigenvalue (固有値), 154
ellipsoid method (楕円体法), 88–90, 109–110, 424–426
 objective function cut (目的関数カット), 109, 426
 separation oracle (分離オラクル), 89
embedding (埋め込み), 412
 distortion (歪み), 232, 413, 453
 Fréchet (Fréchet), 415–416
 into $\ell_1$ ($\ell_1$ への), 413, 415–419, 453
 into $\ell_2$ ($\ell_2$ への), 453
 into $\ell_p$ ($\ell_p$ への), 453
 into tree metric (木メトリックへの), 233–238
Euclidean Steiner tree problem (ユークリッドシュタイナー木問題), 306
Euclidean TSP (ユークリッド TSP), 284
Eulerian (オイラー), 25, 42
Eulerian graph (オイラーグラフ)
 definition (定義), 42
 directed (有向), 25
expander graph (エクスパンダーグラフ), 453
expansion (拡大), 280
expected value (期待値), 111
exterior face (外面), 299
extreme point (端点解), 26, 108, 309

## ■ F

facility (施設), 94
facility cost (施設開設コスト), 94
facility location problem (施設配置問題)
 ⇒ uncapacitated facility location problem, 94
factor-revealing LP (性能保証解明 LP), 282
fan sequence (ファン列), 53
feasible (実行可能), 511
feasible solution (実行可能解), 8, 511
feedback vertex set problem (フィードバック点集合問題), 178–182, 401–408, 409
 definition (定義), 178–179
 dual of LP relaxation (LP 緩和の双対問題), 179, 403–404
 integer programming formulation (整数計画による定式化), 179, 401–403
 integrality gap (整数性ギャップ), 182
 linear programming relaxation (線形計画緩和), 179
 primal-dual algorithm (主双対アルゴリズム), 179–182, 404–408, 409
feedback vertex set problem in undirected graphs (無向グラフのフィードバック点集合問題), 178
First-Fit algorithm (First-Fit アルゴリズム), 75, 104, 151
First-Fit decreasing algorithm (First-Fit 減少アルゴリズム), 74
float (浮動資金), 44

float maximization problem（浮動資金最大化問題）, 44–47
    definition（定義）, 44–45
    greedy algorithm（グリーディアルゴリズム）, 45–47
FPAS（完全多項式時間近似スキーム）⇒fully polynomial-time approximation scheme, 66
FPTAS（完全多項式時間近似スキーム）⇒fully polynomial-time approximation scheme, 66
Fréchet embedding（Fréchet 埋め込み）, 415–416
fractional complete matching（小数完全マッチング）, 311
fractional solution（小数解）, 8
full component（フル成分）, 352
fully polynomial-time approximation scheme（完全多項式時間近似スキーム）, 66, 80
    definition（定義）, 66
    for knapsack problem（ナップサック問題に対する）, 66–67
    hardness（困難性）, 80
fundamental cycle（基本閉路）, 304

■ G

gap-preserving reduction（ギャップ保存リダクション）, 477–478
generalized assignment problem（一般化割当て問題）, 310–314, 340–341
    definition（定義）, 310
    deterministic rounding algorithm（確定的ラウンディングアルゴリズム）, 312–314, 340–341
    integer programming formulation（整数計画による定式化）, 310
    linear programming relaxation（線形計画緩和）, 311, 340–341
generalized Steiner tree problem（一般化シュタイナー木問題）, 186–193, 210, 509
    definition（定義）, 186
    directed（有向）
        hardness（困難性）, 489–491
    dual of LP relaxation（LP 緩和の双対問題）, 186–187
    integer programming formulation（整数計画による定式化）, 186
    integrality gap（整数性ギャップ）, 193
    linear programming relaxation（線形計画緩和）, 186
    primal-dual algorithm（主双対アルゴリズム）, 187–193
graph（グラフ）
    $\delta$-dense（$\delta$-デンス）, 144
    bipartite graph（二部グラフ）, 61
    bisection（二等分割）, 228
    complement（補グラフ）, 297
    dense（デンス）, 144, 361
    induced（誘導される）, 179
    $k$-colorable（$k$-彩色可能）, 145
    $k$-edge-colorable（$k$-辺彩色可能）, 52
    $k$-outerplanar graph（$k$-外平面的グラフ）, 299
    outerplanar（外平面的）, 299
    planar（平面的）, 298
    tree decomposition（木分解）, 301
graphical traveling salesman problem（グラフ的巡回セールスマン問題）⇒ traveling salesman problem, graphical, 307
greedy algorithm（グリーディアルゴリズム）, 17, 29–30
    for coloring（彩色に対する）, 171
    for edge coloring problem（辺彩色問題に対する）, 52–56
    for edge-disjoint paths problem（辺素パス問題に対する）, 60
    for float maximization problem（浮動資金最大化問題に対する）, 45–47
    for $k$-center problem（$k$-センター問題に対する）, 32–35
    for $k$-median problem（$k$-メディアン問題に対する）, 276
    for knapsack problem（ナップサック問題に対する）, 79
    for maximum-weight matroid base（重み最大のマトロイドの基に対する）, 60
    for multiway cut problem（多分割カット問題に対する）, 214–215
    for scheduling identical machines（同一マ

シーンスケジューリングに対する), 37–39

for scheduling single machine（単一マシーンスケジューリングに対する）, 30–32

for set cover problem（集合カバー問題に対する）, 16–20

for traveling salesman problem（巡回セールスマン問題に対する）, 40–42

for uncapacitated facility location problem（容量制約なし施設配置問題に対する）, 272–279

■H

Hamiltonian cycle（ハミルトン閉路）, 39
Hamiltonian path（ハミルトンパス）, 48, 59
hardness（困難性）, 20

of bin-packing problem（ビンパッキング問題の）, 74

of directed generalized Steiner tree problem（有向版一般化シュタイナー木問題の）, 489–491

of directed Steiner tree problem（有向シュタイナー木問題の）, 24

of edge coloring problem（辺彩色問題の）, 52, 61

of edge-disjoint paths problem（辺素パス問題の）, 460–461

of $k$-center problem（$k$-センター問題の）, 34–35

of $k$-median problem（$k$-メディアン問題の）, 208–209, 473

of $k$-suppliers problem（$k$-供給者問題の）, 57

of label cover problem（ラベルカバー問題の）

　$(d_1, d_2)$-regular maximization version（$(d_1, d_2)$-正則最大化版）, 481

　$d$-regular maximization version（$d$-正則最大化版）, 481–484

　$d$-regular minimization version（$d$-正則最小化版）, 488–489

　maximization version（最大化版）, 479–481

of MAX 2SAT（MAX 2SAT の）, 463, 478
of MAX E3SAT（MAX E3SAT の）, 477–478

of maximum clique problem（最大クリーク問題の）, 298

of maximum coverage problem（最大カバー問題の）, 59

of maximum cut problem（最大カット問題の）, 498–503

of maximum independent set problem（最大独立集合問題の）, 298, 466, 468–469

of maximum satisfiability problem（最大充足化問題の）, 114

of minimum-degree spanning tree problem（最小次数全点木問題の）, 47–48

of minimum-degree spanning tree problem（最小次数全点木問題の）, 59

of multicut problem（多点対カット問題の）, 227, 495–498

of node-weighted Steiner tree problem（点重み付きシュタイナー木問題の）, 26

of scheduling identical machines（同一マシーンスケジューリングの）, 73

of scheduling unrelated parallel machines（相互独立並列マシーンスケジューリングの）, 456–460

of set cover problem（集合カバー問題の）, 20, 484–488

of sparsest cut problem（最疎カット問題の）, 419

of Steiner tree problem（シュタイナー木問題の）, 468

of survivable network design problem（サバイバルネットワーク設計問題の）, 491–494

of traveling salesman problem（巡回セールスマン問題の）, 39–40, 44

of uncapacitated facility location problem（容量制約なし施設配置問題の）, 25, 100, 469–473

of unique games problem（ユニークゲーム問題の）, 392

of vertex coloring problem（点彩色問題の）, 145

of vertex cover problem（点カバー問題の）, 20–21

harmonic grouping（調和グルーピング）, 102–107

harmonic grouping scheme（調和グルーピングスキーム），102

harmonic number（調和数），17, 103

hierarchical cut decomposition（階層的カット分解），233, 244

high probability（高い確率），22, 143

Hoeffding's inequality（Hoeffdingの不等式），361

Hoffman's circulation theorem（Hoffmanの循環フロー定理），370

■ I

inactive（不活性），396

independent（独立），60

independent set（独立集合），297
　　in graph（グラフにおける），297
　　in matroid（マトロイドにおける），60

indicator function（標示関数），236

induced（誘導される），179

induced graph（誘導グラフ），179

inequality（不等式）
　　arithmetic-geometric mean（算術平均幾何平均），120
　　Hoeffding's（Hoeffdingの），361
　　Jensen's（Jensenの），393
　　Markov's（Markovの），139

infeasible（実行不可能），511

influence（影響力），500

instance（入力），516

instance size（入力サイズ），516

integer linear programming（整数線形計画），511

integer program（整数計画問題），8

integer programming（整数計画），8–10, 511–512
　　decision variable（決定変数），8
　　definition（定義），8
　　relaxation（緩和），133

integer programming formulation（整数計画による定式化）
　　for bin-packing problem（ビンパッキング問題に対する），100–101
　　for feedback vertex set problem（フィードバック点集合問題に対する），179
　　for generalized assignment problem（一般化割当て問題に対する），310
　　for generalized Steiner tree problem（一般化シュタイナー木問題に対する），186
　　for $k$-median problem（$k$-メディアン問題に対する），202–203
　　for maximum directed cut problem（最大有向カット問題に対する），148–149
　　for maximum satisfiability problem（最大充足化問題に対する），119
　　for minimum-capacity multicommodity flow problem（最小容量多品種フロー問題に対する），142–143
　　for minimum-cost bounded-degree spanning tree problem（最小コスト次数上界付き全点木問題に対する），315
　　for minimum knapsack problem（最小ナップサック問題に対する），194–195
　　for multicut problem（多点対カット問題に対する），222
　　for multiway cut problem（多分割カット問題に対する），216
　　for prize-collecting generalized Steiner tree problem（賞金獲得一般化シュタイナー木問題に対する），409–410
　　for prize-collecting Steiner tree problem（賞金獲得シュタイナー木問題に対する），91–92, 395–396
　　for set cover problem（集合カバー問題に対する），9, 176
　　for shortest $s$-$t$ path problem（最短 $s$-$t$ パス問題に対する），183
　　for Steiner tree problem（シュタイナー木問題に対する），353–354
　　for survivable network design problem（サバイバルネットワーク設計問題に対する），329
　　for uncapacitated facility location problem（容量制約なし施設配置問題に対する），95–96
　　for uniform labeling problem（一様ラベリング問題に対する），150
　　for uniform sparsest cut problem（一様最疎カット問題に対する），432
　　for unique games problem（ユニークゲーム問題に対する），385–386

integrality gap（整数性ギャップ）, 125–126, 128–129, 178
    definition（定義）, 125
    for feedback vertex set problem（フィードバック点集合問題に対する）, 182
    for generalized Steiner tree problem（一般化シュタイナー木問題に対する）, 193
    for maximum satisfiability problem（最大充足化問題に対する）, 125–126
    for minimum knapsack problem（最小ナップサック問題に対する）, 194
    for prize-collecting Steiner tree problem（賞金獲得シュタイナー木問題に対する）, 128–129
interior-point method（内点法）, 88
intersecting（交差）, 320
intersecting sets（交差集合）, 320
IP（整数計画）⇒ integer programming, 10
isolating cut（孤立カット）, 214
iterated rounding（反復ラウンディング）, 310, 331

■ J
Jackson's rule（Jackson のルール）
    ⇒ earliest due date rule, 61
Jensen's inequality（Jensen の不等式）, 393

■ K
$k$-center problem（$k$-センター問題）, 32–35
    definition（定義）, 32–33
    hardness（困難性）, 34–35
$k$-colorable（$k$-彩色可能）, 145
$k$-cut problem（$k$-カット問題）, 251
$k$-cycle partition problem（$k$-閉路分割問題）, 211
$k$-edge-colorable（$k$-辺彩色可能）, 52
$k$-edge-connected subgraph（$k$-辺連結部分グラフ）, 340
$k$-median problem（$k$-メディアン問題）, 33, 202–208, 211, 250, 263–267, 276, 306–307, 473
    and uncapacitated facility location problem（と容量制約なし施設配置問題）, 203–204
    definition（定義）, 202

dual of LP relaxation（LP 緩和の双対問題）, 204
Euclidean（ユークリッド）, 306–307
greedy algorithm（グリーディアルゴリズム）, 276
hardness（困難性）, 208–209, 473
integer programming formulation（整数計画による定式化）, 202–203
in trees（木における）, 250
Lagrangean relaxation（ラグランジュ緩和）, 203–204
linear programming relaxation（線形計画緩和）, 203–204
local search algorithm（局所探索アルゴリズム）, 263–267
primal-dual algorithm（主双対アルゴリズム）, 204–208
$k$-minimum spanning tree problem（$k$-最小全点木問題）, 408
    and prize-collecting Steiner tree problem（と賞金獲得シュタイナー木問題）, 408
    Lagrangean relaxation（ラグランジュ緩和）, 408
$k$-MST ⇒ $k$-minimum spanning tree problem（$k$-最小全点木問題）, 408
knapsack problem（ナップサック問題）, 64–67, 79, 516–517
    ⇒ also minimum knapsack problem, 193
    connection to bin-packing problem（ビンパッキング問題との関係）, 101–102
    definition（定義）, 64
    dynamic programming algorithm（動的計画アルゴリズム）, 64–66
    fully polynomial-time approximation scheme（完全多項式時間近似スキーム）, 66–67
    greedy algorithm（グリーディアルゴリズム）, 79
$k$-outerplanar graph（$k$-外平面的グラフ）, 299–306
    maximum independent set problem（最大独立集合問題）, 306
    treewidth（木幅）, 303–306
$k$-path partition problem（$k$-パス分割問題）,

211
  primal-dual algorithm（主双対アルゴリズム），211
k-restricted Steiner tree problem（k-限定シュタイナー木問題），355
k-suppliers problem（k-供給者問題），57
  hardness（困難性），57

■ L
$\ell_1$-embeddable metric（$\ell_1$-埋め込み可能メトリック），411–413, 452
  and tree metric（と木メトリック），452
$\ell_1$-metric（$\ell_1$-メトリック），217
label cover problem（ラベルカバー問題），479–494, 504
  and unique games problems（とユニークゲーム問題），479
  $(d_1, d_2)$-regular（$(d_1, d_2)$-正則），479
  definition（定義），479
  $d$-regular（$d$-正則），479
  gap-preserving reduction from MAX E3SAT（MAX E3SAT からのギャップ保存リダクション），479–481
  hardness（困難性）
    of $(d_1, d_2)$-regular maximization version（$(d_1, d_2)$-正則最大化版の），481
    of $d$-regular maximization version（$d$-正則最大化版の），481–484
    of $d$-regular minimization version（$d$-正則最小化版の），488–489
    of maximization version（最大化版の），479–481
  reduction to directed generalized Steiner tree problem（有向版一般化シュタイナー木問題へのリダクション），489–491
  reduction to set cover problem（集合カバー問題へのリダクション），484–488
  reduction to survivable network design problem（サバイバルネットワーク設計問題へのリダクション），491–494
Lagrangean multiplier preserving（ラグランジュ乗数保存），208
Lagrangean multiplier preserving algorithms（ラグランジュ乗数保存アルゴリズム），208, 276, 408
Lagrangean relaxation（ラグランジュ緩和），203–204
  for k-median problem（k-メディアン問題に対する），203–204
laminar（ラミナー），320
laminar collection of sets（ラミナー集合族），320
lateness（遅延），30
leaf bisection（葉二等分割），429
length（長さ），35, 112
level（レベル），293
linear arrangement problem（線形アレンジメント問題），242–245
  definition（定義），242
  linear programming relaxation（線形計画緩和），242–243
  reduction to tree metric（木メトリックへのリダクション），243–245
linear grouping scheme（線形グルーピングスキーム），76–79
linear programming（線形計画），8–10, 511–515
  basic feasible solution（実行可能基底解），309, 515
  basic optimal solution（最適基底解），309, 515
  bounded（有界），514
  canonical form（正準系），511
  complementary slackness conditions（相補性条件），14, 97, 514
  constraint（制約式），8, 511
  decision variable（決定変数），8
  definition（定義），8
  dual（双対問題），12
  duality（双対性），11–13, 512–513
  ellipsoid method（楕円体法），88–90, 109–110
  extreme point（端点解），26
  feasibility（実行可能性），511
  feasible solution（実行可能解），8, 511
  infeasibility（実行不可能性），511
  interior-point method（内点法），89
  objective function（目的関数），8, 511
  optimal solution（最適解），8, 511
  primal（主問題），12

relaxation（緩和）, 9–10

simplex method（シンプレックス法）, 89, 515

strong duality（強双対性）, 13, 513–514

unbounded（非有界）, 514

value（値）, 8

variable（変数）, 511

weak duality（弱双対性）, 13, 513

linear programming relaxation（線形計画緩和）

    for balanced cut（平衡カットに対する）, 228–230

    for bin-packing problem（ビンパッキング問題に対する）, 101

    for complete matching（完全マッチングに対する）, 107–108

    for feedback vertex set problem（フィードバック点集合問題に対する）, 179

    for generalized assignment problem（一般化割当て問題に対する）, 311, 340–341

    for generalized Steiner tree problem（一般化シュタイナー木問題に対する）, 186

    for $k$-median problem（$k$-メディアン問題に対する）, 203–204

    for linear arrangement problem（線形アレンジメント問題に対する）, 242–243

    for maximum coverage problem（最大カバー問題に対する）, 149

    for maximum cut problem（最大カット問題に対する）, 108

    for maximum satisfiability problem（最大充足化問題に対する）, 119–120

    for minimum-capacity multicommodity flow problem（最小容量多品種フロー問題に対する）, 143

    for minimum-cost bounded-degree spanning tree problem（最小コスト次数上界付き全点木問題に対する）, 315

    for minimum knapsack problem（最小ナップサック問題に対する）, 194, 195

    for minimum-capacity multicommodity flow problem（最小容量多品種フロー問題に対する）, 151

    for multicut problem（多点対カット問題に対する）, 222–223

    for multiway cut problem（多分割カット問題に対する）, 216–217

    for prize-collecting Steiner tree problem（賞金獲得シュタイナー木問題に対する）, 92, 126, 396, 408

    for scheduling single machine（単一マシーンスケジューリングに対する）, 86–87, 133–134

    for set cover problem（集合カバー問題に対する）, 9, 176

    for shortest $s$-$t$ path problem（最短 $s$-$t$ パス問題に対する）, 183

    for sparsest cut problem（最疎カット問題に対する）, 249, 413

    for Steiner tree problem（シュタイナー木問題に対する）, 352–356, 369

    for survivable network design problem（サバイバルネットワーク設計問題に対する）, 329–330

    for traveling salesman problem（巡回セールスマン問題に対する）, 338

    for uncapacitated facility location problem（容量制約なし施設配置問題に対する）, 96, 129, 197, 344

    for vertex cover problem（点カバー問題に対する）, 25

linear unique games conjecture（線形ユニークゲーム予想）, 495

list scheduling algorithm（リストスケジューリングアルゴリズム）, 37

    for identical machines（同一マシーンに対する）, 37–38, 57

    for related machines（相互関連マシーンに対する）, 57

literal（リテラル）, 112

    negative（負）, 112

    positive（正）, 112

load（負荷）, 304

local change（局所変更）, 35

local move（局所移動）, 35

local ratio algorithm（局所比アルゴリズム）

    for set cover problem（集合カバー問題に対する）, 209–210

local ratio technique（局所比技法）, 209–210, 410
local ratio theorem（局所比定理）, 210
local search algorithm（局所探索アルゴリズム）, 29–30
　　for $k$-median problem（$k$-メディアン問題に対する）, 263–267
　　for maximum-weight matroid base（重み最大のマトロイドの基に対する）, 60
　　for minimum-degree spanning tree problem（最小次数全点木問題に対する）, 48–52, 267–272
　　for scheduling identical machines（同一マシーンスケジューリングに対する）, 35–37
　　for uncapacitated facility location problem（容量制約なし施設配置問題に対する）, 256–263
　　for uniform labeling problem（一様ラベリング問題に対する）, 279–280
　　polynomial time（多項式時間）, 262–263
locality gap（局所性ギャップ）, 279
　　definition（定義）, 279
　　for uncapacitated facility location problem（容量制約なし施設配置問題に対する）, 279
locally optimal（局所最適）, 49
locally optimal solution（局所最適解）, 29, 256
long code（長コード）, 500
longest path problem（最長パス問題）, 59
longest processing time rule（最長処理時間優先ルール）, 38–39, 57
Lovász theta function（Lovász のシータ関数）, 171
　　semidefinite program（半正定値計画問題）, 171
LP（線形計画）⇒ linear programming, 10
LPT（最長処理時間優先ルール）⇒ longest processing time rule, 38
L-reduction（L-リダクション）, 463–464
　　definition（定義）, 463–464
　　hardness theorems（困難性定理）, 464

■ M

machine configuration（マシーン状態図）, 71
makespan（完了時刻）, 35

Markov's inequality（Markov の不等式）, 139
matching（マッチング）
　　complete（完全）, 107–108, 311–312
　　　　deterministic rounding algorithm（確定的ラウンディングアルゴリズム）, 107–108
　　　　integer programming formulation（整数計画による定式化）, 107–108, 311–312
　　　　linear programming relaxation（線形計画緩和）, 107–108, 311–312
matching graph（マッチンググラフ）, 441
matroid（マトロイド）, 60
　　base（基）, 60
　　definition（定義）, 60
　　greedy algorithm（グリーディアルゴリズム）, 60
　　independent set（独立集合）, 60
　　local search algorithm（局所探索アルゴリズム）, 60
　　uniform matroid（一様マトロイド）, 60
MAX 2LIN($k$), 494, 498
　　definition（定義）, 494, 495
　　reduction to multicut problem（多点対カット問題へのリダクション）, 495, 498
MAX 2SAT, 171, 172, 462–465
　　balanced（平衡）, 172
　　gap-preserving reduction from odd/even constraint satisfaction problem（奇偶制約充足化問題からのギャップ保存リダクション）, 478
　　hardness（困難性）, 463–465, 478
　　L-reduction to MAX 2SAT（MAX 2SAT への L-リダクション）, 462–465
　　randomized rounding via SDP（SDP による乱択ラウンディング）, 171, 172
MAX CUT（最大カット問題）⇒ maximum cut problem, 114
MAX DICUT（最大有向カット問題）⇒ maximum directed cut problem, 148
MAX E3SAT, 114, 462–465
　　gap-preserving reduction from odd/even constraint satisfaction problem（奇偶制約充足化問題からのギャップ保存

554 用語英（和）索引

リダクション），477
gap-preserving reduction to cover problem（ラベルカバー問題へのギャップ保存リダクション），479, 481
hardness（困難性），477, 478
L-reduction from odd/even constraint satisfaction problem（奇偶制約充足化問題からの L-リダクション），476, 477
L-reduction to MAX E3SAT（MAX E3SAT への L-リダクション），462–465
L-reduction to maximum independent set problem（最大独立集合問題への L-リダクション），465, 466

MAX SAT（最大充足化問題）⇒maximum satisfiability problem, 112

MAX SNP（**MAX SNP**），6, 503

maximum clique problem（最大クリーク問題），6, 297–298
and maximum independent set problem（と最大独立集合問題），297–298
hardness（困難性），298

maximum coverage problem（最大カバー問題），59, 149–150
hardness（困難性），59
linear programming relaxation（線形計画緩和），149
nonlinear integer programming formulation（非線形整数計画による定式化），149
pipage rounding algorithm（パイプ輸送ラウンディングアルゴリズム），149–150

maximum cut problem（最大カット問題），114, 148, 155–158, 170, 360–366, 510
definition（定義），114
derandomization（脱乱択），158
dual of SDP relaxation（SDP 緩和の双対問題），170
greedy algorithm（グリーディアルゴリズム），148
hardness（困難性），158, 498–503
in unweighted dense graphs（重みなしデンスグラフにおける）
polynomial-time approximation scheme（多項式時間近似スキーム），360–366
linear programming relaxation（線形計画緩和），108
nonlinear integer programming formulation（非線形整数計画による定式化），108, 155
random sampling algorithm（ランダムサンプリングアルゴリズム），114
randomized rounding via SDP（SDP による乱択ラウンディング），155–158
semidefinite programming relaxation（半正定値計画緩和），155–156
vector programming relaxation（ベクトル計画緩和），155–156
with constraint on size of parts（カットの両側の点数に制約のある），108

maximum directed cut problem（最大有向カット問題），148–149, 172
balanced（平衡），172
definition（定義），148
integer programming formulation（整数計画による定式化），148–149
in unweighted dense graphs（重みなしデンスグラフにおける）
polynomial-time approximation scheme（多項式時間近似スキーム），367
randomized algorithm（乱択アルゴリズム），148
randomized rounding algorithm（乱択ラウンディングアルゴリズム），148–149
randomized rounding via SDP（SDP による乱択ラウンディング），172

maximum independent set problem（最大独立集合問題），297–303, 465–466, 468–469
and coloring（と彩色），379–383
and maximum clique problem（と最大クリーク問題），297–298
definition（定義），297
hardness（困難性），298, 466, 468–469
in $k$-outerplanar graphs（$k$-外平面的グラフにおける），306

in low treewidth graphs（小さい木幅のグラフにおける）

    dynamic programming algorithm（動的計画アルゴリズム）, 301–303

in planar graphs（平面的グラフにおける）, 298–301

    polynomial-time approximation scheme（多項式時間近似スキーム）, 299–301

in tees（木における）

    dynamic programming algorithm（動的計画アルゴリズム）, 298

L-reduction from MAX E3SAT（MAX E3SAT からの L-リダクション）, 465–466

unweighted（重みなし）, 297

maximum $k$-cut problem（最大 $k$-カット問題）, 147

    randomized rounding algorithm（乱択ラウンディングアルゴリズム）, 147

maximum load（最大負荷）, 304

maximum satisfiability problem（最大充足化問題）, 112–114, 117–126, 148–149, 171

    definition（定義）, 112

    hardness（困難性）, 114

    integer programming formulation（整数計画による定式化）, 119

    integrality gap（整数性ギャップ）, 125–126

    linear programming relaxation（線形計画緩和）, 119–120

    MAX 2SAT, 462

    MAX E3SAT, 462

    method of conditional expectations（条件付き期待値法）, 115–116

    random sampling algorithm（ランダムサンプリングアルゴリズム）, 113, 117–118

    randomized rounding algorithm（乱択ラウンディングアルゴリズム）, 118–121, 124–125, 148

mean value theorem（平均値の定理）, 226

measurable set（可測集合）, 449–450

method of conditional expectations（条件付き期待値法）, 111, 115–117, 148, 211

    for maximum satisfiability problem（最大充足化問題に対する）, 115–116

    for set cover problem（集合カバー問題に対する）, 149

metric（メトリック）, 40, 197, 213–214

    $\ell_1$, 217

    $\ell_1$-embeddable（$\ell_1$-埋め込み可能）, 411–413, 452

    embedding（埋め込み）, 412

        distortion（歪み）, 232, 413, 453

        Fréchet（Fréchet）, 415–416

        into $\ell_1$（$\ell_1$ への）, 413, 415–419, 453

        into $\ell_2$（$\ell_2$ への）, 453

        into $\ell_p$（$\ell_p$ への）, 453

        into tree metric（木メトリックへの）, 233–238

    probabilistic approximation by tree metric（木メトリックによる確率的近似）, 233–238

    spreading（延伸）, 242

    tree（木）, 213–214, 232–233, 243–244, 250, 452, 453

metric asymmetric traveling salesman problem（非対称メトリック巡回セールスマン問題）, 25, 367

metric completion（メトリック閉包）, 59

metric traveling salesman problem（メトリック巡回セールスマン問題）, 40

metric uncapacitated facility location problem（容量制約なしメトリック施設配置問題）, 95

minimal（極小）, 404

minimum $b$-balanced cut problem（最小 $b$-平衡カット問題）, 228, 427

minimum bisection problem（最小二等分割問題）, 228, 427–430

    cut-tree packing algorithm（カット木パッキングアルゴリズム）, 427–429

    in trees（木における）, 429–430

minimum-capacity multicommodity flow problem（最小容量多品種フロー問題）, 142–144

    application to chip design（チップ設計への応用）, 142

    definition（定義）, 142

integer programming formulation（整数計画による定式化），142–143
　　linear programming relaxation（線形計画緩和），143
　　randomized rounding algorithm（乱択ラウンディングアルゴリズム），143–144
minimum-cost bounded-degree spanning tree problem（最小コスト次数上界付き全点木問題），314–328
　　definition（定義），314–315
　　deterministic rounding algorithm（確定的ラウンディングアルゴリズム），318–328
　　integer programming formulation（整数計画による定式化），315
　　linear programming relaxation（線形計画緩和），315
minimum-cost branching problem（最小コスト有向全点木問題），210
　　primal-dual algorithm（主双対アルゴリズム），210
minimum-cost Steiner tree problem（最小コストシュタイナー木問題），58
minimum cut linear arrangement problem（最小カット線形アレンジメント問題），248
minimum-degree spanning tree（最小次数全点木），47
minimum-degree spanning tree problem（最小次数全点木問題），47–52, 267–272
　　definition（定義），47–48
　　hardness（困難性），47–48
　　local search algorithm（局所探索アルゴリズム），48–52, 267–272
minimum $k$-edge-connected subgraph problem（最小 $k$-辺連結部分グラフ問題），340
minimum knapsack problem（最小ナップサック問題），193–197
　　dual of LP relaxation（LP 緩和の双対問題），195
　　integer programming formulation（整数計画による定式化），194–195
　　integrality gap（整数性ギャップ），194

　　linear programming relaxation（線形計画緩和），194, 195
　　primal-dual algorithm（主双対アルゴリズム），195–197
minimum mean-cost cycle（最小平均コスト閉路），25
minimum spanning tree（最小全点木），40
minimum spanning tree problem（最小全点木問題），40–41
　　definition（定義），41
　　deterministic rounding algorithm（確定的ラウンディングアルゴリズム），316–318
　　Prim's algorithm（Prim のアルゴリズム），40–41
minimum terminal spanning tree（最小ターミナル点全点木），356
minimum-capacity multicommodity flow problem（最小容量多品種フロー問題），151
　　linear programming relaxation（線形計画緩和），151
minimum-degree spanning tree problem（最小次数全点木問題），59
　　hardness（困難性），59
moat（堀），184, 189
monotone（単調），59
monotone function（単調関数），59
multicommodity flow（多品種フロー）
　　⇒ minimum-capacity multicommodity flow problem, 142
multicommodity rent-or-buy problem（多品種のレンタル・購入問題），366–367
multicut problem（多点対カット問題），222–228, 248, 392–393, 453
　　cut-tree packing（カット木パッキング），453
　　definition（定義），222
　　deterministic rounding algorithm（確定的ラウンディングアルゴリズム），223–227
　　hardness（困難性），227, 495–498
　　integer programming formulation（整数計画による定式化），222
　　in trees（木における），209

linear programming relaxation（線形計画緩和），222–223
primal-dual algorithm（主双対アルゴリズム），209
randomized rounding via SDP（SDPによる乱択ラウンディング），392–393
vector programming relaxation（ベクトル計画緩和），392–393
multiway cut problem（多分割カット問題），214–222, 248
application to distributed computing（分散計算への応用），214
definition（定義），214
greedy algorithm（グリーディアルゴリズム），214–215
integer programming formulation（整数計画による定式化），216
linear programming relaxation（線形計画緩和），216–217
randomized rounding algorithm（乱択ラウンディングアルゴリズム），217–222

■ N
nearest addition algorithm（最近点追加アルゴリズム），40–42
negative literal（負リテラル），112
neighbor（隣接する），97, 198
no-wait flowshop scheduling problem（待ち時間なしフローショップスケジューリング問題），507
node-weighted Steiner tree problem（点重み付きシュタイナー木問題），26
hardness（困難性），26
noise sensitivity（ノイズ感度），500
non-deterministic polynomial time（非決定性多項式時間），517
nonlinear integer programming formulation（非線形整数計画による定式化）
for maximum coverage problem（最大カバー問題に対する），149
for maximum cut problem（最大カット問題に対する），108, 155
nonpreemptive scheduling（中断なしスケジューリング），83
normal distribution（正規分布）

bounds on tail（末端確率の上界），378, 382, 438–439
cumulative distribution function（累積分布関数），377, 438
density function（確率密度関数），377, 438
multivariate（多変量），156–157
NP（**NP**），516–519
binary NP-complete（二進数NP-完全），519
definition（定義），517
NP-completeness（NP-完全性），517–519
definition（定義），518
NP-hard（NP-困難），519
strongly NP-complete（強NP-完全），519
unary NP-complete（一進数NP-完全），519
weakly NP-complete（弱NP-完全），519
NP-complete（NP-完全），517
NP-hard（NP-困難），519

■ O
Õ, 166
objective function（目的関数），4, 8, 511
objective function cut（目的関数カット），109, 426
oblivious routing problem（需要未確定ルーティング問題），420–427
definition（定義），420
odd/even constraint satisfaction problem（奇偶制約充足化問題），476–478
gap-preserving reduction to MAX 2SAT（MAX 2SATへのギャップ保存リダクション），478
gap-preserving reduction to MAX E3SAT（MAX E3SATへのギャップ保存リダクション），477
hardness（困難性），476
L-reduction to MAX E3SAT（MAX E3SATへのL-リダクション），476–477
online facility location problem（オンライン施設配置問題），280–281
optimal solution（最適解），4, 8, 511
optimal value（最適値），512
oracle（オラクル），519
oracle access（オラクルアクセス），519
outerplanar（外平面的），299

■ P

P (**P**), 516
partial cover problem（部分カバー問題）, 24
partial $k$-tree（部分 $k$-木）, 308
partial p-tour（部分 p-ツアー）, 289
partition problem（等分割問題）, 74, 456, 518
partition system（分割システム）, 485, 487–488
Patching lemma（パッチング補題）, 294
path recoloring（パス再彩色）, 56
PCP（確率的検証可能証明）⇒ probabilistically checkable proof, 473
PCP theorem（PCP 定理）, 474, 504
perfect matching（完全マッチング）
⇒ matching, perfect, 43
performance guarantee（性能保証）, 4
Petersen graph（ペーターゼングラフ）, 52
pipage rounding（パイプ輸送ラウンディング）, 108
    for maximum coverage problem（最大カバー問題に対する）, 149–150
    for maximum cut problem（最大カット問題に対する）, 108
pipe system（パイプシステム）, 223
planar embedding（平面描画）, 299
planar graph（平面的グラフ）, 298
    exterior face（外面）, 299
polynomial time（多項式時間）
    definition（定義）, 516
polynomial-time approximation scheme（多項式時間近似スキーム）, 6, 66
    definition（定義）, 6
    for Euclidean $k$-median problem（ユークリッド $k$-メディアン問題に対する）, 306–307
    for Euclidean Steiner tree problem（ユークリッドシュタイナー木問題に対する）, 306
    for Euclidean traveling salesman problem（ユークリッド巡回セールスマン問題に対する）, 284–297
    for maximum cut problem in unweighted dense graphs（重みなしデンスグラフにおける最大カット問題に対する）, 360–366
    for maximum directed cut problem in unweighted dense graphs（重みなしデンスグラフにおける最大有向カット問題に対する）, 367
    for maximum independent set problem in planar graphs（平面的グラフにおける最大独立集合問題に対する）, 299–301
    for scheduling identical machines（同一マシーンスケジューリングに対する）, 68–73
    for vertec cover problem in planar graphs（平面的グラフにおける点カバー問題に対する）, 307
    hardness of MAX SNP（MAX SNP の困難性）, 6
polynomial-time reduction（多項式時間リダクション）, 517
portal（ポータル）, 287
portal parameter（ポータルパラメーター）, 287
portal-respecting（ポータル考慮）, 288
positive literal（正リテラル）, 112
positive semidefinite（半正定値）, 153
positive semidefinite matrix（半正定値行列）, 153–154
potential（ポテンシャル）, 396
potential function（ポテンシャル関数）, 51
precedence constraint（先行制約）, 57, 106
preemptive scheduling（中断可能スケジューリング）, 84
Prim's algorithm（Prim のアルゴリズム）, 40–41, 350
primal（主問題）, 12, 513
primal feasible algorithm（主実行可能アルゴリズム）, 29
primal infeasible algorithm（主実行不可能アルゴリズム）, 29
primal linear program（主線形計画問題）
⇒ linear programming, primal, 12
primal-dual algorithm（主双対アルゴリズム）, 16
    for feedback vertex set problem（フィードバック点集合問題に対する）, 179–182, 404–408, 409
    for generalized Steiner tree problem（一

用語英（和）索引　559

般化シュタイナー木問題に対する），187–193
　　for $k$-median problem（$k$-メディアン問題に対する），204–208
　　for $k$-path partition problem（$k$-パス分割問題に対する），211
　　for minimum-cost branching problem（最小コスト有向全点木問題に対する），210
　　for minimum knapsack problem（最小ナップサック問題に対する），195–197
　　for multicut problem（多点対カット問題に対する），209
　　for prize-collecting generalized Steiner tree problem（賞金獲得一般化シュタイナー木問題に対する），410
　　for prize-collecting Steiner tree problem（賞金獲得シュタイナー木問題に対する），396–401
　　for set cover problem（集合カバー問題に対する），15–16, 175–178
　　for shortest $s$-$t$ path problem（最短 $s$-$t$ パス問題に対する），184–186
　　for uncapacitated facility location problem（容量制約なし施設配置問題に対する），198–202
primal-dual method（主双対法），16, 175–202
　　dual fitting（双対フィット法），19
　　standard analysis（標準的な解析），178
prize-collecting generalized Steiner tree problem（賞金獲得一般化シュタイナー木問題），409–410
prize-collecting Steiner tree problem（賞金獲得シュタイナー木問題），91–94, 126–129, 210–211, 395–401
　　application to cable access（回線拡張問題への応用），91
　　definition（定義），91
　　derandomization（脱乱択），128
　　deterministic rounding algorithm（確定的ラウンディングアルゴリズム），91–94
　　dual of LP relaxation（LP 緩和の双対問題），396
　　integer programming formulation（整数計画による定式化），91–92, 395–396
　　integrality gap（整数性ギャップ），128–129
　　$k$-minimum spanning tree problem（$k$-最小全点木問題），408
　　Lagrangean multiplier preserving（ラグランジュ乗数保存），408
　　linear programming relaxation（線形計画緩和），92, 126, 396, 408
　　primal-dual algorithm（主双対アルゴリズム），396–401
　　randomized rounding algorithm（乱択ラウンディングアルゴリズム），126–129
probabilistic approximation（確率的近似），233
probabilistic approximation by tree metric（木メトリックによる確率的近似），233–238
probabilistically checkable proof（確率的検証可能証明），473–479
　　and hardness（と困難性），475
　　completeness（完全性），474
　　long code（長コード），500
　　PCP theorem（PCP 定理），474
　　soundness（健全性），474
　　verifier（検証者），474
projection（射影），442
psd（半正定値行列）⇒positive semidefinite matrix, 153
pseudo-approximation algorithm（偽近似アルゴリズム），228
pseudopolynomial（偽多項式），66
pseudopolynomial-time algorithm（偽多項式時間アルゴリズム），63, 80
　　definition（定義），66
PTAS（多項式時間近似スキーム）⇒polynomial-time approximation scheme, 6
p-tour（p-ツアー），288

■ Q
quadratic programming problem（二次計画問題），160–163, 372–379
　　equivalence of linear and integer（線形計画と整数計画の等価性），373–374
　　randomized rounding via SDP（SDP に

560　用語英（和）索引

　　　よる乱択ラウンディング), 160–163, 374–379
　　vector programming relaxation（ベクトル計画緩和), 160, 374
quasipolynomial time（準多項式時間), 484

■ R

random hyperplane（ランダム超平面), 156
random hyperplane algorithm（ランダム超平面アルゴリズム)
　　for coloring（彩色に対する), 166–170
　　for correlation clustering problem（相関クラスタリング問題に対する), 163–166
　　for MAX 2SAT（MAX 2SAT に対する), 171, 172
　　for maximum cut problem（最大カット問題に対する), 155–158
　　for maximum directed cut problem（最大有向カット問題に対する), 172
　　for quadratic programming problem（二次計画問題に対する), 160–163
　　for uniform sparsest cut problem（一様最疎カット問題に対する), 433–452
random sampling algorithm（ランダムサンプリングアルゴリズム)
　　for coloring $\delta$-dense graph（$\delta$-デンスグラフの彩色に対する), 145–147
　　for maximum cut problem（最大カット問題に対する), 114
　　for maximum satisfiability problem（最大充足化問題に対する), 113, 117–118
　　for multicommodity rent-or-buy problem（多品種のレンタル・購入問題に対する), 366–367
　　for single-source rent-or-buy problem（単一ソースのレンタル・購入問題に対する), 349–351
random vector（ランダムベクトル), 156
randomized algorithm（乱択アルゴリズム), 111
randomized rounding（乱択ラウンディング), 21, 118–144
　　definition（定義), 21
　　for coloring（彩色に対する), 166–170, 380–383

　　for correlation clustering problem（相関クラスタリング問題に対する), 163–166
　　for MAX 2SAT（MAX 2SAT に対する), 171, 172
　　for maximum cut problem（最大カット問題に対する), 155–158
　　for maximum directed cut problem（最大有向カット問題に対する), 148–149
　　for maximum satisfiability problem（最大充足化問題に対する), 118–121, 124–125, 148
　　for minimum-capacity multicommodity flow problem（最小容量多品種フロー問題に対する), 143–144
　　for multiway cut problem（多分割カット問題に対する), 217–222
　　for prize-collecting generalized Steiner tree problem（賞金獲得一般化シュタイナー木問題に対する), 409
　　for prize-collecting Steiner tree problem（賞金獲得シュタイナー木問題に対する), 126–129
　　for quadratic programming problem（二次計画問題に対する), 160–163, 374–379
　　for scheduling single machine（単一マシーンスケジューリングに対する), 134–138
　　for set cover problem（集合カバー問題に対する), 21–24
　　for Steiner tree problem（シュタイナー木問題に対する), 356–360
　　for uncapacitated facility location problem（容量制約なし施設配置問題に対する), 129–132, 344–348
　　for uniform labeling problem（一様ラベリング問題に対する), 150–151
　　for uniform sparsest cut problem（一様最疎カット問題に対する), 433–452
　　for unique games problem（ユニークゲーム問題に対する), 386–392
　　non-linear（非線形), 124–125
randomized rounding via SDP (SDP による乱択ラウンディング)

for maximum directed cut problem（最大有向カット問題に対する）, 172
region growing（領域成長）, 214, 223–224, 245
related parallel machines（相互関連並列マシーン）, 57
relaxation（緩和）, 9–10
    integer programming（整数計画）, 133
    Lagrangean（ラグランジュ）, 203–204
    linear programming（線形計画）, 9–10
relaxed decision procedure（緩和決定手続き）, 57
release date（発生時刻）, 30
rent-or-buy problem（レンタル・購入問題）
    multicommodity（多品種）, 366–367
    single-source（単一ソース）, 348–351
rescaling（スケール変換）, 261–262
rescaling property（リスケーリング性質）, 74
reverse deletion（逆順削除）, 188
$r$-light（$r$-ライト）, 288
routing problem（ルーティング問題）, 419–420

■ S

sample-and-augment algorithm（サンプル・オーグメントアルゴリズム）, 349
    for multicommodity rent-or-buy problem（多品種のレンタル・購入問題に対する）, 366–367
    for single-source rent-or-buy problem（単一ソースのレンタル・購入問題に対する）, 349–351
satisfied（充足される）, 112
scheduling（スケジューリング）
    $\alpha$-point（$\alpha$-ポイント）, 137
    earliest due date rule（最近期限ルール）, 31
    identical machines（同一マシーン）, 35–39, 57, 68–73, 80
        dynamic programming algorithm（動的計画アルゴリズム）, 71, 72
        greedy algorithm（グリーディアルゴリズム）, 37–39
        hardness（困難性）, 73
        list scheduling algorithm（リストスケジューリングアルゴリズム）, 37–38
        local search algorithm（局所探索アルゴリズム）, 35–37

minimize $L_2$ norm（$L_2$ ノルムの最小化）, 80
minimize weighted completion time（重み付き完了時刻の最小化）, 80
polynomial-time approximation scheme（多項式時間近似スキーム）, 68–73
lateness（遅延）, 30
length（長さ）, 35
list scheduling algorithm（リストスケジューリングアルゴリズム）, 57
longest processing time rule（最長処理時間優先ルール）, 38–39, 57
machine configuration（マシーン状態図）, 71
makespan（完了時刻）, 35
nonpreemptive（中断なし）, 83
precedence constraint（先行制約）, 57, 106
preemptive（中断可能）, 83
related parallel machines（相互関連並列マシーン）, 57, 509–510
release date（発生時刻）, 30
shortest remaining processing time rule（最小残り処理時間ルール）, 84
single machine（単一マシーン）
    linear programming relaxation（線形計画緩和）, 86–87, 133–134
    maximize weighted ontime jobs（期限内完了のジョブの重みの最大化）, 79
    minimize average completion time（平均完了時刻最小化）, 83–86
    minimize lateness（遅延最小化）, 30–32
    minimize weighted completion time（重み付き完了時刻最小化）, 86–88, 106–107, 132–138
    minimize weighted late jobs（期限内未了のジョブの重みの最小化）, 79–80
    randomized rounding algorithm（乱択ラウンディングアルゴリズム）, 134–138
unrelated parallel machines（相互独立並列マシーン）, 509
    deterministic rounding algorithm（確定的ラウンディングアルゴリズム）, 337–338

hardness（困難性）, 456–460
Schur product theorem（Shur の積定理）, 161
SDP（半正定値計画）⇒semidefinite programming, 154
SDP-based algorithm（SDP に基づくアルゴリズム）
　　for coloring（彩色に対する）, 166–170, 380–383
　　for correlation clustering problem（相関クラスタリング問題に対する）, 163–166
　　for MAX 2SAT（MAX 2SAT に対する）, 171, 172
　　for maximum cut problem（最大カット問題に対する）, 155–158
　　for maximum directed cut problem（最大有向カット問題に対する）, 172
　　for multicut problem（多点対カット問題に対する）, 392–393
　　for quadratic programming problem（二次計画問題に対する）, 160–163, 374–379
　　for uniform sparsest cut problem（一様最疎カット問題に対する）, 433–452
　　for unique games problem（ユニークゲーム問題に対する）, 386–392
semicoloring（セミ彩色）, 168–170
　　definition（定義）, 168
semidefinite program (SDP)（半正定値計画問題）, 154
semidefinite programming（半正定値計画）, 153–155, 173–174
　　duality（双対性）, 170
　　strong duality（強双対性）, 173
　　weak duality（弱双対性）, 173
semidefinite programming relaxation（半正定値計画緩和）
　　⇒ vector programming relaxation（ベクトル計画緩和）, 155
　　for maximum cut problem（最大カット問題に対する）, 155–156
semidisjoint（半素）, 409
semimetric（セミメトリック）, 213–214
　　cut（カット）, 213
separation oracle（分離オラクル）, 89

definition（定義）, 89
service cost（利用コスト）, 94
set cover problem（集合カバー問題）, 6–24, 149, 175–177, 209–210
　　and vertex cover（と点カバー）, 7, 11
　　application to antivirus product（ウイルス検出への応用）, 7
　　definition（定義）, 7
　　derandomization（脱乱択）, 149
　　deterministic rounding algorithm（確定的ラウンディングアルゴリズム）, 10–11
　　dual fitting algorithm（双対フィットアルゴリズム）, 19–20
　　dual of LP relaxation（LP 緩和の双対問題）, 12, 176
　　dual rounding algorithm（双対ラウンディングアルゴリズム）, 11–15
　　greedy algorithm（グリーディアルゴリズム）, 16–20
　　hardness（困難性）, 20, 484–488
　　integer programming formulation（整数計画による定式化）, 9, 176
　　linear programming relaxation（線形計画緩和）, 9, 176
　　local ratio algorithm（局所比アルゴリズム）, 209–210
　　partial cover problem（部分カバー問題）, 24
　　primal-dual algorithm（主双対アルゴリズム）, 15–16, 175–178
　　randomized rounding algorithm（乱択ラウンディングアルゴリズム）, 21–24
　　unweighted（重みなし）, 7
shifting recoloring（シフト再彩色）, 55
shortcutting（ショートカット）, 25, 42
shortest $s$-$t$ path problem（最短 $s$-$t$ パス問題）, 80, 183–186, 209
　　definition（定義）, 183
　　Dijkstra's algorithm（Dijkstra のアルゴリズム）, 183, 186, 209
　　dual of LP relaxation（LP 緩和の双対問題）, 183–184
　　integer programming formulation（整数計画による定式化）, 183

linear programming relaxation（線形計画緩和）, 183
primal-dual algorithm（主双対アルゴリズム）, 184–186
shortest remaining processing time rule（最小残り処理時間ルール）, 84
simplex method（シンプレックス法）, 88, 89, 515
single-source rent-or-buy problem（単一ソースのレンタル・購入問題）, 348–351
sample-and-augment algorithm（サンプル・オーグメントアルゴリズム）, 349–351
size（サイズ）, 112, 516
Slater conditions（Slater 条件）, 173
Smith's rule（Smith のルール）, 106
SONET ring loading problem（SONET リング負荷問題）, 106
soundness（健全性）, 474
spanning tree（全点木）, 40
sparsest cut problem（最疎カット問題）, 249, 413–415, 431–453
cut-tree packing（カット木パッキング）, 453
deterministic rounding algorithm（確定的ラウンディングアルゴリズム）, 249
hardness（困難性）, 419
linear programming relaxation（線形計画緩和）, 249, 413
metric embedding algorithm（メトリック埋め込みアルゴリズム）, 414–415
uniform（一様）, 431–452
integer programming formulation（整数計画による定式化）, 432
randomized rounding via SDP（SDP による乱択ラウンディング）, 433–452
vector programming relaxation（ベクトル計画緩和）, 433
spreading constraint（延伸制約式）, 243
spreading metric（延伸メトリック）, 242
SRPT（最小残り処理時間ルール）⇒shortest remaining processing time rule, 84
standard primal-dual analysis（標準的な主双対解析）, 178
Steiner forest problem（シュタイナー森問題）

⇒ generalized Steiner tree problem, 186
Steiner $k$-cut problem（シュタイナー $k$-カット問題）, 248
Steiner node（シュタイナー点）, 352
Steiner tree problem（シュタイナー木問題）, 59, 93, 210–211, 279, 306, 349, 352–360, 466–468
bidirected cut formulation（両方向カット定式化）, 352–353
definition（定義）, 58
directed（有向）, 24
Euclidean（ユークリッド）
polynomial-time approximation scheme（多項式時間近似スキーム）, 306
full component（フル成分）, 352, 369
hardness（困難性）, 468
integer programming formulation（整数計画による定式化）, 353–354
$k$-restricted（$k$-限定）, 355
linear programming relaxation（線形計画緩和）, 352–356, 369
L-reduction from vertex cover problem（点カバー問題からの L-リダクション）, 466–468
minimum-degree（最小次数）, 59, 279
node-weighted（点重み付き）, 26
randomized rounding algorithm（乱択ラウンディングアルゴリズム）, 356–360
Steiner vertex（シュタイナー点）, 58
Steiner vertex（シュタイナー点）, 58
strict vector chromatic number（厳密ベクトル彩色数）, 172
strong duality（強双対性）, 13, 514
linear programming（線形計画）, 13
semidefinite programming（半正定値計画）, 173
strongly connected（強連結）, 25
strongly NP-complete（強 NP-完全）, 519
subadditive（劣加法的）, 238
submodular（劣モジュラー）, 59
submodular function（劣モジュラー関数）, 47, 59
submodularity（劣モジュラー性）, 47

supermodular（優モジュラー）, 322
survivable network design problem（サバイバルネットワーク設計問題）, 328–337, 508–509
    application to telecommunications（電話通信への応用）, 329
    definition（定義）, 328–329
    deterministic rounding algorithm（確定的ラウンディングアルゴリズム）, 331–337
    integer programming formulation（整数計画による定式化）, 329
    linear programming relaxation（線形計画緩和）, 329–330
    vertex-connectivity version（点連結版）, 491–494
        hardness（困難性）, 491–494
swap（交換）, 264

■ T

tail of normal distribution（正規分布の末端）, 377, 438
terminal（ターミナル点）, 58, 91, 352
tight（タイト）, 13, 176, 320, 334
    constraint（制約式）, 176, 320
    set（集合）, 320
tour（ツアー）, 25, 39
traveling salesman problem（巡回セールスマン問題）, 39–44, 338, 506–508
    asymmetric（非対称）, 24, 39, 367–369, 507–508
    Christofides' algorithm（Christofidesのアルゴリズム）, 43
    definition（定義）, 39
    double-tree algorithm（木二重化アルゴリズム）, 42–43
    Euclidean（ユークリッド）, 284–297
        definition（定義）, 284
        dynamic programming algorithm（動的計画アルゴリズム）, 284–297
        polynomial-time approximation scheme（多項式時間近似スキーム）, 284–297
    graphical（グラフ的）
        in low branchwidth graphs（小さい分枝幅のグラフにおける）, 307–308

greedy algorithm（グリーディアルゴリズム）, 40–42
hardness（困難性）, 39–40, 44
linear programming relaxation（線形計画緩和）, 338, 507
metric（メトリック）, 40–44, 506–507
nearest addition algorithm（最近点追加アルゴリズム）, 40–42
universal（ユニバーサル）, 250
traversal（一筆書き）, 42
    of Eulerian graph（オイラーグラフの）, 42
tree decomposition（木分解）, 301
tree metric（木メトリック）, 213–214, 232–233, 243–244, 250, 452
    and buy-at-bulk network design problem（とまとめ買いネットワーク設計問題）, 238–241
    and cut-tree packing（とカット木パッキング）, 453
    and $\ell_1$-embeddable metric（と $\ell_1$-埋め込み可能メトリック）, 452
    and linear arrangement problem（と線形アレンジメント問題）, 243–245
    definition（定義）, 232
    lower bound on distortion（歪みに対する下界）, 250
treewidth（木幅）, 301
    of $k$-outerplanar graph（$k$-外平面的グラフの）, 303–306
triangle inequality（三角不等式）, 25, 32, 213
TSP（巡回セールスマン問題）⇒ traveling salesman problem, 39

■ U

UGC（ユニークゲーム予想）⇒ unique games conjecture, 494
unary NP-complete（一進数NP-完全）, 519
unbounded（非有界）, 514
uncapacitated facility location problem（容量制約なし施設配置問題）, 25, 94–100, 129–132, 197–202, 211, 256–263, 272–279, 344–348, 366, 469–473, 508–509
    and $k$-median problem（と $k$-メディアン問題）, 203–204
    and set cover problem（と集合カバー問題）, 25

capacitated version（容量制約付き版），508–509

definition（定義），94

deterministic rounding algorithm（確定的ラウンディングアルゴリズム），97–100

dual fitting algorithm（双対フィットアルゴリズム），272–279

dual of LP relaxation（LP 緩和の双対問題），96–97, 130, 197–198, 273–274, 344

greedy algorithm（グリーディアルゴリズム），272–279

hardness（困難性），25, 100, 469–473

integer programming formulation（整数計画による定式化），95–96

linear programming relaxation（線形計画緩和），96, 129, 197, 344

local search algorithm（局所探索アルゴリズム），256–263

locality gap（局所性ギャップ），279

maximal dual solution（極大な双対実行可能解），198

metric（メトリック），95

nonmetric（メトリックでない），25

online variant（オンライン版），280–281

primal-dual algorithm（主双対アルゴリズム），198–202

randomized rounding algorithm（乱択ラウンディングアルゴリズム），129–132, 344–348

uniform labeling problem（一様ラベリング問題），150–151, 279–280

integer programming formulation（整数計画による定式化），150

local search algorithm（局所探索アルゴリズム），279–280

randomized rounding algorithm（乱択ラウンディングアルゴリズム），150–151

uniform matroid（一様マトロイド），60

uniform sparsest cut problem（一様最疎カット問題），252, 431

unique games conjecture（ユニークゲーム予想），21, 384, 494–506

bipartite（二部グラフ），499

definition（定義），384

hardness of maximum cut problem（最大カット問題の困難性），158, 498–503

hardness of multicut problem（多点対カット問題の困難性），227, 495–498

hardness of sparsest cut problem（最疎カット問題の困難性），419

hardness of vertex coloring problem（点彩色問題の困難性），145

hardness of vertex cover problem（点カバー問題の困難性），21

linear（線形），495

unique games problem（ユニークゲーム問題），383–392, 494–505

as graph problem（グラフ問題として），384–385

definition（定義），383–384

hardness（困難性），392

integer programming formulation（整数計画による定式化），385–386

randomized rounding via SDP（SDP による乱択ラウンディング），386–392

reduction to multicut problem（多点対カット問題へのリダクション），495–498

vector programming relaxation（ベクトル計画緩和），386

unit clause（単位クローズ），113

universal traveling salesman problem（ユニバーサル巡回セールスマン問題），250

unrelated parallel machines（相互独立並列マシーン），337, 456

unweighted MAX CUT problem（重みなし最大カット問題），114

unweighted set cover problem（重みなし集合カバー問題），7

unweighted vertex cover problem（重みなし点カバー問題），7

## ■V

value（値），4, 8

variable（変数），511

vector chromatic number（ベクトル彩色数），172

strict（厳密），172

vector programming（ベクトル計画），154–155

vector programming relaxation（ベクトル計画緩和）
　　for coloring（彩色に対する）, 167, 171
　　for maximum cut problem（最大カット問題に対する）, 155–156
　　for quadratic programming problem（二次計画問題に対する）, 160, 374
　　for uniform sparsest cut problem（一様最疎カット問題に対する）, 433
　　for unique games problem（ユニークゲーム問題に対する）, 386
verifier（検証者）, 473–474
vertex coloring（点彩色）, 52
vertex cover problem（点カバー問題）, 7, 25
　　and set cover（と集合カバー）, 7, 11
　　definition（定義）, 7
　　deterministic rounding algorithm（確定的ラウンディングアルゴリズム）, 11
　　hardness（困難性）, 20–21
　　in planar graphs（平面的グラフにおける）, 26, 307
　　polynomial-time approximation scheme（多項式時間近似スキーム）, 307
　　linear programming relaxation（線形計画緩和）, 25
　　L-reduction to Steiner tree problem（シュタイナー木問題への L-リダクション）, 466–468
　　unweighted（重みなし）, 7
violated constraint（満たされない制約式）, 184

■ W

weak duality（弱双対性）, 13, 513
　　linear programming（線形計画）, 13
　　semidefinite programming（半正定値計画）, 173
weakly NP-complete（弱 NP-完全）, 519
weakly supermodular（弱優モジュラー）, 330
with high probability（高い確率で）
　　⇒ high probability, 111

# 用語和（英）索引

■記号/数字

$\alpha$-近似アルゴリズム ($\alpha$-approximation algorithm), 4

$\alpha$-厳密コスト分担 ($\alpha$-strict cost shares), 367

$\alpha$-ポイント ($\alpha$-point), 137

$\delta$-デンス ($\delta$-dense), 144

$\delta$-デンスグラフ ($\delta$-dense graph), 144

$\Phi \Rightarrow$ 正規分布の累積分布関数 (cumulative distribution function of normal distribution), 377, 438

$\bar{\Phi} \Rightarrow$ 正規分布の末端 (tail of normal distribution), 377, 438

$\rho$-緩和決定手続き ($\rho$-relaxed decision procedure), 57

$\succeq \Rightarrow$ 半正定値行列 (positive semidefinite matrix), 153

3-次元マッチング (3-dimensional matching), 457

3-次元マッチング問題 (3-dimensional matching problem), 457

3要素組分割問題 (3-partition problem), 518

■A

$(a, b)$-階層分割図 ($(a, b)$-dissection), 287

APTAS (asymptotic polynomial-time approximation scheme) $\Rightarrow$ 漸近的多項式時間近似スキーム, 75

■B

$b$-平衡カット ($b$-balanced cut), 228, 427

■C

Chernoff 限界 (Chernoff bounds), 138–142

Christofides のアルゴリズム (Christofides' algorithm), 43, 506

■D

$d$-正則 ($d$-regular), 479

$(d_1, d_2)$-正則 ($(d_1, d_2)$-regular), 479

Dijkstra のアルゴリズム (Dijkstra's algorithm), 183, 186, 209

■E

EDD（earliest due date rule）$\Rightarrow$ 最近期限ルール, 31

■F

First-Fit アルゴリズム (First-Fit algorithm), 75, 104, 151

First-Fit 減少アルゴリズム (First-Fit decreasing algorithm), 74

FPAS（fully polynomial-time approximation scheme）$\Rightarrow$ 完全多項式時間近似スキーム, 66

FPTAS（fully polynomial-time approximation scheme）$\Rightarrow$ 完全多項式時間近似スキーム, 66

Fréchet 埋め込み (Fréchet embedding), 415–416

■H

Hoeffding の不等式 (Hoeffding's inequality), 361

Hoffman の循環フロー定理 (Hoffman's circulation theorem), 370

## ■ I

IP (integer programming) ⇒ 整数計画, 10

## ■ J

Jackson のルール (Jackson's rule)
　　⇒ 最近期限ルール, 61
Jensen の不等式 (Jensen's inequality), 393

## ■ K

$k$-MST（$k$-最小全点木問題）⇒$k$-minimum spanning tree problem, 408
$k$-外平面的グラフ ($k$-outerplanar graph), 299–306
　　木幅 (treewidth), 303–306
　　最大独立集合問題 (maximum independent set problem), 306
$k$-カット問題 ($k$-cut problem), 251
$k$-供給者問題 ($k$-suppliers problem), 57
　　困難性 (hardness), 57
$k$-限定シュタイナー木問題 ($k$-restricted Steiner tree problem), 355
$k$-最小全点木問題 ($k$-minimum spanning tree problem), 408
　　と賞金獲得シュタイナー木問題 (and prize-collecting Steiner tree problem), 408
　　ラグランジュ緩和 (Lagrangean relaxation), 408
$k$-彩色可能 ($k$-colorable), 145
$k$-センター問題 ($k$-center problem), 32–35
　　困難性 (hardness), 34–35
　　定義 (definition), 32–33
$k$-パス分割問題 ($k$-path partition problem), 211
　　主双対アルゴリズム (primal-dual algorithm), 211
$k$-閉路分割問題 ($k$-cycle partition problem), 211
$k$-辺連結部分グラフ ($k$-edge-connected subgraph), 340
$k$-メディアン問題 ($k$-median problem), 33, 202–208, 211, 250, 263–267, 276, 306–307, 473
　　LP 緩和の双対問題 (dual of LP relaxation), 204
　　木における (in trees), 250
　　局所探索アルゴリズム (local search algorithm), 263–267
　　グリーディアルゴリズム (greedy algorithm), 276
　　困難性 (hardness), 208–209, 473
　　主双対アルゴリズム (primal-dual algorithm), 204–208
　　整数計画による定式化 (integer programming formulation), 202–203
　　線形計画緩和 (linear programming relaxation), 203–204
　　定義 (definition), 202
　　と容量制約なし施設配置問題 (and uncapacitated facility location problem), 203–204
　　ユークリッド (Euclidean), 306–307
　　ラグランジュ緩和 (Lagrangean relaxation), 203–204
$k$-辺彩色可能 ($k$-edge-colorable), 52

## ■ L

$\ell_1$-埋め込み可能メトリック ($\ell_1$-embeddable metric), 411–413, 452
　　と木メトリック (and tree metric), 452
$\ell_1$-メトリック ($\ell_1$-metric), 217
Lovász のシータ関数 (Lovász theta function), 171
　　半正定値計画問題 (semidefinite program), 171
LP (linear programming) ⇒ 線形計画, 10
LPT（longest processing time rule）⇒ 最長処理時間優先ルール, 38
LP 緩和の双対問題 (dual of LP relaxation)
　　$k$-メディアン問題に対する (for $k$-median problem), 204
　　一般化シュタイナー木問題に対する (for generalized Steiner tree problem), 186–187
　　最小ナップサック問題に対する (for minimum knapsack problem), 195
　　最短 $s$-$t$ パス問題に対する (for shortest $s$-$t$ path problem), 183–184
　　集合カバー問題に対する (for set cover problem), 12, 176
　　賞金獲得シュタイナー木問題に対する (for prize-collecting Steiner tree

problem), 396
ビンパッキング問題に対する (for bin-packing problem), 101
フィードバック点集合問題に対する (for feedback vertex set problem), 179
容量制約なし施設配置問題に対する (for uncapacitated facility location problem), 96–97, 130, 197–198, 273–274, 344
L-リダクション (L-reduction), 463–464
　困難性定理 (hardness theorems), 464
　定義 (definition), 463–464

■ M
Markov の不等式 (Markov's inequality), 139
MAX 2LIN($k$), 494, 498
　多点対カット問題へのリダクション (reduction to multicut problem), 495, 498
　定義 (definition), 494, 495
MAX 2SAT, 171, 172, 462–465
　MAX 2SAT への L-リダクション (L-reduction to MAX 2SAT), 462–465
　SDP による乱択ラウンディング (randomized rounding via SDP), 171, 172
　奇偶制約充足化問題からのギャップ保存リダクション (gap-preserving reduction from odd/even constraint satisfaction problem), 478
　困難性 (hardness), 463–465, 478
　平衡 (balanced), 172
MAX CUT（maximum cut problem）⇒ 最大カット問題, 114
MAX DICUT（maximum directed cut problem）⇒ 最大有向カット問題, 148
MAX E3SAT, 114, 462–465
　MAX E3SAT への L-リダクション (L-reduction to MAX E3SAT), 462–465
　奇偶制約充足化問題からの L-リダクション (L-reduction from odd/even constraint satisfaction problem), 476, 477
　奇偶制約充足化問題からのギャップ保存リダクション (gap-preserving reduction from odd/even constraint satisfaction problem), 477
　困難性 (hardness), 477, 478

最大独立集合問題への L-リダクション (L-reduction to maximum independent set problem), 465, 466
ラベルカバー問題へのギャップ保存リダクション (gap-preserving reduction to cover problem), 479, 481
MAX SAT（maximum satisfiability problem）⇒ 最大充足化問題, 112
**MAX SNP** (MAX SNP), 6, 503

■ N
**NP** (NP), 516–519
　NP-完全性 (NP-completeness), 517–519
　　定義 (definition), 518
　NP-困難 (NP-hard), 519
　一進数 NP-完全 (unary NP-complete), 519
　強 NP-完全 (strongly NP-complete), 519
　弱 NP-完全 (weakly NP-complete), 519
　定義 (definition), 517
　二進数 NP-完全 (binary NP-complete), 519
NP-完全 (NP-complete), 517
NP-困難 (NP-hard), 519

■ O
Õ, 166

■ P
**P** (P), 516
PCP（probabilistically checkable proof）⇒ 確率的検証可能証明, 473
PCP 定理 (PCP theorem), 474, 504
Prim のアルゴリズム (Prim's algorithm), 40–41, 350
psd（positive semidefinite matrix）⇒ 半正定値行列, 153
PTAS （polynomial-time approximation scheme）⇒ 多項式時間近似スキーム, 6
p-ツアー (p-tour), 288

■ R
r-ライト (r-light), 288

■ S
SDP（semidefinite programming）⇒ 半正定値計画, 154

SDP 緩和の双対問題 (dual of SDP relaxation)
    最大カット問題に対する (for maximum cut problem), 170
SDP に基づくアルゴリズム (SDP-based algorithm)
    MAX 2SAT に対する (for MAX 2SAT), 171, 172
    一様最疎カット問題に対する (for uniform sparsest cut problem), 433–452
    彩色に対する (for coloring), 166–170, 380–383
    最大カット問題に対する (for maximum cut problem), 155–158
    最大有向カット問題に対する (for maximum directed cut problem), 172
    相関クラスタリング問題に対する (for correlation clustering problem), 163–166
    多点対カット問題に対する (for multicut problem), 392–393
    二次計画問題に対する (for quadratic programming problem), 160–163, 374–379
    ユニークゲーム問題に対する (for unique games problem), 386–392
SDP による乱択ラウンディング (randomized rounding via SDP)
    最大有向カット問題に対する (for maximum directed cut problem), 172
Shur の積定理 (Schur product theorem), 161
Slater 条件 (Slater conditions), 173
Smith のルール (Smith's rule), 106
SONET リング負荷問題 (SONET ring loading problem), 106
SRPT（shortest remaining processing time rule）⇒ 最小残り処理時間ルール, 84

■T
TSP（traveling salesman problem）⇒ 巡回セールスマン問題, 39

■U
UGC（unique games conjecture）⇒ ユニークゲーム予想, 494

■ア
値 (value), 4, 8

■イ
一進数 NP-完全 (unary NP-complete), 519
一様最疎カット問題 (uniform sparsest cut problem), 252, 431
一様マトロイド (uniform matroid), 60
一様ラベリング問題 (uniform labeling problem), 150–151, 279–280
    局所探索アルゴリズム (local search algorithm), 279–280
    整数計画による定式化 (integer programming formulation), 150
    乱択ラウンディングアルゴリズム (randomized rounding algorithm), 150–151
一般化シュタイナー木問題 (generalized Steiner tree problem), 186–193, 210, 509
    LP 緩和の双対問題 (dual of LP relaxation), 186–187
    主双対アルゴリズム (primal-dual algorithm), 187–193
    整数計画による定式化 (integer programming formulation), 186
    整数性ギャップ (integrality gap), 193
    線形計画緩和 (linear programming relaxation), 186
    定義 (definition), 186
    有向 (directed)
        困難性 (hardness), 489–491
一般化割当て問題 (generalized assignment problem), 310–314, 340–341
    確定的ラウンディングアルゴリズム (deterministic rounding algorithm), 312–314, 340–341
    整数計画による定式化 (integer programming formulation), 310
    線形計画緩和 (linear programming relaxation), 311, 340–341
    定義 (definition), 310

■ウ
埋め込み (embedding), 412
    Fréchet (Fréchet), 415–416

$\ell_1$ への (into $\ell_1$), 413, 415–419, 453
$\ell_2$ への (into $\ell_2$), 453
$\ell_p$ への (into $\ell_p$), 453
木メトリックへの (into tree metric), 233–238
歪み (distortion), 232, 413, 453

■エ

影響力 (influence), 500
エクスパンダーグラフ (expander graph), 453
延伸制約式 (spreading constraint), 243
延伸メトリック (spreading metric), 242

■オ

オイラー (Eulerian), 25, 42
オイラーグラフ (Eulerian graph)
    定義 (definition), 42
    有向 (directed), 25
重みなし最大カット問題 (unweighted MAX CUT problem), 114
重みなし集合カバー問題 (unweighted set cover problem), 7
重みなし点カバー問題 (unweighted vertex cover problem), 7
オラクル (oracle), 519
オラクルアクセス (oracle access), 519
オンライン施設配置問題 (online facility location problem), 280–281

■カ

階層的カット分解 (hierarchical cut decomposition), 233, 244
階層分割図 (dissection), 286
外平面的 (outerplanar), 299
外面 (exterior face), 299
拡大 (expansion), 280
確定的ラウンディング (deterministic rounding), 82–106, 310–341
    一般化割当て問題に対する (for generalized assignment problem), 312–314, 340–341
    完全マッチングに対する (for complete matching), 107–108
    最小コスト次数上界付き全点木問題に対する (for minimum-cost bounded-degree spanning tree problem), 318–328
    最小全点木問題に対する (for minimum spanning tree problem), 316–318
    最疎カット問題に対する (for sparsest cut problem), 249
    サバイバルネットワーク設計問題に対する (for survivable network design problem), 331–337
    集合カバー問題に対する (for set cover problem), 10–11
    賞金獲得シュタイナー木問題に対する (for prize-collecting Steiner tree problem), 91–94
    相互独立並列マシーンスケジューリングに対する (for scheduling unrelated parallel machines), 337–338
    多点対カット問題に対する (for multicut problem), 223–227
    単一マシーンスケジューリングに対する (for scheduling single machine), 83–88
    平衡カットに対する (for balanced cut), 230–232
    容量制約なし施設配置問題に対する (for uncapacitated facility location problem), 97–100
確定的ラウンディングアルゴリズム (deterministic rounding algorithm)
    パイプ輸送ラウンディング (pipage rounding), 108
確率的近似 (probabilistic approximation), 233
確率的検証可能証明 (probabilistically checkable proof), 473–479
    PCP 定理 (PCP theorem), 474
    完全性 (completeness), 474
    検証者 (verifier), 474
    健全性 (soundness), 474
    長コード (long code), 500
    と困難性 (and hardness), 475
可測集合 (measurable set), 449–450
活性 (active), 396
カット木 (cut tree), 423
カット木パッキング (cut-tree packing), 422–423
    と木メトリック (and tree metric), 453
カット木パッキングアルゴリズム (cut-tree

packing algorithm)
　　最小二等分割問題に対する (for minimum bisection problem), 427–429
　　最疎カット問題に対する (for sparsest cut problem), 453
　　多点対カット問題に対する (for multicut problem), 453
カットクロス条件 (cut-crossing condition), 354
カットセミメトリック (cut semimetric), 213
空小切手 (check kiting), 44
完全 (complete), 345
完全性 (completeness), 474
完全多項式時間近似スキーム (fully polynomial-time approximation scheme), 66, 80
　　困難性 (hardness), 80
　　定義 (definition), 66
　　ナップサック問題に対する (for knapsack problem), 66–67
完全マッチング (complete matching), 107, 311
完全マッチング (perfect matching)
　　⇒ マッチング，完全, 43
完了時刻 (makespan), 35
緩和 (relaxation), 9–10
　　整数計画 (integer programming), 133
　　線形計画 (linear programming), 9–10
　　ラグランジュ (Lagrangean), 203–204
緩和決定手続き (relaxed decision procedure), 57

■キ

基 (base), 60
偽近似アルゴリズム (pseudo-approximation algorithm), 228
奇偶制約充足化問題 (odd/even constraint satisfaction problem), 476–478
　　MAX 2SAT へのギャップ保存リダクション (gap-preserving reduction to MAX 2SAT), 478
　　MAX E3SAT への L-リダクション (L-reduction to MAX E3SAT), 476–477
　　MAX E3SAT へのギャップ保存リダクション (gap-preserving reduction to MAX E3SAT), 477
　　困難性 (hardness), 476

期待値 (expected value), 111
偽多項式 (pseudopolynomial), 66
偽多項式時間アルゴリズム (pseudopolynomial-time algorithm), 63, 80
　　定義 (definition), 66
木二重化アルゴリズム (double-tree algorithm), 42–43
木幅 (treewidth), 301
　　$k$-外平面的グラフの (of $k$-outerplanar graph), 303–306
木分解 (tree decomposition), 301
基本閉路 (fundamental cycle), 304
木メトリック (tree metric), 213–214, 232–233, 243–244, 250, 452
　　定義 (definition), 232
　　と $\ell_1$-埋め込み可能メトリック (and $\ell_1$-embeddable metric), 452
　　とカット木パッキング (and cut-tree packing), 453
　　と線形アレンジメント問題 (and linear arrangement problem), 243–245
　　とまとめ買いネットワーク設計問題 (and buy-at-bulk network design problem), 238–241
　　歪みに対する下界 (lower bound on distortion), 250
木メトリックによる確率的近似 (probabilistic approximation by tree metric), 233–238
逆順削除 (reverse deletion), 188
ギャップ保存リダクション (gap-preserving reduction), 477–478
強NP-完全 (strongly NP-complete), 519
強双対性 (strong duality), 13, 514
　　線形計画 (linear programming), 13
　　半正定値計画 (semidefinite programming), 173
競争比 (competitive ratio), 280
強連結 (strongly connected), 25
局所移動 (local move), 35
極小 (minimal), 404
局所最適 (locally optimal), 49
局所最適解 (locally optimal solution), 29, 256
局所性ギャップ (locality gap), 279

定義 (definition), 279
容量制約なし施設配置問題に対する (for uncapacitated facility location problem), 279
局所探索アルゴリズム (local search algorithm), 29–30
　$k$-メディアン問題に対する (for $k$-median problem), 263–267
　一様ラベリング問題に対する (for uniform labeling problem), 279–280
　重み最大のマトロイドの基に対する (for maximum-weight matroid base), 60
　最小次数全点木問題に対する (for minimum-degree spanning tree problem), 48–52, 267–272
　多項式時間 (polynomial time), 262–263
　同一マシーンスケジューリングに対する (for scheduling identical machines), 35–37
　容量制約なし施設配置問題に対する (for uncapacitated facility location problem), 256–263
局所比アルゴリズム (local ratio algorithm)
　集合カバー問題に対する (for set cover problem), 209–210
局所比技法 (local ratio technique), 209–210, 410
局所比定理 (local ratio theorem), 210
局所変更 (local change), 35
近似アルゴリズム (approximation algorithm), 4
　定義 (definition), 4
近似相補性条件 (approximate complementary slackness conditions), 178
近似比 (approximation ratio), 4
近似保存リダクション (approximation-preserving reduction), 461
近似率 (approximation factor), 4

■ク

クラスターセンター (cluster center), 33
クラスタリング (clustering), 32
　$k$-センター問題 ($k$-center problem), 32–33
　$k$-メディアン問題 ($k$-median problem), 202
　相関 (correlation), 163

グラフ (graph)
　$\delta$-デンス ($\delta$-dense), 144
　$k$-外平面的グラフ ($k$-outerplanar graph), 299
　$k$-彩色可能 ($k$-colorable), 145
　$k$-辺彩色可能 ($k$-edge-colorable), 52
　外平面的 (outerplanar), 299
　木分解 (tree decomposition), 301
　デンス (dense), 144, 361
　二等分割 (bisection), 228
　二部グラフ (bipartite graph), 61
　平面的 (planar), 298
　補グラフ (complement), 297
　誘導される (induced), 179
グラフ的巡回セールスマン問題 (graphical traveling salesman problem)
　⇒ 巡回セールスマン問題，グラフ的, 307
クリーク (clique), 6, 297
グリーディアルゴリズム (greedy algorithm), 17, 29–30
　$k$-センター問題に対する (for $k$-center problem), 32–35
　$k$-メディアン問題に対する (for $k$-median problem), 276
　重み最大のマトロイドの基に対する (for maximum-weight matroid base), 60
　彩色に対する (for coloring), 171
　集合カバー問題に対する (for set cover problem), 16–20
　巡回セールスマン問題に対する (for traveling salesman problem), 40–42
　多分割カット問題に対する (for multiway cut problem), 214–215
　単一マシーンスケジューリングに対する (for scheduling single machine), 30–32
　同一マシーンスケジューリングに対する (for scheduling identical machines), 37–39
　ナップサック問題に対する (for knapsack problem), 79
　浮動資金最大化問題に対する (for float maximization problem), 45–47
　辺彩色問題に対する (for edge coloring problem), 52–56

辺素パス問題に対する (for edge-disjoint paths problem), 60
容量制約なし施設配置問題に対する (for uncapacitated facility location problem), 272–279
クローズ (clause), 112
　　サイズ (size), 112
　　充足される (satisfied), 112
　　単位 (unit), 113
　　長さ (length), 112

■ケ
決定変数 (decision variable), 8
決定問題 (decision problem), 516
検証者 (verifier), 473–474
健全性 (soundness), 474
厳密ベクトル彩色数 (strict vector chromatic number), 172

■コ
子 (child), 335
交換 (swap), 264
貢献する (contribute), 198
交差 (intersecting), 320
交差集合 (intersecting sets), 320
固有値 (eigenvalue), 154
孤立カット (isolating cut), 214
混雑度 (congestion), 420
困難性 (hardness), 20
　　$k$-供給者問題の (of $k$-suppliers problem), 57
　　$k$-センター問題の (of $k$-center problem), 34–35
　　$k$-メディアン問題の (of $k$-median problem), 208–209, 473
　　MAX 2SATの (of MAX 2SAT), 463, 478
　　MAX E3SATの (of MAX E3SAT), 477–478
　　最小次数全点木問題の (of minimum-degree spanning tree problem), 47–48, 59
　　最疎カット問題の (of sparsest cut problem), 419
　　最大カット問題の (of maximum cut problem), 498–503
　　最大カバー問題の (of maximum coverage problem), 59
　　最大クリーク問題の (of maximum clique problem), 298
　　最大充足化問題の (of maximum satisfiability problem), 114
　　最大独立集合問題の (of maximum independent set problem), 298, 466, 468–469
　　サバイバルネットワーク設計問題の (of survivable network design problem), 491–494
　　集合カバー問題の (of set cover problem), 20, 484–488
　　シュタイナー木問題の (of Steiner tree problem), 468
　　巡回セールスマン問題の (of traveling salesman problem), 39–40, 44
　　相互独立並列マシーンスケジューリングの (of scheduling unrelated parallel machines), 456–460
　　多点対カット問題の (of multicut problem), 227, 495–498
　　点重み付きシュタイナー木問題の (of node-weighted Steiner tree problem), 26
　　点カバー問題の (of vertex cover problem), 20–21
　　点彩色問題の (of vertex coloring problem), 145
　　同一マシーンスケジューリングの (of scheduling identical machines), 73
　　ビンパッキング問題の (of bin-packing problem), 74
　　辺彩色問題の (of edge coloring problem), 52, 61
　　辺素パス問題の (of edge-disjoint paths problem), 460–461
　　有向シュタイナー木問題の (of directed Steiner tree problem), 24
　　有向版一般化シュタイナー木問題の (of directed generalized Steiner tree problem), 489–491
　　ユニークゲーム問題の (of unique games problem), 392
　　容量制約なし施設配置問題の (of uncapacitated facility location problem),

25, 100, 469–473
ラベルカバー問題の (of label cover problem)
　　$d$-正則最小化版 ($d$-regular minimization version), 488–489
　　$d$-正則最大化版 ($d$-regular maximization version), 481–484
　　$(d_1, d_2)$-正則最大化版 ($(d_1, d_2)$-regular maximization version), 481
　　最大化版 (maximization version), 479–481

■サ

最近期限ルール (earliest due date rule), 31, 61
最近点追加アルゴリズム (nearest addition algorithm), 40–42
最小 $b$-平衡カット問題 (minimum $b$-balanced cut problem), 228, 427
最小 $k$-辺連結部分グラフ問題 (minimum $k$-edge-connected subgraph problem), 340
最小カット線形アレンジメント問題 (minimum cut linear arrangement problem), 248
最小コスト次数上界付き全点木問題 (minimum-cost bounded-degree spanning tree problem), 314–328
　　確定的ラウンディングアルゴリズム (deterministic rounding algorithm), 318–328
　　整数計画による定式化 (integer programming formulation), 315
　　線形計画緩和 (linear programming relaxation), 315
　　定義 (definition), 314–315
最小コストシュタイナー木問題 (minimum-cost Steiner tree problem), 58
最小コスト有向全点木問題 (minimum-cost branching problem), 210
　　主双対アルゴリズム (primal-dual algorithm), 210
最小次数全点木 (minimum-degree spanning tree), 47
最小次数全点木問題 (minimum-degree spanning tree problem), 47–52, 59, 267–272

局所探索アルゴリズム (local search algorithm), 48–52, 267–272
困難性 (hardness), 47–48, 59
定義 (definition), 47–48
最小全点木 (minimum spanning tree), 40
最小全点木問題 (minimum spanning tree problem), 40–41
　　Prim のアルゴリズム (Prim's algorithm), 40–41
　　確定的ラウンディングアルゴリズム (deterministic rounding algorithm), 316–318
　　定義 (definition), 41
最小ターミナル点全点木 (minimum terminal spanning tree), 356
最小ナップサック問題 (minimum knapsack problem), 193–197
　　LP 緩和の双対問題 (dual of LP relaxation), 195
　　主双対アルゴリズム (primal-dual algorithm), 195–197
　　整数計画による定式化 (integer programming formulation), 194–195
　　整数性ギャップ (integrality gap), 194
　　線形計画緩和 (linear programming relaxation), 194, 195
最小二等分割問題 (minimum bisection problem), 228, 427–430
　　カット木パッキングアルゴリズム (cut-tree packing algorithm), 427–429
　　木における (in trees), 429–430
最小残り処理時間ルール (shortest remaining processing time rule), 84
最小平均コスト閉路 (minimum mean-cost cycle), 25
最小容量多品種フロー問題 (minimum-capacity multicommodity flow problem), 142–144, 151
　　整数計画による定式化 (integer programming formulation), 142–143
　　線形計画緩和 (linear programming relaxation), 143, 151
　　チップ設計への応用 (application to chip design), 142
　　定義 (definition), 142

乱択ラウンディングアルゴリズム (randomized rounding algorithm), 143–144
彩色 (coloring), 52, 166–170, 379–383, 392, 510
 $\Delta$-次数グラフ ($\Delta$-degree graph), 166, 171
 $\delta$-デンスグラフ ($\delta$-dense graph)
  ランダムサンプリングアルゴリズム (random sampling algorithm), 145–147
 2-彩色可能 (2-colorable), 166, 171
 SDP による乱択ラウンディング (randomized rounding via SDP), 166–170, 380–383
 グリーディアルゴリズム (greedy algorithm), 171
 困難性 (hardness), 145
 最大独立集合を求めることによる (finding maximum independent sets), 379–383
 小さい木幅のグラフにおける (in low treewidth graphs), 307
 点 (vertex), 52
 ベクトル計画緩和 (vector programming relaxation), 167, 171
 辺 (edge), 52
サイズ (size), 112, 516
最疎カット問題 (sparsest cut problem), 249, 413–415, 431–453
 一様 (uniform), 431–452
  SDP による乱択ラウンディング (randomized rounding via SDP), 433–452
  整数計画による定式化 (integer programming formulation), 432
  ベクトル計画緩和 (vector programming relaxation), 433
  確定的ラウンディングアルゴリズム (deterministic rounding algorithm), 249
  カット木パッキング (cut-tree packing), 453
  困難性 (hardness), 419
  線形計画緩和 (linear programming relaxation), 249, 413
  メトリック埋め込みアルゴリズム (metric embedding algorithm), 414–415
最大 $k$-カット問題 (maximum $k$-cut problem), 147
 乱択ラウンディングアルゴリズム (randomized rounding algorithm), 147
最大カット問題 (maximum cut problem), 114, 148, 155–158, 170, 360–366, 510
 SDP 緩和の双対問題 (dual of SDP relaxation), 170
 SDP による乱択ラウンディング (randomized rounding via SDP), 155–158
 重みなしデンスグラフにおける (in unweighted dense graphs)
  多項式時間近似スキーム (polynomial-time approximation scheme), 360–366
 カットの両側の点数に制約のある (with constraint on size of parts), 108
 グリーディアルゴリズム (greedy algorithm), 148
 困難性 (hardness), 158, 498–503
 線形計画緩和 (linear programming relaxation), 108
 脱乱択 (derandomization), 158
 定義 (definition), 114
 半正定値計画緩和 (semidefinite programming relaxation), 155–156
 非線形整数計画による定式化 (nonlinear integer programming formulation), 108, 155
 ベクトル計画緩和 (vector programming relaxation), 155–156
 ランダムサンプリングアルゴリズム (random sampling algorithm), 114
最大カバー問題 (maximum coverage problem), 59, 149–150
 困難性 (hardness), 59
 線形計画緩和 (linear programming relaxation), 149
 パイプ輸送ラウンディングアルゴリズム (pipage rounding algorithm), 149–150
 非線形整数計画による定式化 (nonlinear integer programming formulation), 149
最大クリーク問題 (maximum clique problem), 6, 297–298

困難性 (hardness), 298
と最大独立集合問題 (and maximum independent set problem), 297–298
最大充足化問題 (maximum satisfiability problem), 112–114, 117–126, 148–149, 171
　MAX 2SAT, 462
　MAX E3SAT, 462
　困難性 (hardness), 114
　条件付き期待値法 (method of conditional expectations), 115–116
　整数計画による定式化 (integer programming formulation), 119
　整数性ギャップ (integrality gap), 125–126
　線形計画緩和 (linear programming relaxation), 119–120
　定義 (definition), 112
　乱択ラウンディングアルゴリズム (randomized rounding algorithm), 118–121, 124–125, 148
　ランダムサンプリングアルゴリズム (random sampling algorithm), 113, 117–118
最大独立集合問題 (maximum independent set problem), 297–303, 465–466, 468–469
　$k$-外平面的グラフにおける (in $k$-outerplanar graphs), 306
　MAX E3SAT からの L-リダクション (L-reduction from MAX E3SAT), 465–466
　重みなし (unweighted), 297
　木における (in tees)
　　動的計画アルゴリズム (dynamic programming algorithm), 298
　困難性 (hardness), 298, 466, 468–469
　小さい木幅のグラフにおける (in low treewidth graphs)
　　動的計画アルゴリズム (dynamic programming algorithm), 301–303
　定義 (definition), 297
　と彩色 (and coloring), 379–383
　と最大クリーク問題 (and maximum clique problem), 297–298
　平面的グラフにおける (in planar graphs), 298–301
　　多項式時間近似スキーム (polynomial-time approximation scheme), 299–301
最大負荷 (maximum load), 304
最大有向カット問題 (maximum directed cut problem), 148–149, 172
　SDPによる乱択ラウンディング (randomized rounding via SDP), 172
　重みなしデンスグラフにおける (in unweighted dense graphs)
　　多項式時間近似スキーム (polynomial-time approximation scheme), 367
　整数計画による定式化 (integer programming formulation), 148–149
　定義 (definition), 148
　平衡 (balanced), 172
　乱択アルゴリズム (randomized algorithm), 148
　乱択ラウンディングアルゴリズム (randomized rounding algorithm), 148–149
最短 $s$-$t$ パス問題 (shortest $s$-$t$ path problem), 80, 183–186, 209
　Dijkstra のアルゴリズム (Dijkstra's algorithm), 183, 186, 209
　LP 緩和の双対問題 (dual of LP relaxation), 183–184
　主双対アルゴリズム (primal-dual algorithm), 184–186
　整数計画による定式化 (integer programming formulation), 183
　線形計画緩和 (linear programming relaxation), 183
　定義 (definition), 183
最長処理時間優先ルール (longest processing time rule), 38–39, 57
最長パス問題 (longest path problem), 59
最適解 (optimal solution), 4, 8, 511
最適基底解 (basic optimal solution), 309, 515
最適値 (optimal value), 512
サバイバルネットワーク設計問題 (survivable network design problem), 328–337, 508–509
　確定的ラウンディングアルゴリズム (deterministic rounding algorithm), 331–337

整数計画による定式化 (integer programming formulation), 329
線形計画緩和 (linear programming relaxation), 329–330
定義 (definition), 328–329
点連結版 (vertex-connectivity version), 491–494
困難性 (hardness), 491–494
電話通信への応用 (application to telecommunications), 329
三角不等式 (triangle inequality), 25, 32, 213
算術平均幾何平均不等式 (arithmetic-geometric mean inequality), 120
サンプル・オーグメントアルゴリズム (sample-and-augment algorithm), 349
多品種のレンタル・購入問題に対する (for multicommodity rent-or-buy problem), 366–367
単一ソースのレンタル・購入問題に対する (for single-source rent-or-buy problem), 349–351

■シ

事後保証 (a fortiori guarantee), 5, 11, 16, 508
次数上界付き有向全点木問題 (bounded-degree branching problem), 338–340
施設 (facility), 94
施設開設コスト (facility cost), 94
施設配置問題 (facility location problem)
⇒ 容量制約なし施設配置問題, 94
事前保証 (a priori guarantee), 5
実行可能 (feasible), 511
実行可能解 (feasible solution), 8, 511
実行可能基底解 (basic feasible solution), 309, 515
実行不可能 (infeasible), 511
支配集合 (dominating set), 34
支配集合問題 (dominating set problem), 34
支配する (dominate), 64
シフト再彩色 (shifting recoloring), 55
射影 (projection), 442
弱NP-完全 (weakly NP-complete), 519
弱双対性 (weak duality), 13, 513
線形計画 (linear programming), 13
半正定値計画 (semidefinite programming), 173
弱優モジュラー (weakly supermodular), 330
集合カバー問題 (set cover problem), 6–24, 149, 175–177, 209–210
LP緩和の双対問題 (dual of LP relaxation), 12, 176
ウイルス検出への応用 (application to antivirus product), 7
重みなし (unweighted), 7
確定的ラウンディングアルゴリズム (deterministic rounding algorithm), 10–11
局所比アルゴリズム (local ratio algorithm), 209–210
グリーディアルゴリズム (greedy algorithm), 16–20
困難性 (hardness), 20, 484–488
主双対アルゴリズム (primal-dual algorithm), 15–16, 175–178
整数計画による定式化 (integer programming formulation), 9, 176
線形計画緩和 (linear programming relaxation), 9, 176
双対フィットアルゴリズム (dual fitting algorithm), 19–20
双対ラウンディングアルゴリズム (dual rounding algorithm), 11–15
脱乱択 (derandomization), 149
定義 (definition), 7
と点カバー (and vertex cover), 7, 11
部分カバー問題 (partial cover problem), 24
乱択ラウンディングアルゴリズム (randomized rounding algorithm), 21–24
充足される (satisfied), 112
主実行可能アルゴリズム (primal feasible algorithm), 29
主実行不可能アルゴリズム (primal infeasible algorithm), 29
主線形計画問題 (primal linear program)
⇒ 線形計画，主問題, 12
主双対アルゴリズム (primal-dual algorithm), 16
$k$-パス分割問題に対する (for $k$-path partition problem), 211

$k$-メディアン問題に対する (for $k$-median problem), 204–208

一般化シュタイナー木問題に対する (for generalized Steiner tree problem), 187–193

最小コスト有向全点木問題に対する (for minimum-cost branching problem), 210

最小ナップサック問題に対する (for minimum knapsack problem), 195–197

最短 $s$-$t$ パス問題に対する (for shortest $s$-$t$ path problem), 184–186

集合カバー問題に対する (for set cover problem), 15–16, 175–178

賞金獲得一般化シュタイナー木問題に対する (for prize-collecting generalized Steiner tree problem), 410

賞金獲得シュタイナー木問題に対する (for prize-collecting Steiner tree problem), 396–401

多点対カット問題に対する (for multicut problem), 209

フィードバック点集合問題に対する (for feedback vertex set problem), 179–182, 404–408, 409

容量制約なし施設配置問題に対する (for uncapacitated facility location problem), 198–202

主双対法 (primal-dual method), 16, 175–202

   双対フィット法 (dual fitting), 19

   標準的な解析 (standard analysis), 178

シュタイナー $k$-カット問題 (Steiner $k$-cut problem), 248

シュタイナー木問題 (Steiner tree problem), 59, 93, 210–211, 279, 306, 349, 352–360, 466–468

   $k$-限定 ($k$-restricted), 355

   困難性 (hardness), 468

   最小次数 (minimum-degree), 59, 279

   シュタイナー点 (Steiner vertex), 58

   整数計画による定式化 (integer programming formulation), 353–354

   線形計画緩和 (linear programming relaxation), 352–356, 369

   定義 (definition), 58

   点重み付き (node-weighted), 26

   点カバー問題からの L-リダクション (L-reduction from vertex cover problem), 466–468

フル成分 (full component), 352, 369

ユークリッド (Euclidean)

   多項式時間近似スキーム (polynomial-time approximation scheme), 306

   有向 (directed), 24

   乱択ラウンディングアルゴリズム (randomized rounding algorithm), 356–360

   両方向カット定式化 (bidirected cut formulation), 352–353

シュタイナー点 (Steiner node), 352

シュタイナー点 (Steiner vertex), 58

シュタイナー森問題 (Steiner forest problem) ⇒ 一般化シュタイナー木問題, 186

主問題 (primal), 12, 513

需要 (demand), 94

需要グラフ (demand graph), 392

需要未確定ルーティング問題 (oblivious routing problem), 420–427

   定義 (definition), 420

巡回セールスマン問題 (traveling salesman problem), 39–44, 338, 506–508

   Christofides のアルゴリズム (Christofides' algorithm), 43

   木二重化アルゴリズム (double-tree algorithm), 42–43

   グラフ的 (graphical)

      小さい分枝幅のグラフにおける (in low branchwidth graphs), 307–308

   グリーディアルゴリズム (greedy algorithm), 40–42

   困難性 (hardness), 39–40, 44

   最近点追加アルゴリズム (nearest addition algorithm), 40–42

   線形計画緩和 (linear programming relaxation), 338, 507

   定義 (definition), 39

   非対称 (asymmetric), 24, 39, 367–369, 507–508

   メトリック (metric), 40–44, 506–507

   ユークリッド (Euclidean), 284–297

多項式時間近似スキーム (polynomial-time approximation scheme), 284–297
　定義 (definition), 284
　動的計画アルゴリズム (dynamic programming algorithm), 284–297
　ユニバーサル (universal), 250
準多項式時間 (quasipolynomial time), 484
賞金獲得一般化シュタイナー木問題 (prize-collecting generalized Steiner tree problem), 409–410
賞金獲得シュタイナー木問題 (prize-collecting Steiner tree problem), 91–94, 126–129, 210–211, 395–401
　$k$-最小全点木問題 ($k$-minimum spanning tree problem), 408
　LP緩和の双対問題 (dual of LP relaxation), 396
　回線拡張問題への応用 (application to cable access), 91
　確定的ラウンディングアルゴリズム (deterministic rounding algorithm), 91–94
　主双対アルゴリズム (primal-dual algorithm), 396–401
　整数計画による定式化 (integer programming formulation), 91–92, 395–396
　整数性ギャップ (integrality gap), 128–129
　線形計画緩和 (linear programming relaxation), 92, 126, 396, 408
　脱乱択 (derandomization), 128
　定義 (definition), 91
　ラグランジュ乗数保存 (Lagrangean multiplier preserving), 408
　乱択ラウンディングアルゴリズム (randomized rounding algorithm), 126–129
条件付き期待値法 (method of conditional expectations), 111, 115–117, 148, 211
　最大充足化問題に対する (for maximum satisfiability problem), 115–116
　集合カバー問題に対する (for set cover problem), 149
小数解 (fractional solution), 8
小数完全マッチング (fractional complete matching), 311
状態図 (configuration), 100
状態図 IP (configuration IP), 100–101
ショートカット (shortcutting), 25, 42
シンプレックス法 (simplex method), 88, 89, 515

■ス

スケール変換 (rescaling), 261–262
スケジューリング (scheduling)
　$\alpha$-ポイント ($\alpha$-point), 137
　完了時刻 (makespan), 35
　最近期限ルール (earliest due date rule), 31
　最小残り処理時間ルール (shortest remaining processing time rule), 84
　最長処理時間優先ルール (longest processing time rule), 38–39, 57
　先行制約 (precedence constraint), 57, 106
　相互関連並列マシーン (related parallel machines), 57, 509–510
　相互独立並列マシーン (unrelated parallel machines), 509
　　確定的ラウンディングアルゴリズム (deterministic rounding algorithm), 337–338
　　困難性 (hardness), 456–460
　単一マシーン (single machine)
　　重み付き完了時刻最小化 (minimize weighted completion time), 86–88, 106–107, 132–138
　　期限内完了のジョブの重みの最大化 (maximize weighted ontime jobs), 79
　　期限内未了のジョブの重みの最小化 (minimize weighted late jobs), 79–80
　　線形計画緩和 (linear programming relaxation), 86–87, 133–134
　　遅延最小化 (minimize lateness), 30–32
　　平均完了時刻最小化 (minimize average completion time), 83–86
　　乱択ラウンディングアルゴリズム (randomized rounding algorithm), 134–138
　遅延 (lateness), 30
　中断可能 (preemptive), 83
　中断なし (nonpreemptive), 83

同一マシーン (identical machines), 35–39, 57, 68–73, 80
 $L_2$ ノルムの最小化 (minimize $L_2$ norm), 80
 重み付き完了時刻の最小化 (minimize weighted completion time), 80
 局所探索アルゴリズム (local search algorithm), 35–37
 グリーディアルゴリズム (greedy algorithm), 37–39
 困難性 (hardness), 73
 多項式時間近似スキーム (polynomial-time approximation scheme), 68–73
 動的計画アルゴリズム (dynamic programming algorithm), 71, 72
 リストスケジューリングアルゴリズム (list scheduling algorithm), 37–38
長さ (length), 35
発生時刻 (release date), 30
マシーン状態図 (machine configuration), 71
リストスケジューリングアルゴリズム (list scheduling algorithm), 57

■セ

正規分布 (normal distribution)
 確率密度関数 (density function), 377, 438
 多変量 (multivariate), 156–157
 末端確率の上界 (bounds on tail), 378, 382, 438–439
 累積分布関数 (cumulative distribution function), 377, 438
正準系 (canonical form), 511
整数計画 (integer programming), 8–10, 511–512
 緩和 (relaxation), 133
 決定変数 (decision variable), 8
 定義 (definition), 8
整数計画による定式化 (integer programming formulation)
 $k$-メディアン問題に対する (for $k$-median problem), 202–203
 一様最疎カット問題に対する (for uniform sparsest cut problem), 432
 一様ラベリング問題に対する (for uniform labeling problem), 150
 一般化シュタイナー木問題に対する (for generalized Steiner tree problem), 186
 一般化割当て問題に対する (for generalized assignment problem), 310
 最小コスト次数上界付き全点木問題に対する (for minimum-cost bounded-degree spanning tree problem), 315
 最小ナップサック問題に対する (for minimum knapsack problem), 194–195
 最小容量多品種フロー問題に対する (for minimum-capacity multicommodity flow problem), 142–143
 最大充足化問題に対する (for maximum satisfiability problem), 119
 最大有向カット問題に対する (for maximum directed cut problem), 148–149
 最短 $s$-$t$ パス問題に対する (for shortest $s$-$t$ path problem), 183
 サバイバルネットワーク設計問題に対する (for survivable network design problem), 329
 集合カバー問題に対する (for set cover problem), 9, 176
 シュタイナー木問題に対する (for Steiner tree problem), 353–354
 賞金獲得一般化シュタイナー木問題に対する (for prize-collecting generalized Steiner tree problem), 409–410
 賞金獲得シュタイナー木問題に対する (for prize-collecting Steiner tree problem), 91–92, 395–396
 多点対カット問題に対する (for multicut problem), 222
 多分割カット問題に対する (for multiway cut problem), 216
 ビンパッキング問題に対する (for bin-packing problem), 100–101
 フィードバック点集合問題に対する (for feedback vertex set problem), 179
 ユニークゲーム問題に対する (for unique games problem), 385–386
 容量制約なし施設配置問題に対する (for uncapacitated facility location problem), 95–96

整数計画問題 (integer program), 8
整数性ギャップ (integrality gap), 125–126, 128–129, 178
　　一般化シュタイナー木問題に対する (for generalized Steiner tree problem), 193
　　最小ナップサック問題に対する (for minimum knapsack problem), 194
　　最大充足化問題に対する (for maximum satisfiability problem), 125–126
　　賞金獲得シュタイナー木問題に対する (for prize-collecting Steiner tree problem), 128–129
　　定義 (definition), 125
　　フィードバック点集合問題に対する (for feedback vertex set problem), 182
整数線形計画 (integer linear programming), 511
性能保証 (performance guarantee), 4
性能保証解明 LP (factor-revealing LP), 282
制約式 (constraint), 8, 511
　　延伸 (spreading), 243
　　タイト (tight), 176
　　満たされない (violated), 184
制約充足化問題 (constraint satisfaction problem), 383–384
正リテラル (positive literal), 112
セミ彩色 (semicoloring), 168–170
　　定義 (definition), 168
セミメトリック (semimetric), 213–214
　　カット (cut), 213
漸近的多項式時間近似スキーム (asymptotic polynomial-time approximation scheme), 75
　　定義 (definition), 75
　　ビンパッキング問題に対する (for bin-packing problem), 75–79
線形アレンジメント問題 (linear arrangement problem), 242–245
　　木メトリックへのリダクション (reduction to tree metric), 243–245
　　線形計画緩和 (linear programming relaxation), 242–243
　　定義 (definition), 242
線形グルーピングスキーム (linear grouping scheme), 76–79
線形計画 (linear programming), 8–10, 511–515
　　値 (value), 8
　　緩和 (relaxation), 9–10
　　強双対性 (strong duality), 13, 513–514
　　決定変数 (decision variable), 8
　　最適解 (optimal solution), 8, 511
　　最適基底解 (basic optimal solution), 309, 515
　　実行可能解 (feasible solution), 8, 511
　　実行可能基底解 (basic feasible solution), 309, 515
　　実行可能性 (feasibility), 511
　　実行不可能性 (infeasibility), 511
　　弱双対性 (weak duality), 13, 513
　　主問題 (primal), 12
　　シンプレックス法 (simplex method), 89, 515
　　正準系 (canonical form), 511
　　制約式 (constraint), 8, 511
　　双対性 (duality), 11–13, 512–513
　　双対問題 (dual), 12
　　相補性条件 (complementary slackness conditions), 14, 97, 514
　　楕円体法 (ellipsoid method), 88–90, 109–110
　　端点解 (extreme point), 26
　　定義 (definition), 8
　　内点法 (interior-point method), 89
　　非有界 (unbounded), 514
　　変数 (variable), 511
　　目的関数 (objective function), 8, 511
　　有界 (bounded), 514
線形計画緩和 (linear programming relaxation)
　　$k$-メディアン問題に対する (for $k$-median problem), 203–204
　　一般化シュタイナー木問題に対する (for generalized Steiner tree problem), 186
　　一般化割当て問題に対する (for generalized assignment problem), 311, 340–341
　　完全マッチングに対する (for complete matching), 107–108
　　最小コスト次数上界付き全点木問題に

対する (for minimum-cost bounded-degree spanning tree problem), 315
最小ナップサック問題に対する (for minimum knapsack problem), 194, 195
最小容量多品種フロー問題に対する (for minimum-capacity multicommodity flow problem), 143, 151
最疎カット問題に対する (for sparsest cut problem), 249, 413
最大カット問題に対する (for maximum cut problem), 108
最大カバー問題に対する (for maximum coverage problem), 149
最大充足化問題に対する (for maximum satisfiability problem), 119–120
最短 $s$-$t$ パス問題に対する (for shortest $s$-$t$ path problem), 183
サバイバルネットワーク設計問題に対する (for survivable network design problem), 329–330
集合カバー問題に対する (for set cover problem), 9, 176
シュタイナー木問題に対する (for Steiner tree problem), 352–356, 369
巡回セールスマン問題に対する (for traveling salesman problem), 338
賞金獲得シュタイナー木問題に対する (for prize-collecting Steiner tree problem), 92, 126, 396, 408
線形アレンジメント問題に対する (for linear arrangement problem), 242–243
多点対カット問題に対する (for multicut problem), 222–223
多分割カット問題に対する (for multiway cut problem), 216–217
単一マシーンスケジューリングに対する (for scheduling single machine), 86–87, 133–134
点カバー問題に対する (for vertex cover problem), 25
ビンパッキング問題に対する (for bin-packing problem), 101
フィードバック点集合問題に対する (for feedback vertex set problem), 179
平衡カットに対する (for balanced cut), 228–230
容量制約なし施設配置問題に対する (for uncapacitated facility location problem), 96, 129, 197, 344
線形ユニークゲーム予想 (linear unique games conjecture), 495
先行制約 (precedence constraint), 57, 106
全点木 (spanning tree), 40

■ソ

相関クラスタリング (correlation clustering), 163
相関クラスタリング問題 (correlation clustering problem), 163–166
　SDPによる乱択ラウンディング (randomized rounding via SDP), 163–166
　定義 (definition), 163
相互関連並列マシーン (related parallel machines), 57
相互独立並列マシーン (unrelated parallel machines), 337, 456
双対性 (duality), 512
双対線形計画問題 (dual linear program)
　⇒ 線形計画，双対性, 11
双対フィットアルゴリズム (dual fitting algorithm)
　集合カバー問題に対する (for set cover problem), 19–20
　容量制約なし施設配置問題に対する (for uncapacitated facility location problem), 272–279
双対フィット法 (dual fitting), 19
双対問題 (dual), 12, 513
双対ラウンディング (dual rounding)
　集合カバー問題に対する (for set cover problem), 11–15
相補性 (complementary slackness), 14
相補性条件 (complementary slackness conditions), 14, 97, 178, 514
　近似 (approximate), 178

■タ

ターミナル点 (terminal), 58, 91, 352
タイト (tight), 13, 176, 320, 334
　集合 (set), 320

制約式 (constraint), 176, 320
楕円体法 (ellipsoid method), 88–90, 109–110, 424–426
 分離オラクル (separation oracle), 89
 目的関数カット (objective function cut), 109, 426
高い確率 (high probability), 22, 143
高い確率で (with high probability)
 ⇒ 高い確率, 111
多項式時間 (polynomial time)
 定義 (definition), 516
多項式時間近似スキーム (polynomial-time approximation scheme), 6, 66
 MAX SNP の困難性 (hardness of MAX SNP), 6
 重みなしデンスグラフにおける最大カット問題に対する (for maximum cut problem in unweighted dense graphs), 360–366
 重みなしデンスグラフにおける最大有向カット問題に対する (for maximum directed cut problem in unweighted dense graphs), 367
 定義 (definition), 6
 同一マシーンスケジューリングに対する (for scheduling identical machines), 68–73
 平面的グラフにおける最大独立集合問題に対する (for maximum independent set problem in planar graphs), 299–301
 平面的グラフにおける点カバー問題に対する (for vertec cover problem in planar graphs), 307
 ユークリッド $k$-メディアン問題に対する (for Euclidean $k$-median problem), 306–307
 ユークリッドシュタイナー木問題に対する (for Euclidean Steiner tree problem), 306
 ユークリッド巡回セールスマン問題に対する (for Euclidean traveling salesman problem), 284–297
多項式時間リダクション (polynomial-time reduction), 517

脱乱択 (derandomization), 24, 111, 115–117
 最大カット問題 (maximum cut problem), 148, 158
 集合カバー問題 (set cover problem), 149
 賞金獲得シュタイナー木問題 (prize-collecting Steiner tree problem), 128
多点対カット問題 (multicut problem), 222–228, 248, 392–393, 453
 SDP による乱択ラウンディング (randomized rounding via SDP), 392–393
 確定的ラウンディングアルゴリズム (deterministic rounding algorithm), 223–227
 カット木パッキング (cut-tree packing), 453
 木における (in trees), 209
 困難性 (hardness), 227, 495–498
 主双対アルゴリズム (primal-dual algorithm), 209
 整数計画による定式化 (integer programming formulation), 222
 線形計画緩和 (linear programming relaxation), 222–223
 定義 (definition), 222
 ベクトル計画緩和 (vector programming relaxation), 392–393
多品種のレンタル・購入問題 (multicommodity rent-or-buy problem), 366–367
多品種フロー (multicommodity flow)
 ⇒ 最小容量多品種フロー問題, 142
多分割カット問題 (multiway cut problem), 214–222, 248
 グリーディアルゴリズム (greedy algorithm), 214–215
 整数計画による定式化 (integer programming formulation), 216
 線形計画緩和 (linear programming relaxation), 216–217
 定義 (definition), 214
 分散計算への応用 (application to distributed computing), 214
 乱択ラウンディングアルゴリズム (randomized rounding algorithm), 217–222
単位クローズ (unit clause), 113

単一ソースのレンタル・購入問題 (single-source rent-or-buy problem), 348–351
　サンプル・オーグメントアルゴリズム (sample-and-augment algorithm), 349–351
単調 (monotone), 59
単調関数 (monotone function), 59
端点解 (extreme point), 26, 108, 309

■チ
遅延 (lateness), 30
中断可能スケジューリング (preemptive scheduling), 84
中断なしスケジューリング (nonpreemptive scheduling), 83
長コード (long code), 500
調和グルーピング (harmonic grouping), 102–107
調和グルーピングスキーム (harmonic grouping scheme), 102
調和数 (harmonic number), 17, 103

■ツ
ツアー (tour), 25, 39

■テ
データラウンディング (data rounding), 66
点重み付きシュタイナー木問題 (node-weighted Steiner tree problem), 26
　困難性 (hardness), 26
点カバー問題 (vertex cover problem), 7, 25
　重みなし (unweighted), 7
　確定的ラウンディングアルゴリズム (deterministic rounding algorithm), 11
　困難性 (hardness), 20–21
　シュタイナー木問題へのL-リダクション (L-reduction to Steiner tree problem), 466–468
　線形計画緩和 (linear programming relaxation), 25
　定義 (definition), 7
　と集合カバー (and set cover), 7, 11
　平面的グラフにおける (in planar graphs), 26, 307
　　多項式時間近似スキーム (polynomial-time approximation scheme), 307

点彩色 (vertex coloring), 52
デンス (dense), 144
デンスグラフ (dense graph), 144, 361

■ト
到着時刻 (arrival time), 30
動的計画 (dynamic programming)
　木における最小二等分割問題に対する (for minimum bisection in trees), 429–430
　木における最大独立集合問題に対する (for maximum independent set problem in trees), 298
　グラフ的巡回セールスマン問題に対する (for graphical traveling salesman problem), 307–308
　小さい木幅のグラフにおける最大独立集合問題に対する (for maximum independent set problem in low treewidth graphs), 301–303
　小さい木幅のグラフの彩色に対する (for coloring in low treewidth graphs), 307
　同一マシーンスケジューリングに対する (for scheduling identical machines), 71, 72, 75–76
　ナップサック問題に対する (for knapsack problem), 64–66
　ユークリッド巡回セールスマン問題に対する (for Euclidean traveling salesman problem), 284–297
動的計画 (dynamic programming), 63
等分割問題 (partition problem), 74, 456, 518
独裁者 (dictator), 500
特性ベクトル (characteristic vector), 320
独立 (independent), 60
独立集合 (independent set), 297
　グラフにおける (in graph), 297
　マトロイドにおける (in matroid), 60

■ナ
内点法 (interior-point method), 88
長さ (length), 35, 112
ナップサック問題 (knapsack problem), 64–67, 79, 516–517
　完全多項式時間近似スキーム (fully

polynomial-time approximation scheme), 66–67
グリーディアルゴリズム (greedy algorithm), 79
定義 (definition), 64
動的計画アルゴリズム (dynamic programming algorithm), 64–66
ビンパッキング問題との関係 (connection to bin-packing problem), 101–102
ナップサック問題 (knapsack problem)
⇒ 最小ナップサック問題も参照, 193

■ ニ
二次計画問題 (quadratic programming problem), 160–163, 372–379
SDP による乱択ラウンディング (randomized rounding via SDP), 160–163, 374–379
線形計画と整数計画の等価性 (equivalence of linear and integer), 373–374
ベクトル計画緩和 (vector programming relaxation), 160, 374
二進数 NP-完全 (binary NP-complete), 519
二等分割 (bisection), 228
二部グラフ (bipartite graph)
定義 (definition), 61
二部グラフユニークゲーム予想 (bipartite unique games conjecture), 499
入力 (instance), 516
入力サイズ (instance size), 516

■ ノ
ノイズ感度 (noise sensitivity), 500

■ ハ
パイプシステム (pipe system), 223
パイプ輸送ラウンディング (pipage rounding), 108
最大カット問題に対する (for maximum cut problem), 108
最大カバー問題に対する (for maximum coverage problem), 149–150
パス再彩色 (path recoloring), 56
発生時刻 (release date), 30
パッチング補題 (Patching lemma), 294
葉二等分割 (leaf bisection), 429
ハミルトンパス (Hamiltonian path), 48, 59

ハミルトン閉路 (Hamiltonian cycle), 39
半正定値 (positive semidefinite), 153
半正定値行列 (positive semidefinite matrix), 153–154
半正定値計画 (semidefinite programming), 153–155, 173–174
強双対性 (strong duality), 173
弱双対性 (weak duality), 173
双対性 (duality), 170
半正定値計画緩和 (semidefinite programming relaxation)
最大カット問題に対する (for maximum cut problem), 155–156
半正定値計画緩和 (semidefinite programming relaxation)
⇒ ベクトル計画緩和 (vector programming relaxation), 155
半正定値計画問題 (semidefinite program (SDP)), 154
半素 (semidisjoint), 409
反復ラウンディング (iterated rounding), 310, 331

■ ヒ
非決定性多項式時間 (non-deterministic polynomial time), 517
歪み (distortion), 232, 413, 453
非線形整数計画による定式化 (nonlinear integer programming formulation)
最大カット問題に対する (for maximum cut problem), 108, 155
最大カバー問題に対する (for maximum coverage problem), 149
非対称巡回セールスマン問題 (asymmetric traveling salesman problem), 39
非対称メトリック巡回セールスマン問題 (metric asymmetric traveling salesman problem), 25, 367
一筆書き (traversal), 42
オイラーグラフの (of Eulerian graph), 42
非有界 (unbounded), 514
標示関数 (indicator function), 236
標準的な主双対解析 (standard primal-dual analysis), 178
ビンパッキング問題 (bin-packing problem), 73–79, 100–107, 151, 453, 508

First-Fit アルゴリズム (First-Fit algorithm), 75, 104, 151
First-Fit 減少アルゴリズム (First-Fit decreasing algorithm), 74
LP 緩和の双対問題 (dual of LP relaxation), 101
LP 緩和を解く (solving LP relaxation), 453
困難性 (hardness), 74
状態図 (configuration), 100
状態図 IP (configuration IP), 100–101
漸近的多項式時間近似スキーム (asymptotic polynomial-time approximation scheme), 75–79
線形グルーピングスキーム (linear grouping scheme), 76–79
線形計画緩和 (linear programming relaxation), 101, 107
調和グルーピング (harmonic grouping), 102–107
定義 (definition), 73
乱択ラウンディングアルゴリズム (randomized rounding algorithm), 151

■フ
ファン列 (fan sequence), 53
フィードバック点集合問題 (feedback vertex set problem), 178–182, 401–408, 409
LP 緩和の双対問題 (dual of LP relaxation), 179, 403–404
主双対アルゴリズム (primal-dual algorithm), 179–182, 404–408, 409
整数計画による定式化 (integer programming formulation), 179, 401–403
整数性ギャップ (integrality gap), 182
線形計画緩和 (linear programming relaxation), 179
定義 (definition), 178–179
負荷 (load), 304
不活性 (inactive), 396
不等式 (inequality)
Hoeffding の (Hoeffding's), 361
Jensen の (Jensen's), 393
Markov の (Markov's), 139
算術平均幾何平均 (arithmetic-geometric mean), 120

浮動資金 (float), 44
浮動資金最大化問題 (float maximization problem), 44–47
グリーディアルゴリズム (greedy algorithm), 45–47
定義 (definition), 44–45
部分 $k$-木 (partial $k$-tree), 308
部分 $p$-ツアー (partial $p$-tour), 289
部分カバー問題 (partial cover problem), 24
負リテラル (negative literal), 112
フル成分 (full component), 352
分割システム (partition system), 485, 487–488
分枝幅 (branchwidth), 307–308
分枝分解 (branch decomposition), 307
分離オラクル (separation oracle), 89
定義 (definition), 89

■ヘ
平均値の定理 (mean value theorem), 226
平衡カット (balanced cut), 228–232
確定的ラウンディング (deterministic rounding), 230–232
線形計画緩和 (linear programming relaxation), 228–230
定義 (definition), 228
平面的グラフ (planar graph), 298
外面 (exterior face), 299
平面描画 (planar embedding), 299
閉路辺 (cycle edge), 406
ペーターゼングラフ (Petersen graph), 52
ベクトル計画 (vector programming), 154–155
ベクトル計画緩和 (vector programming relaxation)
一様最疎カット問題に対する (for uniform sparsest cut problem), 433
彩色に対する (for coloring), 167, 171
最大カット問題に対する (for maximum cut problem), 155–156
二次計画問題に対する (for quadratic programming problem), 160, 374
ユニークゲーム問題に対する (for unique games problem), 386
ベクトル彩色数 (vector chromatic number), 172
厳密 (strict), 172
辺拡張 (edge expansion), 432

辺彩色 (edge coloring), 52
辺彩色問題 (edge coloring problem), 52–56
    グリーディアルゴリズム (greedy algorithm), 52–56
    困難性 (hardness), 52, 61
    シフト再彩色 (shifting recoloring), 55
    定義 (definition), 52
    二部グラフにおける (in bipartite graph), 61
    パス再彩色 (path recoloring), 56
    ファン列 (fan sequence), 53
変数 (variable), 511
辺素パス問題 (edge-disjoint paths problem), 460–461
    グリーディアルゴリズム (greedy algorithm), 60
    困難性 (hardness), 460–461
    定義 (definition), 60

■ホ
ポータル (portal), 287
ポータル考慮 (portal-respecting), 288
ポータルパラメーター (portal parameter), 287
補グラフ (complement), 297
ポテンシャル (potential), 396
ポテンシャル関数 (potential function), 51
堀 (moat), 184, 189

■マ
マシーン状態図 (machine configuration), 71
待ち時間なしフローショップスケジューリング問題 (no-wait flowshop scheduling problem), 507
マッチング (matching)
    完全 (complete), 107–108, 311–312
        確定的ラウンディングアルゴリズム (deterministic rounding algorithm), 107–108
        整数計画による定式化 (integer programming formulation), 107–108, 311–312
        線形計画緩和 (linear programming relaxation), 107–108, 311–312
マッチンググラフ (matching graph), 441
まとめ買いネットワーク設計問題 (buy-at-bulk network design problem), 238–241, 250
    木上でのアルゴリズム (algorithm on trees), 238–239
    木メトリックへのリダクション (reduction to tree metric), 239–241
    定義 (definition), 238
マトロイド (matroid), 60
    一様マトロイド (uniform matroid), 60
    基 (base), 60
    局所探索アルゴリズム (local search algorithm), 60
    グリーディアルゴリズム (greedy algorithm), 60
    定義 (definition), 60
    独立集合 (independent set), 60

■ミ
満たされない制約式 (violated constraint), 184

■ム
無向グラフのフィードバック点集合問題 (feedback vertex set problem in undirected graphs), 178

■メ
メトリック (metric), 40, 197, 213–214
    $\ell_1$, 217
    $\ell_1$-埋め込み可能 ($\ell_1$-embeddable), 411–413, 452
    埋め込み (embedding), 412
        Fréchet (Fréchet), 415–416
        $\ell_1$ への (into $\ell_1$), 413, 415–419, 453
        $\ell_2$ への (into $\ell_2$), 453
        $\ell_p$ への (into $\ell_p$), 453
        木メトリックへの (into tree metric), 233–238
    歪み (distortion), 232, 413, 453
    延伸 (spreading), 242
    木 (tree), 213–214, 232–233, 243–244, 250, 452, 453
        木メトリックによる確率的近似 (probabilistic approximation by tree metric), 233–238
メトリック巡回セールスマン問題 (metric traveling salesman problem), 40
メトリック閉包 (metric completion), 59

### ■モ

目的関数 (objective function), 4, 8, 511
目的関数カット (objective function cut), 109, 426

### ■ユ

有界 (bounded), 514
ユークリッド TSP (Euclidean TSP), 284
ユークリッドシュタイナー木問題 (Euclidean Steiner tree problem), 306
有向シュタイナー木問題 (directed Steiner tree problem), 24
有向全点木 (branching), 210, 338
    最小コスト (minimum-cost), 210
    次数上界付き (bounded degree), 338–340
有向版一般化シュタイナー木問題 (directed generalized Steiner tree problem), 489–491
    困難性 (hardness), 489–491
有向フル成分 (directed full component), 354
誘導グラフ (induced graph), 179
誘導される (induced), 179
優モジュラー (supermodular), 322
ユニークゲーム問題 (unique games problem), 383–392, 494–505
    SDP による乱択ラウンディング (randomized rounding via SDP), 386–392
    グラフ問題として (as graph problem), 384–385
    困難性 (hardness), 392
    整数計画による定式化 (integer programming formulation), 385–386
    多点対カット問題へのリダクション (reduction to multicut problem), 495–498
    定義 (definition), 383–384
    ベクトル計画緩和 (vector programming relaxation), 386
ユニークゲーム予想 (unique games conjecture), 21, 384, 494–506
    最疎カット問題の困難性 (hardness of sparsest cut problem), 419
    最大カット問題の困難性 (hardness of maximum cut problem), 158, 498–503
    線形 (linear), 495
    多点対カット問題の困難性 (hardness of multicut problem), 227, 495–498
    定義 (definition), 384
    点カバー問題の困難性 (hardness of vertex cover problem), 21
    点彩色問題の困難性 (hardness of vertex coloring problem), 145
    二部グラフ (bipartite), 499
ユニバーサル巡回セールスマン問題 (universal traveling salesman problem), 250

### ■ヨ

容量制約付き施設配置問題 (capacitated facility location problem), 95
容量制約付き電話予約引取配送問題 (capacitated dial-a-ride problem), 250–251
容量制約なし施設配置問題 (uncapacitated facility location problem), 25, 94–100, 129–132, 197–202, 211, 256–263, 272–279, 344–348, 366, 469–473, 508–509
    LP 緩和の双対問題 (dual of LP relaxation), 96–97, 130, 197–198, 273–274, 344
    オンライン版 (online variant), 280–281
    確定的ラウンディングアルゴリズム (deterministic rounding algorithm), 97–100
    局所性ギャップ (locality gap), 279
    局所探索アルゴリズム (local search algorithm), 256–263
    極大な双対実行可能解 (maximal dual solution), 198
    グリーディアルゴリズム (greedy algorithm), 272–279
    困難性 (hardness), 25, 100, 469–473
    主双対アルゴリズム (primal-dual algorithm), 198–202
    整数計画による定式化 (integer programming formulation), 95–96
    線形計画緩和 (linear programming relaxation), 96, 129, 197, 344
    双対フィットアルゴリズム (dual fitting algorithm), 272–279
    定義 (definition), 94
    と $k$-メディアン問題 (and $k$-median problem), 203–204
    と集合カバー問題 (and set cover prob-

lem), 25
メトリック (metric), 95
メトリックでない (nonmetric), 25
容量制約付き版 (capacitated version), 508–509
乱択ラウンディングアルゴリズム (randomized rounding algorithm), 129–132, 344–348
容量制約なしメトリック施設配置問題 (metric uncapacitated facility location problem), 95

■ラ

ラグランジュ緩和 (Lagrangean relaxation), 203–204
    $k$-メディアン問題に対する (for $k$-median problem), 203–204
ラグランジュ乗数保存 (Lagrangean multiplier preserving), 208
ラグランジュ乗数保存アルゴリズム (Lagrangean multiplier preserving algorithms), 208, 276, 408
ラベルカバー問題 (label cover problem), 479–494, 504
    $d$-正則 ($d$-regular), 479
    $(d_1, d_2)$-正則 ($(d_1, d_2)$-regular), 479
    MAX E3SAT からのギャップ保存リダクション (gap-preserving reduction from MAX E3SAT), 479–481
    困難性 (hardness)
        $d$-正則最小化版の (of $d$-regular minimization version), 488–489
        $d$-正則最大化版の (of $d$-regular maximization version), 481–484
        $(d_1, d_2)$-正則最大化版の (of $(d_1, d_2)$-regular maximization version), 481
        最大化版の (of maximization version), 479–481
    サバイバルネットワーク設計問題へのリダクション (reduction to survivable network design problem), 491–494
    集合カバー問題へのリダクション (reduction to set cover problem), 484–488
    定義 (definition), 479
    とユニークゲーム問題 (and unique games problems), 479
    有向版一般化シュタイナー木問題へのリダクション (reduction to directed generalized Steiner tree problem), 489–491
ラミナー (laminar), 320
ラミナー集合族 (laminar collection of sets), 320
乱択アルゴリズム (randomized algorithm), 111
乱択ラウンディング (randomized rounding), 21, 118–144
    MAX 2SAT に対する (for MAX 2SAT), 171, 172
    一様最疎カット問題に対する (for uniform sparsest cut problem), 433–452
    一様ラベリング問題に対する (for uniform labeling problem), 150–151
    最小容量多品種フロー問題に対する (for minimum-capacity multicommodity flow problem), 143–144
    彩色に対する (for coloring), 166–170, 380–383
    最大カット問題に対する (for maximum cut problem), 155–158
    最大充足化問題に対する (for maximum satisfiability problem), 118–121, 124–125, 148
    最大有向カット問題に対する (for maximum directed cut problem), 148–149
    集合カバー問題に対する (for set cover problem), 21–24
    シュタイナー木問題に対する (for Steiner tree problem), 356–360
    賞金獲得一般化シュタイナー木問題に対する (for prize-collecting generalized Steiner tree problem), 409
    賞金獲得シュタイナー木問題に対する (for prize-collecting Steiner tree problem), 126–129
    相関クラスタリング問題に対する (for correlation clustering problem), 163–166
    多分割カット問題に対する (for multiway cut problem), 217–222
    単一マシーンスケジューリングに対する

(for scheduling single machine), 134–138

定義 (definition), 21

二次計画問題に対する (for quadratic programming problem), 160–163, 374–379

非線形 (non-linear), 124–125

ユニークゲーム問題に対する (for unique games problem), 386–392

容量制約なし施設配置問題に対する (for uncapacitated facility location problem), 129–132, 344–348

ランダムサンプリングアルゴリズム (random sampling algorithm)

 $\delta$-デンスグラフの彩色に対する (for coloring $\delta$-dense graph), 145–147

 最大カット問題に対する (for maximum cut problem), 114

 最大充足化問題に対する (for maximum satisfiability problem), 113, 117–118

 多品種のレンタル・購入問題に対する (for multicommodity rent-or-buy problem), 366–367

 単一ソースのレンタル・購入問題に対する (for single-source rent-or-buy problem), 349–351

ランダム超平面 (random hyperplane), 156

ランダム超平面アルゴリズム (random hyperplane algorithm)

 MAX 2SAT に対する (for MAX 2SAT), 171, 172

 一様最疎カット問題に対する (for uniform sparsest cut problem), 433–452

 彩色に対する (for coloring), 166–170

 最大カット問題に対する (for maximum cut problem), 155–158

 最大有向カット問題に対する (for maximum directed cut problem), 172

 相関クラスタリング問題に対する (for correlation clustering problem), 163–166

 二次計画問題に対する (for quadratic programming problem), 160–163

ランダムベクトル (random vector), 156

■リ

離散最適化 (discrete optimization), 3

リスケーリング性質 (rescaling property), 74

リストスケジューリングアルゴリズム (list scheduling algorithm), 37

 相互関連マシーンに対する (for related machines), 57

 同一マシーンに対する (for identical machines), 37–38, 57

リテラル (literal), 112

 正 (positive), 112

 負 (negative), 112

領域成長 (region growing), 214, 223–224, 245

利用コスト (service cost), 94

利用者 (client), 94

両方向カット定式化 (bidirected cut formulation), 352–353

隣接する (neighbor), 97, 198

■ル

ルーティング問題 (routing problem), 419–420

■レ

劣加法的 (subadditive), 238

劣モジュラー (submodular), 59

劣モジュラー関数 (submodular function), 47, 59

劣モジュラー性 (submodularity), 47

レベル (level), 293

レンタル・購入問題 (rent-or-buy problem)

 多品種 (multicommodity), 366–367

 単一ソース (single-source), 348–351

■ワ

割当てコスト (assignment cost), 94

〈訳者紹介〉

浅野　孝夫（あさの たかお）
中央大学理工学部情報工学科教授
1977年 東北大学にて工学博士取得.
著書に「情報の構造」（日本評論社），「離散数学」（サイエンス社），「情報数学」（コロナ社），訳書に「近似アルゴリズム」（丸善出版），「組合せ最適化」（丸善出版），「アルゴリズムデザイン」（共立出版），「ネットワーク・大衆・マーケット」（共立出版）などがある.
1987年 日本IBM科学賞（情報科学部門）受賞.

| | |
|---|---|
| 近似アルゴリズムデザイン | 訳　者　浅野孝夫　Ⓒ 2015 |
| （原題：*The Design of Approximation Algorithms*） | 原著者　David P. Williamson（ウィリアムソン） |
| | David B. Shmoys（シュモイシュ） |
| | 発行者　南條光章 |
| 2015年9月25日　初版1刷発行 | 発行所　共立出版株式会社 |
| | 東京都文京区小日向4-6-19 |
| | 電話　03-3947-2511（代表） |
| | 郵便番号　112-0006 |
| | 振替口座　00110-2-57035 |
| | www.kyoritsu-pub.co.jp |
| | 印　刷　啓文堂 |
| | 製　本　ブロケード |
| 検印廃止 | 一般社団法人 自然科学書協会 会員 |
| NDC 007 | |
| ISBN 978-4-320-12391-5 | Printed in Japan |

JCOPY ＜出版者著作権管理機構委託出版物＞
本書の無断複製は著作権法上での例外を除き禁じられています．複製される場合は，そのつど事前に，出版者著作権管理機構（TEL：03-3513-6969，FAX：03-3513-6979，e-mail：info@jcopy.or.jp）の許諾を得てください．